Gesamtverzeichnis des deutschsprachigen Schrifttums (GV) 1700 – 1910

Bearbeitet unter der Leitung von
Hilmar Schmuck und Willi Gorzny

Bibliographische und redaktionelle Beratung:
Hans Popst und Rainer Schöller

141

Stot - Stuc

K · G · Saur München · New York · London · Paris 1985

CIP-Kurztitelaufnahme der Deutschen Bibliothek

Gesamtverzeichnis des deutschsprachigen Schrifttums :
(GV). München, New York, London, Paris : Saur.
Bd. 1 6 bearb. unter d. Leitung von Peter Geils
u. Willi Gorzny.
ISBN 3-598-30000-X

1700 1910 / bearb. unter d. Leitung von Hilmar
Schmuck u. Willi Gorzny. Bibliograph. u. red.
Beratung: Hans Popst u. Rainer Schöller

NE: Schmuck, Hilmar [Bearb.]

141. Stot - Stuc. - 1985.

Techn. Realisierung und Druck: Norbert Gärtner, Mainz-Kastel
Binden: Karl Schaumann, Darmstadt
Printed in the Federal Republic of Germany
ISBN 3-598-30000-X (Gesamtwerk)

Stot Tai, verurtheilt. Erzählung. 8. (48 S.) Trier 883. Berlin, Rogge & Fritze. n. — 50

Stole, C. D., de vitriolo albo ejusque usu medico et chirurgico. 8. Götting. 788. Brose. 4 gl.

Stöter, C. H. L., die Kraft des Glaubens an Christum d. Versöhner. Eine Predigt über 1. Petri 2, v. 21—25. gr. 8. Götting. 824. Dieterich. 3 gl.

Stöter, Carl, s. Stöter, Karl

Stöter, F., Antwort auf den offenen Brief des Herrn Pastor Cropp. Hamburg 870. Nolte. gr. 8. (26 S.) n. 6 ngr.

Stöter, F., 2 Denkschriften, s.: Scott, G. G.

Stöter, F., Geschichte u. Beschreibung d. St. Nikolai Kirchenbaues in Hamburg. Mit 19 (Lichtdr.-)Abbildgn. (in Fol.) in e. Mappe. gr. 8. (XI, 215 S.) Hamburg 883. (Boysen.) geb. n. 30. —

Stöter, F., der Plan für die künstlerische Ausschmückung der St. Nicolai-Kirche, welcher vom großen Kirchencollegio genehmigt und festgestellt ist. Hamburg 863. (Nolte.) gr. 8. (20 S. u. 2 lith. Taf. in Fol.) n. 6 ngr.

Stöter, F., die ehemalige St. Marien-Kirche oder der Dom zu Hamburg in Bildern. Mit erläut. Texte. Hrsg. von der „Bürgermeister Kellinghusen's Stiftung". gr. 4. (31 Taf. in Lichtdr. m. (cart.) Text XI, 158 S. nebst Titelbl. u. 1 Taf. in Lichtdr.) Hamburg 879. Gräfe in Comm. In Leinw.-Mappe. n. 20. —

—— Zeugniß wider die Lehre vom „idealen Christus", wie solche auftritt in dem Vortrag des Herrn Pastor Cropp vom 15. April 1869. gr. 8. (29 S.) Hamburg 869, Nolte. *

Stöter, Karl

Stöter, Carl, eine Predigt f. Prediger, vorgetragen im Predigervereine zu Seboldshausen. gr. 8. (1¾ B.) Braunschweig 843, Vieweg u. Sohn. *

Stöter, Carl ⟨geb. am 18 Sept. 1851 in Durchholz Westf.⟩: Ueber die Verbrennungen des Auges ... Bonn, Druck v. J. F. Carthaus (1875). 29 S., 1 Bl. 8.

Bonn, Med. Fak., Diss. v. 26 Juli 1875

Stoeter, Otto (geb. Lichtenberg in Braunschweig 27. 9. 1833): De methodis sacchari urici reperiendi inprimis modo novo. Berolini (1858) (34 S.) 8°

Berlin, Med. Diss. v. 16. Aug. 1858

[von Stoeterogge]. Recueil von allerhand Collectaneis und Historien auch Moral-Curieux-Critic- und lustigen Satyrischen Einfällen Zu Entretenirung einer Galanten Conversation. Das Erste (bis XVII.) Hundert. O. O. u. Dr. 1719—1720. 17 Teile in 1 Bde. 8°. Starker Pgtbd. d. Z. mit goldgepr. Initialen a. d. Vorderdeckel.

Selten und wenig bekannt. H.-G. VI. 379. Erstausgabe; H.-G. vermutet als Druckort Hannover und gibt an, daß nacheinander 40 solcher Centurien erschienen seien. Einem glaubwürdigen ausführlichen handschriftlichen Eintrag von ca. 1750 in unserem Exemplar zufolge war „der Autor von diesem Recueil Herr von Stoeterogge, ein Patritius zu Lüneburg", wofür sich der Schreiber auf Nemeitz' Vernünftige Gedanken III, 72, und Hamburger Berichte von gelehrten Sachen 1753, 63. Stück pag. 502 beruft.

Stöterup, s.a. Stöttrup

Stöterup, kleiner prakt. Blumenzeichner zum Selbstunterricht. Hamb. Vollmer.

— Vorlegeblätter z. Landschaftszeichn. gr. 4. Ebend. illum.

— — dasselbe in 4 sauber ausgemalten u. 4 schw. Blättern. Ebend.

Stotkötter, G., la vie journalière. Konversationsübungen f. das tägl. Leben. 2. Aufl. Ausg. A. gr. 8. (IV, 82 S.) Leipzig 902. B. G. Teubner. Geb. n. 1. 40; Ausg. B. 8. (VI, 128 S.) n. 1. 20

Stotsch, F., de prima concionum sacrarum origine. Lips. 1748. 4.

Stott, Beatrice. Rosemonde. (413 S.) 8. London u. Leipzig 908. T. F. Unwin. 1. 50

Stott, J: Einiges über den verbesserten automatischen Gasdruck- und Gaskonsum-Regulator. Berlin. (Um 1888)

STOTTE, EMIL. Ueber das Meta-Dimethyldiphenyl. (Bern) Darmstadt, 1888.

Stotten. Neuester Plan von Metz. 1 : 8,000. Revidirt u. ergänzt bis 1891. Mit alphabet. Strassenverzeichnisse etc. Lithogr. qu. Fol. Ebd. * 1 —

[Umschlagt.:] Neuester Plan von Metz. Massst. 1:8000. Entw. v. Hauptm. Stotten, revid. u. ergänzt bis 1896. M. alphabet. Strassenverz. u. s. w. *Leipzig [§] Metz: G. Lang (1896).* (1 Ktnbl. ") 1 Bd 8. [96. 5460

[Umschlagt:] Neuester Plan von Metz und Umgebung. Massst. 1 : 8000. Entw. v. Hauptmann Stotten, vervollst. 1898 v. Cuno, Feuerwerker. M. alphabet. Strassenverz., Angabe d. militär. Gebäude u. Dienststellen u. s. w. *Metz: G. Lang 1898.* (1 Ktnbl. ") 1 Bd 8. [98. 1972

Stotter, M., die Gletscher des Vernagtthales in Tirol u. ihre Geschichte. gr. 8. (4¾ B. u. 1 Karte.) Innsbruck 846, Wagner'sche Buchh.

Stötter, Fr. Ant., Leichenrede am Grabe des den 3. August 1834 ermordeten Johann Stieß. gr. 8. Ingolstadt 834. (Landshut, Manz.) 1 gl.

Stötter, Fr. Ant., Leichenrede am Grabe des d. 3. Aug. 1834 ermordeten Joh. Stieß. gr. 8. (½ B.) Ingolstadt. (Regensburg, Manz.)

Stötter, Hermann: Zur Kenntnis des 1,8-Naphtylendisulfids. Freiburg i. B.: Speyer & Kaerner 1909. 32 S. 8°

Freiburg i. B., Phil. Diss. v. 30. Juli 1909, Ref. Gattermann

[Geb. 20. Sept. 83 Augsburg; Wohnort: Freiburg i. B.; Staatsangeh.: Bayern; Vorbildung: Realgymn. Augsburg Reife Juli 02; Studium: München 1, Würzburg 1, Freiburg i. B. 8 S.; Rig. 30. April 09.] [U 10. 1090

Stottern, das, u. seine Beseitigung, s.: Miniatur-Bibliothek.

Stotternheim [Schlagwort]

Stotternheim, s.: Preussen. Messtischblätter.

Stötteroggen, Leonhard Georg von (Lüneburg)
A. S. 1363/9

Disputatio juridica de haemorrhagia vulneratorum, Von Verblutung der Verwundeten. Präs. Johann Joachim Schoepffer. Rec.
Tübingen (Franck) 1720. 112 S.

Diss. Rostock VII. 1697. 33713

Stötteroggen, Leonhard Georg von (Lüneburg)
A. S. 192/1

Disputatio juridica, de haemorrhagia vulneratorum, Von Verblutung der Verwundeten.
Präs. Johann Joachim Schroepffer. Rec.
o. O. 1733. 128 S.

Diss. Rostock VII. 1697. 33714

Stoettner, M. A., Vorschlag zur Heilung d. Cholera od. Brechruhr, nach phys. Principien. Im Sept. 1831. 8. (1½ B.) Nürnberg, Campe.

STÖTTNER, Max (Vohburg): Carcinoma processus alveolaris superioris.- München: Wolf 1884. 26 S. 6.8.1884 - Urk (Titel: De proc. alveolaris maxillae superioris carcinomate.); Chr 1884/85,20
Diss. Ingolst. - Landsh. - Mchn.

Stöttner, Michael. Geistliches Manuale zum Gebrauch für Institutszöglinge, wie auch zum allgemeinen Gebrauche für Mädchen und Frauen. Hrg. von M' St', Religionslehrer. [Mit Illustrationen und 2 Tafeln.] 400 S. 8. Einsiedeln *etc.*, Benziger & Co. A. G., 1903. [geb. fr. 1. 50 *bis* 5. —]

Stöttrup, s.a. Stöterup

Stöttrup, Andr., kleiner prakt. Blumenzeichner zum Selbstunterricht. Hamb. . . . (Herold jun.) 4 gr

— nützl. Handbuch f. Anfänger der Zeichnenkunst, Schatten u. Licht betreff. 8. Hamb. 783.

— Vorlegeblätter z. Landschaftszeichnen. gr. 4. Hamb. . . . (Herold jun.) 8 gr in 4 ill. u. 4 schwarz. Blätt. 1 ß

Stotz, s.a. Stoz.

Stotz, Pfarrer, s. Schulbote, süddeutscher.

Stotz, A., albanesische Bibliographie, s.: Manek, F.

Modelle aus schmiedbarem Guss von A Stotz, Stuttgart. 112 Stück aus Eisen u Messing

Stotz, A: Ill. Preis-Liste über schmiedbaren Eisenguß nach Fabrik-Modellen. Stuttgart (1900?)

Stotz, A: Zerlegbare Treib- und Stahlbolzenketten usw. Stuttgart 1897

Stotz, August [app. Arzt aus Mainz]: Aus d. Univ.-Augenklinik in Giessen. Zur Ätiologie der Amaurose ... Giessen, grossh. Hof- u. Univ.-Dr. C. v. Münchow, 1897; 36 S. 8.
Giessen, Med. Fak., Inaug.-Diss. v. 1897

Stotz, J. L. Tabellarisch synchronistische Darstellung aller Schlachten und vorzüglichen Gefechte, des für Europa so merkwürdigen Krieges vom Jahre 1813 u. 1814. o. O. 1814. 2 Tab. 4⁰

STOTZ, JOH. LEOP., Das zweifache Fest. Ein ländliches Schauspiel in 2 Aufzügen. Eisenstadt. 1802. (Dedik. til Kongen og Kronprinsen).

Stotz, Otto, gesammelte Gedichte, Aufsätze und Couplets. Ein Blumensträußchen für wohlerzogene Söhne und Töchter höherer Stände. 2. verm. und zeitgemäß verb. Aufl. 16. (VII, 120 S.) Frankfurt a. M. 873, Auffarth. *

Stotz Paul, Stuttgart. Sammlung kunstgewerblicher Arbeiten. (86 T) fol In Mappe

Stötzel, F. H., s. Stötzel, Friedrich

Stötzel, Friedrich

Stötzel, F., Die Bodenbewegung im rheinisch-westfälischen Kohlenbezirk. Eine wirtschaftliche Studie. 8⁰. Erlangen 1906.

Stötzel, Friedrich, a. Nenkersdorf: Die Bodenbewegungen im rheinisch-westfälischen Kohlenbezirk. Eine wirtschaftliche Studie. Essen 1907: Thaden & Schmemann. (78 S.) 8°
Erlangen, Phil. Fak., Ref. v. Eheberg-Lenk, Diss. v. 12. Febr. 1907
[Geb. 21. Jan. 68 Nenkersdorfer Mühle (Kr. Sieg); Wohnort: Essen a. d. Ruhr; Staatsangeb.: Preußen; Vorbildung: Realgymn. Siegen Reife (f. Prima) O. 86; Studium: Bonn 7, Marburg 4 S.; Rig. 14. März 06.]

Stotzer, Ernst, prakt. Arzt, aus Büren a./A.: Das Alypin, ein neues Lokalanaestheticum. Bern 1905. 30 S. 8⁰. [5. VII. 05.]
Bern. Med. Diss. 1905/1906.

Stotzer, Ernst. Das Alypin, ein neues Lokalanaestheticum. Diss. Med. Bern. 29 S. 8. Bern, Berger & Albrecht, 1905.

Hermann Stötzer, ein Lebensbild, den Mitgliedern des Vereins Thüringer Forstwirte zur Erinnerung an ihren verewigten Präsidenten gewidmet. - Eisenach o. J. 14 S., m. 1 Portr.

Stötzer

—— Regeln über das Fußballspiel, s. Bircher, E., Jugend- und Turnspiele.

— Regeln üb. das Fußballspiel, f. deutsche Verhältnisse nach eigener Erfahrg. zusammengestellt. 12. (4 S. auf Carton.) Rostock 883. Werther. n. — 10

Stötzer, Regeln über das Fußballspiel für deutsche Verhältnisse, 2. Aufl., Rostock 1883, 4 S., 16°.

Stötzer-Salzburg, Emil, Nominell u. Effektiv. E. Natur-Aufnahme menschl. Verhältnisse in kosmop. Perspektive. gr. 8. (V, II, 246 S.) Dresden 897. E. Pierson. n. 4. —

Stötzer, F., und J. Fehser, kurzer Abriß der Geographie und Geschichte der anhaltischen Herzogthümer, s. Fehser.

Stoetzer, Hermann (Hrsg.), s. Aufgaben, Die, der Forstwirtschaft u. forstlichen Produktionslehre.

— (Hrsg.), s. Betriebslehre, Forstliche ...

Die Eisenacher Forste (Eisenach, Ruhla u. Wilhelmsthal). Ein Wirtschaftsbild, entw. von Geh. Oberforstr. Dr. [Hermann] Stoetzer. (Festschrift z. 27. Versamml. d. Ver. Thüring. Forstwirte in Eisenach.) *Eisenach: H. Kahle 1900.* (49 S.) 8° [F.] [00. 12678

Stoetzer, H., die Forsteinrichtung. E. Lehr- u. Handbuch. M. 33 Textfig. u. 1 Bestandeskarte in Farbendr. gr. 8. (X, 335 S.) Frankfurt a/M. 898. J. D. Sauerländer. n. 8. —; geb. n. 8. 80

Stoetzer, Herm., die Forsteinrichtung. Ein Lehr- u. Handbuch. Mit 36 Textfig. u. e. Bestandeskarte in Farbendr. 2. verb. Aufl. (XII, 352 S.) gr. 8. Frankfurt a/M. 908. J. D. Sauerländer. 8.50; geb. 9. 50

Stötzer, Forstproducte, s.: Handbuch der Forstwissenschaft.

Stötzer, H., Forstproduktenernte, Verwertung, Aufbewahrung, s. Handbuch der Forstwissenschaft.

— Hülfstafeln zur Forsteinrichtg. (38 S.) 8. Ebd. 907. Kart. 1. 20

— Kernobstsorten z. Anbau in Mecklenburg geeignet. Im Auftr. d. patriot. Vereins District Waren, im Anschluß an d. Generalversammlg. vom 1. II. 1896 nach persönl. Erfahrgn. zusammengest. 8. (15 S.) Bützow 896. (S. Berg.) n. — 30

Stoetzer, Herm., s. L o r e y ' s Handbuch der Forstwissenschaft.

— (Hrsg.), s. V e r w a l t u n g s k u n d e . — Forstliche Verwaltungs- und Rechtskunde ...

Stötzer, Hermann (Wasungen)
Waldwegebaukunde. Ein Handbuch für Praktiker. Frankfurt/M.: Sauerländer 1877. VII, 170 S.
[Lt. Allgem. Forst- & Jagdzeitung 1912, S. 35. auf oben genannte Schrift promoviert.]
Dr. phil. Giessen 11.5.1880.

Stötzer, H., Waldwegebaukunde. Ein Handbuch für Praktiker. Mit 82 in den Text eingedr. Fig. in Holzschn. gr. 8. (VII, 170 S.) Frankfurt a/M. 877. Sauerländer. n. 3. 60

—— Waldwegebaukunde. Ein Handbuch für Praktiker und Leitfaden für den Unterricht. 2. verm. und verb. Aufl. gr. 8. (VII, 191 S. mit 91 Fig. in Holzschn. und Lithogr.) Frankfurt a. M. 885, Sauerländer's Verlag. *ℳ 4.—; geb. *

— Waldwegebaukunde. E. Handbuch f. Praktiker u. Leitfaden f. d. Unterricht. 3., verm. u. verb. Aufl. gr. 8. (VII, 200 S. m. 96 Fig. in Holzschn. u. Lith.) Frankfurt a/M. 895. J. D. Sauerländer. n. 4. —; geb. n. 4. 60

— **Waldwegebaukunde nebst Darstellung der Waldeisenbahnen. Ein Handbuch f. Praktiker u. Leitfaden f. den Unterricht. 4. verm. u. verb. Aufl. (VIII, 245 S. m. 112 Fig. u. 3 lith. Taf.) gr. 8. Frankfurt a/M. 903. J. D. Sauerländer. n. 4. 80; geb. n. 5. 60**

Stötzer, H., Waldwertrechnung u. forstliche Statik. Ein Lehr- u. Handbuch. gr. 8. (VIII, 203 S.) Frankfurt a/M. 894. J. D. Sauerländer. n. 3. 60; geb. n. 4. 20

— Waldwertrechnung u. forstl. Statik. Ein Lehr- u. Handbuch. 2., verm. u. verb. Aufl. gr. 8. (VIII, 206 S. m. 5 Taf.) Ebd. 898. n. 4. —; geb. n. 4. 60

— **Waldwertrechnung u. forstliche Statik. Ein Lehr- u. Handbuch. 3. verb. Aufl. (VIII, 244 S.) gr. 8. Ebd 903. n. 4. —; geb. n. 4. 60**

— Waldwertrechnung u. forstliche Statik. Ein Lehr- u. Handbuch. 4. durchgeseh. Aufl. (VIII, 248 S.) gr. 8. Ebd. 908. 4.20; geb. 5. —

Stötzer, Jo. Fr., († 1803.) s. Familie, die glückliche.

Stötzer, Oskar Glorius

Stötzer, O. G. Etude sur Ronsard et son école. Bützow, R., 1874. 19 S. 4.
Progr.

Stoetzer, [Oskar], Prof. Dr.: Deutsche Lieder und Gedichte in Englischem Gewande. Bützow i. M. 1904 [d. i. 1905]. (74 S.) 8° [F.]
Bützow, RG P 1905 (707 [d. i. 793])

Stoetzer, Deutsche Lieder in englischem Gewande. Zum Gebrauche beim Unterricht u. zum eigenen Studium. (VIII, 77 S.) 8. Bützow (904). S. Berg. n. 1. —

Stötzer, O. G. La poésie française jusqu'à Malherbe d'après Boileau. Bützow, Rg., 1883. 10 S. 4. Progr.

Stötzer, die Reformation und ihre Einführung in Mecklenburg. Schulrede zur Feier des 28. Febr. 1883, des Geburtstages Sr. Königl. Hoh. unseres Allerdurchlauchtigsten Großherzogs, gehalten in der Aula der Realschule erster Ordnung zu Bützow. gr. 8. (15 S.) Bützow 883, (Berg.) *

[F.] **Stötzer,** *Oskar Glorius* [Oberl. Dr.]: Uebersicht der Berechtigungen, welche mit der Absolvierung der einzelnen Klassen eines Realgymnasiums gesetzlich verknüpft sind. (Nach d. gegenwärtig (März 1891) geltenden Bestimmungen zusammengest.) Bützow, Druck d. Ratsbuchdr. v. C. Buhr, *1891;* S. 21—23; 4°
Bützow, RG, OP 1891 (648)

[F.] **Stötzer,** *Oskar Glorius* [Oberl. Dr.]: Uebersicht der Berechtigungen, welche mit der Absolvierung der einzelnen Klassen eines Realgymnasiums gesetzlich verknüpft sind. Bützow, Druck d. Ratsbuchdr. v. C. Huhr, *1893;* 53—55 S. 4.
Bützow, RG, OP 1893 (652)

Stotzheim, Dionysius v., O. Cap., Missionsbüchlein f. Eheleute. Kurze Anleitg. zur heilsamen Benutzg. der hl. Mission u. Ermahngn. fürs Leben. Mit e. Vorwort neu hrsg. (167 S. m. Titelbild.) 16. Saarlouis 909. F. Stein Nachf. Geb. in Leinw. — 50

— Missionsführer f. Jünglinge während der Volksmission der Kapuzinerpatres. (96 S.) 16. Ebd. 910. — 25

Stotzingen, O. Frhr. v., oberbadisches Geschlechterbuch, s.: K i n d l e r v. K n o b l o c h , J.

Stötzner, Christian Friedrich. Schaffhausen 1869. V: *Egli, Joahnn Jakob.* (zuwzür 13, 1919, I, S. 29)

Stötzner, C. Fr., s. Vorläufer, der.

Stötzner, Chrstn. Friedr., Buchhaltung f. d. Handwerks- u. Bauersmann, od. kurze, gründl. Anleit., wie d. angeh. Geschäftsmann in kurzer Zeit u. ohne viele Mühe e. genaue Einsicht in den Gang seines Geschäfts erlangen kann, z. Selbstunterr. u. z. Gebr. in höh. Volksschulen, Handwerksschulen, Sonntagsschulen ꝛc. bearb. 8. (8¾ B.) Schaffhausen 840, Brodtmann'sche Buchh.

Stötzner, Chr. Frdr., Buchhaltung für den Handwerks- und Bauersmann oder kurze gründliche Anleitung, wie der angehende Geschäftsmann in kurzer Zeit und ohne viele Mühe eine genaue Einsicht in den Gang seines Geschäfts erlangen kann, zum Selbstunterricht und zum Gebrauch in höheren Volksschulen, Handwerksschulen, Sonntagsschulen ꝛc. bearb. 2. Aufl. Schaffhausen 863. Brodtmann. gr. 8. (VIII, 135 S.) 10 ngr.

Stötzner, Christ. Friedr., Buchhaltung für den Handwerks u. Bauersmann zum Selbstunterricht, sowie zum Gebrauch in Volksschulen, Handwerksschulen, Sonntagsschulen ꝛc. 3. Aufl., verm. mit einer Anleitung zur Kostenberechnung für 21 verschied. Handwerker u. Gewerbtreibende. Schaffhausen 865. Brodtmann'sche Buchh. gr. 8. (XXIV, 135 S.) 12 ngr.

— Frau Martha, oder kurze Anleitung für Mütter, ihre Kinder zu erziehen, und sie für die Schule vorzubereiten. Eine vom Erziehungsrath des Kantons Zürich mit dem ersten Preise gekrönte Preisschrift. Mit Titelbild. gr. 8. Zürich 839. Orell, Füßli u. Comp. ½ ₰ — Ohne Titelbild ⅓ ₰
9½ B.

Stötzner, Ernst, s.: **Jugend- u. Hausbibliothek, deutsche.**

Stötzner, Ernst, Lehr- und Lesebuch für städtische und gewerbliche Fortbildungsschulen. **Zugleich als Volksbuch hrsg.**, mit Benutzung Weberscher Vorarbeiten. gr. 8. (VIII, 376 S.) Leipzig 884, **Klinkhardt.** *

Stötzner, Ernst, Lehr- und Lesebuch für städtische und gewerbliche Fortbildungsschulen. **Zugleich als Volksbuch hrsg.**, mit Benutzung Weberscher Vorarbeiten. 2.—4. Aufl. gr. 8. (VIII, 376 S.) Leipzig 885—88, **Klinkhardt.** *ℳ 1.20.; geb. *

—— dass. — Ausg. für Preußen. gr. 8. (VIII, 376 S.) Ebendas. 886. *ℳ 1.20.; geb. *

— dasselbe. Ausg. f. Bayern. Unter Mitwirkg. v. L. Bauer u. J. Fr. Kneule. 2. Aufl. 8. (VIII, 380 S.) Ebd. 887. n. 1. 20; geb. 1. 55

Stötzner, E., Lehr- u. Lesebuch f. städtische u. gewerbliche **Fortbildungsschulen. Zugleich** als **Volksbuch** hrsg., m. **Benutzg. Weber'scher Vorarbeiten.** 5. u. 6., verb. Aufl. gr. 8. **(VIII, 376 S.) Leipzig 889. 890.** Klinkhardt. n. 1. 20; geb. n.n. 1. 55

—— dass. — Ausg. f. Bayern. 3. Aufl. Mit Benutzg. Weberscher Vorarbeiten u. unter Mitwirkg. v. L. Bauer u. J. Fr. Kneule. gr. 8. (VIII, 380 S.) Ebd. 891. * 1 20; geb. ** 1 55

Stötzner, Ernst. Lehr- u. Lesebuch f. städtische u. gewerbliche Fortbildungsschulen. Zugleich als Volksbuch hrsg., m. Benützg. Weberscher Vorarbeiten. 7. Aufl. gr. 8. (VIII, 380 S.) Lpz. 892, Klinkhardt. * 1 20; geb. ** 1 55

— dasselbe. 7. Aufl. Ausg. f. Preußen. gr. 8. (VIII, 392 S.) Ebd. 893. n. 1. 20; geb. n.n. 1. 55

— dasselbe. **8.** Aufl. Ausg. f. **Preußen.** gr. 8. (VIII, 392 S.) **Ebd. 895. n. 1. 20**; geb. n.n. 1. 55

Stötzner, Ernst, **Lehr- u. Lesebuch** f. städt. u. gewerbl. Fortbildungsschulen. **Zugl. als Volksbuch** hrsg. m. Benützg. **Weber'scher** Vorarbeiten. **8. Aufl.** gr. 8. (VIII, 380 S.) **Leipzig** 896. **J. Klinkhardt.** n. 1. 20

Stötzner, Ernst, **Lehr- u. Lesebuch** f. städtische u. gewerbliche Fortbildungsschulen. Zugleich als Volksbuch hrsg., m. **Benutzung Weberscher** Vorarbeiten. 10. Aufl. **gr. 8.** (VIII, 380 S.) **Leipzig** 900. **J.** Klinkhardt. n. 1. 25; geb. in Halbleinw. n.n. 1. 50

— dasselbe. **Ausg.** f. Bayern, m. Benutzung Weberscher Vorarbeiten u. unter **Mitwirkg.** v. L. Bauer u. J. Fr. Kneule. 10. Aufl. gr. 8. (VIII, 380 S.) Ebd. 900. n. 1. 25; geb. n.n. 1. 55

— Lehr- u. Lesebuch f. städtische u. gewerbliche Fortbildungsschulen. Ausg. f. Bayern, m. Benutzg. Weberscher Vorarbeiten u. unter Mitwirkg. v. L. Bauer u. J. Fr. Kneule. 12. Aufl. (VIII, 424 S.) 8. Leipzig 905. J. Klinkhardt. Geb. n.n. 1. 55

Stötzner, Heinr. Ernst, Altes und Neues aus dem Gebiete der Heilpädagogik, s. Vorträge und Abhandlungen, pädagogische.

Stötzner, H.E. (Hrsg.), s. Anzeiger f.d. neueste pädagogische Literatur.

Stötzner, H. E., über d. Behandlung stammelnder u. stotternder Kinder. **Vortrag,** geh. bei Gelegenheit d. Ausstellg. **v.** Erzeugnissen f. **Kinderpflege,** Ernährg. u. Erziehg. in Dresden Sommer **1895.** [Aus: „Für Haus u. Schule".] gr. 8. (7 S.) Dresden 895. A. Köhler. — 50

— **Erd- u. Meerbeben,** s. **Welt,** die, der Jugend.

— Samuel **Heinicke.** Sein Leben u. Wirken. Leipzig 870. **Klinkhardt.** 8. (XXIV, 148 S. mit Portr. in Holzschn.) n. 18 ngr.

— im Innern der Erde, s. **Welt,** die, der Jugend.

Stötzner, H. E., der Lebenslauf d. Pferdes, s.: Welt der Jugend.

Stötzner, Heinr. Ernst, Schulen für schwachbefähigte Kinder. Erster Entwurf zur Begründung derselben. Leipzig 864. C. F. Winter. gr. 8. (43 S.) 6 ngr.

Stötzner, *Karl Heinrich* Paul [Gymnasialoberl. in Zwickau]: Beiträge zur Würdigung von Johann Balthasar Schupps lehrreichen Schriften. . . . Leipzig: R. Richter 1890. 2 Bl., 95 S. 8°

Leipzig, Phil. Fak., Inaug.-Diss. v. [12. Jan.] 1891

Stötzner, Paul, Beiträge zur **Würdigung v.** Johann Balthasar Schupps lehrreichen Schriften. gr. 8. (III, 95 S.) Leipzig 891. R. Richter n. 1. 80

Stötzner, *Karl Heinrich* Paul Sigismund Evenius. Ein Beitrag zur Geschichte des Ratichianismus. 4 (32 S.).
Progr. G. *Zwickau* 1895 (559).

I. Leben und Wirken des Sigismund Evenius. II. Die Pädagogik des Evenius. III. Schriften des Sigismund Evenius.

Stötzner, Paul, Dr.: **Osterfeiern, hrsg. nach einer Zwickauer Hs. aus d. Anfange d. 10. Jahrhunderts.** *Zwickau 1901: R. Zückler.* (28 S.) 4°
Zwickau, G, OP 1901 (594)

— Ratichianische Schriften, s.: Neudrucke pädagogischer Schriften.

Stötzner, Paul, das öffentl. Unterrichtswesen Deutschlands in der Gegenwart, s: Sammlung Göschen.

Stötzner, Wilhelm: Über **Kondensationen** von Citral und Citronellaldehyd mit Acetessigester. *Heidelberg 1898: J. Hanzelky.* (39 S.) 8°
Heidelberg, Naturw.-math. Diss. v. [13. Juli] 1898

Stoua, Marie, s. Stona

Stouct, H. R. Unser Familien-Arzt. Milwaukee, c. 1883.

Stouenberg, Frederik

Stouenberg, Fr. Merkwürdigkeiten des Königlichen Schlosses Rosenburg zu Kopenhagen. Kopenhagen 1828. 8°.

Das Schloss Rosenburg zu Kopenhagen, dessen geschichtliche Merkwürdigkeiten und Kunstsachen, v. Frederik **Stouenberg.** Kopenhagen. 1840. 16°.

Štourač, Franz: Ein Ausflug nach Karnuntum. S. 25--32. 8.
Progr. K. k. deutsches Staats-Gymn. *Olmütz* 1903.

Štourač, Franz Ueber den Gebrauch des Genitivus bei Herodot. 8 (S. 3—20). Ueber den Gebrauch des Genitivus bei Herodot. (Fortsetzung.) 8 (S. 3—23). (Umschlagtitel: Ueber den Genitivus bei Herodot.) Deutsches Staats-Oberg. *Olmütz* 1888. 1889. **Progr.**

Štourač, Franz. Über den Gebrauch des Genitivus bei Herodot. (Fortsetzung von 1888 und 1889). 8 (S. 3 - 18). (Fortsetzung von 1892). 8 (S. 3—26). (4. Fortsetzung.) 8 (S. 3—22). K. k. deutsches Staats-G. *Olmütz* 1892. 1894. 1895. Progr.

Stourdza, A. de, C. W. Hufeland. Esquisse de sa vie et de sa mort chrétiennes. gr. in-8. (3 B.) Berlin 837, [Thome.]

v. Stourdza, Alex., Betrachtt. üb. die Lehre u. den Geist der orthodoxen Kirche; aus d. Französ. übers. von Aug. v. Kotzebue. gr. 8. Leipz. 817. Kummer. 20 gl

— Considérations sur la Doctrine et l'Esprit de l'Eglise orthodoxe. gr. 8. Stuttg. 816. v. Cotta. 1 ß

STOURDZA, A. v., Denkschrift über Deutschlands jetzigen Zustand. Aus d. Französ. Deutschland (Andreä in Frankfurt) 1819.
Besonders wegen der Angriffe auf deutsches Universitätsleben berüchtigte Schrift.

— Denkschrift üb. den gegenwärt. Zustand Deutschlands; übers. u. mit einigen Anmerkk. begleitet. gr. 8. Frankf. a. M. 819. Andreä. 6 gl (Vergl. Denkschrift.)

— Mémoire sur l'état actuel de l'Allemagne etc. gr. 8. Paris 818. (Frankf., Boselli). 12 gl

Stoutz, Walter von, appr. Arzt a. Leipzig: Aus Dr. Weickers Lungenheilanstalten in Görbersdorf. Ueber Trauma und Lungentuberkulose unter Berücksichtigungen [!] der Bestimmungen des Unfallversicherungsgesetzes. Leipzig 1907: B. Georgi. (78 S.) 8°
Leipzig, Med. Fak., Ref. Hoffmann, Diss. v. 17. Jan. 1907
[Geb. 4. Mai 70 Leipzig; Wohnort: Görbersdorf; Staatsangeh.: Sachsen; Vorbildung: Thomasgymn. Leipzig Reife O. 90; Studium: Freiburg i. B. 5, Leipzig 10, Berlin 1 S.; Coll. 26. Jan. 07; Approb. 26. März 04.]

Stövo, Gustav [app. Arzt aus Berge in Hannover]: '[Aus d. Medicin. Klinik zu Jena.]' Zur Frage der Urogenital-Tuberculose... Jena, Univ.-Buchdr. G. Neuenhahn, 1896; 39 S. 8. Jena, Med. Fak., Inaug.-Diss. v. [15. Okt.] 1896

Stoeveken, Herm., Clemens August, Freiherr Droste zu Vischering, Erzbischof von Köln u. geb. Legat des h. Apostol. Stuhles, rc. in seinem Leben, Wirken u. Tode dem deutschen Volke geschildert. gr. 8. (4 B.) Mainz 846, [Kirchheim u. Schott.]

Stoeveken, Hermann, Katechismus der Beharrlichkeit im kath. Glauben. Aus dem Französ. des Abbé Icard übersetzt. Köln 1855.

Stoeveken, H., Katechismus der kathol. Religion, s. Katechismus.

— s. Nathanael.

—— welche Kirche ist die Kirche Christi? oder Katechismus über die Unterscheidungslehren der kathol. u. (evangelisch) protestant. Kirche mit besond. Rücksicht auf den Katechismus der „evangel." Kreissynode Duisburg. Ein Leitfaden beim Unterrichte der Neokatholiken. gr. 8. (7¼ B.) Speyer 844, Kranzbühler. (Mainz, Kirchheim u. Schott.]

Stöver, Carl, s. Stöver, Karl

Stöver, Diedrich, aus Hude (Oldenb.), Referendar am Grh. Amtsgericht zu Oldenburg: Ist die Einigung im Sachenrecht des Bürgerlichen Gesetzbuchs ein Rechtsgeschäft? *Oldenburg 1903: Barfuß & Ienisee.* (53 S.) 8°
Erlangen, Jur. Diss. v. 12. Mai 1903

Stöver, Dietrich Johann Heinrich

Stöver, Ritter Dietr. J. Hnr., († d. 13. April 1822.) Archiv zur Länder- u. Geschichtskunde unsr. Zeit. 1r Thl. 8. Wien. 790. Böhner. 14 gl

— Historisch-statische Beschreibung des osmanischen Reiches, s. Stöver, Johann Hermann

— histor.-statist. Beitr. zur nähern Kenntniß der Staaten u. Weltbegebenheiten. 1r Thl. 8. Hamb. 789. (A. Campe). 1 ß

STÖVER, Dietrich Johann Heinrich 1769 - 1822
Historisch-statistische Beyträge zur nähern Kenntniß der Staaten und der neuern Weltbegebenheiten. Herausgegeben von Dietrich Heinrich Stöver ...
Hamburg: Hoffmann. 1789. 16, 406 S. 8°.
Stadtbibliothek Trier
Baginsky 1002.

STÖVER, D[IETR.] H[EINR.], Historisch-statistische Beschreibung der Staaten des teutschen Reichs. Mit einer Einleitung von [Gottlob Bened.] v. Schirach. 1. Th. Hamburg. 1785.

— histor.-statist. Beschreib. der Staaten des deutschen Reichs, mit e. Vorrede v. G. B. v. Schirach. 1r Thl. gr. 8. Hamb. 785. (A. Campe). 1 ß 4 gl

— collectio epistolarum etc. vide Linné.

— s. 1) Condorcet, Leben Voltaire's. 2) Handbuch für d. schöne Geschlecht.

Unser Jahrhundert oder Darstellung der interessantesten Merkwürdigkeiten und Begebenheiten und der gröszten Männer desselben. Ein Handbuch der neuern Geschichte. I—VIII. Altona. 1791—1800. (IV—VIII. Fortgesetzt von C. D. Vosz: Das Jahrhundert der Aufklärung 1—5. Bd.).

STÖVER, Dietrich Johann Heinrich 1769 - 1822
Unser Jahrhundert. Oder Darstellung der interessantesten Merkwürdigkeiten und Begebenheiten und der größten Männer desselben. Ein Handbuch der neuern Geschichte von D. H. Stöver ...
Erster [- Achter] Theil.
Altona: Hammerich. 1791 [- 1800]. 8°.
Universitäts- und Stadtbibliothek Köln: Bd. 1 u. 2; Universitätsbibliothek München: Bd. 3-8
Bd. 1 u. 2: 2. Aufl. 1795-1796.

STÖVER, Dietrich Johann Heinrich 1769 - 1822
Unser Jahrhundert. Oder Darstellung der interessantesten Merkwürdigkeiten und Begebenheiten und der größten Männer desselben. Ein Handbuch der neuern Geschichte von D. H. Stöver ...
Erster [- Zweyter] Theil.
Zweyte vermehrte und verbesserte Auflage.
Altona: Hammerich. 1795 [- 1796]. 8°.
Universitätsbibliothek München
1. Aufl. insgesamt 8 Bde., 1791-1800.

— unser Jahrhundert, od. Darstell. der interessanten Merkwürdigkk. u. Begebenheiten u. der größten Männer desselben. 3 Thle. 8. Altona 795—800. Hammerich. 4 ß 18 gl 4r—8r Thl., fortges. v. Chr. D. Voß, auch unt. d. T.: das Jahrhundert d. Aufklärung rc. 1r—5r Thl. 8. Ebd. 797—800. 8 ß — Dasselbe in e. wohlfeilen Ausg. 8 Bde. 8. Ebd. 803. 8 ß

— Leben d. Ritter K. v. Linné, nebst biograph. Nachr. s. Sohnes des Prof. C. v. Linné, u. e. vollständ. Verzeichniß der Schriften des ersteren. 2 Thle. 8. Hamb. 792. (A. Campe). 2 ß 8 gl

Stoever, Dietrich Heinrich (Ed.):

s.: Linné, Karl von: Collectio epistolarum, quas ad viros illustres et clarissimos scripsit. Accedunt opuscula pro et contra virum immortalem scripta, extra Sueciam rarissima. Hamburgi: 1792

JB 5.749

Stöver, Johann Caspar, s. Stöver, Johann Kaspar

Stöver, Johann Hermann [wirkl. Name], s.a. Publicola, Quintus Aemilius [Pseud.]

Stöver, Jh. Herm., († d. 2. März 1796.) historisch-statist. Beschreib. des Osmanischen Reichs. 8. Hamb. 784. (Campe). 12 gr.

— s. Deutsch-Burgund, u. setze hinzu: (v. J. H. Stöver).

PUBLICOLA, Quintus Aemilius (d. i. *Joh. Herm. Stoever*). Niedersachsen in seinem neuesten polit., civil. u. litterar. Zustande. Ein in der Lüneburger Haide gefundenes merkwürdiges Reisejournal hrsg. v. —. 3 Bde. Rom, bey Ore-Chiaro (Berlin, Vieweg), 1789. 8⁰. (In Rostock, Landesbibl.) Selten! (6 Mk. A. Bielefeld. Carlsruhe, 1892.)

Stöver, Johann Kaspar

Stöver, Johann Caspar: Kurtze Nachricht von einer Evangelisch-Lutherischen Deutschen Gemeinde in dem Amerikanischen Virginien, und zwar an den eußersten Grentzen des Ammts Spotsilvanien wohnend, *aufgesetzt von . . . ersteren Prediger dieser Gemeinde. [s: l.] Anno 1736. (4) S. Abdruck: Hannover: gedruckt bey L. C. Holwein 1737. (4) S.*

Stöver, Karl

Stöver, Carl, üb isomere Nitrobenzanilide u. Desoxybenzoyldiamin. Inaugural-Dissertation. gr. 8. (32 S.) Osterwieck 874. (Göttingen, Vandenhoeck & Ruprecht's Verl.) n. — 60

Stövesandt, C. H., praktisches u. theoretisches Handbuch der Treppen-Baukunst. 5 Lfgn. gr. Fol. (IV u. 33 S. m. 12 lith. u. 17 Kpfr.-Taf.) Berlin 848, C. Heymann. (à n. 1 rf) n. 5 rf

Stövesandt, C. H., praktisches und theoretisches Handbuch der Treppenbaukunst. Berlin. 1849. 4. 5 Thlr.

—— praktisch-theoretisches Handbuch der Ausmittelung und Schiftung, vorzüglich zum Gebrauch beim Selbstunterrichte für Bauhandwerker. gr. 8. (VI und 134 S. mit 17 Stnt. in gr. Fol.) Berlin 856, Th. Grieben. *

Bildet auch die 2. Abthl. des praktisch-theoretischen Handbuchs der zeichnenden Geometrie ꝛc. und kostet cplt. * 3 Thlr.

Stoevesandt, C. H., Lehrbuch der Perspective zum Schul- und Selbstunterricht für Maler, Architekten, Bauhandwerker und Gönner und Förderer des Baufachs. Nach vieljährigem Lehrkursus herausg. Berlin 859. Herbig. Fol. (VI, 179 S. in 8. u. 17 lith. Taf. in Farbendr.) n. 4 rf

Stövesandt, C. H., s. Nix, G. H. Handbuch der Treppenbaukunst.

Stoevesandt, C. H., praktischer Theil der zeichnenden Geometrie, enth. hauptsächlich solche Aufgaben, welche bei den verschied. Bau-Handwerkern am häufigsten vorkommen und vorzüglich zum Selbst-Unterrichte geeignet sind. Mit Zeichnungen. gr. 8. (II und 41 S. mit 4 Stnt. in gr. Fol.) Berlin 855(56,) [Th. Grieben.] *

Bildet auch die 1. Abthl. des praktisch-theoretischen Handbuchs der zeichnenden Geometrie ꝛc.

— praktischer Theil der zeichnenden Geometrie, enth. hauptsächlich solche Aufgaben, welche bei den verschiedenen Handwerkern am häufigsten vorkommen. Vorzüglich zum Selbstunterricht bearb. u. herausg. 2. verm. u. verb. Aufl. Mit 5 (lith.) Taf. Zeichngn. (in Fol.) Berlin 861. Th. Grieben. gr. 8. (48 S.) n. 20 ngr.

Stoevesandt, C. H., praktischer Theil der zeichnenden Geometrie enthalt. hauptsächlich solche Aufgaben, welche bei den verschied. Handwerkern am häufigsten vorkommen, nebst kurzer Anleitung zur Berechnung von Flächen und Körpern. 3. verm. und verb. Aufl. Vorzüglich zum Selbstunterricht neu bearb. von R. Stoevesandt. gr. 4. (40 S. mit 5 lithogr. Taf. Zeichnungen in qu. Fol.) Leipzig 869, Scholtze. *

— Praktischer Teil der zeichnenden Geometrie. 3. Auflage. 4° Leipzig 1871

Stoevesandt, Gustav

Stoevesandt, G., Album geschnitzter Meubeln und anderer ornamentirter Gegenstände in verschiedenen Stylen für Bildhauer, Schreiner, Tapezierer u. Meubelfabrikanten. 6 Hefte. Carlsruhe 860—62. Veith. Fol. Jedes Heft von 4 lith. Bl. in Farbendr. n. 25 ngr.

Stoevesandt, Gust., Holz-Bildhauerei und Moebel-Fabrikation der Gegenwart. Eine Sammlung ausgeführter Schnitzereien und Möbel. 1. und 2. Heft. gr. Fol. (à Heft 6 Stnt. in Tondr.) Carlsruhe 865, Veith. à Heft 1 Thlr. 15 Ngr.

—— modernes Möbel-Magazin. Musterbuch der neuesten Möbeln jeder Art und in verschied. Stylen. 6 Hefte. qu. 4. (à Heft 12 Stnt. in Tondr.) Carlsruhe 862 — 64, Veith. à Heft 18 Ngr.

Stövesandt, Gust., Möbel-Skizzen, ausgeführt in dem Atelier von G. St. in Karlsruhe. 36 (lith.) Blatt nach 15 Originalen. Fol. Karlsruhe 882. Veith. In Mappe. 9.—

Stoevesandt, J., der Kampf gegen die Tuberkulose in Bremen, s.: Kulenkampff, Diedr.

Stövesandt, J. C., († ...) deutl. Anweis. zur Feuerwerkerei ꝛc. Mit 11 Kpft. gr. 4. Halle 748. N. Ausg. gr. 4. Leipz. 756. (Brockhaus). 1 rf

Stövesandt, J. C: Deutliche Anweisung zur Feuerwerkerey. Leipzig 1757

Stoevesandt, Johann: Beitrag zur Casuistik der in Folge der letzten Kriege entstandenen Psychosen. Halle (1872): Plötz. 54 S. 8°

Halle-Wittenberg. Med. Diss. v. 18. Juli 1872

Geb. Bremen 11. 9. 1848. V.

Verf. erlebte die Diplomerneuerung 1922 als D. theol. (Halle 6. 12. 1919). Professor. Direktor der staatlichen Krankenanstalt in Bremen, vgl. Anh. Nr. 456.

Stoevesandt, Karl, a. Bremen: Aus d. Hygien. Institut d. Univ. Kiel ⟨Geh.-Rat Prof. Dr. B. Fischer⟩. Erfahrungen bei der bakteriologischen Untersuchung Meningitisverdächtigen Materials. Jena: G. Fischer 1908. ¶ (Aus: Centralblatt f. Bakteriologie usw. Abt. 1 Originale Bd 40 H. 4.)

Kiel, Med. Fak., Ref. Fischer, Diss. v. 25. April 1908

[Geb. 9. Aug. 82 Bremen; Wohnort: Bremen; Staatsangeh.: Bremen; Vorbildung: Gymn. Bremen Reife M. 01; Studium: Tübingen 5, Leipzig 2, Berlin 1, Leipzig 1 S.; Coll. 1. Nov. 07; Approb. 31. Jan. 08.]

Stoeving, Curt, s.: Ausstellung angewandter Kunst.

Stoeving, Paul, allerlei Geiger-Geschichten. Novellen u. Skizzen. (Buchausstattung v. Curt Stoeving.) (V, 239 S.) 8. Berlin-Groß-Lichterfelde (908). Ch. F. Vieweg. 3.50; geb. in Leinw. 4. 50

Stoeving, Paul, die Kunst der Bogenführung (the art of violin-bowing), e. praktisch-theoret. Handbuch f. Lernende, zugleich auch f. den Lehrer zur Erleichterg. des Unterrichts. Ins Deutsche übertr. v. Joh. Bernhoff. (XV, 192 S.) kl. 8. Leipzig (906). C. F. Kahnt Nachf. Geb. in Leinw. n. 2. —

Von der Violine (The story of the violine) von Paul **Stoeving**, Prof., London. Berlin-Gr.Lichterfelde: Ch. F. Vieweg 1906. (371 S.) 8° [07. 12496]

Stow, Dav., System christl. Jugendbildung, wie es in den neuerrichteten Training-schools in Schottland befolgt wird. Mit Rücksicht auf die deutschen Zustände auszugsweise übertragen v. H. A. Jäschke. 12. (5 B.) Stuttgart 844, J. F. Steinkopf.

Stowacki, Julius, Die Pest in El-Arish übersetzt von Witold Hausner. 8. (23 S.) —.40
Wien: Weiss 1896.

— — Schematismus des landtäflichen und Grossgrundbesitzes von Oberösterreich. Nach amtlichen Quellen und directen Angaben bearbeitet. Gr.-8. (175 S.) 2. —
Wien: Weiss 1896.

Stowasser, Anton. Kriegsnachrichten von der Belagerung der Residenzstadt Wien durch die Türken im Jahre 1683. II. Die Belagerung von Malta durch die Türken im Jahre 1565. 8. Leipzig **1789.**

Stowasser, J., s. Stowasser, Joseph Maria

Stowasser, *Josef Maria* u. Wallentin, *Ignaz Gustav: Ansprachen bei der Trauerfeier für den am 11. Mai 1897 gestorbenen Prof. Karl Albert Schmidt.* 8 (S. 19—21).
Progr. K. k. Franz-Joseph-G. *Wien* 1898.

Stowasser, *Josef Maria* Die XIV. epitoma des Grammatikers Virgilius Maro. 8 (S. XVII XXXII). Progr. K. k. Franz-Joseph-G. *Wien* 1889.

Incerti auctoris Hisperica famina denuo edidit et explanavit *Josef Maria* Stowasser. 8 (38 S.). K. k. Franz-Joseph-G. *Wien* 1887.
Progr.

Stowasser, Josef M[aria]: Das Gott erhalte griechisch und lateinisch. S. III—IV. 8. **Progr.** K. k. Franz Joseph-Gymn. *Wien* 1902.

Griechenlyrik in deutsche Verse übertragen. Von J[oseph] M[aria] **Stowasser.** Heidelberg: Winter [1909]. XXIII, 287 S. 8° [11. 2165 6]

Stowasser, J. M., Griechenlyrik. — Römerlyrik. In deutsche Verse übertr. 4.—8. Taus. 2 Bde. (XXIII, 287 u. XX, 492 S.) 8. Heidelberg (910). Carl Winter. Geb. 5. —

Stowasser, Jos. Mar. Der Hexameter des Lucilius. 21 S. 8.
Progr. G. IX. Bez. *Wien* 1880.

—: Imperatori patrono duodecim abhinc lustris rerum potito summa qua decet reverentia gratulatur collegium professorum gymnasii Francisco-Josephini vindobonensis a. d. IV. non. Dec. MCMVIII. S. 3—4. 8. **Progr.** K. k. Franz Joseph-Realgymn. *Wien* 1909.

Stowasser, J[osef] M[aria]: Über ein paar anapästische lateinische Inschriften. S. III XV. 8.
Progr K. k. Franz Joseph-Gymn. *Wien* 1904.
Die Inschriften auch in Büchelers Ausgabe der Carmina epigraphica.

Porphyrio. Stowasser, *Josef Maria* Lexikalisch-Kritisches aus Porphyrio. 8 (28 S.). K. k. Franz-Joseph-G. *Wien* 1893.
Auch in Xenia Austriaca I (1893) S. 137—166.
Progr.

Stowasser, Jos. **Mar.** Noniana. 20 S. 8. *Freistadt Östr.* 1884.
Progr.

Stowasser, J. M.: Die Luxemburger Pergamen, s. Studien, Wiener.

— Proben römischer Solinhandschriften. Wien III., Progr. 1893

— Zu des Prudentius Psychomachie, s. Studien, Wiener.

Römerlyrik in deutsche Verse übertragen. Von J[oseph] M[aria] **Stowasser.** Heidelberg: Winter (1909). XX, 492 S. 8° [11. 2164 6]

— Satura, s. Studien, Wiener.

Stowasser, J. M., griechische Schnadahüpfeln. Proben zwiesprach. Umdichtg. (72 S.) gr. 8. Wien (903). C. Fromme. n. 1. 50

Stowasser, J. M., lateinisch-deutsches Schulwörterbuch. Lex.-8. (XX, 1092 S.) Prag 894. F. Tempsky. — Leipzig, G. Freytag. n. 8. 40; geb. in Halbfrz. n. 11. —

STOWASSER, J. M.
(F) Lateinisch-Deutsches Schulwörterbuch. Von J. M. Stowasser. 2. verbesserte und mit Nachträgen versehene Auflage. Wien. Prag. 1900. Tempsky. Leipzig. Freytag. Lex.-8°. XX, 1104 S. Geb. K 13.—

— Lateinisch-deutsches Schul- u. Handwörterbuch. 3., umgearb. Aufl. v. Mich. Petschenig. Einleitg. u. etymolog. Tl. neu bearb. v. Frz. Skutsch. (XVII, 804 S.) Lex. 8. Wien 910. F. Tempsky. — Leipzig, G. Freytag. Geb. in Leinw. 8. —

Stowasser, *Josef Maria* De quarto quodam Scoticae Latinitatis specimen. 8 (S. III—XVII).
Progr. K. k. Franz-Joseph-G. *Wien* 1889.

Stowasser, J. M., Text- u. Druckprobe aus dem latein. deutschen Schulwörterbuch. Gel. 1893 XVI, 16 S. 4°. 1.—

Stowasser, J[osef] M[aria]: Übersetzungsproben. S. 3—20. 8.
Progr. K. k. Franz Joseph-Gymn. *Wien* 1908.
Sappho. An Aphrodite. Alcaeus. Frg. 34—35 (ergänzt aus Horaz c. I 9). Bacchylides. Siegesgesang auf Hiero von Syr. Pindar. Zweites nemeisches Siegeslied. Zweiter olympischer Siegesgesang. Sophokles. Lob der Heimat (Kolonos Hippios. Oed. Kol. 668—719). Gewalt des Menschen (Antigone 332—375). Melinno. Ode auf Rom. Gregor von Nazianz (poem. mor. 29. 187ff.) Meleager von Gadara. Plato. Satyros. Marianus (Anth. Pal. IX 668. 669). Euripides. Trojas Fall. (Hecuba 915—951).
Mit Ausnahme des Greg. v. Naz. ist alles wiederholt in des Verf. Griechische Lyrik in deutsche Verse übertragen. *Heidelberg: C. Winters Universitätsbuchh.* (1909).

Stowasser, *Josef Maria* Dunkle Wörter. 8 (S. III—XXXII).
Progr. Franz-Joseph-G. *Wien* 1890.

Stowasser, J. M., dunkle Wörter. Lexikalisches. gr. 8. (32 S.) Prag 890. Tempsky. — Leipzig, Freytag. n. 1. —

Stowasser, *Josef Maria* Eine zweite Reihe dunkle Wörter. 8 (XXXII S.). Progr. K. k. Franz-Joseph-G. *Wien* 1891.

— e. 2. Reihe dunkler Wörter. Lexikalisches. gr. 8. (34 S.) Ebd. 891. n. — 60 (1 u. 2.: n. 1. 60)

— Das Verbum „lare". Wien III. R. (Rainer) 92.
Progr.

Stowasser, J. M., das Verbum lare. (Eino 3. Reibo dunkler Wörter.) Lexikalisches. Progr. gr. 8. (20 S.) Prag 892. F. Tempsky. — Leipzig, G. Freytag. n. — 60

Stowasser Otto: Friedrich von Walchen, Erzbischof von Salzburg. 1270—1284.
1910 PN 2928 **Diss.** Wien, Univ. 1037

Stowe, Charles E. Harriet Beecher Stowe. Briefe u. Tagebücher, hrsg. v. Ch. E. St. Deutsch v. Margarethe Jacobi. gr. 8. (VIII, 311 S. m. Bildnis.) Gotha 892, F. A. Perthes. * 4 —

Stowe, Harriet Beecher, s. a. Beecher Stowe.

Stowe, Harriet Beecher, abrégé de l'histoire de l'oncle Tom, s. Bibliothèque, petite, française.

—— des Predigers Brautwerbung, s. Bibliothek, europäische.

Stowe, Harriet Beecher, Uncle Tom's cabin, s. a. Collection of British authors. Vol. 243. 244.

Uncle Tom's cabin by Harriet Beecher Stowe a. little Lord Fauntleroy by Frances Hodgson Burnett. The birds of passing, a. the voice of spring by Felicia Hemans. (2. Aufl.) Ed. w. biograph. sketches a. explanatory notes by Dr. Heinrich Saure. [Nebst] Vocabulary. *Berlin: F. A. Herbig 1898.* 2 Bde 8.
Cabin. (VII, 11 S.) Vocabulary. (25 S.)
= Authors, Modern English. Vol. 1. [98. 10511

— Dred, s. a. Bibliothek, europäische.

— Dred, s. a. Collection of British authors.

—— s. a. Roman-Zeitung.

Stowe, H. B., Dred, s. a. Volks-Bibliothek, neue.

Stowe, Harriet Beecher, Dred; eine Erzählung aus dem großen Dismal-Sumpfe. 2 Bde. (in 1 Bd.) gr. 8. (V und 583 S.) Boston 856(58.) (Philadelphia, Schäfer und Koradi.) geb.

Stowe, H. B., oldtown folks, s. Collection of British Authors.

Stowe, Harriet Beecher, kleine Füchse, s. Beecher-Stowe.

(Stowe, Harriet Elizabeth Beecher
Onkel Tom's Hütte, oder Sclavenleben in der Republik Amerika.
Berlin: Janke 1852. 357 S. 8°)
Titelbl. fehlt.

— Onkel Toms Hütte oder Negerleben in den Sklavenstaaten Amerikas. Aus dem Engl. 2 Thle. gr. 8. (524 S. m. 6 Holzschntaf.) Berlin 852, Sacco. 1 ℛ

— Onkel Toms Hütte. Aus dem Engl. 3 Bde. 8. (1: 219 S. 2: 228 S. 3: 203 S.) Berlin 852, Verlagshandl. des allg. deutschen Volksschriften-Vereins. n. 2/3 ℛ

— Onkel Toms Hütte oder Negerleben in den Sklavenstaaten Amerikas. Aus dem Engl. 30 Lfgn. gr. 8. (558 S. m. eingedruckten Holzschn. u. 15 Holzschntaf.) Leipzig 852, Weber. (à 1 1/2 ngr) 1 1/2 ℛ

— Onkel Toms Hütte. Uebers. v. F. C. Nordstern. 2. Abdr. 6 Hfte. 8. (... S.) Wien 852, Wenedikt. 1 ℛ 12 ngr

— — oder: Negerleben in den Sklavenstaaten Amerika's. Aus dem Engl. Mit 6 Holzschn. Berlin 853. Brandis. (Falckenberg u. Co.) 8. (1. Bd.: 210; 2. Bd.: 189; 3. Bd.: 160 S.) 1 ℛ.

— — oder: Leiden der Negersklaven in Amerika. Im Auszuge für das deutsche Volk bearb. Mit 1 Titelbild (Holzschn.). Berlin 853. Lassar. 16. (55 S.) n. 5 ngr

— Onkel Tom's Hütte. Ein Roman aus dem Leben der Sklaven in Amerika. 2 Thle. 2. u. 3. Aufl. Berlin (853.) Sacco. 8. (278; 246 S. u. 6 Holzschn.) 1 ℛ.

— — oder Sklavenleben in den Freistaaten Amerika's. Aus dem Engl. 3 Thle. 2. Aufl. Berlin 853. Schnitzer. 8. (2 Bl., 643 S.) n. 20 ngr

Stowe, Harriet Elizabeth Beecher
Onkel Tom's Hütte, oder Negerleben in den Sklavenstaaten von Amerika. Nach der 20. amerikanischen Auflage aus dem Englischen. Nebst der neuen von der Verfasserin eigens für Europa geschriebenen Vorrede. Vollst. und wohlf. Stereotyp-Ausg. 3. Aufl.
Leipzig: Friedlein 1853. 326 S. 8°
(Neue Volks-Bibliothek. Bd 1.)

— — oder Negerleben in den Sklavenstaaten von Nordamerika. Mit 50 Illustrationen (Holzschn.). 2. Aufl. 853. (XII, 736 Sp.) — 3. u. 4., mit Anmerkungen verm. Aufl. Leipzig 853, 54. Weber. gr. 8. (XII, 430 S.) n. 1 ℛ.

— — oder Sclaverei im Lande der Freiheit. 3. Aufl. Mit einer Originalvorrede der Frau Verfasserin, und mit einer Einleitung über die Sclaverei. 4 Bde. Leipzig 853. O. Wigand. 16. (XX, 109; 117; 141; 141 S.) 20 ngr

— — oder die Geschichte eines christlichen Sklaven. Aus dem Engl. übertragen von L. Du Bois. 3 Thle. Stuttgart 853. Franckh. 16. (XI, 176; 183; 312 S.) 22 ngr

— — oder das Negerleben in den Sklavenstaaten des freien Nordamerika. In deutscher Auffassungsweise für deutsche Leser bearb. von Ungewitter. 3. Ausg. Mit 6 Illustr. (Holzschn.). Wien 853. Hartleben. 8. (240 S.) 18 ngr

— — oder Negerleben in Nord-Amerika. Uebers. von F. C. Nordstern. 2. Abdr. Wien 853. Wenedikt. 8. (... S.) 1 ℛ. 12 ngr

— Toms Hütte oder: das Sklavenleben in Amerika. Für die Jugend bearb. von Wilh. Kammerer. Mit 4 Stahlst. Regensburg 870. Manz. 8. (166 S.) n. 10 ngr

Onkel Tom's Hütte oder Negerleben in den Sklavenstaaten in Amerika v. [Harriet] Beecher Stowe. Ill. v. Peter Geh. Berlin: F. Schulze [1898]. (240 S., 4 Taf.) 1 Bd 8°

Stowe, Harriet Beecher, a key to uncle Tom's cabin, s. Collection of british authors.

Stowe Henriette B. Siehe: Lese-Kabinet, belletristisches.
Lefg. 697—700 od. Bd. 317. (310.)

— die Leute von Oldtown. Roman. Aus dem Engl. übers. von J. N. Heynrichs. Autor. Ausg. 4 Bde. Berlin 870. Janke. 8. (255, 249, 233 u. 227 S.) 4 ℛ

—— die Maiblume. Bilder und Charaktere. 16. (XVIII und 334 S.) Berlin 853, Duncker und Humblot. *

Stowe, Harriet Elisabeth Beecher

Das Maiblümchen, oder Skizzen und Scenen von Charakteren unter den Nachkommen der Pilger. Aus dem Engl. Mit einer Vorrede von Catherine Esther Beecher und einer Biographie der Miß Stowe. Vollst. und wohlf. Stereotyp-Ausg.
Leipzig: Friedlein 1853. 138 S. 8°
(Neue Volks-Bibliothek. Bd 7, 1. Hälfte.)

—— Maiblümchen oder amerikanische Skizzen und Erzählungen. Aus dem Engl. 8. (III und 178 S.) Leipzig 853, Kittler. *
Vgl.: Volks-Bibliothek, neue.

—— Onkel Tom's Schicksale.

— — für die Jugend bearb., s. Hausbibliothek der Jugend, — Lesekabinet für die Jugend, — Streich.

— Onkel Tom's Schicksale. Erzählung für die Jugend. Für die deutsche Jugend bearb. von Max Schasler. 2 Bdchn. Berlin (853.) Hasselberg. 8. (170; 176 S. u. 6 color. Lithogr.) 1 ℛ.

— Schlüssel zu Onkel Tom's Hütte. Enthltd.: die Original-Thatsachen und Beweisstücke auf welche die Erzählung gegründet ist. Nebst neuen Darlegungen, welche die Wahrheit des Werkes bekräftigen. Aus dem Engl. 4 Thle. Berlin 853. Duncker u. Humblot. 8. (134; 130; 171; XXX, 156 S.) n. 1 ℛ. 10 ngr.

—— dass. — Nebst einer Biographie und dem in Stahl gest. Portr. und Facsimile der Verf. (Onkel Tom's Hütte. 2. Bd.) gr. 8. (XVI und 448 S.) Leipzig 853, Friedlein. *
Vgl: Volks-Bibliothek, neue.

Stowe Harriet Beecher. Sklavenleben in Nordamerika oder Onkel Tom's Hütte. Uebersetzt von F. C. Nordstern. Mit Illustrationen. 8. (280, 360 S.) Wien, A. A. Wenedikt 1853.

— Sclaverei in dem Lande der Freiheit oder das Leben der Neger in den Sclavenstaaten Nordamerika's. Nach der 15. Aufl. von Onkel Tom's Cabin. Mit einem Vorworte. 4 Bde. 8. Leipzig 852, O. Wigand. 2 ℛ

— dass. 4 Bde. 16. Ebd. 852. n. 2/3 ℛ

—— four nice tales for riper youth, } s. Library, little english.
—— Uncle Tim and uncle Jaw, }

— Onkel Tom, siehe a. Ausland, das belletrist., 1871—1881. Bdchn. — Bibliothek, Amerikanische. 9—12. Bd. —

—— dass. — für Kinder, s. Kindererzählungen.
Vgl.: Ausland, das belletristische. — Illustrationen. — Volks-Bibliothek, neue.

— s.a. Lese-Cabinet, belletrist., 697—700. Lfg.

—— dass. — für die deutsche Jugend bearb. von M. Gans, s. Lesekabinet für die reifere Jugend.

Stowe, Harriet Beecher, Onkel Tom oder Sklavenleben in der Republik Amerika. Für die Jugend bearb. von L. Streich, s. Streich.

— Onkel Tom od. Sklavenleben in der Republik Amerika. gr. 8. (357 S.) Berlin 852, Janke. 3/4 ℛ

—— dass. — 3 Bde. 8. (1. Bd. 219 S.) Berlin 852, Verlagsh. des allgemeinen deutschen Volksschriften-Vereins. *

—— dass. — Uebers. von F. C. Nordstern. 1. und 2. Abdr. (6 Hefte.) 8. Wien 852, Wenedikt.

—— dass. — oder: Negerleben in den Sklavenstaaten Amerika's. Aus dem Engl. 3 Bde. 8. Berlin 853, [David's Buchh.] [1. (210 S.) 2. (189 S.) 3. (160 S. mit 4 Holzschn.)]

—— dass. — Im Auszuge für das deutsche Volk bearb. gr. 16. (55 S. mit 1 Ttlbld. in Holzschn.) Berlin 853, Lassar's Buchh. *

—— dass. — 2 Thle. 1. Aufl. 1852. und 3. Aufl. gr. 8. (524 S. mit 6 Holzschnt.) Berlin 853, Sacco.

—— dass. — 3 Thle. 1. und 2. Aufl. 8. (644 S.) Berlin 853, Schnitzer. *

—— dass. — Nach der 35. engl. Aufl. von J. S. Lowe. 2 Bde. 8. (XI und 488 S.) Hamburg 853, Kittler.
Vgl.: Bibliothek, amerikanische. — Haus- und Familienschatz.

—— dass. — Mit 50 Illustr. (in Holzschn.) 1. Aufl. gr. 8. (558 S.) 1852., 2. und 3. Aufl. gr. 8. 1853. und 4., mit Anmerkungen verm. Aufl. 8. (XII und 430 S.) Leipzig 854, Weber. *

—— dass. — Mit einer Originalvorrede der Frau Verf. und mit einer Einleitung über die Sklaverei. 4 Bde. (3. Aufl.) 16. (XX und 508 S.) Leipzig 853, O. Wigand.

—— dass. — In deutscher Auffassungsweise für deutsche Leser bearb. von Ungewitter. 3. Ausg. 8. (240 S. mit 6 Illustr. in Holzschn.) Wien 853, Hartleben's Verlags-Expedition.

—— Stryc Tomáš aneb obrazy ze života černych otroků v Americe. Z anglického. 8. (181 S.) Brünn 854, Winiker's Buchh. *

—— Stric Tomaž ali življenje zamorcov v Ameriki. Svobodno za Slovence zdelal J. B. S 6 podobami. 8. (XII und 155 S.) Klagenfurt 853, Leon'sche Buchh.

—— the minister's wooing, s. Collection of british authors.

Stöwe, Chr. Gottlieb Fr.

— Anzeige e. allgem. interessant. physikal. Entdeckung. 2 Stcke. gr. 8. Berl. 790. 2e Ausg. 791. Rottmann. 12 gr

— Anzeige, welche Tage des Jahres 1791 sich durch Naturbegebenheiten auszeichnen werden; nebst e. Constellationstabelle. 8. Berl. 791. Fortgesetzte Anzeige f. 1791. Ebd.

Stöwe, Chr. Gli. Fr., Erklär. der Constellationen, ob. Stellung der Himmelskörper, welche Erdbeben, Orkane, Donnerwetter ꝛc. verursachen. Mit 3 Kpft. gr. 8. Berl. 791. Rottmann. 1 ℛ 16 gr

— meteorolog. Merkwürdigkeiten. Mit 1 Kpf. gr. 8. Berl. 792. Rottmann. 16 gr

— Versuch e. Geschichte d. Philosophie, blos zum Gebrauch f. Schulen. 8. Berlin, Realschulbuchhdl. 783.

— Versuch e. Geschichte der Philosophie, blos zum Gebrauch f. Schulen. 8. Berl. 783. (Reimer). 8 gr

Stoewe, Gust., die Ausbildung für das musikalische Lehrfach. Ein Beitrag zur Reform der Conservatorien für Musik. Leipzig 870. Matthes. 8. (59 S.) n. 10 ngr.

Stoewe, Gust., die Klaviertechnik, dargestellt als musikalisch-physiologische Bewegungslehre. Nebst e. System gymnast. Uebgn. gr. 8. (XII, 151 S.) Berlin 886. Oppenheim. n. 2.50

Stoewer, Gebr.: Katalog der Fabrik für Motor-Fahrzeuge und Fahrrad-Bestandtheile. Stettin 1900/1901

Stoewer, Gebr.: Katalog über Fahrradtheile. Stettin (1902)

Stoewer, Iosephus [Guestfalus]: In quibus nitantur auctoribus Iulii Pollicis rerum iudicialium enarrationes . . . Monasterii Guestfalorum, ex typogr. Coppenrathiana, 1888. 1 Bl., 53,1 S. 2 Bl. 8°
Münster, Phil. Fak., Inaug.-Diss. v. 11. Aug. 1888

Stoewer, Josephus, in quibus nitantur auctoribus Julii Pollucis rerum iudicialium enarrationes. Diss. Münster 1888, Heinrich Schöningh. 8°. 53 S.

Stöwer, Joseph [wiss. Hilfsl. Dr.]: Zur Umgestaltung des Unterrichts in der deutschen Rechtschreibung. Meppen, Druck v. H. Wegener, *1897*; 3—16 S. 4.
Meppen, k. G, OP 1897 (325)

Stoewer, Paul

Stoewer, P., Anleitung zur Brillen-Verordnung f. Ärzte u. Studirende. [Aus: „Wiener Klinik".] gr. 8. (40 S. m. 24 Illustr.) Wien 895. Urban & Schwarzenberg. n. 1.60

Stoewer, Paul, üb. Brillen-Verordnung, s.: Klinik, Wiener.

Stoewer, Paul [aus Pommern]: Drei Falle von Phlegmone orbitae.... Greifswald, Druck v. Julius Abel, 1888; 27 S. 8°
Greifswald. Med. Fak., Inaug.-Diss. v. 4. Aug. 1888

Stoewer, Rudolf

Stoewer, R. Herzog Albrecht der Beherzte von Sachsen als Reichsfeldherr gegen die Ungarn 1487. 8. Greifswald 1872.

Stoewer, Rud., die Belagerung v. Kolberg 1807. Zur 100jähr. Erinnerg. an die ruhmvolle Verteidigg. nach den Quellen dargestellt. (V, 79 S. m. 6 Taf. u. 1 Plan.) 8. Kolberg 907. C. F. Post. 1.—

—— s. Bibliothek turnerischer Unterhaltungen.

Stoewer, R.: Die Bürgschaft, s.a. Bibliothek turnerischer Unterhaltungen.

Stoewer, Rudolf:
Die Bürgschaft, Ballade v. Fr. v. Schiller, schattenmimodramatisch dargestellt, in 2 Aufz.

Stoewer, R., Festschrift zum 50jähr. Bestehen des Turn- und Fechtvereins zu Danzig, 1860—1910, Danzig 1910, 50 S., 8°.

Stoewer, *Rudolf* Die Freiübungen, ihre Bedeutung für das Schulturnen und ihre Methode im Turnunterricht. 4 (S. 3—10).
Progr. Prg. *Schwetz a. W.* 1886 (39)

– Frisch, frei, fromm, froh, s.a. Bibliothek turnerischer Unterhaltungen.

Stoewer, Rudolf, Frisch, frei, fromm, froh! Ein Turnerschwank a. d. Zeit f. d. Zeit, in 2 Aufz.; Eine Turnstunde in Kamerun, Ein Turnerschwank m. Gesang u. Tanz in 1 Aufz., Leipzig 1888, 32 S., 8°.

Stoewer, Rud., Geschichte der Stadt Kolberg, unt. Benutzg. v. Riemanns Geschichte v. Kolberg aus d. Quellen dargest. u. bis in d. Gegenwart fortgeführt. gr. 8. (VI, III, 196, 36 u. IX S. m. 1 Plan.) Kolberg (897). C. F. Post. n. 2.50; geb. n.n. 3.50

Stoewer, Rud. Hans v. Hake, s. Geschichts- u. Unterhaltungs-Bibliothek, vaterländische.

Stoewer, Rud., Lehrbuch f. den evangel. Religionsunterricht an höh. Schulen. gr. 8. (VIII, 200 S. m. 2 farb. Karten.) Berlin 899. Weidmann. Geb. in Leinw. n. 2.40

—— Leitfaden f. den evangelischen Religionsunterricht an höheren Schulen m. sechsjähr. Kursus. gr. 8. (VIII, 100 S. m. 2 farb. Karten.) Berl. 892, Weidmann. cart. * 1 20

Stoewer, Rud., Leitfaden f. den evangel. Religionsunterricht an höh. Schulen m. sechsjähr. Kursus. Mit Karten v. Palästina u. den Reisen des Apostels Paulus. 2. Aufl. gr. 8. (VIII, 104 S.) Berlin 899. Weidmann. Kart. n 1.20

Stoewer, Rud., Leitfaden f. den evangel. Religionsunterricht an höh. Schulen m. sechsjährigem Kursus. Mit Karten v. Palästina u. den Reisen des Apostels Paulus. 3. Aufl. (VIII, 106 S.) 8. Berlin 904. Weidmann. Kart. n. 1.20

Stoewer, Rud., baltische Novellen u. Humoresken. (III, 134 S.) 8. Dresden 903. E. Pierson. n. 2.—; geb. n. 3.—

Der falsche Olaf. Nach d. Sagen d. alten Hansastadt Danzig erzählt von Dr. Rudolf Stoewer. Kolberg: C. F. Post 1895. (20 S.) 8° [Umschlagt. F.]
[26. 8.,7 10

Stoewer, Rud., Peter v. Argon. Eine Augsburger Stadtgeschichte aus der Mitte des 15. Jahrh. 8. (166 S.) Augsburg 888, Rieger'sche Buchh. geb. * 3 —

Stoewer, *Rudolf*: Aus der Praxis des deutschen Unterrichts im Anschlufs an die Lehrpläne von 1892. 4 (S. 3—31).
Progr. Kgl. G. *Konitz* 1899 (32).

— quodlibet, s.a. Bibliothek turnerischer Unterhaltungen.

Stoewer, Rudolf, Quodlibet, 6 Aufführ. f. einen humorist. Turnerabend, Leipzig 1893, 48 S., 8°.

– Der Wirtin Töchterlein, s.a. Bibliothek turnerischer Unterhaltungen.

— Der Wirtin Töchterlein, Nach Ludwig Uhland musikalisch-dramatisch bearb. f. Soli u. Chor, in 1 Aufz., Leipzig 1890, 34 S., 8°.

Stoewer, R., Turnspiel, Sport, Wanderungen unserer Schuljugend, E. Beitr. zur Klärung der Ansichten üb. d. körperliche u. geistige Erfrischung der Jugend, Berlin 1888, 33 S., 8°.

– Eine Turnstunde in Kamerun, s. Bibliothek turnerischer Unterhaltungen.

– Im schwarzen Walfisch zu Askalon, s.a. Bibliothek turnerischer Unterhaltungen.

— Im schwarzen Walfisch zu Askalon, Nach einer alt-assyrischen Keilschrift, episch-dramatisch-musikalisch behand. f. Soli u. Chor, in 1 Aufz.

Stoewer, Rudolf [Dr.]: Das Ziel des evangelischen Religionsunterrichtes am Gymnasium und Realgymnasium, mit besond. Eingehen auf d. bibl. Lektüre besprochen. Berent, gedr. in d. Buchdr. v. A. Schueler, 1891; S. 1—25; 4°
Berent, k. PG, OP 1891 (25)

— Zollernlieder. Gedichte u. Festspiele f. Kaisers Geburtstag u. Sedan. Mit e. Notenbeilage. gr. 8. (VII, 44 S.) Breslau 896. M. Woywod. n. — 75

Stoewer, Wilhelm, Direktor Prof. Dr.: Wilhelm von Kaulbachs Bilderkreis der Weltgeschichte im Treppenhause des Berliner Neuen Museums. Berlin W.-Schöneberg: W. Sommer. (33 S.) 4° [F.]
Schöneberg, R OP 1906 (163)

Stoewer, Wilh., Wilhelm v. Kaulbachs Bilderkreis der Weltgeschichte im Treppenhause des Berliner neuen Museums. Erläuternde Betrachtgn. (56 S. m. Abb.) 8. Berlin 906. Kunstverlag St. Lukas. — 50

Stoewer, W. [Dr.]: Das Kulturhistorische im „Meier Helmbrecht" von Wernher dem Gärtner. Bochum, Druck v. W. Stumpf, 1891; 1 Bl., 25 S. 4°
Bochum, st. R, P 1891 (358)

Stoewer, W., das Kulturhistorische im „Meier Helmbrecht" v. Wernher dem Gärtner. gr. 4. (25 S.) Bochum 891. (Leipzig, G. Fock.) n. 1. —

Stöwer, Willy

— auf an die See. Album mit 10 (farb.) Ansichten d. Seereise von Stettin nach Rügen nach Orig.-Aquarellen v. S. qu. gr. 4. Stettin 898. Berlin, J. F. Braeunlich. Geb. in Leinw. 2. —

— auf an die See. Album m. Ansichten der Seereise Stettin - Rügen. qu. gr. 4. Stettin 898. A. Schuster. Geb. n. 2. —; erm. Pr 1. —

Stöwer, Willy, Blumen-Studien m. Delfter Landschaften, s.: Klein, Catharina.

— Fleurs et paysages, s.: Klein, Cath.

Stöwer, Willy, deutsche Flottenmanöver. Nach Aquarellen u. Studien v. St. qu. gr. Fol. (15 farb. Bl. m. Begleitworten auf der Rückseite u. VI S. Text.) Braunschweig (900). G. Westermann. Geb. in Leinw. n. 16. —

Stöwer, Willy, die deutschen Hafenstädte. In Bildern v. St. Text v. Geo. Wislicenus. (In 4 Lfgn.) 1. u. 2. Lfg. (S. 1—48 m. Abbildgn. u. 8 farb. Taf.) 40,5—60 cm. Berlin (910). Deutscher Verlag. Subskr.-Pr. à Lfg. 5. —

— u. A. Schelesny, Deutschlands Handelsflotte. (1. Serie.) Hamburg-Amerika Linie (Hamburg-amerikan. Packetfahrt-A.-G.). Nach Orig.-Aquarellen. qu. gr. 8. (12 farb. Bl. m. eingedr. Text.) Berlin 899. Kutzner & Berger. Geb. in Leinw. 3. —

— Deutschlands Kriegsflotte (1. Serie) mit Benutzg. amtl. Materials nach Orig.-Aquarellen. qu. gr. 8. (12 Farbdr. m. untergedr. Text.) Berlin 898. Kutzner & Berger. Geb. n. 3. —

— unsre Kriegsflotte, s.: Wislicenus, Geo.

— Marine-ABC. Fol. (12 S. m. farb. Abb.) Leipzig (901). O. Spamer. Geb. n. 4. 50

Stöwer, Willy, Marine-ABC. 2. Aufl. (12 S. m. farb. Abb.) gr. 4. Leipzig (906). O. Spamer. Kart. n. 2. 50

— Marine-Erinnerungs-Blätter. (12 farb. Taf. m. 1 Bl. Text.) 38×48 cm. Berlin (908). R. Bong. In Mappe 7.50; einz. Blatt — 50

— Marine-Landschaften, s.: Universal-Malvorlagen.

— der deutsche Segelsport. Unter Mitwirkg. v. G. Belitz, Riek u. de Ahna. Mit 128 Textbildern, 16 Aquarelldrucken nach Originalen des Hrsg., 1 Takelungsplane u. 1 Flaggentafel. (XII, 316 S.) Lex.-8. Leipzig 905. F. A. Brockhaus. Geb. in Leinw. n. 25. —

— s.: Thüringen in Wort u. Bild.

— s.: Wandtafel deutscher Kriegsschiffe.

Der Wohnungsmarkt in Halle a. S. Die Zählung der Leerwohnungen am 1. Nov. 1909 u. d. Neuwohnungen f. 1910. (Verf.: Referendar Dr. Stöwesand.) Halle a. S. 1909: Gebauer-Schwetschke. 32 S. 8°
(Beiträge z. Statistik d. Stadt Halle a. S. H. 8.)

Lesebuch der Kleinen, nach der vereinigten Schreiblese- u. Normalwortmethode, den Grundsätzen d. Phonetik u. mit Berücks. d. Schwachbegabten bearb. v. F[riedrich] Stöwesand, Lehrer in Magdeburg. Ausg. B. mit einjähr. Lehrgange. Magdeburg: C. E. Klotz 1899. (IV, 96 S.) 8°

Lesebuch der Kleinen, nach der vereinigten Schreiblese- u. Normalwortmethode, den Grundsätzen d. Phonetik u. mit Berücks. d. Schwachbegabten bearb. von F[riedrich] Stöwesand. Ausg. A. in 2 Teilen. T. 1. 2. *Magdeburg: C. E. Klotz 1900.* 2 Bde 8° [F.]
1. Für Volksschulen: 1. Schuljahr. Für Hilfsschulen: 1. u. 2. Schuljahr.
2. Für Volkssch.: 2. Schuljahr. Für Hilfssch.: 3., bezw. 3. u. 4. Schuljahr. (01. 5791 3

Stöwesand, F., Lesebuch der Kleinen, nach der vereinigten Schreiblese- u. Normalwortmethode, den Grundsätzen der Phonetik u. m. Berücksicht. der Schwachbegabten bearb. Ausg. A in 2 Tln. gr. 8. Magdeburg, C. E. Klotz. n.n. — 90; geb. n.n. 1. 20
1. Für Volksschulen: 1. Schulj. Für Hilfsschulen: 1. u. 2. Schulj. 2. Aufl. (VIII, 54 S. m. z. Tl. farb. Abbildgn.) 902. n.n. — 55; geb. n.n. — 70
2. Für Volksschulen: 2. Schulj. Für Hilfsschulen: 3., bezw. 3. u. 4. Schulj. (VIII, 80 S. m. Abbildgn.) 900. n.n. — 55; geb. n.n. — 70

Lesebuch der Kleinen, nach d. vereinigten Schreiblese- u. Normalwortmethode u. d. Grundsätzen d. Phonetik bearb. von F[riedrich] Stöwesand, Lehrer in Magdeburg. Ausg. B. Für Mittel-, höhere Töchter-, Bürger- u. Vorschulen: 1. Schulj. Für Hilfsschulen: 1. u. 2. Schulj. 3. Aufl. Neue Rechtschreibung. Magdeburg: C. E. Klotz 1903. (VI, 96 S.) 8°

Stöwesand, F., Lesebuch der Kleinen, nach der vereinigten Schreiblese- u. Normalwortmethode u. den Grundsätzen der Phonetik bearb. Ausg. A in 2 Tln. gr. 8. Magdeburg 905. C. E. Klotz. Geb. n.n. 1. 20
1. Für Volksschulen: 1. Schulj. Für Hilfsschulen: 1. u. 2. Schulj. 4. Aufl. (54 S. m. z. T. farb. Abb.) — 50
2. Für Volksschulen: 2. Schulj. Für Hilfsschulen: 3., bezw. 3. u. 4. Schulj. 3. Aufl. (80 S. m. Abb.) — 70

— dasselbe. Ausg. B. Für Mittel-, höh. Töchter-, Bürger- u. Vorschulen: 1. Schulj. Für Hilfsschulen: 1. u. 2. Schulj. 4. Aufl. (96 S. m. z. Tl. farb. Abbildgn.) gr. 8. Ebd. 905. Geb. n.n. — 80

Stöwesand, J., das Mysterium der Sprache Gottes im Menschen oder der Glaube in seiner Wahrheit. Gotha 857. F. A. Perthes. gr. 8. (XII, 248 S.) n. 1 Thlr. 6 ngr.

Stöwesand, Max, laß dich finden! Predigten üb. alttestamentl. Texte. (V, 180 S.) gr. 8. Schwerin 906. F. Bahn. n. 3. —; geb. in Leinw. n. 3. 60

Stöwesand, Max, wenn ich nur Dich habe! Predigten üb. alttestamentl. Texte. (VII, 174 S.) gr. 8. Schwerin 909. F. Bahn. 3.—; geb. 3. 60

Stöwesand, Walther: Die Kriminalität in der Provinz Posen und ihre Ursachen. Halle a. S.: Hendrichs 1909. 33 S. 8° ¶ (Ersch. vollst. in: Der Gerichtssaal.)
Halle, Phil. Diss. v. 8. Juli 1909, Ref. Waentig
[Geb. 28. Juli 80 Seehausen i. A.; Wohnort: Halle a. S.; Staatsangeb.: Preußen; Vorbildung: Gymn. Seehausen Reife O. 00; Studium: Jur. u. Nationalök. Göttingen 2, Halle 4 S.; Rig. 5. März 09.] [U 09. 1711

Stöwesand, Walth., die Kriminalität in der Prov. Posen u. ihre Ursachen, s. a. Gerichtssaal, der. Beilageheft z. 77. Bd.

Die Kriminalität in der Provinz Posen und ihre Ursachen. Von Dr. phil. Walther **Stöwesand**. Stuttgart: Enke 1910. 180 S. 8°
Ein T. ersch. als philos. Inaug.-Diss. Halle. 1909.
(Der Gerichtssaal. Bd 77, Beilageh.) [10. 17:70

Stöwesand, Wilhelm, approb. Arzt zu Berlin: **Über Endocarditis ulcerosa unter Wiedergabe zweier geheilter Fälle.** *Berlin (1900): R. F. Funcke.* (38 S.) 8°
Leipzig, Med. Diss. v. (11. Juni) 1900

Stöwesand, Wilh., über Endocarditis ulcerosa unter Wiedergabe zweier geheilter Fälle. Diss. gr. 8. (38 S.) Berlin (900). (R. F. Funcke.) n. 1.—

Stöwesandt, s. S t o e v e s a n d t

Fest-Cantate zur Säcularfeier der g. u. v. Freimaurerloge Friedrich zum weissen Pferde am 29. Jan. 1846. [Gedichtet von Friedr. Voigts, komp. von Stowiezeck.] [Hannover 1846: Pockwitz.] 2 Bl. 8⁰ [Umschlagtit.]
Abgedr. in: Säcular-Feier d. L. Friedrich z. w. Pferde, Hannover. 1846 S. 21—23.
Ohne Noten: „O Herr! wie gross sind deine Wunder, . . .“

Stowik, Jul., die Slaven, das älteste autochthone Volk Europas. Übers. aus dem Russ. vom Autor. I. Thl. (98 S.) 8. Turócz-Szt.-Márton 908. (Prag, F. Řivnáč.) 1. 80

Julius **Stowik**. Die S l a v e n , das älteste autochthone Volk Europas. Übers. aus d. Russ. vom Autor. Th. 1. Turócz-Szt.-Márton: Selbstverl. 1908. 8⁰

Stöwsand, W., Erdkunde, s.: Unteroffizier-Bibliothek.

Stoy, Karl Volkmar, Leben, Lehre und Wirken, s. Fröhlich, G.

Stoy, (Car. Ferd.) Augustus (geb. Friedewalde in Westf. 3. 7. 1817)
De perspicillis eorumque usu. Berolini (1841). (27 S.) 8°
Berlin, Med. Diss. v. 29. Juli 1841

Stoy, C. G., s. S t o y , Karl Gottlob

Stoy, C. V., s. S t o y , Karl Volkmar

Stoy, Carl, s. S t o y , Karl

Stoy, Carl Ferdinand August, s. S t o y , August

Stoy, Emil, Gewichtstabellen d. absoluten Gewichte **v. Körpern f. d. Kubikmeter u. deren** spez. Gewichte m. **bes. Berücksicht. d. Baumaterialien.** 8. (44 S.) **Berlin 896. M.** Krayn (Fischer's technol. Verlag). Kart. n. 1. 50

Stoy, Emil, Tabellen zur Berechnung hölzerner Träger m. besond. Berücksicht. jener Querschnitte, deren Breite zur Höhe sich wie 5 zu 7 verhält. 2., umgearb. Aufl 12. (45 S.) Wien 902. Lehmann & Wentzel. n. 1.20

Stoy, Emil, Tabellen zur Berechnung hölzerner Träger m. besond. Berücksicht. jener Querschnitte, deren Breite zur Höhe sich wie 5 zu 7 verhält. 3., verm. Aufl. (51 S.) 8. kl. 8. Wien 909. Lehmann & Wentzel. 1.50

Stoy, Friedrich Paul (Hersbruck) Altd. Thl. 17/15

Ioh. Guil. Baieri de informatione catechetica aphorismi ex utrovis Martini Lutheri in catecheses suas prologo. Präs. Johann Balthasar Bernhold.
Altdorf (Meyer) 1726. 31 S.

4 Resp. 33789

Stoy, Friedrich Paul (Hersbruck) A. S. 261/15

Commentatio de bibliotheca Caroli M. imperatoris Aug. gloriosissimi ad Eginharti de vita eiusdem cap. XXXIII. Präs. Johann David Koeler.
Altdorf (Meyer) 27. VI. 1737. 52 S. 33792

Stoy, Friedrich Paul (Hersbruck) Altd. Thl. 17/20

Georgii Ritteri in Aug. confess. disputatio II. de Deo uno et trino. Präs. Johann Balthasar Bernhold.
Altdorf (Meyer) 7. XI. 1725. S. 7 - 12.
33788

Stoy, Friedrich Paul (Hersbruck) Altd. Phs. 38/11

Observationum eclecticarum de metaphysica Leibnitio-Wolfiana specimen IV. anthropologicum.
Präs. Jakob Wilhelm Feuerlin.
In: Feuerlin: Observationes eclecticae ex controversiis de metaphysica Leibnitio-Wolfiana. Altdorf (Kohles) 1726. 8 S. 33790

Stoy, Friedrich Paul (Hersbruck) Altd. Thl. 17/38

B. Georgii Ritteri in Aug confess. disputatio XXI. de traditionibus in genere et discrimine ciborum in specie. Präs. Johann Balthasar Bernhold.
Altdorf (Meyer) 30. III. 1726. S. 95 - 100.
33791

Stoy, Gustav: **Die volkswirtschaftliche Bedeutung der Binnenschiffahrtsstrassen . . . Leipzig-R., Druck v. O. Schmidt, 1894; 82 S., 1 Bl. 8.**
Leipzig, Phil. Fak., Inaug.-Diss. v. [20. Sept.] 1894

Stoy, Heinr., s.: Pädagogik d. Schulreise.

Stoy, Heinr., Staat, Schule u. **Erziehungsanstalt.** Vortrag, geh. zum 4. allgem. deutsch. Privatschullehrertage in Jena, Pfingsten 1901. gr. 8. (18 S.) Leipzig 901. W. Engelmann. n. — 60

Stoy, J. A. F., De vi vitali in quandam celeberrimi medici de eadem materia praelectionem. 24 pp. Hal. 4°.

Stoy, Jh. Fr., (Bergrath,) († d. 25. April 1782.) s. Anleit. zu einer bessern Benutzung des Torfs 2c. u. setze hinzu: (von J. F. Stoy).

Stoy, Johann Friedrich (Vorra/Pegnitz) Altd. Thl. 19/21

Dissertatio theologica de beneficiis typicis.
Präs. Johann Jakob Pfizer.
Altdorf (Meyer) VI. 1723. 52 S.

W. v.: Gustav Georg Zeltner, Johann Wilhelm Baier, Präs., G. F. Deinlein. 33794

Stoy, Johann Friedrich (Vorra/Pegnitz) A. S. 381/11

Dissertatio inauguralis philosophica de hydrometro.
Präs. Johann Heinrich Müller.
Altdorf (Meyer) 23. VI. 1723. 16 S. 33795

Stoy, Jh. Sgm., ABC= u. Buchstabenspiel in Kästchen. Mit 3 Alphab. u. e. Erklär. 8. Nürnb., Schneider u. W. 9 gr m. 2 Alphabeten. 5 gr

— ABC=Tafeln, s. ABC=Tafeln.

— ABC=Tafeln, mit Bildern v. Schellenberg. Deutsch u. französisch. 8. Nürnb. ... N. A. 815. Bieling. (Fr. Fleischer in Leipz.) 12 gr illum. 16 gr

— Beschreib. des pädagog. Kabinets, welches er zur Erleichterung d. Erziehung angelegt hat. Mit 1 Kpft. 8. Nürnb. 790. Erste Fortsetzung. Mit 4 Kpft. 8. Ebd. 791.

— Betrachtt. einer stillen Seele über die Hülfe von oben. 8. Nürnb. 774.

— Bibel= u. Gesangbuch für Kinder. 8. Nürnb. 781. Dessau 783. Gel. Buchh. 8 gr

— s. Bilderakademie.

— Bilderakademie f. d. Jugend, m. 54 K. gr. 8. Nrnb. Stein. 784. 16 —

— kleine Biographie für die Jugend. Aus d. pädagog. Kabinete des Prof. Stoy in Nürnberg. kl. 4. Nürnb. 788.

— kurzer Entwurf e. ganz unerhörten Geschichte, zur Beherzigung u. Warnung. 8. Nürnb. 801.

— manuel élémentaire en figures pour l'instruction de la jeunesse. III Toms. 8. Basel 790.

— manuel élémentaire pour l'instruction de la jeunesse, ou premières nations en tout genre exposées d'estampes, redigées en français par Perrault. Avec 54 estampes, représentant des 950 objets. II Vols. gr. 8. Bresl. 814. W. G. Korn. 2 thl 12 gr

— nouveau manuel élémentaire ou explication d'une suite d'estampes pour l'instruction de la jeunesse trad. de l'Allemand par Perrault, av. fig. II Vols. gr. 8. Nürnb. 789. Stein. 12 thl III Vols. (Winterth., Steiner). 2 thl 12 gr

— — dasselbe in deutscher Sprache, siehe Handbuch, element.

Hundert und fünfzig Räthsel (von *Joh. Sigm. Stoy*), Nürnberg 1779. 12°.

— Samml. v. 700 Wörtern aus der heil. Schrift. 8. ... 773.

— der goldene Spiegel, ein Lesebuch f. Söhne u. Töchter. gr. 8. Nürnb. 778—81. N. A. 785. 3e A. 799. N. A. 810. Schneider u. W. 18 gr Mit Kpf. 1 thl 8 gr Mit ill. Kpf. 2 thl 8 gr Dann unt. d. Titeln: goldener Spiegel, e. Lesebuch f. kleine Knaben. Mit 58 illum. Kpf. 4e verb. u. verm. Aufl. 8. Ebd. 816. 5e A. 831. 2 thl Mit schwarz. Kpf. 1 thl Ohne Kpf. 16 gr — goldener Spiegel, e. Lesebuch f. kleine Mädchen. Mit 59 ill. Kpf. 4e verb. u. mit vielen neuen Erzähll. verm. Aufl. 8. Ebd. 816. 2 thl Mit schwarz. Kpf. 1 thl Ohne Kpf. 10 gr

Stoy, Johann Sigismund (Nürnberg) Diss. Altd. lose jur.

Virtutum homileticarum facile princeps synkatabasis kai synanabasis. Disputatio publica.
Präs. Andreas Will.
Altdorf (Meyer) 21. II. 1765. 32 S.

Gew.: Georg Friedrich Poemer, Karl Friedrich Behaim, Christoph Sigismund Furer, Paul Karl Welser. W. v.: Präs., Karl Gottlob Raidel (Opp.), Christian Heinrich Seidel (Opp.), Johann Friedrich Jan (Opp.), Christian Wilhelm Philipp Seyboth. 33798

— Unterhaltung am Sonntage, in Betrachtt. u. Entwürfen. 2 Thle. 8. Nürnb. 778.

Stoy, Karl

Stoy, Carl, kurzer Abriss der Geschichte Minden's von der Entstehung des Bisthums bis zur kurbrandenburgischen Zeit. Vortrag, geh. im „Wissenschaftl. Verein" zu Minden am 17. Octbr. 1878. gr. 8. (19 S.) Minden 879. Körber & Freytag. n. — 30

Stoy, Karl Gottlob

— Commentatiuncula super Psalmo XVI. 8. Leipz. 796.

Stoy, Karl Glo., üb. die Erinnerungen u. Entschließungen junger Christen u. Christinnen 2c. 8. Leipz. 808. P. F. Vogel. 4 gr

— Friderico Augusto justo, Regi Saxon. potentissimo, patri patriae clementiss. auspicia imperii ante hos quinquaginta annos solemniter suscepti rite pie gratulatus est. Fol. maj. Leipz. 818. (Hinrichs). 6 gr

— zwei Predigten, eine bei sm. Abgange aus Leipzig, die andere bei sm. Antritte in Pegau. gr. 8. Leipz., Richter. 3 gr

— das Regierungsjubiläum des Königs. 8. Leipz. 818. Hinrichs. 2 gr

— neuvermehrte Samml. von Confirmationsliedern. 8. Leipz. 824. Hinrichs. 1 gr

— Versuch einiger Kanzelvorträge. gr. 8. Leipz. 801. (Cnobloch). 10 gr

— Versuch einiger Kanzelvorträge. gr. 8. Leipz. Küchler. (Wenzel) 801.

— über die Wiederherstellung des verfallenen Cultus, s. J. D. Porst.

— über die Wiederherstellung d. Cultus. gr. 8. Leipzig, Martin. 809.

Stoy, Karl Volkmar

Stoy, K. V., Altes und Neues. Der pädagogischen Bekenntnisse 2. Stück. gr. 8. Jena 844, 45, Frommann. n. 1/6 ₰ (1½ B.)

Stoy, Karl Volkmar, pädagogische Anlagen in Jena. Der pädagogischen Bekenntnisse 5. Stück. gr. 8. (47 S.) Jena 851, Frommann. 1/6 ₰

— s. **Bartholomäi**, Fr., astronom. Geographie.

Stoy, Carl Volkm., **Encyclopadie**, Methodologie und Literatur der Pädagogik. 1. Thl. A. u. d. T.: Encyclopädie der Pädagogik. Leipzig 861. Engelmann. gr. 8. (VIII, 343 S.) 2 ₰

Stoy, K. V., Encyklopädie, Methodologie u. Literatur der Pädagogik. 2., umgearb. u. verm. Aufl. Mit einem vollständigen Register. gr. 8. (X, 478 S.) Leipzig 878. Engelmann. n. 8. —

Stoy, C.V.: De ethices a Schleiermachero propositae fundamento, s. Hartenstein, Gustav.

Stoy, Carl Volkmar, Haus-Pädagogik in Monologen und Ansprachen. Eine Neujahrsgabe an die Mütter. 8. (VIII und 136 S.) Leipzig 854(55,) Engelmann.

— über Haus- und Schul-Polizei. Ein Vortrag gehalten im wissenschaftlichen Verein zu Berlin, am 19. Jan. 1856. Berlin 856. L. Oehmigke. 8. (32 S.) n. 8 ngr.

—— von der Heimatskunde. Sendschreiben an die badischen Lehrer in Stadt- und Landschulen. gr. 8. (26 S.) Jena 876, [Dufft.] Fischer. *
Aus: Allgemeine Schulzeitung, besonders abgedruckt.

— zwei **Jahresernten** oder vierzehn Sätze über Schule und Haus. Der pädagogischen Bekenntnisse 7. u. 8. Stück. Jena 862. Fr. Frommann. gr. 8. (54 S.) 7½ ngr.

Stoy, Carl Volkmar, zwei Jahresernten oder vierzehn Sätze über Schule und Haus. Der pädagog. Bekenntnisse 7. und 8. Stück. gr. 8. (54 S.) Jena 863, Fr. Frommann.

Stoy, Carl Volkm., **Lehrerberuf** u. Lehrerseminar. Pädagogisches Glaubensbekenntniß bei der Eröffnung des ersten Lehrerseminars für das evangel. Oesterreich in Bielitz am 9. Decbr. 1867 ausgesprochen. Wien 868. Fromme. gr. 8. (16 S.) n. 4 ngr.

– (Hrsg.), s. Monographien zur historischen Pädagogik.

—— die Noth der Schule. Der pädagogischen Bekenntnisse 3. Stück. gr. 8. (1¼ B.) Jena 847, Frommann.

— **Organisation** des Lehrerseminars. Ein Beitrag zur Methodologie der Pädagogik angeknüpft an eine histor. Einleitung u. Berichterstattung über das erste Lebensjahr des Lehrerseminars zu Bielitz. Leipzig 869. Engelmann. gr. 8. (VIII, 104 S.) 22½ ngr.

—— philosophische **Propädeutik**. Gedrängte Darstellung der philosoph. Probleme, der Logik, der Psychologie. Leitfaden für Vorträge und Studien auf Gymnasien und Universitäten. 2 Abthlgn. gr. 8. Ebendas. à Abthl. ℳ 1,20.
Inhalt:
Abthl. 1. Die philosophischen Probleme und die Logik. (XII, 55 S.) 869.
» 2. Die Psychologie in gedrängter Darstellung. (XIII, 34 S.) 870.

— philosophische **Propädeutik**. Gedrängte Darstellung der philosoph. Probleme, der Logik, der Psychologie. Leitfaden für Vorträge u. Studien auf Gymnasien u. Universitäten. 2 Abthlgn. Ebend. 870. gr. 8. Jede Abthl. 12 ngr.
1. Abthl. Die philosophischen Probleme u. die Logik. (XII, 55 S.)
2. Abthl. Die Psychologie. (XIII, 34 S.)

—— Rousseau, Fichte, Considerant und die Erziehung. (Der pädagog. Bekenntnisse 4. Stück.) gr. 8. (36 S.) Jena 850, Frommann.
Der pädagog. Bekenntnisse 1—3. Stück. Ebendas. 1844—47. 15 Ngr.

—— **Schrift und Jugend**, sonst und jetzt, s. Album des pädagogischen Seminars an der Universität Jena.

Stoy's, Karl Volkmar, **kleinere Schriften u. Aufsätze**. M. e. Einleitg. v. Karl Andrea hrsg. v. Heinr. Stoy. (In 2 Bdn.) 1. Bd. M. d. Bildnis Karl Volkmar Stoy's. gr. 8. (VI, 408 S.) Leipzig 898. W. Engelmann. n. 6. —; geb. n. 7. —

—— Schule u. Leben. Erste pädagogische Bekenntnisse. gr. 8. (1¼ B.) Jena 844, Frommann. *

— der deutsche **Sprachunterricht** in den ersten sechs Schuljahren. Skizze des grammatischen Unterrichts und Grammatik ohne Worte. 2. verm. Aufl. Ebend. 864. gr. 8. (59 S.) n. 10 ngr.

—— dass. — 3. Aufl. 8. (80 S.) Wien 868, Markgraf. *
Die Grammatik apart *

— der deutsche **Sprachunterricht** in den ersten sechs Schuljahren. Skizze des grammat. Unterrichts u. Grammatik ohne Worte. 3. Aufl. Wien 868. A. Müller. 8. (80 S.) n. 8 ngr.;
Die Grammatik apart n. 3 ngr.

— **zwei Tage in englischen Gymnasien**. Ein Vortrag für Gebildete. Nebst 2 Abbildgn. (1 Stahlst. u. 1 lith. Taf.) u. 1 Beilage. Leipzig 860. Engelmann. gr. 8. (48 S.) 12 ngr.

— **Vaterhaus** und Muttersprache. Der pädagogischen Bekenntnisse 6. Stück. Jena 860. Fr. Frommann. gr. 8. (48 S. u. 1 Stahlst.) 7½ ngr.

Stoy, Stephan: Die politischen Beziehungen zwischen Kaiser und Papst in den Jahren 1360—1364. Leipzig, Druck von Breitkopf & Härtel, 1881. 8. 88 S.

Stoy, Stephan [Dr.]: Erste Bündnisbestrebungen evangelischer Stände .... Jena, Gustav Fischer, 1888; 1 Bl. + 210 S. + 1 Bl. 8°
Jena, Phil. Fak., Hab.-Schr. v. 1888

Stoy, Steph., erste Bündnisbestrebungen evangelischer Stände. Mit archival. Beilagen. gr. 8. (III, 266 S.) Jena 888, Fischer. *
Aus: Zeitschrift für thüringische Geschichte und Altertumskunde, besonders abgedruckt.

Stoyanoff, Theodor Chr., von Sofia (Bulgarien): Die Lehre vom Vergleiche nach dem bürgerlichen Gesetzbuche. Straßburg i. E. 1905: C. & J. Goeller. (187 S.) 8°
Straßburg, Rechts- u. staatsw. Fak., Ref. Kisch, Diss. v. 1905
[Geb. 8./21. Mai 83 Sofia, Bulgarien; Wohnort: Sofia; Staatsangeh.: Bulgarien; Vorbildung: Gymn. Sofia Reife Sommer 00; Studium: Tübingen 1, Würzburg 3, Straßburg 2 S.; Rig. 19. Dez. 04.]

Stoye, Adelbert [aus Plömnitz (Herzogt. Anhalt)]: Zur Kenntnis der Orthodiamine ... Erlangen, k. b. Hof- u. Univ.-Buchdr. v. F. Junge, 1894; 30 S., 1 Bl. 8.
Erlangen, Phil. Fak., Inaug.-Diss. v. 1894

Stoye, *Wilhelm* Max [aus Braunschweig]: Das Verhältnis von bbers Tragödie Caesar in Egypt zu Fletchers The False One Halle a. S., Gebauer-Schwetschke'sche Buchdr., 1897; 2 Bl., S., 1 Bl. 8.
Halle, Phil. Fak., Inaug.-Diss. v. [29. Juni] 1897

Stoye, P: Die Bürstenfabrikation nebst Kalkulation. Leipzig 1909

Stoye, Paul, von e. neuen Klavierlehre. (R. M. Breithaupt's „Natürl. Klaviertechnik".) Ein Mahn- u. Weckruf an die lehr. u. lern. Musiker. 2., umgearb. u. verm. Aufl. (16 S.) 8. Leipzig 907. C. F. Kahnt Nachf. — 60

Breithaupt's 'Natürliche Klaviertechnik'. Ein Mahn- u. Weckruf an d. lehrenden u. lernenden Musiker von Paul Stoye. Leipzig: Kahnt 1907. 14, XVI S. 8⁰

Stoye, Wilhelm Max, s. Stoye, Max

Stoy's, Dr. K. V., Leben, Lehre u. Wirken, s.: Fröhlich, G.

Stoz, Ioh., tribunal poenitentiae. 4. Augsb. Wolf. 739.

Stoz, M., tribunal poenitentiae seu libri duo prior de poenitente ut reo, poster. de confessario ut judice. 4. Bamb. Gobhard. 756.

Stoz, M., tribunal poenitentiae seu libri duo, prior de poenitente ut reo, poster. de confessario ut judice. 4. Bamb. ... Ed. III. 756. (Wesché in Frkf. a. M.) 1 *ß* 4 *Х*

Stoz, W., Bohrapparat für jedes Gebirge, jede Tiefe und Breite der Bohrversuche, bei Gewinnung von fortlaufenden Gebirgskernen. Patentirt durch das königl. württemberg. Ministerium des Innern vom 11. Juli 1876, durch das kaiserl. deutsche Patentamt vom 30. Aug. 1877. Nro. 3548. gr. 8. (15 S. mit 1 lithogr. Fig.-Taf. in qu. gr. Fol.) Stuttgart 876, (Lindemann's Buchh.) *

Straach [Schlagwort]

Straach, s.: Preussen. Messtischblätter.

Straaden, Andries van (Joh. Kaltenböck), der Depeschenreiter, s.a. Kamerad-Bibliothek. 7.

Andries van Straaden. Der Depeschenreiter. Eine Erzählung aus d. Heldenkampf der Buren. 4. Aufl. *Stuttgart, Berlin, Leipzig: Union [1902].* (315 S.) 8° [F.]
— Kamerad-Bibliothek. 7. [03. ...]

Straaden, Andries v., der Depeschenreiter. Eine Erzählg. aus dem Heldenkampf der Buren. (Kamerad-Bibliothek.) 8. Aufl. (V, 315 S. m. Abb. u. Titelbild.) kl. 8. Stuttgart (909). Union. Geb. in Leinw. 3. —

Straaten, Gerhard [aus Uedem]: Ueber die Mobilisation und Extraktion des in der fenestra ovalis fixirten Steigbügels und die Folgen für das Gehör ... Halle a. S., Druck v. Wischan & Wettengel, 1894; 47 S., 1 Bl. 8.
Halle, Med. Fak., Inaug.-Diss. v. 7. Mai 1894

Straaten, Heinrich, Referendar: Die Rechtsstellung des mittelbaren Besitzers. *Cleve 1904: W. Startz jr.* (31 S.) 8°
Bonn, Jur. Diss. v. 13. Juli 1904

Straaten, Karl: Über die pneumonische oder pseudolobäre Form der akuten Lungentuberkulose. *Goch (1897): Gebr. Schaffrath.* (46 S.) 8°
Erlangen, Med. Diss. v. 22. Juli 1897

Straaten, Matthias: Die Seelenvermögen und die Einheit der Seele nach Aristoteles. Diss. Wien, Univ.
H. 1908 PN 2545 130

Straaten, Theodor van: Drei Fälle von Carcinom der Schilddrüse. *Freiburg i. Br. 1898: H. Epstein.* (48, II S.) 8°
Freiburg i. B., Med. Diss. v. 1898

Straatmann, Enno, Regierungsreferendar in Cöln a. Rh.: Die Rechtsstellung des Konkursverwalters in Ansehung der massefremden Sachen. Borna-Leipzig 1908: R. Noske. (VI, 29 S.) 8°
Leipzig, Jur. Fak., Diss. v. 26. März 1908
[Geb. 4. Dez. 78 Deli (Sumatra); Wohnort: Cöln; Staatsangeh.: Preußen; Vorbildung: Joachimsthalsches Gymn. Berlin-Wilmersdorf Reife O. 00; Studium: Straßburg 5, München 2, Göttingen 2 S.; Rig. 1. Febr. 06.]

Straatmann, Fritz, approb. Arzt aus Duisburg: Zur Lehre von der Spastischen Spinalparalyse. *Rostock 1903: C. Hinstorff.* (26 S.) 8°
Rostock, Med. Diss. v. [25. Nov.] 1903

Strabel, C. H., Nachweisungs-Tabelle, s. Nachweisungs-Tabelle.

Strabo, s. Roellig, Eduardus.

Strabo: Erdbeschreibung, s.a. Bibliothek der Übersetzungen sämtlicher griechischer und römischer Klassiker.

Strabo's Erdbeschreibung, s.a. Sammlung Griechischer u. Römischer Classiker.

— Erdbeschreib. in siebenzehn Büchern. Nach berichtigtem griech. Texte unter Begleitung krit. u. erklär. Anmerkk. verdeutscht v. Chr. G. Groskurd. 1r u. 2r Thl. gr. 8. Berl. u. Stettin 831. Nicolai. 7 *ß*

(Strabon): Strabons Erdbeschreibung in siebenzehn Büchern. Nach berichtigtem griechischem Texte unter Begleitung kritischer erklärender Anmerkungen verdeutscht von Christoph Gottlieb Groskurd. Th. 1—4. Berlin und Stettin 1831—1834. 4 Bde. 8°

Strabo(ns), Erdbeschreibung in 17 Büchern. Nach berichtigtem griech. Texte unt. Begleit. krit. u. erklär. Anmerkn. verdeutscht v. Chrstph. Gtli. Groskurd. 4 Thle. gr. 8. Berlin, Nicolai. [1. (42½ B. u. 1 Bl. geometr. Fig. qu. gr. Fol.) 3 Thlr. 16 Gr., 2. (40 B.) 831. 3 Thlr. 8 Gr., 3. (29½ B.) 833. 2 Thlr. 12 Gr., 4. (28¾ B.) 834. 2 Thlr. 12 Gr.] Thlr.
Der 4. Thl. a. u. d. T.: Vollständ. Sach- u. Namen-Register zu allen Ausgaben v. Strabons Erdbeschreibung, welche d. Casaubonischen Seitenzahlen führen.

Strabo's Erdbeschreibung übers. von A. Forbiger, s.a. Sammlung, neueste, ausgewählter griechischer und römischer Classiker.

Strabo's Erdbeschreibung. Übers. u. durch Anmerkgn. erläutert v. A. Forbiger. 15.–17. Lfg. 2. Aufl. 8. (4. Bd. S. 49—167.) Berlin 893. Langenscheidt. à n. — 35

Strabo's Erdbeschreibung. Uebers. u. durch Anmerkgn. erläut. v. A. Forbiger. 20. Lfg. 2. Aufl. 8. (5. Bd. S. 81—141.) Berlin 898. Langenscheidt. n. — 35

Strabo's Erdbeschreibung. Übers. u. durch Anmerkgn. erläutert v. A. Forbiger. 5, 23. u. 26.–34. Lfg. 2. Aufl. 8. (2. Bd. S. 1—48, 6. Bd. S. 97—144, 7. Bd. 170 S. u. 8. Bd. III u. S. 1—144.) Berlin (899—901). Langenscheidt's Verl. à n. — 35

Strabo's Erdbeschreibung. Uebers. u. durch Anmerkgn. erläutert v. A. Forbiger. 6., 7., 9., 10. u. 14. Lfg. kl. 8. Berlin-Schöneberg, Langenscheidt's Verl. à n. — 35
6. 2. Aufl. (2. Bd. S. 49—96.) (903.) — 7. 2. Aufl. Durchgesehen v. E. A. Bayer. (2. Bd. S. 97—144.) (905.) — 9. 10. 2. Aufl. Durchgesehen v. E. A. Bayer. (3. Bd. S. 1—96.) (906.) — 14. 3. Aufl. (4. Bd. S. 1—48.) (906.)

Strabo's Erdbeschreibung. Übers. u. durch Anmerkgn. erläutert v. A. Forbiger. 1.—4., 8., 18., 19., 21. u. 27.—29. Lfg. kl. 8. Berlin-Schöneberg, Langenscheidt's Verl. à — 35
1—4 u. 8. 2. Aufl. (1. Bd. VIII, 208 u. 2. Bd. S. 145—193.) (907.) 18. 19. 21. 27—29. 3. Aufl. (5. Bd. S. 1—80; 6. Bd. S. 1—48 u. 7. Bd. S. 49—170.) 908—10.

Strabo. Allgemeine Erdbeschreibung; a. d. Griech. . . . Lemgo 1775—77. MÜ: *Forbiger, Gottlieb Sam.* (Ky)

— allgem. Erdbeschreibung; aus d. Griech. mit Anmerkk. u. Zusätzen von A. J. Penzel (u. Gli. S. Forbiger). 4 Bde. Mit Kart. gr. 8. Lemgo 775—77. Meyer. 4 ℛ 12 𝒢

Strabo. Fragmenta libri VII Geographicorum. Emend. ed. T. L. F. Tafel. Gel. 1844. 41 S. 4°. 1.—

Strabonis ἱστορικῶν ὑπομνημάτων fragmenta, collegit Paul Otto, s. Studien, Leipziger, zur classischen Philologie.

Strabo, Geographia. Tom. Ius et IIus Graece. Ed. notis illustr. Coray. 8maj. (Lipsiae, Weigel in comm.) 817 et 820. a 6 Rthlr. 16 Gr.

— geographia graece. Editio stereotypa. III Tomi. 16. Leipz. 819. Tauchnitz. 2 ℛ 6 𝒢 Hbg. Pr. 1 ℛ 3 𝒢 Fein Pap. 3 ℛ

Strabonis, *Geographica.* Gr. et lat. Ad optim. codd. rec. cum var. lett. et varior. suisque notis ed. Siebenkees et Tzschucke. Lips. 796-818. 7 Tom. 8. 23 rthlr. 8 gr. Vol. I–VI. 18 rthlr. 12 gr. Enthält den Text mit lateinischer Übersetzung. Vol. VII. enthält den Anfang des Commentars, auch unter dem Titel: Casauboni Commentarius etc. S. den vollständigen Titel unter den Erläuterungsschriften.

— — Graece. Ad optimorum librorum fidem. Lips. 820. 3 Tom. 12. 2 rthlr. 6 gr.

(Strabon): Strabonis Geographica recensuit, commentario critico instruxit Gustavus Kramer. Vol 1—3. Berolini 1844—1855. 3 Bde. 8°.

Strabonis Geographica recensuit, commentario critico instruxit Gust. Kramer. Vol. I. et II. 8maj. Berolini, libr. Nicolai. [I. (35⅝ B.) 844. 3 Thlr. 10 Ngr., II. (38¾ B.) 47. 3 Thlr. 20 Ngr.]

Strabonis geographica. Recensuit commentario critico instruxit Gust. Kramer. Vol. III. 8maj. (IV und 683 S.) Berolini 852, Nicolaische Buchh.
Vol. I et II. Ibid. 1844—47. 7 Thlr.

Strabonis geographica. Recensuit indicem geographicum et historicum adjecit Gust. Kramer. Editio minor. II Voll. 8maj. (Vol. I. et Vol. II. Pars I.: III und 948 S.) Berolini 852, libr. Nicolai.

— id. — recognovit Aug. Meineke. 3 Vol. 8. Lipsiae, Teubner. [1. (XV und 396 S.) 852. 15 Ngr., 2. und 3. (XIX und S. 397—1238.) 853. Vol. 2. 15 Ngr., Vol. 3. 21 Ngr.]

Strabonis Geographica. Graece cum versione reficta. Apparatu crit., indicibus rerum nominumque locupletiss., tabulis aeri incisis XV (color. in 4.) instr. Car. Müller et F. Dübner. 2 partes. Parisiis 853, 57. Didot. Lex.-8. (IX, 1044 S.) n. 9 ℛ. 20 ngr.
(Scriptorum graecorum bibliotheca, Vol. XXXVIII et XLVII.)

Strabonis Geographica. Recogn. Aug. Meineke. Ed. ster. Vol. 1–3. Lipsiae: Teubner 1904–07. 8°
(Bibliotheca scriptorum Graec. et Rom. Teubneriana.)

Strabo, Geographie, übers. v. K. Kärcher, s. a. Prosaiker, griech.

Strabo. Geographie, übersetzt von Karl Kärcher. 3 Bde. Stuttgart 1829–1838. 8°.

— Geographie, übers. v. K. Kärcher. 1s—7s Bdchn. 16. Stuttg. 832, 833. Metzler. 1 ℛ 4 𝒢

— Geographie. Uebers. von Karl Karcher. 8s—12s Bdchen. 16. Stuttgart 833—36. Metzler. (à 1/6 ℛ) 5/6 ℛ — Alle 12 Bdchen. 2 ℛ

ΣΤΡΑΒΩΝΟΣ ΓΕΩΓΡΑΦΙΚΩΝ ΒΙΒΛΙΑ ΕΠΤΑ ΚΑΙ ΔΕΚΑ, ἐκδιδόντος καὶ διορθοῦντος Α. ΚΟΡΑΗ. — Μέρος τέταρτον. A. u. d. T.: *Ἑλληνικῆς Βιβλιοθήκης τόμος δωδέκατος.* IV. Vol. gr. 8. Paris 816—19, Barrois.

— Iberia, sive rerum geographicarum liber III., ed. C. G. Groskurd. 8maj. Strals. 819. Löffler. 12 𝒢

— Iberia, nach Berichtigungen des Textes; aus d. Griech. übers. v. C. G. Groskurd. gr. 8. Ebd. 819. 12 𝒢

— *Iberien* oder Buch III. Übersetzt von C. G. Groskurd. Strals. 819. 8. 12 gr.

Strabo **rerum geographicarum lib. XVII. graece ad optimos codices manuscriptos recensuit, varietate lectionis, adnotationibus illustravit, Xylandri vers. emend. Jh. Ph. Siebenkees, cont. K. H. Tzschucke et Fr. Tr. Friedemann. VII Voll. 8maj. Leipz. 796—818. Weidmann. 23 ℛ 6 𝒢 Holl. Pap. 30 ℛ 20 𝒢**

— — graece et latine cum Variorum praecipue Casauboni, animadv. juxta Editionem Amstelodamensem Codicum Mss. Collationem, annotationes et tabulas geographicas adjecit Thom. Falconer olim e Collegio Aenei Nasi Oxon. subjiciuntur Chrestomathia graece et latine. 2 Tomi. Fol. maj. Oxonii. (Lips., Fr. Fleischer.) 807.

Strabonis rerum geographicarum libri XVII. Ad optimorum librorum fidem accurate editi. — Edit. ster. nova impressio. 3 tomi. 16. Leipzig 874, Holtze. à Tom. ℳ 1,50.
Inhalt:
Tom 1. Lib. I—V. Hispania, Galliae, Britannia, Alpes, Italia. (407 S.)
» 2. Lib. VI—XI. Sicilia, Lipar. insulae, Germania, Getae, Illyris, Chersonesus, Epirus, Graecia, Colchis, Iberia, Albania, Hyrcania, Sacae, Massagetae, Bactriana, Media, Armenia. (467 S.)
» 3. Lib. XII—XVII. Cappadocia, Pontus, Bithynia, Galatia, Phrygia, Troas, Ionia, Magnesia, Caria, Lycia, Cilicia, Cyprus, India, Persis, Assyria, Syria, Arabia, Aegyptus, Mauretania, Carthago. (503 S.)

Strabo, übers. von Forbiger, s. Bibliothek, Langenscheidt'sche, sämmtlicher griechischer und römischer Klassiker.

Strabo, Walafried s. Walafried Strabo, P.

Strabi, Walafr., Hortulus. Carmen ad Cod. Ms. veter. edit. fidem recens., lectionis variet. notisque instructum. Acced. analecta ad antiquitates florae Germanicae et capita aliquot Marci nondum edita. Auctore F. A. Reuss. 8maj. Wirceburgi 834. libr. Stahel. n. 2/3 ℛ

Strach, M.

— Zum 40jährigen Jubiläum des k. k. St. G in Prachatitz. 5. ibd. 05. Progr.

— Unser Kaiserlied. (Rede. gehalten bei der Seidl Feier). 7. ibd. 04. Progr.

Strach M.: Rede zur Eröffnung des Schuljahres 1902/3. (3). Prachatitz 03 Progr.

Strach, Moriz Die Abweichungen des ersten Druckes der drei ersten Gesänge des Messias von den heute in der Wort- und Flexionslehre geltenden Gesetzen. 8 (S. 3—31). Progr. Deutsch. Neustädter Staats-Ober-G. (am Graben) *Prag* 1890.

Strach, Moriz: Am Golf von Pozzuoli. Historisches Landschaftsbild. 8 (S. 47—67). Progr. Graf Straka'sche Akademie u. Privatg. *Prag* 1900.

Strachan, Rich., s. Meteorologie, die moderne.

Strache, moderne**s** Merkantil, s.: Steinbach.

Strache, d. mod. Merkantil-Lithograph. s: Steinbach.

Strache, Ed., die Valuta in Oesterreich und Vorschläge für den Uebergang zu einer festen Währung. gr. 8. (VIII und 102 S.) Wien 861, Typographisch-literarisch-artistische Anstalt. *

Strache, Ernst: Geht bei einem nach dem Handelsrecht zu beurteilenden sogenannten Distanz-Geschäft durch die Übergabe der verkauften Sache an den Spediteur der Besitz auf den Käufer über, a) wenn der Fall sich im Geltungsbereich des gemeinen Rechts, b) wenn er sich im Geltungsbereich des Preussischen Allgemeinen Landrechts, c) wenn er sich unter der Herrschaft des Bürgerlichen Gesetzbuchs ereignet hat? Berlin 1908: A. Haussmann. (47 S.) 8°
Heidelberg, Jur. Fak., Ref. Endemann, Diss. v. 1908
[Geb. 20. Mai 59 Angermünde; Wohnort: Friedenau b. Berlin; Staatsangeh.: Preußen; Vorbildung: Joachimsth. Gymn. Berlin Reife M. 78; Studium: Berlin 6 S.; Rig. 9. Dez. 07.]

Strache, Hans: De Arii Didymi in morali philosophia auctoribus. (Gottingae 1909: Dieterich.) 120 S. 8°
Berlin, Phil. Diss. v. 14. Aug. 1909, Ref. Diels
[Geb. 28. Sept. 86 Bernau; Wohnort: Bernau; Staatsangeh.: Preußen; Vorbildung: Friedrichs-Gymn. Berlin Reife O. 05; Studium: Berlin 2, Marburg 1, Berlin 6 S.; Rig. 27. Mai 09.] [U 09. 290

Strache, Hugo

— Quantitative Bestimmung des Karbonylsauerstoffes der Aldehyde und Ketone (mit 1 Textfigur) S. 10? Hb. 24 . . . . vgr.
Separatabdruck

Strache, Hugo, die Einheit der Materie des Weltäthers u. der Naturkräfte. (XIII, 142 S. m. 35 Fig.) Lex. 8. Wien 909. F. Deuticke. 6. —

Strache, H: Die Fortschritte des Beleuchtungswesens und der Gasindustrie. Wien im Jahre 1909. 1910

— Zur Kenntnis der Orthooxykarbonsäuren des Pyridins. S. 50. Hb. 123 . . . . vgr.
Separatabdruck

Strache, Hugo, aus Wien (von Dornbach. Oesterreich): Zur Kenntniss des Propylendiamins und des Trimethylendiamins. Zür. o. Dr. 1887. 58 S., 1 Bl. 8°.
Zürich. Phil. Diss. [v. 17. Nov. 1887].

— und Kitt M.: Oxydation des Phenylhydrazins mit Fehlingscher Lösung. S. 101. Hb. 328 . . . . vgr.
Separatabdruck

— und Iritzer S.: Über die Oxydation der Säurehydrazide durch Fehlingsche Lösung. S. 101. Hb. 657 . . . . vgr.
Separatabdruck

Strache Hugo, Dr.: Über Oxydationsprodukte des Chinoidins. S. 98. Hb. 631 . . . . vgr.
Separatabdruck

— Verbesserungen an der Methode zur Bestimmung des Karbonylsauerstoffes und des Azetons (mit 2 Textfiguren). S. 101. Hb. 311 . . . . vgr.
Separatabdruck

Strache, H., das **Wassergas,** s. Herstellung u. Verwendbarkeit. 2., verm. Aufl. gr. 8. (81 S. m. 18 Abb.) Wien 896. F. Deuticke. n. 2. 50

Strachey, R., Beschreibung der Glätscher in den Hochthälern des Pindur u. Kuphinie, siehe: Jahrbuch, geographisches, II.

— über die Schneelinie im Himalaya, siehe: Jahrbuch, geographisches, II.

Strachota, Jos., s.: Forst- u. Jagd-Kalender.

Strachowsky, Hanns, die Werke der österreichischen Waffenfabriks-Gesellschaft in Steyr und Letten. Lex.-8. (26 S.) Steyr 888, Kutschera. *

v. **Strachwitz,** Frhr. A. G., Beiträge zu den Tagesgesprächen: „Was drückt den ländlichen Gutsbesitzer u. wie ist demselben zu helfen!" 8. Breslau 836. Graß, Barth u. Comp. 5 gl

Strachwitz, A. G. Friedrich Freih. von

Strachwitz, A. G. Fr. Freih. v., Nicht der hl. Rock zu Trier, sondern nur der kath. Priester Herr Joh. Ronge. Offenes Sendschreiben an diesen. Breslau, Aderholz, 1845, gr. 8°, 2. Aufl., 20 Pf.

Strachwitz, A. G. Friedr. v., nicht der heil. Rock zu Trier, sondern nur der kathol. Priester Herr Joh. Ronge. Offenes Sendschreiben an diesen. 2. Aufl. gr. 8. (1 B.) Breslau 845, G. Ph. Aderholz.

Strachwitz, Gräfin Auguste, Gedanken in Gedichtform. (IV, 51 S. m. Bildnis.) kl. 8. Dresden 905. E. Pierson. n. 1. —; geb. n. 2. —

Träumereien. Gedichte von Gräfin Auguste Strachwitz. Mit d. Bildn. d. Verf. Zürich: Schmidt 1906. V, 66 S. 8° A 12.1025o

— Träumereien. Gedichte. (V, 66 S. m. Bildnis.) kl. 8. Zürich 906. Schweizer Druck- u. Verlagshaus. n. 1. 50

Strachwitz, Erna Gräfin v., geb. Gräfin Matuschka-Toppolczan, Dank u. Bitte. Gebete f. kathol. Christen. (300 u. VI S.) kl. 8. Breslau (908). (Görlich & Coch). 1. 20; geb. von 2.— bis 10. —

v. **Strachwitz,** Jh. A., vollständ. Hand- u. Hülfsbuch f. den prakt. Landwirth, enthalt. eine nach der Zeitfolge geordnete Anleit. zu den Arbeiten des ganzen Jahres in der Land-, Haus-, Garten- u. Forstwirthschaft. 6 Bdchen. 16. Halle 818. Waisenhaus-B. 5 ß

Strachwitz, Ludwig Carl Graf, Referendar: Schadensersatzansprüche des Kurgastes bei Verletzung durch fiskalische Badeanlagen nach gemeinem und bürgerlichem Recht. Berlin 1909: Pilz. 67 S. 8°
Greifswald, Jur. Diss. v. 11. Nov. 1909: Ref. Frommhold
[Geb. 20. Nov. 84 Peterwitz, Kr. Frankenstein; Wohnort: Berlin; Staatsangeh.: Preußen; Vorbildung: Gymn. Patschkau Reife O. 04; Studium: Breslau 3, Berlin 1, Greifswald 2 S.; Rig. 6. Juli 09.] [U 10. 1553

Strachwitz, Martha, Gedichte. 12. (176 S.) Breslau 898. G. P. Aderholz. n. 2. —; geb. n. 2. 50

— Miserere! Mysterium in 1 Akt. gr. 8. (27 S.) Berlin 898. E. Bloch. n. 1. —

Strachwitz, Moritz Graf

Strachwitz, M. Graf, Gedichte, s. a. Bibliothek der Gesamt-Litteratur des In- und Auslandes.

— dasselbe. s. a. Universal-Bibliothek.

Strachwitz, Mor. Graf, († . . . Dec. 1847), Gedichte. Gesammtausg. 16. (XIV u. 346 S. m. 1 Stahlst.) Breslau 850, Trewendt & Granier. In Engl. Einb. m. Goldschn. 2¼ ℛ

Strachwitz, Mor., Gedichte. Gesammtausg. 2. Aufl. 1853. und 3. Aufl. 16. (XIV und 346 S. mit 1 Stahlst.) Breslau 855(56,) [Trewendt.]

Strachwitz, Mor., Gedichte. Gesammtausg. 2. Aufl. 853. — 3. Aufl. 856. (XIV, 346 S. u. 1 Stahlst.) 2 ℛ. 7½ ngr. — 4. Aufl. Breslau 858. E. Trewendt. 16. (VIII, 364 S.) n. 1 ℛ.

Strachwitz, Moritz Graf, Gedichte. Gesammtausg. 5. Aufl. Breslau 864. Trewendt. 16. (XII, 481 S. u. 1 Stahlst.) 2 ℛ 7½ ngr.

Strachwitz, Graf Mor., Gedichte. Gesammtausg. 6. Aufl. Breslau 870. Trewendt. 16. (XII, 481 S.) In engl. Einb. mit Goldschn. 2 ℛ 7½ ngr.

—— Gedichte. Diamant-Ausg. Mit Zeichnungen von A. v. Heyden, in Holz geschn. von Ad. Cloß. 24. (244 S.) Berlin 878, Grote'sche Verlagsh. geb. mit Goldschn. *

Strachwitz, Mor. Graf, Gedichte. Gesammtausgabe. Mit einem Lebensbilde des Dichters von Karl Weinhold. 7., verm. Aufl. gr. 16. (XII, 369 S.) Breslau 878. Trewendt. n. 2. —; geb. n. 3. 60

Strachwitz, Mor. Graf, Gedichte. Diamant-Ausg. Mit Zeichngn. von A. v. Heyden. 3. Aufl. 16. (244 S.) Berlin 891. G. Grote. Geb. in Leinw. m. Goldschn. n. 2. 50

Strachwitz, Mor. Graf, Gedichte. Gesamtausg. Mit e. Lebensbilde d. Dichters v. Karl Weinhold. 8. Aufl. 8. (XI, 371 S.) Breslau 891. Trewendt. n. 2. —; geb. n. 3. —

—— neue Gedichte. 1. Aufl. (VIII und 240 S.) 1848. 1 Thlr. 15 Ngr. und 2. Aufl. 16. (XII und 244 S. mit 1 Stahlst.) Breslau 849, Trewendt und Granier. 1

Strachwitz, M., Lieder eines Erwachenden. 8. (7½ B.) Breslau 842, Kern.

—— Lieder eines Erwachenden. 2., verm. Aufl. 16. (VIII und 150 S.) Breslau 850, Trewendt und Granier.

—— Lieder eines Erwachenden. 5. Aufl. gr. 8. (X und 150 S. mit eingedr. Holzschn. nach Zeichnungen von F. Koska.) Breslau 854, [Trewendt.] *

Strachwitz, Nora Gräfin, geb. Gräfin Henckel v. Donnersmarck, Erinnerungen aus meiner Jugendzeit. Gedichte. 8. (XII, 236 S.) Straßburg i/E. 893. J. H. Ed. Heitz (Heitz & Mündel). — Kattentidt. n. 3. —

Strachwitz, Nora Gräfin v., geb. Gräfin Henckel v. Donnersmarck, Erlebtes u. Erträumtes. Gedichte. Mit e. Vorwort v. Ottilie Siebenlist. 12. (XV, 216 S.) Weimar 899. Zittau, H. Lüstenöder. n. 2. —

Strachwitz, Nora Gräfin v., geb. Gräfin Henckel v. Donnersmarck, neue Gedichte. 8. (VI, 87 S.) Breslau 898. E. Trewendt. n. 2. —

Strack, architectonisches Album, s. Album.

Strack, Adf., s.: Blätter, hessische, f. Volkskunde.

Strack, Adolf. Der Einzelne und das Volk. (Sonderabdruck aus den Hessischen Blättern für Volkskunde. Band 2 Heft 1. 1903.) II S. + S. 64—76. 8. [Leipzig, B. G. Teubner.]
Entgegnung auf: Hoffmann-Krayer, Eduard. Naturgesetz im Volksleben?

Strack, Adolf (Eduard) (geb. Darmstadt 1. 5. 1860): Zur Geschichte des Gedichtes vom Wartburgkriege. Berlin (1883). (60 S.) 8°
Berlin, Phil. Diss. v. 15. Aug. 1883

Strack, *Adolf* [Dr.]: Goethes Leipziger Liederbuch. 1. '(Einl. u. Gedicht I—IV.)' . . . [Erschien vollst. 1893 im gl. Verl.] Giessen, J. Ricker, 1893; 2 Bl., XII, 68 S. 8.
Giessen, Phil. Fak., Hab.-Schr. v. 1893

Strack, Adf., Goethes Leipziger Liederbuch. gr. 8. (XII, 176 S.) Giessen 893. J. Ricker. n. 3. 60

— s.: Zeitschriftenschau, volkstümliche.

Strack, Adolf Eduard, s. S t r a c k , Adolf

Strack, C., s.a. S t r a c k , K.

— s.a. S t r a c k , Karl

Strack, C. Zur Geschichte der Entstehung und Entwicklung des Realschulwesens. Oberhausen, H. B., 1874. Progr.

Strack, C. F. L. Prolusio scholastica de veterum ac recentiorum linguarum ratione prosodica. Wertheim, G., 1812. 16 resp. 22 S. 4. Progr.

Strack, Carl, s. S t r a c k , Karl

Strack, (Chr.,) kurze u. leichte Anweisung zur prakt. Vermessung eines Gefäßes von 2 bis 120 Zoll Durchmesser. M. 4 Steint. 8. Essen 825, Bädeker.

Strack, Christ. De Juvenalis exilio. 35 S. Progr. *Laubach* 1880.

Strack, Christian Friedrich Leberecht, s. S t r a c k , Friedrich

Strack, Ernst [approb. Arzt aus Hamburg]: Ein F a l l von Dorsalkyphotischem Becken aus der Strassburger Beckensammlung. Strassburg 1877: Buchdruckerei H. L. Kayser. 35 S. 8°

Strack, Franz Simon, Dürkheim: Dissertation medica inauguralis de m o d o agendi salium in corpus humanum.
Basel, Med. Diss. 1750

Strack, Friedrich

Strack, (Chr.) Fr. (Leber.), Anleit. zum Uebersetzen aus dem Deutschen ins Latein., für die mittlern Klassen latein. Schulen. 8. Frkf. a. M. 816. 2e A. 822. 3e A. 829. Hermann. 12 gr.

Strack, (Chr.) Fr. (Leber.), Anleitung zum Uebersetzen aus d. Deutschen ins Lateinische, für d. mittl. Classen latein. Schulen. Enthalt. e. kurze Darstell. d. Kriegsverfassung u. d. häusl. Lebens d. Römer u. e. Beschreib. d. alten Rom. 3., sorgfält. durchges. Aufl. 8. (17½ B.) Frankfurt a. M. 829, [Kettembeil.]

Strack, Fr. (Bearb.), s. A r i s t o t e l e s : Naturgeschichte der Thiere.

— s. C. J. Cäsar, Denkwürdigkt.

— Eloah, od. Erhebungen des Herzens zu Gott, in einer Reihe von Gesängen u. metrischen Gebeten. 8. Frankf. a. M. 814. 2e A. 817. 3e sehr verm. u. verb. Aufl. mit 1 Kpf. u. Vign. 822. 4e A. 8. Ebd. 826. Brönner. 18 gr Weiß P. 1 Thlr 4 gr Velinp. 1 Thlr 16 gr

Strack, (Chrstn.) Friedr. (Leber.), Eloah. Erhebungen d. Herzens zu Gott in e. Reihe v. Gesängen u. metr. Gebeten. 5., durchges. u. mit e. Anh. v. Gebeten f. Kinder verm. Aufl. 8. (13¼ B. u. Ttlkpfr.) Frankfurt a. M. 835, Brönner.
Vlnpap. m. Ttlkpfr. u. Vignn. 8. (25¼ B.)

Strack, (Chrstn.) Friedr. (Leber.), Eloah. Erhebungen des Herzens zu Gott in Gesängen u. metrischen Gebeten. 6. verm. Aufl. 12. (14½ B. u. 1 Ttlkpfr.) Frankfurt a. M. 845, Brönner. *

Strack, Friedr., Eloah. Erhebungen des Herzens zu Gott in Gesängen und metr. Gebeten. 7. (Titel-)Ausg. gr. 12. (VIII und 340 S. mit 1 Stahlst.) Frankfurt a. M. (845)61, Brönner. *
Vlnp. geb. *

Strack, Frdr., Eloah. Erhebungen des Herzens zu Gott in Gesängen u. metrischen Gebeten. 7. Ausg. Frankfurt a. M. 861. Brönner. (Ch. Winter.) 12. (VIII, 340 S. 1 u. Stahlst.) n. 1 Thlr.; Velinp. geb. n. 2 Thlr

Strack, Friedrich, approb. Arzt aus Leihgestern: Aus d. pathol. Institute zu Kiel. Ueber mangelhafte Entwicklung der Speiseröhre und Mündung derselben in die Trachea. *Kiel 1900: P. Peters.* (21 S.) 8°
Kiel, Med. Diss. v. [15. Nov.] 1900

— Hülfsbuch zum Schulatlas. Mit 19 Karten. gr. 4. Düsseld. 819. Arnz u. C. 14 gr

—— Naturgeschichte in Bildern, s. Naturgeschichte.

—— Naturgeschichte in Bildern, m. erläut. Text. 2. u. 3. Aufl. 39 Hfte. gr. 4. Düsseldorf 835—41, Arnz u. Comp. à
Hft. 1—14. Säugethiere. (à 6 ill. Stnt. u. zusammen 7½ B. Text.)
: 15—39. Vögel. (à 6 ill. Stnt. u. zusamm. 20¾ B. Text.)

— s. Plinius d. J. Briefe.

— s. Schulatlas. 1819.

— Stunden der Einsamkeit. Betrachtungen, Gebete u. Gesänge. gr. 8. Bremen 835. Heyse. ¾ Thlr Velinp. 1⅙ Thlr

— über die Vorschule (in Bremen). 16—36 Hft. gr. 8. Bremen 829. Heyse. 12 gr

Strack, Georg Friedrich Kasimir

Strack, (Geo. Fr. Cas.), († d. 8. März 1797.) Anleit. zur Bildung e. Theologen nach d. Bedürfnissen der gegenwärt. Zeit. 8. Leipz. 788. Fr. Fleischer. 16 gr (Marb., Krieger). 16 gr

— Opfer der Dankbarkeit wegen des Preußisch. Religionsedikts. gr. 8. o. O. (Marb.) 789. Krieger. 4 gr

— von Recensenten-Unfug u. Ungerechtigkeit. 8. Frankf. a. M. 790. Gebhardt u. K. 4 gr

Strack, Georg Friedrich Kasimir (Grossenbuseck)
A. S. 1362/43

Disputatio theologica de tentatione in paradiso. Moses exponitur recentioribus cogitatis et novissimae cuiusdam insaniae repugnatur.
Präs. Jo. Hermann Benner.
Giessen (Lammers) VII. 1745. 56 S.

Gew.: Karl Georg Fhr. von Zerbst. 33802

Strack, H.

—— und F. Hitzig, der innere Ausbau von Wohngebäuden, s. a. Borstell.

——, F. Hitzig und G. Borstell, der innere Ausbau von Wohngebäuden. Eine Sammlung ausgeführter Arbeiten der Maurer, Tischler, Schlosser, Töpfer u. s. w. 10 — 13. Heft. gr. Fol. (9 Kpfr.- und 15 Stnt. in gr. Fol. und Imp.-Fol. und 11 S. Text.) Berlin 860—62, Ernst und Korn. à Heft * 25 Ngr.
Heft 1—9, vgl.: Borstell, G.

Strack, H., und F. Hitzig, der innere Ausbau von Wohngebäuden. Eine Sammlung ausgeführter Arbeiten der Maurer, Tischler, Schlosser, Töpfer u. s. w. 14. Heft. gr. Fol. (3 Kpfr.- und 3 Stnt. in gr. Fol. und Imp.-Fol. und 4 S. Text.) Berlin 863, Ernst und Korn. *
1.—13. Heft. Ebendas. 1855—62. * 10 Thlr. 13 Ngr.

Strack und Hitzig. Der innere Ausbau von Wohngebäuden. Berlin. 1864.

— und M. Gottgetreu, Schloß Babelsberg. 1. u. 2. Liefg. Berlin 853, 56. Ernst u. Korn. gr. Fol. (2 Bl. Text u. 11 Taf. in Kpfrst. u. lith. in Farbendr.) n. 9 Thlr. 15 ngr;
Prachtausg. n. 12 Thlr. 10 ngr.

Strack, H., und Gottgetreu, M. Schloss Babelsberg. Eilf Tafeln. Berlin 1857. Fol.

Strack, H. (I.), architectonische Details. (In 8 Heften.) 1—3. Heft. gr. Fol. (à 6 Stnt. in gr. Fol. und qu. Imp.-Fol. mit 1 Bl. Text.) Berlin 857, Ernst und Korn. à Heft * 1 Thlr.

Strack, H., architectonische Details. 1—3. Heft. Berlin (858.) Ernst u. Korn. gr. Fol. Jedes Heft von 6 lith. Bl. u. 1 Bl. Text n. 1 Thlr.

— — le jeu de la Roulette etc. Ebend. 858. gr. 8. (20 S. u. 1 lith. Taf.) n. 1 Thlr. 4 ngr.

Strack, H. (II.), das Roulette-Spiel in bildlichen Darstellungen, mit Tabellen und einer Anleitung, dieses Spiel so zu spielen, daß man sicher gewinnen muß. gr. 8. (21 S. mit 1 Stnt.) Frankfurt a. M. 858, (Gebhard und Körber.) *
Ist auch in französischer Sprache zu gleichem Preise erschienen.

Strack, Heinr., s. Adreßbuch der freien Hansestadt Bremen.

Strack, Heinr. Baudenkmäler d. alten Rom, nach photograph. Orig.-Aufnahmen hrsg. 1. u. 2. Lfg. gr. Fol. (à Lfg. 20 Lichtdr.-Taf. m. Text VII, S. 1—39.) Berl. 890,92, Wasmuth.
à Lfg. in Mappe * 20 —

—— Baudenkmäler Roms d. 15. bis 19. Jahrh. in photograph. Orig.-Aufnahmen, als Ergänzg. zu Letarouilly, „Édifices de Rome moderne". 4 Lfgn. Fol. (100 Lichtdr.-Taf. m. VIII, 28 S. Text.) Ebd. 890,91. à Lfg. * 25 —; compl. in Mappe * 100 —

Strack, Heinr., Central- u. Kuppelkirchen der Renaissance in Italien. Aufgenommen u. gezeichnet. Mit 30 Kpfrtaf. (in gr. Fol.) Fol. (IV, 26 S. m. eingedr. Holzschn.) Berlin 882. Ernst & Korn. cart. n. 50. —

—— Ziegelbauwerke d. Mittelalters u. der Renaissance in Italien. Nach Originalaufnahmen. Imp.-Fol. (50 Taf. m. 20 Sp. Text.) Ebd. 889. In Mappe * 100 —

Strack, Hermann Leberecht

Strack, Herm. L., s.: 'Abodah Zara.

Strack, Herm. L., Aboda Zara, der Mischnatraktat „Götzendienst", hrsg. und erklärt, s. Schriften des Institutum Judaicum in Berlin.

Strack, Hermann Leberecht (Hrsg.), s. A b o t , Pirqe .

Abriss des biblischen Aramäisch. Grammatik, nach Hs. berichtigte Texte, Wörterbuch v. Prof. D. Hermann L[eberecht] Strack. *Leipzig: J. C. Hinrichs 1896.* (32, 47 S.) 1 Bd 8. [96. 933

Strack, Herm. L., s.: Bibel, die.

— das Blut im Glauben u. Aberglauben der Menschheit, s.a. Schriften des Institutum judaicum in Berlin. 14.

Das B l u t im Glauben u. Aberglauben der Menschheit. Mit bes. Berücks. d. 'Volksmedizin' u. d. 'jüdischen Blutritus'. Von Hermann L[eberecht] Strack, Prof. zu Berlin. 5.–7. Aufl. (Neubearb. d. Schrift 'Der Blutaberglaube'.) München: C. H. Beck 1900. (XII, 208 S.) 8⁰ [F. u. Ant.]
= Schriften d. Institutum Judaicum in Berlin. No 14.

Strack, Herm. L. Der Blutaberglaube bei Christen u. Juden. — Der Blutaberglaube in der Menschheit, s.a. Schriften d. Institutum judaicum in Berlin.

Der Blutaberglaube bei Christen und Juden. Von Hermann L. Strack. (Schriften des Institutum Judaicum in Berlin. Nr. 14.) München. 1891. 8°.

Der B l u t a b e r g l a u b e in der Menschheit, Blutmorde und Blutritus. Zugleich eine Antwort auf d. Herausforderung des 'Osservatore Cattolico'. Von Hermann L[eberecht] Strack, Prof. a. d. Univ. Berlin. 4., neu bearb. Aufl. München: C. H. Beck 1892. (X, 155 S.) 8⁰ [F. u. Ant.]
= Schriften des Institutum Judaicum in Berlin. No 14.

—— s. Catalog der hebräischen und samaritanischen Handschriften der kaiserl. öffentl. Bibliothek in St. Petersburg.

Strack, Herm. L., die Dikduke ha-te amim d. Ahron ben Moscheh ben Ascher, s.: Baer, S.

— Einleitung in den Thalmud, s.a. Schriften des Institutum judaicum in Berlin. 2.

Strack, Hermann L., Einleitung in den Thalmud. [SA. aus der Real-Encyklopädie für protest. Theologie und Kirche. 2. Auflage Bd. XVIII.] Leipzig 1887. [= Schriften des Institutum Judaicum in Berlin. Nr. 2.]

Einleitung in den Talmud von Prof. D. Dr. Hermann L[eberecht] Strack. 4., neubearb. Aufl. Leipzig: J. C. Hinrichs 1908. (VIII, 182 S.) 8°
= Schriften d. Institutum Judaicum in Berlin. No 2. [08. 11609

—— Einleitung in das Alte Testament. 3. Aufl. gr. 8. (113 S.) [Nördlingen 888.] München, Beck'sche Verlagsh. *
Aus: Handbuch der theologischen Wissenschaften, hrsg. von O. Zöckler, besonders abgedruckt.

Einleitung in das Alte Testament einschliesslich Apokryphen und Pseudepigraphen. M. eingehender Angabe d. Litteratur v. D. Hermann L[eberecht] Strack, ao. Prof. ... a. d. Univ. Berlin. 4., ganz neu bearb. Aufl. *München: C. H. Beck 1895.* (VIII, 219 S.) 1 Bd 8. [96. 9110

— Einleitg. in d. Alte Testament einschliessl. Apokryphen u. Pseudepigraphen. M. eingeh. Angabe d. Litteratur. 5., vielfach verm. u. verb. Aufl. gr. 8. (VIII, 233 S.) München 898. C. H. Beck. n. 3. 60; geb. in Leinw. n. 4. 80

Strack, Herm. L., Einleitung in das Alte Testament einschliesslich Apokryphen u. Pseudepigraphen. Mit eingeh. Angabe der Literatur. 6., neubearb. Aufl. (VIII, 256 S.) gr. 8. München 906. C. H. Beck. n. 4. —; geb. in Leinw. n. 4. 80

Strack, Herm. L., Elementarschule und Lehrerbildung in Rußland, s. Rußlands Unterrichtswesen.

—— A. Firkowitsch und seine Entdeckungen. Ein Grabstein den hebr. Grabschriften der Krim. gr. 8. (44 S.) Leipzig 876, (Hinrichs'sche Buchh.) *

— die Genesis, s.a. Kommentar, kurzgefaßter, zu den hl. Schriften Alten u. Neuen Testamentes.

— die Genesis, ausgelegt v. S. [Aus: „Strack-Zöcklers kurzgef. Kommentar zu d. h. Schriften".] gr. 8. (IV, 164 S.) Ebd. 896. n. 3. 50

—— Genesis, Exodus, Leviticus u. Numeri, s.a. Kommentar, kurzgefaßter, zu den heiligen Schriften A. u. N. Test.

Die Bücher Genesis, Exodus, Leviticus und Numeri, ausgelegt von D. Hermann L[eberecht] Strack, Prof., Berlin. *München: C. H. Beck 1894.* (XX, 475 S.) 8° [F.]
— Kommentar, Kurzgefaßter, zu d. heil. Schriften A. u. N. Testamentes. A. Abt. 1. [94. 8..

Strack, [H.] L., Geschichte der Juden. [SA. aus den Jahresberichten der Geschichtswissenschaft. I. Jahrgang; für 1878.]

— Biblische Geschichten, s.: Boelter, Karl.

Strack, Herm. L., grammaire hébraïque avec paradigmes, exercices de lecture, chrestomathie et indice bibliographique. Traduit de l'allemand par Ant. J. Baumgartner. Éd. revue et augmentée par l'auteur. 8. (XII, 171 u. 79 S.) Berlin 886. Reuther. n. 3. 25

— — Grammaire Hébraïque ... Traduit de l'Allemand par Ant. I. Baumgartner. [= Porta Linguarum Orientalium. Pars I.] Carlsruhe & Leipzig 1886.

— dasselbe, s.a. Porta linguarum orientalium.

– Hebrew G r a m m a r , s. P o r t a linguarum orientalium.

— Grammatik d. biblischen Aramäisch m. den nach Handschriften bericht. Texten u. e. Wörterbuch. 2., grösstentheils neubearb. Aufl. gr. 8. (38 u. 47 S.) Leipzig 897. J. C. Hinrichs' Verl. n. 1. 80; geb. n. 2. 30

— Grammatik des Biblisch-Aramäischen. Mit den nach Handschriften berichtigten Texten u. e. Wörterbuch. 3., grossentheils neubearb. Aufl. gr. 8. (40 u. 60 S.) Leipzig 901. J. C. Hinrichs' Verl. n. 2. —; geb. in Leinw. n. 2. 50

— Grammatik des Biblisch-Aramäischen. Mit den nach Handschriften berichtigten Texten u. e. Wörterbuch. 4., sorgfältig bearb. Aufl. (40 u. 60 S.) 8. Leipzig 905. J. C. Hinrichs' Verl. n. 2. —; geb. in Leinw. n. 2. 50

Ⓑ — Grammatik des Biblisch-Aramäischen. 905. (KBL 34.) Jetzt: München, C. H. Beck.

—– hebräische Grammatik mit Übungstücken, Litteratur und Vokabular, s.a. Porta linguarum orientalium.

Strack, Herm. L., Hebräische Grammatik mit Übungsstücken, Literatur und Vokabular. [= Porta linguarum orientalium. Pars I.] Karlsruhe und Leipzig 1883.

— hebräische Grammatik m. Übungsstücken, Litteratur u. Vokabular. 2. Aufl. [Porta linguarum orientalium, inchoavit J. H. Petermann, continuavit Herm. L. Strack, pars I.] 8. (XVI, 151 u. 69 S.) Ebend. 885. n. 3. —

Hebräische Grammatik m. Übgsbuch v. Prof. Hermann L. Strack ... 6., viell. verb. Aufl. *Berlin: Reuther & Reichard 1896.* (XVI, 152, 116* S.) 1 Bd 8.
= [Porta linguarum orientalium. P. 1.] [98 1187

Hebräische G r a m m a t i k mit Übungsbuch von Prof. Hermann L[ebrecht] **Strack**. 7., sorgfältig verb. u. verm. Aufl. Berlin: Reuther & Reichard 1899. (XVI, 120 S.) 8°
= Porta linguarum orientalium. P. 1.

— **hebräische Grammatik m. Uebungsbuch. 8., sorgfältig verb. u. verm. Aufl. (XII, 152 u. 122 S.) 8. München 902. C. H. Beck.** Geb. in Leinw. n.n. **4.** —

— Hebräische Grammatik m. Übungsbuch, s.a. Clavis linguarum semiticarum I.

Hebräische G r a m m a t i k mit Übungsbuch von Prof. Hermann L[ebrecht] **Strack**. 9., sorgfältig verb. u. verm. Aufl. München: C. H. Beck 1907. XII, 152, 128* S. 8°
(Clavis linguarum Semiticarum. [P. 1.])

— **Hilfsbuch zum biblischen Lesebuch, s.: Boelter, Karl.**

— s.: Himmelan.

—— s. Hosea et Joel prophetae ad fidem codicis Babylonici Petropolitani.

— **s.: Jahrbuch der evangelischen Judenmission.**

— Jesus, die Häretiker u. die Christen nach den ältesten jüdischen Angaben, s.a. Schriften des Institutum Judaicum in Berlin. No. 37.

J e s u s , die Häretiker und die Christen nach den ältesten jüdischen Angaben. Texte, Übers. u. Erl. von Prof. Hermann L[ebrecht] Strack. Leipzig: Hinrichs 1910. 86, 88 S. 8°
(Schriften d. Institutum Judaicum in Berlin. Nr 37.)

— **s.: Jesus', des Sohnes Sirachs, Sprüche.**

— **Joma, der Mischnatraktat „Versöhnungstag", s.: Schriften des Institutum Judaicum in Berlin. Nr. 3.**

— **die Juden, dürfen sie „Verbrecher v. Religionswegen" genannt werden?, s.a. Schriften d. Institutum judaicum in Berlin.**

Strack, Herm. L., Die Juden, dürfen sie „Verbrecher von Religions wegen" genannt werden? Aktenstücke zugl. e. Beitr. z. Kennzeichnung d. Gerechtigkeitspflege in Preussen, gesamm. Berlin 1893. 8°.
(Schriften d. Institutum Judaicum in Berlin. Nr. 1.)

— s.: Kommentar, kurzgef., zu d. hl. Schriften Alten u. Neuen Testamentes.

— u. Carl **Siegfried**, Lehrbuch der neuhebräischen Sprache u. Litteratur. 8. Berlin 884. Reuther. n. 3. —
I. Grammatik der neuhebräischen Sprache v. Carl Siegfried. (XII, 92 S.)
II. Abriss der neuhebräischen Litteratur v. Herm. L. Strack. (S. 93–132.)

— — und Siegfried, Carl, Lehrbuch der neuhebräischen Sprache und Litteratur. I. Grammatik der neuhebräischen Sprache von Carl Siegfried. II. Abriss der neuhebräischen Litteratur von Herm. L. Strack. Karlsruhe und Leipzig 1884.

— biblisches Lesebuch, s.: Boelter, Karl.

Strack, Herm. L.: M i d r a s c h . [SA. aus Herzog-Plitt's Real-Encycl. f. prot. Theol. u. Kirche. 2. Aufl. Bd. IX.]

— s.: Nathanael.

— **paradigmata hebraica. Ed. IV. 8. (24 S.) Berlin 895. Reuther & Reichard.** n. — 40

— Paradigmata hebraica. Ed. V. 8. (24 S.) München 902. C. H. Beck. n. — 40

Strack, Herm. L., Paradigmen zur hebräischen Grammatik. 1. und 2. Aufl. 8. (IV, 22 S.) Berlin 887,88, Reuther's Verlagsh. *

—— Paradigmen zur hebräischen Grammatik. 3. Aufl. 8. (IV, 22 S.) Berl. 890, Reuther u. Reichard. * — 30

— **Paradigmen zur hebräischen Grammatik. 3. Aufl. 8. (IV, 21 S.) Berlin 891. Reuther & Reichard.** n. — 30
Vergriffen.

— **s.: Porta linguarum orientalium.**

— **prolegomena critica in vetus testamentum hebraicum, quibus agitur I. de codicibus et deperditis et adhuc exstantibus, II. de textu bibliorum hebraicorum qualis talmudistarum temporibus fuerit. gr. 8. (VIII, 131 S.) Leipzig 873. Hinrichs' Verl. n. 4.** —

—— s. Prophetarum posteriorum codex Babylonicus Petropolitanus.

—— die Psalmen und die Sprüche Salomos, s. Schulz, F. W.

Der Mischnatraktat „Sabbath". Herausgegeben und erklärt von Hermann L. Strack. Schriften des Institutum Judaicum in Berlin Nr. 7. Leipzig 1890.

— s.: Sanhedrin-Makkoth.

—— Schabbâth, s. Schriften d. Institutum judaicum in Berlin.

— das Schächten, s.: Weichmann, Fdr.

Strack, Schreiben an die Redaction des Magazins für die Wissenschaft des Judenthums. Berlin 1879.

— hebräisches Schreibheft. Ergänzung zu jeder hebr. Grammatik, m. Benutzung d. span. Bibelhandschrift Kennicott 1 (vom J. 1476) zusammengest. 4. (16 S.) Ebd. 895. n.n. — 30

Strack, Herm. L., hebräisches Schreibheft. Ergänzung zu jeder hebr. Grammatik. 2., neubearb. Aufl. 4. (16 S.) München 902. C. H. Beck. n. — 30

— **hebräisches Schreibheft.** Ergänzung zu jeder hebr. Grammatik. 4. Aufl. (16 S.) gr. 8. München 906. C. H. Beck. n. — 30

— Hebräisches Schreibheft. Ergänzung zu jeder hebr. Grammatik. 5. Aufl. (16 S.) 8. München 909. C. H. Beck. — 30

— **s.: Schrift, die hl., nach der Uebersetzung Dr. Mart. Luthers im Auszuge u. m. kurzen Erläuterungen hrsg.**

— **s.: Schrift, die hl., des Alten Testamentes.**

— sind die Juden Verbrecher von Religionswegen?, s.a. Schriften des Institutum judaicum in Berlin. 28.

Sind die Juden Verbrecher von Religionswegen? 1. Der Fleischbesudelungs-Ritus. 2. Jüd. Geheimschriften u. jüd. Sekten. 3. Die Sittenlehre d. Judentums d. Gegenwart. Von Prof. D. Hermann L[ebrecht] **Strack**. *Leipzig: J. C. Hinrichs 1900.* (40 S.) 8° [F.]
Aus: Nathanael 1900.
= **Schriften** d. Institutum Judaicum zu Berlin. No 28.

— die Sprüche Salomonis, s.: Kommentar, kurzgefaßter, zu den hl. Schriften Alten u. Neuen Testaments.

— die Sprüche der Väter (Pirqê Abôth), s.a. Schriften des Institutum judaicum in Berlin. 6.

— die Sprüche der Väter. Ein ethischer Mischna-Traktat, mit kurzer Einleitung, Anmerkungen u. einem Wortregister. gr. 8. (58 S.) Karlsruhe 882. Reuther. n. 1. 20

Herr Adolf Stöcker, christliche Liebe und Wahrhaftigkeit v. Hermann L. Strack. 2. Aufl. Karlsruhe und Leipzig 1886. 8°

—— Herr Adolf Stöcker, christliche Liebe und Wahrhaftigkeit. 1. und 2. durchges. Aufl. gr. 8. (IV, 100 S.) [Karlsruhe 886.] Berlin, Reuther's Verlagsh. *

— s.: Testament, das Neue.

—— Übungsstücke zur hebräischen Grammatik [zum Übersetzen in's Hebräische]. 8. (IV, 51 S.) Berlin 887, Reuther's Verlagsh. *

—— Hebräisches Vokabularium f. Anfänger [in grammatischer Ordnung]. 1.—3. Aufl. 8. (36 S.) Berl. 889—92, Reuther u. Reichard. * — 50

— dasselbe. 4., verb. u. verm. Aufl. 8. (40 S.) Ebd. 894. Kart. n. — 60

— hebräisches Vokabularium (in grammat. u. sachl. Ordng.) 5., ganz neu bearb. Aufl. 8. (56 S.) München 897. C. H. Beck. Kart. n. — 80

— hebräisches Vokabularium (in grammatischer u. sachlicher Ordnung). 6., verb. u. verm. Aufl. 8. (IV, 59 S.) München 901. C. H. Beck. Kart. n. — 80

— hebräisches Vokabularium (in grammatischer u. sachlicher Ordnung). 8. u. 9. neubearb. Aufl. (46 S.) 8. München 907. C. H. Beck. Kart. n. — 80

— das Wesen des Judentums, s.a. Schriften des Institutum Judaicum in Berlin. Nr. 36.

Das Wesen des Judentums. Vortrag geh. auf d. Internat. Konferenz f. Judenmission zu Amsterdam von Prof. D. Dr. Herm. L[eberecht] Strack. Leipzig: J. C. Hinrichs 1906. (23 S.) 8°
Aus: Jahrbuch d. evang. Judenmission. Bd 1. 1906.
= Schriften d. Institutum Judaicum in Berlin. No 36. (06 1378)

— vollständiges Wörterbuch zu Xenophons Kyropädio. Zugleich 3. Aufl. des von G. Ch. Crusius verf. Wörterbuchs. gr. 8. (IV, 143 S.) Leipzig 881. Hahn's Verl. 2. —

— vollständiges Wörterbuch zu Xenophons Anabasis. 4. vielfach verb. Aufl. [Zugleich als 10. Aufl. d. v. Frdr. K. Theiss verf. Wörterbuchs] gr. 8. (VII, 134 S.) Leipzig 884. Hahn's Verl. 1. 20

— vollständiges Wörterbuch zu Xenophon's Anabasis. 5., verb. Aufl. gr. 8. (IV, 155 S.) Leipzig 889. Hahn's Verl. 1. 20

— vollständiges Wörterbuch zu Xenophon's Kyropädie. 2., grossentheils neubearb. Aufl. gr. 8. (IV, 156 S.) Leipzig 892. Hahn. 2. 25

— Vollständiges Wörterbuch zu Xenophons Anabasis. 10., neubearb. Aufl. (IV, 161 S.) gr. 8. Hannover 909. Hahn. 1. 50

Strack, J. H. Ueber die Anlage v. Armen-Versorgungs-Anstalten. Berlin 1828. 4

Strack, J. H., und F. E. Meyerheim, architekton. Denkmäler d. Altmark Brandenburg. Lith. v. Meyerheim, mit erläut. Text v. F. Kugler. 1. u. 2. Hft. gr. Fol. (10 Taf. u. 3 Bl. Text.) Berlin 833, Sachse u. Comp.

Strack, J. H., das altgriechische Theatergebäude. Nach sämmtlichen bekannten Ueberresten dargestellt auf 9 Tafeln Roy.-Fol. (3 B. mit 5 Vign.) Potsdam 843, Riegel's Vrlgsh. *.;

Strack, J. H., Vorlege-Blätter für Möbel-Tischler, s. Stüler, A.

Strack, Imm., Unsterblichkeit u. Wiedersehen. In Briefen an einen um seine Geliebte trauernden Freund; zur Beruhigung für Solche, die an Gräbern weinen. gr. 8. (136 S. mit 1 Stahlst.) Altenburg, 847, Helbig. n. 24 ngl

Strack, Imm., Unsterblichkeit und Wiedersehen. In Briefen an einen um seine Geliebte trauernden Freund; zur Beruhigung für Solche, die an Gräbern weinen. gr. 8. (136 S. und 1 Stahlst.) Altenburg 848, Helbig. *

Strack, Jos., Beitrag zur Geschichte des Winterfeldzuges in Ungarn von 1848 und 1849. Nach authentischen Quellen zusammengestellt. Wien 858. (Seidel.) gr. 8. (3 Bl., 131 S. u. 1 lith. Karte in 4.) n. 20 ngr.

Stierle-Holzmeister. — Strack, Joseph, k. k. Kapitän-Lieut. Denkmal der Erinnerung, dem k. k. Hauptmann ..... als Militär und Schriftsteller. (Aus dem 12. Hefte der: „Oesterr. milit. Zeitschrift" 1848 besonders abgedruckt.) 8. Wien 1848

Strack, Jos., das tiroler Jäger-Regiment Kaiser Franz Josef I. in den J. 1848 und 1849. Nach den Eingaben des Regimentes zusammengestellt. gr. 8. (IV und 347 S.) Wien 853. (Leipzig, Hübner.)

— das Tiroler Jäger-Regiment Kaiser Franz Josef I. in den Jahren 1848 und 1849. Nach den Eingaben des Regimentes zusammengestellt. Wien 853. Sommer. (F. Klemm.) gr. 8. (IV, 347 S.) 1 ₰. 15 ngr.

Strack, Jos., das Tiroler Jäger-Regiment Kaiser Franz Josef I. in dem Feldzuge 1859, als Fortsetzung zu dem Werke: das Tiroler Jäger-Regiment Kaiser Franz Josef I. in den Jahren 1848 u. 1849. Nach den Eingaben des Regimentes zusammengestellt. Wien 864. Sommer. (F. Klemm.) gr. 8. (IV, 248 S.) n. 1 ₰ 6 ngr.

Strack, Jos., die Generale der österreichischen Armee. Nach k. k. Feldacten u. andern gedruckten Quellen. 10 Lfgn. gr. Lex. 8. (IV u. 320 S.) Wien 850, Keck & Sohn. (à n. 6 ngl) n. 2 ₰

— dass. (Taschen-Ausg.) 10 Lfgn. 8. (IV u. 660 S.) Ebd. 850. (à n. 4 ngl) n. $1\frac{1}{3}$ ₰

Strack, J.: Geschichte des 6. Dragoner-Regimentes Karl Ludwig Graf Ficquelmont. Nach den k. k. Feldakten berichtigt und zusammengestellt von – –. Wien, 1856. Aus der k. k. Hof- u. Staatsdruckerei. 200 S. Mit 4 Abbild. 8°

Strack, Josef, k. k. Hauptm. Das Kopal-Denkmal in Znaim und das k. k. 10. Feld-Jäger-Bataillon von der Errichtung bis zur 50jährigen Jubelfeier. Ein nach authentischen Urkunden und den Feldacten des k. k. Kriegs-Archives zusammengestelltes Geschichtswerk. Beilagen: Abbildung der Schlacht von St. Lucia. (Photographirt.) Die Ansicht des Monuments mit dem Wächterhäuschen. Das Portrait des Obersten von Kopal und die Abbildung des von der italienischen Armee dem k. k. 10. Feld-Jäger-Bataillon verehrten Signalhorns. 8. Wien 1864.

Strack, Jos., das Kopal-Denkmal in Znaim und das k. k. 10. Feld-Jäger-Bataillon von der Errichtung bis zur 50jähr. Jubelfeier. Ein nach authent. Urkunden und den Feldacten des k. k. Kriegsarchivs zusammengestelltes Geschichtswerk. Lex.-8. (IV und 185 S. mit 3 Holzschntaf. und 1 Photogr.) Wien 864, (Braumüller und Sohn.) * *

—— Graf Radetzky, k. k. Feldmarschall, während seiner 64jähr. Dienstzeit. Nach österreich. Feldakten. Lex.-8. (VI und 99 S. mit Holzschn.) Wien 849, [Keck und Pierer.]

—— Taschen-Almanach für die k. k. österreichische Armee, s.a. Taschen-Almanach.

— Taschen-Almanach für die k. k. österreichische Armee auf das J. 1855. Wien, Sommer. (F. Klemm.) 16. (1 Bl., 176 S.) n. 12 ngr.

Strack, Josef — Taschen-Almanach für die k. k. österreichische Armee auf das Jahr 1856. Von — —. Wien. Verlag Druck und Papier von Leopold Sommer. (180 S. 16.)
Inhalt: Schema der k. k. Armee.

Strack, K., das Bibellesen in den Volksschulen, s.a. Für die Schule aus der Schule.

Das Bibellesen in den Volksschulen. Von Dekan K. Strack, Dr. th. *Neuwied & Leipzig: Heuser [1899].* (27 S.) 8° [5.]
— Schule, Für die, aus d. Schule. H. 79. [... 5

Strack, C., der Gerichtsvollzieher in d. k. preuß. Rheinprovinz. Revid. v. pract. Rechtsgelehrten. gr. 12. (23½ B.) Neuß 840. (Wesel, Bagel.) * 1½ Thlr., hrbgs. Pr.

Strack, C., der Gerichtsvollzieher in der Königl. Preuß. Rheinprovinz. Revidirt von prakt. Rechtsgelehrten. gr. 12. Neuß 840. (Schwann.) n. 1½ ℛ︀

Strack, K., das Gerichtsvollzieher-Institut kritisch dargestellt. gr. 12. (IV u. 101 S.) Neuß 852, v. Romberg-Belsen in Comm. n. 5/12 ℛ︀

Strack K B. Joh. Joacaim Winckelmann. (S wiss. Vortr. 42) Berlin 1867

Strack, Karl

— Abhandl. von d. Freisam d. Kinder (crusta lactea) u. von d. specif. Mitteln dagegen ꝛc.; aus d. Latein. 8. Frankf. a. M. 779. Andreä. 4 gr.

— ad quaestionem, quam de enervando variolarum miasmate saluberrima facultas medica paris. proposuerat, responsum. 8. Frankf. a. M. 780. Andreä. 2 gr.

— Aufruf an die Mütter üb. das Selbststillen ihrer Kinder; aus d. Latein. v. Jos. Uihlein. 12. Frkf. a. M. 801. Andreä. 5 gr.

Strack, Karl, († d. 18. Oct. 1806.) Beantwort. der Preisfrage vom Blattergift. 8. Frankf. a. M. 780. Andreä. 2 gr.

— neue Bemerkk. üb. den Seitenstich u. dessen beste Curart; aus d. Latein. von F. A. Weber. 8. Heidelb. 787. (Braun). 8 gr.

— medicin. Beobachtt. von der Petetschenkrankheit; aus d. Latein. mit Anmerkk. von Reza. 8. Kopenh. 777. Pelt. 10 gr.

— medicin. Beobachtt. über die Ursachen des allzustarken Blutflusses der Gebärmutter. 8. Marb. 800. Krieger. 6 gr.

Strack, Carl. Beobachtungen über die Wechselfieber. A. d. Lat. . . . Offenbach 1786. Ü: *Diel, August Friedrich Adam.* (HS) (MGT) (EngM)

Karl Strack
1726 - 1806

[Observationes medicinales de febribus intermittentibus. Deutsch:] Beobachtungen über die Wechselfieber. Von Carl Strack. Aus d. lat. übers. von A[ugust] F[riedrich] A[drian] D[iel]. Offenbach am M.: Weiß & Brede 1786. 296 S. 8°

Strack, Carl, Bilder aus der Reformationsgeschichte. 5 Bde. gr. 8. Leipzig, Schlicke. *
Inhalt:
Bd. 1. Wie ist ein Theil von Deutschland evangelisch geworden? (X und 198 S.) 864. * 26 Ngr.
„ 2. Wie ist ein Theil von Deutschland katholisch geblieben oder wieder katholisch geworden? (VII und 176 S.) 864. * 26 Ngr.
„ 3. Gang der Reformation durch die nicht deutschen europäischen Länder. (VIII und 212 S.) 865. 27 Ngr.
„ 4. Geschichte der evangelischen Secten. (VIII und 167 S.) 867. 24 Ngr.
„ 5. Blicke in die katholische Kirche. (IX und 212 S.) 868. * 28 Ngr.

Strack, K., Anton Court, s.: Für die Feste u. Freunde d. Gustav-Adolf-Vereins.

Karl Strack
1726 - 1806

Caroli Strack, De Crusta lactea infantum ejusdemque specifico remedio. .., Francofurti ad M. 1779: Andreae. 61 S. 8°

— tentamen med. de dysenteria, et qua ratione eidem medendum sit. 8. Mainz 760.

Elisabeth, Herzogin von Braunschweig-Calenberg, s. Frauenspiegel.

Strack, Carl, Erzählungen aus den Zeiten der Religionskriege und Religionsverfolgungen in Deutschland. Ein Glaubens- und Friedenswort für das deutsche Volk, seine Lehrer und Freunde, zur Beherzigung bei den Religionskämpfen der Gegenwart. 12. (VIII und 255 S.) Friedberg 853, Scriba's Buchh.

Strack, Karl, Erzählungen aus den Zeiten der Religionskriege u. Religionsverfolgungen in Deutschland. Ein Glaubens- und Friedenswort für das deutsche Volk, seine Lehrer und Freunde, zur Beherzigung bei den Religionskämpfen der Gegenwart. Friedberg 854. Scriba. 12. (VIII, 255 S.) 13 ngr.

Strack, Carl, Feindseligkeiten der Franzosen gegen Deutschland. Ein Warnungsruf aus der Vergangenheit an die Gegenwart und Zukunft. gr. 8. (VII und 295 S.) Leipzig 861, Schlicke. *

Strack, Karl, Aus dem deutschen Frauenleben. Th. 1. 2. Leipzig 1873—78. 8.
Th. 1.: Alterthum u. Mittelalter.
Th. 2.: Von der Reformation bis zur Zeit Friedrichs d. Gr.

Strack, Karl, aus dem deutschen Frauenleben. 1. u. 2. Thl. 8. Leipzig 873. 74. Schlicke. à 4. 50
1. Alterthum u. Mittelalter. (270 S.)
2. Von der Reformation bis zur Zeit Friedrichs d. Großen. (269 S.)

Strack, Karl, Geschichte der weiblichen Bildung in Deutschland. gr. 8. (IV, 163 S.) Gütersloh 879. Bertelsmann. n. 2. 40

— Geschichte d. deutschen Volksschulwesens. gr. 8. (VIII, 488 S.) Gütersloh 872. Bertelsmann. n. 5. 50

Karl Strack
1726 - 1806

Das allgemeine Krankenhaus in Mainz. Entworfen von Karl Strack. Frankfurt a.M.: Andreä 1788. 82 S. 8°

Strack, Carl, Leiden und Kämpfe der Evangelischen in Frankreich. Zur Befestigung evangel. Glaubenstreue erzählt. 12. (VIII und 168 S.) Darmstadt 856, Leske. Thlr. *

Strack, Karl, von d. Milchschorf der Kinder, e. Preisschrift; aus d. Latein. v. F. A. Weiz. 8. Weim. 788. Hoffmann. 3 xr

—— Missionsgeschichte von Deutschland oder wie ist Deutschland ein christl. Land geworden? gr. 8. (VII und 226 S) Leipzig 860, Schlicke. *

Strack, Karl, die geistliche Noth unserer Glaubensgenossen. Predigt gehalten bei der Jahresversammlung des Wetterauer Zweigvereins der Gustav-Adolph-Stiftung zu Oberrosbach am 11 Trin. 1852 über Johs 6, 1 — 15. 8. (15 S.) Friedberg 852, Scriba. n. 2 ngr

Strack, Carl, des Volkes Noth u Rettung, oder: die Mäßigkeitsvereine nach ihrer Nothwendigkeit u. ihren segensreichen Wirkungen, geschichtlich dargestellt f. das Volk u. seine Freunde. 16. (10½ B.) Friedberg 845, Bindernagel. *

— observationes medicinales de diversa febris contin. remittend. causa et qua diversa eidem medendum sit ratione. 8. Frankf. u. Mainz 789. (Varrentrapp). 3 xr (List in Berl.) 6 xr

— observat. medicinales de diversa febris remittend. causa et qua diversa eidem medendum sit ratione. 8. Lips. Sommer

Strack, Karl: Observationes medicinales de una prae caeteris causa, propter quam sanguis e foeminarum utero nimius profluit, atque haec quo modo submoveri debeat. 48 S., gbd.

Berolini: Voss 1794

JB 3.933

Strack, Karl: Observationes medicinales de colica pictonum maximeque ob arthritidem. 80 S., gbd.

Francofurti et Lipsiae: 1772

JB 4.920

— observationes med. de colica pictorum maximeque ad arthriditem. 8. Frankf. a. M. 772. (Wesché). 4 xr (Wien, Schaumburg u. C.) 6 xr

— observationes medicinales de febribus intermittentibus. 8. Offenb. 785. Brede. 16 xr Wien, (Schaumburg u. C.) 12 xr

Strack, Karl: Observationes medicinales de febribus intermittentibus et qua ratione eisdem medendum sit. 244 S., gbd.

Offenbach: Weiss & Brede 1785

JB 2.226

Strack, Karl: Observationes medicinales de morbo cum petechiis et qua ratione eidem medendum sit. 307 S., gbd.

Carolsruhae: Macklot 1766

JB 4.903

— observationes med. de morbo cum petechiis et qua ratione eidem medendum sit. 8. Karlsr. 767. Ed. nov. 796 (Braun). 1 ℛ (Wien, Schaumburg u. C.) 12 xr

— Peter der Große Eine Erzählung für das Volk und die Jugend Mit 1 (lith) Titelbild Friedberg 855. Bindernagel. 16. (2 Bl., 71 S) 7½ ngr

STRACK, Carl (1726—1806), Von der Pflege der Kranken, und von dem Betruge der Saugammen Frankfurt a M, Andrea, 1779. 8°
Ersch III 1 1822 Sp. 252 Ehestandsalmanach II p. 276. Orig Sermones academici 1) de custodia aegrorum 2) de fraudibus conductarum nutricum Francof ad Moen, Andrea, 1779. 8° (4 ggr)

—— Philipp der Großmüthige. Ein Bild aus der Reformationszeit, dem Volke und der Jugend mitgetheilt. 8. (IV und 112 S. mit 1 lithogr. Titelbild.) Friedberg 855, Bindernagel.

—— 500 Räthselfragen aus der Geographie und Geschichte, besonders der europäischen Länder, für Aeltern, Lehrer und Kinder bearb. 8. (VI und 102 S.) Leipzig 853, G. Mayer. *

— 400 Räthselfragen aus der Naturgeschichte und Naturlehre nebst 100 Räthselaufgaben zur Befestigung der Orthographie für jüngere Kinder, deren Eltern und Lehrer Leipzig 854 G Mayer 8 (IV, 91 S) n 10 ngr

— zwei akadem. Reden, 1) von der Pflege der Kranken; 2) von d. Betrug der Säugammen. 8. Frankf. a. M. 779. Andreä. 5 xr (Vergl. Betrügereien der Ammen.)

—— Reformationsgeschichte in vergleichender Lebensbeschreibung der vier Hauptreformatoren Luther, Melanchthon, Zwingli und Calvin. gr 8. (VII und 303 S.) Leipzig 862, Schlicke *

—— Renata v. Este, s. Frauenspiegel.

Strack, die moderne Schule den bedenklichen Erscheinungen der Zeit gegenüber. gr 8. (16 S) Gütersloh 873. Bertelsmann. — 30

— die moderne Schulgesetzgebung, s: Fragen, pädagogische.

— sermo acad. IVtus, quo matres hortantur, ut ipsae suas proles lactent etc. 8. Frankf. a. M. 781. Andreä. 4 xr

Strack, C. Sermo academicus quartus quo matres hortatur ut ipsae suas proles lactent Francofurti 1801

— sermones acad.; I. de custodia Aegrorum; II. de fraudibus conductarum nutricum. 8. Frankf. a. M. 779. Andreä. 4 xr

— Stellung der Kirche u. Geistlichkeit zur Volksschule besonders im evangel. Deutschland. Geschichtlich dargestellt. gr 8. (IV, 143 S) Ebend. 874 n. 1. 50

—— die confessionelle Stellung der hessischen Kirche im Zeitalter der Reformation. gr 8. (55 S.) Berlin 859, Wiegandt und Grieben. Friedberg i. d W., (Bindernagel und Schimpff.) *
Aus Deutsche Zeitschrift für christliche Wissenschaft und christliches Leben, besonders abgedruckt.

—— Stunden d. Einsamkeit. Betrachtn., Gebete u. Gesänge. gr. 8. (12 B.) Bremen 835, Heyse. 18 Gr., Blnp.

— nova theoria pleuritidis verae et recta eidem medendi ratio, experimentis demonstrata. Smaj. Mainz 786. Abell. 16 xr

Strack, Car., resp. Ant. Franc. **Metternich**, De tussi convulsiva infantum. Magunt. 1777. 4°. *Frank*, Del. opusc. med. Lps. 1790, II, 211—228.

—— über d. Vorschule. 3. Hft. gr. 8. (5¼ B.) Bremen 829, Heyse.
1. u. 2. Hft. Ebendas. 1819 u. 24. à 4 Gr.

Strack, Karl. Prälat D. Karl Zimmermann, s. Für die Feste u. Freunde d. Gustav-Adolf-Vereins.

Strack, L., s. Strack, Hermann Leberecht

Ansichten. Holsteinische Gegenden. Gez. v. Ludwig **Strack** und **Rosenberg**. Gest. v. Lütke, Darnstedt, Veith u. a. Heft 1. Hamburg. 1800. Heft 2. ebd. 1802. Quer-4° k.

Strack, M., die häuslichen Arbeiten der Schüler. [Aus: „Central-Organ f. die Interessen d. Realschulwesens".] gr. 8. (41 S.) Bielefeld 876. Gülker & Co. n. — 75

Strack, M., und S. Fränkel, Cours de leçons, s. Fränkel, S.

Strack, M., s. Fränkel's Anthologie. — Schulgrammatik.

Strack, Max, s.a. Strack, Maximilian

Strack, Max, s.: Central-Organ f. d. Interessen d. Realschulwesens.

— Deutsche Mährchen. Der deutschen Jugend deutsch erzählt. Mit 8 (lith. u.) col. Bildern. br. 8. (VIII u. 278 S.) Berlin 849, Winckelmann & Söhne. 1⅙ ℳ

Strack, Max, Militia. Eine Ergänzung des Tirocinium von Otto Schulz. 8. (5⅓ B.) Berlin 844, Besser, Vrlgsh. *

— Militia. Eine Ergänzg. des Tirocinium von Otto Schulz. 3. verb. u. verm. Aufl. 8. (VIII u. 114 S.) Berlin 848, Bessers Verl. (Frz. Duncker.) — Erste Uebungen im Uebersetzen aus dem Deutschen in das Lateinische. Im Anschluß an das Tirocinium von Otto Schulz. 4. verb. u. verm. Aufl. 8. (VIII u. 119 S.) Ebd. 851. n. 8 ngl

Strack, Max, Militia. Erste Uebungen im Uebersetzen aus dem Deutschen in das Lateinische. Im Anschluß an das Tirocinium von Otto Schulz. 18. Aufl. 8. (VI, 128 S.) Berlin 873, F. Duncker. [Stuttgart, Krabbe.] geb. *

Strack, Max, Hermann's erste Reise. Ein Buch f. die Jugend. (Neue Titel-Aufl. der Turnfahrten.) Mit (2) Kpfrn. 8. (XII u. 393 S.) Berlin (847) 849, Bessers Verl. (Frz. Duncker.) 1 ℳ

Strack, Max, aus Süd und Ost. Reisefrüchte aus drei Welttheilen. 2 Sammlungen. 8. [Karlsruhe] Berlin, Reuther's Verlagsb. à Sammlg. *ℳ 4.—. *
geb. à Sammlg. *ℳ 5.—. *

Inhalt:
Sammlg. 1. Das geeinte Italien. Sicilien. Bilder aus Griechenland und Kleinasien. Hrsg. von Herm. L. Strack. (XX, 314 S. mit 2 Karten und 2 Abbild.) 885.
2. Adria. Bilder aus Palästina und Syrien. Aegypten. Bearb. und hrsg. von Herm. L. Strack. (X, 346 S.) 886.

— Turnfahrten. Ein Buch für die Jugend. 1. Bd. Elbe und Weser. 2 Abtheilungen. 8. Ebend. 846. n. 1⅓ ℳ

Strack, Max, Turnfahrten. Ein Buch für die Jugend. 1. Bd. Elbe und Weser. 2 Abthlgn. 8. (XII und 393 S. mit 1 Stnt. und ill. Titelbild.) Berlin 847, Besser's Vrlgsh. *

Strack, Max L., die Dynastie der Ptolemäer. gr. 8. (XVI, 294 S. m. 1 Stammtaf.) Berlin 897. Besser. n. 7. —

Die Dynastie der Ptolemäer v. Max L. **Strack**. *Berlin: W. Hertz 1897.* (XVI, 294 S., 1 Tab.) 1 Bd 8. [97. 2482]

Strack, M. L., Aulus Hirtius. S.-A. 1909. 19 S. 4°. 1.20

Strack, M. L., Der Kalender im Ptolemäerreich. S.-A. 1898. 33 S.

Strack, M. L., Griech. Titel im Ptolemäerreich. S.-A. 1900. 30 S.

Strack, Maximilian

Strack, Max, s.a.Berg, Wilh. v.

Strack, Max., Argusaugen, s.: Universal-Bibliothek.

Im Chambre garnie. Erlebnisse e. Berliner Junggesellen von Wilhelm v. Berg [d.i. Maximilian **Strack**]. Berlin: Berliner Roman-Verl. [1904] (48 S.) 8° [F.]
— Geschichten, Intime. 42. [07. 7300]

Strack, Max, Nichts f. Backfische, s.a. Naumburg's moderne Bibliothek. 2.

Nichts für Backfische. Von Maximilian Strack. Kindelbrück & Leipzig: K. Naumburg [1902]. (215 S.) 8°
= Bibliothek, Naumburg's moderne. Bd 2.

Strack, Maximilianvs [Hambvrgensis]: De rervm prima belli Peloponnesiaci parte gestarvm temporibvs ... Bonnae, typ. C. Georgi vniv. typogr., 1892; 2 Bl., 79 S., 1 Bl. 8.
Bonn, Phil. Fak., Inaug.-Diss. v. 21. März 1892

Strack, Oskar L[eberecht], Referendar in Hamburg: Der Lagerschein des Handelsgesetzbuchs vom 10. Mai 1897 über eine individuell bestimmte Ware. Borna-Leipzig 1906: R. Noske. (IX, 73 S.) 8°
Leipzig, Jur. Fak., Diss. v. 6. Nov. 1906
[Geb. 28. Juli 82 Hamburg; Wohnort: Hamburg-Uhlenhorst; Staatsangeh.: Hamburg; Vorbildung: Gelehrtensch. d. Johanneums Hamburg Reife M. 01; Studium: Göttingen 2, München 3, Berlin 1, Kiel 1 S.; Rig. 13. Nov. 05.]

Strack, *Otto* Die Grundlagen der deutschen Militärdienst-Versicherung. 4 (24 S.). Progr. G. *Karlsruhe* 1888 (572).

Strack, O., die Grundlagen der deutschen Militärdienst-Versicherung. 4. (24 S.) Karlsruhe 888. (Leipzig, Fock.) n. 1. —

Dr. Otto Strack. Die Propädeutik der Geometrie. 28 S. Karlsruhe, P. 1883

Strack, Th., kurze u. leichte Anweis. zur prakt. Vermessung eines Gefäßes von 2 bis 120 Zoll im Durchmesser. Mit 1 Steintaf. 8. Essen 825. Bädeker. 12 gl

Strack, Guil. (geb. Arnoldsweiler im Rheinl. 26. 8. 1836): De ... Berolini (1860). (32 S.) 8°
Berlin, Med. Diss. v. 10. Aug. 1860

Strack, Wilh., malerische Reise durch Westphalen; mit großen illum. Blätt. 2 Hfte. gr. 4. Bückeburg (Hannov.) 801—3. (Hahn). 6 ℳ 16 gl

— Wegweiser durch die Gegend um Eilsen. Mit 1 petrograph. Karte u. Kpf. Hannov. 811. 2e verm. A. Nebst e. Bruchstück aus d. noch ungedruckten Wallfahrten ins Heidenland von K. F. A. H. Frhrn. v. Münchhausen. gr. 8. Hannov. 818. (Hahn). 1 ℳ 20 gl

Strack v. Weissenbach. Herzog Christoph v. Württemberg mit besonderer Berücksichtigung seiner Bedeutung für das württemb. Kriegswesen. Stuttgart 1889. 8°.

Strack v. Weißenbach, Geschichte der königl. württembergischen Artillerie. Mit einem (lith.) Titelbild, einer (lith. u. color.) Uniformstaf. u. mehreren (lith.) Plänen. gr. 8. (VIII, 564 S.) Stuttgart 882. Kohlhammer. n. 5. —

Strack v. Weißenbach, der regierende Graf Wilhelm zu Schaumburg-Lippe. Ein Beitrag zu der Geschichte des Fürstent. Schaumburg-Lippe, sowie der d. 7jähr. Krieges. gr. 8. (VIII, 176 S. m. 1 Bildnis.) Bückeburg 889. (Frommhold.) n. 3. —

Strackaus, Heinr., offener Brief an Herrn Dr. Schwarz zu Gotha. Leipzig 859. Bredt. 8. (35 S.) n. 4 ngr.

Stracke, Albert, a. Arolsen in Waldeck: Die Bevölkerungsverhältnisse des Fürstentums Waldeck auf agrargeschichtlicher Grundlage. Einl. T. 1. (Marburg 1907: J. A. Koch.) (V, 60 S.) 8° ¶ (T. 2 „Bevölkerung u. Agrarverfassung in ihrer geschichtlichen Entwicklung“ erscheint in: Geschichtsblätter d. Geschichtsvereins f. Waldeck u. Pyrmont.)
Berlin, Phil. Fak., Ref. Sering, Diss. v. 21. Dez. 1907
[Geb. 11. Juli 85 Corbach (Waldeck); Wohnort: Arolsen; Staatsangeh.: Waldeck; Vorbildung: Gymn. Corbach Reife O. 04; Studium: Heidelberg 1, Berlin 1, München 1, Berlin 4 S.; Rig. 25. Juli 07.]

Stracke, Ed. (Hrsg.), s. Gesundheitslehrer.

Stracke, Geo. Siegm., einige Advents- u. Passionspredigten zur Beförder. christl. Wahrheit u. Gottseligkeit. 8. Aurich 797.

— s. Beitr. zur Ausbreit. des wahren Lichts der Bibel, u. verbessere Starck in Strade.

Stracke, G. S., Missionsanstalten, siehe Missionsanstalten.

— Predigten zur Beförderung christl. Wahrheit u. Gottseligkeit. 8. Aurich 795.

Stracke, H. S., die Haustafel. Predigten üb. Epheser 5, 22—6, 9. 8. (VIII. 139 S.) Leer 872. Meyer. 1. 50

—— Katechisationen über biblische Geschichte nach biblischen Texten. Das Volk Gottes im alten Testamente. gr. 8. (VII, 225 S.) Emden 874, Haynel. *

Stracke, Herm., Luthers Katechismus in ausgeführten Katechesen f. Lehrende u. Laien. gr. 8. (VI, 335 S.) Oldenburg 898. G. Stalling's Verl. n. 3. 75

Stracke, K., Leitfaden der Handelsgeschichte, s.: Handbibliothek der gesamten Handelswissenschaften. 8. Bd.

Der qualfreie Fang des Haarraubzeuges mit der Kastenfalle und Prügelfalle in Jagdgehegen, Parkanlagen, Gärten und Gebäuden nebst Beschreibung d. zweckmäßigsten Einrichtung ... gen. Fallen von W. **Stracke**, Förster. 3., verm. u. verb. Aufl. mit 34 Abb. Neudamm: J. Neumann 1004. (VII, 143 S.) 8° [J.]
1. u. 2. Aufl. u. d. T.: W. Stracke, Die Kastenfalle in ihrer ... Einrichtung.
(J. Neumanns Jagdlich-kynologische Büchersammlung.) 05. 1093*

Stracke, W., die Kastenfalle in ihrer zweckmäßigsten Einrichtung, ihre Anfertigg. u. Anwendg. zur leichten, sichersten u. qualloſen Vertilgg. d. Haarraubzeuges in Jagdgehegen, Gärten, Parkanlagen, Gebäuden u. s. w. gr. 8. (VIII, 45 S. m. Abbildgn.) Neudamm 893. J. Neumann. n. — 80

Stracke, W., die Kastenfalle in ihrer zweckmäßigsten Einrichtg., ihre Anfertigg. u. Anwendg. zur leichtesten, sichersten u. quallosen Vertilgung d. Haarraubzeuges in Jagdgehegen, Parkanlagen, Gärten, Gebäuden u. s. w. 2., verm. u. verb. Aufl. m. 15 Abb. gr. 8. (III, 84 S.) Neudamm 898. J. Neumann. n. 1. 20; geb. in Leinw. n. 1. 80
(J. Neumanns Forst- u. Jagdwissenschaftl. Büchersammlung.)

Stracker, Osk., die Plica longitudinalis duodeni beim Menschen u. bei Tieren. (63 S. m. 7 Fig. u. 2 Taf.) gr. 8. Wien 909. A. Hölder. 2. 80
Sonderabdr. aus: „Sitzungsber. d. k. k. Akad. d. Wiss.“

Stracker Oskar: Die *Plica longitudinalis duodeni* beim Menschen und bei Tieren (mit 2 Taf. und 7 Textfiguren). S. 118. Ill. [illegible] 2.80
Separatabdruck

Strackerjahn, ..., s. Particularrecht, Oldenburg.

Strackerjahn, Repert. d. Gesetzsmlg. d. Grossherzogth. Oldenb. 2 Bde. 837

Strackerjahn, Ldwg, Aus dem Kinderleben. Spiele, Reime, Räthsel. Oldenburg 1851. 8.

Strackerjan, Chrstn. Friedr., Beiträge z. Geschichte d. Stadt Jever. Die älteste Urkunde ihrer Stadtgerechtigkeit auf Veranlass. ihrer Jubelfeier am Aschermittwochen 1836, mit geschichtl. Anmerkn. u. noch einigen and. Urkunden. gr. 8. (12 B.) Bremen 836, Kaiser. Thlr.

Strackerjan, Chrstn. Friedr., Beiträge z. Gesch. d. Großh. Oldenburg, s. Beiträge.

Strackerjan, (Chrstn. Friedr.), oldenburgische Blätter, s. Blätter.

—— Oldenburg's Fest- u. Jubelbuch. Ausführl. Beschreib. aller Feierlichkeiten, welche am 27. Nov. u. 24. Dec. 1838 als den Jubelfesten der vor 25 Jahren mit d. Rückkehr d. rechtmäß. Landesherrn wieder hergestellten Selbstständigkeit d. Hrzth. Oldenburg u. d. neu organis. Landesbewaffnung in d. Stadt Oldenburg, wie im ganzen Herzogthum u. d. Erbherrschaft Jever, stattgefunden, nebst e. Beschreib. u. d. Statuten des am 27. Nov. 1838 z. Andenken dies. Tages gestift. Haus- u. Verdienst-Ordens Herzogs Peter Friedrich Ludwig u. e. Nachricht von dem am 17. Jan. 1839 gehalt. ersten Ordenstage. gr. 8. ($10\frac{1}{2}$ B. u. 1 Stnt.) Oldenburg 839, Schulzesche Buchh. *

— Geschichte der Buchdruckerei im Herzogthum Oldenburg und der Herrschaft Jever, nebst einer Beschreibung des ersten in Oldenburg erschienenen Buchs. — Eine Festgabe zum 400jähr. Jubelfest der Buchdruckerkunst am 24. Juni 1840. Mit Facsimile's. gr. 8. Oldenburg 840. Schulze. (W. Berndt.) $\frac{1}{3}$ ß 3 B.

—— Mittheilungen aus Oldenburg, s. Mittheilungen.

Strackerjan, Fr. Anton
Strackerjan, C. F., s. Staats-Kalender, Oldenburgischer.

Strackerjan, F. A., Schiffahrts-Handbuch, s. a. Schiffahrts-Handbuch.

Strackerjan, Fr. Ant., Schiffahrts-Handbuch. Eine Sammlung der Handels- und Schiffahrts-Verträge und der Schiffahrts-Gesetze und Verordnungen Oldenburgs. Mit den Angaben der Schiffsunkosten an den Oldenburgischen Hafenplätzen und einem Anhange, enthltd. die Verzeichnisse der Oldenburgischen Schiffahrts-Behörden und Consuln, Nachrichten über die Versicherungs-Gesellschaften und Schiffer-Wittwen-Cassen ꝛc., die Schiffahrts-Geschäfts-Adressen und das Verzeichniß der Oldenburgischen See- und Küsten-Schiffe. Für Schiffer, Rheder, Consuln, Schiffsmäkler u. A. m. nach amtlichen Quellen bearb. u. herausg. Oldenburg 853. Schulze. 8. (XIV, 219 S.) n. 20 ngr.

—— Nachtrag zum Schiffahrts-Handbuch, s. a. Seemanns-Kalender.

Strackerjan, Fr. Ant., Schiffahrts-Handbuch. Eine Sammlung der Handels- u. Schiffahrts-Verträge und der Schiffahrts-Gesetze u. Verordnungen Oldenburgs ꝛc. 1. Nachtrag. Fortges. bis zum 25. Novbr. 1853 und verm. mit 1 (lith. u. color.) Karte der Oldenburg. Flaggen (in 4.). A. u. d. T.: Seemanns-Kalender für 1854. Enthaltend den gewöhnlichen auf den Oldenburg. Horizont berechneten Kalender nebst Tabellen über die Declination der Sonne und des Mondes, die Zeitgleichung und die Sternenzeit nach der Greenwich mittleren Zeit. Oldenburg 854. Schulze. 8. (VI, 82 S.) n. 16 ngr.

— Schiffahrts-Handbuch. Eine Sammlung der Handels- und Schiffahrts-Verträge und der Schiffahrts-Gesetze u. Verordnungen Oldenburgs. Mit den Angaben der Schiffsunkosten an den Oldenburger Hafenplätzen u. einem Anh., enthaltend die Verzeichnisse der Oldenburgischen Schiffahrts-Behörden und Consuln, Nachrichten über die Versicherungs-Gesellschaften u. Schiffer-Wittwen-Cassen 2c. Für Schiffer, Rheder, Consuln 2c. nach amtlichen Quellen bearb. u. herausg. 2. bis zum 1. October 1859 fortgeführte Aufl. Oldenburg 860. Schulze. 12. (XII, 423 S.) n. 1 ꝛ𝔱𝔥 6 ngr.

Strackerjan, Frdr. Ant., Handbuch der Handels-Wissenschaft mit besonderer Berücksichtigung der in Deutschland bestehenden Verhältnisse. Zur Selbstbelehrung für alle Freunde des Handels u. als Unterlage bei Vorträgen an Handels-Lehranstalten bearb. Mit einem ausführlichen Sachverzeichniß. Pest 861. Heckenast. gr. 8. (XII, 404 S.) n. 1 ꝛ𝔱𝔥 10 ngr.

Strackerjan, Friedr. Ant., Handbuch der Korrespondenz-Wissenschaft. Eine theoretisch-prakt. Anleitung zur Abfassung deutscher Handelsbriefe für Handlungs-Lehrlinge, Praktikanten, Commis 2c. gr. 8. (228 S.) Pest 860, Heckenast's Verlag. *

—— und G. Wagner, Compendium der Münz-, Maass-, Gewichts- und Wechselcours-Verhältnisse, s. Wagner, G.

Strackerjan, G., f.: Schiffahrtsgesetzgebung, die Englische.

Strackerjan, Karl, Adler od. Dannebrog?! Eine Anklage gegen die dän. Lostrennungspartei Nordschleswigs. Mit 5 Autotyp.: Das „Nationaldenkmal", der „Landesherr", der „Landestheil" u. das „Vaterland" des preuß. Abgeordnetenhaus-Mitgliedes H. P. Hanssen. gr. 8. (122 S.) Berlin 899. H. Walther. n. 1. 50

Zur Eidesfrage der dänischgesinnten Mitglieder des Abgeordnetenhauses v. Karl Strackerjan. Als Manuskript gedruckt. Berlin. d 10. Febr. 1905. (Hirschberg i. Schl.) 1905. Fol.

Strackerjan, Karl Die Erweiterung d. Anstalt. S 12—48. OR. *Oldenburg* 1880. Progr.

Strackerjan, Karl Zur Feier deutscher Dichter. IV. V. Abend: Aus den Anfängen der zweiten Blütezeit deutscher Dichtung. Klopstock. Der göttinger Dichterbund. Claudius. S. 19—28. VI. Abend: Lessing, Herder, Bürger. S. 20—24. VII. VIII. Abend: Goethe, v. Halem, Gramberg, Mosen. S. 6—11. IX. X. Abend: Zeitgenossen der Klassiker, Chamisso. S. 33—40. XI. XII. Abend: Geibel, Romantiker. S. 27—35. XIII. XIV. Abend: Schwäbische Dichter, Rückert. 15 S. XV. XVI. Abend: Luther, W. Müller, Platen. S. 10—17. XVII. XVIII. Abend: Kopisch, Hoffmann v. Fallersleben, Simrock, Reinick. S. 19—28 und 6 unpag. Seiten. OR. *Oldenburg* 1878—85.
Progr.

Strackerjan, *Karl* Zur Feier deutscher Dichter. Neunzehnter Abend am 25. November 1885: Heinrich Heine und Nikolaus Lenau. Zwanzigster Abend am 10. März 1886: Ferdinand Freiligrath. 4 (S. 31—40 und je 2 unp. S.). — 21. Abend am 22. Januar 1887: Östreichische Dichter, I. — 22. Abend am 25. März 1887: „Als der Grofsvater die Grofsmutter nahm". — XXIII. Zur hundertsten Geburtstagsfeier Ludwig Uhlands, 1887 April 26. (Umschlagtitel: Zur … Dichter: 21. Ö. D., I., — 22. „Als … nahm". — 23. Uhland.) 4 (S. 3—16). — Vierundzwanzigster Abend am 11. März 1889. Östreichische Dichter, II. (Umschlagtitel: Zur … D.: 24. Ö. D., II.) 4 (S. 3—10). — Fünfundzwanzigster Abend, am 28. März 1890. Östreichische Dichter, III. 4 (3 S.).
Ober-Rsch. u. Vorsch. *Oldenburg* 1886 (613). 1888 (631).
Progr. 1889 (633). 1890 (zu 656).

Strackerjan, Karl, dänische Friedensstörer. Aus dän. Quellen erläutert. 1. Tl.: In Schleswig selber. (VI, 65 S.) gr. 8. Hadersleben 903. J. Dreesen's Nachf. n. — 60

Dänische Friedensstörer. Aus dänischen Quellen erl. von Karl Strackerjan. T. 1. *Hadersleben: R. Martens 1903.* 8° [J.] [03. 5569

Neuester Führer von Flensburg bis Alsen [v. Karl Strackerjan]. Flensburg. 1890. 8°

Strackerjan, Karl Das Herbartdenkmal und die Herbartstiftung. 32 S. Progr. OR. *Oldenburg* 1881.

Ein dänischer Irredentist im Reichstage v. Karl Strackerjan. Als Manuskript gedruckt. Berlin, d. 8. Febr. 1905. (Hirschberg i. Schles.) 1905. Fol.

Strackerjan, Karl, 1. Ist die Eiche oder die Linde der Baum des deutschen Volkes. 2. Erklärung einiger Ortsnamen etc. Oldenburg 1874. 8.
Progr. d. Vorsch. u. d. Realsch. Oldenburg. (D.)

Strackerjan, Karl Der Mensch im Spiegel der Tierwelt. Eine germanistische Studie. 18 S. Progr. OR. *Oldenburg* 1885.

Strackerjan, Karl, die jeverländischen Personennamen mit Berücksichtigung der Ortsnamen. Jever 864. Mettcker & Söhne. gr. 4. (46 S.) n. $12\frac{1}{2}$ ngr.

Strackerjan, Karl, das Plattdeutsche als Hülfsmittel für den Unterricht. Oldenburg 866. Schulze'sche Buchh. gr. 8. (51 S.) $7\frac{1}{2}$ ngr.

— Rede zur Sedanfeier. 9 S. Progr. OR. *Oldenburg* 1884.

— Zwei Reden zum Sedanfeste. S. 13—26. Progr. OR. *Oldenburg* 1882.

Strackerjan, Karl, Regeln für die deutsche Rechtschreibung, etymologisch-orthograph. Wörterverzeichniß mit Berücksicht. landschaftl. Eigenthümlichkeiten und falscher Gewöhnungen und kurze Interpunctionslehre. 8. (XV, 160 S.) Oldenburg 869, Stalling's Verlag. *

[J.] Schleswig, nicht 'Süd-Jütland'. E. neuer Beitr. z. Klarstellg d. nationalpolit. Streites an der Königsau v. Karl Strackerjan … *Flensburg: O. Hollesen 1896.* (32 S.) 1 Bd 8. [96. 6047

Strackerjan, Karl, Schleswig, nicht „Süd-Jütland". E. neuer Beitrag zur Klarstellg. d. national-polit. Streites an d. Königsau. gr. 8. (32 S.) Flensburg 896. Huwald. n. — 50

— Schule u. Haus. Oldenburg 865. Schulzesche Buchh. gr. 8. (53 S.) $7\frac{1}{2}$ ngr.

Strackerjan, Karl Schulrede gehalten am 2. September 1876. S. 9—17. Progr. OR. *Oldenburg* 1877.

— Schulrede gehalten am 2. Septbr. 1878. S. 13—19. OR. *Oldenburg* 1879.
Progr.

Strackerjan, *Karl* u. *Emil* Krause Drei Schulreden. I. Am 2. September 1885. (Öffentliche Schulrede.) II. Am 7. Januar 1886. (Beim Beginn des vierten Quartals.) III. Am 18. Januar 1886. 4 (S. 8—31). Ober-Rsch. u. Vorsch. *Oldenburg* 1886 (613).
Progr.

— dänische Umtriebe in deutschem Lande. Beiträge zur Beleuchtg. d. politischen Agitation in d. Nordmark. gr. 8. (VIII, 255 S.) Ebd. 895. n. 1. 20

Unter dem Zeichen des Danebrog. Ein Beitrag zur Kennzeichnung des „dänischen Christenthums" in Nordschleswig [v. Karl Strackerjan]. Sonder-Abdruck aus dem „Hamburgischen Correspondenten". Hamburg. 1897. 8°.

Strackerjan, K. Die gespaltene Zeile. S. 16—17. OR. *Oldenburg* 1883.
Progr.

Strackerjan, Ludwig

Aberglauben und Sagen aus dem Herzogtum Oldenburg. Von L. Strackerjan. Bd. I. Oldenburg 1867.

Enthält auf S. 290—294 kurze Mitteilungen über Freimaurer-Sagen.

Strackerjan, L., Aberglaube u. Sagen aus dem Herzogth. Oldenburg. 2 Bde. Oldenburg 868. Stalling's Verl. br. 8. (XIV, 788 S.) n. 2 ℛ

Strackerjan, Ludw., Aberglaube u. Sagen aus dem Herzogt. Oldenburg. 2. erweit. Aufl., hrsg. v. Karl Willoh. 2 Bde. (XXI, 517 u. VII, 518 S.) 8. Oldenburg (908). G. Stalling's Verl. 7.20; geb. 8.50; auch in 18 Lfgn. à — 40

Aberglaube und Sagen aus dem Herzogtum Oldenburg. Von Ludwig **Strackerjan**. 2. erw. Aufl. hrsg. von Karl Willoh. Bd 1. 2. Oldenburg: Stalling 1909. 8°

Strackerjan, L., die Consumtions-Abgabe (Octroi) der Stadt Oldenburg. Vortrag gehalten im Gewerbe- und Handelsverein zu Oldenburg. gr. 8. (30 S.) Oldenburg 865, Schulze'sche Buchh. *

Strackerjan, Ludw., von Land u. Leuten. Bilder u. Geschichten aus dem Herzogthum Oldenburg. gr. 8. (XVIII, 171 S.) Oldenburg 881. Schulze. n. 2. —; geb. n. 2. 80

— die Ofenberge. Ein Landschaftsbild aus dem Oldenburgischen. 8. (46 S.) Oldenburg 879. Stalling's Verl. — 75

Strackerjan, L., deutscher Sprüche Ein Tausend. 8. (210 S.) Bremen 876. nordwestdeutscher Volksschriften-Verl. 2. 25; geb. m. Goldschn. n. 3. —

Landrina **Stracking** und Ludmilla Fallina, die berüchtigten Land- und Seeräuberköniginnen in Calabrien und auf dem mittelländischen Meere. Eine romantische Geschichte der neuesten Zeit, nebst einem schönen Liede. Eigenthum von Florenz Harder. Gedruckt bei Gebr. Hasskerl. Hamburg. 4 Bl. n. n., 178x110.
LBO Bänkelsängerlit. II, 45.

Strada, F., de bello belgico, c. fig. fol. Vienn. (Montag et W., Regensb.) 756.

Strada, F., de bello Belgico, c. fig. Fol. Wien 756. (Montag u. W. in Regensb.) 3 ℛ 8 gℛ Leipz. 794. Junius. 4 ℛ

Strada, Ottav., Entwürfe für Prachtgefässe in Silber u. Gold, entworfen u. gez. für den Kaiser Rudolph II. Hersg. von dem k. k. österr. Museum für Kunst u. Industrie nach dem Originalwerk in der Bibliothek des Fürsten Dietrichstein-Mensdorff zu Nikolsburg. Wien 869. Beck'sche Univ.-Buchh. Fol. (43 Steintaff. u. 5 S. Text.) In Mappe. n. 5 ℛ

Stradal, A. G., Der 8. internationale Wohnungskongress in London vom 3. bis 10. Aug. 1907. (Aus: „Oesterr. Wochenschrift f. öffentl. Baudienst", 1907.) 8°. Wien, Selbstverlag, 1907.

Stradal, Aug., Franz Liszts Werke (im Verlage v. C. F. Kahnt Nachfolger), besprochen. Mit Portr. u. Fksm. v. Franz Liszt. (41 S.) 8. Leipzig 904. C. F. Kahnt Nachf. n. — 60

Stradal, Hildeg., zur Dämmerzeit. Gedichte. 5. Bd. (VIII, 67 S.) gr. 8. Dresden (907). E. Pierson. 1. 50; geb. n 2. 50

'Die heilige Elisabeth' von Hildegard **Stradal**. Berlin & Leipzig: Th. G. Fisher & Co. 1904. (59 S.) 8°

Stradal, H. Gedichte. 12. (108 S.) Wien 890. (Lpz., Literar. Anstalt.) * 2 —

Stradal, Hildegard, Gedichte. 2. u. 3. Bd. 8. (111 u. VII, 133 S.) Leipzig 895. 98. Breitkopf & Härtel. à n. 2. —; geb. à n. 3. —

Stradal, Hildegard, „Helga". Handlung in 5 Abthlgn. 8. (III, 56 S.) Cassel 900. Th. G. Fisher & Co. n. 1. —

'Auf einsamer Höhe'. Drama in 2 Aufz. von Hildegard **Stradal**. Berlin & Leipzig: Th. Fisher & Co. 1904. (65 S.) 8°

Stradal, Hildegard, „auf einsamer Höhe". Drama in 2 Aufzügen. (65 S.) 8. Berlin 904. Wilmersdorf, Th. G. Fisher & Co. n. 1. —

— ein Leben. Gedichte. 4. Bd. 8. (VII, 86 S.) Ebd. 900. n. 1. —

Sonnenwende von Hildegard **Stradal**. Kassel: Th. G. Fisher & Co 1901. (74 S.) 8°

— „Der Spielmann". Drama in 1 Aufzug. 8. (III, 34 S.) Ebd. 901. n. 1. —

— Aus schweren Tagen. Gedichte. 6. Bd. (26 S.) 8. Ebd. (909). 1.—; geb. n 2. —

— seine Tochter. Lyrisches Gedicht in 1 Aufzug. 8. (42 S.) Leipzig 899. Breitkopf & Härtel. n. 1. —; geb. n. 2. —

— was der Wildbach erzählt. 8. (52 S.) Kassel 902. Th. G. Fisher & Co. n. 1. —

Stradam, Rud. v., Gedichte. Wien 859. Manz & Co. 8. (IV, 57 S.) n. 20 ngr.

Sträde, Ernst [aus Güstrow]: Eine Theorie der gebrochenen Focaldistanzen für das elliptische und hyperbolische Paraboloid zu entwickeln. Preisarbeit d. phil. Fak. zu Rostock 1895. Rostock, Univ.-Buchdr. v. Adler's Erben, 1896; 52 S., 1 Taf. 8.
Rostock, Phil. Fak., Inaug.-Diss. v. [23. Mai] 1896

Straede, [Karl]: Tennyson's „Lucretius". Erklärung des Gedichtes. Verhältnis zu dem lateinischen Lehrgedicht, ‚de rerum natura' des Lucretius. Schlawe 1905: H. Moldenhauer. (S. III—XV.) 4°
Schlawe, st. PG m. Realabt. P 1905 (171)

Air d'église. Pietà, Signorel Kirchen-Arie von Alessandro **Stradella** (berühmter Sänger d. 16. Jhs). Für Violine u. Klavier übertr. von Emil Kross. (Leipzig: Bosworth & Co. 1902.) (7, 3 S.) 4° [Kopft.]
(Blätter u. Blüten. Violin & Piano. No 77.) [07. 6899]

Stradelli, Alessandro, deutsche Dichtungen. 2 Tle. in 1 Bde. gr. 8. Düsseldorf 894. (E. Lintz.) n. 2. —
1. Von nah u. fern. Gedichte. (IV, 94 S.)
2. Das Verlobungsfest, Schauspiel in 6 Aufzügen. (83 S.)

Stradelmeyer (E.). Echitis species brasilienses novae Monachii, 1840. 8°.

Stradiotti und Degli-Oddi, Lebensbeschreibung des Heiligen Franziskus von Hieronymo, a. d. Ital. v. Jak. Cuvelier. gr. 8. Cöln, Rommerskirchen. 809. -

Stradner, Alois, d. Amen d. Jubelpriesters zu d. Bitten d. Vaterunsers. Predigt, geh. am 11. August 1895 in Kommern b. 50jähr. Priester- u. 25jähr. Pfarrer-Jubiläum des hochw. Hrn. P. Honorius Fruhmann. 8. (16 S.) Graz 895. U. Moser. n. — 20

— Arbeit u. Arbeiter ohne u. m. Christus, s. a. Moser's Sammlg. zeitgem. Broschüren, Hft. 2.

Stradner, Alois, Arbeit und Arbeiter ohne und mit Christus. Ein Wort zur Weihnachtszeit an das arbeitende Volk. (Moser's Sammlung zeitgem. Broschüren, 2. Heft.) 16⁰. Graz 1895.

Stradner, A., Betrachtungen f. Priester u. Cleriker üb. den Inhalt der heil. Evangelien, s.: Schlör, A.

Stradner, Alois, der barmherzige Samaritan in seinem Wirken in der Diöcese Seckau. (VIII, 147 S.) gr. 8. Graz 903. Styria. n. 1. 20

— Die erste eucharistische Versammlung in Graz, s. Stradner, Josef

— d. sociale Wirken d. kathol. Kirche in d. Diöcese Seckau, s. a. Wirken, d. sociale, d. kathol. Kirche in Oesterreich.

[S.] Das Sociale Wirken der katholischen Kirche in der Diöcese Seckau '(Herzogth. Steiermark)'. Von Alois Stradner, ... Stadtpfarrer in Leoben. Wien: Comm.-V. v. Mayer & C. 1897. (x, 264 S.) 1 Bd 8.
= Wirken, Das Sociale, d. kathol. Kirche in Oesterreich. Bd II. [97. 36..]

Stradner, Jos., s.: Adria.

Stradner, J., Adriaführer. Winter 1907/08 K 1.—
Graz: Leykam 1907.

— Adria-Führer, insbesondere Anzeiger der Seebäder u Luftkurorte an der Adria. (68 S. m. Abb.) 8. Triest 911. F. H. Schimpff. 1. —

— Anzeiger der Seebäder u. Luftkurorte an d. Adria. (46 S. m. Abb.) 8. Graz 907. (Leykam.) 1. —

Stradner, Josef. Der Fremdenverkehr. Eine volkswirtschaftliche Studie. [Mit Vignetten.] IV + 139 S. 8. Graz, »Leykam«, 1905. [M. 1. —]

Stradner, Jos., Führer durch die Landeshauptstadt Graz, s.: Hassenberger, Ed.

Stradner, Jos., rund um die Adria. Ein Skizzenbuch. Mit 34 Illustr. v. Frz. Schlegel. 12. (IV, 170 S.) Graz 893. Leykam. n. 2. 40

Josef Stradner. Neue Skizzen von der Adria. [1.] 2. *Graz: Leykam 1902–03.* 2 Bde 8°

— neue Skizzen von der Adria. Von San Marco bis San Giusto. 8. (VII, 176 S.) Graz 902. Leykam. n. 1. —

— **neue Skizzen v. der Adria. II u. III. 8. Graz, Leykam.** n. 2. 70
II. Istrien. (VIII, 208 S.) 903. n. 1. 30
III. Liburien u. Dalmatien. (VII, 216 S.) 903. n. 1. 40

— dasselbe. Versione dal tedesco di Attilio Stefani. I e II. Triest 903. F. H. Schimpff. à n. 1. 50
I. Da San Marco a S. Giusto. (VII, 151 S.)
II. Istria. (V, 180 S.)

— s. a. Versammlung, d. erste eucharist., in Graz.

Stradner, Josef, Die erste eucharistische Versammlung in Graz am 7. Mai 1896. Predigten, Vorträge und Verhandlungen auf derselben. 8. (IV, 103 S.) In Comm. * —.40
Graz: Styria 1897.

STRADNER, Karl: Der Darlehenszins und die Stellung der Kirche zu demselben. — 1903. 93 S. Diss. Graz, Univ.

Stradonitz, Steph. Kekule v., s.: Kekule v. Stradonitz, Steph. v.

Stradtwitz, Valeska v., Don Juans Dressur zur Ehe. (Aus dem Russ.) (143 S.) 8. Pressburg (906). H. Hartleb. n. 3. -

Stradtwitz, Valeske v., Don Juans Dressur zur Ehe. (Aus dem Russ.) (143 S.) 8. Pressburg (907). H. Hartleb. 3. —

Strafanstalten u. Arbeitshäuser, die, in Deutschland u. Oesterreich-Ungarn. gr. 8. (70 S.) Kassel (902). (G. Weiss.) n. 1. —
Sonderabdruck aus: „Blätter für Gefängniskunde".

Ⓑ **Strafanstalten u. Arbeitshäuser**, die, in Deutschland. 902. (KBL 32.) Jetzt: Heidelberg. C. Winter, Verl.

Ueber Straf- und Besserungsanstalten, mit besonderer Rücksicht auf das Königreich Würtenberg. *Eßlingen.* 1824.

Strafanstalten, die, Deutschlands. [Aus: Blätter für Gefängnisskunde.] Heidelberg 866. (Weiss.) gr. 8. (72 S.) n. 10 ngr.

Strafanstalten, die, Deutschlands einschliesslich Oesterreichs. [Aus: „Blätter f. Gefängnisskunde."] gr. 8. (96 S.) Heidelberg 873. Weiss. n. 1. 40

Strafanstalten, über öffentl., u. die zweckmäßigst. Mittel, den gem. Mann zur Thätigkeit zu reizen. 8. Berl. ... Fr. Braunes. 6 gr

Strafbarkeit, Die, der öffentlichen Verbrennung der Druckschriften Anderer . . . Halle 1819. V: *Pfotenhauer, Ernst Frdr.* (cb)

Strafbestimmungen, die feuerpolizeilichen, nach der Kaminfehrer-Ordnung, Feuer- und Feuerlösch-Ordnung und dem Polizei-Strafgesetzbuch, zum Gebrauche für Hausbesitzer, Inwohner, Kaminfehrer &c. 8. (45 S.) München 862, Franz'sche Buchh.

Strafbestimmungen, die, zum Schutze der Fischerei f. das Königr. Bayern u. den Reg.-Bez. Oberbayern. Zusammengestellt vom bayer. Fischerei-Verein. 16. (24 S.) München 886. (Kaiser.) n. — 50

Strafbestimmungen, die, bei Vergehen wider das Vereinszollgesetz. Erläutert auf Grund des Strafgesetzbuches u der ergangenen Gerichtsentscheidgn. 8. (IV, 98 S.) Berlin 901. C. Schneider. n. 1. 20; kart. n.n. 1. 40

Strafbrief eines wahren Wiener Patrioten an Herrn Naseweis, einen unbesonnenen Kriegsraisonneur. Wien 1759. V: *Hafner, Philipp.* (wrDiar 1762, Nr. 27 Anhang) (biblport)

Straf-Codex für das französ. Reich, übers. u. mit Anmerk., so wie mit e. Uebersicht d. neuen französ. Criminal-Proceßordnung versehen v. L. Hundrich. gr. 8. Magdeb. 811. Heinrichshofen. 1 ß

Strafe u. **Begnadigung**, nebst e. Anh.: Die Strafen des Reichsstrafgesetzbuchs, s.: Miniatur-Bibliothek.

STRAFE, Die, folgt dem Frevel. Druck und Verlag v. C. Lancedelli in Wien.
Verboten v. L.-G. Wien, 18. April 1865. § 516.

Furchtbare Strafe | göttlicher Allmacht. | Eine wahre Begebenheit | welche sich erst kürzlich in der Provinz | Viterbor (sic) im Kirchenstaat bei Rom zu- | getragen hat. | 1875. | (Fig., um den Titel gerankt, *Selig sind, die im Herrn sterben*, 180 × 140) | *(Text)*.
Kol.: Druck der J. F. Rietsch'schen Buchdruckerei in Landshut.
1 Bl. zweiseitig bedruckt, 290 × 195.
LBO Bänkelsängerlit. III/103.

Strafe des Leichtsinns. 64. (16 S.) Elberfeld 878. (Langewiesche.) n. — 12

Strafe, Die, jugendlichen Leichtsinns oder Begebenheiten des Grafen von G*** . . . Münster u. Osnabrück 1786. V: *Mortczinni, Friedr. Jos. Freiherr von (= Joh. Glieb Hermann).* (MGT) (Ky) (ML)

Strafe, Die, jugendlichen Leichtsinns oder Begebenheiten des Grafen von G . . . Eine wahre Geschichte. Münster u. Osnabrück 1786. V: *Mortczinni, Friedr. Joseph Frhr. von (= Johann Gottlieb Hermann Eichhörnl [Eichhörndl]).* (BGE VII³, 449)

Strafe, die, jugendlichen Leichtsinns, (v. Fr. Jos. Pallini: Jh. Glo. Hermann). 8. Münster 786. Koppenrath. 12 gr.

Strafe, d., jugendlichen Leichtsinns, oder Begebenheiten des Grafen v. G. 8. Münster, Perrenon. (Coppenrath.) 786.

Strafe, die, jugendlichen Leichtsinns, oder Begebenheiten des Grafen von G.. eine wahre Geschichte, 8. Münster, 786. Platvoet. 15 sgl.

Das Grossh. Bad. Straf-Edict mit sn. Erläuterr. u. Zusätzen hrsg. v. Rhenanus. *Mannheim*, Schwan u. Götz. 823. gr. 8. (14 Gr.)

Strafen der Chinesen, e. Beitr. zur Völkerkunde; aus d. Engl. bearb. v. Chr. Fr. Hempel; mit französ. u. deutsch. Text u. 20 illum. Kpf. 4 Hfte. Fol. Leipz. 805. Ind.-Compt. 8 ß Hbg. Pr. 4 ß

Strafen, Die, der Chinesen. Nach d. Engl. von H. Dohrn. Mit 21 Abbildgn. in Kunstdruck u. 1 Titelbilde. Dresden, Verlag von H. R. Dohrn, 1899. 8⁰. (Mk. 2—.)

— über die, des Ehebruchs, (von H. W. Heller). 8. Ulm 773. Stettin. 4 gr.

— d. Russen, auf 10 Gemälden dargestellt von Geißler, erklärt von Richter, mit frz. und deutschem Text. Fol. Leipz. Ind. Comt. 805.

— üb. d., d. Verdammten, s. J. M. G. Beier.

— üb. die, der Verdammten. Ein Versuch (v. J. M. G. Beyer). 8. Leipz. 782. W. Vogel. 6 gr. Zusätze. 782. Ebd. 4 gr. — Fortgesetzter Versuch. 8. Ebd. 784. 12 gr.

Straf-Epistel für Se. Exc. den Grafen Borries. Hamburg 862. O. Meißner. 8. (15 S.) n. 1 ngr.

Straffelovbog for det Tydske Rige samt Indførelseslov til Straffelovbogen for det (forhen vaerende) Nordtydske Forbund af 31. Mai 1871, og Loven angaaende Redactionen af Straffelovbogen for det Nordtydske Forbund som Straffelovbog for det Tydske Rige af 15. Mai 1871. [Nebst] **Straffeproces-Ordning** for de ved Lov af 20 Sept. 1866 og de tvende Love af 24. Dec. 1866 med Monarkiet forenede Landsdele, med Undtagelse af det forhenvaerende Overamtsdistrikt Meisenheim og Enklaven Kaulsdorf. Kiel og Haderslev (1872).

Straffelovbog for det Tydske Rige samt Indførelseslov til Straffelovbogen for det [forhenvoerende] Nordtydske Forbund af 31. Mai 1871, og Loven angaaende Redactionen af Straffelovbogen for det Nordtydske Forbund som Straffelovbog for det Tydske Rige af 15. Mai 1871. gr. 8. (330 S.) Kiel 872. Schwers. n. 1. 50

Straffelovbog for de Preussiske Stater og Straffeproces-Ordning for de ved Loven af 20. Sept. 1866 og de tvende Love af 24. Dec. 1866 med Monarkiet forenede Landsdele . . . samt Forordning af 25. Juni 1867. Off. Udg. Slesvig: Herzbruch 1869.

Strafford, d. Graf., Trsp. a. d. Franz. d. Lally-Tolendal, s. a. Stafford.

Strafford, der Graf. Trspl. in 5 A. 8. Leipz. 796. (Wienbrack). 12 gr.

Strafforello, Gustavo, [wirkl. Name], s. Asper, Spiritus [Pseud.]

Straffort-Carey, M., u. M. Fölix, Englands Gesetzgebung im Fallitenwesen. Deutsch bearb. v. F. E. Feller. gr. 8. (2½ B.) Leipzig 837, Hinrichssche Buchh.

Strafgericht, das,. Eine romantische Dichtung mit Gesang in 4 Akten. 8. Wien, Kupffer u. Wimmer. 809.

Straf-Gerichts-Zeitung, Hamburgische. Hersg. von einem Verein Hamburg. Juristen. 1. Jahrg. Octbr. 1869—Septbr. 1870. 52 Nrn. (½ Bgn.) Hamburg 869. O. Meißner. 4. n. 2 ß

Strafgesetz, das allgemeine, vom 27. Mai 1852 rc., s. a. Gesetze, österreichische.

Strafgesetz, das allgemeine, vom 27. Mai 1852, s. a. Gesetze, die österreichischen.

Strafgesetz. d. allgem., v. 27. Mai 1852. d. Preßordnung u. d. Wuchergesetze, nebst allen übrigen darauf bezügl. Gesetzen u. Verordngn. kl. 8. (VIII u. 287 S.) Wien, F. Manz. 1860. 80 kr.
Eleg. in engl. Leinw. geb. 1 fl. 20 kr.
(Taschen-Ausg. d. österr. Gesetze Nr. 8, zugleich IV. B.)

Strafgesetz, das allgemeine, vom 27. Mai 1852, das Preßgesetz vom 17. December 1862 und das Wuchergesetz nebst allen übrigen darauf bezüglichen, bis Ende April 1867 erschienenen Gesetzen und Verordnungen. 4. Aufl. (Manz'sche Gesetzes-Ausgabe 4. Bd.) 8. (VIII u. 327 S.) Wien, Manz'sche Buchh. Verl.-Conto. 1867. 80 kr., geb. 1 fl. 20 kr.

Strafgesetz, das allgemeine, vom 27. Mai 1852, das Preßgesetz vom 17. Decbr. 1862, das Waffengesetz u. alle übrigen, die vor die Gerichte gehör. strafbaren Handlgn. betr. Gesetze u. Verordgn., nebst grundsätzl. Entscheidgn. d. obersten Gerichtshofes. Mit e. ausführl. Register 8. verb. Aufl. 8. (VIII, 403 S.) Wien 874. Manz. n. 2. 80

Strafgesetz, das allgemeine, vom 27. Mai 1852, das Preßgesetz vom 17. Decbr. 1862, das Waffengesetz und alle übrigen die vor die Gerichte gehör. strafbaren Handlungen betr. Gesetze und Verordnungen, nebst den ergänzenden und erläut. Anordnungen und den grundsätzl. Entscheidungen des Obersten Gerichts- und Cassationshofes. Mit einem ausführl. Register. 9. Aufl. (VIII, 412 S.) 1876. * ℳ 2,80., geb. * ℳ 3,80.; 10. und 11. verm. Aufl. 8. (VIII, 418 S.) Wien 877,78, Manz'sche Hofbuchh. * ℳ 4.; geb. *

— dasselbe. 12., verm. Aufl. 8. (VIII, 424 S.) Ebend. 880. n. 4. —; geb. n. 5. —

Strafgesetz, allgemeines bürgerliches, für das Königr. Norwegen, übers. v. Ernst Heinr. Rosenfeld u. Andr. Urbye, s. a. Sammlung ausserdeutscher Strafgesetzbücher. XX.

Allgemeines bürgerliches Strafgesetz für das Kgr. Norwegen vom 22. Mai 1902. Übers. von Ernst Heinr. Rosenfeld u. Andr. Urbye. [Nebst] Anh.: Gesetz über Arbeitsscheu, Bettelei u. Trunksucht vom 31. Mai 1900. Berlin 1904.

(Sammlung außerdeutscher Strafgesetzbücher. 20.)

Allgemeines bürgerliches Strafgesetz für das Königreich Norwegen [Almindelig borgerlig Straffelov] vom 22. Mai 1902. Übers. von Dr. Ernst Heinrich Rosenfeld, Prof. in Münster, u. Andreas Urbye, Staatsanw. in Tromsö. Berlin: J. Guttentag 1904. (XVI, 95 S.) 8°
= Sammlung Außerdeutscher Strafgesetzbücher in Deutscher Übers. 20.
= Mitteilungen d. Internat. Kriminalist. Vereinigung. [Bd 12, H. 1.] (05.741)

Strafgesetz, das, vom 20. April 1857 und die Capitel XII. u. XIII. des Criminalgesetzbuchs vom 8. Aug. 1840 in abgeänderter Gestalt. Hannover 857. Rümpler. gr. 8. (39 S.) n. 5 ngr.

Strafgesetz f. d. Kanton Basel-Landschaft vom 3/2. 1873.

— das bulgarische, vom 2. II. 1896, s. a. Sammlung ausserdeutscher Strafgesetzbücher, XII.

Das Bulgarische Strafgesetz vom 2. Februar 1896. ([Übs. v.] Prof. Dr. A[lbert] Teichmann.) *Berlin: J. Guttentag 1897.* (4 Bl., 76 S.) 1 Bd 8.
= Sammlung ausserdtsch. Strafgesetzbücher in Deutscher Uebs. [No] XII.
= Zeitschrift f. d. gesamte Strafrechtswissenschaft. Bd 18. Beil. (98.993)

— bulgarisches. Angenommen d. 15. I. 1896 u. bestätigt d. 2. II. 1896 m. Gesetzeskraft v. 1. V. 1896. Uebers. v. Fr. Krüger. gr. 8. (VI, 114 S.) Berlin 897. C. Heymann's Verl. n. 3. —

Strafgesetz, das, f. das Grossfürstent. Finnland vom 19. Dezbr. 1889, s. a. Sammlung ausserdeutscher Strafgesetzbücher.

Strafgesetz, das, f. das Grossfürstent. Finnland vom 19. Decbr. 1889, nebst Verordng. üb. die Strafvollstreckg. (Übers. v. Johs. Oehqvist.) gr. 8. (IV, 85 S.) Berl. 891, Guttentag. * 2 —

Das Strafgesetz für das Grossfürstenthum Finnland vom 19. Dec. 1889, abgeändert durch kais. Verordnung v. 21. Apr. 1894. Uebers. von [Albert] Teichmann. Wien: Manz 1895. (8 S.) 8° [B.]
Aus: Allgem. österreich. Gerichts-Zeitung. (06.1996) 6

Strafgesetz über Forstfrevel v. 17. Mai 1805 nebst Verordnung v. 1826. Aarau 1826.

Strafgesetz über Gefällsübertretungen. 8. Wien 1835.

Strafgesetz üb. Gefälls-Uebertretungen vom 11. Juli 1835, sammt Amts-Unterricht u. d. Vorschriften üb. d. Anwendung dieses Gesetzes, erläut. u. erg. v. Dr. Justin Bloński. (Manz'sche Gesetzes-Ausg. Bd. XV.) 2., rev. u. erg. Aufl. 8. (IX u. 660 S.) Wien, Manz'sche H.-V. u. U.-B. 2 fl., in Lwd. geb. 2 fl. 50 kr.
1885.

Strafgesetz üb. Gefällsübertretungen u. Amtsunterricht f. die zur Anwendung des Strafgesetzes rc. bestimmten Behörden u. Ämter, s. a. Handausgabe der österreich. Gesetze u. Verordnungen. 58ab.

(F) Handausgabe der österreichischen Gesetze und Verordnungen. Heft 58a.
Enthält:

(F) Strafgesetz über Gefällsübertretungen und Amtsunterricht fürdie zur Anwendung des Strafgesetzes über Gefällsübertretungen bestimmten Behörden und Aemter, ergänzt durch die wichtigsten nachträglichen Anordnungen. I. Theil. Wien. 1901. Hof- und Staatsdruckerei. 8°. LXX, 637 S. K 5.—

(F) Strafgesetz über Gefällsübertretungen und Amtsunterricht. 2. Theil. [Handausgabe d. österr. Gesetze und Verordnungen. Heft 58 b.] 8°. (S. 642—1522.) K 5.—
Ebd. 1902.

(F) Strafgesetz und Gefällsübertretungen. [Manz'sche Gesetzausgabe. 15. Bd.] 8°. (XCVI, 869 S.) K 8.—, geb. K 9.—
Wien: Manz 1905.

(F) Das Strafgesetz vom 27. Mai 1852 samt den dasselbe ergänzenden und erläuternden Gesetzen und Verordnungen. 21. Aufl. [Manz'sche Gesetzausgabe. IV. Bd. 1. Abt.] 8°. (XXI, 708 S.)
Wien: Manz 1908. K 5.40, geb. K 6.40

(F) Das Strafgesetz vom 27. Mai 1852, Nr. 117. RGB., samt den dasselbe ergänzenden und erläuternden Gesetzen und Verordnungen, unter Anführung einschlägiger Beschlüsse und Entscheidungen des Obersten Gerichts- und Kassationshofes. 21. Aufl. [Manz'sche Gesetzausgabe. 4. Bd. 2. Abt.] 8°. (XII, 828 S.) K 5.40, geb. K 6.40
Wien: Manz 1908.

(F) Das Strafgesetz und seine Nebengesetze. 3. Aufl. [Zweigausgabe österr. Gesetze. Bd. 1.] 16°. (VIII, 353 S.)
Wien: Szelinski 1907. geb. K 1.80

Strafgesetz, das Oesterreichische, vom 27. Mai 1852 und die Verordnungen über die Gerichts-Competenz. Erläutert zur Darstellung der in den bisher. Gesetzen eingetretenen Veränderungen. Von einem prakt. Juristen. Nebst einem ausführl. Sachregister von Gochnat. 16. (VI u. 333 S.) Wien 852, Tendler & Co. n. 21 ngr.

— das Oesterreichische, vom 27. Mai 1852. Erläutert zur Vergleichung mit der bisherigen Gesetzgebung. Von einem praktischen Juristen. 2. verb. Aufl., verm. mit der Proceßordnung und allen nachträglich erschienenen Gesetzen. Wien 853. Tendler u. Co. 16. (4 Bl., 415 S.) 1 ₰.

Strafgesetz, das Oesterreichische, vom 27. Mai 1852. Erläutert zur Vergleichung der bisherigen Gesetzgebung. Von einem praktischen Juristen. 2. Auflage, vermehrt mit der Preßordnung und allen nachträglich erschienenen Gesetzen. 8. (416 S. 3 Bl.) Wien, Tendler und Komp. Druck, Karl Ueberreuter 1853.

Strafgesetz, oest., s. a. Taschenausgabe, Manz'sche.

— österreichisches, vom 27. Mai 1852. Erläutert durch Vergleichung mit der bisherigen Gesetzgebung. 3. verb. Aufl., vermehrt mit allen nachträglich erschienenen Gesetzen. Wien 860. Tendler & Co. (Gerold.) 16. (VII, 442 S.) n. 28 ngr.

Strafgesetz. peinliches, für den Kt. Aargau. 1857.

— über Verbrechen u. Vergehen für Bosnien u. die Hercegovina. Lex.-8. (88 S.) Wien 881. Hof- u. Staatsdruckerei. n. 1. 60

Strafgesetz, das, üb. Verbrechen, Vergehen u. Uebertretgn. u. d. Preßgesetz, s.a. Gesetze, d. österr., Bd. 4.

Strafgesetz, Das — über Verbrechen, Vergehen und Uebertretungen, die Strafgerichts-Kompetenz-Verordnungen und die Preß-Ordnung vom 27. Mai 1852 für das Kaiserthum Oesterreich. (Amtliche Handausgabe.) 8. (314 und CCXXVI S.) Wien. Aus der k. k. Hof- und Staatsdruckerei. 1852.

—— dass. — 16. Ebds. 853. *

Strafgesetz, das — über Verbrechen, Vergehen und Uebertretungen, die Strafgerichts-Kompetenz-Verordnungen und die Preßordnung vom 27. Mai 1852 für das Kaiserthum Oesterreich. (Amtliche Handausgabe.) Büntető törveny etc., auch mit Ungar. Texte.) 8. (224 S.) Wien, k. k. Hof- und Staatsdruckerei 1853.

— das, üb. Verbrechen, Vergehen u. Uebertretungen, s.a. Taschenausgabe, Manz'sche, der österr. Gesetze. 4. I.

Strafgesetz, Das, über Verbrechen, Vergehen und Uebertretungen, vom 27. Mai 1852, R. G. B. Nr. 117 und das Pressgesetz vom 17. December 1862. R. G. B. 1863 Nr. 6 sammt den ergänzenden und erläuternden Gesetzen und Verordnungen, unter Anführung einschlägiger Beschlüsse und Entscheidungen des Obersten Gerichts- und Cassationshofes. 16. Aufl. (Aus: „Taschenausgabe der österreichischen Gesetze", 4. Bd.) 8. Wien 1888.

(F) **Das Strafgesetz** über Verbrechen, Vergehen und Uebertretungen. 19. Aufl. [Taschenausgabe der österr. Gesetze. 4. Bd. I. Abth.] 8°. (XVIII, 560 S.)
Wien: Manz 1902.

(F) **Das Strafgesetz** über Verbrechen, Vergehen und Uebertretungen vom 27. Mai 1852, R. G.-Bl. Nr. 117. 19. Aufl. [Taschenausgabe d. österr. Gesetze. IV. Bd. II. Abth.] 8°. (XII, 558 S.)
Wien: Manz 1902.

— vom 27. V. 1852, üb. Verbrechen, Vergehen u. Uebertretungen. (Auszug) u. Bestimmgn. zur Hinterhaltg. der Trunkenheit, Gesetz vom 19. VII. 1877. (63 S.) 16. Brody (904). F. West. n. — 50

(F) **Das Strafgesetz** über Verbrechen, Vergehen und Übertretungen. 20. Aufl. [Manz'sche Gesetzausgabe 4. Bd. 1. Abt.] 8°. (XX, 631 S.) K 4.40, geb. K 5.40
Wien: Manz 1905.

(F) **Das Strafgesetz** über Verbrechen, Vergehen und Übertretungen. 20. Aufl. [Manz'sche Gesetzausgabe. 4. Bd. 2. Abt.] 8° (XII, 635 S.) K 4.—, geb. K 5.—
Wien: Manz 1905.

Zug. Strafgesetz für den Kanton Zug (vom 20. November 1876). 62 S. 8. Zug, Exped. des Amtsbl. 1877.

Strafgesetzbuch

— allgemeines bürgerliches, f. das Königr. Dänemark, übers. v. Hans Bittl, s.a. Sammlung ausserdeutscher Strafgesetzbücher. XVI.

Allgemeines Bürgerliches **Strafgesetzbuch** für das Königreich Dänemark vom 10. Februar 1866 sowie Gesetz, betr. d. Behandlung einiger im allgem. bürgerl. Strafgesetzb. behandelter Verbrechen u. Gesetz über Gewalt gegen schuldlose Personen v. 11. Mai 1897. Übers. von Dr. jur. Hans Bittl, Rechtsprakt. in Neustadt in Schw. *Berlin: J. Guttentag 1901.* (60 S.) 8°
= Sammlung Ausserdeutscher Strafgesetzbücher in Deutsch. Übers. 16.
= **Zeitschrift** f. d. gesamte Strafrechtswiss. Bd 21, Beil. (01. 1954)

Strafgesetzbuch für das Herzogthum Anhalt-Bernburg, vom 22. Jan. 1852, und Gesetz über die Einführung desselben, vom 5. Febr. 1852. Amtl. Ausg. Bernburg: Gröning [1852].

— 2. amtl. Ausg. (Verordnung v. 26. Juni 1856.) Bernburg: Meyer 1856.

Strafgesetzbuch für die Herzogth. Anhalt-Dessau u. Anhalt-Köthen. — Strafprozeßordnung für die Herzogth. Anhalt-Dessau u. Anhalt-Köthen. (Nebst Gebührentaxe.) 4. (XVI u. 246 S.) Köthen 851. (Dessau, Fritsche.) n. n. 5/6 ₰

Strafgesetzbuch für das Großherz. Baden, s.a. Strafgesetzgebung.

Strafgesetzbuch für das Großherzogthum Baden, nebst dem Einführungs-Edict. Amtl. Handausg. Carlsruhe 1845.

—— f. das Großherzogth. Baden mit den Motiven der Regierung u. den Resultaten der Ständeversammlungen im Zusammenhange dargestellt v. Wilh. Thilo. 1. Hft. gr. 8. (13 3/8 B.) Karlsruhe 845, Groos. *
Vgl.: Strafgesetzgebung.

Strafgesetzbuch für den Kanton Basel-Stadt. 8. Basel, Schweighauser'sche Verlagsbuchh. 1. 50
1873.

Strafgesetzbuch für das Königreich Bayern. München 1813. 8°. Hlzbd.
381 S. u. vollständ. Reg. 94 S.

Strafgesetzbuch für das Königreich Baiern. München 1814. H: *Feuerbach, Paul Joh. Anselm von.* (Ky) (EngJ) (Schletter, Handb. d. jurist. Litt. Grimma 1843. S. 230.)

Strafgesetzbuch f. das Königr. Baiern, (v. A. v. Feuerbach). gr. 8. Münch. 814. Lindauer. (Landsh., Krüll). 1 ₰ 16 gr

— Anmerkk. dazu. 3 Thle. gr. 8. Münch. 813, 814. (Weber). 2 ₰ 16 gr Vollständ. Register dazu. gr. 8. Ebd. 814. 8 gr 2r Thl. v. dem Proceß in Strafsachen. 2e A. gr. 8. Münch. 820. (Weber). 1 ₰ 2r Thl. 2e A. 3 Bde. gr. 8. Ebd. 813—820. (Landsh., Krüll). 2 ₰ 20 gr

Strafgesetzbuch f. d. Königr. Bayern. 2 Thle. u. vollständ. Register. Nebst Anmerkn. hierzu, nach d. Protokollen d. k. geh. Raths. 3 Bde. gr. 8. (97 B.) München 838. (Regensburg, Manz.)*

— — und das Gesetz, die Einführung des Straf- und Polizeistrafgesetzbuches betr. mit Anmerkungen nebst den die Straffolgen betr. Bestimmungen des Heer-Ergänzungs-Gesetzes und einem systematischen und alphabetischen Inhalts-Verzeichnisse. Bayreuth 861. Grau in Comm. 16. (XVI, 248 S.) n. 20 ngr

Strafgesetzbuch, das, für das Königreich Bayern nebst dem Einführungsgesetze u. dem Gesetze vom 10. Juli 1861, die Aufhebung der Straffolgen betr. zum praktischen Gebrauche versehen mit den für die Gesetzesauslegung wichtigen Bestandtheilen der Motive zu den Regierungsentwürfen u. den Verhandlungen der Gesetzgebungsausschüsse beider Kammern des Reichs. Erlangen 861. Enke. gr. 8. (XIV, 314 S.) n. 24 ngr.

Strafgesetzbuch fur das Konigreich Bayern. Amtl. Ausg. Munchen 1861 8°. Beiband m. 8 Bll. leerem Buttenpap.
1 Bll., XII –207 S., 104 Sachreg

— — mit dem Gesetze über die Einführung des Strafgesetzbuches u. des Polizeistrafgesetzbuches. Bamberg 862. Buchner. 8. (260 S.) n. 1 ℳ

—— das, für das Königr. Bayern. Mit genauen alphabet. und systemat. Registern nebst kurzen ergänz. Anmerkungen aus dem Einführungsgesetze zum Strafgesetzbuch und einem Anh. der vorzüglichsten Gesetze strafrechtl. Inhalts zur Benützung für Jedermann, insbesond. auch für Geschworene hrsg. von einem Juristen. gr. 16. (XVI und 236 S.) Bamberg 862, Buchner'sche Buchh. *

—— dass. — (Ausg. für die Pfalz.) gr. 16. (XVIII und 265 S.) Ebendas. 862. *

Strafgesetzbuch für das Königr. Bayern. Mit leichtfaßl. Anmerkungen für den Bürger und Landmann hrsg. von einem rechtskund. Beamten. Nebst einem vollständ. Sachregister. 8. (VI und 178 S.) Würzburg 862, Stahel'sche Buchh.

Strafgesetzbuch, Birmanisches, übersetzt und mit den nöthigen, sowie einigen unnöthigen Anmerkungen versehen von Michael Tobias Zaunschliefer, Exrechtspracticanten des Land- und Criminal-Gerichts Scherzburg. [Nürnberg] 1822 —25. V: *Lang, Carl Heinrich Ritter von.* (GGr IX, 172)

Strafgesezbuch (!), Birmanisches, ubersetzt u. mit den nothigen, sowie einigen unnothigen Anmerkungen versehen von *Michael Tobias Zaunschliefer*, Exrechtspracticanten des Land- u. Criminal-Gerichts Scherzburg. Gedr. im bekannten eigenen Nachdruck-Verlage, 1822. 8°. Cart.
XXXII- 61 S, 1 S Err - Nicht haufiges jurist. Curiosum

— **Birmanisches, übers. mit Anmerkk. von M. T. Zaunschliefer. 3 Thle. 2r u. 3r Thl. mit e. Vorrede v. Rep. Zwickel. gr. 8. Nürnb. 822—25. Riegel u. W. 1 ℛ 5 g𝓇**

Strafgesetzbuch f. Bulgarien v. 2. 2. 96. Text. Berlin 897.

— bulgarisches. Angenommen den 15. 1. 1896 u. bestätigt den 2. II. 1896 m. Gesetzeskraft vom 1. V. 1896. Uebers. v. **Krüger.** Berl. 898.

Strafgesetzbuch für den norddeutschen B u n d,
s.a. B l u m, Hans

—— für den norddeutschen Bund nebst Einführungsgesetz. Nach den Beschlüssen des norddeutschen Reichstags in dritter Berathung. Mit vollständ. Sach-Register. gr. 8. (84 S.) Berlin 870, Bergmann.

— — Nebst Einführungs-Gesetz zum Strafgesetzbuch für den norddeutschen Bund. Vom 31. Mai 1870. Mit vollständ. Sach-Register. Berlin 870. v. Decker. gr. 8. (IV, 119 S.) 5 ngr.

— — Nach den Beschlüssen des Reichstags in dritter Berathung. Berlin 870. F. Duncker. gr. 16. (110 S.) 3 ngr.

— — Nach amtl. Quellen mit ausführl. Sachregister. 1. u. 2. Aufl. Berlin 870. Kortkampf. gr. 16. (102 S.) n. 5 ngr.

— — Nebst Einführungs-Gesetz von gleichem Datum. Separat-Abdr. Aus den amtl. Aktenstücken des Reichstags revidirt nach dem Bundes-Gesetzblatt. 7. Aufl. (Ster.-Ausg.) Ebend. 870. gr. 8. (VIII, 80 S.) n. 5 ngr.

— — Nebst dem Einführungs-Gesetze vom 31. Mai 1870. Mit Sachregister, red. im Bureau des Justiz-Ministeriums. Berlin 870. Nauck & Co. gr. 8. (147 S.) n. 10 ngr.

— — Nebst Einführungs-Gesetz von demselben Tage. Mit ausführl. Sachregister. Dresden 870. Meinhold & Söhne. 8. (IV, 112 S.) n. 6 ngr.

— — Mit ausführl. Inhalts-Register. 2. Aufl. Düsseldorf 870. Gestewitz. 12. (VIII, 103 S.) 4 ngr.

—— dass. — 1.—4. Aufl. Text und Ausg. nach amtl. Quellen [nach den Reichstags-Beschlüssen der dritten Lesung am 23., 24., 25., 26. Mai 1870]. gr. 8. (64 S.) Elberfeld 870, Lucas.

— — Nebst dem Einführungsgesetz u. einem alphabetischen Sachregister. Sorgfältig revid., mit der amtl. Ausg. übereinstimm. Volksausg. 3. Aufl. Elbing 870. Neumann-Hartmann's Verl. 8. (III, 96 S.) 5 ngr.

Strafgesetzbuch für den norddeutschen Bund. Mit fortlauf. beigedr. erklär. Uebersicht der Paragraphen, Einführungsgesetz u. Sachregister. 2. Aufl. Leipzig 870. Kormann. 8. (96 S.) 3 ngr.

—— dass. — Nebst Einführungsgesetz. Nach den Beschlüssen des Reichstags in dritter Berathung. 1.—3. Aufl. 8. (48 S.) Leipzig 870, Minde.

—— für den norddeutschen Bund vom 31. Mai 1870. 8. (108 S.) Strasburg i. Pr. 870, Köhler.

—— dass. — Nach amtl. Quellen mit ausführl. Sachregister. 8. (65 S.) Thorn 870, Lambeck.

— — Nach amtl. Quellen mit ausführl. Sachregister. 1. u. 2. Aufl. Thorn 870. Lambeck. 8. (80 S.) 5 ngr.

Strafgesetzbuch für den norddeutschen Bund. Nebst Einführungsgesetz. Nach den Beschlüssen d. Reichstags in dritter Berathg. 3. Aufl. 8. (48 S.) Leipzig 871. Minde. n. — 25

— dasselbe nebst der Ausführungsverordng. f. das Königr. Sachsen vom 10. Decbr. 1870 u. den weiteren auf das Strafgesetzbuch bezügl. Verordngn. Mit vollständ. Sachregister. 8. (VIII, 12 S.) Leipzig 871. Roßberg. n. 1. —

— dasselbe. 16. (100 S.) Tilsit 872. Reyländer & Sohn. — 40

Strafgesetzbuch der Republik Chile, übers. v. Alfr. Hartwig, s.a. Sammlung ausserdeutscher Strafgesetzbücher. XV.

Strafgesetzbuch der Republik C h i l e. Amtl. Ausg. Übers. von Alfredo Hartwig, Rechtskand. in Jena. Berlin: J. Guttentag 1900. (VIII, 109 S.) 8°
= Sammlung Ausserdeutscher Strafgesetzbücher in Deutscher Übers. 15
= Zeitschrift f. d. gesamte Strafrechtswissenschaft. Bd 20, Beilage [1.]

— das deutsche, u. polizeilich concessionirte Bordelle. Aktenstücke einer Meinungsverschiedenheit zwischen dem Deutschen Reichskanzleramt u. dem Senat von Hamburg, mit Rechtsgutachten von 16 deutschen Universitäten. gr. 8. (V, 329 S.) Hamburg 877. Richter. n. 5. -

— **deutsches. gr. 8. Wien 797. Hraschinsky. 5 g𝓇**

Strafgesetzbuch nebst dem Einführungsedict, Strafproceßordnung u. Gerichtsverfassung f. das Großherzogth. Baden, nebst den Gesetzen über die privatrechtl. Folgen v. Verbrechen u. den Strafvollzug im neuen Männerzuchthause zu Bruchsal. Amtliche Handausg. gr. 8. (23⅞ B.) Carlsruhe 846, (Herder'sche Bh.) *

Strafgesetzbuch f. Finnland v. 19. 12. 89. Text. Berlin 890.

— französ., nach dem officiellen Text übers. von ... Birnbaum. 8. Trier 810. Lintz. 10 gr

Strafgesetzbuch des Kts. Freiburg. Freiburg 1849.

Strafgesetzbuch für den Kanton Glarus.... Mit Erläuterungen ... s.a. Kubli, O[tto].

—— für den Kanton Glarus. Erlassen von der Landsgemeinde 1867. 8. (32 S.) Glarus 867, (Meyer und Zeller.)

— für das Preuß. Heer. gr. 8. Berlin 845, Decker. n. ⅔ ℛ

—— f. das preußische Heer. gr. 8. (11¼ B.) Berlin 845, (Gropius'sche Buchh.) *

—— f. das preuß. Heer. 8. (7 B.) Grünberg 845, Levysohn. *

– für das preußische Heer. 2. Thl. Strafgerichts-Ordnung. gr. 8. (VIII, 84 S.) Berlin 873. v. Decker. n. — 75

—— f. d. Großhrzgth. Hessen, nebst den damit zusammenhäng. Gesetzen. gr. 8. (12 B.) Darmstadt 841, (Leske.) *

Strafgesetzbuch für das Großherzogth. Hessen, nebst den damit zusammenhängenden Gesetzen. Amtl. Handausg. gr. 8. (VI und 198 S.) Darmstadt 853, (Jonghaus'sche Hofbuchh.)

— das italienische, vom 30. Juni 1889, nebst dem Gesetze üb. die öffentliche Sicherheit vom 30. Juni 1889. [Aus: „Zeitschr. für die gesamte Strafrechtswissensch."] gr. 8. (150 S.) Berlin 890. Guttentag.

Kanton St. Gallisches **Straf-Gesezbuch.** St. Gallen: Zollikofer & Züblin.
Th. 1. Über Verbrechen. (1807.)
„ 2. Über Vergehen. (1808.)
[Beigedr.:]
1. Das rechtliche **Verfahren** bey Verbrechen. St. Gallen: Zollikofer & Züblin 1807.
2. Das rechtliche **Verfahren** bey Vergehungen. St. Gallen: Zollikofer & Züblin (1808).

—— f. unsere Kleinen, s. Reichsgesetzgebung, deutsche.

—— f. d. hrzgl. oldenburg. Lande v. 1814. Neuer unveränd. Abdruck, mit Einschalt. d. bis Ende 1836 ergang. neueren Bestimmn. u. e. verm. u. verbess. alphabet. Register. gr. 8. (27 B.) Oldenburg 837, (Schulze'sche Buchh.) *

—— das, für das französische Landheer vom 9. Juni 1857. Ins Deutsche übers. durch Voß. Mit einem Vorwort des Uebersetzers. gr. 8. (X und 152 S.) Frankfurt a/O. 858, (Trowitzsch und Sohn.) *

—— f. d. Kanton Luzern. gr. 8. (.. B.) Luzern 836, (Meyer.)

– Das mexikanische, vom 7. Dezbr. 1871, gültig f. den Bundesdistrikt u. das Territorium Niederkalifornien bezüglich der gemeinen Vergehen u. f. die ganze Republik bezüglich der Vergehen gegen den Bund, s. Sammlung ausserdeutscher Strafgesetzbücher in deutscher Uebersetzung.

Strafgesetzbuch f. Mexiko v. 2./12. 71. Text. Berlin 893.

Strafgesetzbuch für das Herzogthum Nassau. Vom 14. April 1849. **Gesetz,** die Einführung des mündlichen und öffentlichen Strafverfahrens mit Schwurgerichten betr. Vom 14. April **1849.** [usw.] (**Verordnungsblatt des Herzogthums Nassau.** 1849, Nr 13. 15.)

— das neue Badische, mit systemat. Uebersichten, Competenzbezeichnungen, Parallelstellen, Register rc., zur Erleichterung d. Gebrauchs besonders für Beamte u. Geschworne, herausg. von Ludw. v. Jagemann. gr. 16. (XXXII u. 396 S.) Karlsruhe 851, Groos. n. 1 ℛ

— das neue, f. den norddeutschen Bund. Nach amtl. Quellen m. ausführl. Inhalts-Reg. 15. Aufl. 16. (VIII, 103 S.) Düsseldorf 871. Gestewitz. n. — 50

Das neue japanische **Strafgesetzbuch.** Übers. von Dr. jur. L[udwig] H[ermann] Loenholm, Prof., Tokyo. Yokohama, Bremen: Naessler & Co. [1907]. (II, 82 S.) 8°

Strafgesetzbuch, Das neue italienische, in seiner Beziehung auf den **Klerus. Würzburg 1888. V:** ***Renninger, Joh.*** **(Keiter, Kathol. Litt.-Kal. II, 128)**

Strafgesetzbuch, das neue, vom 25. Mai 1870. Mit ausführlichem Inhalts-Register. 1.—15 Aufl. 12. (VIII, 103 S.) Düsseldorf [Wiesbaden] 870,71, Gestewitz. (40 Pf.)

Strafgesetzbuch, das neue, dem italienischen Parlamente vorgelegt, in seiner Ausdehnung auf den Klerus. Mit der päpstl. Allokution vom 1. Juni 1888. gr. 8. (14 S.) Würzburg 888, Woerl.

— das Neue Preußische, u. Gesetz über die Einführung desselben. Nebst vollständigem Register. Das Gesetz über die Presse für die Preuß. Staaten. gr. 8. (69 S.) Berlin 851, Weyl & Co. 6 ngr

— das neue russische, übers. v. O. S. Bernstein, s.a. Sammlung ausserdeutscher Strafgesetzbücher.

Das neue russische Strafgesetzbuch. (Ugolovnoje **Uloženje.**) Allerhöchst bestätigt am 22. März 1903. Aus d. Russ. übers. von Dr. O[sip] S. Bernstein in Shitómir. Berlin: J. Guttentag 1908. (186 S.) 8°
= Sammlung Ausserdeutscher Strafgesetzbücher in deutscher Übers. 24.
= **Zeitschrift** f. d. gesamte Strafrechtswissenschaft. Bd 28, Beil. H. 108. 8366

— das neue, für die gesammten Preuß. Staaten u. Gesetz über die Einführung desselben. gr. 8. (92 S.) Berlin 851, Hayn. — 2. Aufl. gr. 8. (92 S.) Ebd. 851. — 3. Aufl. gr. 8. (92 S.) Ebd. 851. — 4. mit einem Register verm. Aufl. gr. 8. (115 S.) Ebd. 851. ¼ ℛ

— das neue, für die gesammten Preußischen Staaten u. Gesetz über die Einführung desselben. 8. (IV u. 84 S.) Jülich 851, Schirmer. n. ⅟₁₂ ℛ — mit Sachregister (24 S.) cart. 6 ngr; das Sachregister apart 1½ ngr

Strafgesetzbuch, Das neue, für die preußischen Staaten, s.a. Strafgesetzbuch für die preußischen Staaten.

—— dass. — **Mit Anmerkungen für den Gebrauch von J. P. Maaßen, s. Maaßen, der Bürgermeister.**

—— (das neue,) für die preußischen Staaten. Nebst Gesetz über die Einführung desselben. Vom 14. April 1851. gr. 16. (126 S.) Berlin 851, Deckersche geheime Ober-Hofbuchdr.

—— daſſ. — 1—3. Aufl. (92 S.) und 4., mit einem Regiſter verm. Aufl. gr. 8. (115 S.) Berlin 851, Hayn.

—— daſſ. — Mit den Motiven des hohen Juſtiz-Miniſterii und der beiden Kammern, und Hinweiſungen auf die ältere Geſetzgebung und die früheren Entwürfe. Ein prakt. Handbuch, nach den amtl. Quellen zuſammengeſtellt für Richter, Staats- und Rechts-Anwälte ſowie zum Selbſtſtudium für Referendarien und Auskultatoren von C. F. Müller. (1. Thl.) gr. 8. (IV und 227 S.) Berlin 851, Hempel. *

—— daſſ. — Zuſammengeſtellt von Demſ. 2. Thl. A. u. d. T.: Novellen zum preuß. Strafgeſetzbuch. Syſtematiſche Sammlung der das Strafgeſetzbuch für die preuß. Staaten ergänzenden Geſetze und Verordnungen. gr. 8. (X und 377 S.) Ebdſ. 851. *

—— daſſ. — Amtliche Ausg. (Mit Regiſter.) gr. 8. (IV und 160 S.) Berlin 851, Nauck und Comp. **
Schrbp. **

—— daſſ. — gr. 16. (VI und 165 S.) Ebdſ. 851.
Schrbp. *

—— daſſ. — Nebſt vollſtänd. Regiſter. Das Geſetz über die Preſſe für die preuß. Staaten. gr. 8. (69 S.) Berlin 851, Weyl und Comp.

—— daſſ. — Nebſt Geſetz über die Preſſe vom 12. Mai 1851. 16. (100 S.) Brandenburg 851, Müller.

—— daſſ. — gr. 16. (IV und 100 S.) Breslau 851, Kern.

—— daſſ. — 2., durch Hinweiſung auf die erläuternden Miniſterial-Reſcripte verm. Aufl. gr. 16. (IV und 81 S.) Ebdſ. 851.

—— daſſ. — 8. (IV und 84 S.) Jülich 851, Schirmer. *
Mit Sachregiſter (24 S.)
Das Sachregiſter apart

—— daſſ. — 12. (88 S.) Crefeld 851, Klein.

—— daſſ. — Mit Parallelſtellen, einem Ueberblicke über die Geſchichte des Strafgeſetzbuchs unter Hinweiſung auf die Strafgeſetzgebung Frankreichs und unter Berückſicht. der Kompetenzfrage, kurzen Andeutungen vor jedem Titel über deſſen Inhalt, ferner e. alphabet. Sachregiſter über die in dem Strafgeſetzbuche und dem Einführungsgeſetze vorkommenden Beſtimmungen und e. beſond. Sachregiſter über die Uebertretungen ꝛc. Hrsg. von einem Rechtsgelehrten. Annotirte Ausg. gr. 8. (XXIII und 139 S.) Mainz 851, v. Zabern. *

—— daſſ. — gr. 8. (IV und 91 S.) Weſel 851, Bagel.

Strafgesetzbuch, Das neue, des Kantons Zürich von 1871. [Leipzig 1871.] V: *Orelli, Alois v.* (Cat. d. Stadtbibl. Zürich. Zürich 1864—97.)

Strafgesetzbuch, das neue, für den Kanton Zürich, nebst dem Gesetz betreffend den Vollzug der Freiheitsstrafen. Für Juristen und Nichtjuristen, besonders für Geschworne erläutert durch Dr. R. Benz. 8. Zürich, Fr. Schulthess. 3. —
1871.

— d. Staates New-York vom 26. Juli 1881, s.a. Sammlung ausserdeutscher Strafgesetzbücher in deutscher Uebersetzung.

Strafgesetzbuch d. Staates New York v. 26. 7. 81. Berlin 883.

Strafgesetzbuch des Staates New-York vom vom 26. Juli 1881, in Kraft seit dem 1. Dez. 1882, Kapitel 676 der Gesetze von 1881. Berlin [um 1884]. (Sammlung außerdeutscher Strafgesetzbücher. [4.])

—— das niederländische, vom 3. März 1881. gr. 8. (78 S.) Berlin, 881, Guttentag. *
Aus: Zeitschrift für die gesammte Strafrechtswissenschaft, besonders abgedruckt.

—— das, f. das Königr. Norwegen. Ueberſ. v. F. Thaulow. gr. 8. (7¼ B.) Chriſtiania 843, Dahl.

— das, in Verbindung mit der, durch die Geſetze vom 2. u. 3. Januar 1849 u. ſowohl ihre richtige Anwendung bezweckenden, als auch die Competenzverhältniſſe u. die Geſchäftsform ordnenden Verfügungen der Königl. Miniſterien der Juſtiz u. des Innern, zur geſetzlichen Gültigkeit gelangten Polizei-Gerichts-Ordnung in den Preußiſchen Staaten. Ein Handbuch für Polizeirichter, Polizeianwalte, Magiſträte ꝛc. Hrsg. von W. G. v. d. Heyde. 8. (183 S.) Stettin 851. (Berlin, C. Heymann.) n. 1 ℛ︁

— das portugiesische, übers. v. F. Zander, s.a. Sammlung ausserdeutscher Strafgesetzbücher. XIX.

Das Portugiesische Strafgesetzbuch [Codigo penal]. Übers. von F. Zander. Berlin: J. Guttentag 1903. (XII, 120 S.) 8°
= Sammlung außerdeutscher Strafgesetzbücher in deutscher Übers. 19.
= Zeitschrift f. d. gesamte Strafrechtswissenschaft. Bd 24, Beil. [05. 2981]

— das preußiſche, nebſt dem Einführungs-Geſetz. Mit den Motiven des Hohen Juſtiz-Miniſterii u. der beiden Kammern, u. Hinweiſungen auf die ältere Geſetzgebung u. die früheren Entwürfe. Ein praktiſches Handbuch, nach den amtl. Quellen zuſammengeſtellt für Richter, Staats- u. Rechts-Anwälte ſowie zum Selbſtſtudium für Referendarien u. Auskultatoren von C. F. Müller. gr. 8. (IV u. 227 S.) Berlin 851, Hempel. n. 1 ℛ︁ — 2. Thl. A. u. d. T.: Novellen zum Preuß. Strafgeſetzbuch. Syſtematiſche Sammlung der das Strafgeſetzbuch für die Preuß. Staaten ergänzenden Geſetze u. Verordnungen. gr. 8. (X u. 377 S.) Ebd. 851. n. 1¾ ℛ︁ (cpl. n. 2¾ ℛ︁)

Strafgesetzbuch für das Deutsche Reich.

— daſſelbe, ſ.a. Gareis, C., deutſche Reichsgeſetze in Einzel-Abdrucken.

— daſſelbe, ſ.a. Meyer's Volksbücher.

– s.a. Schwarze, Fr. Oskar

— daſſelbe, ſ.a. Stahel'ſ Sammlung deutſcher Reichsgeſetze u. bayeriſcher Geſetze.

– s.a. Taube, E.O.

-- daſſelbe nebſt dem Wuchergeſetz, ſ.: Textausgaben deutſcher Reichsgeſetze.

—— daſſ. — ſ.a. Univerſal-Bibliothek Nr. 1590.

Strafgesetzbuch, das, f. das deutsche Reich, gültig vom 1. Oktbr. 1879. Mit den neuesten Zusätzen. 12. (100 S.) Berlin, Friedrichs & Co. — 25

— dasselbe. Nebst dem Wortlaut d. Einführungsgesetzes u. d. Ergänzungsgesetzes. Mit vollständ. Sach-Register. Anh.: Gesetz, betr. den Wucher u. betr. Ergänzg. der Bestimmgn. üb. den Wucher. 8. Aufl. 16. (140 S.) Berlin, H. R. Mecklenburg. Kart. n. — 50

—— für das Deutsche Reich. Vom 31. Mai 1870. 2. Aufl. 8. Berlin [Leipzig] 870, Fr. Duncker.

—— daff. — sammt Einführungsgesetz hiezu für das Königr. Bayern. 2 Lfgn. 8. (à 96 S.) Bamberg 871, Buchner'sche Buchh. à Lfg. *

Strafgesetzbuch f. d. deut. Reich vom 15/5. 71 mit Novelle vom 26/2. 76. Textausgabe circa

Mit Erläuterungen von:

	M	Pf	
Anders. 3. Aufl. Berlin 876.	5	—	**Olshausen**. Komment. z. Übertret. Abschnitt. Berlin 890.
Beschoren. Berlin 876.	4	—	**Oppenhoff**. 12. Aufl. Berl. 891.
Binding, Einltg. 2. Aufl. Lpz. 877.	2	—	**Osius**. Düsseldorf 883.
Daude. 4. Aufl. Berl. 891.	2	20	**Reber**. München 876.
Hahn. 3. Aufl. Bresl. 876.	10	—	**Reiz**. Berlin 877.
Hecker. Berlin 878.	1	60	**Roller**. Lahr. 890.
Hentschel. Lpzg. 881.	1	60	**Rubo**. 2. Ausg. Berlin 879.
Hirt. Gera 876.	1	—	**Rüdorff**. 4. Aufl. v. **Stenglein**. Berlin 892.
Höinghaus. 6. Aufl. Berl. 876.	2	40	– kl. Ausg. 16. Aufl. Berl. 892.
Krah. Berlin 888.	2	—	**Schwarze**. 2. Aufl. Lpzg. 876.
Lademann. Berlin 878.	2	80	— Komment. 5. Aufl. Lpzg. 884.
Lueder. Erlgn. 886.	—	60	**Solms**. 2. Aufl. Berlin 882.
Lundberg. Lpz. 880.	1	50	**Staudinger**. 4. Aufl. Nördlg. 884.
v. **Mangoldt**. Lpzg. 888.	—	90	**Taube**. 4. Aufl. Lpzg. 876.
Meves. Erlgn. 876.	4	80	**Traub**. 5. Aufl. Mannheim 885.
Olshausen. 4. Aufl. Berl 890.	30	—	
— kl. Ausg. 4. „ „ 891.	1	—	

Strafgesetzbuch für das deutsche Reich vom 15. 5. 71 in der vom 1. 1. 1900 ab geltenden Fassung.

Texte und mit Erläuterungen von:

	M	Pf	
Coermann. Leipzig 900.	4	—	**Olshausen**. 7. Aufl. Berlin 900.
Daude. 7. Aufl. Berlin 899.	3	50	— Kommentar. 6. Aufl. Berlin 900. I. II. 1.
Frank. Leipzig 897.	8	60	**Oppenhoff**. 13. Auflage. Berlin 896.
Gareis. Giessen 899.	1	20	**Pannier**. 9. Aufl. Leipzig 899.
Henle u. **Schierlinger**. München 895.	4	50	**Rubo**. 4. Aufl. Berlin 893.
Herold. Halle 900.	—	50	**Rüdorff**. 20. Aufl. Berlin 900.
Hölnghaus. 8. Aufl. Berlin 900.	1	—	**Scherer**. Leipzig 900.
Kern. Breslau 900.	—	60	**Seuffert**. Berlin 894.
Maucklsch. Leipzig 898.	1	25	**Staudinger**. 7. Aufl. München 900.
— Kommentar. Leipzig 898.	6	—	
Mecklenburg. Berlin 893.	—	50	

— dasselbe, nebst dem Einführungs-Gesetze vom 31. Mai 1870 u. dem Gesetze vom 15. Mai 1871. Mit vollständ. Sachregister. gr. 8. (IV, 103 S.) Berlin 871. v. Decker. — 50

—— daff. — nebst dem Gesetze vom 15. Mai 1871. Mit Sachregister, redig. im Bureau des Justiz-Ministeriums. gr. 8. (147 S.) Berlin 871, Nauck und Comp. *

—— daff. — 17. und 18. Ster.-Aufl. Mit ausführl. Sach-Register. gr. 8. (XII, 78 S.) Berlin 871,74, Kortkampf. *

—— daff. — nebst der Ausführungsverordnung für das Königr. Sachsen vom 15. April 1873 und den weiteren mit dem Strafgesetzbuche in Verbindung stehenden Verordnungen. Mit vollständ. Sachregister. 2. Aufl. 1871, und 3. Aufl. 8. (VIII, 176 S.) Leipzig 875, Roßberg'sche Buchh. *

— dasselbe. Mit sorgfältig bearb. Sachregister. 8. (VIII, 102 S.) Nördlingen 871. Beck. n. — 50

—— daff. — mit den Einführungs- und Nebengesetzen für das Königr. Bayern. Mit Erläuterungen bearb. von J. Staudinger. 8. (VI, 760 S.) Ebendaſ. 872. *

— dasselbe nebst der Strafgesetz-Novelle vom 10. Dez. 1871. Mit Inhaltangabe jedes Paragraphen, Anmerkgn. u. ausführl. das Strafmaß jedes Artikels enth. Register. Zum Handgebrauch. 8. (VIII, 176 S.) Erlangen 872. Deichert. n. 1. —

— dasselbe. Nebst dem Einführungs-Gesetz vom 31. Mai 1870 u. dem Reichsgesetz vom 15. Mai 1871. Nach amtl. Quellen m. ausführl. Sachregister. 3. Aufl. gr. 8. (80 S.) Thorn 872. E. Lambeck. — 50

—— daff. — sammt Polizeistrafgesetzbuch für Bayern und Einführungsgesetz zum Reichsstrafgesetzbuche nebst den Strafbestimmungen der deutschen Gewerbeordnung vom 21. Juni 1869. 2. verb. Aufl. 8. (IV, 271 S.) Bamberg 873, Buchner'sche Buchh.

Strafgesetzbuch für das Deutsche Reich. Text-Ausg. mit ausführl. Sach-Register. 2. und 3. Aufl. 8. (95 S.) Berlin 873,78, Hayn's Erben. cart.

—— daff. — Nebst Einführungsgesetz. Nach den Beschlüssen des Reichstags in dritter Berathung. 4. Aufl. 8. (48 S.) Leipzig 873, G. Körner. *

— dasselbe. [Gegeben Berlin, den 15. Mai 1871.] Nebst Einführungsgesetz. Textausg. m. vollständ. Register. 8. (96 S.) Leipzig 873. Schneider. — 50

— dasselbe nebst Einführungs-Gesetz. 18. Ster.-Aufl. Mit ausführl. Sachregister. Lex.-8. (XII, 78 S.) Berlin 874. Kortkampf. n. — 50

— dasselbe vom 15. Mai 1871. gr. 8. (91 S.) Berlin 875. Hayn's Erben. n. — 50

— dasselbe. Nebst der Ausführungsverordng. f. das Königreich Sachsen vom 15. April 1873 u. den weiteren m. dem Strafgesetzbuch in Verbindg. steh. Gesetzen u. Verordngn. Mit vollständ. Sachregister. 3. Aufl. 8. (VIII, 176 S.) Leipzig 875. Roßberg. n. 1. —

— das, f. das Deutsche Reich [in der Redaktion vom 26. Febr. 1876] m. dem Reichsgesetz vom 26. Febr. 1876 betr. die Abänderg. d. Bestimmgn. d. Strafgesetzbuchs f. das Deutsche Reich vom 15. Mai 1875 u. die Ergänzg. desselben. Mit vielen Anmerkgn. u. Verweisgn. versehen. [Aus: „Bayerns Gesetze u. Gesetzbücher."] 8. (VI, 140 S.) Bamberg 876. Buchner. n. 1. 50

Strafgesetzbuch für das Deutsche Reich (Neue Fassung) nebst dem Reichs-Gesetz über die Presse etc. Text-Ausg. mit Anmerkungen v. H. Rüdorff. 8. Aufl. Berlin 1876. 8°

—— daff. — Vom 26. Febr. 1876. Mit vollständ. Sachregister. gr. 8. (112 S.) Berlin 876, v. Decker's Verlag.

—— daff. — Mit den Abänderungen und Ergänzungen der Novelle vom 26. Febr. 1876. Mit vollständ. Sachregister. 2. Aufl. gr. 8. (IV, 112 S.) Ebendaf. 876.

—— daff. — Vom 15. Mai 1871. Nebst der Strafgesetznovelle vom 26. Febr. 1876 als Anhang. 16. (126 S.) [Berlin 876.] Leipzig, F. Duncker.

Das Strafgesetzbuch für das Deutsche Reich. Vom 15. 5. 1871/26. 2. 1876. Nach dem Reichsgesetzblatt rev. Text mit Sachreg. Berlin 1876. (Grosser's Gesetzsammlung. Nr 39.)

— dasselbe. Vom $\frac{\text{15. Mai 1871.}}{\text{26. Febr. 1876.}}$ Nach dem Reichsgesetzblatt sorgfältig rev. Text m. ausführl. Sachregister. 8. (126 S.) Berlin 876. Grosser. n. 1. —

— dasselbe. Nebst dem Wortlaut d. Einführungsgesetzes u. d. Ergänzungsgesetzes vom J. 1876 [Strafgesetznovelle]. Mit vollständ. Sach-Register. 5. Aufl. 16. (135 S.) Berlin 876. Hoborst. — 60

—— dass. — vom 15. Mai 1871. Mit den Abänderungen und Ergänzungen des Gesetzes vom 26. Febr. 1876. Text-Ausg. mit Einleitung und Anmerkungen. 19. und 20. Gesammt-Aufl. 8. (XXXI, 115 S.) Berlin 876, Kortkampf. * 75 Pf.; cart. *

—— dass. — Nebst dem Wortlaut des Einführungsgesetzes und des Ergänzungsgesetzes vom J. 1876 [Strafgesetznovelle]. Mit vollständ. Sach-Register. 1.—5. Aufl. 16. (135 S.) Berlin 876, F. Mecklenburg. cart.

— dasselbe nebst dem Einführungs-Gesetze vom 31. Mai 1870 u. dem Gesetze vom 26. Febr. 1876. Mit Sach-Register, red. im Bureau d. Justiz-Ministeriums. gr. 8. (IV, 152 S.) Berlin 876. Nauck & Co. n. 1. —

Strafgesetzbuch, das, f. das Deutsche Reich. Mit den Abändergn. u. Ergänzgn. der Novelle vom 26. Febr. 1876. Mit ausführl. Sachregister. gr. 16. (IV, 130 S.) Breslau 876. Kern's Verl. n. — 50

Strafgesetzbuch, das, für das Deutsche Reich in seiner jetzigen Fassung. Nebst vollständ. alphabet. Sachregister. gr. 8. (II, 82 S.) Erlangen 876, Palm und Enke. *
Aus: Die Gesetzgebung des Deutschen Reiches mit Erläuterungen, besonders abgedruckt.

— dasselbe. Textausgabe m. ausführl. Wort- u. Sachregister. Vervollständigt nach den neuen Ergänzgn. u. Abändergn. 8. (108 S.) Mannheim 876. Bensheimer. 1. —

—— dass. — Nach der neuen Redaction des Reichskanzleramts vom 26. Febr. 1876. 2. Aufl. 8. (64 S.) Stuttgart 876, Kohlhammer. *

—— dass. — Nach der neuen Redaction des Reichskanzleramts vom 26. Febr. 1876. 1.—3. Aufl. 8. (III, 64 S.) Stuttgart 876, Levy und Müller.

— dasselbe, in der Redaction vom 26. Febr. 1876, sammt Polizeistrafgesetzbuch u. dem Einführungs-Vollzugsgesetz vom 26. Decbr. 1871 für das Königreich Bayern. 3., mit vielen Anmerkungen, Verweisungen u. den durch die Gesetzgebung seit 1873 veranlaßten Veränderungen bereicherte Aufl. Ausg. B. 8. (IV, 310 S.) Bamberg 877. Buchner. n. 3. 50

— dasselbe. [Neue Fassung.] Mit Inhaltsangaben üb. die einzelnen Paragraphen u. einem vollständ. Sachregister bearb. von einem Justizbeamten. 4. Aufl. 8. (IV, 142 S.) Leipzig 877. Roßberg. cart. n. 1. —

— dasselbe. Text-Ausg. m. ausführl. Sach-Register. 3. Aufl. 8. (95 S.) Berlin 878. Heyn's Erben. cart. — 60

— dasselbe. Text-Ausg. m. Inhaltsverzeichniß u. Sachregister. 16. (VI, 150 S.) Düsseldorf 878. Schwann. cart. n. 1. —

— dasselbe, nebst dem Gesetze betr. die Einführung desselben in Elsaß-Lothringen vom 30. Aug. 1871 u. dem Gesetze betreff. die Abänderung von Bestimmungen des Straf-Gesetzbuches für das Deutsche Reich vom 15. Mai 1871 u. die Ergänzung desselben vom 26. Febr. 1876. Amtliche Ausg. m. französ. Uebersetzung. 2. Aufl. 8. (XV, 264 S.) Mannheim 878. Schneider. n. 3. 20; geb. n. 3. 60

—— dass. — nebst dem Gesetze betr. die Einführung desselben in Elsaß-Lothringen vom 30. Aug. 1871 und dem Gesetze betr. die Abänderung von Bestimmungen des Straf-Gesetzbuches für das Deutsche Reich vom 15. Mai 1871 und die Ergänzung desselben vom 26. Febr. 1876. Amtl. Ausg. mit französ. Uebersetzung. 2. Aufl. 8. (XV, 264 S.) Straßburg 878, Schneider. * geb. *

—— dass. — Unentbehrlich für Jedermann. Ster.-Ausg. 1. Aufl. (72 S.) 40 Pf.; 2. Aufl. 8. (72 S.) Reutlingen 879, Enßlin und Laiblin's Verlagsh.

— dasselbe, nach dem kürzlich erfolgten Beschlusse des deutschen Reichstages. Unentbehrlich für Jedermann. gr. 16. (71 S.) Schloßchemnitz 879. Kästner & Müller. — 60

Strafgesetzbuch, das, für das deutsche Reich. Nebst dem Wortlaut des Einführungsgesetzes u. des Ergänzungsgesetzes vom Jahre 1876 [Strafgesetznovelle]. Mit vollständ. Sach-Register. 7. Aufl. 16. (144 S.) Berlin 880. Burmester & Stempell. cart. n. — 60

Strafgesetzbuch, das, für das deutsche Reich. 8. (72 S.) Chemnitz, 880, Hager.

— dasselbe, nebst dem Wuchergesetz vom 24. Mai 1880. Text-Ausg. 16. (150 S.) Eßlingen 881. Langguth. cart. n. — 60

— dasselbe, in der nach dem Gesetz vom 26. Febr. 1876 abgeänderten Fassung, nebst Einführungsgesetz vom 31. Mai 1870 u. das Wuchergesetz vom 24. Mai 1880. Mit sachgemäßen Erklärungen. 3. u. 4. Aufl. gr. 8. (110 S.) Ebend. 882. n. — 50

—— dass. — Mit dem bayer. Polizei-Strafgesetzbuche und dem bayer. Ausführungsgesetze vom 18. Aug. 1879 zur Reichs-Strafprozeßordnung. 4. mit vielen Anmerkungen, Verweisungen und den durch die neueste Gesetzgebung, insbesondere durch die Reichsjustizgesetze [sowie durch das Wuchergesetz vom 24. Mai 1880, Nahrungsmittelgesetz vom 14. Mai 1879 ꝛc.] veranlaßten Veränderungen und Vermehrungen bereich. Aufl. Hrsg. von der Redact. des Sammelwerkes „Bayerns Gesetze und Gesetzbücher". 8. (VI, 348 S.) Bamberg 881, Buchner'sche Buchh. *

—— dass. — In der nach dem Gesetz vom 26. Febr. 1876 abgeänderten Fassung, nebst Einführungsgesetz vom 31. Mai 1870, und das Wuchergesetz vom 24. Mai 1880. Mit sachgemäßen Erklärungen. 1.—11. Aufl. gr. 8. (110 S.) Berlin 881—84, Burmester und Stempell. *

—— dass. — nebst dem Wuchergesetz vom 24. Mai 1880. Text-Ausg. 16. (150 S.) [Eßlingen 881, Langguth.] Dresden 881, Barth und Schirrmeister. cart. *

— dasselbe, mit sämmtlichen Abänderungen u. Ergänzungen, nebst weiteren reichsgesetzl. Strafbestimmungen [Markenschutzgesetz, Wuchergesetz, Postgesetz, Impfgesetz, Reichsmilitärgesetz, Patentgesetz, Gesetz betr. Zuwiderhandlungen gegen die zur Abwehr der Rinderpest erlassenen Vieh-Einfuhrverbote, Gesetz, betr. die Abwehr u. Unterdrückung von Viehseuchen, Sozialistengesetz, Nahrungsmittelgesetz. — Auszüge aus dem Gerichtsverfassungsgesetz]. Text-Ausg. mit Anmerkungen, Angabe der Parallelstellen u. ausführl. Sachregister. 3. Aufl. gr. 8. (IV, 140 S.) Berlin 882. v. Decker. cart. n. 1. 30

—— dass. — Vom 15. Mai 1871 und 26. Febr. 1876. Mit dem Gesetz, betr. den Wucher vom 24. Mai 1880, sowie den sonst. Abänderungen. Unter besond. Berücksicht. des Militär-Strafgesetzbuchs, sowie der preuß. Gesetze über Forstdiebstahl und Forst- und Feld-Polizei für den prakt. Gebrauch bearb. von Solms. 21. Gesammt-Aufl. 8. (VI, 190 S.) Berlin 882, Kortkampf. geb. *

—— dass. — Nach der jetzt gültigen Fassung. Mit ausführlichem Sachregister. 2. Aufl. 12. (IV, 128 S.) Breslau 883, Kern's Verlag. *

—— dass. — in der nach dem Gesetz vom 26. Febr. 1876 abgeänderten Fassung, nebst Einführungsgesetz vom 31. Mai 1870, und das Wuchergesetz vom 24. Mai 1880. Mit sachgemäßen Erklärungen. 12.—19. Aufl. gr. 8. (110 S.) Berlin 885—87, Burmester und Stempell. *

—— dass. — nebst dem Wuchergesetz vom 24. Mai 1880. Text Ausg. 2. und 3. Aufl. 16. (154 S.) [Dresden 885,87, Barth und Schirrmeister.] Nürnberg, Hennings. cart. *

—— dass. — nebst Gesetze, betr. den Wucher und Herstellung, Vertrieb und Besitz von Sprengstoffen. Hrsg. von der Redakt. des Reichs-Gesetzbuches. gr. 8. (60 S.) [Berlin 886.] Hamburg, Bruer und Comp. geb. *

Strafgesetzbuch, das, f. das Deutsche Reich in der nach dem Gesetz vom 26. Febr. 1876 abgeänderten Fassung, nebst Einführungsgesetz vom 31. Mai 1870, u. das Wuchergesetz vom 24. Mai 1880. Mit sachgemäßen Erklärgn. 18. Aufl. gr. 8. (110 S.) Berlin 886. Burmester & Stempell. n. — 50

Das Strafgesetzbuch für das Deutsche Reich. Vom 15. Mai 1871. Kodex karny dla Rzeszy Niemieckiéj. Z dnia 15. maja 1871. Tłumaczył Bened. Michałek. Oppeln 1886.

—— das, für das Deutsche Reich. Vom 15. Mai 1871. Mit poln. Übersetzungen von Benedykt Michałek. gr. 8. (219 S.) Oppeln 886, Franck's Buchh. *

— dasselbe in der nach dem Gesetz vom 26. Febr. 1876 abgeänderten Fassung, nebst Einführungsgesetz vom 31. Mai 1870, u. das Wuchergesetz vom 24. Mai 1880. Mit sachgemäßen Erklärgn. 19. Aufl. gr. 8. (110 S.) Berlin 887. Burmester & Stempell. n. — 50

Strafgesetzbuch f. das Deutsche Reich. Zur Belehrg. f. Jedermann. Nach den Reichsgesetzen vom 15. Mai 1871 u. 26. Febr. 1876, nebst dem Wucher-Gesetz v. 23. Mai 1880. Ster.-Ausg. 8. (64 S.) Reutlingen 887. Bardtenschlager. — 30

— dasselbe in seiner Anwendung im Königr. Bayern, m. dem bayer. Polizei-Strafgesetzbuche, dem bayer. Ausführungsgesetze vom 18. Aug. 1879 zur Reichs-Strafgesetzordng., den das Strafverfahren betr. Bestimmgn. des Reichs-Gerichtsverfassungsgesetzes, nebst der Reichs-Strafprozeßordng. 5., vollständig umgearb. Aufl., m. vielen Anmerkgn. u. Hinweisgn. auf die einschläg. Reichs- u. Landesgesetze, Verordngn., Bekanntmachgn. ꝛc. Hrsg. v. der Redaktion des Sammelwerkes: „Bayerns Gesetze u. Gesetzbücher ꝛc." 8. (VI, 508 S.) Bamberg 888. Buchner. n. 3. 80; geb. n.n. 4. 60

Strafgesetzbuch für das Deutsche Reich. Nebst dem Wortlaut des Einführungsgesetzes und des Ergänzungsgesetzes vom J. 1876 [Strafgesetznovelle]. Mit vollständ. Sach-Register. Nebst einem Anhang: Gesetz, betr. den Wucher. 7. Aufl. 16. (146 S.) Berlin 888, H. R. Mecklenburg. cart.

— dasselbe. 82. (187 S.) Langensalza 891. Wendt & Klauwell. Kart. — 75

Strafgesetzbuch für das Deutsche Reich. (Gareis, Reichsges. 143-46) Giessen 1892

Das Strafgesetzbuch für das Deutsche Reich nebst d. Einführgs-Gesetze v. 31. Mai 1870 u. d. Einführgs-Gesetze f. Elsass-Lothringen v. 30. Aug. 1871, erläut. durch Dr. Friedrich Oppenhoff, Ober-Staatsanw. . . . in Berlin. 13. verb. u. bereich. Ausg., hrsg. v. Dr. Theodor Oppenhoff, Geh. Ober-Justizr. . . . Berlin: G. Reimer 1896. (VIII, 1016 S.) 1 Bd 8°

Das Strafgesetzbuch für das Deutsche Reich. (Berlin: A. Weichert [1896].) (126 S.) 1 Bd 8°
= Reichsgesetze, Deutsche. Bd 9.

[F.] Strafgesetzbuch für das Deutsche Reich. Nebst d. gebräuchlichsten Reichs-Strafgesetzen ... Text-Ausg. m. Anm. v. Dr. Hans Rüdorff. 18. Aufl. v. H[ugo] Appelius. *Berlin: J. Guttentag 1897.* (XXXII, 363 S.) 1 Bd 8.
= Sammlung, Guttentag'sche, Deutscher Reichsgesetze. No 2. [97. 3630

[F.] Strafgesetzbuch für das Deutsche Reich. Nebst e. Anh., enth. Vorschriften üb. Zuständigkeit. Textausg. m. Anm. u. Sachreg. z. prakt. Gebr. v. Dr. Justus Olshausen, Reichsgerichtsrath. 6. Aufl. *Berlin: F. Vahlen 1897.* (XII, 208 S.) 1 Bd 8.
— Strafgesetzgebung d. Deutschen Reiches. Bd 1. [98. 690

Strafgesetzbuch für das Deutsche Reich nach dem neuesten Stande. Nebst Anh., enth. d. wichtigsten strafrechtl. Nebengesetze. Mit Einl., Anm. u. Reg. von Julius v. Staudinger. 6. erg. Aufl. *München: C. H. Beck 1898.* (XVIII, 261 S.) 8° [F.] [03. 13947 6

Strafgesetzbuch für das Deutsche Reich. Nebst den gebräuchlichen Reichs-Strafgesetzen ... Text-Ausg. m. Anm. u. Sachreg. von Dr. Hans Rüdorff. 19. Aufl. von Dr. H[ugo] Appelius. *Berlin: J. Guttentag 1899.* (XXXII, 372 S.) 8° [F.]
= Sammlung, Guttentagsche, Deutscher Reichsgesetze. No 2. [00. 7530

Strafgesetzbuch f. das Deutsche Reich in der vom 1. 1. 1900 an gültigen Fassung, nebst dem Einführungsgesetz u. e. alphabet. Sachregister. Mit Angabe der zuständ. Gerichte. 12. (151 S) Berlin, W. R. Berndt. —. 50. 1900.

Strafgesetzbuch für das Deutsche Reich. Nebst d. gebräuchlichsten Reichs-Strafgesetzen. Textausg. mit Anm. u. Sachreg. von Dr. Hans Rüdorff. 20. Aufl. von Dr. H[ugo] Appelius. *Berlin: J. Guttentag 1900.* (XXXII, 392 S.) 8° [F.]
= Sammlung, Guttentag'sche, Deutscher Reichsgesetze. No 2. [01. 407

Das Strafgesetzbuch für das Deutsche Reich vom 15. Mai 1871. Mit d. Entscheidungen d. Reichsgerichts. Hrsg. von Dr. P[aul] Daude, Geh. Reg. R. 7. Aufl. Berlin: H. W. Müller 1900. (VII, 453 S.) 8°

Strafgesetzbuch für das Deutsche Reich. *Berlin: L. Schwarz & Co. [1900].* (123 S.) 8° [F.] [00. 5730

Strafgesetzbuch für das Deutsche Reich. Textausg. mit Anm. u. Sachreg. z. prakt. Gebrauch von Dr. Justus Olshausen, Oberreichsanw. 7. Aufl. *Berlin: F. Vahlen 1900.* (XII, 204 S.) 8° [F.]
= Strafgesetzgebung d. Deutschen Reichs. Bd 1. [01. 703

Strafgesetzbuch für das Deutsche Reich. Nach d. jetzt gültigen Fassung. Mit ausführl. Sachreg. 3. Aufl. *Breslau: J. U. Kern 1900.* (142 S.) 8° [F.]
(Deutsche Reichsgesetze.) [01. 638

Strafgesetzbuch für das Deutsche Reich in der vom 1. Jan. 1900 ab geltenden Fassung. Text-Ausg. mit Anm. u. Sachreg. von Paul Herold, Rechtsanw. Halle a. S.: O. Hendel [1900]. (VI, 101 S.) 8°
= Bibliothek d. Gesamtlitteratur d. In- u. Auslandes. No 1328.

Strafgesetzbuch für das Deutsche Reich nach dem neuesten Stande. Nebst Anh. enth. d. wichtigsten strafrechtl. Nebengesetze. Mit Einl. Anm. u. Reg. von Julius v. Staudinger. 7. erg. Aufl. *München: C. H. Beck 1900.* (XVIII, 261 S.) 8° [F.] [03. 13037 6

— für das Deutsche Reich. Textausg. m. Sachregister. 3. Aufl. gr. 8. (62 S.) Backnang (901). J. Rath. n. — 30

Strafgesetzbuch für das Deutsche Reich. Text-Ausg. mit Anm. von Carl Kade, Landger.R. *Berlin: C. Heymann 1901.* (VIII, 214 S.) 8° [F.]
= Taschen-Gesetzsammlung. 14. [01. 12036

Das Strafgesetzbuch für das Deutsche Reich vom 15. Mai 1871. Mit d. Entscheidungen d. Reichsgerichts. Hrsg. von Dr. P[aul] Daude, Universitätsrichter, Berlin. 8. Aufl. *Berlin: H. W. Müller 1901.* (VI, 447 S.) 8° [F.] [01. 12850

Das Strafgesetzbuch für das Deutsche Reich nebst d. Einführungs-Gesetze v. 31. Mai 1870 u. d. Einführungs-Gesetze f. Elsass-Lothringen v. 30. Aug. 1871 erl. durch Dr. Friedrich Oppenhoff, fortgef. von Dr. Theodor Oppenhoff. 14. verb. u. bereicherte Ausg., hrsg. von Dr. iur. Hans Delius, Landger. R. Berlin: G. Reimer 1901. (IX, 1028 S.) 8°

Das Strafgesetzbuch für das Deutsche Reich nebst d. Einführungsgesetze hrsg. u. erl. von Dr. Reinhard Frank, Prof., Halle. 2., neu bearb. Aufl. *Leipzig: C. L. Hirschfeld 1901.* (X, 511 S.) 8° [F.] [01. 5794 10

— dasselbe. (Mit dem Gesetz v. 25. VI. 1900.) Neueste Ausg. gr. 8. (99 S.) Reutlingen (901). Enßlin & Laiblin. — 40

Strafgesetzbuch für das Deutsche Reich. Nebst d. gebräuchlichsten Reichs-Strafgesetzen... Text-Ausg. mit Anm. u. Sachreg. von Dr. Hans Rüdorff. 21. Aufl. von Dr. H[ugo] Appelius. *Berlin: J. Guttentag 1903.* (447 S.) 8° [F.]
— **Sammlung**, Guttentag'sche, Deutscher Reichsgesetze. No 2. [03. 3017

Das **Strafgesetzbuch** für das Deutsche Reich vom 15. Mai 1871. Mit d. Entscheidungen d. Reichsgerichts. Hrsg. von Dr. Paul Daude, Universitätsrichter, Berlin. 9. Aufl. Berlin: H. W. Müller 1904. (464 S.) 8°

— **dasselbe. 1905.** Neueste Fassg. (110 S.) 16. Berlin (905). L. Schwarz & Co. — 80

Strafgesetzbuch für das Deutsche Reich, einschließl. d. Strafbestimmungen d. Konkursordnung. Textausg. mit Anm. u. Sachreg. z. prakt. Gebr. von Dr. Justus Olshausen, Oberreichsanw. 8. Aufl. Berlin: F. Vahlen 1905. (XII, 208 S.) 8° [F.]
— **Strafgesetzgebung**, Die, d. Deutschen Reichs. Bd 1. [06. 4170

Strafgesetzbuch, das, f. das deutsche Reich, gültig vom 1. I. 1900. Unentbehrlich f. jedermann. (96 S.) 8. Neuweißensee (905). E. Bartels. 1. —

Strafgesetzbuch für das Deutsche Reich. (Mit d. Gesetz v. 25. Juni 1900.) Textausg. mit kurzen Erl. f. Nichtjuristen u. e. ausführl. Sachreg., e. kurzen Gesch. d. Strafgesetzbuchs nebst Einführungsgesetz u. e. Ausz. aus d. Gerichtsverfassungsgesetz. Hrsg. von Rob. Gersbach. 1.–8. Taus. Gr.-Lichterfelde, Berlin: Selbstverl. [1906]. (189 S.) 8° [F.] [06. 8148

Strafgesetzbuch f. das Deutsche Reich. 1906. Neueste Fassg. (110 S.) 16. Berlin, L. Schwarz & Co. —. 80.

Strafgesetzbuch für das Deutsche Reich. Nebst d. gebräuchlichsten Reichs-Strafgesetzen ... Text-Ausg. mit Anm. u. Sachreg. von Dr. Hans Rüdorff. 22. Aufl. von Dr. H[ugo] Appelius. Berlin: J. Guttentag 1907. (479 S.) 8° [F.]
— **Sammlung**, Guttentagsche, Deutscher Reichsgesetze. No 2. [07. 7493

Das **Strafgesetzbuch** für das Deutsche Reich vom 15. Mai 1871. Mit d. Entscheidungen d. Reichsgerichts. Hrsg. von Dr. Paul Daude, Geh. Reg.R. 10. Aufl. Berlin: H. W. Müller 1907. (VI, 477 S.) 8° [F.] [07. 9608

Strafgesetzbuch f. das Deutsche Reich. 1906. Neueste Fassg. (110 S.) 16. Berlin (907). L. Schwarz & Co. — 80

Das **Strafgesetzbuch** für das Deutsche Reich nebst d. Einführungsgesetze hrsg. u. erl. von Dr. Reinhard Frank, Prof. in Tübingen. 5. bis 7., neu bearb. Aufl. (In 4 Lfgen.) Tübingen: J. C. B. Mohr 19(07)–08. (VIII, 671 S.) 8° [F.] [08. 3021

Strafgesetzbuch für das deutsche Reich. Text-Ausg. mit Anm. nebst einfachem Text d. gebräulicheren Reichs- u. preuß. Strafgesetze von Carl Kade, Landger. R. 2. verm. Aufl. Berlin: Heymann 1908. VIII, 531 S. 8°
(Taschen-Gesetzsammlung. 14.)

Strafgesetzbuch f. das Deutsche Reich. Vom 15. V. 1871. [Aus: „Kompendium üb. Militärrecht".] (S. 323–413.) 8. Berlin, E. S. Mittler u. Sohn. —. 30. 1908.

Strafgesetzbuch f. das Deutsche Reich, Strafprozessordnung u. Gerichtsverfassungsgesetz, nebst den Einführungsgesetzen, sowie den Gesetzen betr. die Bestrafg. der Entziehg. elektr. Arbeit, betr. die Entschädigg. der im Wiederaufnahmeverfahren freigesprochenen Personen u. betr. die Entschädigg. f. unschuldig erlittene Untersuchungshaft, sowie betr. die Bestrafg. der Majestätsbeleidigg. Textausg. m. ausführl. Sachregister. (VIII, 314 S.) 8. Heidelberg '08, C. Winter, Verlag. Geb. in Leinw. 2. —

Strafgesetzbuch für das Deutsche Reich. (Mit d. Gesetz v. 25. Juni 1900.) Textausg. mit kurzen Erl. ... u. e. ausführl. Sachregister ... Hrsg. von Rob. Gersbach. 9. bis 11. Taus. Berlin: Kameradschaft [1909]. 189 S. 8°

Strafgesetzbuch für das Deutsche Reich. Text-Ausg. m. Anm. u. Sachreg. begründet von Dr. Hans Rüdorff. 23. Aufl. bearb. von Dr. Franz v. Liszt, Prof., u. Dr. Ernst Delaquis, Privatd. Berlin: Guttentag 1910. XV, 477 S. 8°
(Guttentag'sche Sammlung Deutscher Reichsgesetze. Nr 2.) [10. 7609

Das **Strafgesetzbuch** für das Deutsche Reich vom 15. Mai 1871. Mit d. Entscheidungen d. Reichsgerichts. Hrsg. von Dr. Paul Daude, Geh. Reg.R. 11. Aufl. Berlin: H. W. Müller 1910. VI, 503 S. 8° [10. 5368

Strafgesetzbuch für das Kaiserlich japanische Reich vom 23. April 1907. Übers. von Shigema *Oba*. [Berlin 1908.] 8°.
(Zeitschrift f. d. ges. Strafrechtswissenschaft Bd 28, H. 2, Beil.)

— für das kaiserl. japanische Reich, übers. v. Shigema Oba, s. a. Sammlung ausserdeutscher Strafgesetzbücher in deutscher Übersetzung. No. 23.

Strafgesetzbuch für das Kaiserlich japanische Reich vom 23. April 1907. Übers. von Dr. jur. Shigema Oba. Berlin: J. Guttentag 1908. (47 S.) 8°
= **Sammlung** Ausserdeutscher Strafgesetzbücher in deutscher Übersetzung. 23. [08. 983

Strafgesetzbuch des russischen Reichs, promulgirt im J. 1845. Nach der russischen Originalausg. deutsch bearb. von C. S. Lex.-8. (VIII und 439 S.) Baden 847, Marx.

— des russischen Reichs, promulgirt im Jahre 1845. Nach d. russischen Originalausg. deutsch bearbeitet von C. S. Lex. 8. (VIII u. 439 S.) Baden 851, Marx. 3 ℳ

— das revidirte, für das Königr. Sachsen vom 1. Octbr. 1868 sammt den damit in Verbindung stehenden älteren u. gleichzeit. Gesetzen u. Verordnungen u. mit Verweisung auf die einschlag. älteren Bestimmungen u. auf die Literatur nebst einem ausführl. Sachregister mit Angabe der Strafmaße. Dresden 868. Meinhold & Söhne. 8. (XVIII, 198 S.) n. 12 ngr.

— — Nebst den damit in Verbindung stehenden Gesetzen u. Verordnungen. Mit einem ausführl. Sachregister. Leipzig 869. Roßberg. 8. (XXXIV, 166 S.) n. 10 ngr.

Rheinisches Strafgesetzbuch nach der von dem französ. Gouvernement angeordneten officiellen deutschen Uebersetzung. *Crefeld*, Schüller. 836. 8. (8 Gr.)

— für **Russland**. Allgemeiner Thl. Entwurf der Redaktionskommission. Nebst Erläutergn. Aus dem Russ. übers. u. v. X. Gretener. gr. 8. (Entwurf 28 u. Erläutergn. VI, 261 S.) St. Petersburg 882. (Berlin, Puttkammer & Mühlbrecht.) n.n. 10. —

—— für **Russland**. [2. Lfg.] Besonderer Thl.: Verbrechen gegen die Person. Entwurf der Redaktionskommission. Aus dem Originale übers. und an der Hand der Motive erläutert von X. Gretener. Lex.-8. (III, 57 S.) Berlin 885, Puttkammer und Mühlbrecht. *

—— dass. — 3. Lfg. Besonderer Thl.: Angriffe auf die Vermögensordnung. Entwurf der Redaktionskommission. Aus dem Originale übers. und an der Hand der Motive erläutert von X. Gretener. Lex.-8. (IV, 144 S.) Ebendas. 888. *
[1. Lfg.] Allgemeiner Thl. (Ebendas.) 1882. **ℳ 10.—.

—— das, für das Königr. Sachsen vom 11. Aug. 1855 nebst den damit in Verbindung stehenden gleichzeit. und neueren Gesetzen und Verordnungen. Mit Verweisungen auf die Spruchpraxis des k. sächs. Oberappellationsgerichts und die einschlag. älteren Gesetze, auch einem ausführl. Sachregister. 8. (XVI und 208 S.) Leipzig 864, Roßberg'sche Buchh. *

—— für das Königreich Sachsen vom 1. Octbr. 1868 nebst den damit in Verbindung stehenden Gesetzen und Verordnungen. Mit einem ausführl. Sachregister. 8. (XXXIV, 166 S.) Leipzig 869, Roßberg'sche Buchh. *

—— f. das Herzogth. Sachsen-Meiningen v. 1. Aug. 1844 nebst 2 damit in Verbindung stehenden Gesetzen, betr. 1) die Competenz der Behörden zur Untersuchung u. Bestrafung der im Strafgesetzbuche genannten Verbrechen u. Vergehen. 2) die Untersuchung u. Bestrafung der Forstvergehen. 8. (... B.) Hildburghausen 844, (Blum.) **

—— für das Herzogthum Sachsen-Meiningen vom 1. Aug. 1844 nebst 2 damit in Verbindung stehenden Gesetzen, betreff. 1. die Competenz der Behörden zur Untersuchung und Bestrafung der im Strafgesetzbuche genannten Verbrechen und Vergehen; 2. die Untersuchung und Bestrafung der Forstvergehen. 8. (XII und 220 S.) Hildburghausen 844, (Kesselring'sche Hofbuchh.) **

— für das Großherzogthum Sachsen-Weimar-Eisenach, die Herzogthümer S. Meiningen, S. Coburg und Gotha, Anhalt-Dessau und Kothen und die Fürstenthümer Schwarzburg-Rudolstadt, Schwarzburg-Sondershausen und Reuß Jüngerer Linie. Eine vergleichende Ausg mit einem Sachregister von C. F. Muller. Erfurt 853. Muller's Sorthdlg. 8. (XIV, 178 S.) 22½ ngr.

(——) sächsisches, s. Criminal-Gesetzbuch. — Criminalgesetze.

Strafgesetzbuch, Schweizerisches. Vorentwurf mit Motiven im Auftrag des schweizerischen Bundesrates umgearbeitet v. *C. Stooss*, u. französischer Uebersetzung des Vorentwurfs von *A. Gautier*. Gr. in-8⁰. Basel & Genf, Georg & Co. 4 — 1894.

— spanisches. Vom 17. VI. 1870. Übers. v. Alfredo Hartwig, s.a. Sammlung ausserdeutscher Strafgesetzbücher in deutscher Übersetzung. No. 26.

Spanisches **Strafgesetzbuch**. Vom 17. Juni 1870. Übers. von Alfredo Hartwig. Berlin: Guttentag 1909. XIII, 127 S. 8⁰ (Sammlung ausserdeutscher Strafgesetzbücher in deutscher Übersetzung. 26.) (Zeitschrift f. d. gesamte Strafrechtswiss. Bd 29, Beil. H.)

—— für die gesammten preußischen Staaten und Gesetz über die Einführung desselben vom 14. April 1851 nebst den dasselbe ergänzenden und abändernden Gesetzen. 5., nach dem allerh. Erlaß vom 21. April 1856 bearb. und mit einem Register verseh. Aufl. 8. (128 S.) Berlin 856, Hayn.

Strafgesetzbuch für die preußischen Staaten, s.a. Strafgesetzbuch, Das neue, für die preußischen Staaten.

— — Hrsg. von C. Hahn, s. Hahn, C.

— dass. Mit Anmerkungen für den Gebrauch von J. P. Maaßen, s.: Maaßen, der Bürgermeister.

— für die Preuß. Staaten. Nebst Gesetz über die Einführung desselben. Vom 14. April 1851. gr. 16. (126 S.) Berlin 851, Decker. 1/12 Thlr.

— f. die Preuß. Staaten. Nebst Gesetz über die Einführung desselben. Amtliche Ausg. [Mit Register.] gr. 8. (IV u. 160 S.) Berlin 851, Nauck & Comp. n. n. ½ Thlr.; Schreibpap. n. n. ⅔ Thlr.

— dass. gr. 16. (VI u. 165 S.) Ebd. 851. ¼ Thlr.; Schreibpap. n. ⅓ Thlr.

Strafgesetzbuch f. die Preuß. Staaten u. Gesetz üb. die Einführung desselben v. 14. April 1851, sowie Gesetz üb. die Presse v. 12. Mai 1851. 16. (100 S.) Brandenburg 851, Müller. 3 ngr.

— dass. gr. 16. (IV u. 100 S.) Breslau 851, Kern. 4 ngr. — 2. durch Hinweisg. auf die erläuternden Ministerial-Rescripte verm. Aufl. gr. 16. (IV u. 84 S.) Ebd. 851. 1/12 Thlr.

— dass. 12. (88 S.) Crefeld 851, Klein. 3 ngr.

— für die Preußischen Staaten u. Gesetz über die Einführung desselben vom 14. April 1851 mit Parallelstellen, einem Ueberblicke über die Geschichte des Strafgesetzbuchs unter Hinweisg. auf die Strafgesetzgebung Frankreichs u. unter Berücksichtig. der Kompetenzfrage, kurzen Andeutungen vor jedem Titel über dessen Inhalt, ferner e. alphabet. Sachregister über die in dem Strafgesetzbuche u. dem Einführungsgesetze vorkommenden Bestimmungen u. e. besondern Sachregister über die Uebertretungen rc. Hrsg. von einem Rechtsgelehrten. Annotirte Ausg. gr. 8. (XXIV u. 139 S.) Mainz 851, v. Zabern. n. ⅔ Thlr.

— für die Preußischen Staaten. gr. 8. (IV u. 91 S.) Wesel 851, Bagel. 4 ngr.

— für die Preußischen Staaten nebst dem Einführungs-Gesetz vom 14. April 1851. Ster.-Ausg. 12. (52 S.) Koblenz 852, Bädeker. 1/12 Thlr.

—— für die preußischen Staaten und Gesetz über die Einführung desselben vom 14. April 1851. 8. (93 S.) Paderborn 852, Junfermann'sche Buchh.

—— dass. — Amtliche Ausg. Nachtrag. gr. 8. (8 S.) Berlin 853, Nauck und Comp.

— — nebst dem Gesetz über die Einführung desselben vom 14. April 1851, u. dem Gesetz vom 9. März 1853, betr. die Abänderung der §§ 56, 219, 240 u. 250 des Strafgesetzbuches. 3., durch Hinweisung auf die erläuternden Ministerial-Rescripte verm. Aufl. Breslau 853. Kern. gr. 16. (2 Bl., 86 S.) 2½ ngr.

(**Strafgesetzbuch**.) Annotirte Ausgabe des Strafgesetzbuchs für die Preußischen Staaten und Gesetz über die Einführung desselben vom 14. April 1851 mit Parallelstellen, einem Ueberblicke über die Geschichte des Strafgesetzbuchs unter Hinweisung auf die Strafgesetzgebung Frankreichs u. unter Berücksichtigung der Kompetenzfrage rc. Herausg. von einem Rechtsgelehrten. 2. (Titel-)Ausg. Mainz (851.) 854. v. Zabern. gr. 8. (XXIII, 139 S.) 15 ngr.

— — nebst Gesetz über die Einführung desselben (vom 14. April 1851). Dazu ferner: Gesetz, betr. einige Ergänzungen des Einführungs-Gesetzes zum Strafgesetzbuche (vom 22. Mai 1852) u. Gesetz, die Abänderung der §§ 56, 219, 240 u. 250 des Strafgesetzbuches (vom 9. März 1853). Nebst vollständigem Sachregister. 2. Aufl. Thorn 854. Lambeck. gr. 8. (97 S.) 5 ngr.

— — Nebst dem Einführungs-Gesetz vom 14. April 1851 u. den dasselbe ergänzenden u. abändernden Gesetzen vom 22. Mai 1852, 25. April 1853, 4. Mai 1853, 6. März 1854 u. 14. April 1856. Neue, nach dem Allerh. Erlaß vom 21. April 1856 bearb. Ausg. Berlin 856. Decker. gr. 8. (88 S.) 3 ngr.

– für die Preußischen Staaten nebst dem Gesetze über die Einführung desselben. 2. Ausg. Mit Register u. Nachtrag. Berlin 856. Nauck u. Co. gr. 16. (3 Bl., 186 S.) 2½ ngr.; Schreibp. 3 ngr.

— — 2. amtl. Ausg. (Allerh. Erlaß vom 21. April 1856.) Mit Register. Ebend. 856. gr. 8. (2 Bl., 164 S.) nn. 15 ngr.; Schreibp. nn. 20 ngr.

— — nebst Gesetz über die Einführuug desselben u. den bis zum 14. April 1856 ergangenen Abänderungen u. Zusatzbestimmungen. Berlin 856. Wilhelmi in Comm. 8. (65 S.) n. 2½ ngr.

—— dass. — Nebst dem Einführungs-Gesetz vom 14. April 1851, den abändernden Gesetzen vom 22. Mai 1852, 4. Mai 1853, 6. März 1854 und 14. April 1856 und dem Holz-Diebstahls-Gesetz vom 2. Juni 1852. 16. (IV und 68 S.) Koblenz 856(57), Bädeker.

— — Nebst den dasselbe ergänzenden u. abändernden, bis einschließlich 1856 erlassenen Gesetzen. Mit Register. Berlin 857. Martens. 8. (VI, 136 S.) 5 ngr.

—— dass. — Nebst den zu seiner Abänderung und Ergänzung erlassenen Gesetzen. Mit Register. 1. Aufl. 1858. und 2. Aufl. gr. 16. (VI und 128 S.) Berlin 859, Martens. *

—— dass. — Nebst dem Gesetze über die Einführung desselben, und einigen neueren Strafgesetzen. Mit Register. 3., amtliche Ausg. gr. 8. (VI und 170 S.) Berlin 859, Nauck und Comp. **
Schreibp. **

—— dass. — gr. 16. (VI und 196 S.) Ebendas. 859. **
Schreibp. **

—— für die preußischen Staaten. Mit Weglassung der aufgehobenen und Einschaltung der neueren Bestimmungen und allen auf das Strafgesetzbuch bezügl. Entscheidungen des königl. Ober-Tribunals. Hrsg. von E. Hahn. 4., stark verm. Aufl. gr. 8. (IV und 219 S.) Breslau 860, Kern.

—— für die Preußischen Staaten. Nebst dem Einführungs-Gesetz vom 14. April 1851 und den dasselbe ergänz. und abänd. Gesetzen. Neue Ausg. gr. 8. (IV und 87 S.) Berlin 863, v. Decker'sche geheime Ober-Hofbuchdruckerei. *

—— dass. — Nebst dem Einführungs-Gesetz vom 14. April 1851 und den dasselbe ergänz. und abänd. Gesetzen vom 22. Mai 1852, 25. April und 4. Mai 1853, 6. März 1854 und 14. April 1856. Nebst Sachregister. Neue Ausg. Nach dem allerhöchsten Erlaß vom 14. Juni 1859 bearb. gr. 8. (IV und 99 S.) Ebendas. 865.

—— dass. — Neue Ausg. gr. 8. (IV und 111 S.) Ebendas. 867.

Strafgesetzbuch für die Preußischen Staaten und Strafprozeß-Ordnung für die durch das Gesetz vom 20. Sept. 1866 und die beiden Gesetze vom 24. Dez. 1866 mit der Monarchie vereinigten Landestheile . . . mit Reg. Amtl. Ausg. Berlin: Nauck 1867.

— — Nebst Verordnung vom 25. Juni 1867. Hannover 867. Meyer. gr. 8. (88 S.) n. 5 ngr.

—— das, für die preußischen Staaten in seiner gegenwärtigen Gestalt, nebst mehreren neueren Strafgesetzen und den Strafbestimmungen der Verfassung des norddeutschen Bundes vom 24. Juni 1867. 4. verm. Aufl. 8. (V, 146 S.) Strasburg i. Pr. 868, Köhler. *

Strafgesetzbuch v. J. 1851. u. Str. P. O. v. J. 1853. f. d. K. Graubünden. Chur. 864.

Strafgesetzbuch u. Strafprozessordnung f. d. Königr. Griechenland. Text-Ausg. (in griech. Sprache) m. Anmerkgn. Athen 875.

— nebst der revidirten Strafprozeßordnung und Gebühren-taxe für Verhandlungen in Strafsachen für das Großherzogthum Sachsen-Weimar-Eisenach und die Fürstenthümer Schwarzburg-Rudolstadt und Schwarzburg-Sondershausen. Jena 862. Deistung. gr. 8. (261 S.) n. 20 ngr.

— das, und die Strafproceßordnung für das Königreich Sachsen, mit Erläuterungen von A. D. Krug und F. Osk. Schwarze. 2 Bde. 855. (VIII, 172; XXXVI, 243 S.) n. 1 ₰. 10 ngr. — 2. verm. Aufl. Leipzig 856. Voigt u. Günther. 8. (XXIV, 172; XVI, 301 S.) n. 1 ₰. 16 ngr.
(1. Bd.) Das Strafgesetzbuch für das Königreich Sachsen, mit Erläuterungen von A. D. Krug. n. 16 ngr.
(2. ") Die Strafproceßordnung für das Königreich Sachsen, mit Erläuterungen von F. Osk. Schwarze. n. 1 ₰.

—— und Strafproceßordnung für das Königr. Sachsen nebst den dazu gehörigen Gesetzen und Verordnungen und ausführl. Sachregister. 2., verm. Aufl. 16. (IV und 441 S. mit Sachregister 152 S.) Dresden 858, Meinhold und Söhne. Thlr.

— und Strafproceßordnung für das Königreich Sachsen nebst den dazu gehörigen Gesetzen und Verordnungen und ausführlichem Sachregister. 2. verm. Aufl. Dresden 860. Meinhold & Söhne. 8. (IV, 593 S.) 1 ₰

— das, und die Strafproceßordnungen für das Großherzogthum Oldenburg mit Noten und alphabetischen Sachregistern. 2. mit Zusätzen verm. Aufl. Oldenburg 864. Schulze. gr. 8. (VI, 409 S.) n. 1 ₰ 10 ngr.

Strafgesetzbuch für die kgl. sächsischen Truppen. (Vom 4. II. 1822.) Dresden 1822. 71 S.

— das ungarische, üb. Verbrechen u. Vergehen. gr. 8. (122 S.) Budapest 878. Ráth. n. 2. —

— dasselbe. [Gesetzartikel V vom Jahre 1878.] Aus dem Ungarischen übers. von Gust. Steinbach. Hrsg. vom königl. ungar. Justizministerium. gr. 8. (VII, 119 S.) Wien 879. Hölder in Comm. n. 1. 60

Strafgesetzbuch, Das ungarische, üb. Verbrechen u. Vergehen (5. Gesetz-Artikel vom J. 1873). Berlin 1910. 8°

— das ungarische, üb. Verbrechen u. Vergehen (v. J. 1878), m. allen Abänderungen u. Ergänzungen einschliesslich der ungarischen Strafgesetznovelle (vom J. 1908), s. a. Sammlung ausserdeutscher Strafgesetzbücher. No. 30.

Das Ungarische Strafgesetzbuch über Verbrechen und Vergehen [Magyar **Büntetőtörvénykönyv**, deutsch] mit allen Abänderungen u. Erg. einschl. der Ungarischen Strafgesetznovelle u. den bis 1909 ergangenen strafrechtl. Nebengesetzen. Berlin: Guttentag 1910. 104 S. 8°
(Sammlung außerdeutscher Strafgesetzbücher in deutscher Übers. 30.)
(Mitteilungen d. Internat. Kriminalist. Vereinigung. Bd 16, Beil.)

—— ungarisches, über Uebertretungen. [40. Gesetzartikel vom J. 1879.] gr. 8. (43 S.) Budapest 879, Ráth. *

— für die Fürstenthümer Waldeck und Pyrmont nebst Einführungsgesetz und Feldpolizeiordnung. Mengeringhausen 855. (Arolsen, Speyer.) 4. (72 S.) n. 10 ngr.

Strafgesetzbuch des Kts. Wallis. Sitten 1858.

—— das, f. d. Königr. Württemberg u. d. damit in Verbind. stehenden Gesetze, nebst erläut. Bemerkn. v. C. F. Hufnagel. 1. Abthl. — A. u. d. T.: Das Strafgesetzbuch f. d. Königr. Württemberg, nebst e. ausführl. Sachregister, das Einführungsgesetz u. d. Competenzgesetz. Hand-Ausg. gr. 8. (11½ B.) Stuttgart 839, Metzler'sche Buchh.

—— f. d. Königr. Württemberg. Nebst d. Einführungs- u. Competenz-Gesetz, e. Sachregister u. and. Beiln. (Amtl. Handausg.) Lex.-8. (14½ B.) Stuttgart 839, J. F. Steinkopf. *

—— das, f. das Königr. Württemberg, mit erläut. Anmerkungen vornehmlich aus der Praxis der Gerichte v. C. F. v. Hufnagel. gr. 8. (30½ B.) Tübingen 845, Osiander'sche Bh. *

—— dass. — Mit dem Einführungs- und Competenzgesetz und einigen nachgefolgten Verordnungen, so wie das Gesetz vom 13. Aug. 1849 betreff. die Abänderung einiger Bestimmungen des Strafgesetzbuchs und der Strafproceßordnung. Nebst angehängtem ausführl. Register. 5. Ausg. gr. 8. (VIII und 158 S.) Reutlingen 849, Kurtz'sche Buchh. *

— das, für das Königreich Württemberg vom 1. März 1839, nebst den Abänderungen desselben durch das Gesetz v. 13. Aug. 1849 u. durch andere neuere Gesetze, u. Angabe der competenten Gerichte bei jedem Verbrechen u. Vergehen. Hand-Ausg. mit Anmerkungen u. alphabet. Sprachregister. Herausg. von Otto Schwab. gr. 8. (VIII u. 152 S.) Stuttgart 849, Metzler. 2/3 rf.

— das, für das Königreich Württemberg vom 1. März 1839 mit den Abänderungen desselben durch das Gesetz vom 13. August 1849 u. andere neuere Gesetze. Mit erläuternden Bemerkungen u. unter Beifügung der weiter ergangenen, strafgesetzliche Bestimmungen enthaltenden Gesetze von Fr. Kappler. gr. 16. (VIII u. 262 S.) Stuttgart 850, J. F. Steinkopf. n. 2/3 rf.

—— das k. württemberg., vom 1. März 1839. Wörtlich aus d. Regierungsbl. Nr. 14 abgedr. Nebst e. ausführl. Inhaltsübersicht. 3. Ausg. gr. 8. (8¼ B.) Reutlingen 839, Kurtz. (Leipzig, Herbig.) *

— das Königlich Württembergische, vom 1. März 1839. Mit dem Einführungs- u. Competenzgesetz u. einigen nachgefolgten Verordnungen, so wie das Gesetz vom 13. August 1849 betreffend die Abänderung einiger Bestimmungen des Strafgesetzbuchs u. der Strafprozeßordnung. Nebst angehängtem ausführlichem Register. 5. Ausg. gr. 8. (VIII u. 158 S.) Reutlingen 849, Kurtz. n. 8 ngr.

— das Württembergische, vom 1. März 1839, mit den unter dem Text beigefügten Aenderungen durch spätere Gesetze, einem vollständigen Abdrucke dieser Gesetze und alphabetischem Sachregister. Nebst Normalien und Präjudizien der höheren Gerichte, besonders des Obertribunals und erläuternden Anmerkungen. Herausg. von Wilh. Reuß. Stuttgart 859. Metzler. gr. 8. (VIII, 288 S.) n. 1 rf 10 ngr.

Strafgesetzbuch für den Kanton Zürich. 52 Stn. 8. 1871.

[F.] Das Strafgesetzbuch für den Kanton Zürich, Neue Ausg. v. 6. Dez. 1897, nebst d. Gesetz betr. d. Vollzug d. Freiheitsstrafen. F. Juristen u. Nichtjuristen ... erl. durch Dr. Rudolf Benz, Redaktor des Ges. 3. m. Berücks. d. Gerichtspraxis vollständ. umgearb. Aufl. v. Dr. Emil Zürcher, Prof. in Zürich. *Zürich: F. Schulthess 1898.* (256 S.) 1 Bd 8. [98.8098

Straf- und Polizeistrafgesetzbuche, Nachträge zum. gr. 16. (28 S.) Würzburg 869, Stahel'sche Buchh.

Strafgesetzbücher, die neuen, für das Königreich Bayern. Das Polizeistrafgesetzbuch. — Das Strafgesetzbuch. — Das Einführungsgesetz. Mit einem alphabetischen Sachregister. Augsburg 862. Kollmann. 12. (XVI, 300 S.) n. 10 ngr.

Strafgesetzbücher, die ungarischen, üb. Verbrechen, Vergehen u. Uebertretungen. 1880: 37. Ges.-Art. Vollzugsvorschriften zu den ungar. Strafgesetzbüchern. gr. 8. (XVI, 124 u. 43 S.) Budapest 880. Ráth. n. 3. 20

Die **Strafgesetze** des Herzogthums Braunschweig. 1. Braunschweig: J. H. Meyer 1899. 8⁰

[F.] Die **Strafgesetze** Elsass-Lothringens. Erl. v. W. Coermann, Kaiserl. Amtsrichter in Bolchen. *Berlin: O. Liebmann 1897.* (XII, 211 S.) 1 Bd 8.
= **Kommentare** zu d. strafrechtl. Nebengesetzen. Bd III. [98.2238

Altenburg: **Straf-Gesetze** der ehrw. Freymäurer-Loge zu denen drey Reissbretern in Altenburg, wie solche durch Logen-Schluss vom 11ten März 1775 festgesetzt worden. Gedr. in Gemässheit des Logen-Schlusses vom 8. Julii 1778. [Altenburg 1778.] 2 Bl. 2⁰ [Kopftit.]

Strafgesetze für Heer und Marine des deutschen Reiches. Handbuch für den praktischen Gebrauch. (Reichs-Gesetze, Text mit Anmerkungen. Kortkampf'sche Ausgabe. Titel XIV. Militärwesen und Kriegs-Marine. Heft 4.) 8. Berlin 1875.

Strafgesetze f. Heer u. Marine d. deutschen Reiches. Handbuch f. den prakt. Gebrauch. 8. (XIV, 206 S.) Berlin 875. Kortkampf. **n. 3. —**

Die kirchlichen **Strafgesetze**. Zsgest. u. commentirt v. Dr. Joseph Hollweck, Prof. ... in Eichstätt ... Mainz: F. Kirchheim 1899. (XLI, 386 S., 1 Bl.) 1 Bd 4⁰ (8⁰)

Straf-Gesetze, die im Reg.-Bez. Liegnitz geltenden polizeilichen, u. Landes-Polizei-Verordnungen. Im Auftrage der königl. Regierung zu Liegnitz zum amtl. Gebrauch zusammengestellt. gr. 8. (VIII, 459 S.) Liegnitz 876. Reisner. n. 5. —

Militaerische Strafgesetze für das Kgr. Baiern. München 1813. 38 S.

Strafgesetze, militär., für die kön. Würtemberg. Truppen. 8. Stuttg. 818. Löflund. 9 gr.

Militair. Strafgesetze f. die Würtemb. Truppen. *Stuttgart*, **Löfflund. 820. 8. (12 Gr.)**

Strafgesetze, die militärischen, für die Königl. Württembergischen Truppen vom 20. Juli 1818 mit den dieselben abändernden oder ergänzenden Gesetzen, Verordnungen und Dienstvorschriften, sowie mit einer Sammlung von Präjudizien und Normalien herausg. von W. Schall. Stuttgart 860. Metzler. gr. 8. (VIII, 167 S.) n. 16 ngr.

Straf- und Polizeigesetze, Die, des 18. Jahrhunderts ... Leipz. 1796. V: *Smets von Ehrenstein, Johann Nicolaus.* (MGT)

Strafgesetze, die preußischen, mit den erläuternden Ministerial-Reskripten und Rechtssprüchen des königl. Ober-Tribunals. Ein Handbuch für Praktiker hrsg. von Ed. v. Lossow und Aug. Dockhorn. 8. (XV und 506 S.) Posen 856, Merzbach.

Strafgesetze u. Straf-Prozeßordnung f. d. Linien-Militair d. freien Stadt Frankfurt. 8. (4 B.) Frankfurt a. M. 837, Krug.*

Straf-Gesetz-Entwurf, der Preußische. Beleuchtet v. Standpunkte der Wissenschaft u. der Politik. Von einem preußischen Staatsmanne. gr. 8. (84 S.) Leipzig 848, Blum & Co. 12 ngr.

Straf-Gesetz-Entwurf, der preußische. Beleuchtet vom Standpunkte der Wissenschaft und der Politik. Von einem preuß. Staatsmanne. gr. 8. (84 S.) Leipzig 848, [Matthes.]

Strafgesetzgebung, die, des Großherzogth. Baden nebst dem Gesetze über die Gerichtsverfassung mit den Motiven der Regierung u. den Resultaten der Ständeverhandlungen im Zusammenhange dargestellt v. W. Thilo. 2 Abthlgn. gr. 8. Karlsruhe 845, Groos. *

A. u. d. Ttln.:

Abthl. 1. Das Strafgesetzbuch. 3 Hfte. (36 B.) * 2 Thlr. 20 Ngr.
" 2. Die Strafprozeßordnung u. die Gesetze über die privatrechtl. Folgen von Verbrechen, die Gerichtsverfassung u. den Strafvollzug im neuen Männerzuchthause zu Bruchsal enthaltend. 2 Hfte. (32¾ B.) * 2 Thlr. 5 Ngr.

Strafgesetzgebung f. den Kanton Basel-Stadt. (Juni u. September 1872.) 8. (164 S.) Basel 873. Schweighauser. n. 1. 20

Strafgesetzgebung, die, des Königreichs Bayern. Systematische Sammlung der auf das Strafverfahren bezüglichen Gesetze, königl. allerh. Verordnungen u. Entschließungen des königl. Justizministeriums. Mit Allerh. Genehmigung herausg. von der Redaktion der „Gesetzgebung des Königr. Bayern mit Erläuterungen." Erlangen 864. Palm & Enke. gr. 8. (XI, 998 S.) n. 3 ℛ 10 ngr.

— — Neue Ausg. Ebend. 865,66. gr. 8. (XI, 998 S.) n. 4 ℛ

Strafgesetzgebung, Die, der Gegenwart in rechtsvergleichender Darstellung ... Berlin 1891. H: *Liszt, Franz v.* (Berl)

Strafgesetzgebung der Gegenwart in rechtsvergleichender Darstellung. Hrsg. von der Internationalen kriminalistischen Vereinigung. Redaktionsausschuss: von **Liszt** u. **Crusen**. Berlin. (In 5 Bänden. Ladenpreis ca. 150 Mark). Bis 1900 erschienen:
Band I. Strafrecht der Staaten Europas. 894.
Subscr.-Preis f. Abnehmer d. ganzen Werkes.
„ II. Strafrecht d. aussereuropäischen Staaten.
Subscr.-Preis f. Abnehmer d. ganzen Werken.
Aus Band I erschienen einzeln:
Schuster, Strafrecht Grossbritaniens. 894.
Seuffert, Strafgesetzgbg. d. deut. Reichs. 894.
(Band I erschien auch in franz. Sprache: Législation pénale comparée. Band II bis V erscheinen später ebenfalls französisch. Band III wird den allgem. Theil des Strafrechts. Band IV u. V die einzelnen Verbrechen und deren Strafen enthalten.)

Strafgesetzgebung, die, der Gegenwart in rechtsvergleichender Darstellung. Hrsg. v. der internationalen kriminalist. Vereinigg. (In ca. 5 Bdn.) I. Bd. Lex.-8. Berlin 894. O. Liebmann. Subskr.-Pr. n. 30. —; geb. in Halbjuchten n.n. 33. —; Einzelpr. n. 35. –; geb. n. 38. —
Das Strafrecht der Staaten Europas. Im Auftrage der internationalen kriminalist. Vereinigg. unter Mitwirkg. von B. Alimena, L. W. C. van den Berg, V. Berg etc. hrsg. von Frz. v. Liszt. (XXVII, 743 S.)
Französische Ausg. u. d. T.: Législation, la, pénale comparée.

Strafgesetzgebung, die, der Gegenwart in rechtsvergleichender Darstellung. Hrsg. v. der internationalen kriminalist. Vereinigg. II. Bd. Lex.-8. Berlin, O. Liebmann. n. 26. —; geb. in Halbjuchten n. 29. – ; Subskr.-Pr. n. 22. —; geb. n. 25. —
Strafrecht, das, der aussereuropäischen Staaten. Nebst einem Anh.: Nachträge zum 1. Bd.: Das Strafrecht der Staaten Europas 1893—1898. Im Auftrage der internationalen kriminalist. Vereinigg. unter Mitwirkg. v. B. Alimena, J. H. Beale, L. W. C. van den Berg etc. hrsg. von Frz. v. Liszt u. Geo. Crusen. (XV, 540 S.) 899.

Strafgesetzgebung, die neue, d. Großherzogth. Baden. 2 Thle. 16. (1: VI u. 447 S. 2: IV u. 119 S.) Mannheim 851, Bensheimer. (1: 3/4 ℛ 2: 1/4 ℛ) 1 ℛ

Strafgesetzgebung, die neue, des Großherzogth. Baden. Vollständige Sammlung sämmtl. Gesetze u. Verordngn. über Strafrecht u. Strafverfahren. Mannheim 865,66. Bensheimer. 8. (VIII, 909 S.) n. 2 ℛ 10 ngr.

— die neue, u. Gerichtsverfassung des Großherzogth. Baden. 16. (24 B.) Karlsruhe 845. [Mannheim, Bensheimer.]

— die neue, u. Gerichtsverfassung des Großherzogth. Baden. 16. Karlsruhe 845, Macklot. 1/2 ℛ

Strafgesetzgebung, die norwegische, des J. 1902, übers. von A. Teichmann, s. a Sammlung ausserdeutscher Strafgesetzbücher.

Strafgesetzgebung. Die Norwegische St' des Jahres 1902. 1. Militärstrafgesetz vom 22. Mai 1902; 2. Gesetz über das gerichtliche Verfahren in Militärstrafsachen vom 22. Mai 1902; 3. Gesetz vom 22. Mai 1902, enthaltend Änderungen im Gesetz über das gerichtliche Verfahren in Strafsachen vom 1. Juli 1887 (samt den seitherigen Änderungen). Übersetzt von Dr. A[lbert] Teichmann, ord. Professor ... [in] Basel. VIII + 88 S. 8. Berlin, J. Guttentag, 1903. [M. 2.50]
Sammlung Ausserdeutscher Strafgesetzbücher in Deutscher Übersetzung. Hrg. von der Redaktion der Zeitschrift für die gesamte Strafrechtswissenschaft. (No.) 18....

— die, f. das deutsche Reich u. f. das Königr. Bayern [bis Ende 1872.] Größere Ausg. A. 8. (VIII, 629 S.) Bamberg 873. Buchner. n. 10. —

Die **Strafgesetzgebung** des Deutschen Reichs. Textausg. mit Anm. (Hrsg.: Justus Olshausen, Oberreichsanw.) Bd 1–9. Berlin: F. Vahlen 1900–03. 9 Bde 8°
1 = Strafgesetzbuch f. d. Deutsche Reich. 7. Aufl. 1900.
2 = Strafprozeßordnung f. d. Deutsche Reich. 1901.
3 = Olshausen: Reichsmilitärstrafgesetzgebung. 1902.
4 = Olshausen: Die Reichs-Straf-Nebengesetze. 2. Aufl. 1902.
5 = Olshausen: Die Reichsgesetze betr. d. geist. u. gewerbl. Eigenthum. 2. Aufl. 1902.
6 = Olshausen: Die Reichsgesetze betr. d. Gewerbewesen u. d. Arbeiterversicherung. 1903.
7 = Olshausen: Die Reichsgesetze betr. d. Abgabenwesen. 1903.
8 = Olshausen: Die Auslieferungs- u. Konsularverträge d. Dtsch. Reiches. 1903.
9 = Olshausen: Die Reichs-Strafgesetzgebung f. d. Deutsch. Konsulargerichtsbezirke u. Schutzgebiete. 1903.

Strafhaus-Arbeit, die. Ein Nothruf der Gewerbetreibenden und der Arbeiterbevölkerung Oesterreichs. 1. und 2. unveränd. Aufl. 8. (VII, 86 S.) Wien 886, Manz'sche Hof- und Universitäts-Buchh. *

Sträfling, Der, oder die Leiden eines unschuldig Verurtheilten. Berlin [1895]. V: *Söndermann, Albert.* (Berl)

Sträflinge, die, in den Gefängnissen der Veste Hohenstein. Erzählungen aus dem Leben für die reifere Jugend. 1—4. Bdchn. 8. Landshut, Thomann'sche Buchh. 1
A. u. d. Ttln.:
Bdchn. 1. Der Wachtmeister. Eine Erzählung v. Corbinian Lohmayer. (11 1/4 B. u. 1 Stahlst.) 11 1/4 Ngr.
„ 2. Der Wildschütze. Eine Erzählung aus d. Leben f. d. reifere Jugend v. Corbinian Lohmayer. (9 1/4 B. u. 1 Stahlst.) 846. 9 Ngr.
„ 3., 4. Frater Balduin, der Siedler an der Mordschlucht. Eine Erzählung v. Corb. Lohmayer. 2 Abthlgn. [1. Abthl. (8 1/2 B. u. 1 Stahlst.) 9 Ngr., 2. (11 B. u. 1 Stahlst.) 847. 11 1/4 Ngr.] 20 1/4 Ngr.

Sträflinge, die, in den Gefängnissen d. Veste Hohenstein. III u. IV. Bdchn. Frater Balduin, der Siedler an der Mordschlucht. Eine Erzählung f. die reifere Jugend von Corbinian Lohmayer. 1. Abth. Die Mordschlucht im Thüringer Wald. Mit 1 Stahlst. u. 2. Abth. Mit 1 Stahlst. 8. (135 u. 172 S.) Landshut 847, Thomann. III: 9 ngr IV: 3/8 ℛ (1—IV: 1 ℛ 10 1/2 ngr)

Strafpredigt an die lieben Berliner. (O Spreastadt! o Klein-Paris!) Druck von E. Lauter 1849. 1 Bl. Fol.
Flugblatt. Berlin. 1848/49.

Straf- und Sittenpredigt, Des wohlehrwürdigen Predigers zu Sangersdorf, auf seine Bauern ... [Berlin] 1775. V: *Mayr, Beda.* (Lindner) (BB)

Strafpredigt auf die Satyrenschreiber. 8. München 778. J. Lindauer. 2 gr

Straf- u. Sittenpredigt des wohlehrwürd. u. frelerfrigen Predigers zu Sangersdorf auf seine Bauern, nach dem Beispiel des berühmten Predigers, Bruder Gerundio von Campazas, sonst Gerundio Zotes, od. die sogenannte Schwanzpredigt. 8. Münch. 775. J. Lindauer. 3 gr

Strafprocess, Der, im Königreich Bayern diesseits des Rheins . . . München 1857—58. H: *Kitt, Heinrich.* (Ky)

Strafprozeß, der, im Königreich Bayern diesseits des Rheins mit den seit 1848 zur Strafgesetzgebung erschienenen Gesetzen und Novellen. (Herausg. von H. Kitt.) 3 Bdchn. München 857, 58. Franz. 8. (CXX, 852 S.) n. 2 Thlr. 4 ngr; Schreibp. mit breitem Rande n. 5 Thlr. 6 ngr

Strafproceß, der, im Königr. Bayern diesseits des Rheins. 1. Bdchn.: Die Gesetze vom 29. Aug. und 10. Novbr. 1848 „die Abänderungen des Strafgesetzbuches vom J. 1813 betreffend. Nebst den Formularien. (2. Aufl.) 8. (IV und 196 S.) München 857, Franz. *
Auf Schreibp. in gr. 8. *

—— dass. — 2. Bdchn. Enthaltend die noch geltenden Artikel des II. Theils des Strafgesetzbuches von 1813 mit Anmerkungen und Citaten. 8. (S. 197—340.) Ebendas. 858.
Auf Schreibp. in gr. 8.

—— dass. — 3. Bdchn. Enthaltend die seit 1848 zur Strafgesetzgebung erschienenen Gesetze und Novellen. 5 Lfgn. 8. (S. 341—852 mit Register CXX S.) Ebendas. 858. [1—3. Lfg. à 10 Ngr., 4. und 5. Lfg. * 12 Ngr.] *
Auf Schreibp. in gr. 8. [1—3. Lfg. à * 21 Ngr., 4. und 5. Lfg. * 1 Thlr.] *

Strafprozeß, Bayerischer. Zum praktischen Gebrauche eingerichtet von einem Staatsbeamten. (2 Liefgn.) Würzburg 862, 63. Stahel. 8. (IV, 240 S.) 18 ngr

Strafprocess, Der, wider Julie Ebergényi von Telekes. Wien 1868. H: *Lentner, Ferdinand.* (EB)

Strafprocess, Der, wider Julie Ebergényi von Telekes. (Angeklagt des Giftmordes, begangen an der Gräfin Mathilde Chorinsky-Ledske.) Schlussverhandlung bei dem Landesgericht in Wien vom 22. April 1868. (Beil. z. kaiserl. Wiener Zeitung. Referent. Dr. Ferdinand Lentner.) 8. Wien 1868.

Straf-Prozeß, der Preußische, in seiner neuesten Gestalt. Eine Zusammenstellung der vom 3. Jan. 1849 bis auf die Gegenwart erschienenen, auf den Straf-Prozeß bezügl. Gesetze. Nebst Hinweisung auf die erläut. Ministerial-Rescripte u. Entscheidungen des Königl. Ober-Tribunals. gr. 16. (94 S.) Breslau 852, Kern. 6 ngr

Strafprocessnovelle. Kommissionsbeschluss, Verhandlungsmaxime . . . Plauen i. V. 1896—98. V: *Facilides, Ernst.* (centr XIX, 337)

Strafprozeßnovelle. Kommissionsbeschluß. Verhandlungsmaxime. Von . . . . . I. — V. gr. 8. Plauen (A. Kell). 1. 40
I. (16 S.) 896. — 30. — II. (11 S.) 897. — 30. III. (24 S.) 898. — 30. — IV. (7 S.) 898. n. — 20. V. (9 S.) 898. — 30.

Strafprozeßordnung, s.: Gareis, C., deutsche Reichsgesetze in Einzel-Abdrucken.

Strafprozeß-Ordnung, die, sammt d. Vollzugsvorschrift, d. Geschäftsordngn. f. d. Strafgerichte u. Staatsanwaltschaften, s.: Gesetze, die österr., 5. Bd.

— die, samt der Vollzugsvorschrift, den Geschäftsordnungen für die Strafgerichte u. Staatsanwaltschaften, s.: Taschenausgabe, Manz'sche, der österreichischen Gesetze. 5. I.

— dasselbe. s. a. Universal-Bibliothek.

Strafprozeßordnung in der Fassung des EG. zum BGB. u. des Gesetzes v. 17. Mai 1898 nebst d. Gerichtsverfassungsgesetz in d. Fassung d. Bekanntmachung v. 20. Mai 1898 u. dem Gesetz, betr. d. Entschädigung der im Wiederaufnahmeverfahren freigesprochenen Personen. Textausg. mit kurzen Verweisungen u. Sachreg. *München: C. H. Beck 1902.* (V, 197 S.) 8° [F.] [03. 13944 8

Strafprozeßordnung in der Fassung des EG. zum BGB. u. der Gesetze vom 17. V. 1898 u. 13. VI. 1902 nebst dem Gerichtsverfassungsgesetz in der Fassg. der Bekanntmachg. vom 20. V. 1898 u. der Gesetze vom 20. III. u. 5. VI. 1905. Mit Anh., enth. die Gesetze vom 20. V. 1898 betr. die Entschädigg. der im Wiederaufnahmeverfahren freigesprochenen Personen, u. vom 14. VII. 1904, betr. die Entschädigg. f. unschuldig erlittene Untersuchungshaft. Textausg. m. kurzen Verweisgn. u Sachregister. 2. Aufl. (VI, 202 S.) kl. 8. München 906. C. H. Beck.
Geb. in Leinw. n. 1. 50

Strafprocess-Ordnung für den Kt. Aargau. 1857.

Strafprozessordnung f. d. Kanton Aargau v. 3/3. 1858 u. Abänderg. vom 29/5. 1863.

— die allg. (österreich.), s. a. Gesetze, österreichische.

Strafproceß-Ordnung, Die allgemeine — vom 29. Juli 1853 für das Kaiserthum Oesterreich. (Amtliche Handausgabe.) 8. (326 und CLXXX S.) Wien. Aus der k. k. Hof- und Staatsdruckerei. 1853.

Strafprozeßordnung, d. allgem., v. 29. Juli 1853, die Instruction für d. Strafgerichte. — d. Instruction f. d. Staatsanwaltschaften. — d. Verfahren der polit. Behörden in Strafsachen sammt allen darauf Bezug habenden Gesetzen u. Verordnungen. kl. 8. (VI u. 400 S.) Wien, F. Manz. 1860. 1 fl 40 kr.
Eleg. in engl. Leinw. geb. 1 fl. 80 kr.
(Taschenausg. d. österr. Gesetze Nr. 9, zugleich V. Bd.)

Die allgemeine **Strafproceßordnung** vom 29. Juli 1853. Die Instruction für die Strafgerichte. – Die Instruction für die Staatsanwaltschaften. – Das Verfahren in Preßsachen. – Das Verfahren der politischen Behörden in Strafsachen sammt allen darauf Bezug habenden Gesetzen und Verordnungen. (Taschen-Ausgabe der österr. Gesetze.) 3. bis Ende October 1865 vervollst. Aufl. Wien: Manz 1866. VI, 417 S. 8°

Strafprozessordnung f. d. Kanton Appenzell v. 25/4. 1880.

Strafprozeßordnung f. Baden, s. Strafgesetzgebung.

Strafprozeßordnung für das Großherzogth. Baden, s. Justizgesetze, die neuen.

Strafprozessordnung f. d. Kanton Basel Stadt v. 5/5. 1862, nebst Abänderung v. 1/2. 1869. Einführ. Ges. v. 8/2. 1875 u. Novelle v. 14/11. 1881.

Strafprocessordnung für Bosnien und die Herzegowina. 8. Wien 1880.

Strafprozessordnung für Bosnien und die Hercegovina. Lex.-8. (81 S.) Wien 881, Hof- und Staatsdruckerei. *

— die, f. Bosnien u. die Hercegovina vom 30. Jänner 1891, sammt den auf dieselbe bezügl. Gesetzen, Vorschriften, Instructionen, Erlässen u. Verordngn. Zum Handgebrauche m. Anmerkgn. verseh. Privatausg. gr. 8. (XVI, 391 S.) Wien 891. Hof- u. Staatsdruckerei. n. 2. —

— die bulgarische, vom 3. IV. 1897, übers v. A. Teichmann, s. a. Sammlung ausserdeutscher Strafgesetzbücher. XVII.

Die Bulgarische **Strafprozessordnung** vom 3. April 1897. Übers. von Dr. A[lbert] Teichmann, Prof., Basel. Berlin: J. Guttentag 1902. (86 S.) 8°
= Sammlung Ausserdtsch. Strafgesetzbücher in Deutscher Übers. 17.
= Zeitschrift f. d. gesamte Strafrechtswissenschaft. Bd 22, Beil. 2.

Strafproceßordnung, Nachtrag zu den Motiven des Entwurfs einer deutschen, und eines Gesetzes über die Verfassung der Gerichte im deutschen Reiche. gr. 4. (135 S.) Berlin 874, v. Decker'sche Geh. Ober-Hofbuchdr. *

Strafprozessordnung nebst Einführungsges. (Gareis, Rges. 125-30) Giessen 1891

— u. Einführungsgesetz zur Strafprozeßordnung. Vom 1. Febr. 1877. Mit Parallelstellen u. ausführlichem Sachregister. gr. 8. (IV, 140 S.) Berlin 877. v. Decker. cart. 2. —

Strafprozeßordnung vom 12. Januar 1820, für die Forst-, Jagd- und Fischerei-Vergehen in Hessen, Fulda, Hersfeld, Hanau, Fritzlar und Isenburg. - o. O. o. J. 27 S. - Dass. vom 30. Dezember 1822. o. O. o. J. 33 S.

Strafprozessordnung und Gerichtsverfassungsgesetz in der vom 1. Januar 1900 ab geltenden Fassung nebst d. Gesetz betr. die Entschädigung der im Wiederaufnahmeverfahren freigesprochenen Personen. Text-Ausg. m. Einl., Anm. u. Sachreg. Von A[ugust] Hellweg, Reichsger.R. 10. Aufl. *Berlin: J. Guttentag 1899.* (450 S.) 8° [F.]
= **Sammlung**, Guttentagsche, Deutscher Reichsgesetze. No 12. [00. 7533

Die **Strafprozessordnung** nebst dem Gerichtsverfassungsgesetz und den Einführungsgesetzen zu beiden Gesetzen in der Fassung vom 20. Mai 1898 nebst Anhang. Erl. von Dr. Ernst Mamroth, Rechtsanw. *Berlin: F. Vahlen 1900.* (VII, 510 S.) 8° [F.] [01. 437

Strafprozessordnung und Gerichtsverfassungsgesetz nebst d. Gesetz, betr. d. Entschädigung d. im Wiederaufnahmeverf. freigesprochenen Personen. Text-Ausg. mit Einl., Anm. u. Sachreg. Von A[ugust] Hellweg, Reichsger.R. 11. Aufl. *Berlin: J. Guttentag 1901.* (454 S.) 8° [F.]
= **Sammlung**, Guttentag'sche, Deutscher Reichsgesetze. No 12. [01. 6388

Strafprozeßordnung und Gerichtsverfassungsgesetz nebst d. Gesetz betr. d. Entschädigung der im Wiederaufnahmeverfahren freigesprochenen Personen. Text-Ausg. mit Einl., Anm. u. Sachreg. Von A[ugust] Hellweg, Reichsger.R. 12. Aufl. *Berlin: J. Guttentag 1903.* (456 S.) 8° [F.]
= **Sammlung**, Guttentag'sche, Deutscher Reichsgesetze. No 12. [03. 13461

Strafprozeßordnung und Gerichtsverfassungsgesetz, nebst d. Gesetzen, betr. d. Entschädigung der im Wiederaufnahmeverfahren freigesprochenen Personen u. die Entschädigung f. unschuldig erlittene Untersuchungshaft. Text-Ausg. mit Einl., Anm. u. Sachreg. Von Dr. A[ugust] Hellweg, Reichsger.R. 13. Aufl. Berlin: J. Guttentag 1905. (462 S.) 8° [F.]
= **Sammlung**, Guttentag'sche, Deutscher Reichsgesetze. No 12. [05. 764.

Strafprozeßordnung und Gerichtsverfassungsgesetz, nebst d. Gesetzen, betr. d. Entschädigung der im Wiederaufnahmeverfahren freigesproch. Personen u. d. Entschädigung f. unschuldig erlittene Untersuchungshaft. Text-Ausg. mit Einl., Anm. u. Sachreg. Von Dr. A[ugust] Hellweg, Reichsger.R. 14. Aufl. Berlin: J. Guttentag 1907. (462 S.) 8° [F.]
= **Sammlung**, Guttentag'sche, Deutscher Reichsgesetze. No 12. [07. 1931

Strafprozeßordnung und Gerichtsverfassungsgesetz, nebst d. Gesetzen betr. d. Entschädigung der im Wiederaufnahmeverfahren freigesprochenen Personen u. d. Entschädigung f. unschuldig erlittene Untersuchungshaft. Text-Ausg. mit Einl., Anm. u. Sachreg. Von Dr. A[ugust] Hellweg, Reichger.R. 15. Aufl. Berlin: J. Guttentag 1908. (462 S.) 8° [F.]
= **Sammlung**, Guttentag'sche, Deutscher Reichsgesetze. No 12. [08. 17291

— nebst Gerichtsverfassungsgesetz für das Deutsche Reich. Text-Ausg. mit Register. 16. (65 u. 206 S.) Berlin 877. Guttentag. cart. n. 1. 20

[F.] **Strafprozessordnung** nebst Gerichtsverfassungsgesetz f. d. Deutsche Reich. Text-Ausg. m. Einl., Anm. u. Sachreg. Von A[ugust] Hellweg, Kammergerichtsr. 9. Aufl. *Berlin: J. Guttentag 1897.* (VIII, 428 S.) 1 Bd 8.
= **Sammlung**, Guttentag'sche, Deutscher Reichsgesetze. No 12. [97. 3775

Die **Strafprozeßordnung** und das Gerichtsverfassungsgesetz für das Deutsche Reich mit d. Entscheidungen d. Reichsgerichts. Hrsg. von Berthold Traub. 2. Aufl. *Heidelberg: A. Emmerling & Sohn 1898.* (IV, 314 S.) 8° [F.] [03. 13949 6

— für Hamburg, St. Pauli u. die Vororte. 12. (24 S.) Hamburg 881. O. Meißner. — 30

Strafprozeßordnung für das Königr. Hannover vom 8. November 1850. gr. 16. (XII u. 164 S.) Hannover 851, Bockwitz. 1/4 ₰

— für die durch das Gesetz vom 20. Septbr. 1866 u. die beiden Gesetze vom 24. Dezbr. 1866 mit der preuß. Monarchie vereinigten Landestheile mit Ausnahme des vormal. Oberamtsbez. Meisenheim u. der Enklave Kaulsdorf, resp. für die Bezirke der Appell.-Gerichte Cassel, Celle, Frankfurt a. M., Kiel u. Wiesbaden vom 25. Juni 1867 nebst den hierher bezügl. anderweiten Gesetzen, Verordnungen, Instructionen 2c., sowie der ergänz. u. erläut. Entscheidungen der obersten Gerichtshöfe bis auf die neueste Zeit. Berlin 869. C. Heymann. gr. 8. (XVI, 240 S.) 25 ngr.

—— vom 23. Mai 1873 sammt allen darauf Bezug habenden Gesetzen und Verordnungen. Mit einem ausführl. Register. 8. (VIII, 283 S.) Wien 873, Manz. *

Strafproceß-Ordnung, die, vom 23. Mai 1873 Das Gesetz üb. die zeitweil. Einstellg. der Wirksamkeit der Geschworenengerichte. Das Gesetz üb. die Bildg. der Geschworenenlisten. gr. 8. (321 S.) Wien 874. k. k. Hof- u. Staatsdruckerei. n. 2. —

Strafproceß-Ordnung, die, vom 23. Mai 1873, nebst den Instructionen für die Strafgerichte u. Staatsanwaltschaften, allen darauf Bezug habenden Gesetzen u. Verordnungen u. den Entscheidungen des k. k. obersten Gerichts- u. Cassationshofes. 5., verm. Aufl. 8. (XII, 499 S.) Wien 880. Manz. n. 4. 60

— die, vom 23. Mai 1873 u. die Gesetze betr. die zeitweilige Einstellung der Geschwornen-Gerichte u. die Bildung der Geschwornenlisten. Aus den Motiven erläutert u. ergänzt durch alle auf das Strafverfahren sich beziehenden Gesetze u. Verordnungen. Mit einem alphabetischen Sachregister. 2., gänzlich umgearb. Aufl. 8. (XII, 407 S.) Prag 882. Mercy. n. 4. —; geb. n. 4. 80

(F) Manz'sche Taschenausgabe der österreichischen Gesetze. V. Bd.
Enthält: 343
(F) Die Straf-Process-Ordnung vom 23. Mai 1873, Nr. 119 R. G. Bl. sammt der Vollzugsvorschrift, den Geschäftsordnungen für die Strafgerichte und Staatsanwaltschaften und allen ergänzenden und erläuternden Gesetzen und Verordnungen, unter Anführung einschlägiger Entscheidungen und Beschlüsse des Obersten Gerichts- als Cassationshofes. 10. Auflage. Wien. 1901. Manz. 8°. XXVI, 1082 S. K 7.—, geb. K 8.—

(F) **Die Strafprozessordnung** vom 23. Mai 1873, RGBl. Nr. 119, samt der Vollzugsvorschrift, den Geschäftsordnungen für die Strafgerichte und Staatsanwaltschaften und allen ergänzenden und erläuternden Gesetzen und Verordnungen unter Anführung einschlägiger Entscheidungen und Beschlüsse des Obersten Gerichts- als Kassationshofes. 11. Aufl. [Taschenausgabe der österr. Gesetze. 5. Bd. 1. Abt.] 8°. (XVII, 684, 43 S.) Wien: Manz 1904. geb. K 5·40

Die **Strafprozeß-Ordnung** vom 23. Mai 1873, Nr. 119 RGB., samt allen ergänzenden u. erläuternden Gesetzen u. Verordnungen ... 12., neu rev. u. umgearb. Aufl. bearb. von Dr. Alexander Löffler, Prof., u. Eugen Lorenz, Generaladvokat. (Abt. 1. 2.) Wien: Manz 1910. 8°
(Manz'sche Taschenausgabe d. österreich. Gesetze. Bd 5, Abt. 1. 2.) [10. 9010

—— die, und deren Nebengesetze. Hrsg. von A. Leonhardt, s. Justizgesetzgebung, die, des Königr. Hannover.

Strafprozeß-Ordnung, die neue, für das Großherzogthum Baden in ihrer gegenwärtigen Gültigkeit mit dem Einführungsedikt und den auf das Strafverfahren Bezug habenden Gesetzen, Verordnungen und Belehrungen. Unter kurzer Hinweisung auf den französ. Strafprozeß und die badische Literatur zusammengestellt von H. Ruth. gr. 16. (XV und 372 S.) Heidelberg 856, C. Mohr. *

Strafprozessordnung, öster., v. 23/5. 73. 5. Aufl. Wien 880.

— dasselbe. 2. Aufl. Prag 882.

— **die ottomanische, übers. v. W. Padel, s. a. Sammlung ausserdeutscher Strafgesetzbücher. XXI.**

Die Ottomanische **Strafprozeßordnung**, veröffentlicht auf Irade v. 5 Redscheb 1296 (25. Juni 1879). Übers. von W. Padel, Dragoman in Constantinopel. Berlin: J. Guttentag 1905. (VIII, 74 S.) 8°
= Sammlung Außerdeutscher Strafgesetzbücher in Deutscher Übers. 21.
= Mitteilungen d. Internat. Kriminalist. Vereinigung. [Bd 12, H. 2.] [05. 7614

— provisorische, gültig für diejenigen Kronländer, in welchen das Strafgesetzbuch vom 3. Septbr. 1803 in Wirksamkeit steht. 2. m. einem Sachregister verm. Aufl. 16. (IV u. 258 S.) Wien 851, Tendler & Co. 1/2 ℳ

— f. das Deutsche Reich, s. a. Stahel's Sammlung deutscher Reichsgesetze u. bayerischer Gesetze.

—— für das Deutsche Reich, s. a. Universal-Bibliothek Nr. 1615 und 1616.

Strafprocessordnung f. d. deut. Reich v. 1/2. 77.

Textausgaben m. Noten von:

Ausg. m. Parallelstellen u. Sachregist. Berlin 877.	2	—	**Hellweg**. 5. Aufl. Berlin 890.	1	60
Gneist. 2. Ausg. Berl. 882.	1	20	**Staudinger**. 2. Aufl. Ndlgn. 883.	2	—
Hahn. Berlin 877.	1	60	**Wernecke**. Leipzig 882.	2	—

Commentare von:

Bomhard u. Koller. Ndlgn. 879.	7	20	**Neubronn**. Mannheim 880.	10	—
Brosy. Repetitor. Leipz. 878.	1	50	**Puchelt**. Leipzig 881.	14	—
Dalcke. 2. Aufl. Berl. 880.	8	40	**Reber**. München 879.	1	80
Daude. 2. Aufl. Berl. 889.	3	50	**Schwarze**. Leipzig 878.	11	20
Delius. Berlin 879.	2	—	— Vorträge, hrsg. v. **Brettschneider**. Chemnitz 879.	1	50
Dorendorf. Breslau 881.	7	50	**Staudinger**. Nördlingen 879.	1	60
Hahn. Materialien. 2. Aufl. 2 Bde. Berl. 886. (48. —)	20	—	**Stenglein**. 2. Aufl. Ndlgn. 889.	12	—
Hellweg 4. Aufl. Berl. 890.	4	50	**Stiegele**. Stuttgart 879.	3	—
Hetzer. Berlin 884.	3	—	**Thilo**. Berlin 879.	12	—
Höinghaus. Berlin 877.	3	—	**Traub**. Heidelberg 883.	6	—
John. I. II. III. 1. Erl. 884—90.	46	—	**Voitus**. Berlin 877.	9	—
Keller. 2. Aufl. Lahr 882.	13	—	**Voitus**. Controversen. 2 Bde. Berl. 882—83.		
Krah. Frankfurt 877.	4	50	**Welffenbach**. Cassel 881.		
Löwe. 7. Aufl. Berlin 892.	18	—			
Mewes. Breslau 882.	6	—			

Systematische Darstellungen von:

Bar. Systematik. Berl. 878.	1	60	**Geyer**. Leipzig 881.
Bender. Repetitor. 6. Aufl. Cassel 883.	2	40	**Glaser**. 2 Bde. Leipz. 883—85.
Bennecke. Lfg. 1—4. Frb. 890—92.	10	60	**John**. 2. Aufl. Leipzig 882.
Binding. Grundriss. 2. Aufl. Leipzig 886.	4	80	**Kayser**. Paderborn 879.
Crea. 2. Aufl. Berlin 890.	2	—	**Lüder**. Erlangen 881.
Dochow. 3. Aufl. Berl. 881.	4	50	**Meves**. 3. Aufl. Berlin 880.
			Quaritsch. 6. Aufl. Berlin 890.
			Rintelen. Berlin 891.
			Stenglein. Stuttgart 887.

Strafprocessordnung für d. deut. Reich v. 1./2. 77 nach der Fassung des Gesetzes vom 20./5. 98.

Textausgaben und Kommentare von:

Daude. 4. Aufl. Berlin 897.	4	—	**Mamroth**. Berlin 900.
Delius. 3. Aufl. Leipzig 899.	1	50	**Pannier**. Leipzig. Reclam.
Gareis. Giessen 899.	1	60	**Rossberg**. Leipzig 900.
Hahn. Materialien. 2. Auflage. Berlin 898.	22	—	**Siebdrat**. Leipzig 898.
Hellweg. 9. Aufl. Berlin 899.	1	80	— Kommentar. Leipzig 898.
Hoppe. Berlin 897.	4	—	**Staudinger**. 3. Aufl. München 893.
Isenbart. Berlin 892.	9	—	**Stenglein**. 3. Auflage. München 897.
Kolisch. Hannover 898.	12	—	**Traub**. 2. Aufl. Heidelbg. 898.
Löwe. 10. Aufl. Berlin 900.	20	—	

— die, für das Deutsche Reich vom 1. Febr. 1877. Text-Ausg. m. Sachregister. 1. u. 2. Aufl. 8. (138 S.) Berlin 877. C. Heymann's Verl. cart. n. 1. 20

— dasselbe nebst dem Einführungs-Gesetz vom 1. Febr. 1877. Amtliche Ausg. Mit Sachregister. gr. 8. (IV, 122 u. 22 S.) Berlin 877. Nauck & Co. n. 1. 20 geb. n. 1. 50; Ausg. in 16. (IV, 144 u. 32 S.) cart. n. 1. —

— dasselbe. Text-Ausg. mit Sachregister. gr. 8. (IV, 123 S.) Darmstadt 877. Jonghaus. n. — 80

— dasselbe. Text-Ausg. mit Sach-Register. gr. 8. (IV, 138 S.) Lahr 877. Schauenburg. n. 1. —

— dasselbe nebst Einführungsgesetz. Mit Inhaltsangaben über die einzelnen Paragraphen u. einem vollständigen Sachregister bearb. von einem Justizbeamten. 8. (IV, 160 S.) Leipzig 877. Roßberg. cart. n. 1. 50

— dasselbe nebst dem Einführungsgesetz von demselben Tage. Mit Inhaltsangaben u. zahlreichen Parallelstellen aus den Reichsgesetzen zu den einzelnen Paragraphen, sowie mit einem vollständigen Sachregister. 8. (V, 224 S.) Leipzig 880. Roßberg. n. 2. —; geb. n.n. 2. 50

— dasselbe. Mit Inhaltsangaben über die einzelnen Paragraphen u. einem vollständigen Sachregister, bearb. von einem Justizbeamten. 2. Aufl. 8. (IV, 166 S.) Ebend. 880. cart. n. 1. 50

Strafproceß-Ordnung, die, nebst Einführungs-Gesetz. Vom 1. Febr. 1877. 2. Ausg. Mit einer vergleichenden Paragraphen-Uebersicht u. ausführlichem Sachregister. 8. (VIII, 149 S.) Berlin 882. Kortkampf. cart. n. — 80

— dasselbe. Mit einer System u. Inhalt des Gesetzes darstellenden Einleitung von Gneist. 2. Ausg. 8. (XLVIII, 149 S.) Ebend. 882. cart. n. 1. 20; geb. n. 1. 60

Strafprozeßordnung für das Deutsche Reich vom 1. Febr. 1877, nebst d. Gerichtsverfassungsgesetz vom 27. Jan. 1877. Textausg. mit Anm., Auszügen aus anderen einschlägigen Gesetzen u. reichsgerichtl. Urteilen, sowie mit Sachreg. von Julius v. Staudinger. 3. verm. Aufl. *München: C. H. Beck 1893.* (VII, 388 S.) 8° [F.] [93. 13059 3

[F.] **Strafprozessordnung** für das Deutsche Reich nebst Einführgsgesetz. Text-Ausg. m. Sachr. *Berlin: J. Guttentag 1898.* (197 S.) 1 Bd 8. (Reichs-Justizgesetze. Text-Ausg. m. Anm.) [98. 10265

[F.] Die **Strafprozessordnung** für das Deutsche Reich nebst d. Gerichtsverfassgsges. u. d. Strafverfahren betr. Bestimmgn d. übrigen Reichsges. M. Komm. v. Dr. E. Loewe, weil. Senats-Präs. d. Reichsger. 9. Aufl. bearb. v. A[ugust] Hellweg, Reichsgerichtsr. (In 4 Lfgn.) *Berlin: J. Guttentag 1898.* (XXVIII, 1058 S.) 1 Bd 8. [98. 6957

[F.] Die **Strafprozessordnung** für das Deutsche Reich m. dem Gerichtsvfassgsges., den Einführgsges. u. dem Ges., betr. d. Entschädigg der im Wiederaufnahmeverfahren freigesprochenen Personen. Bearb. v. [Otto] Kolisch, Amtsgerichtsr. zu Lissa i. P. . . . *Hannover: Helwing 1898.* (VIII, 872 S., 1 Bl.) 1 Bd 8. [98. 9190

Die **Strafprozessordnung** für das Deutsche Reich nebst d. Gerichtsverfassungsgesetz u. den d. Strafverfahren betr. Bestimmungen d. übrigen Reichsgesetze. Mit Kommentar von Dr. E[wald] Löwe, weil. Senats-Präs. d. Reichsger. 10. Aufl. bearb. von A[ug.] Hellweg, Reichsger.R. [In 2 Hälften.] *Berlin: J. Guttentag 1900.* (XXXI, 1083 S.) 8° [F.] [00. 10952

Die **Strafprocessordnung** für das Deutsche Reich vom 1. Februar 1877 u. d. Gerichtsverfassungsgesetz v. 27. Jan. 1877/17. Mai 1898. Mit d. Entscheidungen d. Reichsgerichts. Hrsg. von Dr. P[aul] Daude, Universitätsrichter, Berlin. 5. Aufl. *Berlin: H. W. Müller 1901.* (VII, 411 S.) 8° [F.] [01. 12851

Strafprozessordnung für das Deutsche Reich. Nebst d. Gesetze vom 20. Mai 1898 u. e. Anh., enth. d. Gerichtsverf. Gesetz, d. Gerichtskostengesetz u. d. Gebührenordn. f. Zeugen u. Sachverst. sowie f. Rechtsanw., im Auszuge. Textausg. mit Anm. u. Sachreg. z. prakt. Gebr. von Dr. Justus Olshausen, Oberreichsanwalt. *Berlin: F. Vahlen 1901.* (VII, 307 S.) 8° [F.]
= **Strafgesetzgebung** d. Deutschen Reichs. Bd 2. [01. 1875

Strafprozeßordnung für das Deutsche Reich vom 1. Febr. 1877 u. das Gerichtsverfassungsgesetz v. 27. Jan. 1877. in d. Fassung nach d. Gesetze v. 17. Mai 1898, betr. d. Änderung d. Gerichtsverfassungsgesetzes u. der Strafprozeßordnung mit d. Entscheidungen d. Reichsgerichts u. des Kgl. Oberlandesgerichts München. Hrsg. von Eckart Frh. v. Aufseß. *Leipzig: C. L. Hirschfeld 1901.* (VII, 383 S.) 8° [F.] [03. 1306 6

Die **Strafprozeßordnung** für das Deutsche Reich nebst d. Gerichtsverfassungsgesetz u. den d. Strafverfahren betr. Bestimmungen d. übrigen Reichsgesetze. Mit Komm. von Dr. E[wald] Löwe, weil. Senats-Präs. 11. Aufl. bearb. von Dr. A[ugust] Hellweg, Reichsger.R. *Berlin: J. Guttentag 1904.* (XXVIII, 1066 S.) 8° [F.] [04

Die **Strafprozeßordnung** für das Deutsche Reich vom 1. Febr. 1887 u. d. Gerichtsverfassungsgesetz v. 27. Jan. 1877/ 17. Mai 1898. Mit d. Entscheidungen d. Reichsgerichts. Hrsg. von Dr. P[aul] Daude, Universitätsrichter, Berlin. 6. Aufl. Berlin: H. W. Müller 1904. (VII, 408 S.) 8°

Die **Strafprozeßordnung** für das Deutsche Reich, nebst d. Gerichtsverfassungsgesetz u. den d. Strafverfahren betr. Bestimmungen d. übrigen Reichsgesetze. Mit Kommentar von Dr. E[wald] Löwe, weil. Senats-Präs. 12. Aufl. bearb. von Dr. A[ugust] Hellweg, Reichsger.R. Berlin: J. Guttentag 1907. (XXVIII, 1072 S.) 8° [F.] [07. 7767

Die **Strafprozeßordnung** für das deutsche Reich vom 1 Februar 1877 u. d. Gerichtsverfassungsgesetz v. 27. Jan. 1877/ 17. Mai 1898/ 5. Juni 1905. Mit d. Entscheidungen d. Reichsgerichts. Hrsg. von Dr. P[aul] Daude. 7. Aufl. Berlin: H. W. Müller 1908. VII, 424 S. 8°

Strafproceßordnung, revidirte, für das Königreich Hannover vom 5. April 1859 nebst Ausführungs-Bekanntmachung derselben vom 20. Mai 1859. — Gesetz, betr. die Gebührentaxe in Strafsachen vom 13. April 1859. — Bekanntmachung des Königlichen Justiz-Ministeriums, betr. den Dienst der Beamten der Staatsanwaltschaft, vom 16. Mai 1859. Hannover 859. Meyer. gr. 8. (200 S.) 15 ngr.

—— die revidirte, für das Königr. Sachsen, sammt den damit in Verbindung stehenden älteren und gleichzeit. Gesetzen und Verordnungen, mit Verweisung auf die einschlagenden älteren gesetzl. Bestimmungen und die Literatur nebst einem ausführl. Sachregister. 8. (XV, 268 S.) Dresden 869, Meinhold und Söhne. *

—— dass. — vom 1. Octbr. 1868 nebst den damit in Verbindung stehenden Gesetzen und Verordnungen. Mit Inhaltsverzeichniß und einem ausführl. Sachregister. 1. Aufl. 1869, und 2. Aufl. 8. (XVI, 288 S.) Leipzig 875, Roßberg'sche Buchh. *

— für das Königreich Sachsen. Nachtrag. Dresden 854. Meinhold. 4. (S. 333—354.) n. 5 ngr.

— — Ausführliches Sachregister dazu. Von einem Beamten. Leipzig 856. O. Wigand 8. (IV, 96 S.) n. 12 ngr.

— die, für das Königr. Sachsen vom 11. Aug. 1855 nebst den damit in Verbindung stehenden neueren Gesetzen u. Verordnungen. Mit Verweisungen auf die Spruchpraxis des k. sächs. Oberappellationsgerichts u. einem ausführl. Sachregister. Leipzig 865. Roßberg'sche Buchh. 8. (XVI, 282 S.) n. 15 ngr.

—— die, für S. Weimar-Eisenach, S. Meiningen, Anhalt-Dessau-Köthen, Schwarzburg-Rudolstadt und Schwarzburg-Sondershausen in ihrer neuesten abgeänderten Gestaltung nebst dem Gesetze über die Vollstreckung der Todesstrafe in Reuß j. L. Eine übersichtl. Ausg. von C. F. Müller. gr. 8. (XIII und 209 S.) Schleiz 856, Hübscher's Buchh.

— die königl. sächsische, vom 13. Aug. 1855 u. ihre bevorstehende Umgestaltung. Kritische Bemerkungen u. Vorschläge. Leipzig 867. Hartknoch. gr. 8. (32 S.) 6 ngr.

Strafprozeß-Ordnung, die großherzogl. sächsische fürstlich schwarzburgische, und Gebührentaxe in Strafsachen nach Erlaß der gemeinschaftl. Novelle, bezüglich vom 9. Decbr., 24. Nov. und 10. Decbr. 1854. Eine nach den Originalgesetzen sorgfältigst redigirte Handausg. sammt den drei Publicationspatenten und einem genauen Inhaltsverzeichnisse über das ursprüngl. Gesetz und die Novelle. gr. 8. (X und 136 S.) Sondershausen 855, Eupel's Verlag. *

— Gebührentaxe für Verhandlungen in Strafsachen und Gesetz vom 9. Dezbr. 1854, die Abänderung der Strafprozeßordnung und der Gebührentaxe betr., für das Großherzogthum Sachsen-Weimar-Eisenach und die Fürstenth. Schwarzburg-Rudolstadt u. Schwarzburg-Sondershausen. Amtliche Ausg. Weimar 855. Böhlau. Lex.-8. (122 S.) n. 10 ngr.

Strafprozessordnung für den Kanton Schaffhausen. Entwurf. Januar 1907. ⟨[Verfasst von] H[einrich] Bolli.⟩ II + 100 + III S. 8. Schaffhausen, H. Meier & Cie., 1907.

Strafprozessordnung für den Kanton Schaffhausen. Regierungsrätliche Vorlage an den Grossen Rat. Entwurf ([mit] Botschaft) vom 30. Oktober 1907. [Mit 3] Beilagen: 1. Allgemeiner Bericht zum Vorentwurf; 2. Bemerkungen zur regierungsrätl. Vorlage; 3. Gutachten Professor Dr. Zürcher. II + IV + 3 + 217 S. 8. Schaffhausen, H. Meier & Cie., 1907.

S. 97—119: Beilage 1 *u. d. T.:* Allg' Bericht zum Entwurf einer Strafprozessordnung für den K' Sch'. ⟨Januar 1907. [Von] H[einrich] Bolli.⟩ Sch' ... 1907.

S. 121—169: Beilage 2: Bemerkungen zur regierungsrätlichen V'... ⟨1907.⟩ Verfasser H[einrich] Bolli.

S. 171—217: Beilage 3: Bem' zu dem von Herrn Rechtsanwalt Bolli verfassten Entwurf einer Str' für den K' Sch', bereinigt nach den Beschlüssen der regierungsrätlichen Expertenkommission, I. Beratung. (Zürich, im Mai 1907. [Von] Prof. [Emil] Zürcher.)

— f. d. Kanton Solothurn v. 1/7. 1886.

Strafprozeßordnung für die Provinzen Starkenburg u. Oberhessen nebst den damit zusammenhängenden Gesetzen u. Verordnungen. Amtl. Handausg. Darmstadt 866. Jonghaus'sche Buchh. gr. 8. (IX, 180 S.) n. 20 ngr.

Strafprocessordnung und Strafgesetzbuch für das Herzogthum Oldenburg... Oldenburg 1858. H: *Runde, Christian Ludwig.* (KGBerlin II, 2095)

Strafproceßordnung und Strafgesetzbuch für das Herzogthum Oldenburg mit alphabetischen Sachregistern, einzelnen Bemerkungen aus den Motiven zu den von der Staatsregierung dem Landtage vorgelegten Entwürfen jener Gesetze, sowie aus den Verhandlungen des Landtags über die Entwürfe u. mit Hinweisung auf die den einzelnen Artikeln des Strafgesetzbuchs entsprechenden Paragraphen des Preußischen Strafgesetzbuchs. Oldenburg 858. Schulze. gr. 8. (V, 378 S.) n. 1 rthl. 10 ngr.

— f. das Königr. Ungarn, s. a. Sammlung ausserdeutscher Strafgesetzbücher. XIII.

Strafprozessordnung f. Ungarn v. 2. 2. 96. Text. Berlin 898.

— dasselbe, s. a. Zeitschrift f. die gesamte Strafrechtswissenschaft. 19. Bd. Beil.-Hft.

Strafprozess-Ordnung für das Königreich Ungarn. Sanktioniert am 4. Dezember 1896. *Berlin: J. Guttentag 1899.* (170 S.) 8°
= **Zeitschrift** für die gesammte Strafrechtswissenschaft. Bd 19, Beil. II. [00. 7391

—— die, f. das Königr. Württemberg mit erläut. Anmerkungen v. Herm. Knapp. gr. 8. (16⅘ B.) Stuttgart 813, Belser'sche Buchh. *

—— f. das Königr. Württemberg, nebst dem Einführungs-Gesetze vom 22. Juni 1843. Hand-Ausgabe mit ausführl. Sachregister. gr. 8. (7¼ B.) Stuttgart 843, Metzler'sche Buchh.

—— f. das Königr. **Württemberg. Amtliche Handausgabe.** gr. 8. (11¼ B.) Stuttgart 843, J. F. Steinkopf. *

Die **Strafprozeß-Ordnung** für das Königreich Württemberg vom 22. Juni 1843. Die militärischen Strafgesetze für die Königl. württemb. Truppen vom 20. Juli 1818 Titel III und V nebst den übrigen auf das militärgerichtliche Strafverfahren im Königlichen Armeekorps bezüglichen Gesetzen und Verordnungen. Amtliche Ausgabe. Stuttg. 1878.

Strafprozeßreform u. Laienrichter, s.: Kultur-Parlament, das. Heft 5/6.

Strafrecht. Zum ältesten St' der Kulturvölker. Fragen zur Rechtsvergleichung, gestellt von Theodor Mommsen, beantwortet von H(einrich) Brunner, B(erthold) Freudenthal, I[gnaz] Goldziher, H[ermann] F[erdinand] Hitzig, ... U(lrich) von Wilamowitz-Moellendorff. Mit einem Vorworte von Karl Binding. XII + 112 S. 8. Leipzig, Duncker & Humblot, 1905. [M. 3. 60]

Darin S. 31–51: II. Römisch. Von Dr. (H[ermann] F[erdinand]) Hitzig (in Zürich).

Strafrecht, das bayerische, siehe a. Rottmann, Ed.

Strafrecht, das bayerische, in seiner gegenwärt. Gestaltung. Nach der Artikelfolge des I. Thls. des Strafgesetzbuches, aus den Strafgesetzen und den dazu ergang. Verordnungen und Rescripten, mit Beibehaltung ihres Originaltextes zusammengestellt und mit Anmerkungen begleitet von Ed. Rottmann. gr. 8. (XI und 176 S.) Erlangen 849, Palm's Vrlgsh.

Strafrecht, das, für das Königreich Bayern enth. das Strafgesetzbuch, Polizeistrafgesetzbuch und Einführungsgesetz zu beiden vom 10. November 1861 nebst den gesetzlichen Bestimmungen über Aufhebung der Straffolgen und der königl. Verordnung vom 5. Jänner 1862 über Entschädigung der Geschwornen, Sachverständigen und Zeugen in Strafsachen. Correkter Abdr. der amtlichen Ausgabe unter Beifügung zahlreicher Anmerkungen und eines genauen Sachregisters. 3 Bdchn. München 862. Franz. 8. (LXII, 778 S.) 1 ₰ 27 ngr.; Schreibpap. n. 3 ₰ 22 ngr.

Strafrecht, deutsches, s.: Miniatur-Bibliothek.

Strafrecht, das Florentiner, des XIV. Jahrh. m. e. Anh. üb. den Strafprozess der italienischen Statuten, hrsg. v. Jos. Kohler u. G. degli Azzi, s.: Quellen zur Geschichte des Strafrechts.

— das Preußische, nebst den dazu erschienenen noch gültigen Gesetzen u. Verordnungen. Ein Handbuch f. Richter, Staats- u. Rechtsanwälte. Hrsg. von R. F. Paschke. gr. 12. (477 S.) Frankfurt a. O. 849, Trowitzsch & Sohn. 2 ₰

Strafrecht, schweizerisches. Verhandlgn. d. v. d. eidgenöss. Justiz- u. Polizeidepartement einberufenen Expertenkommission üb. d. Vorentwurf zu e. schweizer. Strafgesetzbuch. 2 Bde. gr. 8. Bern 896. (W. Gopper). n. 14. 65

1. Allgem. Tl. (1. Lesg.). Besond. Tl.: Verbrechen gegen Leib u. Leben u. gegen d. Vermögen. (1. Lesg. (135 S.) n. 5. 65
2. Besond. Tl., m. Ausschluss des Verbrechens gegen Leib u. Leben u. gegen das Vermögen (1. Lesg.). Allgem. u. besond. Tl. (2. Lesg.). (806 S.) n. 9. —

Strafrecht u. **Prozess** f. d. K. Glarus nebst Sporteltarif u. Strafgesetzbuch v. J. 1867. Strafproz. O. v. J. 1877.

Strafrecht u. Strafprozess im deut. Heer u. Marine. Berl. 873.

Das **Strafrecht** der aussereuropäischen Staaten. Nebst e. Anh.: Nachträge z. I. Bd: Das Strafrecht d. Staaten Europas 1893–1898. Im Auftr. d. internation. kriminalist. Vereinigg unt. Mitw. v. . . . hrsg. v. Dr. Franz v. Liszt, o. ö. Prof. an d. Univ. Halle, u. Dr. Georg Crusen, Gerichtsass. . . . zu Berlin. Berlin: O. Liebmann 1899. (XV, 540 S.) 1 Bd 4° (8°)

= Strafgesetzgebung d. Gegenwart in rechtsvgl. Darstellg. Bd II.

Straf- und Civilrecht, das ungarische. s. Civil- und Strafrecht.

Strafrechtspflege, deutsche. (Aus der „Allgemeinen deutschen Strafrechtszeitg.") 1872. 4 Hfte. gr. 8. (208 S.) Leipzig 872. Barth. n. 3. —

Strafrechtspflege, die, in Deutschland. Zeitschrift in zwanglosen Heften. 1—6. Heft. Weimar 857, 58. Landes-Industrie-Comptoir. gr. 8. n. 2 ₰. 3½ ngr.

1. Heft. A. u. d. T.: Der Betzold'sche Prozeß. Vorträge am 27. Oktbr. 1857 vor dem Geschwornen-Gericht zu Weimar in der Hauptverhandlung gegen die verwittwete Friderike Lina Betzold, geb. Hesse, wegen Giftmords gehalten von A. v. Groß. Nebst einer kurzen Geschichte der Untersuchung und 3 Beilagen medicin. und chemischen Inhalts.

1.: (75 S.) n. 7½ ngr.; 2.: (120 S.) n. 12 ngr.; 3.: (92 S.) n. 10 ngr.; 4.: (82 S.) n. 10 ngr.; 5.: (96 S.) n. 12 ngr.; 6.: (92 S.) n. 12 ngr.

Strafrechtspflege, die, in Deutschland, herausg. von v. Groß. 2—4. Jahrg. 1859—61. à 6 Hefte (à 5 Bgn.). Weimar, Landes-Industrie-Comptoir. (Leipzig, Günther.) Jeder Jahrg. n. 4 ₰

Strafrechtspflege, die, in Deutschland. Zeitschrift in zwanglosen Heften. Redig. von Frhr. v. Groß. (1. Jahrg. 1858.) 6 Hefte. gr. 8. (487 S.) Weimar 857,58. [Leipzig, Volgt und Günther.] [1. Heft 7½ Ngr., 2. Heft * 12 Ngr., 3. und 4. Heft à * 10 Ngr., 5. und 6. Heft à * 12 Ngr.] *

—— dass. — 2. Jahrg. 1859. 6 Hefte. gr. 8. (à Heft 96 S.) Ebendas. 859. *

—— Beilageheft dazu, s. Sundelin.

—— dass. — 3. und 4. Jahrg. 1860 und 1861. à Jahrg. 6 Hefte. gr. 8. (à Heft 80 S.) Ebendas. à Jahrg. *

Strafrechtspflege, die militärische, in Bayern. Ein Wort der Erwiderung an die Herren Abgeordneten v. Neumayr u. Dr. Völk. Augsburg 865. Rieger'sche Buchh. gr. 8. (29 S.) n. 4 ngr.

Strafrechtspflege u. Politik. Von einem rheinpreuß. Juristen. gr. 8. (32 S.) Köln 877. Bachem. — 60

Strafrechtsphilosophie mit Rückblicken auf die Philosophie überhaupt. Im Gefühle tiefster Hochachtung für den deutschen Juristentag geschrieben von ***. gr. 8. (69 S.) Prag 861, Dominicus.

Die Deutsche **Strafrechtspraxis.** Uebersichtl. Zusammenstellung der Entscheidungen der höheren Deutschen Gerichte zum Reichsstrafgesetzbuch. Stuttgart.

2 Bde

Bd [1.] Von Herm. Pezold, J. E. Stiegele u. G. Köhn. 1877.
„ 2. Entscheidungen aus den J. 1876–79 u. Erg. Bearb. von Ludw. Zimmerle. 1880.

Strafrechtspraxis, die deutsche. Uebersichtliche Zusammenstellung der höheren deutschen Gerichte zum Reichsstrafgesetzbuch. Von Herm. Pezold, J. E. Stiegele, G. Köhn und Ludw. Zimmerle. 2. Bd., die Entscheidungen aus den J. 1876 bis 1879 und Ergänzungen zum 1. Bde. enth., bearb. von Ludw. Zimmermann. 11 Lfgn. gr. 8. (XVI, 683 S.) Stuttgart 879,80, Nitzschke. à Lfg. * M 1. *

1. Bd. Ebendas. 1875,76. * M 6. Vgl.: Pezold, H., die deutsche Strafrechtspraxis.

Strafrechtszeitung, allgemeine deutsche, zur Förderung einheitl. Entwickelung auf den Gebieten des Strafrechts, des Strafprocesses und des Gefängnißwesens, sowie für strafgerichtl. Medicin. Unter ständ. Mitwirkung von Berner, Boecker, Hoyer ꝛc hrsg. von Frz. v. Holtzendorff. 1. Jahrg. 1861. 52 Nrn. (Bog.) gr. 4. Leipzig, Barth. *

Strafrechtszeitung, allgemeine deutsche, zur Förderung einheitlicher Entwickelung auf den Gebieten des Strafrechts, des Strafprozesses und des Gefängnißwesens, sowie für strafgerichtl. Medicin. Unter ständ. Mitwirkung von Frhrn. v. Groß, Heinze, John rc. hrsg. von Frz. v. Holtzendorff. 2.—7. Jahrg. 1862—67. à Jahrg. 12 Hefte. (à 4 Bog.) gr. 4. Leipzig, J. A. Barth. à Jahrg. *

Strafrechtszeitung, allgemeine deutsche, zur Förderung einheitlicher Entwickelung auf den Gebieten des Strafrechts, des Strafprocesses und des Gefängnißwesens, sowie für strafgerichtliche Medicin. Unter ständ. Mitwirkung von Geyer, Frhr. v. Groß, John rc. hrsg. von Frz. v. Holtzendorff. 8.—10. und 11.—13. Jahrg. [der neuen Folge 1.—3. Jahrg.]. à 12 Hefte. gr. 8. (à Heft ca. 56 S.) Leipzig 868—73, Barth. à Jahrg. *

Ist seit 1874 mit dem bei F. Enke in Stuttgart erscheinenden „Gerichtssaal" verschmolzen.

Straf- und Besserungs-Systeme, Die neueren. Erinnerungen aus einer Reise durch bemerkenswerthe Gefängnisse in Algier, Spanien, Portugal ... Berlin 1843. V: *Minutoli, Julius Freih. von.* (BrMm)

Straf- u. Besserungs-Systeme, die neueren, Erinnerungen aus einer Reise durch bemerkenswerthe Gefängnisse in Algier, Spanien, Portugal, England, Frankreich u. Holland. Von Jul. Rud. v. M. gr. 8. (23½ B. u. 4 radirte Zeichngn.) Berlin 843, Veit u. Comp. Thlr. 1

Strafurtheil, das, des Consistoriums zu Cassel gegen Metropolitan Vilmar in Melsungen nebst der von Gliedern der Melsunger Gemeinde gegen dasselbe an das Cultusministerium abgesandten Beschwerdeschrift. gr. 8. (44 S.) Cassel 871, Hühn. *

Strafverfahren, das bayerische, siehe a. Rottmann, Ed.

Strafverfahren, das bayerische. Nach dem Systeme des Gesetzes vom 11. Novbr. 1848, die Abänderung des 2. Thls. des Strafgesetzbuches vom J. 1832 betreff., unter Beibehaltung des Originaltextes, der Gesetzesartikel und einschlägiger Verordnungen, zusammengestellt von Ed. Rottmann. gr. 8. (XX und 159 S.) Erlangen 849, Palm's Vrlgsh.

Strafverfahren, das, im Königreich Bayern. 862. (XXIV, 172 S.) n. 1 ₰ — Neue Ausg. Bamberg 862. Buchner. 8. (XXIV, 283 S.) n. 1 ₰ 12 ngr

Strafverfahren, das, d. Berufg. gegen d. Urteile d. Strafkammern I. Instanz, der dolus eventualis u. das Begnadigungsrecht in Deutschland. Von Innocens. 8. (16 S.) Zürich 898. E. Speidel. — 30

Das militärische **Strafverfahren** in Bayern öffentlich und mündlich. Eine systematisch geordnete Zusammenstellung aller hierauf bezüglichen Verordnungen, wie solche am 1. Juli 1856 in Geltung treten ... Münch. 1856.

Strafverfahren, das neue, für das Königr. Sachsen, mit Anklage-Proceß, Staats-Anwaltschaft und Geschwornen-Gerichten, zur Belehrung für Rechtsunkundige erläut. und faßl. dargestellt von Emil Ferd. Vogel. br. 8. (74 S.) Grimma 849. [Wurzen,] Verlags-Comptoir. Thlr.

— das neue (sächsische), nach dem provisor. Gesetze vom 18. Novbr. 1848. Aus dem Gesetze und der darauf bezügl. Verordnung übersichtlich dargestellt. gr. 8. (16 S.) Leipzig 849, Expedition der Annalen.

Strafverfahren, das, in Preußen, s. Forberg, H., das Strafverfahren in Preußen.

— das provisorisch eingerichtete öffentliche, in Sachsen. Ein Handbuch für Juristen u. Laien, hauptsächlich für Geschworene, von Emil Cuno. 8. (VI u. 165 S.) Zwickau 849, Richter. n. 16 ngr

Straf-Vollstreckungs-Reglement f. die kaiserl. Marine. gr. 8. (XII, 124 S.) Berlin 876. Mittler & Sohn. n. 1. 20

Straf-Vollstreckungs-Reglement f. die kaiserl. Marine. Anhang. gr. 8. (7 Bl.) Berlin 884. Mittler & Sohn. n. — 20 (Hauptwerk u. Anh.: n. 1. 40)

Straf-Zählwoche, eine, als schönste Weihnachtsgabe für die deutsche Schuljugend. Offenes Schreiben eines Vaters an S. Exc. den Cultusminister Hrn. Dr. Falk zu Berlin. gr. 8. (18 S.) Göttingen 878. Vandenhoeck & Ruprecht's Verl. — 30

Straganz, Max Beiträge zur Geschichte Tirols. I. Mittheilungen aus dem Archive des Clarissenklosters zu Brixen. (Umschlagtitel: ... I.) 8 (S. 3—41).
Progr. K. k. Ober-G. der Franciskaner *Hall* 1894

Straganz, Max: Beiträge zur Geschichte Tirols. II. Die Autobiographie des Freiherrn Jakob von Boimont zu Pairsberg (1527—1581). (Umschlagtitel: ... II.) 8 (S 3—106).
Progr. K. k. Ober-G. der Franciscaner *Hall* 1896.

Straganz, Max, O. F. M., Hall in Tirol. Ein Beitrag zur Geschichte des tirol. Städtewesens. Hrsg. im Auftrage u. m. Unterstützg. des Stadtmagistrates. I. Bd. Geschichte der Stadt bis zum Tode Kaiser Max I. (VIII, 415 S. m. 1 Taf.) gr. 8. Innsbruck 903. H. Schwick. n. 5. —; geb. in Halbfrz. n. 6. 70

Straganz, Max, P. Fischer u. W. Felten, illustrierte Weltgeschichte in 4 Bdn. Mit über 1300 Textabb. u. 132 (z. Tl. farb.) Tafelbildern u. Beilagen. 1.—3. Bd. Lex. 8. Wien (910). Verlag der Leo-Gesellschaft.
Geb. in Halbfrz., à Bd. 14. —

1. Geschichte des Altertums von der ältesten Zeit bis zu Christi Geburt v. P. Fischer. Mit 332 Textabbildgn., 29 (z. Tl. farb.) Tafelbildern u. Beilagen. (VIII, 464 S.)
2. Geschichte des Mittelalters. Von Christi Geburt bis zur Entdeckung Amerikas v. W. Felten. Mit 369 Textabbildgn., 35 (z. Tl. farb.) Tafelbildern u. Beilagen. (VII, 528 S.)
3. Geschichte der neueren Zeit. Von der Entdeckg. Amerikas (1492) bis zur großen französ. Revolution (1789) v. P. Max Straganz. Mit 391 Textabbildgn., 38 (z. Tl. farb.) Tafelbildern u. Beilagen. (IX, 568 S.)

Ausg. f. Österreich u. d. T.: Widmann, Fischer u. Felten, illustr. Weltgeschichte in 4 Bdn.

Stragliati, Albrecht. Topographische Reliefkarten Premiirt mit ... Ehrenmedaille. Neues patentirtes System vom Ing. A' St'. 8. Turin *o. J.* [1895 98].

Strahalm, Franz

— neuester Führer durch Wien u. seine Umgebung. Mit Plan v. Wien u. Karte der Umgegend (lith. qu. Fol.) 2. verb. Aufl. 16. (183 S.) Ebend. 874. n. 1. 50

Strahalm, Frz., Führer zur Weltausstellung in Wien. Zusammengestellt nach authent. Quellen der General-Direction, nebst e. Wegweiser der Sehenswürdigkeiten u. Vergnüggn. v. Wien u. der Umgegend. Mit e. (lith.) Plane v. Wien u. dem Ausstellungspalaste nebst e. (lith.) Karte der Umgegend. (in Imp.-Fol.) 8. (XI, 207 S.) Leipzig 873. R. Schaefer. n. 1. 50

Strahalm, Franz. Rechenschlüssel zur metrischen Maass-Ordnung. Mit Tafeln zur Vergleichung der metrischen Maasse unter sich, und bildlichen Darstellungen zu den beigegebenen Tabellen für Umwandlung der österreichischen in metrische und der metrischen in österreichische Maasse. (Mit 1 Taf.) 8. Wien 1872.

STRAHALM, Franz: Politisch-statistische Tafel der österreichisch-ungarischen Monarchie. Enthält alle wissenswerthen Daten über Lage, Ausdehnung, Flächeninhalt, Bevölkerung, Regierung, Kriegsmacht und Finanzgebarung der österreichisch-ungarischen Monarchie, sowie die neuesten und genauesten Angaben über Flächeninhalt, Bevölkerung, Regierung, Staatshaushalt, Land- und Forstwirthschaft, Berg- und Hüttenwesen, Landwehr, Verwaltung, Unterricht, Communikationen, Handel, Kreditwesen und Gewerbe der im Reichsrathe vertretenen Königreiche und Länder und der Länder der ungarischen Krone, nebst der Nachweisung der politischen Eintheilung und der Zahlen des Flächeninhaltes, der Bevölkerung, Confessionen, Area und Production der occupirten Länder. - Wien, Post 1876-1883. Jg. 1-6

Strahalm, Frz., politisch-statistische Tafel der österreich.-ungar. Monarchie. 1.—4. Jahrg. 1876—1879. Imp.-Fol. Wien, Hartleben's Verlag. à Jahrg. *

Strahalm, Franz. Politisch-statistische Tafel der österr.-ungar. Monarchie. Enthält alle wissenswerthen Daten über die Lage, Ausdehnung, Flächeninhalt, Bevölkerung, Regierung, Kriegsmacht und Finanzgebahrung der österr.-ungar. Monarchie, sowie die neuesten und genauesten Angaben von Flächeninhalt, Bevölkerung, Regierung, Staatshaushalt, Land- und Forstwirthschaft, Berg- und Hüttenwesen, Landwehr, Verwaltung, Unterricht, Communicationen, Handel, Creditwesen und Gewerbe der im Reichsrath vertretenen Königreiche und Länder der Länder der ungarischen Krone, nebst der politischen Eintheilung u. s. w., u. s. w. der occupirten Länder. V. Jahrgang 1882. Ein grosses Tableau. 96 Cmtr. hoch, 68 Cmt. breit. Get. 50 kr.
Wien, Hartleben's Verlag.

Strahalm, Franz, Politisch-statist. Tafel d. österr.-ung. Monarchie. VI. Jahrg. 1883. Ein gross. Tableau. Ebds. Gefalz: 50 kr

Strahl: Anleitung zur Anwendung der sphärischen Trigonometrie. 20 S. und Fgt. - Prenzlau, Progr. 1866.

Strahl, die Anstrengung der Dampflokomotiven. (80 S. m. 5 Abb.) Lex. 8. Wiesbaden 909. C. W. Kreidel. 1.80
Sonderabdruck aus: „Organ f. d. Fortschr. d. Eisenbahnwesens".

Strahl Grundzüge einer Mineralogie für Schüler. 1. 22 S. 2. 15 S.
Prenzlau, Progr. 1847. 1850

Strahl, Predigt am Feste der feierlichen Glockenweihe zu Rohrdorf im Allgäu den 14. Juni 1883. gr. 8. (14 S.) Leutkirch 883. Roth. n. — 20

Strahl. Theorie und Auflösung höherer, numerischer Gleichungen mit einer Unbekannten, dargestellt für die Schule. 26 S.
Prenzlau, Progr. 1854

Strahl, Peterson u. Hansen, 3 Vorträge üb. die Anwendung der Elektrizität auf dem Lande, s.a. Veröffentlichungen der Landwirtschaftskammer f. die Rheinprovinz. 1909. Nr. 3.

Drei Vorträge über die Anwendung der Elektrizität auf dem Lande, geh. von Landrat **Strahl** (Kempen), Ingenieur Peterson (Grevenbroich) u. Prof. Dr. [Johannes] Hansen ... 1909. 2. Aufl. Bonn: Landwirtschaftskammer 1910. 23 S. 8°
(Veröffentlichungen d. Landwirtschaftskammer f. d. Rheinprovinz. 1909, No 3.)

Strahl, A. C., „Auge um Auge!" Roman. 8. (190 S.) Berlin 895. Deutscher Autoren-Verlag. n. 2. —; geb. n. 3. —

Strahl, A. C. (Carl Schrader), Meister Bertram u. seine Söhne, s.: Danner's, G., deutsche Volksbühne.

Strahl, A. C., des Königs Dämon. Eine Tragödie aus Spaniens Geschichte in 4 Akten. gr. 8. (100 S.) Berlin 882. (Entrich). 2. 50

— Friedrich der Große in volkstüml. Gedichten. (235 S.) Lex.-8. Berlin 905. R. v. Decker. Geb. in Leinw. n. 5. —; auf besserem Pap., geb. in Leinw. m. Goldschn. n. 6. 40

Strahl, A. C., u. Emil Lessing, Graphologie, s.: Universal-Bibliothek.

Strahl, A. C. (Carl Schrader), Grossmutter spricht! Ernste Vortragsdichtgn. Märchen, Sagen, Legenden u. Fabeln. (166 S.) 8. Mühlhausen i/Th. (907). G. Danner. 2. —

— J'y pense, s.a. Thalia.

[Ant. u. F.] 'J'y pense!' Lustspiel in 1 Aufz. v. A. C. Strahl. *Mühlhausen i. Th.: G. Danner [1897].* (30 S.) 1 Bd 8.
= Thalia. [No] 33. 98. 9181

— „Journal amusant". Roman. (307 S.) 8. Berlin (907). Zehlendorf, R. Eckstein Nachf. 3. —

— Fürst Leopold v. Anhalt-Dessau (der alte Dessauer) als Soldat. Ein kleines Volks- u. Soldaten-Buch in 7 Balladen. (32 S.) 8. Dessau 905. (W. Prejting.) n. 1. —

— unter Palmen u. Cypressen. Italienisches Mosaik. gr. 8. (V, 208 S.) Ebend. 882. n. 3. 50

— Resi u. Anderes. gr. 8. (78 S.) Leipzig 898. G. Körner. n. 1. —

— „Schief". Die Geschichte e. realist. Stückes, in gereimten Vierzeilern erzählt v. Dichter Titus Krammuffe. (49 S.) 8. Berlin (907). Harmonie. 2. —; geb. 3. —

— Schneeflocken. Eine poetische Wintergabe. 12. (XIV, 148 S.) Ebend. 882. n. 2. —

— Sekt, s.a. Thalia.

[F.] Sekt. Schwank in 1 Akt v. A. C. Strahl. *Mühlhausen i. Th.: G. Danner [1897].* (56 S.) 1 Bd 8.
= Thalia. [No] 34. 98. 9422

— der Tollpunkt d. Hauptmann Wenzel u. andere Geschichten. 8. (IV, 155 S.) Dresden 897. Dresdener Verlagsanstalt B. W. Esche. n. 1. 50

Strahl, A. C. (Carl Schrader), die Waldfee, s.: Danner's, G., deutsche Jugendbühne.

— neue Zeiten, s.a. Kürschner's Bücherschatz.

[H.] Neue Zeiten. Roman v. A. C. Strahl. M. Ill. v. Martin Ränike. *Berlin, Eisenach, Leipzig: H. Hillger [1898].* (120 S.) 1 Bd 8.
= Bücherschatz, Kürschners. No 68. 98. 4700

Strahl, Adolf, Abenteuer eines Deutschen in England. gr. 12. (5½ B. u. Ttlbld.) Wien 842, Sammer. *

Strahl, Ad., die Belagerung von Bonifazio, und der Untergang des Hauses Leca. Zwei Erzählungen. 8. Wien 840. Rohrmann (u. Schweigerd.) $^2/_3$ ß
(11½ B.)

— Daguerrotypen aus Algier. gr. 12. (6½ B.) Wien 842. (Leipzig, Fr. Fleischer.) *

— Diamanten u. Perlen, s.a. Diamanten.

— Diamanten u. Perlen. Ein Toilettengeschenk in Novellen u. Erzählungen. 2. Ausg. 12. (8½ B. u. 4 Kpfr.) Wien 844, Heubner. m. Goldschn.

— Erlebnisse ein. Touristen in Italien u. Sicilien. gr. 12. (11 B.) Wien 839, [Braumüller u. Seidel.]

— Erlebnisse eines Touristen in Italien und Sicilien. gr. 12. Wien 839. Hirschfeld. 1 ₰

— Erlebnisse eines Touristen in Italien u. Sicilien. Neue wohlf. Aufl. 8. Ebend. 841. 5/6 ₰

— das alte und das neue Griechenland. Eine Parallele, gezogen auf einer Reise nach Athen und der Morea. gr. 12. Wien 840 Braumüller u. Seidel. 1 ₰
14¼ B.

— das alte und neue Griechenland. Eine Parallele, gezogen auf einer Reise nach Athen und der Morea. Neue unveränd. Ausg. 8. Wien 841, Stöckholzer v. Hirschfeld. (Leipzig, Einhorn.) 1 ₰

— Ein Sommer in der Schweiz. Reisebilder aus den Alpen. gr. 12. Leipzig 841, Volckmar. (Wien, Tendler u. Schaefer.) 1 ₰
(9½ B.)

—, Wasili u. Aglaë od. d. neue Helena. Eine Erzähl. a. d. neuesten Gesch. d. Orients f. gebild. Leser. 8. (10¾ B.) Wien 840, Volke's Buchh.

Strahl, Ad., romant. Zeitbilder. I. Die Tochter d. Kabylen. II. Jussuf u. Kabbuhra. gr. 12. (8½ B.) Wien 837, [Gerold's Brlgh.] Thlr.

Strahl, Carl, s. Strahl, Karl

Strahl, Eduard Ritter von

Strahl, Ed. Ritter v., die Kunstzustände Krains in den vorigen Jahrhunderten. Eine culturhistor. Studie. 8. (54 S.) Graz 884. (Laibach, v. Kleinmayr & Bamberg.) n. — 50

Strahl, Ernst [aus Brandenburg]: Wesen und Bedeutung der Durchwachsung von Sequestern mit Granulationen . . . . Greifswald, Druck v. Julius Abel, 1888; 21 S. u. 1 Taf. 8°
Greifswald, Med. Fak., Inaug.-Diss. v. 31. März 1888

Strahl, Ernst, wie heile ich mein krankes Bein selbst? Anleitung zur sicheren Heilg. aller, selbst ältester Beinschäden. f. Jedermann allgemein verständlich zusammengestellt m. genauer Bezeichng. der Heilmittel f. die Selbstbehandlg. 6. Aufl. 8. (132 S. m. Abbildgn.) Hamburg 901. Dr. E. Strahl's Selbstverlag. 2. —

Strahl, Fridericus (geb. am 28 Nov. 1823 in Bonn): De psychosi typica . . . Bonnae, typ. C. & F. Krüger 1848. 26 S., 2 Bl. 8.
Bonn, Med. Fak., Diss. v. 28 Okt. 1848

Strahl, F., Sinzig bei Remagen am Rhein, Mineral-, Fichtennadel- u. Gasbad, Molken- u. Trauben-Curort. Neuwied 857. (Heuser.) 16. (2 Bl., 40 S.) 5 ngr.

Strahl, Gust., die Samt- u. Plüschfabrikation. Ein Wegweiser f. die Praxis u. beim Unterricht. 1. Tl.: Die Bindgn. gr. 8. (X, 112 S. m. 130 Textfig.) Berlin 900. Polytechn. Buchh. A. Seydel. n. 3. —

Strahl, Gust., Studien üb. d. Gewerbetechnik der Renaissance, s.: Kuh, Fel.

Beiträge zur vergleichenden Anatomie der Placenta von Prof. Hans Strahl in Gießen. Mit 10 Taf. u. 1 Textfig. (*Frankfurt a. M.: M. Diesterweg in Komm. 1904.*) (S. 263–319.) 4°
= Abhandlungen hrsg. von d. Senckenbergischen naturforschenden Gesellschaft. Bd 27, H. 3, [1.] [04. 8701

Strahl, Hans, Beiträge zur vergleich. Anatomie der Placenta. Jetzt: Frankfurt a. M. (Viktoria-Allee 7), Senckenberg. naturforsch. Gesellschaft.

Ein junger menschlicher Embryo. Untersucht von H[ans] Strahl, Giessen, u. R[udolf] Benecke, Marburg. Mit 14 Abb. im Text u. 67 Abb. auf d. Taf. 1–18. Wiesbaden: Bergmann 1910. 76 S. 4° [10. 10194

Strahl, Hans, Rektor Dr., Prof. d. Anat.: Form und Funktion. (Enthält außerdem: Chronik der Universität für 1908/09, sowie: Verkündigung des Ergebnisses der letzten Preisarbeiten u. der f. 1909/10 gestellten Preisaufgaben.) Giessen 1909: v. Münchow. 38 S. 4°
Gießen, Rede zur Feier des Jahresfestes 1909 [U 10. 1318

— u. H. Happe, über die Placenta der Schwanzaffen, s.: Menschenaffen. — Studien üb. Entwickelungsgesch. der Tiere.

Über die Placenta der Schwanzaffen von Prof. H[ans] Strahl u. Dr. H[elmuth] Happe. Mit 66 Abb. auf Taf. 13–55. Wiesbaden: C. W. Kreidel 1905. (S. 493–551.) 4°
= Menschenaffen. Lfg 8.
= Studien über Entwickelungsgeschichte d. Tiere. H. 13. [07. 11449

— Primaten-Placenten, s.: Menschenaffen. — Studien über Entwickelungsgeschichte der Tiere.

Primaten-Placenten von Dr. Hans Strahl, Prof. in Gießen. Mit 58 Abb. *Wiesbaden: C. W. Kreidel 1903.* (S. 417–491.) 4°
= Menschenaffen. Lfg 7.
= Studien über Entwickelungsgeschichte d. Tiere. H. 12. [03. 4049

Strahl, H. Untersuchungen üb. den Bau der Placenta. V. Die Placenta v. Talpa europaea. [Aus dem anatom. Institut in Marburg.] gr. 8. (49 S. m. 6 Taf.) Wiesb. 892, Bergmann. * 3 60
Aus: Anatom. Hefte, besonders abgedruckt. — I.—IV. sind nicht apart erschienen.

Strahl, H[ans], Prof.: Der Uterus gravidus von Galago agisymbanus. Mit 8 Taf. (*Frankfurt a. M.: M. Diesterweg in Komm. 1899.*) (S. 153—199.) 4° ¶(Aus: Abhandlungen d. Senckenberg. naturforsch. Gesellsch., Bd 26, H. 1.)
Giessen, Festschr. d. Med. Fak. zum 50j. Doktor-Jub. v. C. Eckhard 1899
(Nur in beschränkter Zahl für den Austausch)

Der Uterus gravidus von Galago agisymbanus. Von Prof. H[ans] Strahl. Mit 8 Taf. (*Frankfurt a. M.: M. Diesterweg in Komm. 1899.*) (S. 156–199.) 4°
– Ergebnisse, Wiss., der Reisen in Madagascar u. Ostafrika von Dr. A. Voeltzkow. Bd 2, H. 1, [2.]
= Abhandlungen hrsg. v. d. Senckenbergischen Naturforsch. Gesellschaft. Bd 26, H. 1. [00. 3366

Strahl, Hans, der uterus puerperalis v. Erinaceus europaeus L. (Verhandelingen der koninkl. akademie van wetenschappen te Amsterdam. [2. sectie.] Deel XIII. No. 5.) (22 S. m. 3 Taf.) Lex. 8. Amsterdam 907. J. Müller. 1.60

Strahl, H., über Wachsthumsvorgänge an Embryonen von Lacerta agilis. gr. 4. (63 S. mit 5 Stnt.) Frankfurt a. M. 884, (Diesterweg.) *
Aus: Abhandlungen der Senckenberg'schen naturforschenden Gesellschaft, besonders abgedruckt.

Strahl, J. Karl

– Handbuch der physiolog. u. patholog. Chemie. s. Encyklopädie der medizin. Wissenschaften. 5. Abt.

Strahl, J. Carl, u. Nathanaël **Lieberkühn**, Harnsäure im Blut u. einige neue constante Bestandtheile des Urins. Nephrotomische u. chem. Untersuchungen. gr. 8. (147 S.) Berlin 848, Förstner. 21 ngl

Strahl, Joan. Car. (geb. Berlin 1820): De saliva. Berolini (1847). (35 S.) 8°
Berlin, Med. Diss. v. 9. Jan. 1847

Strahl, Karl

Strahl, Carolus *(geb. Sagan 27. 5. 1836)*: De damno ab animalibus illato ex juris Romani praeceptis. Vratislaviae (1861). (45 S.) 8°
Breslau, Jur. Diss. v. 23. Dez. 1861

Strahl, Moritz (Hermann)

Strahl, Mor. Herrm., der Alp, sein Wesen u. seine Heilung. Eine Monographie. gr. 8. (16¼ B.) Berlin 833, Th. Enslin.

—— kurzgefaßte Belehrung f. diejen., die sich üb. meine neue Heilmethode d. Krämpfe u. Unterleibsbeschwerden unterrichten wollen. 1. Aufl. (3 B.) 833. 9 Gr., 2., mit Krankheitsbildern verf. A. (5 B.) gr. 8. Berlin 834, Enslin'sche Buchh.

Strahl, Mor., de la constipation habituelle, de ses véritables causes et des moyens les plus surs de la guérir. Traduit sur la 5. édition de l'original allemand, accompagnée de planches et enrichie d'un traité sur le choléra. Berlin 856. Schroeder. 8. (XIV, 178 S. u. 1 Tab. in 4.) n. 20 ngr

Strahl, Mor. Herm., Enthüllung d. räthselhaften Wesens d. Unterleibskrankheiten, nebst e. neuen u. naturgemäßen Heilmethode d. Hämorrhoiden, Hypochondrie, Hysterie u. Gicht. Für gebild. Nichtärzte. 1. Aufl. (11½ B. u. 1 Tab.) 836., 2. A. (13 B. incl. Tab.) 837., 3. A. (13¼ B. u. 1 Tab.) 838., 4. A. (14½ B. u. 1 Tab.) 839. u. 5., verm. u. verb. A. 8. (15¼ B. u. 1 Tab.) Berlin 840, Heymann. à *

Strahl, Mor., Enthüllung des räthselhaften Wesens der Unterleibskrankheiten, nebst e. neuen u. naturgemäßen Heilmethode der Hämorrhoiden, Hypochondrie, Hysterie u. Gicht. Für gebildete Nichtärzte. 6. Aufl. (18¾ B. u. 1 Tab.) 842. * 1 Thlr. u. 7. Aufl. — A. u. d. Ttl.: Meine neuesten Erfahrungen im Gebiete d. Unterleibskrankheiten. 8. (18 B.) Berlin 843, Schröder's Verl. *

Strahl, Mor., meine neuesten Erfahrungen im Gebiete der Unterleibskrankheiten, durch eine Reihe lehrreicher Krankheitsfälle erläutert für gebildete Nichtärzte. 8. Aufl. gr. 8. (Mit 1 Tab.) Berlin 846, Heymann. n. 1⅓ ₰

Strahl, Mor., meine neuesten Erfahrungen im Gebiete der Unterleibskrankheiten, durch eine Reihe lehrreicher Krankheitsfälle erläutert f. gebildete Nichtärzte. 8. Aufl. gr. 8. (16 B. u. 1 Tab.) Berlin 846, Schröder's Verl. Thlr. *

Strahl, Mor., meine neuesten Erfahrungen im Gebiete der Unterleibskrankheiten, durch eine Reihe lehrreicher Krankheitsfälle erläut. f. gebildete Nichtärzte. 9. Aufl. gr. 8. (XXXII u. 222 S. m. 1 Tab. in qu. 4.) Berlin 850, Schroeder. n. 1⅓ ₰

—— drei Fragen: I. Welches ist das Wesen d. Cholera? II. Durch welche Mittel ist sie heilbar? III. Giebt es ein Präservatio, u. welches ist es? Beantwortet. 8. (3½ B.) Berlin 837, Heymann. *

—— Handbuch d. Naturwissenschaften, nach d. neuesten u. besten Quellen bearb. f. Aerzte u. Studirende. 1. Bd. — A. u. d. T.: Grundriss d. medicin. Chemie n. Berzelius, Dumas, Mitscherlich, Rose, Schubart, Dulk etc. gr. 8. (15¼ B.) Leipzig 835, [Renger'sche Buchh.]

—— Handbuch der Naturwissenschaften, nach den neuesten und besten Quellen bearbeitet für Aerzte u. Studirende. 1r Bd. A. u. d. T.: Grundriß der medicin. Chemie nach Berzelius, Dumas, Mitscherlich, Rose, Schubart, Dulk ꝛc. gr. 8. Leipzig 835. Volckmar. 1⅓ ₰

—— die Kaltwasserkuren in ihrem Einflusse auf die verschied. Formen der Unterleibskrankheiten. 1. Ausg. (10 B.) 842. u. 2. Ausg. 8. (10⅛ B.) Berlin 844, Schröder's Verl. à *

—— aus d. Leben e. berliner Arztes, s. Aus.

—— die Kurorte Marienbad, Carlsbad u. Kissingen in ihren Heilwirkn. auf Unterleibskranke. 8. (7½ B. u. 1½ B. lith. Karten, Imp.-Fol.) Berlin 839, Heymann. *
Ohne die Karten *

—— die Kurorte Marienbad, Carlsbad u. Kissingen in ihren Heilwirkungen auf Unterleibskranke. gr. 8. (7½ B.) Berlin 846, Heymann. * 20 Ngr. Mit Karten * (Neue Ausg.)

—— der Mensch nach seiner leibl. u. geist. Natur, im gesunden wie im kranken Zustande. Ein Lehr- u. Hülfsb. f. höh. gebild. Stände. 5 Hfte. gr. 8. (..B.) Leipzig 835, [Renger'sche Buchh.]

—— der Mensch nach seiner leiblichen und geistigen Natur, im gesunden wie im kranken Zustande. Ein Lehr- u. Hülfsbuch für höher gebildete Stände. 1e—3e Lfrg. Mit 5 lithogr. Tafeln Abbildd. gr. 8. Leipzig 835, 36. Volckmar. 2 ₰

—— der Mensch nach seiner leiblichen u. geistigen Natur, im gesunden wie im kranken Zustande. Ein Lehr- u. Hülfsbuch f. höher gebildete Stände. 2., verm. Aufl. 1—3. Lfg. gr. 8. (18¼ B. u. 4 Stnt.) Berlin 844, Heymann. à L. *

—— der Mensch nach seiner leiblichen u. geistigen Natur, im gesunden, wie im kranken Zustande. Ein Lehr- und Hülfsbuch für höher gebildete Stände. 2. verm. Aufl. (In 4 Liefg.) 1.—3. Liefg. mit 4 lith. Taf. gr. 8. Berlin 844, 46, Heymann. n. à ½ ₰

—— unentbehrl. Rathgeber f. diejen., welche an eingewurzelter Leibesverstopfung u. an Blähungen leiden. Eine populär-medicin. Abhandl., in welcher d. Verdauungsorgane u. d. ganze Verdauungsproceß allgemein faßl. beschrieben, u. d. Verschleimung, d. Hämorrhoiden, d. krankhafte Gallenabsonderung u. and. Zustände, welche d. Stuhlverstopfung begünstigen, ausführlich betrachtet werden. 8. (8 B.) Berlin 834, Enslin'sche Buchh.

—— über d. Scharlachfieber u. ein geg. alle Formen u. Stadien dess. höchst wirksames Specificum. Ein Sendschreiben an etc. (J. N.) Rust. gr. 8. (2 B.) Berlin 833, Th. Enslin.

—— über Schlaf u. Schlaflosigkeit, f. Aerzte u. Nicht-Aerzte. 8. (8¾ B.) Berlin 834, Hayn.

—— über die wahren Ursachen der habituellen Leibesverstopfung, und die zuverlässigsten Mittel diese zu beseitigen. 1. Aufl. (XIV und 89 S. mit 1 Tab.) 1851. und 2. und 3., verm. und mit Abbildungen bereicherte Aufl. gr. 8. (XVI und 102 S. mit 1 Tab. in qu. 4. und eingedr. Holzschn.) Berlin 852, Schröder's Verlag. *

—— über die wahren Ursachen der habituellen Leibesverstopfung, und die zuverlässigsten Mittel diese zu beseitigen. 4. Aufl. (XX und 127 S. mit 1 Tab. in qu. gr. 4.) 1853, 5. Aufl. 1. Abdr. und 5., mit Abbildungen (in eingedr. Holzschn.) erläuterte, durch eine Abhandlung über die Cholera reich verm. Aufl. 2. Abdr. gr. 8. (XX und 141 S. mit 1 Tab. in qu. Fol.) Berlin 855, Schroeder's Verlag. *

— über die wahren Ursachen der habituellen Leibesverstopfung und die zuverlässigsten Mittel, diese zu beseitigen. 4. Aufl. 853. (XX, 127 S.) — 5. Aufl. 1. u. 2. Abdr. 854 u. 55. (XX, 144 S.) — 6. mit Abbildgn. (Holzschn. im Text) erläuterte durch eine Abhandlung über die Cholera reich verm. Aufl. Berlin 858. Schroeder. gr. 8. (XXXIV, 156 S. u. 1 Tab. in 4.) n. 10 ngr.

Strahl, Mor., über die wahren Ursachen der habituellen Leibesverstopfung und die zuverlässigsten Mittel, diese zu beseitigen. 6—8., mit Abbildungen (in eingedr. Holzschn.) erläuterte, durch eine Abhandlung über die Cholera reich verm. Aufl. gr. 8. (XL und 156 S. mit 1 Tab. in qu. gr. 4.) Berlin 858—60, Schroeder's Verlag. Thlr. *

Strahl, Philipp

Strahl, Ph., Beitr. zur russ. Kirchengeschichte. 1r Bd. gr. 8. Halle 826. Renger. 1 ℛ 18 gr

Strahl, (Ph.,) Beitr. z. russ. Kirchengeschichte. 1r Bd. gr. 8. Halle 827, Renger.

Strahl, Phil., Geschichte d. Gründung u. Ausbreitung d. christl. Lehre unter den Völkern d. ganzen russ. Reichs. Seit 988 bis auf uns. Zeiten. Aus russ. Quellen. 8. ... Halle 827, Renger. [Leipzig, Volckmar.] 9 Gr., hrbgf. Pr.

—— Geschichte d. russ. Kirche. 1. Thl.: von d. ersten Anfängen d. Christenthums bis zur Errichtung d. Patriarchats in Russland. gr. 8. (48 B.) Halle 830, Renger. [Leipzig, Volckmar.] 3 Thlr., hrbgs. Pr.

Strahl, Phil., Geschichte des russischen Staates, s. a. Geschichte d. europ. Staaten v. Heeren u. Ukert. 14e Lfrg.

Geschichte des russischen Staates. v. Philipp Strahl.
Bd. 1. bis 1224. Hamburg. 1832.
Bd. 2. 1224—1505. Abth. 1: Politische Geschichte. ebd. 1839.
—— Fortgesetzt v. Ernst Herrmann.
Bd. 3. (1505—1682.) Hamburg. 1846. Bd. 4. (1682—1741.) ebd. 1849.
Bd. 5. (1742—1775.) ebd. 1853. Bd. 6. 1775—1792. Gotha. 1860.
Ergänzungsbd.: Diplomatische Correspondenzen 1791—1797. ebd. 1866.
(Geschichte der europäischen Staaten. Hrgg. v. Heeren u. Ukert. 7.) 8°.

—— Geschichte d. russ. Staates. 1. Bd. Von d. ältesten Zeiten b. zum Einbruche d. Tataren 1224. gr. 8. (31¼ B.) Hamburg 832, Fr. Perthes.
Vgl. Geschichte d. europ. Staaten, 7. Lfg.

Strahl, Phil., Geschichte d. russ. Staates. 2. Bd. Von d. Einbruche d. Tartaren in Rußland bis zum Antritt d. Regierung d. Großfürsten Iwan III. Wassiljewitsch I. d. i. v. 1224—1505. gr. 8. (28¾ B.) Hamburg 839, Fr. Perthes. *
Vgl. Geschichte d. europ. Staaten, 14. Lfg. — 1. Bd. Ebendas. 1832. * 2 Thlr.

—— das gelehrte Russland. gr. 8. (33½ B.) Leipzig 828, Fr. Fleischer. 2 Thlr. 18 Gr., Vlnp.

Diem natalem ... Friderici Guilelmi III d. III Aug. 1834 ab academia Borussica Rhenana ... celebrandum ... indicit Dr. Philippus Carolus Strahl, ord. phil. h. t. decanus. — Praemissa dissertatione De Commercio, quod Germani cum Russis, praecipue cum Novogardensibus aevo medio exercuerunt. Bonnae, typ. C. Georgii (1834). 1 Bl., 22, 25—28 S. 4.
Enth. zugleich d. Preisaufgaben f. d. J. 1834—35 und in einem später ausgegebenen Anhang (mit falscher Zählung S. 25—28; [*Kopft.*] Iudicia quinque ordinum ... de certaminis litt. eventu a. 1834...) d. Ergebnisse d. Preisbewerbung d. J. 1833—34

Strahl, Richard, Referendar zu Hanau: Das mitwirkende Verschulden des Beschädigten bei Schadensersatzansprüchen. Greifswald 1907: J. Abel. (X, 59 S.) 8°
Greifswald, Jur. Fak., Ref. Pescatore, Diss. v. 28. Nov. 1907
[Geb. 25. Juni 84 Marburg (Hessen); Wohnort: Hanau; Staatsangeh.: Preußen; Vorbildung: Gymn. Gießen Reife O. 02; Studium: Marburg 4, Gießen 2, Marburg 1 S.; Rig. 16. Okt. 07.]

Strahl, Viktor

— in den Tod getrieben od. treulos verlassen. Orig.-Roman nach dem Tagebuch einer unschuldig zum Tode Verurtheilten. 1.—28. Hft. gr. 8. (S. 1—672 m. 28 Bildern.) Dresden 894. A. Ander. à — 10

Strahl, Vict., in den Tod getrieben od. treulos verlassen. Orig.-Roman nach d. Tagebuch einer unschuldig z. Tode Verurtheilten. 29.—100. (Schluß-) Hft. gr. 8. (S. 673—2396 m. je 1 Bild.) Dresden 895. A. Ander. à — 10

Strahl, Vict., im Liebeswahn, s.: Bibliothek, interessante. Nr. 3.

Strahl, Vict. Das Opfer der Stiefmutter. Roman. 80 Hefte. gr. 8. (à Heft 24 S. m. je 1 Holzschn.-Taf.) Dresd. 890, Dietrich. à Heft — 10; 8 —

—— Unschuldig zum Tode verurtheilt. Roman aus unseren Tagen. 2 Bde. gr. 8. (2392 S. m. Illustr.) Ebd. 890. 10 —
Auch in 100 Heften à — 10

Strahl, X. [Pseud.], s.a. Langen, H. von

Strahl, X., s. a. Briefe, die anonymen, d. Hofgesellschaft u. ihre Opfer.

[J.] Die anonymen Briefe der Hofgesellschaft und ihre Opfer. E. ausführl. Studie üb. d. Hofleben uns. Zeit m. schliessl. Festnagelg d. Autors d. bekannten anonymen Briefe. Von X. Strahl. *Hagen i. W.: H. Risel & C. [1896].* (2 Bl., 80 S.) 1 Bd 8. [97. 153

Strähl, Fr., die christliche Lehre vom Reiche Gottes. Nach den alten Hauptstücken des Katechismus neu bearb. 3., verb. Aufl. Aarau 870. Sauerländers Verl. 8. (56 S.) cart. n. 6 ngr.

Straehl, Gottfried Christian (Dippoldiswalde)
A. S. 851/16

De his, quae pro non scriptis habentur.
Präs. Gottlob Thomasius.
Leipzig (Titius) 11. XII. 1727. 46 S. 33804

Strähl-Imhoof, August

Strähl-Imhoof, Neuenegg, s. a. Bibliothek vaterländischer Schauspiele. 84.

Strähl-Imhoof, [August]. Neuenegg. Trauerspiel in zwei Aufzügen. 60 S. 8. Aarau, H. R. Sauerländer & Co., 1906. (fr. 1.—)
(Bibliothek vaterländischer Schauspiele. 84.)

Strähl-Imhoof. Eine Stufe höher. Gr. 8°. 290 S. Aarau, Emil Wirz. 1899. 4 80

Strähl-Imhoof, eine Stufe höher. 2. billige [Titel-]Ausg. gr. 8. (VII, 289 S.) Aarau [899]. 902. E. Wirz. n. 2. 40
1. Aufl. (VII, 289 S.) 899. n. 4. 50.

Strahlau, Bruno, Klänge aus dem Norden. Gedichte. 8. (IV u. 64 S.) Hannover 851, Gebr. Jänecke. n. ⅓ ℛ

Strahlau, Bruno, Klänge aus dem Norden. Gedichte. 2. Aufl. Hannover 855. Rümpler. 16. (128 S.) n. 15 ngr.

Straehle, A., siehe a. Handbuch zum praktischen Gebrauch f. sämmtl. Offiziere rc. der Königl. Preuß. Armee.

Strachle, A. Handbuch zum praktischen Gebrauch für sämtliche Offiziere, Militär-Beamte rc. der kgl. preuß. Armee. 2. unveränd. Ausg. Neuwied 1852. 260 S.

— Lexicon der Schlachten, Treffen, Gefechte, Scharmützel, Rencontres, Belagerungen rc., an denen seit der Mitte des 17. Jahrh. kurbrandenburgische und königl. preuß. Truppen Theil genommen. Mit kurzen geograph., statist. und kriegsgeschichtl. Notizen, auch Angabe der dabei aktiv gewesenen noch vorhandenen Truppentheile, sowie mit einem übersichtl. chronolog. Tages-Kalender rc. gr. 8. (XXXVIII und 352 S.) Neuwied 853, (van der Beeck.) *

Strachle, A. Lexikon der Schlachten, Treffen, Gefechte, Belagerungen etc., an denen seit der Mitte des 17. Jahrhunderts kurbrandenburgische u. kgl. preussische Truppen teilgenommen. (XXXVIII, 352) 8. Neuwied 1853. 2. Ausg. 1855. 3,00.

Straehle, A., Lexikon der Schlachten, Treffen, Gefechte, Scharmützel, Rencontres, Belagerungen rc., an denen seit der Mitte des 17. Jahrh. Kurbrandenburgische und Königl. Preuß. Truppen Theil genommen. Mit kurzen geographischen, statistischen u. kriegsgeschichtlichen Notizen, auch Angabe der dabei aktiv gewesenen noch vorhandenen Truppentheile, sowie mit einem übersichtlichen chronologischen Tages-Kalender u. einer Nachweisung der Truppentheile des heutigen Heeres, welche beide auf die Artikel des Lexikons hinweisen. 853. n. 2 ℛ. — 2. (Titel-)Aufl. Neuwied 856. van der Beeck in Comm. gr. 8. (XXXVIII, 352 S.) 1 ℛ.

Strahleck. Die St. (Zurich) s. Bodmer, Henry.

Strahleck, Die. [Zürich 1864.]
V: *Bodmer, Heinrich.* (BSchwLk III) (Cat. d. Stadtbibl. Zürich. Zürich 1864—97.)

Strahlen. Ein kleiner Beitrag zur Erziehg. heut. ideal veranlagter junger Leute. Von M. B. schmal gr. 8. (32 S.) Weida (901). (Triest, F. H. Schimpff.) n. — 50

Strahlen des Geistes im Spiegel der Wahrheit. Zum Druck befördert von Th. Falk. Coeln 868. (Roemke & Co.) qu. 4. (VI, 330 S.) n. 1 ℛ;
geb. mit Goldschn. n. 1 ℛ 9 ngr;
in engl. Einb. mit Goldschn. n. 1 ℛ 12½ ngr.

Strahlen des Glaubens, der Liebe und Hoffnung. Evangelisches Gebetbuch auf alle Morgen und Abende des Jahres und dessen kirchl. Fest- und Feiertage, für Beichte und Communion, so wie für besondere Zeiten, Verhältnisse und Fälle des Lebens. Ausgewählt und hrsg. unter Mitwirkung eines Vereins christl. Männer von Aug. Gebauer. 6. Ausg. des „Allgem. christl. Gebetbuches." 8. (VI und 508 S. mit 1 Stahlst.) Leipzig 853, Wöller. *.

Strahlen des Lichts aus den heil. Hallen des Tempels v. Wahrheit, d. Weisheit u. Erkenntniß für die stillen Feststunden des Lebens gebild. Christen gesammelt v. J. P. Hundeiker. gr. 8. Leipz. 824, Cnobloch.

— theosophische, zur Verbreitung der göttlichen Wahrheiten der Theosophie. Nr. 1—12. 8. Berlin, P. Raatz. à n. — 10
1. Notwendigkeit, die, der Reïnkarnation. (16 S.) (901.)
2. Die theosophische Lehre der Kreisläufe (Cyclen). Von Dora Corvinus. (15 S.) (901.)
3. 4. Die siebenfache Konstitution des Menschen. Von Paul Raatz. (32 S.) (901.)
5. Allgemeine Bruderschaft. Von Paul Raatz. (15 S.) (901.)
6. Der wahre Wert des Lebens. Von Ernst John. (15 S.) (901.)
7. 8. Das Entwickeln der Konzentration — Okkulte Kräfte u. deren Aneignung. Von William Q. Judge. (32 S.) (902.)
9. Die Karma-Lehre u. ihre praktische Anwendung. Von Paul Raatz. (16 S.) (902.)
10. Kampf der Wahrheit m. der Lüge. Eine Allegorie. Von Anna Vogel. (20 S.) (902.)
11. Karma od. Was wir säen, das ernten wir. Von Magdalene Boldt. (16 S.) (902.)
12. Die theosophische Bedeutung der Geburt Jesu. Von Paul Raatz. (16 S.) (902.)

Strahlen, theosophische, zur Verbreitung der göttlichen Wahrheiten der Theosophie. Nr. 13—18. 8. Berlin, P. Raatz. à n. — 10
13. Theosophie u. Naturwissenschaft od. die Grundlage der esoter. Philosophie. Von Thos. Green. (16 S.) (903.)
14. Worte, einige, fürs tägliche Leben. Geschrieben von e. „Meister der Weisheit". (14 S.) (904.)
15. 16. Aus H. P. Blavatskys Leben. Von William Q. Judge. (25 S.) (901.)
17. 18. Die esoterische Erklärung des Gleichnisses vom verlorenen Sohn. Von Paul Raatz. (20 S.) (904.)

Strahlenau-Ueckhood, die preußische Hegemonie in Deutschland, hervorgerufen durch die Schriften von v. Bülow-Cummerow u. C. L. Hellrung, und aus deutschem Gesichtspunkte besprochen v. e. Nicht-Preußen. gr. 8. (11½ B.) Leipzig 842. Hannover, Helwing'sche Hofbuchh.

Strahlenberg, Carl von,. Schsp. v. Bonin. 8. Lpz. Barth. 793.

Strahlenberg, Philipp Johann von

— d. Ganze d. Maurerey, s. d. Ganze.

Strahlenberg, Phil. Joh. v., Historie d. Reisen in Rußland, Siberien und d. großen Tartarey, m. K. 4. Leipzig, Heinsius. 755. Rthlr. 3 8

— d. nord- und östliche Theil von Europa und Asien, in so weit solches d. russische Reich in Siberien und d. Tartarey in sich begreift, m. K. 4. Lpz. Heinsius. 730. 3 12

von Strahlenberg, Philipp Johann: Das nord- und östliche Theil von Europa und Asia, in so weit solches das gantze russische Reich mit Siberien und der grossen Tartarey in sich begreiffet in einer historisch-geographischen Beschreibung der alten und neuern Zeiten, ... nebst einer noch niemahls ans Licht gegebenen Tabula Polyglotta von zwey und dreyssigerley Arten tatarischer Völcker Sprachen und einem Kalmuckischen Vocabulario, sonderlich aber einer grossen, richtigen Land-Charte von den benannten Ländern und andern verschiedenen Kupferstichen, so die asiatisch-scythische Antiqvität betreffen. Bey Gelegenheit der schwedischen Kriegs-gefangenschafft in Russland aus eigener sorgfältigen Erkundigung, auf denen verstatteten weiten Reisen zusammen gebracht und ausgefertiget. Stockholm 1730. 430 S. 8°.

Strahlendorf, L., s. Strahlendorff

Strahlendorff, F., s. Strahlendorff, L.

Strahlendorff, Hugo

Strahlendorff, H., verzierte Anfangsbuchstaben m. umgekehrter Schattenlage. (6 Taf. m. 1 Bl. Text.) gr. 4. Berlin (904). (G. Grube.) n. 1. —

Strahlendorff, H., s.: Archiv f. junge Kaufleute.

— kurzer Geschäftsgang zur Einführung in die doppelte italien., amerikan. u. einfache Buchführung, nebst Vorübgn. f. die Gewinn- u. Verlust-Ermittelg. u. den Bücher-Abschluss. 1. Tl. gr. 8. (III, 38 S. m. Formularen.) Berlin (902). (G. Grube.)
Geb. in Leinw. n.n. 1. 75

H[ugo] **Strahlendorff's** Schreib- u. Handels-Akademie. Kurzer Geschäftsgang zur Einführung in die doppelte italienische, amerikanische und einfache Buchführung nebst Vorübungen für die Gewinn- und Verlust-Ermittelung und den Bücher-Abschluss. T. 1. Friedland R.-B. Breslau [1902]: H. Walter. 8°

— **die Kopf- od. Conto-Schrift. Vorlagen f. den Gebrauch an Handels- u.** Fortbildungsschulen **sowie zum Selbstunterricht.** (5 Taf. m. 2 S. Text.) qu. gr. 4. Ebd. (903). n. 1. —

— **u. H. Minck,** Lehrbuch der doppelten italienischen Buchführung. Enthaltend: Die Theorie der doppelten Buchführung sowie eine grosse Auswahl in sich abgeschlossener, prakt. Aufgaben nebst teilweiser Lösg. Für den Selbstunterricht u. zum Gebrauch an Handelsschulen. (IV, 137 S.) gr. 8. Ebd. 902. Geb. in Leinw. n. 3. 50; Schlüssel (114 S.) n. 3. 50

Lehrbuch der Doppelten italienischen Buchführung. Für d. Selbstunterr. u. z. Gebr. an Handelsschulen verf. von H[ugo] **Strahlendorff**, Berlin, u. Otto Minck, Liverpool. [Nebst] Schlüssel. *Berlin: H. Strahlendorff; [G. Grube in Comm.] 1902.* 2 Bde 8° [03. 16159

Strahlendorff, H., methodisches Lehrbuch zur doppelten Buchführung. 3 kurze, in sich abgeschlossene Vorübgn. v. steig. Schwierigkeit, f. jeden Geschäftsgang in der doppelten Buchführung geeignet. Nebst Lösungen zum II. Tl. 4. Aufl. (103 S.) gr. 8. Berlin 910. (G. Grube.) nn 1. 50

— Der tüchtige Maschinenschreiber. Praktisches Lehrb. zur sicheren u. gründl. Erlerng. d. Maschinenschreibens. (77 S.) Lex. 8. Ebd. 910. nn 1. 50

— Kaufmännisches Rechnen. Beispiele u. Aufgaben zum Gebrauche an Handelsschulen. (106 S.) gr. 8. Ebd. 910. nn 2. 40

— **Rundschrift.** Vorlagen m. Text f. Handels-, Gewerbe- u. Fortbildungsschulen, sowie zum Selbst-Unterricht. (4 Taf. m. 2 Linienblättern u. 4 S. illustr. Text in qu. gr. 4.) gr. 4. Ebd. (904). n. 1. —

— **Selbst-Unterricht** zur Aneignung e. schönen u. geläufigen kaufmännischen Handschrift. Vorlagen f. den Schreib-Unterricht an kaufmänn. u. gewerbl. Fortbildungsschulen. 2. Aufl. gr. 4. (25 Taf. m. 4 Linienblättern u. 16 S. Text.) Ebd. (902). 3. —

Strahlendorff, H., praktisches Übungskontor (Musterkontor) zur methodischen Durchführung aller Kontorarbeiten e. offenen Handelsgesellschaft z. Gebrauche f. Handelsschulen nach Beendigung d. theoretischen Unterrichts in den Handelswissenschaften. 3. Aufl. (78 S.) Lex. 8. Berlin 911. (G. Grube.) nn 1. 50

Strahlendorff, H., briefl. u. Selbst-Unterr. zur Aneigng. e. schönen u. geläuf. v. d. Behörden gewünschten Beamtenhandschrift. Vorlagen f. den Schreib-Unterr. an Militairschulen. gr. 4. (16 S. m. 22 lith. Taf. u. 4 Linienblättern.) Berlin 896. (G. Grube.) In Mappe 10. —; erm. Pr. n. 5. —

[Deckelt.:] Brieflicher und Selbst-Unterricht zur Aneignung einer schönen und geläufigen von den Behörden gewünschten Beamten-Handschrift. Vorlagen f. d. Schreib-Unterricht an Militairschulen. 21 Tab. ... nebst Text. Hrsg. v. H. **Strahlendorff**, Kgl. Schreiblehrer ... Berlin: H. Strahlendorff [1896]. (16 S., 26 Taf.) 1 Bd 4°

— **dasselbe,** zur Aneignung e. **schönen** u. geläuf. kaufmännischen Handschrift. **Vorlagen** f. den Schreib-Unterr. an kaufmännischen u. gewerbl. Fortbildungs- u. **Handelsschulen.** gr. 4. (16 S. m. 25 lith. Taf. u. 4 Linienblättern.) Berlin 896. (G. Grube.) In Mappe 10. —; erm. Pr. n. 5. —

[Deckelt.:] Brieflicher und Selbst-Unterricht zur Aneignung einer schönen und geläufigen Kaufmännischen Handschrift. Vorlagen f. d. Schreib-Unterricht an kaufmänn. u. gewerbl. Fortbildgs- u. Handelsschulen. 25 Tab. ... nebst Text. Hrsg. v. H. Strahlendorff, Kgl. Schreiblehrer ... Berlin: H. Strahlendorff [1896]. (16 S., 29 Taf.) 1 Bd 4°

Strahlendorff, L.

Strahlendorf, L., gründl. Anweisung, sich in 24 Lectionen e. schöne u. geläufige Handschrift anzueignen, sowie e. etwaigen Zittern d. Hand während des Schreibens vorzubeugen, event. abzuhelfen, m. Bezug auf die Schreibmaterialien, die Stahlfed. insbesond. u. das Taktschreiben, nach Carstair'schen Grundsätzen. qu. 4. (3½ B. u. 36 lith. Uebungstaf.) Berlin 846, (Ende, Enslin'sche Buchh.) *

Strahlendorff, L., gründliche Anweisung sich in 24 Lectionen eine schöne u. geläufige Handschrift anzueignen, sowie einem * etwaigen Zittern der Hand während des Schreibens vorzubeugen, eventuell abzuhelfen, mit Bezug auf die Schreibmaterialien, die Stahlfedern insbesondere, u. das Taktschreiben nach Carstair'schen Grundsätzen u. zum Selbstunterricht bearb. 2. verm. u. verb. Aufl. Mit 37 in Stein gravirten Uebungstaf. qu. 4. (28 S.) Berlin 850, Enslin'sche Buchh. (Geelhaar). n. 1 ß

Strahlendorff, F., gründliche Anweisung zur Erlernung einer schönen und geläufigen Handschrift in 24 Lectionen, für den Schul- u. Selbstunterricht bearb. 3., gänzlich umgearb. rc. Aufl. Mit 32 in Stein grav. Taf. Berliu 857. Geelhaar. qu. 4. (2 Bl., 36 S.) n. 1 ß.

Strahlendorff, L., gründliche Anweisung zur Erlernung einer schönen u. geläufigen Handschrift in 24 Lectionen für den Schul- u. Selbstunterricht bearb. 4., verb. u. verm. Aufl. Berlin 867. Springer'sche Buchh. qu. 4. (IV, 37 S. mit 36 Steintaff.) n. 1 ß 10 ngr.

—— die Entwickelung der Schrift und des Schreibunterrichts in der neueren und neuesten Zeit. Studien und Erfahrungen. gr. 8. (VIII und 108 S. mit 2 Stnt. in qu. gr. 4.) Berlin 866, Springer'sche Buchh. *

* **Strahlenheim,** Karl, oder der dankbare Bandit. Eine Familiengeschichte, v. C. Meißner. 2 Bde. 8. Berl. Neue Societätsbuchh. 804. (à 1 Rthlr.)

Strahlenhielm, Gustav (Schweden) A. S. 1362/45

Disputatio theologica de beatorum corporum resuscitatione ad I. Cor. XV. v. 35. seq.
Präs. Johann Georg Abicht.
Wittenberg (Eichsfeld) 19. VII. 1734. 40 S.

W. v.: Präs. 33805

Strahlenkrone, Die. Oder: die glanzvollsten Lichtpunkte in den heiligen Büchern des Alten und des Neuen Testaments. . . . 2. Aufl. Augsburg 1847. H: *Ambach, Eduard.* (Ky)

Strahler, Generalbericht üb. das Medizinal- u. Sanitätswesen d. Reg.-Bez. Bromberg in den J. 1883 bis 1886. Lex.-8. (IV, 100 S.) Bromberg 887. (Mittler.) n. 2.
s.: Peters, General-Bericht.

Strähler, das öffentliche Gesundheitswesen d. Reg.-Bez. Bromberg in den J. 1873 bis 1882. Verwaltungsbericht, m. besond. Berücksicht. einzelner Infectionskrankheiten. gr. 8. (IV, 125 S.) Bromberg 883. (Mittler.) n. 2. —

Straehler, praktische Anweisungen für den Kurgast von Ober-Salzbrunn in Schlesien. Breslau 866. Trewendt. gr. 8. (26 S.) n. 5 ngr.

Straehler, Arminius *(geb. Breslau 5. 12. 1829)*: Quae de syphilisatione adhuc scripta sunt. Vratislaviae (1855). (32 S.) 8°
Breslau, Med. Diss. v. 2. Juli 1855

(*Strähler*, Chrn. Augustin Ernst) Fortgesetzte umständl. und unparteyische(!) *Prüfung*, uber *Frantz Rotfischers* Fortsetzung der Nachricht von seinem Ubergange oder so gen. Siegs der Wahrheit. Und dessen Anhangs, oder der Abhandlung des Herrn *Piccolo* etc. Aus seinen eigenen sich widersprechenden Schriften gezogen. C. permissu Superiorum. Innsprug, bey Jos. Wolff, Buchhändlern, 1753. 4°. 131 S. Beibd.
Laut Nachricht der Erlangischen Gelehrten Zeitungen sollte Hofrath Osterwald in Regensburg der Verfasser sein, was Strähler in der Vorrede zu der folgenden „Schutzschrift" zurückweist.

(—) Abgenöthigte *Rechtfertigung* der unpartheyischen u. umständl. Prüfung des Rotfischerischen Siegs der Wahrheit und seines Glaubensbekenntnisses, auf Veranlassung der von dem Herrn Pastor *Schäfer* zu Regenspurg unlängst herausgegebenen Send-Schreiben an einen vornehmen Herrn von Adel. Stadt am Hof, in Verlag Johann Gastl (sic), 1753. 4°. 78 S. Beibd.

— *Schutzschrift* der . . . . Prüfung, anf Veranlassung der ersten Rotfischerischen Nachlese, u. d. ersten Sendschreibens eines Rotfischerischen Freundes. Nebst e. ausführl. Beschreibung der Schuldforderung des Herrn *Gastls*, Buchhändlers zu Stadt am Hofe. Stadt am Hof, in Verlag Johann Gastl (sic), 1753. 4°. 79 S. Beibd.

— kurze doch gründl. *Widerlegung* der von dem unlängst zu Regenspurg unsichtbar gewordenen *Richter* herausgegeb. kritischen Beurtheilung aller *Streit-Schriften*, so wohl deren, welche von dem *Rotfischer*, als auch deren, die für- u. wider ihn, an das Licht getretten(!) sind, nebst e. *Anhange*, worinn des hochsel. Herrn *Grafen Ernst v. Metternich* hinterlassene (Selbstrede) Soliloquium, in die deutsche Sprache übersetzet, ..., u. dessen Glaubensänderung historisch beschrieben, wie auch mit dem Rotfischerischen Abfalle in Vergleichung gestellet worden ist. Anno MDCCLIV. (1754.) O. O. 4°. 108 S. Beibd.

Straehler, Daniel [Praes.], s. Blum, Andreas: De existentia dei atque creatione ex nihilo ex contingentia in mundo totius mundi.

Straehler, Daniel [Praes.], s. Clasen, Karl Ludw. Aug.: De existentia dei atque creatione ex nihilo ex contingentia in mundo totius mundi atque indole elementorum demonstrata, ordine quarta: de contingentia motus.

Daniel Straehleri polymathia matheſeos ſeu hujus in reliquum univerſae eruditionis ambitum influxus. Lipſ. S. B. Walther. 4.
1735.

Strähler, Dn., (✝ d. 15. Oct. 1750.) polymathia matheseos, seu in eruditionem influxus. 4. Halle 751. ... 5 gr.

— Rettung der gerechten Sache wider Wolf. 4. Halle. 737.

Strähler, Dan., scientia ration. sive logica demonstrativa, analytica et systematica. 8. Halae. 739. — 18

— de sensu atque usu principii rationis sufficientis. 4. ibid. 727. — 4

Strähler, E., gibt Alkohol Kraft? od. der Einfluß der geistigen Getränke auf den menschlichen Körper. Kurz u. leicht verständlich dargestellt. 13.—22. Tauſ. (20 S.) gr. 8. Berlin (903). Mäßigkeits-Verlag. — 15

Strähler, E., gibt Alkohol Kraft? od. der Einfluß d. geist. Getränke auf den menschl. Körper. Kurz u. leicht verständlich dargestellt. 4. Aufl. (23.—30. Tauſ.) (23 S.) 8. Berlin 907. Mäßigkeits-Verlag. p — 15

Strähler, Geo., s. a. Lonau, Walt. — Rabeck, Rhart.

Straehler, Georgius [Silesius]: De caesuris versus Homerici cap. I. . . . Vratislaviae, apud Guilelmum Koebner (1889); 1 Bl. + 49 S. 8°
Breslau, Phil. Fak., Inaug.-Diss. v. 19. Jan. 1889

Straehler, Geo. De caesuris versus homerici cap. 1. Commentatio inauguralis philologica. gr. 8. (49 S.) Bresl. 889, Koebner. * 1 —

Straehler, Georg: Deutsche Heldengestalten. Vortrags-Zyklus f. d. Feier d. Geburtstages d. Kaisers. Osterode a. H. 1909: Giebel & Oehlschlägel. S. 1—5. 4°
Osterode a. H., RG P 1909 (441) [S 09. 462

Straehler, Jakob, von Zürich: Ueber den Klumpfuss. Zür. Zürcher u. Furrer Dr. 1849. 43 S. 8°.
Zürich, Med. Diss. v. 22. Dec. 1849.

Straehler, Ludwig, prakt. Arzt aus Breslau: **Nephrolithiasis** mit besonderer Berücksichtigung der Untersuchung durch Röntgenstrahlen und Heilung durch Nephrotomie. *Jena 1900: Frommann.* (28 S.) 8°
Jena, Med. Diss. v. (11. Sept.) 1900

Strahlheim, C. [Pseud.], s.a. Friedrich, Konrad

Strahlheim, C., Alles für Alle, Universal-Chronik, s. Alles.

✝ Strahlheim, C., (C. Friedrich,) Ansichten v. Homburg v. d. Höhe, s. Ansichten.

Strahlheim, C. (Konr. Fr.), historisch-topographisch-statistische Beschreibung der Residenz- und Cur-Stadt Homburg vor der Höhe u. ihrer Umgebungen. Mit 1 Ansicht. gr. 12. Frankfurt a. M. 838. Küchler. n. 1/3 ₰ (Vgl. Ansichten der Stadt Homburg.)
1 B.

— denk an mich, s. Denk an mich.

— s. Dumas, Ludwig XIV. u. sein Jahrh.

— General-Lexicon, s. General-Lexicon.

Strahlheim, C., allgemeine Geschichte der letzten fünfzig Jahre 1789—1840. Mit 16 feinen Stahlstichen. 16 Hefte. gr. 8. Pforzheim 841, Dennig, Finck u. Comp. Stuttgart, Scheible, R. u. S. à 3/8 ₰ jetzt 3 ₰

Strahlheim, C., (Konr. Friedrich,) die Geschichte unsrer Zeit, s. Unsre Zeit.

Strahlheim, Karl, die Geschichte unserer Zeit. Stuttg. 1826. V: *Friederich.* (MGT)

Strahlheim, C., Griechenland. Treu nach der Natur abgebildet und topograph. und histor. beschrieben. 2. (Titel-)Ausg. Lex.-8. (IV und 184 S. mit 31 Kpfrn.) Frankfurt a. M. (835)62. Völcker.

— das Jahr 1830, od. vollständ. Geschichte sämmtl. Staatsumwälzungen, so wie der übrigen wichtigsten Ereignisse dieses Zeitabschnittes; nebst e. gedrängten Darstell., wie solche in den letzten 15 Jahren herbeigeführt worden sind. 2 Bde. gr. 8. Stuttg. 831. Hoffmann. 3 ₰

— das Jahr 1830, od. vollständ. Geschichte sämmtl. Staatsumwälzungen, so wie d. übrigen wichtigst. Ereignisse dies. Zeitabschnittes, nebst e. gedrängten Darstell., wie solche in d. letzten 15 Jahren herbeigeführt worden sind. 2 Bde. gr. 8. (42½ B.) Stuttgart 831, [Weise u. Stoppani.]

Strahlheim, (C.,) die Kirchenweihe, od. die Rückkehr aus Griechenland, komisches Lust- u. Liederspiel in 2 Abtheilungen für das Liebhabertheater zu O... bearb. Mit 1 Kpfr. 12. Stuttg. 826, Sonnewald.

Strahlheim, C., die Kirchweihe, oder die Rückkehr aus Griechenland; kom. Lust- u. Liederspiel in 2 Abtheill. für d. Liebhabertheater zu O... bearb. Mit 1 Kpf. 12. Stuttg. 826. Sonnewald. 6 gGr.

——, Napoleon Bonaparte's vollständ. Lebensbeschreibung. N. d. zuverläss. Quellen bearb. 4 Bde. (od. 5 Abthln.) gr. 8. (104 B. u. 4 Stahlst.) Frankfurt a. M. 839, Comptoir f. Literatur u. Kunst.

— Napoleon Bonaparte's vollständ. Lebensbeschreibung. Nach den zuverlässigsten Quellen bearbeitet. 1r—4r Bd. in 2 Abthll. Mit Titel-Stahlstich. gr. 8. Frankfurt a. M. 839, 40. Comptoir für Literatur u. Kunst. 1—3. à 1 ℛ 4r $1^1/_2$ ℛ

—— Portugal und Spanien. Treu nach der Natur abgebildet und topograph.-histor. beschrieben. 2. (Titel-)Ausg. Lex.-8. (VII und 230 S. mit 43 Kpfrn.) Frankfurt a. M. (835)62, Völcker.

—— Sagengeschichte aller Völker der alten Welt. 2. (Titel-) Ausg. Lex.-8. (VI und 656 S. mit 29 histor. Stahlst. und 37 Bildn. in Stahlst.) Frankfurt a. M. (835)62, Völcker.

— s. Sammlung der neust. u. best. Romane der Franzosen ꝛc. ꝛc., Dumas Werke. —

—— Universal-Mythologie, od. vollständ. Götter- u. Fabellehre aller Völker d. Erde. N. d. besten u. zuverläss. Quellen bearb. gr. 8. (34 B. u. 11 Stahlst.) Frankfurt a. M. 839, Comptoir f. Liter. u. Kunst.

—— allgem. Weltchronik, s. Weltchronik.

Strahlheim, C., Weltgeschichte in Bildern, s. Weltgeschichte.

— s. Weltgeschichte für die reifere Jugend.

—— das Welttheater, od. d. allgem. Weltgeschichte v. d. Schöpfung bis zum J. 1840. M. 240 histor. Stahlst. u. 300 Bildn. d. berühmtesten Menschen aller Zeiten. 1—15. Lfg. (od. 1. Bd. u. 2. Bd. 1—4. Lfg.) Lex.-8. ($65^1/_2$ B. u. 60 Stahlst.) Frankfurt a. M. 834, 35, [Comptoir f. Lit.] à Lfg.

—— das Welttheater, od. d. allgem. Weltgeschichte v. d. Schöpfung bis z. J. 1840. Mit 240 histor. Stahlst. u. 300 Bildn. der berühmtesten Menschen aller Zeiten. 6 Bde. (od. 75 Lfgn.) u. Regist. Lex.-8. Frankfurt a. M., Comptoir f. Liter. u. Kunst. [1. ($41^3/_4$ B.) 834., 2. ($51^1/_4$ B.) 835., 3. ($53^1/_4$ B.) 837., 4. ($61^1/_2$ B.) 838., 5. (52 B.), 6. ($64^1/_2$ B.) 840. à H. * $^1/_2$ Thlr. u. alphabet. Register. ($5^1/_2$ B.) 841. * $^7/_{12}$ Thlr.] *

— das Welttheater, oder die allgemeine Weltgeschichte von der Schöpfung bis zum Jahr 1840. (In 6 Bden. od. 75 Lfrgg.) Mit 240 histor. Stahlstichen und 300 Bildnissen der berühmt. Menschen aller Zeiten. Lex.-8. Frankfurt 834—40. Verlags-Magazin. (à Lfrg. n. $^1/_2$ ℛ) $17^1/_2$ ℛ

— die Wundermappe, oder sämmtl. Kunst- u. Natur-Wunder des ganzen Erdballs. Treu nach der Natur abgebildet u. topograph. u. histor. beschrieben. 1r Bd. 1e Liefer. Italien (Kirchenstaat). Mit 8 Kpft. Lexic.-8. Frankf. 832. Verlagsmagazin f. Literat. 8 gGr. 1r Bd. 2e Liefer. Italien (Rom). Mit 6 Kpfr. Lexicon-8. Ebd. 832. 8 gGr. 2r Bd. 1e Liefer. Frankreich (Paris), u. 3r Bd. 1e Liefer. Großbritannien (London). Jede mit 6 Kpft. Lexic.-8. Ebd. 832. à 8 gGr.

— die Wundermappe, oder sämmtl. Kunst- u. Natur-Wunder des ganzen Erdballs. Treu nach der Natur abgebildet und topographisch-historisch beschrieb. In Lfrgg., jede mit 6 Kpfr. Lex.-8. Frankfurt 832—37. Verl.-Mag. f. Lit. à Lfrg. n. $^1/_3$ ℛ
— 1r Bd. Italien. 1e Lfrg. Kirchenstaat. 2e — 10e Lfrg. Rom. n. $3^1/_3$ ℛ
1r Bd. 2e Abthl. Ober-Italien. 1e—10e Lfrg. n. $3^1/_3$ ℛ
1r — 3e Abthl. Unter-Italien. 1e—7e Lfrg. n. $2^1/_3$ ℛ
2r — Frankreich. 1e—13e Lfrg. n. $4^1/_3$ ℛ
3r — Großbrittanien. 1e—12e Lfrg. n. 4 ℛ
4r — Süddeutschland. 1e—11e Lfrg. n. $3^2/_3$ ℛ
5r — Norddeutschland. 1e—9e Lfrg. n. 3 ℛ
6r — Turkei. 1e—4e Lfrg. n. $1^1/_3$ ℛ
7r — Schweiz. 1e—5e Lfrg. n. $1^2/_3$ ℛ
8r — Belgien (Niederlande). 1e—4e Lfrg. n. $1^1/_3$ ℛ
9r — Griechenland. 1e—5e Lfrg. n. $1^2/_3$ ℛ
10r — Portugall u. Spanien. 1e—7e Lfrg. n. $2^1/_3$ ℛ
11r — Rußland u. Polen. 1e u. 2e Lfrg. n. $^2/_3$ ℛ
12r — Skandinavien. 1e—6e Lfrg. n. 2 ℛ

Strahlheim, C., die Wundermappe, od. d. sämmtl. Kunst- u. Natur-Wunder d. ganzen Erdballs. Treu nach d. Natur abgebildet u. topograph.-histor. beschrieben. No. 1—73. (Jede m. 6 Kpfrt. u. ca. 2—3 Bog. Text.) Lex.-8. Frankfurt a. M. 832—35, [Comptoir f. Lit.] à Thlr.

Die in ( ) eingeschlossenen Zahlen nennen die Nummern der Lieferungen, welche nachstehende Bände bilden.
Bd. 1. Italien. 3 Abthln.
1. Abthl. Kirchenstaat. 1—10. Lfg. (1, 2, 3, 15, 18, 21, 28, 33, 41, 44.)
2. „ Ober-Italien. 1—10. Lfg. (9, 17, 20, 23, 24, 26, 29, 40, 47, 53.)
3. „ Unter-Italien. 1—6. Lfg. (48, 50, 54, 60, 64, 67.)
„ 2. Frankreich. 1—8. Lfg. (4, 8, 16, 25, 37, 43, 55, 61.)
„ 3. Großbritannien. 1—10. Lfg. (5, 10, 31, 33, 42, 45, 49, 52, 66, 69.)
„ 4. Süddeutschland. 1—4. Lfg. ((7), 11, 35, 68.)
„ 5. Norddeutschland. 1—4. Lfg. (6, 19, 30, 62.)
„ 6. Türkei. 1—4. Lfg. (13, 32, 57, 70.)
„ 7. Schweiz. 1—3. Lfg. (12, 27, 39.)
„ 8. Niederlande. 1—3. Lfg. (14, 36, 59.)
„ 9. Griechenland. 1—5. Lfg. (22, 34, 56, 63, 73.)
„ 10. Portugal u. Spanien. 1—5. Lfg. (46, 51, 58, 65, 71.)
„ 11. Rußland. 1. Lfg. (72.)

—— die Wundermappe, od. sämmtl. Kunst- u. Natur-Wunder d. ganzen Erdball's. Treu n. d. Natur abgebild. u. topograph. u. histor. beschrieben. Nr. 74—105. (Jede m. 6 Kpfrt. u. 2 B. Text.) Lex.-8. Frankfurt a. M. 836, 37, Comptoir f. Liter. u. Kunst. à *

Die in () eingeschlossenen Zahlen nennen die Nummern der Lieferungen, welche nachstehende Bände bilden.
Bd. 1. 3. Abthl. Unter-Italien. 7. Lfg. (95.)
„ 2. Frankreich. 9—13. Lfg. (74, 78, 85, 88, 98.)
Bd. 3. Großbritannien. 11. u. 12. Lfg. (77, 93.)
„ 4. Süd-Deutschland. 5—11. Lfg. (75, 81, 84, 89, 92, 99, 102.)
„ 5. Nord-Deutschland. 5—9. Lfg. (79, 82, 86, 97, 100.)
„ 7. Schweiz. 4. u. 5. Lfg. (87, 96.)
„ 8. Niederlande. 4. Lfg. (95.)
„ 10. Portugal u. Spanien. 6. u. 7. Lfg. (76, 94.)
„ 11. Rußland u. Polen. 2. Lfg. (80.)
„ 12. Scandinavien. 1—6. Lfg. (83, 91, 101, 103, 105.)
Nr. 1—73. Ebendas. 1832—35. à * 8 Gr.

— die Wundermappe ꝛc. Ebend. lies: 6. Bd. Die Türkei. 5 Hefte. Mit 31 Kupferst. $1^2/_3$ ℛ — 11. Bd. Rußland und Polen 6 Hefte. Mit 37 Kupferst. 2 ℛ

—— dass. Nr. 1—4 A. u. d. T.: Asien, od. alle Merkwürdigkeiten dies. Welttheils, von d. ältesten bis auf uns. Zeiten. 1. Bd. Babylonien u. Assyrien. 1—4. Lfg. gr. 8. (à 2 B. u. 4 Stahlst.) Frankfurt a. M. 837, Comptoir f. Liter. u. Kunst. à Thlr. *

— dass. Nr. 1. A. u. d. T.: Asien, oder alle Merkwürdigkeiten dieses Welttheils, von den ältesten bis auf unsere Zeiten, in 2 Bden. mit 98 Stahlstichen. 1r Bd. Babylonien und Assyrien. 1e—4e Lfrgr. Nr. 1—4. Mit 16 Stahlstichen. gr. 8. Frankfurt 837, 38. Comptoir für Literatur. à n. $^1/_3$ ℛ

— Zweite Serie. Asien. 24 Hefte. Mit 98 Stahlst. (2 Bde.) I. Bd. Babylonien u. Assyrien, Syrien, Phönizien, Palästina, Arabien u. Klein-Asien. 12 Hefte. 4 ℛ. — II. Bd. Persien, Ostindien, Birman, Siam u. Tibet, China u. Japan. 12 Hefte. Mit 49 Stahlst. 4 ℛ. — Herabges. Preis des ganzen Werkes à Heft $^3/_8$ ℛ

—— unsere Zeit ꝛc., s. Unsere.

Strahlheim, C. Unsere Zeit. od. Uebersicht der merkwürdigsten Ereignisse von 1789—1830. Von e. ehemal. Offizier d. kaiserl. franz. Armee. 30 Bd. (664½ B.) 16. Stuttgart 1826—30. 60,00.

Strahlheim, Karl, s. S t r a h l h e i m , C.

Strahlmann, Gerh., üb. die Wirkung d. Oleum Thujae u. seiner Bestandtheile. gr. 8. (33 S.) Göttingen 884. (Vandenhoeck & Ruprecht.) n. — 80

Strahlmann, Joh., Finnische Sprachlehre für Finnen und Nicht-Finnen. mit Beziehung auf die Aehnlichkeit der finnischen Sprache mit der ungarischen, und einem Anhange von finnischen Idiotismen und Vergleichung der finnischen und ungarischen Etymologie u. s. w. gr. 8. St. Petersburg. (Halle, Hemmerde in Comm.) 816.

Strahlmann, Jh., Finnische Sprachlehre f. Finnen u. Nicht-Finnen, mit Beziehung auf die Aehnlichkeit der Finnischen Sprache mit der Ungarischen, u. e. Anh. von Finnischen Idiotismen u. Vergleichung der Finnisch. u. Ungarisch. Etymologie rc. gr. 8. St. Petersb. 816. (Halle, Schwetschke u. S.) 3 ⅓

Strahm, F.: S i m o n Petrus der Jünger Jesu. Aus und nach der Schrift dargestellt. Neue Ausgabe. Bern: K. J. Wyss Verlag 1900. 215 S. 8°

Strahm, Fr[iedrich]. Christenglück. Predigten. (Mit dem Portrait des Verfassers [Tafel].) VIII + 334 S. 8. Bern, K. J. Wyss, 1907. [geb. fr. 5.50]

Strahm, Fritz

Strahm, F., der Herr ist mein Hirte. Rath und Trost auf den Lebensweg, besonders für Neuconfirmirte nach Psalm 23. 16. (44 S.) [Schaffhausen 878, Mann.] Basel, Spittler. (* 10 Pf.) *

Strahsen, Fr. Chr.

— üb. die Eigenschaften, welche eine gute Amme besitzen muß, u. über das Verhalten derselben beim Stillen. 8. Riga (831.) (43 S.)

Strahsen, Fr. Chr., üb. den Nutzen u. Gebrauch des Seebades, für Badegäste, nach den besten Aerzten unserer Zeit bearbeitet. 8. Riga 826. (36 S.)

Strähuber, Anton, approb. Arzt aus München: Über Degenerations- und Proliferationsvorgänge bei multipler Sklerose des Nervensystems. *Jena: G. Fischer 1903.* (73 S.) 8°
München, Med. Diss. v. 1903

Strai, Das Kloster, vom Verf. der Grafen v. Moor. Rudolstadt u. Arnstadt 1803. V: *Arnold, Ignaz Ferdinand (Arnold Theodor Ferdin. Cajetan).* (GGr) (MGT) (Ky)

STRAJTER, JOS(EPH): Lobrede bey Gelegenheit eines fünfzigjährigen pristerlichen Dank- und Jubel-Opfers, welches . . . Joseph Wilt . . . Bischof zu Raab im J. 1811 den 11. Julii feyerlich entrichtet hat. Pressburg 1811. Gedr. mit Belnay'schen Schriften. 20 S. -4°

STRAJTER, JOSEPH VON: Rede bey der feyerlichen Einweihung der Bataillons-Fahne der Preßburger Bürger-Miliz am 11. July 1813. Gehalten von Joseph von Strajter. Preßburg 1813: Druck S. P. Weber und Sohn. Belnay'sche Schriften. (III) - 2°

STRAK, FRANZ: Worte der Verehrung und des Dankes, ausgesprochen bei Gelegenheit der Anwesenheit des Hochw. Herrn Joseph von Schrott, Agramer Weihbischof . . . in Karlstadt am 19. Juni 1844. Karlstadt 1844. Gedr. bei Johann Nep. Prettner. 2 f. - 8°

Straka, A. W., mluvnice anglická. Prag 862. Kober. gr. 8. (VIII, 112 S.) n. 15½ ngr.

Strakaty, J., Anton Strobach. (* 3. VII. 1814 — † 22. XI. 1856.) (19 S. m. 1 Bildnis.) 8. Prag 906. (Bursik & Kohout.) — 80
Sonderabdruck aus: „Politik".

Strakerjahn, Heinrich

Strakerjahn, H., d. erste Sprechunterricht (Artikulationsunterricht) bei Geistesschwachen, s. a. Beiträge z. Kinderforschung u. Heilerziehung.

Der erste S p r e c h u n t e r r i c h t (Artikulationsunterricht) bei Geistesschwachen. Von H[einrich] Strakerjahn. Langensalza: Beyer 1908. 25 S. 8°
(Beiträge z. Kinderforschung u. Heilerziehung. H. 47.)

Strakosch, Hans Heinz: Beitrag zur Aetiologie der Friedreichschen Ataxie. Göttingen 1909: Kaestner. 31 S. 8°
Göttingen, Med. Diss. v. 18. März 1910, Ref. Cramer
[Geb. 3. Dez. 82 Wien; Wohnort: Charlottenburg; Staatsangeh.: Sachsen-Koburg-Gotha; Vorbildung: Landes-Real- u. Obergymn. Stockerau Reife Juli 03; Studium: Gent 1, Berlin 2, Göttingen 7 S.; Coll. 12. Febr. 09; Approb. 15. Febr. 10.] [U 10. 1387

Strakosch, L., „wer hat gewonnen?" s.: Universal-Bibliothek.

Erwachende Agrarländer. Nationallandwirtschaft in Ägypten und im Sudan unter englischem Einflusse. Von Siegfried **Strakosch**. Mit 1 Kt. d. engl.-ägypt. Sudan. Berlin: Parey 1910. XI, 235 S. 8° [10. 5623

— Ein Beitrag zur Kenntnis des photochemischen Klimas von Ägypten und des ägyptischen Sudan [illegible] S. 117. [illegible] .65
Separatabdruck

— Ein Beitrag zur Kenntnis des photo-chem. K l i m a s v. Ägypten u. d. ägyptischen Sudan. (18 S. m. 2 Fig.) gr. 8. Wien 908. A. Hölder. — 65
Separatabdruck

Strakosch, S., Ein Beitrag zur Kenntnis des Kohlenhydratstoffwechsels von Beta vulgaris (Zuckerrübe). [Aus: Sitzungsber. d. k. Akad. d. Wiss., mathem.-naturw. Klasse: Bd. CXVI, Abt. I.] Gr.-8°. (15 S.) † K —.50
Wien: Hölder 1907.

Strakosch, S., Bodenökonomie u. Wirtschaftspolitik. Mit e. Anh.: Der assimilator. Effekt verschiedener Kulturgewächse in seiner Bedeutg. f. Land- u. Volkswirtschaft. (Vortrag.) [Erweiterter Sonderabdr. aus: „Zeitschr. f. Volkswirtsch., Sozialpolitik u. Verwaltg."]. (31 S.) gr. 8. Wien, W. Braumüller. —. 50. 1908.

Strakosch, Siegfr., amerikan. Landwirtschaft. Eine Reisestudie. (V, 187 S. m. 56 Abbildgn. u. 1 Karte.) Lex.-8. Wien 905. W. Frick. n. 6. —

Das Problem der ungleichen Arbeitsleistung unserer Kulturpflanzen. Von Siegfried **Strakosch**. Berlin: P. Parey 1907. (IX, 110 S.) 8° [07. 12181

STRAKOSCH-GRASSMANN, Gustav: Der Beginn des Mongoleneinfalles von 1241. — 1892. VII, 119 Bl. Diss. Graz, Univ.

Strakosch-Grassmann, Gustav: B i b l i o g r a p h i e zur Geschichte des österreichischen Unterrichtswesens. (Korneuburg 1901.) 8°

B i b l i o g r a p h i e zur Geschichte des österreichischen Unterrichtswesens. Von Prof. Dr. Gustav Strakosch-Grassmann. H. 1. Wien: Ges. f. deutsche Erzieh.- u. Schulgesch. 1901. 8°

Strakosch-Grassmann, Gust., der Einfall der Mongolen in Mitteleuropa in den J. 1241 u. 1242. Mit 5 Karten, e. Sachregister u. e. Quellenregister. gr. 8. (VII, 227 S.) Innsbruck 893. Wagner. n. 7. —

Strakosch-Grassmann Dr. Gustav: Erziehung und Unterricht im Hause Habsburg I. Heft. 85. Korneuburg 03.
Progr.

Strakosch-Grassmann, Gust., Erziehung u. Unterricht im Hause Habsburg. 1. Heft. Progr. (IV, 82 S.) gr. 8. Wien 903. W. Braumüller. n. 1. 50

— Geschichte der Deutschen in Oesterreich-Ungarn. 1. Bd. (Von den ältesten Zeiten bis zum J. 955.) Mit o. Sachregister. gr. 8. (VI, 551 S.) Wien 895. C. Konegen. n. 12. —

Geschichte des österreichischen Unterrichtswesens. Von Gustav **Strakosch-Graßmann**. Mit 95 Portr. u. 29 Abb. u. 2 Beil. Wien: A. Pichlers Wwe & Sohn 19[01—]05. (VI, 372 S.) 8° [J.] (05. 9377

Strakosch-Grassmann Dr. Gustav: Über das österreichische Volksschulwesen von 1792 bis 1818. II. Wien kath. Lehr. Sem. 03. Progr.

Die Volkszahl der deutschen Städte in Gegenwart und Vergangenheit. Eine vorläufige Zusammenstellung (in d. Regel unter Beschränkung auf jene Orte d. Deutschen Reiches, welche am 1. Dec. 1905 über 10,000 Einwohner zählten) von Gustav **Strakosch-Grassmann**. Korneuburg: Realgymn. 1907. (79 S.) 8°
Aus: Jahresbericht d. städt. Kaiser Franz Josef-Jubil.-Realgymn. in Korneuburg für 1906/7. (08. 984

Das allgemeine Wahlrecht in Österreich seit 1848. Von Prof. Dr. Gustav **Strakosch-Graßmann**. Leipzig & Wien: F. Deuticke 1906. (VIII, 99 S.) 8° [J.] (06. 3059

Stralau [Schlagwort]

Stralau, s.: **Berlin. Straube, Jul.**

Stralau [Verfasser]

Stralau, Eduard, Gedichte. Mit e. Composition f. Piano-Forte, v. J. F. Grönland. gr. 12. (9½ B.) Hamburg 830, (Schuberth u. Niemeyer.)

Stralberg, Adolph, u. Julie v. Tusgal, oder Liebe und Tugend; e. Geschichte in Briefen aus d. letzten Viertel d. 18ten Jahrhund. 2 Thle. 8. Gotha, Ettinger. 802. (à 18 gr.)

Stralendorf, J. A., Parogramma auf den 17. August 1813. 4. Stralsund, Löffler. 814.

Stralenheim, Carolo Guil. Aug. de, gratulatur academia Georgia Augusta. Gottingae 1846. V: *Hermann, Carl Friedrich.* (ZZ)

Stralenkrone, die. Oder: die glanzvollsten Lichtpunkte in den heil. Büchern des Alten u. des Neuen Testaments. Nach der Bibelübersetzung von Joh. Fr. Allioli zusammengestellt u. herausg. von dem Verf. der „Glocke der Andacht" (Ed. Ambach). 2. verm. Aufl. gr. 8. (96 S.) Augsburg 847, Fahrmbacher. n. 4 ngr

Strals, N. P.: Examen jur. judicialis lamiarum confessionis: se ex nefando cum satana coitu prolem suscepisse humanam, s. Klein, Joh. [Praes.]

Stralsund [Sachl. Ordnungswort]

Stralsund u. Rügen. 16 Ansichten in Farbendruck nach Original-Aquarellen. 1. Lfg. qu. Fol. (4 Chromolith.) Stralsund 874. Dühr. n. 10. 50; einzelne Blätter à n. 3. —

Stralsund, Stettin, Wismar und der Pass Neu Fehr zwischen der Insel Rügen, und der Stadt Stralsund. Ohne M. 1 Bl.

Stralsund [Schlagwort]

Stralsund, s.: **Deutschland. Kürschner-Pelp.**

Stralsund, s.: **Deutschland. Uebersichtskarte.**

— s. Europa. Liebenow.

— s. Europa. Übersichtskarte.

Stralsund, Reg.-Bez., s.: **Heimatskärtchen. 32.**

Stralsund, s.: Radfahrerkarton.

Stralsund-Berlin, s.: **Automobilkarten. Mittelbach. Pharus-Auto-Strecke.**

Stralsund-Bremen, s.: **Automobilkarten. Mittelbach.**

Stralsund-Hamburg, s.: **Automobilkarten. Automobil-Tourenkarte.**

Stralsund-Köslin, s.: **Automobilkarten. Automobil-Tourenkarte.**

Stralsund-Stettin, s.: **Automobilkarten. Automobil-Tourenkarte.**

Stramberg, Christian von

v. Stramberg, Chr., siehe **Antiquarius, denkwürdiger u. nützlicher rheinischer.**

Stramberg, Christian von, Denkwürdiger und nützlicher Rheinischer Antiquarius, welcher die wichtigsten und angenehmsten geographischen, historischen und politischen Merkwürdigkeiten des ganzen Rheinstroms von seinem Ausflusse in das Meer bis zu seinem Ursprunge darstellt. Von einem Nachforscher in historischen Dingen. Abth. 1. Bd. 1—4. Abth. 2. Bd. 1—20. Abth. 3. Bd. 1—14. Abth. 4. Bd. 1. Coblenz 1813—71. 8. (D., PBH.; HC.; KPA.)

Stramberg, Chr. v. Denkwürdiger und nützlicher Rheinischer Antiquarius, welcher die wichtigsten und angenehmsten geographischen, historischen und politischen Merkwürdigkeiten des ganzen Rheinstromes, von seinem Ausflusse in das Meer bis zu seinem Ursprunge darstellt. Von einem Nachforscher in historischen Dingen. I.—IV. Abth. Der Mittelrhein (von Bieberich bei Mainz bis Cöln). Historisch und topographisch dargestellt. I. Abth. 1.—4. Bd. Die Stadt Coblenz. II. Abth. 1. Bd. Feste und Thal Ehrenbreitstein. II. Abth. 2.—9. Bd. Das Rheinufer von Coblenz bis zur Mündung der Nahe. II. Abth. 10.—15. Bd. Der Rheingau. II. Abth. 16.—20. Bd. Das Nahethal. III. Abth. 1.—14. Bd. Das Rheinufer von Coblenz bis Bonn. IV. Abth. 1. Bd. Antiquarius der Stadt Cöln. (39 Bde.) Coblenz 1845—1871.

Stramberg, Chr. v., Antiquarius der Stadt Cöln, darstellend die wichtigsten und angenehmsten geograph., histor. und polit. Merkwürdigkeiten der rhein. Metropole, von ihrem Ursprunge an bis zu den heut. Zeiten. 1. Bd. 10 Hefte. gr. 8. (804 S.) Coblenz 861—63, Hergt. à Heft 10 Ngr.

Stramberg's, Ch. v., rheinischer Antiquarius, s.: Handweiser.

Stramberg, Chr. v., Das Haus Báthory in seinen Verzweigungen bis auf den heutigen Tag. Mit color. Wappenabbildg. Berlin 1853. 4. Nicht im Handel.

—— die Kirche Unserer Lieben Frauen zu Coblenz, s. Kirche, die.

Stramberg, Chr. v., s. Marienkalender.

v. Stramberg, Chr., das Moselthal zwischen Zell und Konz, mit Städten, Ortschaften, Ritterburgen. Historisch, topographisch. (Auch als 2e Abthl. von Klein's Moselthal zwischen Koblenz u. Konz.) gr. 8. Koblenz 837. Hölscher. $2^1/_3$ ℛ (Vergl. J. A. Klein.) ($32^1/_2$ B.)

[F.] Die Campritter. Roman v. Gerhard v. **Stramberg.** 1. bis 10. Taus. *Berlin: F. Wesemann [1896?].* (144 S.) 1 Bd 8.
= Collection Wesemann. No 6. [97. 4540

Stramberg, Gerh., **Ines, die schöne Brasilianerin. Roman.** gr. 8. (144 S.) Berlin (900). A. Willdorff. 1. —

Stramberg, G. v., Reiseskizzen aus dem unteren La Plata-Gebiete [Süd-Amerika]. 8. (III, 141 S.) Antwerpen 887. (Bern, Jenni.) n. 1. 20

Stramberg, Gerh. v., Reiseskizzen aus dem unteren La Plata-Gebiete. [Süd-Amerika]. 8. (III, 141 S.) Antwerpen 887. (Bern, Köhler'sche Buchh.) *

Stramberg, Gerh[ard] von: Reiseskizzen aus dem unteren La Plata-Gebiete (Süd-Amerika). — Antwerpen: Selbstverl. 1887. III, 141 S.

Strambi, Kaj., Abhandl. üb. d. Pellagra; aus d. Italien. mit Zusätzen aus Allionis neuest. Schrift u. Anmerkk. v. K. Chr. Weigel. 8. Leipz. 796. (Joachim). 1 ℛ 6 ℊ

— — s.a. Strambio

Strambi v. Mazzerata, Betrachtungen des allerheiligsten Blutes Jesu Christi während des Monates Juni. Nach der 4. italien. Ausg. übers. v. einem kathol. Geistlichen. 12. ($3^5/_6$ B.) Köln 812, Rommerskirchen's Buchh.

Strambio, C., Abhdl. üb. d. Pellagra, a. d. Ital. m. Zus. aus Allionis neuest. Schrift und Anmerk. v. C. Weigel. 8. Lpz. Müller. (Joachim.) 796.

— — s.a. Strambi

Stramer, Wilhelm [aus Nürnberg]: Zur Kenntnis der Biazolone ... Fürth, Buchdr. J. Paulus, 1895; 52 S. 8.
Erlangen, Phil. Fak., Inaug.-Diss. v. 1. Mai 1895

Stramm, August, Ober-Postprakt.: Historische, kritische und finanzpolitische Untersuchungen über die Briefpostgebührensätze des Weltpostvereins und ihre Grundlagen. Halle a. S. 1909: Kaemmerer. 104 S. 8°
Halle, Phil. Diss. v. 19. Nov. 1909, Ref. Conrad
[Geb. 29. Juli 74 Münster i. W.; Wohnort: Friedenau b. Berlin; Staatsangeh.: Preußen; Vorbildung: Gymn. Aachen Reife O. 93; Studium: Berlin 7 S.; Rig. 31. Juli 09.] [U 10. 1804

Stramm, Aug., d. Welteinheitsporto. Historische, krit. u. finanz-polit. Untersuchgn. üb. d. Briefpostgebührensätze des Weltpostvereins u. ihre Grundlagen. (VI, 104 S.) gr. 8. Halle 910. C. A. Kaemmerer & Co. 1. 50

Strammer, Ant., Tafel zur Berechnung des Cubik-Inhaltes von Kohlmeilern von 5—26 Klafter Mittelumfang u. allen Höhen. Klagenfurt 853. Leon. 8. (23 S.) 6 *ngr.*

Stramonius, flüchtige Bemerkungen zu Hrn. Dr. Ign. Mair's Schrift: Ueber die Stellung der Aerzte in Bayern und über das bayer. Medizinalwesen. gr. 8. (67 S. mit 1 Tab. in qu. Fol.) Ulm 857, [Kreck'sche Buchh.] *

Stramonius, flüchtige Bemerkungen zu Herrn Dr. Ign. Mair's Schrift: Ueber die Stellung der Aerzte in Bayern u. über das bayerische Medizinalwesen. Ulm 857. Müller. 8. (67 S. u. 1 Tab. in qu. Fol.) 11 *ngr.*

Strampelmaier, August, Birjer. Johann von Oesterreich ist deutscher Kaiser oder Reichsverweser geworden! Jleich, was sagt de nu? Zu haben bei A. Hofmann u. Comp. 1 Bl. Fol.
Flugblatt. Berlin. 1848/49.

Strampfer, Georg Wilhelm, s. Strampffer

Strampff, Heinr. Leop. v., kritische Briefe über d. Entwurf des Strafgesetzbuches für die preuß. Staaten. gr. 8. (30 B.) Berlin 844, Nicolaische Buchh.

Strampff, Heinr. Leop. v., Entscheidungen d. k. geheim. Ober-Tribunals, s. Entscheidungen.

— s. Goßler, Cph., Handbuch gemeinnütz. Rechtswahrheiten.

Strampff, H. L. v., s. Luther, über die Ehe.

Ueber das **Recht,** terminweise Abbüssung von Strafen zu gestatten. [Verf. wohl Hnr. Leop. v. Strampff u. Karl Alb. Alex. Uhden.] Berlin [usw.] 1831.

—— Rechtssprüche d. preuß. Gerichtshöfe, s. Rechtssprüche.

—— Zeitschrift f. preuß. Recht, s. Zeitschrift.

Strampffer, Georg Wilhelm

Strampfer, G. Wilh.: „Juristisch-cameralistische Abhandlung vom Huthrechte", Erlangen 1798 (Palm). — Vorh.: Bibl. des Kammergerichts Berlin. — Ec. 1590.

— von der Intestaterbfolge, nach positiven u. natürl. Rechten. gr. 8. Erlang. 795. Palm. 4 ℊ

Strampffer, Johann Joachim (Bad Windsheim)
A. S. 566/21

Effectus potiores communionis bonorum universalis constante matrimonio.
Präs. Friedrich Wilhelm Tafinger.
Tübingen (Fues) 15. III. 1773. 36 S.

Gew.: Stadt Bad Windsheim.
W. v.: Präs. 33806

Strampin, Johann Jakob (Limburg) A. S. 381/13

Disputatio inauguralis medica de haemoptysi.
Altdorf (Meyer) 22. VI. 1719. 28 S.

Gew.: Stadt Nürnberg. 33807

Stramwitz, Ed.

Stramwitz, E. Ueber Strophen- und Vers-Enjambement im Altfranzösischen. Diss. Greifswald 1886. IX u. 189 S.

Stramwitz, Ed., über Strophen- und Vers-Enjambement im Altfranzösischen. gr. 8. (IX, 187 S) Leipzig 887, Fock. *

Strand, Embrik, Apidologisches aus dem naturhistorischen Museum zu Wiesbaden. (S. 35—45.) gr. 8. Wiesbaden 910. J. F. Bergmann. — 60
Sonderabdr. aus: Jahrbücher des nassauischen Vereins für Naturkunde.

Strand, Embrik, isländische Arachniden. (Aus dem kgl. Naturalienkabinett zu Stuttgart.) (S. 279—284.) gr. 8. Wiesbaden 906. J. F. Bergmann. n. — 40
Sonderabdruck aus: „Jahrbb. des nass. Ver. f. Naturkde."

— Einige Arachniden aus der Krim. (S. 113—118.) gr. 8. Ebd. 910. — 40
Sonderabdr. aus: Jahrbücher des nassauischen Vereins für Naturkunde.

Die arktischen Araneae, Opiliones und Chernetes von Embrik **Strand** aus Kristiania. Mit 3 Fig. (Jena: G. Fischer 1906.) (S. 434–478.) 2°(4°)
= **Fauna** Arctica. Bd 4, Lfg 3, [1.] 1.6 9008

— Eine neue Avicularia, nebst Bemerkungen üb. and. südamerikanische Spinnen. (S. 219—227.) gr. 8. Ebd. 907. — 40
Sonderabdr. a.: „Jahrbb. d. nass. Ver. f. Naturkde."

Bemerkungen über einige norwegische Tephroclystien und Tineinen. Von Embr[ik] **Strand**. Trondhjem 1902: Aktietr. (6 S.) 8°
= **Skrifter**, Kgl. Norske Videnskabers Selskabs. 1901, No 8. 05. 6769 9

— s.: Bericht über die wissenschaftl Leistungen in der Naturgeschichte der niederen Tiere.

— Drei neue Crabroniden nebst Bemerkungen zur Verbreitung einiger anderen Hymenopteren (exklus. Apiden) d. naturhistorischen Museums zu Wiesbaden. (S. 45—52.) gr. 8. Wiesbaden 910. J. F. Bergmann.
Sonderabdr. aus: Jahrbücher des nassauischen Vereins für Naturkunde. — 40

Die Dictyniden, Dysderiden, Drassiden, Clubioniden und Agaleniden der Collett'schen Spinnensammlung von Embr[ik] **Strand**. Christiania: J. Dybwad in Comm. 1904. (16 S.) 8°
= **Forhandlinger** i Videnskabs-Selskabet i Christiania. 1904, No 5. 06. 12605

— Exotisch-araneologisches. I. Amerikanische, hauptsächlich in Peru, Bolivien u. Josemitetal in Californien gesammelte Spinnen. II. Spinnen aus Kamerun. III. Übersicht der bekannten Hysterocrates-Arten. IV. Zur Kenntnis d. Aranea rufipalpis (Luc.). (S. 223—295.) gr. 8. Ebd. (908). 1. 80
Sonderabdr. aus: Jahrbücher des nassauischen Vereins für Naturkunde.

— Über einige amerikanische Hymenopteren des naturhistorischen Museums zu Wiesbaden. (S. 7—18.) gr. 8. Ebd. 910. — 60
Sonderabdr. aus: Jahrbücher des nassauischen Vereins für Naturkunde.

Zur Kenntniss der Arachniden Norwegens von Embr. **Strand**. Trondhjem 1900: Aktietr. (46 S.) 8°
(Skrifter, Kgl. Norske Videnskabers Selskabs. 1900, No 2.)

— neue norwegische Schmetterlingsformen. (24 S.) gr. 8. Kristiania 903. A. Cammermeyer. n. 1. 12
Sonderabdr. aus: „Archiv f. mathematik og naturvidenskab".

— japanische Spinnen, s.: Bösenberg, W.

— Einige Spinnen aus Kamerun, Java u. Australien. (S. 177—219.) gr. 8. Ebd. 907. 1. 40
Sonderabdr. a.: „Jahrbb. d. nass. Ver. f. Naturkde."

Spinnentiere aus Neuguinea (Opiliones, Psechridae u. Clubionidae) gesammelt von Dr. Schlaginhaufen, bearb. von Embrik **Strand**. Leipzig: Teubner in Komm. 1910. 16 S. 4°
(Abhandlungen u. Berichte d. Kgl. Zool. u. Anthropol.-Ethnogr. Museums zu Dresden. Bd 13, Nr 5.) 11. 17981 8

— Spinnentiere v. Süd-Afrika u. einigen Inseln, s.: Südpolar-Expedition, deutsche, 1901—1903. X, 5.

— Sumatra- u. Neu-Guinea-Spinnen des naturhistorischen Museums zu Wiesbaden. (Aus dem kgl. Naturalienkabinett in Stuttgart.) (S. 257—278.) gr. 8. Wiesbaden 906. J. F. Bergmann. n. — 80

— Nordafrikanische, hauptsächlich v. Carlo Freiherr v. Erlanger gesammelte Thomisiden. (Aus d. kgl. Naturalienkabinett zu Stuttgart.) (S. 103—147.) gr. 8. Wiesbaden 907. J. F. Bergmann. 1. 40
Sonderabdr. a.: „Jahrbb. d. nass. Ver. f. Naturkde."

— über einige Vogelspinnen u. afrikanische Spinnen des naturhistorischen Museums zu Wiesbaden. (Aus dem kgl. Naturalienkabinett in Stuttgart.) (45 S. m. 8 Abbildgn.) gr. 8. Ebd. 906. n. 1. 40

— Weiteres üb afrikanische Spinnen des naturhistorischen Museums zu Wiesbaden. (Aus dem kgl. Naturalienkabinett zu Stuttgart.) (S. 285—298.) gr. 8. Ebd. 906. n. — 60

†Strand, Gabriele [Louise Tesdorpf], Atalanta van der Hege, s. Collection Spemann.

Strand, Gabr., Hadrian. Eine Tragödie in 5 Aufzügen. 8. (123 S.) Lübeck 885. (Dittmer.) n. 3. —

Strand, G., Julia Alpinula. Eine Tragödie in 5 Aufzügen. 8. (97 S.) Lübeck 888. (Karlsruhe, A. Bielefeld's Hofbuchh.) n. 2. —; geb. n. 3. —

Strand, Gabriele (Louise Tesdorpf), Fata Morgana. Dramatisches Gedicht in 3 Aufzügen. 8. (82 S.) Lübeck 892. (Lübcke & Hartmann.) n. 2. —

Strand- und Haidebilder harmloser Stunden. Mit einem Anhange ... Hamburg 1846. V: *Thomas*, *F. C.* (Russell V, 405)

Strandblumen. Erinnerungsblätter m. Bildern u. Liedern. qu. 12. (16 S.) Leipzig 888. Baldamus, Sep.-Cto. cart. m. Goldschn. n. 1. —

Das **Strand-Buch**. Kursbuch d. Ostsee mit Fahrplan-Ordner enth. Dampfschiffs-, Motorboots- u. Eisenbahn-Fahrpläne, Notizen über deutsche Ostseebäder u. Bornholm. Mit 1 Eisenbahnkarte. 1. Aufl. 1907. Stettin: M. Bauchwitz 1907. 8° 07. 14441 9

Strand-Buch, das. Kursbuch der Ostsee m. Fahrplan-Ordner, enth. Dampfschiffs-, Motorboots- u. Eisenbahn-Fahrpläne, Notizen üb. die deutschen Ostseebäder u. d. Insel Bornholm. Ausg. 1910. (88 u. 32 S. m. 1 Karte.) kl. 8. Stettin, M. Bauchwitz. — 25

Das **Strand-Buch** mit gesetzlich geschütztem Fahrplanordner, enth.: Dampfschiffs-, Motorboots- u. Eisenbahn-Fahrpläne. (Führer durch d. pomm. Ostseebäder u. Bornholm.) [1.] Saison 1902. *Ahlbeck: K. Ernst 1902.* 8° [J.] 04. 9388

Strand-Buch, das, m. Fahrplanordner, enth. Dampfschiffs-, Motorboots- u. Eisenbahn-Fahrpläne. Notizen üb. deutsche Ostseebäder u. Bornholm. Ausg. f. Juli, Aug. u. Septbr. 1906. Mit 1 Eisenbahnkarte. (82 u. 27 S.) kl. 8. Ahlbeck, K. Ernst. n. — 25

Strandes, Justus, die Portugiesenzeit v. Deutsch- u. Englisch-Ostafrika. gr. 8. (XII, 347 S. m. 20 Taf. u. Karten.) Berlin 899. D. Reimer. Geb. in Leinw. n. 18 —

Strandgut. Monatsschrift f. Literatur, Kunst u. Kritik. Hrsg. u. Chefred.: M. Hassenstein. Red.: Frau Schneidhuber. 2. Jhrg. April 1906 – März 1907. 12 Nrn. (à ca. 32 S.) gr. 8. Berlin-Charlottenburg, Hassenstein. à Heft — 50

Strandgut. Halbmonatsschrift f. Literatur, Kunst u. Kritik. Hrsg. u. Chefred.: M. Hassenstein. (3. Jahrg.) April 1907—März 1908. 24 Nrn. (à 32 S.) gr. 8. Berlin-Friedenau, Dr. M. Hassenstein. 5. —

Strandherr, der, v. Dagöe, s.: Volks-Erzählungen, kleine.

Strand-Kicker-Kalender auf d. Jahr d. Sommerfeste 2, welches e. Mondjahr von 88 Tagen ist. gr. 8. (96 S. m. Abb. u. 2 Farbdr.) Riga 898. (N. Kymmel's Sort.). n. 2. 40

Strandkinder. Künstler-Album d. Lustigen Blätter. (16 S. m. z. Tl. farb. Abb.) 34,5×26 cm. Berlin (910). Verlag der „Lust. Blätter". —50

Strandlieder. Aus den Papieren eines am Strande wandernden Schulmeisters ausgewählt u. hrsg. von Oskar Romaikarg Johannes. gr. 8. (VI u. 60 S.) Marienwerder 850, Baumann in Comm. n. 1/3 ℛ

Strandlieder. Aus den Papieren eines am Strande wandernden Schulmeisters ausgewählt u. herausg. von Osk. Romaikarg Johannes. 2. verm. Aufl. Marienwerder 855. Jacoby in Comm. gr. 8. (VIII, 91 S.) n. 12 ngr.

Strandmärchen. Artigen Kindern erzählt von der Großmutter in Thüringen. 8. (53 S. m. Illustr.) Freiburg a/U. 888. Kirchner. geb. n. 1. 75

Strandordnung für die Herzogthümer Schleswig und Holstein, die Herrschaft Pinneberg, Grafschaft Ranzau und Stadt Altona. Kopenhagen, den 30. 12. 1803. Kopenhagen. (1803.) 8°

Strandorf, Graf, ein Schauspiel in einem A. Wetzlar [1780]. V: *Erdmann, Ludwig.* (MGT) (GGr)

Strandorf, Graf. Schspl. 8. Wetzlar 790. Winkler. 4 gr

Strandräuber, die, s.: Volks-Erzählungen, kleine.

Strandrecht, Modernes. Kein Roman, eine aktenmässige Geschichte einer Entmündigung wegen Geisteskrankheit. Zürich 1896. V: *Platner, G.* (Verlags-Katalog C. Schmidt. Zürich 1897. S. 37.)

Strandrecht, modernes. Kein Roman — eine aktenmässige Entmündigungsgeschichte (Fall Wünsch). Gr. in-8°. 238 S. Zürich, Cäsar Schmidt. 2 50 1896.

Strandrecht, modernes. Kein Roman, e. aktenmäß. Geschichte e. Entmündigg. wegen Geisteskrankheit. gr. 8. (VIII, 238 S.) Zürich 896. C. Schmidt. n. 2. —

Strandrechte, vom, s. Jak. Schuback.

Gesellschaft zur Rettung Schiffbrüchiger, Deutsche. Strandungen und Rettungen in den Deutschen Seegewässern 1866. Bremen 1866. . . . . (M.-A.)

Strandungsordnung. Vom 17. Mai 1874. gr. 8. (16 S.) Berlin 874, v. Decker'sche Geh. Ober-Hofbuchdr.

Straneo, Paolo [aus Alessandria]: Sulla conducibilità termica del ghiaccio. Roma 1897. 15 S. 4°. Zürich. Phil. Diss. II. S. 1897/98.

(F) **Stranfeld,** T. G., Pickerl. Ein lustiges Wiener Märchen. Gr.-8°. (ill. 103 S.) geb. K 5.40 Wien: Gerlach & Wiedling 1907.

STRANFORT, Amalie von, Oder: Ihr Weiber merkts Euch, dass, wenn Ihr einwilligt, einen sittenlosen Menschen in euere Gesellschaft aufzunehmen, Ihr damit endigt, dessen Opfer zu seyn. Eine Geschichte in Briefen. Mit Titelkpfr. u. Titelvign. Pressburg 1787. 8°. 232 S. Rarl (4 Mk. Frdr. Klüber, 1906.)

Strang, J. G., krit. Bemerkungen zu d. Reden d. Jsocrates. 1. Hft. gr. 8. (6½ B.) Cöln 831, Pappers. (?)

— s. Isocratis, Oratio ad Demonicum.

Strange, Th., Abhandl. von den säulenartigen Gebirgen u. andern vulkan. Naturerscheinungen; aus d. Italien. v. F. A. Weber. Mit Kpf. 8. Heidelb. 780. Pfähler. 20 gr

Strange (J.). Abhandlungen von den säulenartigen Gebirgen etc. im venetianischen Gebiete. Aus dem Italienischen von F. A. Weber. Heidelberg 1780. 8.

Strange, Jos., Beiträge zur Genealogie der adligen Geschlechter. 1. Heft. Cöln 864. Heberle. gr. 8. (3 Bl., 90 S.) n. 12 ngr.

Strange, Jos., Beiträge zur Genealogie der adligen Geschlechter. 2—9. Heft. Cöln 865—69. Heberle. gr. 8. [2. Heft. (VII, 159 S.) n. 24 ngr., 3. Heft. (VII, 96 S.) n. 16 ngr., 4. Heft. (VI, 92 S.) n. 16 ngr., 5. Heft. (VII, 136 S.) n. 20 ngr., 6. Heft. (IV, 100 S.) n. 16 ngr., 7. u. 8. Heft. (V, 72 S., IV, 83 S.) n. 28 ngr., 9. Heft. (72 S.) n. 12 ngr.] n. 4 ℛ 12 ngr.

Strange, Jos., Beiträge zur Genealogie der adligen Geschlechter. 10. u. 11. Hft. gr. 8. (VII, 152 S.) Köln 871. 72. Heberle. à n. 2. — (1—11.: n. 18. 40)

Strange, Jos., Beiträge zur Genealogie der adligen Geschlechter. 12. Hft. gr. 8. (137 S.) Köln 877. Heberle. n. 2. — (1—12.: n. 20. 40)

— Genealogie der Herren und Freiherren v. Bongart. gr. 8. (120 S.) Cöln und Neuss 866, (Schwann's Verlag.) *

— s. Genealogie der Herren und Grafen von Velbrüggen.

Genealogie der Herren und Grafen von Velbrüggen. (von J. Strange.) Neue Ausgabe. Trier 1878. 8.

— Nachrichten über adelige Familien und Güter. 1. und 2. Heft. gr. 8. (119; 128 S.) Koblenz 879, Hergt. à Heft * ℳ 2. *

Stranger's guide through Stuttgart and its environs. Published by the „Verein für den Fremdenverkehr" [Association for encouraging Strangers to visit the city]. 12. (60 S. m. Abbildgn. u. Plan.) Stuttgart 890. Metzler's Vorl. cart. 1. —

Strangschwerd, Graf v., Beurtheilung der Note, welche d. Churbrandenburgische Comitial-Gesandte, Graf. v. Görz, den 15. Septr. 1795. d. Reichstage in Regensb. überg. hat. Leipz. Fleischer. — 4

Stranik: Ueber die Herstellung billiger, feuersicherer Gebäude durch Benützung der in der neuesten Zeit in Anwendung gekommenen Baumaterialien. 17 S.–Linz OR., Progr. 1863

Stranitzky, Josef Anton

Stranitzky, Drama vom „Heiligen Nepomuck", s.: Palaestra. LXII.

Hanss Wurst neu angekommener Passagier aus dem Affen-Schlaraffen- und Wurmland, wie auch aus dem Mondschein nacher Wien (von *Joseph Anton Stranitzky*). O. O. 1722.
Anon.-Lex. VI. p. 267—68 (nach d. Allg. dtsch. Biographie). —Große Seltenheit!

Stranitzky, J. A., Der Wiener Hanswurst. I./II. Thl. Lustige Reyssbeschreibung aus Saltzburg. in verschied. Länder u. Ollapatrida d. durchgetriebenen Fuchsmundi. (Wiener Neudrucke, 6. u. 10. Heft.) 8. (I. Thl. XXXII u. 64 S. II. Thl. CXXVII u. 384 S.) Wien, Carl Konegen. 3 fl. 60 kr.
1885.

Wiener Haupt- und Staatsaktionen. (Verf.: Josef Anton **Stranitzky**.) Eingel. u. hrsg. von Rudolf Payer v. Thurn. Bd 1. Wien: Lit. Verein 1908. 8°
(Schriften d. Literar. Vereins in Wien. 10.)

Stranitzky, J. A., Ollapatrida der durchgetriebenen Fuchsmundi, s. Neudrucke, Wiener.

[**Stranitzky, Joseph Anton.**] Hannß Wursts lustige Reiß-Beschreibung/Aus Saltzburg in verschiedene Länder. o. O. [um 1717].
94 S.; 13 Taf. in Kupferst. 8°
Alter Nachdruck des 1717 in Wien erschienenen Originals.
Graesse VI. 1. 508

Stranitzky, J. A., lustige Reise-Beschreibung aus Saltzburg in verschiedene Länder, s. Neudrucke, Wiener.

Der **kurtzweilige Satyricus**, welcher die Sitten der heutigen Welt auf eine lächerliche Art etc. in einer angenehmen Ollapatrida des durchgetriebenen Fuchsmundi zur vergnügten Gemüths-Ergötzlichkeit vor Augen gestellet. (von **Jos. Ant. Stranitzky.**) 1728. 8o.
Zweite Ausg. Die erste erschien 1722. S. Koch II. S. 330. Flögel Gesch. des Groteske-komischen S. 124 ff. Gervinus III. S. 452.

§* **SATYRICUS**, Der kurtzweilige, welcher Die Sitten der heutigen Welt auf eine lächerliche Art durch allerhand lustige Gespräche, und curieuse Gedancken, in einer angenehmen Olla Patrida (sic!) des durchgetriebenen Fuchsmundi .... vor Augen gestellet. An das Licht gegeben von einem lebendigen Menschen *(Jos. Ant. Stranitzky*, berühmter Hanswurst seiner Zeit, 1712 Pächter des Stadttheaters am Kärtner Thor in Wien*)*. Mit (curiosem, unsign.) TKpf. Cosmopoli, Auf Kosten der Societät. In dem Jahr Da Fuchsmundi feil war. (Leipzig, Fritsch.) Anno 1728. 8°. (In Berlin: Yy 3186, mit 2 Beibdn.) (18 Mk., Einbd. beschäd., J. Halle, München, c. 1905.)
8 Bll., 524 SS. u. 2 Bll. Reg. Titel roth u. schwarz. Enth. 66 derbe, doch nicht erot. Gespräche Fuchsmundis (Hanswursts) mit allerlei Leuten von allerlei Gegenständen, in Prosa u. Versen. — Zuerst gedr. titulo: Olla Patrida, des Durchgetriebnen Fuchsmundi .... Worinnen Lustige Gespräche, angenehme Begebenheiten .... sich in der Menge befinden. An das Licht gegeben vom Schalck Terrae .... In dem Jahr Da Fuchsmundi feil war. 1722. 8°. 8 Bll., 524 SS. u. 2 Bll. Reg. (30 Kr., defektes Expl., Gilhofer & Ranschburg, 1904.) Vgl. Schlager, Wiener Skizzen. N. F. S. 263 ff.; Goedeke 540. — Beide Drucke äusserst rar! Da beide völlig gleiche Paginirung haben, so scheint obige Ausgabe von 1728 nur Titelauflage zu sein.

— — Dasselbe. Neudruck. Wien 1886. 8°. (7 Kr. 20 H.) (4 Kr. Rudolf Heger, Wien, 1902.)

Stranský, A. v., s.: Schatzkammer, grosse, bewährter Vorschriften u. Recepte etc.

— — s. Abel, L.

Stransky Alfred: Über die durch Kalilauge aus den Alkylhalogenadditionsprodukten des Papaverins abscheidbaren Basen. S. 97. Hb. 96 . . . . Agr.
Separatabdruck

Stranský, C. von, s. Stranský, Karl von

Stransky, C. J., tractatus de S. Viti chorea. 8maj. Wien 822. Heubner. 16 gr.

Stransky Emil: Zur Infinitesimalgeometrie der Kurven im elliptischen Raume. S. 121. Ha. 87 55
Separatabdruck

Stransky, Erwin, über die Dementia praecox, s. a. Grenzfragen des Nerven- und Seelenlebens. 67.

Über die Dementia praecox. Streifzüge durch Klinik u. Psychopathologie von Priv. Doz. Dr. Erwin **Stransky**. Wiesbaden: Bergmann 1909. 46 S. 4°(8°)
(Grenzfragen d. Nerven- u. Seelenlebens. 67.)

Stransky Erwin, Dr., und Löwy Robert, Dr.: Zur Histopathologie der Hirn- und Meningealvenen. S. 121. Ill. 121 45
Separatabdruck

Stransky, Erwin, über Sprachverwirrtheit, s. a. Sammlung zwangloser Abhandlungen aus dem Gebiete der Nerven- u. Geisteskrankheiten. VI. 4. 5.

Über Sprachverwirrtheit. Beiträge z. Kenntnis derselben bei Geisteskranken u. Geistesgesunden. Von Dr. Erwin **Stransky**, Wien. Halle: C. Marhold 1905. (110 S.) 8°
(Sammlung zwangloser Abhandlungen aus d. Geb. d. Nerven- u. Geisteskrankheiten. Bd 6, H. 4. 5.)

Stransky, Dr. H. v., Aibling. München 1871. 8.

STRANSKY, Hugo von (Regensburg): De lacte materno. (Titel nach der Urkunde)
22.7.1857 - Urk: F 69
Diss. Ingolst.-Landsh.-Mchn.

Stransky, Josef

— Richard Wagner's Faustouverture, s. Musikführer, Der.

Robert Fuchs. Symphonie in C-dur op. 37. Erläut. v. Josef **Stransky**. '(Prag.)' *Frankfurt a. M.: H. Bechhold [1896]*. (12 S.) 1 Bd 8.
= **Musikführer**, Der. No 60. (97. 1009

Stransky Joseph, Grundlage einer Heil, Wohlfahrt und wahre Freiheit den Völkern bringenden Staatsverfassung. Wort zur rechten Zeit. 8. (XVI und 280 S.) Königgrätz, Joh. Host. Pospissil, 1853.

Friedrich Smetana, Mein Vaterland. E. Cyclus symphon. Dichtgn (f. gross. Orchester). H. [1—]III. Erl. v. Josef **Stransky** '(Prag)'. *Frankfurt a. M.: H. Bechhold [1896]*. 3 Bde 8.
[I] i. Vysehrad. (13 S.)
[II.] ii. Vltava '(Moldau)'. iii. Šárka. iv. Aus Böhmen's Hain u. Flur. (15 S.)
III. v. 'Tabor', vi. 'Blanik'. (12 S.)
= **Musikführer**, Der. No 93—95. (97. 1364

— Robert Fuchs' Symphonie in C-Dur, op. 37, s. Musikführer, Der.

— Friedrich Smetana's Mein Vaterland, s. Musikführer, Der.

Richard Wagner, 'Eine Faustouverture'. Erläut. v Josef **Stransky** '(Prag)'. Frankfurt a.M.: H. Bechhold (1897). (15 S.) 1 Bd 8°
(Musikführer, Der. No 137.)

Stranský, Karl von

Stranský, C. v., Feld-Taschenbuch für Truppen-Offiziere, s. a. Prévôt, C.

Stranský, Carl v., und Carl Prévôt, Feld-Taschenbuch für Truppen-Offiziere. 5. Aufl. 16. (VI, 180 S. mit eingedr. Holzschn. und Stnt.) Teschen 882, Prochaska. geb. **
4. Aufl. s. Prévôt, Carl.

Stransky, Carl v., und Carl Prévôt, Feld-Taschenbuch für Truppen-Offiziere. 7. Aufl. (VI, 180 S.) 886; 8. Aufl. gr. 8. (VI, 210 S.) Teschen 888, Prochaska. geb. **

Stransky, Carl v., u. Carl **Prévôt**, Feld-Taschenbuch f. Truppen-Officiere. 9. Aufl. 16. (VI, 216 S. m. Abbildgn.) Teschen 890. Prochaska. geb. m. Tasche. n.n. 3. 60

Stransky Karl: Die Sprache der altgalizischen Cronica Troyana.
II. 1906 PN 2050 **Diss.** Wien, Univ. 2272

Stransky, Moritz: Grundzüge zur Analyse der Molecularbewegung. Th. 1, 2. Anhang: Fluor-Silicium. Brünn 1867 u 1871. 1 Bd. 16; 23 S. 8°.

Stransky, M. Die Reform der Finanzen. gr. 8°. Brünn 1867.

Stransky, Moritz. Zur Steuer-Reform. Bericht-Erstattung an den deutschen Fortschritts-Verein in Brünn. Sep.-Abdr. aus der polit. Zeitschr. „Mährischer Correspondent". 16°. Brünn, Břeža, Winiker u. Co., 1869.

Stransky, Paul

—von den Böhm. Landständen, Landtagen u. Landesämtern; aus d. Latein. 8. Prag 790. Calve. 4 gr.

Stransky, Paul., de republica Bojema. 12. Amsterdam. 713. — 8

Stransky, Paul, Staat od. Geschichte von Böhmen, übers., berichtigt u. ergänzt v. Jgn. Cornova. 7 Bde. 8. Prag 792—803. Calve. 10 Rthlr 3 gr Postp. 13 Rthlr 16 gr Hbg. Pr. 4 Rthlr 18 gr Schrbp. 6 Rthlr 16 gr

Stransky Sigmund: Zur Metaphysik der Musik.
1885 PN 412 **Diss.** Wien. Univ. 30

— Über Veratrin S. 99. (Ph. 12) . . . . vgr.
Separatabdruck

Stransky, Sigm., Versuch der Entwicklung e. allgemeinen Ästhetik auf Schopenhauerischer Grundlage. gr. 8. (67 S.) Wien 886. Löwit. n. 1. —

Stransky Siegmund, Dr.: Über Zahlenrelationen der Atomgewichte S. 97 (Ph. 98) . . . vgr.
Separatabdruck

Stransky v. Stranka-Greiffenfels, F. H., Beleuchtungen physiolog. und psycholog. Gegenstände. 8. Bamberg, Gebhard. 805.

v. Stransky v. Stranska v. Greiffenfels, Ritter Fr. H., Beleuchtt. physiolog. u. psycholog. Gegenstände. 8. Bamb. 805. (Wesché in Frkf. a. M.) 1 Rthlr

— Geist d. natürl. Dinge. Eine philosoph. Skizze. 8. Bamb. 805.

Stransky-Greifenfels, Fr. von, Geist der neuesten medizinischen und chirurgischen Schriften Teutschlands. s. Geist.

— historisch-krit. Zeitschrift, f. **Geist** der neuest. medicin. u. chirurg. Schriften Deutschlands.

Stransky-Greiffenfels, Hugo v., Bad Aibling in den Voralpen des Bayerischen Hochlands. Naturwissenschaftliche Darstellung desselben, Beschreibung seiner Moor-, Sool-, Mutterlaugenbäder und übrigen Curmittel, nebst Anleitung für Benutzung seiner Umgebung. Mit 1 (lith.) Karte u. 1 (lith.) Panorama (in 4. u. Fol.). München 863. (Kaiser.) Lex.-8. (35 S.) n. 22 ngr

Strantz, v., s.: Kolonial-Kalender, illustrierter deutscher.

Strantz, C. F. F. v., Geschichte des deutschen Adels urkundl. nachgewiesen von seinem Ursprunge bis auf die neueste Zeit. 3 Thle. gr. 8. (37¾ B., 1 Wappen- u. Siegeltaf.) Breslau 845, Kühn.

—, — 2. verm. u. verb. Aufl. Mit 1 Wappen- u. Siegeltaf. in qu.-Fol. Th. 1—3. Waldenburg u. Breslau 1851—53. 8. (D.)

v. Strantz, C. F. F., († d. 12. Septbr. 1852), Geschichte des deutschen Adels urkundlich nachgewiesen von seinem Ursprunge bis auf die neueste Zeit. 2. mit den neuesten Ereignissen verm. u. verb. Aufl. Mit 1 Wappen- u. Siegeltaf. in qu. Fol. 3 Thle. (od. 8 Hfte.) gr. 8. Waldenburg 851, Kühn. n. 2⅔ Rthlr

— Geschichte des dem freien Herrenstande, den Schloßgesessenen u. Rittern im Mittelalter angehör. Edlen Geschlechts „Strantz" urkundl. u. kirchl. nachgewiesen v. Anfange d. 13. Jahrh. bis neuester Zeit. gr. 4. (8½ B. u. 3 Stammtaf.) Breslau 838, (Graß, Barth u. Comp.) *

Strantz, C. F. v., Geschichte des dem freien Herrenstande, den Schlossgesessenen und Rittern im Mittelalter angehörenden edlen Geschlechts Strantz. Breslau 1839. 4.

Strantz, C. F. F. v., der wiener Congreß. Chronolog. Darstell. d. hierbei stattgefund. Feierlichkeiten u. wichtigsten Ergebnisse d. Verhandln. gr. 8. (2¾ B.) Breslau 840, Graß, Barth u. Comp.

— vergleich. hydrograph. Tabellen z. Darstell. e. Charakteristik d. Flüsse. In d. schles. Gesellschaft f. vaterländ. Cultur vorgetr. gr. 8. (2¾ B.) Breslau 836, Graß, Barth u. Comp.

— vergleich. orograph. Tabellen z. Darstell. e. Charakteristik d. Hoch- u. Tieflandes. In d. schles. Gesellschaft f. vaterländ. Cultur vorgetr. gr. 8. (2¼ B.) Breslau 835, Graß, Barth u. Comp.

— Theorie u. Erfahrung üb. Erdbildung, Gebirgs-Emporhebungen, Senkungen u. Schichten-Neigungen insbesond. gr. 8. (5½ B.) Breslau 838, Grass, Barth u. Comp.

— — s.a. Strantz, F. von

Strantz, Else, von Berlin: Zur Silphionfrage. Ansbach 1909. 184 + 68 + XIII S. und vier Tafeln. 8°.
[16. IV. 09.]
Zürich. Phil. Diss. I. S. 1908/09

Strantz, Else. Zur Silphionfrage. Diss. Phil. [I.] Univ. Zürich. ([Mit 4 Tafeln und] Anhang.) IV + 183 + *Anhang* 67 + XIII S. 8. Ansbach, C. Brügel & Sohn, 1909.

Strantz, Else, zur Silphionfrage. Kulturgeschichtliche u. botan. Untersuchgn. üb. die Silphionpflanze. Mit 2 Pflanzen- u. 1 Münztaf. (III, 176, 67 u. XII S. m. 4 Taf.) 8. Berlin 909. R. Friedländer & Sohn. 4. —

v. Strantz, (F.,) Hülfsbuch d. Kriegswissenschaften. Zum praktischen Gebrauch f. Offiziere von d. Infanterie, Kavallerie u. vom Generalstabe. gr. 8. Breslau 825, Max u Comp. Rthlr

v. Strantz, (F.,) neuer Höhen- u. Distanzen-Messer zum Militair-Gebrauch. I. Pendel, Quadrant zum Höhenmessen. II. Visirstab zur Distanzen-Bestimmung mit 1 Platte in Steindr. 8. Breslau 823, Max u. C.

Strantz (F. v.). Theorie und Erfahrung über Erdbildung, Gebirgsemporhebungen, Senkungen und Schichten-Neigungen insbesondere. Breslau 1838. 8.

— — s.a. Strantz, C. F. F. von

Strantz, Ferd. v., Erinnerungen aus meinem Leben. gr. 8. (V, 272 S. m. Bildnis u. 14 Fksms) Hamburg 901. Verlagsanstalt u. Druckerei. n. 4. —

Strantz, Ferd. v., persönliche Erinnerungen an berühmte Sängerinnen des XIX. Jahrh. (44 S.) gr. 8. Berlin 906. H. Lazarus. n. 1. —

Strantz, Ferd. v. Ein Kapellmeister-Konflikt im königl. Opernhause. Nachspiel zu „Ein Theater-Konflikt". gr. 8. (21 S.) Berl. 890, Lazarus. — 30

Opernführer. Opern u. Singspiele, die d. Spielplan unserer Bühnen beherrschen, d. Inhalte nach … wiedergegeben. Mit biogr. u. anderen Anm. sowie mit einl. Worten hrsg. von Ferdinand v. **Strantz**. Berlin: A. Weichert (1907). (400 S.) 8° [F.] [08. 16331

Strantz, Ferd. v., ernste u. heitere Theater-Erzählungen. (85 S.) kl. 8. Berlin 909. C. Spiro. Geb. in Leinw. 1.50

Strantz, Ferd. v., ein Theater-Konflikt. 8. (23 S.) Berlin 887, Zenker. *

Strantz, Friedrich von: Opernführer, s. Strantz, Ferdinand von

Strantz, Gust. v., Leitfaden zum Stoßfechten, Schlagen und Turnen für die Königliche Militair-Reitschule zu Schwedt. Berlin 861. Springer'sche Sorthdlg. in Comm. gr. 8. (40 S. u. 1 lith. Taf.) n. 8 ngr.

Strantz, G. v.: Leitfaden zum Stoßfechten, Schlagen und Turnen für das Kgl. Militair-Reit-Institut zu Hannover. 3. Aufl. Berlin 1868. 40 S.

Strantz, Jakob Friedrich (Plauen) A. S. 577/105

Exercitatio iuridica, de consensu creditoris in ulteriorem oppignorationem fundi, remissionem pignoris non involvente. Präs. Friedrich Gottlieb Zoller. Leipzig (Langenheim) 12. VIII. 1772. 16 S.

Gew.: Georg Friedrich Strantz. 33808

Ein Protest gegen den Wechselprotest. Von Dr. J[osef] **Strantz**, Just.-R., Berlin. *Berlin: O. Liebmann 1903.* (S. 341–378.) 8°
Aus: Festgabe d. Jurist. Gesellsch. zu Berlin z. 50jähr. Dienstjubiläum d. Wirkl. Geh.R. Dr. Richard Koch. [03. 13472

Strantz, Kurt v.: Eine deutsche Antwort auf d. Prager Revolten. Prager Revolten. Böhmisch-Tschechisch vom allg. u. dt. kulturellen Standpunkt. Lpz. ('08; übergekl. '15). 20 S. (Dt.-nat. Volksbund. Volksschriften. 23.)

Strantz, Kurt v., das verwelschte Deutschtum jenseits der Westmarken des Reiches, s.a. Luckhardt's zeitgeschichtliche Bibliothek. II.

Strantz, Kurd v(on). **Das verwelschte Deutschtum jenseits der Westmarken des Reiches, ‹der französischen Niederlande, des französisch gebliebenen Lothringens und elsässischen Sundgaues, der Freigrafschaft Hochburgund, sowie der Westschweiz›.** Antwort auf das französische Rachegeschrei. 2. ergänzte Aufl. XVI + 76 S. 8. Berlin und Leipzig, Friedrich Luckhardt, 1903. (M. 1. 50)

(Luckhardt's Zeitgeschichtliche Bibliothek. Band 2.)

Strantz, Kurd v.: Ihr wollt Elsaß und Lothringen? Wir nehmen ganz Lothringen und mehr! Antw. auf d. französ. Rachegeschrei! (3. Aufl.) Berlin 1912. 8° *[1. Aufl. 1887.]*

Strantz, Kurt v., Prager Revolten. Böhm.-tschechisch v. allgemeinen u. deutschen kulturellen Standpunkt. Eine deutsche Antwort auf d. Prager Revolten. (20 S.) gr. 8. Leipzig (909). Leipziger Verlags- u. Kommissionsbuchh. — 40

Strantz, K. v., Prager Revolten. Böhmisch-tschechisch vom allgemeinen u. deutschen kulturellen Standpunkt. Eine deutsche Antwort auf die Prager Revolten. (20 S.) gr. 8. Leipzig, Verlag Deutsche Zukunft. —. 40.
1909.

Strantz, M. v., la belle Alliance. Dichtung Sr. Königl. Hoheit dem Prinzen Friedrich Wilhelm von Preußen und Ihrer Königl. Hoheit der Prinzeß Royal von Groß-Britannien u. Irland am 25. Jan. 1858 dargebracht. Berlin, F. Schulze. Ler.-8. (16 S.) nn. 7½ ngr.

Strantz, M. v., Fest u. Treu. Gedenkblätter. 8. (XVI, 191 S. m. photolith. Titelbl.) Berlin 885. (A. Duncker.) geb. m. Goldschn. n. 3. —

Strantz, Max von

Strantz, M. v., die Blumen in Sage und Geschichte. Skizzen. gr. 8. (VIII, 472 S.) Berlin 875, Enslin. *
geb. *

— unsere Gemüse. Mit Anschluß der Kastanie, Olive, Kaper, der Wein- u. Hopfenrebe. Kulturhistorische u. gastronom. Skizzen. gr. 8. (XIV, 396 S.) Ebend. 877. n. 7. —; geb. n. 8. 50

Strantz, Vict. v. Die deutschen Einigungskriege. Illustrierte Kriegschronik der J. 1864, 1866 u. 1870—71. Mit authent. Illustr., Porträts, Karten u. Plänen. Fol. (XIV, 5, 10, 23 S. m. 61 Holzschntaf.) Lpz. 892, J. J. Weber. geb. * 12 —

Strantz, Vict. v., d. deutschen Einigungskriege. Illustr. Kriegschronik d. J. 1864, 1866 u. 1870—71. 2., verm. Aufl. Eine Festgabe zur Feier des 100. Geburtstages Kaiser Wilhelms I. Mit authent. Illustr., Porträts, Karten, Plänen u. e. Anh.: Thaten u. Phrasen im Deutsch-franz. Kriege 1870/71. gr. Fol. (XIV, XXIV, 5; XXXII, 10; LXIV, 23 u. 52 S.) Leipzig 897. J. J. Weber. Geb. in Halbleinw. n. 7. 50; in Prachtbd. m. Goldschn. n. 9. —

— dasselbe, s.a. Heere u. Flotten, die, d. Gegenwart, I.

— das internationale Rote Kreuz. 8. (XV, 131 S. m. 1 Bildn.) Berlin 896. A. Schall. n. 1. —

[F.] Das internationale Rote Kreuz v. V[ictor] v. **Strantz**. *Berlin: Ver. d. Bücherfreunde [1896].* (XIV S., 1 Bl., 131 S., 1 Portr.) 1 Bd 8. [96. 4793

Strantz, Vict. v., das Rote Kreuz. Eine kurze Darstellg. seines Zweckes u. seiner Organisation. 8. (46 S.) Berlin 900. R. Siegismund. n. — 50

v. Strantz. Das Rote Kreuz. 2. Aufl. Berlin 1900.

Der griechisch-türkische Krieg des Jahres 1897. Nach offiz. Quellen von einem höheren Offizier (V. v. Strantz). Mit Portr. u. Krt. Berlin 1899. 257 S.

Strantz, Vict. v., illustrirte Kriegs-Chronik. Gedenkbuch an den russisch-türk. Feldzug von 1876—78. Gezeichnet von den artist. Mitarbeitern der Illustrirten Zeitung. Neueste Folge der illustrirten Kriegs-Chronik von 1864, 1866 und 1870/71. 20 Lfgn. Fol. (X, 344 S. mit 1 lithogr. und color. Karte in qu. gr. Fol. und 300 eingedr. Holzschn.) Leipzig 877,78, Weber. à Heft *
compl. ℳ 12.; geb. *
Pracht-Ausg. auf chamois Kpfrdr.-Pap. geb. *
Pracht-Ausg. auf holländ. Pap. geb. *

Strantz, Vict. v., die kurfürstlich brandenburgische u. die kaiserlich deutsche Kriegsflotte. Ein histor. Gedenkblatt zur Feier d. Stapellaufes der Panzerfregatte „der große Kurfürst" zu Wilhelmshaven am 17. Septbr. 1875. Mit dem (chromolith.) Situationsplane d. Marine-Etablissements zu Wilhelmshaven (in qu. Fol.) gr. 8. (86 S.) Berlin 875. v. Decker. n. 2. 50

[F.] Das Deutsche Reich 1871—1895. E. histor. Rückblick auf d. ersten fünfundzwanzig Jahre v. Victor v. **Strantz.** 2. verm. Aufl. *Berlin: R. v. Decker 1896.* (CIII, 581 S.) 1 Bd 8. [97. 8162

— dasselbe, s. a.: Reich, das Deutsche, 1871—1895.

(Strantz, v.) Deutschlands koloniale Wehrmacht in ihrer gegenwärtigen Organisation und Schlagfähigkeit. Berlin 1906. 4°.

Strantz, W. von, s. Strantz, Viktor von

Stranz, an Dr. M. W. Schneemann, üb. den ansteckend. Typhus. 8. Bamb. Kunz. 814.

Stranz, Bernhard *(geb. Posen 23.9.1852)*: Ueber das maligne Lymphom (Pseudoleukämie). Breslau 1878. (27 S.) 8° *[Im Buchhandel 1878 bei Koebner in Breslau.]*
Breslau, Med. Diss. v. 15. Juni 1878

Stranz, Bernh., über das maligne Lymphom. [Pseudoleukämie.] Inaugural-Dissertation. gr. 8. (27 S.) Breslau 878. (Koebner.) n. 1. —

Stranz, J. J., Dankpredigt an s. 50 jähr. Amtsjubil. 1757. in Dresden geh. 4. Dresden. 758.

Stranz, Josef

— u. Steph. **Gerhard**, das preußische Ausführungsgesetz zum bürgerl. Gesetzbuche, unter Berücksicht. des allgem. Landrechts, des gemeinen Rechts u. des rhein. Rechts kommentiert. Nebst e. Anh.: Die noch gelt. Bestimmgn. des allgem. Landrechts, des Code civil u. der wichtigsten Ergänzungsgesetze. 3 Lfgn. gr. 8. (X, 529 S.) Berlin 900. O. Liebmann. n. 10. 80; geb. n. 12. —

Stranz, Jos., s.: Formularbuch f. d. freiw. Gerichtsbarkeit.

Stranz, Jos., Kommentar zum Handelsgesetzbuch, s.: Staub, Herm.

— u. M. **Stranz,** Kommentar z. Wechselordnung, s.: Staub, Herm.

Ein Protest gegen den Wechselprotest. Von Dr. J[osef] **Stranz**, Just.R., Berlin. *Berlin: O. Liebmann 1903.* (S. 341—378.) 8°
Aus: Festgabe d. Jurist. Gesellsch. zu Berlin z. 50jähr. Dienstjubiläum d. Wirkl. Geh.R. Dr. Richard Koch. [04. 4649

Stranz, Jos., französisches Recht über Preßbeleidiggn. im Anschluß an d. Prozeß Zola, s.a. Veröffentlichungen d. Berliner Anwalt-Vereins.

Französisches Recht über Pressbeleidigungen im Anschluss an den Prozess Zola. E. Vortr., geh. im Berliner Anwalt-Ver. v. Dr. Josef **Stranz**, Rechtsanw. Siemenroth & Troschel 1898. (47 S.) 1 Bd 8°
(Veröffentlichungen d. Berliner Anwalt-Vereins. H. 10.)

— die Rechtsanwaltschaft b. Reichsgerichte, s.a. Veröffentlichungen des Berliner Anwalt-Vereins. 18. Hft.

Die Rechtsanwaltschaft beim Reichsgerichte. Ein Vortrag von Dr. J[osef] **Stranz**, Justizrat. Berlin: F. Vahlen 1905. (28 S.) 8° [F.]
= **Veröffentlichungen** d. Berliner Anwalt-Vereins. H. 18. [05. 6423

— u. M. **Stranz**, allgemeine deutsche Wechselordnung, s.a. Guttentag's Sammlung deutscher Reichsgesetze. 5

Stranz, J[os.], und M[or.] *Stranz.* Allgemeine Deutsche Wechselordnung. Kommentar. 9. Aufl. 2. Aufl. d. Neubearb. Berlin 1906. 8°.
[Angeb.] *Loeck*, P[aul]: D. Reichsgesetz betr. d. Wechselstempelsteuer. 8. Aufl. (Guttentag'sche Sammlung Deutscher Reichsgesetze. N. 5.)
[Dasselbe.] 10. Aufl. 3. Aufl. d. Neubearb. Berlin 1909. 8°.

Stranz, Max (geb. Posen 11. 10. 1858): Geschichte der Ligatur. Berlin 1884. (29 S.) 8°
Berlin, Med. Diss. v. 12. Juli 1884

Stranz, Mor., s.: Festgabe der Rechtsanwaltschaft des Kammergerichts f. Dr. Richard Wilke.

Stranz, Mor.: Die Uebertragbarkeit der Rechte des Verlegers aus dem Verlagsvertrag unt. Berücks. des neuen Entwurfs eines Gesetzes über das Verlagsrecht. Berlin 1900.
(In: Festgabe d. Rechtsanwaltschaft d. Kammergerichts f. Wilke.)

Stranzinger Anton: Friedrich Schlegel und Wilhelm v. Humboldt.
II. 1909 PN 2640 **Diss.** Wien, Univ. 286

Straparola, Giovan Francesco

Straparola, Märchen. s.a. Märchen-Saal. 1r Bd.

— — Die Märchen des *Straparola*. Aus dem Italiänischen mit Anmerkungen von Dr. Fr. Wilh. Val. Schmidt. Berlin, 1817. Bei Duncker und Humblot. 8°. XIII, 1 S. Inh., 361 S. (10 Kr. Gilhofer & Ranschburg, Wien, 1909; 32 Mk. Adolf Weigel, 1910:)
Seltene deutsche Uebersetzung der fazetiösen Märchensammlung (le tredici piacevolissime notti) des berühmten Novellisten. In der Vorrede hebt der Uebersetzer den hervorragenden Wert der Sammlung als erste Sammlung abendländischer Märchen und ihre besondere literar. Bedeutung hervor. Die poet. Widmung an Herrn K. v. Oertzen nimmt S. V—III, die Vorrede S. IX—XIII ein; die kritischen u. quellengeschichtl. Anmerkgn. umfassen 95 S. m. d. Reg. — Mit dem Nebentitel: Märchen-Saal. Bd. I. (einz.) — Das Anon.-Lex. IV. p. 127 hat als Uebersetzer (nach Goedeke, Meusel, Hitzig, v. Schindel, Koner): Maria Wilhelmine Schmidt, geb. Nauen.
Enth. 18 Märchen, übers. aus der Venediger Ausgabe von 1608. —

§ **STRAPAROLA**, Giov. Franc., di Caravaggio († 1557). — Die Nächte des *Strapparola* (!) von Caravaggio. Aus d. Ital. übers. 2 Thle. Mit 2 Kpfrn. Wien, Alberti, 1791. 8°. (Kayser p. 90.) Selten! (20 Mk. Scheible, 1880; 4½ Mk. Baer & Co., vor 1885.)
Orig.: Le piacevoli notti .... *In fine:* In Vinegia, per Connia da Trino di Monferato. 2 vols. M. D. L — M. DLIII. (1550—53.) 8°. — Vinegia 1551—54, II. 8°. (Diese u. spätere Ausgaben in München.) — Le piacevoli Notti die Messer *Giov. Straparola* da Caravaggio. Libb. II. In Venegia (so!) 1558. 8°. (In Nürnb., Stadtbibl., ex bibl. Solger. III. p. 319.) — Le notti. Venegia (!) 1560. (Citirt Haubold.) — Venetia 1580. 8°. (In Marburg, Univ.-Bibl.: XVI C 734 m.) — Le tredici piacevolissimi notti, divise in due libri. Mit vielen kleinen und hübschen Holzschn. In Venetia, D. Zanetti, 1601. 8°. (18 Mk. Adolf Weigel, 1908:) Diese Ausg. ist zwar von der kirchlichen Zensur expurgiert worden, enthält aber noch alle Obszönitäten, die sich nicht auf die Geistlichkeit beziehen.

— Die ergötzlichen Nächte.

— dasselbe, s.a. Bibliothek, galante.

— — *Giovan Francesco Straparola* ergötzliche Nächte übersetzt, eingeleitet und kommentiert von Dr. Alfred Semerau. Leipzig, o. J. (190*). 8°. 183 S. (Mk. 3—, gebd. 4—, Leder 5—.) (2 Mk. 25 Pfg., br., Taussig, 1904.)

Straparola, Giovan Francesco, die ergötzlichen Nächte, s.a. Liebhaber-Bibliothek, kulturhistorische. 19. Bd.

Die ergötzlichen Nächte [Le piacevoli notti] des Giovan Francesco Straparola. Eingeleitet u. übers. von Dr. Alfred Semerau. 2. Aufl. Berlin & Leipzig: J. Hegner [1904]. (180 S.) 8°
(Liebhaberbibliothek, Kulturhistorische. Bd 19.)

— dasselbe, s. a. Perlen älterer roman. Prosa.

— — Die ergötzlichen Nächte des *Giovan Francesco Straparola* von Caravaggio. Aus dem Italienischen übersetzt u. eingeleitet von H. Floerke. 2 Bde. Mit 16 Bildbeilagen v. Paul Renner. München, Georg Müller, 1908. 8°. (Einfache Ausgabe, Nr. 51—850, in Ganzprgt. Mk. 28—; Luxusausgabe, Nr. 1—50, Mk. 60—.) (22 Mk. 50 Pfg., Orig.-Prgtbde., tadellos, Adolf Weigel, 1908.)
Das Buch wurde beschlagnahmt, aber vom Landgericht München mit folgender Begründung wieder freigegeben:
„Die Beschwerden sind begründet: Die ergötzlichen Nächte enthalten Obszönitäten. Die derben und allzu saftigen Stellen sind aber, wie dem Sachverständigen Dr. Karl Voll beizustimmen ist, niemals verführerisch gedacht und gehalten und sind mit vielen hochmoralischen gepaart. Die beim gebildeten und auch nur einigermaßen verständigen Leser eintretende Wirkung ist deshalb auch angesichts der dichterischen Vorzüge, welche den Erzählungen eigen sind, keine schamverletzende. . . .“

STRAPAROLA. Die ergötzlichen Nächte des Giovanni Francesco Straparola von Caravaggio. Aus dem Italienifchen überfetzt und eingeleitet von Hanns Floerke. Mit zehn Bildbeilagen von Paul Renner (Titel in Säulenrahmen). 8°. 2 Bände. Halbpergament mit Titel in Gold und Rotbraun, im Säulenrahmen, auf den Deckeln. Unbefchnitten an den Seiten. Einmalige Auflage von 800 numerierten Exemplaren. München, Georg Müller Verlag, 1908. (Bd. VIII—IX der »Perlen älterer romanifcher Profa«.) Band I: X, 425 S., 1 S. weiß. Band II: XIV, 334 S., 1 Blatt Fehlerverzeichnis.
[B. VII, 453.]

Straparola, Giovan Francesco, die ergötzlichen Nächte. Eingeleitet u. übers. v. Alfr. Semerau. 3. Aufl. (183 S.) kl. 8. Leipzig (910). F. Rothbart. 3. —

Straphinus, Karl Friedrich (Görlitz) A. S. 68/32

Exercitatio iuridica quaestionem continens Utrum filia cum matre in hereditate patris concurrens, dotem a patre acceptam, conferre teneatur.
Präs. Friedrich Gottlieb Zoller.
Leipzig (Langenheim) 27. X. 1770. 16 S.
33809

Strasberg, Karl Michael (Hamburg) A. S. 197/17

Dissertatio juridica solennis de fontibus juris Romani eorumque usu hodierno.
Präs. Christian Wildvogel.
Jena (Müller) 19. VI. 1723. 46 S.
33810

Strasburg [Sachl. Ordnungswort]

Strasburg - Basel - Schaffhausen. Führer für Reisende auf den Eisenbahnen zwischen Strasburg, Basel, Zürich und Schaffhausen, s. Brockhaus' Reise-Atlas.

Strasburg — Stadt und Vestung — samt dem Fort Kehl in einem sehr accuratem und gantz neuen Grundriß und Prospect entworfen und herausgegeben von Homännischen Erben 1734. 1 : 12,400. 1 Bl.

Strasburg [Schlagwort]

Strasburg, s. a. Deutschland. Kürschner-Polp.

— s. a.: Forstkarten. — Marienwerder, Reg.-Bez.

Strasburg, Kreis. Baron, Paul, Wandkarte d. Kreises Strasburg, entworfen nach den neuesten Hilfsquellen. 1 : 40,000. 145×210 cm. Farbdr. Lissa (907). O. Eulitz. Auf Leinw. m. Stäben 20. —

Strasburg. Karte des Kreises Strasburg im Reg.-Bez. Marienwerder. Hrsg. v. der kartogr. Abteilg. der kgl. preuss. Landesaufnahme 1906. Aufgenommen vom königl. preuss. Generalstab 1869/73. Einzelne Nachträge 1899 u. 1906. 1 : 100,000. 54,5×69 cm. Farbdr. Berlin (R. Eisenschmidt). n.n. 2. —;
ermäss. Preis n.n. 1. 50

— Spezialkarte vom Kreise Strasburg. Rev. v. den zuständ. Behörden. 1 : 100,000. 40×62,5 cm. Farbdr. Ebd. (908). — 50; auf Leinw. 1. —

Strasburg [Verfasser]

Strasburg, Gust., Gemälde aus der deutschen Vorzeit. Für Schulen u. Geschichtsfreunde. 8. (5⅝ B.) Berlin 843, Eyssenhardt'sche Buchh. *

Strasburg, Jean [cand. med.]: Aus dem Laboratorium des anatom. Instituts. Beiträge zur Blutbildung in der embryonalen Säugetierleber . . . . Bonn, Jos. Bach Wwe., Buch- u. Steindr., 1887; 34 S. + 1 Bl. 8°.
Bonn, Med. Fak., Inaug.-Diss. v. 1. Aug. 1887.

Strasburg, Jean, aus dem Laboratorium des anatom. Instituts. Beiträge zur Blutbildung in der embryonalen Säugetierleber. Diss. Bonn 1887, Emil Strauss. 8°. 34 S.

Strasburger, d. weitgereiste, oder Begebenh. Lilienstein's. 8. Copenhag. 752.

— s. a. Straßburger . . .

Strasburger, Eduard

Strasburger (E.). Die Angiospermen und die Gymnospermen. Jena, 1876. 8°.

Strasburger, Ed., die Angiospermen u. die Gymnospermen. Mit 22 (lith.) Taf. gr. 8. (VIII, 173 S.) Jena 879. Fischer. n.n. 25. —

Strasburger, Eduard, Anlage des Embryosackes u. Prothalliumbildung bei der Eibe, s.: Denkschriften der medizinisch-naturw. Gesellschaft zu Jena. XI.

Strasburger (E.). Ueber Azolla. Jena, 1873. 8°.

Strasburger, Ed., über Azolla. 4. Jena 873. Leipzig, Abel. * 12 —

Strasburger, Ed., üb. Azolla. Mit 7 (lith.) Taf. (in qu. Fol.) hoch 4. (III, 86 S.) Jena 873. Deistung. n. 12. —

STRASBURGER, Eduard: Ueber den Bau und die Verrichtungen der Leitungsbahnen in den Pflanzen. - Jena 1891. 1000 S., 5 Taf., 17 Abb. - (= II. III v. d. Verf.' s Histolog. Beitr.)

Strasburger, Ed., über den Bau und das Wachsthum der Zellhäute. gr. 8. (XV, 264 S. mit 8 lithogr. Taf.) Jena 882, Fischer.

—— über die Bedeutung phylogenetischer Methoden für die Erforschung lebender Wesen. Rede gehalten beim Eintritt in die philosoph. Facultät der Universität Jena am 2. Aug. 1873. gr. 8. (30 S.) Jena 874, Dufft. [Fischer.]

—— die **Befruchtung** bei den Farrnkräutern, s. Mémoires de l'Académie impériale des sciences de St. Pétersbourg.

STRASBURGER, Eduard: Die Befruchtung bei den Farnkräutern. - Leipzig 1868. 14 S.

Strasburger, Dr. Ed., Die Befruchtung bei den Farrnkräutern. Mit 1 Tafel. Petersburg 1868. gr. 4°.
(Aus den Memoiren der Petersburger Akad. der Wissensch. 7. Serie. Tom. 12. Nr. 3.)

Strasburger, Ed., die Befruchtung bei den Coniferen. Mit 3 (lith.) Taff. (in gr. 4.) Jena 869. Deistung. gr. 4. (III, 222 S.) n. 1 ₰ 10 ngr.

Strasburger, Ed., Über Befruchtung und Zellteilung. Mit 9 Taf. (108 S.) Jena 77. Barth. M. 4.–

—— über Befruchtung und Zelltheilung. gr. 8. (108 S. mit 9 lithogr. Taf.) [Jena 878, Deistung's Buchh.] Leipzig, Abel. *

Strasburger, Ed., histologische Beiträge. 1. u. 2. Hft. gr. 8. Jena, Fischer. à n. 7. —
1. Ueber Kern- u. Zelltheilung im Pflanzenreiche, nebst e. Anhang üb. Befruchtung. Mit 3 lith. Taf. (XVIII, 258 S.) 888.
2. Ueber das Wachsthum vegetabilischer Zellhäute. Mit 4 lith. Taf. (XIV, 186 S.) 889.

Strasburger, Ed., histologische Beiträge. 3.—5. Hft. gr. 8. Jena, G. Fischer. n. 33. 50 (I—V: n. 47. 50)
3. Ueber den Bau u. die Verrichtungen der Leitungsbahnen in den Pflanzen. Mit 5 lith. Taf. u. 17 Abbildgn. im Text. (XXXII, 1000 S.) 891. n. 24. —
4. Ueber das Verhalten d. Pollens u. die Befruchtungsvorgänge bei den Gymnospermen, Schwärmsporen, Gameten, pflanzliche Spermatozoiden u. das Wesen der Befruchtung. (X, 158 S. m. 3 Taf.) 892. n. 7. —
5. Ueber das Saftsteigen. — Ueber die Wirkungssphäre der Kerne u. die Zellgrösse. (VIII, 124 S.) 891. n. 2. 50

Strasburger, Ed., histologische Beiträge. 6. Hft. Ueber Reduktionstheilg., Spindelbildg., Centrosomen u. Cilienbildner im Pflanzenreich. gr. 8. (XX, 224 S. m. 4 Taf.) Jena 900. G. Fischer. n. 10. 50
1.—5. Hft. Ebd. 888—893. n. 47. 50.

Strasburger, Eduard, histologische Beiträge. 7. Heft. Zeitpunkt der Bestimmg. des Geschlechts, Apogamie, Parthenogenesis u. Reduktionsteilg. (XVI, 124 S. m. 3 lith. Taf.) gr. 8. Jena 909. G. Fischer. 6. 50
1.—6. Heft. Ebd. 888—900. 58.—.

Strasburger, Eduard, a. Warschau: Zur Entwicklung der Arbeiterfrage im Königreich Polen. Warschau 1907: K. Kowalewski. (132 S.) 8°
München, Staatswirtsch. Fak., Ref. Brentano, Diss. v. 9. Nov. 1906
[Geb. 23. Febr. 82 Warschau; Wohnort: Warschau; Staatsangeh.: Rußland; Vorbildung: v. hum. Gymn. Warschau Reife Juni 00; Studium: Warschau 8, München 4 S.; Rig. 9. Nov. 06.]

—— sur la formation et la division des cellules. Edit. revue et corrigée. Trad. de l'allemand avec le concours de l'auteur par Jean Jacques Kickx. gr. 8. (XV, 307 S. mit 8 Stnt. in qu. gr. 4.) Jena 876, Deistung's Buchh. *

— die stofflichen Grundlagen der Vererbung im organischen Reich. Versuch e. gemeinverständl. Darstellg (VIII, 68 S.) gr. 8. Jena 905. G. Fischer. n. 2. —

Strasburger, E., s.: Jahrbücher f. wissenschaftl. Botanik.

—— die Coniferen und die Gnetaceen. Eine morpholog. Studie. Mit einem Atlas von XXVI (lithogr.) Taf. (in gr. 4.). hoch 4. (IX, 442 S.) Jena 872, Deistung. *

Strasburger, Ed., die Controversen der indirecten Korntheilung. Mit 2 (lith.) Taf. gr. 8. (62 S.) Bonn 884. Cohen & Sohn. n. 2. 40

— Fritz **Noll,** Heinr. **Schenck,** A. F. W. **Schimper,** Lehrbuch der Botanik f. Hochschulen. gr. 8. (VI, 558 S. m. 577 z. Tl. farb. Abbildgn.) Ebd. 894. n. 7. —; geb. n. 8. —

— Fritz **Noll,** Heinr. **Schenck,** A. F. W. Schimper, Lehrbuch der Botanik f. Hochschulen. 3., verb. Aufl. M. 617 z. Thl. farb. Abb. gr. 8. (VIII, 570 S.) Jena 898. G. Fischer. n. 7. 50; geb. n. 8. 50

Lehrbuch der Botanik für Hochschulen. Von Dr. Eduard **Strasburger**, Prof., Dr. Fritz Noll, Prof., Dr. Heinrich Schenck, Prof. in Darmstadt, Dr. A. F. W[ilhelm] Schimper, Prof., Basel. 4. verb. Aufl. Mit 667 Abb. *Jena: G. Fischer 1900.* (VIII, 588 S.) 8° [01. 2251 2

— Fritz **Noll,** Heinr. **Schenck,** A. F. W. **Schimper,** Lehrbuch der Botanik f. Hochschulen. 5. umgearb. Aufl. Mit 686 z. Thl. farb. Abbildgn. gr. 8. (VIII, 563 S.) Ebd. 902. n. 7. 50; geb. n. 8. 50
4. Aufl. (VIII, 588 S.) Ebd. 900. n. 7. 50; geb. n. 8. 50.

Lehrbuch der Botanik für Hochschulen. Von Dr. Eduard **Strasburger**, Prof., Bonn, Dr. Fritz Noll, Prof., Poppelsdorf, Dr. Heinrich Schenk, Prof., Darmstadt, Dr. George Karsten, Prof., Bonn. 6. umgearb. Aufl. Mit 741 Abb. *Jena: G. Fischer 1904.* (VIII, 591 S.) 4°(8°) [03. 15473 6

Lehrbuch der Botanik für Hochschulen. Von Dr. Eduard **Strasburger**, Dr. Fritz Noll, Dr. Heinrich Schenck, Dr. George Karsten. 7., umgearb. Aufl. Mit 752 Abb. Jena: G. Fischer 1905. (VIII, 598 S.) 4°(8°) [05. 6045 8

— Fritz **Noll,** Heinr. **Schenck** u. George **Karsten,** Lehrbuch der Botanik f. Hochschulen. 8., umgearb. Aufl. (VIII, 627 S. m. 779 z. Tl. farb. Abbildgn.) Lex.-8. Ebd. 906. n. 7. 50; geb. n. 8. 50
6. Aufl. (VIII, 591 S.) 904. — 7. Aufl. (VIII, 598 S.) 905.

Lehrbuch der Botanik für Hochschulen. Von Dr. Eduard **Strasburger**, Prof., Dr. Fritz Noll, Dr. Heinrich Schenck, Dr. George Karsten. 9. umgearb. Aufl. Mit 782 Abb. Jena: G. Fischer 1908. (VII, 628 S.) 4°(8°) [08. 1841 9

— Ludw. **Jost,** Heinr. **Schenck** u. George **Karsten,** Lehrbuch der Botanik f. Hochschulen. 10. umgearb. Aufl. (VII, 651 S. m. 782 z. Tl. farb. Abb.) Lex. 8. Ebd. 910. 8.—; geb. 9. —
9. Aufl. (VII, 628 S. m. 782 Abb.) 908. 7.50; geb. 8. 50

STRASBURGER (E.). Ueber Polyembryonie. Jena, 1878. 8°.

— das botanische Practicum. Anleitung zum Selbststudium der mikroskop. Botanik. Für Anfänger u. Fortgeschrittenere. Mit 182 Holzschn. gr. 8. (XXXVI, 664 S.) Jena 884. Fischer. n. 14. —; geb. n. 15. —

Strasburger, Ed., das botanische Practicum. Anleitung zum Selbststudium der mikroskop. Botanik f. Anfänger u. Geübtere. Zugleich ein Handbuch der mikroskop. Technik. Mit 193 Holzschn. 2., umgearb. Aufl. Lex.-8. (XXXVI, 685 S.) Jena 887. Fischer. n. 15. —; geb. n.n. 16. —

— das botanische Practicum. Anleitg. z. Selbststudium d. mikroskop. Botanik. Für Anfänger u. Geübtere. Zugleich e. Handbuch d. mikroskop. Technik. 3., umgearb. Aufl. gr. 8. (XLVIII, 739 S. m. 221 Holzschn.) Jena 897. G. Fischer. n. 20. —; geb. n. 22. 50

Das botanische Practicum. Anleitung z. Selbststudium d. mikroskop. Botanik f. Anfänger u. Geübtere. Zugl. e. Handbuch d. mikroskop. Technik von Dr. Eduard **Strasburger**, Prof., Bonn. 4. umgearb. Aufl. Mit 230 Holzschn. Jena: G. Fischer 1902. (L, 771 S.) 4°(8°)

—— das kleine botanische Practicum für Anfänger. Anleitung zum Selbststudium der mikroskop. Botanik und Einführung in die mikroskop. Technik. gr. 8. (VIII, 285 S. mit 114 Holzschn.) Ebendas. 884. * 6 —

— das kleine botanische Practicum f. Anfänger. Anleitung zum Selbststudium der mikroskop. Botanik u. Einführg. in die mikroskop. Technik. 2., umgearb. Aufl. gr. 8. (VIII, 228 S. m. 110 Holzschn.) Jena 893. G. Fischer. n. 5. —; geb. n. 6. —

— das kleine botanische Practicum f. Anfänger. Anleitung z. Selbststudium d. mikroskop. Botanik u. Einführg. in d. mikroskop. Technik. 3., umgearb. Aufl. gr. 8. (VIII, 246 S. m. 121 Holzschn.) Ebd. 897. n. 6. —; geb. n. 7. —

— das kleine botanische Practicum f. Anfänger. Anleitung zum Selbststudium der mikroskop. Botanik u. Einführg. in die mikroskop. Technik. 4. umgearb. Aufl. gr. 8. (VI, 251 S. m. 128 Holzschn.) Jena 902. G. Fischer. n. 6. —; geb. n. 7. —

— das kleine botanische Praktikum f. Anfänger. Anleitung zum Selbststudium der mikroskop. Botanik u. Einführg. in die mikroskop. Technik. 5., umgearb. Aufl (VIII, 256 S. m. 128 Abbildgn.) Lex.-8. Jena 904. G. Fischer. n. 6. —; geb. n. 7. —

Das kleine botanische Praktikum für Anfänger. Anleitung z. Selbststudium d. mikroskop. Botanik u. Einführung in d. mikroskop. Technik von Dr. Eduard **Strasburger**, Prof. 6. umgearb. Aufl. Mit 128 Holzschn. Jena: G. Fischer 1908. (VIII, 258 S.) 4°(8°) 08. 16538

—— Das Protoplasma u. die Reizbarkeit. Rede, zum Antritt d. Rektorates der rhein. Friedrich-Wilhelms-Universität am 18. Octbr. 1891 geh. gr. 8. (38 S.) Ebd. 891. * 1 —

— über Reduktionsteilung. (28 S. m. Abbildgn.) gr. 8. Berlin 904. (G. Reimer.) n 1. —
Sonderabdruck aus: „Sitzungsber. d. preuss. Akad. d. Wiss."

Ueber Reduktionstheilung, Spindelbildung, Centrosomen und Cilienbildner im Pflanzenreich. Von Eduard Strasburger, Prof., Bonn. Mit 4 lithogr. Taf. Jena: G. Fischer 1900. (XX, 224 S.) 8°
(Strasburger: Histolog. Beiträge. H. 6.)

STRASBURGER, Eduard: Über das Saftsteigen. - Jena 1893. 124 S.

— Streifzüge an der Riviera. gr. 8. (VII, 221 S.) Berlin 895. Gebr. Paetel. n. 5. —; geb. in Leinw. n. 6. 50

— Streifzüge an der Riviera. 2., gänzlich umgearb. Aufl. Mit 87 farb. Abbilden. Illustriert von Louise Reusch. (XXVI, 481 S.) gr. 8. Jena 904. G. Fischer. n. 10. —; geb. n. 12. —

—— Studien über Protoplasma. gr. 8. (56 S. mit 2 lithogr. Taf. in qu. gr. 4.) Jena 876, [Dufft.] Fischer. (*ℳ 2.) *

— s.: Studien, cytolog., aus d. Bonner botan. Institut.

— über den Theilungsvorgang der Zellkerne u. das Verhältniss der Korntheilung zur Zelltheilung. Mit 3 (lith.) Taf. [Aus: „Archiv f. mikroskop. Anat."] gr. 8. (IV, 115 S.) Bonn 882. Cohen & Sohn. n. 5. —

—— neue Untersuchungen über den Befruchtungsvorgang bei den Phanerogamen als Grundlage für eine Theorie der Zeugung. gr. 8. (XI, 176 S. mit 2 lithogr. Taf.) Jena 884, Fischer.

STRASBURGER, Eduard: Über das Verhalten des Pollens und die Befruchtungsvorgänge bei den Gymnospermen, Schwärmsporen, Gameten, pflanzliche Spermatozoiden und das Wesen der Befruchtung. - Jena 1892. 158 S., 3 Taf. - (Histolog. Beitr. H. 4)

— Wirkung des Lichtes u. der Wärme auf Schwärmsporen. gr. 8. (III, 75 S.) Jena 878. Fischer. n. 1. 60

Zeitpunkt der Bestimmung des Geschlechts, Apogamie, Parthenogenesis und Reduktionsteilung. Von Eduard Strasburger, Prof. Mit 3 Taf. Jena: Fischer 1900. XVI, 124 S. 8°
(Strasburger: Histolog. Beiträge. H. 7.)

—— über Zellbildung und Zelltheilung. gr. 8. (IX, 256 S. mit 7 lithogr. Taf. in qu. gr. 4.) Jena 875, Deistung's Buchh. *

—— dass. — 2. verb. und verm. Aufl. nebst Untersuchungen über Befruchtung. gr. 8. (XIII, 332 S. mit 8 lithogr. Taf. in qu. gr. 4.) Jena 876, [Deistung's Buchh.] Fischer. *

— Zellbildung u. Zelltheilung. 3., völlig umgearb. Aufl. Mit 14 (lith.) Taf. u. einem (eingedr.) Holzschn. gr. 8. (XII, 392 S.) Ebend. 880. n. 15. —

Straßburger, Egon Hugo, Bubenstreiche. Von Fritz u. Franz, d. bitterbösen, ist hier zu schauen u. zu lesen. Bilder v. Paul Haase. 1. u. 2. Aufl. (V, 74 S.) 8. Stuttgart (910). Loewe. Geb. 1. 20

Strasburger, Egon Hugo. Dirnen- und Gaffenlieder. Aufgelefen und ausgelefen. Zürich, Cäfar Schmidt, 1903. 8°.

— Von Drachen, Puppen u. Soldaten. (Farbige Bilder v. Braunagel-Beecke. (40 S.) 30,5×23 cm. Berlin (910). Neufeld & Henius. Geb. 4. —

— u. J. Trojan, Guck in die Welt! Gedichte u. Erzählgn. f. die Kleinen, m. farb. u. schwarzen Bildern namhafter Künstler. (50 S.) 4. Eßlingen (903). J. F. Schreiber. Geb. n. 1. —

— u. J. Trojan, guck in die Welt! Gedichte u. Erzählgn. f. die Kleinen. Mit farb. u. schwarzen Bildern namhafter Künstler. 2. Aufl. (50 S.) gr. 8. Ebd. (907). Kart. 1. —

Straßburger, Egon Hugo, Husarenlieder. 12. (16 S.) Straßburg 898. F. Engelhardt. n. 80

— Jambo u. Jumbo. Bilder v. Herm. Frenz. (114 S.) 8. Berlin (909). Brandus. Geb. in Leinw. 2. 20

— s.: Ich hab' e. schönes Bilderbuch.

— Kinder-Kalender 1911. Begründet u. hrsg. v. Egon Hugo Strasburger. (126 S. m. Abb., 2 farb. Taf. u. Preisrätsel.) 8. Berlin, Neufeld & Henius. Geb. 1. —

Von der Lieb. Gedichte von Egon H[ugo] **Strasburger**. Ill. von Leo Schnug. Strassburg: J. Singer [1901]. (57 S.) 8° [F.] 07. 6774

— Lieder f. Kinderherzen. 8. (VI, 38 S.) Dresden 899. E. Pierson. n. — 60; geb. n. 1. 60

— dasselbe. Mit Bildern v. Ernst Liebermann. 2. verm. Aufl. gr. 4. (VII, 36 S.) Berlin (901). E. Hofmann & Co. Geb. n. 3. 20

Strasburger, Egon Hugo, Lieder f. Kinderherzen. Volksausg. 6. u. 7. Tauf. (33 S.) 1. 8. Berlin (905). E. Hofmann & Co. n. — 25

Strasburger, Egon Hugo, Lieder f. Kinderherzen. Mit Bildern v. Ernst. Liebermann. 3. verm. [Titel-]Aufl. (VIII, 36 S. m. Abb.) Lex. 8. Berlin [901] (908). Schall & Rentel. Geb. 3. —

— Mit auf d. Lebensreise. Weisheiten u. Torheiten. (108 S. m. Bildnis.) 8. Berlin (907). Schall & Rentel. 2.—; geb. n 2. 50

— Sang u. Klang fürs Kinderherz, s.: Humperdinck, Engelb.

— unser Schatzkästlein, s.: Blüthgen, Vikt.

— s.: Tage, goldene.

— u. Thdr. Etzel, das fröhliche Tierbuch, m. (z. Tl. farb.) Bildern v. C. Hall. (72 S.) gr. 4. München (903). E. Koch Geb. n. 3. —

— Trali-Trala. Ein Kinderbuch. (Zum Tl. farb.) Bilder v. Hellm. Eichrodt. (35 S.) Lex. 8. Eßlingen (908). J. F. Schreiber. Kart. 2. 80

— Ungezogenes, s.: Trojan, Johs.

Cyanen und Jasmin. Gedichte von Egon Hugo Strassburger [vielm. Strasburger]. Mit d. Bildnis d. Verf. Bamberg: Handelsdr. [1899]. (IV, 90 S.) 8° [F.] [07. 6773

STRASBURGER, JOSEPH. Ueber einige Phenanthren- und Fluorenderivate. (Würzburg) Bonn, 1884.

Einführung in die Hydrotherapie und Thermotherapie von Prof. Dr. Julius Strasburger. Mit 46 Abb. Jena: Fischer 1909. VII, 268 S. 8° [11. 11237 b

Strasburger, Jul., die Faeces des Menschen, s.: Schmidt, Ad.

— die Faeces-Untersuchung u. ihre klinische Bedeutung, s.a Klinik, Berliner. 190.

Die Faeces-Untersuchung und ihre klinische Bedeutung. Von Dr. Julius Strasburger, Privatd. in Bonn. *Berlin: Fischer (1904).* (20 S.) 8° = Klinik, Berliner. H. 190. [04. 5557

Strasburger, Julius *Eduard* [aus Bonn]: Aus d. chirurg. Klinik zu Bonn. Die Sarcome des Dickdarms ... Bonn, Univ.-Buchdr. v. C. Georgi, 1894; 45 S. 8.
Bonn, Med. Fak., Inaug.-Diss. v. [2. März] 1894

Strascewicz, Josef, s.a. Straszewicz

—— Lebensbeschreibungen berühmter Polen u. Polinnen d. Revolution v. 29. Nov. 1830. (Wohlf. Ausg.) 1—6. Lfg. gr. 8. (Bog. 1—36.) Stuttgart 832—34, Schweizerbart. à L. 6 Gr., Vlnp.

Strascewicz, Jos., die Polen u. d. Polinnen d. Revolution v. 29. Nov. 1830, od. (100 Portraits u.) Lebensbeschreibungen derjen. Personen, die sich in d. letzten poln. Freiheitskampfe ausgezeichnet haben. (Nebst dem Facsimile ihrer Handschriften. Nach Orig.-Zeichn. lith. v. d. vorzügl. Künstlern.) A. d. Franz. v. K. Andree. (Einzig rechtmäss. deutsche Ausg. 1—16. Lfg. gr. 8. (36 B. u. 81 Portr.) Stuttgart 832—34, Schweizerbart.
Ausg. m. Taf. auf { chines. Pap. gr. Fol. à L. / Vlnp. gr. 4. à L. }

Straschiripka, Joh., Anforderungen der Zeit im Gebiete der Oeconomie ausgesprochen in Ansichten über die Consequenzen der Grund-Entlastung. gr. 8. (34 S.) Wien 850, Gerold in Comm. n. 8 ngf

Straschiripka, J., die gerichtl. Sequestration landtäfl. Herrschaften, Güter u. Gülten. Ein Versuch zur Darstell. der, einem Sequester dies. Realitäten nach d. gesetzl. Absicht zustehenden Rechte u. oblieg. Pflichten. (2 Abthln.) gr. 8. (15½ B. u. 2½ B. Tab. gr. Fol.) Linz 830, [Fink u. Sohn.]

Straschun, D. O., der Tractat Taanit d. babylonischen Talmud, zum ersten Male ins Deutsche übertr., m. steter Rücksichtnahme auf Talmud Jeruschalmi, Midrasch Rabbot, Tanchuma, Pesikta de Rab Kahana, Midrasch Tillim, Abot de R. Nathan, Pirke de R. Eliesor, Scheiltot de Rab Achai Gaon, Sifra, Sifri u. Mechilta. Mit e. Vorwort v. Aug. Wünsche. gr. 8. (XIX, 185 S.) Halle 883. Niemeyer. n. 6. —

Strasdas, Wilibald, a. Berlin: Das Fremdwort bei Goethe bis zu seiner Rückkehr aus Italien. Heidelberg: Evang. Verlag 1907. (64 S.) 8° [F.]
Freiburg i. B., Phil. Fak., Ref. Kluge, Diss. v. 1907
[Geb. 16. Mai 83 Berlin; Wohnort: Freiburg i. B.; Staatsangeh.: Preußen; Vorbildung: Realgymn. Berlin Reife M. 02; Studium: Jena 1, Freiburg i. B. 2, Bonn 1, Freiburg i. B. 3 S.; Rig. 1. März 06.]

Strasheim, Wilhelm Ernst (Oppenweiler) A. S. 566/17

Dissertatio iuris naturalis, de eo, quod licitum est, circa insitionem variolarum.
Präs. Christoph Friedrich Schott.
Tübingen (Erhard) X. 1757. 24 S.

3 Resp. 33811

Straskircher, Johann Jakob (Regensburg) A. S. 1276/2

Dissertatio inauguralis medica de lapidum figuratorum usu medico. Präs. Rudolph Jakob Camerarius. Tübingen (Reiss) X. 1718. 32 S. 33812

Strasky Ferdinand: Analyse der Anthracit-Kohle aus der Nähe von Rudolfstadt b. Budweis in [illegible]
Separatabdruck

Strasmann, Otto, Assessor: Ist nach deutschem Reichs- und preußischem Landesrechte die Begnadigung der gegen einen Rechtsanwalt oder Arzt erkannten ehrengerichtlichen Strafen und der nach § 888 und 890 ZPO. gegen den Schuldner getroffenen Maßnahmen der Geldstrafe oder der Haft zulässig? Borna-Leipzig 1909: Noske. VIII, 29 S. 8°
Leipzig, Jur. Diss. v. 20. Okt. 1909
[Geb. 7. Sept. 81 Barmen; Wohnort: Barmen; Staatsangeh.: Preußen; Vorbildung: Gymn. Barmen Reife O. 00; Studium: Bonn 1, Leipzig 1, Heidelberg 1, Berlin 1, Bonn 2 S.; Rig. 25. Juli 03.] [U 10. 2901

Strasmann, Reinhold, appr. Arzt: Aus d. pathol. Inst. d. Univ. Bonn. Hochgradige Eosinophilie des Blutes bei einem malignen Mediastinaltumor. Bonn: Georgi 1909. 40 S. 8°
Bonn, Med. Diss. v. 24. Sept. 1909, Ref. Ribbert
[Geb. 22. Juni 85 Barmen; Wohnort: Bonn; Staatsangeh.: Preußen; Vorbildung: Gymn. Barmen Reife O. 03; Studium: Freiburg i. B. 1, München 1, Freiburg i. B. 2, Bonn 1, Berlin 1, Kiel 1, Bonn 3 S.; Coll. 7. Mai 09; Approb. 1. Juni 09.] [U 10. 338

Strasoldo, M., Comedies. 2 Tom. 8. Triest 793. Geistinger. 1 ngß

Strasosky, H., Glaubenslehren, christliche, im Lichte der liberalen Theologie.

Strasosky, Herm. Thdr., Antrittspredigt, bei seiner Ordination u. Einführung in das Pastorat zu St. Pauli in Hamburg am 29. Septbr. 1891 geh. gr. 8. (17 S.) Hamburg 891. C. Weinrebe's Nachf. n. — 30

Strasosky, Hermann [aus Hamburg]: Jacob Friedrich Fries als Kritiker der Kantischen Erkenntnistheorie. Eine Antikritik. ... Hamburg u. Leipzig, Verl. v. L. Voss, 1891; 3 Bl., 76 S. 8°
Jena, Phil. Fak., Inaug.-Diss. v. 1891

— Jacob Friedrich Fries als Kritiker der Kantischen Erkenntnistheorie. Eine Antikritik. gr. 8. (III, 76 S.) Hamburg 891. Voss. n. 1. 50

— Konfirmationsrede, am 8. Apr. 1892 geh. in der St. Pauli-Kirche. gr. 8. (13 S.) Hamburg 892. C. Weinrebe's Nachf. — 30

Straß, Rechtsanwalt zu Berlin. Ansprache an seine deutschen Mitbrüder aller Stämme in Bezug auf die Wahlen zu dem deutschen Reichstag. 3. Aufl. Berlin, allgemeine deutsche Verlags-Anstalt 1850. 11 S. 8.

Straß, Dr., s. Themis, jurist. Zeitung.

Straß, Bernhard, Poesien u. Gelegenheitsgedichte, hrsg. v. Robert Selm, Grüna b. Chemnitz i. Sa. 1883, 94 S., 16°.

Straß, C. F. H., s. Straß, Karl Friedrich Heinrich

Straß, Friedrich

— Progr. Beitrr. zur Geschichte der techn. Kultur. 1s Stck. 8. Nordhaus. 813.

— s. K. Denina, Geschichte Piemonts.

Straß, Fr., Fragment üb. d. Pflicht d. Erziehers a. d. Geist d. Zeitalters Rücksicht zu nehmen. gr. 8. Magdb. Keil. (Heinrichshofen.) 804. -

Straß, Fr., Geschichte der Deutschen, mit besond. Rücksicht auf die Preuß. Staaten. Tabellarisch bearbeitet für Schulen. gr. 8. Berlin 802. (Leipzig, Fr. Fleischer.) 1/3 ℛ

— Geschichte der Deutschen, mit besond. Rücksicht auf die Preuß. Staaten, tabellar. bearbeitet für Schulen. gr. 8. Berl. 802. (Köchly). 8 ℊ

— Geschichte d. Deutschen mit besonderer Rücksicht auf die preuß. Staaten, tabellarisch bearbeitet fur Schulen. gr. 8. Berlin, Lagarde. 802. — 8

Straß, Fr., Handbuch d. Weltgeschichte. 2 Thle. — A. u. d. T.: Handbuch d. alten Geschichte. 2 Bde. gr. 8. (27 u. 42½ B.) Jena 830, Frommann. à 1 Thlr. 18 Gr.

— Handbuch der Weltgeschichte. 2 Thle. A. u. d. T.: Handbuch der alten Geschichte. 2 Bde. Mit Register. gr. 8. Jena 830, 31. Frommann. 3 ℛ 12 ℊ

Straß, Friedr., Handbuch d. Weltgeschichte. 3—5. Thl. gr. 8. Jena, Frommann.

A. u. d. Ttln.:

Thl. 3. Handbuch d. mittleren Geschichte. (37½ B.) 837. 2 Thlr. 12 Gr.

- 4., 5. Handbuch d. neueren Geschichte, v. Wilh. Havemann. 1. u. 2. Thl. [1. (33½ B.) 841. 1½ Thlr., 2. (37½ B.) 842. 1¾ Thlr.] 3 Thlr. 6 Gr.

1. u. 2. Thl. Ebendas. 1830. 3 Thlr. 12 Gr.

— Handbuch der Weltgeschichte, fortgesetzt von Wlh. Havemann. 5., 6. Thl. — A. u. d. T.: Handbuch der neueren Geschichte, von Havemann. 2., 3. Thl. (Schluß.) gr. 8. Jena 842—44, Frommann. à 1¾ ℛ (1.—6. 11 ℛ)

—— der scheidende König an seinen Thronfolger. Eine Vorles., geh. am Geburts- u. Huldigungsfeste Sr. Maj. d. Königs am 15. Oct. 1840. gr. 8. (1 B.) Erfurt 840. [Leipzig, Hartung.]

— der scheidende König an seinen Thronfolger. Eine Vorlesung gehalten am Allerhöchsten Geburts- u. Huldigungsfeste Sr. Maj. des Königs am 15. Oct. 1840. gr. 8. Erfurt 840. Hilsenberg. 1/8 ℛ

Straß, Fr., einige Lehren des modernen Spiritualismus für das größere Publikum zum Troste für kommende Zeiten. gr. 8. (16 S.) Freiburg i/Br. 880. Schmidt-Vogler. n. — 30

F. **Strass** üb. d. Liebe z. Vaterlande; e. Vorles. *Erf.*, Keyser. B. in C. 825. 8° 3 ℊ

Straß, Fr.: Ausführliche Nachricht von der jetzigen Einrichtung des Pädagogiums zu Kloster Berge. Magdeburg 1809. 115 S.

— ausführl. Nachr. von der jetzigen Einrichtung des Pädagogiums zu Klosterbergen bei Magdeburg. gr. 8. Magdeb. 809. Heinrichshofen. 9 ℊ

— üb. die Nothwendigkeit geordneter Leibesübungen f. die Gelehrtenschulen. 4. Erfurt 829. Maring. (Otto). 4 ℊ. (3 B.)

Straß, F. Der Preußische Staat, durch weise Reformen im Besitz der Güter und Vortheile, nach welchen Revolutionen vergebens ringen. 20 S. . . . .

Erfurt, e., Progr. 1835

— der Strom der Zeiten, od. bildl. Darstell. der Weltgeschichte von den ältesten Zeiten bis auf d. Ende d. 18n Jahrhunderts. Mit e. sehr groß. Kpf. auf 2½ groß. Bog. Berl. 802. (Köchly). 4 ℛ illum. 5 ℛ 2e Aufl. 818. 3e (bis 1827 fortgesetzte) Ausg. Ebd. 828. 3 ℛ ℛ 8 ℊ

— d. Strom der Zeiten, oder bildl. Darstellung d. Weltgeschichte v. d. alt. Zeiten b. auf d. Ende d. 18. Jahrhunderts, m. e. sehr großen Kupfer auf 2½ Bogen. Berlin, Lagarde. 802. 4 —

Strass, Friedrich. Der Strom der Zeit, oder bildliche Darstellung der Weltgeschichte, von den ältesten Zeiten bis Ende des XVIII. Jahrhunderts. Fol. 1804.

Straß, F., Strom der Zeiten, oder bild!. Darstellung d. Weltgeschichte von den ältesten Zeiten bis auf d. neuesten Zeiten fortgesetzt. 2te Aufl. Leipzig, Köchly. 818.

—— der Strom d. Zeiten, od. bildl. Darstell. d. Weltgeschichte v. d. ältesten bis auf d. neuest. Zeiten. 3., rechtmäss. u. verb. (bis 1827 fortges.) Ausg. 1 col. Blatt, 57″ hoch u. 32″ breit. Nebst Erläuter.: Uebersicht d. Weltgeschichte. gr. 8. (5 B.) Leipzig 828, Köchly.

— üb. d. Turnwesen u. dessen Verbindung mit d. öffentl. Schulen. 8. Halle 819. Kümmel. 8 ℊ Schrbp. 12 ℊ

— Ueberblick d. Weltgeschichte, zur Erläuter. der bildl. Darstell. derselben. gr. 8. Berl. 803.

— Ursprung und Wachsthum des Preuß. Staates bildlich dargestellt. Ein Tableau in Roy.-Fol. Ebd. 818. (Ebd.) 1 ℛ

— Progr. Versuch einer allgem. Einleit. in die Wissenschaftenkunde. gr. 8. Magdeb. 806. Keil. (Heinrichshofen). 4 ℊ

Straß, Herm., die theologische Beichte u. ihre Wirkung Vom Standpunkte der Vernunft betrachtet. 8. (39 S.) Leipzig (901). O. Mutze. — 30

Strass, Johann Friedrich von der (Strassburg)
4° Thl. I. 209/37

Disputatio XIIX. memoria thaumasiandri Lutheri renovata. Präs. Johann Konrad Dannhauer. In: Dannhauer: Disputationes theologicae ... Leipzig (Reinhold) 1707. S. 999 - 1099.

Diss. Strassburg 13. II. 1661. 33815

Glückwunsch der philosophischen Fakultät für Johann Friedrich **Straß**, Dr. phil. [Halle 28. 7. 1814]. Direktor und Professor am Gymnasium in Erfurt, zu seinem 50jährigen Amtsjubelfest am 18. Aug. 1841.
Halle-Wittenberg. 1 Bl.

Straß, Karl Friedrich Heinrich

Straß, (K. Fr. Heinr.), über die Aufhebung der Wucher-Gesetze, s. a. Hefte, freie, des Leipziger Journals.

Strass: Ueber die Aufhebung der Wucher-Gesetze. Leipzig 1860.
(S.-A. a.: Leipziger Journal. 1860, Nr 41. 43. 45.)

DEPPEN, Otto v. (d. i. Dr. *Carl Friedr. Heinr. Strass*, kgl. preuß. Justizcommissarius etc. in Berlin, geb. das. 18. Jan. 1803, † 18**), Das verkehrte Berlin, eine Buß-, Straf- und Controverspredigt, gehalten vom Schatten Abrahams a Santa Clara, und in den Knittelversen des Originals an's Licht gestellt. 3. Aufl. Berlin, 1827. Bei Heinr. Burchardt. 8°. 1½ Bogen. Rar! (6 Mk. 50 Pfg., 2. Aufl., E. Frensdorff, 1906.)
„Binnen 4 Wochen in 3 Aufl. vergriffen." A. G. Schmidt, Gallerie etc. —

— Gastein und seine Umgebungen. Unter Mitwirkung des Herrn Dr. Proll nach den neuesten Quellen bearb. 5. Aufl. Berlin 861. Allgem. Deutsche Verlags-Anstalt. 8. (76 S.) n. 10 ngr.

—— Gedichte. gr. 8. (24½ B.) Leipzig 842, Brockhaus. *

Straß, Karl Frdr. Heinr., Gedichte. Neue vielfach verb. u. verm. Ausg. 16. (XXII u. 410 S.) Berlin 852, Allgemeine deutsche Verlags-Anstalt. In Engl. Einb. m. Goldschnitt n. 2 ℛ

Straß, Karl Fr. Hnr., über die Idee eines städtischen Pfandbrief-Institutes für Berlin u. andere Orte. gr. 8. Berlin 845, A. Hirschwald. 6 ngr.

— Jeanne d'Arc, die Jungfrau von Orleans, deren wahrhafte Geschichte, ihr Proceß, ihre Verurtheilung, ihr Feuertod und ihre Ehrenrettung. Dargestellt nach den auf der kaiserlichen Bibliothek zu Paris befindlichen Untersuchungs-Acten und den sonstigen besten Quellen. Berlin 862. Foerster. gr. 8. (2 Bl., 177 S. u. lith. Portr.) n. 1 ℛ

Straß, Dr. Karl Friedrich Heinrich, Königl. Preußischer Kreis-Justiz-Rath a. D., Justiz-Commissarius bei dem Königl. Stadtgericht zu Berlin, Mitglied mehrerer gelehrten Gesellschaften etc. Der neue deutsche Kaiser und die deutsche Reichs-Verfassung. Einige Worte zur Verständigung über die wichtigste deutsche Frage. Den sämmtlichen verehrlichen Deputirten der deutschen National-Versammlung gewidmet. Berlin, Stuhr, 1848. 34 S. 8°.

Straß, Karl Friedr. Heinr., über die Mittel zur besseren, materiellen und körperlichen Heranbildung der künftigen Generationen. Berlin 855. Moeser. gr. 8. (VIII, 99 S.) 20 ngr.

—— über die Nothwendigkeit u. Möglichkeit eines neuen Civil-Proceß-Gesetzes vor Emanation der revid. Gerichts-Ordnung. gr. 8. (2¼ B.) Berlin 845, Hold. *

Strass, Karl Friedrich Heinrich
Otbert und Folgen eines Sonntag'schen Concerts. Novellen. Hrsg. von O. von Deppen [d.i. Karl Friedrich Heinrich Strass].
Leipzig: Lauffer 1826. 238 S. 8°

Straß, Dr. Karl Friedrich Heinrich, Königl. Preußischer Kreis-Justiz-Rath a. D., Justiz-Commissarius bei dem Königl. Stadtgericht zu Berlin, Mitglied mehrer gelehrten Gesellschaften etc., Preußen — keine Republik — und seine Verfassung, oder wie ist Preußens Verfassung zu gestalten, um dasselbe vor Anarchie und Republik zu bewahren? Den Abgeordneten zur Vereinbarung über die preuß. Staats-Verfassung gewidmet. Berlin, Stuhr, 1848. 45 S. 8°.

— Pyrmont u. dessen Umgebungen. Ein Taschenbuch für Curgäste u. Reisende. Aus Dankbarkeit gegen d. kräftigenden Quellen d. herrl. Bades hrsg. 8. (XVI u. 164 S.) Pyrmont 850, Uslar. ⅔ ℛ

— Pyrmont und dessen Umgebungen. Ein Taschenbuch für Curgäste und Reisende. Aus Dankbarkeit gegen die kräftigenden Quellen des herrlichen Bades herausg. Nebst einem medicinischen Anhang von Giesecken. 2. vielfach verm. u. verb. Ausg. Pyrmont 859. Uslar. 16. (XVI, 204 S.) 20 ngr.

—— üb. d. Reform d. Advokatenwesens im preuß. Staate namentl. in Bezug auf d. Stellung d. Justiz-Commissarien. 8. Berlin 840. (Nordhausen, Büchting.)

— über die Reform des Advokatenwesens in den Preuß. Staaten. 8. Berlin 841. Nordhausen, Büchting. ⅜ ℛ

— Salzburg, Ischl u. Gastein nebst deren Umgebungen. Ein Taschenbuch für Alle, welche jene paradies. Gegenden kennen od. sich mit denselben bekannt zu machen wünschen. Nach mehrmal. eigenen Wahrnehmungen u. den besten Quellen bearb. S. (XVI u. 174 S.) Berlin 850, Allgem. deutsche Verlags-Anstalt. n. 1 ℛ

— Salzburg, Ischl und Gastein nebst deren Umgebungen. Ein Taschenbuch. Nach mehrmaligen eignen Wahrnehmungen u. den besten Quellen bearb. 2., neu verb. (Titel-)Aufl. Berlin (851.) 853. Allgem. deutsche Verlags-Anstalt. 8. (XVI, 173 S.) 1 ℛ

— — Handbuch für Reisende u. Kurgäste. Unter Mitwirkung der Badeärzte DD. Pollak u. Proll zu Ischl u. Gastein u. nach den besten Quellen bearb. 3. (Titel-)Aufl. Ebend. 858. 16. (XVI, 173 S.) n. 20 ngr.

—— Salzburg, Ischl und Gastein nebst deren Umgebungen. Handbuch für Reisende und Kurgäste. Unter Mitwirkung von Pollak und Pröll bearb. 3. und 4. (Titel-) Aufl. 8. (VIII und 173 S.) Berlin (851)60, Allgemeine deutsche Verlags-Anstalt. *

—— Salzburg, Ischl und Gastein nebst deren Umgebungen. Ein Taschenbuch. Nach mehrmal. eignen Wahrnehmungen und den besten Quellen bearb. 6., verb. Aufl. 8. (VIII und 162 S. mit 1 Stahlst. in 4.) Berlin 865, Allgemeine deutsche Verlags-Anstalt.

— ein Streifzug nach London. Taschenbuch f. Alle, welche nachstreifen u. sich auf unterhaltende Weise schnell u. wohlfeil mit den wichtigsten Verhältnissen der Weltstadt bekannt machen wollen. Mit einem (lith.) Uebersicht-Plan von London (in 4.) 8. (VIII u. 120 S.) Ebd. 851. n. ½ ℛ

— ein Streifzug nach London. Reise-Taschenbuch für die Besucher der Weltstadt zur Industrie-Ausstellung. Mit 1 (lith.) Uebersichts-Plan von London (in 4.). Ebend. 862. 8. (IV, 118 S.) n. 20 ngr.

—— ein Streifzug nach London. Reise-Taschenbuch für die Besucher der Weltstadt zur Industrie-Ausstellung. 8. (IV und 118 S. mit 1 lithogr. Uebersichts-Plan von London in 4.) Berlin 863, Allgemeine deutsche Verlags-Anstalt. cart. *

—— üb. d. Ursachen d. Verbrechen u. d. Mittel d. Vermehrung ders. zu steuern. 8. (3½ B.) Berlin 840, Heymann.

— die allgemeine deutsche Wechsel-Ordnung, erläutert u. verglichen mit den Gesetzgebungen des Auslandes, nebst e. Darstellung des Wechsel-Prozeß-Verfahrens in den verschiedenen deutschen Staaten. Ein prakt. Handbuch für Juristen, Handeltreibende u. Geschäftsleute aller Art. Berlin 858. G. Reimer. gr. 8. (VII, 432 S.) 1 ℛ. 22½ ngr.

Straß, Carl Friedr. Heinr., († Otto v. Deppen), Centralblatt für preuß. Juristen, s. Centralblatt.

Straß, O., siehe: Weihnachtsbuch.

Strassberg [Schlagwort]

Strassberg, s.: Württtemberg. Höhenkurvenkarte.

Straßberg [Verfasser]

Straßberg, E., Literary and miscellaneous Essays. 8°. (210 S.) K 3.—
Wien: Konegen 1909.

Straßberger, A., französische Sprachschule zum Gebrauche f. Handels- u. gewerbliche Fachschulen, sowie zum Selbstunterrichte. 1. u. 2. Jahreskurs. gr. 8. (98, IV, 108 S.) Frankenberg i/S. 892. C. G. Roßberg. Kart. à n. 1. 20

Strassberger A, französische Sprachschule für Handels- und gewerbliche Fachschulen. I. 2. Auflage. II. III. Frankenberg i. S. 1892-94

Straßberger, A., französische Sprachschule zum Gebrauche f. Handels- u. gewerbl. Fachschulen, sowie zum Selbstunterrichte. 3. Jahreskurs. gr. 8. (VI, 131 S.) Frankenberg 893. C. G. Roßberg. Kart. n. 1. 60
(1.—3.: n. 4.)

Straßberger, A., französische Sprachschule zum Gebrauche f. Handels- u. gewerbliche Fachschulen, sowie zum Selbstunterrichte. 3. Jahreskurs. 2., sorgfältig durchgeseh. Aufl. gr. 8. (VI, 132 S.) Frankenberg 900. C. G. Roßberg. Kart. n. 1. 60; Schlüssel (59 S.) 901. n. 1. 20

Strassberger, A., Französische Sprachschule z. Gebrauche f. Handels- u. gewerbl. Fachschulen, sowie z. Selbstunterricht. I.—III. Jahreskurs nebst Schlüssel. 8. Frankenberg, C. G. Rossberg. 5. 20
I. 4. unveränd. Aufl. (101 S.) 902. Kart. 1. 20
II. 3. sorgf. durchges. Aufl. (108 S.) 901. Kart. 1. 20
III. 2. sorgf. durchges. Aufl. (132 S.) 900. Kart. 1. 60
Schlüssel. (59 S.) 901. 1. 20

Strassberger, Franc. Eduard (geb. Leipzig 29. 3. 1809): De sympathia. Berolini (1835). (22 S.) 8°
Berlin, Med. Diss. v. 23. Dez. 1835

Strassberger, M., Nachschlagewerk f. alle Holzinteressenten, bestehend aus 5 Thln. gr. 4. (VI, 125 S.) Wien 883. (Leipzig, Uhlig.) n. 10. —

Straßberger, M. H., kurz gefaßte Anleitung zum rationellen Betriebe des Seidenbaues. Bearb. für alle Stände. Mit 9 lith. Taff. Wien 870. Wenedikt. gr. 8. (VII, 72 S.) n. 12 ngr.

Straßberger, Wlh., 24 **Vorlegeblätter zum Nachzeichnen für Knaben und Mädchen. Fortsetzung zu Roßmäßlers Vorschule im Zeichnen. Lithogr.** 1/4 qu. 4. **Leipzig** 836. **Kroppe.** 3/4 ß

Straßburg [Sachl. Ordnungswort]

Strassburg. Neuer Führer durch Stadt u. Umgegend. 8. (IV, 98 S. m. lith. u. color. Plan in qu. Fol.) Strassburg 876. Schmidt. n. 1. —

Straßburg, Für, s. Baumgart, August

Strassburg u. seine Bauten. Hrsg. vom Architekten- u. Ingenieur-Verein f. Elsass-Lothringen. Lex.-8. (XII, 686 S. m. 655 Abbildgn., 11 Taf. u. 1 Stadtplan.) Strassburg 894. K. J. Trübner, Verl. n. 20. —; geb. n. 22. —

Straßburg i. E. Die schönsten Bauwerke, Denkmäler, Ansichten u. s. w. (Landschafts- u. Städtebilder.) (21 Bromsilber-Photographien) qu. 8. Steglitz-Berlin 904. **Neue photograph. Gesellschaft.** In Leinw.-Mappe 10. 50; einzelne Blatt — 50

Strassburg vor hundert Jahren. Strassburg 1888. V: *Jan, Herm. Ludw. v.* (Hof- u. Landesbibl. Carlsruhe. Zugangsverz. 1888.)

Strassburg - Rastatt - Leopoldshafen oder Germersheim, Der schiffbare Rheinkanal. Karlsruhe 1883. V: *Lauter, W.* (BaBb)

Strassburg und Umgebung. Prakt. Führer. 6. Aufl. Neu bearb. von H[einrich] Schiebel. Mit 1 Pl. von Strassburg. Berlin: A. Goldschmidt 1906–07. (44 S.) 8°
= **Reiseführer**, Griebens. Bd 46. [07. 8507

Strassburg und die Vogesen. 3. Aufl. Neu bearb. v. E. König. M. 3 Ktnbeil. *Berlin: A. Goldschmidt 1898.* (103 S., 1 Pl., 2 Kt.) 1 Bd 8.
= Reisebücher, Griebens. Bd 77. [98. 9890

Strassburg in der Westen-Tasche. Kleines Verkehrshandbuch. 128. (107 S.) Strassburg 883, Astmann's Sortiment.
—— dass. — Sommer 1884. 128. (93 S.) Strassburg 884, v. Wilmowski.

Strassburg und Würtemberg. Stuttgart 1884. V: *Hartmann, Julius.* (Heyd)

Strassburg [Schlagwort]

— **s. a.: Deutschland.** Kürschner-Peip. Uebersichtskarte. — **Elsass-Lothringen.** Lorenz. — **Europa.** Liebenow. — **Radfahrerkarten.** Freytag. Strassenprofilkarte.

— **s. a.: Radfahrerkarten.** Mittelbach Strassenprofilkarte.

— s.a. Westentaschen-Sammlung.

Strassburg-Basel, s.: Automobilkarten. Automobil-Tourenkarte.

Strassburg-Châlons, s.: Automobilkarten. Mittelbach.

Strassburg-Frankfurt a. M., s.: Automobilkarten. Automobil-Tourenkarte.

Strassburg-Mainz, s.: Automobilkarten. Automobil-Tourenkarte.

Strassburg-Metz, s.: Automobilkarten. Automobil-Tourenkarte. Pharus-Auto-Strecke.

Strassburg-Stuttgart, s.: Automobilkarten. Automobil-Tourenkarte.

Strassburg. Bebauungsplan für die Erweiterung der Stadt Strassburg. Nach Angaben d. Stadt-Bauamtes. 1:5000. 2 Blatt. 2. Aufl. Chromolith. Imp.-Fol. Strassburg 888. Strassburger Druckerei & Verlagsanstalt. n. 5. —

Strassburg i. E. Beckmann's neuester Plan v. Strassburg i. E. in 5farbiger Ausführung. 1 : 10,000. 43 × 66 cm. Mit Strassenverzeichnis an der Seite u. am Fusse. Stuttgart (903). W. Seifert. n. — 50

Strassburg i. E. Beckmann-Plan von Strassburg i. Els. Mit Strassenverzeichnis. (Neudr.) 46×57 cm. Farbdr. (12 S.) 8. Stuttgart (910). W. Seifert. — 50

Strassburg i/E. Führer durch die Industrie- u. Gewerbe-Ausstellung Strassburg. 1895. (Lageplan, farb. Abbildg. u. Plan der Stadt m. Text am Rande.) 1.—6. Aufl. 23 × 51 cm. Strassburg 895. Strassburger Druckerei u. Verlagsanstalt. n.n. — 25

— Gaebler, Ed., Karte v. Strassburg u. Umgegend. 1 : 125,000. Chromolith. Nebst Plan der Stadt. Lith. qu. gr. 4. Metz 888. Leipzig. Lang. — 25

— Karte v. Strassburg—Hagenau—Rastatt. 1 : 200,000. [Aus: „Touristenatlas f. Süddeutschland".] 28,5 × 34 cm. Farbendr. Bruchsal 895. O. Katz. n. — 40; auf Leinw. n. — 60

— Karte von Strassburg u. Umgegend. 1 : 200,000. Farbendr. gr. 4. Bruchsal 890. O. Katz. — 30; aufgez. n.n. — 40

— Karte der Umgebung v. Strassburg i/E. Gez. v. E. Seifert. 1 : 50,000. 2. verm. u. verb. Aufl. 72 × 82 cm. Farbdr. Strassburg (906). W. Heinrich. n. 2. —; auf Leinw. n. 3. 20

Strassburg. Müller, Gust., Specialkarte d. Umgegend v. Strassburg i/E., umfassend ca. 60 □ Meilen. 1 : 75,000. Farbendr. Imp.-Fol. Strassburg 890. Saarbrücken, Klingebeil. n. 3. 80

— Müller, Gust., Spezial-Karte der Umgegend von Strassburg i. Els., umfassend das Gebiet v. Hagenau-Lahr u. v. Zabern-Oppenau (ca. 60 □-Meilen). Auf Grund der neuesten Generalstabs-Aufnahmen bearb. 1 : 75,000. 2. nach amtl. Angaben sorgfältig bericht. u. ergänzte Aufl. 77 × 83,5 cm. Farbdr. Strassburg 904. Schlesier & Schweikhardt. n. 2. —; auf Leinw. n. 3. 20

— Naeher, J., Panorama v. der Plattform des Strassburger Münsters. 3., verb. Aufl. 15 × 143,5 cm. Autogr. Strassburg 898. J. H. E. Heitz. n. 1. —

— Plan

— — grosser, der Stadt Strassburg, u. der angrenzenden Vorortsgebiete, einschliesslich des neuen Hafens. Mit e. Übersichtskärtchen der Umgebg. 1 : 7500. Nach amtl. Quellen bearb. 56 × 87,5 cm. Farbdr. Mit Register. gr. 8. (13 S.) Ebd. 899. 1. 50; auf Leinw. in Leinw.-Umschlag 2. 50; m. Stäben 4. —

— Plan d. Stadt Strassburg, aufgestellt nach dem amtl. Bebauungsplan. 1 : 7500. 5. Aufl. 40,5 × 65,5 cm. Farbdr. Mit Strassenverzeichniss. 12. (7 S.) Strassburg 898. W. Heinrich. — 75; m. Umgebungskärtchen n. 1. —

Strassburg i. E. Plan d. Stadt Strassburg, aufgestellt nach dem amtl. Bebauungsplan. 1 : 7500. 9. Aufl. 40,5 × 66 cm. Farbdr. Nebst Strassenverzeichnis. 12. (7 S.) Strassburg 901. W. Heinrich. — 75

— Plan der Stadt Strassburg, aufgestellt nach dem amtl. Bebauungsplan. 1 : 7,500. 15. Aufl. 40,5 × 65,5 cm. Mit: Umgebungskarte. 1 : 125,000. 23 × 26 cm. Farbdr. Nebst Strassenverzeichnis. (7 S.) kl. 8. Strassburg 906. W. Heinrich. n. — 75; ohne Umgebungskarte n. — 60

— — dasselbe. Grosse Ausg. mit dem Hafengebiete u. e. Teile der Vororte. 1 : 7,500. 57,5 × 93,5 cm, sowie e. Umgebungskärtchen. 1 : 125,000. 23 × 26 cm. Farbdr. 8. Aufl. Nebst Strassenverzeichnis. (8 S.) gr. 8. Ebd. 906. n. 1. 20

— Plan der Stadt Strassburg, aufgestellt nach dem amtl. Bebauungsplan. 1 : 7,500. 18. Aufl. 41 × 66 cm. Mit: Umgebungskarte. 1 : 125,000. 23 × 25,5 cm. Farbdr. Nebst Strassenverzeichnis. (7 S.) kl. 8. Strassburg 910. W. Heinrich. — 75; ohne Umgebungskarte — 60

— — dasselbe. Grosse Ausg. m. dem Hafengebiete u. e. Teile der Vororte. 1 : 7,500. 70 × 97 cm, sowie e. Umgebungskärtchen. 1 : 125,000. 23,5 × 26 cm. Farbdr. 12. Aufl. Nebst Strassenverzeichnis. (9 S.) gr. 8. Ebd. 910. 1. 20

— Plan der Stadt Strassburg nebst Erweiterung. Mit e. Übersichtskärtchen der Umgebung. 8., rev. Aufl. Chromolith. qu. Fol. Strassburg 888. Trübner. n. 1. —

— — der Stadt Strassburg nebst Erweiterung. 1 : 7500. 14. nach amtl. Quellen vollständig neubearb. Aufl. 40,5 × 68 cm. Farbendr. Mit 1 (farb.) Übersichtskärtchen der Umgebg. (in qu. 4.) u. Strassenverzeichnis. 8. (4 S.) Strassburg 894. K. J. Trübner, Verl. n. 1. —

— — dasselbe nebst Erweiterg. 1 : 7500. 15., verb. Aufl. 40,5 × 68 cm. Farbendr. Mit 1 (farb.) Übersichtskärtchen d. Umgebg. (in qu. 4.) u. Strassenverzeichnis. 8. (4 S.) Strassburg 895. K. J. Trübner. n. 1. —

— — der Stadt Strassburg nebst Erweiterung. 1 : 7,500. 40,5 × 68 cm. Mit e. Übersichtskärtchen der Umgebg. 1 : 250,000. 15 × 20,5 cm. Farbdr. Nach amtl. Quellen bearb. 17. Aufl. Nebst: Verzeichnis der Straßen, Staden u. Plätze. schmal gr. 8. (9 S.) Strassburg 900. K. J. Trübner. n. 1. —

— — d. Stadt Strassburg u. deren Erweiterungen. 1 : 5000. 7. Aufl. Farbendr. qu. gr. Fol. Nebst Verzeichniss d. Strassen, Plätze, Brücken u. Thore. 8. (4 S.) Strassburg i/E. 890. Strassburger Druckerei u. Verlagsanstalt. n. 1. —

Strassburg i/Els. Plan der Stadt Strassburg u. deren Erweiterungen. 1 : 5000. 9. Aufl. 47 × 89,5 cm. Farbendruck. Mit Strassenverzeichnis. 8. (4 S.) Strassburg 894. Strassburger Druckerei u. Verlagsanstalt. n. 1. —

— — dasselbe u. deren Erweiterungen. 1 : 5000. 10. Aufl. 47 × 89,5 cm. Farbendr. Mit Strassenverzeichnis. 8. (4 S.) Strassburg 895. Strassburger Druckerei u. Verlagsanstalt. n. 1. —

— — der Stadt Strassburg u. deren Erweiterungen. 1 : 5000. 11. Aufl. 47 × 84,5 cm. Farbdr. Strassburg (900). Strassburger Druckerei u. Verlagsanstalt. n. 1. —

Strassburg [Verfasser]

Strassburg, Diss. de melancholia hypochondriaca. Rost. 4°. 1723

Strassburg, Gustav (geb. am 23 Mai 1848 in Woltmershausen bei Bremen): Die Topographie der Gasspannungen im thierischen Organismus ... Bonn, Buchdr. v. P. Neusser (1872). 2 Bl., 32 S., 1 Bl., 1 Taf. 8. ¶ Erschien gleichzeitig in Pflügers Arch. f. d. ges. Physiol. VI 1872 S. 65 ff.
Bonn, Med. Fak., Diss. v. 26 Juli 1872

Strassburg, Hans, approb. Arzt aus Bremen: Aus d. chirurg. Klinik zu Kiel. Über Peritonitis tuberculosa. *Kiel 1902: Schmidt & Klaunig.* (39 S.) 8°
Kiel, Med. Diss. v. [10. März] 1902

Strassburger Gassen- u. Häuser-Namen im Mittelalter. gr. 8. (VII, 192 S.) Strassburg 871. Schmidt. n. 4. —

STRASSBURGER, Der weitbereiste, oder des Herrn Franz Liliensteins, eines gebohrnen Straßburgers, wunderbare Begebenheiten, durch ihn selbst beschrieben. Copenhagen und Leipzig, bey Friedrich Christian Pelt. 1752. 8°. (Im Besitze Prof. Dr. Ullrich's in Brandenburg a. d. Havel.)
Titel, 6 S. „Vorbericht", 248 S. Text. — Sehr selten!
Ullrich: Vergl. über diese (pikante) Robinsonade: Rod. Reuss, Le Robinson Strasbourgeois (Revue alsacienne 1879).

Straßburger, der weitgereiste, od. Begebenheiten Liliensteins. 8. Kopenh. 752. (Wienbrack in Leipz.) 6 gr

– s.a. Strasburger . . .

Straßburger, B., Fibel f. israelitische Volksschulen. Mit Anh.: Hebräische Lesefibel. Mit Genehmigung der Kgl. württemb. Oberschulbehörde bearb. 8. (126 u. 16 S.) Stuttgart 890. Deutsche Verlags-Anstalt. geb. n. — 90

Straßburger, B., Geschichte der Erziehung und des Unterrichts bei den Israeliten. Von der vortalmud. Zeit bis auf die Gegenwart. Mit einem Anhang: Bibliographie der jüd. Pädagogie. 10 Lfgn. 8. (XV, 310 S.) Stuttgart 884,85, Levy und Müller. à Lfg. * 50 Pf. *

Straßburger, B., Geschichte der Erziehung und des Unterrichts bei den Israeliten. 8. Stuttgart 885. Breslau, Jacobsohn und Comp. [M 5.—] **

— Lesebuch f. die israelitischen Volksschulen. 1. Tl. Für die Mittelstufe. Mit Genehmigg. der K. Württemb. Oberschulbehörde umgearb. 8. (176 S.) Ebd. 890. geb. n 1.—

Straßburger, B., Memorir- u. Gesangbuch für israelitische Schulen. 8. (VII, 64 S.) Stuttgart 878. Levy & Müller in Comm. n. — 90

— Memorier- u. Gesangbuch f. israelitische Schulen. 2. verm. u. m. Noten vers. Aufl. gr. 8. (104 S.) Ebend. 884. cart. n. 1. 60

Strassburger, Eduard, s. Strasburger

Strassburger, Egon Hugo, s. Strasburger

Strassburger, Emil [Dr.]: Zur Geschichte Aschersleben während des siebenjährigen Krieges. Aschersleben, Lithogr. Anst., Buch- u. Steindr. v. K. Wedel, *1895;* 1 Bl., 26 S., 1 Taf. 4.
Aschersleben, G m. RPG, OP 1895 (232)

Geschichte der Stadt Aschersleben v. Prof. Dr. E[mil] **Strassburger,** Oberl. Mit Abb. Aschersleben: K. Kinzenbach (1905). (534 S.) 8° [G.] [08. 2353]

Straßburger, E., Geschichte der Stadt Aschersleben. (XIII, 534 S. m. Abbildgn.) Lex.-8. Aschersleben (906). K. Kinzenbach. Geb. in Leinw. n.n. 6. 50

Strassburger, Emil Geschichte der höheren Schule in Aschersleben. 4 (67 S.). **Progr.** Rg. *Aschersleben* 1888 (211).

Strassburger, Emil [Dr.]: Heimatskunde von Aschersleben. Aschersleben, Lithogr. Anst., Buch- u. Steindr. v. K. Wedel, *1894;* 1 Bl., 16 S. 4.
Aschersleben, G m. RPG, OP 1894 (330 [vielm. 230])

Strassburger, Aemilius: Quomodo et quando Pannonia provincia Romana facta sit. P. prior. Halis Saxonum (1875): Heynemann. 37 S. 8°
Halle-Wittenberg, Phil. Diss. v. 11. Dez. 1875
Geb. Eisleben 5. 11. 1853. V.

Strassburger, Aemil. Quomodo et quando Pannonia provincia Romana facta sit. Pars prior. (37.) 8. Halis Sax. 1876.

Strassburger, Fr. Emil Die Reformation in Aschersleben. 37 S. **Progr.** *Aschersleben* 1884.

Strassburger, H[ugo]. **Das Glück, oder: Des Herrn Wege sind wunderbar.** Eine wahre Erzählung. 64 S. 8. **Aarburg, Burk's Verlag, 1903.**
Schweizer Familien-Bibliothek. Band 15. (fr. —. 20.) [Nr. 1.]

Das Glück | auf | Santa Trinitad. | Eine wahre Erzählung | von | H. Straßburger. | Reutlingen. | Druck und Verlag von Rob. Bardtenschlager. (= *Nr.* 504).
o. J. (1888), 64 S.. 162 × 107.
LBS d. D. oct K 3354.

Straßburger, H., der Liebe Lohn, s.a. Volksbücher, Reutlinger.

Der | Liebe Lohn. | Novelle | von | Hugo Straßburger. (= Nro. 297).
Auf dem U.: Druck und Verlag von Rob. Bardtenschlager, Reutlingen.
o. J., 64 S., 164 × 107, U.-Fig.: *Zwei Damen bemühen sich um einen ohnmächtigen Uniformierten,* 77 × 86.
LBS d. D. oct K 3532.

Straßburger, Jos., Anstands-Büchlein. Sitten-, Anstands- u. Lebensregeln f. die Schuljugend. (76 S.) 16. München (905). J. Pfeiffer. Kart. — 40

— neues Gratulations-Büchlein f. die liebe Kinderwelt. Enth. e. reiche Auswahl kindl. Wünsche. (23 S.) 16. Ebd. (903). — 20

Strassburgerfahrt, Eine;

Erinnerungsblatt . . . Zürich 1885. V: *Frey, Em.* (Cat. d. Stadtbibl. Zürich. Zürich 1864—97.)

Straßburgs, für, Kinder! Eine Weihnachtsbescheerung von Deutschlands Dichtern. 1870. 22 Bdchn. 16. Berlin 870, **Lipperheide.** *

Erschien auch einzeln unter folgenden Titeln:

Bodenstedt, Friedr., Zeitgedichte. (36 S.) * 50 Pf.
Gerok, Karl, Eichenlaub. 1. und 2., verm. Aufl. (43 S.) * 50 Pf. [3. Aufl. erschien in Amelang's Verlag in Leipzig u. d. T. „Deutsche Ostern". * M 3.]
Gottschall, Rud., Kriegslieder. (42 S.) * 50 Pf.
Grieben, Herm., Zeitstimmen. (26 S.) * 25 Pf.
Grosse, Jul., Wider Frankreich. (76 S.) * 50 Pf.
Holtei, Karl v., Lieder eines Alten. (20 S.) * 25 Pf.
Jensen, Wilh., Lieder aus dem Jahre 1870. (50 S.) * 50 Pf.
Lingg, Herm., Zeitgedichte. (17 S.) * 25 Pf.
Marbach, Osw., das Halljahr Deutschlands. (111 S.) * M 1.
Meißner, Alfr., Zeitklänge. 1870. (22 S.) * 25 Pf.
Meyern, Gust. v., Zeitgedichte. (41 S.) * 50 Pf.
Müller von Königswinter, Wolfg., Durch Kampf zum Sieg. (86 S.) * M 1.
Osterwald, Wilh., Bleibt einig! (33 S.) * 50 Pf.
Pichler, Adf., Deutsche Tage. (23 S.) * 25 Pf.
Pröhle, Heinr., Deutsche Lieder und Oden. 1 und 2 Aufl. (40 S.) * 50 Pf.
Rodenberg, Jul., Kriegs- und Friedenslieder. (76 S.) * 50 Pf.
Schad, Chrstn., Klänge vom Main. (57 S.) * 50 Pf.
Simrock, Karl, Deutsche Kriegslieder. 1870. (56 S.) * 50 Pf.
Traeger, Alb., 1870. Sechs Zeitgedichte. (26 S.) * 25 Pf.
Trautmann, Frz., Astern und Rosen, Disteln und Mimosen. (66 S.) * 50 Pf.
Vieboff, Heinr., Zeitgedichte. (67 S.) * 50 Pf.
Zeise, Heinr., Kampf- und Kriegslieder. (39 S.) * 50 Pf.

Strasse, Die.

Berlin [1910]. V: *Fuchs, Eduard & Ernst Kreowski.* (EB)

Die **Strasse.** Vom Urwald bis zur Eisenbahn. Berlin: Borngräber [1910]. 219 S. 8° [11. 301]

Strasse, die. Vom Urwald bis zur Eisenbahn. (IV, 224 S. m. Abb. u. 28 z. Tl. farb. Taf.) 8. Berlin (910). Verlag Neues Leben. 8.—; geb. in Leinw. 10.—; Liebh.-Ausg., Ldr. 12. —

Strasse, Die. Verdeutschungsheft für Laden, Geschäftsschild und Schaufenster. Frankfurt a. M. ca. 1910. V: *Wehrhan, Karl.* (Berl 1917, S. 198)

Straßen, Gassen und Plätze . . . der Reichs-Haupt- und Residenzstadt Wien.

Straßen, Gassen und Plätze der k. k. Reichs-Haupt- und Residenzstadt Wien und der Ortschaften in der Umgebung. [Nebst Nachweis sämmtl. Höfe, Linienämter und Brücken in Wien.] 12. (53 S.) Wien 881, Hölder. *
—— dass. — 12. (56 S.) Ebendas. 883. *
—— dass. — 12. (66 S.) Ebendas. 884. *
Aus: Lehmann's allgemeiner Wohnungsanzeiger, besonders abgedruckt.

Straßen, Gassen und Plätze der k. k. Reichs-Haupt- und Residenzstadt Wien und der Ortschaften in der Umgebung. [Nebst Nachweis sämmtl. Höfe, Linienämter und Brücken.] 12. (68 S.) Wien 886, Hölder. *

—— dass. — 12. (70 S.) Ebendas. 887. *

—— dass. — 12. (21 S.) Ebendas. 888. *
Aus: Lehmann's allgemeinen Wohnungs-Anzeiger für Wien, besonders abgedruckt.

Straßen, Gassen u. **Plätze** der k. k. Reichs-Haupt- u. Residenzstadt Wien u. Umgebung. Nebst Nachweis sämmtl. Höfe, Verzehrungssteuer-Linien u. Brücken. [Aus: „Lehmann's allgem. Wohnungs-Anzeiger f. Wien".] 32. Jahrg. 12. (73 S.) Wien 890. Hölder. n. — 40

Straßen, Gassen u. Plätze, Höfe, Verzehrungssteuer-Linien u. Brücken der k. k. Reichs-Haupt- u. Residenzstadt Wien u. Umgebung. 33. Jahrg. 12. (76 S.) Wien 891, Hölder. * — 40
Aus: Lehmann's allgem. Wohnungs-Anzeiger f. Wien, besonders abgedruckt. — Erscheint jährlich.

Straßen, Gassen und Plätze, Höfe, Verzehrungssteuer-Linien, Aemter u. Brücken der k. k. Reichshaupt- und Residenzstadt Wien nach Einbeziehung der Vororte und Eintheilung in 19 Bezirke, nebst Donaufeld, Floridsdorf, Jedlesee und Jedlersdorf. (Consulate, Gesandtschaften und Hotels.) 34. Jahrg. 12. (79 S.) —.12
Wien: Hölder 1892.

Strassen, Gassen, Plätze u. Höfe, Verzehrungssteuerlinien-Aemter u. Brücken der Reichs-Haupt- und Residenzstadt Wien nach Einbeziehung der Vororte und Eintheilung in 19 Bezirke, nebst Donaufeld, Floridsdorf, Jedlesee und Jedlersdorf. 35. Jahrg. (Aus: „Lehmann's allgemeiner Wohnungs-Anzeiger für Wien".) 12. (86 S.) —.20
Wien: Hölder 1893.

Straßen, Gassen u. **Plätze, Höfe, Verzehrungssteuer-Linien-Aemter u. Brücken der** k. k. Reichs-Haupt- u. Residenzstadt **Wien** nach Einbeziehung der **Vororte** u. Eintheilung in 19 **Bezirke,** nebst Donaufeld, Floridsdorf, Jedlesee u. Jedlersdorf. [Aus: „Lehmann's allg. Wohnungs-Anzeiger v. **Wien f. 1894".] 36. Jahrg.** gr. 16. (84 S.) Wien 894. A. Hölder. n. — 24

— Dass. 37. Jg. Ebd. 1895. 108 S.

Straßen, Gassen und Plätze, Höfe, Verzehrungssteuer, Linien-Aemter, Brücken, Ministerien, Consulate, Botschaften, Gesandtschaften, Hôtels in der k. k. Reichshaupt- und Residenzstadt Wien nach der Eintheilung in neunzehn Bezirke etc. 37. Jahrg. 2. Aufl. 16. (108 S.) —.20
Wien: Hölder 1895.

Straßen, Gassen und Plätze, Höfe, **Brücken** und Verzehrungssteuer-Linien-Abfertigungs-Stellen, Ministerien, Consulate, Botschaften, Gesandtschaften und Hotels in der k. k. Reichshaupt- und Residenzstadt Wien nach der Eintheilung in 19 Bezirke nebst **Donaufeld, Floridsdorf, Jedlesee** und Jedlersdorf. (Mit den neuen und alten Straßen-Nummern.) 38. Jahrg. 16. (103 S.) —.20
Wien: Hölder 1896.

Strassen, Gassen und Plätze etc. der k. k. Reichshaupt- und Residenzstadt Wien nebst Floridsdorf und Jedlersdorf. 1897. [Aus: „Lehmann's allgemeiner Wohnungs-Anzeiger für Wien".] 12. (105 S.) —.20
Wien: Hölder 1897.

Straßen, Gassen u. **Plätze** m. Angabe d. Gemeindebezirke, in welchen sie liegen, der Pfarren, welchen sie zugetheilt sind, u. d. Postbestellbezirke in Wien, Straßen in Floridsdorf u. Groß-Jedlersdorf. Anh.: Ministerien, Consulate, Gesandtschaften u. Hotels. [Aus: „Lehmann's allgem. Wohnungs-Anzeiger v. Wien".] 40. Jahrg. 12. (122 S.) Wien 898. A. Hölder. n. — 40

(F) Strassen, Gassen, Plätze der k. k. Reichs-Haupt- und Residenzstadt Wien nebst Floridsdorf und Jedlersdorf. Anhang: Ministerien, Consulate, Gesandtschaften und Hotels. Abdruck aus Lehmann's Allgemeinen Wohnungs-Anzeiger von Wien für 1899. XLI. Jahrgang. 16°. Wien. 1899. Hölder. 121 S. fl. —.20

(F) Strassen, Gassen, Plätze der k. k. Reichs-Haupt- und Residenzstadt Wien nebst Floridsdorf und Jedlersdorf. Mit Angabe der Postbestellbezirke nebst Anhang: Ministerien, Gesandtschaften, Consulate und Hotels. Abdruck aus Lehmann's Allgemeinen Wohnungs-Anzeiger für 1900. XLII. Jahrgang. 16°. Wien. 1900. Hölder. 111 S. K —.40

(F) Strassen, Gassen, Plätze der k. k. Reichs-Haupt- und Residenzstadt Wien nebst Floridsdorf und Jedlersdorf mit Angabe der Postbestellbezirke nebst Anhang: Ministerien, Gesandtschaften, Consulate und Hôtels. Abdruck aus Lehmann's Allgemeinem Wohnungs-Anzeiger für 1901. XLIII Jahrgang. Wien. 1901. Hölder. 8°. 118 S. K —.40

Straßen, Gassen, **Plätze der k. k.** Reichs-Haupt- u. Residenzstadt Wien nebst **Floridsdorf u. Jedlersdorf, m.** Angabe der Postbestellbezirke, **nebst Anh.:** Ministerien, Gesandschaften, Consulate **u. Hotels. 44.** Jahrg. 12. **(118 S.)** Wien 902. A. Hölder. **n. — 40**
Sonderabdruck aus: „Lehmann's allgem. Wohnungs-Anzeiger".

(F) **Strassen, Gassen, Plätze** der k. k. Reichshaupt- und Residenzstadt Wien nebst Floridsdorf und Jedlersdorf. 8°. (119 S.)
Wien: Hölder 1903. K —.40

(F) **Strassen, Gassen, Plätze** der k. k. Reichshaupt- und Residenzstadt Wien nebst Floridsdorf und Jedlersdorf. 8°. (121 S.)
Wien: Hölder 1904. K —.40

Strassen, Gassen, Plätze der k. k. Reichshaupt- und Residenzstadt Wien nebst Floridsdorf und Jedlersdorf. 8°. (123 S.)
Wien: Hölder 1905. K —.40

Straßen, Gassen, Plätze der k. k. Reichs-Haupt- u. Residenzstadt Wien, m. Angabe der Postbestellbezirke, nebst Anh.: Ministerien, Gesandtschaften, Konsulate u. Hotels. 48. Jahrg. (128 S.) kl. 8. Wien 906. A. Hölder. n. — 40
Sonderabdruck aus: „Lehmann's allg. Wohnungs-Anzeiger".

Strassen, Gassen, Plätze der k. k. Reichshaupt- und Residenzstadt Wien mit Angabe der Postbestellbezirke. 8°. (134 S.)
Wien: Hölder 1908. K —.40

Straßen, Gassen, Plätze der k. k. Reichshaupt und Residenzstadt Wien mit Angabe der Postbestellbezirke, nebst Anhang: Ministerien, Gesandtschaften, Konsulate und Hotels. 8°. (147 S.)
Wien: Hölder 1909.

Straßen, Gassen, Plätze der k. k. Reichs-Haupt- u. Residenzstadt Wien, m. Angabe der Postbestellbezirke, nebst Anh.: Ministerien, Gesandtschaften, Konsulate u. Hotels. 52. Jahrg. (152 S.) kl. 8. Wien 910. A. Hölder. — 45
Sonderabdr. aus: „Lehmann's allg. Wohngs-Anzeiger".

Strassen, Die, von Paris oder Schilderung der denkwürdigsten Schicksale, Sitten, Gebräuche, Personen u. Gebäude dieser Stadt, von den ältesten Zeiten bis auf unsere Tage. Nach dem Französ. Werke bearbeitet von A. Diezmann. Leipzig [ca. 1845]. V: *Lurine, Louis.* (BGE VI[8], 106)

Straßen, die, von Paris, oder Schilderung der denkwürdigsten Schicksale, Sitten, Gebräuche, Personen u. Gebäude dieser Stadt, von den ältesten Zeiten bis auf unsere Tage. Nach dem franz. Werke: „Les rues de Paris" bearb. v. A. Diezmann. 2. (Titel-)Ausg. d. „Malerischen Wanderungen durch Paris". Illustrirt mit ca. 300 Holzschn. Lex. 8. (592 S.) Leipzig 848, Teubner. 4 ℔

Strassen und Plätze, Die, der Stadt Dresden historisch erläutert . . . Dresd. u. Leipz. 1847. V: *Choulant, Ludw.* (Kat. d. stat. Bureaus. Dresden 1890.)

— u. Plätze, die, der Stadt Dresden systematisch geordnet u. historisch erläutert. Mit einem Grundriß von Dresden (lith. in Fol.) 8. (30 S.) Leipzig 847, Arnold. n. 8 ngl

— **u. Plätze,** die, Münchens nach ihren Anwesen-, Haushaltungs- u. Einwohnerzahlen (am 1. XII. 1905). (7 S.) Lex.-8. München (906). (J. Lindauer.) n. — 20

— — **Münchens** sowie der v. Riesenfeld, Milbertshofen u. Villenkolonie Solln, m. Straßenskizzen zur Orientierg. 3. nach amtl. Quellen verm. u. verb. Aufl. (IV, 247 S.) kl. 8. München 906. J. Lindl. n. — 30

— u. Plätze Münchens nebst Straßenskizzen zur Orientierg. Mit alphabet. Verzeichnis der gemeinnütz. Verkehrs-Institute der kgl. u. städt. Behörden u. Stellen, sowie der öffentl. Sehenswürdigkeiten. 1909. 6. nach amtl. Quellen verm. u. verb. Aufl. (191 S.) kl. 8. München. Halle, A. H. Müller. — 35

Strassen, Melch. zur, Spitzen des 16.—19. Jahrh. aus den Sammlungen des Kunstgewerbe-Museums zu Leipzig, s.: Sammelmappe, ornamentale u. kunstgewerbliche.

Strassen, Otto L. zur, Antbraconema, e. neue Gattung freilebender Nematoden, s.: Jahrbücher, zoologische. VII. Suppl.-Bd.

— **Geschichte der T-Riesen v. Ascaris megalocephala,** s.: Zoologica. 40. I.

— Die neuere Tierpsychologie. Vortrag in der 2. allgemeinen Sitzg. der 79. Versammlg. deutscher Naturforscher u. Ärzte zu Dresden (1907). (78 S.) 8. Leipzig 908. B. G. Teubner. 2. —

Straßen-Anzeiger. – Täglicher Straßen-Anzeiger. – Mainz. – 29.VI.1850 – 30.IV.1853.
Fortges. u.d.T.: Täglicher Anzeiger.

Berlin-Charlottenburger Straßenbahn. — (Berlin o. J. [um 1903]: Hermann.) 5 S. 4° [Kopft.] 38 A.

Strassenbahn. Elektrisch betriebene St' Schaffhausen-Schleitheim s. [Herzog, Siegfried].

Elektrische Strassenbahn Altstätten-Berneck und elektrische Beleuchtung Altstätten. [Erstellt durch die] Maschinenfabrik Oerlikon. — **Tramway électrique Altstætten-Berneck et éclairage électrique d'Altstætten.** [Projet exécuté par les] Ateliers de Construction Oerlikon. Oerlikon-Zürich. 1901. [Mit 24 Tafeln.] 16 + 12 S. 4. [Zürich I, Jacques Bollmann.]

Straßenbahn, Die elektrische, Zürich-Hirslanden. Berlin 1894

Die Grosse Berliner Strassenbahn 1871–1902. Denkschr. aus Anlasz d. vollständ. Durchführung d. elektromotorischen Betriebes. *Berlin 1902: H. S. Hermann.* (XIII, 257 S.) 4° [02. 46]

Strassenbahn, die grosse Berliner, 1871—1902. Denkschrift aus Anlasz der vollständ. Durchführung des electromotor. Betriebes. gr. 4. (XIV, 259 S. m. 167 Abbildgn., 10 Vollbildern u. 3 Plänen.) Berlin 902. J. Springer. Geb. in Leinw. n n. 15. —

Die Städtische **Straßenbahn,** Frankfurt a. M. Im Auftr. d. Stadt. Elektrizitäts- u. Bahn-Amtes aus Anlaß d. 100. Hauptversammlung d. Ver. Deutscher Straßenbahn- u. Kleinbahn-Verwaltungen hrsg. von d. Betriebs-Direktion. Frankfurt a.M.: Gebr. Sey 1905. (99 S.) 4° [*7.*] [05. 11873]

Strassen- und Eisenbahnbau, Der, in seinem ganzen Umfange. Aus: „Handbuch der Ingenieur-Wissenschaft" von Max Becker. III. Bd. Stuttgart 1876.

Straßenbahnen. Über Straßenbahnen m. besond. Rücksicht auf die Verkehrs-Verhältnisse der Haupt- u. Residenzstadt Dessau u. ihrer Umgebgn. gr. 8. (19 S.) Dessau 893. P. Baumann. n. — 20

Strassenbahnen (Bedeutung, Construction). Osnabrück 1882. 4.

Strassenbahnen, d. deutschen elektrischen, Klein- u. Pferdebahnen, sow. d. elektrotechn. Fabriken, Elektricitätswerke samt Hilfsgeschäften im Besitze v. Aktien-Gesellschaften. gr. 8. (X, 94 S.) Leipzig 897. Verl. f. Börsen- u. Finanzliteratur. Geb. in Leinw. n. 2. 50

— dasselbe. 2., verm. u. vorb. Aufl. Ausg. 1898—1899. gr. 8. (XI, 144 S.) Ebd. 898. Geb. in Leinw. n. 3. —

Die deutschen Elektrischen Strassenbahnen. Sekundär-, Klein- und Pferdebahnen, sowie die Elektrotechnischen Fabriken. Elektrizitätswerke samt Hilfsgeschäften im Besitze von Aktien-Gesellschaften. Ausg. 1900/1901. 4. vollst. umgearb. u. bedeutend verm. Aufl. *Leipzig: Verl. f. Börsen u. Finanzliteratur 1900.* (XVIII, 412 S.) 8° [00. 13943]

Straßenbahnen, Die deutschen elektrischen, Sekundär-, Klein- und Pferdebahnen, sowie die elektrotechnischen Fabriken, Elektrizitätswerke samt Hilfsgeschäften im Besitze von Aktien-Gesellschaften. 5. Aufl. 1901. 11. Aufl. 1907 ff. Berlin und Leipzig

– die deutschen elektrischen, Sekundär-, Klein- u. Pferdebahnen, sowie die elektrotechnischen Fabriken, Elektricitätswerke samt Hilfsgeschäften im Besitze v. Aktien-Gesellschaften. Ausg. 1902/1903. 6. vollständig umgearb. Aufl. gr. 8. (XII, 404 S.) Leipzig, Verlag f. Börsen- u. Finanzlitteratur. Geb. in Leinw. n. 6. —

Strassenbahnen, die deutschen elektrischen, Sekundär-, Klein- u. Pferdebahnen, sowie die elektrotechnischen Fabriken, Elektricitätswerke samt Hilfsgeschäften im Besitze von Aktien-Gesellschaften. Ausg. 1906/1907. 10. vollst. umgearb. Aufl. (X, 400 S.) Lex.-8. Berlin, Verlag f. Börsen- u. Finanzliteratur. Geb. in Leinw. n. 6.—

Strassenbahnen, die deutschen elektrischen Sekundär-, Klein- u. Pferdebahnen, sowie die elektrotechnischen Fabriken, Elektricitätswerke samt Hilfsgeschäften im Besitze v. Aktien-Gesellschaften. Ausg. 1910/11. 14. vollständig umgearb. Aufl. (XII, 492 S.) Lex. 8. Berlin 911. Verlag f. Börsen- u. Finanzliteratur. Geb. in Leinw. 6. —

Straßenbahnen, elektrische, s. a. Miniatur-Bibliothek.

Tramways electriques. **Elektrische Strassenbahnen.** Electric tramways. *Berlin: Allgem. Elektr.-Ges. 1900.* (400 S.) quer-8° [Deckelt.]

— dasselbe. Hrsg. v. der allgem. Elektricitäts-Gesellschaft, Berlin. (Ausg. 1900.) (In deutscher, engl. u. französ. Sprache.) qu. gr. 4. (XII, 400 S. m. Abb. u. Plänen.) Berlin (J. Springer). Geb. in Leinw. n.n. 25. —

Strassenbahnen, Elektrische, der Stadt Bern; Bericht der Bauleitung. II. [Bern 1900.] V: *Wyssling, Walther.* (Zuwachsverz. d. Bibliotheken in Zürich 1898 ff.)

Straßenbahnen, Elektrische, System Thomson-Houston. Hamburg 1890

Elektrizitätsgesellschaft, allgemeine. Berlin. Die elektrischen Strassenbahnen mit oberirdischer Stromzuführung. 4° Berlin 1894

Strassenbahnen, die elektrischen, m. oberird. Stromzuführg. nach d. System d. allgem. Elektricitäts-Gesellschaft zu Berlin. 2., neu bearb. u. erweit. Aufl qu. gr. 4. (331 S. m. Abb.) Berlin 896. (J. Springer.) Geb. n.n. 15. —

Strassenbahnerkalender. Schweizerischer St'-K'.... Ein Nachschlagebuch für jeden Strassenbahner. 8. Zürich, Kirsten & Zeisberg.

... für das Jahr 1906. Jahrg. 1. Bearb. von Heinrich Blumer.... [Mit 1 Figur.] (*zus.* 191 S.) [geb. fr. 1. —]
... für 1907. Jahrg. 2. Bearb. von H' Bl'.... [Mit Illustrationen und 1 Karte.] (*zus.* 225 S.) [geb. fr. 1. —]
... für 1908. Jahrg. 3. Bearb. von H' Bl'.... (*zus.* 209 S.) [geb. fr. 1. —]
... für 1909. Jahrg. 3 (*d. i.* 4). Bearb. von H' Bl'.... (*zus.* 209 S.) [geb.] fr. 1. —
... für 1910. Jahrg. 5. Bearb. von Ulrich Althorr.... (*zus.* 217 S.) [geb.] fr. 1. —

Straßenbahner-Zeitung: Schweiz. Straßenbahner-Zeitung
① Offizielles und obligatorisches Organ des Schweiz. Straßenbahnerverbandes. Offizielles Publikationsorgan der Arbeiterunion Schweizerischer Transportanstalten (A. U. S. T.) ④ Der Gemeinde- und Staatsarbeiter (Fusion) ⑤ 1909—2. 7. 1920 ⑥ 2° ⑦ monatlich 2× (1909—14. 6. 1912): alle 14 Tage (5. 7. 1912—2. 7. 1920) ⑧ Zürich: Genossenschaft Grütlibuchdruckerei (5. 10. 1917—2. 7. 1920); Basel: Genossenschaftsbuchdruckerei (5. 10 1917 2. 7. 1920) ⑩ Zentralvorstand des Schweizerischen Straßenbahnerverbandes ⑪ F. Nydegger (1909?—21. 9. 1917). Joh. Frei. Basel (5. 10. 1917—6. 6. 1919). E. Küng. Zürich (20. 6. 1919—2. 7. 1920) ⑫ sozialistisches Gewerkschaftsorgan ⑭ Bs: WA (1910—1920); Be: L (1914—1920).

Straßen- und Kleinbahn-Zeitung, Deutsche. Jg. 20—35. Berlin 1907—22
Von 1908—13 mit: **Jahrbuch** der Deutschen Straßen- und Kleinbahn-Zeitung.
(Aufgegangen in: Verkehrstechnik.)

Straßenbahn-Zeitung: Schweizerische Straßenbahn-Zeitung
① Organ für die Interessen der Straßenbahn-Angestellten ⑤ 2 Probenummern November 1898 ⑥ 2° ⑦ monatlich 2× ⑧ Zürich: Buchdruckerei des »Volksrecht« (Kirsten & Zeisberg) ⑩ Albert Utzinger. Zürich ⑪ der Herausgeber ⑫ sozialdemokratisch ⑭ Be: L (Probenummer 12. 11. 1898).

Strassenbau, der. Zeitschrift f. Tiefbau im Staats- u. Gemeindewesen. Spezielles Organ f. Strassenbau, Bewässerg., Entwässerg., Städtereinigg. Moderne Zeitschrift auf diesem Gebiete. Red.: Mart. Boerner. 1. Jahrg. Oktbr. 1910—Septbr. 1911. 36 Nrn. (à ca. 24 S. m. Abb.) 31,5×24 cm. Halle, M. Börner. 12. —

Straßenbau im Großherzogth. Baden. Unterhaltung der Staatsstraßen, Landstraßen u. wichtigeren Vicinalwege, s.: Beiträge zur Statistik der innern Verwaltung im Großherzogth. Baden.

Straßenbau-Ordnung f. die Stadt Plauen i/V. gr. 8. (31 S.) Plauen 896. (A. Kell.) Kart. n. — 70

Oertliche **Strassenbau-Polizei** (mit Ausschluss der Entwässerung) und Verkehrswesen. Berlin 1902: W. & S. Loewenthal. (IX, 221 S.) 8°
(Gemeinderecht, Berliner. Bd 1.)

Straßen-, Brücken- u. Wasserbauten, v. der Staatsbauverwaltung in Bayern ausgeführte. I. Bd. Mit 48 Textfig., 43 in Photolith. u. 20 in Lichtdr. ausgeführten Taf. Mitgeteilt von der k. obersten Baubehörde im Staatsministerium des Innern. (IV, 55 S.) 4. München 906. Piloty & Loehle. Geb. in Leinw. n. 50. —

Straßen-, Brücken- u. Wasserbauten, v. der Staatsbauverwaltg. in Bayern ausgeführte. II. Bd. Mit 21 Textfig. u. 64 Taf. Mitgeteilt v. der k. obersten Baubehörde im Staatsministerium des Innern. (IV, 75 S.) 33,5×23 cm. München 909. Piloty & Loehle. Geb. in Leinw. 50. —

Strassen-Brücken, die, der Stadt Berlin. Hrsg. vom Magistrat. 2 Bde. Fol. (X, IV, 220 S. m. Abbildgn., 52 Taf. in Kpfrätzg. u. 41 lith. u. photolith. Taf.) Berlin 902. J. Springer. Geb. in Leinw. n. 50. —

Der permanente Straßen-Clubb. Versammlungs-Lokal: Unter den Linden, Nachts 12 Uhr. Druck von Brandes und Schultz. 1 Bl. Fol.
Flugblatt. Berlin, 23. Juli 1848.

Straßenfeger, der kleine. Des Schuhmachers Töchterlein. Gott die Zeit stehlen. Drei Erzählgn. Aus dem Engl. übers. 16. (50 S.) Gernsbach 883. Christl. Kolportage-Verein. n. — 25

Straßenführer durch Berlin und Vororte. Hrsg. v. Berliner Lokal-Anzeiger. (Neue Ausg.) Berlin: A. Scherl 1905. (545 S.) 8° [Ant. u. F.]

Strassenführer f. Berlin u. Vororte. Hrsg. vom Berliner Lokal-Anzeiger. (689 S.) 16. Berlin 909. A. Scherl. — 40

Strassenführer, Berliner. 1894. gr. 16. (198 S.) Berlin, (W. Törlitz). n. — 40; in Leinw. kart. n. — 50

Strassengschwandtner, s. Straßgschwandtner

Straßen-Gesetze (für das Herzogth. Kärnten). gr. 8. (14 S.) Klagenfurt 874, [Bertschinger und Heyn.] Heyn's Buchh. **

Straßen-Gesetze f. Kärnten. 2., erweit. Aufl. Redaction Beilage d. kärnt. Gemeindeblattes 1896. gr. 8. (39 S.) Klagenfurt 897. (J. Heyn.) n. — 60

Straßengesetze f. Kärnten. Nachtrag. Gesetz vom 11. XII. 1904, L. G. u. V. Bl. Nr. 35, wirksam f. das Herzogt. Kärnten, durch welches gemäß Artikel I die §§ 16 u. 21 des Landesgesetzes vom 7. IV. 1896, L. G. u. V. Bl. Nr. 12 (S. 17 u. 19 der Sammlung „Straßengesetze f. Kärnten", Verlag des Kärntner Vereines), außer Kraft getreten sind u. künftighin zu lauten haben: (Redaktion. Beilage des kärntner. Gemeindeblattes v. Mitte Januar 1905.) (2 S.) gr. 8. Klagenfurt (905). (J. Heyn.) — 06
Hauptwerk. Ebd. 897. — 66.

(F) **Strassengesetze** für Kärnten. 3. Aufl. Gr.-8°. (54 S.)
Klagenfurt: Heyn 1906. K —.80

Strassenhygiene in europäischen Städten. Sammelbericht d. aus Anlass d. IX. internat. Kongresses f. Hygiene u. Demographie in Madrid (April 1898) zusammengetret. internat. Komites, bearb. v. E. M. Hoff, P. Lauriol, Putzeys, H. A. Röchling, Schmidt, Th. Weyl, hrsg. v. Th. Weyl. D. IX. internat. Kongress für Hygiene u. Demographie in Madrid (April 1898) vorgelegt. gr. 8. (VII, 83 S.) Berlin 898. A. Hirschwald. n. 2. 40

Straßenjugend, die liebe. qu. 8. (6 Holzschntaf. in Buntdr.) Stuttgart 872. G. Weise. — 20

Strassenkampf, Der, mit Barrikaden. Ein geschichtlicher Rückblick . . . Berlin 1849. V: *Leithold* (*Ing.-Hauptm.*). (KA)

Straßenkampf, der, mit Barrikaden, ein geschichtlicher Rückblick nebst Betrachtungen über die Verhältnisse des Angriffs u. der Vertheidigung dabei. Mit Abbildungen. gr. 8. (VIII u. 152 S. m. 2 lith. Taf. in 4.) Berlin 849, Mittler & Sohn. n. 24 ngf

† **STRASSENKANNEGIESSEREI.** Niedergelegt in Briefen eines Breslauers an seinen Vetter in Grüneiche. Red.: Jul. Löwe. 1. Heft April 1846. 2. Heft Mai 1847. Breslau, Trewendt. 4°. 32 und 28 S. Mit Abbild.

Straßen-Karte. No 1. *München: Deutscher Touring Club [um 1903]; Lith. H. Köhler.* gr. 2° [43. 1133]

Strassenkarte der westlichen Alpen. *Herausgeg. v. k. k. geogr. Inst. zu Mailand im J. 1831. 2 Bl., 1. Bl. 21" H., 29" Br., 2. Bl. 21" H., 32" Br. Massstab: 1 Wr. Zoll = 10,000 Wr. Klftr. Verhältn. 1:720,000.* Nach den besten Quellen zusammengestellt. Diese einst sehr geschätzte und noch jetzt gesuchte Karte, wovon das Supplementblatt einen grossen Theil von Frankreich enthält, ist als eine Post- und Marschkarte zu betrachten, da alle Post- und Marschstationen mit den betreffenden Distanzen eingetragen sind. Sie ist auf Kupfer gestochen und enthält auch Terrain.

Strassen-Karte der westlichen Alpen. Mailand 1831 und 1832. 3 Bl. c. K. Ff.

Strassen-Karte vom Königreich Bayern. Bearbeitet vom topographischen Bureau des Königl. Generalquartiermeister-Stabs. 1 : 500 000. München 1853. 1 Bl. K.

Strassen-Karte des Königreichs Böhmen. 2 Bl. c. L.

Strassen-Karte des Königreichs Dalmatien. 1831. 2. Bl. L.

Straßen- und Eisenbahn-Karte der Markgrafschaft Mähren, mit der im Herzogthum Schlesien geleg. Enclave Hotzenplotz. Maßstab 1:288.000. 4 Bl. Gesammtgröße m 1×72. Chromolith. 1.50
Brünn: Winkler 1889.

Straßenkarte des Königreiches Galizien und des Herzogtums Bukowina. Hrsg. v. k. u. k. Militärgeogr. Inst. (1: 288.000.) Wien: Militärgeogr. Inst. 1868.

Strassen-Karte des Königreiches Galizien und Lodomerien. 3 Bl. L.

Straßenkarte des Königreiches Galizien und Lodomerien. (1: 432.000.) Wien: Topographisches Institut [o.J., 1830?].

Straßenkarte der Königreiche Galizien und Lodomerien mit dem Großherzogtume Krakau und der Bukowina nach dem Bestande vom Jahre 1865. (1: 432.000.) Wien: Artaria 1867; weitere Aufl. 1868.

Straßen-Karte des Königreiches Illyrien. 1 Bl. lith. 29" hoch, 23" breit; mit der Kreiseintheilung. 1853.

Lombardisch-Venetianischen — **Strassen-Karte** des — Königreichs. (Herausgeg. v. d. K. K. Oester. General-Quartiermeisterstabe.) 1:432,000. 2 Bl.

Strassen-Karte der Markgrafschaft Mähren und des Herzogthums Schlesien. 1 Bl. L.

Strassen-Karte der Banatischen Militair-Grenze. 1 Bl. L.

Strassen-Karte der Croatischen Militair-Grenze. 1832. 1 Bl. L.

Strassen-Karte der Slavonischen Militair-Grenze. 1830. 1 Bl. L.

Strassen-Karte der Oesterreichischen Monarchie. 1 : 864 000. Wien 1835. 9 Bl. c. L.

Strassenkarte von Niederösterreich. 1 : 75.000. (12 Blätter und 1 Beiblatt)
kompl. K 36.--, einzelne Blätter K 4.50, das Beiblatt K 2.25
Wien: Lechner 1904.

Strassen- und Ortentfernungs-Karte von Bayern. Hrsg. von der Generaldirection der Kgl. bayr. Verkehrsanstalten, Postabtheilung. 1 : 250 000. München 1879. 6 Bl. c. L.

Strassen-Karte des Erzherzogthums Oesterreich ob und unter der Enns. 2 Bl. K.

Strassen-Karte des Erzherzogthums Österreich unter der Enns im Masse 1 : 75000 der Natur. Vf. . . . vom n. ö. Landesausschusse. *Wien: Comm.-V. v. R. Lechner; k. u. k. mil.-geogr. Inst. 1895.* 1 Ktnbl. quer-gr. 2. (...) in 12 Bl. [36. 4035

Straßen-Karte des Erzherzogthumes Österreich unter der Enns im Maße 1 : 75,000 der Natur. (Verfaßt auf Grundl. vorgenommener Detailmessungen d. Straßen im Einklange mit der in natura bestehenden Distanzierung. Vom n. ö. Landesausschusse. Wien, Ende Dez. 1903.) 1—12 [& 1 Bl. mit 2 Ansatzstücken]. Wien: R. Lechner in Comm. (1903); (k. u. k. milit.-geogr. Inst.). (1 Kartenbl. in 12 Bl. je 59x74 cm u. 1 Bl. mit 2 Ansatzstücken.) [lith.] [kol.]

Strassen-Karte des Kurfürstenthums Siebenbürgen. 3 Bl. L.

Strassen-Karte des Herzogthums Steyermark. 1 Bl. L.

Strassen-Karte von Tyrol und Vorarlberg. 1 Bl. L.

Strassen-Karte des Königreichs Ungarn. Wien 1832. 9 Bl. L.

Strassen- und Wegekarte vom Königreich Hannover, Herzogthum Braunschweig und Grossherzogthum Oldenburg. Bearbeitet und hrsg. vom Königl. Hannoverschen Generalstabe. 1 : 250 000. Hannover 1863. 4 Bl. c. L.

Strassen- und Wegekarte von der königl. preuss. Prov. Hannover und von den Herzogthümern Braunschweig und Oldenburg. 1 : 250,000. 4 Bl. Von der königl. preuss. Landesaufnahme mit Nachträgen versehen. Lithogr. Imp.-Fol. Berlin 885. (Hannover, Schmorl und v. Seefeld.)
à Bl. * * ℳ 3.50.; color. à Bl. * * 3 75

Strassen- und Wegekarten vom Kongreich Hannover. 4 Blätter. Hannover, 1863.

Straßen- und Baufluchtliniengesetz
s. **Gesetz** betr. die Anlegung und Veränderung von Straßen und Plätzen ... v. 2. Juli 1875. [10. 2391

Strassennamen, die, Münchens u. ihre Bedeutung. (S.-A. aus d. Adressbuch v. München 1880.) München 1880. Gr. 8⁰. 2 Bll., 45 S. Eleg. roth. Lwdb.

Strassennetz des Kts. Bern. Vortrag der Direction der öffentl. Bauten betr. die Verwendung der Kreditsumme pro 1871 für die Strassen-Neubauten. 7 Stn. 4.

Strassennetz des Kts. Bern. Vortrag der Direktion der öffentlichen Bauten an den Regierungsrath zu Handen des Grossen Rathes, betr. die Verwendung der Kreditsumme pro 1872 für die Strassen-Neubauten. 7 Stn. 4.

Straßennetz-Karten der Landesbauämter der Rheinprovinz. 1:100000. 15 Karten mit 2 Übersichtsblättern 1:400000 und 1:600000. Hrsg. von der Provinzial-Verwaltung der Rheinprovinz. [Düsseldorf], 1902.

1. Aachen-Nord.	6. Kleve.	11. Kreuznach.
2. Aachen-Süd.	7. Koblenz.	12. Prüm.
3. Bonn	8. Kochem.	13. Saarbrücken.
4. Düsseldorf.	9. Köln.	14. Siegburg.
5. Gummersbach.	10. Krefeld.	15. Trier.

Straßenordnung. Verordnung betr. den Fahrradverkehr. Droschkenordnung. Verordnungen betr. den Karrenhandel, Verkehr m. Kraftfahrzeugen, das Feilbieten v. Ansichtskarten u. s. w., s.: Boysen's Sammlung Hamburger Gesetze. Nr. 5.

Strassen- und Bauordnung fur die Stadt Dannenberg. Dannenberg 1857

— f. den Stadtkreis Berlin vom 31. XII. 1899. 8. (36 S.) Berlin 900. A. W. Hayn's Erben. n. — 30

— dasselbe. (Amtliche Ausg. m. Anh.) 8. (72 S.) Ebd. 900. n. — 50

Strassenordnung für den Stadtkreis Berlin vom 31. Dez. 1899. Ausg. f. Hausbesitzer. *Berlin: A. W. Hayn's Erben 1900.* (29 S.) 8° [Umschlagt. F.] [00. 9294

Straßen-Ordnung f. den Stadtkreis Berlin vom 31. XII. 1899 in der Fassung der dazu ergangenen abändernden u. ergänzenden Verordngn. bis zur Polizeiverordnung vom 22. VII. 1908. (44 S.) kl. 8. Berlin 909. A. W. Hayn's Erben. — 40

Straßen-Ordnung für die Vorstädte Celle. Celle 861. Schulze. 16. (15 S.) n. 2 ngr.

— für Hamburg. Nebst Anh.: Gesetz betr. Radfahrordng. 8. (47 S.) Hamburg 902. O. Meißner's Verl. n. — 40

Straßenordnung für Hamburg, St. Pauli und die Vororte. 12. (24 S.) Hamburg 881, O. Meißner.

Straßenordnung vom 7. VII. 1902. — Verordnung, betr. den Fahrradverkehr vom 30. IX. 1898 nebst Ergänzgn.: Gesperrte Straßen, Kreuzgn. ꝛc. Textausg. gr. 16. (64 S.) Hamburg 902. C. Boysen. n. — 60

Straßenordnung vom 7. Juli 1902 u. Nebengesetze. Verordnung betr. d. Fahrradverkehr v. 30. Sept. 1898 nebst Ergänzungen. Droschkenordnung v. 18. Dec. 1902. Verordnungen betr. d. Karrenhandel, Verkehr mit Kraftfahrzeugen, das Feilbieten von Ansichtskarten u.s.w. *Hamburg: C. Boysen 1903.* (134 S.) 8° [F.]
= Sammlung, Boysen's, Hamburger Gesetze. Textausg. No 5. [03. 15474

Die **Straßenordnung** vom 7. Juli 1902 nebst d. übrigen d. öffentl. Verkehr in Hamburg regelnden Vorschriften, mit Erl. versehen von Rat Dr. [Paul Alfred] Olshausen. 2. Aufl. Hamburg: Meißner 1909. V, 188 S. 8⁰

Die **Strassenordnung** vom 10. Juli 1902 nebst d. übrigen d. öffentl. Verkehr in Hamburg regelnden Vorschriften. Mit Erl. vers. von Dr. jur. [Paul] A[lfred] Olshausen, Rath bei d. Polizeibehörde. *Hamburg: O. Meissner 1903.* (183 S.) 8° [F.] [03. 2481

Strassen-Ordnung für die Stadt Königsberg vom 25. Mai 1891, nebst e. alphabet. Sachreg. u. e. Ausz. aus d. Strafgesetzbuch. Publ. in No 122 d. 'Ostpreuss. Zeitung' v. 29. Mai 1891. Amtl. Abdr. Königsberg i. Pr.: Ostpr. Dr. u. Verlagsanst. 1902. (56 S.) 8⁰

Straßenordnung, neue großherzogl. badische. gr. 8. Karlsr. 810. Braun. 4 fl (a. Müller das.) 3 fl

Straßenordnung, neue großherzogl. badische. gr. 8. Carlsruhe, Braun. 811.

Strassenordnung vom 26. Octbr. 1881 m. Anmerkungen. Hamburg 892.

Straßenordnung vom 24. Octbr. 1881 m. Anmerkungen, zusammengestellt im Auftrage der Polizei-Behörde in Hamburg. gr. 8. (III, 49 S.) Hamburg 891. (Gaßmann's Sort.) n. 1. 50

Straßenordnung f. den Stadtkreis Potsdam. gr. 8. (17 S.) Potsdam 886. Döring. n.n. — 50

Straßen- u. Straßenpolizei-Ordnung. Gesetz vom 15. XI. 1907, wirksam f. das Land Vorarlberg, betr. die Erlassg. v. Vorschriften üb. die Anlage u. Instandhaltg. v. Konkurrenz- u. Gemeindestraßen u. v. straßenpolizeil. Bestimmgn. f. diese Straßen. (27 S.) kl. 8. Innsbruck 908. Wagner. — 40

Strassenplan der Stadt Bromberg mit Strassenverzeichniss. Chromolithogr. Imp.-4. Bromberg 884, Mittler'sche Buchh. * — 80

Strassenplan der Stadt Bromberg mit Strassenverzeichnis. 4. Aufl. Bromberg: Mittler 1898. (1 Kartenbl. 31x33 cm.) 8⁰ [Umschlagt.]

Strassenplan von **Frankfurt a. Main**, Bockenheim und Bornheim. 1:10000. Frankfurt a. M. (1874, 1880 und 1887). Je 1 Bl. c. 1.

Strassen- und Nummern-Plan von Wien und Vororten bis Schönbrunn, Simmering, Floridsdorf, Nussdorf, Döbling, Weinhaus, mit der ganzen Donaustadt und dem Prater etc. Neue vergr. Ausgabe 1889, in 5 Farb., mit deutlicher Bezeichnung sämmtl. Strassen und Häuser-Eck-Nummern, der Pferdebahnen in rothen Linien, der Post- und Telegraphenämter, Telephonstellen in auffallender, rother Signatur. Massstab 1 : 1400, ein grosses Blatt 84 × 70 *cm*, Lithgr. Mit Beigabe: Alphabet. Namen-Verzeichniss. 23 S., gefalzt in Taschenformat 1.—
aufgezogen auf Leinen 1.90
„ „ „ mit Stäben 2.60
Wien: Artaria.

Straßen- und Nummern-Plan von Wien und Vororten 1890. Mit alphabetischem Namens-Verzeichniß sämmtlicher Straßen, Gassen und Plätze. (23 S.) Maßstab 1 : 14000. Imp.-Fol. Chromolithographie. Gefalzt in Carton 1.—
Auf Leinen in Decke 1.90
Auf Leinen zwischen Stäben 2.60
Wien: Artaria.

Strassen-Plan von Reinickendorf. [Masst. ca 1 : 5700.] *Berlin: H. Peters [1900?].* (1 Kartenbl. 65×95 cm.) quer-gr. 2° [01. 2910

Zwickau. — Strassenplan von Zwickau. 2. wesentl. erweit. u. m. Unterstützung d. Stadtbauamtes bearb. Aufl. 1 : 5460. Chromolithogr. gr. Fol. Zwickau 892, E. Bär. * 1 20
1. Aufl. von M. Wagner. Ebd. 1890. * 1 —.

Straßen-Polizei-Ordnung f. den Stadt-Bezirk Halle a/S. gr. 8. (32 S.) Halle 874. Buchh. d. Waisenh. — 30

Strassen-Polizei-Ordnung der Stadt Kiel (v. 29. Mai 1877). [Kiel 1877.] 8°

— nebst Nachtrag v. 12. April 1882. [Kiel 1882.] 8°

Straßen-Polizei-Ordnung für die Landeshauptstadt Klgft. Klgft., Leon, (1880). 34 S.

Neue **Straßen-Polizei-Ordnung** für die Stadt Sommerfeld. Sommerfeld : Mertsching (1871).

Straßen-Polizei-Ordnung für die Stadt Oderberg. (Vom 30. Okt./31. Dez. 1849.) Schwedt : Jungheim 1850.

Straßen-Polizeiordnung für die Stadt Rössel. *(Rössel 1893: C. Schlutius.)* (17 S.) 8° [Kopft. F.] [04. 1161 10

(F) Strassenpolizei-Ordnung für die öffentlichen nichtärarischen Strassen. (Anhang zur redactionellen Beilage des kärnt. Gemeindeblattes 1896: „Strassengesetze für Kärnten".) (Redactionelle Beilage des Käntner. Gemeindeblattes von Anfang September 1900) [Klagenfurt. 1901. Heyn.] Gr.-8°. 7 S. K —.16

Strassen-Polizei-Reglement f. Berlin v. 7/4. 1867, nebst d. Ergänz. bis 1876. Berlin 876.

Straßen-Polizei-Reglement für die Stadt Berlin vom 7. April 1867 nebst Ergänzungen. 8. (VIII, 56 S.) Berlin 878. Hahn's Erben. cart. — 50

Straßen-Polizei-Reglement f. d. Stadt Berlin v. 7. Apr. 1867, nebst den z. dems. ergang. Abändergn. u. Ergänzgn. 12. (IV, 66 S.) Berlin 895. A. W. Hayn's Erben. n. — 40

[F.] **Strassenpolizeiverordnung** für den Bezirk der Stadt Altona, m. Ausschluss d. Vororte Bahrenfeld, Oevelgönne u. Othmarschen. *Altona: Dr. v. H. W. Köbner & C. 1895.* (32 S.) 1 Bd 8. [96. 1319

Straßen-Polizeiverordnung der Stadt Plön. o. O. (1901.) 8° [Kopft.]

Strassenprofilkarte, deutsche, für Radfahrer. Unter Mitwirkg. der Gauverbände d. deutschen Radfahrerbundes u. Consulate der allgemeinen Radfahrer-Union bearb. (In 80 Bl.) Bl. 1—4, 9 u. 10, 13—16, 19, 23—27, 31—36, 38—54, 56—59, 65—68, 73—76. Photolithogr. u. color. qu. Fol. Lpz. 890, (Hinrichs' Sort.).
Auf Leinw. in Carton à ** 1 50

26. Berlin.	4. Lübeck.
31. Bielefeld.	33. Magdeburg.
46. Bonn.	56. Mainz.
45. Breslau.	15. Malchow.
40. Cassel.	37. Meseritz.
49. Coburg.	75. München.
9. Danzig.	53. Neisse.
34. Dessau.	58. Nürnberg.
43. Dresden.	54. Oppeln.
41. Erfurt.	51. Prag.
1. Flensburg.	25. Rathenow.
47. Frankfurt a. M.	68. Regensburg.
48. Fulda.	76. Salzburg.
59. Fürth.	24. Salzwedel.
36. Glogau.	73. Schlettstadt.
44. Görlitz.	14. Schwerin.
32. Göttingen.	39. Siegen.
35. Guben.	16. Stettin.
13. Hamburg.	65. Strassburg i. E.
23. Hannover.	66. Stuttgart.
67. Ingolstadt.	19. Thorn.
3. Kiel.	52. Trautenau.
38. Köln.	74. Ulm.
2a/10. Königsberg u. Elbing.	57. Würzburg.
42. Leipzig.	50. Zwickau.

Strassenprofilkarte für Radfahrer, Deutsche. 1 : 300 000. Bl. 6. Greifswald. Leipzig, J. C. Hinrichs, 1895. qu.-Fol.

Strassenprofilkarte. Deutsche Strassenprofilkarte für Rad- und Motorfahrer. Schweiz. 12. u. 13. Tausend! Massstab 1 : 600 000. Nach den neuesten offiziellen Unterlagen, unter Mitwirkung der Gauverbände des Deutschen Radfahrerbundes ... bearb. und hrg. Zeichnung, Photolithographie u. Druck der graph. Kunstanstalt «Globus» Dresden-Kötzschenbroda. 454/595 mm. 1 Bl. quer-fol., *aufgezogen in Futteral* 8. Leipzig, Mittelbach, [1903]. [M. 2. —]

Titel auf dem Futteral: Deutsche Strassenprofilkarte für Radfahrer. ... Schweiz. Leipzig, Mittelbach.

Mittelbach's **Strassenprofilkarte** für Rad- und Motorfahrer von Nord-Italien und Südost-Frankreich ⟨Riviera⟩. Maßst. 1 : 600,000. (Carte de l'Italie du nord et de la France du sud-est indiquant les profils des routes ... Carta dell'Italia del nord e della Francia del sud-est designando i profili delle strade ... F. 1. 2. D'après la carte de l'État-Major.) Leipzig: Mittelbach [1906]; (Photolith. 'Globus', Kötzschenbroda). (2 Kartenbl. je 45×42 cm mit Legende.) 8° [Umschlagt.] [kol.] [06. 8185

Straßenräuber, die; Oper (von Ehrenfr. E. Buschmann). 8. Bremen 770. Cramer. 4 gr

Straßenräuber, die,. Oper. 8. Bremen, Cramer. (auch Linke in Lpz.) 770.

Strassenräuber, Die, eine komische Oper in drey Aufzügen [nach Gays Bettleroper]. Hamburg u. Bremen 1770. V: *Buschmann, Ehrenfried Engelbert.* (Ky) (MGT) (GGr)

Straßen-Reglement für die königliche Residenzstadt Hannover, die Vorstadt Glocksee u. den Vorort Linden. Hannover 863. Klindworth. 16. (16 S.) n. 2 ngr.

Straßenreinigung, Markthallen-, Vieh- und Schlachthof-Verwaltung ⟨Sanitätswesen⟩, Sparkasse, Pfandbriefinstitut. Berlin: W. & S. Loewenthal 1906. (X, 399 S.) 8° [F.]
= **Gemeinderecht**, Berliner. Bd 9. [06. 3410

Strassensaengerin London

Die Straßensängerin von London. Bd 1. 223 S. 8°

Titelbl. fehlt.

Straßen- und Häuser-Schema, Das neue, der Stadt Kronstadt. 8. (154, V S.) —.25
Kronstadt: Albrecht 1891.

Straßen- u. Häuser-Schema, vollständiges, der k. k. Reichshaupt- u. Residenzstadt Wien. 3. Aufl. Wien 863. Geitler. 32. (140 S.) n. 4 ngr.

Strassentafeln, deutsche Prager. Ein Beitrag zur Kulturgeschichte. Nach photograph. Aufnahmen. 3. Aufl. qu. Fol. (1 farb. Taf.) Warnsdorf 894. (Prag, H. Dominicus.) n.n. — 60

Straßentechnik. Monatshefte f. d. Gesamtgebiet d. Straßenwesens. Jg. [1, H. 1]. 1909. Berlin-Friedenau: Straßentechnik (1909). 8°

Strassen-Übersichtskarte von Deutschland und Deutsch-Oesterreich für Radfahrer. Bearb. unter Zugrundelegung der Ed. Gaebler'schen Verkehrskarte des Deutschen Reiches im Auftr. des Deut. Radfahrerbundes. M. 1:1,750000. 72 × 58,5 cm. Leipzig, J. C. Hinrichs, 1895. (2 *M.*)

Strassen-Uibersichts- u. Militair-Routen-Karte des Königreichs Böhmen, entworfen u. gez. von der General-Quartiermeisterstabs-Abtheilung zu Prag im J. 1847. gr. Fol. Lith. u. color. Prag 848, Berra. baar 2/3 *ℳ*

Straßen-Uebersichts- und Militär-Routen-Karte des Königreichs Böhmen. Auf hohen Befehl Sr. Durchlaucht des landeskommandirenden Herrn Generalen Fürsten zu Windisch-Grätz entworfen und gezeichnet von der General-Quartiermeisterstabs-Abtheilung. Prag. Bei Marco Berra. Joh. Ev. G. Sandtner. Lith. Prag. 1854. (1 Bl. 19'' hoch, 23'' breit; 1 Wiener Zoll = 2 deutsche Meilen, mit Zeichen-Erklärung, politisch-gerichtlicher Eintheilung und einer statistischen Zusammenstellung, dann Benennung der Hauptstraßen. Auf der Rückseite dieselbe Karte mit der älteren politisch-gerichtlichen Eintheilung.)

Straßen-Uebersichts- und Militär-Routenkarte des Königreiches Böhmen. Auf hohen Befehl Sr. Durchlaucht des Landeskommandierenden Herrn Generalen Fürsten zu Windisch-Grätz entworfen und gezeichnet von der General-Quartiermeister-Stabs-Abtheilung 1855 Joh. Evang. G. Sandtner lith. Prag, bei Marco Berra. Steindr. von M. Popelik in Prag. 1 Bl. 20'' hoch, 24'' breit. Maßstab: 1 Wiener Zoll = 2 deutschen Meilen, die Meile zu 4000 Wr. Klft. Gradeintheilung ohne Netz, die Grade einmal in 4, einmal in 12 Theile getheilt. **Mit Zeichenerklärung, Benennung der Hauptstraßen, Zusammenstellung der Kreise, Gerichte, des Flächenraumes und der Einwohnerzahlen. Marsch- und Zwischenstationen sind durch die Schrift unterschieden und in der Mitte der Marschstation ist die Meilendistanz angegeben.**

Panama. Ueber die Strassenverbindung der beiden Meere bei Panama. (Besonders abgedr. aus Crelle's „Journ. f. d. Baukunst", Bd. XXIX, H. 1.)

Strassenverkehr, Wiener. Fahrvorschriften, Verkehrsregeln für Fußgänger. Zusammengestellt von der k. k. Polizeidirektion. Wien 1909. H: *Füchsel, Rudolph*. (N. Wr Tagbl. Nr. 265. 25. IX. 1909.)

Straßenverzeichnis von Berlin und den angrenzenden Orten mit Angabe der Bestellpostanstalt. Ausgegeben im Mai 1903. Zum Dienstgebr. f. Behörden. *Berlin (1903): Reichsdr.* (18 S.) 8° [Umschlagt.] [03. 9..7

Straßenverzeichniß (v. Hamburg). Aufgestellt im Einwohner-Meldebureau unter Berücksicht. der durch Bekanntmachg. vom 1. X. 1899 festgestellten Neubenenngn. der Straßen, nebst Angabe der Polizei-Bezirksbureaux u. -Wachbezirke, sowie Verzeichniß der Gemeinden u. Ortschaften der Landherrschaften der Geestlande u. Marschlande. 8. (11 S.) Hamburg 900. Grefe & Tiedemann. — 40

Straßen- u. Plätze-Verzeichnis, neuestes, v. Nürnberg in alphabet. Reihenfolge nebst den kgl. u. städt. Behörden, Stellen, Schulen usw. m. Angabe der Lage u. Richtung. 3. Aufl. (56 S.) kl. 8. Nürnberg 910. C. Koch. — 35

Strassenverzeichnis. Neuestes St'-V' und Wegweiser durch Bern pro 1900.... [Illustriert.] 8. Bern 1900.
Ausg. A ...offeriert von A. Zuber....
Ausg. B ...offeriert von Wilhelm Lüthi...

Strassenverzeichnis. Revidiertes St'-V' und Wegweiser durch Bern pro 1902/3. [Mit Illustrationen und 1 Plan.]... VI + 48 S. 8. Bern, W. Wälchli, 1902. [fr. —. 50]
Offeriert von A. Zuber, Papierhandlung, Bern...; *u. von andern Geschäften.*

Straßenwärter, der bayerische. Organ des Verbandes bayr. Straßen- u. Flußwärter. Red.: Alb. Härtlein. 1. u. 2. Jahrg. 1901 u. 1902. à 52 Nrn. hoch 4. (à ca. 4 S.) Neumarkt i/Ob.-Pf., J. Boegl. à Jahrg. n. 2. 80

Straßenwärter, der bayerische. Organ des Landesverbandes u. der Sterbereliften-Unterstützungskasse bayer. Staatsstraßen- u. Flußwärter usw. Red.: Jul. Springer. 3. bis 6. Jahrg. 1903—1906. à 52 Nrn. (à Jahrg. 208 S.) 4. Neumarkt i/Ob.-Pf., J. Boegl. à Jhrg. n. 2. 80

Straßenwärter, der bayerische. Organ des Landesverbandes u. der Sterbereliften-Unterstützungskasse bayer. Staatsstraßen- u. Flußwärter usw. Red.: Jul. Springer. 7.—9. Jahrg. 1907—1909. à 52 Nrn. (à 4 S.) 32×24 cm. Neumarkt i/Ob.-Pf., J. Boegl. à Jahrg. 2. 80
Vergl.: Staatsstraßenwärter, der bayerische.

Strasser (Hrsg.), s. A. B. C. für Schweizer Bergführer.

Strasser u. **Krückula.** Graph. Darstellgn zur Sanit.-Statistik d. K. K. Heeres i. J. 1877. Quer-Fol-Mappe.

Strasser's chemische Färberei d. Rauchwaaren in ihrem ganzen Umfange nach neuester Methode für Kürschner u. Zurichter. gr. 8. (45 S.) Berlin 879. Deutsche Hutmacher-Zeitung. n.n. 3.

Strasser: Die Kegelschnittslinien nach den wichtigsten Methoden mit Rücksicht d. geschichtl. Entwickelung. 70 S. — Kremsmünster, Progr. 1863.

Strasser's, A., deutsches Preis-Kochbuch. Enth. gegen 2000 vorzügl., z. Tl. preisgekrönte Recepte vieler deutscher Hausfrauen, f. einfache, sowie feinere nord- u. süddeutsche Küche. 30. Aufl. Rev. u. bearb. v. C. A. Fleischhauer u. A. Elker. gr. 8. (XI, 456 S. m. Abbildgn.) Freiburg u. Leipzig 894. J. B. Schorpp. Geb. in Leinw. n. 4. —

Strasser, Alois, Albuminurie u. physikalische Therapie, s. a. **Klinik**, Wiener. 1904. Hft 12.

Albuminurie und physikalische Therapie. Referat, erstattet am 4. wissensch. Kongreß d. Balneologen Österreichs zu Abbazia 1904 von Doz. Dr. Alois **Strasser**. Berlin, Wien: Urban & Schwarzenberg 1904. (S. 361–380.) 8°
= **Klinik**, Wiener. 1904. H. 12, [2.] [05. 8380

Strasser, A., s. a. Fortschritte der Hydrotherapie.

Strasser, Dr. A. und Dr. B. Buxbaum. Fortschritte der Hydrotherapie. Festschrift zum 40jährigen Doctor-Jubiläum des Professor Dr. Winternitz. Mit dem Bildniss des Prof. Dr. Winternitz in Lichtdruck und 19 Holzschnitten. Gr.-8. (IV, 330 S.) 4.80
Wien: Urban & Schwarzenberg 1897.

— Hydrotherapie, s.: Winternitz, W.

Strasser, Alois, s.: Lexikon, diagnostisch-therapeutisches.

— u. H. Wolf, üb. Malariarezidive, s.a.Klinik, Wiener. 1905. IV.

Über Malariarezidive. Von Doz. Dr. A[lois] Strasser, Wien, u. Dr. H(einrich) Wolf, Preblau-Wien. Berlin, Wien: Urban & Schwarzenberg 1905. (S. 105–114.) 8°
= **Klinik,** Wiener. 1905, H. 4, [1.] [05. 13901

— s.: Monatsschrift f. die physikal.-diätet. Heilmethoden.

— Der heutige Stand der Lehre v. der Arteriosklerose (Atherosklerose), s.: Wiesel, Jos.

Strasser, Alois, die physikalisch-diätetische Therapie der Fettleibigkeit, s.: Kisch, E. H.

— **physikalische Therapie der Fettsucht, s.a.Therapie, physikalische, in Einzeldarstellungen. 16. Hft.**

Physikalische Therapie der Fettsucht. Bearb. von Privatd. Dr. A[lois] Strasser, Wien. Stuttgart: F. Enke 1906. (43 S.) 8°
(Therapie, Physikalische, in Einzeldarstellungen. H. 16.)

— Physikalische Therapie der Krankheiten der Niere u. Harnwege, s.a.Therapie, physikalische, in Einzeldarstellungen.

Physikalische Therapie der Krankheiten der Niere und Harnwege. Bearb. von Privatd. Dr. Alois **Strasser.** Stuttgart: F. Enke 1908. (78 S.) 8°
— **Therapie,** Physikalische, in Einzeldarstellungen. H. 25. [08. 2101

Ueber Umschläge, ihre Wirkungs- u. Anwendungsweise. Von Dr. Alois Strasser, Assist... in Wien. M. 10 Holzschn. *Wien: Urban & Schwarzenberg 1896.* (29 68 S.) 8.
= **Klinik,** Wiener. 1896. H. 2. [96. 1320

— dasselbe, s.a.Klinik, Wiener, 1896, Hft. 2.

— d. Verhalten d. Stoffwechsels bei hydriat. Therapie. [Aus: „Wiener Klinik".] gr. 8. (28 S. m. 4 Holzschn.) Wien 895. Urban & Schwarzenberg. n. 1. —

— dasselbe, s.a.Klinik, Wiener, 1895, Hft. 4.

Strasser, Alois: Das Verhalten d. Stoffwechsels bei hydriat. Therapie. *Wien & Leipzig 1897.*
in: **Fortschritte d. Hydrotherapie.** Festschr. z. vierzigjähr. Doctorjub. d. Prof. Dr. W. Winternitz. [97 1425

— u. R. **Blumenkranz,** die Wirkg. indifferenter u. schweisstreibender Bäder bei Nephritis, s.a.Klinik, medizinische. 1907. 6. Beiheft.

Aus der Spitalabt. d. Prof. W. Winternitz u. d. chem. Laborat. d. Prof. J. Mauthner in Wien. Die Wirkung indifferenter und schweisstreibender Bäder bei Nephritis. Von Priv.-Doz. Dr. A[lois] **Strasser** u. Dr. R. Blumenkranz in Wien. Berlin: Urban & Schwarzenberg 1907. (S. 143–174.) 8° [Umschlagt.]
= **Klinik,** Medizinische. Beihefte. Jg. 3, H. 6. [07. 10101

Straßer, Amalie, Suppe, Gemüse und Fleisch. Neuestes Kochbuch für Hausfrauen und angehende Wirthinnen. Kassel 861. (Meßner.) 8. (96 S.) 4½ *ngr.*

[F.] **Strasser,** August: Die Behandlung zusammenhängender Strafsachen nach der deutschen Strafprozessordnung ... Tübingen, Druck v. H. Laupp jr, 1894; 39 S. 8.
Tübingen, Jur. Fak., Inaug.-Diss. v. 1894

Strasser, Benedikt

— s. Jeremiä Klagstimmen.

Strasser, B., Predigt üb. d. dermal. Geringschätzung und Veracht. d. Priesterstandes. 8. Landshut, Attenkofer. (Thomann.) 804. — 5

Strasser, Bruno, aus Berlin: Über die **Polarisation** umkehrbarer Elektroden. *Berlin (1903): G. Schade.* (34 S.) 8°
Berlin, Phil. Diss. v. 15. Aug. 1903

Strasser, Carl, s. Strasser, Karl

Strasser, Charlot. Gedichte von einer Weltreise und andere Lieder. (Vorsatzpapier [illustriert] nach einem Holzschnitt Hokusai's... .) VIII + 112 S. 8. Zürich, Rascher & Cie., [1908]. [geb. fr. 4. 70]

Strasser, Charlot. Ein Hochzeitsspiel. [Mit illustriertem Umschlag.] 159 S. 8. Bern, A. Francke, 1906 (*Umschlag: 1905). [in Pgt. fr. 3.50]

Strasser, Charlot. Prinzessin Lüge ⟨Kein Märchen⟩. Sonder-Abdruck aus der illustrierten Zeitschrift « Die Schweiz » [Jahrg. 12, Nr. 15 u. 16]. 47 S. 8. Zürich, Berichthaus, 1908.

Strasser, Charlot. Über chinesische und japanische Lyrik. (Vortrag, gehalten in der Berner Freistudentenschaft im Sommer 1908. Separatabdruck aus Wissen und Leben. [Jahrg. 2, 1909, Heft 7 und 8. Mit Figuren und 3 Tafeln.]) 41 S. 8. [Zürich,] Buchdr. Züricher Post, [1909]. [fr. 1. 50]
(Schriften der Berner Freistudentenschaft. Heft 2.)

— Reisenovellen aus Russland u. Japan. (VIII, 184 S.) 8. Ebd. 911. 2.50; geb. in Leinw. 3.50

Strasser, Charlot. Ein Sohnen. [Mit musikalischen Motiven.] Buchschmuck von Hanny Bay. 159 S. 8. Bern, A. Francke, 1905. [fr. 3. —]

Strasser, Dav. Leopold —. Die Synagoge in ihrer dreifachen Aufgabe. Predigt zur Einweihung der neu erbauten Synagoge in der israelitischen Filialgemeinde zu St. András am 28. Sivan 5614 i. J. d. W. = 24. Juni 1854 gehalten von — —. 8. (22 S.) Szarvas. Schnellpressendruck von Leop. Réthy. 1854.

Strasser, Ernst August Christian, s.a. Franzosen! packt in Deutschland ein und geht nach London!

FRANZOSEN! packt in Deutschland ein und geht nach London! oder werdet Spartaner! (Von *Ernst August Christian Straßer.*) Germanien (Hildburghausen, Hanisch) 1797.
Anon. Lex. II. p. 117 (nach Kayser, Meusel, Weller). — Sehr selten!

— s. Früchte einsamer Stunden. 1796.

— (Übers.), s. Le Sueur, Jacques: Die abgerissenen Larven.

— (Übers.), s. Necker, Jacques: Staatsverwaltung.

PILGRIM, Der, mit dem grünen Schnappsack (von *Ernst Aug. Christian Strasser*). Germanien (Hildburghausen, Hanisch) 1799. 8°. (5/6 Rthl.)
Anon.-Lex. III. p. 276 (nach Weller, Meusel, Kayser). — Zahm.

Strasser, Er. Aug. Chr., Preisschr. v. den zweckmäß. Brand- Lösch- u. Rettungsanstalten in Städten u. auf d. Lande. 8. Hamb. 788. (A. Campe). 22 ß

Strasser, E. A. C., Preisschrift v. d. zweckmäßigen Brand- Lösch- und Rettungsanstalten in Städten u. a. d. Lande. 8. Hamburg, Hoffmann. 798. — 22

– (Hrsg.), s. R ö h r i g , Johann Kaspar: Schicksale und Reisen durch einen Teil von Europa . . .

– (Übers.), s. S a i n t - M i h i e l , de: Der wahre Mann in der eisernen Maske.

– s.a. U n t e r h a l t u n g e n , Angenehme, in Feierstunden.

UNTERHALTUNGEN, Angenehme, in den Feyerstunden (von *Ernst August Chrn. Strasser*). Hildburghausen 1796.

Anon.-Lex. IV. p. 257 (nach Kayser u. Meusel). — Rarl

– s.a. W a a g e , Die, Europens.

(STRASSER, E. A. Chr.:) Die Waage Europens, od. zusammengetrag. Gedanken v. ausgetret. Gleichgewicht Europens. *Germanien.* (*Hildburgh.*) 797. 8.

Straßer, F. X., s. Pilgrimm, der.

Strasser, Frz. Xav., praktische Anleitung zum Kopf- u. Tafel-Rechnen f. den Schul- u. Privatunterricht. 1. Hft. qu. 4. (25 S.) Augsburg 852, Kollmann. 5 1/3 ngl.

S t r a s s e r, Frz. Xav., systemat. Entwickelung d. Zahlverhältnisse z. reinen Denk- u. schriftl. Rechnen, f. Lehrer u. Eltern nach method. Grundsätzen entworfen. 2 Thle. gr. 8. Augsburg, Kollmann'sche Buchh. à 10 Gr.

Thl. 1. Reines Denkrechnen. (15½ B. u. 1 Stnt.) 836. 18 Gr., neue Ausg. 837.
„ 2. Angewandtes Denkrechnen, od. vortheilhafte Berechn. bei Geld-, Maas- u. Gewicht-Verhältnissen f. Schulen. (16½ B.) 837.

S t r a s s e r, Frz. Xav., Lehr- und Uebungsbuch der deutschen Sprache für die erste Klasse der deutschen Schule. 8. (31 S.) Augsburg 851, Rieger'sche Buchh.

— Lehr- u. Uebungsbuch der deutschen Sprache für Schulen. 8. (174 S.) Augsburg 849, Bolling in Comm. (Regensburg, Manz.) n. n. 1/6 ℛ

S t r a s s e r, Frz. Xaver, Lehr- und Uebungsbuch der deutschen Sprache für Schulen. 2. (Titel-)Ausg. 8. (174 S.) Augsburg (851)57, Rieger'sche Buchh. *

Strasser, Frdr. J., die Königin von Astrachan. Dramatische Feerie in 3 Abtheilungen zur Aufführung für Mädchen. 8. (66 S.) Prag 878. Silber & Schenk. n. -80

Strasser, Gabriel

— Biographia Eberti III. Abbatis Cremifanensis. Fol. Styriae 800.

Strasser, Gabr., (eigentl. Georg.) († d. 8. April 1814.) festl. Empfang Ihrer k. k. Maj. stät Franz II. u. seiner Gemahlin Theresia zu Wien, d. 28. Heumonat im J. 1792 v. Frankfurt a. M. 8. Wels 792.

Strasser, G. Kremsmünster, a. s. Jahrbüchern. I. 8. Steyer 1810.

Strasser, Gabriel. Mittlere Oerter von Fixsternen, abgeleitet aus Beobachtungen in Kremsmünster. Kremsmünster 1877.

Strasser G., Pater: Über die mittlere Temperatur von Kremsmünster. S. 77. II. [illegible] -.40
Separatabdruck

Strasser, P. G., über die mittlere Temperatur von Kremsmünster. [Aus: „Sitzungsber. d. k. Akad. d. Wiss."] Lex.-8. (26 S.) Wien 878. (Gerold's Sohn.) n.—40

S t r a ß e r, Gfr., für unsere Auswanderer, s. V o l k s s c h r i f t e n, Berner.

—— s. B e i t r ä g e, Berner, zur Geschichte der schweizerischen Reformationskirche.

S t r a s s e r, Gottfried. Der Brand von Grindelwald am 18. August 1892 und die am Sonntag nachher gehaltene Predigt. Mit mehreren Abbildungen und einem Plane. 8. Bern 1893.

Strasser, G. Der Brand von Grindelwald am 18. August 1892. Mit mehreren Abbildungen und einem Plane. Gr. in-8°. 60 S. Bern, Buchdruckerei u. Expedition d. Berner Tagblatt. 1 — 1893.

Strasser, Gottfried. Ernst und Humor aus dem Leben des 12. Infanterie-Regiments ⟨Berner Oberländer⟩. Unter Mitwirkung des Offizierskorps hrg. (*Umschlag:* Das 12. Regiment B' O'. Ernst und Humor. Hrg.) von G' St', Feldprediger des Regiments. Heft 7 *u.* 8. [*je* Mit illustriertem Umschlag.] 8. Thun, Eugen Stämpfli.

Heft 7: [Mit 6 Tafeln und 1 Karte.] 40 S. 1901.
Heft 8: [Mit 14 Tafeln und 1 Karte.] 93 S. 1903.

Strasser, Gottfried. Ernst und Humor aus dem Leben des 12. Infanterie-Regiments ⟨Berner Oberländer⟩. Unter Mitwirkung des Offizierskorps hrg. (*Umschlag:* Das 12. Regiment B' O'. Ernst und Humor. Hrg.) von G' St', Feldprediger des Regiments. Heft 9. [Mit illustriertem Umschlag und 18 Tafeln.] 52 S. 8. Thun, Eugen Stämpfli, 1905.

Strasser, Gottfried. Ernst und Humor aus dem Leben des 12. Infanterie-Regiments ⟨Berner Oberländer⟩. Unter Mitwirkung des Offizierskorps hrg. (*Umschlag:* Das 12. Regiment B' O'. Ernst und Humor. Hrg.) von G' St', Feldprediger des Regiments. Heft 10. [Mit 24 Tafeln, 1 Karten- und 1 Noten-Beilage und illustriertem Umschlag.] 64 [+ *Notenbeilage* 4] S. 8. Thun, Eugen Stämpfli, 1907. [fr. 1. 50]

(**Strasser**, Gottfried, [und] **Krenger**, J[ohann] Rud[olf].) Festlieder für die Einweihung des Leuenbergerdenkmals in Rüderswyl, Juni 1903. (Gedicht[e] von Pfr. G' St', [Compositionen von] J. Rud. K', Op. 37, Nr. 1. 3. 4. 5.) Mit gütiger Erlaubnis der Autoren für diesen Anlass hrg. vom Leuenbergerkomitee. 11 S. 8. Bern, Stalder & Sieber, 1903.

S t r a s s e r, Gottfried. Illustrirter Führer der Berner-Oberland-Bahnen und Umgebungen (*Umschlag:* Interlaken-Grindelwald-Lauterbrunnen-Murren). Beschreibung – Geschichte – Sagen. Mit 31 Ansichten nach Originalaufnahmen, 2 Lichtdruckbildern und 1 Karte. 8. Basel (1892).

Ausg. A. – Ausg. B.

Strasser, G. Illustrirter Führer der Berner-Oberland-Bahnen und Umgebungen. Beschreibung — Geschichte — Sagen. Mit 31 Ansichten nach Originalaufnahmen, 2 Lichtdruckbildern u. 1 Karte. In-8°. VIII, 164 S. Basel, Buchdruckerei Wackernagel. 1892. 2 —

Strasser, Gottfried. (Aus Grindelwald. Heft 1:) 25 Neujahrs-Wünsche für meine Gemeinde. [Illustriert.] II + 52 S. 4. Interlaken, Otto Schlaefli, 1904. [fr. 1. 50]

Strasser, Gottfried. (Aus Grindelwald.) Heft 2: Von des Grabes Rand Auf zum Oberland! Trostlieder. [Mit Illustrationen und 2 Tafeln.] II + 205 S. 4. Interlaken, Otto Schlaefli, 1907. [fr. 3. —]

Strasser, Gottfried. Das Herz auf und nicht minder Die Samariterhand für die Schwachsinnigen Kinder im Berner Oberland. Ein Appell. [Mit Illustrationen und 4 Tafeln.] 59 S. 8. Interlaken, Otto Schlaefli, [1906].

(Propaganda-Schrift *für* Errichtung einer oberländischen Erziehungsanstalt für schwachsinnige Kinder.)

Strasser, Gottfried. Die Katastrophe am Wetterhorn vom 20. August 1902. «Vier Leben auf ein Mal gefällt vom Wetterstrahl!» Gedenkschrift. IV + 16 S. quer-4. (Grindelwald, J. Jakober-Peter, [1903].) fr. 1. 50

[Strasser, Gottfried.] Feurige Lieder. Den lieben Kameraden gewidmet vom ältesten Kursteilnehmer [am] Feuerwehr-Cadreskurs, Interlaken, 18. bis 22. Oktober 1904. II + 6 S. 8. [Interlaken,] Gedruckt beim Kurskommandanten [O. Schläfli, 1904].

Straßer, G., 'das fröhliche Murmelthier'. Allerlei Sing-Sang f. Schweizer Alpenclubisten u. zugewandte Orte. 12. (151 S. m. 1 Bild.) Biel 887. (Kuhn.) geb. n. 1. 80

— das fröhliche Murmeltier. Allerlei Sing-Sang f. schweizer. Alpenclubisten u. zugewandte Orte. 2. verm. Aufl. 12. (188 S. m. Titelbild.) Biel 899. E. Kuhn. Geb. in Leinw. n. 2. —

Strasser, Gottfried. Das fröhliche Murmeltier. Allerlei Sing-Sang für Schweizer Alpenklubisten und zugewandte Orte. 3. vermehrte Aufl. [Mit 1 Vignette und illustriertem Umschlag.] II + 192 S. 8. Biel und Zürich, Ernst Kuhn, 1910. [geb. fr. 2. —]

[Strasser, Gottfried.] Das fröhliche Murmeltier am schweiz. Ski-Rennen in Grindelwald 1910. [Gedichte. Illustriert.] IV + 16 S. 8. (Interlaken, Otto Schlaefli, 1910.)

Strasser, Gottfried. Der Napf, der Rigi des Emmenthals.... [Mit 2 Illustrationen.] 8. Langnau 1883.

Strasser, Gfr., das Berner Oberland, s.a. Bruckmann's illustr. Reiseführer.

— das Berner Oberland, s.a. Städtebilder u. Landschaften aus aller Welt.

Strasser, Gottfried. Das Berner Oberland. Mit 40 Illustrationen [wovon 11 Tafeln], 1 Panorama und 1 Karte des Berner Oberlandes. 8. München (1892).
Ausg. A. Bruckmann's illustrirte Reiseführer. (Städte-Bilder & Landschaften aus aller Welt.) No. 13–15
Ausg. B Städtebilder und Landschaften aus aller Welt No. 13–16.

Strasser, Gottfried. Das Berner Oberland. Mit 40 Illustrationen [wovon 11 Tafeln]. 1 Panorama und 1 Karte des Berner Oberlandes. [Neudruck.] 8. München *o. J.* [ca. 1900].
Bruckmann's illustrirte Reiseführer. No. 13–15.

Strasser, Gfr., durchs Berner Oberland, s.: Panorama der Schweiz.

Straßer, Gfr., das Berner-Oberland im Spiegel der Dichtung. 8. (87 S.) Interlaken 885. (Bern, P. Haller.) *

— das Berner-Oberland im Spiegel der Dichtung. 8. (87 S.) Interlaken 885. (Bern, Nydegger & Baumgart.) n. — 80

Strasser. Gottfried s. Panorama der Schweiz. [Band] 3. Wegg- 1890.

—— die Poesie des Sonntags. 8. (III, 105 S.) Bern 883, (Huber und Comp.) *ℳ 1,50.; geb. *

— dasselbe, s.a. Volksschriften, Berner.

Straßer, Gfr., die Schulsparkassen. Vortrag, gehalten in der Schulsynode Interlaken am 27. Aug. 1881. 8. (30 S.) Bern 881, Huber und Comp. *

Strasser, G. (Pfarrer in Grindelwald.) 35 Sinnsprüche auf das Kantonalschwingfest zu Unspunnen bei Interlaken am 24. Aug. 1879. In-8°, 8 S. Interlaken, Druck von Aemmer & Balmer. (Grindelwald, Selbstverlag). 1879. — 20

(Strasser, G[ottfried].) Dem Männerchor Thun zu seinem 75jährigen Jubiläum 3. Juli 1904. 4 S. 8. (Thun, Eugen Stämpfli.)

— der Uebergang d. alten Bern im J. 1798, s.a. Volksschriften, Berner.

Strasser, Gottfried. Der Uebergang des alten Bern im Jahre 1798. Erzählt von G' St'.... [Mit 1 Illustration.] 8. Bern 1888.
(Berner Volksschriften No 23.)

Straßer, Gottfr., der Uebergang Berns im J. 1798. Zur 100jähr. Gedächtnisfeier. (64 S. m. Abbildgn.) 8. Bern 898. Kaiser & Co. — 40

(St[rasser], G[ottfried].) Kontra Viktoria-Hütte auf dem Gipfel der Jungfrau. SA. 8. (Interlaken [1887].)

Strasser, H., Elementar-Stenographie. Aus dem System d. „vereinf. Stenographie" abgeleitet u. zum Gebrauch f. Alle ausgearb. gr. 8. (23 S. m. 8 autogr. Taf.) Bern 896. Schmid & Francke. n. — 80

Strasser, H., über den Flug der Vögel. Ein Beitrag zur Erkenntniss der mechan. und biolog. Probleme der activen Locomotion. gr. 8. (263 S. mit eingedr. Fig.) Jena 885, Fischer. *
Aus: Jenaische Zeitschrift für Naturwissenschaft, besonders abgedruckt.

Strasser, H., über die Grundbedingungen der activen Locomotion. Mit 12 (eingedr.) Holzschn. [Aus: „Abhandlungen. d. naturforsch. Gesellsch. zu Halle".] gr. 4. (76 S.) Halle 880. Niemeyer. n. 4. —

— zur Kenntniss der functionellen Anpassung der quergestreiften Muskeln. Beiträge z. e. Lehre v. dem kausalen Zusammenhang in den Entwickelungsvorgängen d. Organismus. Mit 2 lith. Taf. gr. 8. (III, 115 S.) Stuttgart 883. Enke. n. 4. —

— zur Lehre von der Ortsbewegung der Fische durch Biegungen des Leibes u. der unpaaren Flossen, mit Berücksichtigung verwandter Locomotionsformen. Mit 26 in den Text gedr. Holzschn. gr. 8. (VI, 124 S.) Stuttgart 882. Enke. n. 4. —

Straßer, H. X., Schullehrerklugheit, od. die vorzügl. Regeln der Pädagogik u. Methodik. Ein Handb. f. Stadt- u. Landschullehrer. 8. Regensb., Daisenberger. 12 gr

Strasser, H(ans). Anleitung zur Gehirnpräparation. Von Dr. H. Strasser, o. Professor der Anatomie in Bern. 38 S. 8. Jena, Gustav Fischer, 1901. [M. —. 75]

Strasser, H[ans]. Anleitung zur Gehirnpräparation. Von Dr. H. St', o. Professor ... in Bern. 2. verbesserte Aufl. 46 S. 8. Jena, Gustav Fischer, 1906. [M. —. 75]

Strasser, H[ans]. Anleitung zur Präparation des Halses und Kopfes. Von Dr. H. St', o. Professor ... in Bern. VI + 76 S. 8. Jena, Gustav Fischer, 1906. [M. 1. 50]

(Strasser, H[ans].) Ein neues Buch der Lieder für Mediziner. Den Medico-Chirurgen des Kantons Bern gewidmet (*Umschlag: Liederbuch zum 100jährigen Jubilæum der medizinisch chirurgischen Gesellschaft des K' B', 1809—1909). [Illustriert.] IV + 116 S. 8. Bern, Komm. Büchler & Co., 1909. [fr. 2.—]

Strasser, Hans: Zur Entwicklung der Extremitätenknorpel bei Salamandern und Tritonen. Leipzig: W. Engelmann 1879. (76 S., 4 Taf.) 8° *[Aus: Morphol. Jahrbuch. Bd 5. 1879.]*
Breslau, Med. Fak., Hab.-Schr. v. 21 [vielmehr 28.] März 1879

Strasser, H., das neue anatomische Institut in Bern. gr. 8. (46 S. m. 8 Abbildgn. u. 3 Taf.) Wiesbaden 900. J. F. Bergmann. n. 1. 10
Sonderabdruck aus: „Anatom. Hefte". 41.

Strasser, H[ans]. Lehrbuch der Muskel- und Gelenkmechanik. Von Dr. H. St', o. ö. Professor ... [in] Bern. Band 1: Allgemeiner Teil. Mit 100 Textfiguren. XII + 212 S. 8. Berlin, Julius Springer, 1908. [M. 7. —]

Strasser, H[ans]. **Ueber Neuronen und Neurofibrillen.** [Mit Figuren.] (Separat-Abdruck aus den Mitteilungen der Naturforschenden Gesellschaft in Bern, [aus dem Jahre] 1907.) 43 S. 8. Bern, K. J. Wyss, 1907. [fr. 1. —]

Strasser, H.: Regeneration und Entwicklung. Rektoratsrede, gehalten bei der Stiftungsfeier der Berner Hochschule am 19. November 1898. Jena 1899. 31 S. 8°.
Keine offizielle Publikation.

— Regeneration u. Entwicklung. Rectoratsrede, geh. bei der Stiftungsfeier der Berner Hochschule am 19. XI. 1898. gr. 8. (31 S.) Ebd. 899. n. 1. —

STRASSER, HERMANN. Ueber Diphenylin. (Freiburg im Breisgau) Strassburg, 1881.

Straßer, Hermann, Rechtsprakt. a. Würzburg: Die Rechtsverhältnisse der auf den Namen eines bestimmten Berechtigten umgeschriebenen bayerischen Staatsschuldverschreibungen. Würzburg 1905: Drescher & Reichart. (95 S.) 8°
Würzburg, Jur. Fak., Ref. Mayer, Diss. v. 11. Juli 1905
[Geb. 24. Aug. 81 Amberg; Wohnort: Würzburg; Staatsangeh.: Bayern; Vorbildung: Gymn. Würzburg Reife Juli 00; Studium: Würzburg 8 S.; Rig. 24. Mai 05.]

Strasser, (J.), Art u. Umfang des Vorbehaltsgutes der Ehegatten nach dem bürgerlichen Gesetzbuche. Eine Studie zur Lehre vom ehel. Güterrecht. (IV, 120 S.) 8. Halle 909. O. Thiele. 2. 40

Shakespeare als Jurist. Versuch e. Studie über Shakespeares Kaufmann von Venedig. Ein Vortrag von J. **Strasser**. Halle a. S.: O. Thiele 1907. (32 S.) 8° [J.] [07. 17661]

Chronologie der Stadt New Ulm, Minnesota. By J. H. Strasser. New Ulm, Minn. 1899: 'New Ulm Post'. 91 S. 8°

Strasser, J. W. Vide: Wessenberg, J. H. v.: Ueber die Bildung.

Strasser, Johann s. Wenger, Rudolf, und Strasser, Johann.

Strasser, Joh. E., der Einjährig-Freiwillige vor, während u. nach der Ableistung des einjähr. Präsenzdienstes. Ein prakt., alle Vorschriften f. den Einjährig-Freiwilligen u. Reserve-Officier (Gagisten, Cadetten) umfass. Nachschlagebuch, um sämmtl. an sie herantret. Anfordergn. gerecht werden zu können. Mit 28 Beilagen. 2., verb. Aufl. gr. 8. (VII, 130 S.) Linz 901. (E. Mareis.) n. 2. —

Strasser, Joh. E., der Einjährig-Freiwillige vor, während u. nach der Ableistung des einjährigen Präsenzdienstes. Ein prakt., alle Vorschriften f. den Einjährig-Freiwilligen u. Reserve-Offizier (Gagisten, Kadetten) umfass. Nachschlagebuch, um sämtl. an sie herantret. Anforderungen gerecht werden zu können. Mit 28 Beilagen. 3., verb. Aufl. (VII, 130 S.) gr. 8. Linz 905. Zentraldruckerei vorm. E. Mareis. n. 2. —

Strasser, Johann Jakob

Straßer, J. J., medicinische Beobachtungen über den Kurort Interlaken im Berner Oberlande. Thun 855. (Bern, Huber u. Co.) 8. (84 S.) n. 12 ngr.

(Strasser, J[ohann] J[akob].) Interlaken ... als Luft- und Molkenkur-Ort, vom therapeutischen Standpunkte aus betrachtet. 8. Interlaken 1863.

Strasser, Jh. Wilib., gemeinschaftl. Abendandacht f. öffentl. Gottesverehrung. 8. Konstanz 811.

— Abendgebete z. Gebrauch d. öffentl. Andacht an Sonn- u. Festtagen. 12. Freiburg (804.)

— d. Amt d. heil. Messe u. die Abendandacht f. d. heil. Fronleichnamsfest u. dessen Octave. 8. Konst. 811.

— das Amt der heil. Messe f. die Fastenzeit. 8. Konstanz 811.

— Anleit. zur deutschen Rechtschreib. f. Landschulen. 8. Konst. 808. Waibel. 5 kr

Strasser, J. W., kurze Beschreibung der Giftpflanzen zu Plato's Tafel für Stadt- u. Landschulen. 12. Konstanz 843, Bannhard'sche Buchh. $1^3/_4$ ngr

Strasser, J. W., kurze Beschreibung d. Giftpflanzen zu Plato's Tafel für Stadt- u. Landschulen. 12. (1 B.) Konstanz 843, [Meck.]

— die Elementar- u. Fortbildungsschule des weibl. Lehrinstituts zu Zoffingen in Konstanz. 8. Konst. 827. Seemüller. 4 kr

— kathol. Gesang- u. Gebetbüchlein f. Stadt- u. Landschulen. 8. Sigmaringen 810. (Freiburg, Herder). 3 kr

— Gesänge u. Gebete zur heil. Advent-, Rorate- u. Weihnachtsmesse nach d. Gottesdienstordnung d. Bisthums Konstanz. 8. Konstanz 810.

Strasser, Jh. Wilib., Gesänge u. Gebete z. öffentl. Gebrauche unt. d. heil. Messe. 8. Konstanz 811.

—— Handbuch f. deutsche Elementarschüler. 1. Curs. 3. Aufl. 12. (3 B.) Konstanz 844, [Meck.]

— Handbuch der Naturlehre, Naturgeschichte u. Technologie. 1s Bdchn. 8. Konst. 820. Wallis. 1 ƒ 8 kr

Strasser, J. W., der Lehrstoff u. Lehrgang d. Volksschule. Ein Vademecum f. Schulkandidaten, Schullehrer u. Schul-Inspektoren. gr. 8. (4 B. u. 1 lith. B. mit Abbild. u. Vorschriften.) Winterthur 834, Steiner.

— das Leiden u. Sterben unsers Herrn Jesu Christi ꝛc. 8. (Freiburg) ... 2e A. 807. 3e A. 811. Herder. 4 kr

— Lese-, Gebet- u. Erbauungsbüchlein f. Kinder. 12. Augsb. 793. 2e A. 796. 3e A. 801. M. Rieger. 4 kr

— elementar. Lese-, Denk- u. Sprachlehre f. Bürgerschulen, 3r Curs. 8. Konstanz 817.

— heil. Meßandacht an den gewöhnl. Sonntagen. 12. Freiburg (804.)

Straßer, (J. W.,) Monatsbl. f. Volksschullehrer ꝛc., 1 Monatsblatt.

— Namenbüchlein, od. leichte Sprech- u. Denklehre. 8. Konstanz 1e u. 2e A. 806. 4e A. ... 5e A. 815. 6e A. 816. (Freiburg, Herder). 3 kr

— gemeinschaftl. Rosenandacht. 12. Freiburg (804.) N. Aufl. Bregenz 813.

— erstes Sprach- u. Lesebuch für Stadt- u. Landschulen. 9e umgearb. Aufl. 8. Constanz 839. Glükher. $1^1/_2$ kr

— Vesper f. die heil. Adventzeit. 8. Konstanz 811.

Strasser, Johannes: Art und Umfang des Vorbehaltsgutes der Ehegatten nach dem Bürgerlichen Gesetzbuche. Halle a. S. 1909: Thiele. 122 S. 8°
Heidelberg, Jur. Diss. v. 2. April 1909, Ref. Schröder
[Geb. 10. Dez. 83 Tzschetzschnow; Wohnort: Berlin; Staatsangeh.: Preußen; Vorbildung: Kölln. Gymn. Berlin Reife M. 02; Studium: Berlin 1, Heidelberg 1, Berlin 5 S.; Rig. 15. Juli 08.] [U 09. 1920

Strasser, Jos., Festspiel f. Österreichs Volks- u. Bürgerschulen zu Ehren d. 50jährigen Regierungs-Jubiläums Sr. k. u. k. Apostol. Maj. Franz Josef I., Kaisers von Österreich. (D. Gesänge sind componiert v. W. Smita.) 8. (IV, 44 S.) Wien u. Prag 897. F. Tempsky. — Leipzig, G. Freytag. n. — 50

Strasser, Jos., d. Talisman, s.: Hereditât d. Kleinen.

Strasser, Jos., die Wichtigkeit der wiedereinzuführenden Synoden für das Wohl und Bedürfniß der kathol. Kirche dieser Zeit. Mit e. Vorrede begleitet von Joh. Bapt. Kastner. gr. 8. Nürnberg 833. Stein. 5/8 ₰

Straßer, Josef Willibald

— der Barbar, oder Großmuth u. Freundschaft. Schspl. für d. Jugend. 8. Donaueschingen 787.

Straßer, Jos. Wilib., Schauspiele für d. Jugend. 3 Bdchen. 8. Augsb. 819—24. Doll. (Landsh., Krüll). à 14 Kr 2 ₰ 8 Kr

Strasser K.: Über graphische Kunst u. ihre Beziehungen zur Photographie. 32. Smichow 94.
Progr.

Strasser, Karl [aus Königschaffhausen] Ueber die Anwendung von Ferricyankalium zur quantitativen Bestimmung von Kobalt, Nickel, Mangan und Zink . . . Erlangen, Druck d. Univ.-Buchdr. v. Junge & Sohn, 1886; 25 S. 8°
Erlangen, Phil. Fak., Inaug.-Diss. v. 1886

STRASSER, K.
Ueber die Anwendung von Ferricyankalium zur quantitativen Bestimmung von Kobalt, Nickel, Mangan und Zink. Erlangen, 1888. 8vo.

Strasser, Carl Antonio Canova. 8 (S. 3—32 u. Bild).
Progr. K. k. Oberrsch im II. Bezirk *Wien* 1887.

Strasser Karl: Einiges über Neuerungen im Freihandzeichnen. 13. Wien VII. R. 01. (Festschrift).
Progr.

Strasser, Ludwig [aus München]: Ueber hydrirtes β-Naphtochinaldin und über den Fichtolit, . . . München, k. Hof- u. Univ.-Buchdr. Dr. C. Wolf & Sohn, 1890; 50 S. 8°
München, Phil. Fak., Inaug.-Diss. v. 1890

Strasser P.: **Das Kreuz als Strafwerkzeug der alten Völker mit bes. Rücksichtnahme aufs Kreuz Christi. (72.) Seitenstetten 84.**
Progr.

Strasser, P. G., s. Strasser, Gabriel

Strasser, Paul, Assistenzarzt d. Med. Poliklinik: **Beitrag zur Kenntnis der systematisierten Naevi.** *Heidelberg 1901: J. Hörning.* (38 S.) 8°
Heidelberg, Med. Diss. v. 1901

Fürst Otto v. Bismarck † 31. Juli 1898. Eine Sammlung von Zeitungen mit d. ersten Todesnachrichten u. Nachrufen nach d. Hinscheiden d. grossen Kanzlers. Gesammelt im Juli u. anfangs August 1898 von Philipp **Strasser**, Salzburg. (Papiermühle, S. A. 1906: Gebr. Vogt.) (12 S.) 4°
[Enthält nur d. Liste d. Zeitungen.] [07. 318

Phantasie und Wahrheit von Selma **Strasser**. Mit Buchschmuck von Franz Stassen. *Berlin: R. Eckstein Nachf. [1904].* (113 S.) 8° [F.]
[Umschlagt.:] Strasser. Moderne Dichtungen. Phantasie . . [04. 3179

Strasser, Th., Nesthäkchens Chronica. Ein Merkbüchlein f. christl. Mütter. Mit Federzeichngn. von Freiin Maria v. Oldershausen. (86 S.) gr. 4. Gotha 903. [Verlagsbureau] Hannover, Berenberg.
Geb. in Leinw. m. Goldschn. n. 6. —; erm. Pr. 4. —

Straßer, Th., Himmelsschlüssel. Bibelwort u. Dichterwort auf 20 Blättern zum Vertheilen an Krankenbetten, allen Helfern am hl. Werke dargeboten. 4. Hermannsburg 896. Missionshandlg. In Umschlag n. 1. —

Straßer, Theodor: Der Bau der männlichen Blüten von Larix europaea. S. 3—19. 8. **Progr.** K. k. Staats-Gymn. *Pola* 1907.

STRASSER, Theodor: Beitrag zur Morphologie der männlichen Blüte von Larix europaea. - Wien 1905. 42 S., 1 Abb. (Hdschr.)- Diss. - (Veröff. u. d. [illegible]: Der Bau der männlichen Blüten von Larix europaea, in: Progr. d. k. k. Staats-Gymnasiums in Pola Jg. 17, 1907)

Strasser, V. Autographierte Tafeln z. fachtechn. Unterrichte d. K. K. Sanitäts-Hilfspersonals. Innsbruck 1875. 4.

Sträßer, E., offener Brief an Hrn. Pfarrer Thümmel in Remscheid aus Anlaß seines offenen Briefes an den hochwürdigsten Hrn. Erzbischof Krementz v. Köln. gr. 8. (4 S.) Aachen 889. (Schweitzer.) n. — 10

Sträßer, Ewald, Lyra. Ein Liederbuch f. Männer-Gesangvereine. Enthält: Original-Compositionen, Volkslieder u. A. 16. (IV, 179 S.) Mülheim 873. Bagel 1. 50

Sträßer, G., die alte Geschichte f. Anfänger, vornehml. f. d. Zöglinge höh. Bürgerschulen. gr. 12. (4 B.) Aarau 835, [Sauerländer, Vrlsh.] Thlr.

Sträßer, G., Hermes od. der Führer durch die Hauptgebiete der Dichtung. Eine Mustersammlung, nach innerem Zusammenhange geordnet u. erklärt, m. umfassenden Registern versehen; f. Bürgerschulen u. Bürgerleben. gr. 8. (27 ⅛ B.) Zürich 844, Schultheß.

Strässer, G., Versuch üb. d. römischen Plebejer d. ältesten Zeit. Als Einleit. zu e. vollständ. Geschichte d. Volkstribunats. gr. 8. (6½ B.) Elberfeld 852, Becker.

Strässer, Jobs., der Lehrplan f. die ungeteilte Unterrichtszeit, s.a. Sammlung pädagogischer Vorträge. XV, 1.

Der Lehrplan für die ungeteilte Unterrichtszeit. Von Johannes **Sträßer**. Minden i. W.: C. Marowsky (1905). (36 S.) 8°
= **Sammlung** pädag. Vorträge. Bd 15, No 1. [05. 15165

— sind Sprachübungshefte in der Volksschule notwendig?, s.a. Abhandlungen, pädagogische. IX, 12.

Sind Sprachübungshefte in der Volksschule notwendig? Von Joh. **Strässer**, Lehrer. Bielefeld: A. Helmich [1904]. (8 S.) 8° [F.]
= **Abhandlungen**, Pädagogische. N. F. Bd 9, H. 12, [1.] [06. 704

Strassgräbchen [Schlagwort]

Strassgräbchen, s.: Geologische Karten (Sachsen).

Strassgräbchen, s: Sachsen. Karte.

Strassgräbchen, s.: Sachsen. Messtischblätter.

Straßgschwandtner, Anton

Strassgschwandtner, A., und A. Pettenkoffer, die k. k. österreich'sche Armée, s. Pettenkoffer.

Strassgschwandtner, Tony. [Die k. k. österreichische Armee 1868.] Wien. P. Kaeser [um 1866].
3 Taf. mit je 15 Bildern gr 2°

Straßgschwandtner, Ant., Jagd-Abenteuer. qu. gr. Fol. (12 ill. Stnt. in Tondr. mit lithogr. und ill. Titel.) Wien 861, Stammler und Karlstein. **
Einzelne Blatt

Straßgschwandtner, Ant., Jagd-Abenteuer. 2. Liefg. (Blatt 13—18.) Wien 866. Kaeser. qu. gr. Fol. (6 color. Steintaff. in Tondr.) 4 ₰ 24 ngr.

Strassgschwandtner's Jagdabenteuer. Phot. Visitkartenformat in elegantem Umschlage. compl. 1—24. Wien, P. Kaeser. 1867. 6 fl.

—— Jagd-Album. Gezeichnet und lithogr. qu. gr. Fol. (34 Stnt. mit Titel in Tondr.) Wien 858. Paterno.
Einzelne Blatt
ill. 34 Thlr. 20 Ngr.; einzelne Blatt

— Pferderacen. 12 Blatt. Lithogr. u. color. Wien 863. Paterno. gr. Fol. Jedes Blatt 24 ngr.

Strassengeschwandtner, A., Pferde-Studien. ¹, Fol. 12 Blatt. Wien. Paterno & Co. à M. 1.20

—— Reit-Unfälle und Pferdelaunen. Imp.-Fol. (24 ill. Stnt. mit lithogr. und ill. Titel.) Wien 862, Stammler und Karlstein. à Blatt 20 Ngr.

—— Thiere, s.a. Paterno's, F., systematische Zeichnen-Schulen.

— — Tiere. 28 Hefte à 6 Blatt. Ebd. à Heft M. —.60

Strassgschwandtner, A., Kleine Thierschule. 6 Hefte. 8. à 6 Blt. Wien, Ant. Paterno. 1861. à 30 kr.

Strassgschwandtner. Kleine Thier-Schule. Heft 7—16. Wien, Fr. Paterno. 1862. à Heft 6 Blatt 20 kr.

Strassheim, C. P., Rosenabstimmung seitens der Mitglieder d. Vereins deutscher Rosenfreunde. [Aus: „Rosenzeitung".] Nebst einigen auf die Rosenabstimmg. bezughab. Fragebeantwortgn., e. Bibliographie aller bis jetzt bekannten Rosenwerke, sowie e. color. Taf. „3 Theerosen-Synonymen" u. deren Biographie. Lex.-8. (30 S.) Frankfurt a/M. 889. (Jaeger's Verl.) n. 1. —

— Rosenzucht, s.: Otto.

Straessle, E[mil]. Doppelte und Amerikanische Kaufmännische Buchführung in leichtfasslich-einfacher Theorie und anschaulich-praktischer Darstellung, für Schulen und zum Selbstunterricht von E. Straessle, Handelslehrer in Zürich. 2. Aufl. Selbstverlag des Verfassers. 144 S. 4. St. Gallen, Zollikofer'sche Buchdr., 1902. [fr. 3. 75]

Straessle, E[mil]. Typische Geschäftsfälle im Warenhandel und deren Darstellung im Tagebuch mit vorheriger Angabe von Debitor und Creditor; für Schulen und zum Selbstunterricht von E. Straessle, Handelslehrer in Zürich. 2. Aufl. Selbstverlag des Verfassers. Abdruck aus... Doppelte und Amerikanische Kaufmännische Buchführung. II + 11 S. 4. St. Gallen, Zollikofer'sche Buchdr., 1902. [fr. 1. 25]

Straessle, E[mil]. Opérations typiques dans le commerce des Marchandises et leur passement dans le Journal, avec indication préalable du compte débiteur et créditeur; à l'usage des écoles et pour l'étude particulière par E. Straesslé, Professeur ... à Zurich. 2e éd. En vente chez l'auteur. II + 11 p. 4. St-Gall, Impr. Zollikofer, 1902. [fr. 1. 25]

Straessle, E[mil]. Phraseologie der Handelskorrespondenz in deutscher, französischer, italienischer, spanischer und englischer Sprache. Eine Sammlung der gebräuchlichsten, oft vorkommenden Sätze und Ausdrücke des kaufmännischen Briefwechsels von E. Straessle, Handelslehrer in Zürich. 2. Aufl. Selbstverlag des Verfassers. — Phraséologie de la Correspondance commerciale en français, allemand, italien, espagnol et anglais. Recueil de phrases et d'expressions ... par E. Straesslé.... 2e éd. En vente chez l'auteur. IV + 43 S. 4. St. Gallen, Zollikofer'sche Buchdr., 1902. [fr. 2. —]

Sträßle, Frz., s. a.: Kamberg, Frz.

Sträßle, Frz., Aberglauben. Eine Erzählung für Familienkreise. gr. 16. (229 S.) Stuttgart 856(57,) Chelius. *

Sträßle, Frz., Aberglauben. Eine Erzählung für Familienkreise. Stuttgart 857. Chelius. 16. (229 S.) n. 10 ngr.

Sträßle, Frz., Ammen-Glöckchen. Erzählungen für Kinder. Stuttgart 864. Nitzschke. 4. (75 S. u. 8 color. Lithogr.) n. 28 ngr.

Sträßle, Frz., der Amselkönig, s.: Benziger's Märchenbücher-Sammlung.

—— der Anschauungs-Unterricht. Für kathol. Volksschulen methodisch bearb. gr. 8. (XV und 240 S.) Schwäbisch Hall 856(57.) [Stuttgart,] Nitzschke's Verlag.

— der Anschauungs-Unterricht. Für katholische Volksschulen methodisch bearb. Schw. Hall 857. (Stuttgart,) Nitzschke. gr. 8. (XV, 240 S.) 28 ngr.

— bunte Bilder in freundlichen Geschichtchen und Gedichtchen. Beitrag zur Beförderung einer kindlichen Anschauungsweise zum Vorlesen u. Nacherzählen. Mit 8 (lith. u.) color. Bildern. Schw. Hall (854.) (Stuttgart,) Nitzschke. 4. (48 S.) 28 ngr.

Sträßle, Frz., bunte Bilder in freundlichen Geschichtchen und Gedichtchen. Beitrag zur Beförderung einer kindl. Anschauungsweise zum Vorlesen und Nacherzählen. 2., verm. Aufl. 4. (72 S. mit 1 Chromolithogr. und 8 lithogr. und ill. Bildern in Tondr.) Stuttgart 859, Nitzschke. Thlr.

Sträßle, Frz., neuer Bildersaal f. die Jugend. Bilder v. C. Offterdinger u. Rud. Geißler. 2. Aufl. v. „Natur u. Leben." gr. Fol. (52 S. m. 8 color. Steintaf. in gr. Fol.) Stuttgart 875. Nitzschke. 3. 50

Sträßle, Frz., das Büchlein vom Schlaraffenland. Ernst u. Scherz aus der Märchenwelt. Stuttgart 866. Nitzschke. 4. (48 S. mit 8 color. Steintaff. in Tondr.) cart. 28 ngr.

STRÄSSLE, F. *Das Büchlein vom Schlaraffenland* von Franz Sträßle. Stuttgart, W. Nitzschke [1868?]. 48 SS., und Titel, Frontispiz und 6 Tafeln in handkolor. Lithographie auf getöntem Grund. 4°. Chromolithogr. illustr. Or.-Pappbd. mit Leinenrücken (etwas benutzt). Selten. 30.—

— erzähl mir was. Kindergeschichten. Mit 5 Farbdr.-Bildern nach Aquarellen v. J. Kocher. gr. 4. (III, 40 S. m. Textbildern.) Stuttgart 893. W. Nitzschke. Kart. n. 2. 50

— erzähl' mir was! Geschichten f. Kinder mittleren Alters. Mit 4 Farbdr.-Bildern nach Aquarellen von J. Kocher u. m. vielen Text-Illustr. 3. Aufl. gr. 4. (III, 40 S.) Stuttgart (899). W. Nitzschke. Geb. 2. —

— Erzählungen f. Kinder. Mit 4 Farbdr.-Bildern nach Aquarellen v. J. Kocher. gr. 4. (III, 40 S. m. Textbildern.) Ebd. 893. Kart. n. 2. 50

— Erzählungen f. Kinder mittleren Alters. Mit 4 Farbdr.-Bildern nach Aquarellen von J. Kocher u. m. vielen Text-Illustr. 3. Aufl. gr. 4. (III, 40 S.) Ebd. 899. Geb. 2. —

— Eugenie, oder: Im Christenthum ist Hülfe. Eine Erzählung aus unserer Zeit für Jung und Alt. München 853. Finsterlin. 8. (128 S.) n. 10 ngr.

Sträßle, Frz., die schönsten Fabeln für Kinder von 8—12 Jahren. Nebst den Thier-Heldensagen: Reineke Fuchs. Der Frosch-Mäusekrieg. Mit 12 Orig.-Farbendruck-Bildern von W. Schäfer. 8. (VIII, 230 S.) Stuttgart 877. Nitzschke. cart. 3. 75

— des Landwirths Freunde und Feinde aus dem Thierreiche. Mit Bezugnahme auf die von der landwirthschaftlichen Centralstelle Württembergs angeordneten und bei Schill und Schreiber in Eßlingen erschienenen „Abbildungen landwirthschaftlich nützlicher und schädlicher Thiere." Neckarsulm 862. (Heilbronn, Claß.) gr. 8. (40 S.) n. 5 ngr.

—— des Landwirths Freunde und Feinde aus dem Thierreiche. Mit Bezugnahme auf die von der landwirthschaftl. Centralstelle Württembergs angeordneten und bei Schill und Schreiber in Eßlingen erschien. „Abbildungen landwirthschaftlich nützlicher und schädlicher Thiere." gr. 8. (40 S.) Neckarsulm 862. [Heilbronn, Schmidt.] *

—— allerhand Geschichtchen. Zur Freude der kleinen Kinder erzählt. qu. 4. (51 S. mit 11 ill. Stnt. in Tondr.) Stuttgart 858, Nitzschke.

—— Geschichten und Bilder für die Kindheit. 4. (88 S. mit 8 ill. Stnt. in Tondr.) Schwäbisch Hall 855. [Stuttgart,] Nitzschke's Verlag.

— Geschichtenbuch für Kinder mittleren Alters. Mit 12 bunten Bildern. 8. (VII, 232 S.) Ebend. 880. geb. 3. —

— Geschichtenbuch f. Kinder mittleren Alters. Mit 10 Farbdr.-Bildern nach Aquarellen v. J. Kocher. gr. 4. (IV, 80 S. m. Textbildern.) Ebd. 893. Kart. n. 3. —

— Geschichtenbuch f. Kinder mittleren Alters. Mit 8 Farbdr.-Bildern nach Aquarellen von J. Kocher u. m. vielen Text-Illustr. 3. Aufl. gr. 4. (IV, 80 S.) Ebd. (899). Geb. 3. —

STRÄSSLE. *Handbuch der Naturgeschichte* aller drei Reiche. Für die Jugend beiderlei Geschlechts bearbeitet von Franz Sträßle. Stuttgart, W. Nitzschke [c. 1850]. 4, 572 S. und 32 handkolor. lithogr. Tafeln mit vielen Abb. von Tieren u. Pflanzen. 8°. Einfacher älterer Hlwd. — Prachtvolle Illustrationen! 38.—

— **Handbuch der Naturgeschichte aller drei Reiche. Für das Haus u. die Familie bearb. 3. Aufl. Lex.-8. (602 S. m. eingedr. Holzschn., 30 Steintaf. u. 10 Chromolith.) Ebend. 873. 14. —**

— Handbuch der Naturgeschichte der drei Reiche. Für die Jugend beiderlei Geschlechts. 2., verb. Aufl. Ebend. 866. gr. 8. (VI, 588 S. mit ca. 500 fein color. Abbild. auf 32 Steintaff.) geb. n. 3 ₰ 25 ngr.

— kleiner Heimgarten für die Jugend. Mit 52 (eingedr.) Holzschn. Einsiedeln 869. Gebr. Benziger. 8. (126 S.) geb. 14 ngr.

— kleiner Heimgarten für die Jugend. 2., verb. Aufl. Mit 58 (Holzschn.-)Illustr. 16. (126 S.) Einsiedeln 882. Benziger. cart. 1. —; geb. 1. 60

— **kleiner Heimgarten f. die Jugend. 5. Aufl. (126 S. m. 58 Abbildgn.) 16. Einsiedeln (901). Verlagsanstalt Benziger & Co.** Geb. in Leinw. n. 1. 20

— aus der Kinderzeit. Geschichten f. kleine Leut'. Mit 5 Farbdr.-Bildern nach Aquarellen v. J. Kocher. gr. 4. (40 S. m. Textbildern.) Ebd. 893. Kart. n. 2. 50

— aus der Kinderzeit. Geschichten f. kleine Leut'. Mit 4 Farbdr.-Bildern nach Aquarellen von J. Kocher u. m. vielen Text-Illustr. 3. Aufl. gr. 4. (III, 40 S.) Ebd. (899). Geb. 2. —

—— Land und Leute oder Bilder aus allen Welttheilen für die reifere Jugend. br. 12. (264 S. mit 8 ill. Stnt. in Tondr.) Schwäbisch Hall 855. [Stuttgart,] Nitzschke's Verlag.

— **Lehrbuch der Naturgeschichte aller drei Reiche. Für Schulen u. zum Selbstunterricht bearb. 1. u. 2. Liefg. Stuttgart (857, 58.) Nitzschke. gr. 8. (S. 1—128 u. 8 lith. u. color. Taf.) Jede Liefg.** n. 12 ngr.

— Lehrbuch der Naturgeschichte aller drei Reiche. Für die Jugend beiderlei Geschlechts bearb. 3—9. Liefg. Stuttgart 860. Nitzschke. gr. 8. (S. 129—566 u. 24 lith. u. color. Taf.) Jede Liefg. n. 12 ngr.

—— s. Lipps, F.

— **die schönsten Märchen, Sagen u. Schwänke f. Kinder von 6—12 Jahren. 2. Aufl. v. „Keschnitz, Märchenbuch". Mit 12 fein color. (lith.) Bildern nach Aquarellen v. W. Schäfer u. H. Effenberger. 8. (VI, 232 S.) Ebend. 876.** 3. —

— die schönsten Märchen, Sagen u. Schwänke für Kinder von 6—12 Jahren. 3. Aufl. von Keschnitz, „Märchenbuch". Mit 12 fein color. (lith.) Bildern nach Aquarellen von W. Schäfer u. H. Effenberger. 8. (VI, 232 S.) Stuttgart 878. Nitzschke. 3. —

— die schönsten Märchen, Sagen u. Schwänke f. Kinder von 6—12 Jahren. 2. Aufl. Mit Farbdr.-, Lichtdr.- u. Textbildern. (VI, 232 S.) gr. 8. Stuttgart (903). W. Nitzschke. Geb. in Leinw. 3. —

—— die Monate des Jahres in Bildern und Erzählungen für die liebe Jugend. qu. gr. 4. (72 S. mit 12 ill. Stnt.) Schwäbisch Hall 856. [Stuttgart,] Nitzschke's Verlag.

— aus Natur u. Leben. Bilder für die Jugend von Geißler u. Offterdinger. Stuttgart 869. Nitzschke. Imp.-4. (III, 51 S. mit 8 color. Steintaff. in qu. Fol.) cart. 2 ₰

Strässle Fr, Naturgeschichte. Stuttgart 1859

— illustrierte Naturgeschichte f. d. Jugend. 7., verm. u. verb. Aufl., bearb. v. H. Fleischer. Mit 252 Textillustr. u. 16 Farbendr.-Taf. gr. 8. (VIII, 365 S.) Stuttgart 897. W. Nitzschke. Geb. 5. —

— illustr. Naturgeschichte f. die Jugend. In 8., verm. u. verb. Aufl. bearb. v. H. Fleischer. Mit 253 Textillustr. u. Farbendr.-Taf. nach Aquarellen v. Frdr. Specht u. a. (VII, 367 S.) gr. 8. Ebd. (905). Geb. 5. —

Sträßle's, Frz., illustrirte Naturgeschichte der drei Reiche. 4. Aufl., vollständ. umgearb. v. Frz. Sträßle u. Ludw. Baur. Mit vielen Abbildgn. in Farbendr. nach Aquarellen v. Frdr. Specht, C. Offterdinger, Alfr. Greiner u. m. mehr als 200 Holzschn. im Text. (In ca. 36 Lfgn.) 1—3. Lfg. gr. 8. (S. 1—56.) Stuttgart 886. Nitzschke. à n. — 50

Sträßle's, Frz., illustrierte Naturgeschichte der drei Reiche. 4. Aufl., vollständig umgearb. von F. Sträßle u. L. Baur. Mit vielen Abbildgn. in Farbendr. nach Aquarellen v. F. Specht, C. Offterdinger, A. Greiner u. m. mehr als 600 Holzschn. im Text. 4.—36. (Schluß-)Lfg. gr. 8. (XII u. S. 57—756.) Stuttgart 887. 888. Nitzschke. à Lfg. n. — 50

STRÄSSLE. *Kleine Naturgeschichte.* Für das jugendliche Alter bearb. Mit vielen . . . fein colorirten Abbildungen auf 10 Tafeln. 3. Aufl. Stuttgart, W. Nitzschke [c. 1840]. IV, 199 S. Kl.-8°. Reizend illustr., chromolith. brauner Or.-Karton. Tadelloses, sehr hübsches Ex. 28.—

— kleine Naturgeschichte. Für das jugendliche Alter bearb. Mit vielen nach der Natur gez. fein color. Abbildgn. auf 10 (lith.) Taf. Ebend. 862. 8. (IV, 180 S.) 27 ngr.

—— kleine Naturgeschichte. Für das jugendl. Alter bearb. 1. Aufl. 1862. und 2., unveränd. Aufl. 8. (IV und 199 S. mit vielen, nach der Natur gezeichneten, fein ill. Abbild. auf 10 Stnt.) Stuttgart 865, Nitzschke. cart.

— kleine illustr. Naturgeschichte f. die Jugend. 6., verm. Aufl. (51. bis 60. Taus.) gr. 8. (VI, 313 S. m. 179 Holzschn. u. 16 farb. Taf.) Ebd. 893. Geb. n. 5. —

— kleine Naturgeschichte f. die Jugend. 4. verm. Aufl. Mit 12 Taf. nach der Natur gezeichneter, fein color. (lith.) Abbildgn., sowie 59 Text-Illustrationen. 8. (VI, 234 S.) Ebend. 875. geb. 3. 25

—— kleine Naturgeschichte für die Jugend. 5. durchges. Aufl. gr. 8. (VI, 231 S. mit 12 lithogr. Taf. nach der Natur gezeichneter, fein kolor. Abbild., sowie 59 Text-Illustr.) Stuttgart 880, Nitzschke. geb.

— Naturlehre, s. Hofmann, Jos., und Sträßle, Unterricht in den Realien.

—— die Quellen der Natur und ihre Ausbeute für den Dienst der Menschen. Für die Jugend bearb. qu. 4. (80 S. mit 8 ill. Stnt. und lithogr. Titel.) Schwäbisch Hall 856. [Stuttgart,] Nitzschke's Verlag.

— der Rhein u. der Müller Radlauf, s.: Benziger's Märchenbücher-Sammlung.

STRÄSSLE. *Schmetterlingsbuch.* Anleitung zum Fangen und Aufbewahren der Schmetterlinge von Franz Sträßle. Mit 13 fein colorirten und 1 schwarzen Tafel. Stuttgart, Wilh. Nitzschke [c. 1845]. 1 Bl. 142 S. Or.-Halbleinen. Orhlwd. mit farb. Deckelbild. 22.—
Beschreibt 435 verschiedene Schmetterlingsarten. Sehr schöne lithographierte, handkolorierte Tafeln. — Einige unbed. Fleckchen. Papierschild a. d. Einbandrucken.

—— Schmetterlingsbuch. Anleitung zum Fangen und Aufbewahren der Schmetterlinge. gr. 8. (142 S. mit 13 fein ill. und 1 schwarzen Stnt.) Stuttgart 867, Nitzschke. cart.

— Schmetterlingsbuch. Anleitung zum Sammeln u. Aufbewahren der Raupen, Puppen u. Schmetterlinge u. zur Aufzucht derselben. 2., verm. u. verb. Aufl. Mit 14 fein color. u. 2 schwarzen (lith.) Taf. gr. 8. (VI, 153 S.) Ebend. 877. geb. 4. 50

— Schmetterlingsbuch f. Anfänger. Anleitung zum Sammeln u. Aufbewahren der Raupen, Puppen u. Schmetterlinge u. zur Aufzucht derselben. 3., verm. Aufl. gr. 8. (VIII, 192 S. m. 2 schwarzen u. 16 farb. Taf.) Stuttgart 892. W. Nitzschke. Geb. n. 4. —

— Schmetterlingsbuch. Anleitg. z. Sammeln u. Bestimmen d. Schmetterlinge. 4., wesentl. verm. u. verb. Aufl., bearb. v. H. Fleischer. M. 16 Taf. in Farbendr. gr. 8. (VIII, 216 S.) Ebd. 898. Geb. 4. —

— Schmetterlingsbuch, 5. Aufl., s.: Fleischer, H.

—— Spiegelbilder. In kleinen Erzählungen für die Kindheit. gr. 16. (132 S. mit 7 ill. Stnt. in Tondr.) Schw. Hall 857, Nitzschke.

—— Spiegelbilder. In kleinen Erzählungen für die Kindheit. gr. 16. (133 S. mit 6 ill. Stnt.) Stuttgart 867, Nitzschke. cart.

— praktische Stoffe zur Uebung im schriftlichen Gedankenausdruck für Mittel- und Oberklassen der Volksschulen gesammelt u. bearb. 1. Heft. Stuttgart 861. Nitzschke. 8. (64 S.) n. 8 ngr.

—— und Jos. Hofmann, erster Unterricht in den Realien, s. Hofmann, Jos.

— die Volksschule als Mitglied des Thierschutz-Vereins. Ein Hülfsmittel für die katholischen Volks- u. Fortbildungsschulen Württembergs. Stuttgart 866. Oelinger. 8. (47 S.) 3 ngr.

—— aus Wald und Bergen. Märchen für die Jugend. gr. 16. (94 S. mit 7 ill. Stnt. in Tondr. und 1 Chromolithogr.) Stuttgart 859, Nitzschke.

—— unter dem Weihnachtsbaum ernste und drollige Geschichtchen, Mährchen und Räthsel. gr. 16. (72 S. mit 9 ill. Stnt. in Tondr.) Schw. Hall 857, Nitzschke.

—— unter dem Weihnachtsbaum, ernste und drollige Geschichten, Märchen und Räthsel. 2. Aufl. gr. 16. (72 S. mit 8 color. Stnt.) Ebendas. 870. geb.

Sträßle Dr. Josef: Österreichs Antheil an den Friedens-Verhandlungen zu Oliva. 16. Bielitz R. 95
Progr.

Sträßle Josef: Oesterreichische Politik im schwedisch-polnischen Kriege.
H. 1891 PN 665 **Diss.** Wien, Univ. 733

Straßmaier, Johann Nepomuk

— s.: Epping, J., Astronomisches aus Babylon.

Straßmaier, Joh. Nep., Inschriften von Nabuchodonosor, König von Babylon (604—561 v. Chr.). Von den Thontafeln des britischen Museums kopiert u. autographiert. Leipzig, Ed. Pfeiffer, 1887—1889. 1.—6. Heft, 80 Mk.

Strassmaier, J. N., babylonische Texte. 1.—4. Heft.: Inschriften von Nabonidus, König von Babylon (555—538 v. Chr.), von den Thontafeln des Brit. Museums copirt und autographirt. Enthaltend 1134 Inschriften mit 5 Registern. 4 Hefte. gr. 8. Leipzig, Ed. Pfeiffer. [1. Heft: Nr. 1—265. (S. 1—160.) 887. *M 12.—.; 2. Heft: Nr. 266—540. (S. 161—320.) 888. *M 12.—.; 3. Heft: Nr. 541—807. (S. 321—480.) 888. *M 12.—.; 4. Heft: Nr. 808—1134. (S. 481—640, X, 68 S.) 889. *M 17.—.]

— dasselbe. 5. u. 6. Hft. gr. 8. Ebd. 889. n. 26. —
Inschriften v. Nabuchodonosor, König v. Babylon [604—561 v. Chr.], v. den Thontafeln d. Britischen Museums copirt u. autogr. v. J. N. S. 2 Hfte. (VII, 272 S. m. Inhaltsverzeichniss 38 S.) 1. Hft. n. 12. —; 2. Hft. n. 14. —

— dasselbe. 7. Hft. gr. 8. Ebd. 890. n. 20. —
Inschriften v. Cyrus, König v. Babylon [538—529 v. Chr.], v. den Thontafeln d. Britischen Museums copirt u. autogr. Enth. 384 Inschriften m. 5 Registern. (V, 380 S.)

— dasselbe. 8. u. 9. Hft. gr. 8. Ebd. 890. à n. 12. —
8. Inschriften v. Cambyses, König v. Babylon [529—521 v. Chr.], v. den Thontafeln d. Britischen Museums copirt u. autogr. [In 2 Hftn.] 1. Hft. Nr. 1—285. Vom Regierungsantritt bis zum 5. Jahre der Regierg. (160 S.)
9. — dasselbe. 2. Hft. Nr. 286—441 u. 5 Register. (VIII, 28 S. u. S. 161—256.)

Strassmaier, J. N., babylonische Texte. Hft. 6 B, 10 u. 11. gr. 8. Leipzig, E. Pfeiffer. à n. 12. —
(1—6, 6 B u. 7—11: n. 160. —)
6 B. Inscriptions of the reigns of Evil-Merodach [b. C. 562—559], Neriglissar [b. C. 559—555] and Laborosoarchod [b. C. 555], copied and autographed by B. T. A. Evetts. (VII, 31 u. 94 autogr. S.) 892.
10. Inschriften v. Darius, König v. Babylon [521—485 v. Chr.], v. den Thontafeln d. Brit. Museums copirt u. autogr. 1. Hft. Nr. 1—248 vom Regierungsantritt bis zum 8. Jahre der Regierg. (160 autogr. S.) 892.
11. Inschriften v. Darius, König v. Babylon [521—485 v. Chr.], v. den Thontafeln des Brit. Museums copirt u. autogr. 2. Hft. Nr. 249—451 vom 9. bis 17. Regierungsjahre. (S. 161—320.) 893.

Strassmaier, J. N., S. J., babylonische Texte. 12. Hft. gr. 8. Leipzig 897. E. Pfeiffer. n. 7. 20 (1—6, 6 B u. 7-12: n. 167. 20)
Inschriften v. Darius, König v. Babylon [521—485 v. Chr.], v. d. Thontafeln d. Brit. Museums copirt u. autogr. 3. Hft. Nr. 452—579 vom 17.—23. Regierungsjahre. (S. 321—416.)

Strassmaier, J. N., alphabetisches Verzeichniss der assyrischen u. akkadischen Wörter im 2. Bde. der „Cuneiform inscriptions of Western Asia", s.: Bibliothek, assyriologische.

—— Wörterverzeichniss zu den babylonischen Inschriften im Museum zu Liverpool, nebst andern aus der Zeit von Nebukadnezar bis Darius, veröffentlicht in den Verhandlungen des VI. Orientalisten-Congresses zu Leiden. gr. 4. (III, 66 S.) Leipzig 886, Hinrichs'sche Buchh., Verlag. *
Aus: Alphabetisches Verzeichniss der assyrischen und akkadischen Wörter der Cuneiform inscriptions of Western Asia vol. II, besonders abgedruckt.

Strassmann, Arnold (geb am 21 Okt. 1861 in Raszkow Prov. Posen): Ueber das Carcinom der männlichen Brustdrüse ... Bonn, Druck v. P. Neusser (1884). 38 S., 1 Bl. 8.
Bonn, Med. Fak., Diss. v. 8 März 1884

Straßmann Ernst, Dr.: Über die Einwirkung von Cyanessigsäure auf Isovaler- und auf Propionaldehyd. S. 106 [illegible] vgr.
Separatabdruck

Strassmann, Ferd (geb. Rawitsch 24. 2. 1838): Nonnullae observationes ad ossium incrementum pertinentes. Berolini (1862). (31 S.) 8°
Berlin, Med. Diss. v. 24. Juli 1862

Strassmann, Fritz (geb. Berlin 27. 8. 1858): Ueber die präfebrile Harnstoffausscheidung. Berlin (1879). (22 S.) 8°
Berlin, Med. Diss. v. 11. Okt. 1879

Strassmann, Fritz, Lehrbuch d. gerichtlichen Medicin. (Bibliothek d. Arztes.) gr. 8. (XII, 680 S. m. 78 Abb. u. 1 farb. Taf.) Stuttgart 895. F. Enke. n. 16. —

Strassmann, Fritz, s.: Medizin, gerichtliche.

Strassmann, (Fritz), s.: Nachprüfung des v. Neisser u. Sachs angegebenen Verfahrens zur forensischen Unterscheidung v. Menschen- u. Tierblut.

— der Tod durch Chloroform in gerichtsärztl. Beziehg., s. a. Klinik, Berliner.

Der Tod durch Chloroform in gerichtsärztlicher Beziehung. (Referat, erst. in d. Sect. f. gerichtl. Medicin des XII. Internat. Medicin. Congr. zu Moskau.) Von Prof. (Fritz) Strassmann-Berlin. *Berlin: Fischer 1898.* (17 S.) 8.
= Klinik, Berliner. H. 116. '98. 4594

Strassmann, Fritz, s.: Vierteljahrsschrift f. gerichtl. Medicin.

Strassmann, Hans [aus Berlin]: Ueber einige Amidoderivate des p-Xylols .... Berlin, Buchdr. v. Gustav Schade (Otto Francke) (1888); 55 + 1 S. 8°
Berlin, Phil. Fak., Inaug.-Diss. v. 10. Jul. 1888

Strassmann, Henr. (geb. Rawitsch 15. 8. 1834): De hygromate cystico congenito sacro-perinaeali, adjunctis duabus observationibus novis. Berolini (1859). (31 S.) 8°
Berlin, Med. Diss. v. 13. Apr. 1859

Straßmann, J. W., Rosemond u. Diana, oder d. traurige Vermählung auf d. Schwelle des Todes. Ein Trspl. in 3 Aufz. 8. Ollmütz 787.

Straßmann, Kurt, Assistenzarzt an d. Kgl. dermatol. Klinik: Aus d. Kgl. dermatol. Klinik zu Breslau. Weitere Beiträge zur Verwendung des Radiumbromids in der Therapie der Hautkrankheiten. *Breslau 1904: Bresl. Genoss.-Buchdr.* (31 S.) 8°
Breslau, Med. Diss. v. 11. Juni 1904

Strassmann, Paul, Anleitung zur aseptischen Geburtshülfe. gr. 8. (VI, 162 S. m. 21 Abbildgn.) Berlin 895. S. Karger. n. 3. 40; geb. n. 4. 50

Strassmann, Paul, Beiträge zur Lehre von der Ovulation, Menstruation u. Conception. [Aus: „Archiv f. Gynäkol."] gr. 8. (102 S. m. 10 Abb. u. 6 lith. Taf.) Berlin 896. A. Hirschwald. n. 8. —

Strassmann, P., das Leben vor der Geburt, s. a. Sammlung klinischer Vorträge. Nr. 353.

Das Leben vor der Geburt. Von P[aul] Straßmann, Berlin. *Leipzig: Breitkopf & Härtel 1903.* (S. 947—968.) 8°
= Sammlung klinischer Vorträge. N. F. No 353. [03. 8116

Strassmann, Paul [pr. Arzt aus Berlin]: Zur Lehre von der mehrfachen Schwangerschaft. ... Berlin, Buchdr. v. Gustav Schade (Otto Francke) (1889); 119 + 1 S. 8°
Berlin, Med. Fak., Inaug.-Diss. v. 25. Apr. 1889

Strassmann, Paul, Schemata zur Eintragg. d. Befundes der äuss. u. inn. geburtshülfl. Untersuchg. gr. 8. (11 S. m. Fig. u. 36 Schemata.) Berlin 895. S. Karger. n. 1. 60

Strassmann, Paul, über Uterusblutungen, s. a. Klinik, Berliner.

Ueber Uterusblutungen. Von Dr. Paul Strassmann, Privatdoc. ... *Berlin: Fischer 1898.* (23 S.) 8.
= Klinik, Berliner. H. 124. [98. 1122

Strassmann, P., Wasser u. Messer in der Gynäkologie, s. a. Sammlung klinischer Vorträge.

Wasser und Messer in der Gynäkologie von P[aul] Straßmann, Berlin. Leipzig: Breitkopf & Härtel 1907. (18 S.) 8° [Umschlagt.]
= Sammlung Klinischer Vorträge. N. F. No 451 ⟨Ser. 14. H. 1⟩. [07. 9174

Strassmann, Paul Gerhard, a. Bunzlau in Schlesien: Uber phosphorhaltige Derivate des 1-Phenyl-3-Methyl-Pyrazols. Rostock 1906: H. Winterberg. (47 S.) 8°
Rostock, Phil. Fak., Ref. Michaelis, Diss. v. 7. Okt. 1905
[Geb. 10. Sept. 82 Bunzlau; Wohnort: Charlottenburg; Staatsangeh.: Preußen; Vorbildung: Gymn. Bunzlau Oberrek.-Reife O. 01; Studium: Halle 1, Rostock 7 S.; Rig. 6. Okt. 05.]

Straßmann, R., das Evangelium von Christo eine Gotteskraft. Fest-Predigt, bei der Feier des 400jähr. Geburtstages Dr. Mart. Luthers am 11. Novbr. 1883 in der evangel. Kirche zu Bunzlau gehalten. gr. 8. (10 S.) Bunzlau 883, Kreuschmer.

Strassmann, S., Notizen für praktische Aerzte, s. Notizen für praktische Aerzte.

Strassmann, Samuel (geb. Rawitsch 28. 11. 1826): De paracentesi empyematis nonnulla, adjecta morbi historia. Berolini (1852). (27 S.) 8°
Berlin, Med. Diss. v. 19. März 1852

Strassmann, Volgangus (geb. Rawitsch 9. 11. 1821): Succinctus pathologicarum, quae in arteriis observantur, immutationum conspectus. Berolini (1854). (70 S.) 8°
Berlin, Med. Diss. v. 18. Febr. 1854

Straßmann, Wolfg., Geschichte, Verfassung u. Wirksamkeit d. Vereins gegen Verarmung. gr. 8. (46 S.) Berlin 873. Dümmler's Verl. n. 1. —

Strassmann, Gesch. etc. d. Vereins gegen Verarmung. Berlin 874.

Strassmayer Edmund: Das Salinenwesen im Lande ob der Enns von der ältesten Zeit bis zum 15. Jahrhundert.
1908 PN 2455 Diss Wien, Univ. 989

Straßner, Bodo, Referendar: Der Abholungsanspruch des § 867 BGB. unter Berücksichtigung des Anspruchs aus § 1005 BGB. Borna-Leipzig 1908: Noske. VI, 49 S. 8°
Leipzig, Jur. Diss. v. 27. Nov. 1908
[Geb. 1. Febr. 84 Ruhland; Wohnort: Magdeburg; Staatsangeh.: Preußen; Vorbildung: Dom-Gymn. Magdeburg Reife O. 03; Studium: Halle 3, Rostock 1, Kiel 2 S.; Rig. 1. Aug. 06.] [U 09. 2701

Straßner, F., Führer durch das bayerische Beamtengesetz vom 16. VIII. 1908 m. Gehaltsordnung vom 6. IX. 1908, im Auszuge speziell f. Kapitulanten u. Militäranwärter zusammengestellt u. an Beispielen erläutert. Zugleich Ergänzg. Nr. 2 zum „Handbuch f. Kapitulanten u. Militäranwärter". (56 S.) 8. Nürnberg 908. (F. Korn.) — 50

— Handbuch f. Kapitulanten u. Militäranwärter. Eine Anleitg. f. nutzbring. Verwendg. der freien Stunden in der Kaserne. (XVI, 378 S. u. Ergänzg. Nr. 1. 15 autogr. S. in Lex. 8.) 8. Nürnberg (Kirchenweg 22/I) 907. Selbstverlag. Kart. u. geh. 3. —

Straßner, Gust., der Fuß-Kanonier. Leitfaden zum Artillerie-Unterricht für Unteroffiziere und Mannschaften der Fuß-Artillerie. 2. vollständig umgearb. und verm. Aufl. 8. (XII, 206 S. mit 39 in den Text gedr. Fig.) Leipzig 880, A. Krüger. * cart. *

1. Aufl. erschien im Selbstverlage des Verfassers.

Strassner, Horst, Arzt a. Magdeburg: Veronal und Proponal. Rostock 1907: Adlers Erben. (26 S.) 8°
Rostock, Med. Fak., Ref. Martius, Diss. v. 31. Mai 1907
[Geb. 30. Sept. 82 Ruhland; Wohnort: Magdeburg; Staatsangeh.: Preußen; Vorbildung: Domgymn. Magdeburg Reife O. 01; Studium: Tübingen 3, Halle 1, Rostock 6 S.; Coll. 19. Jan. 06; Approb. 20. Febr. 07.]

Straßner, Josef: Katalog der Lehrerbibliothek. 83 S. Brüx, St. G., Progr. 1898

Strassner, Paul, sämtliche in der Gabelsbergerschen Verkehrsschrift vorkommenden Abkürzungen (Sigel, Vorsilben u. Nachsilben) zum Nachschlagen f. Anfänger u. Fortgeschrittene übersichtl. zusammengestellt. (20 S.) 12. Wolfenbüttel 902. Heckner. n.n. — 35

Strassner, Paul, sämtliche in der Gabelsbergerschen Verkehrsschrift vorkommenden Abkürzungen (Sigel, Vorsilben u. Nachsilben), zum Nachschlagen f. Anfänger u. Fortgeschrittene übersichtlich zusammengestellt. 3. Aufl. (20 S.) kl. 8. Wolfenbüttel 907. Heckner. nn — 35

-- s.: Taschenkalender f. stenographierende Schüler.

Strassner, Walter, Marine-Unterarzt b. d. 2. Matr.-Div.: ⟨Aus d. pharmakol. Inst. d. Univ. Berlin⟩. Die reduzierenden Wirkungen des Gewebes. Berlin: Springer 1910. 18 S. 8°
¶(Aus: Biochem. Zeitschrift. Bd 29.)
Berlin, Med. Diss. v. 12. Aug. 1910, Ref. Heffter
[Geb. 11. Mai 81 Ruhland; Wohnort: Wilhelmshaven; Staatsangeh.: Preußen; Vorbildung: Klostersch. Roßleben Reife O. 04; Studium: Halle 1, Bonn 2, Rostock 2, München 1, Berlin 4 S.; Coll. 8. Aug. 10; Approb. 8. Aug. 10.] [U 11. 155

Straßnicki, Schulz v., s. Schulz.

Strastil, Thdr. v., aus der Jugendzeit. Gedichte. 8. (32 S.) Wien 901. C. Konegen. n. 1. —

Strastil von Strassenheim Theodor: Ueber das gegenseitige Verhältnis von Fletchers „The Beggar's Bush", Bromes „The Merry Beggars", Gays „The Beggar's Opera" und Burns „The Jolly Beggars".
II. 1898 PN 1154 Diss. Wien Univ. 1938

Straszewicz, Jos., s.a. Strascewicz

— Lebensbeschreibungen berühmter Polen und Polinnen der Revolution vom 29. Nov. 1830. Aus d. Franz. von Karl Andree. 1 Band in 8 Lfrgg. (Wohlf. Ausg.) gr. 8. Stuttgart 832—38. Schweizerbart. 2 Thlr. Velinp. 2½ Thlr.

Straszewicz, Jos., Lebensbeschreibungen berühmter Polen u. Polinnen d. Revolution v. 29. Nov. 1830. 7. u. 8. (letzte) Lfg. gr. 8. (Bog. 37—48.) Stuttgart 837, Schweizerbart'sche Buchh. à 6 Gr., Vlnp.
1—6. Lfg. (Bog. 1—36.) Ebendas. 1832—34. à 6 Gr., Vlnp. 7½ Gr.

Straszewicz, Jos., die Polen u. die Polinnen der Revolution v. 29. Nov. 1830, od. 100 Portraits u. Lebensbeschreibb. derjenigen Personen, die sich in dem letzten poln. Freiheitskampfe ausgezeichnet haben. (Nebst dem fac simile ihrer Handschriften. Nach Original-Zeichnungen lithogr. v. d. vorzügl. Künstlern: Grévedon, Maurin, Vigneron, Belliard, Devéria, Bazin, Desmadryl, Lecler, Desmaisons, Kurowski ꝛc.) Aus d. Französ. v. K. Andree. (Einzig rechtmäß. Ausg. 1e u. 2e Liefer.: Pac, Lucasinski, Bielinski, Uminski, Claudine Potocki, Zan, Sierawski, Gruzewski, Sowinski, Wollowicz u. Przelawski. (11 Portr.) gr. 8. Stuttg. 832. Schweizerbart. Subscr.-Pr. f. die Ausg. mit den sauber lithogr. Taf. auf chines. Pap. in gr. Fol. 2 Thlr. 4 Gr. in gr. 4. 20 Gr.

— die Polen u. die Polinnen ꝛc. (wohlfeile Ausg. ohne Portraits. 1e Lieferg.) gr. 8. Stuttg. 832. Schweizerbart. Subscript.-Pr. 7½ Gr.

— die Polen u. die Polinnen der Revolution vom 29. Nov. 1830, oder (100 Portraits u.) Lebensbeschreibungen derjenigen Personen, die sich in dem letzten polnischen Freiheitskampfe ausgezeichnet haben ꝛc. Aus d. Franz. von K. Andree. 20 Lfrgg. à 5 Portraits u. Text in gr. 8. Stuttgart 832—37. Schweizerbart. Ausg. in gr. 8. (à Lfrg. 1 [illegible]) 20 [illegible] — Ausg. in Fol. (à Lfrg. 2½ [illegible]) 50 [illegible]

—— die Polen u. Polinnen d. Revolution v. 29. Nov. 1830, od. 100 Portraits u. Lebensbeschreibn. derjen. Personen, die sich in dem letzt. poln. Freiheitskampfe ausgezeichnet haben, etc. A. d. Franz. v. Karl Andree. 15—20. (letzte) Lfg. gr. 8. (11 B. Text u. 20 Portr.) Stuttgart 835—37, Schweizerbart'sche Buchh.
Ausg. m. Taf. auf { chines. Pap. gr. Fol. à L. / Vlnpap. gr. 4. à L.
1—14. Lfg. Ebendas. 1832—34. Chines. Pap. gr. Fol. à L. 2 Thlr. 4 Gr., Vlnp. gr. 4. 20 Gr.

Straszewicz, Jos., les Polonais et les Polonaises de la Révolution du 29 Novembre 1830, ou 100 Portraits des personnes qui ont figuré dans la dernière guerre de l'indépendance polonaise, avec les Fac-similé de leurs Signatures, lithogr. sur dessins originaux, par les artistes les plus distingués. Accomp. d'une Biographie pour chaque Portrait Livr. I—VII. Mit 35 Bildnissen. Lex.-8. Paris (et Leipzig) 832, 33. Bossange père. à Livr. n. 2¼ Thlr. — Mit Portr. in gr. Fol. à n. 3⅚ Thlr.

Straszewski, Mor. v., üb. d. Bedeutung d. Forschgn. auf d. Gebiete d. oriental. Philosophie f. d. Verständniss d. geschichtl. Entwicklg. d. Philosophie im Allgem. E. Vortrag, geh. in d. Hauptversammlg. d. philosoph. Gesellschaft an d. Universität zu Wien, am 7. Decbr. 1894. gr. 8. (20 S.) Wien 895. W. Braumüller. n. — 50

STRASZEWSKI, Moritz von
Ideen zur Philosophie der Geschichte der Philosophie. Ein Vortrag gehalten in der Monatsversammlung der philosophischen Gesellschaft an der Universität zu Wien am 7. Mai 1900 von Dr. Moritz v. Straszewski. Wien und Leipzig. 1900. Braumüller. Gr.-8°. 50 S. K 1.60

Strat, J., un coup d'oeil sur la question roumaine. Berlin 858. Behr. 8. (31 S.) n. 10 ngr.

a Strat, Joan. Demetr.: De Italorum jure criminali. Berolini (1859). 187 S. 8°
Berlin, Jur. Diss. v. 31. Aug. 1859

Stratagèmes, les, des échecs, ou collection des coups d'échecs les plus brillans et les plus curieux tant dans la partie ordinaire que dans les différentes parties composées, avec des planch. II Vol. 18. Strasb. König. 802.

Strate, T., fest u. getreu! Erzählg. aus d. ostfries. Arbeiter- u. Dienstbotenleben. 8. (III, 150 S.) Norden (896). D. Soltau. n. 1. —; geb. n.n. 1. 50

(B) **Strate, T.,** fest u. getreu. 896. (NBB 30.) Jetzt: Leipzig, O. Lenz.

Strategemata Martis Hungarici. Tyrnaviae 1716. V: *Micl, Peter* oder *Ladisl. Turotzi* [?]. (Jes)

Strategie, Die, und ihre Anwendung auf die europäischen und deutschen Staaten . . . München 1810. V: *Xylander, Johann Ludwig von.* (MGT) »München 1818.« (Pr)

Strategie, die, u. ihre Anwend. auf die europ. u. deutschen Staaten im Allgemeinen von J. v. X. Mit 1 Karte. gr. 8. Münch. 818. (Lindauer). 1 ℔

Strategie und Taktik, Kaisers Leo des Philosophen. . . . Wien 1777—81. H: *Bourscheid, J. W. von.* (ML)

Strategie, Napoleons, im Jahre 1813 von der Schlacht von Gross-Görschen bis zur Schlacht von Leipzig. Berlin 1827. V: *Müffling, Frdr. Carl Ferd. Freih. von genannt Weiss.* (Pr) (BrMm) (ADB)

Napoleons Strategie im Jahre 1813 von der Schlacht von Groß-Görschen bis zur Schlacht von Leipzig. Von C. v. W. (Gen. v. Müffling.) Berlin 1827. 102 S.

— Strategie im Lichte der modernen kriegswissenschaftlichen Kritik. Von v. R . . . . Berlin 1907. 88 S.

Straten, Arved, Blutmord, Blutzauber, Aberglauben. Eine Untersuchung über ihre Verbreitg. u. ihr gleichart. Auftreten bei allen Völkern m. besond. Berücksicht. des jüd. Volkes. Zur Aufklärg. d. Blutmorde dargestellt. gr. 8. (IV, 108 S.) Siegen 901. Westdeutsche Verlagsanstalt. n. 1. —

Straten, W.: Rettungen des Gaius Marius. 14 S. Mehldorf, Progr. 1869.

F. van der STRATEN PONTHOZ, Charles-le-Bon, causes de sa mort, ses vrais meurtriers; Thierry d'Alsace des Comtes de Metz, Seigneur de Bitche et Comte de Flandre. Metz. 1853. S. Lamort, imprimeur de l'académie impériale. 8⁰.
Appendice. (Mit 1 Tafel und 1 genealogischen Tabelle.) ib. 1853.*) —

Straten-Ponthoz, Gabriel Auguste van der. Forschungen ü d Lage der Auswanderer in den VS . . . Nach d franz Originale bearb v H. F. Osswale. Augsburg, 1846.

Straten-Ponthoz, van d., Forschungen über die Lage der Auswanderer in den Vereinigten Staaten v. Nord-Amerika. Nach d. franz. Originale bearb. v. H. Fr. Oswald. 12. (8½ B.) Augsburg 846, Kollmann'sche Buchh.

Straeten, Edmund, approb. Arzt aus Wankum: Aus d. Kgl. Psychiatr. u. Nervenklinik zu Kiel. Ein Fall von Syringomyelie mit Cheiromegalie. *Kiel 1903: H. Fiencke.* (21 S.) 8°
Kiel, Med. Diss. v. [4. Apr.] 1903

Stratenberg, Gustav [app. Arzt aus Dortmund]: Aus d. physiolog. Institut zu Kiel. Über einige Beobachtungen an Froschlungen . . . Kiel, Druck v. L. Handorff, 1896; 18 S., 1 Bl. 8.
Kiel, Med. Fak., Inaug.-Diss. v. [7. Apr.] 1896

Stratenus, L., Die Anarchisten. 8⁰. Haarlem 1895.

Fürstin und Märtyrerin. Roman von Louise Stratenus. Autor. Übertrag aus d. Holländ. von H[elene] Katz. Berlin: R. Eckstein Nachf. [1900]. (412 S.) 8⁰

Stratenus, L., die Prinzessin v. Himlapoor. Roman. Aus dem Holl. übers. v. Luise Keim. (298 S.) 8. Herborn 908. Buchh. des nass. Colportagevereins. 2.—; geb. 2.80

Sträter, die Heilwirkungen der Schwefelthermen von Aachen. Eine therapeut. Skizze. Aachen 866. Benrath & Vogelgesang. gr. 8. (46 S.) n. 6 ngr.

Sträter, de quelle maniere prenait-on les bains du temps de Charles-Quint à Aix-la-Chapelle. Mémoire pour servir à l'histoire des eaux minérales. Aix-la-Chapelle 858. Beurath u. Vogelgesang. gr. 8. (10 S. u. 1 Lithogr.) n. 6 ngr.

Sträter, Aug. [app. Arzt aus Aachen]: Beitrag zur Frage der Castration bei Uterus-Tumoren. . . . Marburg, Buchdr. F. Sömmering, 1891; 34 S., 1 Bl. 8⁰
Würzburg, Med. Fak., Inaug.-Diss. v. 1891

Sträter, Aug., S. J., praktische Winke f. den Bau u. die Einrichtung v. einfachen Kirchen u. Pfarrhäusern, nebst einigen Bemerkgn. üb. Pensionate u. Krankenhäuser. (108 S.) kl. 8. Essen (909). Fredebeul & Koenen. 1.—; geb. in Leinw. 1. 60

Straeter, B. T. M., Oliver Cromwell. Ein Essay üb. die englische Revolution d. 17. Jahrh. gr. 8. (III, 521 S.) Leipzig 871. Frohberg. n. 8. —

Sträter, Bernh. Thdr., der Friede zu Oliva 1660. Ein histor. Roman. 8. (251 S.) Königsberg i/Pr. 892. Hartung. 4. 50

Die Tragödie des Agitators oder: Der Salon-Demagoge. Eine social-polit. Tragödie in 3 Akten. Von Dr. Theodor Ritter ⟨B[ernh.] T[heodor M.] S(tracter)⟩. Königsberg i. Pr. 1896: G. Schadlofsky. (99 S.) 8° [F.] 106 1764

Sträter, Edmund, Dr.: Das Studienheft als Mittel zur Vertiefung der Lektüre. Magdeburg 1904: E. Baensch. (40 S.) 8° [F.]
Magdeburg, Guericke-Schule P 1904 (315)

Sträter, Edm., das Studienheft als Mittel zur Vertiefung d. Lektüre. (III, 40 S.) gr. 8. Magdeburg 904. Creutz. n. — 60

Straeter, Franc. (Anton. Theod.) (geb. Rheine in Westf. 1818): De hemicrania. Berolini (1843). (38 S.) 8°
Berlin, Med. Diss. v. 27. Juni 1843

Strüter, Herm., die Erlösungslehre des hl. Athanasius. Dogmen-historische Studie. gr. 8. (VIII, 201 S.) Freiburg i/B. 894. Herder. n. 3. —

Sträter, Ludwig, a. Düsseldorf: Die Behandlung der Tendovaginitis crepitans mit Hyperämie. Bonn 1907: E. Eisele. (30 S.) 8°
Bonn, Med. Fak., Ref. Garrè, Diss. v. 13. Aug. 1907
[Geb. 15. Juli 82 Düsseldorf; Wohnort: Bonn; Staatsangeh.: Preußen; Vorbildung: Gymn. Düsseldorf Reife O. 00; Studium: Freiburg i. B. 4, Bonn 1, München 1, Bonn 3 S.; Coll. 7. Aug. 07; Approb. 24. Dez. 05.]

Sträter, Ludwig (geb. am 25 Apr. 1848 in Rheine Westf.): Ueber Haematometra ... Bonn, Druck v. J. Trapp 1872. 30 S., 1 Bl. 8.
Bonn, Med. Fak., Diss. v. 7 Jan. [nach d. Akten v. 7 Febr.] 1872

Sträter, Thdr., die polnische Frage in ihrem Verhältnisse zu Preußen u. Deutschland. Coburg 863. Streit. gr. 8. (VIII, 88 S.) 12 ngr.

— die Komposition von Shakespeare's Romeo u. Julia. Drei Vorlesungen, gehalten zu Bonn. Bonn 861. Marcus. gr. 8. (104 S.) n. 15 ngr.

Straeter, Theodorus (geb. 1832 in Rheine Westf.): De principiis philosophiae Kantianae ... Bonnae, typ. C. Georgi 1859. 3 Bl., 33 S. 8. ¶ In Komm. bei Cohen & Sohn in Bonn.
Bonn, Phil. Fak., Diss. v. 30 März 1859

Straeter, Thdr., Graf Strafford. Trauerspiel in 5 Akten. München 869. Wriezen, (Riemschneider.) gr. 8. (IV, 171 S.) n. 10 ngr.

—— Studien zur Geschichte der Aesthetik. I. Die Idee des Schönen in der Platonischen Philosophie. Nebst einer Einleitung über die Quellen und die neuere Literatur zur Platonischen und Aristotelischen Aesthetik. gr. 8. (XVII und 91 S.) Bonn 861, Marcus. *

Strathaus, Ernst Schulte
s. Schulte Strathaus. 10. 1310

Strathausen, Ernst [app. Arzt aus Heiligenstadt]: Ein Fall von Echinococcus multilocularis. . . . München, Buchdr. v. M. Ernst, 1889; 10 S. 8°
München, Med. Fak., Inaug.-Diss. v. 1889

Strathmann, C., s. Strathmann, Karl

Strathmann, Franz Heinrich, s. Stratmann

Strathmann, *Gustav: Auszug aus seiner Festrede zum Geburtstage Sr. Maj. des Kaisers 1897.* Viersen, Druck v. J. H. Meyer, 1897; 20—21 S. 4.
Viersen, PG m. Realabt., P 1897 (484)

Strathmann, *Gustav Eggert Friedrich:* De hiatus fuga quam invenimus apud Philodemum Epicureum. Viersen, Druck v. M. Stoffels, 1892; 1—28 S. 4.
Viersen, RPG, P 1892 (499)

Strathmann, H., s.: Calvinstudien.

Strathmann, Hermann, cand. min.: Calvins Lehre von der Buße in ihrer späteren Gestalt. Gotha 1909: F. A. Perthes. 48 S. 8° ¶ (Ersch. vollst. u. d. T.: Calvins Lehre v. d. Buße, ihre Entstehung u. Entwicklung.)
Bonn, Ev.-theol. Diss. v. 15. Juni 1909, Ref. Böhmer
[Geb. 30. Aug. 82 Opherdicke; Wohnort: Bonn; Staatsangeh.: Preußen; Vorbildung: Landessch. Pforta Reife O. 01; Studium: Tübingen u. Halle zus. 8, Bonn 2 S.; Rig. 17. Okt. 08.] [U 09. 315

Strathmann, Karl

Strathmann, C[arl]. Fin de siecle. Launige Karrikaturen. München. Franz Hanfstaengl [1893].
10 farb. Taf. 2°

Strathmann, C., Fin de siècle. Launige Karrikaturen. Fol. (16 Aquarelldr. m. 1 Bl. Text.) München 893. F. Hanfstaengl. In Leinw.-Mappe. 20. —

Strathmann, C., All Heil. Karikaturen. qu. 4. (26 farb. Bl.) Berlin 897. A. Schall. n. 3. —

Stratil, Domitius, historische Anekdoten, s.a. Pichler's Jugendbücherei.

(F) Stratil, D., Historische Anekdoten. [Pichlers Jugendbücherei. Bd. 50.] 8°. (ill. 100 S.) geb. K 1.—
Wien: Pichler 1908.

Stratilescu, Eleonora, aus Hussy, Prov. Moldau (Rumänien): Die physiologische Grundlage des Seelenlebens bei Fechner und Lotze. *Berlin (1903): G. Schade.* (42 S.) 8°
Berlin, Phil. Diss. v. 31. März 1903

(**Stratimirović,** Georg v., k. k. General-Major.) Die Reformen in der Türkei. Beleuchtet von Georg v. S. 8. Wien 1856.

Stratimirovics, Geo. v., die Reformen in der Türkei. Beleuchtet. Wien 856. Hügel. gr. 8. (2 Bl., 124 S.) n. 20 ngr.

Stratimirović v. Kulpin, Geo., die Aladža-Moschee in Foča, s.: Zarzycki, M. v.

— Ausgrabungen auf der Hochebene Glasinac im J. 1891. Vorläufiger Bericht. [Aus: „Wissenschaftl. Mittheilgn. aus Bosnien u. d. Hercegovina", 1. Bd.] Lex.-8. (13 S. m. 33 Abbildgn.) Wien 893. (C. Gerold's Sohn.) n. 1. —

— das Kloster Ozren, s.: Vitanović, Timotheus.

Stratimirovics, s. Stratimirovic

Stratingh, (S.,) chemisches Handbuch f. Probirer, Gold- u. Silberarbeiter, a. d. Holl. v. Schultes. gr. 8. Augsb. 823 v. Jenisch u. St.

Stratingh, Sibrandus

Stratingh, S., über d. Bereitung rc. d. Chlors rc., s.a. Schauplatz d. Künste, 46. Bd.

Stratingh, S., üb. die Bereitung, Verbindd. u. Anwend. d. Chlors in Hinsicht auf Chemie, Medicin. Technologie u. Dekonomie. Ein Handbuch f. Aerzte, Chemiker, Fabrikanten, Dekonomen u. Apotheker; aus d. Holländ. übersetzt u. mit Zusätzen verm. v. Kaj. G. Kaiser. Mit 38 Abbildd. auf 6 lith. Taf. 8. Ilmenau 829. Voigt. 1 ꝶ 12 gr

-- Uebersicht der Stöchiometrie, 1828. 8vo.

Stratmann, Alexander: Die Radicaloperation der recidivierenden Perityphlitis. *Greifswald 1898: J. Abel.* (59 S.) 8°
Greifswald, Med. Diss. v. 26. März 1898

Stratmann, August

Stratmann, (Ferd.) August (geb. Solingen 24. 5. 1829): De eclampsia puerperali. Berolini (1863). (31 S.) 8°
Berlin, Med. Diss. v. 13. Aug. 1863

Stratmann, C.

— s.a. Geschäfts-Kalender u. Jahrbuch f. Barbiere usw.

Stratmann's, C., Geschäfts-Kalender u. Jahrbuch f. Barbiere, Friseure, Perückenmacher, Heilgehilfen, Zahntechniker etc. 1907. Hrsg. v. C. Stratmann. Mit Buchführungs-Tabellen e. besond. Buchführungssystemes, nebst Anleitg. f. diese Gewerbe. 2 Tle. (IV S., Schreibkalender, 213 S. u. III, 172 S. in 8.) 16. Hamm, Th. O. Weber. Geb. in Leinw. u. kart. n. 2. —; 1. Tl. allein n. 1. 20; 2. Tl. allein n. 1. 50

Stratmann's, C., Geschäfts-Kalender u. Jahrbuch f. Barbiere, Friseure, Perückenmacher, Heilgehilfen, Zahntechniker etc. 1910. 13. Jahrg. Mit Buchführungs-Tabellen e. besond. Buchführungssystems, nebst Anleitg. f. diese Gewerbe. 2 Tle. (IX S., Schreibkalender, 104 S. u. III, 172 S. in gr. 8.) 16. Hamm, Th. O. Weber.
Geb. in Leinw. u. kart. 2. —

Stratmann, C., s.: Geschäfts-Kalender u. Tagebuch f. Barbiere &c.

Stratmann, [Eduard], Referendar: Von der **Vollziehung** der Wandelung und Minderung nach dem Rechte des Bürgerlichen Gesetzbuches. *Lübz 1901: F. Krohn.* (38 S.) 8° [F.]
Rostock, Jur. Diss. v. [30. Mai] 1901

Stratmann, Ferd. August, s. Stratmann, August

Stratmann, Franz Heinrich

Strathmann, Franz Heinr., Beiträge zu einem Wörterbuche der englischen Sprache. 1. und 2. Lfg. (A — Doff.) gr. 8. (S. 1—160.) Bielefeld 855—56, Helmich. à Lfg. * 15 Ngr. *

Strathmann, Frz. Heinr., Beiträge zu einem Wörterbuche der englischen Sprache. 3—6. Lfg. gr. 8. (S. 161—480.) Bielefeld 857—60, Helmich. à Lfg. * 15 Ngr. *
1. und 2. Lfg. Ebendas. 1855. 56. * 1 Thlr.

Stratmann, Frz. Heinr., Beiträge zu einem Wörterbuche der englischen Sprache. 7. (Schluss-)Lfg. gr. 8. (S. 481—557.) Krefeld 868, (Gehrich und Sohn.) *
1.—6. Lfg. Ebendas. 1856—60. * 3 Thlr.

Strathmann, Frz. Heinr., a dictionary of the English language of the 13., 14. and 15. centuries. Part I. Krefeld 864. (Gehrich & Co.) gr. 8. (96 S.) n. 1 Thlr. 3½ ngr.

— a dictionary of the english language of the 13., 14. and 15. centuries. Part. 2—7. Ebend. 865—67. gr. 8. (X u. S. 97—694.) [Part 2—6 à n. 1 Thlr. 5 ngr., Part 7 n. 1 Thlr. 10 ngr.] n. 7 Thlr. 5 ngr.

Stratmann, Francis Henry, a dictionary of the old english language, compiled from writing of the XII. XIII. XIV. and XV. Centuries. 3d edit. Nebst Suppl. 4. Krefeld 878,81. Berlin, Calvary und Comp. ** 60 —
Suppl. allein ** 10 —

Stratmann, Francis Henry, a dictionary of the old english language, compiled from writings of the XII., XIII., XIV. and XV. centuries. 3. ed. 4. (X, 659 S.) Krefeld 878. (Gehrich & Co.) n. 30. —

Stratmann, Francis Henry, a Dictionary of the English Language of the XIIth, XIIIth, XIVth and XVth Centuries. 3d edit. Suppl. 4. (V, 92 S.) Krefeld 881, (Pläschke.) * 5 —
Hauptwerk. (Ebendas.) 1878. * M 30.

Strathmann, Frz. Heinr., der englische Dolmetscher. Prakt. Hilfsbuch zur schnellen Erlernung der englischen Sprache für Auswanderer nach Amerika. Enthalt. eine kurzgefaßte Sprachlehre, ein ausführl. englisch-deutsches u. deutsch-engl. Wörterbuch, so wie Gespräche &c. mit steter Bezeichng. der Aussprache. 16. (189 S.) Bielefeld 850, Helmich. 12 ngr.

—— der englische Dolmetscher. Praktisches Hilfsbuch zur schnellen Erlernung der engl. Sprache für Auswanderer nach Amerika. Enthaltend eine kurzgefaßte Sprachlehre, ein ausführl. englisch-deutsches und deutsch-engl. Wörterbuch, so wie Gespräche, kleinere Geschäftsaufsätze &c. aus dem tägl. Leben, mit steter Bezeichnung der Aussprache. 3., verb. Aufl. gr. 16. (191 S.) Bielefeld 855, Helmich.

—— der englische Dolmetscher. Praktisches Hilfsbuch zur schnellen Erlernung der englischen Sprache für Auswanderer nach Amerika. Enthaltend eine kurzgefaßte Sprachlehre, ein ausführl. englisch-deutsches und deutsch-englisches Wörterbuch, so wie Gespräche, kleinere Geschäftsaufsätze u. s. w. aus dem täglichen Leben, mit steter Bezeichnung der Aussprache. 4., verb. Aufl. 16. (191 S.) Bielefeld 857, Helmich.

Stratmann, Frz. Heinr., mittel-englische Grammatik. gr. 8. (IV, 52 S.) Köln 885. Krefeld (Pläschke.) * 2 —

— Grammatik der englischen Sprache. 8. (132 S.) Bielefeld 850, Velhagen & Klasing. ½ Thlr.

—— Grammatik der englischen Sprache. 2., gänzlich umgearb. Aufl. gr. 8. (130 S.) Bielefeld 853, Velhagen und Klasing. *

— Grammatik der französischen Sprache. gr. 8. (139 S.) Bielefeld 851, Helmich. n. ½ Thlr.

—— an old English poem of the owl and the nightingale. gr. 8. (III und 59 S.) Krefeld 868, Gehrich und Comp. *

Strathmann, Frz. Hnr., s. Sammlung engl. Schauspiele. — Scribe, E., une chaine.

Stratmann, Franc. Otto (geb. Solingen 13. 6. 1840): Observationes de cholera Asiatica per Borussorum exercitus in Bohemia bellum gerentes vagata. Berolini 1866. (31 S.) 8°
Berlin, Med. Diss.
nachgeliefert v. dem am 5. Juni 1866 auf Grund gedruckter Thesen promov. Verf.

Stratmann, Gustav, Gerichtsreferendar und Baccalaureus juris a. Gelsenkirchen: Ist die bedingte Kündigung eines Mietvertrages gültig? Borna-Leipzig 1905: R. Noske. (VIII, 50 S.) 8°
Leipzig, Jur. Fak., Diss. v. 3. Mai 1905
[Geb. 10. Jan. 79 Schalke i. W.; Wohnort: Gelsenkirchen; Staatsangeh.: Preußen; Vorbildung: Realgymn. Schalke Reife O. 99, Erg.-Prüf. Gymn. Lemgo O. 00; Studium: Bonn 6 S.; Rig. 10. Juli 03.]

Stratmann, W[ilhelm]

[F.] Kurze Anleitung zur Pflanzung und Pflege von Obstbäumen nebst e. Verzeichnis empfehlenswerter Obstsorten v. **Stratmann,** Lehrer, Schriftführer des Obstbauver. zu Altenessen ... *Essen: G. D. Baedeker 1896.* (31 S.) 1 Bd 8. [96. 1757

Stratmann, Anleitung zur Pflanzung u. Pflege v. Obstbäumen, nebst e. Verzeichnis empfehlenswerter Obstsorten. 3., verb. u. verm. Aufl. gr. 8. (38 S.) Essen 897. G. D. Baedeker. Kart. n. — 50

Stratmann, Anleitung zur Pflanzung u. Pflege v. Obstbäumen, nebst e. Verzeichnis empfehlenswerter Obstsorten. 5. (m. der 4. gleichlaut.) Aufl. (85 S.) gr. 8. Essen 903. G. D. Baedeker. n. — 60

Stratonis, aliorumque veterum poëtarum Graecorum epigrammata nunc primum a Chr. A. Klotzio edita. 8. Altenb. 764. Richter. (Hennings in Neisse). 6 gr.

Stratton, Arth., the domestic architecture of England, s.: Garner, Thom.

Stratton, George Malcolm: Ueber die Wahrnehmung von Druckänderungen bei verschiedenen Geschwindigkeiten ... (Aus: Wundt, Philos. Stud., Bd. XII Heft 4.) Leipzig, W. Engelmann, 1896; 64 S., 1 Bl. 8.
Leipzig, Phil. Fak., Inaug.-Diss. v. [21. Juli] 1896

Stratz, Karl Heinrich

Stratz, C. H., zur Abstammung des Menschen. Nach e. Vortrag, geh. in der Senckenberg. naturforschenden Gesellschaft zu Frankfurt am Main am 13. I. 1906. (29 S. m. 3 Abb.) Lex.-8. Stuttgart 906. F. Enke. n. 1.60

Stratz, C. H., gynäcologische Anatomie. (I. Abtlg.) Circulationsstörungen u. Entzündungen der Ovarien u. Tuben. Mit 65 Aquarellen auf 12 Taf. gr. 4. (VII, 41 S.) Berlin 892. Fischer's medicin. Buchh. n.n. 25. —

— dasselbe. (II. Abtlg.) Die Geschwülste der Eierstöcke. Mit 60 Aquarellen auf 14 Taf. u. 3 Holzschn. gr. 4. (IV, 40 S.) Ebd. 894. n.n. 25. —

Stratz, C. H., allgemeine gynäcologische u. geburtshülfliche Diagnostik. Mit e. Vorwort v. K. Schroeder. Mit 3 Taf. u. 2 Holzschn. Hierzu 2 Situsphantome der inneren weibl. Genitalien. gr. 8. (44 S.) Bonn 887. Fr. Cohen. In Quart-Mappe. n. 12. —

— die Entwicklung der menschlichen Keimblase. (32 S. m. 14 teils farb. Abbildgn. u. 3 farb. Taf.) gr. 8. Ebd. 904. n. 3. —

Die rechtzeitige Erkennung des Uteruskrebses. Ein Wort an alle prakt. Ärzte. Von Dr. C[arl] H[einrich] **Stratz.** Mit 25 Abb. u. 1 Taf. Stuttgart: Enke 1904. 53 S. 8° (u. 482: 11

Stratz, C. H., die Frauen auf Java. Eine gynäkolog. Studie. gr. 8. (X, 134 S. m. 41 Abb.) Stuttgart 897. F. Enke. n. 5. —

Stratz, C. H., die Frauenkleidung. 1. u. 2. Aufl. Mit 102 z. Thl. farb. Abbildgn. gr. 8. (à X, 186 S.) Stuttgart 900. 902. F. Enke. n. 7. 60; geb. in Leinw. n. 8. 60

— die Frauenkleidung u. ihre natürliche Entwicklg. 3. völlig umgearb. Aufl. (XVI, 403 S. m. 269 Abb. u. 1 farb. Tafel.) Lex.-8. Ebd. 904. n. 15. —; geb. in Leinw. n. 16. 40

— der Körper des Kindes. Für Eltern, Erzieher, Aerzte u. Künstler. 1. u. 2. unveränd. Aufl. (XII, 250 S. m. 187 Abbildgn. u. 2 Taf.) gr. 8. Stuttgart 903. 904. F. Enke. n. 10. —; geb. in Leinw. n. 11. 40

Stratz, C. H., der Körper des Kindes u. seine Pflege. Für Eltern, Erzieher, Ärzte u. Künstler. 3. Aufl. (XVIII, 386 S. m. 312 Abb. u. 4 Taf.) Lex. 8. Stuttgart 909. F. Enke. 16. —; geb. in Leinw. n 17. 40

— die Körperformen in Kunst u. Leben der Japaner. Mit 112 in den Text gedr. Abbildgn. u. 4 farb. Taf. gr. 8. (X, 196 S.) Ebd. 902. n. 8. 60; geb. in Leinw. n. 10. —

— die Körperformen in Kunst u. Leben der Japaner. Mit 112 in den Text gedr. Abbildgn. u. 4 farb. Taf. 2. Aufl. (X, 196 S.) gr. 8. Ebd. 904. n. 8. 60; geb. in Leinw. n. 10. —

Stratz, C. H., die Körperpflege der Frau. Physiologische u. ästhet. Diätetik f. das weibl. Geschlecht. Allgemeine Körperpflege, Kindheit, Reife, Heirat, Ehe, Schwangerschaft, Geburt, Wochenbett, Wechseljahre. (X, 303 S. m. 79 Abbildgn. u. 1 Taf.) Lex. 8. Stuttgart 907. F. Enke. 8.40; geb. in Leinw. n 10. —

— Naturgeschichte des Menschen. Grundriss der somat. Anthropologie. (XVI, 408 S. m. 342 z. Tl. farb. Abbildgn. u. 5 farb. Taf.) Lex.-8. Ebd. 904. n. 16. —; geb. in Leinw. n. 17. 40

— Nymphen u. Silen v. Gustav Eberlein. 1. Essay. gr. 8. (62 S. m. Abbildgn.) Ebd. 900. n. 3. 60

Die Rassenschönheit des Weibes von Dr. C[arl] H[einrich] **Stratz.** Mit 220 Abb. u. 1 Karte. *Stuttgart: F. Enke 1901.* (XVI, 350 S.) 8° (01. 11476

— die Rassenschönheit des Weibes. Mit 233 in den Text gedr. Abbildgn. u. 1 Karte in Farbendr. 2. u. 3. Aufl. gr. 8. (à XVI, 368 S.) Ebd. 902. n. 12. 80; geb. in Leinw. n. 14. —
1. Aufl. (XVI, 350 S.) Ebd. 901. n. 12. —; geb. n. 13. —

— die Rassenschönheit des Weibes. Mit 271 in den Text gedr. Abbildgn. u. 1 Karte in Farbendr. 5. Aufl. (XVI, 400 S.) Lex.-8. Ebd. 904. n. 14. —; geb. in Leinw. n. 15. 40
4. Aufl. (XVI, 358 S.) 903. n. 12. 80; geb. n. 14. —.

— Die Rassenschönheit des Weibes. Mit 271 in den Text gedr. Abbildgn. u. 1 Karte in Farbendr. 6. Aufl. (XVI, 400 S.) Lex. 8. Ebd. 907. 14.—; geb. in Leinw. 15. 40

— der geschlechtsreife Säugethiereierstock. Eine v. der Utrechter Gesellschaft f. Kunst u. Wissenschaft gekrönte Preisschrift. gr. 4. (67 S. m. 9 Taf.) Haag 898. M. Nijhoff. n.n. 10. —

— die Schönheit des weiblichen Körpers. D. Müttern, Aerzten u. Künstlern gewidmet. M. 69 theils farb. Abb. im Text u. 3 Taf. in Heliograv. 1. u. 2. Aufl. gr. 8. (à VIII, 195 S.) Ebd. 898. n. 7. —; geb. in Leinw. n. 8. —

Die Schönheit des weiblichen Körpers. Von Dr. C. H. **Stratz.** Den Müttern, Ärzten u. Künstlern gewidmet. Mit 128 Abb. im Text u. 4 Taf. 7. Aufl. Stuttgart: F. Enke 1900. (XII, 268 S.) 8°

— die Schönheit des weiblichen Körpers. Den Müttern, Ärzten u. Künstlern gewidmet. Mit 193 theils farb. Abbildgn. im Text, 5 Taf. in Heliograv., 1 Taf in Autotyp u. 1 Taf. in Farbendr. 13. Aufl. gr 8. (XVI, 334 S.) Stuttgart 902. F. Enke. n. 12. —; geb. in Leinw. n. 13. 40
3.—6. Aufl. (à XII, 236 S.) 899. n. 8. —; geb. n. 9. 20 — 8. u. 9. Aufl. (à XII, 268 S.) 900. n. 9. —; geb. n. 10. 20. — 10. u. 11. Aufl. (à XVI, 322 S.) 901. 902. n. 12. —; geb. n. 13. 40.

— die Schönheit des weiblichen Körpers. Den Müttern, Aerzten u. Künstlern gewidmet. 17. verm. u. verb. u. 18. Aufl. (XVIII, 438 S. m. 270 Abbildgn. u. 7 Taf.) Lex.-8. Ebd. 905. 906. n. 15. 60; geb. in Leinw. n. 17. 60
14.—16. Aufl. (à XVI, 334 S.) 903. 904. 12. —; geb. 13. 40.

Dr. C[arl] H[einrich] Stratz. Die Schönheit des weiblichen Körpers. 19. Aufl. Mit 270 Abb. u. 7 Taf. Stuttgart: Enke 1908. XVIII, 438 S. 8°

— Die Schönheit des weiblichen Körpers. Den Müttern, Ärzten u. Künstlern gewidmet. 20. Aufl. (XVI, 438 S. m. 270 z. Tl. farb. Abb. u. 7 z. Tl. farb. Taf.) Lex. 8. Ebd. 910. 15.60; geb. n 17. 60

— was sind Juden? Eine ethnographisch-anthropolog. Studie. (30 S. m. 11 Abbildgn.) Lex.-8. Wien 903. F. Tempsky. — Leipzig, G. Freytag. n. 2. —

Stratz, Rudolph

Stratz, Rud., Alt-Heidelberg, du Feine . . . Roman e. Studentin. 1.—6. Aufl. 8. (à 470 S.) Stuttgart 902. J. G. Cotta Nachf. n. 3. 50; geb. in Leinw. n. 4. 50

Stratz, Rud., Alt-Heidelberg, du Feine . . . Roman e. Studentin. 7. Aufl. (470 S.) 8. Stuttgart 905. J. G. Cotta Nachf. n. 3. 50; geb. in Leinw. n. 4. 50

Stratz, Rud., Alt-Heidelberg, du Feine... Roman e. Studentin. 9. u. 10. Aufl. (470 S.) 8. Stuttgart 908. J. G. Cotta Nachf. 4.—; geb. in Leinw. 5.—

Stratz, Rud., Belladonna. 3 Novellen. 1. u. 2. Aufl. 8. (117 S.) Berlin 895. F. Fontane & Co. n. 1.—

Stratz, Rud., der blaue Brief. Schauspiel in 4 Aufzügen. gr. 8. (95 S.) Berlin 891. Stuttgart, Union. n. 1.50

— Buch d. Liebe. 6 Novellen. 8. (214 S.) Stuttgart 897. J. G. Cotta Nachf. n. 2.50; geb. n. 3.50

Buch der Liebe. 6 Novellen von Rudolph Stratz. 3. Aufl. Stuttgart & Berlin: J. G. Cotta Nachf. 1904. (216 S.) 8° [F.] [05. 6048

Die ewige Burg. Roman aus d. Odenwald von Rudolph Stratz. 2. Aufl. Stuttgart: J. G. Cotta Nachf. 1900. (356 S.) 8° [F.] [00. 1973 4

— die ewige Burg. Roman aus dem Odenwald. 3. u. 4. Aufl. 8. (à 356 S.) Ebd. 900. 901. n. 3.—; geb. n.n. 4.—

— die ewige Burg. Roman aus dem Odenwald. 5. Aufl. (356 S.) 8. Ebd. 905. n. 3.—; geb. n. 4.—

— der du v. dem Himmel bist. Roman. 1. u. 2.—5. Aufl. (à 408 S.) 8. Ebd. 906. n. 3.50; geb. in Leinw. n. 4.50

— Der du von dem Himmel bist. Roman. 6. u. 7. Aufl. (408 S.) 8. Ebd. 910. 3.50; geb. 4.50

— Für Dich. Roman. 1.—20. Aufl. (437 S.) 8. Stuttgart 909. 10. J. G. Cotta Nachf. 4.—; geb. in Leinw. 5.—

— Dienst! Ein Kasernenroman in 3 Tagen. 1. u. 2. Aufl. 8. (115 S.) Berlin 895. F. Fontane & Co. n. 1.—; geb. n. 2.—

— Dienst! Ein Kasernenroman in 3 Tagen. 3. u. 4. Aufl. (à 162 S.) 8. Berlin 903. E. Fleischel & Co. n. 2.—; geb. n. 3.—

— Drohnen. Schausp. in 4 Akten. gr. 8. (64 S.) Ebd. 895. n. 1.

— du bist die Ruh'. Roman. 1.—4. Aufl. (à 384 S.) 8. Stuttgart 905. J. G. Cotta Nachf. n. 3.50; geb. in Leinw. n. 4.50

Du bist die Ruh'. Roman von Rudolph Stratz. 5. Aufl. Stuttgart & Berlin: J. G. Cotta Nachf. 1905. (384 S.) 8° [F.] [07. 7802 II

— Du bist die Ruh'. Roman. 6.—8. Aufl. (384 S.) 8. Ebd. 909. 3.50; geb. in Leinw. 4.50

Du und ich. Die Geschichte e. armen Offiziers von Rudolph Stratz. Ill. von F. v. Reznicek. Stuttgart, Berlin, Leipzig: Union [1905]. (195 S.) 8° [F.] [05. 12874

— die kleine Elten. Roman aus d. Berliner Bühnenwelt. 8. (347 S.) Ebd. 895. n. 3.50

Die kleine Elten. Roman aus d. Berliner Bühnenwelt. Von Rudolph Stratz. 3. Aufl. *Berlin: F. Fontane & Co. 1898.* (347 S.) 8° [F.] [03. 6606 II

— die kleine Elten. Roman aus der Berliner Bühnenwelt. 4. Aufl. 8. (347 S.) Berlin 902. [F. Fontane & Co.] E. Fleischel & Co. n. 3.50; geb. n. 4.50

— es war ein Traum. Berliner Novellen. 1.—4. Aufl. (à 370 S.) 8. Ebd. 903. n. 3.50; geb. in Leinw. n. 4.50

Es war ein Traum. Berliner Novellen von Rudolph Stratz. 4. Aufl. Stuttgart & Berlin: J. G. Cotta Nachf. 1903. (370 S.) 8° [F.] [06. 8149 II

— Es war e. Traum. Berliner Novellen. 5. Aufl. (368 S.) 8. Ebd. 910. 3.50; geb. 4.50

— Die Faust des Riesen, s.: Engelhorn's allgemeine Roman-bibliothek.

Friede auf Erden! Erzählung aus d. 30jähr. Kriege von Rudolph Stratz. Berlin: Fontane 1897. 8°

[F.] Friede auf Erden! Erzählg a. d. dreissigj. Kriege v. Rudolph Stratz. 2. Aufl. *Berlin: F. Fontane & C. 1897.* (2 Bl., 162 S.) 1 Bd 8. (Fontane's 2-Mark-Bücher.) [96. 9023

— gib mir die Hand. Roman. 1.—9. Aufl. (à 453 S.) 8. Stuttgart 904. 905. J. G. Cotta Nachf. n. 4.—; geb. in Leinw. n. 5.—

— die Hand der Fatma. Erzählung. (238 S. m. 32 Abbildgn.) 8 Ebd. (905). n. 2.—; geb in Leinw. n. 3.—

Die Hand der Fatme. Erzählung von Rudolph Stratz. Mit 32 Ill. Stuttgart, Berlin, Leipzig: Union [1905]. (238 S.) 8° [F.] [05. 11875

— Herzblut. Roman. 1.—14. Aufl. (378 S.) 8. Ebd. 908. 09. 4.—; geb. in Leinw. 5.—

Rudolph Stratz, Die Hexe. Berlin: Romanwelt 1867. (26 S.) 8° [F.]
= Geschichten, Kurze. 1, 6. [1.] [05. 3330

[F.] Berliner Höllenfahrt. Heiteres u. Ernstes aus d. Reichshauptstadt v. Rudolph Stratz. *Berlin: F. Fontane & C. 1896.* (2 Bl., 282 S., 1 Bl.) 1 Bd 8. [96. 4312

— Berliner Höllenfahrt. Heiteres u. Ernstes aus d. Reichshauptstadt. 1. u. 2. Aufl. 8. (IV, 283 S.) Ebd. 896. n. 3.50

— ich harr' des Glücks. Novellen. 1.—3. Aufl. (à 384 S.) 8. Ebd. 905. n. 3.50; geb. in Leinw. n. 4.50

Ich harr' des Glücks. Novellen von Rudolph Stratz. 4. Aufl. Stuttgart & Berlin: J. G. Cotta Nachf. 1905. (384 S.) 8° [F.] [06. 2313

— die thörichte Jungfrau. Roman. 8. (409 S.) Stuttgart 901. J. G. Cotta Nachf. n. 3.50; geb. n. 4.50

— der arme Konrad. Roman aus d. großen Bauernkrieg v. 1525. 1. u. 2. Aufl. 8. (à 291 S.) Stuttgart 898. J. G. Cotta Nachf. n. 3.—; geb. n. 4.—

— der arme Konrad. Roman aus dem großen Bauernkrieg von 1525. 3. Aufl. 8. (295 S.) Ebd. 901. n. 3.—; geb. n. 4.—

— Der arme Konrad. Roman aus dem großen Bauernkrieg v. 1525. 4. Aufl. (284 S.) 8. Ebd. 910. 3.—; geb. 4.—

— das weiße Lamm, s. a. Romane, moderne, aller Nationen.

Rudolph Stratz. Das weise Lamm. Humorist. Erzählung. Stuttgart, Berlin, Leipzig: Union [1901]. (207 S.) 8°
(Romane, Moderne, aller Nationen. 20.)

— Das weiße Lamm. Humorist. Erzählg. Illustr. v. F. Doubek. (276 S. m. Abb. u. Vollbildern.) 8. Stuttgart (910). Union. 3.—; geb. in Leinw. 4.—

— Liebestrank. Roman. 1.—15. Aufl. (404 S.) 8. Stuttgart 910. 11. J. G. Cotta Nachf. 4.—; geb. in Leinw. 5.—

— unter den Linden! Berliner Zeitroman. 8. (222 S.) Berlin 893. F. Fontane & Co. n. 3.—

— dasselbe. 2. Aufl. 8. (235 S.) Ebd. 894. n. 3.—; geb. n. 4.—

[F.] Unter den Linden. Berliner Zeitroman v. Rudolph Stratz. 3. Aufl. *Berlin: F. Fontane & C. 1897.* (2 Bl., 235 S.) 1 Bd 8. [98. 6209 Bc

— unter den Linden. Berliner Zeitroman. 4. Aufl. 8. (235 S.) Berlin 899. [F. Fontane & Co.] E. Fleischel & Co. n. 3.—; geb. n. 4.—

— unter den Linden. Berliner Zeitroman aus den neunziger Jahren. 5. Aufl. (235 S.) 8. Berlin 903. E. Fleischel & Co. n. 3.—; geb. n. 4.—

— Unter den Linden. Berliner Zeitroman aus den neunziger Jahren. 6. Aufl. (235 S.) 8. Berlin 907. E. Fleischel & Co. 3.—

— Montblanc. Roman. 1.—5. Aufl. 8. (à 304 S.) Stuttgart 899. J. G. Cotta Nachf. n. 3.—; geb. n. 4.—

Stratz, Rudolph. Montblanc. Roman. 6. und 7. Aufl. 304 S. 8. Stuttgart und Berlin, J. G. Cotta Nachfolger, 1907. (M. 3.—, geb. 4.—)
Erschienen sind 1. bis 5. Aufl. 1899.

— der lange Preuße. Schausp. in 4 Akten. gr. 8. (78 S.) Berlin 897. F. Fontane & Co. n 1. 50

— Die armen Reichen. Roman. Illustriert v. Osk. Bluhm. (270 S.) 8. Stuttgart (909). Union. 3.—; geb. in Leinw. 4.—

Stratz, Rud., die Revolutionen der J. 1848 und 1849 in Europa, geschichtlich dargestellt. 1. Thl.: Die Februar-Revolution und ihre nächsten Folgen. 8. (XII, 378 S.) Heidelberg 888, C. Winter's Universitäts-Buchh. *M 5.—.; geb. * 6 —

—— Die Revolutionen der J. 1848 u. 1849 in Europa, geschichtlich dargestellt. 2. Thl. Die Revolutionsereignisse d. Sommers 1848. 8. (XII, 350 S.) Heidelb. 891, C. Winter. * 5 —; geb. * 6 —
1. Thl. Ebd. 1888. * 5 —; geb. * 6 —.

— Samum. Novelle. Illustriert v. Chr. Speyer. 8. (112 S.) Leipzig (900). [E. Keil's Nachf.] Stuttgart, Union. 1.—

— der Stern v. Angora. Novelle. Illustriert v. Paul Hey. (110 S.) gr. 8. Leipzig (903). [E. Keil's Nachf.] Stuttgart, Union. n. 1.—; geb. in Leinw. n. 2.—

— Zu zwölfter Stunde u. andere Novellen. (1.—5. Tauf.) (303 S.) 8. Berlin (909). Concordia. 3.50; geb. 4.50

[F.] Arme Thea! Roman v. Rudolph Stratz. *Berlin: F. Fontane & C. 1896.* (2 Bl., 240 S.) 1 Bd 8. [96. 6368

— arme Thea! Roman. 2. Aufl. 8. (240 S.) Ebd. 896. n. 3.—

— arme Thea! Roman. 2. u. 3. Aufl. (à 240 S.) 8. Berlin 903. E. Fleischel & Co. n. 3.—; geb. n. 4.—

— Arme Thea!, s. a. Ullstein-Bücher.

Arme Thea. Roman von Rudolph Stratz. Berlin-Wien: Ullstein [1910]. 302 S. 8°
(Ullstein-Bücher.) [10. 8576

— der weiße Tod. Roman aus d. Gletscherwelt. 3. Aufl. 8. (250 S.) Stuttgart 897. J. G. Cotta Nachf. n. 3.—; geb. n. 4.—

— der weiße Tod. Roman aus der Gletscherwelt. 4.—7. Aufl. 8. (à 250 S.) Stuttgart 899—901. J. G. Cotta Nachf. n. 3.—; geb. n. 4.—

— der weiße Tod. Roman aus der Gletscherwelt. 8.—11. Aufl. (à 250 S.) 8. Stuttgart 903—905. J. G. Cotta Nachf. n. 3.—; geb. in Leinw. n. 4.—

— Der weiße Tod. Roman aus der Gletscherwelt. 13.—18. Aufl. (250 S.) 8. Stuttgart 907—10. J. G. Cotta Nachf. 3.—; geb. 4.—

Jörg Trugenhoffen. Ein deutsches Schauspiel in 5 Aufz. von Rudolph Stratz. *Stuttgart: J. G. Cotta 1898.* (160 S.) 8° [F.] [03. 4191

— vorbei. Eine Geschichte aus Heidelberg. Illustriert v. C. Münch. (93 S.) 8. Stuttgart (904). Union. n. 1.—; geb. n. 2.—

— die letzte Wahl. Roman. 8. (396 S.) Stuttgart 899. J. G. Cotta Nachf. n. 3. 50; geb. n. 4. 50

— die letzte Wahl. Roman. 3. Aufl. 8. (403 S.) Ebd. 901. n. 3. 50; geb. n. 4. 50

— Die letzte Wahl. Roman. 4. Aufl. (403 S.) 8. Ebd. 907. 3.50; geb. 4.50

— Wundes Wild. 4 Erzählgn. (188 S. m. 27 Abbild.) 8. Stuttgart (907). Union. 2.—; geb. in Leinw. 3.—

Straetz, Robert. Tierarzt in Berlin: Die postmortale Reaktion der Muskulatur bei den Schlachttieren. Magdeburg 1908. 68 S. 8°. [4. XII. 08.]
Bern. Vet.-med. Diss. 1908/09.

Straetz, Robert. Die postmortale Reaktion der Muskulatur bei den Schlachttieren. Diss. Vet.-Med. Bern. 68 S. 8. Magdeburg, Leistner & Drewfs, 1908.

Stratzkaney, Edmund Th. u. Karl Rehling: Anleitung zur Errichtung und Geschäftsführung gewerblicher Erwerbs- und Wirtschaftsgenossenschaften. Wien: Verl. des Gewerbeförderungsdienstes des k. k. Handelsministeriums 1903. 92 S. 4°

Straub, Jos. Ign., Kronen-Wirth von Hall. Ein Gedenkblatt herausgegeben von der Stadt Hall ... Innsbruck 1898. V: *Straganz, Max.* (margr)

Straub, Jos. Ign., Kronen-Wirth v. Hall. F. Gedenkblatt, hrsg. v. d. Stadt Hall aus Anlaß des 50jähr. Regierungs-Jubiläums Sr. k. u. k. apostol. Maj. Kaiser Franz Josef I. gr. 8. (IV, 72 S. m. 1 Wappen.) Innsbruck 898. H. Schwick. n. 70

Straub, Leonhard, der erste Buchdrucker der Stadt St. Gallen . . . St. Gallen 1878. V: *Binkert, G.* (Cat. d. Stadtbibl. Zürich. Zürich 1864—97.)

STRAUB, Kurze Geschichte von dem Laufe der Erde um die Sonne und dem Zustande des heutigen Bauwesens, wie es ist und seyn sollte. Altona. U. A. P.

Straub, v., thierärztliches Receptiaschenbuch, s.: Grebner, Jos. v.

Straub, A., le cimetière gallo-romain de Strasbourg. Avec 3 cartes (lith.), 1 planche lith., 16 planches photoglypt. et de nombreuses gravures sur bois intercalées dans le texte. Lex.-8. (136 S.) Strassburg 881. Trübner. n.n. 20. —

Straub, A., s. G e s c h i c h t s k a l e n d e r des Hochstiftes und des Münsters von Strassburg

—— s. Landsperg, Herrade de, Hortus deliciarum.

Gesellschaft für Erhaltung der geschichtlichen Denkmäler des Elsass. — Die abgegangenen Ortschaften des Elsass. Von A. STRAUB. Strassburg 1887. Buchdruckerei R. Schultz & Comp. gr. 8°.

Straub, Adolf [aus Wiblingen]: Beiträge zur Kenntnis der Producte der alkoholischen Gärung der Bierwürze m. bes. Berücks. d. Bildg v. Bernsteinsäure ... (Aus d. Forschungsber. üb. Lebensmittel u. ihre Bezieh. z. Hyg. . . .) München, kgl. Hof- u. Univ.-Buchdr. v. Dr. C. Wolf & Sohn, 1895; 7 S. 4.
Erlangen, Phil. Fak., Inaug.-Diss. v. 28. Okt. 1892

Straub, Andreas (Nürnberg) 4°Misc. 180r/1

Historia antiqua liberae atque imperialis civitatis Norimbergae. Präs. Kaspar Sagittarius.
Tübingen (Speymann) o.J. 24 S.

Diss. Jena 24.I.1679.
Gew.: Stadt Nürnberg.
W. v.: Siegismund von Bircken, J. von Mellen.
33817

Straub, Andreas (Nürnberg) A.S.1329/49

Historia antiqua liberae atque imperialis civitatis Norimbergae. Präs. Kaspar Sagittarius. Rec.
Altdorf (Grebner) 1745. 32 S.

Diss. Jena 24.I.1679. 33819

Straub, C., St. Nikolaus, der Weihnachtsmann. Imp.-4. (2 S. m. farb. Abbildgn.) München (901). (Ravensburg, O. Maier.) Sechseckig ausgestanzt — 40

Straub, C. G., kurze Anleitung z. Violinspielen f. Lehrer u. Lernende. Nebst 40 stufenmässig geordn. Duetten f. die ersten Anfänger. gr. 4. (15½ B.) Esslingen 842, (Dannheimer'sche Buchh.) Thlr. *

Straub, C. G., kurze Anleitung zum Violinspielen für Lehrer u. Lernende. Nebst 46 stufenmässig geordneten Duetten für die ersten Anfänger. 2. Aufl. gr. 4. (IV u. 57 S.) Esslingen 852, Weychardt. n. 24 ngr

Straub, C. G., kurze Anleitung zum Violinspielen für Lehrer und Lernende. Nebst 46 stufenmässig geordneten Duetten für die ersten Anfänger. 2. Aufl. 1852. und 3. Aufl. gr. 4. (IV und 56 S.) Esslingen 856, Weychardt. *

Straub, C. G., kurze Anleitung zum Violinspielen für Lehrer u. Lernende. Nebst 46 stufenmässig geordneten Duetten für die ersten Anfänger. 4. Aufl. Esslingen 860. Weychardt. gr. 4. (IV, 56 S.) n. 24 ngr

Straub, C. G., kurze Anleitung zum Violinspielen für Lehrer und Lernende. Nebst 46 stufenmäss. geordneten Duetten für die ersten Anfänger. 6. sorgfältig durchgeseh. Aufl. 1872. ℳ 1,50., und 7. sorgfältig durchgeseh. Aufl. gr. 4. (IV, 56 S.) Stuttgart 874, Kirn. cart. * 2 70

Straub, C. G., 44 Vorlegeblätter d. deutsch. Curr.-Schrift. 3. Aufl. qu. gr. 4. (24 lith. Bl.) Stuttgart 839, Belsersche Buchh. *

—— 24 Vorlegeblätter d. engl. Schrift f. Schulen. qu. gr. 4. (9 lith. Bl. u. verz. Ttl.) Stuttgart 839, Belsersche Bh. *

Straub, C. W., Sophokles' Antigone, verdeutscht in den Formen der Urschrift, m. Erläutergn. u. Analysen der einzelnen Scenen u. Chorlieder u. e. Versuch üb. Ursprung u. Wesen der antiken Tragödie. 8. (XIV, 161 S.) Stuttgart 886. Cotta. n.n. 1. 80

Straub, Conrad, s. S t r a u b , Konrad

Straub, Frz., Beitrag zur operativen Behandlung der Oedeme der Haut. Inaugural-Dissertation. gr. 8. (34 S.) Tübingen 882. (Fues.) n. — 60

Straub, Franz, wissenschaftl. Lehrer an d. höh. städt. Knabenschule zu Berncastel-Cues, a. Stalldorf in Unterfranken: Lautlehre der jungen Nicodemus-Version in Vespasian D. XIV. Würzburg 1908: J. C. Becker. (76 S.) 8°
Würzburg, Phil. Fak., Ref. Förster, Diss. v. 21. Juli 1908
[Geb. 22. März 80 Stalldorf; Wohnort: Berncastel-Cues; Staatsangeh.: Bayern; Vorbildung: Gymn. Würzburg Reife Juli 99; Studium: Würzburg 8, München 1 S.; Rig. 16. Juni 08.]

Straub, Geo., das Tier-Narren-Reich. Ein Bilderbuch f. kleine u. große Kinder. gr. 8. (32 S.) München (901). C. Haushalter. Kart. n. 1. 50; kolor. Ausg. hoch 4. Kart. n. 3. —

— die babylonische Verwirrung im Reiche der Tiere. Ein Bilderbuch f. große u. kleine Kinder. gr. 8. (32 S. m. Abbildgn.) Ebd. (901). Kart. n. 2. —

Straub, Georg Franz, appr. Arzt a. Edenkoben: Ueber einen Fall von Broncho-Oesophagealfistel, verursacht durch indirekten Druck eines Aortenaneurysmas auf den linken Stammbronchus. Edenkoben 1903: J. Seebach. (23 S., 1 Taf.) 8°
Heidelberg, Med. Fak., Ref. Arnold, Diss. v. 1903
[Geb. 14. März 79 Edenkoben; Wohnort: New-York; Staatsangeh.: Bayern; Vorbildung: Gymn. Landau Reife M. 98; Studium: Würzburg 5, Heidelberg 4 S.; Coll. 31. Juli 03; Approb. 25. Juli 03.]

Straub, Georg Guil. (geb. Biesenthal in d. Mark 12. 4. 1842): De tracheotomia. Berolini (1866). (32 S.) 8°
Berlin, Med. Diss. v. 5. Mai 1866

Straub, Gustav: Ein sporadischer Fall von Skorbut. *Tübingen: F. Pietzcker [1898].* (22 S.) 8°
Tübingen, Med. Diss. v. 1898

Straub, Gust., ein sporadischer Fall v. Skorbut. Diss. gr. 8. (22 S.) Tübingen 898. F. Pietzcker. n.n. — 70

Straub, H., Deutschland nach seinen Grenzen in vier Perioden. 1. zur Zeit des ersten Habsburgers. 2. in der Zeit von 1815–1848. 3. nach dem Vorschlag des Reichsministeriums v. 18. Dezember 1848 u. den Beschlüssen d. Reichsversammlung. 4. im Sommer 1850. 4 lith. u. color. Bl. in Fol. Carlsruhe 850, Holtzmann. n. 28 ngr.

Straub, Hermann: Acuter Morbus Addisonii nach Thrombose beider Nebennierenvenen. Leipzig: Vogel 1909. 22 S. 8° ¶ (Aus: Dtsch. Archiv f. klin. Medizin. Bd 97.)
Tübingen, Med. Diss. v. 25. März 1909, Ref. v. Romberg
[Geb. 18. Nov. 82 Stuttgart; Wohnort: Tübingen; Staatsangeh.: Württemberg; Vorbildung: Eberhard-Ludwigs-Gymn. Stuttgart Reife Juli 00; Studium: Tübingen 3, Berlin 2, Tübingen 3, Berlin 2, Tübingen 3 S.; Coll. 8. März 09; Approb. 28. Febr. 09.] [U 09. 3944

Straub, J. W., Kurzer Abriss des bisherigen Entwicklungsganges der Bezirksschule in Muri. Muri 1855.
Progr.

— Andeutungen über Jugendschriften. Muri 1859.
Progr.

Straub, J. W., Die Schweiz im Winter 1856/57, den Schülern zur würdigen Erinnerung dargestellt. Muri 1857.
Progr.

Straub, J. W., Der Unterricht soll praktisch sein. Muri 1856.
Progr.

Straub, Joh.

Straub, Joh. *Bapt.* [Dr., Prof.]: Der teleologische Gottesbeweis und seine Gegner. Tl 1. Würzburg, Druck d. Kgl. Universitätsdr. v. H. Stürtz, 1894; 63 S. 8.
Aschaffenburg, k. humanist. G, P 1894*

Straub, Joh. *Bapt.* [Dr., Prof.]: Der teleologische Gottesbeweis und seine Gegner. Tl 2. [Forts. d. P-Beil. 1894.] Würzburg, Druck d. Kgl. Universitätsdr. v. H. Stürtz, 1895; 80 S. 8.
Aschaffenburg, k. humanist. G, P 1895*

Straub, Joh., leicht ausführbare lateinische Missa für 4 gemischte Stimmen. Ravensburg 861. Dorn. Fol. (17 S.) 27 ngr.

Straub, Joh., leicht ausführbare lateinische Missa für vier gemischte Stimmen. Fol. (17 S.) Ravensburg 861, [Ulmer.]
Partitur und Stimmen
Stimmen einzeln *

—— Missa pro defunctis quatuor vocum (Sopran, Alt, Tenor, Bass). Fol. (11 S.) Ulm 862. (Ravensburg, Dorn'sche Buchh.)

Nekrolog auf den K. geistl. Rat und Gymnasialprofessor Johann Kullmann. (Jahresbericht.) — Von Dr. Joh. Straub, G.-R. — 1905, Aschaffenburg, Wailandt. — P. 55–57.
Progr. Aschaffenburg, K. Gymn.

Straub, Jos., de objectivitate cognitionis humanae, ad Leonis XIII., Pontificis maximi, primae missae sanctae commemorationem quinquagenariam celebrandam scripsit J. Str. gr. 8. (VII, 111 S.) Freiburg i. Br. 887, (Herder'sche Verlagsh.) * 2 —

Straub, Joh. De tropis et figuris, quae inveniuntur in orationibus Demosthenis et Ciceronis. VI, 147 S. 8. *Aschaffenburg* 1883.
Progr.

Straub, Josef Wendelin

Straub, J. W., Geometrie für Mittelschulen u. ähnliche Anstalten. Völlig umgearb. Ausg. statt einer 3. Aufl. Aarau 867. Christen. gr. 8. (VIII, 230 S. mit 10 Steintaff. in qu. 4.) n. 20 ngr.

Straub, J. W., Geometrie f. höh. Volksschulen u. Schullehrerseminarien. gr. 8. (11¾ B. u. 5 Figtaf.) Zürich 841, Höhr.

Straub, J. W., deutsche Grammatik für die beiden unteren Klassen der Mittelschule. gr. 8. (VIII, 184 S.) Aarau 868, Christen. * 1 50

Straub, J. W., deutsches Lese- und Sprachbuch für höhere Unterrichtsanstalten, (Bezirksschulen, Bürgerschulen ꝛc.) 1. Thl. 2 Abthlgn. A. u. d. T.: Deutsches Lesebuch für die untern Klassen ꝛc. gr. 8. (XII und 246 S.) Aarau 847, Christen. [Abthl. 1. (XII und 246 S.) 847., 2. (XII und 224 S.) 851. à Abthl. * 20 Ngr.] *

Straub, J. W., Deutsches Lese- u. Sprachbuch f. höhere Unterrichtsanstalten, (Bezirksschulen, Bürgerschulen ꝛc.) 1. Bd. 2 Abthlgn. u. 2. Bd. 1. Abth. gr. 8. 1. Bd. 1. Abth. A. u. d. T.: Deutsches Lesebuch f. die untern Klassen ꝛc. (XII u. 246 S.) 1. Bd. 2. Abth. A. u. d. T.: Deutsches Sprachbuch für die untern Klassen höherer Unterrichtsanstalten ꝛc. (XII u. 224 S.) 2. Bd. 1. Abth. A. u. d. T.: Deutsches Lesebuch für die obern Klassen höherer Unterrichtsanstalten ꝛc. (XVI u. 400 S.) Aarau 847. 48, Christen. (I, 1 u. 2: à n. ⅔ ℛ II, 1: n. 1 ℛ) n. 2⅓ ℛ

Straub, J. W., deutsches Lese- und Sprachbuch für höhere Unterrichtsanstalten (Bezirksschulen, Bürgerschulen ꝛc.). Aarau, Christen. Lex.-8.
1. Bd. 1. Abth.: Deutsches Lesebuch für die untern Klassen an Mittelschulen. 2., verb. u. verm. Aufl. 853. (XVI, 280 S.) n. 20 ngr.
2. Bd. 1. Abth.: Deutsches Lesebuch für die obern Klassen höherer Unterrichtsanstalten ꝛc. 2., verb. u. verm. Aufl. 858. (XVI, 380 S.) n. 28 ngr.
2. Bd. 2. Abth.: Deutsches Sprachbuch für die obern Klassen höherer Unterrichtsanstalten ꝛc. 857. (VIII, 232 S.) n. 20 ngr.

Straub, J(os.) W(endelin), deutsches Lese- und Sprachbuch für höhere Unterrichtsanstalten, (Bezirksschulen, Bürgerschulen ꝛc.) 1. Bd. 1. Abthl. und 2. Bd. 1. und 2. Abthl. Lex.-8. Aarau, Christen. *
Inhalt:
Bd. 1. Abthl. 1. Deutsches Lesebuch für die untern Klassen an Mittelschulen. 3., verb. und verm. Aufl. (XV und 256 S.) 859. * 20 Ngr.
" 2. " 1. Deutsches Lesebuch für die obern Klassen höherer Unterrichtsanstalten ꝛc. 2., verb. und verm. Aufl. (XVI und 380 S.) 858. * 28 Ngr.
" 2. " 2. Deutsches Sprachbuch für die obern Klassen höherer Unterrichtsanstalten ꝛc. (VIII und 232 S.) 857. * 20 Ngr.
1. Bd. 2. Abthl. Ebendas. 1851. * 20 Ngr.

—— dass. — Commentar zum Lesebuch 1. und 2. Bd. gr. 8. (VIII und 264 S.) Ebendas. 860. *

—— deutsches Lese- und Sprachbuch für höhere Unterrichtsanstalten, (Bezirksschulen, Bürgerschulen ꝛc.). 1. Bd. 1. Abthl. und 2. Bd. 1. Abthl. Lex.-8. Aarau, Christen. *
Inhalt:
Bd. 1. Abthl. 1. Deutsches Lesebuch für die untern Klassen an Mittelschulen. 4. Aufl. 1863. und 5. Aufl. (XV und 272 S.) 867. * 20 Ngr.
" 2. " 1. Deutsches Lesebuch für die obern Klassen höherer Unterrichtsanstalten. 3. Aufl. 1862. und 4., umgearb. Aufl. (XV und 396 S.) 868. * 28 Ngr.

Straub, J. W., deutsches Lese- und Sprachbuch für höhere Unterrichtsanstalten, Kantons-, Bezirks-, Sekundar- und Bürgerschulen. 1. Bd. 1. Abthl. und 2. Bd. 1. und 2. Abthl. gr. 8. Aarau, Christen. * 6 80

Inhalt:

Bd. 1. 1. Abthl.: Für die untern Klassen an Mittelschulen. 6. und 7. Aufl. neu bearb. von G. J. Koch. (XVI, 272 S.) 871,74. *M. 2.

" 2. 1. Abthl.: Für die oberen Klassen an Mittelschulen. 5. Aufl. neu bearb. von G. J. Koch. (XV, 420 S.) 872. *M. 2,80. — 2. Abthl.: Für die obern Klassen höherer Lehranstalten. 2. Aufl., neu bearb. von G. J. Koch. (XVI, 216 S.) 870. *M. 2.

1. Bd. 2. Abthl. Ebendas. 1851. *M. 2.

Straub, J. W., deutsches Lese- und Sprachbuch für höhere Unterrichtsanstalten, Kantons-, Bezirks-, Sekundar- und Bürgerschulen. 1. Bd. 1. Abthl. und 2. Bd. 1. Abthl. gr. 8. Aarau, Christen. * 4 80

Inhalt:

Bd. 1. 1. Abthl.: Für die untern Klassen an Mittelschulen. 8. Aufl. bearb. von G. J. Koch. (VIII, 294 S.) 877. *M. 2.

" 2. 1. Abthl.: Für die oberen Klassen an Mittelschulen. 6. Aufl. durchges. und verb. von G. J. Koch. (XVI, 427 S.) 876. *M. 2,80. —

1. Bd. 2. Abthl. und 2. Bd. 2. Abthl. Ebendas. 1851,70. à *M. 2.

Straub, J. W., deutsches Lesebuch für höhere Unterrichtsanstalten, Kantons-, Bezirks-, Sekundar- und Bürgerschulen. Nach des Verf. Tode neu bearb. von G. J. Koch. 2 Bde. gr. 8. Aarau 886, Wirz-Christen. * 4 60

Inhalt:

Bd. 1. Für die untern Klassen. 9. Aufl. (IV, 311 S.) *M. 2.—.

" 2. Für die obern Klassen. 7. Aufl. (VI, 390 S.) *M. 2.60.

—— dass. — Suppl. zum 2. Bde., s. Koch, G. J., Repetitorium der deutschen Literaturgeschichte.

Straub, J. W., deutsches Lesebuch f. höhere Unterrichtsanstalten, Kantons-, Bezirks-, Sekundar- u. Bürgerschulen. Nach des Verf. Tode neu bearb v. G. J. Koch. 1. Bd. Für die unteren Klassen. 10. Aufl. gr. 8. (IV, 302 S.) Aarau 893. [J. J. Christen's Verl.] E. Wirz. n. 2. —

Straub, Joseph Wendolin s. Meisner, Friedrich. F. Meisner's kleine Reisen in der Schweiz.... Aarau 1862.

Straub, J. W., s. Schulblätter, Schweizerische.

Straub, J(os.) W(endelin), Vergleichung sinnverwandter Sprichwörter, in Aufsätzen zum Schulgebrauche und zur Lectüre für die reifere Jugend bearb. 8. (VIII und 95 S.) Leipzig 859, Brandstetter. Thlr.

Straub, J. W., Zahlenlehre f. Land- u. Bürger-Schulen u. zum Selbstunterr. gr. 8. (15¾ B.) Schaffhausen 830, (Hurter.) Thlr.

Straub, Karl [app. Arzt aus München]: Beitrag zur Lehre von der Hydromyelie ... M. Taf. 1 u. 16 Textfig. Leipzig, Druck v. J. B. Hirschfeld, 1894; 1 Bl., 30 S., 1 Taf. 8.
München, Med. Fak., Inaug.-Diss. v. 1895

Straub, Karl Willy, Spiel u. Kampf. Gedichte. (103 S.) 8. Strassburg 908. J. Singer. 2.—

— Vollblutfrauen. 8 Frauenschicksale. (VII, 145 S.) 8. Ebd. 909. 2.50

Straub, Konrad

Straub, Conrad [aus Egnach, Thurgau]: Rechtsgeschichte der Evangelischen Kirchgemeinden der Landschaft Thurgau unter den eidgenössischen Landfrieden (1529—1792). Frauenfeld 1902. XIV + 242 S. 8°.
Bern. Jur. Diss. 1902/1903

Straub, Conrad. Rechtsgeschichte der Evangelischen Kirchgemeinden der Landschaft Thurgau unter den eidgenössischen Landfrieden (1529—1792). Diss. Jur. Bern... von Konrad Straub... . XIV + 242 S. 8. Frauenfeld, Huber & Co., 1902. [fr. 3. —]

Straub, L. G., ad Trinummum et Bacchides glossarii pars prior. gr. 8. (24 S.) Ellwangen 873. (Tübingen, Fues.) n. 1. —

Straub, L. Wilhelm

Straub, L. W., der Natursinn der alten Griechen. 4. (58 S.) Tübingen 889. (Fues Verl.) n. 1.60

Straub, L. W. [Prof. Dr.]: Der Natursinn der alten Griechen. Stuttgart, k. Hofbuchdr. C. Liebich, 1889; 68 S. 4°
Stuttgart, Eberhard-Ludwigs-G, P 1889 (561)

Straub, Lor., Liederdichtung u. Spruchweisheit der alten Hellenen. In Übertraggn. (IV, 588 S. m. 6 Vollbildern.) 8. Stuttgart (908). W. Spemann. 6.—; geb. in Leinw. 7.50

Straub, Lorenz Wilhelm

Straub, L. W., Aufsatzentwürfe, s. a. Sammlung Göschen.

Aufsatzentwürfe von Oberstudienr. L[orenz] W[ilhelm] Straub. 4. Aufl. 2 Abdr. Leipzig: Göschen 1905. IV, 147 S. 8°
(Sammlung Göschen. 17.) (11. 1475: 11

Straub, (Lorenz Wilhelm), Oberstudienrat Rektor Dr.: Einweihung des Neubaus am 8. September 1903. Stuttgart 1904: C. Liebich. (S. 1—53.) 4°
Stuttgart, Eberhard-Ludwigs-G P 1904 (691)

Straub, M., d. Behandlg. d. Hornhaut-Entzündg., s. a. Klinik, Berliner.

Die Behandlung der Hornhaut-Entzündung. Von Dr. M. Straub, o. Prof. ... an d. Univ. Amsterdam. *Berlin: Fischer 1896.* (26 S.) 8.
= Klinik, Berliner. H. 97. [96 5461

Straub, M., s.: Congrès, IXe, international d'ophthalmologie.

Straub, M., der Platz des Bewusstseins in der Theorie des Sehens. Akadem. Festrede. 8. I. 1910. (52 S.) 8. Stuttgart 910. F. Enke. 1.60

Einladung zu dem Samstag, 30. Jan., stattfindenden Winterfeste der vereinigten eklektischen Freimaurer-Logen von Frankfurt am Main. [Unterz.:] Otto Straub. [Frankfurt a. M.] o. J.: Mahlau. 2 Bl. 8° [Umschlagtit.]
Gedicht: „Beim Klubabend sassen sechs Brüder vereint, . . .“

Straub, Paul F. [aus Iowa]: Ueber chronischen Morphinismus m. bes. Bezugnahme auf d. psych. Verändergn ... Berlin, Buchdr. v. G. Schade, *1892*; 28 S., 2 Bl. 8.
Berlin, Med. Fak., Inaug.-Diss. v. 9. Jan. 1892

Straub, St., Blüten-Kalender der wichtigsten von Bienen beflogenen Pflanzen. 2. Aufl. 8. (24 S.) Schwäb.-Gmünd 886, Schmoldt. — 30

Straub, St., die vereinigte Grammatik u. Orthographie in der Elementarklasse II [Vorschule e. höheren Lehranstalt]. Für die Hand der Schüler bearb. gr. 8. (IV, 95 S.) Schw.-Gmünd 885. Roth. n.n. — 60

Straub, St. Sprachbuch f. Elementarklasse II (Vorbereitungsschule), Unterklassen höherer Lehranstalten, Bürger-, Töchter- u. Präparandenschulen, bearb. f. die Hand d. Lehrers u. der Schüler. gr. 8. (V, 249 S.) Stuttg. 892, J. Roth. * 1 80; cart. * 2 —

Straub, St., **Sprachbuch** f. Elementarklasse II (Vorbereitungsschule), Unterklassen höh. Lehranst., Töchter- u. Präparandenschulen, bearb. f. d. Hand d. Lehrers. 2., verb. Aufl. gr. 8. (V, 178 S.) Stuttgart 898. J. Roth. n. 1. 40

Straub, Steph., Exkursions-Flora des Bez. Gmünd. 2., umgearb. Aufl. (216 S.) 12. Stuttgart 903. Muth. Geb. in Leinw. n.n. 2. —

Straub, Thdr., kurzgefasste Anleitung zur Darstellung der Bauzeichnungen. Für Schul- u. Bureau-Gebrauch. (16 S. m. 35 Fig.) 8. Lübeck (905). Ch. Coleman. n.n. — 30
Sonderabdruck aus: „Der Bauzeichner".

— Bogen u. Gewölbe. Zum Gebrauche f. techn. Lehranstalten sowie zum Selbststudium der Bautechniker. (100 S. m. Abbildgn.) 8. Ebd. (904). n. 2. —

Straub, Thdr., Formelbuch, enth. d. hauptsächlichsten Formeln, Sätze u. Regeln der Elementar-Mathematik zum Gebrauche an Gewerbeschulen usw. (III, 49 S. m. Fig.) kl. 8. Halle 908. W. Knapp. 1.20; geb. 1.50

Straub, Walther, aus München: Ueber den Einfluss des Kochsalzes auf die Eiweiss-Zersetzung. *München 1899: R. Oldenbourg.* (25 S.) 8°
München, Med. Diss. v. 1899

Straub, Walth., Gift u. Organismus. Öffentl. Antrittsrede, geh. am 26. II. 1908 in der Universitäts-Aula. (26 S.) 8. Freiburg i/B. 908. Speyer & Kaerner. — 90

Straub, Wilh., d. Rauben der Bienen. Eine Zeitfrage im Lichte d. Wissensch. u. d. Rechts. 2. Aufl. 8. (IV, 41 S.) Braunschweig 891. Leipzig, R. C. Schmidt & Co. n. — 60

Straub, Wilh. Das Rauben der Bienen. Eine Zeitfrage im Lichte der Wissenschaft u. d. Rechts. 2. verb. u. verm. Aufl. gr. 8. (IV, 41 S.) Braunschw. 891, Schwetschke u. Sohn. * — 60

Straube, Sohn, (Prediger,) das Bild eines selig sterbenden Christen. Predigt, zum Gedächtniß des am 21. Aug. 1841 zu Mittenwalde selig vollendeten Propstes Straube gehalten. gr. 8. Jüterbog 841. (Berlin, Wohlgemuth's B.) n. 1/12 ℛ

Straube, A.: Ueber den Begriff des Besitzes. E. philos.-jur. Abh. Rostock 1837.

Straube, A., u. **W. Laue**, Entwürfe ausgeführter Vergnügungs-Lokale u. Bierkeller. Mit 12 (lith.) Taf. gr. Fol. Halle 871. Knapp. n. 4. —

Straube, A., und W. Laue, Entwürfe ausgeführter Vergnügungs-Lokale und Bierkeller. gr. Fol. Halle 871. Leipzig, Spohr. 4 —

Straube, Adolph, (geb. Stendal 1812): De varicocele. Berolini (1837). (27 S.) 8°
Berlin, Med. Diss. v. 27. Apr. 1837

Straube, C., zum Gedächtniss der grossen Thaten Gottes 1870 u. 71 den deutschen Männern u. Jünglingen gewidmet. 8. (4 S. u. lith. S.) Falkenhagen 872. (Barmen, Wiemann.) — 10

Straube, C., u. E. Jahn. Handkarte d. Kreises Bitterfeld. Nach amtl. Quellen f. den Schulgebrauch gezeichnet. 1 : 133,333. Farbendr. 27,5×43,5 cm. Ebd. 892. * — 20
Beiblatt dazu, bearb. von E. Jahn. gr. 8. (16 S.) Ebd. 892. * — 15.

Weissenfels. — Straube, C. Handkarte d. Kreises Weissenfels. Nach amtl. Quellen gezeichnet. 1 : 100,000. 1.—3. Aufl. Farbendr. 37,5×35,5 cm. Weissenfels 889—92, Lehmstedt. * — 20

Straube, C., Lieder zur Ehre des Herrn, in Musik gesetzt. 1—5. Heft. gr. 16. (à Heft 16 S.) Falkenhagen 858—61. (Berlin, Beck.) [1—3. Heft à ** 6 Ngr., 4. Heft ** 4 Ngr., 5. Heft ** 3 Ngr.] **

Straube, C., Lieder zur Ehre des Herrn, in Musik gesetzt. 6. Heft. gr. 16. (16 S.) Falkenhagen 862. (Berlin, Beck.)
1.—5. Heft. (Ebendas.) 1858—61. 25 Ngr.

Straube, C. (L.). Der Kreis Querfurt. Ein Begleitblatt zur Karte des Kreises. 8. (16 S.) Querf. 890, Hartmann. * — 50
Die Karte s. im Anhang: Karten u. Pläne.

Straube, C., der Kreis Querfurt. Ein Begleitblatt zur Karte des Kreises. Neuer Abdr. gr. 8. (17 S.) Querfurt 894. F. Hartmann. Kart. — 50; m. Karte 1. 50; Karte allein 1. —

Der Kreis Querfurt von C. **Straube**, Lehrer. (4. Aufl.) Als kleine Heimatkunde vollst. neu bearb. von M[ax] Graewe, Lehrer. Querfurt: Jaeckel (1908) 41 S. 8°
(Zur Heimatkunde d. Kreises Querfurt. [H. 1.]) (10. 1630)

Straube, C. W., kleine deutsche Sprachlehre zum Gebrauch für Volksschulen, wie auch zum Privatgebrauch. 8. Rostock 844, Oeberg. (Leipzig, Klinkhardt.) n. 1/6 ℛ

Straube, C. W., die Ereignisse des 24. November 1848 in Erfurt. 8. (25 S.) St. Gallen 849, Scheitlin & Zollikofer. baar 3 ngl

— u. **Pegert**, siehe: Gesetzgebung, die Preußische.

—— ein Tag in der Republik. 8. (31 S.) St. Gallen 849, Scheitlin und Zollikofer. **

Straube, E., erstes Uebungsbuch im Lesen, nach den Grundsätzen der Schreiblesemethode für Volksschulen u. Elementarklassen höherer Lehranstalten bearb. Nebst e. Anh., enthltd. eine kurze Anleitung für Lehrer zur Behandlung des ersten Leseunterrichts. Elbing (854.) Neumann-Hartmann. gr. 8. (IV, 144 S. u. Anhang: 20 S.) n. 7 ngr; ohne Anhang n. 4 ngr

Straube, E., erstes Übungsbuch im Lesen, nach den Grundsätzen der Schreiblesemethode für Volks-Schulen u. Elementarklassen höherer Lehranstalten bearb. 2. Aufl. Elbing 861. Neumann-Hartmann. gr. 8. (144 S.) n. 4½ ngr

Straube, E., erstes Uebungsbuch im Lesen, nach den Grundsätzen der Schreiblesemethode für Volks-Schulen u. Elementarklassen höherer Lehranstalten bearb. 3., bericht. Aufl. Elbing 865. Neumann-Hartmann. gr. 8. (144 u. 2 lithogr. S.) n. 5 ngr

Straube, E., erstes Uebungsbuch im Lesen, nach den Grundsätzen der Schreiblesemethode für Volksschulen und Elementarklassen höherer Lehranstalten bearb. Nebst 1 lithogr. Taf. 4. Aufl. (132 S. mit 1 lithogr. Schrifttaf.) 1871; 5. bericht. Aufl. 8. (136 S. mit 1 lithogr. Schrifttaf.) [Elbing 879, Neumann-Hartmann's Verlag.] Leipzig, Reichardt Verlag. * — 50

Straube, Eman., ein wiener Früchtl, s. Romane, wiener.

Straube, Eman., Gutenstein. Novelle. 8. (12½ B.) Leipzig 835, Kollmann.

Straube, Eman., der Krüppel von Verona. Histor. Novelle aus d. letzten Viertel des XVII. Jahrh. 2 Bde. gr. 12. (17⅙ B.) Wien 842, Stöckholzer v. Hirschfeld.

— Novellen u Erzählungen. 2 Bdchen. Der Schreiner v. Ofen. Die Nebenbuhler. Rose und Rosmarin. Der Lotto-Brunnen. Ein langweiliger Roman. — Im ersten Stock und zur ebenen Erde. Fliegende Poesien. Der Heimatlose. Stumme Liebe. Der Blick in die Zukunft. gr. 12. Wien 840. Gerold. 2 ₰

—— vaterländ. Sagen, Legenden u. Mährchen. gr. 12. (6½ B.) Wien 837, Beck's Univ.-Buchh.

—— Schriften. 1—7. Bd. gr. 12. u. 8. Wien, Stöckholzer v. Hirschfeld.

A. u. d. Ttln.:

Bd. 1. Die Pest in Wien. Histor. Novelle aus dem ersten Viertel des 18. Jahrh. (10½ B. u. St's. Bildn.) 842. 1 Thlr. 5 Ngr.
„ 2. Die Schweden vor Brünn. Histor. Novelle. (8 B.) 843. 1 Thlr.
„ 3. Die Nemesis. Novelle. (9 B.) 844. 22½ Ngr.
„ 4., 5. Der Krüppel von Verona. Histor. Novelle aus d. letzten Viertel des 17. Jahrh. 2 Bde. (25¾ B.) 842. 1 Thlr. 15 Ngr.
„ 6., 7. Kleeblätter. Novellen u. Erzählungen. 2 Bde. (29¾ B.) 845. à 22½ Ngr.

Straube, Erich: Kondensation von Butyrchloral und Butyrchloralhydrat mit Malonsäure. Halle a. S. 1908: Kaemmerer. 21 S. 8°

Halle, Phil. Diss. v. 7. Nov. 1908, Ref. Volhard

[Geb. 17. April 85 Wehlheiden; Wohnort: Göttingen; Staatsangeh.: Preußen; Vorbildung: Gymn. Erfurt Reife O. 04; Studium: Halle 8 S.; Rig. 30. Juli 08.]
[U 09. 1712

Straube, Ferdinand

Straube, F., der Turnvater Jahn, s.: Sammlung gemeinnütziger Vorträge.

Straube, Ferd., über Volksspiele u. Volksfeste, s.: Sammlung gemeinnütziger Vorträge.

Straube, Franz [pr. Arzt aus Pommern]: Aus d. patholog. Institut d. Kgl. Univ. Greifswald. Ueber die Bedeutung der atheromatösen Arterien-Erkrankung ... Greifswald, Druck v. J. Abel, 1892; 24 S. 8.
Greifswald, Med. Fak., Inaug.-Diss. v. 14. März 1892

Straube, Frdr. Adph., Grundzüge meines Systems von den Bienen. Delitzsch 869. (Pabst.) gr. 16. (32 S.) 3 ngr.

Straube, Gust., alphab. geordnetes Verzeichniss d. europäischen Schmetterlinge nach Ochsenheimer u. Treitschke, nebst den neuern Entdeckungen. Zur Benutzung d. neuern system. Verzeichn. gr. 8. (½ B.) Berlin 846. (Dresden, Gottschalck.) *

—— systemat. geordnetes Verzeichniss der europ. Schmetterlinge nach Ochsenheimer u. Treitschke, nebst den neuern Entdeckungen bis 1845. gr. 8. (¾ B.) Dresden 846, Gottschalck. *

Straube. Henr. (geb. Herbede in Westf. 1821): De vi imaginationis maternae in foetum. Berolini (1846). 31 S. 8
Berlin, Med. Diss. v. 27. März 1846

Straube, Hugo, wie verhütet man die männl. Geschlechtskrankheiten u. wie heilt man dieselben? Nebst e. Anh.: Die Onanie, ihre Ursachen u. Folgen u. deren Heilung. gr. 8. (48 S.) Dresden 899. H. Straube. n. 1. 50

(B) **Straube**, Hugo, wie verhütet man d. männl. Geschlechtskrankheiten. 899. (WBB 32.) Jetzt: Dresden, O. Thurm. Ern. Pr. 1. —

Straube, Johs. Ludw. Chrn., Gott und der Mensch. Eine Denkschrift zur Feier des 25jähr. Bestehens der Mädchenschule zu St. Marien. Lübeck 855. (Dittmer.) gr. 8. (XIV, 136 S.) n. 16 ngr.

Straube, Joseph: Durch welche Mittel gelang es den Patriciern, in der zweiten Periode des Ständekampfes die Plebejer von der obersten Magistratur fernzuhalten? Patschkau, Druck v. Ed. Hertwig, 1889; S. 1—22; 4°
Patschkau, st. kath. G, OP 1889 (192)

Straube, J., methodisches Handbuch f den Rechenunterricht in Volksschulen in zusammenhängenden Beispielen als Übungsaufgaben. gr. 8. (V, 33 S.) Neiße 902. (O. Huß Nachf.) n. — 80

Straube, Julius

Straube, J. Bebauungsplan für die Vororte von Berlin auf Grund der Baupolizei-Ordnung vom 5. December 1892. Im Auftrage der Königl. Regierung zu Potsdam bearbeitet und herausgegeben. 1 : 60 000. Berlin 1893. 1 Bl. c. L.

Straube, Jul., s.a. Droschkenordnung f. d. Ortspolizeibez. Berlin.

Straube, Jul., Droschkenordnung f. den Ortspolizeibezirk Berlin vom 16. II. 1905. Mit dem amtl. Wegemesser u. e. Verzeichnis der Straßen bearb. u. hrsg. (79 S. m. 1 farb. Plan.) kl. 8. Berlin 905. J. Straube. • Kart. n. 3. —

Straube, J. Droschken-Vademecum von Berlin. 1 : 17 777. Berlin 1871. 1 Bl. c. L.

Straube's, Jul., amtlicher Droschkenwegemesser von Berlin und für die Umgegend 1888. 1 : 17,777. 2 Bl. Berlin, 888, Straube. In Carton * 2 —
1 Bl. auf Leinw. in Carton * 2 50
2 Bl. auf Leinw. in Carton * 3 —

Straube, Jul., Eisenbahn-Karte von Mittel-Europa. Mit Benutzung der offiziellen Materialien der Eisenbahn-Directionen hrsg. von Carl Barthol. 1 : 2,702,700. Lithogr. und color. Ausg. 1877—1879. Imp.-Fol. Mit Ortschafts-Verzeichniss. 8. (19 S.) Berlin, Barthol und Comp. 1 50

Straube's, illustr. Führer. 2. Bd 12. Berlin 897. Jul. Straube. Geb. in Leinw. n. 3. —
Hip, Hip, Hurra! Führer f. Ruderer, Segler u. Dampferbesitzer auf den Gewässern Deutschlands. Von Frdr. Ed. Keller. M. 9 Straube'schen Spezialkarten. (XVI, 352 S.)

Straube's, Jul., illustr. Führer. 1. Bd. 12. Berlin 902. J. Straube. n. 1. —; geb in Leinw. n. 2. —
Illustr. Führer durch Berlin, Potsdam u. Umgebungen. Prakt. Reisehandbuch. 22. Aufl. (176 S. m. Abb. u. 1 Plan.)

— illustr. Führer. 1. Bd. 8. Ebd. 903. 904. 1. 50; geb. in Leinw. n. 2. —; wohlfeile Ausg. n. 1. —
Illustr. Führer durch Berlin, Charlottenburg, Schöneberg, Potsdam u. Umgebungen. Prakt. Reisehandbuch m. 68 Abbildgn., 17 Plänen u. Karten. 23. Aufl. (180 S.)

— Illustr. Führer durch Berlin usw., s.a. Berolina.

[Julius] **Straube**'s Illustrierter Führer durch Berlin, Charlottenburg Schöneberg, Potsdam u. Umgebungen. Prakt. Reisehandbuch mit 68 Abb., 17 Pl. u. Karten. 23. Aufl. *Berlin: J. Straube 1903 1904.* (184 S.) 8°
= **Führer**, Straube's Illustr. Bd 1.
[04. 2:41

(Julius) **Straube**'s Illustrierter Führer durch Berlin, Charlottenburg, Schöneberg, Potsdam u. Umgebungen. Prakt. Reisehandbuch mit 68 Abb., 17 Pl. u. Karten. 24. Aufl. Berlin: J. Straube 1905. (184 S.) 8°
= [**Führer**, Straube's Illustr. Bd 1.]
[06. 9731 11

Straube's illustrierter Führer durch Berlin, Potsdam u. Umgebung. Practisches Reisehandbuch m. 50 Abbildgn. öffentl. Gebäude u. Denkmäler, sowie Karten, Skizzen u. Plänen. Ausg. I. 12. (150 S.) Berlin 891. Geographisches Institut, Jul. Straube. n. 1. —; Ausg. II., geb. n. 2. —

Straube's, Jul., illustrierter Führer durch Berlin, Potsdam u. Umgebung. Praktisches Reisehandbuch m. 54 Abbildgn., Karten, Skizzen u. Plänen. 5. Aufl. 1892/93. Ausg. I. 12°. (156 S.) Berl. 892, J. Straube. * 1 —; cart. * 1 50
Ausg. II. m. mehreren Spezialkarten, geb. * 2 —

— illustr. Führer durch Berlin, Potsdam u. Umgebg. Prakt. Reisehandbuch m. 55 Abb., 19 Karten, Skizzen u. Plänen. 12. Aufl. 8. (186 S) Ebd. 895. 1. 50; geb. n. 2. —

(Jul.) **Straube's** Illustrierter Führer durch Berlin, Potsdam und Umgebung. Prakt. Reisehandb. m. 55 Abb., 19 Kt., Sk. u. Pl. 12. Aufl. *Berlin: J. Straube (1895/96).* (192 S., 17 Kt. u. Pl.) 1 Bd 8. [96. 614

(Julius) **Straube**'s Illustrierter Führer durch Berlin, Potsdam und Umgebungen. Prakt. Reisehandbuch mit 73 Abb., 17 Pl. u. Karten. 22. Aufl. Berlin: J. Straube 1902. (176 S.) 8°
(Führer, Straube's Illustrierte. Bd 1.)

Straube, Jul. (Bearb.), s. Karte, Amtliche, zur Baupolizeiordnung d. Regierungspräsidenten in Potsdam v. 22. Aug. 1898 ...

Karte zur Baupolizei-Ordnung für den Stadtkreis Berlin v. 15. Aug. 1897 u. z. Baupolizei-Ordnung d. Reg.-Präs. in Potsdam v. 22. Aug. 1898. Im Auftr. d. Kgl. Regierung bearb. u. hrsg. von Jul. **Straube**, Berlin. Verhältniß 1:17,777. (8farbig.) *Berlin: J. Straube (1898); Dr. v. C. L. Keller.* (1 Kartenbl. 77×62 cm., 32 S.) 8° [kol.]
[Umschlagt.:] Amtliche Karte z. Baupolizeiordnung d. Reg.-Präs. in Potsdam ... u. z. Baupolizeiordnung f. d. Stadtkreis Berlin ... von J. Straube. [98. 5.37

Straube, J, Karte v. Berlin u. nächster Umgebung m. der am 1. VI. 1906 in Kraft tretenden Gerichtseinteilung. 1: 23 000. 52,5 × 64 cm. — **Karte v. Berlin u. weiterer Umgeb. m. der am 1. VI. 1906 in Kraft tretenden Gerichtseinteilg., nebst Darstellg. der Amts- u. Gemeindebezirksgrenzen. Im Auftrage des** königl. Justizministeriums bearb. u. hrsg. 1: 60 000. 79 × 62 cm. Farbdr. **Nebst: Nachweiser f. Berlin u. Umgeb. nach Gemeinde-, Gerichts- u. Posteinteilg.** I. Strassenverzeichnis. II. Behördenverzeichnis. III. Ortschaftsverzeichnis. Gesetz vom 16. IX. 1899, betr. die Gerichtsorganisation. Bearb. im Bureau des Justizministeriums. (II, 103 S.) kl. 8. Berlin '05, R. v. Decker. 5. —

Straube, J. Karte v. Berlin u. nächster Umgebung m. der am 1. VI. 1906 in Kraft tretenden Gerichtseinteilung. 1 : 23,000. 52,5 × 64 cm Farbdr. — Karte v. Berlin u. weiterer Umgebg. m. der am 1. VI 1906 in Kraft tretenden Gerichtseinteilg., nebst Darstellg. der Amts- u. Gemeinde-Bezirksgrenzen. 1 : 60,000. 79 × 62 cm Farbdruck. Im Auftrage des königl. Justizministeriums bearb. u. hrsg. Nebst: Nachweiser f. Berlin u. Umgebg. nach Gemeinde-, Gerichts- u. Posteinteilg. Bearb. im Bureau des Justizministeriums. I. Strassenverzeichnis. II. Behördenverzeichnis. III. Ortschaftsverzeichnis. Anh : Gesetz u. Ausführungsbestimmgn., betr. die am 1. VI 1906 in Kraft getretene Gerichtsorganisation. Ausg. im Juni 1906. (117 S.) kl. 8. Berlin, R. v. Decker. 1906. 5. —

Karte von Berlin und nächster Umgebung mit der am 1. Juni 1906 in Kraft tretenden Gerichtseinteilung. Im Auftr. d. Kgl. Justizminist. bearb. von Jul. **Straube**, Berlin. (Verhältnis 1 : 23,000. Berlin: J. Straube 1906); R. v. Decker [in Komm.]. (1 Kartenbl. 62×51 cm.) [lith.] [kol.] [07. 329

Karte von Berlin und weiterer Umgebung mit der am 1. Juni 1906 in Kraft tretenden Gerichtseinteilung nebst Darstellung d. Amts- u. Gemeinde-Bezirksgrenzen. Im Auftr. d. Justizminist. bearb. von Jul. **Straube**, Berlin. (Verhältnis 1 : 60,000.) Berlin: R. v. Decker [in Komm.] (1906). (1 Kartenbl. 60×76 cm.) [lith.] [kol.] [07. 330

—— und F. Strübing, Karte der Prov. Brandenburg. 1 : 124,000. 4 Bl. Chromolithogr. Imp.-Fol. Ebendas. 886. * 8 —
Auf Leinw. mit Stäben ** 15 —

(Jul.) **Straube**'s Karte der Provinz Brandenburg. Mittlerer Teil. (Entw. u. bearb. von Jul. Straube. Verhältnis = 1 : 300,000. 5farbig. Berlin: J. Straube [um 1904].) (1 Kartenbl. 63×48 cm mit Legende.) 8° [Kopft. lith.]
[Umschlagt.:] Straube's Karte 500 Quadratmeilen d. Prov. Brandenburg. (Mittlerer T. Ringsum Berlin.) [05. 11056

Straube, Jul.: Karte des Geltungsgebiets der Baupolizei-Ordnung für die Vororte von Berlin vom 5. December 1892 unter Berücksichtigung der durch die Verordnung vom 31. Mai 1894 eingeführten Änderungen. 1:60 000. Berlin 1894. 1 Bl. c. L.

Jul. **Straube**'s (Grosse) Karte der weiteren Umgegend von Berlin ca. 132 □Meilen umfassend (mit Entfernungsangaben von Ort zu Ort in Kilometern). Verhältn. 1:130,000. *Berlin: J. Straube [1901].* (1 Kartenbl. 76 × 58 cm.) 8° [kol.] [02. 916]

(Julius) **Straube**'s Kleine Karte vom Grunewald. Ausführung farbig in Generalstabsmanier. Verh. 1:60,000. Berlin: J. Straube [1898]. (1 Kartenbl. 29x25 cm.) 8°

Straube's Karte der Nachbarpostorte von Berlin, auf die der Geltungsbereich der Ortsbrieftaxe ausgedehnt ist. Unter Benutzung amtl. Materials zsgest. von Jul. **Straube**, Berlin. Berlin: J. Straube [1900]. (1 Kartenbl. 36x35 cm mit Legende.) 4° [kol.]

Straube's Karte des Ober- und Unterspreewaldes (mit Ergänzungskarte: Lübben-Cottbus-Lieberose u. Führer). Entw. u. gezeichnet von Jul. **Straube**. (5 farbig.) Verhältn. 1:100,000. Berlin: J. Straube [1901]. (16 S., 1 Kartenbl. 38x41 cm.) 8° [kol.]

—— Karte der Umgegend von Berlin. 1 : 130,000. [Kleine Ausg. ca. 25 □Meilen umfassend.] Mit Spezialplan von Potsdam (1 : 50,000). Ebendas. 888. 2farbig * — 50
11farbig * — 75

—— Karte der Umgegend v. Berlin, e. Gebiet v. ca. 85□Meilen umfassend, m. genauem Entfernungsmesser in Meilen bezw. Kilometern, nach amtl. Quellen bearb. u. hrsg. 1 : 130,000. Ausg. 1892. 2farbig. 58×54 cm. Ebd. 892. * — 50
—— —— dass. — In 5 Farben. 58×54 cm. Nebst alphabet. Ortschafts-Verzeichnis. 12. (11 S.) Ebd. 892. * 1 —
In Leinw.-Decke * 1 25
Die Straube'schen Pläne von Berlin erscheinen alljährlich 2—3mal in neuen Ausgaben.

Jul. **Straube**'s Karte der Umgegend von Berlin, e. Gebiet v. ca 85□Meilen umfassend m. genauem Entferngsmesser in Meilen bezw. Kilom. nebst alphabet. Ortschafts-Verz. Verh. 1 : 130000. Chromolithogr. *Berlin: J. Straube (1895).* (1 Ktnbl. $\frac{56}{53}$, 16 S.) 1 Bd 8. [96. 615

—— Karte der Umgegend von Berlin und Potsdam. 1 : 130,000. Potsdam 1 : 50,000. qu. gr. 4. und qu. 8. Ebendas. 875. — 30

—— Karte der Umgegend von Berlin und Potsdam mit Ortschafts-Verzeichnis. 1 : 130,000. [Grosse Ausg. ca. 75 □Meilen umfassend.] Chromolithogr. Ebendas. 888. * 1 —
In Leinw.-Decke * 1 20

Jul. **Straube**'s Karte der weiteren Umgegend von Berlin ca. 132 □Meilen umfassend. Verhältn. 1 : 130,000. *Berlin: J. Straube [1901].* (1 Kartenbl. 75×58 cm.) 8° [kol.]
[Umschlagt.:] Straube's Radfahrer-Karte d. weiteren Umgegend ... 5farbig. [02. 9164

Straube's, Jul., Kreiskarte der Prov. Brandenburg für Schulen. 1 : 1,333,000. Chromolithogr. qu. gr. 4. Berlin 886, Straube. — 15

Lageplan der Gemeindebezirke Adlershof, Grünau, Alt-Glienicke, Ober- u. Niederschöneweide, Johannisthal, Karlshorst, Treptow. (Entworfen u. gezeichnet von Jul. **Straube** nach Aufnahmen d. Landmessers Vollmeister. Verhältnis = 1 : 10,000.) [Mit 2 Nebenkarten.] (Berlin: J. Straube [1906].) (1 Kartenbl. 92×52 cm.) [lith.] [kol.] [06. 12988

[Umschlagt.:] (Julius) **Straube's** Monumental-Plan der Reichs-Hauptstadt Berlin. In 7 farb. Ausführg m. 54 Abb. öffentl. Gebäude u. Denkm. Verh. 1 : 17777. *Berlin: J. Straube [1896].* (16 S., 1 Ktnbl. ;) 1 Bd 8. [96. 9239

—— Monumental-Plan der Reichs-Hauptstadt Berlin mit nächster Umgebung. 1 : 17,777. Chromolithogr. Imp.-Fol. Nebst einem Verzeichniss der Strassen, Plätze und öffentl. Gebäude, sowie der Sehenswürdigkeiten Berlins etc. Ausg. 1886. (24 S.); Ausg. 1887. 8. (31 S.) Ebendas. geb. * 2 —

—— Netzplan zur Uebersicht der Einteilung v. Berlin, für die vom Städt. Vermessungsamt hrsg. Pläne, Lage u. Bezeichng. sämtl. Spezial- u. Uebersichtspläne, den Stand der Kupfersticharbeiten u. e. Ansicht der bei der Stadtvermessg. zur Anwendg. komm. Signaturen enth. 1 : 14,500. (1 Bl., 62,5×82,5 cm.) Ebd. 892. * 1 —

—— amtlicher Plan der Berliner Stadt- und Ringbahn nebst Anschlussbahnen. 1 : 17,777. Ebendas. 886. * 1 50

Straube, Jul. Amtlicher Plan der Berliner Stadt- u. Ringbahn, nebst Anschluss-Bahnen. 1 : 17,777. (Nach den Angaben d. kgl. Eisenbahn-Betriebsamtes Stadt- u. Ringbahn. Ausg. 1892. Farbendr. 62×78 cm. Berl. 892, J. Straube. * 2 —

Straube, J. Plan von Berlin, dessen Bebauung bis 1876 darstellend. 1 : 14 500. Berlin. 1 Bl. c. L.

—— Plan von Berlin mit der Eintheilung in Kirchspiele und Diözesen, nebst Angabe der Standesamts-Bezirke, im Auftrage des Vorstandes der vereinigten Kreissynoden von Berlin nach amtl. Materialien bearb. 1 : 14,500. Chromolithogr. Imp.-Fol. Nebst Text. 8. (31 S.) Ebendas. 888. * 2 —

(Jul.) Straube's Plan von Berlin (ganzes Weichbild d. Stadt). Verhältn. 1:17,777. [Nebst] Verzeichnis d. Straßen u. Plätze von Berlin u. Vororten. (Ausg. B.) Berlin: J. Straube [1902]. (1 Kartenbl. 65x50 cm, 32 S.) 8° [kol.]
[Umschlagt.:] Straube's Neuester Plan von Berlin mit prakt. Führer.

(Jul.) Straube's Plan von Berlin mit Uebersicht der katholischen Kirchengemeinden. (Verhältnis = 1 : 22,000.) Berlin: Germania [1906]; (Stich v. J. Straube). (1 Kartenbl. 51×40 cm.) [Kopft. lith.] [kol.] [07. 6343

(Jul.) Straube's Plan von Berlin. Mit d. Katasteramts- nebst Grundbuch-Bezirks- sowie d. Amtsgerichts-Bezirksgrenzen. Verhältnis = 1 : 15,000. (In 8 farb. Ausführung. Berlin: J. Straube 1907.) (1 Kartenbl. 74×61 cm.) 8° [lith.] [07. 6775

Straube's Plan von Berlin zur Baupolizei-Ordnung für den Stadtkreis Berlin v. 15. Aug. 1897 bezw. 24. Febr. 1903 u. z. Baupolizei-Ordnung des Reg.-Präs. in Potsdam v. 22. Aug. 1898. Im Auftr. d. Kgl. Regierung bearb. u. hrsg. von Jul. Straube, Berlin. Verhältniß 1:17,777. (9 farbig.) *Berlin: J. Straube (1903); Dr. von C. L. Keller.* (1 Kartenbl. 77×62 cm, 34 S.) 8° [kol.]
[Umschlagt.:] Amtliche Karte z. Baupolizeiordnung d. Reg.-Präs. in Potsdam … u. z. Baupolizeiordnung f. d. Stadtkreis Berlin … von J. Straube. 3. Aufl. [04. 9238

Plan von Berlin und Umgebung bearb. u. hrsg. von Jul. Straube, Berlin. (3 farbig.) 1 : 36,000. [Nebst] Verzeichnis d. Straßen u. Plätze … *Berlin: J. Straube [1903].* (1 Kartenbl. 60×49 cm, 32 S.) 8° [kol.]
[Umschlagt.:] Straube's Taschenplan d. Reichshauptstadt Berlin nebst ihren drei Nachbar-Städten … u. ihren sämtl. Vororten. [04. 4650

Straube, Jul., Plan von Berlin mit nächster Umgebung. Ausg. Aug. 1876. Chromolithogr. Imp.-Fol. Mit Verzeichniss der Strassen etc. 8. (23 S.) Berlin 876, Straube. geb. * 2 —

Straube, Jul., Plan von Berlin mit nächster Umgebung. Chromolithogr. Imp.-Fol. Nebst einem Verzeichniss der Strassen, Plätze und öffentl. Gebäude etc., sowie der Sehenswürdigkeiten Berlins. 8. (24 S.) Berlin 882, Geograph. Institut und Landkarten-Verlag. In Leinw.-Carton * 2 —

—— Plan von Berlin mit nächster Umgebung, wie Charlottenburg, Westend, Schmargendorf, Wilmersdorf, Friedenau, Schöneberg, Tempelhof, Rixdorf, Stralau, Friedrichsberg, Weissensee. Nebst Bezeichnung der Post-Bezirke, Post-, Rohrpost-, Telegraphen-Ämter, Polizei-Bureaux und sämmtl. Pferdebahn-Linien. 1 : 17,777. In 10 Farben ausgeführt. gr. Fol. Nebst einem Verzeichniss der Strassen, Plätze, öffentl. Gebäude und Sehenswürdigkeiten Berlins etc. 8. (31 S.) Ebendas. 888. geb. * 2 50

—— —— Plan v. Berlin m. nächster Umgebung, wie Charlottenburg, Westend, Schmargendorf, Wilmersdorf, Friedenau, Schöneberg, Tempelhof, Rixdorf, Stralau, Friedrichsberg, Weissensee. Nebst Bezeichng. der Post-Bezirke, Post-, Rohrpost-, Telegraphen-Aemter, Polizei-Bureaux u. sämmtl. Pferdebahn-Linien. 1 : 17,777. Ausg. 1892. In 10 Farben ausgeführt. 62×78 cm. Nebst e. Verzeichniss der Strassen, Plätze u. öffentl. Gebäude u. Sehenswürdigkeiten Berlins etc. 8. (15 S.) Ebd. 891. In Leinw.-Decke * 2 50

Plan von Berlin mit nächster Umgebung (u. vollst. Stadt- u. Ringbahn mit Führer). Bearb. von Julius Straube. 1902. Verhältn. 1:17,777, (4 farbig.) Berlin: J. Straube 1902. (32 S., 1 Kartenbl. 77x62 cm.) 8° [kol.]

Plan von Berlin mit nächster Umgebung. (4 farbig.) Bearb. von Julius Straube. 1903. Verhältn. 1:17,777. [Nebst] Verzeichnis d. Straßen u. Plätze von Berlin u. Vororten. *Berlin: J. Straube (1903).* (1 Kartenbl. 77×62 cm, 32 S.) 8° [kol.]
[Umschlagt.:] Straube's Großer Plan von Berlin nebst Vororten … mit prakt. Führer. [04. 3962

Straube, J. Plan von Berlin und nächster Umgegend. 1 : 17 777. Berlin (1880). 1 Bl. c. L.

Straube, J. Plan der Stadt Glogau mit dem neu zu bebauenden Stadttheil. 1 : 4000. 1877. 1 Bl. c. L.

—— —— Grosser Plan v. Berlin, nebst sämtl. Vororten u. vollständ. Stadt- u. Ring-Bahn. 1 : 17,777. Ausg. 1892. In 10 Farben. 62×78 cm. Mit Verzeichnis der Strassen u. Plätze. 8. (15 S.) Ebd. 892. * 2 —; in 3 Farben * 1 —

(Julius) Straube's grosser Plan von Berlin nebst Vororten und vollst. Stadt- u. Ringbahn mit prakt. Führer. 3 farbig. Berlin: J. Straube [1898]. (1 Ktnbl. 62x77 cm.) 8°

[Julius] Straube's Grosser Plan von Berlin nebst Vororten u. vollständiger Stadt- u. Ringbahn mit prakt. Führer. 4 farbig. (Verhältn. 1:17,777.) *Berlin: J. Straube [1902].* (1 Kartenbl. 83×68 cm, 32 S.) 8° [Umschlagt.] [03. 4508 II

Straube, J., Plan der Stadt Gr.-Glogau. Fol. Glogau 871, Reisner's Nachf. *

—— illustrirter Plan und Führer von Berlin, nebst einem Verzeichniss der Strassen und Plätze, Bade-Anstalten, Concerthäuser und Gärten, Theater, Vergnügungslocale, Hôtels etc., sowie der Sehenswürdigkeiten Berlins. Ausg. A. Chromolithogr. qu. Fol. Mit Text. 8. (31 S.) Ebendas. 887. 1 —

Straube, J. Neuester Plan von Berlin. Mit der Eintheilung in die neun Postbezirke und die Bestellbezirke der Postämter u. s. w. nebst Angabe der Postämter, Postexpeditionen, Briefkasten, Telegraphen-Stationen und Polizei-Büreaus. Berlin 1873. 1 Bl. c. L.

—— neuester Plan von Berlin. Mit der Eintheilung in die neun Post-Bezirke und die Bestellbezirke der Postämter etc., nebst Angabe der Postämter, Postexpeditionen, Briefkasten, Telegraphen-Stationen und Polizei-Bureaux. Im Auftrage des kaiserl. General-Postamts nach amtl. Quellen bearb. Ausg. 1876. Chromolithogr. Imp.-Fol. Mit Strassenverzeichniss. 8. (16 S.) Ebendas. 876. * — 50

—— neuester Plan von Berlin, mit Angabe der Postämter, Telegraphen-Aemter und der Revier-Polizei-Bureaux. Ausg. A. Chromolithogr. Imp.-Fol. Nebst einem Verzeichniss der Strassen, Plätze und öffentl. Gebäude etc., sowie der Sehenswürdigkeiten Berlins. 8. (24 S.) Ebendas. 882. * — 80

—— neuester Plan von Berlin. Mit einem Verzeichnis der Strassen und Plätze, Bade-Anstalten, Conzerthäuser und -Gärten, Theater, Vergnügungslokale, Hôtels etc., sowie der Sehenswürdigkeiten Berlins. Ausg. A. Plan 5farbig. Chromolithogr. qu. Fol. Mit Text. 8. (16 S.) Ebendas. 888. * — 75

—— —— Neuester Plan von Berlin mit praktischem Führer. 1 : 17,777. Ausg. 1892. Ausg. A. 4farbig. 51×65,5 cm. Mit Text. 8. (15 S.) Ebd. 892. * — 75; Ausg. B 3farbig * — 50
Ausg. C 1farbig * — 25

(Julius) Straube's neuester Plan von Berlin mit prakt. Führer. Chromolithographie. Ausg. A. (Verh. 1:17.777.) Berlin: J. Straube [1898]. (1 Kartenbl. 50x65 cm.) 8°

[Julius] Straube's Neuester Plan von Berlin mit praktischem Führer. Ausg. A. (Verhältn. 1:17,777.) *Berlin: J. Straube [1902].* (1 Kartenbl. 70×55 cm, 32 S.) 8° [Umschlagt.] [kol.] [03. 4509 II

—— neuester **Plan** von **Berlin**, Charlottenburg und Westend, mit Angabe der Post-Expeditionen, der Telegraphen-Stationen und der Revier-Polizei-Bureaux, nebst einem Verzeichniss der Strassen, Plätze und öffentl. Gebäude etc., sowie der Sehenswürdigkeiten Berlins. 1 : 17,777. Imp.-Fol. Text. 8. (24 S.) Berlin 878, Geographisches Institut. Ausg. A. 1 —
Ausg. B. — 50

—— neuester Plan der Kaiserstadt Berlin im J. 1874. 1 : 17,777. Fol. Ebendas. 1874. * — 10

—— dass. — nebst Angabe der Postämter, Postexpeditionen, Briefkasten, Telegraphen-Stationen und Polizei-Bureaux. Im Auftrage des kaiserl. General-Postamts nach amtl. Quellen bearb. Fol. Mit Strassenverzeichniss. 8. (16 S.) Ebendas. 876. * — 50

—— neuester **Plan** der Kaiserstadt **Berlin** im J. 1878. 1 : 17,777. Lithogr. gr. Fol. Ebendas. 878. — 10

—— neuester Plan der Kaiserstadt **Berlin**. Lithogr. Imp.-Fol. Mit Strassenverzeichniss auf der Rückseite. Ebendas. 882. — 12

[Umschlagt.:] (Jul.) **Straube's** Neuester Plan: Berlin und seine Strassenbahnen nebst s. Omnibuslinien. Verh. 1:22,000. 4 farbig. *Berlin: J. Straube (1897).* (16 S., 1 Ktnbl. 2°) 1 Bd 8. [97. 4560

Straube, Jul., neuester Plan von Berlin mit nächster Umgebung und der Eintheilung in die neuen Postbezirke nebst alphabet. Verzeichniss der Strassen, Plätze und öffentlichen Gebäude etc., mit Angabe der Lage nach den Himmels-Richtungen. Fol. (16 S. Text in 8.) Berlin 874, Geogr. Institut. * 1 —

—— dass. — und dem vollständigen Netze der Pferde-Eisenbahnen. 1 : 17,777. Fol. Nebst alphabet. Verzeichniss der Strassen, Plätze und öffentl. Gebäude etc. 8. (16 S.) Berlin 876, Staude. * — 60

(Julius) Straube's neuester Plan von Charlottenburg und Umgebung wie Westend, Halensee, Villenkolonie Grunewald, Schmargendorf, Deutsch-Wilmersdorf, Schöneberg, Plötzensee und den angrenzenden Teilen von Berlin. Ausführung 6 farbig. (Verh. 1:17,777. (Berlin: J. Straube [1898]. (1 Kartenbl. 47x58 cm.) 8°

—— neuester **Plan** und Führer von Berlin. [Ganzes Weichbild], nebst einem Verzeichniss der Strassen, Plätze und öffentl. Gebäude etc., sowie der Sehenswürdigkeiten Berlins. 1 : 17,777. Lithogr. Imp.-Fol. Text. 8. (24 S.) Ebendas. 878. — 25

—— neuester Plan und Führer von **Berlin** [ganzes Weichbild]. Lithogr. Imp.-Fol. Nebst einem Verzeichniss der Strassen, Plätze und öffentlichen Gebäude etc., sowie der Sehenswürdigkeiten Berlins. 8. (24 S.) Ebendas. 882. * — 20

—— dass. — Ausg. B. Chromolithogr. Imp.-Fol. Nebst einem Verzeichniss der Strassen, Plätze und öffentl. Gebäude etc., sowie der Sehenswürdigkeiten Berlins. 8. (24 S.) Ebendas. 882. * — 40

—— neuester **Plan** und Führer von Berlin [ganzes Weichbild], nebst einem Verzeichniss der Strassen und Plätze, Bade-Anstalten, Concerthäuser und -Gärten, Theater, Vergnügungslocale, sämmtl. Hôtels, sowie der Sehenswürdigkeiten Berlins. Lithogr. qu. Fol. Mit Text. 8. (16 S.) Ebendas. 887. — 30

—— —— dass. — Ausg. B. Chromolithogr. qu. Fol. Mit Text. 8. (16 S.) Ebendas. 887. — 60

Straube, J. Neuester Plan und Führer von **Berlin, Charlottenburg** und **Westend** nebst einem Verzeichniss der Strassen, Plätze und öffentlichen Gebäude, sowie der Sehenswürdigkeiten Berlins. 1 : 17 777. Berlin (1880). 1 Bl. c. L.

Straube, Jul., neuester Plan von München. 1 : 10,000. Chromolithogr. Imp.-Fol. Nebst Verzeichniss der Strassen und Plätze. 8. (12 S.) München 887, Mey und Widmayer. * 1 —

[Umschlagt.:] **Straube's** Neuester Plan von München (Ktntit.: Plan v. München) nebst Verz. d. Strassen u. Plätze etc. etc. (M.:1 = 10000.) *München: Mey & Widmayer; (Lith. Anst. v. H. Köhler) [1896].* (1 Pl. 2°. 16 S.) 1 Bd 8. [96. 6369

Straube's neuester Plan von **München**. 1 : 10000. Nebst einem Verzeichniss der Strassen und Plätze. München (1897). 1 Bl. c. L.

[Umschlagt.:] Straube's offizieller Plan der Berliner Gewerbe-Ausstellung 1896. Im Auftr. d. Arbeits-Ausschusses d. Berliner Gewerbe-Ausstellg nach amtl. Material entworfen u. gez. v. Jul. **Straube**. 9farbig. *Berlin: J. Straube [1896].* (16 S., 1 Pl.) 1 Bd 8. [98. 5689

Straube, Jul., Plan des Rohrpost-Netzes von Berlin nach amtl. Mittheilungen hrsg. Lithogr. Fol. Berlin 878, Geographisches Institut. * — 25

Straube, Jul., Polizei-Reglement betreffend den Betrieb d. Droschken-Fuhrgewerbes in Berlin vom 20. Jan. 1873 m. den durch die Polizei-Verordngn. vom 7. Aug. 1873 u. 16. Jan. 1874 eingeführten Aendergn. nebst dem Wegmesser f. Berlin u. e. Verzeichniss der Strassen etc., sowie der Sehenswürdigkeiten Berlins. 8. (16 S. m. e. chromolith. Plane in Fol.) Berlin 874. geogr. Institut. n. 1. 25

Straube, Jul., Polizei-Reglement betr. den Betrieb des Droschken-Fuhrgewerbes in Berlin vom 20. Jan. 1873 mit den durch die Polizei-Verordnungen vom 7. Aug. 1873 u. 16. Jan. 1874 eingeführten Aenderungen nebst dem Wegemesser für Berlin u. einem Verzeichniss der Strassen etc., sowie der Sehenswürdigkeiten Berlins. 8. (48 S. mit einem chromolith. Plan von Berlin 1 : 17,777. Imp.-Fol.) Berlin 878. Geograph. Institut. n. 1. 25

— **Polizei-Reglement** betr. den Betrieb d. Droschken-Fuhrgewerbes in Berlin vom 20. Jan. 1873 in neuester Fassung (bis zur Polizei-Verordnung vom 21. Apr. 1891), m. dem Wegemesser f. Berlin (50,5 × 54 cm) u. dem f. die Umgebg. v. Berlin (49,5 × 61 cm), nebst e. Verzeichniss der Strassen etc., sowie der Sehenswürdigkeiten Berlins. 8. (32 u. 16 S. m. 2 farb. Karten.) Ebd. 892. Geb. n. 2. 75; m. 1 Karte auf Leinw. n. 3. 40; m. beiden Karten auf Leinw. n. 4. —

Hieraus einzeln: Polizeireglement. (32 S.) Geb. n. — 50; Plan v. Berlin n. 1.50; auf Leinw. n. 2.25; auf Pappe n.n. 2.75; Karte der Umgegend n. 1.—; auf Leinw. n. 1.75; auf Pappe n.n. 2.25.

— **Polizei-Verordnung** betr. Anbringung u. Benutzung v. Fahrpreis-Anzeigern im Droschkenfuhrgewerbe in Berlin, nebst Tarif u. Beschreibg. d. Fahrpreis-Anzeigers, vom 8. Novbr. 1892, m. Karte d. Droschken-Polizei-Bezirks v. Berlin f. die m. Fahrpreis-Anzeigen ausgerüsteten Droschken (in Farbendr. qu. Fol.). 8. (16 S.) Ebd. 892. Geb. n. — 80

—— Post-Karte von Berlin im Auftrage des kaiserl. General-Postamts nach amtl. Quellen bearb. und hrsg. Fol. (24 S. Text in 8.) Ebendas. 874. * — 50

—— **Post-Plan** von **Berlin**, im Auftrage des kaiserl. General-Postamts nach amtl. Quellen bearb. und hrsg. 1 : 14,500. Chromolithogr. Imp.-Fol. Mit Strassen-Verzeichniss. 8. (16 S.) Ebendas. 878. * 1 —

—— Post-Plan von **Berlin**. Im Auftrage des Reichs-Postamts, nach amtl. Quellen bearb. und hrsg. 1 : 14,500. Chromolithogr. Imp.-Fol. Mit Strassenverzeichniss. 8. (16 S.) Berlin 884, Straube. * 1 —

—— **Post-Plan** von Berlin, im Auftrage des Reichs-Postamts nach amtl. Quellen bearb. und hrsg. 1 : 14,500. Ausg. 1887. Chromolithogr. Imp.-Fol. Mit Text. 8. (16 S.) Ebendas. * 1 —

(Julius) Straube's Radfahrer-Karte des mittleren Teiles der Provinz Brandenburg 500-[ ]Meilen um Berlin m. genauen Entfernungsangaben. 5farbig. (Verh. 1:300,000.) *Berlin: J. Straube [1893].* (1 Kartenbl. 48×63 cm) 8° [Umschlagt.] [93. 7793

Berlin. — **Straube's, Jul., Radfahrer-Plan von Berlin.** 1 : 32,500. [Für Dreiradfahrer.] Chromolithogr. gr. 4. Mit der Polizei-Verordnung vom 24. März 1884 und der Bezeichnung der definitiv gepflasterten Strassen nach ihren verschiedenen Pflasterungsarten. Berlin 888, Straube. * — 50

—— Radfahrer-Plan von Berlin. 1 : 32,500. Chromolithogr. gr. 4. Mit der Polizei-Verordnung vom 24. März 1884 und der Bezeichnung sämmtl. für Zweiräder gesperrter Strassen etc., nach amtl. Quellen bearb. Ebendas. 888. — 30

(Julius) Straube's Radfahrer-Plan von Berlin. Mit farbiger Bezeichnung sämtlicher für Hochräder u. Tandems gesperrter Strassen u. den betr. Polizei-Verordnungen. 3 farbig. (Verh. 1:22,000.) Berlin: J. Straube [1898]. (1 Kartenbl. 40x50 cm) 8°

[Umschlagt.:] (Jul.) Straube's Neuer Radfahrer-Plan von Berlin. Graph. Darstellg d. Pflastergsarten sowie d. ... verbot. Strassen ... (Verh. 1:22000.) *Berlin: J. Straube [1897].* (4 Bl., 1 Ktnbl. [?]) 1 Bd 8. [97. 4961

Straube's Neuer Radfahrer-Plan von Berlin. Mit Bezeichn. d. Pflasterungsarten sowie der f. d. Befahren mit Zweirädern verbotenen Strassen. Unter Mitw. d. Schutzverbandes Berliner Radfahrer hrsg. v. Julius **Straube**. (Verh. 1:22,000.) Berlin: J. Straube [1898]. (1 Pl. 40x51 cm) 8°

Straube's Neuer Radfahrer-Plan von Berlin. Graph. Darstellung d. Pflasterungsarten (sowie der f. d. Befahren mit Zweirädern verbotenen Strassen), unter Mitw. d. Schutzverbandes Berliner Radfahrer hrsg. Entw. u. gez. von Jul. **Straube**. Verhältn. 1:22,000. [Nebst] Polizei-Verordn. f. d. Stadtkr. Berlin betr. d. Fahren auf einsitzigen Zweirädern. Berlin: J. Straube [1902]. (1 Kartenbl. 50x41 cm., 16 S.) 8° [kol.]

—— Schul-Plan von Berlin. 1 : 17,777. Chromolithogr. gr. Fol. Mit Strassenverzeichniss auf der Rückseite. Ebendas. 886. — 80

Straube's (Neuer) Schul-Plan von Berlin. Entworfen u. gezeichnet von Jul. **Straube**. Verhältnis 1:22,000. Berlin: J. Straube [1901]. (1 Kartenbl. 50x40 cm.) 8° [kol.]

Straube's grosse Specialkarte vom Grunewald und den westlichen Vororten Berlins. 1:35,000. 1 Bl. c. L.

Straube's grosse Specialkarte vom Riesen- und Isergebirge, den ganzen Kreis Hirschberg umfassend, einschliessl. des Bober-Katzbach-, Landeshuter-, Rehorn-, Raben-, Ueberschaar-Gebirges. Entworfen u. gez. von Jul. **Straube**, Berlin. Verh. 1:80,000. 7. Aufl. Berlin: J. Straube [1899]. (1 Kartenbl. 54x76 cm) 8°

Straube's große Spezialkarte vom Riesengebirge (Riesen- u. Isergebirge, den ganzen Kreis Hirschberg umfassend einschließl. d. Bober-Katzbach-, Landeshuter-, Rehorn-Raben-, Ueberschaar-Gebirges). Auf Grund Preuß. u. Österr. Generalstabskarten entworfen u. gezeichnet von Jul. **Straube**, Berlin. Verhältnis 1:80,000. [Mit 3 Nebenkarten.] (12. Aufl.) Berlin: J. Straube 1904. (1 Kartenbl. 76x54 cm, 14 S.) 8° [kol.]

Straube's grosse Spezialkarte vom Riesen- u. Isergebirge, den ganzen Kreis Hirschberg umfassend einschliesslich d. Bober-, Katzbach-, Landeshuter-, Rehorn-, Raben-, Überschaar-Gebirges. (Auf Grund Preuss. u. Österr. Generalstabskarten u. eigener Aufnahmen etc.) entworfen u. gezeichnet von Jul. Straube, Berlin. (5 farbig.) Verhältnis 1:80,000. 13. Aufl. [Mit 3 Nebenkarten auf bes. Bl.] [Nebst] Alphab. Namens-Verzeichnis. Berlin: J. Straube [1905]. (1 Kartenbl. 75 × 54 cm, 24 S.) 8° [lith.] [-6. 1641

(Jul.) **Straube**'s Spezialkarte vom Grunewald. (Entw. u. gez. v. Jul. Straube. Verhältnis = 1:35,000. 5 farbig. Berlin: J. Straube [1905].) (1 Kartenbl. 53 × 50 cm mit Legende.) 8° [Kopft. lith.]
[Umschlagt.:] Straube's Große Spezial-Karte v. Grunewald u. d. westl. Vororten Berlins. [05. 11057

(Jul.) **Straube**'s Spezialkarte der Rüdersdorfer Kalkberge. (Umgegend von Woltersdorf u. Erkner, Werl-, Peetz-, u. Möllen-See.) (Entw. u. gez. v. Jul. Straube. Verhältnis = 1:25,000. 5 farbig. [Mit 1 Nebenkarte.] Berlin: J. Straube 1905.) (1 Kartenbl. 45 × 58 cm mit Legende.) 8° [Kopft. lith.]
[Umschlagt.:] Straube's Spezial-Karte d. Umgegend von Rüdersdorf ... [05. 11051

Köpenick. — **Straube, Jul. Spezialkarte von Köpenick-Friedrichshagen-Schmöckwitz.** 1 : 60,000. Chromolithogr. Berl. 892, Straube. * — 40

(Jul.) **Straube**'s Spezialkarte des Laufes der Oberspree. Umgegend von Cöpenick, Friedrichshagen, Erkner, Schmöckwitz, Königswusterhausen. (Entw. u. gez. v. Jul. Straube. Verhältnis = 1:60,000. 4 farbig. Berlin: J. Straube 1905.) (1 Kartenbl. 43 × 47 cm mit Legende.) 8° [Kopft. lith.]
[Umschlagt.:] Straube's Spezial-Karte d. Umgegend von Coepenick ... [05. 11059

Straube, Jul., neue Spezialkarte vom Grunewald. 1 : 6000. In Generalstabsmanier mit 11 Farben ausgeführt. gr. 4. Berlin 887, Straube. — 50
Aus: Grosse Umgebungskarte von Berlin und Potsdam.

Straube, Jul. Neue Spezialkarte vom Grunewald. Chromolithogr. gr. 4. Berl. 889, Straube. In 2 Farben — 25
In 11 Farben — 40

Köpenick. — **Straube, Jul., neue Spezialkarte von Köpenick-Friedrichshagen-Schmöckwitz.** 1 : 60,000. In Generalstabsmanier mit 11 Farben ausgeführt. gr. 4. Berlin 887, Straube. — 50
Aus: Spezialkarte der Umgegend von Berlin und Potsdam.

Spandau. — **Straube, Jul., neue Spezialkarte von Spandau — Finkenkrug — Brieselang.** 1 : 60,000. In Generalstabsmanier mit 11 Farben ausgeführt. gr. 4. Berlin 887, Straube. — 50
Aus: Spezialkarte der Umgegend von Berlin und Potsdam.

Straube's, Jul., neue Spezialkarte von Tegel — Jungfernheide. 1 : 60,000. 11 farbig. Fol. Berlin 887, Straube. * — 50

Straube's (Neue) Spezialkarte der nördlichen Vororte von Berlin. Entw. u. gez. von Jul. Straube. (Ausführung 5 farbig.) Verhältnis = 1:36,000. Berlin: J. Straube [1904]; Druck C. L. Keller. (1 Kartenbl. 59x43 cm.) 8° [kol.]

(Jul.) **Straube**'s Spezialkarte von Rheinsberg und Umgegend (Gransee, Fürstenberg, Wesenberg). Verhältnis = 1:60,000. (5 farbig.) (Berlin: J. Straube [1905].) (1 Kartenbl. 44 × 56 cm mit Legende.) 8° [Kopft. gestochen] [kol.] [05. 11633

Riesengebirge. — **Straube, Jul., Specialkarte vom Riesengebirge.** Unter redaktioneller Mitwirkung des ersten Vorsitzenden des Riesengebirgs-Vereins Hrn. E. Fiek entworfen und bearb. 1 : 80,000. Ausg. I. 6 farbig und in 4 Streifen zerlegt. Imp.-Fol. Mit alphabet. Namensverzeichniss. 8. (15 S.) Berlin 888, Straube. geb. in Leinw. mit Klappe * 3 —
Ausg. II. 6 farbig und unzerteilt mit Namensverzeichniss geb. * ℳ 2.50.; 32 teilig auf Leinw. * 4 —
Ausg. III. Administrative Karte, ohne Bergzeichnung mit farb. Bezeichnung der Landes- etc. Grenzen, nebst Namensverzeichniss geb. * 2 —
Ausg. IV. 3 farbig, mit Bergzeichnung und Namensverzeichniss * 1 50
Wohlf. Ausg. V, 2 farbig * 1 —

Specialkarte vom Riesengebirge. Auf Grund Preuß. u. Österr. Generalstabskarten u. eigener Aufnahmen etc. entw. u. gez. von **Jul. Straube**, Berlin. Schrift u. Situation gest. v. Ad. Felix. Verhältnis 1:80,000. (Ausführung 5 farbig. 11. Aufl.) [Nebst] Alphab. Namens-Verzeichnis. [Mit 3 Sonderkarten.] *Berlin: J. Straube [1903].* (1 Kartenbl. 76 × 54 cm, 32 S.) 8° [kol.]
[Umschlagt.:] Straube's Große Spezial-Karte v. Riesen- u. Iser-Gebirge. [03. 25109

Straube's, Jul., Spezial-Karte der Märkischen Schweiz [Umgegend v. Buckow]. 1 : 15,000. Farbendr. 30,5 × 38,5 cm. Berl. 892, Straube. * — 75

(Julius) **Straube's** Special-Karte der Märkischen Schweiz, Umgegend von Buckow nebst Führer. 6 farbig. (Verh. 1:15,000.) Berlin: J. Straube [1898]. (1 Kartenbl. 29x37 cm) 8°

Straube's, Jul., Spezialkarte v. Spandau-Finkenkrug-Brieselang. 1 : 60,000. Chromolithogr. 4. Berl. 892, Straube. * — 40

Tegel. — Straube's, Jul., Spezialkarte v. Tegel-Jungfernheide. 1 : 60,000. Chromolithogr. 4. Berl. 892, Straube. * — 40

—— Spezialkarte der Umgegend von Berlin und Potsdam. 1 : 6000. Grosse Ausg. In Generalstabsmanier mit 11 Farben ausgeführt. qu. gr. Fol. Nebst alphabet. Namens-Verzeichnis. 8. (8 S.) Ebendas. 887.
In Leinw.-Decke * 2 —
Auf Leinw. in Decke * 3 50

[Umschlagt.:] (Jul.) Straube's Spezial-Karte der Umgegend von Bernau-Biesenthal, Lanke-Liepnitz- u. Wandlitz-See. 5 farbig. Verh. 1:60000 ... *Berlin: J. Straube (1897).* (1 Ktnbl.) 1 Bd 8. [97. 4962

(Jul.) Straube's Spezialkarte der Umgegend von Eberswalde, Freienwalde und Oderberg. (Entw. u. gez. v. Jul. Straube. Verhältnis = 1:45,000. 6 farbig. [Mit 1 Nebenkarte.] Berlin: J. Straube 1905.) (1 Kartenbl. 55 × 44 cm mit Legende.) 8° [Kopft. lith.] [05. 11060

(Jul.) Straube's Spezialkarte der Umgegend von Freienwalde. (Entw. u. gez. v. Jul. Straube. Verhältnis = 1:17,500. 6 farbig.) [Mit 1 Nebenkarte u. Text:] Die Märkische Schweiz. (Berlin: J. Straube [um 1904].) (1 Kartenbl. 45 × 47 cm mit Legende, 6 S.) 8° [Kopft. lith.] [05. 11061

(Jul.) Straube's Spezialkarte der Umgegend von Oranienburg, Birkenwerder, Lehnitz, Velten, Kremmen. (Entw. u. gez. von Jul. Straube. Verhältnis = 1:60,000. 5 farbig. [Mit 1 Nebenkarte auf besond. Bl.] Berlin: J. Straube 1905.) (1 Kartenbl. 47 × 38 cm mit Legende, 1 Kartenbl. 16 × 10 cm.) 8° [Kopft. lith.] [05. 11062

Straube, Jul., Spezialkarte der Umgegend von Potsdam und Werder. In Generalstabsmanier mit 11 Farben ausgeführt. 1 : 60,000. qu. Fol. Berlin 888, Straube. * 1 —
2farbig * — 50

Straube's, Jul., Spezialkarte der Umgegend v. Potsdam u. Werder. 1 : 60,000. In 2 Farben. qu. Fol. Berl. 889, Straube. * — 50

Jul. Straube's Spezialkarte der Umgegend von Potsdam und Werder. (Verhältnis = 1:60,000. Farbig in Generalstabsmanier. Berlin: J. Straube 1905.) (1 Kartenbl. 42 × 30 cm mit Legende.) 8° [Kopft. lith.] [05. 11063

[Umschlagt.:] (Jul.) Straube's Spezial-Karte der Umgegend von Strausberg mit dem Blumenthal, Werneuchen u. Alt-Landsberg. 5 farb. Verh. 1:60,000 ... *Berlin: J. Straube (1897).* (1 Ktnbl.) 1 Bd 8. [97. 4963

(Jul.) Straube's Spezialkarte der Umgegend von Strausberg 'mit dem Blumenthal', Werneuchen u. Alt-Landsberg. (Entw. u. gez. v. Jul. Straube. Verhältnis = 1:60,000. 5 farbig. Berlin: J. Straube [um 1904].) (1 Kartenbl. 44 × 40 cm mit Legende.) 8° [Kopft. lith.] [05. 11064

(Jul.) Straube's Spezialkarte der nördlichen Vororte von Berlin. (Entw. u. gez. von Jul. Straube. Verhältnis = 1 : 36,000. 5 farbig. Berlin: J. Straube 1905.) (1 Kartenbl. 59 × 43 cm.) 8° [Kopft. lith.]
[Umschlagt.:] Straube's Neue Spezial-Karte d. nördl. Vororte Berlins wie Spandau, Tegel ... [05. 11065

—— Spezial-Plan v. Berlin. 1 : 14,500. 3farbig. Imp.-Fol. Mit e. Verzeichnis der Strassen u. Plätze, Konzert-Häuser, Theater etc., sowie der Sehenswürdigkeiten Berlins. 8. (15 S.) Ebd. 892. * 1 50
—— —— dass. — 5farbig. Imp.-Fol. Mit e. Verzeichnis etc. 8. (15 S.) Ebd. 892. * 2 —; in Leinw.-Bd. * 2 50
geb. u. Karte auf Leinw. * 4 —

Straube. Special-Plan von Berlin-Südost mit Treptow und angrenzenden Ortschaften. 1 : 17 777. Berlin 1894. 1 Bl. c. L. nebst Strassenverzeichniss.

—— Spezialplan von Potsdam mit näherer Umgebung. 1 : 50,000. 11farbig. Ebendas. 888. * — 25

[Umschlagt.:] (Jul.) Straube's Spezial-Plan vom Tiergarten zu Berlin m. Bezeichnung sämtl. Fahr-, Reit- u. Fusswege. Verh. 1:7500. *Berlin: J. Straube [1896].* (1 Ktnbl.) 1 Bd 8. [96. 9377

— die königl. Preuss. Standes-Aemter in Berlin. Zusammenstellung der wesentlichsten Bestimmgn. d. Gesetzes vom 9. März 1874 nebst Verzeichniss der königl. Preuss. Standes-Aemter zu Berlin m. Angabe der zu jedem Standes-Amtsbezirk gehör. Strassen etc. u. e. Plan v. Berlin (gr. Fol.) m. den Standes-Amtsbezirks-Grenzen. Im Auftrage d. Magistrats nach amtl. Quellen bearb. 8. (32 S.) Berlin 874. Straube. — 50

— dasselbe m. (chromolith.) Plane, Superintendentur u. Parochie Grenzen. (gr. Fol.) 8. (32 S.) Ebend. 874. n. 1. —

Sammlung Straube. [Hrsg.: Julius Straube.] H. 1. Berlin: J. Straube [1906]. 8° [06. 11010

—— Tableau der neuen Kommunal-Wahlbezirke in Berlin, im Auftrage des Magistrats nach amtl. Materialien bearb. und hrsg. 1 : 14,500. Chromolithogr. Imp.-Fol. Ebendas. 883. * 1 20

—— Taschen-Coursbuch sämmtlicher Pferde-Eisenbahnen in Berlin, nebst 1 (lithogr.) Plane von Berlin mit den Pferdeeisenbahnlinien (in qu. gr. 4.) 64. (30 S.) Berlin 879, Straube. * — 20

Straube's, Jul., Taschen-Coursbuch sämmtlicher Berliner Pferde-Eisenbahnen für das Sommerhalbj. 1882, bearb. auf der Betriebs-Controle der Grossen Berliner Pferde-Eisenbahn. 32. (64 S. mit 1 chromolithogr. Plan.) Berlin 882, Geograph. Institut und Landkarten-Verlag. * — 25

—— Taschenplan von Berlin. 1 : 32,000. Fol. Ebendas. 888. * — 25

(Julius) Straube's Taschen-Plan von Berlin. Mit sämtl. Verkehrslinien der Lokomotiv-, Pferde-, Dampf- u. Elektr. Bahnen. (Verh. 1:26,000.) Berlin: J. Straube [1898]. (1 Ktnbl. 29x38 cm) 8°

Straube, J.: Touristenkarte vom Jeschken- und Isergebirge. Reichenberg: Sollor 1910.

—— —— Touristen-Plan v. Berlin. 1 : 17,777. 5farbig. qu. gr. Fol. Mit e. Verzeichnis der Strassen u. Plätze, Konzert-Häuser, Theater etc. 8. (16 S.) Ebd. 889. Plan auf Leinw. * 2 —
In Leinw. geb. * 2 25

Übersichtskarte des Geltungsbereiches der Baupolizeiverordnung für die Vororte von Berlin vom 21. April 1903. (Mit d. Baupolizei-Verordnung u. e. Graph. Darstellung d. Bauweisen. Auf Grundlage d. Amtl. Materiales.) Im Auftr. d. Kgl. Regier. zu Potsdam bearb. u. hrsg. von Jul. Straube. *Berlin: J. Straube 1903.* (1 Kartenbl. 76 × 58 cm., 1 Tab., 60 S.) 8° [kol.] [04. 4651

Straube, Jul., Uebersichts-Karte der am 1. Octbr. 1879 gemäss dem deutschen Gerichts-Verfassungs-Gesetze vom 27. Jan. 1877 in Kraft tretenden neuen Gerichtseintheilung im Deutschen Reiche, enth. die Bezirke der Oberlandesgerichte und Landgerichte, sowie die Sitze der Amtsgerichte. Nach amtl. Quellen bearb. und hrsg. Chromolithogr. Imp.-Fol. Nebst Ortschaftsverzeichniss. 8. (8 S.) Berlin 879, Straube. * 1 —

Uebersichtskarte der Neuen Gerichtsorganisation für Berlin und Umgebung. Gesetz v. 16. Sept. 1899 nebst Darstellung d. Amts- u. Gemeindebezirksgrenzen. Im Auftr. d. Kgl. Justizminist. bearb. u. hrsg. von Jul. Straube. Verhältn. 1:60,000. [Nebst Text.] Berlin: J. Straube (1900). (1 Kartenbl. 59x60 cm, 60 S.) 8° [kol.]

Straube, J., Uebersichtskarte der neuen Gerichtsorganisation f. Berlin u. Umgebung — Gesetz vom 16. IX. 1899 — nebst Darstellg. der Amts- u. Gemeinde-Bezirksgrenzen. 1 : 60,000. 61,5×78,5 cm. Farbdr. Mit dem Gesetze vom 16. IX. 1899, dem Verzeichnisse der Strassen, Plätze etc. derjenigen Gemeinden, welche zu verschiedenen Gerichtsbezirken gehören, sowie dem Verzeichnisse der übrigen Gemeinden u. Gutsbezirke, die in dem Bereiche der neuen Gerichtsorganisation f. Berlin u. Umgebg. einbezogen sind. gr. 8. (60 S.) Berlin, J. Straube. 1900. 4. —

(Jul.) **Straube's** Übersichts-Karte der Wasserläufe zwischen Berlin–Rüdersdorf–Schmöckwitz–Fürstenwalde–Teupitz–Königswusterhausen–Leibsch. Verhältn. 1:120000. Entw. u. gez. von Jul. Straube. (In 2 Farben ausgef. Ergänzung zu Straubes Spezial-Karte d. Oberspree. Berlin: J. Straube 1905.) (1 Kartenbl. 43 × 34 cm.) 8° [lith.] [05. 12066

Straube, J. Uebersichtsplan von **Berlin**. 1 : 4 000. Berlin 1895 –. 45 Bl. c. L. (Im Erscheinen).

—— **Uebersichts-Plan der Einteilung v. Berlin in die Kataster-Amts-Bezirke, nebst Angabe der Kataster-Amts-Lokale. Nach amtl. Quellen bearb. u. hrsg. 1 : 14,500. Chromolithogr. gr. Fol. Mit Strassenverzeichniss. 8. (16 S.) Ebd. 889. * 2 —**

—— **Umgegend von Berlin und Potsdam.** 1 : 130,000. Kpfrst. gr. 4. Ebendas. 878. — 30

—— Umgegend von Berlin und Potsdam. 1 : 130,000. Chromolithogr. Imp.-Fol. Mit Ortschafts-Verzeichniss. 16. (8 S.) Ebendas. 880. *ℳ 1.; geb. * 1 20

Straube, Julius: Umgegend von Berlin und Potsdam. 1:60,000. Berlin 1884. 1 Bl. c. L.

(Julius) **Straube's** Verkehrs-Handbuch. Berlin und Umgebung in Karten, Wort u. Bild 1896. Auskunftsb. u. Wegweiser durch d. Reichshauptst. ... *Berlin: J. Straube (1896).* (96 S., 13 Kt. u. Pl., 8 Taf.) 1 Bd 4. [96. 9240

—— Verkehrs-Plan von Berlin mit nächster Umgebung, nebst Bezeichnung der Postbezirke, Rohrpostämter und sämmtl. Pferdebahn-Linien, sowie einem Verzeichniss der Behörden, Anstalten, Institute, öffentl. Gebäude, Strassen, Plätze und Sehenswürdigkeiten Berlins etc. 1 : 17,777. Chromolithogr. Imp.-Fol. Mit Text. 8. (24 S.) Ebendas. 878. 1 50

—— Verkehrs-Plan von Berlin mit nächster Umgebung. Nebst Bezeichnung der Post-Bezirke, Rohrpost-Aemter und sämmtl. Pferdebahn-Linien. Chromolithogr. Imp.-Fol. Nebst einem Verzeichniss der Behörden, Anstalten, Institute, öffentl. Gebäude, Strassen, Plätze und Sehenswürdigkeiten Berlins etc. 8. (24 S.) Berlin 882, Geograph. Institut und Landkarten-Verlag. In Carton * 1 50

—— Verkehrs-Plan von Berlin mit nächster Umgebung. 1 : 17,777. Nebst Bezeichnung der Post-Bezirke, Post-, Rohrpost-, Telegraphen-Aemter, Polizei-Bureaux und sämmtl. Pferdebahn-Linien. Chromolithogr. Imp.-Fol. Nebst einem Verzeichniss der Strassen, Plätze, öffentl. Gebäude und Sehenswürdigkeiten Berlins etc. Ausg. von 1886 und 1887. 8. (31 S.) Ebendas. In Leinw.-Carton 1 50

Berlin. — Straube, Jul. Verkehrsplan v. Berlin m. nächster Umgebung. 1 : 17,777. Ausg. 1892. In 3 Farben. 62×78 cm. Mit Führer. 8. (15 S.) Berl. 892, J. Straube.
In Leinw.-Decke * 1 50; auf Leinw. 3 —

— Vorübungen zum Kartenzeichnen f. Schulen. 9 Blatt. Zusammengestellt v. C. F. A. Brestnich. qu. 8. (9 Steintaf.) Berlin 874. Geograph. Institut. n. — 40

— **märkisches Wanderbuch. Ausflüge in die Mark Brandenburg. Mit 38 mehrfarb. Karten. 21. Aufl. der „200 Ausflüge in die Umgegend v. Berlin" v. Aloys Hennes. Neu bearb. u. verm. v. Gust. Albrecht. 3 Tle. (XVI, 428 S.) kl. 8. Ebd. 904. n. 2. 60**

— Märkisches Wanderbuch. Ausflüge in die Mark Brandenburg. 25. Aufl. der 200 Ausflüge in die Umgegend v. Berlin v. A. Hennes. Neu bearb. u. verm. v. Gust. Albrecht. I—IV. Tl. (XII, 146; VIII, 166; VIII, 192 u. VIII, 195 S. m. 13, 20, 21 u. 22 farb. Kart.) kl. 8. Berlin 909.10. J. Straube. à 1.—

— **Wandererruderführer Hip Hip Hurra! Wegweiser f. Ruderer, Segler, Motor- u. Dampfbootfahrer auf den märk., mecklenburg. u. angrenz. Gewässern, bearb. v. Frdr. Eduard Keller. Mit 15 Straubeschen Spezialkarten (in angehängter Tasche). 2. Aufl. (XVI, 413 S.) kl. 8. Ebd. Geb. in Leinw. 4. —**

Straube's offizielle Wegekarte vom Jeschken-, Riesen- und Isergebirge ⟨Zittau–Reichenberg–Jeschken–Schneekoppe⟩ mit d. verschiedenfarb. Bezeichnung d. farbig markierten Wege. Im Auftr. d. Dtsch. Gebirgsver. f. d. Jeschken- u. Isergebirge gezeichnet ... von Jul. **Straube**. Ausg. B. Verhältnis 1:150,000. 5 farbig. [Nebst] Alphab. Namens-Verzeichnis. Berlin: J. Straube [1905]. (1 Kartenbl. 44×27 cm mit Legende, 5 Bl. 8°) [lith.] [Rückt.] [06. 1643

Straube's Offizielle Wegekarte vom Iser- und Riesengebirge ⟨Haindorf–Schneekoppe–Adersbach⟩ mit d. verschiedenfarb. Bezeichnung d. farbig markierten Wege. Im Auftr. d. Deutschen u. Oesterr. Riesen-Gebirgs-Ver. gezeichnet ... von Jul. **Straube**. Ausg. A. [Mit 1 Nebenkarte.] Verhältnis 1:150,000. 5 farb. 17. Aufl. [Nebst] Alphab. Namens-Verzeichnis. Berlin: J. Straube [1905]. (1 Kartenbl. 44×27 cm mit Legende, 8 Bl. 8°) [lith.] [Rückt.] [06. 1644

Straube's (Offizielle) Wegekarte vom Riesen- und Iser-Gebirge. (Im Auftr. d. Deutsch. u. Österr. Riesen-Geb.-Ver.) Entw. u. gez. von Jul. Straube. (13. Aufl.) Verhältn. 1:150,000. Berlin: J. Straube [1901]. (1 Kartenbl. 38x27 cm mit Legende.) 8° [kol.]

Straube's (Offizielle) Wegekarte vom Riesen- und Iser-Gebirge (mit d. verschiedenfarb. Bezeichnung d. farbig markierten Wege. Im Auftr. d. Deutschen u. Österr. Riesen-Geb.-Ver.) entw. u. gez. v. Jul. Straube. (5 farbig.) Verhältn. 1:150,000. [Mit 1 Nebenkarte.] [Nebst] Alphab. Namens-Verz. (15. Aufl.) Berlin: J. Straube [1903]; Dr. v. C. L. Keller. (1 Kartenbl. 44x27 cm, 8 Bl.) 8° [kol.]

Straube, J. Wegemesser für **Berlin** 1 : 17 777 und für die Umgegend von Berlin. Nebst Polizei-Reglement, betr. den Betrieb des Droschken-Fuhrgewerbes. Berlin 1888. 2 Bl. c. L.

Straube, K. A. F., Predigten, zu verschied. Zeiten geh. u. z. Besten d. Hülfsbedürftigen im Oderbruche hrsg. 8. (25 B.) Berlin 838, (Nicolai'sche Buchh.) *

Straube, K. A. F., 2 Predigten, z. Verständigung seiner Gemeine üb. die neue Kirchenagende, gehalt. am 19. u. 20. Sonntag nach Trinit. gr. 8. Berl. 825. Nicolai. 4 gr

—— unser Schicksal ist unsern Augen verborgen. Letzte Pred., geh. in d. Kirche zu Mittenwalde. gr. 8. (1½ B.) Jüterbog 841. (Berlin, J. A. Wohlgemuth.) *

Straube, Karl

—— s. Begräbniß-Feier des selig heimgegangenen Predigers Gust. Knak.

Straube, Karl, s. G. Knak, Simon Johanna, hast du Mich lieb?

Alte Meister. Eine Sammlung deutscher Orgelkompositionen aus d. 17. u. 18. Jh. f. d. prakt. Gebr. bearb. von Karl **Straube**. *Leipzig: C. F. Peters (1904).* (107 S.) quer-8° [F. u. Ant.]
(Edition Peters. No 3065.) [04. 14033

Straube, C., s. a. Reise-Harfe.

Straube, C., Reiseharfe. Melodieenbüchlein zum Reisepsalter. 4., verm. u. verb. Aufl. gr. 8. (104 S.) Falkenhagen bei Petershagen i/M. 878. Berlin, Simon in Comm. n. 1. 60

Straube, C., s. a. Reisepsalter.

Straube, C., Reisepsalter. (376 Lieder.) 54. Aufl. 16. (348 S.) Berlin 886, Hauptverein für christl. Erbauungsschriften. * — 70
geb. in Leinw. *ℳ 1.—.; in Leinw. mit Goldschn. * 1 40

—— dass. — Melodieenbüchlein, s. Reise-Harfe.

Straube, K., Reisepsalter. 60. Aufl. gr. 16. (XIV, 352 S.) Berlin (899). Hauptverein f. christl. Erbauungsschriften. Geb. in Leinw. n. 1. —

Straube, Kurt, Assistenzarzt am Fürstl. Hohenloheschen August-Krankenhaus in Slawentzitz O/S.: Aus der Königlichen Universitäts-Frauenklinik zu Breslau. Direktor: Geh. Medizinalrat Prof. Dr. Küstner. Über die derzeitige Prognose der künstlichen Placentarlösung. Breslau 1907: Breslauer Genossenschafts-Buchdruckerei. (30 S.) 8°
Breslau, Med. Fak., Ref. Küstner, Diss. v. 22. Juni 1907
[Geb. 19. März 81 Breslau; Wohnort: Slawentzitz; Staatsangeh.: Preußen; Vorbildung: König-Wilhelms-Gymn. Breslau Reife O. 01; Studium: Breslau 9 S.; Coll. 11. Juni 07; Approb. 28. Sept. 06.]

Straube, Otto, stud. paed.: Die höchsten Siedelungen des sächsisch-böhmischen Erzgebirges. (Bischofswerda [1907]: P. Klepsch.) (96 S.) 8° [F.]
Leipzig, Phil. Fak., Ref. Partsch-Kötzschke, Diss. v. 19. April 1907
[Geb. 17. Dez. 79 Lengefeld; Wohnort: Leipzig; Staatsangeh.: Sachsen; Vorbildung: Seminar Annaberg Wahlfähigkeitszeugnis Dez. 02; Studium: Leipzig 6 S.; Rig. 3. Mai 06.]

Straube, Reinhold, Referendar in Königsberg in Pr.: Besitzverlust durch Besitzdiener und seine Folgen für das Eigentumsrecht. Königsberg i. Pr.: Ostpreuß. Druckerei u. Verlagsanstalt A.-G. 1908. (VIII, 70 S.) 8°
Leipzig, Jur. Fak., Diss. v. 25. April 1908
[Geb. 15. Mai 83 Angerburg (Ostpr.); Wohnort: Königsberg i. Pr.; Staatsangeh.: Preußen; Vorbildung: Collegium Fridericianum Königsberg i. Pr. Reife O. 01; Studium: Königsberg 1, Berlin 5 S.; Rig. 1. Juli 05.]

Straube, Th., neue französische Grammatik in Versen zur schnellen und gründlichen Erlernung der grammatikalischen und orthographischen Regeln der französischen Sprache. 8. (XII, 174 S.) Jena 881, Costenoble. * 1 50

Straube, Thdr., die lebendig Begrabenen. Berlin 867. Straube's Selbstverlag. 8. (36 S.) n.n. 2½ ℳ.

Straube, Th., Kriegführung in alter u. neuester Zeit. Contraste aus den J. 1184—1174 [v. Chr. Geb.] u. 1864, 1866, 1870/71. 8. (105 S.) Berlin 871. Fernbach jun. n. — 75; geb. n. 1. —

—— **Kriegsbilder und Scenen aus dem Feldzuge der Preußen im Sommer d. J. 1866.** In poet. Form dargestellt. 12. (48 S.) Celle 866, Schulze'sche Buchh.

Straubel, Ed., kurze Geschichte d. christl. Religion u. Kirche. Ein Leitfaden beim Unterr. in d. obern Klassen d. Bürgerschulen, nebst e. kurzen Abrisse d. Gesch. d. jüd. Volkes u. e. Zeittafel. gr. 8. (11¾ B.) Leipzig 835, Lauffer.

Straubel, Ed., die Hauptstücke Luther's akroamatisch erklärt u. mit katechetischen Andeutungen versehen. gr. 8. Leipzig 836. O. Wigand. ⅔ ℳ

Straubel, J. L., theolog. Abhandl. v. d. Entäußerung Christi. 8. Rudolst. 754. Solbrig. 3 K

Straubel, R., üb. ein. Eigenschaften d. Röntgen'schen X-Strahlen, s.: Winkelmann, A.

Straubel, Rudolf [aus Schoenau v. d. W. bei Gotha]: Über die Berechnung der Fraunhoferschen Beugungserscheinungen durch Randintegrale mit besonderer Berücksichtigung der Theorie der Beugung im Heliometer. . . . Jena, Frommannsche Buchdr. (Herm. Pohle), 1888; 1 Bl., 63 S. 8°
Jena, Phil. Fak., Inaug.-Diss. v. 1888

Straubel, Rud., über die Berechnung der Frauenhoferschen Beugungserscheinungen durch Randintegrale mit besond. Berücksicht. der Theorie der Beugung im Heliometer. Inaugural-Dissertation. gr. 8. (63 S.) Jena 888, (Pohle.) * 1 50

Straubel, Rudolf [Dr.]: Theorie der Beugungserscheinungen kreisförmig begrenzter, symmetrischer, nicht sphärischer Wellen. (Aus: Abh. d. k. bayer. Akad. d. Wiss. II. Cl., Bd. XVIII Abth. I.) München, k. Akad., 1893; 82 S. 4.
Jena, Phil. Fak., Hab.-Schr. v. 1893

Stranbel, Rud., Theorie der Beugungserscheinungen kreisförmig begrenzter, symmetrischer, nicht sphärischer Wellen. [Aus: „Abhandlgn. d. k. b. Akad. d. Wiss."] gr. 4. (82 S.) München 893. (G. Franz' Verl.) n.n. 3. —

Das **Sträuben** gegen die Annahme einer Gabe. (Cassel: J. G. Oncken Nachf. [um 1900].) (6 S.) 8°
([Traktate d. Christl. Traktat-Gesellschaft.] Neue Serie. No 92.)

Straubenmüller, Frz., Handfibel f. d. Schreibleseunterr. mit Currentschrift. Ein Lehr-, Lese-, Vorschriften- u. Aufgabenbüchl., zunächst f. Kinder v. 6—7 Jahren. 8. (5⅛ B.) Wiesensteig 839, (Schmid'sche Buchh.)

Straubenmüller, Johann. Gedichte für die liebe Jugend. NY, 1867.

--Herbstrosen; gesammelte Gedte (Lieder, ernste u humoristische, und Festprologe; Balladen, Übersetzungen eng-anischer Gedte). NY, 1889.

Straubenmueller, Johann. Herbstrosen, Gesammelte Gedichte. New York: Steiger, 1889. GSP

Straubenmüller, Joh., Pocahontas, oder: Die Gründung von Virginien. Poetische Erzählung. 16. (111 S.) Baltimore 858, (Schmidt.) *

Straubing [Sachliches OW]

Straubing, gem. 1827. grav. 1829. Vom K. St K. 1:2,500. 1 Bl.

Straubing [Schlagwort]

Straubing — Karte des Königl. Bayerischen Landgerichts — Sculp. bey Ant. Klauber A V. 1:150,000. 1 Bl.

Straubinger, Lieder, (1-, 2- u. 3stimmig) f. ein- u. zweiklass. Volksschulen in den Hohenzollernschen Landen. 2. Hft. (Mittel- u. Oberstufe.) 2., u. verm. Aufl. 8. (IV, 152 S.) Hechingen 896. A. Walther. n.n.n. — 40

Straubinger, Heinr., die Christologie des hl. Maximus Confessor. (XI, 135 S.) gr. 8. Bonn 906. P. Hanstein. n. 2. 50

Straubinger, (Heinr.), theolog. Prinzipienlehre, s.: Handbibliothek, wissenschaftl. I, 1. (Schill, A.)

Straubinger, V., Kurze Charakteristik der Bildungsgeschichte d. classisch. Alterthums, sowie d. christl. Zeit bis zur Renaissance. Pr. 1878. 28 S. 4°. 1.50

Straubingerhütte, Die, zu Badgastein. [Wien] 1819. V: *Trimmel, Joseph Franz Emil.* (EB)

Straubinger-Hütte, die, zu Badgastein. 12. Wien 819. (Tendler). 8 K 2e Aufl. 16. Ebd. 831. 10 K

Straubinger-Hütte, die, zu Bad-Gastein. 2. Aufl. 16. (8 B. u. Titvign.) Wien 831, (Tendler.)

Strauch: Vinoemia juris. sive dissertatio juridica, de vino. Oder: Von dem Weine / . . . . Halae Magd.: Hendel 1722. 55 S. -- 12°.17.29

Strauch, Aeg., astrognosia. 12. Vitteb. 722.

— breviarium chronologicum. 8. Lps. Crusius. (F. C. W. Vogel.) 708.

— compendium theologiae positivae polemicae. 4. Dresd. Gerlach. 709.

— starke und Milchspeise, in 176 Predigten, a. d. Evang. gezeigt. Fol. Lpz. Gleditsch. 702.

Aegidius Strauch
1632 - 1682

Aegidius Strauchii [Strauch] Tabellen, der Sinuum, Tangentium, Logarithmorum, und zu der gantzen Mathesi denen zu mehrer Vollkommenheit beygefüget Leonh[ardi]Christ[oph]Sturmii sehr nützliches Handbüchlein vor alle Baumeister, bestehend in sonderbahren gantz neuen Tabellen, zu der Architectur... Amsterdam:Schumacher 1700. 553 S. 8°

[Sondert.:] Sturm, Leonh[ard] Chr[istoph]: Vade Mecum architectonicum bestehend in neu ausgerechneten Tabellen zu der Civil- und Militar-Baukunst. 1700.

Lat.Ausg.s. Strauch: Tabulae sinuum, tangentium, logarithmorum et per universam mathesin. 1700.

— theologia moralis. 4. Greifswalde, Brand. 708.

Strauch, Alex.

Strauch, A., Bemerkungen über die Geckoniden-Sammlung im zoologischen Museum der kaiserl. Akademie der Wissenschaften zu St. Petersburg, s. Mémoires de l'Académie impériale des sciences de St.-Pétersbourg.

Strauch, Alex. Bemerkungen üb. die Schildkrötensammlung im zoologischen Museum der kais. Akademie der Wissenschaften zu St. Petersburg, s. Mémoires de l'académie impériale des sciences de St.-Pétersbourg.

Strauch, Alex., catalogue systématique de tous les coléoptères décrits dans les annales de la société entomologique de France depuis 1832 jusqu'à 1859. Halle 861. Schmidt's Verlag. gr. 8. (IV, 160 S.) n. 1 ₰ 10 ngr.

Strauch, Alex., Essai d'une erpétologie de l'Algérie, s. Mémoires de l'académie impér. des sciences de St.-Pétersbourg. 7. Série, Tome IV. Nr. 7.

— das zoologische Museum der kaiserl. Akademie d. Wissenschaften zu St. Petersburg in seinem 50jähr. Bestehen. Bericht üb. die Entstehg., Vergrösserg. u. den gegenwärt. Zustand desselben. Lex.-8. (IV, 371 S. m. 3 Plänen.) St. Petersburg 889. (Leipzig, Voss Sort.) n. 6. —

Strauch, Alex., Revision der Salamandriden-Gattungen nebst Beschreibg. einiger neuen od. weniger bekannten Arten dieser Familie, | s.: Mémoires de l'académie impériale des sciences de St. Pétersbourg.

—— die Schlangen des russischen Reiches, | s. Mémoires de l'Académie impér. des sciences de St. Pétersbourg.

—— chelonologische Studien, s. Mémoires de l'académie impér. des sciences de St.-Pétersbourg. 7. Série, Tome V. Nr. 7.

Strauch: Chelonolog. Studien m. Bezieh. a. d. Schildkröten-Samml. d. kaisl. Akad. St. Petersb. 1863.
Schul-/Univ.-Schrift

—— Synopsis der gegenwärtig lebenden Crocodiliden, s. Mémoires de l'académie impér. des sciences de St.-Pétersbourg. 7. Série, Tome X. Nr. 13.

— Synopsis der Viperiden, nebst Bemerkungen über die geographische Verbreitung dieser Giftschlangen-Familie, s. Mémoires de l'académie impér. des sciences de St.-Pétersbourg.

—— die Vertheilung der Schildkröten über den Erdball, s. Mémoires de l'académie impér. des sciences de St.-Pétersbourg. 7. Série, Tome VIII. Nr. 13.

Strauch, Augustus (geb. Landeshut in Schles. 27. 12. 1827): De placenta praevia. Vratislaviae (1850). (35 S.) 8°
Breslau, Med. Diss. v. 22. Aug. 1850

Strauch, August Albert Herm., s. Strauch, Herm.

Strauch, B. Zeichnung der Polsterberger Hubkunst. Clausthal 1860.

Strauch, Benedict. Betrachtungen und Gebete besonders für Personen, die lange krank sind . . . Pressburg 1788. H: *Felbiger, Joh. Ign. von.* (BrMm)

STRAUCH, BENEDIKT: Des Hochwürdigen Herrn Prälaten Benedikt Strauchs Betrachtungen und Gebete, besonders für Personen, die lange krank sind, und sich christlich zu sterben wohl vorbereiten wollen. Herausgegeben von Johann Ignatz von Felbiger dermalen Probst bei der Kollegiatkirche zu Preßburg. Preßburg 1788. Gedr. bei Anton Löwe, Buchdrucker und Buchhändler. XIV, 99, 5 S. 1 t. - 189 mm

Strauch, Bdkt., Betrachtt. u. Gebete, besonders f. Personen, die lange krank sind. gr. 8. Prßb. 789. Löwe. 8 gl.

STRAUCH, BENEDICT: Katechetische / Betrachtungen, / in denen / für erwachsene Personen / die Glaubenswahrheiten, / und Lebenspflichten / der heiligen römisch-katholischen Religion / geistreich und rührend vorgetragen werden / von / Benedict Strauch / regulirten Chorherrn des fürstlichen Stifts / zu Sagan, und Prioren allda &c. / Durch Freygebigkeit / Ihrer Excellenz der hochgebohrnen / FRAU / Elisabeth, / verwittweten Gräfinn / ZICHY von VASONKÖ, / gebohrnen / Gräfin Berényi von Kárancs-Berény / zum Drucke befördert. Preßburg: J. M. Landerer 1770. 166, 3 S. - 200 mm OSZK
- Dass. Ofen 1780. Gedr. mit Landerischen Schriften. 2, 188 S. 170 mm OSZK
- Dass. Ofen o. J. Neue, verbesserte Auflage: Gedruckt mit Landerischen Schriften. 188 S. - 180 mm

– s. Evangelien, wie sie von den vier Evangelisten geschrieben worden.

— kathol. Gebetbuch z. Gebrauch gemeiner Leute. 8. Bamb. u. Würzb. 768.

— kurze Geschichte d. Religion. 8. Sagan 776.

– s. Katechismus, Römisch-kathol., zum Gebrauch der Schles. Schulen ...

– s. Kern der biblischen Geschichte Alten Testaments ...

– (Übers.), s. Lafitau, Pierre François: Geistliche Briefe ...

– (Übers.), s. Schmidt, Michael Ignaz: Der Katechist. nach seinen Eigenschaften und Pflichten ...

Strauch, Bernhard, Tierarzt aus Hannover: Vergleichende Untersuchungen über die Knochen und Muskeln der Gliedmassen bei Dicotyles tajacu und Sus scrofa ferus. [Mit 11 Tafeln.] Hannover 1907. 37 S. 8°. [15. XII. 06.]
Bern, Phil. Diss 1906/1907.

Strauch, Bernhard. Vergleichende Untersuchungen über die Knochen und Muskeln der Gliedmassen bei Dicotyles tajacu und Sus scrofa ferus. Diss. Phil. Bern. [Mit 11 Tafeln.] 37 S. gr.-8. Hannover-Linden, Herm. Schwarze & Karcher, 1907.

Strauch, C. Altenburger Nationaltrachten. Sieben Darstellungen. In Kupfer gebracht von C. Strauch. Altenburg o. J. [um 1815]
7 Taf. in Kupferst. 4°

[—. Altenburger Nationaltrachten. Altenburg o. J. um 1815]
8 Bl. Kupferst. 4°
Enthält 2 Bl. der vorigen Folge

Strauch, C. Zeichnung des Harzer Wettersatzes. Clausthal 1862.

Strauch, Carl, s. Strauch, Karl

Strauch, Christianus Guilelmus: De calculo urinario in prostatica urethrae parte sito. Halis Saxonum (1851). Schmidt. 18 S., 1 kolor. Taf. 4°
Halle-Wittenberg, Med. Diss. v. 11. Nov. 1851
Geb. Hamburg 17. 3. 1828. V.

Strauch, Curt, s. Strauch, Kurt

Strauch, Eduard. Nachweisung des Alkohols bei gerichtlichen Untersuchungen. Dorpat, 1852.

[F. u. Ant.] Strauch, Ernst: Vergleichung von Sîbotes „Vrouwenzuht" mit den andern mittelhochdeutschen Darstellungen derselben Geschichte sowie dem Fabliau „de la male dame" und dem Märchen des Italieners Straparola. Breslau, Druck v. O. Gutsmann, *1892*; 1—11 S. 4.
Breslau, k. König-Wilhelms-G, P 1892 (177)

Baupolizeiverordnung für das platte Land und die Städte des Regierungsbezirks Breslau (mit Ausnahme d. Stadt Breslau). Zsgst. von F. Strauch. Breslau: Schletter 1905. (232 S.) 8° [5] 05. 5617

Strauch, F., Baupolizeiverordnung f. das platte Land u. die Städte des Reg.-Bez. Breslau (m. Ausnahme der Stadt Breslau). 2. verm. Aufl. (V, 242 S.) kl. 8. Breslau 906. Schletter. n. 2. 60

Strauchius, F.: Lexicon particular. jur. Acc. Alb. de Pergamo tr. de praepositionibus. (*Frcf.* 671.) cC. praef. J. W. Dietmari. Ed. III. *Jen.* 719. 4.

s. a. Strauch, Johann

Strauch, F., De personis Juvenalianis. Diss. 1869. 63 S.

Strauch, Dr. F.: Die Trilogienfrage bei Sophokles, auf Grund der erhaltenen Tragödien. 19. Wien VI. 74.
Progr.

Strauch F A W, die Arbeiten des Bautischlers. 4° Mit Atlas (39 T) fol Berlin 1861

Strauch F A W, die Arbeiten des Bautischlers. (40 T) fol Berlin 1866

Strauch, F. A. W., Vorlege-Blätter für Gewerbe mit besond. Rücksicht auf baugewerbl. Constructionen zum Unterrichte und pract. Gebrauche für Architecten und Handwerker. V. Abthl.: Die Arbeiten des Bautischlers. 1—5. Lfg. qu. gr. Fol. (24 Kpfrt. und 57 S. Text in gr. 4.) Berlin 856, Guttentag. à Lfg. * 1 Thlr. *
Die 1—4. Abthl. erschien zur Zeit noch nicht.

Strauch, F. A. W., Vorlege-Blätter für Gewerbe mit besonderer Rücksicht auf baugewerbliche Constructionen zum Unterrichte und praktischen Gebrauche für Architekten und Handwerker. V. Abthl.: Die Arbeiten der Bautischler. 6—8. Lfg. qu. gr. Fol. (à Lfg. 5 Kpfrt. und 8 S. Text in gr. 4.) Berlin 857—61, Guttentag. à Lfg. * 1 Thlr. *
V. Abthl. 1—5. Lfg. Ebendas. 1856. * 5 Thlr.
Die 1—4. Abthl. erschien zur Zeit noch nicht.

Strauch, Fr., zur Methodik d. deutschen Sprachunterrichts in der 1. u. 2. Gymnasialklasse. Vortrag geh. im Verein „Mittelschule" am 10. April 1875. gr. 8. (34 S.) Wien 875. Gerold's Sohn in Comm. n. — 80

Strauch, Fr., Theatercostüme der königl. sächs. Hofschauspieler. 16 Heft. Fol. Leipz. 812. (Engelmann). 1 ℛ 12 ℊ

Strauch, Franz: *Ansprache bei der Eröffnung des Schuljahres 1899/1900.* 8 (S. 40–43). **Progr.** K. k. Elisabeth-G. *Wien* 1900

Strauch, Franz: *Ansprache anlässlich des Hinscheidens Ihr. Maj. der Kaiserin Elisabeth.* 8 (S. 35–37).
Progr. K. k. Elisabeth-G. *Wien* 1899

Strauch, Franz: Director Dr. Wilhelm Biel †. Nachruf, gewidmet dem Geschiedenen in der am 12. November 1898 im Gymnasium abgehaltenen Trauerfeier. (Umschlagtitel: . . . †.) 8 (S. 13–16). **Progr.** K. k. Elisabeth-G. *Wien* 1899.

Strauch, Franz. [Eröffnungsrede beim Beginne des Schuljahres.] S. 35–39. 8. **Progr.** K. k. Elisabeth-Gymn. *Wien* 1903

Strauch, Franz: Geschichte der Anstalt. Aus Anlaß der ersten 25 Jahre ihres Bestehens. (Umschlagtitel: . . . Am Abschluß . . .) 48 S. 8. **Progr.** K. k. Elisabeth-Gymn. *Wien* 1904.

Strauch, Franz: *Rede, gehalten bei seiner Einführung als Direktor der Anstalt.* 8 (S. 66–68). **Progr.** K. k. Elisabeth-G. *Wien* 1898

Strauch, Frz., der lateinische Stil. Übungsbuch zum Übersetzen aus dem Deutschen in's Latein. f. obere Gymnasialclassen m. besond. Rücksichtnahme auf die Prosalectüre der Schüler u. m. Hinweisgn. auf die Grammatiken v. Goldbacher, Koziol, Scheindler, Schmidt, Schultz. 1.—3. Abth. gr. 8. Wien, A. Hölder. Geb. u. geh. n.n. 4. 72
1. Aufgaben f. die V. Classe. (X, 43 S. u. Commentar 61 S.) 892. n.n. 1. 32
2. Aufgaben f. die VI. Classe. (IV, 44 S. u. Commentar 89 S.) 893. n.n. 1. 80
3. Aufgaben f. die VII. Classe. (IV, 39 S. u. Commentar 71 S.) 894. n.n. 1. 60

Strauch, Frz., d. lateinische Stil. Uebungsbuch zum Uebers. a. d. Deutschen ins Latein. f. obere Gymnasialclassen m. bes. Rücksichtn. auf d. Prosalektüre d. Schüler u. m. Hinweisgn. auf d. Grammatiken v. Goldbacher, Koziol, Scheindler, Schmidt, Schultz. IV. Abth.: Aufgaben f. d. VIII. Classe. gr. 8. (IV, 59 u. grammatisch-stilist. Commentar 73 S.) Wien 895. A. Hölder.
Geb. u. geh. n. 1. 60 (I—IV.: n.n. 6. 32)

Strauch, Friedrich Wilhelm, appr. Arzt: Über die vitale Mittellage der Lungen bei Tuberkulose und Emphysem. Halle a. S. 1910: Karras. VI, 36 S. 8° ¶(Auszug daraus in: Therapie d. Gegenwart. 1909, Okt.)
Halle, Med. Diss. v. 31. Jan. 1910, Ref. Schmidt
[Geb. 13. Nov. 84 Tübingen; Wohnort: Halle a. S.; Staatsangeh.: Preußen; Vorbildung: Stadtgymn. Halle Reife M. 03; Studium: Halle 1, Tübingen 1, Halle 3, Heidelberg 2, Halle 3 S.; Coll. 10. Febr. 09; Approb. 26. Jan. 10.]
[U 10. 1702

Strauch, Fritz, approb. Arzt aus Bremen, freie Hansastadt: Aus d. chirurg. Poliklinik zu Kiel. Ueber die Endresultate der operativen Behandlung tuberkulöser Lymphdrüsen. *Kiel 1900: Schmidt & Klaunig.* (30 S.) 8°
Kiel, Med. Diss. v. [3. Jan.] 1901

Strauch, G., Beispiele üb. d. Lehren d. Differential-, Integral- und Variations-Kalkul's u. Aufgaben üb. deren Anwendung. Für Lehrende z. Gebr. beim Unterr., f. Lernende z. weit. Unterweis. u. Ausbild. in Anwend. d. erlernten Lehren, besond. z. Unterstützung d. Selbststudium. I. Bd. Differential-Kalkul. gr. 8. (18½ B. u. 4 Figtaf.) Erlangen 835, Palm u. Enke.

Strauch, G. W., Anwendung des sogenannten Variationscalcul's auf zweifache und dreifache Integrale. gr. 4. (156 S.) Wien 859, (Gerold's Sohn.) *
Aus: Denkschriften der k. Akademie der Wissenschaften, besonders abgedruckt.

— Anwendung des sogenannten Variationskalküls auf zweifache und dreifache Integrale. D 16. II. 19.
Separatabdruck

Strauch, G. W., praktische Anwendungen für die Integration der totalen und partialen Differentialgleichungen. 1. Bd. gr. 8. (XXXIII und 644 S.) Braunschweig 865, Vieweg und Sohn. *

Strauch, G. W., Auszug aus der Abhandlung: Anwendung des sogenannten Variationscalculs auf zweifache u. dreifache Integrale. (Aus den Sitzungsberichten d. k. Akad. d. W.) Wien 858. Gerold in Comm. gr. 8. (11 S.) n. 4 ngr.

Strauch, G. W.: Auszug aus der Abhandlung: „Anwendung des sogenannten Variationskalküls auf zweifache und dreifache Integrale". S. 31. 310.
Separatabdruck

— Auszug aus der Abhandlung: das umgekehrte Problem der Brennlinien. Lex.-8. (14 S.) Wien 860, (Gerold's Sohn.)
Vorstehende zwei Schriften des Verf. wurden aus: Sitzungsberichte der k. Akademie der Wissenschaften, Jahrg. 1856 und 1859, besonders abgedruckt.

– Auszug aus der Abhandlung: „Das umgekehrte Problem der Brennlinien". S. 38. 861.
Separatabdruck

Strauch, G. W. Beispiele über die Lehren des Differential- Integral- und Variations-Kalkul's etc. I. Bd. Erlangen 1835.

Strauch, G. W., Der Blitz und der Blitzableiter. Muri 1862.
Progr.

— Die Kometen. Muri 1863.
Progr.

—— das umgekehrte Problem der Brennlinien. gr. 4. (73 S.) Wien 862, (Gerold's Sohn.) *
Aus: Denkschriften der k. Akademie der Wissenschaften, besonders abgedruckt.

Strauch. G. W., Dr.: Das umgekehrte Problem der Brennlinien. D 20. II. 227.
Separatabdruck

Strauch, G. W., Theorie u. Anwendung des sogenannten Variationscalcul's. 2 Bde. hoch 4. (XXII u. 1287 S. m. 6 lith. Taf. in qu. Imp. 4.) Zürich 849, Meyer & Zeller. 10 rf.

— Theorie und Anwendung des sogenannten Variationscalcul's. 2 Bde. 2. (Titel-)Ausg. Zurich (849.) 854. Meyer u. Zeller. gr. 4. (XXXII, 499; 2 Bl., 788 S. u. 6 lith. Taf.) n. 5 rf.

Strauch, G[eorg] W[ilhelm]. Nachruf an Herrn Oberrichter Jo(seph) L(eonz) Müller (1800–1866) ⟨Von Dr. G. W. St'.⟩ [A.] 8. [Muri 1867.]

Strauch, G[eorg] W[ilhelm]. Nachruf an Herrn Dr. Joseph Weibel (1805–1865). ⟨Von Dr. G. W. St'.⟩ [A.] 8. [Muri 1866.]

Strauch, G[eorg] W[ilhelm]. Ueber die Zeiteintheilung und die Uhren. ⟨Von Dr. G. W. St'.⟩ [A.] 8. (Muri 1864.)

Strauch, H. v., am Grenzwall. Eine Geschichte aus dem Decumaten-Land (138—140 n. Chr). 8. (333 S. m. 1 Karte.) Freiburg i/B. 901. F. E. Fehsenfeld. n. 4. —; geb. n. 5. —

Strauch, H. v., der erste Zusammenstoss im Kriege v. 1806/7. Das Gefecht bei Schleiz am 8/9. X. (56 S.) gr. 8. Breslau 906. (Schleiz, F. Lämmel.) n.n. — 70

Strauch, Herm., s. Festgabe zum 50jährigen Doctorjubiläum des Herrn Geh. Rath Prof. Dr. J. C. Bluntschli.

Strauch, (August Albert) Herm. (geb. Striegau 26. 1. 1856): Ueber fötalen Hydrops universalis. Berlin (1880). (32 S.) 8°
Berlin, Med. Diss. v. 28. Juli 1880

Strauch, Herm., zur Interventions-Lehre. Eine völkerrechtliche Studie. gr. 8. (39 S.) Heidelberg 879. C. Winter. n. 1. 60

Strauch, Herm., über Ursprung u. Natur der Regalien. Erlangen 865. Enke's Verlag. gr. 8. (IX, 85 S.) n. 15 ngr.

Strauch, J.: Vitae aliquot veterum ICtor. ed. Bader. *Jen.* 723. 8.

Strauch, J. C., Südbrasilien und seine deutschen Kolonien. gr. 8. (70 S. mit 1 lithogr. Spezialkarte in Imp.-Fol.) Frankfurt a. M. 858, (Auffarth.) **-

Strauch, J. C.: Südbrasilien und seine dt. Kolonien. — Frkf. a. M. 1858: Streng. 70 S. mit 1 Kt.

Strauch, Jo.: Amoenitatum juris Canon. semestria duo. Ed. nova. *Jen.* (672.) 674. 75. — *ib.* 718. 4.

— amoenitatum juris canonici semestria duo. 4. ibidem. 732.

Strauch, Johann. Dissertationes ad Jus Justinianium privatum . . . Jena 1718. H: *Avianus, Joh. Jac.* (BrMm)

Strauch, J.: Dissertatt. ad jus Justinianeum privatum, una c. Chr. Thomasii annotatt. theoret.-pract. Acc. Laur. Andr. Hamberger de vita *Strauchii* narratio. Adjecti indices cur. Ephr. Gerhard. *Jen.* 732. 4.

Strauch, Joh., dissertationes ad jus Justinianeum privatum ed. Gerhard. 4. Jenae, Cröcker. 738.

Strauch, Jo.: „De regali vectigalium jure in imperio Rom.-Germanico Vom Zoll-Regal im Heil. Röm. Reich commentatio Rec.", Halae 1736. — Vorh.: Bibl. des Kammergerichts Berlin — — Je. 3083.

— lexicon particularium juris, c. praef. I. W. Dittmar. 4. Jenae. (Ernst, Quedlinb.) 719.

— s.a. Strauch, F.

Strauchius, Jo.: Diss. de oppignorationibus rerum imperii cum animadversionibus Chr. Thomasii, Nic. Hieron. Gundlingii et Steph. Chrph. Harpprechti recensente Laur. Andr. Hambergero. Ed. nov. Vitembergae 1742.

— opuscula juridico-historico-philologica rariora collecta a C. F. Reinhart. VI Pts. c. indice. 4. Halae, Krebs. 727.

Strauchius, Jo.: Opuscula iuridico-historico philologica rariora 25 in unum vol. collecta . . . cura Car. Gottl. Knorrii. Halae Magdeb. 1729.

Strauch, Johann [Praes.], s. Seebach, Franz: De confusione obligationum, Germanis: Wie durch Bürgschaft, . . . u. d. g. eine Schuld=Verschreibung ausser erster Kraft gesetzet werde.

Strauch, Johann [Praes.], s. Steininger, Christoph Albert: Vindemia juris, sive dissertatio juridica de vino, Oder: Von dem Weine.

Strauch, Jo. Aegidius (Dresden) A. S. 1360/37

Certum demonstrationis a posteriori in comprobanda existentia Dei ad illustrandum Arati carmen.
Präs. Jo. Friedrich Hiller.
Wittenberg (Eichsfeld) 21. XII. 1757. 36 S.
33830

Strauch, Johann Aegidius: Certum demonstrationis a posteriori celebr. Dav Hum. dubitat. oppositum. s. Lipsius, Chr. Gottl.

Strauch, Johann Aegidius [Praes.], s. Z o c h e r , Jo. Gottfried: Certum demonstrationis a posteriori in comprobanda Existentia Dei a dubitationibus celeb. David Humii.

Strauch, Johann Sigismund (Dresden) A.S. 579/70

De poena decreti divi Marci eiusque ambiguo in Saxonia usu. Präs. Georg Friedrich Kraus. Wittenberg (Dürr) 6. VI. 1766. 24 S.

33831

Strauch, Josephus Augustus *(geb. Breslau 30. 8. 1796)*: De discrimine inter apoplexiam et morbos quosdam ipsi similes locum habente. Vratislaviae (1820). (32 S.) 8°

Breslau, Med. Diss. v. 29. Dez. 1820

Strauch, K. A., die Städte-Feuer-Societät der Prov. Brandenburg, insbesondere das revid. Reglement derselben vom J. 1885. 1. und 2. Aufl. gr. 8. (53 S.) Guben 886, Koenig. * 1 50

Strauch, Carl [Assistenzarzt a. d. med. Universitaetsklinik zu Göttingen]: Ueber experimentelle Nephritis nach Aloinintoxication.... Helmstedt, Druck v. J. C. Schmidt, 1888; 25 S. 8°

Göttingen, Med. Fak., Inaug.-Diss. v. 21. Nov. 1887

Strauch, Carl, über experimentelle Nephritis nach Aloinintoxication. Inaugural-Dissertation. gr. 8. (25 S.) Helmstedt 888. (Göttingen, Vandenhoeck und Ruprecht's Verlag.) * — 80

Strauch, Karl Gustav (Dresden) A.S. 138/27

De usufructu patris in feudo filii. Präs. Georg Friedrich Kraus. Wittenberg (Eichsfeld) 27. IV. 1758. 32 S.

W. v.: Präs. 33832

Strauch, Curt *Wilhelm* [aus Frankfurt a. d. O.]: Ueber Lähmung des N. abducens bei Brüchen der Schädelbasis... Berlin, Buchdr. v. G. Schade, *1892*; 30 S., 1 Bl. 8.

Berlin, Med. Fak., Inaug.-Diss. v. 10. Aug. 1892

Strauch, L. C. G., zur Berichtigung d. Urtheils üb. e. hier gehalt. u. im Drucke erschien. Rede zur Empfehlung d. Vernunftgebrauchs bei d. Studium d. Theologie. gr. 8. ... Hamburg 823, [Perthes-Besser u. Mauke.]

– s. K e m p e , St.: Wahrhafter Bericht ...

—— Predigt am Dankfeste f. d. Befreiung v. d. Cholera-Seuche. gr. 8. (1½ B.) Hamburg 832, [Perthes-Besser u. Mauke.]

Strauch, L. C. G., Predigt, am Epiphaniasfeste geh. gr. 8. (1¼ B.) Hamburg 836, [Perthes-Besser u. Mauke.]

—— Predigt zur Feier d. Siegesfestes am 18. October. gr. 8. (1¼ B.) Hamburg 831, [Perthes-Besser u. Mauke.]

—— Predigt gehalt. am Michaelistage u. zugleich am 3. Jubelfeste d. bürgerl. Verfassung Hamburgs. 8. ... Hamburg 828, [Perthes-Besser u. Mauke.]

— Predigt zur Siegesfeier am 18. October. gr. 8. Hamb. 831. Perthes u. B. 3 K

—— zwei Predigten, zur 3. Jubelfeier d. augsburg. Confession gehalt. gr. 8. (2½ B.) Hamburg 830, [Perthes-Besser u. Mauke.]

— s. Predigten, zwölf, gehalten von einigen Candidaten 2c.

Strauch, M. v., das **Myom** in der Fortpflanzungsperiode, s.a. Sammlung **klinischer** Vorträge.

Das **Myom** in der Fortpflanzungsperiode von **M. v. Strauch.** (Moskau). *Leipzig: Breitkopf & Härtel 1900.* (S. 41–58.) 8°
= **Sammlung** klinischer Vorträge. N. F. No 277. [oo. 6775

Strauch, Max: Lateinisches ŏ in der normannischen Mundart. Halle 1881: (Bestehorn in Aschersleben). 90 S. 8°

Halle-Wittenberg, Phil. Diss. v. [21. Mai] 1881

Geb. Aschersleben 20. 5. 1859. V.

Strauch, Max, anatomische Untersuchungen über das Brustbein des Menschen mit besonderer Berücksichtigung der Geschlechtsverschiedenheiten. Inaugural-Dissertation. gr. 8. (49 S. m. Tab. u. 1 Steintaf.) Dorpat 881. (Karow.) n. 1. —

Strauch, Otto, appr. Arzt a. München: Ueber einen Fall von nichtpuerperaler Osteomalacie. München 1905: Kastner & Callwey. (28 S.) 8°

München, Med. Fak., Ref. v. Bollinger, Diss. v. 25. Sept. 1905

[Geb. 18. Nov. 80 Feldafing, Oberbayern; Wohnort: München; Staatsangeh.: Bayern; Vorbildung: Luitpold-Gymn. München Reife Juli 00; Studium: München 4, Erlangen 1, München 5 S.; Coll. 25. Sept. 05; Approb. 12. Juli 05.]

Strauch, Paul [pract. Arzt u. Assistenzarzt a. d. laryngo-rhinolog. Klinik zu Freiburg i. B.]: Untersuchungen über einen Micrococcus im Secret des Nasenrachenraumes .... Berlin, Druck v. Marschner & Stephan (1887); 15 S. + 1 Bl. 8°

Freiburg i. B., Med. Fak., Inaug.-Diss. v. 29. März 1887

Strauch, Philipp, die Deutschordensliteratur d. Mittelalters. Rede zur Feier des Geburtstages Sr. Maj. des Kaisers am 27. I. 1910 geh. in der Aula d. Universität Halle-Wittenberg. (33 S.) gr. 8. Halle 910. M. Niemeyer. — 80

Strauch, Phpp., Margaretha Ebner u. Heinrich von Nördlingen. Ein Beitrag zur Geschichte der deutschen Mystik. gr. 8. (CVI, 415 S.) Freiburg i/Br. 882. Mohr. n. 12. —

Strauch, Philipp (Hrsg.), s. E c k h a r t , Meister: Buch der göttlichen Tröstung.

Strauch, Philipp (Hrsg.), s. E n i k e l , Jansen: Werke.

Strauch, Philipp, s.: Hermaea.

Strauch, Phpp. Controlversuche zur Blutgerinnungstheorie von E. Freund. Diss. gr. 8. (52 S.) Dorpat 889, (Karow). * 1 50

Strauch, Philipp: Ueber Marners Leben und Dichtungen. (Separat-Abdruck aus den Quellen und Forschungen zur Sprach- und Culturgeschichte der germanischen Völker, hrsg. von Bernhard ten Brink, Wilhelm Scherer, Elias Steinmeyer. XIV. Heft, S. 1—79.) Strassburg, Karl J. Trübner. London, Trübner & Comp., 1876. 8. 79 S.

Strauch, P., der **Marner**, s.: **Quellen u. Forschungen zur Sprach- u. Culturgeschichte der germanischen Völker.**

—— **Pfalzgräfin Mechthild in ihren litterarischen Beziehungen. Ein Bild aus der schwäb. Litteraturgeschichte des 15. Jahrh. gr. 8. (68 S.) Tübingen 883, Laupp'sche Buchh.** *
Ausg. auf Büttenpap. *

— die Offenbarungen der Adelheid Langmann, Klosterfrau zu Engelthal, s.: Quellen u. Forschungen zur Sprach- u. Culturgeschichte der germanischen Völker.

Strauch, Ph., Reigen f. d. Knaben- u. Mädchenturnen. M. 184 Fig. gr. 8. (III, 90 S.) Berlin 898. R. Gaertner. Kart. n. 2.40

— Schiller. Rede zur Feier des 100jähr. Todestages Schillers, geh. in der Aula der Universität Halle-Wittenberg. (32 S.) gr. 8. Halle 905. M. Niemeyer. n. — 80

— s.: Schürebrand.

Strauch, Philipp, Verzeichniss der auf dem Gebiete der neueren deutschen Litteratur 1884—1890 erschienenen wissenschaftlichen Publikationen, s. Anzeiger für deutsches Altertum und deutsche Litteratur.

Strauch, R., Abriß der landwirtschaftlichen Geräte- und Maschinenkunde, s. Taschenbibliothek, deutsche landwirtschaftliche.

Strauch, R., Ackerbaulehre, s.: Taschenbibliothek, deutsche landwirtschaftliche.

Strauch, R., Anleitung zur Aufstellung v. Futterrationen, s.a. Unterrichtsbücher, landwirthschaftliche.

—— Anleitung zur Aufstellung v. Futterrationen u. zur Berechnung der Futtermischungen u. der Nährstoffverhältnisse der Rinder. 2. u. 3. Aufl. 8. (52 S.) Lpz. 890,92. H. Voigt. * — 60

Strauch, R., Anleitg. zur Aufstellg. v. Futterrationen u. zur Berechng. d. Futtermischgn. u. d. Nährstoffverhältnisse f. Rinder, Pferde, Schweine u. Schafe. F. d. prakt. Gebrauch u. f. Schüler leichtfaßl. zusammengest. 6., verb. u. erweit. Aufl. 8. (56 S.) Leipzig 896. H. Voigt. n. — 60

— dasselbe. 9. u. 10., verb. u. erweit. Aufl. 8. (64 S.) Ebd. 899. n. — 80

Strauch, R., Anleitung zur Aufstellung von Futterrationen u. zur Berechnung der Futtermischungen u. der Nährstoffverhältnisse f. Rinder, Pferde, Schweine u. Schafe. Für den prakt. Gebrauch u. f. Schüler leichtfaßl. zusammengest. 11.—14. verb. u. erweit. Aufl. 8. (à 66 S.) Leipzig 900. 902. H. Voigt. n. — 80

Strauch, R., Anleitung zur Aufstellung v. Futterrationen u. zur Berechnung der Futtermischungen u. der Nährstoffverhältnisse für Rinder, Pferde, Schweine u. Schafe. Für den prakt. Gebrauch u. f. Schüler leichtfaßlich zusammengestellt. 17. u. 18. verb. u. umgearb. Aufl. (69 S.) 8. Leipzig 905. H. Voigt. n. — 80

Strauch, R., Anleitung zur Aufstellg. v. Futterrationen u. zur Berechnung der Futtermischungen u. der Nährstoffverhältnisse f. Rinder, Pferde, Schweine u. Schafe. Für den prakt. Gebrauch u. f. Schüler leichtfaßlich zusammengestellt. 19. u. 20. verb. u. gänzlich umgearb. Aufl. (63 S.) 8. Leipzig 909. H. Voigt. p — 80

— la balance de poche ou détermination du poids vivant du bétail bovin à l'aide de deux mesures. Méthode Kluver. Traduit d'après la 9ème et 10ème éd. de la table Kluver-Strauch par H. Nator. schmal 8. (8 S.) Bern 900. K. J. Wyss. n. — 80

— die Didaktik u. Methodik des Unterrichts an landwirtsch. Schulen, m. besond. Berücksicht. des Herbart-Ziller'schen Lehrverfahrens. Ein Handbuch für Fachlehrer an landwirtschaftl. Lehranstalten. (VIII, 456 S.) gr. 8. Ebd. 903. n. 12.—; geb. n. 13.60

Strauch, R., Grundriß der allgemeinen Ackerbaulehre, s. Taschenbibliothek, deutsche landwirtschaftliche.

— Grundriß der allgem. Ackerbaulehre. Ein Leitfaden f. den Unterricht an landwirtschaftl. Lehranstalten u. zum Selbstunterricht. 8. verb., teilweise erweit. u. umgearb. Aufl. 8. (VI, 156 S.) Leipzig 900. Landwirthschaftl. Schulbuchh. Geb. in Leinw. n. 1.80

— Grundriß der allgem. Ackerbaulehre. Ein Leitfaden f. den Unterricht an landwirtschaftl. Lehranstalten u. zum Selbstunterricht. 9. verb. u. umgearb. Aufl. (VIII, 167 S. m. 77 Holzst.) 8. Leipzig 905. Landwirtschaftl. Schulbuchh. Geb. in Leinw. n. 1.80

— Grundriß der landwirtschaftlichen Betriebslehre, s.a. Taschenbibliothek, Deutsche landwirtschaftliche.

— Grundriß d. landwirtschaftlichen Betriebslehre. E. Leitfaden f. d. Unterr. an landwirtschaftl. Lehranst. 6., verb. Aufl. gr. 8. (VIII, 111 S.) Leipzig 897. Landwirtschaftl. Schulbuchh. (K. Scholtze). Geb. n. 1.80

— Grundriß der landwirtschaftlichen Betriebslehre. Ein Leitfaden f. den Unterricht an landwirtschaftl. Lehranstalten u. f. den prakt. Landwirt. 7. verb. Aufl. gr. 8. (VIII, 112 S.) Ebd. 903. Geb. in Leinw. n. 1.80

— Grundriß der landwirtschaftl. Betriebslehre. Ein Leitfaden f. den Unterricht an landwirtschaftl. Lehranstalten u. f. d. prakt. Landwirt. 8. verb. u. umgearb. Aufl. (VIII, 108 S.) 8. Leipzig 908. Landwirtschaftl. Schulbuchh. Geb. in Leinw. 1.80

— Grundriß der landwirtschaftlichen Geräte- u. Maschinenkunde, s.a. Taschenbibliothek, Deutsche landwirtschaftliche.

— Grundriß d. landwirtschaftlichen Geräte- u. Maschinenkunde. Ein Leitfaden f. den Unterricht an landwirtschaftl. Lehranstalten u. zum Selbstunterricht. 5. verb. u. erweit. Aufl. Mit 125 Abbildgn. in 23 Taf. gr. 8. (VIII, 65 u. 47 S.) Ebd. 900. Geb. in Leinw. n. 1.60

— Grundriß der landwirtschaftl. Geräte- u. Maschinenkunde. Ein Leitfaden für den Unterricht an landwirtsch. Lehranstalten u. zum Selbstunterricht. 6. verb. u. erweit. Aufl. Mit 169 Abbildgn. in 30 Taf. u. e. Anh.: 9 Taf. **m. 20 Abbildgn. landwirtschaftl. Maschinen m. Schutzvorrichtgn. (X, 70, 60 u. 16 S.) 8. Ebd. 906.** Geb. n. 1.60

— Handbuch der Erdkunde in der Landwirtschaftsgeographie f. den Unterricht an landwirtschaftl. Lehranstalten u. zum Selbstunterricht. (VIII, 271 S.) gr. 8. Leipzig 909. H. Voigt. 4.—; geb. n 5.—

— das Hühnerei als Nahrungsmittel u. d. Conservirg. d. Eier. Auf Grund eig. Versuche dargest. 8. (III, 51 S.) Bremen 896. Leipzig, M. Heinsius Nachf. n. — 75

— Landwirtschaftslehre, s.: Arnstadt, A.

— d. Landwirthschafts-Lehrling, s.: Birnbaum, Ed.

— s.: Löbe's, William, landwirtschaftl. Taschen-Kalender.

— die Rinderwage in der Tasche od. die Bestimmung des Lebend-Gewichts des Rindes durch 2 Maße. Nach Klüver's Methode umgearb. u. verb. 12. u. 13. Aufl. der Klüver-Strauchschen Tabelle. Der Umarbeitg. 7. u. 8. Abdr. (8 S. m. 1 Abb.) schmal 8. Ebd. 904. 906. n. — 75

— Die Rinderwage in der Tasche od. die Bestimmung des Lebend-Gewichts des Rindes durch 2 Maße. Nach Klüver's Methode umgearb. u. verb. 14. Aufl. d. Klüver-Strauchschen Tabelle. Der Umarbeitg. 9. Abdr. (8 S. m. 1 Abbildg.) 18,5×10,5 cm. Leipzig 908. M. Heinsius Nachf. — 75

— die Schlachtviehversicherung, ihre Organisation u. Verwaltung. gr. 8. (86 S.) Bremen 895. M. Heinsius Nachf. n. 1.50

— s.: Schulzeitung, landwirtschaftliche.

— die Schweinewage in der Tasche od. die Bestimmung des Lebend- u. Schlachtgewichts der Schweine durch 2 Maße. (8 S. m. 1 Abb.) schmal 8. Ebd. 904. n. — 75

— Die Schweinewage in der Tasche od. die Bestimmung des Lebend- u. Schlachtgewichts der Schweine durch 2 Maße. 2. Aufl. (8 S.) kl. 8. Leipzig 910. M. Heinsius Nachf. — 75

— Trophimosoop. Kreistafel zur Bestimmg. d. Nährstoffgehalts der Futtermittel. Farb. Taf. Imp.-4. Leipzig 891. K. Scholtze. Auf Pappe m. Zeiger. n. 2. 40

— die Viehwage in d. Tasche od. d. Bestimmg. d. Lebend-Gewichts d. Rindes durch 2 Maße. Nach Klüver's Methode umgearb. u. verb. 9. u. 10. Aufl. d. Klüver-Strauch'schen Tabelle. D. Umarbeitg. 4. u. 5. Abdr. 8. (8 S. m. 1 Abb.) Leipzig 898. M. Heinsius Nachf. n. — 75; Meßbd. dazu, 3 m lang, in vernickelt. Gehäuse, n.n 1.

— die Viehwage in der Tasche od. die Bestimmung des Lebend-Gewichts des Rindes durch 2 Maße. Nach Klüver's Methode umgearb. u. verb. 11. Aufl. der Klüver-Strauch-schen Tabelle. Der Umarbeitg. 6. Abdr. 8. (8 S. m. 1 Abbildg.) Leipzig 902. M. Heinsius Nachf. n. — 75

— 50 Vorlagen für landwirthschaftl. Planzeichnen zum Gebrauche an landwirthschaftl. Lehranst. gr. 4. (32 Taf. m. 2 Bl. Text.) Bremen 897. Ebd. In Mappe n. 6. —

— der landwirtschaftliche Vortrag. Entwürfe, Vorbereitgn. u. Musterbeispiele zu landwirtschaftl. Vorträgen. Wegweiser zur Einrichtg. u. Leitg. landwirtschaftl. Vereine. Ein Hilfsbuch für landwirtschaftl. Wanderlehrer, Vereinsvorsitzende etc. 2. verb. u. erweit. Aufl. (VIII, 278 S.) gr. 8. Leipzig 906. H. Voigt. n. 4. —; geb. n. 4. 80

— wie melke ich nach dem Hegelund'schen Melkverfahren? Leichtfaßliche Anleitg. in 45 Bildern m. beschreib. Text f. Milchviehhalter, Melkerinnen u. Melker. Nach Orig.-Photogr. dargestellt. (3 S. m. 1 S. Text.) schmal Lex.-8. Leipzig 904. M. Heinsius Nachf. n. 1. —

Strauch, Walther: Aus d. Path. Inst. zu Kiel. Ueber primäre Urogenitaltuberkulose beim Weibe. München 1909: Wolf. 24 S. 8°
Kiel, Med. Diss. v. 10. März 1909, Ref. Heller
[Geb. 30. Okt. 82 Gudensberg; Wohnort: Gudensberg; Staatsangeh.: Elsaß-Lothringen; Vorbildung: Wilhelms-Gymn. Kassel Reife M. 02; Studium: Jena 1, Marburg 3, Jena 1, Kiel 1, München 2, Kiel 2 S.; Coll. 13. April 08; Approb. 16. Dez. 08.] [U. 09. 2203

Strauch, Wilhelm [app. Arzt aus Gallinchen '(Brandenb.)']: Ein Fall von Fibroma intracanaliculare mammae. E. Beitr. z. Lehre d. Fibrome in d. weibl. Brustdrüse ... Würzburg, P. Scheiner's Buchdr., 1895; 27 S. 8.
Würzburg, Med. Fak., Inaug.-Diss. v. 1895

Strauch, Guil. Frid. August. (geb. Sonnenburg in d. Neum. 9. 9. 1835): De cerebri tuberculosi, adjecta observatione. Berolini (1860). (32 S.) 8°
Berlin, Med. Diss. v. 19. März 1860

Strauchen, F[ranz] B[enedict]. Soziale Kleinarbeit, oder Der katholische Volksverein von Menzingen, seine Vorgeschichte und seine sozialen Werke. Dargestellt nach den Protokollen des Piusvereins, des Männer- u. Arbeitervereins, des Missions- u. Marienvereins etc. von Pfarrhelfer F. B. St', Vizepräsident. [Illustriert.] II + 65 S. 8. [Zug, Werner Zürcher, 1905.] [fr. —. 50]

Straucher, Benno: Die Lage der Juden. Reden in den österreichischen Delegationen und im österreichischen Abgeordnetenhaus. Czernowitz: Verl. d. „Jüd. National-Vereines" 1907.

Strauer, Otto [aus Neustadt in Westpr.]: Systematische Blutuntersuchungen bei Schwindsüchtigen und Krebskranken ... Berlin, gedr. bei L. Schumacher, 1893; 22 S., 1 Bl. 8.
Greifswald, Med. Fak., Inaug.-Diss. v. 28. Nov. 1893

STRAUFFENBERG, Casper v. Eine Sage aus den grauenvollen Zeiten der Vorwelt. Dramatisirt. 2 Thle. Mit 1 TKpf. Chemnitz, Hofmann, 1795. 12°. ($1^1/_6$ Rthl.)
214 u. 256 Seiten. Theilweise anstößig.

v. Strauffenberg, Kaspar; e. Sage aus d. grauenvollen Zeiten der Vorwelt. 2 Thle. 8. Chemnitz 795. Maure. 1 ∕∕ 4 ⁄∕

Straufhain, Das alte Bergschloß ..., s. Bauer, Elias Christoph

Sträuli, August

Sträuli, A., d. pavillonfähige Dadant-Alberti-Bienenkasten. gr. 8. (VII, 70 S. m. Fig.) Frauenfeld 896. J. Huber's Verl. n. 1. —

Sträuli, A[ugust]. Der pavillonfähige Dadant-Alberti-Bienenkasten (Schubladen-Blätterstock mit Blatt-Breitwabe), unter besonderer Berücksichtigung der Königinzucht des Amerikaners G M Doolittle (Autorisierte Uebersetzung seines Buches: Scientific Queen-Rearing). 2., verbesserte und stark vermehrte Aufl. Mit zahlreichen Figuren [und 3 Tafeln]. XVI + 316 S. 8. Frauenfeld, J. Huber, 1902. [geb. fr. 3. 50]

Sträuli, A[ugust]. Die Königinzucht. Leipzig s. a. Sladen, F[rederick] W[illiam] L[ambart].

Sträuli, A., die Königinzucht. Autoris. Übersetzg. v.: Queen Rearing in England (Königinzucht in England) v. F. W. L. Sladen. Mit vielen Abbild. u. Beiträgen vom Übers. (55 S.) 8. Leipzig (910). C. F. W. Fest. 1.20

Sträuli, E., Kommentar zum Gesetze betr. die zürcherische Rechtspflege vom 2. Christmonat 1874 u. 13. Brachmonat 1880. gr. 8. (XIV. 570 S.) Winterthur 883. Bleuler-Hausheer & Co. Verl. n. 8. —

Stræuli, Emil, von Winterthur [Kt. Zürich]: Ueber den Niessbrauch an Capitalforderungen nach gemeinem und Zürcherischem Rechte. Winterthur Ziegler Dr. (1861). 63 S. 8°.
Zürich, Jur. Diss. v. 23. März 1861.

Strauli, Emil s. Pestalozzi, Ludwig, und Sträuli, Emil.

Sträuli, H., Grundlagen u. Ergebnisse d. Statistik d. Rechtspflege im Kanton Zürich, s.: Zürcher, E.

— Kommentar zum Gesetze betr. d. zürcherische Rechtspflege v. J. 1874. Suppl.-Bd. gr. 8. (VIII, 292 S.) Winterthur 896. (M. Kieschke.) n. 4. —
(Hauptwerk u. Suppl.: n. 12. —)

(Sträuli, H[ans].) Gutachten über die Frage der Vollstreckung und der Umwandlung von Polizeibussen in Gefängnis (an den Tit. Stadtrat Zürich. — 1902 Juni 10.) 21 S. 8. Zürich, J. Frank, 1902.

Sträuli, Hans, von Winterthur [Kt. Zürich]: Das Retentionsrecht nach dem Bundesgesetz über das Obligationenrecht. Winterthur Bleuler-Hausheer Cie Dr. [u. Verl.] 1885. 136 S., 1 Bl., 1 Bl. Thesen. 8°.
Zürich, Jur. Diss. [v. 25. Juli 1885].

Sträuli, Hans, das Retentionsrecht nach dem Bundesgesetz über das Obligationenrecht. gr. 8. (137 S.) Winterthur 885, [Bleuler-Hausheer und Comp.] Kieschke. * 2 —

Sträuli, Hans, Verfassung des eidgenössischen Standes Zürich vom 18. IV. 1869. Mit Anmerkgn. u. e. geschichtl. Einleitg. hrsg. gr. 8. (IX, 257 S.) Winterthur 902. Geschw. Ziegler. n. 3. 50

Straume, Otto, Paraffinum liquidum u. Vaselin. Eine pharmakolog. Studie. Diss. gr. 8. (86 S.) Jurjew (Dorpat) 894. (E. J. Karow.) n. 1. 60

Straumer, Frdr., allerlei aus dem Erzgebirge, s.a. Tannengrün.

— allerlei aus dem Erzgebirge in Bildern u. Geschichten. (1. Bd.) 8. (VI, 152 S.) Annaberg 892. H. Graser's Verl. n. 1. 50; geb. in Leinw. n. 2. —

— dasselbe. (1. Bd.) 2., verb. Aufl. 8. (VIII, 152 S. m. Bildnis.) Ebd. 893. n. 1. 50; geb. in Leinw. n. 2. —

— dasselbe. (2. Bd.) 8. (VI, 166 S. m. Bildnis.) Ebd. 895. n. 1. 50; geb. n. 2. — (1 u. 2 in 1 Leinwbd. n.n. 3. 75)

Allerlei aus dem Erzgebirge in Bildern u. Geschichten von Friedrich Straumer. Bd 1. 2. Annaberg: Graser 1895–1903. 2 Bde 8°
1. 3. Aufl. 1903. 2. Mit e. Bildn. d. Verf. 1895.
(Tannengrün. Bd 1. [2.])

Straumer, Friedrich: Eine deutsche Bearbeitung des „Selbstpeinigers" des Terenz aus dem 16. Jahrhundert. (35 S.) **Progr.** (. Chemnitz 1888 (503)

Straumer, Friedr., Beiträge zur Geschichte der Schulcomödie in Deutschland. I. Thl. bis zur Mitte des 16. Jahrh. nebst Proben aus einer deutschen Einkleidung zum Eunuchus des Terenz nach einer Zwickauer Handschrift aus dem 16. Jahrh. gr. 4. (33 S.) Freiberg 868, (Engelhardt.) * — 60

Straumer, Frdr., die Brautsuppe in Chemnitz. Ein Beitrag zur Geschichte der Adjuvantengesellschaften in Sachsen. Im Auftrag des löbl. Brautsuppenconsortii verf. u. hrsg. gr. 8. (VII, 101 S.) Chemnitz 893. (B. Troitzsch.) n.n. 3.

— die Fabrik- u. Handelsstadt Chemnitz. Ein Städtebild. 8. (54 S. m. 20 Illustr.) Ebd. 893. n. — 60

— König Johann v. Sachsen. Königin Luise v. Preußen. 2 Schulreden geh. in der Aula d. königl. Gymnasiums, jene am Tage der feierl. Beisetzg. Sr. Maj. d. Königs Johann den 31. Octbr. 1873, diese bei der Feier d. Tages v. Sedan den 2. Septbr. 1874. gr. 8. (34 S.) Chemnitz 874. Focke. n. — 50

— Christoph Columbus u. die Entdeckung v. Amerika, s.: Schriften des sächsischen Volksschriften-Verlags.

— Paul Flemings Leben u. orientalische Reise, s.a. Schriften d. sächsischen Volksschriften-Verlags.

Paul Flemings Leben und orientalische Reise. Von Friedrich Straumer. Leipzig: Sächs. Volksschriftenverl. 1892. 80 S. 8° (10. 1379)

Straumer, Frider., de Ciceronis, quae fertur, oratione apud Cassium Dionem, XLIV, 23—33 commentatio. gr. 4. (17 S.) Chemnitz 872. (Brunner.) — 75

— Roland der Schildträger. Eine Schulkomödie in 3 Aufzügen. Frei nach Uhland's gleichnam. Ballade. 3. Aufl. gr. 8. (16 S.) Chemnitz (901). M. Bülz. — 30

Straupitz [Schlagwort]

Straupitz, s: Preussen. Messtischblätter.

Straupitz [Verfasser]

Straupitz, Karl Gottfried (Zittau) A. S. 158/4

Disputatio iuris naturalis de praestatione evictionis iure naturali incognita.
Präs. Christian Heinrich Breuning.
Leipzig (Langenheim) 6. IV. 1753. 24 S.

Gew.: Stadt Zittau. 33833

Straus, der, s. A. v. Kotzebue, Almanach. 26r J.

Straus, Der. Spiel in Versen, von G.... v. K...: Alman. dramat. Spiele. 26. Jg. 1828. V: *Kessel, Gustav v.* Nach einer (zeitgenöss.?) hs. Notiz in einem Exempl. der Berliner Schnellpost 1827, S. 532, die über die Aufführung im Berliner Kgl. Theater vom 15. Aug. 1827 berichtet. — GGr VIII, 280: (?) *Frdr. Graf von Kalckreuth.* (DARP)

Straus, Albert: Der Tabakbau im Grossherzogtum Baden und seine natürlichen Vorbedingungen. Halle a. S. 1909: Paalzow. 152 S. 8°
Halle, Phil. Diss. v. 7. Sept. 1909, Ref. Wohltmann
[Geb. 13. Sept. 84 Karlsruhe i. B.; Wohnort: Klein-Wilkowitz; Staatsangeb.: Baden; Vorbildung: Gymn. Karlsruhe Reife M. 02; Studium: Karlsruhe Techn. Hochsch. 1, Frankfurt a. M. Akad. f. Sozial- u. Handelswiss. 1, Berlin Landw. Hochsch. 1, Halle 4 S.; Rig. 8. März 09.] [U 10. 1805

Straus, Alb., der Tabakbau im Grossherzogt. Baden u. seine natürl. Vorbedinggn. Landwirtschaftl.-naturwissenschaftl. Untersuchgn. (VI, 153 S. m. 1 Karte.) 8. Halle 909. O. Hendel. 2. —

Straus, Andr.

— s.a. Monumenta typographica.

Straus, A., Monumenta typographica. 4. Lps. Sommer.

s.a. Opera rariora.

— Opera rariora, quae latitant in bibliotheca Canonicorum regular. colleg. eccles. ad St. I. Baptistam in Rebdorf. 4. ibid. 790.

Straus, Andr., Versuch einer histor.-topograph. Beschreib. d. Residenzstadt Eichstädt in Franken. Mit 2 Kpf. 8. Eichstädt 791. (Barth in Leipz.) 12 gl.

Straus, Carl, s. Straus, Karl

Straus, Caesar, unser Depositengelder-System u. seine Gefahren. Ein Vorschlag zur Abhilfe. gr. 8. (40 S.) Frankfurt a/M. 892. C. Jügel's Verl. n. — 80

Straus, Caesar, die praktische Lösung der Wohnungsfrage m. Hülfe des Erwerbskapitals. Ein soziales Vermächtnis. (60 S.) gr. 8. Frankfurt a/M. 905. Dr. E. Schnapper. n. 1. 50

Straus, E.: Bankgesetz vom 14. III. 1875.
s.a. Sammlung deutsch. Gesetze.

Straus, E.: Bankgesetz vom 14. März 1875. Mit den Novellen vom 18. 12. 1889, 7. 6. 1899 u. 1. 6. 1909, dem Reichsbankstatut, den Ausführungsverordnungen [usw.]. Mit Einl. u. Erl. Mannheim u. Leipzig (1910).

Straus, Ernst, appr. Arzt a. Talsen ⟨Kurland⟩: Zur Behandlung der Patellarfrakturen. Halle a. S. 1905: C. A. Kaemmerer. (46 S.) 8°
Halle, Med. Fak., Ref. v. Bramann, Diss. v. 20. Dez. 1905
[Geb. 7. März 77 Talsen in Kurland; Wohnort: Halle a. S.; Staatsangeh.: Preußen; Vorbildung: Latein. Hauptsch. Halle Reife M. 98; Studium: Tübingen 5, Halle 6 S.; Coll. 14. Dez. 05; Approb. 1. Nov. 05.]

Straus, Friedrich [aus Karlsruhe]: Die diagnostische Bedeutung der Punktion des Wirbelkanals ... [Aus: Deutsch. Arch. f. klin. Med., Bd LVII Heft 3 u. 4.] Leipzig, Druck v. J. B. Hirschfeld, 1896; 62 S. 8.
München, Med. Fak., Inaug.-Diss. v. 1896

Straus, Fritz, aus Mannheim: Die ungesättigten Laktone der Hydrocornicularsäure und Desylessigsäure. *München 1901: V. Höfling.* (69 S.) 8°
München, Phil. Diss. v. 1901

Straus, G. H., u. C. Hummel, Bericht üb. d. techn. u. commerciellen Verhältnisse d. Anlage e. Eisenbahn v. Berbach nach d. Rheinschanze (Saarbrücken u. Mannheim). gr. 4. (7¾ B. u. 2 Stnt.) Speyer 839, (Neidhard's Buchh.) *

Straus, G. H., s. M. J. **Sganzin,** Grundsätze d. Straßen- rc. Baukunde.

Straus, Heinrich, aus Nürnberg: Ueber die Oxydation des symmetrischen und asymmetrischen α, β Naphtazins. Erlangen 1905: E. Th. Jacob. (38 S.) 8°
Erlangen, Phil. Fak., Ref. Fischer, Diss. v. 10. Febr. 1905
[Geb. 28. Febr. 81 Nürnberg; Staatsangeh.: Bayern; Vorbildung: Neues Gymn. Nürnberg Reife 99; Studium: München 5, Kiel 1, Berlin 1, Erlangen 4 S.; Rig. 10. Febr. 05.]

Straus, Herm., geb. Rogasen in Posen 11. [illegible]: Ueber moralischen Wahnsinn. Berlin (1885). [illegible] 8°
Berlin, Med. Diss. v. [illegible] Aug 1885

Straus, Isak, appr. Arzt a. Karlsruhe: Zur Kenntnis der neuroepithelialen Geschwülste im Rückenmark. Heidelberg 1905: J. Hörning. (21 S.) 8°
München, Med. Fak., Ref. v. Bollinger, Diss. v. 14. Okt. 1905
[Geb. 21. Dez. 81 Karlsruhe; Wohnort: Karlsruhe; Staatsangeh.: Baden; Vorbildung: Gymn. Karlsruhe Reife Juli 99; Studium: München 4, Berlin 3, München 3 S.; Coll. 14. Okt. 05; Approb. 25. Juni 04.]

Straus, Karl

Straus, (Vorsteher einer Lehranstalt f. Knaben in Hamburg,) C. (Karl), erstes ABC-Lesebuch z. Erlernung des Lesens nach d. Lautmethode, nebst stufenweise geordnetem Lesestoff zur Uebung im Lesen u. zur Erweckung d. Nachdenkens in unterhaltenden Geschichten, Erzähll., Denksprüchen, Liedern rc. 2e veränderte u. verm. Aufl. Mit 24 (illum.) Abbildd. 8. Hamb. 833. (832.) Herold. 10 ggr

Straus, Carl, erstes A-B-C- u. Lesebuch z. Erlern. d. Lesens nach d. Lautmethode; nebst stufenweise geordn. Lesestoff z. Uebung im Lesen u. z. Erweckung d. Nachdenkens in unterhalt. Geschichten, Erzähln., Denksprüchen, Liedern rc. 3., aufs neue durchgeseh. Aufl. 8. (8½ B. u. 24 ill. Abbild.) Hamburg 836, Heroldsche Buchh.

— Abriß d. Erdkunde v. Europa, nach Naturgrenzen. 8. Berl. 819. Oehmigke. 4 ggr

—— und Carl Hold, Amilla. Neue Feierabende in Vater Gutmanns Garten. Zur Lehre u. Unterhalt. f. d. reifere Jugend. 16. (28 B. u. 6 Kpfr.) Hamburg 833, Herold.

—— und Carl Hold, **Amilla.** Neue Feierabende in Vater Gutmanns Garten. Zur Lehre u. Unterhalt. f. d. reif. Jugend. (Neue Ausg.) 16. (23 B. u. 6 col. Bild.) Hamburg 840, Heroldsche Buchh.

— s. **Archiv für Freimaurerei.**

– und Carl Hold

—— —— **Barbale.** Darstellungen a. d. Vergangenheit u. Gegenwart, z. Erweckung u. Veredlung d. Herzens d. reif. Jugend. 16. (20 B., 4 col. u. 2 schw. Kpfrt.) Hamburg 840, Heroldsche Buchh.

—— —— **Benignus.** Schilderungen nach d. Leben, z. Bild. d. Geistes u. Herzens d. reif. Jugend. 16. (21 B., 4 ill. u. 3 schw. Kpfr.) Hamburg 837, Heroldsche Buchh.

Straus, C(arl), Bericht über die 1. Versammlung des Vereins norddeutscher Volksschullehrer, s. **Bericht.**

— die Bürgerschule. Nach ihrem Wesen dargestellt. 8. Hamb. 825. Herold. 4 ggr

– und Carl Hold

— — **Clio,** Gallerie von Erzählungen aus dem Gebiete der Geschichte u. des Lebens. Mit 6 Kpfrn. ... Ebd. 840. 1 rß

— **Denk- u. Begriffslehre.** Ausg. mit 26 color. Abbildd. 8. Hamburg 840. Herold jun. geb. 5/6 rß

– und Carl Hold

— —, Deebata. Neue Lebensbilder aus Vater Gutmanns Mappe f. d. reif. Jugend. 16. (22 B., 3 schw. u. 3 ill. Kpfr.) Hamburg 834, Herold.

STRAUS, CARL, Die Fahrt nach Kiel. Briefliche Mittheilungen zweier Freundinnen. Hamburg. U. A. [c. 1828]. (M. 1 Prospekt).

– und Carl Hold

— — Feierabende an d. Elbe u. auf d. Robinson's Insel im Campe'schen Garten. Lehrreich u. unterhalt. f. d. reif. Jugend. 16. (19 B. u. 6 Kpfr.) Hamburg 832, Herold.

—— **Fibel** zur Erlernung d. Lesens nach d. Lautmethode. 2, veränd. u. verm. Aufl. 8. (4¾ B.) Hamburg 831, Herold.

—— **Fibel** zur Erlernung des Lesens nach der Lautmethode. 3. Aufl. 8. (5 B.) Hamburg 842, Heroldsche Buchh. * — 2½

—— **Ganymed.** Zur Lehre u. Lust der reifern Jugend. Sammlung von Erzählungen, Mährchen, histor. Bildern, Schilderungen aus d. Länder- u. Völkerkunde. gr. 8. (15 B. u. 4 Stahlst.) Hamburg 842, Heroldsche Buchh. 1 15

Straus, Carl, Gedichtsammlung f. unsere Kleinen. Für Schule u. Haus. 6. neu durchges. Aufl. 8. (IV u. 68 S.) Hamburg 847, Herold. 6 ngr

—— der Hamburgische **Kinderfreund,** od. Samml. v. Denk-, Sprach- u. Leseübungen f. Volksschulen. — A. u. d. T.: Lesebuch f. Volksschulen. 1. Aufl. 829. (Neue Ausg.) (à 17 B.) 8. Hamburg 831, Herold.

—— der hamburg. Kinderfreund, od. Lesebuch f. Volksschulen. Eine geordn. Samml. zweckmäß. Denk-, Sprach- u. Leseübungen. 2 Thle. 2., verm. u. verb. Aufl. 8. (12½ B.) Hamburg, Heroldsche Buchh. Thlr.

Thl. 1. Lese-, Denk- u. Sprachübungen, verbunden m. Aufgaben zu d. ersten schriftl. Arbeiten. (12½ B.) 837. 5 Gr.

- 2. Deutsches Lesebuch. Eine geordn. Samml. v. Fabeln, Mährchen, Erzähln., Beschreibn. aus d. Natur-, Länder- u. Völkerkunde. Zum Gebr. in Schulen bearb. (18¼ B.) 838. 7 Gr.

—— der hamburgische Kinderfreund od. Lesebuch f. Volksschulen. Eine geordn. Sammlung zweckmäßiger Denk-, Sprach- u. Leseübungen. 1. Thl. Lese-, Denk- u. Sprachübungen, verbunden m. Aufgaben zu den ersten schriftl. Arbeiten. 3., verb. Aufl. 8. (12½ B.) Hamburg 843, Heroldsche Buchh. — 6¼

—— dass. 2. Thl. A. u. d. Tit.: Deutsches Lesebuch. Eine geordnete Sammlung von Fabeln, Mährchen, Erzählungen, Beschreibungen aus der Natur-, Länder- u. Völkerkunde. 3., verm. u. verb. Aufl. 8. (20 B.) Ebds. 844. — 8¼

—— Lesebuch f. Volksschulen. Eine geord. Samml. zweckmäß. Denk-, Sprach- u. Leseübungen. 8. (17 B.) Hamburg 829, P. Hoffmann.

– und C. Hold

—— Vater Gutmanns Mappe, s. a. Taschenbuch f. Hamburgs Jugend.

Straus, C., & C. Hold. *Vater Gutmanns Mappe.* Lebensbilder für die reifere Jugend. Herausgegeben von Carl Straus und Carl Hold. Hamburg, Herold [1832]. 330 S., gestoch. Titel mit Vignette, 2 Kupfer, von Ludw. Meyer gestochen, und 4 hübsche handkolor. Kupfer. 12°. Etw. benutzter Or.-Karton (Rücken erneuert). 38.—

Erzählungen, Gedichte u. Rätsel von den Verf. u. a. Autoren. 2 der kolor. Kupfer stellen eine Alsterfahrt u. Hamburg an Weihnachten 1813 dar. — Durchgehend etwas fleckig.

Straus, Carl, Minona. Bilder aus d. Schatze d. Lebensweisheit. 16. (18½ B. u. 6 col. Bild.) Hamburg 840, Heroldsche Buchh.

Straus u. Hold. *Vater Gutmanns Mittheilungen* aus den bunten Kreisen des Erdenlebens. Zur Erholung des Geistes und Gemüths herausgegeben von [Vign.] Carl Straus und Carl Hold. Hamburg, Herold'sche Buchh. [1836]. IV, 313 S., gestoch. Titel m. handkolor. Vignette u. 6 handkolor. Kupfer A. Schiele inv. et fec. Kl.-8° (fast quadrat.). Reizender rosa Or.-Karton m. gestoch. u. illustr. Titel (datiert 1838). 48.—

Reizendes Büchlein mit Erzählungen, Gedichten u. Rätseln v. Straus, Hold, Agnes Franz, Prätzel u. a., sehr hübsch illustr. — Der Einband ganz leicht benutzt, sehr gutes Ex.

– s. Müller, Hnr. VI., die Wunder der Natur.

—— Taschenbuch f. Hamburgs Jugend, s. Taschenbuch.

— Jugend-Spiegel, in lehrreichen u. interessanten Erzählungen für die Jugend. Mit 8 ill. Kpfrn. 12. Hamburg 827. Niemeyer. 5/12 ℛ — Mit schwarzen Kpfrn. ½ ℛ

—— Wandfibel zur leichten Erlernung des Lesens nach der Lautmethode in 12 Wandtafeln. gr. Fol. Hamburg 844, Heroldsche Buchh. * — 12½

Straus, Karl Gf., († d. 11. Juli 1790.) Abhandl. üb. die nöthige Behutsamkeit beim Tadel der Libelliker. 4. Jena 766.

— Lehrbuch e. systemat. Logik. 8. Berl. 783. Nicolai 1 ℛ

Straus, Karl Gottlieb (Schleusingen)
U. S. Altdorf lose jur.

Dissertatio de licita maioratuum et fideicommissorum familiarum nobilium alienatione. Von Rechtserlaubter Veräusserung Adelicher Fideicommiss-Stamm- und Majorat-Gütter. Präs. Johann Jodokus Beck. Altdorf (Grebner) 1750. 48 S.

Diss. 15.I.1735. 33834

Straus, Osc., s.: Sang u. Klang im XIX.—XX. Jahrh.

Straus, Paul [aus Dettelbach a. M.]: Beitrag zur Kenntnis der Kupfer- und Mangancyanide ... Würzburg, Becker's Univ.-Buchdr., 1894; 27 S. 8.

Würzburg, Phil. Fak., Inaug.-Diss. v. 1894

Straus, R., die Juden im Königr. Sizilien unter Normannen u. Staufern, s. a. Abhandlungen, Heidelberger, zur mittleren u. neueren Geschichte. Heft 30.

Die Juden im Königreich Sizilien unter Normannen und Staufern. Von R. **Straus**. Heidelberg: Winter 1910. 115 S. 8°
(Heidelberger Abhandlungen z. mittleren u. neueren Geschichte. H. 30.) [10. 1725

Straus, Willi [aus Nürnberg]: Neue Mitteilungen über das Stillungsvermögen der Puerperae an der Münchener kgl. Universitäts-Frauenklinik ... München, Druck v. V. Höfling, 1897; 23 S. 8.

München, Med. Fak., Inaug.-Diss. v. 1897

Straus-Goitein, Rahel, appr. Arztin: Ein Fall von Chorionepitheliom. München 1907: B. Heller. (33 S.) 8°

München, Med. Fak., Ref. v. Bollinger, Diss. v. 6. Juni 1907

[Geb. 20. März 80 Karlsruhe i. B.; Wohnort: München; Staatsangeh.: Bayern; Vorbildung: Städt. Mädchengymn. Karlsruhe Reife Juli 99; Studium: Heidelberg 10 S.; Coll. 6. Juni 07; Approb. 16. März 05.]

Strausberg [Schlagwort]

Strausberg, s. a. Berlin, Karte.

— s. a.: Geologische Karten (Preussen).

— s. a.: Mark. — Wanderkarten.

Strausberg. Kiessling's neue Specialkarte v. Strausberg u. dem Blumenthal. Auf Grund der Generalstabs-Aufnahmen gezeichnet u. touristisch bearb. 1 : 50,000. 47,5 × 35 cm. Farbendr. Berlin (894). A. Kiessling. 1.—

— Straube's, Jul., Spezial-Karte der Umgegend von Strausberg m. dem Blumenthal, Werneuchen u. Alt-Landsberg. 1 : 60,000. 40,5 × 44,5 cm. Farbdr. Berlin 897. J. Straube. n. 1.—

Strausberg. Straube's, Jul., Spezialkarte der Umgegend v. Strausberg m. dem „Blumenthal", Werneuchen u. Alt-Landsberg. 1 : 60,000. 41×45 cm. Farbdr. Berlin (909). J. Straube. — 75

Strauscheid, Franz ⟨geb. am 23 Okt. 1858 in Bonn⟩: Aus d. Poliklinik f. Ohrenkranke zu Bonn. — Ueber die Beziehungen der Nasenkrankheiten zum Asthma nervosum, bronchiale etc. ... Bonn, Druck v. L. Hünewinkel & Co. 1884. 68 S., 1 Bl. 8.

Bonn, Med. Fak., Diss. v. 30 Juli 1884

Strauscheid, Friedrich: Aus der med. Klinik. Ueber die Geschwülste des Mittelfellraumes .... Bonn, Jos. Bach Wwe., Buch- u. Steindr., 1887; 41 + 1 S. + 1 Bl. 8°.

Bonn, Med. Fak., Inaug.-Diss. v. 4. März 1887.

Strauscheid, Friedrich, aus der med. Klinik. Ueber die Geschwülste des Mittelfellraumes. Diss. Bonn 1887, Emil Strauss. 8°. 41 S.

Sträuschen, s. Sträusschen

Strause, J., Polyglot pocket-book, for english, german, french, italian, spanish and portuguese conversation, for the use of students and travellers. 16. (XXXIV und 426 S.) New-York 851. (Philadelphia, Schäfer und Koradi.) *

§ * **STRAUSFEDERN** (sol). Bd. 1. (4 freie Erzählgn. v. *Joh. Carl Aug. Musäus.*) Berlin u. Stettin, b. Fr. Nicolai. 1787. 8⁰. Tit., 6 Bll. Vorr. u. 259 S. — Bd. 2. Fortges. v. d. Verf. d. Siegfr. v. Lindenberg *(Joh. Gottwerth Müller)*. Ebd. 1790. Tit, 7 Bll. Vorr. (dat. Itzehoe 1790) u. 217 S. — Bd. 3 (v. demselb.). Ebd. 1791. Tit. u. 254 S. — Bd. 4 — Bd. 5 (von *Ludw. Tieck*, wie die folg. Bde.). Ebd. 1795. Tit. u. 208 S. — Ebd. 1796. Tit. u. 220 S. — Bd. 6. Ebd. 1797. 236 S. (incl. Tit.). — Bd. 7. Ebd. 1797. 231 S. (incl. Tit.). — Bd. 8. (Enth. nur No. 36: Ein Tagebuch, S. 3—100) Ebd. 1798. 222 S. (incl. Tit.). 8⁰. (In Marburg: XVI. C. 641. 5 voll.; Bd. 4 fehlt. Cplt. in Darmstadt: E 3666. 6 voll.) (50 Mk., sehr schönes Expl., Auction Runze-Zolling, Lpz., 1904, no. 1897; 80 Mk., sehr schönes Expl., Bernh. Liebisch, Lpz., 1908; 95 Mk. O. Rauthe, Friedenau-Berlin, 1907: in 4 schönen gleichzeit. Hldrbdn. mit Schild.)
Sammlung von 36 Romanen und Erzählungen der oben genannten Verfasser, mit zahlreichen Erstdrucken der besten Tieck'schen Mährchen. Im 4. Bde. ist noch die erste Erzählung von *Joh. Gottwerth Müller*). Vgl. Haym, romantische Schule, S. 64. — Anon.-Lex. IV. p. 127 (nach Goedeke, Kayser, Engelmann, Kordes). Dänische Uebersetzung erschien von Bd. 1—3.

Straußfedern, od. Sammlung v. unterhaltenden Gesch. (v. Musäus, J. G. Müller, d. Verf. d. Siegfr. v. Lindenberg u. ein. Ungenannten.) 8 Thle. 8. Berlin, Nicolai. 787—98. (à 16 gr.)

— Dass., s. a. Straussfedern.

Strauß od. wozu sind diese Art v. Propheten da?, s.: Sammlung neu-theosoph. Schriften.

Strauss darf und soll nicht kommen!! Wahrhaftige Geschichte wie es einem Bauersmann im Kanton Zurich mit dem Doctor [David Friedrich] Strauss ergangen .... 8. (Zurich) 1839.

— darf und soll nicht kommen!! Wahrhaftige Geschichte, wie es einem Bauersmann im Kanton Zürich mit d. Doctor Strauß ergangen. (Sehr ernsthaft u. doch lustig zu lesen.) gr. 8. Zürich 839. (Orell, Füßli u. Comp.) $^1/_{12}$ ℛ

Strauß, Dav. Friedr., Ein Vortrag, s. Le Roi, J. de.

Strauß', Dav. Friedr., Biographie, s. Hausrath, A.

Strauß (, Dr. Dav. Friedr.,) ist ein Christ. Von ein. Geistlichen. — Theolog. Sendschr. an e. Laien, üb. d. Berufung d. Dr. Strauß nach Zürich. gr. 8. (½ B.) Zürich 839, Orell, Füßli u. Comp.

Strauss, Dr. [David Friedrich] St' und die Zurcher Kirche. Basel sa [Lücke, Friedrich].

Strauss, D., und die Züricher Kirche ... Basel 1839. V: *Lücke, Friedrich.* (winer)

— Dr., u. d. zürcher Kirche. Eine Stimme aus Norddeutschland. M. e. Vorr. v. W. M. L. de Wette. gr. 8. (1¼ B.) Basel 839, Schweighauser'sche Buchh.

Strauss, David Friedrich, und der Würtembergische Kirchendienst. [Stuttgart 1876.] V: *Weizsäcker, Carl v.* (Heyd)

Strauss, Doktor (David Friedrich) St' und seine Lehre. Ein freies Wort an die freien Zurcher. 8. [Zurich] 1839.
Mutmasslicher Verfasser: Hermann Marcus Kottinger.
Ausg A. — *Ausg B.*

— Dr., u. seine Lehre. Ein freies Wort an d. freien Zürcher. gr. 8. (1 B.) Zürich 839, (Orell, Füßli u. Comp.)

Strauss, Dr. David Friedrich, und seine neueste Schrift: »Hermann Samuel Reimarus und seine Schutzschrift für die vernünftigen Verehrer Gottes«. Leipzig [1861]. Sion 1862. V: *Bucher, Jordan.* (Gla I/2, 847)

— und die Evangelien, od. d. Leben Jesu v. Dr. Strauß f. denk. Leser aller Stände, bearb. v. e. evangel. Theologen. 2 Abthln. gr. 8. (18½ u. 18 B.) Burgdorf 839, Langlois. *

Strauß u. die Evangelien, oder: Das Leben Jesu von Strauß. Für denkende Leser aller Stände bearb. v. einem evangelischen Theologen. 2. unveränd., v. dem Verf. mit einer Vorrede versehene Aufl. gr. 8. (XVI u. 554 S. m. 1 Lith.) Burgdorf 847, Langlois. 1⅓ ℛ

Strauß, ein, geistlicher Gedichte. Aus vergangenen Tagen gesammelt von L. v. K. 16. (73 S.) Berlin 881. Deutsche evangel. Buch- u. Tractat-Gesellschaft. n. 1. —

Strauß, ein, für die liebe Jugend, oder neuestes und vollständigstes Wiener Gratulationsbuch, enthltd. mehr als 400 Neujahrs-, Namenstags- u. Geburtstags-Wünsche in Versen u. in Prosa. Zusammengestellt von L. Kinderfreund. Wien (854.) Sallmayer u. Co. 16. (124 S.) 10 ngr

Strauß, ein, für die liebe Jugend, oder: neuestes und vollständigstes wiener Gratulationsbuch, enthaltend über 400 Neujahrs-, Namenstags-, Geburtstags- und Weihnachts-Wünsche in Versen und Briefen, sowohl für das zarte Kindesalter, als für die reifere Jugend. Nebst einem französ. Anhang. Verfaßt und zusammengestellt von L. Kinderfreund. 2., vielverm. Aufl. 8. (... S.) Wien 860, Sallmayer und Comp.

Strauß, e. schlichter. Gedichte von A. L. v. M. 12. (VII, 141 S.) Stuttgart 897. Greiner & Pfeiffer.
Geb. m. Silberschn. n. 3. —

Strauss, Dr., als das Werkzeug des Radicalismus . . . 2. Aufl. St. Gallen 1836. V: *Höfliger, Frdr. Jos.* (Th)

— Dr., als Werkzeug d. Radikalismus, od. d. Angriff d. sich selbst vergötternden Verstandes geg. d. gläub. Gemüth. Allen getreuen Schweizerherzen, besond. den im Kant. Zürich ihrem Glauben Getreuen zur Wahrung u. zur Ermuthigung v. H. R. gr. 8. (2 B.) St. Gallen 839, [Scheitlin u. Zollikofer.]

Strauß, der zerpflückte. Richard Strauß-Karrikaturen in Bild u. Wort v. Alex. Moszkowski, Gust. Hochstetter, Max Brinkmann u. a. (32 S.) 8. Berlin 910. Verlag d. Lust. Blätter. — 60

Strauß, Anschauungslehre oder Lehre von den Formen aus der Mathematik für Elementarschulen. 12. (36 S. und 3 Stnt. in 4.) Ober-Glogau 848, Handel.

Strauß, Anschauungslehre oder Lehre von den Formen aus der Mathematik für Elementarschulen. Mit 3 (lith.) Taf. (in 4.) 12. (36 S.) Ober-Glogau 849, Handel. ¼ ℛ

Strauß, (Ingenieur), s. Beitr. zur Bestimmung unzugänglicher Distanzen u. Höhen.

Strauß (I.), Weck und Königk, Lehr- und Lern-Büchlein, s. Weck.

— Nauka naoczna a formach z Matematyki wzięta na pożytek szkół elementarnych. Przetłumaczona przez K. Tschepe. 12. (35 S. und 3 Stnt. in 4.) Ober-Glogau 848, Handel.

— Nauka naoczna a formach z Matematyki wzięta na pożytek szkół elementarnych. Przetlumaczona przez K. Tschepo. 12. (35 S. m. 3 lith. Taf. in 4.) Ebd. 849. 1/4 ℳ

Strauss, s. Themis. Juristische Zeitung ...

Strauß, A., das Beste in d. Welt. Ein Weihnachtsspiel. 12. (50 S.) Cöthen 897. Dessau, Buchhdlg. d. evang. Vereinshauses. n. — 60

Strauß, A., die Braut des Missionars. Ein dramat. Spiel f. Jungfrauen- u. Frauen-Vereine. 12. (20 S.) Dessau 897. Buchhdlg. d. evangel. Vereinshauses. n. — 40

Strauß, A., im Burenlager. Ein dramat. Spiel in 2 Akten, zur Aufführg. in Vereinen bearb. 8. (36 S.) Stuttgart (902). Holland & Josenhans. n. — 40

— s.: Christbaum, der.

Strauss, A.: De delirio tremente. D. 24 S. 8°. Berolini. 1848.

Strauß, A., der Deserteur, s.: Dilettantenbühne, kathol.

— in Feindesland! E. Episode aus d. letzten Feldzug. Dramat. bearb. u. Deutschlands Heldensöhnen gewidmet. 12. (20 S.) Ebd. 896. n. — 35

— im Försterhaus. Ein dramat. Spiel f. Jünglings-Vereine. 8. (19 S.) Stuttgart (901). Holland & Josenhans. n. 40

— furchtlos u. treu! Ein Gespräch f. 4 Personen. 12. (10 S.) Ebd. 896. n. — 25

— das Geschenk. Ein Festspiel f. Kinder zum Geburtstag uns. Kaisers. 12. (15 S.) Dessau 898. Buchh. d. Evang. Vereinshauses. n. — 35

— das falsche Glück. Ein dramat. Spiel in 3 Aufzgn. 12. (35 S.) Cöthen 896. Ebd. n. — 50

— Heil Kaiser Wilhelm! Heil d. deutschen Vaterland! Ein Sedanfestspiel zur 25jähr. Jubelfeier f. die deutsche Jugend. 12. (16 S.) Ebd. 895. n. — 30

— unsere Jugend am Geburtstag d. Kaisers. E. Festspiel f. d. deutsche Jugend. 12. (15 S.) Ebd. 896. n. — 40

Kaiserfeier zu Treuenfels. E. Festspiel d. Andenken uns. hochedlen Kaisers Wilhelm I. gewidmet v. A. Strauss, Kunzendorf. Cöthen: Schriften-Niederlage d. ev. Vereinshauses [1897]. (18 S.) 1 Bd 8°

— die Kiebitzeier. E. patriot. Spiel in 3 Aufzgn. Für Bismarckfeiern den christl. u. patriot. Vereinen gewidm. 8. (28 S.) Ebd. 895. n. — 60

— um 1000 Mark! Ein dramat. Spiel in 2 Aufzügen. 12. (32 S.) Ebd. 896. n. — 50

— Sergeant Piefke am 18. Januar. Deutsches Festspiel. 12. (36 S.) Ebd. 896. n. — 60

— ein Reich, e. Volk, e. Gott! Ein Gespräch f. 3 Personen. 12. (12 S.) Ebd. 896. n. — 25

— Scherz u. Ernst! Ein Deklamatorium. 12. (14 S.) Ebd. 896. n. — 30

— auf Strafwache am Kaisergeburtstag! Patriot. Spiel f. alle patriot. Vereine. 12. (27 S.) Ebd. 896. n. — 60

— wach' auf, mein Volk! Erneure Dich! Ein Ruf zu neuer Reformation! Dramatisch dargest. 12. (56 S.) Ebd. 895. n. — 60

— wach' auf, mein Volk! Erneure Dich! Ein Ruf zu neuer Reformation. Dramat. dargest. 16. (56 S.) Dessau 901. [Buchh. d. Evang. Vereinshaus.] Stuttgart, Holland & Josenhans. n. — 60
Auch die übrigen Strauß'schen Theaterstücke aus dem Verlag d. Buchhdlg. d. Evang. Vereinshauses sind an die Firma Holland & Josenhans übergegangen.

— Weihnachten in der Pension. E. Weihnachtsfestspiel f. Kinder. 12. (23 S.) Ebd. 896. n. — 40

— der Weihnachtsengel. Ein Weihnachtssp. f. Kinder. Nach e. Gedicht v. Gerok. 12. (9 S.) Ebd. 897. n. — 30

— eine rechte Weihnachtsfreude. Weihnachtsfestspiel f. christl. Vereine. 12. (36 S.) Ebd. 896. n. — 60

— eine rechte Weihnachtsfreude. Weihnachtsfestspiel f. christl. Vereine. 2. Aufl. 12. (36 S.) Dessau (900). Stuttgart, Holland & Josenhans. n. — 50

— die Weihnachtskönigin. E. Weihnachtssp. f. Kinder. 12. (26 S.) Ebd. 897. n. — 40

— aus großer Zeit. E. Festsp. zur 25jähr. Jubelfeier des Sedantages 1870. 2. Septbr. 1895. 8. (78 S.) Ebd. 895. n. — 75

— ein herrlich Zeugnis. E. Festspiel f. Melanchthonfeiern u. Reformationsfeste. 12. (35 S.) Ebd. 897. n. — 60

— ein herrlich Zeugnis. Ein Festspiel f. Melanchthonfeiern u. Reformationsfeste. (2. [Umschlag-]Aufl. 12. (35 S.) Cöthen (898). Stuttgart, Holland & Josenhans. n. — 60

Strauss, A. J., s. Strauss, Anselm Franz

Strauss, [illegible] De delirio tremente [illegible] 8°
Berlin, Med. Diss. v. [illegible] Okt. [illegible]

Strauss, Adolf, s.a. Strausz

Strauss, Adolf: Über die Konventionalstrafe nach der neuen Reichsgesetzgebung. *München 1898: J. B. Lindl.* (76 S.) 8°
Erlangen, Jur. Diss. v. 11. Febr. 1898

Strauß, Albert, Güter-Tarif für Wien. 4. (300 S.) Wien: Strauss 1890. 4.—

Strauß, Alfr., ein gefährlicher Freund. Deklamatorium f. 10 Personen (darunter mehrere kleine Nebenrollen) f. ev. Männer- u. Jünglings-Vereine. (17 S.) kl. 8. Hamburg (896. 897). Bundesbuchh. n. — 25

Strauß, Alfr., auf festem Grunde. Eine ernste Antwort auf ernste Fragen. gr. 8. (III, 148 S.) Eisleben 899. Christl. Verein im nördl. Deutschland. Geb. n. — 80

Auf festem Grunde. Eine ernste Antwort auf ernste Fragen von A. Strauss, Pastor. Hrsg. vom christl. Verein im nördl. Deutschland. (Eisleben: P. Klöppel) 1899. (148 S.) 8°

Strauß, Alfr., ein deutscher Gruß, s.: Vereinsbühne.

— in der Heimat. Deklamatorium in 1 Aufzug. (16 S.) kl. 8. Züllchow (904). M. Bühle. (Nur direkt) n. — 40

— von der Heimatflur. Neue Geschichten. 8. (120 S.) Leipzig 902. Sächs. Volksschriften-Verlag. n. — 90; geb n. 1. 20

Förster Horst. Deklamatorium in 2 Aufz. von A[lfred] Strauß. Züllchow/Stettin: M. Bühle [1904]. (16 S.) 8°

— Kanzelgebete. Eine Sammlg. v. kurzen Gebeten, f. alle Kanzelabkündiggn. zusammengestellt. gr. 8. (36 S.) Breslau 900. Görlitz, R. Dülfer. n. — 75

Strauß, Alfr., ringende Mächte. Eine Erzählg. Buchschmuck v. Agnes Jäsrich. (183 S.) 8. Eisleben 908. Christl. Verein im nördl. Deutschland. Geb. in Leinw. 1. —

Ringende Mächte. Eine Erzählung von Alfred **Strauß**. Buchschmuck von Agnes Jässich-Berlin. Hrsg. v. Christl. Verein im nördl. Deutschland. Eisleben: P. Klöppel 1908. (183 S.) 8° [F.] [08. 13002

— im Märchenlande. Märchen u. Geschichten f. die Jugend. Neue Ster.-Ausg. gr. 8. (176 S. m. 4 Farbdr.) Reutlingen (901). Enßlin & Laiblin. Geb. 2. —

— Meeresgold! Ein dramat. Spiel in 3 Aufzügen. (30 S.) kl. 8. Züllchow 903. M. Bühle. (Nur direkt.) n. — 60

— Menschenlust u. Menschenleid. Neue Geschichten. (III, 248 S.) 8. Eisleben 906. Christl. Verein im nördl. Deutschland. Geb. in Leinw. n. 1. —

— das neue Paradies. Ein dramat. Spiel in 2 Bildern zur Aufführung in Jünglings-Vereinen. 8. (11 S.) Ebd. (901). n. — 20

— Das neue Paradies. Ein dramat. Spiel in 2 Bildern zur Aufführg. in Jünglings-Vereinen. 2. Aufl. (11 S.) kl. 8. Stuttgart (908). Holland & Josenhans. p — 20

— auf dunklem Pfad. Volkstümliche Aufklärg. üb. geheimnisvolle Erscheingn. u. Kräfte. (VIII, 366 S.) 8. Gütersloh 906. C. Bertelsmann. n. 4. —; geb. n. 4. 80

— Heini v. Santen, s.: Jugendheim. 40.

Strauss, Alfred [app. Arzt aus Darmstadt]: Ueber Sarcome der Nase ... Würzburg, Becker's Univ.-Buchdr., 1897; 38 S. 8.
Würzburg, Med. Fak., Inaug.-Diss. v. 1897

— des Kreuzes Siegeszug! Ein Missions-Festspiel. (26 S.) 8. Bonn 904. J. Schergens. n. — 30

— Sonnenstrahlen u. andere Geschichten. (III, 163 S.) 8. Eisleben 906. Christl. Verein im nördl. Deutschland. Geb. in Leinw. n. 1. 20

— Rita v. Stein. Dramatische Szene aus der Zeit von Preußens Auferstehg. (23 S.) kl. 8. Züllchow 903. M. Bühle. (Nur direkt.) n. — 50

[F.] **Strauss,** Alfred [aus Mainz]: Die rechtliche Stellung des Handlungs-Lehrlings ... Mainz, V. v. Zabern, 1894; 47 S. 8.
Göttingen, Jur. Fak., Inaug.-Diss. v. [23. Jan.] 1894

Strauß, Alfr., die rechtliche Stellung des Handlungs-Lehrlings. Diss. gr. 8. (47 S.) Mainz 894. V. v. Zabern. n. 1. —

— auf Wache. Eine Militär-Humoreske. Dramatisch bearb. 8. (16 S.) Berlin (902). Buchh. des ostdeutschen Jünglingsbundes. n. — 40

Strauß, Alfr., eine rechte Weihnachtsfreude. Weihnachtsfestspiel f. christl. Vereine. 3. Aufl. (31 S.) 8. Stuttgart (906). Holland & Josenhans. n. — 40

— Eine rechte Weihnachtsfreude. Weihnachtsfestspiel f. christl. Vereine. 4. Aufl. (31 S.) kl. 8. Stuttgart (908). Holland & Josenhans. p — 40

Hurrah Wilhelmia! Ein Fesispiel z. Aufführung an Kaisers Geburtstag bearb. von Alfred **Strauß**, Kunzendorf. Züllchow/Stettin: M. Bühle 1903. (15 S.) 8°

— Aus großer Zeit. Ein Festspiel. Dem deutschen Volke gewidmet. 2. Aufl. (68 S.) kl. 8. Ebd. (907). p — 75

STRAUSS, Anselm Franz: Chemisch-physikalische Abhandlung über einige forsttechnische Gegenstände. - Aschaffenburg, Mainz 1821. 70 S. A. u. d. T.: Chemie und Physik als Hülfsmittel bey dem Studium der Forstwissenschaft ...

Strauß, Anselm Frz., chem.-physikal. Abhandl. üb. einige forsttechn. Gegenstände. A. u. d. T.: Chemie u. Physik, als Hülfsmittel bei d. Studium d. Forstwissenschaft. 8. Aschaffenb. 822. (Mainz, Kupferberg). 7 g. (a. Peragay in Aschaffenb.) 6 g.

Strausz, A. F.
Chemie und Physik als Hülfsmittel bei dem Studium der Forstwissenschaft. Aschaffenburg, 1821. 8vo.

Strauß, Ans. Frz., Grundlehren der Chemie ꝛc. gr. 8. Gotha 823. (Erfurt, Hennings u. Hopf.) $1\frac{3}{4}$ ℛ

— Grundlehren der allgem Chemie, in Anwend. auf das Forstwesen ꝛc. Mit 6 Kpftaf. gr. 8. Gotha 823. Hennings. 1 ℛ 18 g. (A. u. d. T.: Die Forstwissenschaft. 8r Thl. 3r Bd.)

STRAUSS, Anselm Franz: Grundlehren der allgemeinen Chemie in Anwendung auf das Forstwesen, für angehende Forstmänner und Kameralisten. - Gotha, Erfurt 1824. 321 S., 6 Taf. (=VIII. Tl., 3 Bd. v.: Die Forst- und Jagdwissenschaft nach allen ihren Theilen für angehende und ausübende Forstmänner und Jäger. Hrsg. v. J. M. Bechstein, fortges. v. C. P. Laurop)

Strauss, A. F.: „Grundlehren der allgemeinen Chemie in Anwendung auf das Forstwesen", Gotha 1824 (Hennings).

Strauss A. F.: Lehrbuch d. besonderen u. angewandten Physik. Mainz 1823. 368 S.
[Fysik og Kemi i Forhold til Jorden, Planter og Dyr].

— Lehrbuch d. besondern u. angewandten Physik. 8. Mainz 823. Kupferberg. 1 ℛ 4 g.

— Pharmacopoea castrensis conjuncta additis Tabulis. A. u. d. T.: Strauß, vereinigte Feldpharmacovoe, mit beigefügten Tabell. 8. Frkf. 815. Varrentrapp; (a. Stenz in Mainz). 1 ℛ

— Vorbereitungslehren z. Studium d. Naturwissenschaften, in Fragen u. Antworten. 1s Bdchn. A. u. d. T.: Vorbereitungslehren z. Studium d. Naturgeschichte. 8. Mainz 826. Kupferberg. 16 g. 2s Bdchn. A. u. d. T.: Vorbereitungslehren z. Studium d. Chemie. 8. Ebd. 826. 22 g. 3s Bdchn. A. u. d. T.: Vorbereitungslehren z. Studium d. Physik. gr. 8. Mainz 826. Kupferberg. 15 g.

STRAUSS, Anselm Franz: Wiedererneuerung und feierliche Eröffnung der Königlich-Baierischen National-Forst-Lehranstalt zu Aschaffenburg. Ein Beitrag zur Geschichte dieses vaterländischen Institutes mit Blicken in die Vergangenheit und Zukunft. - Aschaffenburg 1820. 64 S.

— Wiedererneuerung u. feierl. Eröffnung der K. B. Nationalforstlehranstalt zu Aschaffenburg. gr. 8. Aschaffenb. 820. Knodé. 6 g.

Strauss, Aron [app. Arzt aus Kirchhain '(Hessen-Nassau)']: Sarcomatosis der Haut und des Magens ... Würzburg, G. *Horstmann's Druckerei. Frankfurt a. M.,* 1896; 19 S. 8.
Würzburg, Med. Fak., Inaug.-Diss. v. 1896

Strauss, Arth., zur Abortivbehandlung der akuten Gonorrhoe. (5 S.) gr. 8. Leipzig 905. Verlag der Monatsschrift f. Harnkrankh. n. — 60

Strauss, Arthur, a. Nordstetten: Der rechtliche Charakter der Notstandshandlungen und ihre Behandlung im geltenden deutschen Recht. Heidelberg 1905: D. Straus. (47 S.) 8°
Heidelberg, Jur. Fak., Ref. v. Lilienthal, Diss. v. 22. Dez. 1905
[Geb. 9. März 80 Nordstetten; Wohnort: Heidelberg; Staatsangeh.: Württemberg u. Baden; Vorbildung: Gymn. Heidelberg Reife Juli 99; Studium: Heidelberg 3, München 1, Heidelberg 4 S.; Rig. 14. Jan. 04.]

Strauss, A., Erkältg., Abhärtg. u. Sport. (26 S.) kl. 8. M. Gladbach 910. Volksvereins-Verlag. — 60

Strauss, Arth., Grundriss d. Pathologie u. Therapie d. Hautkrankheiten, s.: Bibliothek, medicin., f. prakt. Aerzte.

Strauss, Artur [aus Barmen]: Aus d. med. Poliklinik zu Bonn. Über das Hypnoticum Chloralamid. . . . Barmen, Druck v. L. Langewiesche, 1890; 37 + 1 S. + 1 Bl. 8°
Bonn, Med. Fak., Inaug.-Diss. v. [8. Mai] 1890

Strauß, Art., die Syphilis im Lichte neuer Forschungen, s.: Gegenwartsfragen.

— welche Vorteile bietet e. Penisklemme bei der Behandlung der Gonorrhoe? (4 S. m. 2 Abbildgn.) gr. 8. Ebd. 906. n. — 40
2 Sonderabdrucke aus: „Monatsschr. f. Harnkrankh. etc."

Strauss, August [aus Schlüchtern, (Hess.-Nass.)]: Ueber Kolpitis emphysematosa. . . . Würzburg, Druck d. Etlinger'schen Buchdr., 1891; 32 S. 8°
Würzburg, Med. Fak., Inaug.-Diss. v. 1891

Strauss, Benedikt [aus Unterriedenberg]: Beitrag zur operativen Behandlung der Intussusception ... Würzburg, P. Scheiner's Buchdr., 1891; 32 S. 8.
Würzburg, Med. Fak., Inaug.-Diss. v. 1891

Strauss, Benno, aus Fürth '(Bayern)': Ueber die durch Hysteresis im Eisen entwickelte Wärme. Zür. Gebr. Fretz Dr. 1896. 32 S. 8°
Zürich, Phil. Diss. II. S. [v. 18. Mai 1896].

Strauß, Bernhard: Beiträge zur Exartikulation des Hüftgelenkes. Borna-Leipzig 1910: Noske. 47 S. 8°
München, Med. Diss. v. 13. Juni 1910, Ref. v. Angerer
[Geb. 15. April 83 Fechenbach; Wohnort: Frankfurt a. M.; Staatsangeh.: Bayern; Vorbildung: Gymn. Aschaffenburg Reife Juli 03; Studium: Würzburg 6, München 2, Berlin 1, München 2 S.; Coll. 13. Juni 10; Approb. 31. Mai 10.] [U 10. 3592

STRAUSS, Bernhard (Eichstätt): Allgemeine pathologische Betrachtungen über Gebärmutter-Krebs.- München: Rösl 1836. 20 S.
17.7.1836 - Urk (Titel: De scirrho uteri.); F 63
Diss. Ingolst.-Landsh.-Mchn.

Strauß, Cäcilie, die Gründerin der Armen-Erziehungs-Anstalt Friedberg. Zur Feier ihres 50jähr. Bestehens gewidmet v. e. Freundin. gr. 8 (25 S. m. Bildnis.) Aarau 901. (H. R. Sauerländer & Co.) n. — 80

Strauss, Carl, s. Strauss, Karl

Strauss, Caesar, die Arbitrage an den deutschen Börsenplätzen m. Berücksicht. der Gold- u. Silber-Operationen. 8. (VII, 88 S.) Frankfurt a/M. 876. Rommel. geb. n. 3. —

Strauss, Clemens Carolus Hugo de, s. Strauss, Hugo de

Strauß, Dan., Himmel, Hölle u. Teufel, od. was hat der Mensch vom Himmel zu hoffen, von der Hölle zu fürchten und vom Teufel zu halten? 16. (3 B.) Bautzen 842, Reichel.

Strauß, Dav., Himmel, Hölle und Teufel, oder was hat der Mensch vom Himmel zu hoffen, von der Hölle zu fürchten und vom Teufel zu halten? 16. Bautzen 842, Reichel. 1/4 Thlr

Strauss, David [aus Miehlen (Reg.-Bez. Wiesbaden)]: Sprachliche Studien zu den hebräischen Sirachfragmenten. Zürich 1900. 2 Bl. 70 S. 8°.
Zürich. Phil. Diss. I. S. 1899/1900.

Strauss, David Friedrich, s. Bibliothek des litterarischen Vereins in Stuttgart XLI.

Strauß, Dav. Friedr., zwei friedl. Blätter. Vermehrter u. verbess. Abdr. d. beiden Aufsätze: Ueber Justinus Kerner, und: Ueber Vergängliches u. Bleibendes im Christenthum. 8. (10 1/2 B.) Altona 839, Hammerich.

Strauß, Dav. Frdr., ausgewählte Briefe. Hrsg. u. erläut. v. Ed. Zeller. M. 1 Portr. in Lichtdr. gr. 8. (XIII, 586 S.) Bonn 895. E. Strauß. n. 8. —; geb. in Halbfrz. n. 10. —

—— Charakteristiken u. Kritiken. Eine Samml. zerstreuter Aufsätze aus d. Gebieten d. Theologie, Anthropologie u. Aesthetik. gr. 8. (29 1/4 B.) Leipzig 839, Otto Wigand.

Strauß, David Friedr., Charakteristiken u. Kritiken. Eine Sammlung zerstreuter Aufsätze aus den Gebieten der Theologie, Anthropologie u. Aesthetik. 2., wohlf. Aufl. gr. 8. (29 1/4 B.) Leipzig 844, Otto Wigand.

Strauß, Dav. Friedr., der Christus des Glaubens u. der Jesus der Geschichte. Eine Kritik des Schleiermacher'schen Lebens Jesu. Berlin 865. F. Duncker. 8. (XII, 240 S.) n. 1 Thlr

— the old faith a. the new, s.: Ashers collection of english authors.

—— poetisches Gedenkbuch. Gedichte aus dem Nachlasse. Eingeleitet von Ed. Zeller. Mit einem Portr. (in Stahlst.). 2. Aufl. gr. 8. (XV, 232 S.) Ebendas. 878. * M 4,50.; geb. *

Strauß, Dav. Friedr., der alte und der neue Glaube. Ein Bekenntniß. 1.—3. Aufl. gr. 8. (380 S.) Leipzig 872, Hirzel. *

—— dass. — 4.—8. Aufl. gr. 8. (381 S.) Bonn 873—75, Strauß. * M 6.; geb. **

—— ein Nachwort als Vorwort zu den neuen Auflagen meiner Schrift: Der alte und der neue Glaube. 1.—6. Abdr. gr. 8. (47 S.) Ebendas. 873—75. *
Vgl.: Frohschammer, J. — Hieronymi, W. — Huber, Joh. — Meyer, Jürgen Bona. — Rauwenhoff, L. W. E. — Spörri, Herm. — Stutz, U. — Ulrici, Herm. — Weis, Ludw.

—— der alte und der neue Glaube. Ein Bekenntniß. 8. Ster.-Aufl. Mit: Ein Nachwort als Vorwort zu den neuen Auflagen meiner Schrift: Der alte und der neue Glaube. gr. 8. (413 S.) Ebendas. 875. *

—— dass. — 10. Aufl. Mit einem Vorworte von Ed. Zeller. gr. 8. (XIV, 413 S.) Ebendas. 879. * M 7.; geb. *

— der alte u. der neue Glaube. Ein Bekenntniß. 11. Aufl. mit einem Vorworte von Ed. Zeller. gr. 8. (XIV, 413 S.) Ebend. 881. n. 7. —; geb. n. 8. 50

[F.] Der alte und der neue Glaube. E. Bekenntniss v. David Friedrich Strauss. 12.—14. Stereot.-Aufl. m. e. Vorw. v. Eduard Zeller. *Bonn: E. Strauss 1895.* (XVIII, 278 S.) 1 Bd 8. [96. 5256

Strauß, Dav. Frdr., der alte u. der neue Glaube. Ein Bekenntniß. 15. Ster.-Aufl. m. e. Vorworte v. Eduard Zeller. (XVIII, 278 S.) gr. 8. Bonn 903. Leipzig, A. Kröner. n. 3. 60; geb. in Halbleinw. n. 4. 50

— dasselbe. Volks-Ausg. in unverkürzter Form. 16. Aufl. (IV, 116 S.) gr. 8. Ebd. 904. n. 1. —

—— die christl. Glaubenslehre in ihrer geschichtl. Entwicklung u. im Kampfe mit d. modernen Wissenschaft dargest. 2 Bde. gr. 8. (46 u. 47 B.) Tübingen 840, 41, [Osiander'sche Buchh. à * 3 1/6 Thlr. *

— die christliche Glaubenslehre in ihrer geschichtlichen Entwicklung und im Kampfe mit der modernen Wissenschaft dargestellt. 2 Bde. gr. 8. Tübingen 1840, 41, Osiander; Stuttgart, Köhler. n. 6 1/3 ℛ

—— die Halben und die Ganzen. Eine Streitschrift gegen die HH. D.D. Schenkel und Hengstenberg. 8. (IV und 128 S.) Berlin 865, F. Duncker. *

Strauss, David Friedrich. Ulrich von Hutten. 3 Theile. 8. Leipzig 1858–1860.
Theil 1–2: 1858. -- Theil 3 *u. u. d. T.:* Gespräche von U. von Hutten, übersetzt und erläutert von D. F. St. 1860.

Strauß, Dav. Friedr., Ulrich v. Hutten. 2 Thle. gr. 8. (XXII und 752 S.) Leipzig 858, Brockhaus. *

Strauß, Dav. Frdr., Ulrich von Hutten. 3. Thl. A. u. d. T.: Gespräche von Ulrich von Hutten, übersetzt u. erläutert. Leipzig 860. Brockhaus. 8. (LVIII, 418 S.) n. 2 ℛ

—— Ulrich v. Hutten. 2. verb. Aufl. gr. 8. (XIII, 582 S.) Leipzig 871, Brockhaus. [Bonn, Strauß.] *

— Ulrich von Hutten. 4. Aufl. Als Anh.: Vorrede zu „Gespräche von Ulrich von Hutten, übersetzt u. erläutert von D. Frdr. Strauß. Leipzig 1860". gr. 8. (XVI, 567 S.) Ebend. 878. n. 7. —

[F.] Ulrich von Hutten. Von David Friedrich **Strauss**. 4.—6. Stereot.-Aufl. Als Anh.: Vorr. zu 'Gespr. v. Ulrich v. Hutten, übs. u. erl. v. ... Strauss. Leipzig 1860.' *Bonn: E. Strauss 1895.* (XVI, 567 S.) 1 Bd 8. (96.8.26)

— Klopstock's Jugendgeschichte u. Klopstock u. der Markgraf Karl Friedrich von Baden. Bruchstücke einer Klopstockbiographie. [Aus: „Gesammelte Schriften".] gr. 8. (173 S.) Ebend. 878. n. 4. —

— Krieg u. Friede. Zwei Briefe an Ernst Renan nebst dessen Antwort auf den ersten. 1. u. 2. Abdr. Leipzig 870. Hirzel. gr. 8. (66 S.) n. 10 ngr

Strauß, Dav. Friedr., das Leben Jesu, kritisch bearb. 2 Bde. gr. 8. Tübingen 835, 36. Osiander. n. 6 1/3 ℛ — 2e verb. Aufl. 2 Bde. gr. 8. Ebd. 837. n. 6 1/3 ℛ — 3e, mit Rücksicht auf die Gegenschriften verb. Aufl. 2 Bde. 838, 39. — 4e Aufl. 2 Bde. gr. 8. Ebd. 840. n. 6 1/3 ℛ

—— dass. (mit deutscher Schrift.) 2 Bde. 4. Aufl. gr. 8. (93 3/4 B.) Ebds. 840. *
Strauß, das Leben Jesu, allgem. faßl. dargest. v. Philalethus. 2 Bde. gr. 8. (21 1/4 u. 20 1/2 B.) Konstanz, (Meck.) à 1 2/3 Thlr, 3 Thlr. 8 Gr.

Strauß, Dav. Fr., das Leben Jesu. Leicht faßliche Bearbeitung. Mit besond. Berücksichtigung schweizerischer Leser. 8. Winterthur 842, (Literar. Compt.) 7/8 ℛ

Strauß, (Dav. Friedr.,) das Leben Jesu. Leichtfaßliche Bearbeitung. Mit besond. Berücksichtig. schweizer. Leser. 8. (36 3/4 B.) Winterthur 842. [Leipzig, Verlagsbüreau.]

—— das Leben Jesu für das deutsche Volk bearb. 1. und 2. Aufl. (in 6 Lfgn.). gr. 8. (XXVI und 633 S.) Leipzig 864, Brockhaus. * 3 Thlr.; geb. *

—— das Leben Jesu für das deutsche Volk bearb. 3. Aufl. 6 Lfgn. gr. 8. (633 S.) Leipzig 874, Brockhaus. [Bonn, Strauß.] à Lfg. * ℳ 1,50. *

Strauß, Dav. Friedr., das Leben Jesu, für das deutsche Volk bearb. 2 Thle. in 1 Bd. 4. Aufl. gr. 8. (XXXII, 403; VII, 296 S.) Bonn (877)886, Strauß. * ℳ 9.—; geb. * 11 50
Aus: Gesammelte Schriften, besonders abgedruckt.

Strauß, Dav. Friedr. Das Leben Jesu, f. das deutsche Volk bearb. 5. Aufl. 2 Thle. in 1 Bd. gr. 8. (XXXII, 403; VII, 396 S.) Bonn 889, Strauß. * 9 —; geb. * 10 50

— das Leben Jesu, f. d. deutsche Volk bearb. 2 Thle. in 1 Bd. 8. Aufl. gr. 8. (XXXII, 403 u. VII, 296 S.) Ebd 895. 9. —; geb. 11. —

Das Leben Jesu für das deutsche Volk bearb. von David Friedrich Strauss. (Hrsg.: E[duard] Zeller.) 12. Ster. Aufl. Th. 1. 2. Bonn: E. Strauss 1902. 2 Bde 8°

Strauß, Dav. Frdr., das Leben Jesu, f. das deutsche Volk bearb. 2 Tle. 12. Ster.-Aufl. gr. 8 (XXXII, 403 u. VII, 396 S.) Bonn 902. Stuttgart, E. Strauß 5. —; geb. 6. —

— das Leben Jesu, f. das deutsche Volk bearb. 2. Thle. Volks-Ausg. in unverkürzter Form. 13. Aufl. (VIII, 164 u. IV, 162 S.) gr. 8. Ebd. 904. n. 2. —

Strauß, Dav. Friedr., Leben und Schriften des Dichters und Philologen Nicodemus Frischlin. Ein Beitrag zur deutschen Culturgeschichte in der zweiten Hälfte des 16. Jahrhunderts. gr. 8. (VIII und 586 S. mit dem Bildnisse Frischlins in Holzschn.) Frankfurt a/M. 855(56,) Literarische Anstalt. *

Strauss, Dav. Frdr. Christian Friedrich Daniel Schubart's Leben in seinen Briefen. Mit Bildn. 2 Bde. Berlin: Duncker 1849. [Nachlese dazu in:] Kleine Schriften. Bd. 1. 2. 1862, 66

—— Christian Friedr. Daniel Schubart's Leben in seinen Briefen. Gesammelt, bearb. und hrsg. Mit einem Vorworte von Ed. Zeller. 2. Aufl. 2 Thle. in 1 Bde. gr. 8. (XVIII, 306; 338 S.) Ebendas. 878. * ℳ 11.; geb. *

Strauß, Dav. Frdr., der politische u. der theolog. Liberalismus. [Abgedr. aus der Reform, hrsg. von G. A. Wislicenus. 1848. 3. Hft.] gr. 8. (16 S.) Halle 848, Knapp. n. 1/6 ℛ

— Christian Märklin. Ein Lebens- u. Charakterbild aus der Gegenwart. gr. 8. (IV u. 200 S.) Mannheim 851, Bassermann. 1 ℛ 6 ngr

—— Lessing's Nathan der Weise. Ein Vortrag. 1. Aufl. 1864. 15 Ngr. und 2. Aufl. 8. (79 S.) Berlin 866, Guttentag. *

— Lessing's Nathan der Weise. Ein Vortrag. 3. Aufl. [Aus: „Gesammelte Schriften 2. Bd."] gr. 8. (62 S.) Ebend. 877. n. 1. 20

— Lessing's Nathan der Weise. Ein Vortrag. 4. Aufl. gr. 8. (38 S.) Ebd. 896. n. 1.20; ermäß. Pr. — 75

Strauß, Dav. Frdr., Lessings Nathan der Weise. Mit e. Vorwort v. Frdr. Steudel. (Bibliothek der Aufklärg.) (48 S.) 8. Frankfurt a/M. 908. Neuer Frankfurter Verlag. — 50

Der Papier-Reisende. Ein Gespräch v. David Friedrich **Strauss.** 1856. (Neugedruckt für die Mitglieder der Gesellschaft der Bibliophilen. Weimar. 1907.) 8°

Der Papierreisende. Ein Gespräch von David Friedrich **Strauss**. 1856. Neugedr. f. d. Mitgl. d. Gesellsch. d. Bibliophilen. (Hrsg.: Karl Schüddekopf.) Weimar: Gesellsch. d. Bibliophilen 1907. (24 S.) 8°
= **Gesellschaft** d. Bibliophilen. [11.] [07. 18045

—— Hermann Samuel Reimarus und seine Schutzschrift für die vernünftigen Verehrer Gottes. 8. (XVI und 288 S.) Leipzig (861)62, Brockhaus. *

— Hermann Samuel Reimarus u. seine Schutzschrift für die vernünftigen Verehrer Gottes. 2., unveränd. Aufl. [Aus: „Gesammelte Schriften 5. Bd."] gr. 8. (185 S.) Ebend. 877. n. 5. —

—— der Romantiker auf dem Throne der Cäsaren, oder Julian der Abtrünnige. Ein Vortrag. gr. 8. (79 S.) Mannheim 847, Bassermann.

— der Romantiker auf dem Throne der Cäsaren od. Julian der Abtrünnige. Ein Vortrag. 3. Aufl. gr. 8. (40 S.) Ebd. 896. n. 1. —; ermäß. Pr. — 75

Strauß, Dav. Friedr., gesammelte Schriften. Nach des Verf. letztwill. Bestimmungen zusammengestellt. Eingeleitet und mit erklär. Nachweisen versehen von Ed. Zeller. 12 Bde. gr. 8. Bonn, Strauß. *
geb. in Halbfrz. *
geb. in Halbmaroquinbde. *

Inhalt:

Bd. 1. Literarische Denkwürdigkeiten. — Zum Andenken an meine gute Mutter. — Zwei Leichenreden: 1) auf Wilhelm Strauß, 2) auf Fr. Sicherer. — Justinus Kerner, zwei Aufsätze. — Der Romantiker auf dem Throne der Cäsaren. — König Wilhelm von Württemberg. — Sechs theologisch-politische Volksreden. — Deutsche Gespräche. — Krieg und Friede (Briefe von und an E. Renan.) (VIII, 341 S. mit Portr. des Verf. in Stahlst.) 876.

" 2. Brockes und Reimarus. — Diderot. — Lessings Nathan. — L. T. Spittler. — A. W. Schlegel. — Karl Immermann. — Ludwig Bauer. — Erinnerungen an Möhler. — Freiherr von Uexküll und seine Gemäldesammlung. — Zur Erinnerung an den Maler Eberhard Wächter. — Zur Lebensgeschichte des Malers Gottlieb Schick. — Der Bildhauer Isopi. — Die Asteroiden und die Philosophen. — Schwarzerd-Melanchthon. — Beethoven's neunte Symphonie und ihre Bewunderer. — Der alte Schauspieldirector. — Barbara Streicherin von Aalen. — Der Papierreisende. — Die Göttin im Gefängniß. — Zwei Vorreden. (XI, 392 S.) 876.

" 3. 4. Das Leben Jesu für das deutsche Volk bearb. 2 Thle. 4. Aufl. (XXXIII, 403; VII, 396 S.) 877.

" 5. Der Christus des Glaubens und der Jesus der Geschichte. — Die Halben und die Ganzen. — H. S. Reimarus. (VIII, 409 S.) 877.

" 6. Der alte und der neue Glaube. — Ein Bekenntniß. 9. Aufl. (XVIII, 273 S.) 877.

" 7. Ulrich v. Hutten. 8. Aufl. (XVI, 567 S.) 877.

" 8. 9. Christian Friedrich Daniel Schubart's Leben in seinen Briefen. Gesammelt, bearb. und hrsg. 2. Bde. (XIX, 306; 340 S.) 878.

" 10. Friedr. Gottl. Klopstock. — Christian Märklin. (VIII, 359 S.) 878.

" 11. Voltaire. Sechs Vorträge. 5. Aufl. (XIII, 311 S.) 878.

" 12. Poetisches Gedenkbuch. Gedichte aus dem Nachlasse. Eingeleitet von Ed. Zeller. (XX, 226 S.) 877.

Einzelne Bände sind nicht zu haben.

—— kleine Schriften. Neue Folge. 8. (XVI und 496 S.) Berlin 866, F. Duncker. *
(1. Folge.) Leipzig 1862, Brockhaus. * 2 Thlr.

— kleine Schriften. 2. Aufl. 2 Bde. [Aus: „Gesammelte Schriften".] gr. 8. (IV, 341 u. III, 392 S. m. Portr. in Stahlst.) Ebend 877. à n. 6 —

— kleine Schriften. 3. Aufl. gr. 8. (III, 339 S.) Ebd. 898. n. 6.—; geb. in Halbfrz. 7.50; ermäß. Pr. n. 3.60; geb. n. 4.50

—— kleine Schriften biographischen, literar- und kunstgeschichtlichen Inhalts. 8. (X und 450 S.) Leipzig (861)62, Brockhaus. *

Strauss, David Friedrich. Sendschreiben des Herrn Professor Dr. D. F. Strauss an die hochgeachteten Herren Bürgermeister [Conrad Melchior] Hirzel, Professor [Johann Caspar] Orelli und Professor [Ferdinand] Hitzig in Zürich. [Mit 1 Porträt.] Extra-Beilage zur schw. Dorf-Zeitung. 4. *o. O.* (1839).

Strauss, David Friedrich. Sendschreiben an die hochgeachteten Herren: Bürgermeister [Conrad Melchior] Hirzel, Professor [Johann Caspar] Orelli und Professor [Ferdinand] Hitzig in Zürich. 8. Zürich 1839.

[1. Aufl.] ([Mit einem] Sendschreiben an das Zürchervolk [von] Johann Caspar Orelli.) Hrg. von dem Vereine zur Beförderung der Volksbildung. *Ausg. A. — Ausg. B.*

2. rechtmässige Aufl. Nebst einer Zuschrift an das Zürchervolk ([von] Johann Kaspar Orelli).

—— Sendschreiben an die Hrn. Bürgermeister Hirzel, Prof. Orelli u. Prof. Hitzig in Zürich. Nebst e. Zuschrift an d. Zürchervolk. 2., rechtmäß. Aufl. gr. 8. (1½ B.) Zürich 839, Orell, Füßli u. Comp.

Strauß, Dav. Friedr., Streitschriften z. Vertheidigung meiner Schrift üb. d. Leben Jesu u. z. Charakteristik d. gegenwärt. Theologie. 1. Bd. 1—3. Hft. gr. 8. Tübingen, [Osiander'sche Buchh.] Thlr. *

Hft. 1. Herr Dr. Steudel od. d. Selbsttäuschungen d. verständ. Supranaturalismus uns. Tage. (13 B.) 837. * 22 Gr.

" 2. Die Herren Eschenmayer u. Menzel. (15¾ B.) 837. * 1 Thlr. 6 Gr.

" 3. Die evangel. Kirchenzeitung. — Die Jahrbücher f. wissenschaftl. Kritik, u. d. theolog. Studien u. Kritiken in ihrer Stellung zu meiner Kritik d. Lebens Jesu. (11¾ B.) 837. * 22 Gr.

— ders. 1r Bd. 3s Hft.: Die evangelische Kirchenzeitung. — Die Jahrbücher für wissenschaftl. Kritik, und die theolog. Studien u. Kritiken in ihrer Stellung zu meiner Kritik des Lebens Jesu. gr. 8. Ebd. 837. n. $^{11}/_{12}$ ℛ (1—3: n. $3^{1}/_{12}$ ℛ) — dies. Ausg. in 1 Bde. gr. 8. Ebd. 841. $1^{2}/_{3}$ ℛ

— sechs theologisch-politische Volksreden. gr. 8. (55 S.) Stuttgart 848, Cotta. ¼ ℛ

—— Voltaire. Sechs Vorträge. 1. Aufl. gr. 8. (III, 446 S.) 1870; 2. Aufl. (III, 451 S.) 1870, und 3. Aufl. gr. 8. (III, 457 S.) Leipzig 873, Hirzel. [Bonn, Strauß.] *

— Voltaire. Sechs Vorträge. 3. Aufl. gr. 8. (III, 457 S.) Ebend. 872. n. 6. —

Strauß, Dav. Frdr., Voltaire. 6 Vorträge. 4. Aufl. gr. 8. (316 S. mit phototyp. Portr. Voltaire's.) Bonn 877. Strauß. n. 6. —

Strauss, D. Fr., Voltaire. Sechs Vorträge. 5. Auflage. Bonn 1878. 8°. (Mk. 6—.) (4 Mk., br., unbeschn., L. Rosenthal, 1910.)

— Voltaire. 6 Vorträge. 6. bis 8. Ster.-Aufl. gr. 8. (316 S.) Ebd. 895. 3. 60; geb. 4. 50

— Voltaire. 6 Vorträge. Mit e. Einleitg. v. P. Sakmann u. e. Bilde Voltaires. (Bibliothek der Aufklärg.) (256 S.) 8. Ebd. 906. 2. —

— dasselbe. Neu hrsg. u. m. Anmerkgn. versehen v. Hans Landsberg. Volksausg. (VI, 164 S.) gr. 8. Leipzig (908). A. Kröner. 1. —

Strauß, Dav. Fr., s. Zukrigl, Jac., Rechtfertigung der christl. Trinitätslehre.

Strauss, E., über e. Beziehung zwischen Wanderungsgeschwindigkeit u. Form der Ionen, s.: Korn, A.

Strauß, E., das Fundrecht des bürgerlichen Gesetzbuchs. (VI, 72 S.) gr. 8. München 908. J. Schweitzer Verl. 2. —

Strauss, E., Vorlegeblätter zum Blumenzeichnen. (Nach J. Hammann's Originalien.) Heft 1—3. Hannover (835.) C. Hornemann. 4. Jedes Heft von 6 lith. Bl. n. 6 ngr

Strauß, E. R. J., der Branntwein-Enthaltsamkeits-Verein in Oberschlesien u. sein neuester Defensor Dr. Weidemann. 8. (2¾ B.) Creutzburg 845. (Leipzig, Beyer.) *

Strauß, E. R. J., der Branntwein-Enthaltsamkeits-Verein in Oberschlesien, und sein neuester Defensor Dr. Weidemann. 8. Creutzburg 845, (Landsberger.) n. $^{1}/_{6}$ ℛ

Strauß, E. R. J., biblisches Wörterbuch zur Glaubens- und Sittenlehre nach dem Lehrbegriff der evangel. Kirche, zugleich als Hilfsmittel zum prakt. Bibelgebrauch. 1.—7. Lfg. gr. 8. (S. 1—672.) Hamburg 874,75, Agentur des Rauhen Hauses. à Lfg. *

Strauß, C. R. J., biblisches Wörterbuch zur Glaubens- und Sittenlehre nach dem Lehrbegriff der evangelischen Kirche, zugleich als Hülfsmittel zum praktischen Bibelgebrauch. 8.—12. (Schluß-)Lfg. gr. 8. (S. 673—1226.) Hamburg 876, Agentur des Rauhen Hauses. à Lfg. * ℳ 1.; compl. *
1.—7. Lfg. Ebendas. 1874,75. à * ℳ 1.

Strauß, C. R. J., biblisches Wörterbuch z. Glaubens- u. Sittenlehre nach d. Lehrbegriff d. evang. Kirche, zugl. als Hilfsmittel zum prakt. Bibelgebrauch, nebst e. Anh. Neue [Titel-] Ausg. 6 Lfgn. gr. 8. (1226 S.) Hamburg (876) 897. Agentur des Rauhen Hauses.
à Lfg. n. — 60

Über Mängel und Übelstände in der Freimaurerei und Loge von Edm. Strauss. o. O. [ca 1906?].
[Bericht d. Symb. Grloge v. Ungarn. 1906 S. 19.]

Strauss, Eduard, aus Frankfurt a. M.: Ueber Aminoalkohole und einige Derivate. *Berlin (1899): E. Ebering.* (37 S.) 8°
Berlin, Phil. Diss. v. 29. Juli 1899

Strauss, Eduard „Einiges über die nützliche Anwendung des Dampfs". pg. 23—27. 4°. Mit 2 Tafeln. Fried. Kranzbühler.
Speyer, Progr. 1858/59

Strauss, Eduard, „Erinnerungen". (175 S. m. 18 Taf.) gr. 8. Wien 906. F. Deuticke. Geb. in Leinw. n. 3. —

Strauss, Eduard, Studien üb. die Albuminoide m. besond. Berücksicht. des Spongins u. der Keratine. (VII, 126 S.) gr. 8. Heidelberg 904. C. Winter, Verl. n. 3. 20

Strauss, Emanuel, aus Lohrhaupten: **Beitrag zur Kenntnis des β-Amidocrotonesters und der Nitrosamine.** *Heidelberg 1900: K. Rössler.* (42 S.) 8°
Heidelberg, Naturw.-math. Diss. v. 1900

Strauss, Emil Aus Galileis Dialog über die beiden hauptsächlichsten Weltsysteme. 4 (26 S.).
Rsch. der israel. Gemeinde (Philanthropin) *Frankfurt a. M.* 1891 (401).
Vgl. G. Galilei, Dialog über die beiden hauptsächlichsten Weltsysteme, das ptolemäische und das kopernikanische. Aus dem Ital. übersetzt und erläutert von Emil Strauss. 8 (LXXIX, 586 S.) Leipzig 1892, Teubner. ℳ 12,—
Progr.

[F.] **Strauss,** Emil: Aus Galileis Dialog über die beiden hauptsächlichsten Weltsysteme. Frankfurt a. M., Druck v. Kumpf & Reis, 1891; 26 S. 4°
Frankfurt a. M., R d. isr. Gem. (Philanthropin), OP 1891 (401)

Strauß, Emil, der Engelwirt. Eine Schwabengeschichte. 8. (200 S.) Berlin 901. S. Fischer, Verl. n. 3. —; geb. n n. 4. —

Strauß, Emil, der Engelwirt. Eine Schwabengeschichte. 2. Aufl. (v. Freund Hein). (182 S.) kl. 8. Berlin 908. S. Fischer, Verl. 2.—; geb. n 3. —; in Ldr. 4. —

— dasselbe, s.a. Fischer's Bibliothek zeitgenössischer Romane. 7. Bd.

Der Engelwirt. Eine Schwabengeschichte von Emil Strauß. Berlin: S. Fischer (1910). 146 S. 8°
(Fischers Bibliothek zeitgenössischer Romane. Jg. 1, Bd 7.)

Strauss, Emil, Erinnerg. an Bonn, s.: Hesse, Werner.

— Hans u. Grete. Novellen. (248 S.) kl. 8. Berlin 909. S. Fischer, Verl. 3.—; geb. n 4. —

Hans und Grete. Novellen von Emil Strauß. 3. Aufl. Berlin: S. Fischer 1909. 248 S. 8° [10. 11256

— Freund Hein. Eine Lebensgeschichte. 1.—3. Aufl. 8. (à 334 S.) Ebd. 902. n. 4. —; geb. n.n. 5. —

Freund Hein. Eine Lebensgesch. von Emil Strauss. 3. Aufl. *Berlin: S. Fischer 1903.* (334 S.) 8° [F.] [03. 6849 11

Strauß, Emil, Freund Hein. Eine Lebensgeschichte. 4. bis 15. Aufl. (à 334 S.) 8. Berlin 903—906. S. Fischer, Verl. n. 4. —; geb. in Leinw. n. 5. —

— Freund Hein. Eine Lebensgeschichte. 18. Aufl. (VII, 334 S.) 8. Ebd. 909. 4.—; geb. in Leinw. n 5. —

— Hochzeit. Drama in 5 Akten. (168 S.) 8. Ebd. 908. 2.—; geb. n 3. —

— **Kreuzungen. Roman. 1.—6. Aufl. (à 342 S.) 8. Ebd. 904—906. n. 4. —; geb. in Leinw. n.n. 5. —**

— s.: Lindenbaum, der.

Strauß, Emil, Menschenwege. Erzählungen. 8. (VII, 233 S.) Berlin 899. S. Fischer, Verl. n. 3. —

— Don Pedro. Tragödie. 8. (174 S.) Ebd. 899. n. 2. —; geb. n. 3. —

Strauß, Emil, Das Turnen unserer Schuljugend — ein dringendes Bedürfnis, Dresden 1860, 13 S., 8°.

Strauss, Emil, Referendar: Das Wandelungsrecht beim Kauf nach dem Bürgerlichen Gesetzbuch. Papenburg 1907: Buchdr. d. Ems-Zeitung. (69 S.) 8° ¶ (Überarbeitung e. gekrönten Preisschrift.)
Göttingen, Jur. Fak., Ref. Merkel, Diss. v. 16. Aug. 1907
[Geb. 6. Juli 85 Oberukirchen; Wohnort: Papenburg; Staatsangeh.: Preußen; Vorbildung: Realgymn. Leer Reife O. 04; Studium: Heidelberg 1, Berlin 1, München 1, Göttingen 3 S.; Rig. 16. Mai 07.]

Strauss, Erich: Das Gammaridenauge, s.a. Ergebnisse, Wissenschaftliche, der deutschen Tiefsee-Expedition. XX, 1.

Strauss, Erich: Das Gammaridenauge. Studien über ausgebildete und rückgebildete Gammaridenaugen. Mit Taf. I—VI u. 47 Abb. im Text. Jena: Fischer 1909. VI, 82 S. 4° ¶ (Aus: Wissenschaftl. Ergebnisse d. dtsch. Tiefsee-Expedition. Bd 20, H. 1.)
Leipzig, Phil. Diss. v. 12. Aug. 1909, Ref. Chun, Pfeffer
[Geb. 29. Aug. 84 Borna b. Leipzig; Wohnort: Borna; Staatsangeh.: Sachsen; Vorbildung: Realgymn. Borna Reife O. 03; Studium: Leipzig 2, Tübingen 1, Leipzig 9 S.; Rig. 17. Dez. 08.] [U 09. 3069

Strauß, Ernst: Beiträge zum § 197 des Strafgesetzbuchs für das Deutsche Reich. Breslau 1908: E. Winter. (74 S.) 8° [F.]
Breslau, Jur. Fak., Ref. Gretener-Brie, Diss. v. 24. April 1908
[Geb. 15. März 82 Breslau; Wohnort: Rothkretscham b. Breslau; Staatsangeh.: Preußen; Vorbildung: Johannes-Gymn. Breslau Reife O. 00; Studium: Breslau 3, Lausanne 1, Breslau 2 S.; Rig. 16. Jan. 08.]

Strauss, Ernst (geb. Rogasen 4. 11. 1849): Ueber Magenerweiterung. Berlin (1873). (31 S.) 8°
Berlin, Med. Diss. v. 24. Juli 1873

Strauß, Eugen, a. Ulm a. D.: Das Rechtsverhältnis am Fund. München: J. Schweitzer 1908. (VIII, 72 S.) 8° [F.]
Würzburg, Jur. Fak., Ref. v. Burckhard, Diss. v. 18. April 1908
[Geb. 21. Jan. 76 Ulm; Wohnort: Augsburg; Staatsangeh.: Bayern; Vorbildung: Gymn. Ulm Reife Juli 97; Studium: Berlin 1, Heidelberg 1, München 6 S.; Rig. 20. Dez. 04.]

Strauss, E., Religion od. Religionskunde?, s.a. Magazin, pädagogisches.

Religion oder Religionskunde? Von Pfarrer E[ugen] **Strauss**, Bonn. Langensalza: Beyer 1910. 38 S. 8°
(Stimmen z. Reform d. Religionsunterrichts. H. 6.)
(Pädagogisches Magazin. H. 419.) [11. 9551

Strauss, F. de. De auro coronario. Von der Krohnen-Steuer. 4⁰. Halae 1701.

(F) **Strauß, F.,** Organische Chemie. Experimentier- und Hilfsbuch für Bürger- und Fortbildungsschulen. Gr.-8⁰. (250 S.) Wien: Schulbücherverlag 1909. geb. K 2.40

Strauss, F., die einfache zuckerlose Harnruhr. Eine Monographie. gr. 8. (80 S.) Tübingen 870, Laupp'sche Buchh. *

Strauß, F. v., die Pilze Deutschlands, s. Sturm's, J., Deutschlands Flora.

Strauß, F. Eine Schrift über den Kredit nebst einem Vorschlage zur Organisation durch eine neue Anordnung der Zettelgeldausgabe. Leipzig und Wien 1904.

Strauss, [F. A.] und Wilhelm **Hoffmann:** Carl Ritter. Reden gehalten am 1. October 1859. Bei dem Sarge von Strauss. An dem Grabe von Hoffmann. Berlin 1859. 12 S. 8⁰.

— u. **Hoffmann,** Carl Ritter. Reden gehalten am 1. Octbr. 1859 bei dem Sarge u. an dem Grabe. Berlin 859. Schropp. gr. 8. (12 S.) n. 2½ ngr.

Strauß, F. Th., [in Sultanabad (Persien)], Reisen u. Erlebnisse. 2. Teil. 8. (66 S.) Plauen 889. Kell. n. — 50 (1. 2.: n. 1. —)

Strauss, F. William

Strauß, F. Will., Beiträge zur Geschichte d. Stadt M. Gladbach u. des Jülicher Landes (Neue Folge.) gr. 8. (VI, 120 S.) M. Gladbach 898. Strauß n. 1. 50
Hauptwerk. Ebd. 895. n. 1. —.

Beiträge zur Geschichte d. Stadt M.Gladbach und des Jülicher Landes. Hrsg. v. F. William **Strauss.** (Neue Folge.) M. Gladbach: Strauss [1899]. (4 Bl., 120 S.) 1 Bd 8⁰

Strauß, F. W., Geschichte der Stadt M.-Gladbach von d. ältesten Zeiten bis zur Gegenwart. In kurzen Umrissen dargest. 8. (VI, 99 S. m. 1 Ansicht.) M.-Gladbach 895. Strauß'sche Buchh. n. 1. —

Strauss, Ferd., Naturgeschichts-Skizzenbuch. 6 Hefte. Lex. 8. Wien 909. F. Deuticke. 6.—; Einzelpr. 7. 40

1. Niedere Tiere. (64 S. m. Abbildgn.)	1. 50
2. Gliedertiere. (63 S. m. Abbildgn.)	1. 50
3. Wirbeltiere. (47 S. m. Abbildgn.)	1. 20
4. Die Vögel. (31 S. m. Abbildgn.)	1 —
5. Säugetiere. (47 S. m. Abbildgn.)	1. 20
6. Der Mensch. (33 S. m. Abbildgn.)	1. —

v. Strauß, Frhrr. Fr. Karl, das Bisthum Bamberg in seinen drei wichtigsten Epochen, dargest. in 3 Karten. gr. 8. Bamb. 822. Draußnick 12 gr

Strauß Franz: Das weltliche Fürstentum der Bischöfe von Passau bis Otto von Lonsdorf. 1903 PN 1562 **Diss.** Wien, Univ. 856

Strauß, Frz. J., das Leben u. Leiden des heil. Emmeran, Apostels in Baiern u. Bischofs zu Regensburg. 8. Regensb. 830. (Krüll in Landsh.) 12 gr

Strauß, Frz. J., das Leben u. Leiden d. heil. Emmeran, Apostels in Bayern u. Bischof zu Regensburg. 8. (7½ B., Tit.-kpfr. u. Titvign.) Landshut 830. (Regensburg, Manz.)

Strauß, Frz. Thdr., Reisen und Erlebnisse in fernen Landen. 8. (IV, 68 S.) Plauen i. V. 884, Kell's Buchh. *

Strauß, Frz. Thdr. [in Sultanabad (Persien)]. Reisen u. Erlebnisse. 2. Tl. 8. (66 S.) Plauen 889, Kell. * — 50
[1. Tl.] u. d. T.: Reisen u. Erlebnisse in fernen Landen. Ebd. 1884. * — 50.

Strauss, Friedrich, s.a. Strauss, Friedrich Adolph

Strauß, Frdr., Abend-Glocken-Töne. Erinnerungen eines alten Geistlichen aus seinem Leben. Berlin 868. (Matthies.) gr. 8. (VII, 426 S.) n. 25 ngr.

Strauß, Friedr., Abendmahls-Predigt. gr. 8. (1 B.) Berlin 829, (Logier.)

— Abendmahls-Predigt. — Naemi, Predigt bei d. Feier z. Gedächtniß d. Verstorbenen. — Sauls Rückfall. 2e Aufl. — Simon Johanna, hast du mich lieb? 5e Aufl. — Von dem Danke. — Die verborgenen Wirkungen der Gnade. gr. 8. Berl. 829. (Logier). à 3 gr

Strauß, Fr., üb. das altarliche Ansehen. Eine Predigt. 8. Elberfeld 822.

— Antrittspredigt, am 20. Oct. 1822 in Berlin gehalten, u. Ehrenberg, Rede bei Einführ. des Hrn. Strauß am 13. Oct. 8. Elberf. . . . 2e A. 822. Hassel. 4 gr

Strauß, Friedr., das Bekenntniß d. Glaubens. Pred. vor d. ersten Communion d. diesjähr. Confirmanden. 2. Aufl. gr. 8. (1⅛ B.) Berlin 837, Martius u. Comp. (¥)

—— die Bereitschaft zum Sterben. Pred. gr. 8. (1 B.) Berlin 831, (Logier.)

—— das Christenthum eine Sache d. Lebens. Pred. gr. 8. (1 B.) Berlin 828, (Logier.)

—— von dem Danke. Pred. gr. 8. (1 B.) Berlin 829, (Logier.)

—— der Dank für das Geliehene. Pred. gr. 8. (1 B.) Berlin 835, (Logier.)

—— die christl. Ehe. Rede bei e. Trauung. 1. u. 2. Aufl. gr. 8. (à 1 B.) Berlin 830, (Logier.) à

—— die Erinnerung an d. Taufe. Pred. gr. 8. (1 B.) Berlin 833, (Logier.)

— 2 Festpredigten in Elberfeld gehalten. gr. 8. Elberfeld, Hassel. 6 gr

—— der Glaube an d. Vorsehung. Pred. gr. 8. (1 B.) Berlin 831, (Logier.)

— der Glaube an die Vorsehung. — Von dem reichen Manne. Zwei Predigten. gr. 8. Berl. 831. (Logier). à 3 gr

— Glaubensbekenntniß des Prinzen Friedrich Heinrich Albrecht v. Preußen. gr. 8. Berl. 827. (Logier). 6 gr

— Glockentöne. — Erinnerr. aus d. Leben eines jungen Geistlichen. 3 Bdchen. 8. Elberf. 815—19. 2e A. 815—21. 1s B. 3e A. 819. 4e A. 821. 5e A. . . . u. 2s u. 3s Bdchn. 4e A. 821—26. Büschler. 2 ß 8 gr

Strauß, (Fr.,) Glockentöne. — Erinnerungen aus d. Leben eines jungen Geistlichen. 3 Bdchen. 1s Bdchn. 5e Aufl. 2s, 3s Bdchn. 4e Aufl. 8. Elberfeld 821—26, ~~Büschler.~~ Craue.

—— Glocken-Töne. Erinnerungen aus d. Leben e. jungen Geistlichen. 3 Bdchn. 6. Aufl. gr. 8. (23½ B.) Elberfeld 831, Büschler.

— Glocken-Töne. Erinnerungen aus dem Leben eines jungen Geistlichen. 3 Bde. 7e Aufl. gr. 12. Leipz. 840. Crayen. 2¹/₃ ff

Strauss, Friedrich

Glocken-Töne. Erinnerungen. Aus dem Leben eines jungen Geistlichen. Von Friedrich Strauß. 7. Aufl. Bd 3.
Leipzig: Crayen 1840. 211 S. 8°

—— Glocken-Töne. Erinnerungen aus d. Leben ein. jungen Geistlichen. 3 Bde. 7. Aufl. gr. 12. (22½ B.) Leipzig 840, [Friedlein u. Hirsch.]

—— der Herr über Todte u. Lebendige. Pred. gr. 8. (1 B.) Berlin 831, (Logier.)

—— die Herrlichkeit d. Kirche. Pred. gr. 8. (1 B.) Berlin 835, (Logier.)

Strauß, Friedr., Jahresschluß 1848. Das Ende eines Dinges ist besser, denn sein Anfang. Predigt am 31. Dezbr. 1848 zu Berlin gehalten. — Gebet beim Sylvester-Gottesdienste 1848 zu Berlin von Friedr. Arndt. gr. 8. (15 S.) Berlin 849, J. A. Wohlgemuth. Thlr. *

—— jeder Sonntag ein Ostertag. Pred. 2. Aufl. gr. 8. (1 B.) Berlin 831, (Logier.)

—— das evangelische Kirchenjahr in seinem Zusammenhange dargestellt. gr. 8. (VI und 394 S.) Berlin 850, Jonas' Vrlgsb. *

Strauß, Frdr., das evangelische Kirchenjahr, in seinem Zusammenhange dargestellt. 2. Aufl. Mit erweit. u. berichtig. Anmerkgn. v. Carl Schwarzlose. gr. 8. (X, 438 S.) Berlin 891. G. Nauck. n. 4.—; geb. n. 5.20

Strauß, Friedr., die Liebe e. himml. Band irdischer Menschen. Pred. üb. 1 Corinther XIII, 6. 7., gr. 8. (1 B.) Berlin 828, (Logier.) Thlr.

—— die Liebe eine Schuld. Pred. gr. 8. (1 B.) Berlin 835, (Logier.)

— das Lob der Liebe. Predigt. — Das häusl. Priesterthum. Predigt. gr. 8. Berl. 830. (Logier). (à 3 gGr.) 6 gGr.

—— Lot u. sein Weib. Pred. gr. 8. (1 B.) Berlin 828, (Logier.)

—— man muß immer von neuen anfangen. Pred. gr. 8. (1 B.) Berlin 832, (Logier.)

—— von dem reichen Manne. Pred. gr. 8. (1 B.) Berlin 831, (Logier.)

—— der größte Mensch und — Christus. Pred. gr. 8. (1 B.) Berlin 835, (Logier.)

——, Naemi, Pred. bei d. Feier z. Gedächtnisse d. Verstorbenen. gr. 8. (1 B.) Berlin 829, (Logier.)

Strauss, Friedrich, appr. Arzt, Unterarzt b. Gren.-Reg. No. 119: Ueber heilende Niereninfarkte. Berlin (1909): Ebering. 29 S. 8°
Berlin, Med. Diss. v. 12. Jan. 1909, Ref. Orth
[Geb. 17. Okt. 84 Stuttgart; Wohnort: Stuttgart; Staatsangeh.: Württemberg; Vorbildung: Gymn. Stuttgart Reife M. 02; Studium: Berlin K. W. A. 10 S.; Coll. 10. Dez. 08; Approb. 9. Jan. 09.] [U 09. 115

Strauß, Friedr., nun merke ich, daß der Herr seinem Gesalbten hilft. Predigt bei der öffentl. Dankfeier für die Erhaltung Ihr. Majestäten des Königs u. der Königin in der kgl. Hof- u. Dom-Kirche am 8. Sonntage nach Trin., d. 28. Juli 1844 gehalt. Lex.-8. (1 B.) Berlin, Jonas's Vrlgsb. *

—— die Pest zu Davids Zeit. Pred. gr. 8. (1 B.) Berlin 831, (Logier.)

—— der Pfahl im Fleisch. Pred. gr. 8. (1 B.) Berlin 835, (Logier.)

Strauß, Friedr., Predigt, s. Ehrenberg, Friedr.

—— Predigt am Anfange d. Kirchenjahres, d. 24. Nov. 1824. 2. Aufl. gr. 8. (1 B.) Berlin 823, (Logier.)

—— Predigt am Charfreitage. gr. 8. (1 B.) Berlin 831, (Logier.)

—— Predigt am ersten Oster-Tage. 8. (1 B.) Berlin 844, J. A. Wohlgemuth, Verl. Thlr. *

— 18 verschied. Predigten. gr. 8. Berl. 826. (Logier). (à 3 gGr.) 2 Thlr. 16 gGr.

— 7 Predigten. 8. 1822. (Cöln, Gaul u. Tonger.) ½ Thlr.

— Predigten an den 4 Sonntagen des Advents, s. Ehrenberg, Fr.

— 12 Predigten. (Ueberschriften: Die eherne Schlange. — Predigt am Charfreitage. — Jeder Sonntag ein Ostertag. 2e Aufl. — Der Segen des heil. Abendmahls. — Die Pest zu Davids Zeit. — Die Bereitschaft zum Sterben. — Der Herr über Todte und Lebendige. — Sie haben bekannt, daß sie Gäste und Fremdlinge auf Erden sind. — Man muß immer von neuem anfangen. — Von dem Segen. 2e Aufl. — Die Erinnerung an die Taufe. — Wenn man mich morgen suchet, werde ich nicht da sein.) gr. 8. Berlin 831 — 33. (Logier.) à ⅛ Thlr.

—— das häusliche Priesterthum. Pred. gr. 8. (1 B.) Berlin 830, (Logier.)

Strauss, Fridericus [Rostochiensis]: De ratione inter Senecam et antiquas fabulas Romanas intercedente . . . Rostochii, typ. Caroli Boldtii, 1887; 77 S. 8°
Rostock, Phil. Fak., Inaug.-Diss. v. 28. Nov. 1887

Strauss, Fridericus, de ratione inter Senecam et antiquas fabulas Romanos intercedente. Diss. Rostock 1887, G. B. Leopolds Univ.-Buchh. 8° 77 S.

— Rede bei der Beisetzung der Leiche der Prinzessin Wilhelm von Preußen, s. Reden, zwei.

——, F. A. Pischon u. H. Steffens, drei Reden am Tage d. Bestattung d. weil. Prof. d. Theol. u. Predigers Hrn. D. Schleiermacher am 15. Febr. 1834 gehalt. 8. (2¼ B.) Berlin 834, Reimer.

—— Reden bei der Confirmation u. ersten Communion Ihrer kgl. Hoheit, der Prinzessin Friedericia Franzisca Augusta Maria Hedwig von Preußen, in der Kirche zu Fischbach gehalten rc. gr. 8. (2½ B.) Berlin 842, Jonas's Vrlgsb.

——, Sauls Rückfall. Pred. 2., unveränd. Aufl. gr. 8. (1 B.) Berlin 829, (Logier.)

—— fortgesetzte Sammlung der im Gebiete der inneren Staatsverwaltung des Königr. Bayern bestehenden Verordnungen, s. a. Sammlung.

Strauss, Friedr. Freih. v., k. Staatsrath, Fortgesetzte Sammlung der im Gebiete der inneren Staatsverwaltung des Königreichs Bayern bestehenden Verordnungen von 1835—1852, aus amtlichen Quellen bearbeitet. 9. Bd. der neuen Folge. Als Fortsetzung der Dollinger'schen Sammlung. 19. Bd. Enthaltend die Abth. 15. Allgemeine Staats- und Landes-Polizei und fortsetzend den 13. Bd. der Dollinger'schen Verordnungen-Sammlung.
4. München 1853.

—— die Sammlung d. Gemüthes. Pred. gr. 8. (1 B.) Berlin 828, (Logier.)

—— Sammlung gedruckter Predigten gehalt. in dem Zeitraum v. 1822 bis 1845. gr. 8. (39⅝ B.) Berlin 846, J. A. Wohlgemuth, Verl.

— s.a. Sammlung von biblischen Sprüchen.

—— Sammlung von biblischen Sprüchen zum Religionsunterricht. 15. und 16. Aufl. 8. (55 S.) Halle 874,75, Schwabe. *

—— die eherne Schlange. Pred. gr. 8. (1 B.) Berlin 831, (Logier.)

—— von dem Segen. Pred. 2. Aufl. gr. 8. (1 B.) Berlin 833, (Logier.)

—— der Segen d. heil. Abendmahls. Pred. gr. 8. (1 B.) Berlin 831, (Logier.)

—— sie haben bekannt, daß sie Gäste u. Fremdlinge auf Erden sind; denn die solches sagen, die geben zu verstehen, daß sie ein Vaterland suchen. Pred. gr. 8. (1 B.) Berlin 832, (Logier.)

——, Simon Johanna, hast du mich lieb? Pred. 5., unveränd. Aufl. gr. 8. (1 B.) Berlin 829, (Logier.)

—— Sola. Predigten über die Rechtfertigung durch den Glauben. gr. 12. (13⅙ B.) Berlin 844, Jonas's Vrlgsh.

—— dass. 2. Bd. A. u. d. Ttl.: Predigten üb. die Lehre v. dem Worte Gottes. 8. (13⅙ B.) Berlin 846, Jonas's Vrlgsh.

— die Taufe im Jordan. Aus d. zweiten Hälfte d. christl. Kirche. 8. Elberfeld 822. Büschler. 16 gr.

— Helons Wallfahrt nach Jerusalem rc. 4 Bde. 8. Elberfeld ... (Leipzig, Crayen.) 3⅔ Thlr.

Strauß, Fr., Helons Wallfahrt nach Jerusalem, hundert u. neun Jahr vor Christi Geburt. 4 Bde. 8. Elberf. 820—23. (Schönian). 3 Thlr. 16 gr.

— Helons Wallfahrt nach Jerusalem, hundert u. neun Jahr vor Christi Geburt. 4 Bde. 8. Elberfeld 822—23. Büschler.

—— wenn man mich morgen suchet, werde ich nicht da sein. Pred. gr. 8. (1 B.) Berlin 838, (Logier.)

— von der Wiedererstattung, Predigt am 20. u. 27. Aug. 1815 gehalten. gr. 8. Elberf. 816. (Schönian). 3 gr.

— — von der Wiederherstellung, Predigt am 20sten und 27sten Aug. 1815 gehalten. gr. 8. Elberfeld, Büschler. 816.

—— die verborg. Wirkungen d. Gnade. Pred. gr. 8. (1 B.) Berlin 829, (Logier.)

—— die heilige Woche. Pred. gr. 8. (1 B.) Berlin 837, Martius u. Comp. (?)

—— wollt ihr auch weggehen? Pred. gr. 8. (1 B.) Berlin 835, (Logier.)

—— das Wort vom Kreuz. Pred. gr. 8. (1 B.) Berlin 837, Martius u. Comp. (?)

Strauss, Friedrich Adolph, s.a. Strauss, Friedrich

Strauß, Friedr. Adph., Abschieds- und Antritts-Predigt bei dem Amtswechsel gehalten. 8. (18 S.) Berlin 870, W. Schultze. *

Strauß, Frdr. Adph., s.a. Andachten, liturgische, der Königl. Hof- u. Domkirche.

Strauß, Friedr. Adph., liturgische Andachten der Königl. Hof- und Dom-Kirche für die Feste des Kirchenjahres. Im Auftrage herausg. 2. Aufl. 853. (150 S.) n. 20 ngr. — 3. sehr verm., mit einer ausführl. Begräbniß-Liturgie bereicherte Aufl. Mit einer vollständ. Sammlung leicht auszuführender kirchl. Chorgesänge. Berlin 857. Hertz. Lex.-8. (VII, 212 S.) n. 28 ngr.

Strauß, Frdr. Adph., liturgische Andachten der königl. Hof- u. Dom-Kirche f. die Feste d. Kirchenjahres. Im Auftrage hrsg. 4., sehr verm., m. e. ausführl. Begräbniß-Liturgie bereich. Aufl. Mit e. vollständ. Sammlg. leicht auszuführ. kirchl. Chorgesänge. gr. 8. (VI, 189 S.) Berlin 886. Hertz. n. 2. 80; geb. n. 4. —

Strauß, Frdr. Adph., die Charwoche. 8. (48 S.) Berlin 875. Hauptverein f. christl. Erbauungsschriften. n. — 40

Strauß, Friedr. Adph., König Friedrich Wilhelm III. und seine Einwirkung auf die evangelische Kirche. Vortrag gehalten im evangel. Verein zu Potsdam. 8. (29 S.) Berlin 876, Hauptverein für christl. Erbauungsschriften. *

Strauß, Friedr. Adph., Heer-Predigten. 1. (Heft.) gr. 16. (88 S.) Berlin 858, Jonas' Verlag. *

-- Heer-Predigten. 2. Aufl. Berlin 870. v. Decker. 8. (V, 164 S.) 15 ngr.; in engl. Einb. n. 20 ngr.

Strauß, Frdr. Adph., Jahresschluß 1848. Das Ende eines Dinges ist besser, denn sein Anfang. Predigt am 31. Dezbr. 1848 zu Berlin gehalten. — Gebet beim Sylvester-Gottesdienste 1848 zu Berlin von Frdr. Arndt. [Aus dem Febr.-Hft. 1849 der Neuesten Nachrichten aus dem Reiche Gottes abgedr.] gr. 8. (15 S.) Berlin 849, J. A. Wohlgemuth. n. 1/12 Thlr.

— das evangelische Kirchenjahr in seinem Zusammenhange dargestellt. gr. 8. (VI u. 394 S.) Berlin 850, Jonas. n. 1½ Thlr.

Strauß, Friedr. Adph., Krieger-Treue. Erinnerungen an Feld-Gottesdienste. gr. 16. (112 S.) Berlin 851(52,) Decker'sche geheime Ober-Hofbuchdr.

Blnv. *

— das Krieges-Heer an dem Geburtstage seines Königes. Predigt vor den Königl. Preuß. Truppen in Hamburg am 15. Oktober 1850 gehalten. gr. 8. (8 S.) Berlin 850, Wohlgemuth's Buchhandlung (W. Schultze) in Comm. 1½ ngr.

Strauß, Friedr. Adph., und Otto Strauß, die Länder und Stätten der heiligen Schrift. In ausgewählten Bildern mit erläut. Texte. 34 Lfgn. gr. 4. (VIII und 542 S. mit 32 ill. Stahlst., 2 Chromolithogr., 66 Holzschn. in Tondr., 4 Stnt., eingedr. Holzschn., einem Titel in Stahlst. und 1 chromolithogr. Karte in qu. Fol.) Stuttgart 861. 62, Bibel-Anstalt der Cotta'schen Buchh. à Lfg. * 8 Ngr. Thlr. *

—— und Otto Strauß, die Länder und Stätten der Heiligen Schrift. 2. verb. Aufl. 10 Lfgn. hoch 4. (VIII, 432 S. mit 1 Titelbilde in Stahlst., 130 Abbild. in Holzschn., 2 Stnt., 2 Farbendruckbildern und 3 Karten.) Leipzig 876,77, Brockhaus.
à Lfg. M. 2.
geb. in Leinw. *
geb. in Leinw. mit Goldschn. *

—— dass. — Prachtausgabe auf Velinpapier. 4. (VIII, 432 S. mit 30 farbigen Stahlst., 112 Abbild. in Holzschn., 2 Stnt., 2 Farbendruckbildern und 3 Karten.) Ebendas. 877.
geb. in Leinw. mit Goldschn. *
geb. in Leder mit Goldschn. *

— die Liturgie des evangelischen Haupt-Gottesdienstes. Predigt gehalten am S. Septuag. 1853 und mit geschichtlichen Erläuterungen herausg. Berlin 853. Jonas' Verlhdlg. 8. (18 S.) 3 ngr.

Strauß, Friedr. Adph., Predigt bei dem 150jährigen Jubiläum der königl. Hof- und Garnisonkirche zu Potsdam am 20. Aug. 1882. gr. 8. (8 S.) Gotha 884, Schloeßmann.
Aus: Reden aus dem Militär-Pfarramte, besonders abgedruckt.

—— Predigt nach dem Kampfe bei Düppel vor dem 1. Bataillon k. 12. Infanterie-Regiments in der Kirche bei Tapsuhr am 28. Juli 1848 gehalten. 1. und 2. Aufl. gr. 8. (8 S.) Berlin 848, Jonas' Sortimentsb.

Strauß, Friedr. Adv., drei Predigten in der k. Hof- u. Dom-Kirche gehalten. gr. 8. (3 B.) Berlin 844, J. A. Wohlgemuth, Verl.

(Strauß,) Sammlung v. bibl. Sprüchen ꝛc., s. Sammlung.

— Sammlung v. biblischen Sprüchen zum Religionsunterricht. 16. Aufl. 8. (55 S.) Halle 875. Schwabe. n. — 30

—— Sieges-Predigt auf dem Kampfplatze zu Schleswig vor dem k. Kaiser Franz Grenadier-Regiment am 30. April 1848 gehalten. 1. und 2. Aufl. gr. 8. (8 S.) Berlin 848, Jonas' Sortimentsb.

—— Sinai u. Golgatha. Reise in das Morgenland. 16. (27 3/8 B. u. 2 Original-Ans.) Berlin 846, (47,) Jonas's Vrlgsb. *

—— Sinai und Golgatha. Reise in das Morgenland. 2. Aufl. (VIII und 496 S.) 1848. * 25 Ngr., 3. Aufl. (VIII und 536 S.) 1850. * 28 Ngr., 4. Aufl. (VII und 420 S. mit 1 lithogr. Karte in 4.) 1852. * 16 Ngr. und 5., verb. und verm. Aufl. (Prachtausg.) 8. (X und 424 S. mit 4 lithogr. Ansichten, 1 lithogr. Karte des Morgenlandes nebst Special-Karte des Sinai, und 1 lithogr. Plane von Jerusalem in 4.) Berlin 852(53,) Jonas' Vrlgsb. **

—— Sinai und Golgatha. Reise in das Morgenland. 6., verb. und verm. Aufl. 8. (XII und 444 S. mit 6 lithogr. Ansichten, 1 lithogr. Karte des Morgenlandes ꝛc. und 1 lithogr. Plane von Jerusalem in 8. und 4.) Berlin 855(56,) Jonas' Verlag. *

—— Sinai und Golgatha. Reise in das Morgenland. 7., verb. und verm. Aufl. 8. (X und 458 S. mit 6 lithogr. Ansichten in Tondr., 1 lithogr. Karte des Morgenlandes nebst Special-Karte des Sinai und 1 lithogr. Plane von Jerusalem in 8. und 4.) Berlin 859, Jonas' Verlag. geb. *

Strauß, Friedr. Adph., Sinai und Golgatha. Reise in das Morgenland. 8., verb. und verm. Aufl. gr. 8. (X und 464 S. mit 6 lithogr. Ansichten, 1 lithogr. Karte des Morgenlandes nebst Special-Karte des Sinai und 1 lithogr. Plan von Jerusalem in 4.) Berlin 865, Allgemeine deutsche Verlags-Anstalt. geb. mit Goldschn.

—— dass. — Pracht-Ausg. hoch 4. (III und 464 S. mit 10 Chromolithogr. und 2 lithogr. Karten und Titel in Kpfrst.) Ebendas. 865. geb. mit Goldschn. * 8 Thlr.; in Leder geb. *

—— Sinai und Golgatha. Reise in das Morgenland. 9. verb. Aufl. mit 6 (lithogr.) Ansichten, einer (lithogr.) Karte (in qu. 4.) des Morgenlandes nebst (lithogr.) Special-Karte des Sinai und einem (lithogr.) Plane (in 4.) von Jerusalem. br. 8. (X, 358 S.) Berlin [Leipzig] 870, Allgemeine deutsche Verlags-Anstalt. geb. mit Goldschn.

—— Sinai und Golgatha. Reise in das Morgenland. 10. verb. Aufl. mit 6 (lithogr.) Ansichten, 1 (lithogr.) Karte (in qu. 4.) des Morgenlandes, nebst (lithogr.) Special-Karte des Sinai und 1 (lithogr.) Plane (in 4.) von Jerusalem. br. 8. (X, 358 S.) Berlin 873, Allgem. deutsche Verlags-Anstalt. geb. mit Goldschn. *

—— dass. — 11. umgearb. Aufl. Mit 8 Ansichten (Holzschntaf.), 1 (lithogr.) Karte des Morgenlandes nebst (lithogr.) Spezial-Karte des Sinai, und 1 (lithogr.) Plane von Jerusalem. 8. (VI, 412 S.) Leipzig 882, Leiner. geb. mit Goldschn. *

Strauss, Frid. Adolph.: Theses theologicae. Berolini (1843). (2 Bl.) 4°
Berlin, Theol. Thes. v. 14. Jan. 1842

—— Trost am Sterbelager. Drei Predigten an Festen zum Gedächtniß der Verstorbenen in der St. Petri-Kirche gehalten. Mit einem Anh. von Liedern. gr. 8. (40 S.) Berlin 865, W. Schultze. *

— Trost am Sterbelager. 2. Aufl. gr. 8. (40 S.) Berlin 874. W. Schultze. n. — 60

Strauß (H.), die Weihe des Hauses. Predigt am Sonntage den 21. November 1858 bei der Einweihung der Kapelle und des Palais Sr. königl. Hoheit des Prinzen Friedrich Wilhelm von Preußen. 8. (10 S.) Berlin 858, Jonas' Verlag. *

— s. Zephaniae vaticinia etc.

Strauss, Frid. Otto: Theses theologicae. Berolini (1853). (2 Bl.) 4°
Berlin, Theol. Thes. v. 7. Mai 1853

Strauss, G. De Contributionibus Camerae, von Cammer-Hülfen. 8°. Jena 1714.

Strauss, Georg

Strauß, G., die Darrsucht d. Füllen u. ihre symptomat. Gelenksentzündungen. Beobachtet u. dargest. f. Thierärzte, Dekonomen u. Gestütsmänner. gr. 8. (5 B.) Wien 832, Heubner.

Strauß, G., Handbuch des Huf- u. Klauenbeschlages od. gründl. wissenschaftl. praktischer Unterricht üb. alle diejenigen Mittel, wodurch gesunde Hüfe gesund erhalten, die unregelmäßig gebildeten u. gebrechlichen verbessert, u. die erkrankten wieder geheilt werden. gr. 8. (20 1/4 B.) Wien 844, (Braumüller.) *

—— systematisches Handbuch der Veterinär-Chirurgie. 2 Thle. gr. 8. (57 1/2 B. u. 1 Kpfrt.) Wien 845, (Braumüller.) *

Georg Strauß

Die Heilkraft der Natur, ihre Erkenntniß im allgemeinen, und in Beziehung auf die Grundsätze der Zoochirurgie insbes. dargest. ... von Georg Strauß. Wien: Volke 1829. VIII, 181 S. 8

Strauss, Gottfried [Praes.], s. Bosse, Samuel: De investitura abusiva.

Strauss, Gottfried [Praes.], s. Frizsche, Gottlob Benjamin: De poena temere litigantium.

Strauss, Gottfried [Praes.], s. Fuhrmann, Gottlieb Benjamin: De revocatione procuratoris tacita.

Strauss, Gottfried [Praes.], s. Gladis, Sigismund Friedrich v.: De publicis judiciis.

Strauss, Gottfried [Praes.], s. Green, Jo. Heinrich: De injuriis Disp. publ.

Strauss, Gottfried [Praes.], s. Kopff, Johann Philipp: De capitatione vulgo vom Kopff=Gelde.

Strauss, Gottfried [Praes.], s. Leiser, Aug.: De interdictis.

Strauss, Gottfried [Praes.], s. Marckqvart, Georg Matthias: De jure salariorum.

Straussius, Godofr.: Tractatio de civiliter mortuis, Von Denenjenigen, welche in denen Rechten denen Todten gleich geachtet werden. Francofurti et Lipsiae 1729.

— [Neue Ausg.] 1735.

Strauss, Gottfried [Praes.], s. Schulenburg, Levin Friedrich von der: De actionibus bonae fidei et stricti juris.

Strauss, Gottfried [Praes.], s. Wagner, Gottfried: Ex jure publico de contributionibus et quae ex his appellantur Cammer=Hülffen.

Strauss, Gottlieb. Sehet zu, wachet und betet! Predigt, gehalten ... zu Winterthur am 24. Februar 1839. am Sonntag nach der hier abgehaltenen Kirchgemeinde, da die regierungsräthliche Kundmachung zur Beruhigung der Cantonseinwohner wegen der Berufung des Dr. [David Friedrich] Strauss verlesen wurde. 8. Winterthur (1839).

Strauss, Gust., Führer durch Lofer u. seine Umgebung, s.: **Reska, Ludw.**

Strauß, Gust., der Alpencurort Unken u. seine Umgebung, für Badegäste u. Touristen geschildert. [Aus: „Tourist. Blätter".] 8. (29 S.) Salzburg 879. (Dieter.) n. — 40

H. Strauß, Praktische Anleitung zur Herstellung von Brut- und Aufzieh-Bassins behufs Betreibung der künstlichen Fischzucht und Hebung der Edelfische.
Straubing 1877

H. Strauß, Betreibung der künstlichen Fischzucht.
Straubing 1879

Strauss, H., Register, s.: Jahrbücher, botanische.

Strauss, Hans *(geb. Militsch in Schles. 25. 7. 1854)*: Eine neue Methode der Operation von Kehlkopfpolypen. Breslau 1879. (36 S.) 8° *[Buchausg. 1879 bei Morgenstern in Breslau unt. d. T.: Die Operation von Kehlkopfpolypen mittelst eines Schwammes.]*
Breslau, Med. Diss. v. 25. Sept. 1879

Strauss, Hans, die Operation von Kehlkopfpolypen mittelst eines Schwammes. Mit 5 (eingedr.) Holzschn. gr. 8. (III, 36 S.) Breslau 879. Morgenstern. n. 1. —

Strauss, Heinrich, aus Kirchhain ⟨Prov. Hessen-Nassau⟩: Beiträge zur Kenntnis einiger Derivate des p-Oxychinolins. *Freiburg i. B. 1898.* (71 S.) 8°
Freiburg i. B., Phil. Diss. v. 1898

Strauss, Heinrich: Ein Fall von Angina pectoris infolge von Arteriosklerose der Coronargefässe. *München 1897: M. Ernst.* (30 S.) 8°
München, Med. Diss. v. 1897

Strauss, Heinrich, a. Quierschied ⟨Rheinland⟩: Über Koinzidenz von Masern und Diphtherie. Straßburg i. E. 1905: C. Müh & Cie. (37 S.) 8°
Straßburg, Med. Fak., Ref. v. Krehl, Diss. v. 11. Mai 1905
[Geb. 12. Okt. 77 Quierschied, Kr. Saarbrücken; Wohnort: Straßburg; Staatsangeb.: Preußen; Vorbildung: Gymn. Prüm Reife O. 99; Studium: Gießen 5, Berlin 2, Straßburg 4 S.; Coll. 16. März 05; Approb. 6. Febr. 04.]

Strauss, Heinrich, aus Kindenheim, Rechtspraktikant am kgl. Bezirksamt Kaiserslautern: **Niessbrauch an einem Vermögen.** *Kaiserslautern 1902: Ph. Rohr.* (80 S.) 8°
Erlangen, Jur. Diss. v. 18. Okt. 1901

Strauß, Henri, d. französisch-russische Allianz. Der Krieg 1898. Die Revolution 1899. gr. 8. (36 S.) Zürich 897. C. Schmidt. n. — 60;
französ. Ausg. (35 S.) n. — 60

Strauss, Henri. Die Französisch-Russische Allianz. Der Krieg 1898. Die Revolution 1899. 3. Aufl. 8. Zürich 1897.

Strauss, Henri. L'épilogue de l'affaire du capitaine Dreyfus. le faussaire Esterhazy et ses complices. 8. Zurich 1897.

— d. Käfig d. Kapitäns Dreyfus. 8. (35 S.) Ebd. 897. n. — 60; französ. Ausg. (34 S.) n. — 60

Strauss, Henri. Le Traité franco-russe. La Guerre en 1898. La Révolution de 1899. 8. Zurich 1897.

[J.] Ein infames Urteil '(Semitismus und Antisemitismus)'. D. Fall d. Kapit. Dreyfus. Von Henri **Strauss**, Dir. ... de 'l'Alliance Nationale' ... 2. Aufl. *Strassburg i. E.: J. Singer 1897.* (58 S.) 1 Bd 8. [97. 4673

— e. infames Urteil (Semitismus u. Antisemitismus). Der Fall d. Kapitäns Dreyfus. 3. Aufl. gr. 8. (58 S.) Straßburg 897. J. Singer. n. 1. —;
französ. Ausg. (88 S.) n. 1. 20

Strauß, Frau Henriette, s. a. Sitting, Frz.

Strauß, Henriette, **Sewahl. Ein dramat. Gedicht in fünf Aufzügen. Den Bühnen gegenüber Mscr. gr. 8. (91 S.) Mannheim [Straßburg] 872, (Schneider.)** *

Strauss, Hermann

Strauss, H., Bedeutung der Kryoskopie f. Diagnose u. Therapie der Nierenerkrankungen, s. a. Bibliothek, mod. ärztliche.

Bedeutung der Kryoskopie für die Diagnose und Therapie von Nierenerkrankungen. Von Prof. H[ermann] **Strauß**, Assist., Berlin. *Berlin: L. Simion 1904.* (66 S.) 8°
= Bibliothek, Moderne ärztliche. H. 4/5. [04. 5370

Strauss, Hermann: Die **Behandlung** der Confessio **Augustana** in der Prima. *Lyck 1901: A. Glanert.* (41 S.) 4° [Ant. u. J.]
Lyck, k. G, P 1901 (11)

Strauss, Herm., u. R. **Rohnstein**, die Blutzusammensetzung bei den verschiedenen Anämieen. Morpholog. Studien m. besond. Berücksicht. der Leukocyten. gr. 8. (V, 223 S. m 3 farb. Taf.) Berlin 901. A. Hirschwald. n 7. 60

Strauss, Herm., in 10 Stunden doppelte Buchführung. Für den Selbstunterricht nach eigener, leicht fassl. Methode bearb. gr. 8. (24 S.) Berlin 893. Cassirer & Danziger. n. — 50

— in 10 Stunden einfache Buchführung. Nach eigener, leicht fassl. Methode f. den Selbstunterricht bearb. Mit e. Anh.: „Kaufmänn. Terminologie". gr. 8. (19 S.) Ebd. 893. n. — 50

Strauss, Hermann [aus Heilbronn a. N.]: 250 Fälle von Rechts- und Linksseitiger Hemiplegie ein Beitrag zur Frage nach der functionellen Verschiedenheit beider Hemisphaeren.... Berlin, Druck v. E. Streisand, 1890; 52 S., 2 Bl. 8°
Berlin, Med. Fak., Inaug.-Diss. v. 30. Aug. 1890

Strauss, Herm., s.: Fortschritte der Medicin.

Strauß, Herm., s.: Forum, das.

— einige practisch-wichtige Fragen aus dem Kapitel der Gastroptose, s. a. Klinik, Berliner.

Einige practisch wichtige F r a g e n aus dem Kapitel der Gastroptosen. Von Privatdoc. Dr. H[ermann] Strauss (in Berlin). Berlin: Fischer 1899. (30 S.) 1 Bd 8°
(Klinik, Berliner. H. 131.)

— Grundsätze der Diätbehandlung Magenkranker, s.: Abhandlungen, Würzburger, aus dem Gesamtgebiet der prakt. Medicin. I. 12.

— die Kunst sich erfolgversprechend um e. Stellung zu bewerben. Eine Sammlg. mustergült. Bewerbungsschreiben f. Kaufleute, Beamte, Militär-Anwärter, Lehrerinnen etc. 8. (IV, 67 S.) Ebd. 894. n. 1. —

— die chronischen Nierenentzündungen in ihrer Einwirkung auf die Blutflüssigkeit u. deren Behandlung. Nach eigenen Untersuchgn. am Blutserum u. an Transsudaten. gr. 8. (VII, 159 S.) Berlin 902. A. Hirschwald. n. 4. —

— Pathogenese u. Therapie der Gicht im Lichte der neueren Forschungen, s.: Abhandlungen, Würzburger, a. d. Gesamtgebiet der prakt. Medicin. II. 8.

Strauss, H., die Procto-Sigmoscopie u. ihre Bedeutg. f. die Diagnostik u. Therapie der Krankheiten des Rektum u. der Flexura sigmoidea. (VII, 149 S. m. 54 Fig., 1 Übersichtsbild, 37 farb. Abbildgn. auf 8 Taf. u. 6 Bl. Erklärgn.) gr. 8. Leipzig 910. G. Thieme. Geb. in Leinw. 7. 50

Strauss, Hermann: Über die Resistenz der roten Blutkörperchen beim Ikterus. Strassburg 1908: Müh. 30 S. 8°
Straßburg, Med. Diss. v. 17. Sept. 1908, Ref. Moritz
[Geb. 8. Mai 84 Berlin; Wohnort: Straßburg; Staatsangeh.: Preußen; Vorbildung: Wilhelms-Gymn. Berlin Reife O. 02; Studium: Heidelberg 1, München 4, Berlin 4, Straßburg 2 S.; Coll. 10. Juli 08; Approb. Herbst 07.]
[U 09. 3821

— Träume u. Schäume. Eine Sammlg. von epischen—pathet., lyr.—satyr., hell lach. u. kranken Gedichten u. Gedanken. (VIII, 95 S.) 8. Gera (904). M. Lange. n. 1. 20; geb. n. 2. —

— u. F. Bleichröder, Untersuchungen üb. den Magensaftfluss. (Begriff, Entstehg., Behandlg., Stoffwechsel, patholog. Anatomie.) Klinischer Tl. v. St., patholog.-anatom. Tl. v. B. (IV, 94 S. m. 5 Abbildgn. u. 1 eingedr. Kurve.) gr. 8. Jena 903. G. Fischer. n. 2. —
Sonderabdruck aus: „Mittlgn. a. d. Grenzgeb. d. Medizin u. Chirurgie" u. „Beitr. z. patholog. Anatomie u. zur allg. Pathologie".

Strauß, Herm., unsere mecklenburgische Verfassung im Ausblick auf die bevorstehende Reform. (III, 162 S.) gr. 8. Wismar 908. Hinstorff's Verl. 2. —

Vorlesungen über Diätbehandlung innerer Krankheiten vor reiferen Studierenden u. Aerzten von Prof. Dr. H[ermann] **Strauss** in Berlin. Mit e. Anh. 'Winke f. d. diätet. Küche' von Elise Hannemann in Berlin. Berlin: S. Karger 1908. (VI, 340 S.) 4°(8°) [06. 7911

— Vorlesungen üb. Diätbehandlung innerer Krankheiten vor reiferen Studierenden u. Aerzten. Mit e. Anh.: „Winke f. die diätet. Küche" v. Elise Hannemann. 2., verm. u. verb. Aufl. (VIII, 382 S.) Lex. 8. Berlin 909. S. Karger. 7.80; geb. 9. —
1. Aufl. (VI, 340 S.) 908. 7.80; geb. 9.—.

Praktische Winke für die chlorarme Ernährung. Von Prof. Dr. H[ermann] **Strauss**. Berlin: Karger 1910. 47 S. 8° [10. 12516

Strauss, Hugo v. (Hrsg.), s. F r i e d r i c h s, R.: Das Gesetz betr. die Anlegung u. Veränderung v. Straßen ... 4. Aufl.

Strauss, Hugo, appr. Arzt a. Hamburg: Ueber angiospastische Gangrän ⟨Raynaud'sche Krankheit⟩. Berlin 1904: L. Schumacher. (25 S.) 8° ¶ Aus: Archiv f. Psychiatrie u. Nervenkrankheiten ⟨Bd 39, H. 1.⟩
Würzburg, Med. Fak., Ref. v. Leube, Diss. v. 30. Okt. 1904
[Geb. 6. Juni 78 Hamburg; Wohnort: Hamburg; Staatsangeh.: Preußen; Vorbildung: Gymn. Hamburg Reife M. 98; Studium: München 4, Berlin 4, Würzburg 1 S.; Coll. 10. Juni 03; Approb. 4. Juni 03.]

Strauss, (Clemens Carolus) Hugo de *(geb. Bückeburg 13. 1 1838)*: Juris Romani de pecunia constituta quaestiones. Oppolii (1861). (38 S.) 8° *(In d. Vita ohne „de"; die Familie des Verf. wurde 1851 geadelt.)*
Breslau, Iur. Diss. v. [26.] Aug. 1861

Strauss, J., d. Fruchtring an Obstbäumen u. Weinstöcken, od. kurzgefasste, auf Erfahr. gegründ. Anleit., d. Obstbaum z. Fruchttragen z. zwingen u. d. Abfallen d. Beeren an d. Weinstock bei nasser Blüthezeit z. verhindern. Mit 1 Kpf. 8. 2. Aufl. Wien, 1822. (Armbruster.) — 6¼

S t r a u s s, J. C., üb. d. nöthige Behutsamkeit beim Tadel der Libellatiker. Jen. 1766. 8.

Strauss, J. C., Studienblätter künstler. Stellg. u. Beleuchtg. Nebst e. Anh.: Bemerkgn. üb. künstler. Porträtaufnahmen. [Aus: „Photograph. Archiv".] gr. 8. (8 Taf. u. 4 S. Text.) Düsseldorf (892). E. Liesegang. — 75

Diff. de Mente visu errante Auct. *J. Christoph Strauss.* Praes. *Salom. Deyling.* Vitemb. 4 Bogen. 1704.

Strauß, J. R., 20 Predigten v. d. Christen Heil und Seligkeit. 8. Bern. 701.

— de Rudolpho Suevo Anti-Caesare. 8. Halae, Bauer. 746.

S t r a u s s, J. S., de hostiis eucharisticis earumque abusu superstitioso. Hal. 1728. 4.

Strauss, J. S. Positiones historicae de Rudolfo Suevico Anti-Caesare. 4. Halae 1708. — 4. ib. 1728. — 4. ib. 1715.

Strauß, J. G., s. Kunz v. d. Rosen.

Strauß, Jak., kleiner Katechismus der Thierheilkunde u. der Viehzucht. Vorträge üb. den Bau des thier. Körpers, den Verrichtgn. der innerl. Organe, über das Alter u. das Fleischgewicht der Hausthiere m. e. Anh.: Etwas über schädl. Futterpflanzen u. Futterstoffe. 2. verm. u. verb. Aufl. 8. (356 S. m. 2 Taf.) Wels (897). F. Caesmann sen. Kart. n. 3. —

STRAUSS, Jakob
(F) K l e i n e r K a t e c h i s m u s d e r T h i e r h e i l k u n d e und der V i e h z u c h t. Vorträge über den Bau des thierischen Körpers, den Verrichtungen der innerlichen Organe, über das Alter und das Fleischgewicht der Hausthiere mit einem Anhang: Etwas über schädliche Futterpflanzen und Futterstoffe von Jakob S t r a u s s. 2. vermehrte und verbesserte Auflage. W e l s. [1900.] Caesmann. 8°. 355 S. mit 2 Tafeln. Cart. K 3.—

Strauss, Jacob, Tierarzt in Offenbach am Main: Ueber die Resorption der Tuberkelbazillen aus dem Darm. Wiesbaden 1910. 39 S. 8°. [3. VI. 10.]
Bern. Vet.-med. Diss. 1909/10.

S t r a u s s, Jacob. Über die Resorption der Tuberkelbazillen aus dem Darm. Diss. Vet.-Med. Bern ... von Jakob St'... 39 S. 8. Wiesbaden, J. F. Bergmann, 1910.

'Aschenbrödel'. Ballet in 3 Aufz. ⟨nach e. Vorwurf von A. Kollmann⟩ von H. Regel. Musik von Johann **Strauß**. [Text.] Wien, Leipzig, Paris: J. Weinberger in Komm. (1900). (15 S.) 8° [Fr.] [08. 8050

Strauß, Joh., die Fledermaus. Komische Operette in 3 Acten nach Meilhac u. Halevy. Bearb. v. C. Haffner u. Rich. Genée. Musik v. St. (Textbuch.) (44 S.) 8. Wien, J. Weinberger. — 50

Ritter Pásmán. Komische Oper in 3 Akten von Ludwig [Lajos] Doczi. Musik von Johann **Strauß**. Berlin: Simrock [1892]. 70 S. 8° A 12. 128-8

Text der Gesänge zu Jabuka. Operette in 3 Akten von Max Kalbeck u. Gustav Davis. Musik von Johann **Strauß**. Wien, Leipzig: G. Lewy [1894]. (46 S.) 8° [F.] [08. 7922

Waldmeister. Operette in 3 Acten von Gustav Davis. Musik von Johann **Strauss**. Als Ms. gedr. [Textbuch.] *Berlin: E. Bote & G. Bock [1895].* (90 S.) 8° [F.] [96. 5722

Waldmeister. Operette von Gustav Davis. Mus. von Johann **Strauss**. Vollst. Klavier-Auszug mit Text. *Berlin: E. Bote & G. Bock [1895].* (197 S.) 4° [F.] [03. 481

Wiener-Blut. Operette in 3 Akten von Victor Léon u. Leo Stein. Musik von Johann **Strauss**. Für d. Bühne bearb. von Adolph Müller jun. Klav.Ausz. mit Text. *Leipzig: A. Cranz [1899].* (173 S.) 4° [00. 9563

Strauss, Johann Baptist Joseph (Herrieden)
Altd. lose Diss. jur.

Dissertatio inauguralis iuridica observationes selectas ex doctrina de iuramentis complectens.
Altdorf (Hessel) 9. III. 1779. 20 S. 33839

Strauss, Johann Christoph (Freiberg/Sa.) A. S. 815/27

Dissertatio juridica de anticipatione.
Präs. Gottfried Barth.
Leipzig (Richter) 30. VI. (korr.: 1. VII.) 1707. 44 S.

W. v.: Präs. 33840

Strauss, Johann Christoph A. S. 375/25

Dissertatio inauguralis de appellatione per saltum eiusdemque remissione. Rec.
Jena (Strauss) 1758. 37 S.

Diss. Utrecht 1711. 33841

Strauß, Joh. Wilh., theoretisch-praktische englische Leseschule nebst einem Abrisse der Formenlehre. Für Real- u. höhere Bürgerschulen. M.-Gladbach 859. Riffarth. gr. 8. (XIV, 351 S.) n. 1 ℛ

Strauss, **Joseph**, städt. Tierarzt in Flensburg: Die Anfüllung der Lungen der geschlachteten Schweine mit Brühwasser und die Methoden der Verhütung der Anfüllung. Hannover 1909. IV + 65 S. und zwei Tafeln. 8°. [25. VI. 09.]
Bern Vet.-med. Diss. 1908/09.

Strauss, Jos., die Anfüllung der Lungen der geschlachteten Schweine m. Brühwasser u. die Methoden der Verhütung der Anfüllung. (68 S. m. Abbildgn.) gr. 8. Hannover 909. M. & H. Schaper. 1. 50

Strauss, Josef [aus Viersen]: Ueber künstliche Ernährung der Säuglinge bes. m. Gärtner'scher Fettmilch ... Bonn, Buchdr. v. A. Henry, 1896; 35 S. 8.
Bonn, Med. Fak., Inaug.-Diss. v. [3.] Juni 1896*)

Grabgesang, comp. vom Br [Jos.] Strauss. [Worte von Franz Jos. Razen.] o. O. u. J. 8 S. quer 8° [Kopftit.]
Abgedr. in: Razen, F. J.: Mrischer Blüthenkranz. 1 (1822) Anh.; 2. Aufl. 1841 Anh.
Mit Noten: „Sanfte Ruhe, stiller Frieden ...“

Grabgesang, componirt von Strauss. Mannheim [1822]: Schlicht. 8 S. Quer-4°. [Lith.]
aus: Razen: Maurerisch. Blüthenkranz. Bd. I. Lied mit Noten: „Sanfte Ruhe, stiller Frieden herrschet in der Gräber Nacht“ ... 358.

Strauss, Josef [pr. Arzt aus Heilbronn a. N.]: Untersuchungen über den Gehalt des eiweisshaltigen Harns an Serumalbumin, Serumglobulin, Nucleoalbumin und Mucin m. bes. Berücks. d. Frage d. Nucleoalbuminurie ... Strassburg i. E., Buchdr. C. Goeller, 1895; 101 S., 1 Bl. 8.
Strassburg, Med. Fak., Inaug.-Diss. v. 1895

Strauß, Jos., ein Wort der Wahrheit u. vollen Ernstes in der gegenwärtigen Zeit. Zunächst an die bayerischen Landtags-Abgeordneten, dann auch an alle geistlichen u. weltlichen Obrigkeiten, sowie an Alle, die sich mit Verbesserung des Volkswohls befassen. gr. 8. (32 S.) Augsburg 849, Schmid. 1/12 ℛ

Strauss, Isaak [aus Storndorf '(Grossh. Hessen)']: Über einen Fall von primärem Carcinom der Vagina ... Würzburg, Graph. Anst. J. Seelmeyr, 1892; 34 S., 1 Bl., 1 Taf. 8.
Würzburg, Med. Fak., Inaug.-Diss. v. 1892

Strauss, Isidor Friedrich, Rechtspraktikant aus Ulm a. D.: Die **Busse** des deutschen Strafrechts und der Ersatz des nichtvermögensrechtlichen Schadens im Bürgerlichen Gesetzbuch. *Ulm 1901: Ulmer Volksbote.* (41 S.) 8°
Freiburg i. B., Rechts- u. staatswiss. Diss. v. 1901

Strauss, **Julius**, Arzt aus Ulm a. D.: Zur **Casuistik** der Oberkiefertumoren und deren Behandlung (nach dem Material der Freiburger chirurgischen Klinik der Jahre 1888—98.) *Freiburg i. B. 1898: H. Epstein.* (43 S.) 8°
Freiburg i. B., Med. Diss. v. 1898

Strauss, Julius. Untersuchungen über die Chinonoxime. (Basel) Zürich, 1889.

Strauß, Jul. Jac., der Brickegickel. Frankfurter Dialettverse. (79 S.) 8. Frankfurt a/M. 910. Kesselring. 1.—; geb. in Leinw. 1. 75

Strauss, Jul. Jak., Gedichte. 8. (VI, 79 S.) Leipzig 897. P. Friesenhahn. 1. 50

— Von Hiwwe un Driwwe. Gedichte in Frankfurter Mundart. (IV, 75 S. m. Titelbild.) kl. 8. Frankfurt a. M. 908. J. Strauß. 1. —

Strauss, K., s. Straus, Karl

STRAUSS, K. G., Ein Bischof soll einer Frauen Mann sein. Klagenfurt, o. J. (c. 1780?). 8°. Rarl
Karajan's Bibl. II. no. 5490.

Strauß, K. Gli.: Lehrbuch e. systemat. Logik, s. Straus, Karl Gf.

Strauss, Karl, s.a. Straus

Strauß, Karl Frhr. v., der Abtsdorfer-See u. seine Umgebung. Mit e. Anh.: Der Haunsberg. 8. (IV, 42 S. m. 1 Holzschntaf.) München 872. (Salzburg, Mayr.) n. — 60

Strauß, Carl, die Aussichten f. Erwerbsgesellschaften in Deutsch-Ostafrika, s. a. Universal-Bibliothek, geographische.

Strauss, C., Die Aussichten für Erwerbsgesellschaften in Deutsch-Ostafrika. (Geograph. Universalbiblioth., Nr. 27—28.) 8⁰. Weimar 1893.

Strauß, K., die deutsche überseeische Auswanderung, s.a. Universal-Bibliothek, geographische.

Strauß, Karl: Die dt. überseeische Auswanderung. — Weimar: Geographisches Inst. [1887]. 48 S. (Geographische Universal-Bibliothek. Nr 21.)

Strauss, Car. (geb. Wadendorf in Anh. 23. 8. 1838): De bracheriis. Berolini (1863). (31 S.) 8°
Berlin, Med. Diss. v. 20. März 1863

Strauß, Carl, das Ende der Gewerkschaft nach dem allgemeinen Berggesetz f. die Preußischen Staaten vom 24. Juni 1865. Eine bergrechtl. Skizze. gr. 8. (27 S.) Berlin 885. Allg. Verlags-Agentur. — 60

Strauss, Karl: Die Klauselrhythmen der Bobienser Cicero-Scholien. Landau 1910: Vorderpfälzische Genossensch.-Dr. 45 S. 8°
Landau, k. G P 1910* [S 10. 428

Strauss, Carl, aus Marburg a. d. L.: **Untersuchungen** über Diazoimide und Diazoperbromide. *Marburg 1899: J. Hamel.* (50 S.) 8°
Marburg, Phil. Diss. v. [30. Mai] 1899

Strauss, Karl Gottlieb (Schleusingen) A. S. 53/1

De licita maioratuum et fidei commissorum familiarum nobilium alienatione. Von Rechtserlaubter Veräusserung Adelilicher (!) Fideicommiss-Stamm- und Majorat' Gütter. Präs. Johann Jodokus Beck. Altdorf (Kohles) 15. I. 1735. 47 S. 33844

Strauss, Carl Richard, med. pract. aus Winterthur (Kt. Zürich): Aus der medicinischen Klinik des Herrn Prof. Eichhorst in Zürich. Die acute Nephritis, mit besonderer Berücksichtigung ihrer anomalen Formen. Uster-Zür. A. Diggelmann Dr. 1891. 110 S., 1 Bl. 8°.
Zürich, Med. Diss. [v. 8. Aug. 1891].

Strauss, Leopold [app. Arzt]: Ein Beitrag zur Kenntnis der Fettresorption im Diabetes mellitus ... Strassburg, *Buchdr. v. J. Hamel, Marburg,* 1893; 27 S. 8.
Strassburg, Med. Fak., Inaug.-Diss. v. 1893

Strauss, Leopold [aus Graevenwiesbach (Prov. Hessen-Nassau)]: Ueber locale Gangraen nach Cocaininjectionen. ... Würzburg, Druck d. Ferdinand Röhrl'schen Buchdr., 1889; 23 S. 8°
Würzburg, Med. Fak., Inaug.-Diss. v. 1889

Strauß, Leop., Rede zur Feier der goldenen Hochzeit des Schreinermeisters Abraham Rödelsheimer u. seiner Ehefrau Ester geb. Stern, geh. am 29. Novbr. 1893 in der Synagoge zu Nordstetten. gr. 8. (11 S.) Frankfurt a/M. 894. J. Kauffmann. n. — 30

Strauss, Ludw., die Reform des deutschen Handelsrechts u. ihre Bedeutung f. Oesterreich, s.a. Publikationen der Exportakademie des k. k. österreich. Handels-Museums. II

Die Reform des Deutschen Handelsrechtes und ihre Bedeutung für Oesterreich. Von Ludwig **Strauß**, Prof, Wien. Wien: Manz 1899. (113 S.) 8°
Aus: Jahresbericht d. Export-Akad. d. k. k. Handels-Mus in Wien.
= **Publikationen** d. Export-Akad. des k. k. Österr. Handels-Museums. Bd 2. [05. 3417 6]

Strauß, M., Konfirmationsreden für israelitische Knaben am Schlusse ihres 13. Jahres von ihnen selbst vorzutragen, mit einer Ansprache des sie Konfirmirenden, nebst einem Anhange enth. die 13 Glaubenslehren in deutscher metrischer Bearbeitung. Wien 859. (Preßburg, Schwaiger.) 8. (44 S.) n. 5 ngr.

Strauß, M., König Salomo's Schatzkammer. Aus dem Engl. v. H. Rider Haggard übers. Mit 24 Holzschn.-Illustr. gr. 8. (173 S.) München 888. Stroefer. n. 3. —; geb. n. 4. —

Strauss, Manfred, Rechtsanw.: § 183 des Reichsstrafgesetzbuches. Heidelberg 1910: Straus. 49 S. 8°
Heidelberg, Jur. Diss. v. 2. Juni 1910, Ref. v. Lilienthal
[Geb. 21. März 81 Nordstetten, Württemb.; Wohnort: Heidelberg; Staatsangeh.: Württemberg u. Baden; Vorbildung: Gymn. Tübingen Reife 00; Studium: Heidelberg 6, Würzburg 1 S.; Rig. 4. Aug. 09.] [U 10. 2028

Strauss, Max

Strauss, M., Inhalt u. Ausdrucksmittel der Musik. Eine musikästhet. Skizze. (48 S.) kl. 8. Berlin-Gross-Lichterfelde (908). Ch. F. Vieweg. — 75

Strauß, Max, approb. Arzt aus Kronach: (Aus d. Laboratorium d. Kgl. u. gynäkol. Universitäts-Klinik in München. Vorstand: Doc. Dr. J. A. Amann.) Zur Kasuistik und Statistik des Lithopädions. Extrauteringravidität. Ausgetragene Frucht, 4 Jahre retinirt. Lithokelyphos per koeliotomiam entfernt. *Berlin 1903: L. Schumacher.* (40 S.) 8° ¶ Aus: Archiv f. Gynäkol., Bd 68, H. 3
München, Med. Diss. v. 1903

Strauß, Max, die Miete nach dem bürgerlichen Gesetzbuch, s.a. Aus Natur u. Geisteswelt.

Die Miete nach dem Bürgerlichen Gesetzbuch. Ein Handbüchlein f. Juristen, Mieter u. Vermieter von Dr. Max **Strauß**, Rechtsanw. in Worms. Leipzig: B. G. Teubner 1908. (150 S.) 8° [F.]
= **Natur**, Aus, u. Geisteswelt. Bdch. 194. [08. 3108

— Zivilprozeßrecht, s.a. Aus Natur u. Geisteswelt.

Zivilprozeßrecht. Ein Leitfaden f. Laien, Studierende u. Juristen. Von Dr. Max **Strauß**. Leipzig: Teubner 1910. V, 104 S. 8°
(Aus Natur u. Geisteswelt Bdch. 315) A 12. 9810 II

Strauss, Moritz *(geb. Hirschberg in Schles. 3. 3. 1851)*: Beziehungen Karls des Grossen zum griechischen Reiche bis zum Sturz der Kaiserin Irene. Breslau 1877. (45 S.) 8°
Breslau, Phil. Diss. v. 11. Okt. 1877

Strauss O.: Systematisches Handbuch d. Veterinair-Chirurgie. 2 Th (1 Vol.). Wien 1845. 1 Tvl.

Strauss, Oskar: Das deutsche Drama in Böhmen im letzten Drittel des 18. Jahrhunderts.
Phil. Diss., Prag 1909/1910

Strauß, Otto, Abschieds-Predigt, am Palmsonntage in der Sophien-Kirche geh. gr. 8. (15 S.) Berlin 879. Deutsche evangel. Buch- u. Tractat-Gesellschaft. n. — 20

Strauss, Otto, approb. Arzt aus Mannheim: **Blutdruckmessungen** mit dem Frey'schen Apparate und Versuche, die Ergebnisse praktisch zu verwerten. *Ludwigshafen a. Rh. 1901: J. Waldkirch & Co.* (46 S.) 8°
Heidelberg, Med. Diss. v. 1901

Strauss, Otto, a. Berlin: Bṛhaspati im Veda. Leipzig 1905: F. A. Brockhaus. (59 S.) 8°
Kiel, Phil. Fak., Ref. Oldenberg, Diss. v. 11. Nov. 1905
[Geb. 18. Okt. 81 Berlin; Wohnort: Berlin; Staatsangeh.: Preußen; Vorbildung: Wilh.-Gymn. Berlin Reife M. 99; Studium: München 2, Berlin 4, Kiel 5 S.; Rig. 22. Juli 05.]

Strauss, Otto, aus Postnicken bei Königsberg O. P.: Hydrirte Derivate des Diphenyl- und Triphenylmethans. *Halle a. S. 1899: O. Thiele.* (26 S.) 8°
Halle, Phil. Diss. v. 1899

Strauß, Otto, Elisabeth, Königin v. Preußen. Vortrag geh. im Saale d. 2. evangel. Vereinshauses am 13. November 1874. gr. 8. (26 S.) Berlin 875. W. Schultze. n. — 50

Strauß, Otto, der Herr Zebaoth ist mit uns! Dank-Predigt am Sonntage Cantate, den 24. April 1864 nach der Erstürmung der Schanzen von Düppel in der k. Garnison-Kirche zu Posen gehalten. 2. Aufl. 8. (16 S.) Posen 865, (Heine.)

— unter dem Kreuz. Vier Predigten. gr. 8. (30 S.) Berlin 880. Fr. Schulze's Verl. n. 1. —

Strauß, Otto, liturgische Männerchöre für Kirche und Haus. Nach der Ordnung des Kirchenbuches für das königl. preußische Kriegsheer. Lex.-8. (110 S.) Berlin 861, Hertz. *

Strauß, Otto, liturgische Männerchöre für Kirche u. Haus. Nach der Ordnung des Kirchenbuches für das königl. preuß. Kriegsheer. Berlin 864. Hertz. Lex.-8. (110 S.) n. 12 ngr.

Strauss, Otto, Ninive und das Wort Gottes. Mit 3 Holzschn. (im Text.) Berlin 855. Hertz. gr. 8. (39 S.) n. 8 ngr.

—— der Psalter als Gesang- und Gebetbuch. Eine geschichtliche Betrachtung. gr. 8. (32 S.) Berlin 859, Hertz. *

Strauß, Otto, die evangelische Seelsorge bei dem Kriegsheer. Berlin 870. Mittler & Sohn. gr. 8. (VII, 168 S.) n. 24 ngr.

Strauß, Otto, „Stark in dem Herrn!" Predigten gehalten in der evangel. Garnisonkirche zu Posen. gr. 8. (III und 76 S.) Posen 866, (Heine.) **

Strauss, Otto, Nahumi de Nino vaticinium explicavit, ex Assyriis monumentis illustravit. 8maj. (LXXX und 136 S.) Berolini 853, Hertz. *

Strauß, Paul, Handkommentar zur Zivilprozeßordng., s.: Neukamp, Ernst.

Strauss, Paul [aus Frankfurt a/M.]: Ueber Retention der Eihäute bei normaler Geburt und ihre Behandlung. ... Würzburg: Etlinger's Buchdr. (F. Fromme), 1890. 35, 1 S. 8°
Würzburg, Med. Fak., Inaug.-Diss. v. 1890

[F. u. Ant.] 'Also sprach Zarathustra'. Tondichtung '(frei nach Friedr. Nietzsche)' f. grosses Orch. v. Richard Strauss. Op. 30. Partitur. *München: J. Aibl 1896.* (1 Bl., 115 S.) 1 Bd 4. [96. 9741

Burleske D moll für Pianoforte und Orchester von Richard Strauß. Partitur. *Leipzig: Steingräber (1894).* (75 S.) 4°
(Edition Steingräber. 404 b.) 04. 6311

Strauss, Rich., Elektra. Tragödie in 1 Aufzuge von Hugo v. Hofmannsthal. Musik v. S. (Textbuch.) (74 S.) kl. 8. Berlin (909). A. Fürstner. nn 1. —

— dasselbe. Traduction française de H. Gauthier-Villars. Musique de St. (60 S.) kl. 8. Ebd. (909.) 1. 20

— dasselbe. Traduzione ritmica italiana di Ottone Schanzer. (62 S.) kl. 8. Ebd. (909). 1. 20

Elektra. Tragic opera in 1 act. By Hugo v. Hofmannsthal. Music by Richard Strauss. Trad. franç. de Jean Marnold. Engl. transl. by Charles T. Mason. Berlin: Fürstner 1909. 43 S. 8°
(Grand Opera under the dir. of Hammerstein. Libretto ...) [10. 9750

— dasselbe. Tschechische Übersetzg. v. Karel Kovařovic. Musik v. St. (Textbuch.) (69 S.) kl. 8. Ebd. (910). — 85

Elektra. Tragedie o 1 dějství. Napsal Hugo von Hofmannsthal. Český překlad upravil Karel Kovařovic. Hudba od Richarda Strausse. Berlin: Fürstner [1910]. 69 S. 8°
[Elektra. Tragödie in 1 Akt von Hofmannsthal. Böhm. Übers. v. Kovařovic. Musik von Strauß.] [10. 9748

Elektra. Tragédia egy felvonásban. Irta: Hofmannsthal Hugó. Fordította: Várady Sándor. Zenéjét szerzé: Strauss Richard. ⟨58-ik mű.⟩ [Textbuch.] Berlin: Fürstner [1910]. 69 S. 8° [10. 9749

— dasselbe. [English version by Alfr. Kalisch.] Musik by St. Op. LVIII. (58 S.) kl. 8. Ebd. (910). 1. —

— dasselbe. Traduction française de Jean Marnold, English translation by Charles T. Mason. (Textbuch.) (43 S.) Lex. 8. Ebd. (910). 1. 40

Le Feu de la Saint-Jean ⟨Feuersnot⟩. Poème lyrique en 1 acte de Ernst v. Wolzogen. Trad. franç. de Jean Marnold. Musique de Richard Strauss. [Textbuch.] Berlin: Fürstner 1909. 44 S. 8° [11. 1135

Strauß, Rich., Feuersnot, s. a. Wolzogen, Ernst v.

Feuersnot. Ein Singgedicht in 1 Akt von Ernst v. Wolzogen, Musik von Richard Strauss. Op. 50. Klav.Ausz. mit Text von Otto Singer. *Berlin: A. Fürstner 1901.* (201 S.) 4° [01. 12543

Feuersnot. Ein Singgedicht in 1 Akt von Ernst v. Wolzogen. Musik von Richard Strauss. [Text.] Berlin: Fürstner [1901]. 47 S. 8° [11. 514 2

— Feuersnot. (Beltane fire.) An opera in 1 act, the poem by Ernst v. Wolzogen. [The English text by William Wallace.] Music by St. (Textbuch.) (51 S.) kl. 8. Ebd. (910). 1. —

— dasselbe. Traduction française de Jean Marnold, English translation by Charles T. Mason. (Textbuch.) (31 S.) Lex. 8. Ebd. (910). 1. 50

Guntram. In 3 Aufzügen. Dichtg u. Musik v. Richard Strauss. Op. 25. ... Vollständ. Klav.-Ausz. m. Text. '(Uebertr. v. Otto Singer.)' *München: J. Aibl (1894).* (230 S.) 1 Bd 4. [96. 3510

Guntram. In 3 Aufz. Dichtung u. Musik von Richard Strauss. Op. 25. [Textbuch.] München: Aibl 1894. 79 S. 8° [10. 6503

Guntram in 3 Aufz. Dichtung u. Musik von Richard Strauss. Op. 25. Berlin: Fürstner [1904]. 79 S. 8° [10. 9751

— Guntram. In 3 Aufzügen. Dichtung u. Musik v. St. op. 25. (Textbuch.) (Neue Ausg.) (79 S.) 8. Ebd. (910). — 80

... Ein Heldenleben. Tondichtg f. grosses Orchester v. Richard Strauss. Op. 40. Partitur ... Leipzig: F. E. C. Leuckart (1899). (139 S.) 1 Bd 2°

Strauss, Rich, Instrumentationslehre, s.: Berlioz, Hect.

Strauß, Richard, s. Iphigenie auf Tauris.

Strauß, Rich., Iphigenie auf Tauris, s.: Gluck, Chr. v.

Drei Lieder ⟨nach Gedichten von Otto Julius Bierbaum⟩ für eine Singstimme mit Klavierbegleitung comp. von Richard Strauß. Op. 29. Ausg. f. hohe Stimme. Engl. Uebers. von John Bernhoff. 1–3. *München: J. Aibl 1897.* 3 Bde 4°
1. Traum durch d. Dämmerung. 2. Schlagende Herzen.
3. Nachtgang [04. 4650

4 Lieder für eine Singstimme mit Begleitung des Pianoforte comp. von Richard Strauß. Op. 27. Engl. Uebers. von John Bernhoff. Ausg. f. hohe Stimme. 1–4. *München: J. Aibl 1897.* 4 Bde 4° [Ant. u. F.]
1. Ruhe, meine Seele! ⟨Karl Henckell.⟩ 2. Cäcilie. ⟨Heinrich Hart.⟩
3. Heimliche Aufforderung. ⟨John Henry Mackay.⟩
4. Morgen! ⟨John Henry Mackay.⟩ [04. 4653

2 Lieder ⟨Gedichte von N. v. Lenau⟩ für eine Singstimme mit Begleitung d. Pianof. comp. von Richard Strauß. Op. 26. Ausg. f. hohe Stimme. Engl. Uebers. von John Bernhoff. 1. 2. *München: J. Aibl 1897.* 2 Bde 4° [Ant. u. F.]
1. Frühlingsgedränge. 2. 'O, wärst du mein!' [04. 4654

— s.: Morgen.

— s.: Musik, die.

. . . Don Q u i x o t e . '(Introd., tema con variaz. e. finale.)' Fantast. Variationen üb. e. Thema ritterl. Characters f. grosses Orchester comp. v. Richard **Strauss**. Op. 35. Partitur. München: J. Aibl 1898. (94 S.) 1 Bd 4⁰

Der R o s e n k a v a l i e r . Komödie f. Musik in 3 Aufz. von Hugo v. Hofmannsthal. Musik von Richard **Strauss**. Berlin: Fürstner 1910/11. 150 S. 8⁰

Salome. Drama in 1 Aufz. nach Oscar W i l d e 's gleichnamiger Dichtung in deutscher Übers. von Hedwig L a c h m a n n. Musik von Richard **Strauss**. Op. 54. Klav.-Ausz. mit Text von Otto S i n g e r. Berlin: A. Fürstner 1905. (203 S.) 4° [05. 13585]

— Salome. Drama in 1 Aufzuge nach Osk. Wilde's gleichnam. Dichtg. in deutscher Uebersetzg. v. Hedw. Lachmann. Musik v. St. (Textbuch.) (47 S.) kl. 8. Berlin (905). A. Fürstner. n. — 60; erh. Pr. n. — 80

S a l o m é . Dramma musicale in 1 atto di Oscar Wilde, trad. da Alex. Leawington. Musica di Richard **Strauss**. Berlin: Fürstner 1906. 32 S. 8⁰

— S a l o m e. Drama in 1 Aufz. nach Oscar Wilde's gleichnam. Dichtg. in dtsch. Übers. v. Hedwig Lachmann. Musik v. Rich. Strauß. Textbuch m. Angabe d. Leitmotive, d. führ. Orchesterinstrumente, d. betr. Seitenzahlen in Partitur u. Klavier-Auszug sowie Hinzufügg. v. Notenbeisp. im Anh. Hrsg. v. Otto Taubmann. (59 S. m. 1 Notenbeil.) kl. 8⁰. Berlin '07. A. Fürstner. 3.—

— dasselbe. Drame musical en 1 acte. Poème de Osc. Wilde. Musique de St. (Textbuch in französ. Sprache.) (III, 39 S.) 8. Ebd. (907). nn 1. 20

— dasselbe. Drama musicale in 1 atto di Osc. Wilde, tradotta da Alex. Leawington. Musica di St. (Textbuch in italien. Sprache.) (32 S.) 8. Ebd. (907). — 80

— S a l o m e. Drama in 1 Aufzuge nach Osc. Wilde's gleichnam. Dichtg. in deutscher Übersetzg. v. Hedw. Lachmann. Musik v. S. Textbuch m. Angabe der Leitmotive, der führ. Orchesterinstrumente, d. betreff. Seitenzahlen in Partitur u. Klavier-Auszug sowie Hinzufügg. v. Notenbeispielen im Anh. Hrsg. v. Otto Taubmann. (59 S.) kl. 8. Berlin (908). A. Fürstner. 1.—

— dasselbe. Drama i 1 akt efter Osk. Wilde's dikt med samma namn. (Öfversättning.) Musik af St. (Textbuch.) (48 S.) kl. 8. Ebd. (908). — 85

S a l o m e . Music drama in 1 act after Oscar Wilde's poem. German transl. by Hedwig Lachmann. 'With modifications for use on Engl. stage by Alfred Kalisch.' Music by Richard **Strauss**. Engl. and German words. Berlin, Paris: Fürstner 1910/11. 31 S. 8⁰

Till Eulenspiegels lustige S t r e i c h e . Nach alter Schelmenweise in Rondeauform f. grosses Orchester gesetzt von Richard **Strauss**. Op. 28. Partitur. München: J. Aibl 1895. (60 S.) 4⁰

— Symphonien u. Tondichtungen, erläutert v. G. Brecher, A. Hahn, W. Klatte, W. Mauke, A. Schattmann, H. Teibler, H. Walden, nebst e. Einleitg.: Richard Strauss' Leben u. Schaffen u. Herwarth Walden, 8.: M e i s t e r f ü h r e r.

— T a i l l e f e r. Ballade v. Lud. Uhland. Für Chor, Soli, u. Orchester komp. Op. 52. Englische Uebersetzg. v. Paul England. (Textbuch.) (9 S.) 8. Ebd. (903). **n. — 20**

Taillefer. Ballade von Ludwig U h l a n d. Für Chor, Soli u. Orchester komp. von R i c h a r d **Strauß**. Op. 52. Engl. Uebers. von Dr. Paul E n g l a n d. Klav. Ausz. mit deutsch-engl. Text. (Otto S i n g e r.) *Berlin: A. Fürstner 1903.* (55 S.) 4° [5.] [03. 13.Ai]

T a i l l e f e r . Ballade von Ludwig Uhland. Für Chor, Soli u. Orchester komp. von Richard **Strauß**. Op. 52. Engl. Uebers. von Dr. Paul England. Orchester-Part. mit deutsch-engl. Text. Berlin: A. Fürstner [1904]. (85 S.) 2⁰

— Le t r a i t é d ' o r c h e s t r a t i o n d'Hector Berlioz. Commentaires et adjonctions, coordonnés et traduits par Ernest Closson. (92 S.) 8. Leipzig 909. C. F. Peters, 2. 40

Strauss, Rob., üb. die Konstitution der Anilide u. Toluide der Glykosen. Diss. gr. 8. (34 S.) München 894. Dr. H. Lüneburg. n. 1. —

Strauss, Rudolf, Referendar a. Barmen: Der Erwerb und Verlust des mittelbaren Besitzes. Rostock 1904: C. Hinstorff. (139 S.) 8°
Rostock, Jur. Fak., Ref. Matthiass, Diss. v. 20. Nov. 1904
[Geb. 16 Aug. 78 Barmen; Wohnort: Barmen; Staatsangeh.: Preußen; Vorbildung: Gymn. Barmen Reife M. 98; Studium: Lausanne 1, München 2, Berlin 1, Bonn 2 S.; Rig. 21. Juli 03.]

Strauss, Rud., M ä d c h e n u. Frauen. Novelletten. M. 1 Titel- (Umschlag-) Bild v. Max Slevogt. schmal gr. 8. (VII, 106 S.) Wien 898. L. Weiss. n.n. 1. 25

— N o v e l l e n - P r e m i e r e n. Ein Vorschlag. 8. (30 S.) Ebd. 897. n. — 70

Strauß, Rud., Sumpf u. Sonne. Novellen u. Skizzen. (III, 129 S.) 8. Wien 906. (M. Perles.) n. 3. —

Strauß, Rud., die Waffe des Don Juan. Komödie in 1 Act. 8. (46 S.) Wien (901). L. Weiß. n. — 85

Strauss, Sally, cand. med. aus Bergen bei Frankfurt a. M.: Über **Pseudohypertrophie** der Muskeln. *Würzburg 1899: P. Scheiner.* (34 S.) 8°
Würzburg, Med. Diss. v. 1899

Strauss, Samuel

Strauss, S. [approb. Arzt aus Tauberbischofsheim (Baden)]: Localisation und Complicationen der Puerperal-Erkrankungen . . . München, akad. Buchdr. v. F. Straub, 1888; 33 S. 8°
München, Med. Fak., Inaug.-Diss. v. 1888

S t r a u s s , S., Localisation und Complicationen der Puerperal-Erkrankungen. Diss. München 1888, A. Buchholz. 8°. 33 S.

Strauss, Sigfrid, Rechtspraktikant aus Bamberg: **Eigentumserwerb** durch Specification nach dem Bürgerlichen Gesetzbuche für das Deutsche Reich. *Bamberg 1899: Handels-Druckerei.* (61 S.) 8°
Erlangen, Jur. Diss. v. 29. Nov. 1898

Strauss, Siegfried: **Inhalt und Rechtswirkungen der Eintragung** und der Löschung **von Waarenzeichen im Zeichen**register und in der Zeichenrolle nach den Reichsgesetzen vom 30. November 1874 und vom 12. Mai 1894. *Berlin 1897: G. Schade.* (50 S.) 8°
Greifswald, Jur. Diss. v. 1897

Strauss, Sigfr., Stoff u. Arbeit. Eine Studie aus dem bürgerl. Gesetzbuche. Beitrag zur Lehre v. der Specification. gr. 8. (VIII, 61 S.) Berlin 899. Struppe & Winckler. n. 1 20

Strauss, *Simon* [aus New-York '(U. S. A.)']: '(Aus d. patholog. Institut d. Kgl. Univ.-Frauenklinik zu Berlin.)' Ueber Uterusmyome, insbes. ihre Histogenese . . . Berlin, Buchdr. v. G. Schade, *1893;* 30 S., 1 Bl. 8.
Berlin, Med. Fak., Inaug.-Diss. v. 21. Febr. 1893

Strauß, Thdr., das Geistesleben der Zukunft. Forschungen über Erweiterung der Thätigkeit des menschl. Geistes und dessen Fortleben nach dem Tode. 8. (93 S.) Leipzig 877, [Schloemp.] L. Senf. *

Strauß, Vagel (Otto Wetterhausen), s.: Schelmenstück!

Schelmstück'. Vertellt von Vagel **Strauss**. Berlin: W. Süsserott 1901. (92 S.) 8°
([Bibliothek, Plattdeutsche. 6.])

Strauß, Viktor von, s. Strauß und Torney

Strauss, W. . Eine Woche im Berner Oberlande. [Mit Illustrationen und 1 Tafel.] SA. 8. Wien 1889.

Strauß, Walter, Oberleutnant zur See a. D., Referendar: Die Volljährigkeits-Erklärung (venia aetatis). Parchim 1906: H. Freise. (66 S.) 8°
Rostock, Jur. Fak., Ref. Matthiaß, Hübner, Diss. v. 10. Aug. 1906
[Geb. 7. Aug. 72 Memel; Wohnort: Halle a. S.; Staatsangeh.: Preußen; Vorbildung: Gymn. Treptow a. R. Reife O. 92; Studium: Leipzig 4, Halle 5 S.; Rig. 1. Juni 06.]

Strauß, Wern., Verherrl. Gottes in Christo in 7 Passionspredigten. 8. Hannov. Helwing. 719.

Strauß, Wilhelm, a. Bayreuth, Hilfsarzt an der Kgl. Frauenklinik zu Dresden: Aus der Kgl. Frauenklinik zu Dresden. (Dir. Geh.-Rat Prof. Dr. Leopold.) Ein Beitrag zur Entstehung von Ureterenerweiterung und Hydronephrose im Anschluss an Uterusprolaps. Leipzig 1907: B. Georgi. (31 S.) 8°
Leipzig, Med. Fak., Ref. Zweifel, Diss. v. 6. Febr. 1907
[Geb. 18. Aug. 78 Bayreuth; Wohnort: Dresden; Staatsangeh.: Bayern; Vorbildung: Kgl. Gymn. Bayreuth Reife Juli 98; Studium: München 1, Würzburg 3, München 2, Erlangen 5 S.; Coll. 15. Febr. 07; Approb. 16. Juli 04.]

Strauß, Wilh., s.: Chronik, Rheydter.

Strauß, Wilhelm, Festschrift zum 50jährigen Stiftungsfeste der Turnerschaft des Bildungs-Vereins für Arbeiter in Hamburg, 28. 3. 1896, Hamburg 1896, 24 S., 8°.

Strauss, Wilhelm (Hrsg.), s. Geschichte der Stadt Rheydt.

Strauss, Wilhelm: Die Haftpflicht der Hausbesitzer. (Leipzig 1891.)

Strauß, Wilh., s. Schriften des Centralverbandes der Haus- u. städtischen Grundbesitzer-Vereine Deutschlands.

Strauß, Wilh., die preußische Steuer-Reform u. ihre geschichtliche Entwicklung. gr. 8. (V, 108 S.) Berlin 893. C. Heymanns Verl. n. 2. —

Strauss, Wilhelm, Rechtsanwalt in Heilbronn: Die polizeiliche Strafverfügung. Heilbronn o. J.: O. Weber. (59 S.) 8°
Heidelberg, Jur. Fak., Ref. Lilienthal, Diss. v. 23. Mai 1905
[Geb. 9. Juni 79 Heilbronn; Wohnort: Heilbronn; Staatsangeh.: Württemberg; Vorbildung: Gymn. Heilbronn Reife M. 97; Studium: Heidelberg, Berlin, Tübingen; Rig. 10. Mai 05.]

Strauss, W., Die deutsche Wohnungsfrage. (Schrift. d. Centralverbandes der Haus- u. städt. Grundbesitzervereine Deutschlands.) 8°. Leipzig 1890.

Strauss, Zadok [app. Arzt]: Ueber Atonia uteri nach Geburt der Placenta ... Marburg, Buchdr. v. J. Hamel, 1892; 35 S. 8.
Marburg, Med. Fak., Inaug.-Diss. v. [8. Juli] 1892

Strauß-Dürckheim, Herkules, ausführlicher Katechismus des Deismus u. der religiösen Irrthümer, die ihm entgegenstehen. Leipzig 859. Wagner. 12. (344 S.) n. 20 ngr.

Strauß u. Torney, v., s.: Gewerbearchiv f. das Deutsche Reich.

— s.: Pfarrarchiv, preußisches.

Strauss und Torney, Dr. von: Vorschläge zur Schankstättenpolizei. Hildesheim 1897. 16 S.

Strauß u. Torney, H. v., über Handwerk u. Innung. Ein Vortrag, geh. in der Versammlung der Schuhmacher-Innung zu Wiesbaden am 15. Novbr. 1880. gr. 8. (20 S.) Wiesbaden 881. Jurany & Hensel. n. — 50

Strauss u. Torney, Hugo v., s. Alkoholismus, Der.

Strauß u. Torney, Hugo v., d. Gesetz betr. d. Anlegung u. Veränderg. v. Straßen, s.o. Friedrichs, R.

— das Gesetz betr. die Anlegung u. Veränderung von Straßen u. Plätzen in Städten u. ländlichen Ortschaften. Vom 2. VII. 1875. Des Kommentars v. R. Friederichs 5., völlig umgearb. Aufl. (XXXI, 333 S.) 8. Berlin 905. J. Guttentag. Geb. in Leinw. n. 5. —

Strauss-Torney, Lulu v., Balladen u. Lieder. 4. (158 S.) Leipzig 902. Berlin, H. Seemann Nachf. n. 2 50

Strauss u. Torney, Lulu v., Balladen u. Lieder. Neue [Titel-]Ausg. (158 S.) 8. Berlin [902.] 905. E. Fleischel & Co. n. 2. 50; geb. n. 3. 50

Strauß u. Torney, Lulu v., neue Balladen u. Lieder. (180 S.) 8. Berlin (907). E. Fleischel & Co. 3.—; geb. 4. 50

— aus Bauernstamm. Roman. 2 Tle. in 1 Bde. 8. (186 u. 197 S.) Berlin (902). O. Janke. n. 4. —

Aus Bauernstamm. Roman von Lulu v. **Strauss** u. Torney. 2 Aufl T. 1. 2. Berlin: Janke 1909. 8°
(Bibliothek August Scherl. Bd 555.) [illegible]

— Bauernstolz. Dorfgeschichten aus dem Weserlande. 8. (IV, 217 S.) Leipzig (901). Berlin, H. Seemann Nachf. n. 3. —; geb. n. 4. —

— Bauernstolz. Dorfgeschichten aus dem Weserlande. Neue [Titel-]Ausg. (VI, 217 S.) kl. 8. Ebd. [901.] 905. n. 3. —; geb. n. 4. —

— dasselbe, s.a. Volksbücher, Wiesbadener.

Die Dorfgeschichte in der modernen Literatur. s.a. Beiträge zur Literaturgeschichte.

Strauss, Lulu von, und Torney, [Hugo von]. Die Dorfgeschichte in der modernen Literatur. 40 S. 8. Leipzig, Verlag für Literatur, Kunst und Musik, 1906. (M. —. 60)
(Beiträge zur Literaturgeschichte. Heft 7. Herausgeber: Hermann Graef.)

— das Erbe. Novelle. (100 S.) 8. Berlin 905. A. Goldschmidt. n. — 50; geb. in Leinw. n. — 75

Strauß u. Torney, Lulu v., Gedichte. 12. (164 S.) Göttingen 898. L. Horstmann. n. 2. —; geb. n. 3.

Strauß u. Torney, Lulu v., der Hof am Brink. Das Meerminnele. Zwei Geschichten. (291 S.) 8. Berlin 906. E. Fleischel & Co. n. 3. 50; geb. n. 5. —

— Lucifer. Roman. 1. u. 2. Aufl. (287 S.) 8. Ebd. 907. 3.50; geb. 5. —

— hinter Schloß u. Riegel u. andere Erzählungen, s.: Hesse's, Max, Volksbücherei.

Sieger und Besiegter. Novellen von Lulu v. Strauß u. Torney. Berlin: Fleischel 1909. 259 S. 8°

— eines Lebens Sühne. Novelle. (94 S.) 8. Berlin 904. A. Goldschmidt. n. – 50; geb. in Leinw. n. — 75

— ihres Vaters Tochter. Roman. (311 S.) 8. Berlin 905. E. Fleischel & Co. n. 3. 50; geb. n. 5. —

— Ihres Vaters Tochter. Roman. (2. Aufl.) (282 S.) 8. Ebd. 908. 3. 50; geb. 5.—

Strauß und Torney, Viktor von

Strauß, Vict. v., die Bauern. Des Lebens Nachtseite. 2 Erzählungen. Heidelberg 868. C. Winter. 8. (137 S.) cart. n. 12 ngr.

Strauß u. **Torney**, Vict. v., Beiträge zur Erkenntnißlehre m. Beziehung auf die Offenbarung. 8. (IV, 96 S.) Leipzig 895. A. Deichert Nachf. n. 1. 20

v. **Strauß**, Vict., das kirchliche Bekenntniß u. die lehramtliche Verpflichtung; mit nächster Beziehung auf des Hrn. Dr. Jul. Müllers Schrift: „Die 1. Generalsynode der evangel. Landeskirche Preußens u. die kirchlichen Bekenntnisse. gr. 8. (78 S.) Halle 847, Mühlmann. n. 1/3 ℛ

— Bilder u. Töne aus der Zeit. Ein novellistisches Jahrbuch. I. (Thl.) A. u. d. T.: Das Erbe der Väter. Mit einem Anh. von Gedichten aus dem J. 1848. 8. (332 S.) Bielefeld 850, Velhagen & Klasing. 1 1/3 ℛ

Strauß, Vikt. v., Briefe über Staatskunst, s. Briefe.

Strauß, Vikt. v., Erzählungen. Gesammeltes und Neues. 1—3. Bd. Heidelberg 854, 55. K. Winter. 8. Jeder Bd. n. 1 ℛ.

Inhalt. 1. Bd.: Lebensbilder in Erzählungen und Gesprächen. Die Verlornen. (110 S.) — Aus der Vergangenheit. (83 S.) — Der Schulmeister. (30 S.) — Laokoon u. Rehustan. (18 S.) — Eros und Agape. (42 S.)
2. u. 3. Bd.: Lebensfragen in Erzählungen und Gesprächen. 1. Bd.: Die Bauern. (70 S.) — Des Lebens Nachtseite. (1 Bl., 67 S.) — Die Ehepaare. (68 S.) — Der Zweikampf. (67 S.) — 2. Bd.: Die Communisten. (84 S.) — Das Pfarramt. (70 S.) — Mammon. (80 S.)

Strauß und Torney, Vict. v., Essays zur allgemeinen Religionswissenschaft. gr. 8. (224 S.) Heidelberg 879, C. Winter's Universitäts-Buchh. *

—— ein Fastnachtsspiegel von der Demokratie und Reaktion. Zu Nutz und Kurzweil gemeiner Christenheit verfasset. 18. (64 S.) Frankfurt a. M. 849, [Völcker.] Fein Pap.

— ein Fastnachtsspiel von der Demokratie u. Reaktion. Zu Nutz u. Kurzweil gemeiner Christenheit verfasset. 18. (64 S.) Frankfurt a. M. 849, Zimmer. 1/12 ℛ Velinpap. 4 1/2 ngr

Strauß u. Torney, V. v. Die Freiheit d. Menschen. gr. 8. (55 S.) Lpz. 892, Deichert Nachf. * 1 —

Strauß, Vict., Gedichte. 8. (28 B.) Bielefeld 841, Velhagen u. Klasing.

—— Geistliches in Gedichten und Liedern. 32. (152 S.) Heidelberg 856, K. Winter. *.

Strauß und Torney, Vict. v., der hannoversche Gesangbuchsentwurf und der Herr Schulinspektor Backhaus. 8. (28 S.) Hannover 880, Schmorl und v. Seefeld. * .

—— der Gesangbuchsentwurf für die Landeskirche des Königr. Sachsen, besprochen. gr. 8. (61 S.) Leipzig 881, Dörffling und Franke. *

Strauß, Vict., üb. die Gesangbuchssache in preußischen Landen. Eine Denkschrift. gr. 8. (2 1/4 B.) Bielefeld 846, Velhagen u. Klasing.

Strauß, V. v., das Glück. Novelle. [Die Schule d. Lebens III.] 2. (Titel-)Ausg. 8. (230 S.) Heidelberg 888. C. Winter. n. 2. —

Strauß u. Torney, V. v., der altägyptische Götterglaube. 1. u. 2. Thl. gr. 8. Heidelberg, C. Winter. n. 22. —

1. Die Götter u. Göttersagen. (X, 505 S.) 889. n. 12. —
2. Entstehung u. Geschichte d. altägypt. Götterglaubens. (VI, 404 S.) 891. n. 10. —

—— Gudrun. Ein Schauspiel. Mit dem Portr. des Verf. (in Stahlst.) br. 8. (III und 137 S.) Frankfurt a. M. 851, [Völcker.] *

— Gudrun. Ein Schauspiel. Mit dem Portrait des Verf. (in Stahlst.) br. 8. (IV u. 137 S.) Frankfurt a. M. 851, Zimmer'sche Sort.-Buchh. (Völcker). n. 1 ℛ; in Engl. Einb. m. Goldschn. n. 1 2/3 ℛ

— Judas Ischarioth, ein Osterspiel in 5 Akten. (Abdr. aus „Weltliches u. Geistliches.") Heidelberg 856. K. Winter. 32. (140 S.) n. 22 1/2 ngr

Strauß, Vict. v., Judas Ischarioth. Ein Osterspiel in fünf Akten. Neue (Titel-)Ausg. 16. (140 S.) Heidelberg (856)70, C. Winter's Universitäts-Buchh. *

Strauß, V., Katharina. Ein Trauersp. 8. (7 B.) Halle 823, Kümmel.

— das Kirchenjahr im Hause. 1. u. 2. Hälfte. 8. Heidelberg 845, Karl Winter. 2 3/4 ℛ

Strauß, Vict. v., die Communisten. Mammon. Zwei Erzählungen. [Lebensfragen u. Lebensbilder 1.] Heidelberg 868. C. Winter. 8. (164 S.) cart. n. 12 ngr.

— s. K. C. F. Krause, handschriftl. Nachlaß 1e Abthl. 2e Reihe.

— Leben des P. Gerhardt, s. Sonntags-Bibliothek.

—— Lebensfragen in 7 Erzählungen. 3 Bde. 8. (50 7/8 B.) Heidelberg 846, Carl Winter.

Inhalt:
Bd. 1. Die Bauern. — Des Lebens Nachtseite.
" 2. Die Ehepaare. — Der Zweikampf. — Die Communisten.
" 3. Das Pfarramt. — Mammon.

—— Lebensführungen. Novellen. 2 Bde. gr. 8. (259; 312 S.) Heidelberg 881, C. Winter's Universitäts-Buchh. * geb. *

Strauß, Vict. v., Lebensführungen. Novellen. 2 Bde. 2. (Titel-)Ausg. 8. (259; 312 S.) Heidelberg 888, C. Winter's Universitäts-Buchh. *ℳ 4.—; geb. *

—— Lieder aus der Gemeine f. d. christl. Kirchenjahr. gr. 12. (17 B. u. ⅓ B. Musikbeil.) Hamburg 843, Friedr. Perthes.

Strauß, Vict. v., Reinwart Löwenkind. Nach mündl. Ueberlieferg. in 12 Gesängen. Lex.-8. (195 S.) Gotha 873. F. A. Perthes. n. 4. 50

Strauss, Victor. Mammon. Erzählung von Viktor Strauss. 92 S. 8. Aarburg, Buchdr. Aarburg, 1902. (fr. —. 20)
Schweizer Familien-Bibliothek. Band 8. 109 S. — *S. 93—109 enth. als Anhang:* Aus dem Leben eines Dichters. Novelle.

Strauss, Vict. v., Meditationen über das erste Gebot für Leute des Gedankenernstes und des Gewissens. gr. 8. (III und 156 S.) Leipzig 866, Fr. Fleischer.

Strauß und Torney, Vict. v., der altchinesische Monotheismus, s. Sammlung von Vorträgen.

— ein Nachgesang Dante's aus dem Paradiese. gr. 4. (6 S.) Dresden 851, Arnold. n. 6 ngr

— Novellen. 3 Bde. gr. 8. (III, 308; III, 303 u. III, 274 S.) Leipzig 871. Fr. Fleischer. 13. 50

Strauß, Vikt. v., ein Obolus zur Philosophie der Geschichte. gr. 8. (16 S.) Hannover 855, Rümpler. Thlr. -

— das Pfarramt. Die Ehepaare. Zwei Erzählgn. 8. (138 S.) Heidelberg 870. C. Winter. n. 1. 20

Strauß, Vict. v., Polykarpus. Heidelberg 860. K. Winter. gr. 8. (VI, 341 S.) n. 1 ₰ 6 ngr

— Polykarpus. 2. Ausg. gr. 8. (VI, 341 S.) Ebend. 875. n. 3. —

—— Polyxena. Tragödie. 16. (112 S.) Frankfurt a. M. 851, [Völcker.] *

— Polyxena. Tragödie. 16. (112 S.) Frankfurt a. M. 851, Zimmer'sche Sort.-Buchh. (Völcker). n. ⅔ ₰

— der Prediger in der Wüste. gr. 8. (16 S.) Erlangen 871. Deichert. — 25

——, Richard. Zwölf Gesänge. 8. (15 B.) Bielefeld 841, Velhagen u. Klasing.

— Robert der Teufel. Eine christliche Heldensage in 12 Gesängen. Neue (Titel-)Ausg. Heidelberg (854)870. C. Winter. 16. (V, 384 S. mit 1 Stahlst.) n. 1 ₰ 6 ngr

—— s. Schi-king.

—— Schrift od. Geist? Eine positive Entgegnung auf des Pfarrers Wislicenus „Verantwortung gegen seine Ankläger." 8. (4 B.) Bielefeld 845, Velhagen u. Klasing.

—— eine Schuld. Renata. Zwei Novellen. [Die Schule des Lebens I/II.] 2. (Titel-)Ausg. 8. (229 S.) Ebendas. 888. *

—— die Schule des Lebens. Drei Novellen. 8. (460 S.) Ebendas. 885. *ℳ 6.—; geb. *

— offenes Sendschreiben an Hrn. Oberstlieut. v. Egidy. Eine Beleuchtg. seiner Schrift „Ernste Gedanken". gr. 8. (32 S.) Dresden 891. Bleyl & Kaemmerer. — 40

— offenes Sendschreiben an Hrn Oberstlieut. v. Egidy. Eine Beleuchtg. seiner Schrift „Ernste Gedanken". 2. Aufl. 3. u. 4. Tausend. gr. 8. (32 S.) Dresden 891. Bleyl & Kaemmerer. n. — 40

— s. Sophokles, Antigone.

——, Theobald. 3 Bde. gr. 12. (40 B.) Bielefeld 839, Velhagen u. Klasing.

— aus der Vergangenheit. Der Schulmeister u. der Herr Lehrer. Zwei Erzählungen. Ebend. 869. 8. (114 S.) n. 12 ngr

— die Verlorenen. Eine Erzählung. Ebend. 868. 8. (119 S.) cart. n. 12 ngr

—— das unbewußt Weissagende im vorchristlichen Heidenthum, s. Zeitfragen des christlichen Volkslebens.

—— Weltliches in Gedichten und Liedern. 32. (92 S.) Heidelberg 856, K. Winter. *
Wurde aus des Verf. nachstehendem Werke besonders abgedruckt.

— Weltliches und Geistliches. Eine Sommerlese in Gedichten und Liedern mit einem Osterspiel. 1. Bdchn.: Weltliches. — 2. Bdchn.: Geistliches. Heidelberg 856. K. Winter. 32. (92; 152 S.) 1.: n. 16 ngr; 2.: n. 22½ ngr

— Gottes Wort in den Zeitereignissen. Vier Rhapsodien. 8. (48 S.) Bielefeld 850, Velhagen & Klasing. ⅙ ₰

— die Wunder im Neuen Testamente. [Aus: „Neue kirchl. Zeitschr."] gr. 8. (47 S.) Leipzig 893. A. Deichert Nachf. n. — 75

— der Zweikampf. Eros u. Agape. Zwei Erzählungen. Ebend. 869. 8. (128 S.) cart. n. 12 ngr

Strauß-Wohl, Frau Jeanette, Briefe an Börne. Eingeleitet u. erläutert v. E. Mentzel. (XXI, 438 S. m. Bildnis.) 8. Berlin 907. F. Fontane & Co. 7.50; geb. in Leinw. 9.—; in Halbfrz. 10.—

Straussberg [Schlagwort]

Straussberg, s.: Deutschland. Kürschner-Pelp.

Sträußchen, dramatisches, von J. F. Castelli, s.a. Castelli.

Sträusschen, Dramatisches, f. d. J. . . . . Hg.: J. F. Castelli. 1816—1835.
Wien. Goed. VIII, 129, 14.

Sträußchen für Gebildete. 8 Bdchn. 12. Pesth 809. (Fürth, Korn). 1 ₰ 8 gr

Sträusschen, Ein, für die Jugend in zwölf Erzählungen und Mährchen usw. Nürnberg 1820. V: *Königsthal, Elise v. verw. Frfr. v. Löffelholz-Colberg.* Vgl. Schindel 2, 160, der die Verf. nur unter ihren Decknamen Constanze Reinhold aufführt. (DARP)

Sträußchen, ein, f. die Jugend, in 12 Erzähll. u. Mährchen. Dem Kindesalter von 6—10 Jahren best. Mit Kpf. 8. Nürnb. 820. Riegel u. W. 16 gl.

Sträußchen, e., Vergißmeinnicht od. Erinnerungen an die große St. Adalbero Feier in Lambach. Aus dem Tagebuche eines Theilnehmers. 12. (92 S.) Lambach 885. (Linz, Haslinger.) n. — 60

Straußen, Joh. Jansen, Reise durch Italien, Griechenland, Liefland, Moskau, d. Tatarei, Medien, Persien, d. Türkei, Japan u. Ostindien. Worin, außer d. Schicksalen d. Verf., d. Merkwürdigkeiten, Lebensarten, Sitten u. Gebräuche d. durchreis'ten Länder beschrieben werden. Angefangen im J. 1647 u. beendigt 1673. A. d. Holländ. übers. u. mit berichtig. Anmerkn. aus neuern Reisen versehen. gr. 8. (29½ B.) Gotha 832, Hennings.

Straussfedern. Eine Sammlung kleiner Romane und Erzählungen. Berlin 1787—98. V: *Musäus, Johann Carl August.* (Bd. 2 u. 3): *Müller, Johann Gottwerth & Johann Ludwig Tieck.* (GGr) (Ky) (EE) (Kordes, Schlesw.-holst. u. eutin. Schriftst. Schleswig 1797.)

Straußfedern, oder Samml. unterhalt. Geschichten, (v. Musäus, Jh. Gwth. Müller u. A.) 8 Thle. 8. Berl. 787—98. Nicolai. 5 ₰ 8 gl.

Dass., s.a. Strausfedern.

Straußfeld, Wenceslaus, O. S. F., Leitstern zum Himmel. Gebete u. Erwäggn. f. studier. Jünglinge. (301 S. m. farb. Titelbild.) Essen (905). Fredebeul & Koenen. Geb. in Leinw. n. 1. —; in Ldr. m. Goldschn. n. 1. 50; in Bocklдr. n. 2. —

Straussiade, Die, von Sadrah, Mesach und Abednego. Glaubenstadt u. Leipzig [St. Gallen] 1840. V: *Elsner, Hnr.* [?]. (Wr)

Straußiade, die, in Zürich, ein Heldengedicht in neun Gesängen, von Sadrach, Mesach u. Abednego. 2., verb. Aufl. 8. (3 B.) St. Gallen 840, (Scheitlin u. Zollikofer.) *

Sträußle, a, aus meim Gärtle. Von der Marget. (64 S.) 8. Heilbronn 907. E. Salzer. — 80

Sträussler, J., commercielles Handbuch, s.: Adler, Arnold.

Strausz, Adolf

Strauss, Adf., Bosnien. Land und Leute. Historisch-ethnographisch-geograph. Schilderung. 2 Bde. gr. 8. (XII, 340; VII, 328 S.) Wien 882,84, Gerold's Sohn. à Bd. * ℳ 7. *

Strausz, Adf., die Bulgaren. Ethnograph. Studien. gr. 8. (VII, 477 S.) Leipzig 898. Th. Grieben. n. 9. —; geb. in Halbfrz. n. 11. —

Strausz, Adf., s.: Donauländer, die

Strausz, Adf., u. Em. **Dugovich,** bulgarische Grammatik. Ein Handbuch zur Erlorng. der modernen bulgar. Schrift- u. Verkehrssprache. Zum Gebrauche f. Lehrer u. Lernende verf. gr. 8. (IV, 170 S.) Wien 895. W. Braumüller. n. 3. —

— bulgarische Volksdichtungen. Übers., m. Einleitung u. Anmerkgn. vers. gr. 8. (VIII, 518 S.) Wien 895. C. Graeser & Co. n. 10. —

Strauven, A., Gewerbeordnung f. das Deutsche Reich, s.: Buch, das praktische.

— das Handelsrecht, s.: Buch, das praktische.

— das Wechselrecht, s.: Buch, das praktische.

Strauven, K., über künstlerisches Leben u. Wirken in Düsseldorf bis zur Düsseldorfer Maler-Schule unter Direktor Schadow. Düsseldorf 862. (de Haen.) gr. 8. (55 S.) n. 5 ngr.

Strauwald, F. A.

— zur Orgelweih-Feier üb. Esra 7, 27. 8. Lissa 807. (N. Güntersche B. in Glogau). 3 gl.

Strauwald, F. A., Predigt zur Beförder. christl. Rechtschaffenheit bei d. Eidschwüren. 8. Lissa 799. (N. Günter'sche B. in Glogau). 2 gl.

Stravoskiadis, Andreas [aus Griechenland]: Achilles Tatius ein Nachahmer des Plato, Aristoteles, Plutarch und Aelian . . . Athen, Druck v. Gebr. Perris, 1889; 86 S. 8°
Erlangen, Phil. Fak., Inaug.-Diss. v. 1889

Strawiński, Nicol., über den Bau der Nabelgefässe und über ihren Verschluss nach der Geburt. [Aus dem physiolog. Institute der Wiener Universität.] Lex.-8. (16 S. mit 3 lithogr. Taf.) Wien 874, (Gerold's Sohn.) *
Aus: Sitzungsberichte der k. Akademie der Wissenschaften, besonders abgedruckt.

Strawiński, Nikolaus: Über den Bau der Nabelgefäße und über ihren Verschluß nach der Geburt (mit 3 Taf.) S. 70. III. 85.
Separatabdruck

STRAEZLE (F.). Handbuch der Naturgeschichte der drei Reiche. Ed. 2. Stuttg. 1866. 8°.

Ein toller Aprilscherz mit nützlichen Folgen oder: Wie Fritz Besenstiel von d. Trunksucht geheilt wurde. Lustspiel in 2 Aufz. von J(ohann) Streb. *Aachen: I. Schweitzer [1902].* (23 S.) 8° [F.]
= Theater, Neues. H. 16. [04. 11734

Streb, J., Bauer u. Knecht od. Knecht, aber Ehrenmann!, s. Theater, neues. 19. Hft.

Bauer und Knecht oder Knecht, aber Ehrenmann! Schauspiel in 1 Aufz. von J(ohann) Streb. *Aachen: I. Schweitzer [1903].* (14 S.) 8° [F.]
= Theater, Neues. H. 19. [04. 11737

Bruderhass und Bruderliebe. Räuber-Schauspiel in 2 Aufz. von J. Streb. Aachen: J. Schweitzer [1901]. (22 S.) 8°
(Theater, Neues. H. 2.)

Drei Duelle ... Tragikom. Schauspiel in 2 Aufz. u. 1 lebenden Bild von J(ohann) Streb. *Aachen: I. Schweitzer [1902].* (21 S.) 8° [F.]
= Theater, Neues. H. 15. [04. 11733

Der Fluch des Geizes oder Der Mensch denkt u. Gott lenkt. Schauspiel in 2 Akten mit e. Verwandlung im 1. Akt, von J(ohann) Streb. *Aachen: I. Schweitzer [1901].* (20 S.) 8° [F.]
= Theater, Neues. H. 7. [04. 11725

Die verhängnißvolle Glatze oder: Das Glück am Namenstag. Lustspiel in 2 Aufz. von J(ohann) Streb. *Aachen: I. Schweitzer [1901].* (20 S.) 8° [F.]
= Theater, Neues. H. 8.

Die erste Instructions-Stunde. Milit. Posse in 1 Aufz. Nach Victor Laverenz, f. d. Bühne bearb. von J. Streb. *Aachen: J. Schweitzer [1901].* (13 S.) 8° [F.]
= Theater, Neues. H. 4.

Liebe, nicht Reichthum macht glücklich oder Der Onkel aus Amerika als Retter in d. Not. Schauspiel in 1 Aufz. von J(ohann) Streb. *Aachen: J. Schweitzer [1901].* (21 S.) 8° [F.]
= Theater, Neues. H. 9.

Des Hauptmannsburschen Namenstag oder Der verhängnisvolle Brief. Kurze milit. Posse in 1 Akt von J. Streb. Aachen: J. Schweitzer [1901]. (18 S.) 8°
(Theater, Neues. H. 1.)

Nr. 33,333 (das große Los) oder: Gottes Wege sind oft wunderbar. Schauspiel in 3 Aufz. von J(ohann) Streb. *Aachen: I. Schweitzer [1901].* (28 S.) 8° [F.]
= Theater, Neues. H. 10.

Rechtsrat Pfifferling und seine Klienten. Schwank in 1 Aufz. von J(ohann) Streb. *Aachen: I. Schweitzer [1902].* (18 S.) 8° [F.]
= Theater, Neues. H. 11.

Primmel, der Eisenbahnfeind oder Primmels Glück durch d. Eisenbahn. Lustspiel in 2 Aufz. von J(ohann) Streb. *Aachen: I. Schweitzer [1902].* (21 S.) 8° [F.]
= Theater, Neues. H. 13.

Des Waldbauers Söhne. Schauspiel in 2 Aufz. von J(ohann) Streb. *Aachen: I. Schweitzer [1901].* (22 S.) 8° [F.]
= Theater, Neues. H. 6.

Der Spieler oder Leidenschaft Leiden schafft. Schauspiel in 3 Aufz. von J(ohann) Streb. *Aachen: I. Schweitzer [1902].* (22 S.) 8° [F.]
= Theater, Neues. H. 12.

Im Stehseidel. Lustspiel in 1 Aufz. von J. Streb. *Aachen: J. Schweitzer 1901.* (15 S.) 8° [F.]
Theater, Neues. H. 5.

Ein Tag aus dem Leben eines Trödlers oder: Unrecht Gut gedeihet nicht. Tragikom. Lustspiel in 1 Akt von J. Streb. Aachen: J. Schweitzer [1901]. (20 S.) 8°
(Theater, Neues. H. 3.)

Streb, J., s.: Theater, neues.

Die Wilderer. Schauspiel in 3 Aufz. von J(ohann) Streb. *Aachen: I. Schweitzer [1902].* (27 S.) 8° [F.]
= Theater, Neues. H. 14.

Zipperlein, der Wunderdoktor. Lustspiel in 3 Aufz. von J(ohann) Streb. *Aachen: I. Schweitzer [1902].* (23 S.) 8° [F.]
= Theater, Neues. H. 17.

Strebach, E. L., Blicke in die Geheimnisse der menschlichen Natur, eine auf dem Standpunkte der Wissenschaft gehaltene Darstellung der Zeugungstheile u. ihrer Bestimmung, der Erzeugung, der Entwicklung des Menschen im Mutterleibe rc. München 860. (Leipzig, H. Barth.) gr. 8. (VIII, 143 S.) n. 25 *ngr.*

Strebe, Prediger, die Kraft des Glaubens in Leidenstagen und Sterbensnöthen. Predigt. gr.8. Quedlinburg 834. Becker'sche Buchh. (Franke.) 1/6 *rf.*

Strebel, Erinnerung an die Erziehungsanstalt Stetten im Remsthal zu ihrem 50jährigen Jubelfeste. gr.8. (81 S.) Stuttgart 881. Metzler's Verl. n. 1. —

Strebel: L'Inoculation préventive contre le charbon symptomatique. Statistique de l'inoculation préventive et ses résultats. O. O. [1895]. 28 S.

Strebel, E. v., Dir. d. landw. Hochschule in Hohenheim s. Strebel, Valentin v.

Strebel, F. L., s. Strebel, L. F.

Strebel, Geo. Karl Sigm., († d. 26. Oct. 1813.) s. **Pope**, literar. Briefwechsel.

Strebel, Herm., Alt-Mexiko. Archäologische Beiträge zur Kulturgeschichte seiner Bewohner. Mit 17 Lichtdr.- u. 2 chromolith. Taf. gr. 4. (142 S.) Hamburg 885. Voss. In Mappe. n. 50. —

Strebel, H., Alt-Mexiko. Archäologische Beiträge zur Kulturgeschichte seiner Bewohner. 2. Tl. gr. 4. (III, 169 S. m. 33 Lichtdr.-Taf., 1 chromolith. Taf. u. 24 Textabbildgn.) Hamburg 889. Voss. In Mappe. n. 100. — (1. u. 2.: n. 150. —)

Strebel, Herm., Beitrag zur Kenntniss der Fauna mexikanischer Land- u. Süsswasser-Conchylien. 2. Thl. Mit 15 (lith.) Taf. Unter besond. Berücksicht. der Fauna angrenz. Gebiete. gr. 4. (58 S.) Hamburg 875. Herbst. n. 12. — (1. 2. n. 22. —)
1. Thl. cf.: Abhandlungen aus dem Gebiete der Naturwissenschaften.

Strebel, Herm., Beitrag zur Kenntniss der Fauna mexikanischer Land- u. Süsswasser-Conchylien. 3. Thl., mit 22 (lith.) Taf. Unter besonderer Berücksichtigung der Fauna angrenzender Gebiete. gr. 4. (II, 51 S.) Hamburg 876. Herbst. n. 15. —

Strebel, Herm., Beitrag zur Kenntniss der Fauna mexikanischer Land- und Süsswasser-Conchylien. Unter Berücksicht. der Fauna angrenzender Gebiete. Mit Taf. von Herm. Strebel und Geo. Pfeffer. 4. und 5. Thl. gr. 4. Hamburg, Herbst. [4. Thl. (IV, 112 S. mit 15 Taf., wovon 7 phototyp. und 8 autogr.) 880. *ℳ 18.; 5. Thl. (III, 144 S. mit 19 Taf., wovon 7 in Lichtdr. und 12 autogr.) 882. *ℳ 21.] *
1.—5. Bd. zusammenbezogen **
1.—3. Thl. Hamburg 1873—76, [Nolte—Friederichsen und Comp.] Herbst. **ℳ 37.

—— Bericht über die Sammlung Alterthümer aus Costarica im Bremer Museum, s. Abhandlungen, hrsg. vom naturwissenschaftl. Vereine zu Bremen.

Strebel, H., die bisherigen Formen der Lichttherapie, s.: Klinik, Berliner.

Die Gastropoden von H(ermann) Strebel. Mit 6 Taf. Stockholm 1908: Lith. Inst. d. Gen. Stabs; Berlin: A. Asher & Co. (111 S.) 4°(8°) [Umschlagt.]
= Ergebnisse, Wissenschaftl., d. schwed. Südpolar-Expedition 1901—1903. Bd 6, Lfg 1.

— Hochfrequenzströme u. Lungentuberkulose. gr. 8. (24 S.) München 902. Verlag d. ärztl. Rundschau. n. 1.—

Die bisherigen Leistungen der Lichttherapie. Von Dr. H(erm.) Strebel, München. *Berlin: Fischer (1902).* (32 S.) 8°
= Klinik, Berliner. H. 164.

Strebel, Herm., conchologische Mitteilungen aus dem naturhistorischen Museum in Hamburg, s. a. Abhandlungen aus dem Gebiete der Naturwissenschaften. 19. III.

Conchologische Mitteilungen aus dem Naturhistorischen Museum in Hamburg. Von Dr. Hermann Strebel. Mit 3 Taf. Hamburg: Friederichsen 1910. 35 S. 4°
(Abhandlungen aus d. Geb. d. Naturwissenschaften hrsg. v. Naturw. Verein in Hamburg. Bd 19, H. 3.)

Strebel, Hermann [cand. med. aus München]: Ueber „oedema cutis circumscriptum" ... Würzburg, A. Boegler'sche Buchdr., *1893;* 43 S. 8.
Erlangen, Med. Fak., Inaug.-Diss. v. 18. Juli 1892

Strebel, Herm., über Ornamente auf Tongefässen aus Alt-Mexiko. Mit Unterstützg. des naturwissenschaftl. Vereins in Hamburg. (31 S. m. 33 Taf.) gr. 4. Hamburg (904). L. Voss. n. 18. —

— Revision der Unterfamilie der Orthalicinen. (191 S. m. 33 Taf.) Lex. 8. Hamburg 909. L. Gräfe & Sillem. 20.—
Sonderabdr. aus: „Jahrb. d. hamb. wiss. Anst. 2. Beiheft".

—— die Ruinen von Cempoallan im Staate Veracruz,
—— Ruinen aus der Misantla-Gegend,
s. Abhandlungen aus dem Gebiete der Naturwissenschaften.

Strebel, Herm., die Stein-Sculpturen v. Santa Lucia Cozumahualpa (Guatemala) im Museum f. Völkerkunde. [Aus: „Jahrb. d. hamburg. wissenschaftl. Anstalten".] Lex.-8. (18 S. m. 4 Taf.) Hamburg 894. (L. Gräfe & Sillem.) n. 1. 20

Strebel, Herm., über Tierornamente auf Thongefässen aus Alt-Mexico, s.a. Veröffentlichungen aus dem königl. Museum f. Völkerkunde zu Berlin. VI. 1.

Hermann Strebel: Ueber Tierornamente auf Thongefässen aus Alt-Mexico. (Vorr.: Eduard Seler.) *Berlin: W. Spemann 1899.* (28 S., 19 Taf.) 4°
= Veröffentlichungen a. d. Königl. Museum f. Völkerkunde. Bd 6, H. 1.
(∞. 779°

— die Verwendung des Lichtes in der Therapie. gr. 8. (79 S. m. 8 Abbildgn. u. 6 Taf.) München 902. Seitz & Schauer. n. 3. —; geb. in Leinw. n. 3. 80

— dasselbe, s.a. Abhandlungen, zwanglose, aus dem Gebiete der medizin. Photographie. IX. 2.

⑧ **Strebel**, H., Verwendung d. Lichtes. 902. (KBL 32.) Jetzt: München. Verlag d. ärztl. Rundschau.

Strebel, J. S, Streblisches Geschlechts-Register. Onolzbach 1764. fol.

Strebel, J. V., die Erziehungsanstalt zu Stetten im Remsthale im Königreiche Württemberg zu Anfang d. Jahres 1838. Zweiter Hauptbericht, im Namen der Vorsteher verfaßt. (Mit 1 Tabelle, 2 Ansichten u. 1 Grundriß.) gr. 8. Stuttgart 838. Metzler. 5/12 ₰ (Der 1e Bericht erschien 1832, Stuttgart (Beck u. Fränkel), u. kostet 1/2 ₰)

—— Liederlust, s.a. Liederlust.

— Liederlust. Sammlung von 130 mehrstimmigen Liedern, für die männliche Jugend herausg. Mit Melodien. gr. 12. Stuttgart 839. Metzler. 1 ₰

Strebel, Johann Christian (Wertheim) F, zd/13a

Fragmenta quaedam physico medica.
Präs. Heinrich Friedrich Delius.
Erlangen (Walther) II. (korr.: 8V.) 1778. 40 S.
33846

Strebel, Johann Christian: Fragmenta quaedam physico-medica. 40 S., gbd.

Erlangae: (Walther) 1778
(Adversaria argumenti physico-medici, Fasc. 2,4)

JB 1.808

Strebel, Johann Friedrich (Ansbach) A. S. 1171/16

Dissertatio iuris criminalis exhibens commentationem succinctam in legem unic. cod. si quis imperatori maledixerit. Präs. Kaspar Achaz Beck.
Jena (Fickelscherr) X. 1719. 34 S.

Gew.: Regierung Ansbach.
W. v.: Präs., Friedrich Ernst Gabler, (Opp.),
Johann Sigmund Strebel (Opp.) (Vetter). 33847

Strebel, Jh. Geo., († d. 29. März 1803.) s. Nürnberg mitten im 30jähr. Kriege.

Strebel, Jh. Siegm., († d. 11. Juni 1764.) Franconia illustrata, od. Versuch z. Erläuter. der Historie von Franken rc. 1r Thl. Mit 1 Karte u. Kpf. gr. 4. Schwab. 761. Enderes. 1 ₰ 12 gr

Strebel, Joh. Valentin, e. musikalisches Pfarrhaus — gezeichnet v. seinem alten Haupte J. V. Strebel. 8. (VII, 192 S.) Basel 886. Detloff. n. 2. 80

Strebel, V., die Rauchhexe, alten und jungen Gliedern des Rauchernordens, sonderlich rauchenden Vätern, Lehrern und Geistlichen zur genaueren Betrachtung u. Warnung vorgeführt, nebst einem Emancipationsvorschlage. Stuttgart 857. Metzler. 8. (96 S.) 10 ngr.

Strebel, J. V., die Rauchhexe. 2. Aufl. 8. Stuttgart 869, Bonz und Comp. — 50

Strebel, J. V., die Rauchhexe, alten u. jungen Gliedern des Raucherordens, sonderlich rauchenden Vätern, Lehrern u. Geistlichen zur genaueren Betrachtung u. Warnung vorgeführt. 2. Aufl. Stuttgart 869. Metzler's Verl. 8. (107 S.) 12 ngr.

— die Rauchhexe. Heiteres u. Ernstes vom Tabak u. der Cigarre, alten u. jungen Gliedern des Raucherordens gewidmet. Neue Ausg. 8. (115 S.) Rudolstadt 884. Hartung & Sohn. n. 1. —; cart. n. 1. 30

Strebel, Kaspar, prakt. Arzt in Willisau (Kt. Luzern. Schweiz): Aus der Züricher Universitäts-Frauenklinik. Ein Beitrag zur Lösung der Kaiserschnittsfrage. (S. A. aus: Archiv für Gynäkologie, Bd 52 (S. 322—354)). Berl. L. Schumacher Dr. 1896. 35 S. 8°.
Zürich, Med. Diss. [v. 10. Sept. 1896].

Strebel, L. F. (Lehrer der Mathematik) „Ueber die Behandlung des arithmetischen Elementarunterrichtes an den Landwirthschafts- und Gewerbsschulen". pg. 13- 19. 4°. Brügel.
Ansbach, Progr. 1838/39

Strebel, L. F. „Ueber des Handwerks goldenen Boden". Eine Abhandlung. pg. 3 8. 4°. Brügel.
Ansbach, Progr. 1842/43

Strebel, L Frd. (Subrector) „Ueber die Entwicklung der deutschen Gewerbsthätigkeit". pg. 3—14. 4°. Brügel.
Ansbach, Progr. 1852/53

Strebel, L. F. „Rede bei der feierlichen Preise-Vertheilung am 14. August 1868". (Lebensskizze des Optikers Georg Oberhäuser 1798—1868). pg. 3—11. 8°. C. Brügel & Sohn.
Ansbach, Progr. 1867/68

Strebel, L. F. „Historischer Rückblick auf die verflossenen 25 Jahre des Bestehens der Landwirthschafts- und Gewerbschule zu Ansbach". pg. 3—19. 4°. Brügel'sche Offizin.
Ansbach, Progr. 1857/58

Strebel, F. L. „Kurzer Ueberblick über die Fortschritte der exakten Wissenschaften". pg. 3- 20. 4°. Brügel.
Ansbach, Progr. 1846/47

Strebel, L. F. (Subrektor) „Ueber das Zeitgemässe und das Wesen technischer Bildungsanstalten". pg. 3—10. 4°. Brügel.
Ansbach, Progr. 1835/36

Strebel, Ludov. Albert. (geb. Freienwalde a. O. 25. 2. 1812): De rheumatismo musculorum abdominis adjectis morbi historiis. Berolini (1835). (27 S.) 8°
Berlin, Med. Diss. v. 19. März 1835

Strebel, M., s.: Archiv, schweizer. f. Tierheilkunde.

Strebel, M., siehe: *Schweizer-Archiv.*

Strebel, Otto, aus Hamburg: **Über die Einwirkung des Phosphoroxychlorids auf die Nitraniline.** *Rostock 1898: A. W. Kafemann in Danzig.* (29 S.) 8°
Rostock, Phil. Diss. v. [29. Sept.] 1897

Strebel, Rich., die deutschen Hunde u. ihre Abstammung m. Hinzuziehung u. Besprechung sämtlicher Hunderassen. 2 Bde. (IV, 343, 160 u. III, 330 S. m. Abbildgn. u. 27 [18 farb.] Taf.) Lex.-8. München (903—905). Frankfurt a/M., Kern & Birner. n. 25. —; geb. n. 30. —; erm. Pr. n. 20. —
Erschien auch in 25 Lfgn. à 1. — u. in 5 Abtlgn. à 5. —.

Strebel, B., die Methodisten in ihrer Heimat u. in der Fremde. Ein Wort für u. wider sie. Stuttgart 868. J. F. Steinkopf. 8. (103 S.) 6 *ngr.*

Strebel, V.: Die Rauchhexe..., s. Strebel, Johann Valentin

Strebel, Valentin von

Strebel, E. V., üb. einige auf dem landwirtschaftlichen Versuchsfeld in Hohenheim ausgeführte Anbauversuche. gr. 8. Stuttgart 892. E. Ulmer. n. — 80
I. Versuch betr. die Bekämpfung der Kartoffelkrankheit durch Verwendung v. Kupfervitriolpräparaten. II. Versuche üb. die Brauchbarkeit verschiedener Pflanzen zu Gründüngungszwecken auf Lehmboden. III. Versuch üb. die Ertragsfähigkeit der Luzerne bei Verwendung v. Saatgut verschiedener Herkunft. (45 S.)

Strebel E. V.: Beiträge z. mechanischen Bearbeitung d. Ackerbodens. Progr. (Hohenheim). Stuttg. 1883. 39 S. 2 gr. Tvl. P.

Strebel, V. v., Beiträge zur Kenntnis der württembergischen Landwirtschaft. Als Festschrift zur 86. Jahresfeier der königl. württemberg. landwirtschaftl. Hochschule Hohenheim bearb. (77 S.) gr. 8. Plieningen 904. Stuttgart, E Ulmer. n. 1. 20

Strebel, E. V., der Getreidebau. Eine Anleitg. zur Kultur d. Getreides, nebst Abbildgn. u. Beschreibgn. der wichtigsten Getreidearten. Mit 61 photogr. nach der Natur aufgenommenen, in Farbendr. ausgef. Abbildgn. der wichtigsten Getreidearten u. 32 in den Text gedr. Holzschnitten. gr. 4. (IV, 50 S.) Stuttgart 888. Ulmer. cart. n. 7. —; Wandtafelausgabe, 2 Bl. auf Leinw. in Mappe m. Text n. 9. 50

—— Handbuch des Hopfenbaues. Eine Anleitung zur rationellen Kultur des Hopfens. gr. 8. (VI, 177 S. mit 86 Holzschn. und 2 kolor. Taf., enth. die wichtigsten schädl. und nützl. Tiere der Hopfenpflanze.) Ebendas. 887. **M* 4.—.; geb. **

— u. E. Reicherter, illustr. Haus-Tierarzneibuch, 6. Aufl., s: Mangold, P., u. E. Reicherter.

Strebel, B., und E. Reicherter, neues, illustriertes Haus-Tierarzneibuch. Eine ausführl. Beschreibung der Zucht und Haltung sämtl. Haustiere, der inneren und äußeren Krankheiten und deren Behandlung, der Tierseuchen, der Hauptmängel einschließlich der bezügl. Gesetze, sowie der Geburtshilfe und des Hufbeschlags. Ein Handbuch für Landwirte, Tierärzte und Hufschmiede, sowie ein Lehrbuch zum Gebrauch an landwirtschaftl. Schulen, nach dem neuesten Stand der Wissenschaft populär bearb. 12 Hefte. gr. 8. (IV, 768 S. mit vielen Holzschn.) Reutlingen 885,86, Enßlin und Laiblin. à Heft 40 Pf.

Strebel, B., u. E. Reicherter, neues illustrirtes Haus-Tierarzneibuch. Mit vielen Holzschn. 12 Hfte. gr. 8. (IV, 1764 S.) Reutlingen 885. 86. Enßlin & Laiblin. à — 40

Strebel, E. V. v., die Jungviehweiden m. besond. Berücksicht. der Genossenschafts- u. Vereinsweiden in Württemberg. (IV, 105 S. m. 19 Abbildgn. u. 1 Tab.) 8. Stuttgart 908. E. Ulmer. 2. 80

Strebel, V[alentin]. Die Hohenheimer Rindviehherde. Ein Beitrag zur Beurteilung des Simmenthaler Schlages von Professor V. Strebel, Direktor des K. Landwirtschaftlichen Instituts Hohenheim. [Mit 9 Tafeln.] 92 S. 8. Stuttgart, Eugen Ulmer, 1901 (**Umschlag:* 1902). [M. 2. —]

Für Streben und Leben. Halbmonatsblatt für erwerbende Frauen und Töchter. Redig. von *Th.* u. *E. Schröter.* 1. Jahrg. (24 N^os^). N° 1. In-4°. 12 S. Zürich, Th. Schröter. Halbjährlich 2 —
1895.

Streben, Ernst, Lebensklänge. Gedichte. Leipzig 866. O. Wigand. 8. (VII, 167 S.) n. 20 *ngr.*

Streben, Ernst, die Nebelwittwe, s. Reiselectüre.

— Plänkler auf Versfüßen. Ebend. 867. 16. (VIII, 102 S.) n. 20 *ngr.*

Streben, Ernst, Strandgut. Ausgewählte Novellen. 2 Bde. gr. 16. (XVI, 344 u. 367 S.) Königsee 875. (Leipzig, Schneider.) 3. —

A. v. Streber, Entwurf eines Unterrichts für die Landjugend in der Naturgeschichte, Technologie und Feldwirtschaft. München 1804

F. A. v. Streber, Über Verbesserung der Schafzucht in Bayern. München 1802
Von der Oekonomischen Gesellschaft (Akademie) zu Burghausen gekrönte Preisschrift.

Streber, F. L., revolutionaire Diplomatie. Reflexionen u. Charakteristiken. gr. 8. (43 S.) Berlin 849, Hofmann & Co. 6 *ngr.*

Streber, Frz., über die Gorgonen-Fabel, oder Erklärung eines etrurischen Bronce-Reliefs in der Glyptothek zu München, gelesen in der öffentl. Sitzung der königl. bayer. Akademie der Wissenschaften am 25. August 1834. (Mit 1 Steintafel.) gr. 4. München 835. (Franz.) n. $^{5}/_{12}$ *rf*

—— die ältesten in Koburg und Hildburghausen geschlagenen Münzen. Mit Abbildungen. gr. 4. (94 S. mit 2 Stnt.) München 853, (Franz.) *

—— die ältesten in Salzburg geschlagenen Münzen. Ein Beitrag zur Geschichte des Herzogth. Kärnthen. I. Abthl.: Die Münzen des Erzbischofs Hartwich von Salzburg. Mit Abbildungen. gr. 4. (90 S. mit 2 Stnt.) München 854, (Franz.) *

—— dass. — 2. Abthl.: Die Münzen der Könige und Herzoge. Mit Abbildungen. gr. 4. (48 S. mit 1 Stnt.) Ebds. 855. * * –

Streber, Frz., die ältesten von den Wittelsbachern in der Oberpfalz geschlagenen Münzen. 1. Abthl.: Die Münzen der pfalzgräflichen Linie. 3 Abschnitte. gr. 4. München 858, (Franz.) * *

Inhalt:

Abschn. 1. Rudolf der Erste und Rudolf der Zweite. (67 S. mit 1 Stnt. Abbildungen.) * 25 Ngr.

" 2. Rupert der Erste und Rupert der Zweite. (90 S. mit 1 Stnt. Abbildungen.) * 1 Thlr. 6 Ngr.

" 3. Rupert der Dritte. (58 S. mit 2 Stnt. Abbildungen.) * 24 Ngr.

Aus: Abhandlungen der k. bayer. Akademie der Wissenschaften, I. Cl., VIII. Bd., besonders abgedruckt.

Streber, Frz., die ältesten Münzen der Grafen v. Hohenlohe oder zwanzig bisher meist unbekannte Pfennige des Hrn. Ulr. v. Hohenlohe. Ein Beitrag zur Geschichte der Grafen v. Hohenlohe von 1371 bis 1408. Mit Abbildungen. gr. 4. (78 S. und 1 Stnt.) München 850, (Franz.) * –
Aus: Abhandlungen der 1. Classe der königl. Akademie der Wissenschaften 5. Bd. 3. Abthl., besonders abgedruckt.

—— die ältesten Münzen der Grafen von Wertheim. Mit Abbildungen. gr. 4. (24 S. mit 1 Stnt.) München 856, (Franz.) *
Sämmtliche vorstehende Schriften des Verf. wurden aus: Abhandlungen der kgl. bayer. Akademie der Wissenschaften, besonders abgedruckt.

Streber, Frz., über einige Münzen der Fürstäbte von Fulda aus der 2. Hälfte des 14. Jahrhunderts. Mit Abbildungen. gr. 4. (39 S. mit 1 Stnt.) München 856, (Franz.) *
Aus: Abhandlungen der kgl. bayer. Akademie der Wissenschaften.

—— die Syracusanischen Stempelschneider Phrygillos, Sosion und Eumelos. Ein Beitrag zur Geschichte der griech. Stempelschneidekunst. gr. 4. (25 S. mit 1 Taf. Abbild. in Kpfrst.) München 863, (Franz'sche Buchh.) *
aus: Abhandlungen der k. bayer. Akademie der Wissenschaften, besonders abgedruckt.

Streber, Dr. Frz., Rede zum Andenken an . . . . . Ignatz (!) v. Streber, Weihbischof u. Dompropst, Conservator des k. Munzkabinets etc., geles. in d. öffentl. Sitzung d. k. Akad. d. Wiss., am 28. März 1843. München 1843. 4⁰. Cart.
[illegible] Hofkapelle.

—— über die sogenannten Regenbogen-Schüsselchen. 1. Abthl.: Von der Heimath und dem Alter der sogenannten Regenbogen-Schüsselchen. gr. 4. (112 S. mit 9 Stnt. Abbildungen.) München 860, (Franz.) * *
Aus: Abhandlungen der k. bayer. Akademie der Wissenschaften, besonders abgedruckt.

Streber, Frz., über die sogenannten Regenbogen-Schüsselchen. 2. Abthl.: Beschreibung der s. g. Regenbogen-Schüsselchen und Erklärungs-Versuch ihrer Typen. gr. 4. (184 S. mit 2 Stnt. Abbild. gallischer Münzen.) München 862, (Franz'sche Buchh.) *
1. Abthl. (Ebendas.) 1860. * 1 Thlr. 23 Ngr.

— über eine gallische Silbermünze mit dem angeblichen Bilde eines Druiden. (Aus den Abhdlgn. der k. bayerischen Akad. der Wissensch.) Ebend. 863. 4. (27 S.) n. 8 ngr.
Aus: Abhandlungen der kgl. bayer. Akademie der Wissenschaften.

Streber, Franz Aloys

— 2 Preisschriften üb. Verbesser. d. Schafzucht u. Vertreibung des Kornwurms. gr. 8. Münch. 802. Lentner. 9 gr.

Streber, Frz. Aloys, Unterricht f. die Landjugend in d. Naturgeschichte, Technologie u. Feldwirthschaft 2c. gr. 8. Münch. 2e A. 807. Fleischmann; (a. Krüll in Landsh.) 8 gr. (1e Aufl. f. Entwurf e. Unterrichts f. d. Landjugend in d. Feldwirthschaft 2c.)

Streber, Fr. A., Unterricht für die Landjugend in der Naturgeschichte, Technologie u. Feldwirthschaft. 2e verm. Aufl. gr. 8. München 834. (Landshut, Thomann.) 1/6 rf

v. Streber, Frz. Ign., Achäus, König von Lydien, auf einer überaus seltenen Goldmünze in d. königl. Münzsamml. von München. Ein Beitr. z. Iconographie d. Hrn. Visconti. Mit 1 Kpf. gr. 4. Münch. 820. (Franz). 8 gr.

v. Streber, Frz. Ign., Andenken an Herzog Ludwig v. Baiern, Wilhelm d. IV. Bruder. Ein Beitrag zur vaterländ. Münzkunde. 4. Münch. 815.

Streber, Ign. v., Andenken an Herzog Ludwig v. Bayern (Sohn Albert's des Weisen), Wilhelm des IV. Bruder. Ein Beytrag z. vaterländ. Münzkunde. Vorgeles. in der am 28. März 1819 zur Feyer d. Stiftung d. Akad. d. Wiss. zu München gehalt. öffentl. Versammlg. Mit 1 Kpftaf. München (auf Kosten d. Vf.). Gedr. m. Zänglischen Schriften (1819). 4⁰. Mit Autogr. d. Vf. auf d. Orig.-Umschl. 28 S. Cart. *

— üb. d. Bild des Throphanes auf einer Münze von Mitylene auf Lesbos, welche sich in der k. Samml. zu München befindet. Vorgelesen in der histor. Klasse d. Akademie d. Wissensch. d. 28. Dec. 1812. Mit 1 Kpf. 4. Münch. 814. (Franz) 5 gr.

— üb. die Bischofswahl zu Freysing im J. 1695, od. Erklär. einer bis jetzt unbekannten Goldmünze d. Fürstbischofs Johann Franz Eckhart, Freiherrn zu Lapsing u. Lichteneck. 4. Münch. 813. (G. Franz). 5 gr.

— Erinnerung an Pfalzgraf Karl, Stifter der Birkenfeldischen Linie. Mit 1 Stammtaf. u. 3 in Kpf. gestoch. Münzen. 4. Münch. 798. N. A. 812. J. Lindauer. 5 gr.

— Erklär. einiger noch unedirten griech. Münzen der k. baier. Samml. Mit 3 Abbildd. gr. 4. Münch. 817. (Franz). 8 gr.

— Fortsetzung d. Geschichte des k. Münzkabinets. Mit 3 Kpft. gr. 4. Münch. 817. (Franz). 7 gr.

— 2e Fortsetzung dieser Geschichte. Mit 3 Kpft. gr. 4. Münch. 820. (Franz). 1 rf

— üb. eine goldene Medaille Herzogs Albrecht VI. in Baiern, nebst e. Anh. üb. vier bis jetzt unbekannte Schaumünzen seines jüngsten Sohnes, Herzogs Albrecht Sigmund, Bischofs zu Freysing u. Regensburg. Mit 1 Kpftaf. Münch., (G. Franz). 6 gr.

Streber, F. I., über einige seltene u. unbekannte Schaumünzen Herzog Albert V. aus Baiern. E. Vorlesung, geh. in d. öffentl. Versamml. d. k. Akad. d. Wiss., d. 12. Okt. 1814. Mit 1 in Kpf. gest. Médaillon (2 Taf., gest. v. *Jac. Lips*) u. der Beschreibung sämmtl. Kurrent- u. Schaumünzen des genannten Herzogs. München, gedr. bey Michael Lindauer (1814). 4⁰. 2 Bll., 42 S. Lat. Lett. Cart.
Alterthümer, Bajerische, u. Merkwürdigkeiten, ... ausgefertiget von *J. D. S(chmidt)*. München, gedr. bey Frz. Jos. Thuille. 1769. 8⁰. Hfrzb. [illegible] S. (Bojer – Zweltpote, cplt.). Compilation aus bayer. Landrechten, Kloster Stiftbriefen u. a. hdschr. Urkunden.

— üb. einige seltene u. unbekannte Schaumünzen 2c. Herzogs Albert V. aus Baiern. Mit 2 Kpft. 8. Münch. 814. Lindauer. 9 gr. (Franz das.) 10 gr.

— üb. einige seltene und unbekannte Schaumünzen 2c. Herzogs Albert des Vten aus Baiern. 8. Ebend. 815.

— Versuch einer Geschichte des k. Münzkabinets in München 2c. Mit 1 Kpft. mit 12 seltenen antiken Münzen. gr. 8. Münch. 809. (G. Franz). 16 gr.

Streber, Frz. Ign. (1758—1841), Versuch einer Geschichte des kgl. Münzkabinets in München. 3 Hfte. (in 1 Bde.) Mit 7 Kpftaf. (München) 1809. 1815. 1818. 4⁰. Ppb.
1. (Ausschn. a. d. Denkschr. d. k. Akad. d. W., 1809.) S. 377–428 (fehlt S. 417–424), mit 1 Taf. 2. (S.-A., 1815.) 1 Bl., 56 S., 3 Tfln. 3. (S.-A., o. J.) 1 Bl., 75 S., 3 Tfln.

Streber, Ign. von, s.a. Streber, Frz. Ign. von

STREBER, Ignaz (München): Das chronische Magengeschwür.- Freiburg i.B.: Herder 1878. 45 S.
25.7.1878 - Urk (Titel: De ulcere stomachi chronico.); Chr 1878/79,11
Diss. Ingolst.-Landsh.-Mchn.

Streber, Ign., die Pathologie u. Therapie des chronischen Magengeschwürs. gr. 8. (45 S.) Freiburg i/Br. 878. Herder. n. — 80

Streber, Ign., Bad Tölz-Krankenheil in Oberbayern. 3. Aufl. (VI, 96 S. m. 1 Taf.) gr. 8. Tölz (903). J. Dewitz. n. — 60

Streber, Rupert, a. Neu-Ulm, Rechtsprakt. am kgl. Landgerichte München I.: **Wille und Interesse des Geschäftsherrn bei der Geschäftsführung ohne Auftrag** ⟨§§ 677—687 des Bürgerlichen Gesetzbuches.⟩ München 1907: J. Schweitzer ⟨A. Sellier⟩. (VIII, 51 S.) 8° [F.]
Erlangen, Jur. Fak., Ref. Oertmann, Diss. v. 27. Mai 1907
[Geb. 27. Nov. 82 Neu-Ulm; Wohnort: München; Staatsangeh.: Bayern Vorbildung: Ludwigs-Gymn. München Reife 01; Studium: München 8 S. Rig. 1. Mai 07.]

Streber, Rupert, Wille u. Interesse des Geschäftsherrn bei der Geschäftsführung ohne Auftrag. (§§ 677—687 des bürgerl. Gesetzbuches.) (VIII, 51 S.) gr. 8. München 907. J. Schweitzer Verl. 1. 60

Geschichte des Infanterie-Regiments König Wilhelm I. ⟨6. Württ.⟩ Nr. 124. 1673 bis 1895. Auf Befehl Kgl. Regts f. d. Unteroffiziere u. Mannschaften zsgest. von [Georg] **Strebinger**, Hauptm. Ulm: Im Selbstverl. d. Regts 1896. (32 S.) 8° [F.] [08. 9. 16]

Strebinger, M., Robert und Bertrand, s. Breitkopf und Härtel's Text-Bibliothek Nr. 244.

Strebinger, Max, ein Held aus d. Volke, s.: Jugendlaube, 15. Bdchn.

Strebinger, S., Cours pratique et gradué de langue allemande. Basel 868. Georg. 8. (VIII, 328 S.) n. 20 *ngr.*

Strebinger, S.: Cours pratique et gradué de langue allemande. 2me édition revue et corrigée. cart. 271 pages in-12. Bâle et Genève: H. Georg 1871.

Strebinger, S., u. E. **Favre**, cours de thèmes Allemands, siehe: Favre, E.

Strebinger, Traduction allemande du cours de thêmes allemands, s. Favre.

Strebitzky, Alph., Jesus am Kreuze als Lehrer der christlichen Liebe u. Vollkommenheit. Predigt gehalten den 7. September 1850, bei Gelegenheit der Einweihung des heil. Kreuzweges am Kalvarienberge zu Linz. gr. 8. (24 S.) Wien 850, Mechitharisten-Congregations-Buchhandlung. 3 *ngr*

STREBITZKY, ALFONS, Kapuziner Ordenspriester, Exprovinzial der Österreichisch-ungarischen Provinz, Spiritual der Klosterfrauen de Notre Dame zu Fünfkirchen: Lese und betrachte, oder eine leichtfassliche Anleitung zur geistlichen Betrachtung. Fünfkirchen 1855: Lyceums-Buchdruckerei. 48 S. - 8°

STREBITZKY, ALFONS: Das heilige Meßopfer, das herrlichste Lobopfer. Predigt, gehalten zu Preßburg in der Kirche der P. P. Kapuziner, am Sonntage der allerheiligsten Dreifaltigkeit 1858, bei Gelegenheit der Sekundizfeier des Hochwürdigsten P. Damian Füle, Priester des Kapuziner-Ordens, emeritirter Lektor der Theologie und actueller Definitor der Österreichisch-ungarischer Ordensprovinz von P. Alfons Strebitzky, Kapuziner, Ex-Provinzial. Raab 1858: Viktor Sauerwein. 26 S. - 8°

Streble, P., die Kriegsschiffe u. Kriegsfahrzeuge der deutschen Marine im 81. Lebensjahr ihres mächtigen Schöpfers Kaiser Wilhelm I. Genehmigt u. richtiggestellt von der kaiserlichen Admiralität. Für Freunde deutscher Machtentwicklung hrsg. Tabelle. qu. gr. Fol. Stuttgart 877. A. Müller in Comm. n.n. — 25

Streble P, Pfennigrechner zur Markwährung im Deutschen Reich. Stuttgart

Streble, Paul, Tafeln zur schnellen u. sicheren Berechnung der Literpreise von 1 bis 1200, zu 5 bis 11½ Kreuzer. Zum Handgebrauch f. Bierbrauer, Wirthe, Weinhändler, Branntwein- u. Essig-Fabrikanten 2c. 8. (200 S.) Stuttgart 873. **Gutkow.** — 75

Streblow, Emil, a. Stettin: Le Mystère de Semur. ⟨Paris, Bibl. Nat. f. fr. 904.⟩ **Ergänzende Bemerkungen zu der Ausgabe von Roy; Vergleichung der Passion von Semur mit der von Arras. Die provenzalische Passion der Handschrift Didot.** ⟨Paris, Bibl. Nat. f. fr. 4232 nouv. acquis.⟩ Borna-Leipzig 1905: R. Noske. (46 S.) 8°
Greifswald, Phil. Fak., Ref. Stengel, Diss. v. 5. Aug. 1905
[Geb. 27. Aug. 82 Stettin; Wohnort: Greifswald; Staatsangeh.: Preußen; Vorbildung: Schiller-Realgymn. Stettin Reife M. 00; Studium: Berlin 7, Greifswald 3 S.; Rig. 3. Juni 05.]

Streblow, Karl Vom Turnen am Realgymnasium 1841—1888. 8 (S. 159—169).
In: Festschrift zur 50jähr. Gedenkfeier des Rg. mit Gymnasialkl.
Progr. *Düsseldorf* 1888 (zu 448).

Streccius, u. Menningen, die Ausrüstung d. Infanterie-Offiziers zu Fuß u. zu Pferd. Ein Rathgeber bei eintret. **Mobilmachg.**, sowie f. das Manöver. 8. (VII, 50 S.) **Berlin 876. Mittler & Sohn.** n. 1. —

Streccius und Menningen, die Ausrüstung des Infanterie-Offiziers zu Fuß und zu Pferde. Ein Rathgeber bei eintretender Mobilmachung, sowie für das Manöver. 2. durchges. Aufl. 8. (VII, 50 S.) Berlin 887, Mittler und Sohn. *

Streccius, J. H., über Chocolade u. d. Entölen ders., so wie üb. d. Unrichtigkeit, die mit Dampfmaschinen bereitete, deshalb — Dampf-Chocolade — zu nennen. gr. 8. (1½ B.) Berlin 831, Nicolai.

Streccius, J. N., de illis, qui super mortuis baptizati leguntur. Jen. 1736. 4.

Strech, Rudolf, prakt. Arzt in Burbach i. Westf. Aus d. chirurg. Klinik in Gießen. **Beitrag zur operativen Behandlung der Unterschenkelvaricen.** *Gießen 1904: v. Münchow.* (41 S.) 8°
Gießen, Med. Diss. v. 1904

Streck, Augustus (Ernestus) *(geb. Silberberg in Schles. 16. 9. 1811)*: De blennorrhoeis oculi idiopathicis. Vratislaviae (1840). (38 S.) 8°
Breslau, Med. Diss. v. 10. Okt. 1840

Streck, G. E. Pierre d'Aubusson, Grossmeister des Ritterordens von St. Johannes zu Jerusalem. (90) 8. Chemnitz, Jena 1872.

Streck, Maximilian, aus Pfarrkirchen ⟨Bayern⟩: **Armenien, Kurdistān und Westpersien nach den babylonisch-assyrischen Keilinschriften.** *München 1898: F. Straub.* (54 S.) 8° ¶ (Aus: Zeitschrift f. Assyriologie, Bd 13. Erscheint vollst. ebenda.)
Leipzig, Phil. Diss. v. [24. Sept.] 1898

Streck, Maximilian, Dr.: Die alte Landschaft **Babylonien nach den arabischen Geographen.** T. 1. *Leiden: E. J. Brill 1900.* (43 S.) 8° ¶ (Erscheint vollst. im gleichen Verl.)
München, Phil. Hab.-Schr. v. 1900
(Nicht für den Austausch)

Streck, Max, die alte Landschaft Babylonien nach den arabischen Geographen. 2 Tle. gr. 8. Leiden, Buchh. u. Druckerei vorm. E. J. Brill. à n.n. 5. —
1. (XIX, 171 S.) 900. — 2. (XV u. S. 173—333.) 901.

Streck, Max, keilinschriftliche Beiträge zur Geographie Vorderasiens, s. a. Mitteilungen der vorderasiat. Gesellschaft.

Keilinschriftliche Beiträge zur Geographie Vorderasiens. Von Maximilian **Streck**. 1. Berlin: W. Peiser (1906). 8°
= **Mitteilungen** d. Vorderasiat. Gesellschaft. 1906, 3. [07. 33]

Streck, Maximilian: Das G e b i e t der heutigen Landschaften Armenien, Kurdistân und Westpersien nach den babylonisch-assyrischen Keilinschriften. (SA. aus Zeitschrift für Assyriologie Bd. XIII. XIV.) [Leipzig 1898. 1899.]

Streck, P.

— Kurzgefaßte praktische Anleitung zur Militär-Musik. München 1861. 261 S. 4°

Streck, P. 6 Original-Reise-Märsche für vollständige Militär-Musik. München, um 1854. 59 S. 4°

Streckeisen, Dr. Adolf [II. Physikus in Basel]: Zur Lehre von der Fragmentatio myocardii. Habilitationsschrift zur Erlangung der Venia legendi der hohen medicinischen Fakultät zu Basel vorgelegt. Jena 1899. (Sep.-Abdr. aus Beiträge zur pathol. Anatomie, 25. Bd.) 8°.
Basel. Univ.-Schr. 1898/99.

Streckeisen, Edwin [ehemaliger Assistent des Kantonsspitals Münsterlingen, Thurgau]: (Aus dem Kantonsspital Münsterlingen. Dirigirender Arzt: Dr. Conrad Brunner.) Ueber zwei Fälle von sectio caesarea wegen Eklampsie. (S.-A. aus dem Archiv f. Gynaekologie. Bd. 68. Heft 3.) Berlin 1903. 52 S. 8°.
Zürich. Med. Diss. 1902/1903.

Streckeisen, Edwin. Ueber zwei Fälle von Sectio caesarea wegen Eklampsie. Diss. Med. Univ. Zürich. *Kopftitel:* ⟨Aus dem Kantonsspital Münsterlingen. Dirigirender Arzt: Dr. Conrad Brunner.⟩ — ([Mit graphischen Figuren.] — Sonderabdruck aus dem Archiv für Gynäkologie, Band 68, Heft 3.) IV + 52 S. 8. Berlin, L. Schumacher, 1903.

(St[reckeisen, Fritz].) Einrichtung einer neuen Käserei. Separatabdruck aus dem «Schweizer Bauer». [Jahrg. 58, 1904, Nr. 91 u. 92.] 8 S. 8. (Bern, K. J. Wyss.)

(St[reckeisen, Fritz].) Käserei und Feuerung. [Sep.-Abdr. aus der Schweizerischen Milchzeitung, Jahrg. 30, 1904, Nr. 52.] 6 S. 8. [Schaffhausen, Kühn & Comp.]

(St[reckeisen, Fritz].) Mit Dampf — voran! ⟨Antwort auf die Abhandlung: «Ueber Käsereifeuerungen» in Nr. 6 des Schweizer Bauer vom 21. Jan.⟩ Separatabdruck aus dem «Schweizer Bauer» [Jahrg. 59, 1905, Beilage zu Nr. 10, Februar 4]. 4 S. 8. (Bern, K. J. Wyss.)

Streckeisen, Joh. Friedrich: De i n f a n t i c i d i o. 6 S.- Basel, Jur. Diss. v. 6. Febr. 1810.

Streckenbach, Joh., Civilis. Ein Bataverfürst im Kampfe m. Rom. Drama in 5 Akten. (140 S.) 4. Breslau (903). Schletter. n. 3.—

— **Hutten.** Ein fränk. Edelmann im Kampfe m. Rom. Tragisches Schauspiel in 5 Akten. (141 S.) 8. Ebd. 904. n. 2. 50

Mittelbach's **Streckenblätter** für Automobilisten und Radfahrer mit beschreibendem Texte. Massst. 1:400,000 Bl. 1. Leipzig: Mittelbach [1907]. 8° [lith.] [kol.] 107. 11774

Strecker: Die Behandlung des Wasserhaushaltes für die Landwirtschaft. Stuttgart 1904

Strecker (H.), Grabdenkmäler, s. Wagner.

Strecker, üb. den Rückzug der Zehntausend. Eine Studie. Mit e. farb. Karte in Steindr. gr. 8. (29 S.) Berlin 886. Mittler & Sohn. n. 1. 25

Strecker: Die Spirituslokomobilen und Erfahrungen über ihre Leistungen in der Praxis. Vortrag. Hildesheim 1902

Strecker, Adph., über eine neue Klasse organischer Stickstoffverbindungen. gr. 4. (20 S.) Tübingen 863, (Fues'sche Sortimentsh.) *

Strecker, Adph., das chemische Laboratorium der Universität Christiania und die darin ausgeführten chemischen Untersuchungen. Auf Veranlassung des academ. Collegiums hrsg. (Universitäts-Programm.) 4. (V und 104 S. mit 2 Stnt. in qu. Fol.) Christiania 854. (Leipzig, Brockhaus' Sortiment und Antiquarium.) **

Strecker, Adph., kurzes Lehrbuch der anorganischen Chemie, s. Regnault-Strecker's kurzes Lehrbuch der Chemie.

Strecker, Adph., kurzes Lehrbuch der organischen Chemie, s. Regnault-Strecker.

— Theorien und Experimente zur Bestimmung der Atomgewichte der Elemente. 8. (VIII und 146 S.) Braunschweig 859, Vieweg und Sohn. *

Strecker, Adolph Friedrich Ludwig (Darmstadt)
Untersuchungen über die chemische Constitution der Hauptbestandtheile der Ochsengalle.
Giessen: Keller 1848. 56 S. (u. Thesen in Δ)
Habil. phil. 20.1.1849. vorh. 11. Δ.

Geschichte der Loge Hermann zur Bruderliebe im Or. Soldin. Vom 31. Okt. bis dahin 1886. Verf. von [Albert] Strecker. Soldin [1886]: C. Schulz. 36 S. 8° [Umschlagtit.]
Nebst Verzeichn. der Mitgl.

Strecker, Alex., Darstell. des besten Gütervertrags durch Rabbot-Recolirung u. Verpachtung der Felder. 8. Erfurt 810. Müller. (Weygand in Leipz.) 6 gr

Strecker, Arth., Franz v. Meinders, s. a. Forschungen, staats- u. socialwissenschaftliche.

Strecker, *Emil Ernst* Arthur [aus Ostpreussen]: Franz von Meinders ... [Erschien vollst. 1892 als 4. Heft d. XI. Bds d. Staats- u. socialwiss. Forsch.] Berlin, *Pierer'sche Hofbuchdr. in Altenburg*, 1891; 1 Bl., 32 S., 1 Bl. 8.
Berlin, Phil. Fak., Inaug.-Diss. v. 25. Nov. 1891

Strecker, Carl..., s. S t r e c k e r , Karl...

Strecker, Emil, das Vorkommen des Scutellarins bei den Labiaten u. seine Beziehungen zum Lichte. Ausgeführt m. Unterstützg. der „Gesellschaft zur Förderg. deutsch. Wissenschaft, Kunst u. Literatur in Böhmen". (24 S. m. 1 Taf.) gr. 8. Wien 909. A. Hölder. — 90
Sonderabdruck aus: „Sitzungsber. d. k. Akad. d. Wiss."

Strecker, Emil: Das V o r k o m m e n des Scutellarins bei den Labiaten und seine Beziehungen zum Lichte (mit 1 Taf.) S. 118. I. 1379.
Separatabdruck

Strecker, Emil Ernst Arthur, s. S t r e c k e r , Arthur

Strecker, Franz

Strecker, F., X-rays for lovers of the bible who study nature and for lovers of nature, who study the bible. 8. (77 S.) Anklam 899. H. Wolter. n. 1.—

X-Strahlen für naturforschende Bibelfreunde und für bibelforschende Naturfreunde von (F[ranz]) Strecker. Anklam: H. Wolter 1898. (79 S.) 8°

Strecker, X-Strahlen f. naturforsch. Bibelfreunde u. f. bibelforsch. Naturfreunde. 3. Aufl. (79 S.) Anklam 898. H. Wolter, Verl. Kart. n. 1. —

Strecker, Frz. Gll., f. Müller, H., himml. Liebeskuß.

Strecker, Friedrich, Dr. med., 1. Assistent am anat. Inst.: Das Kausalitätsprinzip der Biologie. Leipzig: W. Engelmann 1907. (VIII, 153 S.) 8°
Breslau, Med. Fak., Hab.-Schr. v. 29. Mai 1907
(Nicht für den Austausch)

Strecker, Frdr., das Kausalitätsprinzip der Biologie. (VIII, 153 S.) gr. 8. Leipzig 907. W. Engelmann. 3. —

Strecker, Friedrich, zweiter Assistent an d. Kgl. Anatomie: (Aus der anatomischen Anstalt d. Universität Breslau.) Über den Verschluß der Cardia beim Menschen. Leipzig: Veit & Co. 1905. (32 S.) 8° ¶ (Aus: Archiv f. Anat. u. Physiol. 1905, Anat. Abt.)
Breslau, Med. Fak., Ref. Hasse, Diss. v. 25. Juli 1905
[Geb. 29. Aug. 79 Ohlau; Heimatsort: Ohlau; Staatsangeh.: Preußen; Vorbildung: Gymn. Ohlau Reife O. 00; Studium: Breslau 4, Freiburg i. B. 1, Berlin 1, Breslau 2 S.; Coll. 23. Mai 05; Approb. 7. Juni 05.]

— Der Wert der Menschheit in seiner historisch-philosophischen u. seiner heutigen naturwissenschaftlichen Bedeutung. Grundzüge e. neuen Weltauffassg. (VIII, 392 S.) gr. 8. Ebd. 910. 7. 40

Strecker, Gabriele, Rügen. Eine Reiseerinnerg. im Sommer 1886. 8. (62 S.) Karlsruhe 887. Gebr. Vollmann. 1. 20; geb. n. 2. —; m. Goldschn. n. 2. 20

Strecker, Ge.: D. de jur. et facti ignorantia. *Erf.* 754. 4.

Denkwürdigkeiten aus dem Kirchspiel Fritzow, Synode Cammin, zsgest. von d. Pastor Georg **Strecker** zum 28. Sept. 1906. Diesdorf bei Gäbersdorf (1906): Schreiberhau-Diesdorfer Rettungsanst. (48 S.) 8° [F.] 108.13364

Strecker, Geo., Himmelslicht, s.: Jugendschriften, deutsche. 3. Bd.

— Neue Märchen u. Sagen f. die deutsche Schuljugend. Mit Einbd.-Zeichng. u. 78 Text-Illustr. v. Eug. Lapieng nebst e. farb. Vollbilde v. Karl Gollnitz. (127 S.) 8. Berlin (907). K. W. Mecklenburg. Geb. in Leinw. 3. —

— Der Mutterstein u. andere Geschichten, s.a. Sonnenschein.

Strecker, Georg. Der Mutterstein und andere Geschichten. Mit farbigen Bildern [2 Tafeln] von M[elchior] Annen. 1. Tausend. 116 S. 8. Einsiedeln..., Benziger & Co. A. G., 1910. (geb. M. 1. —)
Sonnenschein. Geschichten für Kinder und ihre Freunde. Bändchen 6....

— Wunderspiegel, s.: Jugendschriften, deutsche. 1. Bd.

Strecker, Georg Christian (Darmstadt)
Streitsätze, welche zur Erlangung der Würde eines Doctors beider Rechte den 29. Mai 1824 öffentlich vertheidigen wird: G. Ch. Strecker.
Giessen 1824. 6 S.
Streitsätze 1 - 16. vorh. 26.
Dr. jur. 29.5.1824.

Strecker, Günther: Aus d. physiol. Institut d. Universität Rostock. Ueber das **Sauerstoffbedürfniss** des ausgeschnittenen Säugethierherzens. (Hierzu Taf. IV u. V u. 1 Textfig.) *Bonn: E. Strauss 1900.* (S. 161–175.) 8° [Umschlagt.] ¶ Aus: Archiv f. d. ges. Physiologie, Bd 80.
Rostock, Med. Diss. v. [30. Juni] 1900

Strecker, Hans [aus Mainz]: Beiträge zur Theorie des chemischen Vorganges in den Bleiakkumulatoren ... Berlin, J. Springer, 1891; 18 S. 4.
Rostock, Phil. Fak., Inaug.-Diss. v. [2. Juli] 1891

Strecker, Hugo [aus Tübingen]: Ein Fall von Struma carcinomatosa . . . Würzburg, k. Universitätsdr. v. H. Stürtz, 1887. 21 S. + 1 Bl. 8°
Würzburg, Med. Fak., Inaug.-Diss. v. 1887.

Strecker, Hugo, ein Fall von Struma carcinomatosa. Diss. Würzburg 1887, Stahelsche Univ.-Buchh. 8°. 21 S.

Strecker, Hugo: De tetano traumatico. Halis Saxonum (1848): Schmidt. 29 S. 8°
Halle-Wittenberg, Med. Diss. v. 2. Okt. 1848
Geb. Wahlhausen (Kr. Heiligenstadt) [10. 9.] 1824. V.
Verf. erlebte die Diplomerneuerung 1898 als praktischer Arzt in Dingelstädt (Eichsfeld).

Strecker, Johann Alexander Bernhard (Erfurt) A. S. 188/8

Dissertatio inauguralis canonico-iuridica de iuribus clericorum singularibus.
Erfurt (Hering) 26. V. 1755. 56 S. 33850

Strecker, Johann Michael Bernhard (Dingelstaedt/Eichsfeld) A. S. 569/28

Dissertatio inauguralis iuridica, de praescriptionibus.
Erfurt (Hering) 9. IX. 1738. 24 S. 33854

Strecker, Johann Philipp (Buschweiler/E.) A. S. 5/33

Iuris publici Hassiaci specimen I. de statu et origine Landgraviatus Hassiae monumentis ineditis illustratum. Präs. Johann Georg Estor.
Giessen (Müller) IV. 1729. 58 S. 33855

Strecker, Karl, Dr.: Bemerkungen zum Waltharius. *Dortmund 1899: W. Crüwell.* (S. 3–22.) 4° ¶ (Forts. d. Aufsatzes 'Ekkehard u. Vergil' in: Zs. f. d. A. 42, 330 ff.)
Dortmund, G. P. 1899 (371)

Strecker, Karl, Otto v. Bismarck. E. Lebensbild. Zu s. 80. Geburtstage dem deutschen Volke gewidmet. Mit 90 Illustr., darunter 30 Orig.-Aufnahmen aus d. Bismarck-Museum in Schönhausen m. Genehmigg. Sr. Durchl. des Fürsten Bismarck. gr. 8. (157 S.) Berlin 895. Walter Dünnhaupt. n. 1. —; geb. 1. 65

[F.] Otto von Bismarck. E. Lebensb. Zu s. achtzigsten Geburtst. dem deutschen Volke gewidm. v. Karl **Strecker**. M. 90 Ill., darunter 30 Originalaufnahmen aus d. Bismarck-Mus. in Schönhausen . . . *Berlin: W. Pauli's Nachf. 1895.* (157 S.) 1 Bd 8. [90. 6048

Strecker, Karl, Otto v. Bismarck, s.a. Hausbibliothek, vaterländische.

Otto von Bismarck. Ein Lebensbild. Dem deutschen Volke gewidmet von Karl **Strecker**. Mit vielen Ill. (In 10 Lfgn.) *Berlin: W. Pauli's Nachf. 1898.* (160 S.) 8° [F.]
(Vaterländ. Hausbibliothek. Lief.-Ausg.) 00. 13587

— d. Bismarck-Museum in Bild u. Wort. E. Denkmal deutscher Dankbarkeit. Hrsg. m. huldvoller Genehmigg. Sr. Durchl. des Fürsten Bismarck. 1.—6. Hft. gr. Fol. (62 Lichtdr.-Taf. m. Text S. 1—62.) Berlin 895. 96. R. Oldenbourg. à Hft. n. 12. 50

— dasselbe, Fortsetzg., s.: Bismarck-Museum.

Strecker, Carl [aus Worbis]: Der Brief des Leibniz an Jakob Thomasius vom 20/30 April 1669. Ein Beitrag zur Geschichte der neueren Philosophie .... Würzburg, Becker's Univ.-Buchdr., 1885; 1 Bl. + 66 S. 8°.
Würzburg, Phil. Fak., Inaug.-Diss. v. 1885.

Strecker, Carl, der Brief des Leibniz an Jakob Thomasius vom 20/30. April 1669. Ein Beitrag zur Geschichte der neueren Philosophie. Diss. Würzburg 1885, Stahelsche Univ.-Buchh. 8°. 66 S.

Strecker, Karl, s.: Ekkehard's Waltharius.

Strecker, Karl, s.: Fortschritte der Elektrotechnik.

— Frühthau. Essais u. Skizzen. gr. 8. (145 S.) Berlin 898. Schoenfeldt & Co. n. 2. —

— Hilfsbuch f. d. Elektrotechnik, s.a. Grawinkel, C.

— **Hilfsbuch f. die Elektrotechnik.** Unter Mitwirkg. namhafter Fachgenossen bearb. u. hrsg. 7. umgearb. u. verm. Aufl. (XII, 966 u. 57 S. m. 675 Fig.) 8. Berlin 907. J. Springer. Geb. in Leinw. n. 14. —

Strecker, Karl, Hobelspähne. Novellen. 8. (VII, 165 S.) Leipzig 891. W. Friedrich. n. 2. —; geb. n. 3. —

– Dass., s.a. Friedrich's Bücherei. 6. Bd.

— Familie Knippe, s.a. Friedrich's Bücherei, 4. Bd.

Strecker, Karl. Familie Knippe. Roman. 8. (280 S.) Lpz. 891, W. Friedrich. n. 3 —

Strecker, Carl, de Lycophrone, Euphronio, Eratosthene comicorum interpretibus. gr. 8. (86 S.) Gryphiswaldiae 884. (Leipzig, Fock.) n. 1. 50

Strecker, Karl, Dr.: Hrotsvits **Maria** und Pseudo-Matthaeus. *Dortmund 1902: W. Crüwell.* (S. 3—23.) 4°
Dortmund, G, P 1902 (383 [vielm. 390])

Strecker, Karl, üb. e. Reproduction der Siemens'schen Quecksilbereinheit. gr. 4. (54 S. m. eingedr. Fig.) München 885. Franz' Verl. n.n. 1. 60

Strecker, Karl: Der rhythmus De Asia et de universi mundi rota. Berlin 1909: Pormetter. 27 S. 4°
Berlin, k. Luisen-G OP 1909 (73) [S 09. 403

— der Sang vom Mönchgut. Epische Dichtg. in 10 Gesängen. 1. u. 2. Aufl. 12. (149 S.) Stralsund 892. 893. Bremer. n. 2. 75; geb. n. 3. 75

— der Sang v. Mönchgut. Dichtg. m. 10 Gesängen. 3. Aufl. 8. (127 S.) Bergen a/R. 898. F. Becker. Geb. 2. —

— Rudolf Schlosser. Drama in 4 Akten. (98 S.) 8. Berlin (907). H. Steinitz. 2. —

Strecker, Karl, letzte Stunden. Schauspiel in 3 Aufzügen. Nach e. Motiv. Ernest Renans. (87 S.) 8. Berlin 903. Schuster & Loeffler. 2. —

— Tanzstunde, s.a. Bloch's, Ed., Theater-Korrespondenz.

[F.] Tanzstunde. Lustspiel in 1 Akt v. Karl **Strecker.** *Berlin: E. Bloch [1897].* (40 S.) 1 Bd 8.
= Theater-Korrespondenz, Eduard Blochs. No 296. 98. 3978

Strecker, Karl: Die Telegraphentechnik, s.a. Grawinkel, C.

— **die Telegraphentechnik.** Ein Leitfaden f. Post- u. Telegraphenbeamte. 4., neu bearb. Aufl. des gleichnam. von C. Grawinkel u. K. Strecker gemeinsam hrsg. Werkes. (XII, 436 S. m. 367 Fig. u. 2 Taf.) gr. 8. Ebd. 904. n. 5. —; geb. in Leinw. n. 6. —

— Die Telegraphentechnik. Ein Leitfaden f. Post- u. Telegraphenbeamte. 5. verm. Aufl. (XII, 498 S. m. 375 Fig. u. 2 Taf.) 8. Berlin 907. J. Springer. 5.—; geb. in Leinw. n 6. —

Strecker, Karl, Prof. Dr.: Textkritisches zu Hrotsvit. Dortmund 1900: C. L. Krüger. (S. 3—14.) 4°
Dortmund, G P 1900 (427)

Strecker, Karl (Bearb.), s. Thompson, Silvanus Philipp: Die dynamo-elektrischen Maschinen.

Strecker, Carl [aus Marienwerder]: Ueber plötzlichen Tod vom gerichtsärztlichen Standpunkte .... Berlin, Buchdr. v. Gustav Schade (Otto Francke) (1887); 30 S. + 1 Bl. 8°.
Berlin, Med. Fak., Inaug.-Diss. v. 26. März 1887.

Strecker, Carl, über plötzlichen Tod vom gerichtsärztlichen Standpunkte. Diss. Berlin 1887, Mayer & Müller. 8°. 30 S.

— Totentanz. Das Titelbild von Jos. Sattler gezeichnet. 1.—3. Tausd. gr. 8. (V, 188 S.) Hamburg 902. A. Harms. n. 3. —; geb. n. 4. —

Strecker, Karl, logische Uebungen. 1. Hft. Der Anfang d. Geometrie als log. Uebungsmaterial, zugleich als Hilfsmittel f. d. mathemat. Unterricht. gr. 8. (63 S. m. Fig.) Essen 896. G. D. Baedeker. n. 1. 80

Strecker, Karl [aus Mainz]: Ueber die specifische Wärme des Chlor-, des Brom- und des Jodgases. Leipzig, Druck von Metzger & Wittig, 1881. 8. 25 S.

Strecker, Carl Chrph., O. M. L., auf den Diamanten- u. Goldfeldern Südafrikas. Schilderungen v. Land u. Leuten, der polit., kirchl. u. kulturellen Zustände Südafrikas. Mit Titelbild, 100 Abbildgn. im Text u. 1 Karte. gr. 8. (XVI, 682 S.) Freiburg i/B. 901. Herder. n. 10. —; geb. in Leinw. n. 12. —

Strecker, Carl Christoph, in der Prärie Nordamerikas. (106 S. m. 12 Abbildgn.) gr. 8. Fulda 908. Fuldaer Actiendruckerei. 1. —

— Auf den Schneefeldern Nordamerikas. (94 S. m. 17 Abbildgn.) gr. 8. Ebd. 907. 1. —

Strecker, Car. Guil. Joseph. (geb. Dingelstädt in Thür. 10. 4. 1818): De epiphytorum et entophytorum natura. Berolini (1845). (32 S.) 8°
Berlin, Med. Diss. v. 8. Okt. 1845

Strecker, Konrad Wilhelm [Praes.], s. A n d o r f, Joh. Christoph: De jure mulierum quibus expressa hypotheca a marito constituta est.

Strecker, Konrad Wilhelm [Praes.], s. A u f f d i e n e r, Johann Adolf: Diversa dubia quidem vexata, et maximam partem feudalia ac equestria, praxi tamen in Francia orientali firmata.

Strecker, Konrad Wilhelm [Praes.], s. B a c k h a u s s, Christian Fried.: De injusta judicis ira.

Strecker, Konrad Wilhelm [Praes.], s. B a d e r, Emanuel: De qualitate testium ad probanda crimina productorum.

Strecker, Konrad Wilhelm [Praes.], s. B e c k, Friedr. Gottlob: De muliere contra senatus consultum Vellejanum & auth. si qua mulier, obligata.

Strecker, Konrad Wilhelm [Praes.], s. B e i l, Gottlieb: De inductione judicis ad confitendum inculpatum delictum.

Strecker, Konrad Wilhelm [Praes.], s. B e s s e r, Christfried Ernst: De resignatione dominii judiciali, jure Sax. elect. necessaria.

Strecker, Konrad Wilhelm [Praes.], s. B o e r i s, Johann Heinrich: De exemtione bonorum ordini equestri immediato collectabilium illicita.

Strecker, Konrad Wilhelm [Praes.], s. B o e t t c h e r, Johann Martin: Causas, quae maritum ab usufructu bonorum uxoris excludunt.

Strecker, Konrad Wilhelm [Praes.], s. B r e n n a u, Jo. Heinrich: De collatione nepotum, haereditate paterna repudiata, cum patruis, aut amitis avo vel aviae succedentium.

Strecker, Konrad Wilhelm [Praes.], s. B u c k, Christian Wilhelm: De iis, qui a nexu cambiorum, vel juris cambialis rigore sunt exemti.

Strecker, Konrad Wilhelm [Praes.], s. C a s p a r t, Johann Konrad: Difficilem per quaestiones sive torturam ad veritatem perveniendi viam.

Strecker, Conr. Wilh., praes., Pape, Johannes Jodocus, autor: Diss. inaug. juridica de desertoribus. Erfordiae 1733. 4°.

Strecker, Konrad Wilhelm [Praes.], s. D e u t s c h m a n n, Samuel Gottlob: De praetoris bellici, quem vulgo auditorem vocant, officio in causis criminalibus.

Strecker, Konrad Wilhelm [Praes.], s. E h r h a r d t, Konstantin Gottfried: De relegationibus imprimis academicis et nob. quaestione: an notent?

Strecker, Konrad Wilhelm [Praes.], s. F i c h t n e r, Stephan Ferdinand: De expositione vasium aeneorum ad fores templi.

Strecker, Konrad Wilhelm [Praes.], s. G l o c k, Johann Heinrich: De beneficio competentiae nobilibus non competente.

Strecker, Konrad Wilhelm [Praes.], s. G o e r n e r, Gottlieb: De vera et genuina indole obligationum in genere.

Strecker, Konrad Wilhelm [Praes.], s. G o e s c h e l, Christian Jakob Leberecht: De advocato praevaricatore.

Strecker, Konrad Wilhelm [Praes.], s. G r a b s, Kaspar Gottlob: De repudiatione haereditatis deferendae, ac speciatim Saxonicae, quod ad res uxoris mobiles, a doctore, moto creditorum concursu, facta, non valida.

Strecker, Konrad Wilhelm [Praes.], s. G r i e b e, Gottlob Heinrich: Commissariorum electoral. Saxonicorum potestatem restrictam in schemate evocationis testium immediatae, hoc est: Vom Commissarischen Auftrag der Zeugen-Verhör ohne Requisition.

Strecker, Konrad Wilhelm [Praes.], s. G u t b i r, Caspar Christian: De sententia ipso jure nulla.

Strecker, Konrad Wilhelm [Praes.], s. H a i n e m a n n, David Theodor: De testamento privato solemni, praesertim scripto, sive clauso.

Strecker, Konrad Wilhelm [Praes.], s. H e i n s, Benedict: De perjurii poena.

Strecker, Konrad Wilhelm [Praes.], s. H i e p e n, Christian August: De validitate actorum coram judice illegitimo, inhabili, putativo.

Strecker, Konrad Wilhelm [Praes.], s. H i l d e b r a n d, Johann Daniel: De solutione triennali, ad l. quicunque 3. c. de apochis publ.

Strecker, Konrad Wilhelm [Praes.], s. H o p p e, Johann Jeremias: Ad legem Pompejam de parricidiis.

Strecker, Konrad Wilhelm [Praes.], s. H o r n i k, Podivin Simeon: De actione familiae erciscundae.

Strecker, Konrad Wilhelm [Praes.], s. J a c o b s, Heinrich Gottlieb: De fide et legalitate medici in investiganda vulnerum lethalitate.

Strecker, Konrad Wilhelm [Praes.], s. J a m p e r t, Johann Gottfried: De nullitate alienationis haereditatis absentis ante tempus legitimum a curatore factae.

Strecker, Konrad Wilhelm [Praes.], s. J o a c h i m, Christian Wilhelm: De mortuis.

Strecker, Konrad Wilhelm [Praes.], s. K e c k, Adam Friedrich: De legitima constitutione syndicorum.

Strecker, Konrad Wilhelm [Praes.], s. K e t t e m b e i l, Johann Ferdin.: De eo, quod circa juris ignorantiam justum est.

Strecker, Konrad Wilhelm [Praes.], s. K e u t e l, Johann Gottfried: De specificatione jurata.

Strecker, Konrad Wilhelm [Praes.], s. K i p s c h, Theophil Martin: De fideicommisso sub clausula: Quicquid post mortem superfuerit, relicto.

Strecker, Konrad Wilhelm [Praes.], s. K i s s l i n g, Karl Gottfried: De observationibus quibusdam forensibus circa resignationem nominis, Aufkündigung des Capitals.

Strecker, Konrad Wilhelm [Praes.], s. K ö n i g, Johann Christian: De venditione necessaria.

Strecker, Konrad Wilhelm [Praes.], s. K r a p p, Christian Friedrich: De marito fundum dotalem alienante.

Strecker, Konrad Wilhelm [Praes.], s. K r e t z s c h m a r, Johann Karl: De inutilibus clausulis notariorum contractibus adjectis.

Strecker, Konrad Wilhelm [Praes.], s. L e h m a n n, Joh. Wilh.: De judice praedii cum inventario u. Beylass sub hasta emtore.

Strecker, Konrad Wilhelm [Praes.], s. L i n d n e r, Kaspar Günther: De doctrina successionis pactitiae eiusque usu et abusu in Germania. Nostris: Wie die Rechts-Händel bey denen vielerley Succ. Fällen in Teutschland zu entscheiden sind.

Strecker, Konrad Wilhelm [Praes.], s. L i n s s e, Georg Heinr.: De condictione furtiva.

Strecker, Konrad Wilhelm [Praes.], s. L ö p e r, Andr. Chr.: De nepotibus ex filia ortis, in successione feudi, pro masculis et foeminis concessi.

Strecker, Konrad Wilhelm [Praes.], s. M e r c k, Wolfg. Friedrich: De injuria magistratui illata.

Strecker, Konrad Wilhelm [Praes.], s. M i r u s, Christian Erdmann: De testamentis mente captorum invalidis, contra Johannem a Sande, Hoppium multosque alios ICtos.

Strecker, Konrad Wilhelm [Praes.], s. M ü l l e r, Johann Jeremias: Discursus de vitae ac necis jure, circa se ipsum.

Strecker, Konrad Wilhelm [Praes.], s. N e b e r s h a u s e n, Christian Friedrich: De juramento in litem, et inprimis quod pro pupillo mater ejus ad jurandum in litem etiam admittenda sit, contra Leg. 4. ff. de in Litem jurand.

Strecker, Conrad Wilhelm, praes. — Deutschmann, Samuel Gottlob, def.: Diss. de praetoris bellici, quem vulgo auditorem vocant, officio in causis criminalibus . . . Erfordiae 1735. 4°.

Strecker, Konrad Wilhelm [Praes.], s. O e h l s c h l ä g e l, Gottfried: De jurisjurandi delatione, quatenus sit contra registraturam judicialem admittenda.

Strecker, Konrad Wilhelm [Praes.], s. O t t o, Johann Adolph: De mulierum restitutione in integrum, propter absentiam reipublicae causa.

Strecker, Konrad Wilhelm [Praes.], s. P a p e, Johann Jodokus: De desertoribus.

Strecker, Konrad Wilhelm [Praes.], s. P o e r n e r, Johann David: De pacto antichretico.

Strecker, Konrad Wilhelm [Praes.], s. R ä t z e l, Johann Christian: Curatorem litis extraditionem rei mobilis tempore ordinat. proc. elector. Sax. veteris pignori datae et traditae, absque illius luitione, ad massam concursus temporibus recognitae primum orti in terris electoralibus Sax. inefficaciter petentem.

Strecker, Konrad Wilhelm: De r e m e d i i s in causis praesertim prohibitae appellationis salutaribus, s. C r a m e r, Jo. Tobias: De eo, quod iustum videtur circa appellationem a statibus imperii evangelicis ad imperatorem, in causis ecclesiasticis.

Strecker, Konrad Wilhelm [Praes.], s. R i c h t e r, Karl August: De differentiis inter processum ordinarium Saxonicum, et illum sic dictum summarium in judicio mercatorio Lipsiensi usitatum.

Strecker, Konrad Wilhelm [Praes.], s. R u d o l p h i, Kaspar Heinrich: De con- et disconvenientia juris Romani et statutarii Erffurtensis in materia successionis conjugum ab intestato.

Strecker, Konrad Wilhelm [Praes.], s. S c h l e i c h, Johann Konrad: De eo, quod justum est circa pecuniam lustricam, vulgo Pathen=Geld.

Strecker, Konrad Wilhelm [Praes.], s. S c h m i d t, Adam Heinrich: De interpretatione proximitatis gradu quoad successionem in bonis equestribus regressui obnoxiis respectu collateralium et descendentium occasione recessus in familia dn. baronum de Marschalk initi.

Strecker, Konrad Wilhelm [Praes.], s. S e n c k - E i s e n, Karl Friedrich: De mandato an morte mandantis cesset?

Strecker, Konrad Wilhelm [Praes.], s. T h i l o, Christian Christoph: De modo adquirendi per occupationem bellicam deque eo quod circa eum iustum est.

Strecker, Konrad Wilhelm [Praes.], s. W a c h t e r, Christian Benjamin: De non ente civili infamia facti.

Strecker, Konrad Wilhelm [Praes.], s. W i e m a n n, Samuel: De eo, quod iustum est circa ius retentionis, Germanis: Von dem Zurückbehaltungs=Rechte, wenn und wem solches, sich zu gebrauchen, erlaubet ist.

Strecker, Konrad Wilhelm [Praes.], s. Z i m m e r m a n n, Daniel August: De jure accrescendi in quantitatibus relicitis etiam obtinente.

Strecker, L., das Geheimniß der alten Massage m. besond. Beachtung d. neuen Systems nach Dr. Metzger. gr. 8. (38 S.) Darmstadt 889. (C. Hoffmann's Buchhandlg.) n. 1. —

Strecker, Ludwig, Bacc. iur. in Mainz: Die urheberrechtliche S t e l l u n g der mechanischen Musikinstrumente und Phonographen. Leipzig 1906: C. G. Röder. (64 S.) 8°
Leipzig, Jur. Fak., Diss. v. 31. Juli 1906.
[Geb. 13. Jan. 83 Mainz; Wohnort: Mainz; Staatsangeh.: Preußen; Vorbildung: Gymn. Mainz Reife O. 02; Studium: München 2, Berlin 1, München 1, Leipzig 2 S.; Rig. 12. Dez. 05.]

Strecker, O., die allgem. Vorschriften d. bürgerl. Gesetzbuchs üb. Rechte an Grundstücken, s. a. R e c h t, das, d. bürgerl. Gesetzbuchs in Einzeldarstellgn., Hft. 7.

[S.] Die allgemeinen Vorschriften des Bürgerlichen Gesetzbuches über Rechte an Grundstücken v. O. **Strecker**, Amtsrichter. *Berlin: J. Guttentag 1898.* (4 Bl., 121 S.) 1 Bd 8.
= **Recht**, Das, d. Bürgerl. Gesetzbuchs in Einzeldarstellgn. No VII. 98 3143

Strecker, Otto (Bearb.), s. A c h i l l e s, Alex.: Die preußischen Gesetze über Grundeigenthum und Hypothekenrecht.

Strecker, O., die kirchlich=freiwillige A r m e n p f l e g e. Vortrag. gr. 8 (16 S.) Hannover 901. H. Feesche. n. — 25
Sonderabdruck aus: „Monatsschrift f. innere Mission".

STRECKER, OTTO. Beiträge zur Kenntniss der Itaconsäure, Citraconsäure und Mesaconsäure. (Würzburg) Mainz, 1882.

Strecker, O., G e s c h i c h t e d. Posaunenvereine in d. hannoverschen lutherischen Landeskirche in ihren ersten 50 Jahren. gr. 8. (20 S.) Hannover 899. Pastor O. Strecker. n. — 35
Sonderabdruck aus: „Monatsschr. f. innere Mission".

— die Geschichte der von den verbundenen lutherischen Vereinen f. innere Mission getriebenen kirchlichen Versorgung deutscher Seeleute, nach Akten, Jahresberichten rc. dargestellt. gr. 8. (75 S. m. 15 Taf. u. 1 Karte.) Hannover 899. H. Feesche. n. 1. 50

Strecker, O., bürgerliches Gesetzbuch, s.: Achilles, A.

Strecker, O., bürgerliches Gesetzbuch, s.: Guttentag's Sammlung deutscher Reichsgesetze. (Achilles, A.)

Strecker, O., bürgerliches Gesetzbuch, s.: Planck, G.

Strecker, Otto, die preußischen Gesetze üb. Grundeigenthum u. Hypothekenrecht vom 5. Mai 1872, s.: Achilles, Alex.

Strecker, Otto: Die Grundbuchordnung, s. A c h i l l e s , Alex

— s. Katalog der Bibliothek des evangelischen Vereins in Hannover.

Strecker, Rhard., die Arbeit der Schule. Festdichtung zur Einweihg. der Ernst Ludwig-Schule in Bad-Nauheim am 6. I. 1909. (17 S.) gr. 8. Nauheim, (Mittelstr. 17) 909. Oberlehrer Dr. Strecker. — 50

Strecker, R(einhard), Dr.: Beiträge zur Geschichte der Stadt Oppenheim. T. 1. Oppenheim 1905: W. Traumüller. (20 S.) 4°
Oppenheim, großh. R OP 1905 (783)

— Demokratie u. Sozialismus. Eine Auseinandersetzg. m. Hrn. Prof. Biermer, Gießen. (23 S.) gr. 8. Darmstadt (908). E. Roether. — 40

— Erziehung zur Gemeinschaft. (V, 114 S.) 8. Ebd. 909. 1. —; geb. 1. 80

— Kants Ethik. Eine offene Schrift an meinen verehrten Freund Hrn. Professor Dr. A. Messer, Gießen. (100 S.) 8. Gießen 909. E. Roth. 1. 20; geb. 1. 60

Strecker, R[einhard]: Zur Frauenbewegung. — Darmstadt: Roether in Komm. 1908. 36 S. 8°
26: G 2512 (8)

— Zur Frauenbewegung. 3. verb. Aufl. (III, 38 S.) 8. Ebd. 910. — 40

Strecker, Rhard., Gedichte. (123 S. m. 4 Taf.) gr. 8. Gießen 908. E. Roth. Geb. n. 2. 40

— u. Frau Tilde **Strecker,** s.: Geister, junge.

Streckor, Reinhard: Der ästhetische Genuss auf Grund der ästhetischen Apperzeption. *(Giessen [1901]: Hof- u. Univ.-Druckerei.)* (87 S.) 8° [F.]
Giessen, Phil. Diss. v. 1901

Strecker, Rhard., der ästhetische Genuß. gr. 8. (IV, 87 S.) Gießen 901. (J. Ricker.) n. 1. 60

— Gott u. die Kirche, s. a. Flugschriften, Bremer, aus dem Geisteskampf der Gegenwart. 2. Heft.

G o t t und die Kirche. Von Dr. Reinhard Strecker. Berlin: Concordia [1908]. 52 S. 8°
(Bremer Flugschriften. H. 2.)

— Der katholische K a t e c h i s m u s u. die Borromäusenzyklika. Eine pädagog. Studie (m. Anh.: Geschichte meiner Massregelg.). (1. u. 2. Taus.) (VII, 63 S.) gr. 8. Berlin 910. Schwert-Verlag. 1. —

— Maifrost. 8. (IV, 103 S.) Ebd. 902. n. 2. —

— „Die moralische Phrase im Liberalismus". Eine Entgegng. (11 S.) gr. 8. Darmstadt 907. E. Roether. — 25

— **Religion u. Politik bei Goethe. 6 Vorlesgn., geh. an der rhein-mainischen Volksakademie zu Heppenheim a. d. B., hauptsächlich im Anschluß an Goethes Gespräche m. Eckermann. (IV, 158 S.) 8. Gießen 908. E. Roth. 1.60; geb. 2. —**

Strecker, Rhard., Sonntagsbetrachtungen üb. Schillers Gedichte. (VII, 195 S.) 8. Gießen 908. E. Roth. 1.60; geb. n 2. —

— Sonntagsgedanken e. Politikers. (VIII, 260 S.) kl. 8. Brackwede 907. [Dr. W. Breitenbach.] Darmstadt, E. Roether. — 80; erh. Pr. 1. 20

Strecker, W. u. H. **Kiepert,** Beiträge zur geographischen Erklärung des Rückzuges der Zehntausend durch das armenische Hochland. Mit einer (lith.) Karte (in Imp.-Fol.) von Strecker. [Aus d. Zeitschr. d. Ges. f. Erdk.] Berlin 870. D. Reimer. gr. 8. (30 S.) n. 14 ngr.

Strecker, W. [aus Mantel b. Königsberg i. d. N.]: Die B e r e i c h e r u n g des Bodens durch den Anbau „bereichernder" Pflanzen . . . Göttingen, Druck d. Dieterich'schen Univ.-Buchdr. (W. Fr. Kästner), 1886; 2 Bl. + 82 S. + 1 Bl. u. 3 Tab. + 1 Taf. 8°
Göttingen, Phil. Fak., Inaug.-Diss. v. 1886.

Plan zu einem Jubilaeums-Denkmale ueber die fünf u. zwanzigjährige Regierung Sr. Majestaet des Königs Wilhelm von Württemberg. Entworfen und allen Patrioten als Vorschlag und Festgabe gewidmet von W. Strecker. Stuttgart 1841. 4°.

Strecker, W.: Plan zu einem Jubiläumsdenkmale über die 25jährige Regierung des Königs Wilhelm von Wurttemberg. Mit 5 Taf. Stuttgart: Selbstverlag 1841. 4°

Strecker, W: Über die Prüfung der Düngerstreumaschine »Westfalia« (Patent Kuxmann & Co.). Berlin 1901

Strecker, Werner: Zur Erinnrg an d Centen-Feier [1789-1889 in Troy, NY]. Troy, 1889.

Strecker, Wilhelm: Über das A m y l i d e n a n i l i n , s. L i p p m a n n , E.

Strecker, Wilh., d. Bedeutung d. Wiesen f. die Landwirtschaft u. deren zweckmäßigste Behandlg. Vortrag, geh. in d. ökonom. Gesellschaft im Königr. Sachsen, Dresden, am 6. März 1896. gr. 8. (31 S. m. 5 Fig.) Dresden 896. G. Schönfeld. n. — 60

(B) **Strecker,** W., Bedeutung d. Wiesen. 896. (KVL 30.) — Neue beachtensw. Maschinen u. Geräthe. 898. (KVL 32.) Jetzt: Leipzig, Fritzsche & Schmidt.

— Die Bodenbearbeitung. (VIII, 200 S. m. 235 Abb.) Lex. 8. Leipzig 910. M. Schäfer. Geb. in Leinw. 4. —

Erkennen und Bestimmen der Schmetterlingsblütler (Papilionaceen, kleeartigen Gewächse). Anleitung f. Land- und Forstwirte, sowie z. Gebr. an allen landw. Unterrichtsanst. Von Dr. W[ilhelm] Strecker, Prof., Leipzig. Mit 107 Textabb. *Berlin: P. Parey 1902.* (VI, 180 S.) 8° [F.] [03. 2483]

Strecker, W., Erkennen und Bestimmen der Wiesengräser. Anleitung für Landwirthe, Boniteure und Kulturtechniker. 8. (VI, 57 S. mit 19 in den Text gedr. Holzschn.) Berlin 888, Parey. cart. *

Strecker, W., Erkennen u. Bestimmen der Wiesengräser. Anleitung f. Landwirte, Boniteure u. Kulturtechniker. 2., neubearb. Aufl. 8. (VII, 85 S. m. 19 Holzschn.) Berlin 893. P. Parey. Kart. n. 2. —

Strecker, W., Erkennen u. Bestimmen der Wiesengräser. Anleitung f. Land- u. Forstwirte, Landmesser, Kulturtechniker u. Boniteure, sowie zum Gebrauch an landwirtschaftl. Unterrichtsanstalten. 3., neubearb. Aufl. 8. (VI, 117 S. m. 68 Abbildgn.) Berlin 900. P. Parey. Kart. n. 2. 25

Strecker, W., Erkennen u. Bestimmen der Wiesengräser. Anleitung f. Land- u. Forstwirte, Landmesser, Kulturtechniker u. Boniteure, sowie zum Gebrauch an allen landwirtschaftl. Unterrichtsanstalten. 4., verb. Aufl. (VI, 141 S. m. 96 Abbildgn.) 8. Berlin 906. P. Parey. Kart. n. 2. 50

— Erkennen u. Bestimmen der Wiesengräser im Blüten- u. blütenlosen Zustande. Anleitung f. Land- u. Forstwirte, Landmesser, Kulturtechniker u. Boniteure, sowie zum Gebrauch an allen landwirtschaftl. Unterrichtsanstalten. 5., neubearb. Aufl. (VI, 187 S. m. 105 Abb. u. 9 Taf.) 8. Berlin 909. P. Parey. Kart. 3. —

— Feldmessen u. Nivellieren, s.a. Bibliothek der gesamten Landwirtschaft.

Feldmessen und Nivellieren. Anleitung z. Gebr. f. Landwirte u. landwirtschaftl. Lehranstalten. Von W. Strecker. Mit 102 Abb. Hannover: Jänecke 1909. IV, 124 S. 8°
(Bibliothek d. gesamten Landwirtschaft. Bd 53)
(Jäneckes Bibliotheken. Reihe B) [09. 11020 7

— die Kultur der Wiesen, ihr Wert, ihre Düngung u. Pflege. gr. 8. (53 S.) Ebd. 894. n. 1. —

— die Kultur der Wiesen, ihr Wert, ihre Verbesserung, Düngung u. Pflege. Ratgeber f. Land- u. Forstwirte, Kulturtechniker, Meliorations- u. Verwaltungsbeamte, sowie zum Gebrauche an allen landwirtschaftl. Unterrichtsanstalten. 2., vollständig neubearb. u. verm. Aufl. (VII, 320 S. m. 173 Abbildgn.) gr. 8. Ebd. 906. Geb. in Leinw. n. 5. —

— Landwirtschaftliche Maschinen u. Geräte, s.a. Bibliothek der gesamten Landwirtschaft.

Landwirtschaftliche Maschinen und Geräte. Von Dr. W[ilhelm] Strecker, Prof., Leipzig. Hannover: M. Jänecke 1908. (VIII, 128 S.) 8° [F.]
= Bibliothek d. gesamten Landwirtschaft. Bd 9 [08. 10979 7

— neue beachtenswerthe Maschinen u. Geräthe auf der Dresdner Ausstellung 1898. Vortrag, geh. in der oekonom. Gesellschaft im Königr. Sachsen, Dresden, am 4. XI. 1898. gr. 8. (54 S. m. Abbildgn.) Dresden 898. Leipzig, G. Schönfeld. n. — 60

!— Neue beachtenswerthe Maschinen und Geräthe. Jetzt: Leipzig: Fritzsche & Schmidt.

Strecker, Wilhelm: Topographische Mittheilungen über Hocharmenien. [Mit Anmerkungen von O. Blau und H. Kiepert.] [SA. aus der Zeitschrift für allgemeine Erdkunde, N. Folge, Bd. XI.]

— Über Nitrocuminol und seine Derivate, s. Lippmann, E.

— Ratgeber bei Wahl u. Gebrauch landwirtschaftlicher Geräte u. Maschinen, s.a. Perels.

— Ratgeber bei Wahl u. Gebrauch landwirtschaftlicher Geräte u. Maschinen (9. Aufl. des Perelsschen Ratgebers), s.a. Thaer-Bibliothek.

Ratgeber bei Wahl und Gebrauch landwirtschaftlicher Geräte und Maschinen. Abriß d. landwirtschaftl. Geräte- u. Maschinenkunde. Von Dr. W[ilhelm] Strecker, Prof. Zugleich 9., vollst. neubearb. Aufl. des [Emil] Perelsschen Ratgebers. Mit 168 Textabb. Berlin: P. Parey 1906. (VIII, 272 S.) 8° [F.]
= Thaer-Bibliothek. Bd 21. [07. 12504

[F.] Stammbuch der Familie Strecker nach den hinterlassenen Schriften des Dr. med. Karl Strecker, kgl. preuss. Kreiswundarztes ... in Dingelstädt bearb. v. Wilhelm Strecker, Chemiker in Wien u. hrsg. v. Prof. Dr. Aloys Schaefer in Breslau u. Wilhelm Strecker dem oben Genannten. Als Ms. gedr. *Wien: W. Strecker; Dr. v. C. Gerold's Sohn 1896.* (X S., 1 Bl., 408 S., 6 Taf., 2 Portr., 7 Tab., 1 Kt.) 1 Bd 8. [96. 5743

Strecker, Wilh., chemische Übungen f. Mediziner. (IV, 120 S.) 8. Heidelberg 908. C. Winter, Verl. Kart. 2. 80

Strecker, Wilhelm, aus Frankfurt a. M.: Versuche über die Einwirkung von Aethylnitrit auf β-Aminokrotonester. *Heidelberg 1900: J. Hörning.* (36 S.) 8°
Heidelberg, Naturw.-math. Diss. v. 1900

— Verwendung, Leistung u. Kosten landwirthschaftlicher Motoren. Vortrag, geh. in der ökonom. Gesellschaft im Königr. Sachsen, Dresden, am 2. XI. 1900. gr. 8. (40 S. m. 3 Tab.) Dresden 901. Leipzig, G. Schönfeld. n. — 60

(B) — Verwendung landw. Motoren. 901. (KVL 32.) Jetzt: Leipzig, Fritzsche & Schmidt.

— der Wasserhaushalt u. seine Bedeutung f. die Landwirthschaft, s.: Sammlung gemeinnütziger Vorträge.

Strecker, Wilh. Welt u. Menschheit vom Standpunkte d. Materialismus. Eine Darlegg. der materialist. Weltanschaug. Nebst e. „Einführg." v. Ludw. Büchner. gr. 8. (XV, 243 S.) Lpz. 892, Spohr. * 3 —

— d. Wesen u. die Bedeutung d. Kulturtechnik. Oeffentl. Antritts-Vorlesg., geh. an der Universität Leipzig am 23. Novbr. 1895. gr. 8. (20 S.) Ebd. 896. n. — 60

(B) — Wesen u. Bedeutung d. Kulturtechnik. 896. (KVL 30.) Jetzt: Hannover, M. & H. Schaper.

Strecker, Wilhelm J.: Der Ursprung des Rheingau's (der Perle Deutschland's), seines Weinbaues und Handels, der alten Weinmärkte, der Rheinschiffahrt etc. von Römerzeiten bis zur Gegenwart für Freunde vaterländischer Geschichte. Frankfurt a. M. 1882. 103 S. -- 77*

Strecker-Pascha, Bemerkungen üb. den russisch-türkischen Krieg 1877/78 u. Beitrag zur Geschichte desselben, s.: Beiheft zum Militär-Wochenblatt.

Streckert, Wilh., s. Henz, L., praktische Anleitung zum Erdbau.

Streckfus, Johann August (Leipzig) **Misc. 180g/2**

De castellis Romanorum in Saxonia superiore.
Präs. Benedikt Deer.
Leipzig (Rumpff) **4. X. 1749. 28 S.**

Gew.: **Johann Heinrich von Hering.** **33856**

Streckfuss, Dr. Ad. Die von den Oberlausitzer Sechsstädten eroberten und zerstörten Raubburgen der Lausitz, Schlesiens und Böhmens. Zittau 1874.

Streckfuß, Adolph

— s.a. **Carl, Adph. (Pseud.)**

Streckfuß, Adf., **Adlerstraße Nr. 14.** Roman in 3 Bdn. gr. 8. (368, 416 u. 376 S.) Berlin 879. Goldschmidt. n. 15. —

Streckfuß, Adf., **Bekehrt.** Novelle. 2 Bde. 8. (140 u. 122 S.) Berlin 874. Brigl. n. 4. —

Streckfuß, Adph., **Berlin** im 19. Jahrhundert. 4 Bde Berlin 867–69. Seidel. gr. 8. (VIII, 424 S., 652 S. 416 S., 600 S.) n. 4 Thlr 12 ngr.

Streckfuß, Adolf Robert Blum, sein Leben, sein Wirken. Ein Buch für das Volk, nach den besten Quellen bearbeitet. 2. Auflage. Berlin, W. Corduan 1850. 398 S. 8.

Streckfuß, Adph., Robert Blum, sein Leben, sein Wirken. Ein Buch für das Volk, nach den besten Quellen bearb. 3. Aufl. 8. (398 S.) Berlin 850. (Magdeburg, Quednow.)

— ein Buch der **Republik.** Politischer Leitfaden f. das Volk zur Beurtheilung der französ. republikan. Verfassung u. der jetzt schwebenden Revisionsfrage. 8. (39 S.) Berlin 851, Nelte. 1/6 Thlr

— die **Demokraten. Ein Roman in Bildern aus dem Sommer** 1848. 3 Thle. 8. **(IV u. 771 S.) Berlin 850, Gerhard.** 4 Thlr — 2. Aufl. **[Volks-Ausg.] 8 Hfte. 8. (400 S.) Berlin 851,** Nelte. (à 3 ngr) 24 ngr

— **Dienstmann Nr. 112** oder wer ist der Dieb? **Novelle.** Illustrirt von Wittig. 8. (77 S.) Leipzig 878, [Hartknoch.] Wartig's Verlag. * 1 —

— **Dorenberg.** Im Schwedenacker, s.a. **Bibliothek** f. **Haus u. Reise.**

— Dorenberg, s.a. Goldschmidt's Bibliothek für Haus und Reise.

Streckfuss, Adolf
Dorenberg. Im Schwedenacker. Von Adolph Streckfuß. Berlin: Goldschmidt (1874). 165 S. 8°
(Goldschmidt's Bibliothek für Haus und Reise. Bd 14.)

[F.] Dorenberg. Erzählg v. Adolph **Streckfuss.** 4. Aufl. *Berlin: A. Goldschmidt 1897.* (111 S.) 1 Bd 8.
= **Bibliothek,** Goldschmidts, f. Haus u. Reise. Bd 53. (98. 9161

Streckfuß, Adph., **Dorenburg.** Erzählung. 3. Aufl. 8. (111 S.) Berlin 883. Goldschmidt. n. — 50

— die Ereignisse im J. 1849 nebst einer Geschichte der Kriege in Ungarn, Italien, Schleswig-Holstein u. Baden, so wie des deutschen Parlaments im J. 1848. 2 Thle. 8. 1. Thl. A. u. d. T.: **Der Freiheitskampf in Ungarn in d. J. 1848 u. 1849.** 17 Lfgn. (832 S.) 2. Thl. A. u. d. T.: **Die Feldzüge in Schleswig-Holstein in den J. 1848 u. 1849. 15 Hfte.** (719 S.) Berlin 850. 51, Sacco. (à 3 ngr) 3 Thlr 6 ngr — 1. Thl. 2. Aufl. Ster.-Ausg. 1. Lfg. 8. (S. 1–48.) Ebd. 850. 3 ngr

— ein Familiengeheimniß. Novelle. gr. 8. (199 S.) **Berlin 872. Brigl.** 2. 50

— dasselbe. 8. (199 S.) Ebend. 873. n. 1. —

— ein Familiengeheimniß. Novelle. 3. Aufl. 8. (159 S.) Berlin 882. Goldschmidt. n. — 50

Streckfuß, Adf., e. **Familiengeheimnis,** } s.a. **Goldschmidt's** Bibliothek f. Haus u. Reise.

[F.] Ein Familiengeheimnis. Roman v. Adolf Streckfuss. *Berlin: A. Goldschmidt 1895.* (138 S.) 1 Bd 8.
= **Bibliothek,** Goldschmidts, f. Haus u. Reise. Bd 32. (96. 1816

Die Feldzüge in Schleswig-Holstein in den Jahren 1848 und 1849. Von Adolph **Streckfuss.** Berlin. 1850. = desselben: Die Ereignisse im Jahre 1849 etc. Th. 2. 8°.

Streckfuss, Adolph: Der Freiheits-Kampf in Ungarn in den Jahren 1848 und 1849. Berlin 1850. 8°

— 500 **Jahre** Berliner Geschichte. Vom Fischerdorf zur Weltstadt. Geschichte u. Sage. 2. Aufl. (In 30 Lfgn.) 1–14. Lfg. 4. (S. 1–660.) Ebend. 878. 79. à — 50

Streckfuß, Adph., **500 Jahre** Berliner Geschichte. Vom Fischerdorf zur **Weltstadt.** Geschichte u. Sage. 4. Aufl. (34 Lfgn.) hoch 4. (1364 S.) Berlin 885. 86. Goldschmidt. à n. — 60 (cplt. in 2 Bde. geb. n. 22. 50)

— **500 Jahre Berliner** Geschichte. Vom Fischerdorf **zur Weltstadt. Geschichte** u. Sage. In gekürzter Darstellg. u. bis in die neueste Zeit fortgeführt v. Leo Fernbach. (Neue illustr. Ausg. in 1 Bde.) gr. 8. (VIII, 807 S.) Berlin 900. A. Goldschmidt. Geb in Leinw. n 12. —; eleg geb. n. 13. 50

Streckfuß, Adf., s.: **Goldschmidt's Bibliothek** f. **Haus u. Reise.**

Streckfuß, Adf. Der tolle **Hans,** s.a. Goldschmidt's Bibliothek f. Haus u. Reise.

— der tolle Hans. Criminal-Novelle. br. 8. (168 S.) **Ebend. 871.** 2. 50

Streckfuß, Adf., das einsame Haus. Nach den Tagebüchern des Herrn Professor Döllnitz. Roman. 8. (286 S.) **Stuttgart 888, Deutsche Verlags-Anstalt.** *
geb. *

— **Das einsame Haus.** Nach den Tagebüchern d. Herrn Professor Döllnitz. Roman. (Neue Titel-Ausg.) 8. (286 S.) Stuttg. 892, Deutsche Verlags-Anstalt. * 1 50; geb. * 1 75

— die von **Hohenwald.** Roman in 6 Büchern u. 3 Bdn. 8. (302, 335 u. 345 S.) Ebend. 878. n. 12. —

Streckfuß, Adph., **Hohenzollern.** Historische Bilder. 2 Thle. Berlin 859. J. Springer. 8. (3 Bl., 322 S.; 3 Bl., 328 S.) n. 1 Thlr 20 ngr.
Inhalt: Friedrich der Erste u. die Quitzows. 2 Bde.

Streckfuss, A.: Hohenzollern. Historische Bilder. I. II. Friedrich der Erste u. die Quitzows. 2 Bd. (VI. 322; V. 328) Berlin 1869. 8°

— der Oberförster von Margrabowo. Roman. 2 Bde. 8. (288; 316 S.) Stuttgart 887, Deutsche Verlags-Anstalt. * geb. in 1 Bd. *

— Der Oberförster v. Margrabowo. Roman. 2 Tle. in 1 Bd. (Billige Ausg.) 8. (288; 316 S.) Ebd. 890. * 2 —; geb. ** 2 25

Streckfuß, Adolph. Die Organisation der Volkspartei in Berlin. Berlin, Fr. Gerhard 1849. 32 S. 8. (Inhalt: 1. Geschichte der Organisation. 2. Die Statuten der neun berliner Volksvereine. 3. Namen und Wohnung der Vorsitzenden der Volksvereine und sämmtlicher Bezirksvereine. 4. Angaben der Straßen und Häuser, welche jeder Bezirk in sich einschließt.)

— die Organisation der Volkspartei. gr. 8. (32 S.) Berlin 849, Gerhard (jetzt: Grobe). n. 1/6 ℛ

— der Herr Präsident. Criminal-Novelle. 8. (166 S.) Ebend. 871. 2. 50

— der Herr Präsident. Criminal-Novelle. 2. Aufl. 8. (167 S.) Ebend. 876. n. — 50

— der Herr Präsident. Kriminal-Novelle. 3. Aufl. 12. (192 S.) Berlin 885, Alb. Goldschmidt. *

Der Herr Präsident. Kriminal-Novelle von Adolf Streckfuss. 4. Aufl. *Berlin: A. Goldschmidt 1900.* (192 S.) 8° [F.]
= Bibliothek, Goldschmidts, f. Haus u. Reise. Bd 90. [00. 1156

— die große französische Revolution u. die Schreckensherrschaft. Dem Volke erzählt. 1. Thl.: Ludwig XVI. 11 Lfgn. (u. 12. Lfg.:) 2. Thl.: Das Zwischenreich. 1. Lfg. 8. (1. Thl. 527 S. 2. Thl. S. 1–48.) Berlin 851, Nelte. (à 1½ ngr) 18 ngr

— Sliko. Roman. gr. 4. (196 S.) Berlin 881. Exped. der Tribüne. 3. —

— Sliko. Roman. 3 Bde. 8. (332; 395; 358 S.) Ebendas. 886. *

— Sliko. Roman. 3 Bde. (2. Aufl.) 8. (332; 395; 358 S.) Berl. 890, Alb. Goldschmidt. * 4 50

— der verlorene Sohn. Roman. 2 Bde. gr. 8. (220 u. 222 S.) Ebend. 872. 6. —

— dasselbe. Neue Ausg. 2 Bde. 8. (à 176 S.) Ebend. 873. n. 2. —

— die Staats-Umwälzungen der J. 1847 und 1848, s. † Carl, Adph.

— Statut für das Berliner Pfandbrief-Institut. Mit Erläuterungen. Berlin 868. Seidel. gr. 8. (48 S.) n. 5 ngr

– Der Sternkrug, s.a. Goldschmidt's Bibliothek f. Haus u. Reise.

— der Sternkrug. Criminal-Novelle. Berlin 870. Brigl. br. 8. (160 S.) 25 ngr

— der Sternkrug. Criminal-Novelle. 5. Aufl. 8. (156 S.) Berlin 880. Goldschmidt. n. — 50

— der Sternkrug. Kriminal-Novelle. 6. Aufl. 12. (199 S.) Ebend. 885. n. 1. —

[F.] Der Sternkrug. Kriminal-Novelle v. Adolf Streckfuss. 7. Aufl. *Berlin: A. Goldschmidt 1898.* (199 S.) 1 Bd 8.
= Bibliothek, Goldschmidts, f. Haus u. Reise. Bd 62. [98. 9470

— ein Thaler. Criminal-Novelle. 8. (173 S.) Ebend. 873. 2. 50

— ein Thaler. Kriminal-Novelle. 2. Aufl. 8. (214 S.) Ebend. 883. n. 1. —

Ein Thaler. Kriminal-Novelle von Adolph Streckfuss. 3. Aufl. *Berlin: A. Goldschmidt 1900.* (214 S.) 8° [F.]
= Bibliothek, Goldschmidts, f. Haus u. Reise. Bd 87.

— das Testament. Kriminal-Roman. 8. (144 S.) Berlin 898. J. Gnadenfeld & Co. n. 1. —

Das Testament. Kriminal-Roman von Adolph Streckfuss. Berlin: J. Gnadenfeld & Co. [1899]. (144 S.) 8°

– Die wilde Toni, s.a. Goldschmidt's Bibliothek f. Haus u. Reise.

— die wilde Toni. Novelle. 2 Thle. in 1 Bd. 8. (116 u. 104 S.) Ebend. 882. n. 1. —

— die wilde Toni. Novelle. (2. Aufl.) 8. (240 S.) Ebend. 885. n. 1. —

[F.] Die wilde Toni. Novelle v. Adolf Streckfuss. 3. Aufl. *Berlin: A. Goldschmidt 1898.* (240 S.) 1 Bd 8.
= Bibliothek, Goldschmidts, f. Haus u. Reise. Bd 56. [98. 9464

— auf Urlaub. Novelle. 2 Bde. 8. (186 u. 202 S.) Ebend. 876. n. 5. —

— auf Urlaub. 2 Thle. in 1 Bd. 8. (186 u. 202 S.) Ebend. 881. n. 1. 50

— eine dunkle Vergangenheit. Novelle. 2 Bde. 8. (159 u. 168 S.) Ebend. 876. n. 5. —

— eine dunkle Vergangenheit. 2 Bde. 8. (159 u. 168 S.) Ebend. 881. n. 1. —

— verschwunden. Erzählung. 2 Bde. 8. (159 u. 156 S.) Ebend. 875. n. 5. —

— verschwunden. Erzählung. 2 Thle. in 1 Bd. 8. (159 u. 156 S.) Ebend. 881. n. 1. —

— das deutsche Volk. Deutsche Geschichte in Wort u. Bild. Ein illustrirtes Handbuch für Leser aller Stände. Illustrirt von L. Löffler. 20 Liefgn. Berlin 862. Brigl. (Moeser.) 4. (VI, 802 S. mit Holzschn.) Jede Liefg. n. 5 ngr

— — mit mehr als 200 Illustr. (Holzschn.). Illustrirt von Ludw. Löffler. 9. verm. Aufl. Ebend. 863. 4. (VIII, 878 S.) n. 5 ngr

Streckfuß, Adolph. Das Volks-Archiv. Eine Sammlung geschichtlicher Erzählungen aus der neuesten Zeit, Biographien berühmter Freiheitskämpfer u. s. w. Band 1. Berlin, W. Cordnan 1850. 8.

— Vom Fischerdorf zur Weltstadt. Berlin seit 500 Jahren. Geschichte u. Sage. 1–31. Liefg. Berlin 863, 64. A. Jonas. gr. 8. (1. Bd.: 456 S.; 2. Bd.: 344 S.; 3. Bd.: 450 S.; 4. Bd.: S. 1–236.) Jed Liefg. n. 3 ngr

— vom Fischerdorf zur Weltstadt. Berlin seit 500 Jahren, Geschichte u. Sage. 32–36. Liefg. Berlin 865. A. Jonas. gr. 8. (4. Bd. IV u. S. 237–460.) Jede Liefg. 3 ngr

— die Weltgeschichte. Mit zahlreichen Illustr. 3 Bde. Berlin 865—67. A. Jonas. gr. 8. (576 S., VI, 594 S., 592 S., mit 4 Karten in Holzschn. in gr. 8. u. 4. u. 114 Holzschntaff.) n. 4 ß 24 ngr.

— zu reich! Roman in 3 Bdn. 8. (262, 234 u. 285 S.) Ebend. 877. n. 1. 50

Streckfuß, G., Aug' um Auge, Zahn um Zahn, s. Bloch's, Ed., Dilettanten-Bühne.

Streckfuß, G. F., der Auswanderer nach Amerika, od. treue Schilderung d. Schicksale, welche mich auf meiner Wanderung nach Amerika, währ. meines dort. Aufenthalts u. auf meiner Rückreise trafen. Nebst Bemerkn. üb. d. Landschaften, welche ich kennen lernte, die Sitten ihrer Bewohner und die Lage d. dort eingewanderten Deutschen. 2 Thle. 8. Zeitz. [Bautzen, Reichel.] [1. (8 B.) 836. $^{5}/_{12}$ Thlr., 2. ($10^{1}/_{8}$ B.) 837. $^{1}/_{2}$ Thlr.]
2. Thl. a. u. d. T.:
Sittengemälde u. Landesansichten aus den Vereinigten Staaten, nach d. Natur u. Originalen gezeichnet.

Streckfuß, G. F., der Auswanderer nach Amerika. (1836.) 2. Ausg. 8. Bautzen 845, Reichel. n. $^{1}/_{3}$ ß

--Sittengemälde u Landesansichten aus d VS, nach d Natur u Originalen gezeichnet. Zweiter Teil v "Der Auswanderer nach A, u. s. w." Zeitz, 1837.

Streckfuss, J. N.: C h r o n i k d. bürgerlichen Gesellschaft der „Vierzig Martyrer", ... s. N a g e l , A.

Streckfuss, K. Nekrolog des Staatsministers und Generals der Infanterie Grafen v. Wylich und Lottum. s. l. 1841.

Streckfuss, K., Ueber die Organisation der Volkspartei in Berlin. 8⁰. Berlin 1849.

Streckfuß, Karl, Altimon und Zomira, ein Gedicht. 8. Leipzig, Göschen. 808.

Streckfuß, Karl, s. A l t i m o r und Zomira.

-- (Übers.), s. A r i o s t o , Ludovico: Rasender Roland.

— u. G. F. Treitschke, Auswahl verschied. Gedichte, von Collin, Haug, Horn ꝛc. 12. Wien 805. Degen. 8 gr Velinp. 1 ß

Streckfuß, Karl, Marie Belmonte. Trspl. in 5 A. 12. Zeitz 807. Webel. 12 gr

— s. D a n t e, göttliche Komödie.

Streckfuß, Karl, neuere D i c h t u n g e n. 8. Halle 834. Schwetschke u. Sohn. $^{5}/_{6}$ ß

Streckfuß, Karl, Erzählungen. 8. Dresd. 813. Arnold. 1 ß

—— E r z ä h l u n g e n. 2 Bdchn. gr. 12. ($14^{1}/_{3}$ B.) Berlin 830, Duncker u. Humblot.

— gesammelte Erzählungen. 2 Bdchen. gr. 12. Berl. 830. Duncker u. H. 2 ß

Streckfuß, Karl, üb. d. F r a g e: Ob sich die Städteordnung besser f. große od. f. kleine Städte eigne? gr. 8. ($1^{1}/_{4}$ B.) Berlin 835, [Trautwein u. Comp.]
Aus: Janke, Abhandlung' üb. Preußens Kommunalwesen ꝛc., besond abgedruckt.

—— üb. d. G a r a n t i e e n d. preuß. Zustände. gr. 8. ($3^{1}/_{4}$ B.) Halle 839, Schwetschke u. Sohn.

— Gedichte. 8. Wien 805. Degen. 8 gr Velinp. 1 ß (Gräffer u. Schmidl 9 gr Mayer) 10 gr

— Gedichte. 8. Leipz. 811. Cr. Fleischer. 1 ß 2e Aufl. 8. Ebd. 823. Brockhaus. 1 ß

Streckfuß, (Carl,) Gedichte. Neue verb. Ausg. 8. Leipzig 824, Brockhaus.

Streckfuss, Karl: Der Preussen H u l d i g u n g s f e s t , nach amtlichen und andern sichern Nachrichten und eigener Anschauung zusammengestellt von Karl Streckfuss . . . Berlin 1840, Enslin'sche Buchhandlung . . . E. H. Schroeder . . . IV + 180 + 72 S.; 8 Taf. in Lithogr. und Stahlst. 8⁰

Streckfuß, Karl, der Preußen Huldigungsfest, nach amtlichen u. andern sichern Nachrichten u. eigener Anschauung zusammengestellt. Mit 8 Kunstbeil. Lex.-8. Berlin 841, Enslin'sche Buchh. (Fd. Müller.) $2^{1}/_{2}$ ß

—— K a t e c h i s m u s f. Stadtverordnete, s. K a t e c h i s m u s.

— Katechismus für Stadtverordnete der preuß. Städte. gr. 8. Berl. ... Wohlf. Ausg. 832. Trautwein. 16 gr

——, Torquato T a s s o ' s L e b e n, mit Proben aus d. Gedichten: Rinaldo u. Aminta u. d. Dialog: Der Familien-Vater. 8. (16 B.) Berlin 840, Duncker u. Humblot. *

— Julie v. Lindau, oder Wille, Natur ꝛc. 2 Thle. 8. Leipz. 2e A. 815. Cr. Fleischer. 2 ß

— s. M a n t e l, der.

— zwei Mährchen nach Gozzi. 8. Berl. 805. (Nauck). 12 gr

— zwey M ä h r c h e n nach Gozzi. 8. Berlin. Unger. 805.

-- (Übers.), s. M e i s t e r w e r k e der italienischen Dichtkunst.

-- s. M u s e n a l m a n a c h für 1805.

— R u t h, ein Gedicht in 4 Gesängen. 8. Wien, Schaumburg. 805.

Streckfuss, Karl
s. Schulze, Friedrich August: Erzählungen von ... 1817.

—— über d. preuß. S t ä d t e o r d n u n g. Beleuchtung d. Schrift d. Hrn. Prof. v. Raumer unter gleichem Titel. 8. ($7^{1}/_{2}$ B.) Berlin 828, Trautwein.

— die beiden preußischen Städteordnungen verglichen. kl. 8. Berlin 841, Duncker u. Humblot. n. $^{1}/_{3}$ ß

-- s. T a s s o, Torquato, das befreite Jerusalem.

Streckfuß, Karl. Ueber das Verhältniß der Juden zu den christlichen Staaten. Anhang: Die Erklärungen der Stände sämmtlicher Provinzen der preußischen Monarchie über die bürgerlichen Verhältnisse der Juden. Halle, C. A. Schwetschke und Sohn 1833. 64 S. 8.

Streckfuß, Karl. Ueber das Verhältniß der Juden zu den christlichen Staaten. Zweite Schrift unter diesem Titel. Berlin, Veit & Comp. 1843. 120 S. 8.

— über das Verhältniß der Juden zu den christl. Staaten. 2. Schrift unter diesem Titel. gr. 8. Berlin 843, Veit u. Comp. 1/2 ₰

— Clementine Wallner. 8. Leipz. 811. Gr. Fleischer. 1 ₰ 8 ₰

Streckfuß, Wilh., Lehrbuch der Perspective. Für den Selbst-Unterricht bearb. Imp.-4. (V und 34 S. mit 17 Stnt.) Breslau 858, E. Trewendt. *

Streckfuss, Wilh., Lehrbuch der Perspective zum Schulgebrauch und Selbstunterricht. 2. Aufl. gr. 8. Breslau 874. Berlin, Eisenschmidt. 14 —

Streckfuss, W., Lehrbuch der Perspective zum Schulgebrauch u. Selbstunterricht. Mit e. Atlas (77 Steintaf. in qu. 8.) 2. Aufl. gr. 8. (VIII, 108 S.) Breslau 874. Trewendt. n. 14. —

Streckfuss, Wilh., Perspective des rechten Winkels in schräger Ansicht. Neue Constructionen. Breslau 867. Trewendt. gr. 8. (20 S. mit 4 Steintaf.) 15 ngr.

Stredicke, W., Leitfaden z. Dirigenten- od Meisterprüfung f. d. Vorstand u. die Prüfungskommission d. Innungen selbständ. Musikdirektoren u. Stadtmusiker, entworfen u. m. e. Vorwort üb. d. Entstehg. d. betr. Inngn., sow. m. den diesbezügl. gewerbegesetzl. Bestimmgn. versehen. gr. 8. (30 u. Musikbeilage 3 S.) Hannover 896. Lehne & Co. n. — 75

Stredowsky, Ioh. Ge, historia sacra Moraviae sive vita Cyrilli et Methodii. 4. Salzb. 720.

— rubinus Moraviae, id est Ioh. Sarcandri, parochi et martyris apud Moravos vita. 4. Brünn. 712.

Streeb, Ernst [aus Donauwörth in Bayern]: Ueber Derivate des Lignin's ... München, Buchdr. v. V. Höfling, 1892; 31 S. 8. Göttingen, Phil. Fak., Inaug.-Diss. v. [21. Nov.] 1892

Streeb, Ernst, üb. Derivate d. Lignin's. Diss. gr. 8. (31 S.) München 892. (Göttingen, Vandenhoeck & Ruprecht.) n. — 60

Edmund Streerath. Wie hat der Kulturfortschritt, insbesondere die Hygiene, auf die Tierheilkunde gewirkt? Mageburg: 'Erika' 1909. 71 S. 8°
(Beiträge z. Geschichte d. Tierheilkunde. H. 1.) [10, 2916

Streerath, Edmund. Tierarzt in Herdecke: Die Wirksamkeit der Wärmecentren im Gehirn. Leipzig, Veit & Comp., 1910. 26 S. 8°. Diese Arbeit erscheint in dem Archiv für Anatomie und Physiologie. 1910. Physiol. Abteilung. [20. V. 10.]
Bern. Vet.-Med. Diss. 1910 11.

Streerath, Edmund. Die Wirksamkeit der Wärmecentren im Gehirn. Diss. Vet.-Med. Bern. 26 S. 8. Leipzig, Veit & Comp., 1910.
(Diese Arbeit erscheint in dem Archiv für Anatomie und Physiologie. 1910. Physiologische Abteilung.)

Street, George Slythe

Street, G. S., die Ehe des Lord Ashton, s. a. Bücher, die, des deutschen Hauses.

Die Ehe des Lord Ashton (The Wise and the way ward). Roman von G(eorge) S(lythe) Street. Berlin: Buchverl. fürs Deutsche Haus 1906. 287 S. 8°
(Die Bücher d. Deutschen Hauses. Bd 93.) [10, 1361

F. B. Meyer's Leben und Wirken. Von Jennie **Street**. Autor. deutsche Übers. von F. v. L. (Vorr.: A[ndreas] Graf Bernstorff.) Berlin: Deutsche Evang. Buch- u. Traktat-Gesellsch. 1905. (IV, 181 S.) 8° [J.] [06. 5116

Streeß, Hans v. Seydewitz, u. Faber. Drei Predigten, bei der 45. Hauptversammlg. d. Evangel. Vereins der Gustav-Adolf-Stiftg. in Görlitz am 15. u. 16. Septbr. 1891 geh. gr. 8. (35 S.) Lpz. 891, (Hinrichs' Sort.). * — 60

Streff, E., s. a.: Niebergall, E. E.

Streff, E., Datterich, s. Datterich.

Streff, E., des Burschen Heimkehr, oder: Der tolle Hund. Lustspiel in 4 Aufzügen. In der Mundart der Darmstädter verfaßt. 8. Darmstadt 838. (Dingeldey.) 1/2 ₰

Streff, E., d. Burschen Heimkehr od. der tolle Hund. Lustspiel in 4 Aufzügen In der Mundart der Darmstädter verfaßt. 2. verm. u. verb. Aufl. gr. 16. (108 S.) Darmstadt 875. Schlapp. n. 1. —

Streff, E., d. Burschen Heimkehr od. der tolle Hund. Lustspiel in 4 Aufzügen. In der Mundart der Darmstädter verf. 3. Aufl. 12. (111 S.) Darmstadt 884. Schlapp. n. 1. —

— des Burschen Heimkehr od.: Der tolle Hund. Lustspiel in 4 Aufzügen. In der Mundart der Darmstädter verf. 5. Aufl. 8. (103 S.) Darmstadt 899. H. L. Schlapp. n.n. — 50

Streff, Carl, appr. Arzt: Aus d. Prosektur d. Krankenh. München r. d. I. Über ein enormes Spindelzellensarkom des Vorderarmes. Berlin: Trenkel 1910. 28 S. 8°
München, Med. Diss. v. 25. Febr. 1910, Ref. v. Angerer
[Geb. 2. Okt. 81 Kaiserslautern; Wohnort: Erding; Staatsangeh.: Bayern; Vorbildung: Gymn. Zweibrücken Reife Juli 01; Studium: München 4, Erlangen 2, Berlin 1, München 3 S.; Coll. 25. Febr. 10; Approb. 14. Mai 08.] [U 10. 3593

Streffer, Paul [aus Leipzig]: Über die Häufigkeit unangenehmer Nebenwirkungen verschiedener Merkurialien ... Würzburg, K. Universitätsdr. v. H. Stürtz, 1890; 32 S. 8°
Würzburg, Med. Fak., Inaug.-Diss. v. 1890.

Streffer, Paul, s.: Neuheiten, therapeutische.

Streffing, *Karl Johann Heinrich Maria* August [app. Arzt aus Neuss a. Rh.]: Über den vorliegenden Fruchtkuchen ... Neuss a. Rh., Buchdr. v. H. Goder, 1897; 2 Bl., 70 S., 1 Bl. 8.
Leipzig. Med. Fak., Inaug.-Diss. v. 23. Juni 1897

Streffleur, M. v., Telegramm-Codex. Im gewöhnl. u. geschäftl. Verkehr vorkomm. Sätze für Telegramme durch e. Stichwort ausgedrückt. Nach amerikan. Muster zusammengestellt. 8. (VI, 132 S.) Wien 900. (C. Konegen.) n. 1.50

Streffleur, Valentin

Streffleur, V., naturwissenschaftliche Abhandlungen. Nr. 1. Die primitive physikalische Beschaffenheit der Nord-Polarländer. Mit 2 Figurentafeln. gr. 8. Wien 845, Fr. Beck. n. 2/3 ₰

—— dass. Nr. 2. A. u. d. Ttl.: Die Entstehung der Kontinente u. Gebirge u. die Veränderungen im Niveau der Meere unter dem Einflusse der Rotazion, nebst e. Uebersicht der Geschichte des europ. Bodens in geognostisch-orograph. Beziehung. Mit 1 kolor. Atlasse, enthaltend: 6 kleine Weltkarten (qu. 4.), die verschiedenen Bildungs-Epochen der Erdoberfläche darstellend, 2 geognost. Karten v. Europa u. 2 Figurentaf. Lex.-8. (25 3/4 B.) Ebds. 847. *

Streffleur, V(alentin), naturwissenschaftliche Abhandlungen. Nr. 3. A. u. d. T.: Die Erscheinungen der Ebbe und Fluth unter dem Einfluße der Rotazion. gr. 8. (50 S. und 1 Stnt. in qu. gr. 4.) Wien 848, (Beck'sche Universitäts-Buchh.) **

Aus: Naturwissenschaftliche Abhandlungen, gesammelt und hrsg. von W. Haidinger, besonders abgedruckt.

Nr. 1. und 2. Ebendas. 1845—47. * 4 Thlr. 5 Ngr.

Streffleur, V. Die Armee im Felde. Ein Gesammtbild aller Vorschriften über die Organisation, den innern Dienstbetrieb, die Verwaltung und die Leitung und Verwendung des Heeres und der Heerestheile im Kriege. Lief. 4. — 8. (von 241—336 S.) Wien, J. F. Greß, Ferd. Ullrich, Druck. 1853.

Streffleur, V. —. Die Armee im Felde. Ein Gesammtbild aller Vorschriften über die Organisation, den innern Dienstbetrieb, die Verwaltung und die Leitung und Verwendung des Heeres und der Heerestheile im Kriege. Lief. 4. 8. (241—336 S.) Wien. J. F. Greß. Druck von Ferd. Ullrich. 1854.

Streffleur, V. —. Die Armee im Felde. Ein Gesammtbild aller Vorschriften über die Organisation, den inneren Dienstbetrieb, die Verwaltung und die Leitung und Verwendung des Heeres und der Heerestheile im Kriege. Zusammengestellt und eingerichtet zum Gebrauche für alle Waffengattungen, Branchen und Chargen, von — —. Erster Theil. Auch unter dem Titel: Die Organisation und der Geschäftsbetrieb bei einer Armee im Felde, nebst der speziellen Schilderung der Organisation des k. k. österreichischen Heeres nach den neuesten bis zum Schlusse des Jahres 1853 erflossenen Bestimmungen von — —. Mit 10 tabellarischen Tableaux. Fünfte Lieferung mit Beilage VIII, IX, X, XII und von S. 337—466. Schluß des 1. Bandes). 8. Wien. Gedruckt bei Ferdinand Ullrich, Buchhandlung J. F. Greß. 1854.

Streffleur, V. Die primitive physikalische Beschaffenheit der Nord-Polarländer. Wien. 1845. 8

Streffleur, Valent., die Darstellung der orographischen Verhältnisse in Uebersichtskarten und Reliefs. Lex.-8. (17 S.) Wien 855, (Gress' Verlag.) *

Streffleur, Valentin: Die Darstellung der orographischen Verhältnisse in Übersichtskarten und Reliefs. S. 14. 315.
Separatandruck

— die Dienst-Vorschriften sämmtl. Waffengattungen u. Branchen der k. k. östreichischen Armee. Als Handbuch für Militär-Individuen, welche sich für die Dienststellungen vorzubereiten wünschen, die, wie z. B. im General-Quartiermeisterstabe rc. eine umfassendere Dienstkenntniß nothwendig machen. 1—4. Abth. A. u. d. T.: Die Organisazion im Frieden, die allgem. Verhaltungen f. alle Individuen ohne Unterschied der Charge, u. die Vorschriften üb. den Innern- u. Garnisonsdienst. gr. 8. (XIV u. 337 S. m. 2 Tab. in gr. Fol.) Wien 843. (Greß.) n. 28 ngr

— dass. 5. Abth. A. u. d. T.: Die Vorschriften über die Personal-Angelegenheiten der k. k. östreich. Militärs. gr. 8. (XIV u. 544 S.) Ebd. 848. n. 1 ℛ 4 ngr

— dass. 6. Abth. A. u. d. T.: Verhaltungs-Vorschriften für alle Kommanden u. besonderen Dienstleistungen. [Mit Ausnahme derjenigen, die nur im Felde vorkommen.] gr. 8. (XXX u. 455 S.) Ebd. 844. n. 1 ℛ 4 ngr

— dass. 8. Abth. A. u. d. T.: Das Militär-Justizwesen. gr. 8. (128 S.) Ebd. 844. n. 11 ngr

— dass. 9. Abth. A. u. d. T.: Die Waffen der k. k. östreichischen Armee nach ihrer Beschaffenheit, Gebrauchsnahme u. Wirkungsfähigkeit. gr. 8. (XXIV u. 280 S. m. 8 lith. Taf. in qu. Fol.) Ebd. 846. n. 1 ℛ 4 ngr

— dass. 10. Abth. A. u. d. T.: Die Armee im Felde. Ein Gesammtbild aller Vorschriften üb. die Organisation, den innern Dienstbetrieb, die Verwaltung u. die Leitung u. Verwendung des Heeres u. der Heerestheile im Kriege; zusammengestellt u. eingerichtet zum Gebrauche f. alle Waffengattungen, Branchen u. Chargen. [Mit vielen Beilagen, Tableau's, Zeichnungen rc.] 1 u. 2. Lfg. gr. 8. (S. 1—176 m. 5 Tabellen im Imp. 4. u. Imp. Fol.) Ebd. 851. (à 12 ngr) n. 24 ngr

— Einiges über Wasserstands-[Pegel-]Beobachtungen u. deren Aufzeichnung. [Mit 1 (lith.) Taf.] [Aus den Sitzungsberichten der k. Akademie der Wiss. 1851 abgedr.] gr. 8. (12 S.) Wien 851. (Gress.) n. 16 ngr

Streffleur, Valentin: Einiges über Wasserstands-(Pegel-)Beobachtungen und deren Aufzeichnung (mit 1 Taf.) S. 7. 745.
Separatabdruck

—— Einiges über Wasserstands-(Pegel-)Beobachtungen und deren Aufzeichnung. gr. 8. (12 S. mit 1 Stnt.) Wien 852, Gress' Verlag. *
Vorstehende zwei Schriften des Verf. wurden aus: Sitzungsberichte der k. Akademie der Wissenschaften, besonders abgedruckt.

— über die türkischen Eisenbahnen. [Aus den Mittheilungen d. k. geogr. Gesellschaft zu Wien.] Wien 869. Gerold's Sohn. gr. 8. (14 S.) n. 4 ngr

Streffleur, V. Die Entstehung der Kontinente und Gebirge und die Veränderungen im Niveau der Meere unter dem Einflusse der Rotation, nebst einer Uebersicht der Geschichte des europäischen Bodens in geognostisch-orographischer Beziehung. Mit einem kolor. Atlasse, enthaltend: 6 kleine Weltkarten, die verschiedenen Bildungs-Epochen der Erdoberfläche darstellend, 2 geognostische Karten von Europa und 2 Figurentafeln. (1 Bd. Text, 1 Bd. Atlas.) 8. Wien 1847.

— die Erscheinungen der Ebbe u. Fluth, s. a. Abhandlungen, naturwissenschaftliche, herausgeg. von W. Haidinger. I. Bd.

Streffleur, V., k. k. Hauptm. Die Erscheinungen der Ebbe und Fluth unter dem Einflusse der Rotation. Mit einer lith. Tafel. (Aus den naturwissenschaftlichen Abhandlungen gesammelt und durch Subscription herausgegeben von W. Haidinger. I. Bd. S. 115.) 4. Wien 1847.

Streffleur, Valentin de, Exposition sur la première levée de la banlieue de Vienne et sur la première carte exacte de la Basse-Autriche. Vienne 1867.

Streffleur, V., Land und Leute in Nieder-Oesterreich und die Methode, ihre Eigenthümlichkeiten zu erforschen. Vortrag, gehalten in der Sommer-Versammlung des Vereins für Landeskunde von Niederösterreich, zu Krems am 18. Septbr. 1865. Lex.-8. (45 S. mit eingedr. Holzschn.) Wien 866, Beck'sche Universitäts-Buchh.
Aus: Blätter für Landeskunde von Nieder-Oesterreich, besonders abgedruckt.

—— das Landkartenwesen in Oesterreich, und Vorschlag zur Aufbringung der Mittel für eine einfachere und leicht faßliche Darstellung der orograph. Verhältnisse in Uebersichtskarten. Lex.-8. (28 S.) Wien 853, Greß' Verlag. *

Streffleur, V., e. Lösung der Wiener Wasserfrage. 2. Aufl. gr. 8. (15 S.) Wien 892. M. Perles. n. — 40

Streffleur, V. Rtt. v. Mitteilungen über Militär-Statistik u. militärische Verwaltung. H. 1. (Mehr nicht erschienen.) Mit Taf. Wien 1870. 194 S.

Streffleur, Valent. Ritter v., 77 gegenwärtig noch in Anwendung stehende Mittel zur Ausführung der Bergzeichnung. Ein Bericht über die diesfäll. auf der Pariser Weltausstellung 1867 exponirten Arbeiten. Mit 5 (lith.) Taff. Zeichnungen u. 1 Druckbeilage. (in gr. Fol.) [Aus der österreich. militär. Zeitschrift.] Wien 868. Leipzig, (Haessel.) gr. 8. (48 S.) n. 20 ngr.

— über die Natur u. die Wirkungen der Wildbäche. [Aus den Sitzungsberichten 1852 d. k. Akad. d. Wiss.] Lex. 8. (15 S. m. 1 lith. Taf. in qu. Fol. u. 1 Tab. in qu. gr. 4.) Wien 852. (Braumüller.) n. 8 ngr.

—— über die Natur und die Wirkungen der Wildbäche. Lex.-8. (15 S. mit 1 Stnt. in qu. Fol. und 1 Tab. in qu. gr. 4.) Wien 852, (Gerold's Sohn.)

Streffleur, Valentin: Über die Natur und die Wirkungen der Wildbäche (mit 1 Taf.) S. 8. 248.
Separatabdruck

Streffleur, V. v.: Die Oberflächengestaltung und die Darstellungsweisen des Terrains. Wien 1878. Atl.

Streffleur, V., k. k. Ministerial-Sekretär, vormals k. k. Major und Professor. Die Organisation und der Geschäftsbetrieb bei einer Armee im Felde nebst der speziellen Schilderung der Organisation des k. k. österreichischen Heeres nach den neuesten bis zum Schlusse des Jahres 1853 erflossenen Bestimmungen. Mit 10 tabellarischen Tableau's. (Aus: „Streffleur Die Armee im Felde." 1. Theil.) (Donation Liechtenstein.) 8. Wien 1854.

Streffleur, Val. Ritter v., Oesterreich u. der Suez-Canal. Mit 2 (chromolith.) Uebersichtskärtchen (auf 1 Taf.) gr. 8. (16 S.) Wien 871. Seidel & Sohn in Comm. n. — 80

— und Steinhauser, A., Schichtenkarten der oesterreichischen Kronländer. Wien 1867.

Streffleur, Valentin: Orographische Skizze von Niederösterreich sammt einem Alpen-Profil längs der Wasserscheide. (Aus dem ersten Vol. der Ethnographie Oesterreichs von C. Freih. v. Czörnig.)

Streffleur, Valent., Strassen-Statistik des österreichischen Kaiserstaats, s. Mittheilungen aus dem Gebiete der Statistik.

—— orographisch-hydrographische Studien über das Gebiet des österreich. Kaiserstaates. Lex.-8. (17 S. mit 2 Stnt. in qu. Imp.-Fol.) Wien 852, (Gress' Verlag.) *
aus: Sitzungsberichte der k. Akademie der Wissenschaften, besonders abgedruckt.

Streffleur, Valentin: Orographisch-hydrographische Studien über das Gebiet des österreichischen Kaiserstaates: 1. Das Donauprofil und der Alpendurchbruch bei Theben (mit 2 Taf.). S. 8. 427.
Separatabdruck

— allgemeine Terrainlehre, m. Beispielen zu deren prakt. Verwerthg. f. Ingenieure, Naturforscher, Geographen, Militärs etc. In Verbindg. m. der Lehre der topograph. Zeichng. nach allen Massstäben in Landkarten u. Plänen. Zu Vorträgen u. zum Selbststudium. Nach dessen hinterlassenen Schriften, Plänen u. Karten bearb. v. Aug. Neuber. 1. Bd. gr. 8. (197 S. m. eingedr. Holzschn.. 1 Tab. u. 20 Steintaf. in gr. 8., qu. 4. u. qu. Fol.) Wien 876. Seidel & Sohn in Comm. n. 6. —

Streffleur, V. u. **Steinhauser,** A.: Hypometrische Übersichtskarte des Königreiches Galizien mit dem Herzogtum Bukowina. 2 Bl. (1:288.000.) Wien 1868.

—— das bisherige Wien und dessen mögliche künftige Entwickelung. gr. 8. (21 S.) Wien 864, (Gerold's Sohn.) * *
Aus: Oesterreichische militärische Zeitschrift, besonders abgedruckt.

—— s. Zeitschrift, österreich. militär.

Streffleur's österreichische militärische Zeitschrift. Red. von Mor. Ritter v. Brunner. 18—23. Jahrg. 1877—1882. à 12 Hfte. Lex.-8. (à Hft. ca. 136 S. mit 3 eingedr. Holzschn. u. 2 Steintaf.) Wien, v. Waldheim in Comm. à Jahrg. n. 24. —
Früher: Zeitschrift, österreichische militärische.

Streffleur's österreichische militärische Zeitschrift. Red. von Mor. Ritter v. Brunner, Rud. Baron Potier u. Carl Skala. 24—27. Jahrg. 1883—1886. à 12 Hfte. Lex.-8. (à Hft. 112 S. m. Holzschn. u. Steintaf.) Wien, (v. Waldheim.) à Jahrg. n. 24. —

Streffleur's österr. militär. Zeitschrift. Red. v. J. Nosinich. 28.—30. Jahrg. 1887—1889. à 12 Hfte. Lex.-8. (à Hft. ca. 130 S.) Wien, (Seidel & Sohn). à Jahrg. n. 28. —

— dasselbe. Red. v. B. Toltschor. 31. Jahrg. 1890. 12 Hfte. Lex.-8. (1. Hft. 108 S.) Ebd. n. 28. —

Streffleur's österreichische militärische Zeitschrift. Red. v. Karl Kandelsdorfer. 32.—35. (der ganzen Folge 68.—71.) Jahrg. 1891—1894. à 12 Hfte. Lex.-8. (à Hft. ca. 112 S.) Wien, (W. Braumüller). à Jahrg. n.n. 28. —

Streffleur's österreichische militärische Zeitschrift. Red. v. Fritz Gabr. Ilger. 36.—39. (der ganzen Folge 72.—75.) Jahrg. 1895—1898. à 12 Hfte. (à ca. 7 Bog. m. Abb.) Lex.-8. Wien (W. Braumüller). à Jahrg. n.n. 28. —
Der 36. u. 37. Jahrg. war v. Karl Kandelsdorfer redigiert.

Streffleur's österreichische militärische Zeitschrift. Hrsg.: Fritz Gabr. Ilger. Red. v. Karl Kandolsdorfer u. seit 1902 v. Jos. Jokelius. 40.—43. (der ganzen Folge 76.—79.) Jahrg. 1899—1902. à 12 Hfte. od. 4 Bde. Lex.-8. Wien [W. Braumüller]. L. W. Seidel & Sohn. à Jahrg. n.n. 28. —
1899. (IV, 282; IV, 296 [Bd. III ist vergriffen] u. IV, 283 S.) — 1900. (IV, 280; IV, 259; IV, 288 u. IV, 284 S.) — 1901. (IV, 276; IV, 280; IV, 278 u. IV, 316 S.) — 1902. (IV, 289; IV, 301; IV, 282 u. IV, 276 S.) m. Karten u. Taf.

Streffleur's österreichische militärische Zeitschrift. Red. v. Vikt. Grzesicki. Verantwortlich: Jos. Vorwahlner. 44.—47. (der ganzen Folge 80. 83.) Jahrg. 1903 bis 1906. à 12 Hefte. (1434, 1682, 1804 u. 2008 S. m. eingedr. Skizzen u. Karten.) gr. 8. Wien, L. W. Seidel & Sohn. à Jhrg. n.n. 28. —

Streffleur's militärische Zeitschrift, zugleich Organ d. militärwissenschaftl. Vereine. Red. v. Vikt. Grzesicki. Verantwortlich: Jos. Vorwahlner. 48.—51. (d. ganzen Folge 84.—87.) Jahrg. 1907—1910. à 12 Hefte. (1872, 2028, 1971 u. 1992 S. m. Fig., eingedr. Kartenskizzen u. 41, 31, 22 u. 21 Taf.) gr. 8. Wien, L. W. Seidel & Sohn. à Jahrg. 28. —

— dasselbe, Beihefte, s.: Einzelschriften üb. den russisch-japanischen Krieg.

Streffleur, V. — Zufall oder Vorbedacht. Eine Neujahrsbetrachtung im Interesse der k. k. geographischen Gesellschaft. Von — —. Aus der „Militär-Zeitung" vom 14. Jänner 1857 besonders abgedruckt. Wien, 1857. Druck von M. Auer. (8 S. 8.)

Streffleur, V. Vergleichsweise Zusammenstellung d. Ex.-Vorschriften der österr. Armee. Wien 1842. 384 S.

Streffleur, V., k. k. Kapitan-Lieut. und Prof. bei der k. lombardisch venetianischen adeligen Leibgarde. Vergleichsweise Zusammenstellung der Exercir-Vorschriften sämmtlicher Waffengattungen der k. k. österreichischen Armee. Nach dem vollen Inhalte der betreffenden Reglements und mit Berücksichtigung der neuesten Vorschriften. Durch 81 Figuren und 2 Beilagen erläutert.
8. Wien 1842.

Strega [Schlagwort]

Strega, s.: **Preussen. Messtischblätter.**

Stregulina, Anna, aus Nischni-Nowgorod, Russland: Aus der bakteriolog. Abteilung des Hygiene-Instituts der Universität Zürich. Abteilungsvorstand: Privatdocent Dr. W. Silberschmidt. Über die im Züricher Boden vorkommenden Heubacillen und über deren Beziehungen zu den Erregern der Panophthalmie nach Hackensplitterverletzung. Leipzig 1905. 32 S. 8°. S.-A. u. d. Zeitschr. f. Hygiene u. Infektionskrankheiten 1905. Bd. 51, S. 18—45 mit Tafel I. [9. V. 06.]
Zürich, Med. Diss. 1905/1906.
Tafel nicht für den Austausch.

Stregulina, Anna. Über die im Züricher Boden vorkommenden Heubacillen und über deren Beziehungen zu den Erregern der Panophthalmie nach Hackensplitterverletzung. Diss. Med. Univ. Zürich. ([Sep.-Abdr. aus:] »Zeitschrift für Hygiene und Infektionskrankheiten« [Band 51,] 1905.) *Kopftitel:* Aus der bakteriolog. Abtheilung des Hygiene-Instituts der Universität Zürich. Abtheilungsvorstand: Privatdocent Dr. W[illiam] Silberschmidt. 32 S. 8. Leipzig, Veit & Comp., 1905.
Pflichtex., ohne die in der »Zeitschrift ...« beigegebene Tafel.

Strehinger, traduction allemande du cours de thèmes allemands, s.: Favre.

Strehl, Johann, weil. Direktor der k. k. Normalhaupt- u. Unterrealschule zu St. Anna in Wien. Nach seinem Leben u. Wirken geschildert von Karl Schubert. Wien: Sallmayer & Comp. 1863. 29 S. 8°

STREHL, Friedrich (Erding): Zur Casuistik des sogenannten Flimmerskotoms.- München: Oldenbourg 1882. 32 S.,Taf.
8.5.1882 _ Urk (Titel: De hemianopsia fugaci.); Chr 1881/82,8
Diss. Ingolst.-Landsh.-Mchn.

Strehl, G., die chronologischen Daten bei Polybius. gr. 8. (44 S.) Berlin 879. Mayer & Müller. n. 1. 20

Mit Genehmigung der med. Fak. der Albertus-Universität wird Mittwoch den 23. November 1904 ... Herr Dr. med. Hans **Strehl**, Arzt, ... seine öffentliche Antrittsvorlesung über „Die erste Hilfe auf dem Schlachtfelde einst und jetzt" halten. Zu diesem Akte ladet ein der Dekan der med. Fak. L[udwig] Lichtheim. Königsberg i. Pr. (1904): O. Kümmel. (1 Bl.) 4°

Strehl, Hans *Ernst* [pr. Arzt]: Aus d. Kgl. physiolog. Institute zu Königsberg i. Pr. Der galvanische Schwindel in seiner Beziehung zum innern Ohr ... Königsberg i. Pr., Druck v. M. Liedtke, 1895; 2 Bl., 27 S., 2 Bl. 8.
Königsberg, Med. Fak., Inaug.-Diss. v. 16. Febr. 1895

Strehl, Hans, der galvanische Schwindel in s. Beziehung zum innern Ohr. Diss. gr. 8. (26 S.) Königsberg 895. (W. Koch.) n. — 80

Strehl, Jh., Anleitung zur gründl. Erlernung der Rechenkunst mit Anwendung der zweckmäßigsten Abkürzungen. Zum Selbstunterrichte u. als Hilfsbuch beim öffentl. u. Privat-Unterrichte. 2 Thle. gr. 8. Wien 842. (Gerold.) n. $1^1/_2$ ℛ

Strehl, Joh., Anleitung zur gründlichen Erlernung der Rechenkunst mit Anwendung der zweckmäßigsten Abkürzungen. Zum Selbstunterrichte und als Hülfsbuch beim öffentl. und Privat-Unterrichte. 3. Thl. A. u. d. T.: Methodik der Rechenkunst. Nebst einer Sammlung von Aufgaben. 2., verb. und verm. Aufl. gr. 8. (VI und 247 S.) Wien 852, Sallmayer und Comp. *

— Aufgaben zur Berechnung der Flächen u. der geometr. Körper. [Mit 1 (lith.) Figurentaf.] 8. (XXVIII u. 76 S.) Wien 849. (Beck.) n. n. 9 *ngl* — 2. verb. u. um 194 Aufgaben aus der Mechanik verm. Aufl. [Mit 1 (lith.) Figurentaf. (in qu. Fol.)] gr. 8. (IV u. 119 S.) Wien 852, Sallmayer & Co. 18 *ngl*

Strehl, Joh., Aufgaben zur Berechnung der Flächen und der geometrischen Körper, nebst Aufgaben aus der Fisik und Mechanik. 3. verb. u. verm. Aufl. Mit 56 in den Text gedr. Holzschn. Wien 858. Sallmayer u. Co. gr. 8. (IV, 144 S.) n. 16 *ngr.*

Strehl, Joh., Handbuch beim Unterrichte in der Arithmetik für Bürger- und Unterrealschulen. Nach dessen Tode hrsg. von Karl Schubert. 1. Thl. [Für das 6. Schuljahr der Bürgerschulen und die 1. Klasse der Unterrealschulen.] 8., verb. Aufl. 8. (III, 186 S.) Wien 872, Sallmayer und Comp. * 1 30

—— dass. — 3. Thl. [Für die 3. Klasse der Unterrealschulen.] 3., neu bearb. Aufl. gr. 8. (IV, 283 S.) Ebendas. 870. * 1 60

—— Handbuch beim Unterrichte in der Arithmetik für Gymnasien und höh. Bürgerschulen. 1. Thl. (Für die 1. Gymnasial-Classe.) (1. und 2., unveränd. Abdr. der 1. Aufl.) gr. 8. (IV und 116 S.) Wien 849, Beck'sche Universitäts-Buchh.

Strehl, Johann, *techn. Lehrer a. d. Unt.-Realsch. d. k. k. Norm.-Hptsch. zu St. Anna in Wien.* Handbuch beim Unterr. in der Arithmetik für Unter-Realsch. I. Th. (Für die 1. Klasse d. Unt.-Realsch.) II. Aufl. *Wien* 1853. *Sallmayer & C.* IV, 188 S. 8°. 36 kr.

—— Handbuch beim Unterrichte in der Arithmetik für Unter-Realschulen. 1. Thl. (Für die 1. Klasse der Unter-Realschulen.) 8. (IV und 190 S.) Wien 854, Sallmayer und Comp. Thlr. *

— — 2. Thl. (Für die 2. Klasse der Unter-Realschulen.) Ebend. 855. 8. (2 Bl., 196 S.) n. 12 *ngr.*

— — 3. Thl. (Für die 3. Klasse der Unter-Realschulen.) Ebend. 857. 8. (2 Bl., 183 S.) n. 12 *ngr.*

Strehl, Joh., Handbuch beim Unterrichte in der Arithmetik für Unter-Realschulen. 3 Thle. Wien 860, 61. Sallmayer & Co. 8. Jeder Theil n. 14 *ngr.*
1. Thl. 3. verm. Aufl. (IV, 196 S.) — 2. Thl. 3., verb. u. verm. Aufl. (IV, 188 S.) — 3. Thl. 2. umgearb. Aufl. (III, 204 S.)

Strehl, Joh., Handbuch beim Unterrichte in der Arithmetik für Unterrealschulen. Nach dessen Tode hersg. von Karl Schubert. 1. Thl. 6., verb. Aufl. Wien 867. Sallmayer & Co. 8. (IV, 184 S.) n. 12 *ngr*

Strehl, Joh., Handbuch beim Unterrichte in der Arithmetik für Unterrealschulen. Nach dessen Tode hersg. von Karl Schubert. 3. Thl. [Für die 3. Klasse der Unterrealschulen.] 3., neu bearb. Aufl. Wien 870. Sallmayer & Co. gr. 8. (IV, 283 S.) n. 16 *ngr*

Strehl, Johann —. Leitfaden bei Ertheilung des Unterrichtes im Kopfrechnen in den unteren Klassen der Volksschulen. Verfaßt von — —. 2te verbesserte Auflage. 8. (VI, 92 S.) Wien. Gedruckt bei Leopold Sommer. Sallmayer und Komp. 1854.

Strehl, Joh., Leitfaden bei Ertheilung des Unterrichts im Rechnen. Enthaltend: Die Grundrechnungsarten in ganzen, ein- u. mehrnamigen Zahlen. [Für die 2. Klasse der Volksschulen.] gr. 8. (IV u. 87 S.) Wien 850, Sallmayer & Co. 9 ngr.

—— Leitfaden bei Ertheilung des Unterrichtes im Rechnen. Enthaltend: Die Grundrechnungsarten in ganzen, ein- und mehrnamigen Zahlen. (Für die 2. Klasse der Volksschulen.) 2., verb. Aufl. 8. (IV und 104 S.) Wien 853, Sallmayer und Comp. *

—— Leitfaden bei Ertheilung des Unterrichtes im Rechnen. (Für die 3. Klasse der Volksschulen.) 8. (IV und 156 S.) Wien 854, Sallmayer und Comp. *

— — Enthltd.: Die Grundrechnungsarten in ganzen, ein- und mehrnamigen Zahlen. (Für die 2. Klasse der Volksschulen.) 2. verb. Aufl. Ebend. 853. 8. (IV, 104 S.) n. 8 ngr.

— Leitfaden bei Ertheilung des Unterrichtes im Rechnen. Enthaltend: Die Grundrechnungsarten in ganzen, ein- u. mehrnamigen Zahlen. [Für die 3. Klasse der Volksschulen.] 4., verb. Aufl. Ebend. 860. 8. (141 S.) n. 10 ngr.

— — [Für die 4. Klasse der Volksschulen.] 2., umgearb. Aufl. Ebend. 859. 8. (IV, 150 S.) n. 12 ngr.

— Leitfaden zum Unterricht im Rechnen. 4 Bdchn. Ebend. 860, 61. 8. n. 1 ₰ 4 ngr.
Inhalt: 1. Das mündliche Rechnen [Kopfrechnen] im Zahlenraume von 1—100. 3. umgearb. Aufl. (IV, 52 S.) n. 4 ngr. — 2. Das mündliche Rechnen mit Zahlen über 100 u. die Elemente des schriftlichen Rechnens. 3. umgearb. Aufl. (IV, 88 S.) n. 8 ngr. — 3. Das Numerazion, das Rechnen in ganzen, unbenannten, in ein- u. mehrnamigen Zahlen, die Anfangsgründe der Rechnungsarten mit Brüchen. 5., verb. Aufl. (IV, 132 S.) n. 10 ngr. — 4. Das Rechnen in unbenannten, einnamigen u. in mehrnamigen Zahlen, in Dezimal- u. gemeinen Brüchen, die Lehre von den Verhältnissen u. Proporzionen. 3. umgearb. Aufl. (IV, 144 S.) n. 12 ngr.

— Leitfaden zum Unterricht im Rechnen. Nach dessen Tode herdg. von Karl Schubert. 2—4. Bdchn. Ebend. 8. n. 1 ₰
2. Bdchn. Das mündliche Rechnen mit Zahlen über 100 u. die Elemente des schriftlichen Rechnens. 4., verb. Aufl. (V, 83 S.) 867. n. 8 ngr.
3. Bdchn. Die Numerazion, das Rechnen in ganzen, unbenannten, in ein- u. mehrnamigen Zahlen etc. 6., verb. Aufl. (IV, 132 S.) 865. n. 10 ngr.
4. Bdchn. Das Rechnen in unbenannten, einnamigen u. in mehrnamigen Zahlen, in Dezimal- u. gemeinen Brüchen, die Lehre von den Verhältnissen u. Proporzionen. 5., verb. Aufl. (VIII, 148 S.) 867. n. 12 ngr.

— **Leitfaden zum Unterrichte im Rechnen. Für Volks- u. Bürgerschulen neu bearb. v. Karl Schubert. 2 Bdchn. [Für das 2. Schuljahr.) 8. (IV, 104 S.) Ebend. 872.** n. — 70

— Methodik der Rechenkunst. Neu bearb. von Karl Schubert. 3., verm. Aufl. Ebend. 864. 8. (IV, 308 S.) n. 1 ₰

— Methodik der Rechenkunst. Neu bearb. von Karl Schubert. 4., verb. Aufl. Ebend. 868. 8. (VII, 288 S.) n. 1 ₰

— Sammlung von Rechnungsaufgaben. Eine Beigabe zu den Strehl'schen Lehrbüchern für den Rechenunterricht. Neu bearb. von Karl Schubert. 3., verm. Aufl. Ebend. 867. 8. (IV, 186 S.) n. 18 ngr.

— Sammlung v. Rechnungsaufgaben. Eine Beigabe zu den Strehl'schen Lehrbüchern f. den Rechenunterricht. Neu bearb. v. Karl Schubert. 4., verb. u. verm. Aufl. 8. (IV, 182 S.) Ebend. 872. n. 1. 80

Strehl, Karl: Die Berechnung der Beugungsbilder. *Erlangen 1898: E. Th. Jacob.* (32 S.) 8°
Erlangen, k. humanist. G, P 1898*

Strehl, Karl, Einführung in die beugungstheoretische Optik. (42 S.) gr. 8. Berlin 907. Verlag der Central-Zeitg. f. Optik u. Mechanik. — 50

Strehl, Karl [Gymnasialassist.]: Die Grundlagen der Theorie der Lichtbeugung im Fernrohr. (Abschn. 1—3. — Erscheint vollst. in Buchform.) Landau, Buchdr. K. & A. Kaussler, 1893; 42 S., 1 Taf. 8.
Landau, k. humanist. G, P 1893*

Strehl, Karl, Dr.: Grundzüge der optischen Abbildung. Erlangen 1903: Junge & S. (34 S.) 8°
Erlangen, k. humanist. G, P 1903*

Strehl, Karl, aus Bayreuth, K. Gymnasiallehrer zu Erlangen: Theorie der allgemeinen mikroskopischen Abbildung. *Erlangen 1900: F. Junge.* (38 S.) 8°
Erlangen, Phil. Diss. v. 19. Febr. 1900

Strehl, Karl, Theorie der allgemeinen mikroskop. Abbildung. gr. 8. (38 S.) Erlangen 900. Th. Blaesing. n — 60

Strehl, Karl, Theorie des Fernrohrs auf Grund der Beugung des Lichts. I. Thl. gr. 8. (VII, 136 S. m. 1 Taf.) Leipzig 894. J. A. Barth. n. 4. —

Strehl (K.). Laengewachstum der Wurzel . . . Leipz. 1874. 8°.

Strehl, Willy

Strehl, W., der deutsche Aufsatz f. die Mittelstufe höh. Schulen. gr. 8. (VIII, 136 S.) Berlin 895. G. Grote. n. 2. —

Chronik von Krafftshagen mit Beiträgen z. Genealogie derer v. Kanitz u. v. Krafft. Verf. von Dr. Willy **Strehl**. Danzig: A. W. Kafemann 1905. (45 S.) 8°

Strehl, Willy [aus Ostpreussen]: **M. Livius Drusus Volkstribun i. J. 663 a. u. c./91 a. Chr. n.** Marburg, Osc. Ehrhardt's Univ.-Buchh. Comm.-Verl., 1887; 1 Bl. + 59 S. + 2 Bl. 8°
Marburg, Phil. Fak., Inaug.-Diss. v. 19. Jan. 1886

Strehl, W., M. Livius Drusus, Volkstribun i. J. 663 a. u. c./91 a. C. n. Historische Dissertation. gr. 8. (59 S.) Marburg 887. (Ehrhardt.) n. — 80

Strehl, Willy, orientalische u. griechische Geschichte, s.: Handbuch, kurzgefasstes, der Geschichte.

Strehl, Willy, Grundriss d. alten Geschichte u. Quellenkunde. 2 Bde. 8. Breslau 901. M. & H. Marcus. Geb. in Leinw. n. 10. —
1. **Griechische Geschichte. 2. Ausg. des „I. Bds. des kurzgefassten Handbuchs der Geschichte", vermehrt durch ergänz. Vorbemerkgn. u. e. Namen- u. Sachregister von Paul Habel. (XX, 261 S.)** n. 4. 40
2. **Römische Geschichte. (IX, 372 S.)** n. 5. 60

— negative Strandverschiebungen im Gebiet d. südwestlichen Pacific, insbesondere auf Neu-Guinea, s.: Zeitschrift f. wissenschaftliche Geographie.

Strehlau, Franz

— Des Turners Braut. s.: Reigen-Sammlung. I, 14.

Strehlau, Frz., Freiübungs-Reigen, s.: Reigen-Sammlung. I, 15.

Strehle, Frau Pfarrer [in Nehringen, Pommern] = Kortüm, E. [Autorname].

Strehle: Die Gründung und Organisation der höheren Töchterschule zu Schweidnitz. Schweidnitz 1867.
Schul-/Univ.-Schrift

Strehle, Adolf (*geb. Rawitsch in Pos. 11. 7. 1851*): Ueber die Einwirkung der kohlensauren Alkalien auf Silikate. Breslau 1873. (41 S.) 8°
Breslau, Phil. Diss. v. 26. Juni 1873

Strehle, Arnold: Ueber Darstellungen von Diphenylmethanderivaten durch Condensation mit Formaldehyd und die Constitution der Pyronine ... Rostock, Univ.-Buchdr. v. Adler's Erben, 1894; 42 S. 8.
Rostock, Phil. Fak., Inaug.-Diss. v. [23. Jan.] 1895

Strehle, F., die Brüder, s.: Jugend- u. Volksbibliothek, deutsche.

Strehle, F., der evangelische Glaube, dargestellt f. Laien. gr. 8. (XII, 485 S.) Breslau 872. Morgenstern. n. 6. —

Strehle, F., nach Jerusalem! Reisehandbuch zu tägl. Gebrauch f. Zionspilger. gr. 8. (V, 835 S.) Leipzig 896. G. Wigand. n. 5. —; geb. in Leinw. n. 6. —

Strehle, F., der metaphysische Monismus, s.: Christentum u. Zeitgeist. II, 3.

— Olympia. Eine Erzählg. aus dem 2. Jahrhundert. 8. (VIII, 259 S.) Berlin 874. Wiegandt & Grieben. n. 2. 50

Strehle, F., das christliche Volksfest u. seine Pflege. Vortrag, gehalten in Schwiebus am 23. Juni 1880 auf der Konferenz für innere Mission in der Neumark. gr. 8. (23 S.) Hamburg 880. Oemler. n. — 50

Strehle, F., Vorträge bei christlichen Volksfesten. Breslau 868. Morgenstern. gr. 8. (VII, 116 S.) 12 ngr.

Strehle, Hartm., O. F. M., Jesus im heil. Altarssakrament, der Magnet frommer Seelen. Kommunionbüchlein, nach e. Mskr. des sel. St. Neu bearb. u. verm. von Philib. Seeböck. O. F. M. (VI, 406 S. m. farb. Titel u. 1 Farbdr.) 16. Salzburg (904). A. Pustet. Geb. in Leinw. 1. 15; m. Goldschn. 1. 35; in Ldr. m. Goldschn. 1. 60; in Schafldr. 1. 90

Strehle, Johannes *Paul* [app. Arzt aus Wiesbaden]: Die weiteren Resultate der Laparotomie bei Peritonealtuberculose ... Breslau, Buchdr. z. Gutenberg A. Schreiber, 1893; 47 S. 8°
Tübingen, Med. Fak., Inaug.-Diss. v. 1893.

Strehle, Jos., evangelisches Gebetbuch. Gebet- und Lieder-Sammlung zur Uebung wahrer Gottseligkeit und zur Beförderung des Hausgottesdienstes. gr. 8. (IV und 961 S.) Hoyerswerda 855. (Dresden, Naumann.) **

Strehle, Jos., evangelisches Gebetbuch. Gebet- und Lieder-Sammlung zur Uebung wahrer Gottseligkeit und zur Beförderung des Hausgottesdienstes. gr. 8. (961 S.) Hoyerswerda 857, (Erbe.) *

Strehle, Jos., zweimonatlicher Geschäftsplan (einfache Buchhaltung). gr. 8. (15 S.) Wien 902. F. Deuticke. n. — 20

— dasselbe (doppelte Buchhaltung). gr. 8. (20 S.) Ebd. 902. n. — 24

Strehle, Jos., zweimonatlicher Geschäftsplan (doppelte Buchhaltung). (19 S.) 8. Wien 906. F. Deuticke. n. — 24

Strehle, Jos., zwei Geschäftspläne zur Ausarbeitg. nach einfacher Buchhaltung f. die II. Klasse d. kaufmännischen Fortbildungsschule des Wiener Handelsstandes. (13 S.) 8. Wien 910. F. Deuticke. — 40

—— **Hüttenandachten. Eine Sammlung von Morgen- und Abendgebeten nebst Liedern. 2., verm. Aufl. gr. 8. (92 S.) Hoyerswerda 858, Erbe.**

— Lehrbuch der kaufmännischen Buchhaltung. 2 Tle. 8 Ebd. Geb. n. 4. 70
I. (Einfache Buchhaltung.) (IV, 150 S.) 904. n. 2. 20
II. (Doppelte Buchhaltung.) (IV, 238 S.) 906. n. 2. 50

Strehle J., Lehrbuch der kaufmännischen Buchhaltung. I. Teil. (Einfache Buchhaltung.) 2. Auflage. Wien 1907. F. Deuticke. Geh. K 2.--, geb. K 2.60.

Strehle J., Lehrbuch der kaufmännischen Buchhaltung. II. Teil: Doppelte Buchhaltung. Wien 1907. F. Deuticke. Geh. K 2.50, geb. K 3.—.

— Musterkontor. Zweimonatlicher Geschäftsgang e. v. e. offenen Handelsgesellsch. betriebenen Waren-Engros- u. Kommissions-Geschäftes, verbunden m. e. Detailgeschäfte. 1. u. 2. Aufl. (23 S.) 8. Ebd. 909. 10. — 50

Strehlen [Sachliches OW]

Strehlen u. der Rummelsberg. Ein Beitrag zur Kenntniß der Heimath mit einer genealogischen Taf. der Prieborner Czirne. 8. (83 S.) Strehlen 878. Gemeinhardt. n. 1. —

Strehlen, Kreis [Schlagwort]

Strehlen, Kreis, s.a. Breslau, Reg.-Bez. — Kreiskarten.

Strehlen. Karte der Kreise Strehlen u. Nimptsch, nebst e. Verzeichniss, enth. sämmtl. Ortschaften m. Angabe der Postanstalt, sowie der Zugehörigkeit zum Amtsgericht, Amtsbezirk u. Standesamtsbezirk. Nach amtl. Angaben zusammengestellt. 1 : 150,000. Fol. Strehlen i. Schl. 887. [Gemeinhardt'sche Buchh.] Asser. 12. —

Strehlenau, s.: Niembsch, Edler v. Strehlenau.

Strehlendorff, Hans, s. a.: Schuster, G. A

— Schön- u. Schnellschreiben durch 8 Stunden Selbstunterricht. Sicherste Handschrift-Verbesserung. Mit 2 Schreibtaf. u. 1 Vorlagetaf. gymnast. Uebgn. (8 S.) gr. 8. Charlottenburg (903). (Leipzig, H. Haessel Comm.-Gesch.) n. — 80

Strehler. Heinrich St' von Wald, Sekundarlehrer in Schöftlisdorf. (Broschüre [zu seinem] Andenken, enthaltend: den Entwurf einer Geschichte der Sekundarschule Sch' von H' St', die an [seiner] Begräbnissfeier gehaltenen Reden, Verzeichniss[e] der Lehrer, Mitglieder der Sekundarschulpflege [und] Schüler der Sek' Sch' 1834–1884. [Mit] Portrait[-Tafel].) 8. Regensberg 1885.

Strehler, Dr. . . . , Mittheill. aus meinem Tagebuche, zunächst f. Freunde u. Bekannte, üb. meine zweimalige Reise v. Rotterdam nach Batavia der Hauptstadt d. Insel Java, meinen viermonatl. Aufenthalt daselbst u. Besuch auf d. Insel St. Helena in d. J. 1828—1830. 8. Nürnb. 832. Campe. 1 ₰

Strehler, Bernhard, Präfekt am Fürstbischöfl. Knabenkonvikt zu Neiße: Der theonome und theocentrische Charakter des katholischen Sittlichkeitsideals. Neiße 1907: F. Bär. (82 S.) 8°
Breslau, Kath.-theol. Fak., Ref. Pohle, Diss. v. 18. Aug. 1907
[Geb. 30. Nov. 72 Lissau, Kr. Marienburg; Wohnort: Neiße; Staatsangeh.: Preußen; Vorbildung: Matthias-Gymn. Breslau Reife O. 93; Studium: Breslau 9 S.; Rig. 14. Mai 07.]

Strehler, Bernh., s.: Friedens-Blätter.

Gänge durch die katholische Moral. Von Präfekt B[ernhard] Strehler. Breslau: G. P. Aderholz 1907. (39 S.) 8° [F.]
Aus: Friedensblätter. Jg. 10 u. 11. [03. 7017 2

— Gänge durch die katholische Moral. 2., verm. Aufl. (IV, 76 S.) 8. Breslau 908. G. P. Aderholz. — 60

— s.: Heliand.

— Das Ideal der kathol. Sittlichkeit. Eine apologet. Moral-Studie. (III, 82 S.) gr. 8. Breslau 907. G. P. Aderholz. 1.20

Strehler, Frz. Ant., († . . .) die Stimme e. Pfarrers an seine Pfarrkinder in tägl. Fastenbetrachtt. 2 Jahrgg. 8. Augsb. 791.

Strehler, H. Geschichte der Sekundarschule Turbenthal in den Jahren 1835 — 85. Festschrift bei Anlass des 50jährigen Jubiläums am 31. Mai 1885. In-8°, 60 S. Turbenthal, Buchdruckerei G. Furrer. 1885.

Strehler, Joh[ann] Jakob, von Hittnau [Kt. Zürich]: Über das Gebaeren nach dem Tode. Wädenschweil R. Walder Dr. 1847. 21 S. 1 Bl. 8°
Zürich, Med. Diss. v. 8. Sept. 1847.

Strehler, L. Friedr. „Ueber das Missrathen der Ernten". pg. 3 – 24. 4°. Franz S. Lerno.
Straubing, Progr. 1845/46

Strehler, Max., die morgenländ. Brechruhr. Nach eigenen Erfahrungen dargestellt. breit gr. 8. Bamberg 837. Literarisch-artist. Institut. 1 ₰

STREHLER, Max Joseph (Beilngries): De morbis salutiferis aphorismi.- Wirceburgi: Bauer 1830. 48 S. 28.8.1828 - Urk: F 59
Diss. Ingolst.-Landsh.-Mchn.

Strehler, Max. Jos., Randbemerkungen zu Dr. Ph. Fr. v. Walther's neuester Schrift: Ueber das Verhältniß der Medicin zur Chirurgie u. die Duplicität im ärztl. Stande. Ein Beitrag zur Geschichte der Medicin, des Medicinalwesens u. der Aerzte. kl. 8. Nürnberg 842, Fr. Campe. 2/3 ₰

Strehler, Ulrich Johannes, Med. pract. von Zürich: Ueber Pylephlebitis suppurativa. Zür. Zürcher u. Furrer Dr. 1879. 95 S. 8°.
Zürich, Med. Diss. [v. 22. Mai 1879].

Strehlin, Bernhard

– s.a. Dorian, Lystren

Strehlin, Bhrd., († d. 26. Mai 1777.) stechender Gewissenswurm, das ist, Abnehmung der Gewissensängsten u. Strupel. 12. Augsb. 768. N. A. 770.

— Duo puncta sacrarum meditationum. 8. München 751. Nova Edit. Podeponti 751. (Wolf in Augsb. 12 ℊ

— Punctum deliberationis, pro sacro et exemplo ordine Praemonstratensi. 8. Landsh. 767.

— Vademecum mariano-allegorico-metaphoricum. 8. München 774.

Strehlitz, Abraham *(geb. Gnesen 2. 2. 1851)*: De antiquo Ciceronis de re publica librorum emendatore. Gnesnae (1874). (95 S.) 8° *[Im Buchhandel 1874 bei Leuckart in Breslau.]*
Breslau, Phil. Diss. v. 26. Juni 1874

Strehlke, Dr., Ihrem verehrten Direktor und hochgeschätzten Freunde Herrn Prof. —. Zum 1. Mai 1863. Danzig.

Strehlke, Ern. (Gottlob. Gust.) (geb. Berlin 27. 9. 1834): De Heinrici III imperatoris bellis Ungaricis. Berolini (1856). (47 S.) 8°
Berlin, Phil. Diss. v. 3. Dez. 1856

Strehlke, Ernst. Brief Abt Berno's von Reichenau an König Heinrich III. Hrg. von Dr. E. St. ⟨S.A.⟩ 8. Wien 1858.

Strehlke, Ernst, Dr.: Brief Abt Bernos von Reichenau an König Heinrich III. 1044. Ar. 20. 189.
Separatabdruck

Strehlke, Ernst, s. Scriptores rerum Prussicarum.

Strehlke, Ern., s. Tabulae ordinis Theutonici.

Strehlke, F. Zwei Abhandlungen, physikal. u. math. Inhalt. 1. Ueber den mittleren Barometerstand im Niveau der Ostsee. 2. . . . (S. Mathematik: Kegelschnitte. S. 87.) 15 S.
Berlin, K., Progr. 1832

Strehlke, F. Zwei Abhandlungen phys. und math. Inhalts. 1. (S. Physik.) 2. Ueber den durch drei Punkte eines Kegelschnitts gehenden Kreis. 15 S.
Berlin, K., Progr. 1832

Strehlke, (Oberlehrer) F., zwei Abhandll. physikal. u. mathemat. Inhalts. Programm v. Direktor Dr. E. F. August. gr. 4. Berl. 832. (Plahn). 6 ℊ

Strehlke, F., zwei Abhandlungen physikal. u. mathemat. Inhalts. Progr. v. E. F. August. gr. 4. (6 B.) Berlin 832, (Schultze.)
Inh.: Ueber den mittlern Barometerstand im Niveau der Ostsee. — Ueber den durch 3 Punkte eines Kegelschnitts gehenden Kreis.

— Aufgaben üb. das gradlinigte Dreieck, geometr. u. analytisch gelöset. Nebst e. Anhange u. 2 Kpft. gr. 8. Königsb. 826. Bornträger. 16 ℊ

Strehlke, F., Dr., Zur Entscheidung der Frage über den Luft- und Wasserdruck. Danzig 1848.

— Mathematische und physikalische Mittheilungen besonders aus dem Unterricht. (Progr.-Abhandl.) Danzig 1871.

— Ueber die Schwingungen homogener elastischer Scheiben. (Progr.-Abhandl.) Danzig 1855.

Strehlke, F., Ueber einige die Gestalt der Erde betreffende Stellen bei Aristoteles u. Tacitus. Gel. 1858. 8 S. 4°. 1.—

Strehlke: Aus der Umgegend von Danzig. 2 Stcke. Danz. (1862,63.)
Schul-/Univ.-Schrift

Strehlke, F., Zusammenstellung der f. Danzig angestellten meteorologischen Beobachtungen. 1. Thl., enth. die J, 1841, 1842 u. 1843. [Aus „Schriften der naturforsch. Ges. zu Danzig."] Lex.-8. (73 S.) (Danzig 871. Anhuth.) n. 2. —

Strehlke, Fr., Goethe's Briefe. Verzeichniß derselben unter Angabe von Quelle, Ort, Datum u. Anfangsworten. Uebersichtlich nach den Empfängern geordnet, mit einer kurzen Darstellung des Verhältnisses Goethe's zu diesen u. unter Mittheilung vieler bisher ungedruckter Briefe Goethe's. 1—13. Lfg. gr. 8. (1. Bd. 496 S. u. 2. Bd. S. 1—144.) Berlin 881. 82. Hempel. à n. 1. —

Strehlke, Fr., Goethe's Briefe. Verzeichniß derselben unter Angabe v. Quelle, Ort, Datum u. Anfangsworten. Uebersichtlich nach den Empfängern geordnet, m. e. kurzen Darstellg. d. Verhältnisses Goethe's zu diesen u. unter Mittheilg. vieler bisher ungedruckten Briefe Goethe's. 14—27. (Schluß-)Lfg. gr. 8. (2. Bd. S. 145—513 u. 3. Bd. 247 S.) Berlin 883. 84. Dümmler's Verl. à n. 1. —

Strehlke, Fr., über Corneille und Racine als Nachahmer der alten Tragödie. gr. 4. (36 S.) Danzig 856, (Saunier.) * -

Strehlke, Fr.: Über Goethe's "Elpenor und Archilleis". 16 S.– Marienburg städt. G., Progr. 1870.

Strehlke, Fr., s. Gryphius, Andr.

Strehlke, Fr., deutsche Lieder in lateinischer Uebersetzung. 12. (72 S.) Berlin 885, [Hempel.] F. Dümmler's Verlag. *

Strehlke, Fr., deutsche Lieder in lateinischer Uebersetzung. 2., verm. Aufl. 8. (VIII, 85 S.) Berlin 894. Bibliogr. Bureau. n. 1. —

—— Martin Opitz. Eine Monographie. 8. (X und 182 S.) Leipzig 856, Brockhaus. *

Strehlke, Fr. Paralipomena zu Goethe's Faust. Entwürfe, Skizzen, Vorarbeiten u. Fragmente, geordnet u. erläutert. gr. 8. (XV, 151 S.) Stuttg. 891, Deutsche Verlags-Anstalt. * 3 —; geb. * 4 50

Strehlke, Fr., Einige Resultate aus Danziger meteorologischen Beobachtungen. (Im Programm der Realschule erster Ordnung zu St. Petri und Pauli in Danzig für 1871.) Danzig 1871.

Strehlke, Fr., zur Textkritik von Goethe's Werken. br. 8. (56 S.) Berlin 873, Hempel. * 1 —

—— Wörterbuch zu Goethe's Faust. gr. 8. (VIII, 157 S.) Ebd. 891. * 3 —; geb. * 4 50

Strehlke, Franz: De Oliveto Andreae Gryphii. 12 S. – Progr. Danzig 1858.

Strehlke, Frdr., Über den mittleren Barometerstand im Niveau der Ostsee. Berlin 1832. 4.
Progr. d. Kölln. Gymn.

Strehlke, Wilh., de commentario anonymo in Aristotelis de anima libros conscripto. Dissertatio inauguralis. gr. 8. (80 S.) Gedani 870. (Berlin, Calvary & Co.) n. 1. 60

Strehlow, s.: Entwurf e. Normallehrplans f. Handelsrealschulen.

Stadt Oberhausen. Übersichtsplan. Maasst. 1:4000. Nach d. Kataster aufgest. vom Landmesser Strehlow. Juni 1901. Oberhausen: R. Schaetzke 1901. (6 Kartenbl. je 57x45 cm.) gr. 2° [kol.]

Strehlow, A[ugust]: Bericht über die Einweihung des neuen Oberrealschulgebäudes. I. Beschreibung des neuen Oberrealschulgebäudes. Stadtbauamt (Hochbau) [Emil] Brandt. II. Einweihung des neuen Oberrealschulgebäudes. S. 3—26. 4.
Oberrealschule mit handelswissenschaftl. Unterricht *Altona* **Progr.** 1910 (397)

Strehlow, A(ugust): Bericht über die Einweihung des neuen Oberrealschulgebäudes. Altona-Ottensen (1910): Adolff. S. 1—26. 4°
Altona, OR OP 1910 (397) [S 10. 429

[F.] **Strehlow, August** [Dir.]: Bericht über die Einweihung des neuen Realschulgebäudes. *Altona-Ottensen, Druck: Ch. Adolff, 1897;* 21 S., 2 Taf., 1 Pl. 4.
Altona-Ottensen, R, OP 1897 (303)

Strehlow, A[ugust], Dir.: Der handelswissenschaftliche Unterricht in der Realschule zu Altona-Ottensen. *Altona-Ottensen (1901): Ch. Adolff.* (S. 3—14.) 4° [F.]
Altona-Ottensen, R m. handelswiss. Unt., OP 1901 (314)

Strehlow, F[riedrich]: Winkel- und Streckengenauigkeit und ihr Verhältnis. *Oberhausen Rheinl. 1903: R. Kühne Nachf.* (67 S.) 8°
Rostock, Phil. Diss. v. [24 Dez.] 1902

Strehlow, Karl

— u. Mor. Frhr. v. **Leonhardi**, die Aranda- u. Loritja-Stämme in Zentral-Australien. 3. Tl. Die totemistischen Kulte der Aranda- u. Loritja-Stämme, s.: Veröffentlichungen aus dem städt. Völker-Museum Frankfurt a. M.

Die totemistischen Kulte der Aranda- und Lovitja-Stämme. Abt. 1. Dargestellt von Carl **Strehlow**, Missionar, bearb. von Moritz Frh. v. Leonhardi. Frankfurt a. M.: Baer 1910. 4°
(Strehlow: Die Aranda- u. Lovitja-Stämme in Zentral-Australien. T. 3, Abt. 1.)
(Veröffentlichungen aus d. Städtischen Völker-Museum Frankfurt a. M. 1, T. 3, Abt. 1.) [10. 10500

Strehlow, Carl, Mythen, Sagen u. Märchen des Aranda-Stammes in Zentral-Australien, bearb. von Mor. Frhr. v. Leonhardi, s.: Veröffentlichungen aus dem städt. Völker-Museum Frankfurt a. M.

— Mythen, Sagen u. Märchen des Loritja-Stammes. Die totemistischen Vorstellgn. u. die Tjurunga der Aranda u. Loritja, bearb. von Mor. Frhrn. v. Leonhardi, s.: Veröffentlichungen aus dem städt. Völker-Museum Frankfurt a. M.

Strehz, Johann (Freienwalde) A. S. 1269/13

Dissertatio inauguralis medico-chymica, de vitrioli elogiis chymico-medicis aestimandis.
Präs. Georg Ernst Stahl.
Halle (Henckel) IV. 1716. 62 S.

Gew.: Garlieb Sylmius, Matthaeus Slüter, Dietrich Reimbold, Jakob Kaldius. 33857

Streib, Wilhelm, a. Ehingen a. D.: Aus der Tübinger Universitäts-Augenklinik. Die Augen der Schüler und Schülerinnen der Tübinger Schulen. Tübingen 1904: F. Pietzcker. (21 S.) 8°
Tübingen, Med. Fak., Ref. Schleich, Diss. v. 2. Sept. 1904
[Geb. 26. Juli 79 Giengen a. d. Br.; Wohnort: Tübingen; Staatsangeh.: Württemberg; Vorbildung: Gymn. Ehingen Reife M. 99; Studium: Tübingen 9 S.; Coll. 29. Juli 04; Approb. 13. Aug. 04.]

Streibel, Karl

—— Julia Alpinula. Schauspiel in 5 Aufzügen. 8. (93 S.) Dresden 888, Pierson's Verlag. *

Streibel, Karl, Julia Alpinula. Schauspiel in 5 Aufz. 2. Ausg. (VIII, 137 S.) 8. Dresden (910). E. Pierson. 2. —

Streibel, Karl. Balladen u. Briefe. 12. (III, 184 S.) Dresd. 889, Pierson. * 2 —; geb. m. Goldschn. * 3 —

Streibel, Karl, Balladen u. Romanzen. 8. (VI, 200 S.) Dresden 898. E. Pierson. n. 3. —; geb. n. 4. —

— Cassius u. Julia. Schauspiel in 5 Aufzügen. [Der „Julia Alpinula" II. Thl.] gr. 8. (99 S.) Ebd. 890. n. 1. 50

— Lucius Papirius Cursor. Schauspiel in 5 Aufzügen. gr. 8. (110 S.) Ebd. 890. n. 1. 50

— Dichtungen u. Reimereien. 12. (VI, 405 S.) Ebd. 890. * 4 —; geb. * 5 —

Streibel, Karl, Heinrich Finke. Dichtung. 8. (67 S.) Dresden 893. E. Pierson. n. 1. —; geb. n. 2. —

— Getrennt u. geeint. gr. 8. (102 S.) Ebd. 890. * 1 50

— getrennt u. geeint. Schauspiel in 5 Aufzügen. (Der „Julia Alpinula" III. Tl.) 8. (96 S.) Ebd. 890. n. 1. 50 (1—3.: n. 6. —)

Streibel, Carl, die Griechen. Gedicht in 12 Gesängen. gr. 8. (375 S.) Berlin 887, Parrisius. *

— Die Griechen. Dichtung in 12 Gesängen. 2. (Titel-)Aufl. gr. 8. (375 S.) Ebd. 890. * 3 —

Streiber, Johs., Friedrich Rückert, Wilhelm Hey u. Friedrich Güll, drei Freunde unserer Kinder, s.: Lehrer-Prüfungs- u. Informations-Arbeiten, Hft. 29.

Streibhardt, F. A., De suicidii actis in foro fero dubiis. 21 pp. Jen. 4°.

1793

Streibich, August: **Mustapha** und Zeangir, die beiden Söhne Solimans des Großen, in Geschichte und Dichtung. *Stuttgart; 1903: Strecker & Schröder.* (94 S.) 8°
Freiburg i. B., Phil. Diss. v. 1903

Streibl, D.: Schutz- und Strafvorschriften für das Fischereiwesen in Niederbayern. Landshut 1910.

STREICH, Ein kühner, um eine Frau, oder die jungen Herren nach der Welt. Eine Geschichte. (Kl. typogr. Vign.) Aus d. Engl. Hamburg. Bey Joh. Phil. Chrn. Reuß. 1775. 8°.
Sehr selten u. nirgends citirt! 386 S. (incl. Tit.). Der Roman (in 72 Briefen) endet auf S. 304. Dann folgen noch 3 Erzählgn.: 1) Adelheid u. Heinrich. E. deutsche Gesch. 2) Der kluge Ehemann. 3) Das gebrochne Gelübde. — Sämmtlich zahm.

Streich, der letzte. Schwank in 1 Akte. gr. 16. (15 S.) Paderborn 879. Bonifacius-Druckerei. — 30

Streich, ein, zum Todtlachen, s. Almanach dramat. Spiele, v. Hinze.

Streich, v., Präjudizien d. Reichsgerichts. gr. 8. (7 S.) Tübingen 884. Fues. n. — 20

— der Thatbestand d. Civilurtheils. gr. 8. (22 S.) Ebend. 884. n. — 60

Streich, A. (Hrsg.), s.a. Beiträge zu einer Pädagogik für die deutschen Schulen des Auslandes.

Streich, A., Beiträge zu e. Pädagogik f. die deutschen Schulen d. Auslandes, s.a. Bibliothek, pädagogische.

Streich, Benjamin Traugott

Streich, B. T., († im Febr. 1822.), s.a. Furioso.

FURIOSO, Sultan, oder der glorreiche Flanken-Marsch in die Winterquartiere. Eine Burleske in vier Acten .... (von *Benjamin Traugott Streich*). Riga 1813. Rar!
Anon.-Lex. II. p. 133 (nach Kayser u. Goedeke).

Streich, Hans, Referendar: Der rechtliche Charakter der Synoden in der evangelischen Landeskirche Preußens, insbesondere im Vergleich zu dem von Landtag und Stadtverordnetenversammlung. Borna-Leipzig 1910: Noske. IX, 52 S. 8°
Breslau, Jur. Diss. v. 1. Aug. 1910, Ref. Brie, Fischer
[Geb. 9. Sept. 85 Neiße; Wohnort: Lewin; Staatsangeh.: Preußen; Vorbildung: König-Wilhelms-Gymn. Breslau Reife O. 06; Studium: Breslau 6 S.; Rig. 5. Nov. 09.] [U 10. 542

Streich, Hermann

Streich, Herm., das Geflügelhaus. Praktische Anleitg. zum Bau v. Geflügelstallungen m. Plänen zur Selbstanfertigg., nebst Ratschlägen zu rationeller Geflügelhaltg. 2., verm. Aufl. (44 S. m. 3 Taf.) 8. Stuttgart 907. Selbstverlag. 1. 50

— Die Hexe im Elfenwald, s.: Auer's Theaterbibliothek f. Vereine.

Im Lichtkarz. Schwäbisches Spinnstubenstück m. Gesang in 1 Aufz. von Hermann **Streich**. Mit 1 Szenenbilde. Stuttgart: Auer (1910). 33 S. 8°
(Schwäbische Volksbühne. H. 15.) [10. 17059

— Im Lichtkarz, s.a. Volksbühne, schwäbische.

— Vom Ober- ond Onderland. Alte u. neue schwäb. Schelmenlieder m. beigefügter Melodie f. gemischtes Quartett od. 1 Singstimme m. Guitarre-Begleitg. Gesammelt u. hrsg. (24 S.) 8. Stuttgart (910). A. Auer's Verl. — 50

— Uf'm Röthaus z'Bierebach, s.a. Volksbühne, schwäb. 12. Heft.

Streich, Hermann: Uf'm Röthaus z'Bierebach. Ländlicher Schwank in 1 Aufz. Stuttgart: Auer [1909]. 40 S. 8°
(Schwäbische Volksbühne. H. 12.)

Streich, Herm., die Schneckenzucht. Ausführliche Beschreibg. der Weinbergschnecke u. ihrer Lebensweise, sowie Anleitg. zur Anlage v. Schneckengärten, zum sammeln, füttern u. aufbewahren der eßbaren Deckelschnecke, nebst e. Anh.: Die Schneckenküche. (V, 68 S.) 8. Heilbronn (903). O. Weber. n. — 75

— Die Schneckenzucht. Ausführliche Beschreibg. der Weinbergschnecke u. ihrer Lebensweise, sowie Anleitg. zur Anlage v. Schneckengärten, zum sammeln, füttern u. aufbewahren der eßbaren Deckelschnecke, nebst e. Anh.: Die Schneckenküche. (2. Aufl.) (V, 58 S.) kl. 8. Heilbronn (909). O. Weber. — 75

— Auf dem Schulzenamt in Bierenbach, s. a. Auer's Theaterbibliothek.

Streich, Hermann, Auf dem Schulzenamt in Bierenbach, Schwank in 1 Aufz., Stuttgart, 40 S., 8°.

Streich, Hermann: Frau Wäckerles Weihnachts-Obed. Schwäbisches Volksstück in 1 Aufz. Stuttgart: Auer [1909]. 30 S. 8°
(Schwäbische Volksbühne. H. 13.)

— Frau Wäckerle's Weihnachts-Obed, s. a. Volksbühne, schwäbische.

Streich, J. M., Todtenfeier Friedrich Wilhelm d. Dritten. gr. 8. Brandenburg 840. Müller. 1/8 ♰

Streich, J. M. G., der Führer im Leben oder die Moral vom Standorte der Klugheit als Grundtugend aufgefaßt, mit Hinsicht auf die Bedürfnisse, die Anforderungen unsrer Zeit, und auf die Mannigfaltigkeit der Lebensverhältnisse systematisch bearb. und mit entsprechenden Zugaben unterstützt. gr. 8. (XVI und 310 S.) Leipzig 855, Baumgärtners Buchh.

Streich, Johann Mich. Gotthold (geb. Erfurt 1790): De medicina quaedam. Berolini (1837). (43 S.) 8°
Berlin, Med. Diss. v. 18 Nov. 1837

Streich, Karl, das württembergische Beamtengesetz vom 28. Juni 1876. Hrsg. u. erläutert. Mit Pensionstabellen. gr. 8. (XI, 202 S.) Stuttgart 876. Bonz & Co. cart. n. 3. 80

— die Rechtsverhältnisse der Lehrer u. Lehrerinnen an den Volks- u. höheren Mädchenschulen. Mit Pensionstabellen. gr. 8. (X, 157 S.) Ebend. 879. cart. n. 2. —

Streich, Leop., 100 kleine Erzählungen nach Sprüchwörtern u. Denksprüchen für die Jugend. Berlin 862. (Th. Grieben.) 8. (VIII, 94 S.) n. 7½ ngr.

— Onkel Tom's Hütte oder das Leben der Sklaven in Amerika. Nach Harriet Beecher Stowe. Für die Jugend bearb. Berlin 853. (Landel.) 8. (158 S. u. 4 Lithogr.) 15 ngr.

Streich, Leop., d. schwarze Musikant, siehe a. Jugendbibliothek, hrsg. v. Nieritz. 13. Jahrg. 4. Bdchn.

Streich, Leop., der schwarze Musikant, oder: Schornsteinfeger und Kapellmeister. Eine Jugend-Erzählung. 8. (138 S.) Berlin 853. [Leipzig, Voigt und Günther.]
Vgl.: Nieritz, G., Jugend-Bibliothek.

Streich, Leop., der schwarze Musikant oder Schornsteinfeger u. Kapellmeister. Eine Jugend-Erzählung. 2. Aufl. 8. (112 S. m. 1 Chromolith.) Düsseldorf 880. F. Bagel. cart. — 60

Streich, Tr. Fr., Arbeitsstätten u. Werkzeuge der wichtigsten Handwerker. 24 Taf. (in qu. gr. Fol.) in lith. Farbendr. Mit erläut. u. geschichtl. Texte versehen v. Tr. Fr. Streich u. v. Gerstenberg. Fol. (38 S.) Eßlingen 875. Schreiber. n. 6. —

Streich, Tr. Fr., Arbeitsstätten u. Werkzeuge der wichtigsten Handwerker. 24 Taf. in lith. Farbendr. Mit erläuterndem u. geschichtlichen Text versehen von Tr. Fr. Streich u. K. v. Gerstenberg. 2. Aufl. Fol. (38 S.) Eßlingen 881. Schreiber. cart. n. 4. 50

— dasselbe, s.: Kühnle, H.

— u. J. Vatter, kleine Bibelkunde, nebst kurzgef. Geographie Palästinas. M. e. Handkarte d. Länder d. hl. Schrift in Farbendr. Beigabe zu jeder bibl. Geschichte. [Aus: „St. u. V., Biblische Geschichte f. ev. Schulen".] gr. 8. (16 S.) Eßlingen 895. Stuttgart, A. Lung. n. — 30

— u. J. Vatter, kleine Bibelkunde, nebst kurzgefaßter Geographie Palästinas. Mit e. Handkarte der Länder der hl. Schrift in Farbendr. [Aus: „Bibl. Geschichte f. ev. Schulen".] Beigabe zu jeder bibl. Geschichte. 2. Aufl. gr. 8. (16 S.) Ebd. (901). n. — 30

Streich, Tr. Fr., Bilderfibel f. den ersten Unterricht taubstummer Kinder im Absehen, Sprechen, Lesen u. Schreiben. gr. 8. (VIII, 48 S. m. 20 Taf.) Eßlingen 887. Mayer. n. — 80

Streich, Tr. Fr., s.: Blätter f. Taubstumme.

Streich, Tr. Fr., Fluss- und Gebirgskarte von Deutschland für die Hand der Schüler. Fol. Esslingen 874, Weismann. — 30

Streich, Tr. Fr., Fluss- und Gebirgskarte von Deutschland, mit leicht eingetragenen polit. Grenzen, für die Hand der Schüler. 5. Aufl. Chromolithogr. qu. Fol. Esslingen 879, Weismann. * — 30

Streich, Tr. Fr., Fluss- und Gebirgskarte von Deutschland. Für die Hand der Schüler. 1:3,720,000. 6. Aufl. Chromolithogr. qu. Fol. Esslingen 885, [Weissmann.] Lung. * — 30

— illustrierte Geographie u. Geschichte v. Württemberg. Mit 4 beigegebenen Kärtchen in Farbendr. u. 59 Abbildgn., f. die Hand der Schüler. Der Geographie 25. Aufl. 8. (61 S.) Ebend. 885. n.n. — 40; Text ap. n.n. — 30; Kärtchen ap. n.n. — 25

— illustrierte Geographie u. Geschichte v. Württemberg. Mit 4 beigegebenen Kärtchen in Farbendr. u. 70 Abbildgn., f. die Hand der Schüler bearb. Der Geographie 28. Aufl. gr. 8. (74 S.) Ebd. 889. n. — 60; ohne Kärtchen n. — 40

— Illustrierte Geographie u. Geschichte v. Württemberg. Der Geographie 31. Aufl. gr. 8. (44, 32 S. m. 70 Abbildgn.) Ebd. 891. * — 40; m. 4 Kärtchen in Farbendr. * — 60

— illustr. Geographie u. Geschichte v. Württemberg. Mit 4 beigegebenen Kärtchen in 6fachem Farbendr. u. 70 Abbildgn., f. die Hand der Schüler bearb. u. gezeichnet. Der Geographie 32. Aufl. gr. 8. (44 u. 35 S.) Ebd. 894. n. — 40

— illustr. Geographie u. Geschichte v. Württemberg. Mit 4 beigegebenen Kärtchen in 6fachem Farbendr. u. 70 Abb., f. d. Hand d. Schüler bearb. u. gezeichnet. D. Geographie 36. Aufl. gr. 8. (44 u. 34 S.) Ebd. 897. n. — 40

— illustr. Geographie u. Geschichte von Württemberg. Mit 4 beigegebenen Kärtchen in 6fachem Farbendr. u. 70 Abbildgn., für die Hand der Schüler bearb. u. gezeichnet. Der Geographie 44. Aufl. gr. 8. (44 u. 34 S.) Stuttgart (901). A. Lung. n. — 60; ohne Kärtchen n. — 40
illustr. Geschichte v. Württemberg, m. 25 Abbildgn. Für das Volk u. die Jugend bearb. u. gezeichnet unter Mitwirkg. v. W. Obermeyer. 11. Aufl. gr. 8. (34 S. m. 1 Stammtaf.) Ebd. (901). n. — 20

— illustrirte Geographie v. Württemberg. Mit 4 beigegebenen Kärtchen in Farbendr. u. 43 Abbildgn., f. die Hand der Schüler. 25. Aufl. 8. (40 S.) Eßlingen 885. (Weismann.) n.n. — 40; Text ap. n.n. — 30

— illustrierte Geographie v. Württemberg. Mit 4 beigegebenen Kärtchen in Farbendr. u. 50 Abbildgn., f. die Hand der Schüler bearb. 28. Aufl. gr. 8. (44 S.) Ebd. 889. n. — 40; ohne Kärtchen — 25

—— Illustrierte Geographie v. Württemberg. 31. Aufl. gr. 8. (44 S. m. 50 Abbildgn.) Eßlingen 891, A. Lung. * — 25
Mit 4 Kärtchen in Farbendr. * — 40

Streich, Tr. Fr., illustrierte Geographie v. Württemberg. Mit 4 beigegebenen Kärtchen in 6fachem Farbendr. u. 50 Abbildgn, f. die Hand der Schüler bearb. u. gezeichnet. 60. Aufl. (44 S.) 8. Stuttgart (904). A. Lung. n. — 40; ohne Kärtchen n. — 25

Streich, T. F., kurzgefaßte Geographie v. Deutschland, s.: Kühnle, H.

—— kurzgefaßte Geographie und Geschichte von Württemberg. Mit beigegebenen (4 chromolithogr.) Kärtchen für die Hand der Schüler bearb. und gezeichnet. (1.—4.) Aufl. 8. (36 S.) (Ebendas.) 879—85. **
Text allein **
Illustr. Ausg. (61 S.) 885. **

—— kurzgefaßte Geographie und Geschichte von Württemberg. Für die Hand der Schüler. Der Geographie 24. Aufl. 8. (36 S. mit 4 beigegebenen Kärtchen in Farbendr. und 6 Abbild.) (Ebendas.) 885. **
Text allein **
Kärtchen allein **

— kurzgefaßte Geographie v. Württemberg. Mit (4 chromolith.) beigegebenen Kärtchen (in 4.) f. die Hand der Schüler bearb. 5. Aufl. gr. 8. (16 S.) Eßlingen 875. Weismann in Comm. n. — 26

—— kurzgefaßte Geographie von Württemberg. Mit beigegebenen (4 chromolithogr.) Kärtchen für die Hand der Schüler bearb. und gezeichnet. 6.—24. Aufl. 8. (22 S.) Eßlingen 876—85, (Weismann.) **
Text allein **
Illustr. Ausg. 25. Aufl. (40 S.) 885. **

Streich, Tr. Fr., kurzgefaßte Geographie v. Württemberg. Mit 4 beigegebenen Kärtchen in Farbendr. u. 7 Abbildgn., f. die Hand der Schüler bearb. 27. Aufl. gr. 8. (24 S.) Eßlingen 888. Lung. n. — 30;
ohne Kärtchen n. — 18

—— Kurzgefaßte Geographie v. Württemberg. 29. Aufl. gr. 8. (24 S. m. 10 Abbildgn.) Ebd. 891. * — 18
Mit 4 Kärtchen in Farbendr. * — 30

Streich, Tr. Fr., kurzgef. Geographie v. Württemberg. M. 4 beigegeb. Kärtchen in 6fachem Farbendr. u. 10 Abb., f. d. Hand d. Schüler gezeichn. 35. Aufl. gr. 8. (24 S.) Eßlingen 897. Stuttgart, A. Lung. n. — 18

Streich, Tr. Fr. u. J. Vatter

— — biblische Geschichte f. evang. Schulen. M. dem Wichtigsten aus d. Bibelkunde u. d. Geographie Palästinas, nebst e. Handkarte zur bibl. Geschichte (3. Aufl.). Fortsetzg. d. ausgew. bibl. Geschichten m. 48 Bild. 2. Aufl. gr. 8. (VIII, 150 S.) Ebd. 895. Kart. n. — 80

— — biblische Geschichte f. evangelische Schulen. Mit dem Wichtigsten aus der Bibelkunde u. der Geographie Palästinas, nebst e. Handkarte z. bibl. Geschichte. (3. Aufl.) Fortsetzung der ausgew. bibl. Geschichten m. 48 Bildern. 2. verb. Aufl. gr. 8. (VIII, 159 S.) Ebd. (900.) Kart. n. — 80

—— illustrierte Geschichte von Württemberg. Für die Hand der Schüler bearb. unter Mitwirkung von W. Obermeyer. 6. Aufl. (Mit 25 Abbild.) 8. Ebendas. 889. **

— kurzgefaßte Geschichte v. Württemberg m. 25 Abbildgn. Für die Hand der Schüler bearb. 6. Aufl. unter Mitwirkg. v. W. Obermeyer. gr. 8. (30 S.) Ebd. 889. — 25

—— Kurzgefaßte Geschichte v. Württemberg m. 25 Abbildgn. Für das Volk u. die Jugend bearb. 7. Aufl. unter Mitwirkg. v. W. Obermeyer. gr. 8. (32 S.) Ebd. 891. * — 20

— kurzgef. Geschichte v. Württemberg m. 26 Abb. Für d. Volk u. die Jugend bearb. 9. Aufl. unt. Mitwirkg. v. W. Obermeyer. gr. 8. (34 S.) Ebd. 897. n. — 20

Streich, Tr. Fr. u. J. Vatter

—— —— 18 biblische Geschichten in einfachster Form f. d. 3. Schulj. in Taubstummen-Anstalten. Vorstufe zur 2. Aufl. der ausgewählten bibl. Geschichten aus d. A. u. N. Test. gr. 8. (15 S. m. 16 Bildern.) Bönnigheim 892. (Eßlingen, Lung.) cart. * — 40

— u. J. Vatter, 18 biblische Geschichten in einfachster Form f. das 3. Schuljahr in Taubstummen-Anstalten. 3. Aufl. (15 S. m. 16 Abbildgn.) 8. Frankfurt a/M. 905. (K. Scheller.) Kart. n. — 40

— u. J. Vatter, ausgewählte biblische Geschichten aus dem alten u. neuen Testament. Für christl. Mütter, f. Volks- u. Taubstummenschulen. Mit e. Weihewort v. Gerok. Nebst Abbildgn. u. e. (chromolith. Vogelschau-) Karte. gr. 8. (VIII, 80 S.) Calw 883. Vereinsbuchh. n. — 80;
cart. n.n. 1. —

— — ausgewählte biblische Geschichten aus dem Alten u. Neuen Testament. Für christl. Mütter, f. Volks- u. Taubstummenschulen. Mit e. Weihewort v. Gerok. 2. Aufl. gr. 8. (VIII, 80 S. m. 48 Abbildgn. u. 1 farb. Karte.) Calw u. Stuttgart 892. Vereinsbuchh. n. — 80

—— u. J. Vatter. Biblische Geschichten aus dem Alten u. Neuen Testament in Fragen. Zum Gebrauch in Schule u. Haus. 8. (96 S.) Ebd. 892. cart. * — 50

Streich, Tr. Fr., Handkarte zur biblischen Geographie mit besond. Berücksicht. des heiligen Landes. Zum Gebrauch in Schule und Haus. Chromolithogr. qu. Fol. Esslingen 879, Weismann. * — 30

Streich, Tr. Fr. Handkarte zur biblischen Geographie m. besond. Berücksicht. des heil. Landes. 2. Aufl. Chromolithogr. qu. Fol. Esslingen 889, Lung. * — 30

Streich, Tr. Fr., Handkarte von Württemberg, Baden und Hohenzollern. Für den Schulgebrauch entworfen und gezeichnet. 2.—4. Aufl. Chromolithogr. und color. Fol. Esslingen 878,79, (Weismann.) * — 30

Streich, Tr. Fr., Handkarte von Württemberg, Baden und Hohenzollern. Für den Schulgebrauch. 11.—17. Aufl. Chromolithogr. Fol. Esslingen 886—89, Lung. * — 30

Streich, Tr. Fr. Handkarte v. Baden, Württemberg u. Hohenzollern. Für den Schulgebrauch entw. u. gezeichnet. 1 : 800,000. 20. Aufl. Farbendr. 39,5×30,5 cm. Esslingen 891, Lung. * — 30

Streich, Tr. Fr. Handkarte v. Württemberg, Baden u. Hohenzollern. Für den Schulgebrauch entw. u. gez. 1 : 800,000 22. Aufl Farbendr. 39,5×30,5 cm. Esslingen 891, Lung. * — 30
21. Aufl. f. Volks-Schulen ** — 15

—— die **Jahreszeiten** in Bildern zum Anschauungs-Unterricht für die Jugend in Schule und Haus. 30 in feinstem Farbendr. ausgeführte Doppel-Fol.-Taf. Mit erklär. Texte von Herm. Mehl. Fol. (27 S.) Eßlingen 877, Schreiber. cart. *

Streich, Tr. Fr., die **Jahreszeiten** in Bildern zum Anschauungs-Unterricht für die Jugend in Schule u. Haus. 30 in feinstem Farbendr. ausgeführte Doppelfolio-Taf. Mit erklärendem Texte vom Herm. Mehl. Fol. (III, 27 S. m. eingedr. Holzschn.) Eßlingen 880. Schreiber. geb. n. 6. —

— **Mitgabe** auf den Lebensweg f. Konfirmanden. Ein Gebetbüchlein zum tägl. Gebrauch, besonders auch zur Vorbereitg auf das hl. Abendmahl. Jungen Christen dargeboten. Mit Gebeten v. Arnd, Gerhard, Kapff, Stark u. anderen Gottesmännern u. e. Vorwort von v. Schmid. 12. (III, 45 S.) Ebd. 894. Kart. n.n. — 30

—— **Palästina**, s. Dürr, C.

— s.: Realienbuch f. die ev. Volks- u. Mittelschulen Württembergs.

— J. **Baß**, M. **Kohler** u. J. **Wolf**, Realienbuch für die Volks- u. Mittelschulen wie auch f. die Schulaspiranten Württembergs. 3. (verb.) Aufl. gr. 8. (III, 200 S.) Ebd. (901). Kart. n.n. — 70

Streich, Fr., Übersichtskarte des deutschen Reichs, für die Hand der Schüler. Esslingen, Lung, 1874. qu. Fol. Chromolith. … — Ebda. 1885.

Streich, Tr. F., politische Uebersichtskarte des deutschen Reiches für die Hand der Schüler. Fol. Esslingen 874, Weissmann. — 30

Streich, Tr. Fr., Uebersichtskarte des Deutschen Reiches. Für die Hand der Schüler. 2.—5. Aufl. Chromolithogr. qu. Fol. Esslingen 877—79, Weismann. * — 30

Streich, Fr. Fr., Übersichts-Karte des Deutschen Reichs. Für die Hand der Schüler. 1 : 3,720,000. 6. Aufl. Chromolithogr. qu. Fol. Esslingen 883, Weismann. * — 30

—— **Uebersichtskarte** des deutschen Reichs, für die Hand der Schüler. 7. Aufl. Chromolithogr. qu. Fol. Esslingen 888, Lung. * — 30

Streich, Tr. Fr. Uebersichts-Karte d. Deutschen Reichs f. die Hand der Schüler. 1 : 3,720,000. 8. Aufl. Farbendr. 30×37,5 cm. Esslingen 891, A. Lung. * — 25; 10. Aufl. Volksausg. * — 12

—— **Uebersichtskarte** der Taubstummen-Anstalten des deutschen Reichs, Oesterreichs, der Schweiz, Belgiens und Hollands. Chromolithogr. Fol. Esslingen 887, (Mayer.) * — 60

—— über den **Unterricht** taubstummer Kinder im ersten Schuljahr mit besonderer Berücksichtigung der Frage der Anwendung von Bildern bei diesem Unterrichte. Ein Vortrag mit Thesen für die 20. Jahresversammlung württemberg. und bad. Taubstummenlehrer zu Wilhelmsdorf am 28. und 29. Septbr. 1887, zugleich Begleitwort zu der Bilderfibel. gr. 8. (31 S.) Eßlingen 887, Mayer. *

Streich T Fr, Wandkarte d. Oberamts Schorndorf. 1 : 25000. Auf L. m. St. Esslingen

Streich, Tr. F. Wandkarte d. k. württemb. Oberamtsbez. Tübingen, nebst den angrenz. Bezirken. Unter Mitwirkg. v. Utz bearb. 1 : 30,000. 4 Bl. Farbendr. u. color. gr. Fol. (Ebd.) 890. ** 2 50; auf Leinw. m. Stäben ** 6 —

Streich T Fr, Wandkarte v. OA.-Bez. Waiblingen. 1 : 25000. A. Lwd i. Mappe. kl4° Esslingen

—— **Wandkarte von Württemberg, Baden und Hohenzollern. Für den Schulgebrauch entworfen und gezeichnet.** 9 Bl. Chromolithogr. und color. gr. Fol. (Ebendas.) 878. * Auf Leinw. mit Stäben **

—— **Wandkarte** v. Württemberg, Baden u. Hohenzollern. 1 : 200,000. Für den Schulgebrauch entworfen u. gezeichnet. 2. Aufl. 9 Bl. Farbendr. gr. Fol. Stuttg. 885, [Paulus.] Bonz u. Comp. * 6 — Auf Leinw. m. Stäben * 10 —

Streiche, dumme, oder der Roman meines Lebens. Vom Verf. d. „Herrmann Arminius". 2 Thle. 8. Hamb. 796. (Herold jun.) 1 ₰ 12 ℊ

STREICHE, Dumme, oder der Roman meines Lebens, von dem Verfasser des Herrmann Arminius. Th. (1) Erfurt, bey Gfr. Vollmer. 1796. Th. 2. Altona, bei der Verlagsgesellschaft, eod. anno. 8°.

Zahmen Inhalts. 280 u. 256 Seiten (incl. Titel).

Streiche, Kyau's lustige, und tolle Schwänke. . . . Leipzig 1840. H: *Odeleben, Ernst Otto Innocenz Baron von.* (Ky) (BrMm)

Streiche, Johann Lapunzkys lustige, und seltsame Begebenheiten. Leipzig 1818. B: *Wilhelmi, August.* (BGE IV, 31/32)

Streiche, lustige. Mit (farb.) Bildern v. L. Meggendorfer u. anderen. Verse v. Geo. Bötticher. (40 S.) gr. 8. Eßlingen (910). J. F. Schreiber. Kart. 1. —

Streiche, lustige, u. wunderbare Geschichten. Till Eulenspiegel. Münchhausen. Gullivers Reisen. Für die Jugend bearb. u. m. zahlr. Illustr. in Farbendr. versehen. (III, 191, 192 u. 238 S. m. 15 Farbdr.) gr. 8. Berlin (906). Globus Verlag. Geb. in Leinw. n. 3. —

Streiche solche, spielt die Liebe. Lstsp. von Lambrecht. 8. Augsb. Stage. 786.

Streiche, tolle. Gymnasial-Humoresken von Paul Tugendreich. 1. u. 2. Aufl. gr. 16. (128 S.) Leipzig 877. Wölfert. n. 1. —

Streiche, Wunderliche, eines gebornen Barons, der zuerst studirte, dann Schulmeister, nachher gemeiner Soldat und zuletzt geheimer Finanzrath ward. Leipzig [Altona?] 1808. V: *Schrader, Carl Heinrich.* (BGE II[a], 225)

— wunderliche, ein gebornen Barons, der zuerst studirte, dann Schulmeister, nachher gemeiner Soldat, u. zuletzt geheimer Finanzrath ward, m. K. 2 Bde. 8. Altona, Kaven. (Sommer in Lpz.) 808.

— wunderliche, eines gebornen Barons, der zuerst studirte, dann Schulmeister, nachher gemeiner Soldat u. zuletzt geheimer Finanz-Rath ward. 2 Bde. 8. Leipz. 808. (Nauck). 2 ₰ 12 ℊ

— — dasselbe, s. auch Fahrten, Sebastians v. Fahrmann. 2 Bde.

Streicher, Andreas

s.: Schiller's Flucht v. Stuttgart.

— dasselbe, s.: Universal-Bibliothek.

Schiller's Flucht von Stuttgart und Aufenthalt in Mannheim von 1782 bis 1785. (Verf.: Andreas **Streicher**; Hrsg.: Emil Streicher.) Wien: Selbstverl. von E. Streicher 1902. (VI, 210 S.) 8° [F.] [05, 14628

Schillers Flucht von Stuttgart und Aufenthalt in Mannheim von 1782 bis 1785. (Verf.: Andreas **Streicher**.) Neu hrsg. von Dr. Hans Hofmann. Berlin: B. Behr 1905. (XVII, 167 S.) 8°
= **Literaturdenkmale**, Deutsche. d. 18. u. 19. Jhs. No 134. [05, 3842

Schillers Flucht (von Stuttgart und Aufenthalt in Mannheim von 1782 bis 1785) von Andreas **Streicher**. Mit Briefen Streichers u. Auszügen aus d. Autobiogr. (Friedrich Wilhelm v.) Hovens [Biographie des Dr. F. W. v. H.]. Neu hrsg. Berlin: Pan-Verl. (1905). (X, VI, 229 S.) 8°
= **Museum**, Das. Bd 1. [06, 14118 11

Schillers Flucht (von Stuttgart und Aufenthalt in Mannheim von 1782 bis 1785) von Andreas **Streicher**. Mit Briefen Streichers u. Auszügen aus d. Autobiogr. (Friedrich Wilhelm v.) Hovens [Biographie des Dr. F. W. v. H.]. Neu hrsg. 2. Aufl. Berlin: Pan-Verl. (1905). (X, VI, 229 S.) 8°
= **Museum**, Das. Bd 1. [05, 13164

Schillers Flucht von Stuttgart und Aufenthalt in Mannheim 1782 bis 1785. Von Andreas **Streicher**. Neue Ausg. Stuttgart & Berlin: J. G. Cotta Nachf. [1907]. (144 S.) 8° [F.]
= **Handbibliothek**, Cotta'sche. No 143. [06, 2373

Schillers Flucht von Stuttgart und Aufenthalt in Mannheim von 1782–1785. Von Andreas **Streicher**. Mit e. Einl. von Karl Pintschovius u. d. Bilde d. Verf. Halle: Hendel [1910]. VIII, 150 S. 8°
(Bibliothek d. Gesamtliteratur d. In- u. Auslandes. Nr 2176/77.) [10, 10919 3

Streicher, Andr., Schillers Flucht v. Stuttgart u. Aufenthalt in Mannheim von 1782–1785, s.: Bibliothek der Gesamtliteratur.

Streicher, August

Streicher, Aug., das Märchen vom Glück. Roman. 8. (364 S.) Leipzig 897. W. Friedrich. n. 5. —; geb. n.n. 6. —

Streicher, August: Menschwerdung. Schauspiel in 3 Aufz. Berlin: Dramaturg. Inst. 1899. (67 S.) 8°
= Theater d. Gegenwart. No 6.

Streicher, Aug., Menschwerdung, s. Theater d. Gegenwart.

– die Perle des Kurortes. Roman. 8. (168 S.) Ebd. 896. n. 2. —; Einbd. n.n.n. — 90

Streicher, Ch. C. A., Predigt bei der Feier seines 50jährigen Amtsjubiläums am Sonntage Cantate 1857 in der Stadtkirche zu Roda gehalten. gr. 8. (15 S.) Jena 857, Deistung.

Streicher, Curt, s. Streicher, Kurt.

Streicher, Emil (Hrsg.), s. Streicher, Andreas: Schiller's Flucht von Stuttgart ... 1902.

Streicher, Georg(ius) Robertus: De hydrope ovarii. Halis (1843): Semmler. 21 S. 8°
Halle-Wittenberg, Med. Diss. v. 15. Apr. 1843
Geb. Deumen bei Weissenfels 10. 10. 1818. V.

Stephan Fadinger. Tragödie aus d. oberösterreich. Bauernkriege von Gustav **Streicher**. Umschlagzeichn. von A. D. Goltz. Vertonung d. Rebellenlieder von Hans Wagner. Linz, Wien, Leipzig: Oesterr. Verlagsanst [1903]. (122, XIII, X S.) 8° [F.] [08, 14431 5

Streicher, Gust., die Macht der Toten. (Monna Violanta. Hofnarr u. Fürst.) 2 Versspiele. (155 S.) 8. Salzburg 910. Halkyone-Verlag. 3. —; geb. 4. —; auf Büttenpap. in Perg. 15. —

Streicher, Gust., am Nikolotage. Volksstück in 3 Aufzügen. 8. (168 S.) Linz (902). Wien, Oesterreich. Verlagsanstalt. n. 2. —

Ⓑ **Streicher**, G., am Nikolotage. 902. (KVL 32.) Jetzt: Wien, J. Deubler.

— die Schürze, s.: Huber, Adf.

Streicher, Heinr., die Bekehrung e. Prinzessin in Uganda. (12 S. m. 1 Abb.) 8. Salzburg (904). (St. Petrus Claver-Sodalität.) — 10
Sonderabdruck aus: „Echo a. Afrika".

Streicher's, Herm., preisgekrönte veränderliche Webmuster. Von der Seiden-Industrie-Gesellschaft d. Kantons Zürich u. der Züricher Webschule m. dem 1. Preise gekröntes neues Verfahren, ohne Kosten, m. e. einz. Kartenmuster 228 verschiedene Muster zu weben. Mit Zeichngn. u. Erläutergn. gr. 8. (71 S.) Altona 893. A. Send. n. 3. —

Streicher, J. B.: Wie wären Klavier-Instrumente bei Industrie-Ausstellungen möglichst richtig zu beurtheilen? (Vorgetragen in der Monats-Versammlung am 1. Februar 1847.) Wien: Druck von Keck und Pierer. (16 S.) 8°

Streicher, Jonas, orthographisches Wörterbuch für technische Lehranstalten und deutsche Schulen, sowie zum Gebrauche der Gewerbtreibenden. Nebst den gewöhnlichsten orthograph. Regeln und einer Reihe ähnlich lautender Wörter. gr. 8. (XX und 100 S.) Erlangen 854, Deichert. *

STREICHER, JOSEPH: Der Schulzengel. Gebet- und Gesangsbüchlein. Der katholischen lieben Schuljugend gewidmet. 3. Aufl. Fünfkirchen 1896: Béla Madarász. 124 S. 140 mm

- Dass. 7. Aufl. Bonyhád (Bonhard) 1907: Hirlap.

Streicher, Karl August

Streicher, K. A., neue Beiträge zur Kritik d. Glaubens an Rückerinnerung nach d. Tode; noch etwas Licht zu Holsts Beleuchtung. gr. 8. (5¼ B.) Neustadt a. d. O. 830, Wagner.

Streicher, K. A., die Bilder der Bibel des A. u. N. Testaments z. Beachtung ihres poet. Werthes. 8. Leipz. 820. Steinacker.

Streicher, Ehrmann u. Waller, üb. d. Erinnerung nach dem Tode. 8. Merseburg 823, Kobitsch.

(K.. A..) **Streicher's** Ehrmann u. Waller üb. d. Erinner. nach d. Tode. *Merseb.* (*Lpz.*, Rein. B. in C.) 823. 8° 1 ₰ 6 gl

Streicher, Karl Aug., das neue Evangelium der Gegenfüßler des Christenthums im 19. Jahrhunderte. Ein ausführlicher, gutachtlicher Bericht an das gebildete Publikum über die moderne deutsche Religionsphilosophie u. ihr Verhältniß zum Christenthume, mit besond. Beziehung auf die christl. Glaubenslehre des Herrn Dr. Strauß, in verständl. Sprache erstattet. gr. 8. Leipzig 844, Geuther. 2/3 ₰

Streicher, K. A., Mnemosyne. Ehrenrettung, wissenschaftliche Begründung, Geschichte u. nutzbare Anwendung der Gedächtnißkunst mit einem besondern Anhang für Bürger- u. Landschulen. Langensalza 865. Greßler. gr. 8. (IV, 80 S.) 9 ngr.

— Predigt bei der diesjähr., zum ersten Mal mit einer kirchl. Feier eröffneten, allgemeinen Versammlung des Altenburger Hauptvereins für die Gustav-Adolphs-Stiftung, gehalten zu Altenburg am 23. Juli 1846. gr. 8. Altenburg 846, Schnuphase'sche Buchh. 1/8 ₰

—— Rede bei der Einführung des Hrn. Archidiac. E. K. Lorentz am 5. Sonntage nach Trin. 1843 in der Stadtkirche zu Eisenberg. gr. 8. (1 B.) Eisenberg, Schöne'sche Buchh. * .

Streicher, Curt [aus Querfurt]: Ueber die Ursachen des Platzens der tubaren Schwangerschaft. . . . Halle a. S., Hofbuchdr. v. C. A. Kaemmerer & Co., 1890; 20 S. + 2 Bl. 8°
Halle, Med. Fak., Inaug.-Diss. v. 22. Febr. 1890

Streicher, O., De Ciceronis epistolis ad familiares emendandis. Diss. 1883. 83 S. —.90
— — compl. S.-A. 1883. 118 S. 1.80

STREICHER, Oskar (München): Über Hodentuberkulose und deren Behandlung. (Titel nach der Urkunde)
10.12.1896 - Urk; Chr 1896/97,19
Diss. Ingolst.-Landsh.-Mchn.

Streicher, Oskar (Hrsg.), s. Zeitschrift d. Allgem. Deutschen Sprachvereins.

Stroicher, Otto, aus Querfurt: Beiträge zur vergleichenden Anatomie der Vicieen. *Jena: G. Fischer 1902.* (56 S.) 8°
Erlangen, Phil. Diss. v. 26. Febr. 1902

Streicher, Paul Ernst

Streicher, P. E., die Entlarvung d. oriental. Cholera. Eine auf Theorie u. Erfahrung gegründ. Systematik. gr. 8. (7¼ B.) Magdeburg 832, Creutz.

Paul(us) Ernest(us) Streicher: Quaedam de laesionibus ictu glandis sclopetariae sic dicto aëreo exortis. Berolini (1824:) Starck. 31 S. 8°
Berlin, Med. Diss. v. 10. Jan. 1824

Streicher, Peter [aus Chersson, Russl.]: Die Bedeutung und Behandlung der Placenta praevia ... Jena, Frommannsche Hof-Buchdr., 1893; 76 S. 8.
94. Jena, Med. Fak., Inaug.-Diss. v. [6. Juni] 1893

STREICHER, PETER: Festpredigt für die hundertjährige Jubelfeier der Pfarrkirche zu Högyész. Paks 1899.

Streicher, Sebast., allgem. theoretisch-prakt. Unterricht, wie ein gutes, schmackhaftes u. haltbares Bier am sichersten erzielt werden kann. gr. 8. Ulm 838. (Nübling.) n. 1/2 ℛ

Praktische Chemie für gehobene Volksschulen, Bürger-, Töchter- u. Mittelschulen von E. Streichert, Lehrer in Bad Pyrmont. *Langensalza: F. G. L. Gressler 1901.* (VI, 132 S.) 8° [J.] fol. 8384

Streichert, E., Rechenbuch f. Handwerker-, Innungs-, u. allgemeine Fortbildungsschulen etc. Nach der ministeriellen Bestimmg. vom 5. VII. 1897 bearb. 2.—4. Stufe. 8. Warburg 905. F. L. Werth. n.n. 1. 15
2. Prozentrechnungen: allgemeine Prozent-, Versicherungs-, Staats- u. Gemeindesteuer-, Gewinn- u. Verlust-, Rabatt-, Zins-, Zinseszins-, Amortisations-, Diskonto-, Wertpapier-, Gesellschafts-, Mischungs- u. Legierungsrechng. Das Parallelogramm. Der Würfel. (65 S. m. Fig.) n.n. — 45
3. Preisberechnung. Regeldetri. Teilrechnung. Bruchrechnung. (45 S.) n.n. — 35
4. Wiederholung im Zahlenraum von 1—1000. Der unbegrenzte Zahlenraum. Die Dezimalzahlen. (50 S.) n.n. — 35
Die 1. Stufe ist noch nicht erschienen.

Streichert, E., Rechenbuch f. Handwerker-, Innungs- u. allgemeine Fortbildungsschulen 2c. Nach der ministeriell. Bestimmg. vom 5. VII. 1897 bearb. 1. Stufe. Wechselordnung. Wohlfahrtsgesetze. Flächen u. Körper. Ausmessen der Hohlmaße. Handwerk u. Gewerbe. (68 S. m. Fig.) 8. Warburg 908. F. L. Werth. nn — 55

— dasselbe. Fazitbuch. 1.—4. Stufe. 8. Ebd. (905). nn 1. 60
1. (7 S.) nn — 30. — 2. (16 S.) nn — 40.
3. (22 S.) nn — 45. — 4. (24 S.) nn — 45.

— dasselbe. Ausg. B. 1. u. 2. Stufe. 8. Ebd. à nn — 55
1. (I, 68 S. m. Abbildgn.) 905; Fazitbuch (7 S.) nn — 55
2. Prozentrechnungen: allgemeine Prozent-, Versicherungs-, Staats- u. Gemeindesteuer-, Gewinn- u. Verlust-, Rabatt-, Zins-, Zinseszins-, Amortisations-, Diskonto-, Wertpapier-, Gesellschafts-, Mischungs- u. Legierungsrechng. Das Parallelogramm. Der Würfel. (63 S.) nn — 55; Fazitbuch (15 S.) nn — 55

Streichert, E., die Rechtschreibung u. d. Diktat in Volks- u. Bürgerschulen unter Berücksicht. der Selbstkorrektur. 1. u. 2. Hft. 8. (IV, 36 u. 31 S.) Pyrmont 898. E. Schnelle. à n.n. — 25

— die Rechtschreibung u. das Diktat in Volks- u. Bürgerschulen. 1. Heft. 3. verm. u. verb. Aufl. Nach der neuen Orthographie bearb. (IV, 39 S.) 8. Pyrmont (903). E. Schnelle. n. — 25

— methodisch-praktische Richtlinien m. Stoffplänen nach den Forderungen d. Gegenwart. Zum tägl. Handgebrauch des Lehrers f. d. Unterricht in Volks- u. Bürgerschulen. gr. 8. (VII, 213 S.) Weinheim 901. F. Ackermann. n. 2. 40; geb. n. 3. —

— Methodisch-praktische Richtlinien. Zum tägl. Gebrauch des Lehrers f. den Unterricht in Volks- u. Bürgerschulen. 2. ergänzte Aufl. (VII, 220 S.) 8. Weinheim (910). F. Ackermann. Geb. 1. 60

— die Satz-, Wort- u. Rechtschreibelehre in Beispielen u. Übungsaufgaben f. Volks- u. Bürgerschulen. gr. 8. (IV, 80 S.) Arnsberg 900. F. W. Becker. n. 1. —

— Streifzüge eines Kreuzvergnügten. Von Karlchen. Mit Illustr. v. Heinr. Kley. (212 S.) 8. München 910. G. Müller. 3.—; geb. 4. —

Streichert, Vict. Statistisches Waren-Verzeichnis f. die Ausfuhr. [In Wirksamkeit seit 1. Jänner 1891.] Alphabetisch geordnet m. e. Einleitg. üb. die wichtigsten Vorschriften f. den Auslands-Verkehr durch die Postanstalt. 3. Taus. schmal gr. 8. (84 S.) Graz 891, Pechel. * 1 20

Streichhölzchen, humoristisches, zur Entzündg. d. Witzes u. der guten Laune in Gesellschaften. 12°. (128 S.) Pressburg 897. M. Natali. n. — 40

Streichmusik, die. Hrsg. v. Ludw. Hamann. Teilausg. der Musikwelt. Oktbr.—Dezbr. 1905. 13 Hefte. (à ca 8 S. u. Musikbeilage 8 S.) 4. Berlin-Gr.-Lichterfelde, Verlag der Musikwelt. n. 1. 75
Erscheint nicht mehr.

— dasselbe, s.: Musik-Woche, die.

Streichriem, der, wie er ist, u. wie er seyn soll; als Anleitung, dens. auf leichte Weise so umzuändern, daß er dem Barbiermesser fortwährend seine Schärfe erhält. Von Emilie H. 8. (2 B.) Berlin 828, Haude u. Spener.

Streidt, Rich., s.: Kalender d. Dresdner Gabelsberger-Stenographen-Vereins.

Streif, P., Thomas Münzer, oder der thüringische Bauernkrieg. (Mit Münzer's Bildniß als Titelvignette.) 8. Weißensee 835. (Leipzig, Friese.) n. 1/2 ℛ

Streifereien im Gebiete d. Dramaturgie. (A. u. d. T.: Didaskalien). 8. Leipz. 796. Andrä. 18 K

Streifereyen im Gebiete des Ernstes und des Scherzes, v. G. J. Wolf, s. Wolf, G. J.

Streifereien durch einige Gegenden Deutschlands. Vom Verfasser der Szenen aus Fausts Leben. Leipz. 1795. V (nicht): *Schreiber, Alois Wilhelm.* V: *Ochsenheimer, Ferdinand.* (BGE VII[3], 459)

— durch einige Gegenden Deutschlands; vom Verf. d. Scenen aus Fausts Leben, (A. W. Schreiber, ist aber nicht von ihm, sondern von Ferd. Ochsenheimer). Mit 1 Kpf. 8. Leipz. 795. Voß. 1 ₰ 8 gl.

Streifereien auf dem Gebiete der Geschichte, Erfahrung und Phantasie von verschied. Verfassern. 8. (79 S.) Zwickau 853, Verlagsbuchhandlung des Volksschriften-Vereins. •

— humoristische, im Gebiete d. Reichsstadt; (angebl.) aus dem Portefeuille e. französ. Officiers ins Deutsche übersetzt u. mit 1 Karte (vom Gebiet d. Stadt Frankfurt) von d. Hand des Verfassers (Ant. Kirchner) versehen. 8. Frankf. a. M. 802.

Streifereien in die Gebiete der Länder- u. Völker-Kunde, so wie in die Tiefen der Naturwissenschaft. Eine Musterlese zur Beförderung geographisch-naturhistor. Kenntnisse aller Erdtheile. 1 u. 2. (Hft.) 8. (à 31 S.) (Leipzig 848, Joachim.) (à 1 1/2 ngl) 3 ngl

Streifereyen durchs Gebiet der Liebe. 8. Hildesheim, Gerstenberg. 804.
Vgl. Streifzüge...

— in die Literatur der **Ausländer**, s. **Launen**, **Phantasien u. Schilderungen.**

Streifereien im Gebiet der Menschheit durch die grosse, mittlere und kleine Welt. Leipzig 1782. V: *Westphal, Georg Christian Erhard.* (JL) (Ky) (EE)

Streifereyen im Gebiete der Menschheit durch die große, mittel und kleine Welt, 1r Theil, 8. Leipzig, 782. Weygand. 25 gl.

— im Gebiete der Menschheit, durch die große, mittlere u. kleine Welt. 8. Leipz. 783. Weygand. 20 gl.

—— pädagogisch-didactische, auf dem Gebiete der deutschen Sprachlehre und Rechtschreibung. Von einem Lehrer. gr. 8. (27 S.) Erfurt 852, Bartholomäus.

Streifereien des Kaisers Tsching Tih. Ein chinesischer Roman. Nach der engl. Uebersetzung des Chinesen Tkin Schen verdeutscht v. Wilh. Ad. Lindau. 2 Bde. 8. (42¾ B.) Leipzig 813, Kollmann.

Streiff, David, von Schwanden (Kanton Glarus): Die Religionsfreiheit und die Massnahmen der Kantone und des Bundes gemäss Art. 50. Abs. 2 der schweizerischen Bundesverfassung. Zür. J. Schabelitz Dr. [Speidel Verl.] 1895. VI. 1 Bl., 88 S., 1 Bl. 8°.
Zürich, Jur. Diss. [v. 15. Juni 1895].

Streiff, Frid[olin]. Unseres Volkes bester Ruhm. Fahrtspredigt, gehalten am 520. Jahrestag der Schlacht bei Näfels den 2. April 1908. [Mit 1 Wappenvignette.] 21 S. 8. Glarus, D. Hefti & O. Bartel, 1908.

Streiff, J. Jak. [von Glarus]: Mikroskopische Untersuchungen über Altersveränderungen der Vasa centralia retinae. Utrecht (1899). 1 Bl. V, 60 S. 1 Taf. 8°.
Zürich. Med. Diss. 1898/99.

Streiff, Joh. Heinrich: Observationes juridicae. 13 S. – Basel, Jur. Diss. v. 13. März 1753.

Streiff, Joh. Heinrich (Mitverf.): De retractu gentilitio. s. Clavel, Georges Antoine David.

Streiff, [Johann Jacob]. Das Bataillon Schindler No. 73 von Glarus und die Brigade Ritter No. 3. Reminiscenzen aus dem Sonderbundskriege, nebst einer getreuen... Schilderung der Operationen der 3. Brigade, vom 22. bis 26. Nov. 1847. 8. Glarus [1847].

Streiff, J. J., Unsere Trübsal u. unser Trost. Predigt nach dem großen Brandunglücke in Glarus am heiligen Pfingstfeste, den 19. Mai 1861, auf dem Landsgemeindeplatz gehalten. Glarus 861. (Zürich, Meyer & Zeller.) gr. 8. (16 S.) 3 ngr.

Streiff, Caspar. Der Heiri Jenni im Sunnebärg. Erzählungen in Glarner Mundart. Illustriert von Jacques Ruch. IV + VIII + 257 S. 8. Frauenfeld, Huber & Co., 1904. [geb. fr. 4. —]
(Schilderungen, zum ersten Male in den «Glarner Nachrichten» veröffentlicht.)

Streiff, Caspar. Der Heiri Jenni im Sunnebärg. Erzählungen in Glarner Mundart. Band 2. Illustriert von Jacques Ruch. IV + 271 S. 8. Frauenfeld, Huber & Co., 1906. [geb. fr. 4. —]
[Band 1.] 1904

Der Heiri Jenni im Sunnebärg. Erzählungen in Glarner Mundart von Caspar **Streiff**. Ill. von Jacques Ruch. (Hrsg.: H. Heer, Schulinsp., Glarus.) Bd [1.] 2. Frauenfeld: Huber & Co. 1904–06. 2 Bde 8° [F.] [06. 4480

Streiff, Caspar. Der Heiri Jenni im Sunnebärg. Erzählungen in Glarner Mundart. Band 1. Illustriert von Jacques Ruch. 2. Aufl. IV + VIII + 257 S. 8. Frauenfeld, Huber & Co., 1907. [geb. fr. 4. —]

Streiff, Caspar Willy. Gedichte von K' W' St' (* *Umschlag:* Streif). 56 S. 8. Strassburg i. E. und Leipzig, Josef Singer, 1910. [cart. M. 1. 50]

Streiff, Robert Nicolai, a. Riga in Livland: Aus dem zoologischen Institut der Universität Leipzig. Über das unpaare Organ der Dipterenfamilie der Conopidae. Eine anatomisch-physiologische Untersuchung über das Abdomen dieser Familie. Mit 2 Tafeln und 15 Figuren im Text. Leipzig: W. Engelmann 1906. (67 S.) 8° ¶ (Aus: Zeitschrift f. wissensch. Zoologie Bd 84 H. 1.)
Leipzig, Phil. Fak., Ref. Chun-Pfeffer, Diss. v. 23. Juli 1906
[Geb. 23. Juli 79 Riga; Wohnort: Riga; Staatsangeh.: Schweiz; Vorbildung: Wiedemannsches Privatgymn. Petersburg Reife Mai 99; Studium: Leipzig 2, Berlin 2, Freiburg i. B. 2, Leipzig 7 S.; Rig. 25. Juli 05.]

Ufenau. Am Auffahrtstage, 18. Mai 1871. [Unterz.:] **Streiff-Vital.** o. O. [1871]. 2 Bl. 8° [Kopftit.]
Gedicht: „Wir kommen heut' als frohe Gäste . . ." 140.

Streifinger, Jos. [Dr.]: Der Stil des Satirikers Juvenalis. Regensburg, Buchdr. M. Wasner, 1892; 48 S. 8.
Regensburg, k. neues G, P 1892*

Streifinger, Jos., de syntaxi Tibulliana. Dissertatio inauguralis. gr. 8. (49 S.) Würzburg 881. Stuber's Verl. in Comm. n. 1. 20

Ueber Streifcommanden und Parteien. Von A. Z. H. 8 (VI. 349 S.) Prag. Credner. 1861 2 fl. 40 kr.

Streiflicht, ein, auf die rheinpfälzischen Landtagswahlen im J. 1855 von D. S. D. 3. und 4., durchgeseh. und um ein zweites Vorwort mit Antwort an Hrn. Pfr. Schiller verm. Aufl. gr. 8. (VI und 27 S.) Heidelberg 855, [C. Groos.]

Streiflichter. Zeitgemäße Wanderungen eines katholischen Laien auf dem Gebiete des religiösen, confessionellen u. socialen Lebens. III. Bayreuth 868. Weinzirl. 8. (S. 31—41.) 2 ngr.

— — IV. Bayreuth 870. (Grau.) 8. (82 S.) n. 10 ngr.

Streiflichter auf die österreichisch-ungarische Armee. Brünn 887. Irrgang. n. 1.—
Verboten.

Streiflichter auf die Behauptung der Freihändler über das deutsche Eisenhüttengewerbe. [Frankf. a. M. 1848.] V: *Glaser*, *Joh. Carl.* (schles)

Streiflichter, bosnische. Eine patriot. Warnung. In-8°. 30 S. Zürich, Verlags-Magazin. — 75 1898.

Streiflichter moderner deutscher Dichtung. Betrachtungen über Leben und Wirken moderner deutscher Dichter. Leipzig [1900]. V: *Breitner*, *Anton*. Berl 1919, S. 407)

— üb. d. k. u. k. Feldartillerie v. A. W. Z. gr. 8. (IV, 95 S.) Wien 896. W. Braumüller. n. 2.—

Streiflichter zur Geschichte des Buchhandels. Mit e. Anh.: Gehilfen im Buchhandel u. ihre Stellg. zu den Herren Prinzipalen. Von Erasmus Reich dem Jüngeren, berühmter Buchhändler. gr. 8. (32 S.) Stuttgart (902). E. Leupold. n. — 80

Streiflichter zur Geschichte des Buchhandels. 2. Heft. 8. Stuttgart (904). E. Leupoidt. n. — 80
Der Buchhandel u. seine Leute. Die Lehrlinge im Buchhandel. Vollständiger Uebersichtsplan ihrer Ausbildg. u. Fortbildg. Mit einigen manierl. u. neuzeitgemässen Bemerkgn. üb. die Gehilfen. Von K. Büchner. (37 S.)

Streiflichter auf die akademischen Gutachten über die Zulassung von Realschul-Abiturienten zu Facultäts-Studien. Von einem Realschullehrer. gr. 8. (33 S.) Berlin 870, Landau.

Streiflichter auf die französische Heeresleitung während d. Krieges 1870/71, s.: Bibliothek, militärische.

G. v. M. Streiflichter auf die französ. Heeresleitung währ. des Krieges 1870—1871. I. Th. Die Armee des Kaiserreichs. (VIII. 119) 8. M. 3 Pl. Leipzig 1873. 2.00.

— auf die Inferiorität der Katholiken v. Kassandrus. gr. 8. (43 S.) Würzburg 898. A. Göbel. n. — 40

Streiflichter auf unser Knappschaftswesen. Hrsg. vom Vorstand des Verbandes deutscher Bergarbeiter. Bochum, [1903]. 48 S. [Kc 141

Streiflichter, kritische, über die letzten Wiener-Ereignisse. Von e. schwarzgelben Nicht-Reaktionär. gr. 8. (14 S.) Wien 849, Klang. 3 ngr

Streiflichter. Kritische St' auf das eidgenössische Lebensmittelpolizeigesetz. Ein Vademecum für die Propaganda, hrg. vom Aktionskomitee zur Verwerfung des Lebensmittelpolizeigesetzes. 48 S. 8. Basel, Emil Birkhäuser, 1906.

— auf moderne Kunst u. Bildung, v. Eremita, s.: Hefte f. evangel. Weltanschauung. Nr. 10.

Streiflichter auf die Polemik über die Schlacht von Solferino. Leipzig 1866. V: *Wimpffen*, *Frz Graf v.* (Mitth. Dr. H. Friedjung.)

— auf die Polemik über die Schlacht von Solferino. Leipzig 866. Voldmar. gr. 8. (157 S.) n. 22½ ngr

— aus den Düppeler Schanzen, s.: Blatt, fliegendes. Nr. 4.

— über die Stellung des Arztes in der Gegenwart. Vorschläge zur Besserung der Stellung der Ärzte im Staate. gr. 8. (44 S.) Berlin 884, O. Dreyer. *

— auf die Uebelstände der katholischen Kirche, ein Wort zur Verständigung von einem kathol. Theologen. I. u. II. Wien 868. Leo. gr. 8. n. 10 ngr
I. Die Stellung der Kirche zur Staatsgewalt. (30 S.) n. 6 ngr
II. Das Konkordat. (19 S.) n. 4 ngr

— auf die österreichische Wehrmacht, ihre Geschichte u. ihren Geist, s.: Essays, militärische. 1. Hft.

Streiflichter auf die österreichische Wehrmacht, ihre Geschichte und ihren Geist . . . Wien 1904. V: *Veltzé*, *Alois.* (KA)

Streiflichter, wirtschaftliche. 1.—4. Heft. 8. Wien 892, Volkswirtschaftlicher Verlag A. Dorn. * 3 40
1. Zucker, Ign. Der Hausir- u. Ratenhandel. Eine volkswirtschaftl. Studie. (17 S.) * — 60.
2. Schoham, Carl. Der neue rumänische Zolltarif u. unser Export nach Rumänien. Vortrag. (54 S.) * 1 —.
3. Godeffroy. Rich. Einige statistische Daten üb. die Mineral- u. Heilquellen Europas. (24 S. m. 3 Tab.) * 1 —.
4. Karels, Jos. Ueber elektrische Eisenbahnen. (32 S.) * — 80.

Streiflichter über die jetzigen kirchlichen Zustände der Diöcese Passau 1875. gr. 8. (64 S.) München 875, Stahl.

Streiflichter auf die innern Zustände des sinkenden Römischen Reichs.... Chur 1887 s. (G[eers], W[ilhelm]).

Streifzug, ein, der Lützow'schen Reiterschaar u. der Ueberfall bei Kitzen. Geschildert von einem alten Lützower. Berlin 863. Schlesier. gr. 8. (107 S.) n. 17½ ngr

Streifzüge, akademische, in Aphorismen. (Separat-Ausg.) 8. (III und 52 S.) Leipzig 854(55,) Bethmann.

Streifzüge nach Innerösterreich, Triest, Venedig und einem Theile der terra ferma. Wien 1801. V: *Fischel*, *Maximilian & Joseph Georg Widemann.* (EngG) (GGr VI, 548) (BrMm) V: *Fischel*, *Maximilian & Joh. Gg Wiedemann.* (GGr VI, 812) (MGT XVI, 219; XXI, 548) (Ky)

— d. Innerösterreich, Triest, Venedig und e. Theil der Terra Ferma, mit K. und Vign. 8. Wien, Anton Doll. (Liebeskind in Leipz. in Commiss.) 801.

Streifzüge, Kleine, im Gebiete der Gegenwart, von I. F. L. Wien 1849. V: *Lazarini*, *Ign. Freih. v.* (Priv.-Bibl. König v. Hannover. Hann. 1858.)

Streifzüge, Kleine, ins Feld der Völker und Sittengeschichte. [Leipzig 1818.] V: *Conz*, *Carl Philipp.* (MGT)

Streifzüge, kriminalistische. Betrachtungen e. unmodernen Praktikers. 8. (III, 136 S.) Berlin 894. K. Siegismund. n. 1. 20

Streifzüge an Istriens Küsten. . . . Wien 1805. V: *Widemann, Joseph Georg.* (Ky) (MGT) (GGr) (Feil)

— an Istriens Küsten (von J. G. Widemann). Mit Kpf. u. Vign. 8. Wien 810. Ant. Doll. 16 gl

Streifzüge auf den Gebieten d. geistigen Lebens. 1. Bd. Oktbr. 1887—Septbr. 1888. 12 Hfte. 8. (1. Hft. 38 S.) Weimar, Weißbach. n. 2. 40; einzelne Hfte. à n. — 25

STREIFZÜGE durchs Gebiet der Liebe. (Roman in 18 Cap., keine einzelnen Geschichten.) St. Petersburg u. Leipzig, bei Gerstenberg (in Hildesheim) in Commiss. 1804. 8⁰. (2 Mk. Auction G. Salomon, Dresden, 1875.)
IV—267 S. Fades u. langweiliges Opus.

Vgl.Streifereien...

STREIFZÜGE, Literarische, nach Taliens, Cyterens (sol) u. Aeskulaps Tempeln. (4 freie Novellen.) Hrsg. von verschiedenen Verfassern. Paris 7. (Offenbach, Brede, 1799.) 8⁰. (2 Rthl. Scheible, vor 1885; 10 Mk. Max Harrwitz, c. 1903.)
2 Bll. u. 226 SS. 1. Die Dorf-Komödie. 2. Beispiel zur Warnung f. Eltern. 3. Vom Scheintod. 4. Auszug a. d. Tagebuch eines Hagestolzen.

— literarische, nach Thaliens, Cytherens u. in Aesculaps Tempeln 8. Offenb. 800. Brede. 16 gr

Streifzüge, Malerische, durch die interessantesten Gegenden um Wien. Wien 1805—8. V: *Wiedemann, Joseph Georg & Maximilian Fischel.* (Ky) (MGT) (GGr)

— malerische, d. d. interessanten Gegenden um Wien, v. Jos. Widemann und M. Fischl, Verfasser d. Streifzüge d. Innerösterreich und Istrien. 4 Bdchen. mit 24 prächtigen Ansichten u. 8 Vign. (b. a. d. Titel: Taschenb. für Freunde vaterländischer Gegenden, f. d. Jahre 1805-8.) 8. Wien, Anton Doll. (Liebeskind in Lpz. in Commission.) (à 2 Rthlr.) Velinp. (à 3 Rthlr.)

Streifzüge u. Schicksale, merkwürdige, mit vieler Lebensgefahr verbundene, des Unterofficiers Friedrich Falkenthal während der ruhmvollen Vertheidigung Colbergs im J. 1807. 8. Berl. 809. (Littfaß). 8 gl

Streifzüge im Orient während des Jahres 1856. Zürich 1858. V: *Schläfli, Alexander.* (Cat. d. Stadtbibl. Zürich. Zürich 1864—97.)

Streifzüge durch Pommern. Von H. v. d. D[ollen]. 1. Abtl.: Alt-Vorpommern. 1.—3. Heft. gr. 8. (VIII, 219 S. mit 1 Tab.; 193; 203 S.) Ducherow 883,84. (Leipzig, Buchh. des Vereinshauses.) à Heft * M 1,50. *

—— und Rastorte im Reichslande und dem angrenzender Gebiete. 1. und 2. Heft. 8. Strassburg, Heitz. à Heft * M 1.—. *
Inhalt:
Heft 1. Mündel, C., die Strassenbahn Strassburg-Markolsheim nebst Ausflügen in den Kaiserstuhl. 2. Aufl. (64 S. mit 10 Illustr. und 2 Karten.) 887.
» 2. Kirstein, W., das Wasgaubad Niederbronn und seine Umgebung. (88 S. mit 10 Illustr. und 1 Karte.) 888.

Streifzüge u. Rastorte im Reichslande u. den angrenzenden Gebieten. 8. Strassb., Heitz. à Heft * 1 —; * 4 —
3. Kruhöffer, G. Wanderungen im Breuschthale. (68 S. m. Illustr.) 889.
4. Kube, M. Rappoltsweiler u. das Carolabad. (80 S. m. 4 Illustr. u. 1 Karte.) 891; 2. Aufl. (96 S. m. Illustr. u. 1 Karte.) 892.

— u. **Rastorte** im Reichslande u. den angrenzenden Gebieten. 4.—7. Hft. 8. Strassburg i/E., J. H. E. Heitz. à n. 1. —
4. Rappoltsweiler u. das Carolabad. Von M. Kube. 2., verm. Aufl. (96 S. m. 17 Illustr. u. 1 Karte.) 892.
5. Das Münsterthal. Ein Führer f. Touristen, hrsg. v. der Section Münster d. Vogesen-Clubs. (64 S. m. Illustr. u. Plänen.) 891.
6. Zabern u. Umgebung. Ein Führer f. Fremde u. Einheimische v. Hans Luthmer. Mit 14 Illustr. u. 1 Uebersichtskarte. (97 S.) 891.
7. Der Donon u. seine Altertümer. Von O. Bechstein. (III, 66 S. m. Abbildgn.) 894.

— u. **Rastorte** im Reichslande u. d. angrenz. Gebieten. 5. u. 8.—10. Hft. 8. Strassburg, J. H. E. Heitz. n. 5. —
5. Münsterthal, das. Ein Führer f. Touristen, hrsg. v. der Section Münster d. Vogesen-Clubs. 2., verb. Aufl. Mit 6 Abb. u. 4 Routenkarten. (66 S.) 897. n. 1. —
8. Drei-Aehren u. d. Vogesen zwischen Münster- u. Kaysersberger Thal bis zur Strasse Sulzern-Urbeis von Franz. 1. Thl. Drei-Aehren, Umgebg. u. die Seite d. Münsterthals. (106 S. m. 1 Ansicht u. 1 Karte.) 895. n. 1. 50
9. Ein Gang üb. das Schlachtfeld v. Wörth. Genaue Beschreibg. d. Schlachtfeldes, d. Denkmäler u. d. wichtigsten Kämpfe, nebst Nachrichten üb. d. bei d. Denkmälern ruh. Gefallenen v. Wilh. Matthäi. (IV, 115 S. m. 1 Karte.) 895. n. 1. —
10. Drei-Aehren u. d. Vogesen zwischen Münster- u. Kaysersberger-Thal bis zur Strasse Sulzern-Urbeis von Franz. 2. Thl. Seite d. Kaysersberger Thals. Mit Karte 1:25,000 u. 1 Abb. (III, 115 S.) 895. n. 1. 50

Streifzüge u. **Rastorte** im Reichslande u. den angrenzenden Gebieten. 1. u. 2. Hft. 8. Strassburg, J. H. E. Heitz. n. 2. 50
1. Der Kaiserstuhl. Von C. Mündel. Mit e. einleit. Gedicht von Wilh. Jensen. Mit 4 Lichtdr.-Taf., 6 Abbildgn. im Text u. 1 Karte. (2. Aufl. v.: Die Strassenbahn Strassburg-Markolsheim nebst Ausflügen in den Kaiserstuhl.) (VIII, 88 S.) 899. n. 1. 50
2. Das Wasgaubad Niederbronn u. seine Umgebung. Von W. Kirstein. Mit 11 Illustr. nach photograph. Aufnahmen v. E. Risler u. 1 Karte. 2. Aufl. (76 S.) (900.) n. 1. —

Streifzüge u. **Rastorte** im Reichslande u. den angrenzenden Gebieten. XI.—XIII. Heft. 8. Strassburg, J. H. E. Heitz. n. 3. 80
XI. Führer f. Reichenweier u. Umgebg. Hrsg. v. der Vogesen-Sektion Reichenweier. Mit 16 Illustr. u. 3 Karten. (58 S.) 903. n. 1. 50
XII. Führer f. Barr u. Umgebung. 1. Tl. Nähere Umgebung. Von M. Herbig. (VIII, 79 S.) 904. n. 1. 20
XIII. Dasselbe. Odilienberg, Hohwald u. weitere Umgebg. Mit e. Kartenskizze. (VIII, 78 S.) 904. n. 1. 20

Streifzüge durch das Reich der Freimaurerei. Köln: Bachem 1897. V, 70 S. 8⁰
Aus: Deutsches Adelsblatt. 1896.
Verf. will beweisen, dass die Frmrei der Feind einer auf dem Autoritätsprinzip historisch erwachsenen christlich-monarchischen Gesellschafts-Hierarchie ist. 23. 25.

Streifzüge durch Rhama. Eine Predigt auf öffentl. Straße von Jerem. Philantropus. gr.8. Hamb. 840. (Nestler u. M.) 1/4 gl

Streifzüge am Rhein. H. 1—3. *Bonn: P. Hauptmann [1896. 97].* 8. (98. 101

— am Rhein. Wanderbilder. 2. u. 3. Hft. 12. Bonn 897. P. Hauptmann. à n. — 50
2. 5 Tage auf dem Rade durch Holland. Von K. Obes. (83 S. m. 1 Karte.)
3. Des Rheinland's Edelstein. Wanderbilder zwischen Unter-Ahr u. Siebengebirge. Enth.: Remagen, Rolandseck, Oberwinter, Unkel, Bruchhausen. Von Engelb. Strohe. (VII, 104 S. m. 5 Illustr.)

Streifzüge durch das Rügenland. . . . Altona 1805. V: *Grümbke, Joh. Jac.* (ABJP) (MGT)

— d., d. Rügenland, in Briefen von Indigena, m. color. K. von Geisler. gr. 8. Altona, Hammerich. 805.

Streifzüge durch das Dessauer Schulwesen. Dem Deutschen Verein f. erziehl. Knabenhandarbeit ... anläßl. ihrer Pfingsttagung gewidmet v. Magistr. d. Haupt- u. Res.-Stadt Dessau, Dr. Ebeling, Oberbürgerm. o. O. (1909.) 58 S. 8° [09. 10301 3

Streik, der. Dramatische Scene in 6 Abteilgn. f. evang. Jünglings- u. Arbeiter-Vereine. gr. 8. (46 S.) Rothenburg o/Tbr. 894. (C. H. Trenkle.) n.n. — 30

Streik, der, der Bergarbeiter auf Grube Marie I bei Senftenberg N.-L. (43 S.) 8. Großenhain 905. Senftenberg, N.-L., Anhalt. Kohlenwerke (Mariengrube). n. 1. 20

Der **Streik** der Bergarbeiter auf Grube Marie I bei Senftenberg N.-L. (Großenhain 1905: Starke & Sachse.) (43 S.) 8° [Fr.] [06 4973

— der, der Bergleute u. die Sozialdemokratie. **Briefe aus dem rheinisch-westf. Industriebezirk.** (40 S.) kl. 8. Kaiserslautern, Thiemesche Druckereien. 1905. —. 50.

Der Streik in den Maschinen-Fabriken von Heinrich Lanz. Mannheim, im August 1903. *(Mannheim 1903.)* (19 S.) 4° [04. 403 2

Streik, der, der Schnorrer, s.: Novellenschatz, jüdischer.

Streikbrecher, eine Erzählung aus dem Leben. Leipzig 1895. V: *Crome-Schwiening, C. Gg. Hnr.* (Ky)

Streikbrecher, e. Erzählg. aus d. Leben. [Aus: „Unter d. roten Zwang!" v. Verf. d. Zeitromans: „Und Hebel sprach!" (C. Crome-Schwiening.)] 8. (32 S.) Leipzig 895. A. Bergmann. n. — 20

Streik-Erlass (Der) des Ministers v. Puttkammer vor dem deutschen Reichstag. Stenogr. Bericht über die Sitzung vom 21. Mai 1886. 8°. Nürnberg, Wörlein u. Co., 1886. (Socialpolit. Zeit- u. Streitfragen, Heft 29.)

Streikgesetz, das bernische, vor dem Großen Rat. (70 S.) gr. 8. Bern 908. (Zürich. Buchh. des schweiz. Grütlivereins.) — 30

Streiktaktik, Sozialdemokratische, insbesondere gegenüber christl. Gewerkschaften ..., s. Kurtscheid, Heinrich

Streim, Fr., gedrängte Auszüge aus Hagens Lehrbuch d. Apothekerkunst. 8. Stuttg. 789. Metzler. 6 gr

Kaphta, Der Eremit, an die Bürger Würtembergs und Schwabens. Oder: Wie ist der Schaden, den die Neufranken verursacht, in Etwas wieder gut zu machen? (Von *F. Streim*). Germanien (Magazin für Literatur in Stuttgart). 1796
Weller, fing. Dr — Karl

— Paragraphen üb. die Verschönerung des Menschen durch den Menschen. 8. Wien 803. (Stuttg., Sonnewald). 1 gr

Strein, Karl [aus Rimbach]: Ueber Erythema exsudativum .... Berlin, Buchdr. v. Gustav Schade (Otto Francke) (1887); 30 S. + 1 Bl. 8°. Berlin, Med. Fak., Inaug.-Diss. v. 13. Aug. 1887.

Strein, Karl, über Erythema exsudativum. Diss. Berlin 1887, Mayer & Müller. 8°. 30 S.

Das Akkumulatorproblem. Von Prof. Dr. Franz **Streintz**, Graz. Mit 6 Abb. Stuttgart: F. Enke 1906. (S. 193–226.) 8°
= **Sammlung** Elektrotechn. Vorträge. Bd 9, H. 6. [06. 8486

Streintz, Franz, Ueber eine Beziehung zwischen der elektromotorischen Kraft des Daniell-Elementes und dem Verhältnisse des Satzgehaltes seiner Lösungen. Gr.-8. (7 S.) —.10
Wien: Tempsky 1894.

— Ueber eine Beziehung zwischen der elektromotorischen Kraft des Daniell-Elementes und dem Verhältnisse des Salzgehaltes seiner Lösungen. [illegible] —20
Separatabdruck

—— Experimentaluntersuchungen über die galvanische Polarisation. 1. Abhandlung. Lex.-8. (17 S. mit 1 eingedr. Holzschn.) (Ebendas.) 882. *
Vorstehende zwei Schriften sind aus: Sitzungsberichte der k. Akademie der Wissenschaften, besonders abgedruckt.

Streintz, Frz., Experimentaluntersuchungen üb. die galvanische Polarisation. II. u. III. Abhandlg. [Aus: „Sitzungsber. d. k. Akad. d. Wiss."] Lex.-8. Wien 887. (Tempsky.) n.n. — 55 (I—III.: n.n. — 95)
II. [Mit 1 Holzschn.] (16 S.) n.n. — 30. — III. (11 S.) n.n. — 25.

— über die elektromotorische Kraft von Metallen in den wässerigen Lösungen ihrer Sulfate, Nitrate u. Chloride. [Aus: „Sitzungsber. d. k. Akad. d. Wiss."] Lex.-8. (11 S.) Ebend. 878. n.n. — 25

Streintz, Frz., über die elektrische Leitfähigkoit v. gepressten Pulvern. 1. u. 2. Mittheilg. gr. 8. Wien 900. (C. Gerold's Sohn.) n. 1.30
1. Die Leitfähigkeit v. Platinmohr, amorphem Kohlenstoff u. Graphit. (21 S. m. 2 Fig.) 900. n. — 50
2. Die Leitfähigkeit v. Metall-Oxyden u. -Sulfiden. (34 S. m. 6 Fig.) 902. n. — 80
2 Sonderabdrucke aus: „Sitzungsber. d. k. Akad. d. Wiss."

Das Leitvermögen von gepreßten Pulvern. (Kohlenstoff u. Metallverbindungen.) Von Dr. Franz **Stroìntz**, Prof. in Graz. Mit 8 Abb. *Stuttgart: F. Enke 1903.* (S. 95–146.) 8°
= **Sammlung** Elektrotechn. Vorträge. Bd 4, H. 3.

— das Leitvermögen v. gepressten Pulvern (Kohlenstoff- u. Metallverbindgn.) (52 S. m. 8 Abbildgn.) gr. 8. Ebd. 903. n. 1. 20
Sonderabdruck aus: „Sammlg. elektrotechn. Vorträge".

Streintz, Frz., Polarisation u. Widerstand e. galvan. Zelle. [Aus: „Sitzungsber. d. k. Akad. d. Wiss."] Lex.-8. (22 S. m. 5 Fig.) Wien 895. (C. Gerold's Sohn.) n. — 80

— üb. e. Silber-Quecksilberelement u. dessen Beziehung zur Temperatur. [Aus: „Sitzungsber. d. k. Akad. d. Wiss."] Lex.-8. (24 S. m. 2 Textfig.) Ebd. 889. n. — 50

STREINTZ, Franz: Über Thermosäulen im allgemeinen und eine Noe'sche Thermosäule neuerer Form im besonderen. — 1877. 44 S., 2 Taf. Diss. Graz, Univ.

— u. O. **Strohschneider,** Versuche üb. Metallstrahlung. (8 S. m. 2 Taf.) gr. 8. Wien 905. (A. Hölder.) n. — 50
Sonderabdruck aus: „Sitzungsber. d. k. Akad. d. Wiss."

Streintz, Franz: Über die thermochemischen Vorgänge im Sekundär-Elemente.
Separatabdruck aus: Sitzungsber. d. K. Akademie d. Wissensch. in Wien. Bd. 103. IIa. S. 327.

Streinz, F., über die durch Entladung von Leydener Flaschen hervorgerufene Zersetzung des Wassers an Platinelektroden. [Ausgeführt im physikal. Laboratorium des k. s. Polytechnicums in Dresden. [Mit 1 (lith.) Taf.] [Aus: „Sitzungsber. d. k. Akad. d. Wiss."] Lex.-8. (21 S.) Wien 881. (Gerold's Sohn.) n.n. — 70

Streintz, Heinr., üb. die Aenderungen der Elasticität u. der Länge e. vom galvanischen Strome durchflossenen Drahtes. [Aus: „Sitzungsber. d. k. Akad. d. Wiss."] Lex.-8. (32 S. m. 1 Steintaf.) Wien 873. (Gerold's Sohn.) n.n. — 75

Streintz, Heinr., Beiträge zur Kenntniss der elastischen Nachwirkung. I. [Aus: „Sitzungsber. der k. Akad. d. Wiss."] Lex.-8. (42 S.) Wien 879. Gerold's Sohn. n. — 60

— über die Dämpfung der Torsionsschwingungen v. Drähten. [Aus: „Sitzungsber. d. k. Akad. d. Wiss."] Lex.-8. (42 S.) Ebend. 874. n. — 80

Streintz, Heinr., die physikalischen Grundlagen der Mechanik. gr. 8. (XII, 142 S.) Leipzig 883. Teubner. n. 3. 60

— die elektrischen Nachströme transversal-magnetisirter Eisenstäbe. Unter Mitwirkung v. Frz. Streintz. [Aus: „Sitzungsber. der k. Akad. der Wiss."] Lex.-8. (17 S.) Ebend. 877. n. — 40

Streintz, Josef Anton: Genera Cruciferarum, Umbelliferarum et Compositarum Florae germanicae dichotomice distributa. Diss. Vindobonae 1843. 8°

Streintz, Osk., Gedanken üb. e. Verfassungsreform f. Oesterreich. (86 S.) 8. Graz 905. Styria. n. — 85

— die Regierungskunst. Eine staats-philosoph. Studie. (VII, 126 S.) 8. Wien 905. Manz. n. 2. 20

— wichtige Zeitfragen im Lichte thomistischer Philosophie. 6 Vorträge. (157 S.) 8. Graz 903. Styria. n. 1. 20

Streinz: Über Cycloiden. 38 S. 8° und Fgt. Troppau OR., Progr. 1869.

Streinz Franz: **Zur Geschichte des Meistergesanges in Mähren.** Diss. Wien, Univ.
D: Selbstverlag. 1893.
1893 PN 787

Streinz, Frz., Handbuch der deutschen Sprache, s.: Schiller, Karl.

(F) **Streinz**, Leitfaden der Literaturgeschichte für Gymnasien. I. Teil K —.[illegible]
Wien: Schulbüchervlg.1909.

Streinz, Leitfaden der Literaturgeschichte für Realschulen. I. Teil K 1.—
Wien: Schulbüchervlg.1909.

Streinz, Franz: Deutsches Lesebuch ...,
s. Lesebuch, Deutsches.

(F) **Streinz**, Lesebuch für Gymnasien. V. Bd. Ausgabe mit mittelhochdeutschen Texten K 2.80
Wien: Schulbüchervlg.1909.

(F) **Streinz**, Lesebuch für Realgymnasien. V. Bd. Ausgabe mit mittelhochdeutschen Texten. Gr.-8°. (420 S.) geb. K 2.80
Wien: Schulbüchervlg.1909.

Streinz, Franz: De Necyia Homerica. 8 (S. 3–21).
Progr. Staats-Oberg. *Klagenfurt* 1896.

Streinz, Franc., de Necyia Homerica. Progr. gr. 8. (21 S.) Klagenfurt 895. (F. v. Kleinmayr.) n. 1. —

Streinz, Frz., die Unterschiede zwischen der alten u. der neuen Rechtschreibung. Zur raschen Einprägg. zusammengestellt. gr. 8. (16 S.) Wien (902). A. Hartleben. n. —10

— die Unterschiede zwischen der alten u. der neuen Rechtschreibung. Zur raschen Einprägg. zusammengestellt. 2. Aufl. (16 S.) gr. 8. Wien (903). A. Hartleben. — 10

Streinz, Franz: Urkunden der Iglauer Meistersinger.
I. Teil. 28 S. 8. II. Teil. 44 S. 8.
Progr. K. k. Staatsgymn. im III. Bezirke *Wien* 1902. 1907.

— das Vaterunser im Gotischen u. in den verschied. Entwicklungsstufen der deutschen Sprache. Plakat. 84,5×69 cm. Wien (903). A. Pichler's Wwe. & Sohn n. 1. —

Streinz, J. C., das Kopfrechnen auf dem Gebiete der Gleichungsaufgaben u. der Chablon-Rechnungen. gr. 8. (VIII, 101 S.) Wien 878. Pichler's Wwe. & Sohn. 1. 40

Streinz, J. C. Prof. Ueber Logarithmenberechnung von — —. 4. (26 S.) S. l. typ. et an. ind. (Mechitaristen.)

Streinz: Ueber Logarithmenberechnung. 26 S. -Marburg, Progr. 1853

Streinz, Wenzel M(atern): Anleitung zur Untersuchung der Apotheken, vorzüglich aber zur Prüfung der Aechtheit und Güte der Arzneien. Ein Handbuch für Sanitäts- und Polizeibeamte, Aerzte, Wundärzte und Apotheker, wie nicht minder für Materialwarenhändler und Droguisten. 592 S., gbd.

Prag: Kronberger & Weber 1825

JB 1.491

Streinz, W., les bains de Gastein et leurs effets admirables dans des maladies les plus désespérées. gr. in-12. (8½ B. u. 1 Ansicht.) Linz 831, Fink et fils.

Streinz, W., Bericht aus Gastein für das Jahr 1833. gr. 8. Linz 834. Haslinger. n. 1/8 ß

Streinz, Wencesl. Maternus, Nomenclatur fungorum exhibens ordine alphabetico nomina tam generica quam specifica ac synonyma a scriptoribus de scientia botanica fungis imposita. 4 Fascc. Lex.-8. (1. und 2. Fasc. 320 S.) Wien 861, Gorischek's Universitäts-Buchh. *

Streinz W. M.: Nomenclator fungorum exhibens ordine alphabetico nomina tam generica quam specifica ac synonyma a scriptoribus de scientia botanica fungis imposita. Vindobonae 1862. 735 S. 4°.

Streinz (W. M.). Nomenclator fungorum . . . Vindob. 1862. 8°.
The Supplement was issued in 1863.

Streinz, Wenzel (Matern): Systematische Uebersicht über die seit den Jahren 1770 bis 1838 erschienenen Gesetze und Verordnungen im Bezuge auf das Sanitätswesen im Allgemeinen und insbesondere für das Erzherzogthum Oesterreich ob der Enns und das Herzogthum Salzburg Bd 1–2, gbd., Tab.

Linz: Quandt 1838

JB 5.784

(Streinz, Wenzel Matern): Die Versorgungs-Anstalten zu Grätz. 86 S., gbd.

Grätz: typ.Leykam 1843

JB 5.656

Streisand, [illegible] Die Lues als Ursache der Dementia mit paralytischen Erscheinungen. Berlin [illegible]
Berlin, Med. Diss. [illegible]

Streissler, A., s.: Notiz-Kalender, photographischer.

Streißler, Ferd., der Buddhismus, s.: Miniatur-Bibliothek.

— wie leitet man Versammlungen? (der Vereinsvorstand), s.: Miniatur-Bibliothek.

Streißler, Frdr., s. a.: **Berga, H.** — **Cary, James.** — Titus, Frz.

Streißler, Friedr. (Hrsg.), s. Antikritik, Die.

Streissler, Friedr. Der Autoren-Verkehr. Briefe v. Verlegern an Autoren u. v. Autoren an Verleger. Mit Berechnungs-Schemata f. jede Schrift u. jedes Format. 8. (96 S. m. 1 Tab.) Lpz. 892, G. A. Müller u. Comp. geb. * 2 50
1. Aufl. s. Autoren-Verkehr.

Streissler, Frdr., der Autoren-Verkehr. Briefe v. Verlegern an Autoren u. v. Autoren an Verleger. Vollständig neu bearb. u. verm. Aufl. Mit e. Anh.: Berechnungs-Schemata f. jede Schrift u. jedes Format. Darstellung der gesamten techn. Herstellg. d. Buches. 8. (94 S. m. 1 Taf.) Leipzig 892. G. A. Müller & Co. Geb. in Leinw. n. 3. 40
Die frühere Bearbeitung erschien anonym.

— Bierlieder. Ein Liederschatz f. fröhl. Trinker. gr. 16. (32 S.) Hainichen (900). G. E. Hoffmann. — 10

Streissler, Frdr., die wichtigsten Brettspiele. Anleitung zur Erlerng. v. Schach, Dame, Salta, Mühle. gr. 8. (60 S. m. Diagrammen.) Leipzig (900). S. Schnurpfeil. n. 1. —

— Buchdruckereibesitzer u. Buchbinder. Anleitg. zur Einrichtung u. zum Betrieb der Buchbinderei als Nebenzweig der Buchdruckerei, des Papier- u. Schreibwarenhandels u. der Leihbibliothek. (141 S. m. Abbildgn.) kl. 8. Leipzig 907. J. Mäser. Geb. in Leinw. 3. —

Streissler, Frdr., Buchdruckereibesitzer und Buchhändler. Die Praxis des Sortiments- u. Verlagsbuchhandels, f. Buchdruckereibesitzer dargestellt. (168 S). 8. Leipzig (907). J. Mäser. Geb. in Leinw. 3.—

— der alte Dessauer, s.: Bücherei, vaterländische, Bd. 6.

— u. J. **Hoffmann**, d. alte Dessauer. Marschall Vorwärts. 2 geschichtliche Erzählgn. 8. (IV, 156 S. m. 4 Farbendr.) Stuttgart 895. Reutlingen, R. Bardtenschlager. Geb. 3. —

—— s. Dietrich's Wanderbuch f. die Umgebung Leipzigs.

— Einrichtung u. Betrieb des Kolportage- u. Reise-Buchhandels. gr. 8. (60 S.) Leipzig 899. E. O. Jahn. n.n.n. 1. —

— Entwurf e. Gesetzes betr. das Urheberrecht an Werken der Litteratur u. der Tonkunst. Kritisch beleuchtet. 8. (32 S.) Leipzig 899. O. Gracklauer. n. 1. —

— die Erziehung der Töchter. Grausamkeiten im Familien- u. gesellschaftl. Leben. 8. (74 S.) Ebd. 891. n. 1. 60

— s.: Fachkalender f. den Kolportage-Buchhandel.

— Inseraten-Acquisition. Leitfaden f. Zeitschriftenverleger. [Erweit. Abdr. aus: „Allgem. Buchhändlerztg."] gr. 8. (III, 25 S.) Leipzig 896. C. F. Müller. n. 1. —

Streissler, F., der Journal-Lesezirkel. Vorteilhafteste Art der Einrichtung u. d. Betriebes. gr. 8. (23 S.) Leipzig 888. Radelli. n.n. — 60

— der Journal-Lesezirkel. Vorteilhafteste Art d. Einrichtg. u. d. Betriebes. 3., verm. u. verb. Aufl. gr. 8. (32 S.) Leipzig 895. Sollmann & Henne. n.n.n. — 60

— der Kolportagehandel. Praktische Winke f. die Einrichtung u. den Betrieb der Kolportage in Sortimentsgeschäften. 8. (60 S.) Leipzig-Reudnitz 887. Rühle. n. — 80

— allgemeine Kulturgeschichte, s.: Volksbibliothek, wissenschaftliche.

— Liedersang u. Becherklang. Ein Liederschatz f. Becherkreise. gr. 16. (32 S.) Hainichen (900). G. E. Hoffmann. — 10

Streißler, Fr., König Ludwig II. v. Bayern. Ein deutsches Fürstenleben, biographisch u. charakteristisch dargestellt. 8. (III, 60 S.) Leipzig-Reudnitz 886. Rühle. — 60

—— Nachschlagebuch der Arbeiterschutz-Gesetzgebung d. Deutschen Reiches, s. Mickley, Ernst Theinert.

— kaufmännische Organisation. Praktischer Führer f. Leiter kaufmänn. Grossbetriebe. (Dr. Ludw. Huberti's moderne kaufmänn. Bibliothek.) gr. 8. (VIII, 128 S.) Leipzig (902). Dr. L. Huberti. Geb. in Leinw. n. 2. 75

—— Das Recht f. Urheber, Buchhandel u. Presse, s. Biedermann's, d., Sammlung praktischer Handbücher.

— das Recht f. Urheber, Buchhandel u. Presse. I. [v. Biedermann's Sammlg. prakt. Handbücher, II.] 12. Leipzig 890. v. Biedermann. n. 4. —; geb. n. 4. 50
Rechtslexikon f. Urheber, Buchhandel u. Presse in den Ländern deutscher Zunge. (VI, 217 S.)

Streissler, F., Politisches Taschen-Lexikon f. d. Deutsche Volk. 32. (94 S.) Leipzig, Verlag f. Kunst u. Wissenschaft. 1900. —. 20.
Miniatur-Bibliothek No. 235. 236.

— polit. Taschen-Lexikon f. das Deutsche Volk, s. a. Miniatur-Bibliothek.

— Untersuchungen üb. die Psychologie der Tiere, s.: Hachet-Souplet, Pierre.

— Usancen-Kodex f. d. deutschen Buchhandel. M. Berücksicht. einschläg. Rechtsverhältnisse. 3. Aufl. v. Wengler's Usancen-Kodex. Vollst. neu bearb. 8. (96 S.) Dresden 895. C. A. Koch. n.n.n. 1. 20

— die Verlags-Praxis. 8. (74 S.) Leipzig (892). H. Hedewig Nachf. Geb. in Leinw. n.n.n. 2. 50

— Verleger u. Drucker. Eine Verkehrsordng. als notwend. Grundlage f. die Kalkulation. gr. 8. (21 S.) Ebd. 895. n. — 70

— deutsche Verslehre, s.: Miniatur-Bibliothek.

—— Volkswirtschaftslehre, s. Volksbibliothek, wissenschaftliche.

[J. u. Ant.] Kaiser Wilhelm der Grosse, der Einiger Deutschlands. Von Friedrich Streissler. *Stuttgart: R. Bardtenschlager [1897].* 179 S., 1 Taf.) 1 Bd 8.
= Bücherei, Vaterländische. [No] 8.

— Wo die Bücher wachsen! Ein Roman aus dem Leipziger Buchhändlerleben. (192 S.) 8. Berlin 909. Herm. Walther. 2. 50

— im frohen Becherkreise. Eine Sammlg. feucht-fröhl. Lieder. gr. 16. (32 S.) Hainichen (900). G. C. Hoffmann. —10

Streissler, Josef

Streissler, J.: Beitrag zur directen graphischen Bestimmung des geographischen Kugelnetzes. S. 85 - 103. 8°.-- Triest d. OR., Progr. 1872.

Streissler: Beitrag zur Theorie und graphischen Darstellung der Kegelflächen. 7 S. 8°. - Goerz OR., Progr. 1865.

Streissler, Jos., Elemente der darstellenden Geometrie der ebenen u. räumlichen Gebilde. Zunächst f. Realschulen. Mit 324 (eingedr. Holzschn.-) Fig u. 8 Taf. gr. 8. (VIII, 276 S.) Brünn 876. Winiker. n. 4. —

Streissler, Jos., Elemente der darstellenden Geometrie für Realschulen. 2., verb. Aufl. Mit 339 Fig. u. 9 Taf. in (Holzschn.) im Texte. gr. 8. (VIII, 190 S.) Brünn 879. Winiker. n. 3. 40

Streissler, Jos., Elemente der darstellenden Geometrie (Projectionslehre). Für Ober-Realschulen. 3., gekürzte Aufl. gr. 8. (IV, 181 S.) Brünn 894. C. Winiker. n. 2. 60; geb. n. 3. —

Elemente der darstellenden Geometrie für Ober-Realschulen. Von Josef Streissler. 4., gekürzte Auflage (im Sinne des neuen Lehrplanes). Mit 181 Figuren und 4 Tafeln im Texte. (Mit Erlass des hohen k. k. Ministeriums für Cultus und Unterricht vom 18. Juni 1900, Z. 16749, zum Lehrgebrauche an Realschulen allgemein zugelassen.) Brünn. 1900. Winiker. Gr.-8°. 162 S. K 2.60

— die geometrische Formenlehre in Verbindg. m. der Anschauungslehre u. dem Zeichnen. Für die 1. Realclasse, sowie f. Bürger- u. höhere Mädchenschulen. Mit 122 Figuren (in eingedr. Holzschn.) u. 3 (lith.) Taf. gr. 8. (60 S.) Triest 872. Schimpff n. 2. —

Streissler, Jos., die geometrische Formenlehre [1. Abthl.] in Verbindung mit der Anschauungslehre und dem Zeichnen. Für die 1. Realclasse, sowie für Bürger- und höhere Mädchenschulen. 1.—3. Aufl. gr. 8. (V, 60 S. mit 122 eingedr. Fig. in Holzschn. und 3 Holzschntaf.) Triest 874,75, Schimpff. *

—— dass. — [II. Abthl.] in Verbindung mit der Grössenlehre, dem geometr. Orte und dem Linear-Zeichnen. Für die 2., 3. und 4. Realclasse, sowie für Bürgerschulen. 1. und 2. Aufl. gr. 8. (VI, 99 S. mit 109 eingedr. Fig. in Holzschn. und 1 Holzschntaf.) Ebendas. 873,75. *

—— die geometrische Formenlehre [I. Abthl.], in Verbindung mit der Anschauungslehre und dem Zeichnen. Für die 1. Realclasse [und für die erste Unterrichtsstufe im Zeichnen.] 4. Aufl. gr. 8. (VI, 60 S. mit 122 eingedr. Holzschn.-Fig. und 3 lithogr. Taf.) Triest 876, Schimpff. *

—— dass. — [II. Abthl.], in Verbindung mit der Grössenlehre, dem geometr. Orte und dem Linear-Zeichnen. Für die 2., 3. und 4. Realclasse, sowie für Bürgerschulen. 3. Aufl. gr. 8. (IV, 101 S. mit 109 eingedr. Holzschn.-Fig. und 1 lithogr. Taf.) Ebendas. 876. *

— die geometrische Formenlehre [I. Abth.] in Verbindung mit der Anschauungslehre u. dem Zeichnen. Für die 1. Realclasse u. für die erste Unterrichtsstufe im Zeichnen [1. u. 2. Classe]. Mit 115 (eingedr. Holzschnitt-) Fig. u. 3 (lith.) Taf. 6., verb. Aufl. gr. 8. (VII, 51 S.) Triest 880. Schimpff. n. 1. 20

Streissler, Jos., die geometrische Formenlehre. [2. Abthl.] Lehr- und Uebungsbuch der Geometrie und des geometr. Zeichnens für die 2., 3. und 4. Realclasse. 5. verb. Aufl. gr. 8. (IV, 102 S. mit 116 eingedr. Fig. und 1 Taf.) Ebendas. 881. *

Streissler, Jos., die geometrische Formenlehre [1. Abth.] in Verbindung m. dem perspectivischen Zeichnen. Für die 1. Realclasse u. f. die 1. Unterrichtsstufe im Zeichnen [1. u. 2. Classe]. Mit 115 Fig. u. 3 Taf. 7. rev. Aufl. gr. 8. (VII, 54 S.) Triest 885. Schimpff. geb. n. 1. 60

Streissler, J., die geometrische Formenlehre [II. Abtlg.]. Lehr- u. Übungsbuch der Geometrie u. d. geometr. Zeichnens f. die II., III. u. IV. Realclasse. 6., rev. Aufl. Mit 115 Fig. u. 1 Taf. gr. 8. (IV, 110 S.) Triest 887. Schimpff. geb. n. 2. —

— die geometrische Formenlehre. (I. Abth.) in Verbindung m. der Anschauungslehre. Für die I. Realclasse. 8., im Sinne d. neuen Lehrplanes rev. u. m. neuen Fig. verseh. Aufl. gr. 8. (44 S. m. 61 Fig. u. 2 Taf.) Triest 893. F. H. Schimpff. n. 1. 20

Streissler J.: Über geographische Kartenprojectionen mit 1 Tafel. 16. Graz St. R. 83. **Progr.**

Streissler, Jos.: Studien aus der Perspective. 52 S. 8°. - Troppau OR., Progr. 1864.

Streit [Sachliches OW]

Streit, der; od. welches Geschlecht brach zuerst d. Treue d. Liebe. Lstsp. a. d. Frz. 8. Jena, Gabler. 778.

Streit, der bischöfliche. Sendschreiben an Herrn Regierungsrath und Stadtdirector Burger zu Freiburg. Karlsruhe 853. Braun. 8. (16 S.) 1½ ngr.

Streit, Der böhmische. Nachklänge aus dem böhmischen Landtage. Wien 1898. V: *Opitz, Ambros.* (EB)

Streit, der böhmische. Nachklänge aus d. böhm. Landtage. 12. (56 S.) Wien 898. Warnsdorf, A. Opitz. n. — 20

Streit, der Bremer, 2. beinahe um die Hälfte vermehrter Abdruck eines Aufsatzes aus der Evangel. Kirchenzeitung. gr. 8. Berlin 841, L. Oehmigke. ½ ℛ

Der Streit um die Echtheit des Grabtuches des Herrn in Turin. In s. merkwürd. Anlaß, interessantem Verlauf u. tragischen Ausgang dargest. von e. kath. Geistlichen. Paderborn: F. Schöningh 1905. (VIII, 45 S.) 8° [F.] 06. 630

Streit, Der, über gemischte Ehen und das Kirchenhoheitsrecht im Großherzogthum Baden. Karlsruhe 1847. V: *Nebenius, Carl Friedrich.* (CLZür Forts. II)

— der, über gemischte Ehen u. das Kirchenhoheitsrecht im Großherz. Baden. gr. 8. (XXXII u. 115 S.) Karlsruhe 847, Braun. n. 7/12 ℛ

Streit, Der, über das Eigenthum an den Festungswerken der Stadt Basel. Zürich 1861. V: *Tobler, Leonhard.* (Cat. d. Stadtbibl. Zürich. Zürich 1864—97.)

Streit. Der St' über das Eigenthum an den Festungswerken der Stadt Basel. 8. 1861.
Ausg. A. Zurich.
Ausg. B. Beilage zur St. Galler Zeitung Nro. 274. St. Gallen.

— u. Friede, s. Skizzen aus dem Alltagsleben.

STREIT, Der, der Glieder, des menschlichen Leibes über die Frage, welches von ihnen die Oberherrschaft haben soll. O. O. u. J. (c. 1830). 8°. (70 Pfg. J. Hiller, München, 1892; jetzt theurer!)
Seltenes Jocosum.

—— der grosse, und der sichere Sieg oder Döllinger und seine Freunde und Feinde. Von einem Unparteiischen. 16. (82 S.) Wien 871, Mayer und Comp. *

Streit, Der grosse, und der sichere Sieg oder Döllinger und seine Freunde und Feinde von einem Unparteiischen. Wien 1872. V: *Donin, Ludwig.* (EB)

Streit, Der, um die in der Buckowina gelegenen Güter rumänischer Klöster. [Czernowitz 1883.] V: *Kiesler, Hnr.* (EB)

Streit, Herrmann, oder Leben und Schicksale eines Preussischen Landwehrmannes . . . Hamburg 1811. V: *Müller, Heinrich August.* (MGT) »Quedlinb. 1814« (Ky)

Streit, Herrmann, oder Leben u. Schicksale eines preuß. Landwehrmannes, v. Verf. des Fiorenzo. 2 Bde. 8. Quedlinb. Basse. 814.

Streit, der, zwischen Ulrich v. Hutten u. Erasmus v. Rotterdam; ein Beitrag z. Charakteristik Ulrichs v. Hutten u. seiner literar. Zeitgenossen. Aus Originalurkunden u. Briefen ins Deutsche übers. u. mit liter.-histor. Bemerkk. hrsgg. v. K. Kieser. gr. 8. Mainz 823. Müller. 1 ₰ 8 K

—— der kirchliche, im Großherzogth. Baden und der erzbischöfliche Hirtenbrief vom 11. Novbr. d. J. gr. 8. (22 S.) Karlsruhe 853, Braun'sche Hofbuchh.

Streit, Der kirchliche, in Bremen. Erlangen 1841. V: *Höfling, Johann Wilhelm Friedrich.* (Russell IV, 122)

— der kirchliche, in Bremen. (Abdruck aus der „Zeitschrift für Protestantismus und Kirche.") gr. 8. Erlangen 841, Bläsing. 1/2 ₰

Streit, der kirchliche, in Süddeutschland. Eine Stimme aus dem Volke. Mannheim 866. Wittwer. gr. 8. (26 S.) n. 4 ngr.

Streit der Kritik mit den modernen Gegensätzen. Mit Beiträgen von Br. Bauer, E. Bauer, E. Jungnitz, Szeliga u. A. 2. Ausg. (der allg. Literaturzeitung.) gr. 4. (511 S.) Charlottenburg 847. Leipzig, Voigt & Fernau. 1 1/2 ₰

Streit, der, über die Lehre von der Gnadenwahl in der sächsisch-nassauischen Freikirche. [Aus: „Evang.-luther. Freikirche".] gr. 8. (68 S.) Dresden 881. H. J. Naumann in Comm. n. — 80

Streit, der, d. Literatur-Zeitung. Posse in 2 A. 8. Berl. 803. (Curths). 8 gr

— der, der Literatur-Zeitung. Posse in 2 Akten. 8. Berlin, Schmidt. 803.

— der, zwischen Mensch und Thier, ein arabisches Mährchen aus den Schriften der lauteren Brüder übers. und mit einer Abhdlg. über diesen Orden, so wie mit Anmerkungen versehen von F. Dieterici. Berlin 858. Mittler u. Sohn. 8. (VIII, 298 S.) 1 ₰. 15 ngr.

Streit, der, üb. die Zillmer'sche Methode in der Lebensversicherung. Eine Antwort an den Versicherungstechniker v. Logophilus. gr. 8. (VI, 112 S.) Berlin 902. (E. S. Mittler & Sohn.) n.n. 2. —

Streit. der, üb. die Zillmer'sche Methode in der Lebensversicherung. Eine Antwort an den Versicherungstechniker v. Logophilus. (VI, 112 S.) gr. 8. Berlin (SW., Lindenstr. 47), Verlag der Zeitschrift f. Versicherungswesen. 2. —
1902,

Streit, Der, Michaels und des Drachen, oder Gegen-Erklärung des Verf. der Gallerie der Teufel gegen die Protestation des Herrn Hauptpastor Goeze . . . Hamburg 1785. V: *Cranz, August Friedrich.* (schr)

— der, zwischen d. alten u. neuen Musik. Enthält, Nägeli's Beurtheilung d. Schrift: Die Reinheit d. Tonkunst in d. Kirche rc. gr. 8. Breslau 827, Förster.

Streit, der, der Nordbahn und der Staatsbahn vor dem Richterstuhle der öffentlichen Meinung. 8. (IV und 82 S.) Wien 861, Förster's artistische Anstalt. Thlr.

Der Streit zwischen dem Präsidenten des preußischen Abgeordnetenhauses und dem Kriegsminister in der Sitzung vom 11. Mai 1863. Ein unpartheiisches Votum über die Frage, ob der Präsident des preußischen Abgeordnetenhauses berechtigt ist, vor dem Hause redende Minister in ihren Vorträgen zu unterbrechen. Leipzig, W. Engelmann 1863. 20 S. 8.

Streit, Der russisch-türkische — und der Widerstand Europas gegen die russische Politik. Eine aus den neuesten und besten Quellen geschöpfte Darstellung der Ereignisse, welche allmälig zum bewaffneten Einschreiten und dann zum Kriege der Westmächte gegen Rußland geführt. Nebst einer vollständigen geheimen Korrespondenz und andern auf die orientalische Frage Bezug habenden wichtigen Aktenstücke. 8. (1 Blatt und 144 S.) Wien. Gedruckt bei J. P. Sollinger's Witwe. Pesth, Wien und Leipzig. Hartlebens Verlags Expedition. 1854.

Streit, der, in Frau Europa's Schule od. wie der deutsche Knabe den französ. Knaben prügelte, u. wie der engl. Knabe zu sah u. lachte. Desgleichen: „warum John Bull nicht einschritt;" e. Antwort auf „den Streit in Frau Europa's Schule." Aus dem Engl. übers. v. C. Th. Eben. 8. (24 S.) Philadelphia 871. (Schäfer & Koradi.) n. 1. —

STREIT und Kampf, Seltsamer, zweyer unterirdischer Polter-Geister in dem Leben des Grafen Vinall und des Fräulein Hermoine. Mit Titelkpfr. Dreßden, b. Joh. Nic. Gerlach. 1748. 8°. XIV u. 168 S. (6 Mk., etwas fleckig, Jacques Rosenthal, c. 1903; 3 Mk. Jul. Neumann, 1907.)
M. M. V. 1747. F 1a; O. M. V. 1748. G 3b; Cat. Meissner II; Bibl. J. J. Schwabii II.

Streit, der serbisch-bulgarische, u. seine Folgen. Bemerkungen zur Balkanfrage in 11 Leitartikeln d. „Pester Lloyd" u. e. Schlusswort. gr. 8. (V, 114 S.) Wien 886. Braumüller. n. 2. —

— der, zwischen der Staatsbahn u. der Nordbahn. Mit 1 (lith. u. color.) Eisenbahnkarte (in Fol.). Wien 861. (Manz & Co.) gr. 8. (31 S.) n. 6 ngr.

Streit, Vergeblicher, wieder die Wahrheit und Unschuld . . . O. O. 1711. V: *Siegvolck*, *Paul* oder *Klein-Nicolai*, *Georg*. (Myl)

Streit und Versöhnung, s. Becke, Bernhard von der.

Der Streit um die Verstaatlichung der Reichsbank. (No. 21 der Schriften des Vereins zur Wahrung der wirthschaftlichen Interessen von Handel und Gewerbe.) Berlin 1889.

Streit um d. Verstaatlichg. d. Reichsbank. 1. u. 2. Aufl. Von d. Verein z. Wahrg. d. wirthschaftl. Interessen. Berl. 889.

Zum **Streit** um die Werkspensionskassen. Darlegungen u. Aktenstücke hrsg. v. d. Firma Fried. Krupp Aktienges. in Essen/Ruhr. Essen/R. 1908: Gußstahl-Fabr. F. Krupp. (106 S.) 4° [08. 16931

Streit [Verfasser]

Streit, Führer durch das oberbergische Land. Gebiet der oberen Wupper, Agger, Wiehl, Sülz, Broel u. unteren Sieg, sowie Bensberg u. Umgegend. 12. (78 S. m. Abbildgn. u. 1 topogr. Karte.) Barmen 889. Inderau. n. 1. 30

Streit [Hrsg.], s. Hopf, K. (H.): Bonifaz von Montferrat.

Streit, Kranken-Tabellen, s. Kranken-Tabellen.

(Streit): Die Mineralquelle und die Badeanstalt bei Hohenstein, historisch-topographisch, physikalisch-chemisch und medicinisch-praktisch beleuchtet. (o. O.) 1834. VI, 83 S., 1 Tf. 8° [E 5674

Streit, A., das Theater. Untersuchgn. üb. das Theater-Bauwerk bei den klass. u. modernen Völkern. (VIII, 267 S. m. Abbildgn. u. 26 Taf.) Fol. Wien 903. Lehmann & Wentzel. n. 52. —

Streit, A., das Wesen der Cyklonen u. ihre besond. Erscheinungsformen als Hagelwetter u. Gewitter. Nebst e. Anh. üb. das Wetterschiessen. (VI, 125 S. m. Fig.) 4. Wien 906. Hof- u. Staatsdruckerei. n. 18. —

Das Unteroffizierkorps des Deutschen Heeres. Ein Buch f. Alle. Verf.: Adolf **Streit**, Gefängnis-Insp. Hagen i. W.: C. Stracke in Komm. 1905. (106 S.) 8° [F.] [06. 633

Von der Wiege bis zum Frack. Eine immerhin ernste Geschichte von Alfred **Streit**. Berlin: Concordia (1908). 234 S. 8° [09. 6775 II

Streit, Alfred: Von der Wiege bis zum Frack. Eine immerhin ernste Geschichte. 2. Aufl. Berlin: Concordia [1908]. 234 S. 8°

Streit, Armand. Die Burgen, Schlösser und Ruinen des Kantons Solothurn. Historisch-topographisches Handbuch für Freunde der Vorzeit. 8. Bern 1865.

Streit, Armand, Geschichte des bernischen Bühnenwesens vom 15. Jahrhundert bis auf unsere Zeit. Aus authentischen Quellen. Mit Vorwort von Prof. K. Pabst. 1. Band. 21 Bogen 8. Bern, im Selbstverlag d. Verf. 1873. 10. —

Streit, A., Geschichte des Bernischen Bühnenwesens vom 15. Jahrhundert bis auf unsere Zeit. Ein Beitrag zur schweiz. Kultur- u. allgem. Bühnengeschichte. Aus authentischen Quellen. Mit einem Vorwort v. Prof. K. Pabst. II. Bd. XII u. 294 Stn. 8. Bern, im Selbstverlag des Verfassers. 10. — 1874

Streit, Armand. Geschichte des Schlosses und der Gegend Holligen von den ältesten Zeiten bis zur Gegenwart. Nebst einer Darstellung der Geschichte und Rechtsverhältnisse des Sulgenbaches. Aus urkundlichen Quellen. Mit einem Vorwort von Prof. Dr. Karl Hagen. 8. Bern 1864.

Streit, Arno: Frankreich, s. Streit, Friedrich Wilhelm.

Streit, Arnold, aus Kirchdorf (Kanton Bern): Ueber die Wärme-Leitfähigkeit und deren Abänderung mit der Temperatur von zähen Flüssigkeiten. Zürich 1910 69 S. 8°. [12. VII. 10.]
Zürich. Univ. Phil. Diss. II. S. 1909/10.

Streit, B., Beiträge zur Kenntniss der Resectio pylori. Inaug.-Diss. [Aus: „Deutsche Zeitschr. f. Chirurgie".] gr. 8. (24 S.) Leipzig 888. (Born, Huber & Co.) n. — 45

Streit, Carl, s. Streit, Karl.

Streit, Christoph Philipp (Kulmbach) A. S. 262/11

Dissertatio inauguralis juridica, de transitu innoxio, et noxio per alienum territorium.
Altdorf (Meyer) II. 1715. 40 S. 33858

Streit, Conrad, s. Streit, Konrad.

(Streit, C. F. W.,) Gesundheitszeitung, s. Gesundheitszeitung.

Streit, Erhard

Streit, E., Der Katholicismus das Princip vollendeter Civilisation. Würzburg 1857, 4°, 35 S., Programm.

Rede am Grabe des k. Studien-Rektors Herrn Dr. Franz Xaver Eisenhofer, gehalten am 17. Aug. 1855 von Erhard Streit, P. der Relgel. u. Gesch. — 1855. Würzb., Stahel. — S. 3—13 in 8. Progr. Würzburg.

Streit, F. (Hrsg.), s. Turn- und Volks-Wehr- Zeitung, Deutsche.

Streit, Felix, Prof., cand. rev. min.: Christoph Scheurl, der Ratskonsulent von Nürnberg, und seine Stellung zur Reformation. Plauen i. V. 1908: Neupert. 59 S. 4°
Erlangen, Phil. Diss. v. 26. Nov. 1908, Ref. Beckmann
[Geb. 4. Okt. 64 Mittweida, Kgr. Sachsen; Wohnort: Plauen i. Vogtl.; Staatsangeh.: Sachsen; Vorbildung: Fürstensch. Meißen Reife O. 85; Studium: Leipzig 5, Erlangen 2 S.; Rig. 2. Nov. 08.] [U 09. 866

Streit, Felix (Edmund): Christoph Scheurl, der Ratskonsulent von Nürnberg, und seine Stellung zur Reformation. Plauen i. V. 1908: Neupert. 59 S. 4°
Plauen i. V., st. RG u. R OP 1908 (731) [S 08. 474

Streit, Fr.: Untersuchung der Oberflächen und Rauminhalte jener Körper, die durch Rotation eines Kreissegmentes um eine in dessen Ebene liegende und zu dessen Sehne parallele Axe entstehen. 26 S. 8° – Reichenberg, ROG., Progr. 1873.

Streit, Fr.: Die meteor. Verhältnisse von Reichenberg i. J. 1873. 8°. 1874. Progr.

Streit, Fr. Edw., († 1814.) militär. Encyklopädie f. künftige Officiere, besonders preußische. 1r Thl. in 2 Abtheill. Mit 9 Kpfr. gr. 8. Berl. 800. Belitz. 3 ℛ 8 gr

Streit, Friedrich Wilhelm

— nöthiger Anh. zu der unpartheiischen Kritik. 8. Gera 781.

Streit, Fr. Wilh., Atlas v. Asien u. Europa, s. W. Fischer.

Streit, Friedr. Wilh., Atlas d. ganzen Erde, s. Atlas.

Streit, Frdr. Wilh., Atlas von Europa in 82 Bll. Revidirt und mit den neuesten Veränderungen versehen von Böhm. Berlin, C. Heymann. 1842. Kupferst u. kol. gr. qu.-4.

—— und Wilh. Fischer, histor. u. geograph. Atlas v. Asien, } s. Fischer, Wilh.
—— —— histor. u. geograph. Atlas v. Europa, } s. Fischer, Wilh.

Streit, Fr. Wilh. Atlas f. Militärschulen. (Mit besondere Rücksicht auf Meinecke's Lehrbuch). In 5 Lieferr. Nebst Geograph.-statist. Uebersicht. 1e—5e Liefer. gr. 8. Leipz. 829—831. Hinrichs. 5 ℛ 12 gr

—— Atlas f. Militär-Schulen. (Mit besond. Rücksicht auf Meinecke's Lehrbuch.) 5 Lfgn. (20 ill. Bl. Kpfrt. u. Text.) Fol. Leipzig, Hinrichs.
Lfg. 1. Europa. — Preussen. — Oestreich. — Niederlande. Nebst: Geograph.-statist. Uebersicht. gr. 8. (5 B.) 829. 1 Thlr.
Die „Uebersicht“ apart, 6 Gr.
- 2. Die Schweiz. — Italien — Schweden mit Norwegen, u. (Europ.) Russland. Nebst: Geograph.-statist. Uebersicht. gr. 8. (5 B.) 829. 1 Thlr.
Die „Uebersicht“ apart, 6 Gr.
- 3. Die Pyrenaeische Halbinsel, od. Spanien u. Portugal. — Frankreich. — Die Britischen Inseln. — Der Daenische Staat, u. d. Gebiete d. freien Städte Hamburg u. Lubeck. Nebst: Geograph.-statist. Uebersicht. gr. 8. (5 B.) 830. 1 Thlr.
Die „Uebersicht“ apart, 6 Gr.
- 4. Teutschland. — Polen. — Die Balkanländer. — Asien. Nebst: Geograph.-statist. Uebersicht. gr. 8. (5 B.) 831. 1 Thlr.
Die „Uebersicht“ apart, 5 Gr.
- 5. Afrika. — Nord-Amerika. — Sud-Amerika. — Australien. Nebst: Geograph.-statist. Uebersicht. gr. 8. (2 B.) 832. 1 Thlr.
Die „Uebersicht“ apart, 4 Gr.

— Atlas für d. ersten Schul-Unterricht. (1e — 4e Lfrg.) qu. gr. 4. Berlin 838, 39. (Leipzig, Michelsen.) 46 Bl. 1⅓ ℛ

—— Atlas f. d. ersten Schul-Unterricht in 46 Bl. (lith. u. ill.) Berlin 839. (Leipzig, Michelsen.)

Streit, (F. W.), Atlas der Italien. Staaten. qu. Fol. (6 in Kpfr. gest. u. color. Bl.) Berlin 848, C. Heymann. n. ⅔ ℛ

— Atlas der Oesterreich. Staaten. In 16 (in Kpfr. gest. u. color.) Blatt. qu. Fol. Ebd. 848. n. 1½ ℛ

—— Atlas der Umgebungen d. vorzüglichsten Bäder Teutschlands. (1. Lfg.) Böhmische. Teplitz, Bilin, Seidschitz u. Sedlitz, Karlsbad, Franzensbrunnen u. Marienbad, Bergieshübel nebst Schandau u. d. sächs. Schweiz. qu. gr. 8. (4 Bl. Kpfrst.) Berlin 831, Herbig.
Vgl. Reichard, (H. A. O.,) „Passagier.“

Streit, Fr. Wlh. († d. 25. Febr. 1793.) an attempt to facilitate the study of the English language. II Vols. N. Ed. IV Voll. 8. Gera 789, 90. Rothe. 1 ℛ 12 gr Deutsch unt. d. T.: Samml. kleiner Aufsätze vermischten Inhalts, in Prosa u. Versen, zur Erlernung der engl. Sprache. 4 Thle. 8. Ebd. 789—91. 1 ℛ 12 gr

— die Böhmischen Bäder mit ihrer Umgegend u. die Sächs. Schweiz, in 4 Kärtchen. Eine Beilage zur 8n Aufl. von Reichard's Passagier auf d. Reise. qu. 8. Berl. 834. Herbig. ⅙ ℛ

Streit, F. W., Baiern, Würtemberg, Baden u. Hohenzollern. Gest. von H. Leutemann. Leipzig, Hinrichs, 1840. Fol. Kol.
——. —— Ebda 1851. Fol. Kol. (¼ Rt.)

— die Berechnung der Kugelhaufen. Ein Handbuch f. Artilleristen u. Zeugbeamte. Mit 1 Steindr. u. 1 Tab. gr. 4. Bresl 818. (Graß, B. u. C.) 16 gr

Streit, F. W. Die Berechnung der Kugelhaufen. Handbuch f. Artilleristen u. Zeugbeamte. Mit 1 Taf. Breslau 1818. 46 S.

—— military dictionary english-german and german-english. — Engl.-deutsches u. deutsch-engl. Militair-Wörterbuch. 2 Abthln. 12. (9⅚ B.) Berlin 837, Heymann.

Streit, Dr. F. W. Military dictionary. Englisch-deutsches u. deutsch-englisches Militär-Wörterbuch. Berlin 1837. 228 S.

—— und Arno Streit, Frankreich. Gest. v. H. Leutemann. M. 1 Tab.: Kurze Uebersicht d. Geschichte Frankreichs. — Geograph.-statist. Uebersicht v. Frankreich. gr. Fol. Leipzig 834, Hinrichs. ill.

Krakau — Die Gebiethe der vier freyen Städte nebst dem Freystaate — Von F. W. Streit. 1825. S. Deutschland. Freye Städte g. g. Gen. K. 1 : 340,000.

— Gebirgs- u. Gewässer-Karte v. Deutschland, od. d. deutsch. Staatenbund. Fol. Leipz. 831. Hinrichs. color. 6 gr

Streit, F. W., Gebirgs- und Gewässer-Charte von Teutschland, oder der teutsche Staaten-Bund. Gest. von H. Leutemann. Leipzig, Hinrichs 1833. gr. Fol. Kol.

Preussischen Monarchie — General-Karte der — in zwey Blättern. Nach v. Schrotters, Gillys, Sotzmann's etc. und andern guten Charten entworfen und gezeichnet von Fr. Wilh. Streit, Ober-Lieutenant. Weimar im geograph. Institut 1812. Gestochen von L. Heſs. 1 : 1,000,000. 2 Bl.

Streit, F. W. General-Karte von dem Konigreiche Westphalen. Weimar 1810. 1 Bl. c. K. v.

—— die mathemat. Geographie in Verbind. mit d. Gebr. d. Globus u. d. Entwerfung geograph. Netze. gr. 8. (9½ B. u. 4 Taf.) Berlin 837, [Schröder's Verl.]

Streit, F. W.: Die mathematische Geographie in Verbindung mit dem Gebrauch des Globus und der Entwerfung geographischer Netze. Berlin 1837. IV, 147 S., 4 Tf. 8° [B 818

—— Geographie d. preuß. Staats. gr. 8. (7½ B.) Berlin 836, Natorff u. Comp. (?)

— kurze Geschichte Italiens, s. Uebersicht, kurze, der Geschichte Italiens.

Streit, Friedrich Wilhelm, s. Globus, Der.

—— neues Handbuch f. Reisende in Deutschland u. nach d. wichtigsten Städten d. Nachbarstaaten. Nebst e. Anh. e. grossen Anzahl nützl. u. interess. Notizen f. Reisende. Nach e. eig. Plane bearb. gr. 18. (756 Seit. u. 1 Postkarte.) Heidelberg 836, [Engelmann'sche Vrlsh.]

— Hülfsschriften z. Beförder. des Studiums militair. Wissenschaften. 1s Heft. A. u. d. T.: Sachwörterbuch der Schlachten, Gefechte, Belagerungen u. Friedensschlüsse rc. 16. Berl u. Posen 831. Mittler. 16 gr

Streit, Friedr. Wilh., die Britischen Inseln. Gest. v. H. Leutemann. Mit d. Beil.: Kurze Uebersicht d. Geschichte Großbritanniens. Histor.-statist. Tabelle v. England. 2 Bl. gr. Fol. Leipzig 833, Hinrichs. ill. Thlr.

v. Streit, F. W. und Hartl, M. Allgemeine Charte des Kaiserthums Oesterreich, nebst einem grossen Theile Deutschlands, der Schweiz, Italiens, der Türkei, Russlands und Preussens, zur Uebersicht der politischen, ökonomischen und militärischen Lage der Monarchie gegen diese Länder. Wien 1816. 1 Bl. c. K. v.

Streit, F. W., Charte von den Grossherzogthümern Berg, Hessen u. Frankfurt, dem Herzogthum Nassau und den übrigen darinne begränzten, zum Theil noch uneingetheilten Ländern. Entworfen u. berichtigt im Januar 1811. M. 1:800000. Weimar. Landes-Industrie-Comptoir, 1811. Imp.-Fol. Kupferst. u. kolor. (½ ℛ.)

Streit, Frdr. Wilh., Karte von Deutschland in 4 Bll.; welche als Uebersichts-Tableau der grossen topographisch-militairischen Karte in 204 Bll., zugleich aber auch als vollständige Post- u. orographische Karte dienen kann. M. 1:1000000. Weimar. (Landes-Industrie-Comptoir.) 1810. . . . . (D.)
—— —— Aufs Neue bericht. Ebenda 1813. (3½ ℛ.)

Streit, F. W., Karte von Deutschland nebst Angabe aller Poststrassen und Stationen nach den neuesten Begränzungen entworfen . . .; gest. von Leutemann. Leipzig, Hinrichs, 1819. Kolor. oder schwarz.
——, —— Bericht. bis z. J. 1822, gest. von Leutemann. Ebda. 1822.

Streit, F. W., Charte von Deutschland mit den Eisenbahnen nebst Angabe aller Poststrassen und Stationen nach den neuesten Begränzungen entworfen. Gest. von H. Leutemann. Berichtigt bis zum Jahre 1842. Leipzig, Hinrichs, 1841. gr. Imp.-Fol. (Kolor. 1⅓ ℛ.)

—— Karte d. Pyrenäischen Halbinsel, od. Spanien u. Portugal. Mit e. histor.-polit. u. militär. Tab., nebst e. Abriß d. Gesch. beider Länder. gr. Fol. Leipzig 830, Hinrichs. ill.

v. **Streit,** F. W. und Andere. Karte von Inner-Oesterreich oder den Herzogthümern Steyermark, Kärnthen und Krain, mit den Gebieten von Görz und Triest, dann den angrenzenden Provinzen Kroazien und Salzburg, dem grössten Theile von Nieder-Oesterreich und Theilen von Ungarn, Baiern und dem Italienisch-Lombardischen Staate. Wien 1807. 6 Bl. c. K. v.

Preussischen Monarchie — Charte der — in drey Blättern. Zuerst im Jahre 1812 nach den besten vorhandenen Materialien in 2 Blättern entworfen, im Jahre 1815 aber mit dem dritten Blatte vermehrt und nach den Beschlüssen des Wiener Congresses begränzt von Fr. Wilh. Streit, Königl. Preuss. Hauptmann der Artillerie. 1,000,000. 3 Bl.

—— Karte d. Osmanischen Reichs in Europa u. Asien. Nach d. vorzügl. Hülfsmitteln entworfen. Gest. v. H. Leutemann. Mit e. geograph. Uebersicht v. C. G. D. Stein. 4., verb. u. verm. Ausg. Fol. Leipzig 829, Hinrichs. ill.

Streit, Major F. W., Charte vom Taunus und seinen Heilquellen. — Carte du Taunus et ses eaux minerales. — Map of the Taunus and its mineral and thermal sources. Neue revid. Aufl. 1:180,000. Stahlst. Fol. Wiesbaden 871, Limbarth. In Carton 2 —

Streit, F. W., Topographisch-militärische Charte der 4 Departements des Französischen Reichs nemlich der Elb-Mündungen, Weser-Mündungen, Ober- und Ost-Ems nach den besten Hülfsmitteln entworfen. Carte topographique militaire des 4 départements de l'Empire français, savoir, des Bouches de l'Elbe etc. Hamburg 1812. 20 Bll. qu.-Fol. . . . . (Br. Mus.)

Topographisch-militairische Charte von Preussen, Warschau, Gallizien, Ungarn, Croatien, Slavonien u. Siebenbürgen in 217 Blättern. Unternommen von dem geographischen Institute zu Weimar. Entworfen und gezeichnet von F. W. Streit. 1: 185,000. 78 Bl. (Nicht vollständig erschienen.)

Streit, F. W. Charte von dem Königreiche Westphalen nach seinen damaligen Bestandtheilen. Weimar 1808. 1 Bl. c. K. v.

— Lehrbuch der reinen Mathematik z. Selbstunterricht. 1r Thl. A. u. d. T.: Anfangsgründe d. Arithmetik. gr. 8. Weimar 816. 2e Aufl. 822. Ind.-Compt. 1 ℛ 2r Thl. A. u. d. T.: Die Lehre von d. Verhältnissen u. Proportionen, nebst d. Anfangsgründen der algebraischen Auflösungen u. den Aufgaben des 1n u. 2n Grades. gr. 8. Ebd. 817. 2e A. 824. 18 ℊ 3r Thl. A. u. d. T.: Die Lehre von d. zusammenhäng. Brüchen, unbestimmten Aufgaben, von d. Reihen, Logarithmen u. den dahin einschlagenden Rechnungsarten. 817. 1 ℛ 4r Thl. A. u. d. T.: Die Lehre von d. Funktionen u. ihren Verwandlungen, die Anwend. der Reihen auf die Berechnung d. Logarithmen, aus d. Entwickelung der Potenzen u. Summirung einiger besondern, theils endlichen, theils unendlichen Reihen, nebst den höhern Gleichungen. 818. 1 ℛ 5r Thl. Mit 6 Kpft. A. u. d. T.: Die Lehre von d. Eigenschaften der Linien u. d. ebenen Flächen. 819. 1 ℛ 12 ℊ 6r Thl. Mit 3 Kpft. A. u. d. T.: Die Lehre von d. Lage u. Stellung der Ebenen, u. v. den Eigenschaften der Körper, ihrer Berechnung u. Ausmessung ꝛc. 820. 21 ℊ 7r Thl. Die ebene u. sphärische Trigonometrie. Mit 2 Kpft. 820. 1 ℛ 3 ℊ 8r Thl. Mit 6 Kpft. Die prakt. Geometrie. 820. 1 ℛ 8 ℊ 9r Thl. Die Lehre von d. Kegelschnitten u. einigen krummen Linien. Mit 1 Kpf. gr. 8. Ebd. 823. 1 ℛ (Alle 9 Thle 10 ℛ)

— Lehrbuch der reinen Mathematik, für den Selbstunterricht bearb. 3r Thl. A. u. d. T.: Die Lehre von den zusammenhäng. Brüchen, unbestimmten Aufgaben, von den Reihen, Logarithmen u. den dahin einschlagenden Rechnungsarten. 2e u. verm. Aufl. gr. 8. Weimar 832. Landes-Ind.-Comptoir. 1 ℛ

— dass. 10r Thl. A. u. d. T.: Die Differenzialrechnung und die Anfangsgründe der Integralrechnung. Mit 1 Tafel Abbildd. (Mit 3 Tabellen.) gr. 8. Ebd. 833. 1½ ℛ

— engl. Lesebuch histor. Inhalts, nebst einigen Gedichten. 8. Gera 792. Rothe. 18 ℊ

—— mathemat. Miscellen, e. Hülfsb. f. Lehrer u. z. Selbstunterr. 1. Hft. — A. u. d. T.: Monographie d. binom. Lehrsatzes. 8. (6 B.) Berlin 836, Heymann.

— christl. Neujahrsbetrachtt. zur Erbauung f. Jesusfreunde. 8. Ronneburg 792.

Streit, F. W. Plan der Gegend um Lippstadt. Cöln. 1 Bl. L. Ff.

-- die Preuss. Provinz Posen. Mit farbiger Bezeichnung der Demarcations-Linie nach den neuesten Bestimmungen der Reorganisations-Commission. Imp. 4. Kpfrst. u. color. Ebd. 848. n. ⅙ ℛ

Streit, F. W., Post-Charte der Oesterreichisch-Teutschen, Preussischen u. Teutschen Bundes-Staaten, so wie der Königreiche Holland, Belgien u. der Schweiz, nach den besten Hilfsmitteln entworfen 1832. Berichtigt von einem Königl. Postbeamten im Jahre 1834. Berlin, Herbig, 1835. Roy.-Fol. Kupf. u. kol. (¾ ℛ.) . . . . (Br. Mus.)

Streit, F., W., Post- und Reise-Karte von Deutschland u. den angrenzenden Ländern bis Paris, Lyon, Turin, Mailand, Warschau und Königsberg. Revidirt und durch viele Nachträge sehr verbessert bis auf das Jahr 1843. Nürnberg, Stein, 1843. Imp.-Fol. Kupferst. u. kolor. (⅓ ℛ.)

Streit, F. W., Reise-Charte durch Deutschland und die angrenzenden Länder, mit Angabe aller Schnell-Postrouten und der vorzüglichsten Fahrposten. (Gest. von Wilh. Jättnig. Berlin 1812. Leipzig, J. B. Klein's Kunst- u. Buchhandlung.) Fol. (¼ ℛ.)

— Sammlung geometr. Aufgaben, mit einem Anhange der nöthigsten Formeln. Für Gymnasien u. Schulen, so wie zum Selbstunterricht ꝛc. bearb. Mit 7 Figurentaf. 8. Berlin 838. Schröder. 1 ℛ

Streit, F. W., Samml. kleiner Aufsätze vermischten Inhalts, in Prosa und Versen, zur Erlernung d. engl. Sprache. 4 Thle. 8. Gera, Rothe. 789–91.

— Samml. aller mögl. Ortsbestimmungen, s. F. J. Bertuch.

—— und F. Maull, Schul-Atlas von allen Theilen d. Erde. N. d. neuest. Bestimmungen entworfen. qu. gr. 4. (36 Bl., Kpfrst. u. ill.) Berlin 838, (Logier.)

—— Schul-Atlas von allen Theilen d. Erde. N. d. neuesten Werken u. Bestimmungen entworfen. (36 Bl., Kpfrst. u. ill., qu. Roy.-4.) Mit d. Beil.: Kleiner geograph. Wegweiser üb. alle Theile d. Erde. (4½ B., gr. 8.) Berlin 839, 37, Kortmann.

—— u. F. Maull, Schul-Atlas von allen Theilen der Erde. Nebst geograph. Wegweiser. qu. Fol. (35 ill. Karten u. 7¾ B. Text in 8.) Berlin 843, Kortmann. (Leipzig, Rein'sche Buchh.)

Streit, Frdr. Wilh., Grosse Situations- u. Postcharte von Deutschland und den benachbarten Ländern. Nach dem Pariser Frieden u. den Bestimmungen des Wiener Congresses begrenzt. M. 1:950000. Nürnberg, Fr. Campe, 1815. 2 Blätter. Imp.-Fol.

Streit, Frdr. Wilh., Der Preussische Staat, die Kurfürstlich-, Grossherzoglich- u. Landgräflich-Hessischen, die Mecklenburgischen, Grossherzoglich und Herzoglich Sächsischen und Anhaltischen Länder, das Herzogthum Nassau, die Fürstenthümer Schwarzburg und Reuss, und das Gebiet der freien Stadt Frankfurt. (Mit dem Beikärtchen: Fürstenthum Neuchâtel, im doppelten Massstabe der Charte.) Leipzig, Hinrichs, 1837. 2 Blätter in gr. Fol. Kupferst. u. kolor.
—, — Ebda 1849. (1⅓ ℳ.)

Streit, Fr. Wlh. f. Stutzer, der.

—Süd=Amerika, nach den besten Materialien u. nach Bemerkk. des Prof. Ed. Pöppig entworfen u. gezeichnet. Kupferstich u. ill. gr. Fol. Leipzig ... Hinrichs'sche Buchh. 1/4 ℛ

Streit, Friedrich Wilhelm, s. Swift: Sämmtl. Predigten.

— Tagebuch e. preuß. Offiziers, s. Tagebuch.

— neuer Taschen=Atlas üb. alle Theile d. Erde. Mit der neuesten Statistik versehen von J. D. A. Höck. 4. Nürnb. 825. Campe. 2 ℛ

— Thränen u. Entschließungen d. Christen bei Aschenhaufen einer durch Feuer gänzlich verheerten Stadt; e. Brandpredigt. Guta bei Gera 780.

— geograph.=statist. Uebersicht von Afrika, Amerika u. Australien, mit besond. Rücksicht auf d. Vortrag in Militärschulen. gr. 8. Leipz. 832. Hinrichs. 12 gr

Streit, F. W., Historisch-statistisch-politische Übersicht von Italien, von Erbauung Roms an bis zum Jahre 1819. Mit einer Karte. Leipzig 819. f.

Streit, Friedrich Wilhelm, s. Wege. Die, der Tugend.

— s. Wochenblatt, Berliner politisches.

Streit, Frdr. Wilh., Zollvereinscharte. Karte von Teutschland oder der teutsche Staaten-Bund. Gest. von H. Leutemann. Leipzig, Hinrichs, 1833. gr. Fol. Kolor.
—, — Ebda. 1840. (⅙ ℳ.)

Streit, Georg von

'Η 'Ελληνική ἐμπορική νομοθεσία (ἐμπορικὸν δίκαιον, συναλλαγματική πτώχευσις, ναυτικὸν δίκαιον). Die Griechische Handelsgesetzgebung (Handels-, Wechsel-, Konkurs- u. Seerecht). Bearb. u. übers. von Dr. Georg v. **Streit**, Prof. in Athen, u. Dr. Georg Diobouniotis (Διοβουνιώτης), Privatd. Berlin: R. v. Decker 1906. (122, 122 S.) 4° (8°)
— **Handelsgesetze**, Die, d. Erdballs. Ausg. D. Griechenland. (07. 1908)

Streit, G. v. Die Widersetzung gegen die Staatsgewalt. (§ 113 R. St. G. B.). gr. 8. (VIII, 119 S.) Berl. 892, C. Heymann. * 2 40

Streit, G(ottfried). Was ist die Welt? Können die kosmischen Katastrophen wirklich eintreten? 8 S. 8. Bern [Münsingen, Buchdr. B. Fischer,] 1903. [fr. —. 30]

Streit, Gust., über Bibelstunden. gr. 8. (21 S.) Dresden (902). F. Richter. n — 25
Sonderabdruck aus: „Pastoralblätter f. Homiletik".

Streit, Gust., die Pflege der christlichen Gemeinschaft u. die innere Mission, s.: Bibliothek, kleine, f. innere Mission.

Streit, H[ans]: Die wissenschaftlichen Forschungen und Entdeckungen des älteren Seebeck auf dem Gebiete der Optik und Wärmelehre. *Schlawe (1901): H. Moldenhauer & Sohn.* (S. I—XV.) 4° ¶ (Soll fortgesetzt werden.)
Schlawe, st. PG m. Realabt., P 1901 (155)

Streit, H[ans]: Seebecks wissenschaftliche Forschungen und Entdeckungen auf dem Gebiete der Elektricität und des Magnetismus. *Schlawe (1902): H. Moldenhauer & Sohn.* (S. III—XXII.) 4° ¶ Forts. zu dem im vorigen Jahre dem Jahresberichte vorangeschickten Aufsatze.
Schlawe, st. PG m. Realabt., P 1902 (159)

Streit, (Hans): Die Fortschritte auf dem Gebiete der Thermoelektrizität von der Entdeckung bis zur Mitte des vorigen Jahrhunderts. Beitrag z. Geschichte d. Physik. *Kattowitz O.-S. 1903: J. Herlitz.* (84 S.) 8°
Kattowitz O.-S., st. R ZOR i. E.), P 1903 (267)

Streit, [Hans]: Die Fortschritte auf dem Gebiete der Thermoelektrizität. T. 3. von der Mitte des vorigen Jahrhunderts bis zur Neuzeit. Beiträge zur Geschichte der Physik. Wittenberge 1905: Th. Gotthardt. (104 S.) 8° ¶ [Forts. d. P-Beil. 1903.]
Wittenberge, R P 1905 (156)

Streit, [Hans], Prof.: Die Fortschritte auf dem Gebiete der Thermoelektrizität. T. 4. Wittenberge 1906: Th. Gotthardt. (80 S.) 8° ¶ (Forts. d. P-Beil. Schlawe 1902, Kattowitz 1903, Wittenberge 1905.)
Wittenberge, R P 1906 (166)

Streit, [Hans]: Nachruf [auf den am 22. Februar d. J. verstorbenen Direktor Dr. Warnecke]. S. 3—4. 4.
Progr. Realschule *Wittenberge* 1908 (165 statt 180).

Streit, Hans. Vergleichende Untersuchungen über Colibakterien und die gewöhnlichen Bakterien der Euterentzündung der Kühe. Diss. Vet.-Med. Bern. 48 S. 8. Bern, Stämpfli & Cie., 1901.

Streit, Heinrich Wilhelm

Verzeichnis aller Mitglieder der vereinigten Freimaurerlogen in Schlesien als der Loge zur goldenen Himmelskugel in Glogau, der Loge zum glänzenden Siebengestirn in Grünberg, der Loge zum Cherub vor Eden in Glogau, wie auch deren Tochterlogen: Friedrich zum goldenen Scepter in Breslau, Friedrich zur aufgehenden Sonne in Brieg und zu den drei Triangeln in Glatz. [Zsgest. von Heinr. Wilh. Streit.] Berlin 1788: Decker.

Streit, Hermann. Studien über die chemische Zusammensetzung und Verbrennungswärme von Koken verschiedener Darstellungsverfahren, sowie über die rechnerische Ermittelung der Verbrennungswärme von Steinkohlen. Diss. Phil. [II.] Univ. Zürich. [Mit 4 graphischen Tafeln.] 115 S. 8. Zürich, Aktien-Buchdr., 1906.

Streit, Hermann: Ueber Vitiligo. Königsberg i. Pr. (1900): E. Quatz. (31 S.) 8°
Königsberg, Med. Diss. v. 19. März 1900

Streit, J.: Festrede, gehalten bei der Vorfeier des Friedensfestes am 10. November 1866. Wittstock.
Schul-/Univ.-Schrift 1867

Streit, J.: De problematis Kepleriani solutionibus. 1861. 8°
Diss. Greifswald

Streit, J. W. A., Konstantinopel im Jahre 1821, od. Darstell. der blutigen u. höchst schauderhaften Begebenheiten, welche sich in dieser Hauptstadt, seit d. Ausbruche des Krieges zwischen d. Türkei u. Griechenland ereignet haben rc. 8. Leipz. 822. Lauffer. 12 gr

Streit, Johann Konrad (Hirschberg) A. S. 188/30

Dissertatio iuridica, qua interpretationem l. cum societas 69 ff. Präs. Friedrich Gottlieb Zoller. Leipzig (Trog) 23. III. 1744. 24 S. 33859

Streit, Johann Philipp [Praes.], s. A l b h a r t, Christian Heinrich: Semidecadem casuum controversorum & decisorum.

Streit, Johann Philipp [Praes.], s. A p p e l, Johann Martin: Jura aegrotantium.

Streit, Johann Philipp [Praes.], s. C l e m e n, Gustav: De judice vices partium et advocati supplente.

Streit, Johann Philipp, s. D a e g e n e r, Carl Matthias: De abusiva feudi investitura.

Streit, Johann Philipp [Praes.], s. D e g e n c o l b e, Johann Georg: De interesse affectionis.

Streit, Johann Philipp [Praes.], s. D i e f f e n b a c h, Philipp Jacob: De probatione quatenus per examen testium in perpetuam rei memoriam fieri potest.

STREIT, Joh. Phil.: Diss. de eo, quod iustum est circa venationes precarias. - Frankfurt 1713

Streit, Johann Philipp [Praes.], s. F ü l d e n e r, Johann Jacob: De pessimis procedendi modis, quibus justitia ab inferioribus judicibus prostituitur. Das ist: Die von denen Unter=Richtern gekränckte Justitz.

Streit, Johann Philipp [Praes.], s. F u n c k e, Christoph Bernhard: De constitutionibus principum, earumque interpretatione.

Streit, Johann Philipp [Praes.], s. G r o e t z s c h, Heinr. Gottlob: De observanda in correos adulterii poenarum aequalitate.

Streit, Johann Philipp [Praes.], s. H e n n i c k, Andreas: De licito judicis favore.

Streit, Johann Philipp [Praes.], s. H ü i s k e n, Karl Hermann: Dissertationes inaugurales.

Streit, Johann Philipp [Praes.], s. J a h n, Johann Christian: Odiosas litium redemptiones.

Streit, Johann Philipp [Praes.], s. I t t e r, Anton Christian: De renunciatione appellationis aliorumve remediorum contra sententiam.

Streit, Johann Philipp [Praes.], s. J u m p e l t, Gottfried Wilhelm: De eo quod justum est circa restitutionem fructuum quoad eum, qui vicit in possessorio, sed postea succubuit in petitorio.

Streit, Johann Philipp [Praes.], s. J u m p e l t, Jacob Ephraim: Positiones miscellaneas ex jure cambiali, potissimum Saxonico.

Streit, Johann Philipp [Praes.], s. K e r s t i n g, Bernhard Philipp: De antichresi.

Streit, Johann Philipp [Praes.], s. K l o s e, Karl Ludwig: De legis, circa statum personarum disponentis potentia.

Streit, Johann Philipp [Praes.], s. K n i p h o f f, Johann Heinrich: De foris privilegiatis.

Streit, Johann Philipp [Praes.], s. K n o b e l l, Joh. Christoph: De foro competente.

Streit, Johann Philipp [Praes.], s. K o c h, Gottlieb: De quaestione, an vidua, cui statuto locali ex suis et defuncti mariti bonis certa portio tribuitur, hanc possit repudiare et illata repetere?

Streit, Johann Philipp [Praes.], s. L a n g e n b e r g, Chr. Jac.: De praescriptionibus.

Streit, Jo. Ph.: Positiones miscellaneae ex jure cambiali potissimum Saxonico. *Erfort.* **724. 4.**

Streit, Johann Philipp [Praes.], s. R e i n h a r d t, Tobias Jakob: De eo, quod circa negotiorum gestionem justum est.

Streit, Johann Philipp [Praes.], s. R i c h t e r, Samuel: De eo quod justum est circa exceptiones contra promissionem juratam.

Streit, Johann Philipp [Praes.], s. S c h w a r t z, Johann Theodor: De his quae in fraudem legis fiunt.

Streit, Johann Philipp [Praes.], s. S e e h u b e r, Johann Paul: Quaestiones XI. ad tit. ff. de quaestionibus.

Streit, Johann Philipp [Praes.], s. S t i e l e r, Hermann Nikolaus: De testamentis conjugum reciprocis eorumque revocatione.

Streit, Johann Philipp [Praes.], s. S t r i e b e, Johann Paul: Disputatio inauguralis juridica sistens semidecadem casuum notabilorum in foro Saxonico electorali hactenus observatorum.

Streit, Johann Philipp [Praes.], s. S u r t h o, Johann Christoph: De judiciis publicis.

Streit, Johann Philipp [Praes.], s. T h i l o, Johann Gottlieb: De contractu pignoratitio.

STREIT, Joh. Phil.: Programma de venatione prohibita. - Erfurt 1730

Streit, Johann Philipp [Praes.], s. W a g n e r, Georg Joseph: De quatuor quartis.

Streit, Johann Philipp [Praes.], s. W e b e r, Konrad: De actione quae ex mala muneris administratione competit.

Streit, Johann Philipp [Praes.], s. W i l i s c h, Christian Gottfried: De testamento in diversis judiciis insinuato, occasione l. 4. ff. de his, quae in testamento delentur.

Streit, Johann Philipp [Praes.], s. Z a n g e, Johann Adolph: De testamento militari.

Streit, Johann Philipp [Praes.], s. Z w e n g e r, Georg Franz: De incongruis juramentorum de- et relationibus, Das ist: Von ungiltigen Eydes=Anforderungen.

Katholischer Missionsatlas. Enth. d. gesamten Missionsgebiete d. Erdkreises. Bearb. von P. Karl **Streit** S.V.D. [Nebst] Statistische Notizen [&] Erg. 1. 2. Steyl: Missionsdr. 1906. 2 Bde 4°(8°), 2 Kartenbl.
Erg. 1 = Bischofsstädte, Die, Europas. Maßst. 1:12,000,000.
2 = Bischofsstädte, Die, Italiens. Maßst. 1:4,000,000. [07. 9610

Streit, Carl, s. a. Riemenschneider, Tylmann.

Streit C, Tylmann Riemenschneider. 1460-1531. Leben und Kunstwerke. (27 S 93 T) fol Berlin 1888

Streit, Karl Konr., s. Auswahl kl. Romane u. Erzähll.

Streit, Karl Konrad, s. Bibliothek, Schlesische.

– s. Günstling, Der, des Glücks.

Streit, Karl Konr., Schlesische Provinzial-Blätter. Fortgeführt von Wilh. Sohr, s. Provinzial-Blätter.

Streit, (Carl Conr.,) schlesische Provinzial-Blätter. Fortgeführt v. Wilh. Sohr. 87—100. Bd. (od. Jahrg. 1828—34.) à 6 Hfte. Nebst literar. Beilage à 6 Hfte. 8. Breslau, W. G. Korn. à 3.
1—86. Bd. (od. Jahrg. 1785—1827.) [Ebendas.] à 3 Thlr. 16 Gr.

Streit, Ritter Karl Konr., († ...) alphabet. Verzeichniß aller im J. 1774 in Schlesien lebenden Schriftsteller. gr. 8. Bresl. 776. W. G. Korn. 12 gr

– s. Wochenblatt, Theatral.

Streit, Conr. (Edm.) (geb. Mittweida 25. 9. 1860): Beiträge zur Semiotik der Hirnerkrankungen bei Kindern mit besonderer Berücksichtigung der Meningitis tuberculosa. Berlin (1885). (31 S.) 8°
Berlin, Med. Diss. v. 13. Aug. 1885

Streit, Frhr. Leop. v., Uebersichts-Karte der Freimaurer-Logen und des Verbandes derselben nebst den fertigen, im Bau begriffenen und projectirten Eisenbahnen von Mittel-Europa mit den Bildnissen der gegenwärtigen Allerh. Höchsten und hohen Grossmeister und Protectoren, in soweit solche erlangt werden konnten. Dem gesammten Freimr-Bunde gewidmet. Berlin, J. Schmidt. Lithogr. v. H. Delius. 1846. Imp. Folio.
Aeusserst selten. Die beste aller Logenkarten umgeben von 26 gut ausgeführten Portraits: Prinz Friedrich d. Niederlande, Oscar I. König v. Schweden, Ernst August König v. Hannover, Wilhelm Prinz v. Preussen, Louis Philipp König d. Franzosen, Grossherzog v. Weimar, Herzog v. Sussex, Lord Zetland, Graf de la Gardie, General Graf Henkel v. Donnersmarck, General von Selasinsky etc.

Streit, Ludw., de rerum transmarinarum qui Guil. Tyrium excepisse fertur gallico auctore specimen. gr. 8. (VIII und 76 S.) Greifswald 861, (Akademische Buchh.) *

Streit, Ludw. Beiträge zur Geschichte des vierten Kreuzzuges. I. Venedig und die Wendung des vierten Kreuzzuges gegen Konstantinopel. 50 S. **Progr.** *Anklam* 1877.

Streit, Ludw., Beiträge zur Geschichte des 4. Kreuzzuges. I. Venedig u. die Wendung des 4. Kreuzzuges gegen Konstantinopel. gr. 8. (50 S.) Anklam 877. Krüger. n. 2. —

Streit: Commentationis de auctoribus quartae quae habetur sacrae expeditionis historiam spectantibus epitome. 16 S.–Putbus, Progr. 1863

Streit, Ludwig Uebersicht der Bestände an Zeitschriften in den Hauptbüchersammlungen der höheren Schulen in Pommern im Auftrage des Königl. Provinzial-Schulkollegiums zu Stettin zusammengestellt. 8 (33 S. u. 1 S. unpag.). **Progr.** Domg. u. Rg. *Colberg* 1887 (120).

Streit, L.: Übersicht der an den höheren Schulen in Norddeutschland eingeführten historisch-geogr. Lehrbücher. 22 S.–Putbus, Progr. 1870.

Streit, Ludw., Uebersicht der Verbreitung der an den höheren Schulen in Norddeutschland eingeführten historisch-geographischen Lehrbücher. gr. 4. (24 S.) Puttbus 870. (Greifswald, Scharff.) *

Streit, Ludwig: Untersuchungen zum Stil der Märchen Clemens Brentanos. Erlangen 1910: Junge. IV, 110 S. 8°
München, Phil. Diss. v. 19. Juli 1909, Ref. Muncker, H. Paul
[Geb. 29. Juli 84 Hamburg; Wohnort: München; Staatsangeh.: Hamburg; Vorbildung: Gymn. Eutin Reife O. 04; Studium: Kiel 2, München 9 S.; Rig. 19. Juli 09.] [U 10. 3704

Der letzte Franziskaner von Texas. Eine geschichtl. Erzählung v. Robert **Streit,** O. M. J. Mit 7 Ill. Dülmen: A. Laumann 1907. (124 S.) 8° [F.] [08.9307

Die Missionsgeschichte. Von P. Rob. **Streit,** O. M. J. Paderborn 1910: Schöningh. 39 S. 8°
Aus: Theologie u. Glaube. 1910, H. 2–6. [11. 16481 7

Die Missions-Geschichte in ihrer gegenwärtigen Lage und der Plan einer Missions-Bibliographie. Denkschr., im Auftr. d. Missionsausschusses d. Zentralkomitees d. Gen.-Versamml. d. Katholiken Deutschlands verf. von P. Rob. **Streit** O. M. J. Freiburg i. Br. 1910: Caritas-Dr. 30 S. 4° [10. 13277

Ein Opfer der Hottentotten. Dem Volke u. d. Jugend erzählt von Robert **Streit,** O. M. J. Mit 7 Ill. Dülmen: A. Laumann 1907. (124 S.) 8° [F.] [08.9308

— **Die Portugiesen als Pfadfinder nach Ostindien, s.: Jugend- u. Volksbibliothek, geschichtliche.**

Streit, Rudolf, Beiträge zur Behandlung der Kehlkopf-Phthise. Diss. Würzburg 1888, Stahelsche Univ.-Buchh. 8°. 24 S.

Streit, S., u. W. Holeček, Beiträge zur Kenntniss der Mineralquellen im Kaiserthum Oesterreich. [Aus den Sitzungsber. der k. Akad. der Wiss.] Wien 866. (Gerold's Sohn.) Lex.-8. (24 S.) n. 4 ngr.

Streit S. und Holeček W. Beiträge zur Kenntnis der Mineralquellen im Kaisertume Österreich. 1. Chemische Analyse der Mineralquelle „Teplitz" bei Weißkirchen in Mähren. 2. Chemische Analyse der Mineralquelle „Sonnenbad" bei Neutitschein in Mähren. S. 53. II. 371 . . . . ngr.
Separatabdruck

v. Streit, *Otto* Wilh. [aus Aachen]: Aus d. Laboratorium d. medicin. Klinik zu Bonn. Beiträge zur Bacteriologie der Faeces ... Bonn, Buch- u. Steindr. J. Bach Wwe, 1897; 32 S., 1 Bl. 8.
Bonn, Med. Fak., Inaug.-Diss. v. [22. März] 1897

[F.] Die richtige Ergänzung. Lustsp. in 1 Aufz. v. Wilhelm **Streit.** *Berlin: Kühling & Güttner [1896].* (22 S.) 1 Bd 8.
= Theater-Mappe, Kühling & Güttner's. [No] 77. [97. 5446

Streit, Wilh., d. richtige Ergänzg., s. Kühling, A., u. Güttner's Theater-Mappe, Hft. 77.

Streit, Wilh., geschichtliche Gedenkstätten. Geographisch-histor. Hülfsbuch f. den geschichtl. Unterricht. 8. (56 S.) Gera 885. Th. Hofmann. n. — 60

Zur Geschichte des zweiten Punischen Krieges in Italien nach der Schlacht von Cannae. Von W[ilhelm] **Streit.** Berlin: S. Calvary & Co. 1887. (57 S.) 8°
= Studien, Berliner, f. classische Philologie u. Archaeologie. Bd 6, H. 2. [.. 7718

Streit, W., Die Heeres-Reorganisation des Augustus. Diss. 1876. 28 S. 2.—

Streit, Wilh., d. Heeres-Organisation d. Augustus. Inaugural-Dissertation. gr. 8. (29 S.) Berlin 876. Prager in Comm. n. — 80

Streit, Wilhelm, Kalender, altdeutsch, für 1881. Dresden.

[**Streit, Wilhelm**]. *Der Lustige Musikant.* Ein Reim-Bilderbuch für die Jugend und deren Freunde zum Erlernen und Befestigen der nothwendigsten musiktheoretischen Vorkenntnisse nebst 26 Clavierstücken . . . 2. Aufl. Dresden, W. Streit [c. 1885]. 53 u. 38 S. mit zahlr. Illustr., Musikbeispielen etc. Gr.-4°. Farbig Orhlwd. 18.—
Interessantes und originelles Werk mit Gedichten über d. Anfangsgründe d. Harmonielehre, auf die bekanntesten Komponisten usw. Die Komposition der hübschen Kinderstücke am Schluß von REINHOLD BECKER. Mit vierseitiger Beilage (Musikal. Lottospiel).

Streit, Willy: The Life and Death of Thomas Lord Cromwell, eine literarhistorische Untersuchung. Blankenhain Thür. 1904: M. Schlimpers Nachf. (64 S.) 8° [Ant. u. F.]
Jena, Phil. Fak., Ref. Keller, Diss. v. 14. Mai 1904
[Geb. 11. Dez. 79 Auma; Wohnort: Zwickau; Staatsangeh.: Kgr. Sachsen; Vorbildung: Realgymn. Zwickau Reife O. 00; Studium: Leipzig 3, Berlin 2, Jena 3 S.; Rig. 10. März 04.]

Streitberg, C., Josepha od. so rächt sich die arme Schulschwester, s.: Zeitgeist, der.

Streitberg, Gräfin Gisela v. (G. Bülow v. Dennewitz), s. a.: Bülow v. Dennewitz, Gräfin.

Streitberg, Gräfin Gisela v. (Gertr. Gräfin Bülow v. Dennewitz), die Beseitigung keimenden Lebens. § 218 des Reichs-Straf-Gesetzbuches in neuer Beleuchtg. (32 S.) 8. Oranienburg 910. W. Möller. — 50

Streitberg, Gisela Gräfin v.: Die Bevölkerungsfrage in weiblicher Beurteilung. 1-6. — Gautzsch b. Leipzig: Dietrich 1908-09. 8⁰ (Kultur u. Fortschritt. 182/83. 193/94. 205/06. 213/15. 222.)

— Die Bevölkerungsfrage in weiblicher Beurteilg., s. Kultur u. Fortschritt.

Streitberg, Gräfin Gisela v. [Gräfin G. Bülow v. Dennewitz]. Die Enterbten, Gefallenen u. Verlorenen. Ein Beitrag zur Kulturgeschichte d. Weibes. 8. (88 S.) Berl. 891, [Fried u. Comp.]. Wiener. * 1 50

Streitberg, Gräfin Gisela v.: Die Erziehung der Töchter. Grausamkeiten im Familien- und gesellschaftlichen Leben. — Berlin u. Leipzig: Fried 1891. 74 S. 8⁰

Streitberg, Gräfin Gisela v.: Die deutschen Frauen und der Bismarckkultus. Zeitgemässe Betrachtungen. — Leipzig: W. Friedrich [1894]. 44 S. 8⁰

— Die verehelichten und die ehelosen Frauen. — Berlin u. Leipzig: Fried 1891. 86 S. 8⁰

Streitberg, Gräfin Gisela v.: Die falsche Moral im Leben des Weibes. — Berlin u. Leipzig: Fried 1891. 95 S. 8⁰

Streitberg, Gisela v. [d. i. Gertrud Gräfin Bülow v. Dennewitz]: Das Recht zur Beseitigung keimenden Lebens. § 218 d. Reichs-Straf-Gesetz-Buches in neuer Beleuchtung. — Oranienburg-Berlin: Möller [1904]. 30 S. 8⁰

— — Das Recht zur Beseitigung keimenden Lebens. 1905.

Bülow v. Dennewitz, [Gertrud] Gräfin [Pseud.: Gisela v. **Streitberg**]: Taceat mulier in ecclesia. ⟨Das Weib schweige in der Gemeine.⟩ — Dresden: Tittmann 1892. 16 S. 8⁰ (Lose Blätter im Interesse d. Frauenfrage. Nr 5.)

Streitberg, Gräfin Gisela v.: Das Weib am Ende des Jahrhunderts. 2. Aufl. T. 1-4. — Berlin & Leipzig: Fried 1891. 8⁰

— — Dasselbe, tit.: Das Weib am Ende des 19. Jahrhunderts. 2. Aufl. Berlin 1891. 8⁰. (4 Mk. Paul Neubner, Cöln, 1893; 6 frcs. Adolf Geering, Basel, 1896.)

1. Die falsche Moral im Leben d. Weibes. 2. Die verehelichten u. die ehelosen Frauen. 3. Die Erziehung der Töchter. 4. Die Enterbten, Verlorenen u. Gefallenen.

Streitberg, Wilhelm: Die Abstufung der Nominalsuffixe -io- und -ien- im Germanischen und ihr Verhältnis zu der des Indogermanischen. ... (Aus: Beiträge z. Gesch. d. deutsch. Sprache u. Lit. Bd. 14.) Halle a. S.: Druck v. Ehrhardt Karras 1888. 2 Bl., 60 S., 1 Bl. 8⁰

Leipzig, Phil. Fak., Inaug.-Diss. v. 5. Nov. 1888

Streitberg, Wilhelm [Dr.]: Perfective und imperfective Actionsart im Germanischen. Teil I. . . . Halle a. S., Druck v. Ehrhardt Karras, 1889; 36 S. 8⁰

Leipzig, Phil. Fak., Hab.-Schr. v. 27. Jul. 1889

Streitberg, Wilh., s.: Bibel, die gotische.

Streitberg, Wilh., s.: Bibliothek, germanische.

— s.: Bibliothek, indogermanische.

— s.: Bibliothek, religionswissenschaftliche.

Gotisches Elementarbuch v. Dr. W[ilhelm] **Streitberg,** o. ö. Prof. ... an d. Univ. Freiburg i. d. Schweiz. *Heidelberg: C. Winter 1897.* (XII, 200 S.) 1 Bd 8.
= Sammlung v. Elementarbüchern d. altgerman. Dialekte. (Bd) II.
[98. 10867

Gotisches Elementarbuch von Dr. Wilhelm **Streitberg** ... 2. verb. u. verm. Aufl. Mit 1 Taf. Heidelberg: C. Winter 1906. (XIV, 350 S.) 8⁰
= Sammlung germanischer Elementar- u. Handbücher. Reihe 1, 2. [06. 16456

Gotisches Elementarbuch von Wilhelm **Streitberg**. 3. u. 4. verb. Aufl. Mit 1 Taf. Heidelberg: Winter 1910. XII, 313 S. 8⁰
(Germanische Bibliothek. Samml. 1, Reihe 1, Bd 2.) [10. 1316

— Gotisches Elementarbuch, s. a. Bibliothek, germanische.

— die Entstehung der Dehnstufe. [Aus: „Indogerman. Forschgn."] gr. 8. (III, 112 S.) Strassburg 894. K. J. Trübner, Verl.

Nur in den Indogermanischen Forschungen erhältlich.

— s.: Forschungen, indogermanische.

— urgerman. Grammatik, s. a. Sammlung v. Elementarbüchern d. altgerman. Dialekte.

— urgermanische Grammatik, s. a. Sammlung german. Elementarbücher. I.

Streitberg, W., Urgermanische Grammatik. Einführung in das vergleichende Studium der altdeutschen Dialekte. Heidelberg 1896. 8.
A. u. d. T.: Sammlung von Elementarbüchern der altgerm. Dialekte. Herausg. von W. Streitberg. I.

Streitberg, Wilh. Die germanischen comparative auf - ōz-. Eine sprachwissenschaftl. untersuchg. gr. 4. (43 S.) Freib. i. Schw. 890, (Universitätsbuchh.). ** 3 —

Streitberg, W. Die germanischen Comparative auf — ōz —. Eine sprachwissenschaftliche Untersuchung. Lex. in-8⁰. 43 S. Freiburg (Schweiz), Universitätsbuchhdlg. (P. Friesenhahn). 1892

— s.: Monatsschrift, germanisch-romanische.

—— Zur germanischen Sprachgeschichte. gr. 8. (VII, 116 S.) Strassb. i. E. 892, Trübner Verlag. * 2 50

Streitberger, A., f. Messe, die heilige.

Streitberger, Fritz, aus Rudolstadt: Ueber den **Einfluß** ungesättigter Seitenketten auf das Kuppelungsvermögen von Phenolen und die Färbung der resultierenden Oxyazoverbindungen. *Rudolstadt 1904: Manicke & Jahn.* (70 S.) 8°
Göttingen, Phil. Diss. v. [25. Juli] 1904

Streitberger, Fritz, über den Einfluss ungesättigter Seitenketten auf das Kuppelungsvermögen v. Phenolen u. die Färbung der resultierenden Oxyazoverbindgn. Diss. (70 S.) 8. Rudolstadt 904. (Göttingen, Vandenhoeck & Ruprecht.) n. 1. 40

Streitberger, Johann. Oratio inauguralis prima in Gymnasio Curiano a. 1548 habita. Curiae 1717. H: *Weiss, Andreas Adam.* (Fiker)

Streitberger, Klemens: Ueber die progressive Paralyse im jugendlichen Alter ... Jena: Druck v. B. Engau 1894. 49 S. 8⁰
Jena. Med. Fak., Inaug.-Diss. v. [20. Nov.] 1894

Streitberger, Otto, appr. Arzt aus Rudolstadt i. Th.: Aus d. Universitäts-Frauen-Klinik zu Jena. Ueber die **Implantation** des Ureters in die Harnblase. *Rudolstadt 1901: Manicke & Jahn.* (45 S.) 8°
Jena. Med. Diss. v. (13. Apr.) 1901

Streite der Kirche, vom. Eine Schrift an d. christl. Adel deutscher Nation. 16 Heft. gr. 8. Leipz. 827. Herbig. 20 gr

Streitenden, Die. Komischer Vortrag für zwei Damen. Wien [1885]. V: *Bartl, Hans.* (EB)

Streitenfeld, Major, oder wenige lieben so. Lustspiel in drei Aufzügen. [Wien 1785.] [1787?] V: *Schmiedel, F. Leop.* (Stockmayer, D. dtsche. Soldatenstück. Weimar 1898. S. 109.)

Streitenfeld, Major, oder wenige lieben so. Lstspl. in 3 A. 8. Wien 787. v. Möèle. 3 gr

Streitenfeld, A., u. L. Streitenfeld, Ausstattung vornehmer Wohnräume. Fensterdecorationen, Portièren, Bettbehänge, Toiletten, ganze möblirte u. decorirte Innenräume. 19 Taf. (in Chromolith. u. Lichtdr.). Fol. Berlin 888. Hessling & Spielmeyer (vormals Claeson & Co.). In Mappe. n. 36. —

Streitenfeld, A., u. L. Streitenfeld. Ausstattung vornehmer Wohnräume. Fensterdecorationen, Portièren, Bettbehänge, Toiletten, ganze möblirte u. decorirte Innenräume. 2. Aufl. 3 Lfgn. gr. Fol. (à Lfg. 6 Taf. in Chromolithogr. u. Lichtdr.) Berl. 890, Hessling u. Spielmeyer. In Mappe. à Lfg. * 12 —; * 36 —
2. Serie u. d. T.:

—— —— Reiche u. elegante Sitzmöbel ohne u. m. sichtbaren Holztheilen in allen Stylarten. 1. u. 2. Aufl. 26 Taf. in Licht- u. Farbendr. gr. Fol. Ebd. 889,90. In Mappe * 36 —
Auch in 5 Lfgn. à * 7 20.

Streitenfeld, A., u. L. Streitenfeld, Ausstattung vornehmer Wohnräume. Fensterdecorationen, Portièren, Bettbehänge, Toiletten, ganze möblirte u. decorirte Innenräume. 2. Aufl. gr. Fol. (19 [8 farb.] Taf.) Berlin 897. B. Hessling. In Mappe n. 36. —

— — einfache Decorationen f. Tapezierer. Fenstervorhänge, Portièren, Bettbehänge etc. 20 (farb.) Taf. [Aus: „Praxis d. Tapezierers u. Decorateurs".] gr. 4. Ebd. 890. In Mappe. n. 8. —

—— —— Die Mustermappe d. Decorateurs. Farbige Vorlagen f. Fensterdecorationen, Portièren, Erker, Nischen, Bettbehänge, Toiletten, Kamin- u. Spiegeldecorationen. 36 Taf. 1. u. 2. Aufl. gr. 4. Ebd. 889,92. In Mappe * 28 —
Auch in 9 Lfgn. à * 3 —.

— — die Mustermappe d. Decorateurs. Farbige Vorlagen f. Fensterdecorationen, Portièren, Erker, Nischen, Bettbehänge, Toiletten, Kamin- u. Spiegeldecorationen. 36 Taf. [Aus: „Praxis d. Tapezierers u. Decorateurs".] gr. 4. Ebd. 890. In Mappe. n. 28. —

Streitenfeld, A., u. L. Streitenfeld, die Mustermappe d. Decorateurs. Farbige Vorlagen f. Fensterdecorationen, Portièren, Erker, Nischen, Bettbehänge, Toiletten, Kamin- u. Spiegeldecorationen. [Aus: „Praxis d. Tapezierers u. Decorateurs".] 2. Aufl. 9 Lfgn. gr. 4. (à 4 Taf.) Berlin 892. Hessling & Spielmeyer. à n. 3. —

— — die Mustermappe des Decorateurs. Farb. Vorlagen f. Fensterdecorationen, Portièren, Erker, Nischen, Bettbehänge, Toiletten, Kamin- u. Spiegeldecorationen. 36 Taf. 3. [Titel-] Aufl. [Aus: „Str., Praxis d. Tapezierers u. Decorateurs".] gr. 4. Ebd. (892) 896. In Mappe n. 28. —

— — moderne Polstermöbel, entworfen u. gemalt. [Aus: „Praxis d. Tapezierers u. Decorateurs".] gr. 4. (16 Farbendr.-Taf.) Ebd. 889. In Mappe. n. 10. —

— — moderne Polstermöbel. [Aus: „Str., Praxis d. Tapezierers u. Decorateurs".] 2. [Titel-] Aufl. hoch 4. (16 farb. Taf.) Ebd. (889) 896. In Mappe n. 10. —

— — die Praxis d. Tapezierers u. Decorateurs. Fensterdecorationen, Portièren, Bettbehänge, Toiletten, Erker etc. 1.—3. Serie. à 24 (chromolith.) Taf. gr. 4. Ebd. 888. 889. In Mappe. à Serie n. 24. —

— — reiche u. elegante Sitzmöbel ohne u. m. sichtbaren Holztheilen in allen Stylarten. Zugleich „Ausstattung vornehmer Wohnräume 2. Serie". 26 Taf. in Licht- u. Farbendr. gr. Fol. Ebd. 889. In Mappe n. 36. —

— — dasselbe. 2. Aufl. 26 Taf. in Licht- u. Farbendr. gr. Fol. Ebd. 890. In Mappe. n. 36. —

Streitenfels, Emerich, Major im k. k. Inft.-Reg. v. Schönfeld Nr. 82. Die Entwicklung des Infanterie-Exercierens und des österreichischen Infanterie-Exercier-Reglements bis gegen die Mitte dieses Jahrhunderts und in den letzten 50 Jahren. (Aus: „Organ der milit. wissenschaftl. Vereine". XXXVI. und XXXVII. Bd 1888.) 8. Wien 1888.

Streiteufels, Emerich, ist das „Du" im österreichischen Officiers-Corps zeitgemäss? Ein Beitrag zur Lösung dieser Frage. gr. 8. (16 S.) Wien 877. v. Waldheim. n. — 50

Streiter, Franz: Zehn F ä l l e von Thyreotomie. Die Thyreotomie im Vergleiche mit den übrigen operativen Heilverfahren am Larynx ... Würzburg: Anton Boegler'sche Buchdr., 1888. 125 S. u. 2 Tab. 8°
Würzburg, Med. Fak., Inaug.-Diss. v. 1888

Streiter, Friedrich

Streiter, Frid. (geb. Bozen 2. 11. 1833): De Sunahsepo fabula Indica ex codicibus manuscriptis edita. Berolini (1861). (15 S.) 8°
Berlin, Phil. Diss. v. 10. Apr. 1861

Streiter, Georg: Die wirtschaftliche und soziale Lage des Krankenpflegepersonals in Deutschland. — Jena: Fischer 1910. X, 200 S. 8°

Streiter, J., Blätter aus Tirol. Wien 868. (Leipzig, Fues' Verl.) 8. (IV, 323 S.) n. 1 ₰ 10 ngr

Streiter, J.: B l ä t t e r aus Tirol. 8. (IV u. 323 S.) Wien: Tendler & Comp. Verlag. (Julius Grosser.) 1868.

Streiter, J., s. Rigotti, Lehre v. dingl. Rechte d. Grundpfandes.

Streiter, J., Studien eines Tirolers. Leipzig 862. Veit & Co. gr. 8. (VIII, 423 S.) n. 2 ₰

Streiter, Mich., das wahrscheinlich der deutschen Nation angehörige Urmaß. Aufgefunden in d. Fürstenthume Aschaffenburg u. verglichen mit d. französ. Maße. 4. Bamb. 811. (Frankf. a. M., Wesché). 1 ₰ 3 gr.

— Verordnung üb. ein u. dasselbe Längen- u. Flächenmaß des Immobiliars im Fürstenth. Aschaffenburg. 4. Aschaffenb. 811. Etlinger. 1 ₰

Streiter, Richard, s. B a u k u n s t , Münchener bürgerliche.

Streiter, Rich., das neue Reichstagshaus in Berlin v. Paul Wallot. Eine baugeschichtl. Darstellg. [Aus: „Centralbl. der Bauverwaltg."] Fol. (28 S. m. 17 Abbildgn. u. 5 Taf.) Berlin 894. W. Ernst & Sohn. n. 5. —

Die Schlosser zu Schleissheim und Nymphenburg von Richard **Streiter**.
Berlin & Stuttgart: W. Spemann [1901]. (18 S., 6 Taf.) 2°
= Baukunst, Die. Ser. 2, H. 7. (03 373)

Streiter, Richard: Karl Böttichers Tektonik der Hellenen als ästhetische und kunstgeschichtliche Theorie. E. Kritik ... 1. Tl. [Erschien vollst. als Bd III von: Beitr. z. Ästhetik hrsg. v. Th. Lipps u. R. M. Werner.] Hamburg & Leipzig, L. Voss, 1896; 3 Bl., 57 S. 8.
München, Phil. Fak., Inaug.-Diss. v. 1896

Streiter, Richard: Karl Böttichers T e k t o n i k der Hellenen als ästhetische u. kunstgeschichtl. Theorie. E. Kritik. Hamburg & Leipzig: L. Voss 1896. (4 Bl., 135 S.) 8°
= Beiträge zur Ästhetik. [No] III.

-- **architektonische Zeitfragen.** E. Sammlg. u. Sichtg. verschied. Anschaugn. m. bes. Beziehg. auf Professor Otto Wagners Schrift „Moderne Architektur". gr. 8. (175 S.) Berlin 898. Leipzig, Cosmos, Verlag f. Kunst u. Wissenschaft. n. 3.

Streitfall, Der, Anhalt-Hellfeld. Berlin 1910. V: *Dynovsky, C. von.* (KGBerlin I, 1457)

Streitfrage (Die) der Budapester Arbeiter. Officieller Bericht der vom Allgem. Arbeiterverein in Budapest-Altofen entsendeten Untersuchungs-Commission. 8°. Budapest. Allgem. Arbeiter-Verein zu Budapest-Altofen, 1877.

Streitfrage ob Ars pharmaceutica der Chirurgie quoad dignitatem vorzusetzen sey und ob den Chirurgis oder den Pharmacopolis der Rang gebühre. Prag 1728.

Streitfrage, Die Sanchuniathonische, nach ungedruckten Briefen gewürdigt. Hannover 1836. V: *Kuster, Georg Gottfried.* (BSCE)

Streitfragen. Köln 1854. V: *Schweitzer, Joseph.* (Mitth. M. Grolig)

Streitfragen: I. Die Schöpfungsgeschichte. II. Die Sündfluth. III. Der qualitative Unterschied zwischen dem Menschen und dem Thiere. IV. Die Sterblichkeit und das Fleischfressen der Thiere vor dem ersten Sündenfalle. V. Bileam's Esel. Beantwortet für gebildete Leser. 2. Aufl. Köln 854. Bollig. 12. (2 Bl., 150 S.) n. 15 ngr

STREITFRAGEN. Wissenschaftliches Fachorgan der deutschen Sittlichkeitsvereine
Herausgegeben von der Allgemeinen Konferenz der deutschen Sittlichkeitsvereine unter Redaktion des Schriftführers P. PHILIPPS, Berlin.
(Jahrg. 1.) Heft I—VII. Berlin 1892. Selbst-Verlag der deutschen Sittlichkeitsvereine. 8°.
Unter Redaktion des Schriftführers P. PATZSCHKE, Berlin.
Jahrg. 2. Heft I und II. ib. 1893. —
Jahrg. 3. Heft I. ib. 1894. Verlag der deutschen Sittlichkeitsvereine. Kommissionsverlag von Reinhold Werther, Leipzig.

Streitfragen. Wissenschaftliches Fachorgan der deutschen Sittlichkeitsvereine. Hrsg. v. der allgemeinen Konferenz der deutschen Sittlichkeitsvereine unter Redact. d. Schriftführers Philipps. 1.—7. Heft. gr. 8. (à Heft ca. 40 S.) Berl. 892, (Evangel. Vereins-Buchh.). à Heft einzeln * — 50; f. 12 Hefte * 3 —

— dasselbe. Hrsg. unter Red. d. Schriftführers Patzschke. 2. Jahrg. 2 Hfte. gr. 8. (168 S.) Ebd. 893. n. 1. —

— dasselbe. 3. Jahrg. 1. Hft. gr. 8. (82 S.) Ebd. 894. n. — 40

—— elektrotherapeutische. Verhandlungen der Elektrotherapeuten-Versammlg. zu Frankfurt a. M., am 27. Septbr. 1891 [bei Gelegenheit der internationalen elektrotechnischen Ausstellung.] Im Auftrage der Versammlg. hrsg. v. L. Edlinger, L. Laquer, E. Asch u. A. Knoblauch. gr. 8. (VII, 88 S.) Wiesb. 892, Bergmann. * 3 —

Streitfragen, forstliche, in Preußen. Von Silvius. gr. 8. (151 S.) Leipzig 902. A. Stein. n. 3. —

Streit- und Zeitfragen (Genossenschaftliche). 1.—3. Heft. gr. 8°. Berlin, J. Guttentag, 1898. — Forts. vide: Zeit- u. Streitfragen (Genossensch.).

Streit- u. Zeitfragen, genossenschaftliche. Hrsg. v. Ludf. Parisius u. Hans Crüger. 3. Hft. gr. 8. Berlin 898. J. Guttentag. n. — 60 (1.—3.: n. 2. 20)
Umsatzsteuer u. Konsumvereine. Von Johs. Wernicke. (44 S.)

Streitfragen, die, über den Schulunterricht neu angeregt vom Dr. Lorinser u. betrachtet vom Standpunkte der Seelenlehre u. der Weltgeschichte von einem alten Schulmann. 8. Berlin 836. Heymann. n. 1/6 ℛ

[F.] Soziale Streitfragen auf kommunalem Gebiete. Von Adolf Damaschke, 2. Vorsitzender d. 'Deutschen Bundes f. Bodenbes.-Reform' ... (Uff.: Soziale **Streitfragen**. Beiträge zu d. Kämpfen d. Gegenwart. Hrsg. v. A. Damaschke.) Heft 1–III. *Berlin: W. Möller [1896–98].* 8. [58. 3246

— dasselbe, Hft. 1, s. a. Damaschke, Adf., soziale Streitfragen.

Streitfragen, soziale. Beiträge zu d. Kämpfen d. Gegenwart. Hrsg. v. Adf. Damaschke. 2. u. 3. Hft. gr. 8. Berlin, J. Harrwitz Nachf. n. 1.15
2. Sparsteuer. E. Steuer zu Gunsten d. Arbeit, d. Landwirtschaft, d. Handwerks, d. Industrie, d. Handels u. der Beamten-, Gelehrten- u. Künstler-Welt. Von Publicanus. (40 S.) 897. n. 50
3. Der Schutz d. Bauhandwerker. Betrachtgn. üb. die Gesetzentwürfe z. Sicherg. d. Bauforderngn. Von Heinr. Freese. (70 S.) 898. n. — 65

— soziale. Beiträge zu den Kämpfen der Gegenwart. Hrsg. v. Adf. **Damaschke. 1. u. 4.—10. Hft. gr. 8. Berlin**, J. Harrwitz Nachf.
1. Vom Gemeinde-Sozialismus. Von Adf. Damaschke. 7. Taus. (120 S.) (900.) n. 1.—
4. Die Not der deutschen Landwirtschaft u. die Bodenreform. Von Adf. Pohlman. (40 S.) 899. n. — 50
5. Privilegiertes Spekulantentum. Ein Beitrag zur Hypothekenbankfrage. Von Ludw. Eschwege. (23 S.) 899. n. — 50
6. Die Not der Gewerbetreibenden u. die Bodenreform. Von Carl Marfels. (48 S.) 899. n. — 50
7. Moses. — Dein Reich komme. 2 Vorlesgn. Von Henry George. (32 S.) 899. n. — 50
8. Kamerun od. Kiautschou? Eine Entscheidg. üb. die Zukunft der deutschen Kolonialpolitik. Von Adf. Damaschke. (32 S.) (900.) n. — 50
9. Die vergessene Grundrente. Ein Beitrag zur Kanalfrage. Von Adf. Pohlman. 5. Taus. (27 S.) 901. n. — 50
10. Staat od. Gesellschaft in unseren Kolonien? Referat, erstattet f. die 11. Hauptversammlg. des „Bundes der deutschen Bodenreformer". Von Curt v. François. 2. u. 3. Taus. (16 S.) 901. n. — 50

Streitfragen, soziale. Beiträge zu den Kämpfen der Gegenwart. Hrsg. v. A. Damaschke. 9. Hft. gr. 8. Berlin, J. Harrwitz Nachf. 1900. —. 50.
9. Pohlmann, A., Die vergessene Grundrente. Ein Beitrag zur Kanalfrage. 3. Taus. (27 S.)

Streitfragen, soziale. Beiträge zu den Kämpfen der Gegenwart. Hrsg. v. Adf. Damaschke. 11. Hft. gr. 8. Berlin, J. Harrwitz Nachf. 1901. —. 50.
11. Wagner, A., Wohnungsnot u. städtische Bodenfrage. Referat. M. e. Anh. Die soziale Bedeutg. des Erbbaurechts. Von Oertmann u. R. Sohm u. Die finanzielle Frage des Erbbaurechts. Von A. Eschenbach. (43 S.)

Streitfragen, soziale. Beiträge zu den Kämpfen der Gegenwart. Hrsg. v. A. Damaschke 12. Hft. gr. 8. Berlin, J. Harrwitz Nachf. 1902. —. 50.
12. Bücher, K., Die Allmende in ihrer wirtschaftlichen u. sozialen Bedeutung. Referat. (22 S.)

Streitfragen, soziale. Beiträge zu den Kämpfen der Gegenwart. Hrsg. v. Adf. Damaschke. 13.—15. Heft. gr. 8. Berlin, J. Harrwitz Nachf. à n. — 50
13. Ethik u. Volkswirtschaft. Eine Skizze. Von W. Rein. 2. u. 3. Taus. (24 S.) (903.)
14. Wie die Landordnung von Kiautschou entstand? Referat, geh. am 27. XI. 1902 im „Bunde der deutschen Bodenreformer" Von Schrameier. 2. u. 3. Taus. (24 S.) (903.)
15. Die Grundsteuer nach dem gemeinen Wert. Referat, erstattet auf dem Städtetage der Prov. Sachsen u. d. Herzogt. Anhalt am 6. VI. 1903. Mit e. Anh.: Tatsachen u. Antworten. Von Foehr. (21 S.) (903.)

Die Streitfragen in dem Verwaltungs-Rath vom Standpunkt des Rechts aus beurtheilt durch einen Juristen. Leipzig, C. L. Hirschfeld, 1850. IV, 68 S. 8°.

Streitfragen, volkswirtschaftliche, s. a. Schriften des deutschen volkswirtschaftlichen Verbandes. III.

Volkswirtschaftliche **Streitfragen**. Vorträge u. Diskussionen. (Hrsg.: Prof. Dr. H. Albrecht, Dr. H. E. Krueger). Reihe 1. Berlin: Heymann 1909. 8°
(Schriften d. Deutschen Volkswirtschaftlichen Verbandes. Bd 3.) [10. 7078

Streitfragen, Volkswirtschaftliche. Vorträge u. Diskussionen. (Hrsg.: H. *Albrecht* [u.] H. E. *Krüger*.) Reihe 1. H. 1—6. Berlin 1909. 1910. 8°

Streitgedicht, das mittelenglische, Eule u. Nachtigall, nach beiden Handschriften neu hrsg. zum Gebrauch in Vorlesungen u. Übungen (Textausg.) v. Wilh. Gadow. (120 S.) gr. 8. Berlin 909. Mayer & Müller. 2.—

— dasselbe, s.: Palaestra. 65.

Ein **Streitgesang** mit fröhlichem Ende bestimmt zum Schwestern-Feste der Loge Boanerges zur Bruderliebe am 9. Febr. 1889. Altona [1889]: Köbner & Co. 2 Bl. 8° [Umschlagtit.] „Willkommen, Ihr Schwestern, im festlichen Saal, . . ." Rekt. Kneisner, Hamburg.

Streith, Rud. Geschichte d. k. u. k. Feldjäger-Bataillons Nr. 26. (1859—1890.) Lex.-8. (79 S.) Innsbruck 892, Wagner. * 1 —

Streithorst, Johann Werner

J. Wr. **Streithorst's** hinterlass. Aufsätze d. popul. u. Lebensphilosophie, h. v. J. H. **Hildebrand.** *Magdeb.*, Keil. 800. 8° 12 gl

Streithorst, Jh. Wern., († d. 17. Febr. 1800.) hinterlass. Aufsätze üb. Gegenstände der Lebensphilosophie, hersgg. von Jh. Hnr. Hildebrand. 8. Magdeb. 801. (Heinrichshofen). 12 gl

Streithorst, Johann Werner, s. Gedächtnishilfe.

— Geschichte des evangel. Gottesdienstes in der Domkirche zu Halberstadt, nebst e. Gesch. d. Domschule zu Halberstadt, v. Fischer. 8. Halberst. 792. Groß. (Sommer in Leipz.) 14 gl

— David Klaus, ein Sittenbuch f. gute Leute aus allen Ständen. 8. Halberst. 796. 2e Aufl. 799. (Vogler). (Andreä in Leipz.); (a. W. Nauck das.) 8 gl

J. Wr. **Streithorst**: D. Klaus, e. Sittenb. für gute Leute a. allen Ständen. *Halberst.*, Gross. (796.) 798. 8° 10 gl

Streithorst, Jh. Werner, David Klaus. Ein Muster der Genügsamkeit u. Zufriedenheit. Als prakt. Rathgeber zur irdischen u. himmlischen Glückseligkeit für den Bürger u. Landmann. 3. Aufl. 8. Quedlinburg 841, Ernst'sche Buchh. 1/3 ℛ

— Predigten über einige auserlesene Texte rc. 8. Halle 782. Curt. (Laue in Berl.) 8 gl

— christl. Religionsunterricht f. die erwachsene Jugend. 8. Halberst. 798. (Ernst in Quedlinb.) 4 gl (Ist e. gänzl. Umarbeitung seiner Gedächtnißhülfe).

— psycholog. Vorlesungen in d. liter. Gesellschaft zu Halberstadt gehalten. 8. Leipzig, Crusius. (F. C. W. Vogel.) 787.

Streithorst, Jh. Wern., Ueber den Werth u. die Wohlthätigkeit der Landarbeitshäuser zur Empfehlung derselben. 8°. Halberstadt 1797.

Streitigkeiten, üb. die gegenwärt. wichtigen, der Theologen von d. Dreieinigkeit, Gottheit Christi ꝛc. (von Chr. Gli. Berger I.) gr. 8. Berl. 785. (Brockhaus in Leipz.) 8 gl.

Streitigkeiten, die zwischen d. Fürstl. Häusern Lippe u. Schaumburg-Lippe obwaltenden, zur austrägalgerichtl. Entscheidung an Großherzogl. Badisches Ober-Hofgericht verwiesenen. Actenmäßig dargestellt. (Mit einer Urkunden-Sammlung.) Fol. Lemgo 834. Meyer. n. 1½ ℛ

Streitigkeiten, öffentliche, über Schrift der Deutschen, vorgelegt d. Dinkler. 8. Reval, Albrecht. 785.

— üb. theolog., u. die Art der Führung derselben, bei Gelegenheit eines neuen Beispiels mit Untersuchung wichtig. Materien vorgestellt. 8. Bremen 782. Förster. 8 gl.

Streitke, Gotthold, approb. Arzt aus Neisse ⟨Schl.⟩: Uber die Entwicklung von Quecksilberdampf bei Anwendung von grauer Salbe. *Frankfurt a. M. 1893 [vielm. 1901/02]: Mahlau & Waldschmidt.* (19 S.) 8°
Würzburg, Med. Diss. v. 1892

Streitkräfte, Baierns, üb. die, (v. Geo. v. Aretin). 8. o. O. 800. (Münch., Lindauer). 2 gl.

Ueber die Streitkräfte Baierns.
München 1800. 16 S.

Streitkräfte Chinas. (Bearbeitet im Evidenz-Bureau des k. u. k Generalstabes.) (Lithographiert.) Fol. Wien 1903.

Frankreichs Streitkräfte und Stärke der in den verschiedenen Feldzügen der Revolutionskriege von 1792 bis 1815 aufgestellten Armeen.
Leipzig 1831. 92 S.

Streitkräfte Japans. (Bearbeitet im Evidenz-Bureau des k. u. k. Generalstabes.) (Lithographiert.) Fol. Wien 1903.

Streitkräfte, Die k. und k., auf und vor Kreta 1897/1898 ... Wien 1901. V: *Dell'Adami, Géza.* (Berl)

Die k. und k. Streitkräfte auf und vor Kreta 1897/1898. Im Auftrage des k. und k. Reichs-Kriegs-Ministeriums auf Grund der officiellen Acten verfasst. Mit 1 Karte und 29 Illustrationen. Wien. 1901. Hof- und Staatsdruckerei. Lex.-8°. V, 234 S. K 4.—

Streitkräfte, die, der europäischen Staaten übersichtlich dargestellt nach den neuesten Quellen. gr. 16. (IV, 276 S.) Wien 876. (v. Waldheim.) n. 3. 20

Die Streitkräfte der europäischen Staaten, übersichtlich dargestellt nach den neuesten Quellen. I. Türkei mit Rumänien, Serbien, Montenegro und Griechenland. II. Italien. III. Frankreich. IV. Deutschland. V. Russland. (276) 12. Wien 1876. 3,50.

Streitkräfte, die, der bedeutenderen continentalen europäischen Staaten mit Ausschluss Oesterreich-Ungarns. [Italien, Russland, Deutschland, Frankreich, Serbien, Montenegro, Rumänien, Bulgarien, Ostrumelien, Türkei.] Nach den neuesten Quellen. 2., bericht. u. verm. Aufl. der „Streitkräfte der europäischen Staaten". I.—III. [Publication des militär-wissenschaftlichen Vereines in Wien.] 8. Wien 881. 82. Seidel & Sohn in Comm. n. 8. —

I. Italien. (XII¹, 162 S.)	n. 2. —
II. Russland. (XII, 219 S.)	n. 2. 80
III. Frankreich. (XIII, 259 S.)	n. 3. 20

Streitkräfte, Die, der europäischen Staaten. Deutschland. 2. Aufl. 8. Wien 1882.

Streitkräfte, die, der bedeutenderen continentalen europäischen Staaten m. Ausschluss Österreich-Ungarns. Nach den neuesten Quellen. IV. Deutschland. [Publication d. militär-wissenschaftl. Vereines in Wien.] 8. (X, 235 S. m. 1 Tab.) Wien 883. (Seidel & Sohn.) n. 3. 40 (I—IV.: n. 11. 40)

Streitpunkten. Außgetragene (* *Ausg. B. u. C.:* Ausgetr') Toggenburgische Streit- und Beschwehrds-Puncten. Vermittelt Durch beyder Hochlöblichen Ständen Zürich und Bern ... Ehren-Gesandte In Frauenfeld, den 15. Herbstmonat, Anno 1719. 4. *o. O.*
Ausg. A. — Ausg. B — Ausg. C.

Streitsache der Gemeinde Burgsinn gegen d. Freih. von Thüngen. München 1876

Die deutsch-dänische **Streitsache,** von einem unbefangenen Deutschen unpartheiisch beurtheilt. o. O. 1861. 8°

(Streitschrift gegen *Stöcker, Marr, Glagau.*) O. O. u. J. (1879).
Druck von Sigfr. Scholem in Berlin. 8°. 16 S. Beibd.

Streitschriften Englands u. d. Niederlande, darin d. Zufuhr neutraler Schiffe an einen d. Kriegführ. Theile wid. Willen d. andern aus d. Gründen d. Natur- u. Völkerrechts, d. Geschichten u. Handelstracten untersucht wird. Lond. u. Amst. 1759. 4°

Streitschriften über das beherzte Frauenzimmer ... [Leipz. 1742.] V: *Kästner, Abraham Gotthelf.* (MI.)

Freundschaftliche **Streitschriften**. No 1–74. Barmen: D. B. Wiemann [1887–1902]. 74 Bde 8° [F.]

1 — Roussel, N[apoléon]: Offenes Wort an d. röm.-kath. Priester [Appel aux prêtres]. Aus d. Franz. von A. F... [1887.]
2 — Roussel, Napoléon: Die Messe. Aus d. Franz. von H. W... [1887.]
3 — Rönneke, Karl: Rom u. d. Bibel. 2. Aufl. [1888.]
4 — Greeven, O.: Eine erzbischöfl. Studie über d. Meßopfer. [1888.]
5 — Werther, Werner: Die religiöse Erziehung d. Kinder aus gemischten Ehen. (1888.)
6 — Chiniqui, [Charles]: Warum ich aus d. röm. Kirche austrat. Aus d. Engl. Autor. Übers. [1888.]
7 — Starke, Theodor: Christlich oder Katholisch? [1888.]
8 — Freimut, Wahrlieb: Kampf um d. Schule. [1889.]
9 — Zur Linden, [Friedrich Otto]: Verunglückte Heiligtumsfahrten im Reformationszeitalter. [1889.]
10 — Pennekamp, Karl: Der Ultramontanismus u. d. Volksschule. [1889.]
11 — Chiniqui, [Ch.]: Der gekreuzigte Jesus u. d. bußfertige Schächer. [1889.]
12 — Gaudens, Tertius: Ein röm. Priester u. e. evang. Christ. 2. Aufl. [1889.]
13 — Wainwright, S[am.]: Sündenbekenntnis; Nicht: Ohrenbeichte. Nach d. engl. Orig. frei übertr. [1889.]
14 — Wer ist dein Priester? Eine Frage f. unsre Zeit. Aus d. Engl. übers. [1889.]
15 — Thümmel, [Wilh.]: Offener Brief an d. Herrn Erzbischof Krementz von Köln. 15. Aufl. 1889.
16 — Herdieckerhoff, Robert: Mission u. Sklaverei. [1889.]
17 — Aurbach, O.: Die Ehre unsrer ev. Kirche. (1889.)
18 — Hölscher, Fr. M. A.: Unsre Stellung z. reformierten Bunde. (1889.)
19 — Gaudens, Tertius: Offener Brief an Herrn Pfarrer Thümmel in Remscheid. 2. Aufl. (1889.)
20 — Kawerau, Gustav: 'Sobald das Geld im Kasten klingt, die Seele aus d. Fegfeuer springt.' Ein offener Brief an Herrn Domkapitular J. Röhm in Passau. (1889.)
21 — Koall: Der ev. Bund, e. Weckruf an d. ev. Volk. (1889.)
22 — Settel, E. Johannto: Was haben wir von d. röm. Kirche zu halten? Entweder – oder! (1889.)
23 — Christophilus, Ernst: Die Lehre von d. unbefleckten Empfängnis d. Jungfrau Maria. [1890.]
24 — Weber, [Ludwig]: Rom u. d. soziale Frage. [1890.]
25 — Aurbach, O.: Beschwerden d. Kirche Jesu Christi gegen d. Staat. 1890.
26 — Chiniqui, [Ch.]: Die Ermordung d. Präs. Abraham Lincoln eine That d. Jesuiten. [1890.]
27 — Gaudens, Tertius: Offener Brief nebst angefügtem Promemoria an ... Herrn Prof. Martin v. Nathusius in Greifswald, in Sachen Thümmel. Samt d. Erwiderung d. Herrn v. Nathusius. (1890.)
28 — Evangelicus, Pauper: Hauskollekten. Kirche. Innere Mission. 1890.
29 — Aurbach, O.: Das Prinzip in d. Selbständigkeits-Bestrebungen d. ev. Kirche. 1890.
30 — Schütz, [Paul]: Der Kampf gegen Rom, das Wahrzeichen unsrer Zeit. [1890.]
31 — Leone, Abbate: Die Verschwörung d. Jesuiten [Conjuration des jesuites]. Der geheime Plan d. Ordens. Hrsg. von M. Viktor Considérant. Ein Ausz., übers. von E. Spliedt. 1890.
32 — Schröder, Friedr.: Einst u. Jetzt. 2. verm. Aufl. Nebst e. Tagebuche (von Pierre Leclère). [1891.]
33 — Richardson, Eliza: Der Beichtstuhl. Aus d. Engl. übers. von E. Spliedt. [1891.]
34 — Tölle, W.: Kultur u. Christentum. [1891.]
35 — Thümmel, W.: Die Aachener Heiligtumsfahrt. 7. unveränd. Aufl. [1891.]
36 — Peilnetosi: Der heilige Rock oder Jesuiten in Sicht! [1891.]
37 — Schirmer, W[ilhelm] C.: Offenes Sendschreiben an d. deutschen Bischöfe in Sachen d. sogenannten heiligen Rockes zu Trier. [1891.]
38 — Siebert, Erasmus: Was will d. röm. Papstkirche mit d. Trierer Rockausstellung? (1891.)
39 — Kastor-Hülf, E. J.: Der heilige Rock von Trier gerettet von s. eigenen Feinden. [1891.]

40 — Siebert, E.: Grundwesen u. Grundton d. Kampfes zwischen d. ev. Deutschland u. d. röm. Papstkirche. [1892.]
41 — Worauf beruht d. Macht d. kath. Kirche? [1892.]
42 — Aurbach, O.: Der geistl. Stand. Sein Niedergang u. s. Erhebung. [1892.]
43 — Spurgeon, C[harles] H[addon]: Die Axt an d. Wurzel, ein Zeugnis wider puseyitische Abgötterei. Übers. von E. Spliedt. [1892.]
44 — Kind, [Gotthilf], [Friedr.] Nippold u. [Joh.] Schöttler: Die jüngsten Religionsprozesse u. d. denselben zu Grunde liegende Rechtsanschauung. [1893.]
45 — Gardner, James: Das Papsttum in völligem Widerspruche mit d. Bibel. Aus d. Engl. übers. [1893.]
46 — Windthorst, Dr., u. s. socialen Nothelfer, d. Jesuiten u. d. Streik. [1893.]
47 — Cusack, Francis Clare: Wie wichtig es ist, d. röm. Lehre von d. Unfehlbarkeit klar zu verstehen. Übers. von E. Spliedt. [1893.]
48 — Einspruchversammlung gegen d. Wiederzulassung d. Jesuiten zu Barmen … 1893. [1893.]
49 (In 8 H.) — Inquisition, Die, u. d. Beichtstuhl in unserem Jahrhundert. Autor. Verdeutschung von Friedrich v. Schwarzbach. [1893.]
50 — Zickhart, Reinh.: Stärke u. Schwäche d. kath. Kirche. [1893.]
51 — Götting, Karl Friedr. Jos.: Die Geschichtslügner. [1893.]
52 — Jüngst, J.: Garstige Sophismen. [1894.]
53 — Kinzenbach, F.: Römisch oder Evangelisch. [1894.]
54 — Schirmer, W. C.: Sociale Not, Klerisei u. Christentum. 3. Aufl. [1894.]
55 — Kinzenbach, F.: Kurzer Unterricht über d. heutige Sektentum. [1894.]
56 — Thümmel, W.: Warum mißlang d. Reformationsversuch d. Erzbischofs Hermann v. Wied? [1894.]
57 — Graeber, H[erm.] J[oh.]: Gedanken e. ev. Geistlichen über d. Grafen Paul v. Hoensbroech u. d. Jesuitenorden. [1894.]
58 — Thümmel, [W.]: Antwort an d. päpstl. Priesterschaft in Breslau. 3. Aufl. [1894.]
59 — Horath, Robert: Freidenker u. Ungläubige. 2. Aufl. 1894.
60 — Voeltzel, L. W.: Kirchhofsskandale in Lothringen … [1894.]
61 — Pertinax, Irenaeus: Offene Antwort auf d. Encyklika v. 20. Juni 1894 an Papst Leo XIII. [1894.]
62 — Thümmel, [W.]: Zum Prozess Mellage. [1895.]
63 — Witte, Leopold: Der Evang. Bund, s. gewiesenes Recht u. s. gethanes Werk. 10. Aufl. 1896.
64 — Schettler, A. L.: Bis hierher u. nicht weiter! Nachträgl. Gedanken über d. Ausstellung d. Trierer Rockes … [1897.]
65 — Graeber, Herm. Joh.: Christus oder Papst. [1897.]
66 — Thümmel, [W.]: Der Evang. Bund ein Kriegerverein. 2. Aufl. 1897.
67 — Weber, [L.]: Wer soll u. muss dem ev. Bunde beitreten? 9. Aufl. 1898.
68 — Möller, J.: Roms Krieg gegen d. Mischehen. [1899.]
69 — Unterscheidungslehren, Die. [1901.]
[70] — Rogge, Bernhard: Der Ablaß in d. röm.-kath. Kirche. [1901.]
71 — Franz Josef I., Kaiser, u. d. Jesuiten. Von F. Sch. D. [1901.]
72. 73 — Schreckenbach, Paul: Römische Moraltheologie u. d. 6. Gebot … T. 1 Graßmann u. d. Prinz von Sachsen. 2. Röm. Moralentscheidungen. [1901.]
74 — Philalethes, Petrus: Liguori, der Geburtshelfer d. Unfehlbarkeitsdogmas, e. Totengräber d. Sittlichkeit. [1902.] 106. 1902

Streitschriften, freundschaftliche. Nr. 1 — 10. 8. Barmen 887,88, Wiemann. *

Inhalt:

Nr. 1. Roussel, N., offenes Wort an die römisch-katholischen Priester. Aus dem Französ. von A. F. (15 S.) * 30 Pf.
" 2. —— die Messe. Aus dem Französ. von H. W. 1. und 2. Aufl. (18 S.) * 30 Pf.
" 3. Rönnecke, K., Rom und die Bibel. 1. und 2. Aufl. (47 S.) * 50 Pf.
" 4. Greeven, O., eine erzbischöfliche Studie über das Meßopfer, beleuchtet. (8 S.) * 10 Pf.
" 5. Werther, Werner, die religiöse Erziehung der Kinder aus gemischten Ehen. Erörterung der in Preußen geltenden gesetzl. Bestimmungen. Vortrag. (24 S.) 30 Pf.
" 6. Chiniqui, warum ich aus der römischen Kirche austrat. Aus dem Engl. Autoris. Übersetzung. 1. und 2. Aufl. (32 S.) 30 Pf.
" 7. Starke, Thdr., Christlich oder Katholisch? Eine geschichtlich-religiöse Untersuchung. (52 S.) * 50 Pf.
" 8. Kampf um die Schule. Modern-histor. Reminiscenzen als handl. Material zur sachl. Nutzanwendung bei der bevorstehenden Aburteilung des Windhorstschen Schulantrags. Von Wahrlieb Freimut. (28 S.) 30 Pf.
" 9. Linden, zur, verunglückte Heiligtumsfahrten im Reformationszeitalter oder Streiflichter auf das Gebiet des röm. Reliquiendienstes. (21 S.) * 20 Pf.
" 10. Pennekamp, Karl, der Ultramontanismus und die Volksschule. Eine kurze Beleuchtung der jüngsten ultramontanen Forderung. (10 S.) * 40 Pf.

Streitschriften, freundschaftliche. Nr. 3, 6 u. 11—61. 8°. Barmen, Wiemann.

3. Rönneke, K. Rom u. die Bibel. 3. Aufl. (47 S.) 890. * — 50.
6. Chiniqui. Warum ich aus der römischen Kirche austrat. 4. Aufl. (31 S.) 889. — 30.
11. —— Der gekreuzigte Jesus u. der bußfertige Schächer. 1. u. 2. Aufl. (15 S.) 889. — 15.
12. Ein römischer Priester u. e. evangelischer Christ, od. Gottes Wort siegreich in der Hand e. Handwerksmannes. Dem röm. Priester Hrn. Fuchs in Messerstädt zugeeignet 2c. durch Tertius Gaudens. 1. u. 2. Aufl. (16 S.) 889. — 15.
13. Wainwright, S. Sündenbekenntnis; nicht: Ohrenbeichte. (14 S.) 889. — 15.
14. Wer ist Dein Priester? Eine Frage f. unsere Zeit. (16 S.) 889. * — 20.
15. Thümmel. Offener Brief an den Herrn Erzbischof Krementz v. Köln. 1.—15. Aufl. (20 S.) 889. * — 20. [Vgl.: Sträßer, E. Offener Brief an Hrn. Pfr. Thümmel.]
16. Herdieckerhoff, Rob. Mission u. Sklaverei. Vortrag, m. e. Nachwort. (36 S.) 889. — 30.
17. Aurbach, O. Die Ehre unsrer evangelischen Kirche. Ein Weckruf an das evangel. Preußen u. Deutschland. (60 S.) 889. — 60.
18. Hölscher, Fr. M. A. Unsere Stellung zum reformierten Bunde. Vortrag. (19 S.) 889. — 30.
19. Offener Brief an Hrn. Pfarrer Thümmel in Remscheid, meinen lieben Freund, v. Tertius Gaudens. 2. Aufl. (16 S.) 890. — 15.
20. Kawerau, Gust. „Sobald das Geld im Kasten klingt, die Seele aus dem Fegfeuer springt". Ein offener Brief an Hrn. Domkapitular Joh. Röhm in Passau. (22 S.) 890. * — 20.
21. Koall. Der evangelische Bund, e. Weckruf an das evangelische Volk. Vortrag. (36 S.) 890. * — 40.
22. Gettel, E. Joh. to. Was haben wir v. der römischen Kirche zu halten? Entweder — oder! (IV. 36 S.) 890. * — 40.
23. Christophilus, Ernst. Die Lehre v. der unbefleckten Empfängnis der Jungfrau Maria. Für Wahrheit such. Christen dargestellt u. bibl. u. kirchengeschichtl. geprüft. (15 S.) 890. * — 20.
24. Weber. Rom u. die soziale Frage. Eine Zusammenstellg. v. Thatsachen aus Lehre u. Leben der Kirche Roms. (72 S.) 890. — 75.
25. Aurbach, O. Beschwerden der Kirche Jesu Christi gegen den Staat. Vademekum f. alle Synodal-Mitglieder u. solche, die es werden wollen. (72 S.) 890. — 75.
26. Chiniqui. Die Ermordung d. Präsidenten Abraham Lincoln, e. That der Jesuiten. [Aus: „Fünfzig Jahre in der röm. Kirche".] (32 S.) 890. — 30.
27. Offener Brief, nebst angefügtem Promemoria an den Herausgeber der „Allgemeinen konservativen Monatsschrift", Hrn. Prof. Martin v. Nathusius in Greifswald, in Sachen Thümmel. Von Tertius Gaudens. Samt der Erwiderg. d. Hrn. v. Nathusius. [Aus: „Der wahre Protestant".] (15 S.) 890. — 15.
28. Hauskollekten. Kirche. Innere Mission. Eine zeitgemäße Betrachtg. v. Pauper Evangelicus. (24 S.) 890. * — 20.
29. Aurbach, O. Das Prinzip in den Selbständigkeits-Bestrebungen der evangelischen Kirche. Vortrag. (28 S.) 890. — 30.
30. Schütz. Der Kampf gegen Rom, das Wahrzeichen unsrer Zeit. Vortrag. (8 S.) 890. * — 10.
31. Leone, (Abbate). Die Verschwörung der Jesuiten. Der geheime Plan d. Ordens. Hrsg. v. M. Vikt. Considérant. Ein Auszug, übers. v. E. Spliedt. (32 S.) 890. — 30.
32. Schröder, Friedr. Einst u. Jetzt. Gespräch üb. einige wicht. Unterscheidungslehren. 2. verm. Aufl. Nebst e. Tagebuche. (77 S.) 891. — 75.
33. Richardson, Elise. Der Beichtstuhl. Aus dem Engl. v. E. Spliedt. (22 S.) 891. * — 20.
34. Tölle, W. Kultur u. Christentum. (20 S.) 891. * — 20.
35. Thümmel, W. Die Aachener Heiligtumsfahrt. Vortrag. 6. unveränd. Aufl. (22 S.) 891. * — 20.
36. Der heilige Rock od. Jesuiten in Sicht! Sendschreiben an Bischof Korum v. Peilnetosi. (15 S.) 891. * — 20.
37. Schirmer, W. E. Offenes Sendschreiben an die deutschen Bischöfe in Sachen d. sogen. heiligen Rockes zu Trier. [Aus: „Westdeutsche Zeitg."] (8 S.) 891. * — 10.
38. Siebert. Was will die römische Papstkirche m. der Trierer Rockausstellung? Vortrag. (30 S.) 891. — 30.
39. Kastor-Hülf, E. J. Der heilige Rock v. Trier, gerettet v. seinen eigenen Feinden. (48 S.) 891. * — 50.
40. Siebert, E. Grundwesen u. Grundton d. Kampfes zwischen dem evangelischen Deutschland u. der römischen Papstkirche. Vortrag. (27 S.) 892. * — 30.
41. Worauf beruht die Macht der katholischen Kirche? Von dem Verf. der Schrift: „Aus dem Tagebuche e. konvertierten Priesters". (74 S.) 892. * — 75.
42. Aurbach, O. Der geistliche Stand. Sein Niedergang u. seine Erhebg. (80 S.) 892. * — 75.
43. Spurgeon, C. H. Die Axt an der Wurzel, e. Zeugnis wider puseyitische Abgötterei. Uebers. v. E. Spliedt. (24 S.) 892. * — 20.
44. Die jüngsten Religionsprozesse u. die denselben zu Grunde liegende Rechtsanschauung. Reden v. Kind, Nippold u. Schöttler, geh. in der Versammlg. d. Evangel. Bundes in Barmen am Sonntage den 16. Oktbr. 1892. Mit e. Anh. üb. den Artikel der Augsb. Allg. Ztg. vom 3. Aug. 1881 u. weiteren erklär. Anmerkgn. (49 S.) 893. n. — 60
45. Das Papsttum in völligem Widerspruche m. der Bibel. Von James Gardner. Aus dem Engl. übers. (21 S.) 893. n. — 30
46. Windthorst u. seine socialen Nothelfer, die Jesuiten u. der Streik. Eine prakt. Probe aus dem J. 1889. (Von e. Geistlichen vor den Reichstagswahlen 1890 f. die Westdeutsche Zeitg. geschrieben.) (12 S.) 893. n. — 15
47. Wie wichtig es ist, die römische Lehre v. der Unfehlbarkeit klar zu verstehen. Aus dem Buche Life inside the Church of Rome v. Francis Clare Cusack übers. v. E. Spliedt. (26 S.) 893. n. — 30
48. Einspruchversammlung gegen die Wiederzulassung der Jesuiten zu Barmen am Montag den 20. Febr. 1893. (Genauer stenograph. Bericht.) (70 S.) 893. n. — 50
49. Die Inquisition u. der Beichtstuhl in unserem Jahrh. (Von dem Verf. v. „Englische Klöster" 2c.) Autoris. (freie) Verdeutschung von Friedr. v. Schwarzbach. (137 S. m. Abbildgn.) 893. n. 2. —; auch in 8 Hftn. à n. — 20
50. Stärke u. Schwäche der katholischen Kirche. Von Reinh. Zickhardt. (48 S.) 893. n. — 50
51. Die Geschichtslügner. Ein unentbehrl. Ratgeber zum richt. Verständnis der „Geschichtslügen". Von Carl Frdr. Jos. Götting. (120 S.) 893. n. 1. 50
52. „Garstige Sophismen". Ein Dank an Hrn. Professor Einig f. seine „Offene Antwort" auf Hrn. Professor Beyschlag's „Offenen Brief an Bischof Korum v. Trier" v. J. Jüngst. (14 S.) 893. n. — 15
53. Römisch od. Evangelisch. Ein Zwiegespräch v. J. Kinzenbach. (16 S.) 894. n. — 15
54. Sociale Not, Klerisei u. Christentum. Vortrag, geh. in Köln v. W. C. Schirmer. 1. u. 2. Aufl. (30 S.) 894. n. — 40
55. Kurzer Unterricht üb. das heutige Sektentum. Von J. Kinzenbach. (16 S.) 894. n. — 15
56. Warum mißlang der Reformationsversuch des Erzbischofs Hermann v. Wied? Vortrag, geh. v. W. Thümmel bei der Feier des Reformationsfestes im Ortsverein des Evangel. Bundes in Barmen am 31. Oktbr. 1893. (Stenographische Nachschrift.) (24 S.) 893. n. — 30
57. Gedanken e. evangelischen Geistlichen üb. den Grafen Paul v. Hoensbroech u. den Jesuitenorden. Von H. J. Graeber. (11 S.) 893. n. — 10
58. Antwort an die päpstliche Priesterschaft in Breslau v. Thümmel. Enth.: Die v. letzterem am 11. Apr. 1894 in der Provinzial-Versammlg. des Schles. Hauptvereins vom Evangel. Bunde geh. Rede, sowie die v. den Päpstlingen in ihrer Protestversammlg. am 26. Apr. aufgejagten Sprüche, nebst e. Kritik derselben. 1. 3. Aufl. (62 S.) 894. n. — 50
59. Freidenker u. Ungläubige. Von Rob. Horath. 2. Aufl. (16 S.) 894. n. — 15
60. Kirchhofsskandale in Lothringen od. Selbstmörderecken u. römische Bannflüche auf lothringischen Friedhöfen v. L. W. Voeltzel. (48 S.) 894. n. — 75
61. Offene Antwort auf die Encyklika vom 20. Juni 1894 an Papst Leo XIII. v. Irenaeus Pertinax. (19 S.) 894. n. — 30

Streitschriften, freundschaftliche. Nr. 4 u. 62—68. 8. Barmen, D. B. Wiemann. n. 2. 10
4. Eine erzbischöfliche Studie üb. das Meßopfer. Beleuchtet v. O. Greeven. 2. Aufl. (8 S.) 897. n. — 10
62. Zum Prozeß Mellage. 4 krit. Betrachtgn. v. Thümmel-Remscheid. [Aus: „Westdeutsche Zeitg."] (29 S.) 895. — 30
63. Der Evangelische Bund, s. gewiesenes Recht u. s. gethanes Werk. Vortrag, geh. in Elberfeld u. Barmen. Von Leop. Witte. 20. u. 21. Aufl. (23 S.) 897. — 15
64. Bis hierher u. nicht weiter! Nachträgl. Gedanken über die Ausstellg. d. Trierer Rockes, d. Wunderberichte darüber u. d. Reliquienwesen überhaupt. Von A. L. Schettler. (52 S.) 893. n. — 60
65. Christus od. Papst. E. gründl. Belehrg. u. ernstl. Warng. f. alle evang. Christen v. Herm. Joh. Graeber. (16 S.) 896. — 15
66. Der Evangelische Bund e. Kriegerverein. Von Thümmel. Ansprache am Begrüßungsabend der 10. Generalversammlg. d. Evang. Bundes in Krefeld am 4. X. 1897. Hrsg. v. d. Vorstande d. berg. Abteilg. d. rhein. Hauptvereins v. Evang. Bunde. 5. Aufl. (16 S.) 898. — 15
67. Wer soll u. muß dem Evangel. Bunde beitreten? Vortrag, geh. in d. Ortsvereinen d. Evangel. Bundes in Elberfeld u. Barmen am 30. IX. 1888 v. Weber. (Stenograph. Bericht d. „Westdeutschen Zeitg.") 9. Aufl. (16 S.) 898. — 15
68. Roms Krieg gegen die Mischehen. Von J. Möller. (47 S.) 898. n. — 50

Streitschriften, freundschaftliche. Nr. 1, 55 u. 69—74. 8. Barmen, D. B. Wiemann. n. 3. 30
1. Offenes Wort an die römisch-kathol. Priester. Von N. Roussel. Aus dem Franz. v. A. F......haus. 2. Aufl. (16 S.) (899.) — 15
55. Kurzer Unterricht üb. das heutige Sektentum. Von F. Kinzenbach. 2. Aufl. (16 S.) (900.) — 15
69. Unterscheidungslehren, die. Volksverständlich dargestellt v. e. rhein. Pfarrer. (37 S.) (901.) n. — 30
70. Der Ablaß in der römisch-katholischen Kirche. Eine evangel. Antwort auf den diesjähr. Fasten-Hirtenbrief des Hrn. Erzbischofs Simar v. Köln. Von Bernh. Rogge. (24 S.) (901.) n. — 30
71. Franz Josef I., Kaiser, u. die Jesuiten. Von F. Sch. D. (28 S.) (901.) n. — 30
72. Römische Moraltheologie u. das 6. Gebot, unter besond. Berücksicht. der Liguori-Broschüre des Prinzen Max v. Sachsen gegen R. Graßmann. Von Paul Schreckenbach. 1. Tl.: Graßmann u. der Prinz v. Sachsen. (47 S.) (901.) n. — 50
73. Dasselbe. 2. Tl.: Römische Moralentscheidungen. (52 S.) (901.) n. — 60
74. Liguori, der Geburtshelfer des Unfehlbarkeitsdogmas, e. Totengräber der Sittlichkeit. Ein Wort der Entgegnung an die Herren: Prälat Keller in Wiesbaden, Prinz Max, Herzog zu Sachsen, Bischof Egger in St Gallen, Raimund Aldermann in Mainz u. a. Verehrer Liguoris u. Gegner Graßmanns v. Verus Philalethes. (84 S.) (902.) n. 1.—

Holsteinische Streitschriften wegen der epischen Dichter, die von heiligen Dingen gesungen haben. Hamburg. 1755.

Streitschriften über die Schlüsse eines Materialisten. Neustadt-Gödens 1754. V: *Oest, Joh. Hnr.* (Ky)

Streitschriften üb. die Schlüsse eines Materialisten, (v. J. H. Oest). 3 Stücke. 8. Neustadt-Gödens 754. 8 gr

Streitschriften üb. d. Schlüsse ein. Materialisten. 3 Stck. 8. Zürich. 754.

Streitschriften, welche durch das von Ahlefeldtsche Familien-Fideicommiss, beym Mangel eines Executoris, zwischen den Enkeln des Stifters und den Gläubigern des Fiduciar-Erben, wie auch den Besitzern des adelichen Guts Damp ingleichen zwischen Diesen und Jenen veranlasst worden sind. 8°
Heft 1–3. Sammlung interessanter Process-Acten in Sachen des Land- und Obergerichts-Raths von Ahlefeldt und der übrigen Enkel des Johann Rudolf von Ahlefeldt, ... als dessen Fideicommiss-Erben, gegen die Concurs-Masse ihres Vaters und Vaterbruders, Jürgen von Ahlefeldt, ... als Fiduciar-Erben, imgleichen wider Conferenz-Rath v. Qualen ... und dessen Sohn, Kammerjunker von Qualen, als successive Besitzer des, von dem bonis Cedenten verkauften adelichen Guts Damp, wie auch in Sachen des Gemeinanwalds der Gläubiger, wider den Besitzer des besagten Guts Damp, das von dem Gemeinschuldner eingezogene Fideicommiss-Quantum von 50.000 Rthlr., vornehmlich die Liquidation desselben in seiner Güter-Masse betreffend. Schleswig. 1820-21.

Streitwolf, der Caprivizipfel, s.: Süssorott's Kolonialbibliothek. 21. Bd.

Streitwolf, Friedrich Wilhelm

Streitwolf, Fr. Wlh., s. Libri symbolici eccles. catholicae.

Streitwolf, Karl: Beiträge zur Kenntnis des Propargylaldehyds. Kiel 1904: H. Fiencke. (52 S.) 8°
Kiel, Phil. Diss. v. [27. Febr.] 1904

Streitz, Richard: Prüfung der neueren Methoden zum Nachweis der Typhusbazillen im Wasser. Stargard 1906: L. C. Wendt. (16 S.) 8°
Heidelberg, Med. Fak., Ref. Knauff, Diss. v. 1906
[Geb. 29. Febr. 80 Papiermuble b. Woldenberg i. Nm.; Wohnort: Flatow Westpr.; Staatsangeh.: Preußen; Vorbildung: Realgymn. Bromberg Reife O. 01; Studium: Greifswald 2, Heidelberg 3, Breslau 1, Heidelberg 3 S.; Coll. 30. Juli 06; Approb. 9. Mai 06.]

Streitz, Wilh., die Getreide- u. Mehl-Prüfung. Winke u. Ratschläge f. Mühlenbetriebsunternehmer, Obermüller, Leiter v. Brod- u. Gebäck-Fabriken, sowie Getreide- u. Mehlgrosshändler. Ausg. 1903. (64 S. m. Abbildgn.) gr. 8. Landsberg a/W. (Leipzig, S. Schnurpfeil.) n. 1. 50

Zur slavischen Lehnwörterkunde. Von Prof. D. Karl Štrekelj. *Wien: C. Gerold's Sohn in Komm. 1904.* (89 S.) 4°
= Denkschriften d. Kais. Akademie d. Wissenschaften in Wien. Philos.-hist. Kl. Bd 50, 3.

Strekelj, Karl, zur slavischen Lehnwörterkunde. (89 S.) 4. Wien 904. (A. Hölder.) n. 5. 30
Sonderabdruck aus: „Denkschr. d. k. Akad. d. Wiss."

Štrekelj, Dr. Karl, Morphologie d. Görzer Mittelkarstdialektes mit besond. Berücksichtg. d. Betonungsverhältnisse. [Aus: „Sitzungsberichte d. k. Akad. d. Wiss."] Lex.-8°. (122 S.) Wien, Gerold's Sohn. In Comm. fl. 1.—. 1887.

Strekelj, K., Morphologie d. Görzer Mittelkarstdialektes m. besond. Berücksicht. der Betonungsverhältnisse. [Aus: „Sitzungsber. d. k. Akad. d. Wiss."] Lex.-8. (122 S.) Wien 887. (Tempsky.) n. 2.—

Strekelj Karl: Phonologie des Görzer Mittelkarstdialektes in ihren Grundzügen dargestellt.
1883 PN 307 Diss. Wien, Univ.

Streker, A.: „Practische Darstellung des bessern Güter-Ertrags durch Roboth-Relulion und Verpachtung der Felder", Aschaffenburg 1810 (Erfurt, Müller).

STRELA, Julius (ps.), Gemälde u. Zeichnungen aus der wirklichen Welt. Breslau, Meyer, 1804. 8°.

Strela, Jul., Gemälde u. Zeichnungen aus d. wirkl. Welt. 8. Bresl. 804. (Gosohorsky). 16 gr

— August v. Haidenthal. Ein Roman. Mit TKpf. von J. Penzel. Leipzig, bei Geo. Voss. 1804. Kl. 8°.
Tit., 1 Bl. Widm. (an d. Stadt-Gerichts-Assessor Rhode zu Breslau), II S. Vorw., 164 S.

— Neue Reisen durch die Höhlen des Unglücks u. die Gemächer des Jammers. Breslau, Meyer, 1805. 8°.
Gegenstück zu *Chr. Heinr. Spiess'* ähnlich betit. Roman. — Sämmtlich ziemlich harmlos.

— s. Reisen, neue, durch die Höhlen des Unglücks u. Gemächer des Jammers.

Strelau, Ernst [aus Graudenz]: Leben und Werke des Mönches Bernold von St. Blasien. . . . Jena, Frommannsche Buchdr. (Hermann Pohle), 1889; 3 Bl. + 110 S. + 1 Bl. 8°
Leipzig, Phil. Fak., Inaug.-Diss. v. 5. Jun. 1889

Strelau, E., Leben u. Werke d. Mönches Bernold von St. Blasien. Eine Quellenstudie zur Geschichte d. Investiturstreites. gr. 8. (110 S.) Jena 889. (Leipzig, Fock.) n. 2. 50

Strele, Hartm., O. S. Fr., der Edelstein der gottgeweihten Jungfräulichkeit, s.: Seeböck, Philib.

Strele, Hartm., O. F. M., Kindlein! es ist die letzte Stunde, s.: Seeböck, Philib.

Strele, Hartm., O. Fr. Min., Liebesflammen beim Besuche des hlst. Altarssakramentes f. jeden Tag des Monats. Nach e. Mskr. Hrsg. v. Paul a Cruce Laschan, O. Fr. Min. (112 S.) 16. Innsbruck 909. Vereinsbuchh. u. Buchdr. Geb. in Leinw. — 80

Strele, Karl, Handbuch der Porzellan- und Glasmalerei, s. Schauplatz, neuer, der Künste und Handwerke. 146.

Strele C., Handbuch der Porzellan- und Glasmalerei. 1. und 4. Auflage. (Schauplatz der Künste und Handwerke 146) Weimar 1869. 83

Strele, Karl, Handbuch der Porzellan- u. Glasmalerei. 4. Aufl., hrsg. v. Emil Tscheuschner. Mit e. Farbentaf. u. 64 in den Text eingedr Holzschn. gr. 8. (XVI, 220 S.) Weimar 883. B. F. Voigt. 6. 75

Strele, K., die Technik des Kolorirens, s. Schauplatz, neuer, der Künste rc.

— d. Technik d. Kolorirens u. Dekorirens von echten u. Fritten Porzellan, Steingut etc. 3. Aufl. 1868. 2.25

Strele, K., Die Technik des Kolorirens und Dekorirens von ächtem u. Fritten-Porzellan, Steingut, Fayence etc. 3. Aufl. v. Brongniart's Dekoriren u. Coloriren in gänzl. Umarbeitung etc. Mit 3 Tfln. von 32 Abbild. Weimar 1869. 8°.

Strele, Karl: Die Technik des Kolorirens u. Dekorirens von ächtem u. Fritten-Porzellan, Steingut, Fayence, Glas etc. Nach Brongniart. 3. Aufl. Weimar 1869. 8. 4. Aufl. unter d. Titel: „Handbuch der Porzellan- u. Glasmalerei", bearb. v. Emil Tscheuschner. Weimar 1883. 8°

— Theorie u. Praxis in der Fabrikation des weißen Feldspath-Porzellans, s. Schauplatz, neuer, der Künste u. Handwerke.

Strele, K., Theorie u. Praxis in der Fabrikation des weissen Feldspath-Porzellans und dessen Decorirung mit Starkfeuerfarben etc. Weimar 1868. Text 8°. Atlas von 18 Foliotfln. 4°.

Fiducit! Letzter Gruss an meinen lieben Corpsbruder Dr. Arnold Busson. Von Richard v. Strele. (Gesprochen beim Trauersalamander auf d. Kneipe d. Corps Athesia zu Innsbruck 1892.) Mit Portr. *Salzburg: Selbstverl. 1893.* (3 Bl.) 8° [01. 5536 6

Strele, R. v., „der Lamberg". Ein Erinnerungsblatt. 12. (11 S.) Salzburg 884, Kerber. *

Strele, Rich. v., Dr. Alexander Petter, kaiserl. Rat, Ritter des Franz Josef-Ordens, Besitzer des gold. Verdienstkreuzes m. der Krone, Direktor des Museums Carolino-Augusteum i. R., k. k. Konservator, I. Vizepräsident der österreich. Gesellschaft vom roten Kreuz etz. etz. † den 13. XI. 1905. Ein Gedenkblatt in der Salzburger Mundart. (8 S.) 8. Salzburg 905. (E. Höllrigl.) n. — 35

Dr. Alexander Petter † d. 13. Nov. 1905. Ein Gedenkblatt in d. Salzburger Mundart von Richard v. **Strele**. Salzburg 1905: (Kiesel). (8 S.) 8° [06. 3750

Strelin, Alex

Strelin, A., die ventrale Fixation als Mittel zur Hebung d. Prolapsus uteri. Inaug.-Diss. gr. 8. (46 S.) Bern 889. (Huber & Co.) n. — 90

Strelin, A. Die ventrale Fixation als Mittel zur Hebung des Prolapsus uteri. Gr. in-8°. 46 S. Bern [Huber & Co. (Hans Koerber)]. 1891. 1 10

Strelin, Bern., s. Strehlin

Strelin, F., s. R. v. Cousi.

Strelin, Georg Gottfried

Strelin, Georg Gf.: „Rechtliche und cameralistische Abhandlung über Kriegslasten und Kriegsschäden, wie solche zwischen Verpächtern und Pächtern zu vertheilen sind; für Cammercollegien, Richter, Pächter und Verpächter", Frankfurt a. M. 1799 (Varrentrapp & Wenner).

— rechtl. und cameralistische Abhdl. über Kriegslasten und Kriegsschäden, wie solche zwischen Verpächtern und Pächtern zu theilen sind. gr. 8. Hannover, Hahn. 799.

Strelin, Georg Gottfried. Einleitung in die Lehre von den Auflagen. Noerdlingen 1778.

Strelin, G. Gfr., Einleit. in d. Lehre v. Auflagen. 8. Nördlingen, Beck. 779.
Vgl. Einleitung...

Strelin, Geo. Gf. Realwörterbuch für Cameralisten und Oekonomen. 8 Bde. mit Kpf. gr. 8°. Nördlingen. Beck. 1782—96.

Strelin, Geo. Gf. Revision der Lehre von Auflagen und von Benutzung der Domainen durch Verpachtung und Verwaltung auf Rechnung. 8°. Erlangen, Palm, 1821.

Strelin, Geo. Gf., Versuch e. Geschichte u. Literatur d. Staatswissenschaften. gr. 8. Erlang. 827. Palm u. E. 1 ℛ 6 gr

Strelin, Georg Gf.: „Vorschlag zu einer Universalauflage statt aller bisherigen Partikularauflagen", Nördlingen 1790 (Beck).

Strelin, Georg Gottfried, s. Wie können kleine Herrschaften ...

Strelin, Johann Jakob Heinrich

Strelin, Jh. Jak. Hnr., Entwurf einer Geschichte des evangel. Seminariums in Oettingen. 8. Oetting. 770.

Strelin, J. J. H., genealogische Geschichte der Grafen von Oettingen im mittl. Zeitalter bis auf d. gemeinschaftlichen Stammvater Ludwig XIV. 8. Ebend. 799.
Vgl. Geschichte,...

Strelinger, Hermann: Perhydrasemilch nach Much und Römer. Herstellung u. Versand e. keimfreien rohen Dauermilch im Grossbetriebe in Sarvar, Ungarn. Marburg a. L. 1907: H. Bauer. (20 S.) 8°

Perhydrasemilch in der Praxis. Ihre Erzeugung z. Verwendung b. Säuglingen ... sowie z. Herstellung tuberkelbazillenfreier Milchprodukte. Veröffentl. im Einverständn. mit Dr. Römer u. Dr. Much durch Dr. **Strelinger**. Marburg 1906: H. Bauer. (11 S.) 8° [Umschlagt.] [07. 9125 4

Strelitz, Abrah., de antiquo Ciceronis de re publica librorum emendatore. gr. 8. (95 S.) Breslau 874. Leuckart. n. 2. —

Strelitz, J., neue Beitrr. z. Elementargeometrie. Mit Kpf. 8. Kopenh. 817. Bonnier. 6 gl.

Strelitzen, die,. Schsp. v. Babo. gr. 8. Mannh. Schwan. 790.

— die,. Schsp. v. Babo. 8. Berl. Voß. 793.

Strell, Carl, Lehre der einfachen u. doppelten Buchhaltung für Handelsschulen u. zum Selbstunterrichte. Nebst Formularien, Tabellen u. einem Verzeichniß der gebräuchlichsten kaufmänn. Ausdrücke. 2 Bde. gr. 8. Wien 878. Bermann & Altmann. n. 5. —
1. Einfache Buchhaltung. (133 S.) n. 2. —
2. Doppelte Buchhaltung. (VI, 291 S.) n. 3. —

Strell, Carl, Lehrbuch der einfachen Buchhaltung f. Handelsschulen u. zum Selbstunterricht Nebst Formularien, Tabellen u. e. Verzeichnis der gebräuchlichsten kaufmänn. Ausdrücke. 2., umgearb. Aufl. gr. 8. (III, 120 S.) Wien 891. Bermann & Altmann. n. 1. 80

Stroll, Martin, gepr. Lehramtskand.: Ueber die Fällungsbedingungen für Kupfer und Blei durch Schwefelwasserstoff aus neutralen und salzsauren Lösungen und die Anwendung der gewonnenen Ergebnisse zu einer quantitativen Trennung der beiden Metalle. 1908. 50 S. 8⁰
München, Dr.-Ing.-Diss. v. 29. 7. 1908

Stroller, Friedrich, aus Altenburg S.-A.: Das Hülfsverbum im Rumänischen. (Lat. esse, habere, velle.) *Leipzig: J. A. Barth 1902.* (74 S.) 8° ¶ [Soll erscheinen in: Jahresbericht 9 d. Inst. f. rumän. Sprache zu Leipzig.]
Leipzig, Phil. Diss. v. [3. Mai] 1902

STRELLI, Richard: Quaestiones Catullianae. — 1906. 93 S. Diss. Graz, Univ.

Strelli, Rich., quaestiones Catullianae. Progr. (31 S.) Lex. 8. St. Paul 907. (Klagenfurt, F. v. Kleinmayr.) 1. —

— u. Engelb. **Olbert**, das Benediktinerstift St. Paul in Kärnten 1809—1909. Festschrift zur Jahrhundertfeier der Wiederbesiedelg. des Stiftes St. Paul durch die Mönche v. St. Blasien im Schwarzwald. (VIII, 196 S. m. 50 Abbildgn. u. 1 Bildnis.) gr. 8. Freiburg i/B. 910. Herder. 3.60; geb. in Leinw. 5. —

Streln [Schlagwort]

Streln, s.: **Preussen. Messtischblätter.**

Streln, s.: Sachsen. Karte. Messtischblätter.

Strelno [Schlagwort]

Strelno, Kreis, s.: Forstkarten.

Strelno, Kreis. Baron, P., Spezial-Karte vom Kreise Strelno in 5 fachem Farbendr. Rev. v. den zuständ. Behörden. 1 : 100,000. 35,5×34 cm. Lissa (904). O. Eulitz. n. — 50; auf Leinw. n. 1. —

Kreis Strelno. (Rev. von d. zuständ. Behörden.) Maßst. 1:100.000. *Lissa i/P.: F. Ebbecke [1904]; Lith. P. Baron in Liegnitz.* (1 Kartenbl. 30×31 cm mit Legende.) 8° [kol.]
[Umschlagt.:] Spezial-Karte v. Kreise Strelno in 5fachem Farbendr. [94.000]

Strelow, H., der Volksschullehrer, wie er ist u. wie er sein soll. 2. Aufl. gr. 8. (40 S.) Löbau Westpr. 878. Skrzeczek. Verklebt. n. — 80

Was ist Gerechtigkeit? Roman von **Walter Strelow**. *Berlin: M. Caup [1903].* (329 S.) 8° [F.] [03. 156]

Strelow, Walt., was ist Gerechtigkeit? Roman. (329 S.) gr. 8. Berlin (S. W. 29, Belle Alliancestr. 74) (903). Strelow-Verlag. n. 3. —; geb. in Leinw. n. 4. —

Strelzik, Frz., Fuchs Stöpsel. (62 S.) 8. W.-Jena (906). Thüringer Verlags-Anstalt. n. 1. —; geb. n. 1. 50

Strelzik, Frz., stoßt an! Jena soll leben! Gedichte. (64 S.) 8. Jena 909. B. Vopelius. 2. —

Stremayr, Carl v., die Landesvertretung von Steiermark. Ein Bericht über ihre Thätigkeit in der Landtagsperiode 1861—1866. Graz 867. (Hesse's Buchh.) gr. 8. (VIII, 491 S.) n. 1 ₰ 22 ngr.

Stremler, Louise, das wahre bürgerliche Kochbuch. Eine deutl. Anweisung nahrhafte und wohlschmeckende Speisen auf eine gute und doch sparsame Art zuzubereiten. Mit einem Anhange, welcher das Einmachen und Aufbewahren der Gemüse und Früchte ꝛc. so wie die Zubereitung der Getränke enthält. Für angehende und geübtere Köchinnen. 3., verm. Aufl. 12. (240 S.) Landsberg a. d. W. 851, Volger und Klein. *

Stremler, Louise, das wahre bürgerliche Kochbuch. Eine deutliche Anweisung, nahrhafte und wohlschmeckende Speisen auf eine gute und doch sparsame Art zuzubereiten. Mit einem Anhange, welcher das Einmachen und Aufbewahren der Gemüse und Früchte, die Bereitung der Fruchtsäfte ꝛc., sowie die Zubereitung der Getränke enthält. Für angehende und geübtere Köchinnen. 4. abermals umgearb. u. sehr stark verm. Aufl. Landsberg a. d. W. (854.) Volger u. Klein. 12. (252 S.) 10 ngr.

Stremler, Louise, das wahre bürgerliche Kochbuch. Eine deutliche Anweisung, nahrhafte u. wohlschmeckende Speisen auf eine gute u. doch sparsame Art zuzubereiten. Mit einem Anhange, welcher das Einmachen u. Aufbewahren der Gemüse u. Früchte ꝛc. enthält. Für angehende u. geübtere Köchinnen verfaßt u. herausg. 5., abermals umgearb. u. auch verm. Aufl. Landsberg a. d. W. 861. Volger & Klein. 16. (304 S.) n. 10 ngr.

Stremler, Louise, das wahre bürgerliche Kochbuch. Eine deutl. Anweisg., nahrhafte u. wohlschmeck. Speisen auf e. gute u. doch sparsame Art zuzubereiten. Mit e. Anh welcher das Einmachen u. Aufbewahren der Gemüse u. Früchte, die Bereitg. der Fruchtsäfte, Muße u. Gelées, das Pökeln u. Räuchern d. Fleisches, sowie die Zubereitg. der Getränke enthält. Für angeh. u. geübtere Köchinnen verfaßt u. hrsg. 6. verb. u. verm. Aufl. br. 8. (176 S.) Landsberg 872. Vogler & Klein. 1. 20

Stremler, Louise, das beste Kochbuch. Eine deutliche Anweisung, nahrhafte u. wohlschmeckende Speisen auf eine gute u. doch sparsame Art zuzubereiten. Mit einem Anh., welcher das Einmachen u. Aufbewahren der Gemüse u. Früchte, die Bereitung der Fruchtsäfte, Muße u. Gelées, das Pökeln u. Räuchern des Fleisches, sowie die Zubereitung der Getränke enthält. Für angehende u. geübtere Köchinnen verf. u. hrsg. 9., verm. u. verb. Aufl. 12. (167 S.) Landsberg a/W. 880. Volger & Klein. cart. n. 1. —

Stremler, Louise, das beste Kochbuch. Eine deutl. Anweisung, nahrhafte und wohlschmeckende Speisen auf eine gute und doch sparsame Art zuzubereiten. Mit einem Anhang, welcher das Einmachen und Aufbewahren der Gemüse und Früchte, die Bereitung der Fruchtsäfte, Muße und Gelée's, das Pökeln und Räuchern des Fleisches, sowie die Zubereitung der Getränke enthält. Für angehende und geübtere Köchinnen verf. und hrsg. 12. verm. und verb. Aufl. 8. (175 S.) Landsberg a. W. 886, Volger und Klein. geb.

Stremler, Louise, das beste Kochbuch. Eine deutl. Anweisg., nahrhafte u. wohlschmeck. Speisen auf e. gute u. doch sparsame Art zuzubereiten. 12., verb. Aufl. 8. (175 S.) Landsberg a/W. 888. Volger & Klein. 1. —; geb. 1. 50

Stremler, Louise, das beste bürgerliche Kochbuch. Eine deutl. Anweisg, nahrhafte u. wohlschmeck. Speisen auf e. gute u. doch sparsame Art zuzubereiten. Mit e. Anh., welcher das Einmachen u. Aufbewahren der Gemüse u. Früchte, die Bereitg. der Fruchtsäfte, Muße u. Gelées, das Pökeln u. Räuchern des Fleisches, sowie die Zubereitg. der Getränke enthält. Für angeh. u. geübte Köchinnen verf. u. hrsg. 14. u. 15. verm. u. verb. Aufl. gr. 8. (174 S.) Landsberg (899. 902). Volger & Klein. Geb. n. 1. 50

Stremme, C. C., die Architektur u. ihr Verhältniß zur Cultur u. zum Volke. Rede gehalten am Feste der Thronbesteigung Sr. Maj. des Kaisers am 20. Novbr. 1842. 8. Dorpat 842, Gläser. n. 4 ngl

Stremme, Eduard [aus Veckerhagen]: Beitrag zur Kenntniss der tertiären Ablagerungen zwischen Cassel und Detmold, nebst einer Besprechung der norddeutschen Pecten-Arten . . . Berlin, Druck v. J. Starcke, 1888; 46 S. + 1 Bl. u. 1 Tab. 8°
Göttingen, Phil. Fak., Inaug.-Diss. v. 29. Mai 1888

Stremme, E., Beitrag zur Kenntniss der tertiären Ablagerungen zwischen Cassel u. Detmold, nebst e. Besprechg. der norddeutschen Pecten-Arten. Inaug.-Diss. gr. 8. (46 S.) Berlin 888. (Göttingen, Vandenhoeck & Ruprecht's Verl.) n. 1.—

Stremme, H., das Erdöl u. seine Entstehung, s.: Vortragsstoffe f. Volks- u. Familienabende.

Stremme, Hermann, aus Krefeld: Zur Kenntnis der wasserhaltigen Aluminiumsilikate. *Berlin 1903: E. Ebering.* (55 S.) 8°
Berlin, Phil. Diss. v. 22. Dez. 1903

Strempel, Prof. Dr., s. Keil, F., das Schielen.

Strempel, Alfred, Assistenzarzt an d. Kgl. Univ.-Frauen-Klinik zu Breslau: Aus d. Kgl. Universitäts-Frauen-Klinik zu Breslau. Über die instrumentelle Erweiterung des Cervix sub partu nach Bossi. *Breslau 1903: Bresl. Genoss.-Buchdr.* (30 S.) 8°
Breslau, Med. Diss. v. 28. Febr. 1903

Strempel, Aug., Beiträge zur physikalischen Diagnostik. Der verehrl. medicin. Facultät zu Rostock überreicht als Habilitationsschrift. gr. 8. (84 S.) Rostock 852. (Stiller.) n. 1/2 ₰

Strempel, C.: Observationes de morbo qui delirium tremens appellatur. Rostochii. 1826.

Strempel, Frl. Dora, s. a. Stern, Detlef.

Stern, Detlef [d. i. Dora Strempel]: Djemilch. (Aus d. Leben e. christl. Paschafrau.) Die beiden Armenierinnen. 2 Romane. Berlin & Leipzig: H. Hillger 1907. (295 S.) 8°

Nach zehn Jahren. Roman. Lorelei. Novelle. Von Detlef Stern [d. i. Dora Strempel]. Mit Ill. von Rud. Braun. Berlin, Eisenach, Leipzig: H. Hillger [1906]. (112 S.) 8° [F.]
= Bücherschatz, Kürschners. No 490. [07. 13308

Antonie Vehabdil. Eine Novelle vom Bosporus von Detlef Stern [D[ora] Strempel]. (Berlin): [H. Steinitz] 1903. (149 S.) 8° [03. 11489 11

Strempel, Elisabeth

Strempel, E., deutsche Volkstypen. Gezeichnet v. St. gr. 4. (22 Lichtdr.-Taf. m. 1 Bl. Text.) Jena 900. Frommann'sche Hofbuchh. In Leinw.-Mappe n. 6.—

Strempel, Elisabeth, Volks-Typen aus deutschen Gauen, nach dem Leben in Kohle gezeichnet. Fol. (18 Lichtdr.-Taf.) Berlin 887, Zenker. In Mappe *

Strempel, Elisabeth, Volks-Typen aus deutschen Gauen, nach dem Leben in Kohle gezeichnet. 2. verm. und verb. Aufl. mit erläut. Text von Grfn. W. Fol. (20 Lichtdr.-Taf. mit 4 S. Text.) Berlin 888, [Zenker.] Neufeld und Henius. In Leinw.-Mappe

Strempel, *Friedrich Carl Johannes Christian*: Ein Annäherungsverfahren zur Verwandlung von Kreisbögen in gerade Linien und umgekehrt. 4 (14 S., 2 Taf.).
Progr. Grosse Stadtsch — G., Rg. u. Vsch. — *Rostock* 1898

Strempel, Fr[iedrich], Dr.: Neue, sehr genaue und einfache Methoden der Rektifikation sowie der Teilung von Kreisbogen. *Rostock 1903: C. Boldt.* (23 S.) 4°
Rostock, G u. RG, OP 1903 (748)

Strempel, *Friedrich* [Dr.]: Über ein Näherungsverfahren zur Teilung von Kreisbögen. Rostock, Druck v. Adlers Erben, 1894; 16 S., 1 Taf. 4.
Rostock, G u. RG, OP 1894 (653)

Strempel, G. L., die Blankocession nach gemeinem Rechte. gr. 8. (108 S.) Wismar 893. Hinstorff's Verl. n. 2.—

Strempel, G. L., über die justa causa bei der Tradition. Versuch eines Beitrages zur Lehre des Eigenthums-Vertrages nach Röm. Rechte. Wismar 856. Hinstorff. 8. (156 S.) 22 1/2 ngr

Strempel, G. L., Vortrag über die Civil-Proceßordnung des Deutschen Reiches, geh. am 29. Septbr. 1877 zu Schwerin in der Versammlung des mecklenburg. Advocaten-Vereins. gr. 8. (56 S.) Schwerin 877. Stiller in Comm. n. 1. —

Strempel, (Joh.) Karl Friedrich

Strempel, Joann. Car. Frid. [illegible] Filicum Berolinensium synopsis. Berolini 1822. [illegible]
Berlin, Med. Diss. v. 2. Aug. 1822

Strempel, (J.) C. F., Untersuchungen üb. Arznei-Taxen, mit besond. Hinsicht auf d. ältere Preuss., Hannöversche u. auf d. neue Preuss. Arznei-Taxe. gr. 4. (6 B. incl. 1 Tab. qu. Fol.) Rostock 833, (Oeberg.)

Strempel-Nehrmann, Frau Annie, s.: Koche auf Vorrat.

Strempfl, Andreas, Kurzgefaßte Grundsätze der katholischen Kirchenmusik, dem hochwürdigen Clerus, allen Chorregenten, Organisten und Freunden wahrer Kirchenmusik gewidmet. kl. 8. (40 S.) Graz, Meier's B. 1869. 20 kr.

Strena Corbeiensis. Ad fidem codicis authographi Corbeiae nuperrime reperti mittet . . . H. v. F. Corbeiae 1864. H: *Hoffmann gen. von Fallersleben, August Heinrich.* (GGr)

Strena ephemeridum ecclesiasticarum Viennensium Auctori pro felici novi anni 1789 in auspicio dicata ab amico Pannonio Typis Aoniis. 1789. V: *Hermolaus, P.* (Bespr. Wiener Kirchenzeitung 1789, Sp. 562/70) (BiblPort) (Pk III/453)

Strena Helbigiana. Sexagenario obtulerunt amici a. d. IIII. Non. Febr. 1899. Lex -8. (VI, 348 S. m. Abb. u. 3 Taf.) Leipzig 900. B. G. Teubner. Kart. n. 40. —

Streng, Adf., Geschichte der Gefängnissverwaltung in Hamburg von 1622—1872. gr. 8. (III, 230 S. m. 6 lith. Taf.) Hamburg 890. Verlags-Anstalt u. Druckerei, A.-G. n. 8. —; geb. n. 9. —

Streng, Adf., das Zellengefängniss Nürnberg. Mittheilungen aus der Praxis u. Studien über Gefängnisswesen u. Straf-Vollzug. Mit 3 lith. Taf. gr. 8. (IV, 176 S.) Stuttgart 879. Enke. n. 5. —

Streng, Adf., Studien üb. Entwicklung, Ergebnisse u. Gestaltung d. Vollzugs der Freiheitsstrafe in Deutschland. gr. 8. (XI, 211 S.) Stuttgart 886. Enke. n. 6. —

Streng, (Joh.) August

Streng, Aug., die Aequivalent-Gewichte der einfachen Stoffe. Wandtafeln zum Gebrauche in chemischen Auditorien und Laboratorien. Clausthal (858.) Grosse. (5 Bgn. in gr. Fol.) n. 20 *ngr.*

Streng, A. Aufsätze über den Melaphyr des südlichen Harzrandes. Stuttgart. 1858.

Streng, A. Über die [illegible] Bedeutung der Überschwemmungen. Giessen 1879. 4.

Streng, (Johann) August (*geb. Frankfurt a. M. 4. 2. 1830*). Beitrag zur Theorie der vulkanischen Gesteins-Bildung. Breslau 1852. (22 S.) 8°

Breslau, Phil. Diss. v. 21. Aug. 1851 (vielmehr 1852)

Streng, A., s.: Fuchs, C. W. C., Anleitung zum Bestimmen der Mineralien.

Streng, Aug., über den Gabbro und den sog. Schillerfels des Harzes in 2 Abthlgn. 1. Schillerspath. 2. Gabbro. gr. 8. (101 S. mit 1 ill. Stnt.) Stuttgart 862, Schweizerbart. *

Streng (A.) und **Kloos** (J. H.). Ueber die krystallinischen Gesteine von Minnesota in Nord-Amerika. (Separat-Abdruck aus d. Neuen Jahrb. für Mineralogie. 1877.) 8.

Streng, Ueber Pflanzenreste im Eisensteinlager von Bieber bei Giessen. (Bes. Abdr. a. d. 18. Ber. d. Oberh. Ges. f. Natur- u. Heilkunde.) 8.

—— über die Porphyre des Harzes in 3 Abthlgn. gr. 8. (114 S. mit eingedr. Holzschn.) Stuttgart 860, Schweizerbart'sche Verlagsh. *
Aus: Neues Jahrbuch für Mineralogie, besonders abgedruckt.

—— das Verhalten der wichtigsten Säuren und Basen in ihren löslichen Salzen zu den Reagentien, mit Angabe der Farbe und Zusammensetzung der Niederschläge. 2 Tab. in gr. Fol. und Imp.-Fol. Clausthal 859, Grosse'sche Buchh. *

Streng. Das Verhalten der wichtigsten Säuren und Basen in ihren löslichen Salzen zu den Reagentien. Clausthal. 1867.

Streng, Aug., über die Zusammensetzung einiger Silicate mit besonderer Berücksichtigung der polymeren Isomorphie. [Aus: „Neues Jahrbuch für Mineralogie, Geognosie, Geologie etc.“] Stuttgart 865. Schweizerbart. gr. 8. (42 S.) n. 8 *ngr.*

Streng, Fab. Wil., casus illustres et singulares, c. contin. 4. Frcft. 711.

— variae consultationes, informationes relationes, et decisiones, od. rechtliche Berichte allerley zweifelhafter Fälle. 2 Thle. 4. Nrnb. Schneider und W. 707–13.

Streng, Ferd. (geb. Clausthal a. H. 7. 2. 1857): Die Constitution des Orcins. Berlin 1882. (48 S.) 8°

Berlin, Phil. Diss. v. 28. Apr. 1882

Streng, Hermann. Altes und Neues aus der Eisenbahn-Statistik. S.-A. In-4°, 56 S. Bern, Wyss. 1884

Streng, Herm., Altes u. Neues aus der Eisenbahn-Statistik. gr. 4. (56 S.) Zürich 884. (Orell Füssli & Co. Verl.) n. 3. —

Streng, Johann, Lehrbuch der Geburtshilfe für Hebammen. Nebst einem Atlas mit 74 Abbildgn. auf 25 Tafeln. gr. 8. (VI. 341 S.) Prag, Ehrlich. 1864 5 fl.

Streng, Johann Christian (Delitzsch) A. S. 123/15

Ius militis auxiliarii apud gentes liberas et in s. R. imperio. Präs. Christoph Ludwig Crell. Wittenberg (Scheffler) II. 1737. 48 S.

33867

Streng, Karl, appr. Arzt a. Ulm a. D.: Aus d. patholog. Institut d. Universität München. Aneurysma der Aorta mit Perforation in die Pulmonalarterie. München 1906: M. Ernst. (64 S.) 8°

München, Med. Fak., Ref. v. Bollinger, Diss. v. 11. Mai 1906

[Geb. 2. Dez. 79 Ulm; Wohnort: Ulm; Staatsangeh.: Württemberg; Vorbildung: Gymn. Ulm Reife Juli 00; Studium: München 4, Kiel 1, Berlin 1, München 4 S.; Coll. 11. Mai 06; Approb. 26. Febr. 06.]

Streng, Karl, Anleitung zur prakt. Behandlg. d. 1. Thls. d. im k. k. Schulbücherverlage zu Wien erschien. Lesebuches f. österr. allgem. Volksschulen v. Karl Kummer, Frz. Branky u. Raim. Hofbauer. gr. 8. (VII, 174 S.) Wien 894. A. Pichler's Wwe. & Sohn. n. 2. 40

— u. Jos. **Zuckersdorfer,** prakt. Anleitg. zur Behandlung d. Rechenunterrichts in d. Volksschule. 1. Bd. Das Rechnen im Zahlenraume bis 1000 u. bis zu den Tausendteln. (1., 2., 3., bezw. 4. Schulj.) gr. 8. (VIII, 510 S.) Ebd. 896. n. 5. 20; geb. n. 6. —

— prakt. Anleitg. zur Behandlung d. Rechenunterrichtes in d. Volksschule. 2. Bd. Das Rechnen auf d. Mittel- u. Oberstufe (4., bezw. 5. bis 8. Schulj.), die geometr. Formenlehre, sowie die Flächen- u. Körperberechngn. gr. 8. (X, 436 S. m. Fig.) Wien 897. A. Pichler's Wwe. & Sohn. n. 4. 60; geb. n. 5. 20

Streng, Karl, praktische Anleitung zur Behandlung des Rechenunterrichts in der Volksschule. 2. Bd. Das Rechnen auf der Mittel- u. Oberstufe (4., bezw. 5. bis 8. Schulj.), die geometr. Formenlehre sowie die Flächen- u. Körperberechngn. 2., umgearb. Aufl. (X, 429 S. m. Fig.) 8. Wien 905. A. Pichler's Wwe. & Sohn. n. 4. 60

— u. Jos. **Zuckersdorfer,** praktische Anleitg. zur Behandlg. des Rechenunterrichtes in der Volksschule. 1. Bd. Das Rechnen im Zahlenraume 1—1000 u. bis zu den Tausendsteln. (1., 2., 3., bezw. auch 4. Schulj.) 2., umgearb. u. verb. Aufl. (XI, 530 S.) 8. Ebd. 908. Geb. in Leinw. 6. —

Streng, Karl, praktische Anleitung zur Behandlung des Rechenunterrichts in der Volksschule. 2. Bd. Das Rechnen auf der Mittel- u. Oberstufe (4., bezw. 5.—8. Schulj.), die geometr. Formenlehre sowie die Flächen- u. Körperberechngn. 3. Aufl. (X, 429 S. m. Fig.) 8. Wien 910. A. Pichler's Wwe. & Sohn. 4. 60

Streng, Karl, ausführl. Biographie des am 13. März 1848 in Wien gefallenen Freiheitshelden Karl Heinr. Spitzer. Mit freisinnigen Ansichten über Staatsverhältniß, philos. Lehrvorträge u. Verfolgungen der Israeliten. Aus den Mittheilungen seines Hrn. Erziehers u. Arztes des Dr. Herm. Schlesinger. gr. 8. (16 S.) Wien 848. (Sallmayer & Co.) 2 ngl.

Streng, Karl, Rechenfibel. Erstes Rechenbuch für mehr- und minderclassige Volksschulen, beziehungsweise für das erste oder erste und zweite Schuljahr. Wien 1902. K. k. Schulbücher-Verlag. Preis broschirt 80 h.

Streng, Karl, Wollmann, Dr. Franz und Wintersperger, Karl: Schreiblesefibel auf Grund zusammenhängender Anschauungskreise und mit Benutzung phonetischer Grundsätze. Mit dem Bildnisse Seiner Majestät des Kaisers, 6 Voll- und zahlreichen Textbildern. Wien 1907. Schulbücherverlag.

Streng, Karl. Das erste Schuljahr, e. Hilfsbuch f. den Unterricht in der Elementarclasse. gr. 8. (V, 81 S. m. Holzschn. u. Tab.) Krems 891, (Oesterreicher). * 1 60

— das erste Schuljahr. E. Hilfsbuch f. d. Unterr. in d. Elementarclasse. M. Holzschn. u. mehr. Tab. 2., verb. u. umgearb. Aufl. gr. 8. (VII, 106 S.) Wien 895. A. Pichler's Wwe. & Sohn. n. 1. 50; geb. in Leinw. n. 1. 90

Streng, Karl, das erste Schuljahr. Ein Hilfsbuch f. den Unterricht in der Elementarclasse. Mit mehreren Abbildgn. u. Tab. 3., verb. u. theilweise verm. Aufl. gr. 8. (VIII, 113 S.) Wien 902. A. Pichler's Wwe. & Sohn. n. 1. 50; geb. n. 1. 90

— das erste Schuljahr. Ein Hilfsbuch f. den Unterricht in der Elementarklasse. Mit mehreren Abbildgn. u. Tab. 4., verb. u. erweit. Aufl. (VIII, 129 S.) 8. Ebd. 906. n. 1. 70

Streng, Karl, das erste Schuljahr. Ein Hilfsbuch f. den Unterricht in der Elementarklasse. Mit mehreren Abb. u. Tab. 5. Aufl. (VIII, 129 S.) 8. Wien 910. A. Pichler's Wwe. & Sohn. 1. 70

Streng Karl und **Wintersberger Karl,** Übungsbuch für das Rechnen an allgemeinen österreichischen Volksschulen. Ausgabe in 5 Teilen. Mit einem Ergänzungshefte für das 6., 7. und 8. Schuljahr. Wien 1906. A. Pichlers Witwe & Sohn. I. Teil. Der Zahlenraum bis 20. Mit zweireihigen Zahlenbildern. Geh. K —.30. II. Teil. Der Zahlenraum bis 100. Mit 7 bildlichen Darstellungen. Geh. K —.30. III. Teil. Das Rechnen bis zu den Tausenden und den Tausendsteln. Mit 3 bildlichen Darstellungen. Geh. K —.30. IV. Teil. Das Rechnen mit ganzen und Dezimalzahlen, mit einfachen gemeinen Brüchen und mehrnamigen Zahlen. Mit 7 bildlichen Darstellungen. Kart. K —.60.

Streng, Karl und Wintersperger, Karl: Übungsbuch für das Rechnen ... V. Teil: Zusammenfassung über das Rechnen mit ganzen Zahlen, Dezimalzahlen und mehrnamigen Zahlen; schriftliches Rechnen mit gemeinen Brüchen. Mit 2 bildlichen Darstellungen. Wien 1906. A. Pichler's Witwe und Sohn.

— u. Karl **Wintersperger,** Übungsbuch f. das Rechnen an allgemeinen österreichischen Volksschulen. Ausg. in 5 Tln. m. e. Ergänzungshefte f. das 6., 7. u. 8. Schulj. 1.—5 Tl. 8. Ebd. 907. 1. 80

1. Der Zahlenraum bis 20. Mit zweireihigen Gruppenzahlbildern. (56 S.) — 30
2. Der Zahlenraum 1—100. Mit 7 bildl. Darstellgn. (48 S.) — 30
3. Das Rechnen bis zu den Tausendern u. den Tausendsteln. Mit 3 bildl. Darstellgn. (48 S.) — 30
4. Das Rechnen m. ganzen u. Dezimalzahlen, m. einfachen gemeinen Brüchen u. mehrnamigen Zahlen. Mit 7 bildl. Darstellgn. (72 S.) Kart. — 60
5. Zusammenfassung üb. das Rechnen m. ganzen Zahlen, Dezimalzahlen u. mehrnamigen Zahlen; schriftliches Rechnen mit gemeinen Brüchen. Mit 2 bildl. Darstellgn. (56 S.) — 30

Streng, Karl, Übungsbuch für das Rechnen an allgemeinen österreichischen Volksschulen. Ausgabe in fünf Teilen, mit einem Ergänzungsheft für das 6., 7. und 8. Schuljahr. Ergänzungsheft: Angewandtes Rechnen im 6., 7. und 8. Schuljahre. Mit 26 bildlichen Darstellungen. Wien 1910. A. Pichlers Witwe und Sohn. Geb. K —.40. (63 S.)

v. **Streng,** Phil. d'Ormieux, Tagebuch während des Feldzuges in Afghanistan 1838—1839. Aus der engl. Originalhandschrift von Wlh. Tetschke u. Ernst Jober. Mit 4 Lithogr. gr. 8. Stralsund 844, Löffler'sche Buchh. 1½ ℛ

Streng, Ph. d'Ormieux v. Tagebuch während des Feldzuges in Afghanistan 1838 1839. Aus dem Engl. v. Dr. W. Tetschke u. Dr. E. Jober. Mit Lith. Stralsund 1844. 260 S.

Streng, Thdr., die einfachsten und natürlichsten Mittel, die Kinder ohne Anwendung von Arzeneien fortwährend gesund zu erhalten. Nach den bewährtesten Vorschriften u. vieljähr. eigenen Beobachtungen zusammengestellt. Augsburg 858. Rieger. 8. (VIII, 116 S.) 7½ ngr.

Streng, Thdr., die einfachsten u. natürlichsten Mittel, die Kinder ohne Anwendung von Arzeneien fortwährend gesund zu erhalten. Nach den bewährtesten Vorschriften u. vieljährigen eigenen Beobachtungen zusammengestellt. 2. Aufl. Augsburg 859. Rieger. 8. (VIII, 116 S.) 7½ ngr.

Streng, Wilh., das Badnerland, nach Tischendorf'scher Methode f. den Schulgebrauch bearb. Ausg. A f. die Hand des Lehrers. Mit 18 Kartenskizzen, vielen Bildern u. 2 farb. Trachtentaf. (VIII, 186 S.) 8. Weinheim 910. F. Ackermann. Geb. in Leinw. 3. —

— dasselbe. Ausg. B f. Schüler. (II, 102 S. m. Abbildgn., Kartenskizzen u. 2 farb. Taf.) 8. Ebd. 910. — 60

Streng, Wilhelm: Beitrag zur Lehre von den gefässcontrahirenden Mitteln ... Giessen: C. v. Münchow, Univ.-Buch- u. Steindr. 1888. 28 S. 8°

Giessen, Med. Fak., Inaug.-Diss. v. 1888

Streng, W., s.: Boiträgo, anatomische, experimentollo u. klinischo, zur Pathologio d. Kreislaufs.

Strenge. Der tendenziöse Charakter der Caesar. Memoiren vom Bürgerkrieg. 2 Tle. Pr. 1873/75. 27, 38 S. 4°. 3.—

Strenge, der tendenziöse Charakter der Caesarischen Memoiren vom Bürgerkrieg. 1. u. 2. Thl. gr. 4. Lüneburg 876. Berlin, Calvary & Co. à n. 1. 20

1. Dio Friedensgesandtschaften. (18 S.)
2. Dio Stellg. Caesars zur Gegenpartoi. (38 S.)

Strenge, August Wilhelm. Die seligen Vorzüge Eines Freyen Regiments, Bey der ... Ergänzung Eines Grossen Raths Des ... Standes Bern, Dichterisch erwogen, und denen ... Landes-Vätern ... gewidmet Von A' W' St'... Bern den 28ten März 1755. fol. [Bern.]

Strenge, Ernst von

Strenge, E. v., Gothaisches Gemeindeverfassungs- u. Gemeindeverwaltungsrecht. Zum Handgebrauch der Behörden, insbesondere der Gemeindevorstände, bearb. Mit e. Abdr. des gothaischen Gemeindegesetzes vom 11. VI. 1858 u. einschläg. Gesetze, sowie m. e. alphabet. Sachregister. (VI, 191 S.) 8. Gotha '05, F. A. Perthes. 4. —; geb. 4. 50.

Strenge, Ernst v., das Volksschulgesetz f. das Herzogt. Gotha vom 13. V. 1892, in der Fassung des Gesetzes vom 4. V. 1906 u. das Gesetz üb. die Fortbildungsschulen vom 24. VII. 1897. Unter Benutzg. v. dem herzogl. sächs. Staatsministerium zur Verfügg. gestellten Aktenmaterials systematisch dargestellt u. erläutert. (VI, 176 S.) 8. Gotha 907. F. A. Perthes. 4.—; geb. 4. 50

Strenge, Julius

(Strenge, Jul., u. K. Ubbelohde) Abschiedsrede geh. am 29. Sptbr. 1882. S. 1–5. — Einführungsrede von K. U. geh. am 17. Okt. S. 6–12. **Progr.** *Friedland* 1883.

Strenge, Julius: Einige Bemerkungen zu Ciceros Rede pro Sulla. *Parchim 1898: G. Gerlach.* (3—25 S.) 4°
Parchim, grossh. Friedrich-Franz-G. u. RPG, OP 1898 (680)

Strenge, Julius [Dr. Dir.]: Beschreibung des neuerbauten Gymnasiums zu Parchim. Parchim, G. Gerlach's Buchdr., 1891; S. 3–8, 2 Taf. 4°
Parchim, grossh. Friedrich-Franz-G. u. RPG, OP 1891 (643)

— De Philochori operum catalogo, qui exstat apud Suidam, quaestio. Gel. 1868. 6 S. —.80

Strenge, Julius: Ueber die Lektüre ausgewählter Briefe Ciceros in Prima. (4) S. 3–21.
Grofsh. Friedrich-Franz-G. u. verbund. Rpg. *Parchim* 1899 (695)
Progr.

Strenge, Julius: Das Moment des Komischen in Ciceros Rede pro Murena. Umschlagtitel: Das komische Moment ... (4) S. 3–11.
Grofsh. Friedrich-Franz-G. u. verbund. Rpg. *Parchim* 1896
Progr.

Strenge, J. Nonnullae notae Horatianae. Pr. 1882. 16 S. 4°.

Strenge, Jul., Quaestiones philochoreae. Dissertatio inauguralis. gr. 8. (65 S.) Göttingen 868, (Rente.) *

Strenge, Jul. Zwei Reden. 26 S. [Friedrich Franz II., Grofsherzog von Mecklenburg. Gestorben am 15. April 1883. — Martin Luther. Geb. am 10. Nov. 1483.] **Progr.** *Parchim* 1884.

Strenge, Julius. Patris salutatio. [Horat.] 16 S. *Friedland* 1882.
Progr.

Strenge, Jul., Uebungsstücke im Anschluß an Ciceros Rede f. Archias, — Uebungsstücke im Anschluß an Ciceros Rede f. Murena, } s.: Uebungsstücke zum Uebersetzen aus dem Deutschen ins Lateinische.

Strenge, Karl Friedrich von

Strenge, C. F. v., Entwurf e. Ordnung der Gemeindekirchenräte u. des Landeskirchenrats im Herzogt. S.-Gotha. Vorlage des Landeskirchenratsvorstandes, auf dessen Ersuchen rechtsgeschichtlich begründet u. erläutert. (21 S.) Lex.-8. Gotha 904. F. A. Perthes. n. — 60

Die Grundsätze des Kirchenrechts der evangelischen Landeskirchen der Herzogtümer Sachsen-Coburg u. Gotha. Dargest. von Karl Friedrich v. **Strenge**, D. Gustav Rudloff, Dr. jur. F[ranz] Claus, Reg.R. Gotha: F. A. Perthes 1908. (VI, 244 S.) 8° [ŏ.] [08. 3111

Strenge, Karl Frdr. v., u. **Ernst Devrient**, die Stadtrechte v. Eisenach, Gotha u. Waltershausen, s.: Geschichtsquellen, thüringische. IX.

Strenger, Ernst: Mathematische Aufgaben aus den Reifeprüfungen der württembergischen Oberrealschulen. T. 1. Schwäb. Hall (1908): Schwend. 79 S. 8°
Schwäb. Hall, k. OR P 1908 (786) [S 08. 475

Strenger, Ernst, mathematische Aufgaben aus den Reifeprüfungen der württembergischen Oberrealschulen. I. Tl. (80 S.) gr. 8. Leipzig 908. Quelle & Meyer. 1.25

Strenger, [Ernst]: Über halbregelmäßige Vielflache. S. 3—44. 4.
Progr. Kgl. Oberrealschule *Schwäb. Hall* 1905 (718).

Strenger, F[erdinand]: Beitrag zur Geschichte der Ereignisse vor und nach der Schlacht bei Hanau. 31 S. 8.
In: Festschrift zur Jubiläums-Feier des 50 jähr. Bestehens der Unterrichtsanstalten der Israelitischen Religionsgesellschaft *Frankfurt a. M.* 1903 (478).
Progr.

Strengleikar eda Liodabok. En Samling af romantiske Fortallinger efter Bretoniske Folkessange [Lais], oversat fra Fransk paa Norsk ved Midten af 13. Aarhundrede efter Foranstaltning af Kong Haakon Haakonsson. Udgived af R. Keyser og C. R. Unger. Med lith. Skriftpröve. Lex. 8. (XXIV u. 141 S.) Christiania 850, Feilberg & Landmark. (Leipzig, T. O. Weigel.) n. 1 ½ ₰

Strengschwerd, Carl Graf von. Beurtheilung der Note, welche ... Graf von Görz, den 15. Sept. 1795 dem Reichstage zu Regensburg übergeben hat. Regensburg 1796. H: *Hügel, Johann Alois Freih. von.* (MGT)

v. **Strengschwerdt**, Graf Karl, (Jh. Aloys v. Hügel,) Beurtheil. der Note d. Graf. v. Görz v. 15. Sept. 1795 an d. Reichstag in Regensburg. gr. 8. Regensb. 798. (Leipz., Fr. Fleischer). 4 gr

Strengschwerd, C. G. v. Beurtheilung des Schreibens, welches der regierende Herzog von Braunschweig den 30. Sept. 1795 an den Grafen von Westphal erlassen hat. Regensburg 1796. H: *Hügel, Johann Alois Freih. von.* (MGT)

v. **Strengschwerd, K.** Rechtliches Gutachten, die Uebergabe der Festung Mannheim an den Reichsfeind betreffend. 8. Regensburg 1795.

Strengschwerd, C. G. v. Rechtliches Gutachten, die Übergabe der Festung Mannheim an den Reichsfeind betreffend ... Regensburg 1796. H: *Hügel, Johann Alois Freih. von.* (MGT)

— rechtliches Gutachten, die Uebergabe v. Manheim betreffend.

Strengschwerd, C. G. v. Kommentar und Beurtheilung der Erklärung, welche Se. Maj. der König von Preussen den 2. Sept. 1795 dem Fränkischen Kreise hat machen lassen . . . Regensburg 1796. H: *Hügel, Johann Alois Freih. von.* (MGT)

— Prüfung d. Gutachtens, die Uebergabe von Manheim betreff. gr. 8. Bayreuth 796. Lübeck. 10 gl.

Strenner, (Franz), ein Generalstab. Im prakt. Einklange mit der Armee. gr. 8. (X u. 130 S.) Wien 849, Schaumburg & Co. 27 ngl.

Strenner Franz, — k. k. Oberstlieutenant. Praktische Grundsätze zur höheren taktischen Führung der Reiterei nebst geschichtlichen Angaben. Von — —. Wien, 1855. Druck und Verlag von Leopold Sommer. (XV, 196 S., 1 Titelbild s. und einen Schlachtenplan. Quer 4.) geh.

Strenner, Frz., praktische Grundsätze zur höheren taktischen Führung der Reiterei nebst geschichtl. Angaben. gr. 8. (XV und 196 S. mit 1 Stnt. und 1 lithogr. Plan in qu. Fol.) Wien 855. (Leipzig, Hübner.)

— zur angewandten Taktik der leichten Truppen. 16. (VIII u. 46 S.) Wien 852, Jasper's Wwe. & Hügel. 1/3 rf

Strenz, L. U., vollständige theoretische und praktische Anleitung zur Schmalzöl- und Oelschmalz-Bereitung für Handlungen, Gewerbtreibende und Privaten. gr. 4. (7 S.) Nürnberg 855, Leuchs und Comp. *

Streppel, Carl, geb. Witzhelden bei Cöln a. Rh. 18.. [illegible] Diabetes mellitus. Berolini (1867) (32 S.) 8°
Berlin, Med. Diss. v. 13. Aug. 1867

Streppel, Paul. Über Desinfektion bei vermindertem Druck mit Wasserdampf und mit Formaldehydwasserdampf. ⟨Aus dem städtischen hygienischen Institut der Stadt Frankfurt a. M. ....⟩ Diss. Vet.-Med. Bern. [Mit 1 Figur.] 40 S. 8. Erlangen, Junge & Sohn, 1910.

!Soeben entdeckt! Bacillus catarrhalis '(Der Erreger des Schnupfens.)' Morphologie u. Biologie desselben, m. zahlr. auf Roentgen'schem Wege aufgenommenen Mikrophotogrammen versehen u. nach s. eigenen Aufzeichngn aus d. Parasitischen übers. v. Dr. Aron Streptokokeles, ordentl. ausseröffentl. Prof. d. Bacteriologie in Berlin. *München: Seitz & Schauer 1896.* (40 S.) 1 Bd 8.

Streptokokeles, Aron, s. d. Bacillus catarrhalis.

Strerath, Ueb. die Verschiedenheit d. sittl. Anschauungen des Persius u. d. Juvenal. Pr. 1873. 14 S. 4°. 3.—

Strerath, Franz, appr. Arzt aus Schlebusch: Aus d. Universitäts-Augenklinik zu Giessen. Ein Beitrag zur Vaccine-Blepharitis. *Giessen 1900: v. Münchow.* (20 S.) 8°
Giessen, Med. Diss. v. 1900

Strosemann, Gustav, stud. phil.: Die Entwicklung des Berliner Flaschenbiergeschaefts. *Berlin [1902]: R. F. Funcke.* (VII, 93 S.) 8°
Leipzig, Phil. Diss. v. [5. März] 1902

Die Entwickelung des Berliner Flaschenbiergeschäfts. Eine wirtschaftl. Studie von Dr. Gustav **Strosemann**. *Berlin: R. F. Funcke [1902].* (VII, 93 S.) 8° [03. 4530]

Stresemann, Gust., Industriepolitik. 9.—10. Taus. (24 S.) gr. 8. Berlin (908). Verlag der Neuen Revue. —80

Pensionsversicherung der Privatbeamten. Rede d. Herrn Reichstagsabgeordn. Syndikus Dr. [Gustav] **Stresemann**, Dresden, geh. zu Wiesbaden 1907. Berlin: Buchh. d. nationallib. Partei [1907]. (30 S.) 8° [ö.]
— **Schriften**, Nationalliberale. No 11. (08. 2179

Dr. Gustav **Stresemann**. Wirtschaftspolitische Zeitfragen. Dresden: Boden (1910). 213 S. 8° [11. 374

Stresemann, G., Der Zusammenschluß der deutschen Arbeitgeber. Vortrag. Dresden, 1904. 37 S.

Stresemann, Rich., üb. die Stickstoffbasen d. Propyl. Inaugural-Dissertation. gr. 8. (36 S.) Dresden 876. (Jena, Deistung.) n. —40

Streso, Casp., comment. in Acta apostolorum. II Pts. 4. Copenhagen. 717.

Streso, Clem., ingenua in controversas evangelicorum inquisitio. 3. Frft.

— meditationes in epist. ad Colossenses. 8. Amsterdam. 708.

Stresow, C., die drei Waisen, s. Bloch's, Ed., Kinder-Schaubühne.

Stresow, C.: Die drei Waisen. Weihnachts-Genrebild in 1 Akt. 2. Aufl. Berlin: E. Bloch (1898). (16 S.) 8°
= Kinder-Schaubuhne, Eduard Blochs. No 5.

Stresow, Konrad Friedrich

Stresow, Konr. Fr., († d. 17. Dec. 1788.) vertraul. Abendgespräche üb. die wichtigsten Glaubenslehren u. deren angefochtene Beweissprüche. 8. Halle 785. Waisenhaus-B. 20 gl.

— fortgesetzte vertrauliche Abendgespräche üb. auserles. Materien der evangel. Sittenlehre. 8. Halle 786. Waisenh.-B. 20 gl.

— Abhandl. v. d. Glauben an Jesum Christum., als der Quelle aller Kraft im Christenthum. gr. 8. Altona 776.

— biblisches, ziemlich vollständ., jedoch kurzgefaßtes Andachtsbuch f. Christen f. allgemeine u. besondere Fälle. 8. Lübeck 785. Donatius. 8 gl.

— bibl. Andachtsbuch f. Christen f. allgem. und besondere Fälle. 8. Lübeck, Donatius. (Niemann und R.) 785.

— Anleit. z. wahrhaften Gebete u. vertraul. Umgange mit Gott. gr. 8. Flensb. 779. (Hammerich in Altona). 16 gl.

— Anweis. zum wahrhaften Gebete und vertraulichen Umgange mit Gott. gr. 8. Ebend. 779.

— freimüthiges Bekenntniß der christl. Dreieinigkeitslehre ꝛc. 8. Hamb. 786. Herold. 3 gl.

Stresow, Konrad Friedrich, s. Briefe e. Predigers an seinen Sohn von der Kraft des lebend. Gottes.

— Entwurf eines catechet. Jahrg. d. e. u. d. Titel: Hauspostille für Landleute, herausgegeben. 8. Hamburg, Geißler. 748.

— Erinnerungen u. Fragen. 8. Halle 786. Waisenhaus=B. 1½ ℊ.

— Ermunterung an die evangel. Glaubensgenossen zur vermehrten Aufmerksamkeit auf das göttl. Wort bei dunkler Kirchenzeit. 8. Bützow u. Wismar 775.

— sonn= u. festtägl. Erquickstunden, od. geistl. Lieder üb. die gebräuchl. Evangelien= u. Epistel=Texte, mit e. Anh. 8. Flensb. 757. (Hammerich in Altona). 12 ℊ.

— Gedanken üb. d. Propheten Daniel 9s Kap. u. besond. die Weissagung von d. 70 Wochen. 8. Hamb. 772.

— bibl. Handbuch, od. fortges. Theodicee d. göttl. Offenb. 6 Thle. gr. 8. Schwerin, Bödner. 774–80.

— vollständ., Handbuch f. Schulmeister, besond. auf d. Lande die ihnen anvertraute Jugend fruchtbarlich zur Seligkeit zu unterweisen. 8. Halle 768. Waisenhaus=B. 8 ℊ.

Stresow, Conrad Friedrich: Hauspostill: von der Einfältigkeit in Christo. – 1750. Hrsg.: Jeremias Friedrich Reuß.

— Hauspostille f. die Landleute, od. Katechismus in d. Sonn= u. Festtags=Evangelien. Mit e. Vorr. v. Jer. Fr. Reuß. gr. 4. Flensb. 751. Korte. 2 ß 8 ℊ.

Das große Heil des Himmelskönigs in seinem Abglanze an begnadigten Regenten auf Erden, an dem ... Jubelfeste, wegen der, vor hundert Jahren, den Dänischen Monarchen ... verliehenen souverainen und unbeschrankten Königl. Gewalt, in der Hauptkirche zu Husum, über Ps. 18, ... erwogen, und mit Hinzufugung eines Singgedichts ans Licht gestellet v. Conrad Friedrich Stresow. Flensburg. 1761. 8°.

— Catechismus in geistlichen Liedern z. häuslich. Erbauung 8. Flensb. Korte. (Christiani in Schleswig.) 785.

— Katechismus in geistl. Liedern z. häusl. Erbauung. 8. Flensb. 785. (Hammerich in Altona). 8 ℊ. Hdg. Pr. 4 ℊ.

— betrachtete Katechismuslehren, aus d. sonn= u. festtägl. Evangelien, nebst Betracht. üb. die 7 Worte d. gekreuzigten Erlösers. Mit e. Vorr. v. J. A. Knapp. gr. 8. Halle 764. Waisenhaus=B. 1 ß

Stresow, Konr. Fr., Leben u. Ende e. jungen Kindermörderin Anna Paulsen; mit Erinnerung des gesammten geistl. Ministerii auf Femarn, u. Beilagen. gr. 8. Altona 775.

— die Lehre von der Verstockung, als d. strafwürdigsten, zwar von Gott zugelassenen, aber nicht als ein göttl. Strafgericht zu betrachtenden Bosheit d. menschl. Herzens ꝛc. gr. 8. Hamb. 755. Brand. 14 ℊ.

— drey Osterpredigten beym Abzuge von Husum. gr. 8. Ebend. 762.

— vorläufige Probe einiger vertraul. Gespräche üb. die Lehren von d. Dreieinigkeit des göttl. Wesens, in der Gottheit des Erlösers. 8. Hamb. 783. Herold. 8 ℊ.

— drey Schulreden, zu Husum gehalten. 8. Halle, Waisenhausbchhdl. 766.

— feyerliche Sinngedichte in gebundner Rede. 8. Hamburg, Grund. 767.

— Theodicee d. göttlich. Offenbarung, od. Darleg. d. hoh. Weish. und allgem. Menschenliebe Gottes in Kundmachung seines Wortes und Willens. gr. 8. Lubeck, Donatius. (Niemann u. R.) 771.

– s. a. Vergnügen, Bibl. in Gott.

— bibl. Vergnügen in Gott. 5 Thle. 8. Hamb. Hertel 746–69.

— Versuch kindl. Gespräche mit jungen Kindern üb. die Geheimnisse des christl. Glaubens. 8. Schwerin 781. Bödner. 8 ℊ.

— erste Worte an die Gemeine zu Burg. gr. 8. Halle 764.

— letzte Worte von d. lebendigen Jesu, so bei d. Seinen bleibet. 8. Flensb. 762.

— Zeugniß d. Wahrheit von Jesu Christo, als d. Kern u. Hauptinhalt der ganzen heil. Schrift. 8. Wismar u. Bützow 778.

Stretlinger, die, Chronik, s. Bibliothek älterer Schriftwerke der deutschen Schweiz.

Stretto [Schlagwort]

Stretto, s.: Geologische Karten, Spezialkarte. (Oesterr.-Ung.)

Stretton, Hesba, Allein. Eine Erzählung. Uebers. von Agnes Ebers. gr. 16 (32 S.) Basel 877, Spittler. *

Stretton, Hesba, Allein. Eine Erzählung. Uebersetzt von Agnes Ebers. 2. Aufl. 12. (32 S.) Basel 881. Spittler. n. — 20

Stretton, Hesba, allein. Eine Erzählg. Uebers. v. Agnes Ebers. 3. Aufl. 12. (32 S.) Basel 884. Spittler. n. — 20

—— allein in London, s. Familien=Bibliothek für's deutsche Volk.

— allein in London. Erzählung. Autoris. Uebersetzung von M. H. 4. Aufl. 12. (III, 126 S.) Barmen 881. Klein. cart. n. 1. 25

Stretton, Hesba, allein in London. Erzählg. Autoris. Uebersetzg. v. M. H. 4. Aufl. 12. (III, 126 S.) Barmen 895. H. Klein. Kart. n. 1. 50

Stretton, Hesba, allein in London. Eine Erzählg. Autoris. Uebersetzg. v. M. H. 6. Aufl. (II, 126 S.) 8. Basel 906. E. Finckh. Geb. in Leinw. n. 1. 80; kart. n. 1. —

Stretton, Hesba, allein in London. (96 S.) kl. 8. Konstanz (908). Christl. Buch- u. Kunstverlag C. Hirsch. Geb. in Leinw. — 75

Stretton, Hesba, Alone in London, hrsg. v. Heinr. Saure, s.: Authors, modern English. VIII.

— alone in London, s.: Writers, modern English.

— cobwebs and cables, s.: Asher's collection of english authors.

— Dein Wille geschehe. Eine Erzählung für Jung und Alt. In-12°, 197 S. Basel, C. F. Spittler. 1887. 1 25, geb. 2 —

— Dein Wille geschehe. Eine Erzählg. f. jung u. alt. (2. [Umschlag=] Aufl.) 12. (200 S. m. 5 Bild.) Ebd. 898. n. 1. —; geb. in Leinw. n. 1. 60

— des höchsten Königs Diener. [1. Treue im Kleinen. 2. Untreu. 3. Treu im Großen.] Uebersetzt von Anna Böcler. gr. 16. (194 S.) Basel 877. Spittler. n. — 80

— dasselbe. Mit 9 (Holzschn.=) Illustrationen. Autoris. Ausg. 2. Aufl. 8. (111 S.) Ebend. 880. geb. n. 1. 60

— d. höchsten Königs Diener. Übers. v. Anna Böcler. 3. Aufl. 12. (196 S.) Basel 887. Spittler. n. — 80

Stretton, H., the doctor's dilemma. s.: Asher's Collection of english authors.

— des Doctors Dilemma. Roman. Autoris. Uebers. aus dem Engl. v. G. Ch. de Beaulieu. 4 Bde. 8. (191, 204, 208 u. 272 S.) Leipzig 875. Dege. n. 16. —

Stretton, H., des Doctors Dilemma. Roman. Uebers. von G. Ch. de Beaulieu. 4 Bde. 8. Leipzig 875, Dürselen. * 16 —

Stretton, Hesba. Ein Dornenpfad. Eine Erzählung für Jung und Alt. Autorisirte Uebersetzung von Anna Böcler. In-16°. Basel, C. F. Spittler. 1879. (150 S) 1 —

—— ein Dornenpfad. Eine Erzählung für Alt und Jung. Uebers. von Anna Böcler. Autoris. Ausg. 2. Aufl. 8. (111 S. mit 9 Holzschn.=Illustr.) Basel 880, Spittler. geb. *

Stretton, Hesba. Ein Dornenpfad. Eine Erzählg. f. Jung u. Alt. 3. Aufl. 8. (128 S. m. 9 Illustr.) Basel 890, Jaeger u. Kober. * — 70

— ein Dornenpfad. Eine Erzählg. f. alt u. jung. Autoris. Ausg. m. 9 Illustr. 4. Aufl. 8. (128 S.) Basel 898. Kober. n. — 70; geb. n. 1. 60

— through a needle's eye, s.: Asher's continental library.

— Stephan Fern. Eine Erzählung. Frei nach dem Engl. Autoris. Ausg. mit 5 (Holzschn.=)Bildern. 2. Aufl. 12. (210 S.) Ebend. 881. cart. n. 1. —

— Stephan Fern. Eine Erzählg. Frei nach dem Engl. Autoris. Ausg. m. 5 Bildern. 3. Aufl. 12. (210 S.) Basel 885. Spittler. n. 1. —

— s.: Fischer, die, v. Derby=Hafen.

— Freunde bis in den Tod. Uebers. v. Anna Böcler. gr. 16. (48 S.) Basel 876. Spittler. n. — 20

— Freunde bis in den Tod. 2. Aufl. 16. Daselbst. 1877. —. 25

— Freunde bis in den Tod. Uebers. von Anna Böcler. 3. Aufl. gr. 16. (48 S.) Ebend. 880. n. — 20

— Freunde bis in den Tod! Übers. v. Anna Böcler. 5. Aufl. 16. (48 S.) Ebd. 890. n. — 20

— Jessika's erstes Gebet. Eine Erzählg. f. Jung u. Alt. 16. (44 S. m. 8 eingedr. Holzschntaf.) Basel 875. Spittler. n. — 20

— Jessikas erstes Gebet. Eine Erzählung für Jung u. Alt. Mit 10 (Holzschn.=)Illustr. 8. (72 S.) Gernsbach 881. Christl. Colportage=Verein. n. — 25; geb. n. — 80

Stretton, Hesba. Jessicas erstes Gebet. Eine Erzählung für Jung und Alt. 6. Auflage. In-12°, 48 S., mit 8 Illustrationen. Basel, C. F. Spittler. 1882. — 25

Stretton, Hesba, Jessikas erstes Gebet. Eine Erzählung für jung und alt. 8. Aufl. 12. (44 S. mit 8 Illustr.) Basel 888, Spittler. *

—— Jessikas erstes Gebet. Eine Erzählg. f. jung u. alt. 9. Aufl. gr. 16. (44 S. m. 8 Illustr.) Ebd. 892. * — 20

— Jessikas erstes Gebet. Eine Erzählg. f. jung u. alt. 10. Aufl. 12. (44 S. m. 8 Bildern.) Basel 899. Kober. n. — 20

— — dass. — s. Brosamen.

— im Gefängniß u. frei. Eine Erzählung für Jung u. Alt. 8. (195 S.) Leipzig 881. Böhme. n. 1. 65; cart. n. 2. —

— la petite Gib. Traduit de l'anglais. gr. 16. (127 S.) Basel 874. Georg. n. 1. 20

Stretton, Hesba, Halbbrüder. Roman, übers. v. Anna Böcler. 8. (IV, 302 S.) Leipzig 893. E. Ungleich. n. 3. 50; geb. n. n. 4. 50

— in des Herrn Hand. Autor. Uebersetzg. 8. (VIII, 212 S.) Rotterdam 898. D. A. Daamen. n. 2. 40; geb. in Leinw. n. 3. 20

— Heim, süß Heim, s.: Hausbibliothek, christliche.

— Heim, süß Heim, s.: Universal=Bibliothek f. d. christl. Haus.

— la jeunesse d'Enoch Roden. Traduit de l'anglais. gr. 8. (186 S.) Basel 874. Georg. n. 1. 50

— Carola. Aus dem Engl. übers. v. Auguste Daniel. Autoris. Ausg. 8. (IV, 317 S.) Gotha 884. F. A. Perthes. geb. n. 4. 60

Kein Ort ist schöner als die Heimat. Von Hesba Stretton. Übers. von P[aula] D[orothea] v. Blomberg. Mit Bild. *Barmen: Wupperthaler Traktat-Gesellsch. [1901]* (48 S.) 8° [.5]
— Tannenzweige. II 17

— das Kreuz des Michael Lorio, s.: Beispiele des Guten.

— d. große Leidensweg am Ende d. 19. Jahrh. M. Vorwort v. Otto Funcke. 2. Aufl. gr. 8. (XVI, 336 S.) Bremen 896. C. E. Müller. n. 4. —; geb. n. 5. —

Stretton, Hesba: Der große Leidensweg am Ende des neunzehnten Jahrhunderts [Highway of sorrow at the close of the 19th century]. Roman aus d. russ. Leben. Mit Vorw. von Otto Funcke. 3. Aufl. Halle a. S.: C. E. Müller 1907. XVI, 336 S. 8°

—— die kleine Maggy und ihre Kinder. Eine Erzählung. Frei nach dem Engl. von M. K.-G. Autoris. Ausg. 5. Aufl. 12. (128 S. mit 11 Holzschn.) Ebendas. 888. *

— Die kleine Maggy und ihre Kinder. E. Erzählung. Autor. Ausg. 6. Aufl. In-12°. 126 S. m. 11 Holzschn. Basel, Jäger & Kober. 1892. Brosch. — 85; Lwd. 1 75.

— Jessika's Mutter. Für Jung u. Alt erzählt. Mit 5 (eingedr. Holzschn.=) Bildern. 12. (62 S.) Basel 882. Spittler. n. — 30

—— Jessikas Mutter. Für jung und alt erzählt. 2. Aufl. 12. (62 S. mit 5 eingedr. Holzschn.=Bildern.) Ebendas. 885.

—— Jessikas Mutter. Für jung u. alt erzählt. 3. Aufl. gr. 16. (62 S. m. 5 Bildern.) Basel 892, Jaeger u. Kober. * — 30

Stretton, Hesba. Jessikas Mutter. (Fortsetzung von «Jessikas erstes Gebet.») Für jung und alt erzählt. 4. Aufl. Mit fünf Bildern. 64 S. 8. Basel, Kober, 1903. [fr. —. 35]

— durch ein Nadelöhr. Autoris. Uebersetzung von Anna Böcler. 8. (362 S.) Schaffhausen 878. Mann. 2.70

— durch e. Nadelöhr. Eine Erzählg. Frei nach dem Engl. 2. Aufl. 8. (IV, 299 S.) Ebd. 888. n. 2. —

Stretton, Hesba. Durch ein Nadelöhr. Eine Erzählung. 3. Aufl. 8°. 304 S. Basel, Kober C. F. Spittler's Nachf. 1900. Geb. 2 50 Lwd. 3 75

— Nichts gleicht der Heimat. Eine Erzählung. Autoris. Übersetzung. 12. (116 S.) Berlin 881. L. R. Schwarz. cart. n. 1. 60

—— s. Pilgergasse, die, in Manchester.

— die Pilgergasse in Manchester. Eine Erzählg. Frei nach dem Engl. v. M. K.=G. Autoris. Ausg. m. 8 Holzschn. 5. Aufl. 12. (189 S.) Ebd. 887. n. — 80; geb. n. 1. 60

Stretton, Hesba. Die Pilgergasse in Manchester. E. Erzählung. Frei a. d. Englischen von *M. K.-G.* Autor. Ausg. 6. Aufl. In-12°. 192 S. m. 8 Holzschn. Basel, Jäger & Kober. 1897. Brosch. 1 —; Lwd. 2 —

— des HErrn Schatzmeister. Eine Erzählg. f. Alt u. Jung. 12. (IV, 178 S.) Basel 884. Spittler. n. — 80

— die Schatzmeister des Herrn. Aus dem Engl. übers. v. Auguste Daniel. Autoris. Ausg. 8. (X, 210 S.) Gotha 885. F. A. Perthes. geb. n. 4. —

— adelige Seelen. Vier Erzählungen, eingeleitet v. Frz. Delitzsch. 8. (XXIV, 218 S.) Leipzig 883. Böhme. n. 2. 10; geb. n. 2. 80

—— William Baxter's Stiefschwester. Eine Erzählung. Frei nach dem Engl. von M. K.=G. Autoris. Ausg. mit 8 Holzschn. 1. und 2. Aufl. (255 S.) 1873,75; 3. und 4. Aufl. 12. (252 S.) Basel 880,84, Spittler. *

—— im Sturm des Lebens. Eine Erzählung für Jung und Alt. Uebers. von Anna Böcler. gr. 16. (148 S.) Basel 876, Spittler. * 70 Pf.; geb. *

— im Sturm d. Lebens. Eine Erzählg. f. Jung u. Alt. Uebers. v. Anna Böcler. 4. Aufl. 12. (139 S.) Basel 885. Spittler. n.n. — 70

— im Sturme des Lebens. Eine Erzählg. f. jung u. alt. 5. Aufl. 12. (144 S.) Ebd. 894. n. — 70; geb. in Leinw. n. 1. 40

— s.: Vergebet, so wird euch vergeben.

Stretton, Hesba, verloren in London u. in Jerusalem. Eine Erzählung. Frei nach dem Engl. v. M. K.—G. Autoris. Ausg. 2. Aufl. 16. (140 S.) Basel 877. Spittler. n.n. — 70

—— Verloren in London und in Jerusalem. Eine Erzählung. Frei nach dem Engl. von M. K.=G. Autoris. Ausg. 3. Aufl. 12. (142 S.) Basel 880, Spittler. *

— verloren in London u. in Jerusalem. Eine Erzählg. Frei nach dem Engl. v. M. K.=G. Autoris. Ausg. 4. Aufl. 12. (142 S.) Ebend. 885. n.n. — 70

—— Verloren in London u. Jerusalem. Eine Erzählg. Frei nach dem Engl. v. M. K.=G. Autoris. Ausg. 5. Aufl. 12. (143 S.) Ebd. 892. * — 70; geb. * 1 40

— Hester Morley's Versprechen. Roman. Aus dem Engl. übers. v. L. Ernst. Autoris. deutsche Ausg. 3 Bde. 8. (154, 154 u. 134 S.) Hannover 883. Norddeutsche Verlags-Anstalt. n. 6. —

Stretz, Aug., Dämmerung, s.: Mehrakter.

Stretz, Karl, der geschwinde Franzose, oder: Kleine französ. Sprachlehre für Anfänger jedes Alters, nach den besten französ. Grammatiken praktisch u. populär nach der Interlinear=Methode bearb., u. nur mit den wesentl. Regeln dieser Sprache versehen. 8. Linz 843, Eurich u. Sohn. 5/12 ℛ

— Lectures françaises intéressantes et instructives, à l'usage des Allemands. — Französisches Lesebuch (nach der Interlinear=Methode) für Anfänger u. Jene, welche schon Fortschritte im Französ. gemacht haben. 8. Linz 845, Eurich u. Sohn. 3/8 ℛ

— Sammlung der gebräuchlichsten französ. Redensarten (Gallicismen). 8. Linz 842, Fink. 1/4 ℛ

Streu, Ed., der Rosenfreund. Eine faßliche, auf eigene Erfahrung gegründete Anleitung zur Behandlung der Topf= und Landrosen ꝛc. 8. (Mit 1 Tab.) Quedlinburg 842, Basse. 2/3 ℛ

Streubel contra Arcolay. [Aus der „Berliner Revue."] Berlin 869. van Muyden. Lex.=8. (24 S.) n. 5 ngr.

Streubel, Aug. Vollr., der Conservator od. prakt. Anleitung, Naturalien aller Reiche zu sammeln, zu conserviren u. für wissenschaftl. Zwecke, wie auch zum Vergnügen aufzustellen. Ein Hilfsbuch zum Selbstunterricht für Lehrer, Landprediger, Hauslehrer ꝛc. gr. 8. Berlin 845, Rubach. 1 1/2 ℛ

Streubel, Gust. Unser Vaterland. Leitfaden f. den Unterricht in der Landeskunde v. Sachsen u. einiger angrenzender Gebiete. gr. 8. (IV, 95 S.) Wurzen 891, Kiesler. * — 80

Streubel, Joh. Ferd., Wandersprüche, Döbeln, 12 S., 8°.

STREUBEL, Johann Gottlob: Kurzer Entwurf einer so nöthigen als nützlichen Holztaxation, vermöge derer man sofort den wahren Werth einer Waldung einsehen und berechnen kann. - Leipzig 1797. 170 S., 2 Abb.

Streubel, Joh. Georg: „Kurzer Entwurf einer so nöthigen als nützlichen Holztaxation, vermög deren man sofort den wahren Werth einsehen und berechnen kann". In Tabellen, Leipzig 1798 (Göschen).

Streubel, K(arl Wilhelm) (Übers.u.Bearb.):

s.: Cazenave, (Pierre Louis) A(lphée): Die Syphiliden oder venerischen Krankheiten der Haut... (Traité des syphilides ou maladies vénériennes de la peau... Dt.) (Nebst) Atlas. Leipzig: 1844

JB 6.334

— s. v. Cuvier, G., das Thierreich.

Ihrem hochverehrten ordentlichen Mitgliede Herrn Georg Christian Gotthilf Voigt ... bringen am Tage der von Ihm vor 50 Jahren erlangten medicinischen und chirurgischen Doctorwürde die innigsten und ehrerbietigsten Glückwünsche dar die Mitglieder der medicinischen Gesellschaft zu Leipzig. Inhalt: C. W. STREUBEL, über den Mechanismus der Verrenkungen der Kniescheibe. Leipzig am 12. Januar 1866. (Druck von Otto Wigand.) 4°.

Streubel, C. W., über die Scheinreductionen bei Hernien und insbesond. bei eingeklemmten Hernien. Lex.-8. (VI und 205 S.) Leipzig 864, Veit und Comp.
Aus: Verhandlungen der medicinischen Gesellschaft zu Leipzig, besonders abgedruckt.

— Wie hat der Staat der Prostitution gegenüber sich zu verhalten? Eine zeitgemäße Frage in Bezug auf die gesetzlichen Bestimmungen Sachsens u. das dermalige Verhältniß der gewerbmäßigen Unzucht u. der gewerbmäßigen Beförderung derselben in Leipzig, sowie in Bezug auf das neuerdings eingeführte Regulativ gewisser polizeilicher Maaßregeln erörtert u. besprochen. Leipzig 862. O. Wigand. gr. 8. (86 S.) 15 ngr.

Streubel, Rud., Präparation für d. Deutschunterricht, s.: Bilderschatz, der, des Lehrers. 14, IV.

Streubel, Woldemar (wirkl.Name), s.a. Arkolay, (Pseud.)

[Streubel, Woldemar.] Der Anschluss Süddeutschlands an die Staaten der preussischen Hegemonie sein sicherer Untergang bei einem französisch-preussischen Krieg. Mahnung an alle Patrioten. Mit wissenschaftlichen Gründen dargethan von einem deutschen Offizier. (Arkolay.) 8. Zürich 1869.

(Streubel.) Viel Feind, viel Ehr! Ein Blick auf die militärische Lage Deutschlands und die Resultate der Würzburger Konferenz 8. Darmstadt 1861.

(Streubel, W., Artillerie-Lieut. a. D.) Die gezogenen Geschütze. Kritische Untersuchungen über ihre Vorzüge und Nachtheile. Für Officiere aller Waffen von einem deutschen Artillerie-Officier. (Besonderer Abdruck aus der „Militär-Wochenschrift für das deutsche Bundesheer".) 8. Darmstadt 1861.

Streubel, Woldem., die 12pfündige Granatkanone und ihr Verhältniß zur Taktik der Neuzeit. Artilleristisch-taktische Untersuchung. gr. 8. (XII und 232 S.) Kaiserslautern 857, Meuth. *

(Streubel, W.) Lüge und Wissenschaft. Neues zu Altem. Von Arkolay. (Pseud.) Frankfurt a. M. 1872. 8°.

Streubel, W., über den Mangel an genialen Feldherren in der Gegenwart. Dresden 860. Kuntze. 8. (V, 143 S.) n. 20 ngr.

— die Panzerschiffe ein nautischer u. artilleristischer — Rückschritt. 1. u. 2. unveränd. Aufl. Darmstadt 862. Zernin. gr. 8. (69 S.) n. 10 ngr.

(Streubel, pseudonym Arkolay:) Russland, historisch und strategisch beleuchtet von einem deutschen Officier. Leipzig 1854. 8°

— die militärische Schwäche Frankreichs Deutschland gegenüber. (Aus der Deutschen Vierteljahrs-Schrift abgedr.) Stuttgart 859. Cotta. gr. 8. (118 S.) 6 ngr.

Arkolay. (W. Streubel.) Die Taktik der Neuzeit vom Standpunct des Jahrhunderts und der Wissenschaft. Unter besonderer Rücksichtnahme auf die Verschlechterung der heutigen Feldartillerie und auf deren Verhalten im Feldzug von 1866. Appell an alle Denker in den Heeren. 8. Darmstadt und Leipzig 1868.

Streuber's, F., Stickmuster, s. Sammlung neuer Muster zum Sticken 16 Hft.

Streuber, Jakob: [Gedicht.] Sr. Majestät dem Könige Ludwig I. in tiefster Ehrfurcht dargebracht von der Lateinschule zu Neustadt a. d. Haardt am 17. Juli 1860. – Neustadt a. H.: D. Kranzbühler jun. Progr. Neustadt a. d. Hardt.

Streuber, Wilhelm Gottlieb Samuel (Querfurt)
A. S. 606/11

Quaestio iuris controversi an privilegia concessa titulo gratioso morte concedentis exspirent.
Präs. Christian Heinrich Breuning.
Leipzig (Langenheim) 12. II. 1776. 8 S.
33868

[Streuber, Wilhelm Theodor.] Der Aufenthalt am Genfersee, besonders in Montreux und Umgegend. Mit Berücksichtigung der Traubenkur. Von einem mehrjährigen Besucher der Gegend. 8. Basel 1856.

Streuber, Wilh[elm] Theod[or]. Die Stadt Basel, historisch-topographisch beschrieben (*Umschlag: Beschreibung der Stadt B'). Hrg. von der xylogr. Anstalt von Lips & Spalinger. [Mit Illustrationen und 11 Tafeln.] 8. Basel [1854].

Streuber, Wilh. Thdr., die Stadt Basel, historisch-topographisch beschrieben. 16. (VIII und 392 S. mit eingedr. Holzschn. und 12 Holzschnt.) Basel 854, Neukirch'sche Buchh. *

Streuber, Wlh. Thdr., über die Chronologie der Horazischen Dichtungen. Eine literar.-historische Abhandlung. gr. 8. Basel 843, Neukirch. n. 1/6 ₰

Streuber, Guil. Theod., de Q. Horatii Flacci ad Pisones epistola. Comment. ex decreto ampliss. philosophor. ordinis Basiliensis praem. orn. 8maj. (7 B.) Basiliae 839, libr. Schweighauser. *

[Streuber, Wilhelm Theodor] Bischof Haito († 836), oder Basel unter der fränkischen Herrschaft. [Mit 1 Vignette und 1 Tafel.] (Njbl. Basel 1847.) 4. [Basel.]

— de inscriptionibus quae ad numerum Saturnium referuntur. Lex.-8. Turici 845, Meyer et Zeller. 1/2 ₰

—— Sinope. Ein historisch-antiquar. Umriss. gr. 8. (VIII und 148 S.) Basel 855, Schweighauser'sche Vrlgsh.

—— der Sonntag, das Theater u. das Sonntagstheater mit besond. Beziehung auf Basel. Eine histor. Darstellung. 8. (5 1/8 B.) Zürich 846, Meyer u. Zeller.

Streuber, Wilh. Theod., der Zinsfuss bei den Römern. Eine historisch-antiquarische Abhandlung. gr. 8. (X und 127 S.) Basel 857, Schweighauser'sche Verlagsbuchh.

Streubert, Jos., Handbuch üb. die Bekanntmachung u. Vollstreckung der gerichtlichen Entscheidungen sowie das Kostenwesen in Straf- u. Forstrügesachen u. üb. den Verkehr m. dem Auslande, s.: Bürtel, Joh.

Streubigen, Joh. Karl, Aufrechthaltung des Ideals Perpetuum mobile vom Standpunkte der Vernunft und Physik. Für Gebildete aller Stände verständlich. gr. 8. (19 S.) Halle 869, (Herrmann.) *

Streublumen auf den Lebensweg. Erzählgn., Schildergn. u. Gedichte zur Belehrg. u. Unterhaltg. f. die Jugend. Hrsg. v. Marianne Nigg. Mit Beiträgen v.: Jenny Dirnböck-Schulz, Louise Haltmeyer, Katharina Jaalas u. a. 8. (48; III, 94 u. 63 S.) Korneuburg 900. Frl. M. Nigg. (Nur direkt.) Kart. n. 2.50

(F) Streublumen auf den Lebensweg. Erzählungen, Schilderungen und Gedichte zur Belehrung und Unterhaltung für die Jugend. Herausgegeben von Marianne Nigg. Mit Beiträgen von: Jenny Dirnböck-Schulz, Louise Haltmeyer etc. Korneuburg. 1900. Verlag des Oesterr. Vereines zur Gründung von Erholungs- und Feierabendhäuser für Lehrerinnen. [In Comm. Kühkopf.] 8°. 63 S. Cart. K 3.—

Streuli, Adolf. Die Zürcher Liegenschaften-Krise. Eine wirtschafts- und socialpolitische Studie. [Mit Figuren.] 129 S. 8. Zürich, (Buchdr. des Schweiz. Grütlivereins,) 1902.

Ausg. A.: Diss. Staats-w. Univ. Zürich.
Ausg. B: (Inaugural-Dissertation.) Zürich, Füsi & Beer, 1902. [fr. 2. 40]

Streuli, Adolf. Der Lindenhof in der Zürcherischen Geschichte. Drei Vorträge, gehalten 1909 in der Loge Modestia cum Libertate auf dem Lind' in Zürich. [Illustriert.] 64 S. 8. Zürich, Orell Füssli, 1910. [fr. 2.—]

Streuli, C. H., alphabetisches Sachregister über sämmtliche in der neuesten offiziellen Gesetzsammlung und in den Amtsblättern des Kantons Zürich von 1831 bis 1858 enthaltenen Gesetze, Beschlüsse, Verordnungen u. Staatsverträge des Großen Rathes, Regierungsrathes (seiner Collegien, resp. Direktionen) u. Obergerichtes, sowie der schweizer. Bundesbehörden. Nebst einem Anh. enthltd. ein alphabet. Register über ältere noch in Kraft befindliche Gesetze, Verordnungen u. Staatsverträge. Zürich 858. Schulthess. 8. (IV, 110 S.) n. 12 ngr.

Streuli, Emil. Die Kompetenzausscheidung zwischen Bund und Kantonen auf dem Gebiete des Eisenbahnwesens. (Diss. Jur. Leipzig.) Mit einem Plane des Bahnhofes Zürich. X + 256 S. 8. Leipzig, Veit & Comp., 1907. [M. 6. —]

Streuli, Wilh. Thomas Carlyle als Vermittler deutscher Litteratur und deutschen Geistes. Gr. in-8°. VIII, 146 S. Zürich, Fr. Schulthess. 1895. 2 40

Streun, Gottfr[ied]. Die Nebelverhältnisse der Schweiz. Diss. Phil. Bern. Sonder-Abdruck aus den Annalen der Schweizerischen meteorologischen Centralanstalt. Jahrg. 1899. [Mit 6 Tafeln.] IV + 39 S. 4. Zürich, Zürcher & Furrer, 1901.

Streuvels, Stijn (Frank Lateur), Frühling. Novellen. Autoris. Übersetzg. aus dem Vläm. v. Martha Sommer. (XIII, 200 S.) 8. Minden (908). J. C. C. Bruns. 2.25; geb. 3. —

Stijn **Streuvels** Sommerland. Novellen. Autor. Übers. aus d. Vlämischen von Martha Sommer [d. i. Frau Martha Hartmann]. Minden i. W.: J. C. C. Bruns 1906. (207 S.) 8° [F.] [07. 5185

Sonnenzeit. Novellen von Stijn **Streuvels**. (Autor. Übers. von Martha Sommer [d. i. Frau Martha Hartmann]. Buchschmuck von Müller-Schönefeld.) *Berlin: S. Fischer 1903.* (234 S.) 8° [F.] [03. 14350

Streve, Paul, Die Octavian-Sage. Diss. Erlangen 1884. (50 S)

Streve, Wilhelm, a. Halberstadt: Die Pathologie und Therapie der Phthisis bei Caelius Aurelianus. Jena 1910: Kämpfe. 31 S. 8°
Jena, Med. Diss. v. 26. Febr. 1910, Ref. Meyer
[Geb. 13. Febr. 70 Wasserleben; Wohnort: Jena; Staatsangeh.: Preußen; Vorbildung: Gymn. Quedlinburg Reife O. 96; Studium: Halle 7, Kiel 1, Jena 12 S.; Coll. 25. Jan. 10; Approb. 17. März 10.] [U 10. 2313

Strewe, Ad[olf]: Welche Stellung nehmen wir gegenüber der Einfügung des Handfertigkeitsunterrichts für Knaben sowie des Haushaltungsunterrichts für Mädchen in den Lehrplan der Volksschule ein? — Bonn, Berlin, Leipzig: Soennecken (1898). 32 S. 8° (Sammlung pädagog. Vorträge. Bd 11, H. 8.)

Strewe, Josephus (Guestphalus)
De cephalaematomate seu sanguineo cranii tumore externo recens natorum. Dissertatio inauguralis medica.
Gissae: Typis Schroederianis 1828. 32 S.
Diss. med. 12.7.1825. vorh. 7. 4.

Strey, Alwin, die Execution-Ordnung für die Gerichte aus den Vorschriften des Tit. 24. Th. I. der allgem. Gerichts-Ordnung und der Verordnung vom 4. März 1834; den dazu ergangenen abändernden, ergänzenden und erläuternden Verordnungen, namentlich des Gesetzes vom 20. März 1851 und der Concurs-Ordnung vom 8. Mai 1855, unter Berücksicht. der Entscheidungen des königl. Ober-Tribunals; nebst einem Anhange betr. die Exekutions-Ordnung der Verwaltungs-Behörden. gr. 8. (XII und 266 S.) Berlin 856, Deckersche geheime Oberhofbuchdr.

Strey, Alwin, das deutsche Handelsgesellschafts-Recht insbesondere das Recht der offenen, Commandit-, Commandit-Actien u. Actiengesellschaften unter Berücksicht. der Entscheidgn. d. Reichs-Oberhandelsgerichts u. der ausländ. Gesetzgebgn. 1. Abth. Einleitung u. allgemeiner Theil. Lex.-8. (XII, 351 S.) Berlin 873. Guttentag. n. 7. —

Strey, Alwin, die Lehre von den Arresten u. dem Arrestverfahren nach Preußischem Recht mit Bezugnahme auf das gemeine Deutsche Recht. Berlin 859. v. Decker. gr. 8. (XI, 231 S.) 1 ℛ

— das Verfahren in Nachlaß-Sachen nach den Vorschriften des allgemeinen Landrechts, der allgemeinen Gerichts-Ordnung und den dazu ergangenen, abändernden, ergänzenden und erläuternden Verordnungen; nebst einem Anhang, enthaltend das Verfahren bei Aufnahme gerichtlicher Taxen und Formulare. 8. (X und 179 S.) Berlin 858, Decker'sche geheime Ober-Hofbuchdruckerei. Thlr.

Strey, Alwin, die Verordnung vom 3. Januar 1849 und das Gesetz vom 3. Mai 1852 betreffend die Zusätze zu der Verordnung nebst den Materialien, ergänzenden Gesetzen, Verordnungen, Ministerial-Verfügungen und Entscheidungen des Ober-Tribunals. Erläutert und dargestellt. gr. 8. (VII und 348 S.) Berlin 857, Decker'sche geheime Ober-Hofbuchdruckerei.

Strey, *Emil* Otto *Albert* [aus Wangerin in Pomm.]: Ueber Stricturen des Mastdarms ... Berlin, Druck v. E. Ebering, *1897*; 29 S., 1 Bl. 8.
Berlin, Med. Fak., Inaug.-Diss. v 14. Aug. 1897

Stribeck R, Kaltbearbeitg. u Zugversuch. (19 S) (Mitt. ub. Forsch.-Arb. 85) Berlin 1910

Stribeck, R., Kaltbearbeitung und Zugversuch, s. a. Mitteilungen über Forschungsarbeiten auf dem Gebiete des Ingenieurwesens.

Stribel, Ant., († ...) s. 1) Bossuets Geist. 2) Chapelein, Predigten. 3) Febronius, Erklärung. 4) Thom. v. Kempis, vier Bücher von d. Nachfolge Christi. 5) Pacaud, Predigten. 6) Waldners Christ.

Stribel, A., Cursus Marianus, s. Cursus Marianus.

Stribel, Ant., Tagzeiten der allerſel. Jungfrau u. Mutter Gottes Maria, wie ſie das ganze Jahr hindurch gebethet werden. Sammt den Tagzeiten f. die Abgeſtorbenen. 3. verb. Aufl. 12. (216 S.) Augsburg 847, Wolff. (München, Finſterlin.) 8 ngr

Stribulus, Hans Christel (ps.), Quodlibet, oder politisch-kritisch-moralisch-historisch-ästhetische Abhandlung etc. etc. O. O. 1782. 8⁰. (In München: P. o. germ. 8⁰ 1107 r.) (1 fl. 20 xr. J. Eisenstein & Co., Wien, 1885.)
Handelt u. a. von Steifröcken.

Strich, der, durch die Rechnung. Lſtſp. von Jünger. 8. Lpz. Dyk. 785.

Strich, Der, durch die Rechnung. In vier Aufzügen. O. O. 1793. V: *Jünger, Joh. Fch.* (BiblPort)

Strich, Bruno Ernst M.

Strich, M . [Friedrich von] Schillers «Wilhelm Tell.» Beiträge zur Erläuterung und aufsatztechnischen Behandlung des Dramas. II + IV + 24 S. 8. Berlin, G. Pintus, 1904. [M. —. 40]

Strich, Bruno Ernſt M., Schillers „Wilhelm Tell". Beiträge zur Erläuterung u. aufſatztechn. Behandlung des Dramas. 2. verb. u. verm. Aufl. (36 S.) gr. 8. Groß-Lichterfelde-Berlin 909. B. W. Gebel. — 50

Strich, Fritz, a. Königsberg i. P.: Franz Grillparzers Ästhetik. Berlin: A. Duncker 1905. (VII, 29 S.) 8° ¶ (Ersch. vollst. als: Forschungen zur neueren Literaturgeschichte, Bd 29.)
München, Phil. Fak., Ref. Muncker, Diss. v. 12. Juli 1905
[Geb. 13. Dez. 82 Königsberg i. P.; Wohnort: Berlin; Staatsangeh.: Preußen; Vorbildung: Friedrich-Werdersches Gymn. Berlin Reife O. 01; Studium: Berlin 2, Freiburg i. B. 2, Bonn 1, München 3 S.; Rig. 1. Febr. 05.]

Franz Grillparzers Ästhetik. Von Dr. Fritz **Strich**. Berlin: A. Duncker 1905. (VII, 238 S.) 8°
= Forschungen z. neueren Literaturgeschichte. 29. [05. 14226 3

Strich, Fritz, Dr.: Die Mythologie in der deutschen Literatur von Klopstock bis Richard Wagner. Halle a. S. 1910: Karras. 113 S. 8° ¶ (Ersch. vollst. als Buch b. Niemeyer, Halle.)
München, Phil. Hab.-Schr. v. 1910 [U 10. 3726

Strich, Fritz, die Mythologie in der deutschen Literatur von Klopstock bis Wagner. 2 Bde. (IX, 483 u. VII, 490 S.) gr. 8. Halle 910. M. Niemeyer. 20.—

Strich, Michael, a. Berlin: Marschall Alexander Berthier und sein Ende. München 1908: Kastner & Callwey. (63 S.) 8° ¶ [Erschien vollst. 1908 b. A. Reusch, München.]
München, Phil. Fak., Ref. v. Heigel, Diss. v. 25. Juli 1907
[Geb. 22. März 81 Berlin; Wohnort: Berlin; Staatsangeh.: Preußen; Vorbildung: Gymn. Huben Reife M. 01; Studium: Jura Berlin 1, Phil. Berlin 1, Freiburg i. B. 1, Göttingen 1, München 6 S.; Rig. 25. Juli 07.]

Strich, Mich., Marschall Alexander Berthier u. sein Ende. Nach archival. Quellen. (130 S.) gr. 8. München 908. A. Reusch. 3.—

— Untersuchungen über die Fermente der Milch und über deren Herkunft, s.: Wohlgemuth, Jul.

Strich, Michael, a. Berlin: Ueber analytische Zerlegung des Bienenwachses in seine Componenten. Heidelberg 1908: E. Geisendörfer. (39 S.) 8°
Heidelberg, Naturw.-math. Fak., Ref. Curtius, Diss. v. 24. April 1908
[Geb. 21. Nov. 80 Königsberg i. Pr.; Wohnort: Berlin; Staatsangeh.: Preußen; Vorbildung: Friedrichs-Werdersches Gymn. Berlin Reife O. 00; Studium: Heidelberg 7. Berlin 9 S.; Rig. 27. Febr. 08.]

Strich, Walter: Das Wertproblem in der Philosophie der Gegenwart. Berlin 1909: G. Schade. 95 S. 8°
Leipzig, Phil. Diss. v. 22. Okt. 1909, Ref. M. Heinze, Volkelt
[Geb. 19. April 85 Königsberg i. P.; Wohnort: Leipzig; Staatsangeh.: Preußen; Vorbildung: Friedrichs-Werdersches Gymn. Berlin Reife O. 04; Studium: Berlin 4, München 3, Leipzig 3 S.; Rig. 4. Mai 09.] [U 10. 3249

Strich-Chapell, Ferd., aus'm Herze'. Schwäbiſche Volksklänge. Eine Auswahl der beſten Gedichte in ſchwäb. Mundart. 8. (XV, 192 S. mit vielen Illuſtr.) Stuttgart 886, Greiner und Pfeiffer. geb. *

Strich-Chapell, F., deutſcher Sang u. Klang, ſ.: Ebner, Th.

Strick, Franz: Die Tetanusinfektion bei Kaninchen, von Schusswunden und Hämatomen ausgehend, mit Berücksichtigung der Serumprophylaxis und Therapie. Köln 1899. 40 S. 8⁰.
Bern. Phil. Diss. 1898/99.

STRICK, N. G. (ps.), Historia naturalis gallorum, oder Naturgeschichte der Hähne. Altona (187*). 12⁰. (1/6 Rthl. Fischhaber, vor 1885.)
Nicht in Weller's Lex. Ps.

Strickbuch.

— neueröffnetes, von Laub- u. Schwungwerk f. Gold- u. Seiden-Stricker. Fol. Nürnb. Schneider. —

— für Frauenzimmer ꝛc. Fol. Nürnb., Schneider u. W. 12 gr

Strickbuch, kleines ꝛc. Berliner, ſ. Amalie.

— f. Mädchen, in verſchied. Zwickeln, welches 30 Muſterblätter enthält. Fol. u. 8. Nürnb., Schneider u. W. 20 gr

— mein, mit illum. u. ſchwarzen Kpf. in Stammbuchformat. Nürnb. 801. Stein. 1 ₰ 16 gr

Strick-, Näh- u. Modellbuch, enth. alle Buchſtaben wie auch Modelle zu Zwickeln, Kanten, Armbändern, Geldbörſen, Kindermützchen ꝛc. Halle, Dreißig. 16 gr

— neues, f. Frauenzimmer. Mit 50 Blättern illum u. ſchwarz. 2 Thle. 8. Nürnb. 801—803. Schneider u. W. 2 ₰

Stricker, der, Daniel v. dem blühenden Tal, hrsg. v. Gust. Rosenhagen, s.: Abhandlungen, germanistische.

Stricker, kleinere Gedichte. Hrsg. v. K. A. Hahn, s. Bibliothek d. gesammt. deutschen Nationalliteratur, 18. Bd.

Stricker, Karl der Grosse, herausg. von Bartsch, s. Bibliothek der gesammten deutschen National-Literatur.

Stricker, ſiehe: Schelmenſtreiche des Pfaffen Ameis.

Stricker, die Streiche des Pfaffen Ameis, ſ.: Univerſal-Bibliothek.

Stricker, Aug., üb. traumatische Stricturen der männlichen Harnröhre u. deren Behandlung. gr. 8. (15 S.) Leipzig 882. (Göttingen, Vandenhoeck & Ruprecht.) n. — 60

Stricker, Carl. s. Stricker, Karl.

Stricker, Ch.: Unterrichtsbriefe zur Erlernung der einfachen Buchführung für Kleinhändler und Handwerker. Glarus: Senn & Stricker 1871. 62 S. 8⁰

Stricker, Ed. Johannes Calvin als erster Pfarrer der reformirten Gemeinde zu Straßburg. Nach urkundl. Quellen. gr. 8. (66 S.) Straßb. i. E. 890, Heitz. + 1 20

Stricker, Ed., evangelische Christenlehre unter Zugrundelegung des Heidelberger Katechismus. (VIII, 100 S.) 8. Mülhausen i/E. 904. Ev. Buchh. Geb. n. — 60; in Leinw. n. — 70

Stricker, Ed., die Gemeindepflege. Vortrag, geh. im Instructions-Cursus f. innere Mission zu Straßburg am 3. V. 1899. gr. 8. (31 S.) Straßburg 899. E. van Hauten. n. 1. —

— die wichtigsten Unterscheidungslehren der römisch-katholischen u. der evangelischen Kirche. [Aus: „Evang. Christenlehre".) (11 S.) 8. Ebd. 904. n. — 15

Stricker, Eugen: Entstehung und Entwicklung der Floovant-Sage. Halle a. S. 1909: Karras. XII, 153 S. 8°
Tübingen, Phil. Diss. v. 1. April 1909, Ref. Voretzsch
[Geb. 2. Jan. 73 Heilbronn; Wohnort: Stuttgart; Staatsangeh.: Württemberg; Vorbildung: Realanst. Cannstatt Reife M. 95, Erg.-Prüf. Realgymn. Stuttgart M. 97; Studium: Tübingen 5, Paris 1 S.; Coll. 20. Dez. 07.] [U 09. 3965

Die Blinddarmentzündung (Perityphlitis) in der Armee von 1880–1900. Von Dr. [Franz] **Stricker**, Generalarzt. Mit 10 Taf. Berlin: A. Hirschwald 1906. (96 S.) 8°
— Coler, v., Bibliothek. Bd 23. [od. 16,6]

Stricker, die Blinddarmentzündung (Perityphlitis) in der Armee von 1880—1900, s.a. Bibliothek v. Coler. 23 Bd.

Stricker, Franc. Florentius (geb. Allendorf in Westf. 4. 2. 1842). De quibusdam partus praematuri provocandi methodis. Berolini (1866). (32 S.) 8°
Berlin, Med. Diss. v. 14. Apr. 1866

Stricker, F(ritz): Plattenmodelle zur Entwickelung von Darm, Leber, Pankreas und Schwimmblase der Forelle. Mit 3 Taf. Leipzig: G. Thieme 1899. (30 S.) 8°
Leipzig, Med. Diss. v. 5. März 1899

Stricker, G. Theodor

Stricker, G. Th., Liederbuch für ernste u. heitere Stunden. In Verbindung mit e. Vereine v. Musikfreunden zum Gebrauch der Jugend hrsg. 8. (II u. 110 S. wovon 96 lith.) Straßburg 848, Treuttel & Würtz. n. 8 ngr

Stricker, G. Thdr., Vom Herzen zum Herzen. Straßburg 859. (Berger-Levrault.) 16. (144 S.) 15 ngr

Stricker, Gustav, Referendar: Die Offerte an eine nicht bestimmte Person. Schiltigheim 1910: Bartl & Reimann. 64 S. 8°
Straßburg, Rechts- u. staatswiss. Diss. v. 27. Juni 1910, Ref. Kisch
[Geb. 20. Juni 88 Straßburg; Wohnort: Straßburg; Staatsangeh.: Elsaß-Lothringen; Vorbildung: Protest. Gymn. Straßburg Reife Sommer 08; Studium: Straßburg 7, Berlin 1 S.] [U 10. 4035

Stricker, Gustav (geb. am 7 Juli 1858 in Iserlohn Westf.): Ueber Oxalaethylin und Chloroxalallylin ... Bonn, Univ.-Buchdr. v. C. Georgi 1880. 50 S., 1 Bl. 8.
Bonn, Phil. Fak., Diss. v. 5 Aug. 1880

Stricker, Gustavus Adolphus (geb. am 11 Dez. 1808 in Bernstadt Schl.): De apoplexia ... Bonnae, typ. expr. P. Neusser 1861. 2 Bl., 32 S. 8.
Bonn, Med. Fak., Diss. v. 12 Aug. 1861

Stricker, J. A., De tragicorum anachronismis. Diss. 1880. 126 S. 1.

Stricker, J. P., de mutatione, homini, secundum Jesu et apostolorum doctrinam, subeunda. 8maj. Hagae Comitis 845. (Amersfoort, Gebr. Taats.) n. 16 ngr

Stricker, Johs. De düdesche Schlömer, s. Drucke d. Vereins f. niederdeutsche Sprachforschung.

Stricker, Johann H.

— Abhandl. v. d. Decimalbrüchen und deren Anwendung auf mancherley Arten v. Berechnung. gr. 8. Frkf. Andreä. 799.

— Anweis. in d. Anfangsgr. d. Rechenkunst. gr. 8. Frankf. Andreä. 797.

Stricker, Joh. H., kurze Erklär. d. Buchhaltens, nebst Anweis. z. gründl. Erlern. d. einfach. Buchhaltung ec. 4. Elberfeld, Büschler. 799.

— neues Handlungslexikon, s. J. M. Euler.

Stricker, Josef, s.a. Szirmai, Josef

Stricker, Josef, Referendar in Saarbrücken: Der Rechtsbegriff des Schatzes, insbesondere sein Verhältnis zum Bestandteile und zur verlorenen Sache im Gemeinen Rechte und dem Rechte des Bürgerlichen Gesetzbuchs. Saarbrücken 1908: C. Schmidtke. (60 S.) 8°
Heidelberg, Jur. Fak., Ref. Schroeder, Diss. v. 1908
[Geb. 20. Juli 81 Geisbach, Kr. Sieg; Wohnort: Saarbrücken; Staatsangeh.: Preußen; Vorbildung: Gymn. Siegburg Reife O. 02; Studium: Bonn 2, Leipzig 1, Berlin 1, Bonn 4 S.; Rig. 12. Mai 08.]

Stricker, Carl (geb. am 25 Jan. 1859 in Bruchhausen Kr. Hoxter): Aus d. pharmakol. Institut. — Experimentelle Untersuchungen über Arsenoxyde und Arsenwasserstoff ... Bonn, Druck v. P. Neusser (1882). 29 S., 1 Bl. 8.
Bonn, Med. Fak., Diss. v. 12 Aug. 1882

Stricker, Car. Gotthelf (geb. Koenigshain 1799): De uteri scirrho et carcinomate cum graviditate complicatis. Berolini (1820). (34 S.) 8°
Berlin, Med. Diss. v. 7. Apr. 1820

Stricker, Karoline

Jugendbilder. Von St. Nelly [d.i. Karoline Stricker]. Hrsg. von Fanny Tarnow. Bd 1.2.
Leipzig: Kollmann 1828. 274 S. 8°

Stricker, Mart., Lehre Jesu, nach d. Evangelien d. Matthäus, Markus u. Lukas, in deutschen Hexametern. 8. Regensb. ... Pustet. 8 K

Stricker, Otto Julius Felix (geb. Berlin 15. 5. 1811): Nonnulla de symptomatologia et diagnosi morborum aortae. Berolini (1835). (66 S.) 8°
Berlin, Med. Diss. v. 6. Juli 1835

Stricker, R., die Behandlung der Nervenkrankheiten. Gemeinverständlich dargestellt. gr. 8. (VI, 122 S. m. 1 Titelbild.) Stuttgart 891. O. Weisert. n. 1. 50

— die Behandlung des Rheumatismus u. der Gicht, gemeinverständlich dargestellt. gr. 8. (V, 106 S.) Ebd. 894. n. 1. 50

Stricker, R., d. Behandlg. d. Zuckerkrankheit. (Gemeinverständl. dargest.) gr. 8. (V, 83 S.) Stuttgart 895. O. Weisert. n. 1. 30

Stricker, Salomon

Stricker, S., üb. den Anschauungs-Unterricht in den medicinischen Schulen. gr. 8. (32 S.) Wien 886. Hölder. n. 1. —

Stricker, S., s.: Arbeiten aus dem Institute f. allgem. u. experimentelle Pathologie der Wiener Universität.

Stricker, S., Beiträge zur Kenntniss des Hühnereies. [Aus den Sitzungsber. der k. Acad. der Wiss.] Wien 866. (Gerold's Sohn.) Lex.-8. (7 S. mit 5 Abbild. auf 1 Steintaf.) n. 4 *ngr.*

Stricker, S., Beobachtungen über die Entstehung des Zellkernes. [Aus: „Sitzungsber. d. k. Akad. d. Wiss."] Lex.-8. (22 S.) Wien 877. (Gerold's Sohn.) n. — 40

Stricker, S., üb. strömende Elektricität. Eine Studie. 1. Hälfte. gr. 8. (VI, 98 S.) Wien 892. F. Deuticke. n. 2. 50

— dasselbe, Schlusshft. gr. 8. (IV u. S. 99—148.) Ebd. 894. n. 1. 25 (kplt.: n. 3. 75)

Stricker, S., Entwickelungsgeschichte von Bufo cinereus bis zum Erscheinen der äusseren Kiemen. (Aus dem physiolog. Institute der wiener Universität.) Lex.-8. (9 S. mit eingedr. Holzschn.) Wien 860, (Gerold's Sohn.) *
Aus: Sitzungsberichte der k. Akademie der Wissenschaften, Jahrg. 1860, besonders abgedruckt.

Stricker, S., Dr., Entwickelungsgeschichte von *Bufo cinereus* bis zum Erscheinen der äusseren Kiemen. (Auszug.) (S. [illegible]) Vgr.
Separatabdruck

— u. **Kocslakoff**, Experimente über Entzündungen des Magens. [Aus den Sitzungsber. der k. Akad. der Wiss.] Wien 866. (Gerold's Sohn.) Lex.-8. (8 S.) n. 2 *ngr.*

— s.: Fragmente aus dem Gebiete der experimentellen Pathologie.

— Handbuch der Lehre von den Geweben, s. Handbuch.

Stricker, S., Handbuch der Lehre von den Geweben der Menschen und der Tiere. 2 Bde. (od. 5 Lfgn.) Mit 421 H. Leipzig 68—72. Engelmann. Lfg. 1—2 à M. 4.—, 3—4 à M. 5.—, 5. M. 8.—, à Bd. M. 13.—, kpl. M. 26.—

—— s. Jahrbücher, medizinische.

— über die collaterale Innervation. [Aus: „Sitzungsber. d. k. Akad. d. Wiss."] Lex.-8. (10 S.) Ebend. 877. n. — 20

— üb. das Können u. Wissen der Aerzte. Antrittsrede f. das Sommer-Semester 1892, geh. in Wien am 28. Apr. gr. 8. (15 S.) Wien 892. (F. Deuticke.) n. — 25

— über contractile Körper in der Milch der Wöchnerin. [Aus den Sitzungsber. der k. Akad. der Wiss.] Wien 866. (Gerold's Sohn.) Lex.-8. (4 S.) 1½ *ngr.*

Stricker, Dr. S., Mittheilungen über die selbständigen Bewegungen embryonaler Zellen. (Sonder-Abdr. a. d. Sitzungsber. d. k. Akad. d. Wiss.) gr. 8. (6 S.) Wien, Gerold in Comm. 1864 5 kr.

Stricker, Professor. Aus den Niederungen der Wissenschaft. Gr.-8. (44 S.) —.36
Wien: Deuticke 1892.

Stricker, Dr. S., Allgemeine Pathologie d. Infections-Krankheiten. gr. 8. (VI u. 173 S.) Wien, Alfred Hölder. 2 fl. 1886.

Stricker's, S., Philosophie der Vivisection und die Kritik der reinen Vernunft, s. Eckstein, Fr.

— Physiologie d. Rechts. gr. 8. (X, 144 S.) Wien 884. Toeplitz & Deuticke. n. 3. 60

— in Sachen der literarischen Gewissenhaftigkeit. Eine Anklageschrift gegen Hrn. v. Fleischl wegen seiner für das Archiv v. Du Bois-Reymond abgedruckten Abhandlung über das Zuckungsgesetz. [Aus: „Wiener medizin. Blätter".] gr. 8. (III, 23 S.) Wien 882. Braumüller. n. — 40

— Skizzen aus der Lehranstalt f. experimentelle Pathologie in Wien. gr. 8. (III, 116 S. m. Fig. u. 1 Fksm.) Wien 892. (A. Hölder.) n. 3. —

Stricker, Dr. S., Studien über die Association der Vorstellungen. gr. 8. (95 S. u. einer Abbildung in Lichtdruck) gr. 8. (95 S.) geh. 1 fl. 50 kr.
Wien: Braumüller 1882.

— Studien über die Association der Vorstellungen. Mit einer Abbildung in Lichtdr. gr. 8. (III, 96 S.) Ebend. 883. n. 3. —

— Studien über den Bau u. das Leben der capillaren Blutgefässe. [Aus den Sitzungsber. der k. Akad. der Wiss.] Ebend. 865. Lex.-8. (16 S.) n.n. 3 *ngr.*

Stricker, Dr. S., Studien über die Bewegungsvorstellungen. gr. 8. (IV u. 72 S.) geh. 1 fl. 20 kr.
Wien: Braumüller 1882.

— Studien über das Bewusstsein. gr. 8. (VI, 99 S.) Ebend. 879. n. 2. 40

— Studien zur Cholerafrage. Aus dem Institute f. experimentelle Pathologie in Wien. gr. 8. (III, 42 S. m. 1 Taf.) Wien 893. F. Deuticke. n. 1. 20

—— und M. Leidesdorf, Studien über die Histologie der Entzündungsherde, s. Leidesdorf, M.

— Studien aus dem Institute für experim. Pathologie, s. Studien.

Stricker, S., Studien aus dem Institute für experimentelle Pathologie in Wien aus dem Jahre 1869. I. Mit IV Holzschnitten und II Tafeln. gr. 8. (XI u. 110 S.) Wien. Braumüller. 1869. 2 fl.

— neuroelektrische Studien. Mit 19 (eingedr.) Holzschn. gr. 8. (VII, 60 S.) Wien 883. Braumüller. n. 2. —

— Studien über die Sprachvorstellungen. Mit 3 (eingedr.) Holzschn. gr. 8. (106 S.) Ebend. 880. n. 3. —

— üb. das medicinische Unterrichtswesen. [Aus: „Wiener klin. Wochenschr."] gr. 8. (30 S.)
Wien: Deuticke 1894. n. — 50

— Untersuchungen über die Ausbreitung der tonischen Gefässnerven-Centren im Rückenmarke des Hundes. [Mit 4 (lith.) Taf.] [Aus: „Sitzungsber. d. k. Akad. d. Wiss."] Lex.-8. (19 S.) Wien 877. Gerold's Sohn. n. 2. —

— u. L. **Unger**, Untersuchungen über den Bau der Grosshirnrinde. [Mit 1 (lith.) Taf. (in 4.).] [Aus: „Sitzungsber. d. k. Akad. d. Wiss."] Lex.-8. (21 S.) Ebend. 879. n.n. — 70

— Untersuchungen über die capillaren Blutgefässe in der Nickhaut des Frosches. [Aus den Sitzungsber. der k. Akad. der Wiss.] Wien 865. (Gerold's Sohn.) Lex.-8. (12 S. mit 2 Steintaff. in gr. 8. u. 4.) 1½ *ngr.*

— Untersuchungen über die Entwicklung der Bachforelle. [Aus den Sitzungsber. der k. Akad. der Wiss.] Ebend. 865. Lex.-8. (9 S. mit 2 Steintaff.) n.n. 5 *ngr.*

Stricker, S., Untersuchungen üb. die Gefässnerven-Wurzeln d. Ischiadicus. [Aus: „Sitzungsber. d. k. Akad. d. Wiss."] Lex.-8. (13 S.) Wien 876. (Gerold's Sohn. n.n. — 30

Stricker Salomon, Dr. Untersuchungen über die Kontraktilität der Kapillaren. S. 74. III. 313 . . . . K —.40
Separatabdruck

—— Untersuchungen über die Contractilität der Capillaren. Lex.-8. (20 S.) (Ebendas.) 876. *

— Untersuchungen über die Contractilität der Capillaren. [Aus: „Sitzungsber. d. k. Akad. d. Wiss."] Lex.-8. (20 S.) Ebend. 877. n. — 40

Stricker, Dr. S., Untersuchungen über das Leben der farblosen Blutkörperchen des Menschen. (Sonder-Abdr. a. d. Sitzungsber. d. k. Akad. d. Wiss.) gr. 8. (17 S.) Wien, Gerold in Comm. 1867. 15 kr.

— u. A. **Spina**, Untersuchungen über die mechanischen Leistungen der acinösen Drüsen. [Mit 3 (eingedr.) Holzschn.] [Aus: „Sitzungsber. d. k. Akad. d. Wiss."] Lex.-8. (42 S.) Ebend. 879. n. — 60

— Untersuchungen über das Ortsbewusstsein u. dessen Beziehungen zu der Raumvorstellung. [Aus: „Sitzungsber. d. k. Akad. d. Wiss."] Lex.-8. (23 S.) Ebend. 877. n. — 40

Stricker Salomon, Dr. Untersuchungen über die Papillen in der Mundhöhle der Froschlarven (mit 1 Taf.) S. 26 ...
Separatabdruck

— u. Jul. **Wagner**, Untersuchungen über die Ursprünge u. die Function der beschleunigenden Herznerven. [Mit 1 (lith.) Taf. (in qu. Fol.).] [Aus: „Sitzungsber. d. k. Akad. d. Wiss."] Lex.-8. (29 S.) Ebend. 878. n. — 80

— üb. die wahren Ursachen. Eine Studie. gr. 8. (III, 60 S.) Wien 887. Hölder. n. 1. 50

—— Vorlesungen über allgemeine und experimentelle Pathologie. 1.—3. Abthl. 1. Hälfte. gr. 8. Wien 879, Braumüller. [1. Abthl. (VII, S. 1—212.) 877. * M 4.; 2. Abthl. (IX, S. 213—456 mit 1 Taf. in Farbendr. und 4 eingedr. Holzschn.) 878. * M 4.; 3. Abthl. 1. Hälfte. (VI, S. 457—560 mit 1 eingedr. Holzschn.) 879. * M 2,40.] *

—— Vorlesungen über allgemeine und experimentelle Pathologie. 3. Abthl. 2. und 3. (Schluss-)Lfg. gr. 8. Ebendas. [2. Lfg. (VI, S. 561—682 mit 1 eingedr. Holzschn. und 1 lithogr. Taf.) 880. * M 3.; 3. Lfg. (XXXVI, S. 683—868 mit 14 eingedr. Holzschn. und 2 lithogr. Taf.) 883. * M 4,60.] *
1. und 2. Abthl. und 3. Abthl. 1. Lfg. Ebendas. 1877—79. * M 10,40.

— das Zuckungsgesetz. Nach neuen Untersuchungen dargestellt. [Mit 15 (eingedr.) Holzschn.] [Aus: „Sitzungsber. d. k. Akad. d. Wiss."] Lex.-8. (87 S.) Wien 881. (Gerold's Sohn.) n. 1. 50

Stricker, Wilhelm

Stricker W. d. Amaz. in Sage u Geschichte. (S. wiss. Vortr. 61) Berlin 1868

Stricker, W., die Amazonen, s. Sammlung gemeinverständl. Vorträge.

— die Baugeschichte der Paulskirche (Barfüsserkirche) zu Frankfurt a. M. 1782—1813. Nach den Acten bearb. Mit 1 Lith. u. 10 (eingedr.) Holzschn. Frankfurt a. M. 870. (Alt.) gr. 4. (V, 35 S.) n. 20 ngr.

Stricker, Wilh. (F. C.) Beiträge zur ärztlichen Culturgeschichte. Fremdes u. Eigenes gesammelt u. hersg. Frankfurt a. M. 865. Auffarth. gr. 8. (V, 164 S.) n. 24 ngr.

Stricker, Wilhelm: Bericht über die Entstehung und bisherige Wirksamkeit des Nationalvereins für deutsche Auswanderung . . . , s. Künzel, Heinrich

Stricker, Wilh., die Besetzung der Reichsstadt Frankfurt durch die Franzosen, s. Taschenbuch, historisches.

— siehe: Bibliothek der Länder- u. Völkerkunde.

Stricker W. der Blitz und seine Wirkungen. (Sammlung gemeinverständlicher wissenschaftlicher Vorträge 164) Berlin 1872
Vgl. Sammlung...

Stricker, Wilh., die Deutschen in Spanien u. Portugal u. den span. u. portugies. Ländern v. Amerika. Ein Beitrag zur Geschichte der Deutschen außer Deutschland. gr. 8. (IV u. 324 S.) Leipzig 850, G. Mayer. 1 1/2 ₰

Stricker, Wilh., Entwickelungsgeschichte der deutschen Nationalität seit dem Reformationszeitalter. Eine histor. Skizze. gr. 8. (24 S.) Frankfurt a. M. 850, Auffarth. n. 4 ngr.

- Erinnerungsblätter an Wilh. Frdr. Hufnagel. Gesammelt u. hrsg. v. seinem Enkel. 8. (VIII u. 128 S. m. genealog. Taf. in 4.) Frankfurt 851, Sauerländer. n. 14 ngr.

Stricker W. die Feuerzeuge. (Sammlung wissenschaftl. Vortr. 199) Berlin 1874
Vgl. Sammlung...

— die Geschichte der Heilkunde u. der verwandten Wissenschaften in der Stadt Frankfurt a. M. Nach den Quellen bearb. gr. 8. (VIII u. 368 S.) Frankfurt a. M. 847, Keßler. n. 2 ₰

Geschichte d. Menagerien u. zoolog. Gärten. Berlin 79. Habel. M. 1.-

Stricker W. Geschichte der Menagerien und zoologischen Gärten. (Samml. gemeinverständlicher wissenschaftlicher Vorträge 336) Berlin 1880

— Geschichte der Menagerien u. der zoologischen Gärten, s. a. Sammlung gemeinverständlicher wissenschaftlicher Vorträge.

— neuere Geschichte v. Frankfurt a/M. 1—3. Buch. 8. Frankfurt a/M. 874. 75. Auffarth. n. 5. —
1. Geschichte v. Frankfurt unter K. v. Dalberg vom Untergang der Reichsstadt bis zur Beschwörg. der Constitutions-Ergänzungsacte 1806—1816. (54 S.) n. 1. —
2. Geschichte von Frankfurt von der Beschwörg. der Constitutions-Ergänzungsacte bis zum Ausbruch der franzöf. Julirevolution 1816—1830. (S. 55—176.) n. 2. —
3. Geschichte v. Frankfurt vom Ausbruch der französ. Julirevolution bis zum Ausbruch der französ. Februarrevolution 1830—1848 (S. 177—300.) n. 2. —

—— neuere Geschichte von Frankfurt am Main. 1806—1866. gr. 8. (424 S.) Frankfurt a. M. 881, Auffarth. *

Stricker W. Goethe und Frankfurt a. M. (Sammlung wiss. Vortr. 261) Berlin 1876

Stricker, Wilh., Goethe u. Frankfurt a/M., s. a. Sammlung gemeinverständl. wissenschaftl. Vorträge.

Stricker, W., Die deutsch-französischen Grenzbezirke in historischer und nationaler Beziehung. 2 Vorträge. Frankfurt a. M. 1870. 8. . . . . (ll.)

— die deutsch-französischen Grenzbezirke in historischer u. nationaler Beziehg. Zwei Vorträge geh. im Frankfurter Verein f. Geographie u. Statistik am 2. u. 9. Novbr. 1870. gr. 8. (40 S.) Frankfurt a. M. 871. Auffarth. n. — 60

Stricker, Guil. (Frid. Car.) (geb. Frankfurt a. M. 1816): Evolutionis auris per animalium seriem brevis historia. Berolini (1839). (32 S.) 8°
Berlin, Med. Diss. v. 17. Aug. 1839

— das Königreich beider Sicilien, nach eignen Anschauungen in den J. 1839, 1840 u. 1844 u. nach den neuesten Quellen dargestellt. gr. 8. (154 S.) Leipzig 848, G. Mayer. 3/4 ℛ

Stricker, Wlh., die Krankheiten des Linsensystems nach physiolog. Grundsätzen. Fünf Bücher. Eine gekrönte Preisschrift. gr. 8. Frankfurt a/M. 845, Sauerländer. n. 2/3 ℛ

Stricker, Wilh., Lebensregeln zum Schutze gegen die Cholera. Frankfurt a. M. 854. Auffarth. gr. 8. (16 S.) 3 ngr.

Stricker, Wilhelm: Die Republik Mexiko. — Frkf.: Meidinger 1847. 158 S. (Bibliothek der Länder- und Völkerkunde. H. 1.)
Vgl. Bibliothek ...

—— Ober- und Mittel-Italien, { s. Bibliothek der Länder- und Völkerkunde.

STRICKER, W., Die Prostitution in der Stadt Frankfurt am Main. (Sep.-Abdr.) Berlin 1880. 8°. (1 Mk. Lehmann & Lutz; 1 Mk. P. Neubner.)

— Reisehandbuch für Aerzte und Naturforscher zugleich als Versuch eines Wörterbuchs der medizin. Geographie. 2. gänzlich umgearb. u. vielfach verm. Aufl. des „Reisetaschenbuchs." gr. 16. Erlangen 845, Enke. n. 1 1/3 ℛ

— Reisen der Brüder Schomburgk in Britisch-Guiana. Im Auszug für das größere Publikum u. die Jugend bearb. Mit 1 (lith.) Karte. gr. 8. (143 S.) Frankfurt a. M. 852, Auffarth. n. 1 ℛ

Stricker, W., Samuel Thomas v. Soemmerring, s. Neujahrsblatt.

Stricker, Dr. W. Sprachkarte von Deutschland, entworfen und erläutert von Dr. Karl Bernhardi. 2. vervollständigte Auflage. Mit 1 Karte. 8. Kassel 1849.

Stricker, Wilh., Studien über Menschenblattern, Vaccination und Revaccination. Eine von der Société médicale zu Genf gekrönte Preisschrift. gr. 8. (VIII und 134 S.) Frankfurt a. M. 861, Auffarth.

— alphabetische Uebersicht aller für Natur- u. Heilkunde interessanten Orte, mit Rücksicht auf Literatur u. Personalitäten. 1. Bdchn. Die Deutschen Bundes-Staaten. — A. u. d. T.: Allgemeines Reisetaschenbuch f. Aerzte u. Naturforscher. Mit e. Vorrede von A. F. v. Ammon. gr. 12. Berlin 841, Liebmann u. Comp. (Nordhausen, Büchting.) n. 5/6 ℛ

Stricker, Wilhelm: Ungarn u. Siebenbürgen, s.a. Bibliothek der Länder- u. Völkerkunde.

Stricker, Dr. W. Ungarn und Siebenbürgen nach den besten und neuesten Quellen geschildert. 8. Frankfurt a. M. 1847.

Stricker, Wilhelm: Die Verbreitung des deutschen Volkes über die Erde. Ein Versuch. *Leipzig: Gustav Mayer 1845.*

Stricker, Wilhelm, Deutsch-russische Wechselwirkungen oder die Deutschen in Rußland und die Russen in Deutschland. Ein geschichtlicher Versuch. XVI, 194. S. 1 Karte. Leipzig: Mayer 1849 UBT, STBM

—— deutsch-russische Wechselwirkungen oder die Deutschen in Rußland und die Russen in Deutschland. Ein geschichtl. Versuch. gr. 8. (XVI und 294 S. mit 1 nach den neuesten Hilfsmitteln ausgeführten lithogr. und ill. Karte in 4., die westl. Vergrößerungen Rußlands darstellend von K. F. Muhlert.) Leipzig 849, G. Mayer.

Stickerinn, d. elegante, oder Samml. kleiner Strickmuster für Freundinnen des guten Geschmacks, m. 24 K. 4. Leipz. Voß. 808.

— — dasselbe m. 12 Kupf. 4. Ebend. 808.

Strickkörbchen, Amaliens, oder Anweisung zum Petinet- und Spitzenstricken . . . Leipzig [1808]. V: *Gürnth, Christ. Dorothea geb. Hentschel.* (MGT) (schl)

Strickkörbchen, od. Anweis. ꝛc. Leipz., s. Amalie.

Strickkunst, die, in ihrer Vollkommenheit. 2 Thle. m. 41 illum. K. Nürnberg, Stein. 805. (I. 1 Rthlr. 8 gr. II. 2 Rthlr.)

Strickland, Jane

Strickland's, J., ausgewählte Erzählungen, s. Universal-Bibliothek für die Jugend.

Jane Strickland's *ausgewählte Erzählungen*. Nach dem Englischen von Dr. Gustav Plieninger. 2. Aufl. Stuttgart. E. Hallberger [1850]. 3 Bl. (inkl. handkolor. lithogr. Titel). 328 S. 1 Bl. und 5 hübsche handkolor. Lithos. Kl.-8°. Einfacher Halbleinenbd. 10.—
Sammlung der in den „Weihnachtsblüthen" erschienenen Erzählungen der Strickland. Innen u. außen Benutzungsspuren. Eintrag auf beiden Titeln, 2 SS. repariert mit Textverlust, 2. Blatt gestempelt, teilw. fleckig.

Strickland, J., die Gesandtentochter als Sclavin, s.: Jugendbibliothek, neue deutsche.

Strickland, S., das kleine Fläumchen, oder Geschichte einer Feldmaus. Mit 8 col. Abb. 16. Berlin 842, Haffelberg. 5/12 ℛ

Strickler, Edwin. Die chemische Zusammensetzung des Colostrums, mit besonderer Berücksichtigung der Eiweisstoffe desselben. Diss. Phil. [II.] Univ. Zürich. 83 S. 8. Zürich, F. Lohbauer, 1905.

Strickler, G[ustav]. Die Dorfrechte, Offnungen der Herrschaft Grüningen. [Mit 2 Tafeln.] IV + 98 S. 8. Wetzikon, Aktienbuchdr., 1909.

Strickler, G., Führer durch die deutsche Orthographie f. schweizerische Volksschulen. Nach den neuen amtl. Regeln. Zur Förderung der Einheit u. Befestigg. in der Rechtschreibg. gr. 8. (VIII, 74 S.) Zürich 896. Schultheß & Co. n. 1. —; kart. n. 1. 20

Strickler, G[ustav]. Führer durch die deutsche Orthographie für schweizerische Volksschulen, auch Fortbildungs- und Gewerbeschulen. Nach den neuen amtlichen Regeln, gültig für die Schweiz, Deutschland und Österreich. Zur Förderung der Einheit und Befestigung in der Rechtschreibung. 2., ungeänderte und vermehrte Aufl. X + 80 S. 8. Zürich, Schulthess & Co., 1903. (fr. 1. —, cart. fr. 1. 20)

Strickler, G[ustav]. Führer über die Elektrische Strassenbahn Wetzikon-Meilen, mit vielen Textillustrationen und einer Karte [sowie 1 Panorama], von G. St'. Sekundarlehrer.... 63 [+ *Reklamen* 24] S. 8. Zürich, Jean Frey, 1905. fr. —. 50

Strickler, G[ustav]. Geschichte der Herrschaft Grüningen, umfassend die 16 Gemeinden Bäretswil, Bubikon, Dürnten, Egg, Fischental, Gossau, Grüningen, Hinwil, Hombrechtikon, Mönchaltorf, Ötwil, Rüti, Seegräben, Stäfa, Wald und Wetzikon. Das ist die Geschichte des Zürcher Oberlandes und seiner Beziehungen zur Stadt Zürich und dem See. In Wort und Bild dem Volke dargeboten von G. St'... [Mit Illustrationen und 1 Tafel.] VIII + 263 S. 8. Zürich, Orell Füssli, 1908. [fr. 8. —, geh. 10. —]

Geschichte der Hurlimann. Von G. **Strickler**, Sekundarlehrer in Grüningen (Kt. Zürich). *Zürich 1899: F. Schulthess.* (VIII, 175 S.) 4° [~. 5188

Strickler, G[ustav]. (Johann Kaspar) **Lavater und Landvogt** (Felix) **Grebel in Grüningen. Nach den Akten auf dem Staatsarchiv und der Stadtbibliothek in Zürich.** [Mit Porträt-Tafel.] II + 86 S. 8. Zürich, Jean Frey, 1902. [fr. 1. —]

Strickler, G., Nouveau livre de lecture. **Neues französ. Lesebuch f. Mittelschulen.** gr. 8. (173 S.) Zürich 898. F. Schulthess. n. 1. 60

Strickler, G[ustav]: Das Zürcher Oberland. Hrsg. vom Verband der Verkehrsvereine des Zürcher Oberlandes. [Mit vielen Illustrationen, 2 Tafeln und 1 Reliefkarte.] 115 [+ *Annoncen* 32] S. Zürich: Jean Frey 1902. 8°

— **methodisch geordnete Sammlung deutscher u. französ. Briefe u. Geschäftsaufsätze nebst Wechsellehre, f. Sekundarschulen, Bezirks-, Real- u. Fortbildungsschulen.** gr. 8. (VII, 135 S.) Ebd. 895. n. 1. 40; kart. n. 1. 60

Strickler, G[ustav]. Übungen zur Befestigung in der Rechtschreibung. II + VI + 84 S. 8. Zürich, Schulthess & Co., 1904. [cart. fr. 1. 20]

Strickler, Joh., die eidgenössischen Abschiede aus dem Zeitraume von 1529 bis 1532, s. Sammlung, amtliche, der älteren eidgenössischen Abschiede.

Strickler, Johann (Hrsg.), s. Actensammlung zur schweizerischen Reformationsgeschichte.

Strickler, Joh., Actensammlung zur schweizerischen Reformationsgeschichte in den Jahren 1521—1532, im Anschlusse an die gleichzeit. eidgenöss. Abschiede bearb. u. hrsg. 1. Bd. gr. 8. (1. Hälfte 320 S.) Zürich 877. (Meyer & Zeller.) n. 20. —

— dasselbe. 2. Bd. [1529 u. 1530.] gr. 8. (819 S.) Ebend. 879. n. 20. —

— dasselbe. 3. Bd. [1531, Jan. bis 11. Octbr.] gr. 8. (647 S.) Ebend. 880. n. 20. —

Strickler, J. Aktensammlung zur schweizerischen Reformationsgeschichte in den Jahren 1521 bis 1532, im Anschluss an die gleichzeitigen eidgenössischen Abschiede bearbeitet und herausgegeben. IV. Band (1531, 11. October, bis 1532, December). In-8°, 736 S. Zürich, Meyer & Zeller. 1881 25 —

Strickler, Joh., Actensammlung zur schweizerischen Reformationsgeschichte in den J. 1521—1532, im Anschluss an die gleichzeit. eidgenöss. Abschiede bearb. u. hrsg. 5. Bd. Nachträge u. Register. gr. 8. (381 S.) Zürich 884. (Meyer & Zeller.) n. 15. — (cplt.: n. 95. —)

Strickler, Joh[annes]. Actensammlung zur Schweizerischen Reformationsgeschichte in den Jahren 1521–1532, im Anschluss an die gleichzeitigen eidgenössischen Abschiede bearb. und hrg. von Dr. Joh. St'.... 5 Bände. 8. Zürich (1877–)1884.

Band 5. ([Mit Anhang:] Neuer Versuch eines Literatur-Verzeichnisses zur schweiz. Reformationsgeschichte enthaltend die zeitgenössische Literatur ⟨1521–1532⟩.)

Strickler, Johannes. Actensammlung aus der Zeit der Helvetischen Republik ⟨1798—1803⟩. Bearb. von Johannes Strickler. Band 8: Juni bis September 1802. IV + 1607 S. 4. Bern, Stämpfli & Cie., 1902. [fr. 20. —]

Amtliche Sammlung der Acten aus der Zeit der Helvetischen Republik ⟨1798–1803⟩....

Strickler, Johannes. Actensammlung aus der Zeit der Helvetischen Republik ⟨1798—1803⟩. Bearb. von Johannes Strickler. Band 9: October 1802 bis Anfang Juli 1803. X + 1490 S. 4. Bern, Stämpfli & Cie., 1903. [fr. 15. —]

Amtliche Sammlung der Acten aus der Zeit der Helvetischen Republik ⟨1798–1803⟩....

Strickler, Johannes. Actensammlung aus der Zeit der Helvetischen Republik ⟨1798—1803⟩. Bearb. von J' St'. Band 10: Register und Anhänge zu Band 1—9. IV + 596 S. 4. Bern, Stämpfli & Cie., 1905. [fr. 10. —]

Amtliche Sammlung der Acten aus der Zeit der Helvetischen Republik ⟨1798–1803⟩....

Strickler, Johs., s. Sammlung, amtliche, der Acten aus der Zeit der helvetischen Republik.

[Strickler, Johannes.] Einleitung zu der Actensammlung aus der Zeit der Helvetischen Republik ⟨1798–1803⟩. Separatabdruck aus dem ersten Bande. 4. Bern 1885.

Strickler, Joh., Geschichte der Gemeinde Horgen, nebst Hirzel und Oberrieden. Festgabe zur 100jähr. Kirchweihfeier. gr. 8. (XII, 547 S. mit 5 lithogr. und zinkogr. Taf.) Horgen 882. (Zürich, Orell, Füßli und Comp.) *

Strickler, Joh., Geschichte u. Texte der Bundesverfassungen d. schweiz. Eidgenossenschaft, s.: Kaiser, Sim.

Strickler, Joh., Grundriß der Schweizergeschichte für mittlere u. höhere Lehranstalten u. zum Selbstunterrichte. Den Ergebnissen der neueren Forschungen gemäß entworfen. (In 3 Thln.) 1. u. 2. Thl. Zürich 867,68. Orell, Füßli & Co. gr. 8. n. 1 Thlr. 16 *ngr.*

1. Thl. Die Schweiz bis zur Reformation. (IV, 160 S.) n. 16 *ngr.*

2. Thl. Von der Reformation bis zur Revolution. (VIII, 360 S.) n. 1 Thlr.

Strickler, Jhs. Grundzinse, Frohndienste und Zehnten, oder Bilder aus der Geschichte des bäuerlichen Grundbesitzes. 1874.

Strickler, J[ohannes]. Konkordate ⟨Eidgenössische⟩. Souderabdruck [aus:] Handwörterbuch der Schweizerischen Volkswirtschaft, Sozialpolitik und Verwaltung.... Band 2. II + 8 S. 8. Bern, Verlag Encyklopädie, 1905.

Strickler, Joh[annes]. Lehrbuch der Schweizergeschichte für höhere Schulen, zugleich vaterländisches Lesebuch für alle Stände. 2., gänzlich umgearbeitete Aufl. (des „Grundrisses"). 8. Zürich 1874.

Strickler, Joh., Lehrbuch der Schweizergeschichte für höhere Schulen, zugleich vaterländ. Lesebuch für alle Stände. 2. gänzlich umgearb. Aufl. 2 Lfgn. gr. 8. (XXIII, 551 S.) Zürich 873,74, Orell, Füßli und Comp. à Lfg. * ℳ 3. *

Strickler, [Johannes]. Von den Maikäfern. Separat-Abdruck aus dem Landwirtschaftlichen Jahrbuch der Schweiz. 1908. 16 S. 8. [Bern, K. J. Wyss, 1908.]

(**Strickler**, J[ohannes].) Die Berner Münzstatt und ihr Direktor Christian) Fueter. [Mit 1 Tafel. Sep.-Abdr. aus dem Neuen Berner Taschenbuch auf das Jahr 1905.] S. 15—62. 8. [Bern, K. J. Wyss, 1905.]

Strickler, J[ohannes]. Das schweizerische Münzwesen im Übergang vom 18. zum 19. Jahrhundert. (Sonderabzug aus Vierteljahrschrift für Social- und Wirtschaftsgeschichte.... [Band] 2, Heft 1 [und 2].) II S. + S. 122—147 + 286—322. 8. (Leipzig, C. L. Hirschfeld, [1904].)

— Rechenschaftsberichte über die Verwaltung des Staatsarchivs in den Jahren 1870—81. In-8°, 33 S. Zürich. 1881.
‚ Als Manuscript gedruckt.

Strickler, Joh., die helvetische Revolution 1798 mit Hervorhebg. d. Verfassungsfragen. Neudruck m. Verbessergn. u. Beigaben. gr. 8. (VIII, 148 S.) Frauenfeld 898. J. Huber. n. 2. 40

— die alte Schweiz u. die helvetische Revolution. Mit litterar. Beigaben. gr. 8. (VIII, 132 S.) Frauenfeld 899. Huber & Co. n. 2. 30

Strickler, Johannes: Illustrirte Schweizergeschichte, s. A r x , Ferdinand von

— kleine Schweizergeschichte f. Mittelschulen. 2 Thle. gr. 8. n. 3. —
1. Bis zur Reformation. (XII, 145 S.) n. 1. 20
2. Von der Reformation bis zur Gegenwart. (XI, 207 S.)
Zürich: Orell, Füßli & Co. 1875/76.

— s.: Tschudi's, V., Chronik der Reformationsjahre 1521—1533.

— schweizerisches Verfassungsbüchlein od. Grundzüge der Geschichte der eidg. Bünde u. der Bundesverfassg., nebst Beilagen. gr. 8. (IV, 174 S.) Bern 890. Wyß. n. 2. —

— schweizerisches Verfassungsbüchlein od. Grundzüge der Geschichte der eidg. Bünde u. der Bundesverfassg., nebst Beilagen. 2. Aufl. gr. 8. (IV, 176 S.) Bern 891. Wyß. n. 2 —

—— neuer Versuch eines Literatur-Verzeichnisses zur schweizerischen Reformationsgeschichte, enthaltend die zeitgenössische Literatur [1521—1532]. gr. 8. (81 S.) Zürich 884, (Meyer und Zeller.) * *
Aus: Actensammlung zur schweizerischen Reformationsgeschichte, besonders abgedruckt.

(St[rickler], J[ohannes].) Versuch eines Pressprozesses von General [Louis-Marie] Turreau gegen Schweizer (1801). Separat-Abdruck aus dem « Anzeiger für Schweizerische Geschichte » 1907, No. 3 — Miszellen. 5 S. 8. [Bern, K. J. Wyss.]

Franz Rudolf von Weiss (1751–1818). Von Joh. Strickler. *Bern: K. J. Wyss 1896.* (98 S.) 4° [?]
— Neujahrs-Blatt d. Litterarischen Gesellschaft, Bern 1897.

(Strickler, J[ohannes].) Aus der Zeit des Rastadter Kongresses. Separat-Abdruck aus dem «Anzeiger für Schweizerische Geschichte» 1906, Nr. 1. 12 S. 8. [Bern, K. J. Wyss.]

Strickler, Johannes, s. Z e l l w e g e r , J[ohann] C[onrad]: Chronologische Uebersicht ... Zürich 1887.

Strickler, Robert. Der Unterricht in der Heimatkunde. In seiner Stellung, Aufgabe und methodischen Gestaltung dargelegt. [Illustriert.] 8. Zürich 1896.

Strickler, Seline, Arbeitsschulbüchlein, enthaltend Strumpfregel, Maßverhältnisse, Schnittmuster, Flickregeln 2c. Zum Selbstgebrauch für die Schülerinnen bearb. gr. 8. (IV, 68 S. mit 80 Fig. im Texte.) Zürich 883. Schultheß. *

Strickler, Seline. Arbeitsschulbüchlein. Zum Selbstgebrauch für die Schülerinnen von Seline Strickler, frühere Inspektorin der zürcherischen Arbeitsschulen. Umgearb. durch Johanna Schärer, kantonale Arbeitsschulinspektorin ... . 5. Aufl. Mit 148 Figuren im Texte. (*Umschlag:* Auch in drei separaten Bändchen zu beziehen!) VI + 119 S. 8. Zürich, Schulthess & Co., 1901. [fr. 2. 20]

Strickler, Seline. Arbeitsschulbüchlein. Zum Selbstgebrauch für die Schülerinnen, von Seline Strickler, frühere Inspektorin der zürcherischen Arbeitschulen. Umgearb. durch Johanna Schärer, kantonale Arbeitschulinspektorin.... 6. Aufl. Mit 149 Figuren im Texte. (127 S.) 8. Zürich, Schulthess & Co., 1902. (br. fr. 2. 20, cart. fr. 2. 60)
(3 Teile; Teile 1—2:) S. 5—104; (Teil 3:) S. 97—119.

Strickler, Seline, Arbeitschulbüchlein. Zum Selbstgebrauch f. die Schülerinnen. Umgearb. durch Johanna Schärer. 3 Tle. gr. 8. Zürich, Schultheß & Co. 2. —; kart. 2. 40; in 1 Bd geh. 2. 20; kart. 2. 60
I. 7. Aufl. (S. 1—41 m. 150 Fig.) 905. — 60; kart. — 70. — II. 8. Aufl. (IV u. S. 41—112 m. 156 Fig.) 907. 1. —; kart. 1. 20. — III. 5. Aufl. (IV u. S. 93—119 m. 148 Fig.) 901. — 40; kart. — 50.

Strickler, Seline, Arbeitschulbüchlein. Zum Selbstgebrauch f. die Schülerinnen. Umgearb. durch Johanna Schärer. 1. u. 2. Tl. 8. Aufl. (IV, 112 S. m. 134 Fig.) gr. 8. Zürich 907. Schultheß & Co. 1. 60

— Bericht üb. Unterrichtswesen, s.: Wettstein, H.

Strickler, Seline, der weibliche Handarbeits-Unterricht. Ein Leitfaden für Arbeitslehrerinnen, Mitglieder von Schulbehörden u. Frauenkommissionen. Mit einem Begleitworte von A. Ph. Largiadèr. 1. u. 2. Hft. gr. 8. (VI, 112 u. IV, 82 S. m. eingedr. Holzschn. u. 1 Steintaf.) Zürich 881. Schultheß. à n. 1. 80

— der weibliche Handarbeits-Unterricht. Ein Leitfaden f. Arbeitslehrerinnen, Mitglieder v. Schulbehörden u. Frauenkommissionen. 3. Hft. enth.: 1. das Musterstricken, 2. das Formenstricken, 3. das Weißsticken, letzteres als Anh. Mit 111 Fig. im Text u. 2 lith. Taf. gr. 8. (IV, 159 S.) Zürich 884. Schultheß. n. 3. —
(1—3.: n. 6. 60)

Strickler, Seline. Der weibliche Handarbeits-Unterricht. (*Heft 1 u. 2:* Ein Leitfaden für Arbeitslehrerinnen, Mitglieder von Schulbehörden und Frauenkommissionen. Mit einem Begleitworte von A[nt[on] Ph[i-lipp] Largiadèr... .) 2. Aufl.
Heft 1: Mit 59 Figuren im Text und einer lithographirten Tafel. 2., vermehrte und verbesserte Aufl. IV + 120 S. Zürich, Friedrich Schulthess, 1887. (fr. 2 —)

Strickler, Seline, der weibliche Handarbeits-Unterricht. Ein Leitfaden f. Arbeitslehrerinnen, Mitglieder von Schulbehörden u. Frauenkommissionen. Mit e. Begleitworte v. A. Ph. Largiadèr. 2. Hft. Mit 58 Fig. im Text. 2., verb. Aufl. gr. 8. (IV, 82 S.) Zürich 889. Schultheß. n. 1. 80

— **der weibliche Handarbeits-Unterricht. 3. Heft, enth.: 1. Das Musterstricken,** 2. das Formenstricken, 3. das **Weißsticken. 2. Aufl.,** sorgfältig durchgesehen u. verm. unter **Mitwirkg. v. Johanna** Schärer. **Mit 120 Fig. u. 2 lith. Taf. (III, 168 S.) gr. 8. Ebd. 905. n. 3. —**

Strick- u. Stickmuster, kleine Leipziger, von Lehmann. Leipz. 811. 3ehl. schwarz 6 gr. color. 12 gr.

Strick- u. Nähmuster f. Frauenzimmer. Halle, Dreisig. 16 gr.

Strickmuster, neue elegante, zu Blumenguirlanden. Für Freundinnen künstl. Strickerei in Seide, Wolle u. Perlen. 3 Hefte. Pirna, Friese. 812. schwarz. color. (à 18 gr.)

— — dief. f. junge Frauenzimmer. 2 Hefte.
Auch unt. dem Titel:
Die elegante Strickerin. 24 Blätt. 8. Nürnb. Zeh. 812. (à 18 gr.)

Strickmuster, neue Leipziger, zur künstl. Modestrickerei rc. 2 Hefte. 4. Leipz. 810. Zehl. 1 ß color. 2 ß 8 ℛ

Strickmuster, neueste, (aus dem Geschenk f. Damen.) Bresl. Buchh. ldct. 812. Rtblr.

Strick-Musterstreifen, der, in der Schule od. Anleitg. zur Anfertigg. v. 100 leichten Strickdessins [Piqué- u. Löchle-System.] Von e. bad. Lehrfrau. 8. (39 S.) Freiburg i/Br. 874. Herder. — 30

Strick-Musterstreifen, der, in der Schule oder Anleitung zur Anfertigung von 100 leichten Strickdessins [Piqué- u. Löchle-System]. Von einer bad. Lehrfrau. 2., neu durchgeseh. Aufl. gr. 8. (44 S.) Freiburg i/Br. 877. Herder. n. — 30

— dasselbe. 3., neu durchgeseh. Aufl. gr. 8. (44 S.) Ebend. 879. n. — 35

— dasselbe. 4., neu durchgeseh. u. mit Mustern zu Strumpfrändern verm. Aufl. gr. 8. (IV, 52 S.) Ebend. 881. n. — 40

Strick-Musterstreifen, der, in der Schule, oder Anleitung zur Anfertigung von 100 leichten Strickdessins [Piqué- und Löchle-System]. Von einer badischen Lehrfrau. 5. neu durchgeseh. und mit Mustern zu Spitzen verm. Aufl. gr. 8. (IV, 60 S.) Freiburg i. Br. 885, Herder'sche Verlagsh. *

Strickmusterstreifen, der, in der Schule od. Anleitg. zur Anfertigg. v. 100 leichten Strickdessins (Piqué- u. Löchle-System), nebst Mustern zu Strumpfrändern u. Spitzen. Von e. bad. Lehrfrau. 6., neu durchgeseh. u. m. Abbildgn. verm. Aufl. 8. (IV, 64 S.) Freiburg i/Br. 889. Herder. n. — 50

Strick-Musterstreifen, Der, in der Schule oder Anleitung zur Anfertigung von hundert leichten Strickdessins (Piqué- und Löchle-System), nebst Mustern zu Strumpfrändern und Spitzen. Von einer badischen Lehrerin. 7. Aufl. Freiburg i. Br. 1894. V: *Kenner, Clara.* (EB)

Strickmusterstreifen, der, in der Schule od. Anleitg. zur Anfertigg. v. 100 leichten Strickdessins (Piqué- u. Löchle-System), nebst Mustern zu Strumpfrändern u. Spitzen. Von e. bad. Lehrfrau. 7., neu durchgeseh. Aufl. 8. (VIII, 65 S. m. 26 Abbildgn.) Freiburg i/B. 894. Herder. n. — 50; Einbd. n.n.n. 10

Strick-Musterstreifen, der, in der Schule u. seine praktische Verwertung zu verschiedenen Strickarbeiten, nebst e. Anleitg. zum Strumpfstricken u. Strumpfstopfen. Von e. bad. Lehrfrau. 8., neu durchgeseh. u. verm. Aufl. gr. 8. (VIII, 97 S. m. 69 Abbildgn.) Freiburg i/B. 902. Herder. n. — 70; geb. in Halbleinw. n.n. — 80

Stricknadeln, die,. Schsp. in 4 Akten v. Kotzebue. 8. Lpz. Kummer. 805.

Strickner, J., Bilder u. Blüthen. (Gedichte.) 8. (4 B.) Ingolstadt 830. (Regensburg, Manz.)

Strickrodt, Albin, a. Ostheim (Sachsen-Weimar-Eisenach): Beiträge zur Kenntnis der α-Thiooxybuttersäure. Braunschweig 1904: Vieweg und Sohn. (41 S.) 8°

Rostock, Phil. Fak., Ref. Michaelis, Diss. v. 15. Okt. 1904

[Geb. 18. Febr. 75 Ostheim i. S. Weimar; Wohnort: Ostheim; Staatsangeh.: Sachsen-Weimar; Vorbildung: Realgymn. Braunschweig Reife f. Obersekunda O. 92; Studium: Braunschweig T.H. 7, Rostock 2 S.; Rig. 24. Juni 04.]

Strickrodt, Ludw. Heinr. Carl, Widdekind und Edelinthe, oder Schwarzburg an der Schwarza und die Sorbenburg in Saalfeld. Trauerspiel in 7 Aufzügen. (In 13 Lfgn.) 1. Lfg. 8. (48 S.) Kahla 886, Beck. *

Strickrodt, Ludw. Heinr. Carl, Widdekind u. Edelinthe, od. Schwarzburg an der Schwarza u. die Sorbenburg in Saalfeld. Trauerspiel in 7 Aufzügen. (In 13 Lfgn.) 1. Lfg. 8. (48 S.) Kahla 886. Heyl. n. — 50

Neue praktische **Strickschule**. Vollständige Anleitung zum Erlernen des Strickens mit Strickmustern nebst genauer Beschreibung ihrer Ausführung. Leipzig: Druck und Verlag von Kramer & Co. [1879]
28 S. m. 27 Holzschn. 8°

Strickschule, neue praktische. Vollständige Anleitung zum Erlernen des Strickens mit einer Auswahl von Strickmustern, nebst genauer Beschreibung ihrer Ausführung. gr. 8. (28 S. mit eingedr. Fig.) Leipzig 879. Roßberg. — 60

von *Stricksner.* Ueber Corrections- und Arbeitshäuser. *Augsburg.* 1782

Strickstruck, Eduardus: Ludwig Camerarius, kurpfaelzischer geheimer Rath und Gesandter Schwedens im dreissigjaehrigen Kriege. Halis Saxonum 1879: Karras. 30 S. 8°

Halle-Wittenberg, Phil. Diss. v. 23. Dez. 1879

Geb. Mahlwinkel (Kr. Wolmirstedt) 29. 3. 1856. V.

Die vollst. Arbeit sollte in Halle b. Niemeyer erscheinen, was aber unterblieb

Strickstunden, oder faßlicher u. kurzer Unterricht im Stricken, m. 16 K. Halle, Dietlein. 809.

Stricturae Stricturarum in locos de theopneustia librorum sacrorum partes 1—5. Jenae 1784—88. V: *Griesbach, Joh. Jac.* (Winer)

Stricturae in Jo. Ge. Pertschii tractatum Vom Recht der Beichtstühle. Francofurti et Lipsiae 1739.

Stricturen, s. Strikturen.

Stridbeck, Johann

Stridbeck, J. (u. **Bodenehr, G.**) Curioses Staats- u. Kriegs-Theatrum dermahliger Begebenheiten in Bayern (39 Krtn., Pl. u. Ans. m. Text.) qu. fol. Augsburg. (1705.)

Stridbeck, J. (u. **Bodenehr, G.**) Curioses Staats- u. Kriegstheatrum dermahliger Begebenheiten in Franken, Schwaben, Bayern, Tyrol. (87 Krtn., Pl. u. Ans. m. Text.) qu. fol. Augsburg. (1705.)

Stridbeck, J. (u. **Bodenehr, G.**) Curioses Staats- u. Kriegs-Theatrum dermahliger Begebenheiten in Franckreich. (18 Krtn., Pl. u. Ans.) qu. fol. Augsburg (c. 1706).

Stridbeck, J. (u. **Bodenehr, G.**) Curioses Staats- und Kriegs-Theatrum dermahliger Begebenheiten in Lothringen, Elsas, untern Pfalz, am Mayn. (62 Krtn. Pl. u. Ans. m. Text) qu. fol. (Augsburg c. 1710.)

Stridbeck, J. (u. **Bodenehr, G.**) Curioses Staats- u. Kriegs Theatrum dermahliger Begebenheiten in Schwaben. (42 K., Pl. u. Ans. m. Text.) qu. fol. Augsburg (1705.)

Stridbeck, J. (u. **Bodenehr, G.**) Curioses Staats- u. Kriegs Theatrum dermahliger Begebenheiten im Tyrol. (32 Krtn; Pl. u. Ans. m. Text.) qu. fol. Augsburg. (1704.)

Stridbeck, Joh., jun., Des Heyligen Römischen Reichs generale Vorstellung nach 5 Haupttheil oder Länder ... J. Stridbeck Junr. f. et exc. Augspurg [1710?] (Br. Mus.)

Stribbe Proben einer Erklärung des Herodot. I., 26—33. 16 S.

Glogau, Ev., Progr. 1849

Strider, J., Festpredigten nebst einigen Gelegenheitspredigten. Nach dessen Tode herausg. von A. Buse. 2 Bde. Münster 859. Coppenrath. gr. 8. (XXVIII, 622 S.; IV, 554 S.) 1.: 1 Thlr 20 ngr.; 2.: 2 Thlr 15 ngr.

Strider, J., religiöse Vorträge, gehalten bei der päpstl. Jubelfeier zu Paderborn. gr. 8. (72 S.) Paderborn 847, Junfermann'sche Buchh.

Blnv. *

Stridl, Fr. Xav., Abhandlung üb. d. gerichtl. Schätzung. gr. 8. (1 B.) Brünn 837, Winiker.

Stridsberg, Karl, Diss. inaug. Examinis Notarum criticarum Houbigantii in Psalmos Spec. I. 4. Götting. 778. Dieterich. 2 gr.

STRIDTBECKH, Chr. (praes. Val. Alberti), Dissertatio academica de sagis, sive foeminis, commercium cum malo Spiritu habentibus, e christiana pneumatologia desumpta. Das ist: Von denen Zauberinnen und Hexen. C. tab. aen. Lipsiae 1716. 4⁰. Selten! (3 Mk., etwas wurmst., E. Geibel, Hannover, 1908.)

Frühere Ausgabe: Ibid. 1690. 4⁰. C. tab. aen. (3 Mk. H. Kerler, Ulm, 1886.)

Striebe, Fritz, Ratgeber in Gebühren- u. Stempelfragen bei den k. k. Bergbehörden Österreichs über sämtl. Eingaben (Gesuche), Protokolle u. Urkundenausfertigungen etc. in alphabet. Reihenfolge. (90 S.) kl. 8. Brüx 906. (A. Kunz.) 1.40

Striebe, Johann Paul (Leipzig) A.S.595/33

Disputatio inauguralis juridica sistens semidecadem casuum notabilorum in foro Saxonico electorali hactenus observatorum. Präs. Johann Philipp Streit. Erfurt (Grosch). 30.IV.1709. 16 Bl.

Gew.: Julius Heinrich Trutzschler. 33872

Striebeck. Mittheilungen aus dem Tagebuche eines Philhellenen (1828—29). Hrsg. von F. Landes. Hannover 1832. 8⁰.

Striebel, ..., Tagzeiten zur allerseel. Jungfrau Maria. 12. ... (Augsburg, Kollmann.) 1/2 Thlr

Striebel, Albert. Contribution à l'étude des condensations de l'éther cétipique avec les polyamines aromatiques. Diss. Sci. Fribourg en Suisse. 57 p. 8. Fribourg, Impr. de l'Œuvre de Saint-Paul, 1902.

Striebich, K. L., ein-, zwei- u. dreistimmige Uebungen u. Gesänge für die Schule. 3 Hefte. Mannheim 863. Schneider. 8. (22 S.; 16 S.; 28 S.) Jedes Heft n. 1 1/4 ngr.

Striebich, K. L., ein-, zwei- und dreistimmige Uebungen und Gesänge für die Schule. In 4 Heften. 2. Aufl. 8. Mannheim, [Straßburg]. Schneider's Verlag. *

Inhalt:

Heft 1. Leichte Uebungen und einstimmige Lieder. (24 S.) 869. * 20 Pf.
„ 2. Zweistimmige Uebungen und Lieder. (16 S.) 869. * 20 Pf.
„ 3. Ein- und zweistimmige Uebungen und Lieder. (36 S.) 871. * 25 Pf.
„ 4. Dreistimmige Uebungen und Lieder. (56 S.) 871. * 40 Pf.

Striebinger, Wilhelm, gepr. Rechtsprakt. a. Speyer: Der Begriff der Abnahme bei Kauf und Werkvertrag. München 1906: Th. Ackermann. (74 S.) 8° [J.]

Erlangen, Jur. Fak., Ref. Oertmann, Diss. v. 5. Okt. 1906

[Geb. 9. Dez. 77 Speyer; Wohnort: Speyer; Staatsangeh.: Bayern; Vorbildung: Gymn. Speyer Reife 96; Studium: München 4, Heidelberg 1, Berlin 1, München 4, Erlangen 2 S.; Rig. 26. Juni 06.]

Strieboll, E[rich]: Materialverhältnisse bei Balkenträgern und Bogenträgern mit Zugband. Theoretische Ableitung der Gewichtsformeln — besonders für letztere — und Vergleich. 1905. 59 S., 2 Taf. 8⁰

Darmstadt, Dr.-Ing.-Diss. v. 27. 8. 1906

Strieder, ..., Predigten u. Betracht. bei Eröffnung d. päpstl. Jubiläums im Dome zu Paderborn. gr. 8. Paderborn 827. Wesener. 6 gr.

Strieder, Friedrich Wilhelm

Strieder, Fr. Wlh., († d. 13. Oct. 1815.) Grundlage zu einer hess. Gelehrten- u. Schriftstellergeschichte seit d. Reformation bis auf gegenwärt. Zeiten. 1r—13r Bd. gr. 8. Cassel 780—806. (Luckhardt). 16r Bd. (herausgg. v. L. Wachler). gr. 8. Marb. 811. Krieger. 1 Thlr 12 gr. 17r Bd. herausgg. v. K. W. Justi. u. 18r Bd. ergänzende Biographie u. Register üb. das ganze Werk. gr. 8. Marb. 819. Garthe. 4 Thlr (Leipz., Barth).

Strieder, Fr. W.: Grundlage zu einer hessischen Gelehrten- und Schriftsteller-Geschichte. *Bd. 1—18. Cassel 1781—Marburg 1819.*

Strieder, Fr. Wilh., Grundlage zu e. hessischen Gelehrten- u. Schriftstellergeschichte s. d. Reformation bis auf gegenwärt. Zeiten. 1r—8r Bd. gr. 8. Cassel, Cramer. (Griesbach.) (auch Krieger in Marburg.) 780—88. (4 1 Rthlr.)

— — desselben 9r—15r Thl. gr. 8. Cassel, Griesbach. 794—804. (9r—13r à 1 Rthlr. 14r 15r à 1 Rthlr. 8 gr.)

Strieder, Friedrich Wilhelm. Grundlage zu einer hessischen Gelehrten- und Schriftstellergeschichte seit der Reformation bis auf gegenwärtige Zeiten. Cassel 1780—1819. H (Bd. 16): *Wachler, Joh. Frdr. Ludw.* (Ky)

Strieder, Friedrich Wilhelm, s. Grundlage zur Militärgeschichte d. Hess. Korps.

Monopolien (Ueber die). (Von F. W. Strieder.) 8⁰. Hannover, Helwing, 1780.

Strieder, Friedr. Wilh., die „Revolution der casselschen Bibliothek" in dem J. 1779. Nach seinem Tagebuche. Zur Feier des 25. Jahrestages der von dem Bibliothekar Dr. Joh. Heinr. Ch. Schubart am 4. Juli 1825 zu Marburg erlangten philosoph. Doctorwürde hrsg. von dessen Amtsgenossen Carl Bernhardi. gr. 8. (IV und 35 S.) Kassel 850, Bohné.

Strieder, Jacob, Dr.: Kritische Forschungen zur österreichischen Politik vom Aachener Frieden bis zum Beginne des siebenjährigen Krieges. Leipzig: Quelle & Meyer 1906. (VI, 101 S.) 8° [Leipziger historische Abhandlungen H. 2.]

Leipzig, Phil. Fak., Hab.-Schr. v. 9. Nov. 1906

Strieder, Jacob: Zur **Genesis** des modernen Kapitalismus. Forschungen zur Entstehung d. großen Kapitalvermögen am Ausgange d. Mittelalters u. zu Beginn d. Neuzeit, zunächst in Augsburg. T. 1. *Bonn 1903: (Pierer in Altenburg.)* (XIII, 30 S.) 8° ¶ (Erscheint vollst. bei Duncker & Humblot in Leipzig.)
Bonn, Phil. Diss. v. 30. Nov. 1903

Strieder, Jac., zur Genesis des modernen Kapitalismus. Forschungen zur Entstehg. der grossen bürgerl. Kapitalvermögen am Ausgange des Mittelalters u. zu Beginn der Neuzeit, zunächst in Augsburg. (XIV, 233 S.) gr. 8 Leipzig 904. Duncker & Humblot. n. 5. —

Die **Inventur** der Firma Fugger aus dem Jahre 1527. Eingeleitet u. hrsg von Jacob Strieder. Tübingen: H. Laupp 1905. (XII, 127 S.) 8°
= **Zeitschrift** f. d. gesamte Staatswissenschaft. Erg. H. 17.

Strieder, Josef, Referendar: Zwei Handelsgesellschaftsverträge aus dem 15. und 16. Jahrhundert, ihre Geschichte und ihr Recht. Ein Beitr. z. Entwickelungsgeschichte d. Gesellschaftsrechts. Gräfenhainichen 1908: Schulze. IX, 61 S. 8°
Leipzig, Jur. Diss. v. 12. Dez. 1908
[Geb. 25. Juli 81 Chemnitz; Wohnort: Halle a. S.; Staatsangeh.: Sachsen u. Preußen; Vorbildung: Gymn. Emmerich Reife O. 02; Studium: Bonn 1, Leipzig 2, Berlin 1, Halle 3 S.; Rig. 13. Jan. 06.] [U 09. 2702

Strieder, Wilh., der Schlacht- u. Viehhof in Karlsruhe, im Auftrage der Stadtgemeinde erbaut. Fol. (26 Taf. in Lichtdr. m. 5 S. Text.) Karlsruhe 890. A. Bielefeld's Hofbuchhandlg. In Mappe. n. 28. —

Striedinger, Ivo, s.: Festgabe, Karl Th. v. Heigel gewidmet.

Striedinger, Ivo: Der Kampf um Regensburg 1486–1492. (Aus: Verhandl. d. hist. Ver. v. Oberpfalz u. Regensburg Bd. 44.) Stadtamhof: Druck v. J. & K. Mayr (1890). 88 S. 8°
München, Phil. Fak., Inaug.-Diss. v. 1890.

Striedinger, Ivo, s.: **Künstlerhaus**, das, in München.

Striedler, A.: Fütterungsversuche mit Grünklee, s. Kühn, G.

Strieffler, Heinrich: Pfälzer Wein von der Rebe bis zum Glas. 12 Bilder nach dem Leben gezeichnet und beschrieben. Neustadt a. d. Haardt: Epp o. J. (um 19..) -- 107*

Striegau [Schlagwort]

Striegau, Kreis, s.: Breslau. Reg.-Bez. — Kreiskarten.

Striegau, Kreis, s.: Schweidnitz. Hansi, G.

Striegau. Drischel, H., Wandkarte des Kreises Striegau. 1:25,000. 4 Blatt à 59,5×58 cm. Farbdr. Kohlhöhe (907). (Striegau, R. Mitschke.) 7. —

— Plan der Stadt Striegau. 1:8000. 36×37,5 cm. Nebst Text. (4 S.) 8. Striegau (910). R. Mitschke. — 50

Striegel, Hans, Akkordalgesangsmethode nach transponierbaren Tabellen für Gymnasien, Real-, Präparanden-, Musikschulen, höhere Töchter- u. Volksschulen. (Lehrerausg.) (29 S. m. 1 Taf.) 8. Rosenheim 910. E. Bachmann. 1. —

Striegel, Hans: Die Gesangsmethode an den unteren Klassen der Bayerischen Mittelschulen (speziell Gymnasien) in der Reform. 44 S. 8 **Progr.** Kgl. hum. Gymn. *Rosenheim* 1910.

— Leitfaden zur Akkordalgesangslehre für die unteren Klassen höherer Schulen. 1. Tl. (Schülerausg.) (V, 38 S.) 8. Ebd. 910. — 70

Striegel, J. Dr. J. K. Wötzel's „Meiner Gattin wirkliche Erscheinung nach ihrem Tode", geprüft an verwandten Beispielen m. Bezug auf wissenschaftl. Lehren. Nebst e. Vorrede v. B. Cyriax. 16. (71 S.) Berl. 889, (Siegismund). — * 40

Striegel, J., zur Unsterblichkeitsfrage, üb. magnet. Kräfte u. Willensbestimmgn. im Wort. gr. 8. (VIII, 58 S.) Leipzig 890. Mutze. n. 1. —

Striegel, J., „wozu" dienen Vernunft-Anlagen im Hinblick auf d. Schluss von Fr. v. Hellwald's „Kulturgeschichte", u. Ed. v. Hartmann's „Philosophie des Unbewussten". Skizzen u. Phantasien zu e. Welterklärg. m. Bezug auf kirchl. Dogmen u. alte Symbole. gr. 8. (VII, 127 S.) Leipzig 896. W. Friedrich. n. 2. —

Striegel, K. H. Elias, (J. G. B. Kableis), der lahme Leiermann, von Gottl. Knorre; herausgg. ꝛc. Grätz 827.

(**Striegel,** Michael, aus Degerloch.) Das patriotische Maul. (Leipzig) 1849. 24 S. 8.

Striegel, M., das patriotische Maul, s. a. Maul, das patriot.

Striegler, Bernhard

Striegler, Bernh., turnerische Aufführungen. Hilfsbuch f. Vereinsturnwarte. Eine Sammlg. v. Turnübgn. zur Vorführg. bei gesell. Veranstaltgn. der Turnvereine. Zusammengestellt u. durchgängig praktisch erprobt. (63 S. m. 12 Abbildgn.) 8. Leipzig-R. (905). Gut Heil-Verlag. n. 1. 50

Striegler, Bernh., Bilderbuch zur Turnsprache, s. a. Volks-Turnbücher, deutsche. 42.—45. Heft.

Striegler, B.: Bilderbuch zur Turnsprache. Leipzig 1910. 134 S. m. Abb. (Deutsche Volks-Turnbücher. 42—45.)

— der Contre-Tanz u. die Quadrille à la cour. Beschreibung der beiden Reigentänze in deutscher Sprache f. Lehrer u. Lernende, sowie zum Selbstunterricht, allgemein verständlich dargeboten. (16 S. m. 4 Abbildgn.) kl. 8. Ebd. (905.) n. — 30

Striegler, Bernh., 30 Freiübungsgruppen f. Schauturnen, s. a. Volks-Turnbücher, deutsche. 25. 26.

Striegler, B.: 30 Freiübungsgruppen für Schauturnen. Leipzig 1902. 72 S. (Deutsche Volks-Turnbücher. 25—26.)

— unsre blauen Jungen! Turnerische Aufführungen in Form e. Marine-Festspieles. Mit 8 Taf. nach Zeichngn. v. Max Burger. (12 S.) 8. Ebd. (906). n. 1. 20

— 40 Knabenturnstunden. Hilfsbuch f. Turnlehrer u. Turnwarte zur Leitg. des Knabenturnens in Schule u. Verein. Ausgearb. u. erläuterter Lehrplan, in 5 aufsteig. Jahresstufen dargeboten. (VII, 83 S.) 8. Leipzig (907). Gut Heil-Verlag. 1. 20

— 40 Mädchenturnstunden. Hilfsbuch f. Turnlehrer, Turnlehrerinnen, Frauenturnwarte u. Vorturnerinnen zur Leitg. des Mädchen- u. Frauenturnens in Schule u. Verein. Ausgearb. u. erläuterter Lehrplan, in 5 aufsteig. Jahresstufen dargeboten. (VIII, 92 S.) 8. Ebd. 907. 1. 20

— 50 **Marmorgruppen nach antiken u. neuzeitl. Bildwerken nebst neuen plastischen turner. Stellungen. Gesammelt u. prakt. auf ihre Wirksamkeit erprobt. (18 Bl. m. Text auf d. Umschl.) qu. 16. (905.) n. 1.** —

— 60 Marmorgruppen nach antiken u. neuzeitl. Vorbildern. Gesammelt u. erprobt. 2. Aufl. (23 Taf.) 12,5×19 cm. Ebd. (907). In Umschlag 1.50

Striegler, B.: 100 Pyramiden. Leipzig um 1904. 100 Bl.

Striegler, Bernhard, Leipzig, 8°. 5 Bde.
H. 1: 20 Pyramiden ohne Gerät.
H. 2: 20 Leiterpyramiden.
H. 3: 20 Stuhlpyramiden.
H. 4: 20 Pyramiden am Bock u. am Pferd.
H. 5: 20 — m. e. Ständer, ohne u. mit aufgelegter Wippe, am Barren, an d. Ringen u. am Tisch.

— **100 Pyramiden. Zusammengestellt u. durchgängig auf ihre leichte Ausführbarkeit u. ihre Wirksamkeit erprobt. 2. verb. Aufl. (100 Bl.) qu. 8. Ebd. (906).** In Mappe n. 2.50

— **Reigen f. Turner u. Turnerinnen zur Vorführung bei Schauturnen und bei turnerischen Festlichkeiten. Zusammengestellt u. auf ihre Wirksamkeit erprobt. (64 S.) 8. Ebd. (905).** n. 1.50

— Reigen u. Reigentänze f. Turner u. f. Turnerinnen zur Vorführung bei Schauturnen u. bei turnerischen Festlichkeiten. 2. verm. u. verb. Aufl. (IV, 76 S. m. 26 Abbildgn.) 8. Ebd. 908. 2.—

Striegler, B.: Das deutsche Turnen in seinem ganzen Umfange. Leipzig 1904. 208 S. m. Abb. (Reclams Univ.-Bibl. 4654/55.)

— das deutsche Turnen, s. Universal-Bibliothek.

— u. Wilh. **Lorenz**, Uebungen f. das Trocken-Schwimmen. Anh.: Uebungen an der Angel im Wasser. Winke. Bearb. im Auftrage des Schulausschusses der Stadt Leipzig. (12 autogr. S. m. Abbildgn.) schm. 8. Leipzig (904). (P. Eberhardt.) n. — 30

— u. Wilh. **Lorenz**, Übungen f. d. Trocken-Schwimmen. Anh.: Übungen an der Angel im Wasser. Winke. Bearb. im Auftrage des Schulausschusses der Stadt Leipzig. 2. verb. Aufl. (12 autogr. S. m. Abbildgn.) Ebd. 907. — 30

Striegler, Geo.

— Die Kaiserproklamation, s.: Unterscheid, Herm.

Striegler, Geo., Bismarcks letzter Traum, s.: Unbescheid, Herm.

— Graf Zeppelin, s.: Unbescheid, Herm.

Striegler, Hans, Mariann Tobisch. Volksstück in 4 Akten u. 1 Zwischenakt. 8. (74 S.) Dresden 901. E. Pierson. n. 1.50

Striegler, Kurt, a. Grimma: Optisch aktive und inaktive semicyklische 1,5-Diketone. Rosswein i. S. 1905: A. Haubold. (117 S.) 8°
Leipzig, Phil. Fak., Ref. Hantzsch u. Beckmann, Diss. v. 3. Aug. 1905
[Geb. 7. März 79 Grimma; Wohnort: Grimma; Staatsangeh.: Sachsen; Vorbildung: Realschule Grimma Reife O. 95; Chem.-techn. Abt. der höh. Gewerbeschule Chemnitz Reife M. 98; Studium: Leipzig 7 S.; Rig. 19. Mai 05.]

Striegler, Max: Ueber die Melanurensäure ... Leipzig: Druck v. Metzger u. Wittig 1885. (sic!). 22, 1 S. 8°
Leipzig, Phil. Fak., Inaug.-Diss. v. 12. Jul. 1886.

Striegler, Max, über die Melanurensäure. Diss. Leipzig 1886, Gustav Fock. 8°. 22 S.

Striegler, Onuphrius Polykarpus (Pseud.): Episteln über die kritische Pertrurbation des heutigen Arztenthums. 154 S., gbd., Abb.

(Nürnberg: Grattenauer) 1786

JB 5.558

Striegler, Richard Max, Referendar in Dresden: Das gesetzliche Vorkaufsrecht der Miterben nach dem Bürgerlichen Gesetzbuche. Borna-Leipzig 1908: R. Noske. (VII, 50 S.) 8° [F.]
Leipzig, Jur. Fak., Diss. v. 11. April 1908
[Geb. 30. April 80 Glauchau; Wohnort: Dresden; Staatsangeh.: Sachsen; Vorbildung: Fürsten- u. Landesschule St. Afra Meißen Reife O. 99; Studium: Leipzig 4, Heidelberg 1, Leipzig 3 S.; Rig. 17. Febr. 04.]

Striem, Jacques: Die Wirkungen der Ehescheidung nach dem Bürgerlichen Gesetzbuch. Berlin [1909]: Lichtwitz. 49 S. 8°
Heidelberg, Jur. Diss. v. 19. Jan. 1909, Ref. Bekker
[Geb. 6. Aug. 81 Chemnitz; Wohnort: Berlin; Staatsangeh.: Sachsen; Vorbildung: Gymn. Chemnitz; Studium: Berlin 1, Leipzig 2, Berlin 2, Leipzig 2, Berlin 1 S.; Rig. 27. Mai 08.] [U 09. 1921

Striemer, Albert

Striemer, Alb. Anleitung zur Anfertigung der wissenschaftl. Arbeit f. die erste jurist. Prüfg. in Preußen. 8. (V, 56 S.) Berl. 892, H. W. Müller. 1 20

[F.] Anleitung zur Anfertigung der wissenschaftlichen Arbeit für die erste juristische Prüfung in Preussen v. Albert Striemer, Rechtsanw. in Königsberg in Pr. 2., verm. Aufl. *Berlin: H. W. Müller 1896.* (IV S., 1 Bl., 65 S.) 1 Bd 8. [96 6811

Striemer, Alb., Anleitung zur Anfertigung der wissenschaftlichen Arbeit f. die erste juristische Prüfung in Preußen. 3., verm. Aufl. 8. (VI, 73 S.) Berlin 901. H. W. Müller. n. 1.60

Striemer, Alb., Anleitung zur Anfertigung d. schriftlichen Arbeiten f. d. Referendariatsexamen. 4., stark verm. Aufl. (VIII, 120 S.) 8. Berlin 908. H. W. Müller. 2.40

Strien, G[ustav]: Der Französische Anfangsunterricht. Ein Begleitwort zu d. Elementarb. d. franz. Sprache. Halle a. S.: E. Strien 1898. (14 S.) 8° [Umschlagt.]

Der Französische Anfangsunterricht. Ein Begleitwort zu d. Elementarbuch d. franz. Sprache von G(ustav) **Strien**, Dir. zu Halle a/S. [2. Aufl.] *Halle a. S.: E. Strien 1903* (14 S.) 8° [Umschlagt. F.] [03 1473 : 3

Strien, Gustav [Prof. Dr., Oberl.]: Der französische Anfangsunterricht am Gymnasium nach den preussischen Lehrplänen. (E. Begleitwort zu d. „Elementarbuch d. französ. Sprache, Ausg. B: f. Gymnasien u. Realgymnasien".) Dessau, Druck v. L. Reiter, Herzogl. Hofbuchdr., 1893; 1 Bl., 15 S. 4.
Dessau, herz. Friedrichs-G, OP 1893 (678)

[F.] **Strien**, Gustav (*Adolf*) [Dir. Prof. Dr.]: *Bericht über seine Einführung als Direktor der Anstalt.* Halle a. S., Druck d. Buchdr. d. Waisenhauses, 1894; 10—11 S. 4.
Halle a. S., RG u. R d. Franckeschen Stiftungen, OP 1894 (265)

Strien, G[ustav], Prof. Dr., Dir.: [**Bericht** über die Feier der Anstalt bei Gelegenheit der 200jährigen Jubelfeier der Franckeschen Stiftungen.] *Halle a. S. 1899: Waisenhaus.* (S. 17—22.) 4°
Halle a. S., RG u. OR d. Franckeschen Stiftungen, OP 1899 (275)

Strien, G., choix de poésies françaises à l'usage des écoles secondaires. 8. (VI, 57 S.) Halle 884. Strien. cart. n. 1.—

Strien, G., Choix de poésies françaises à l'usage des écoles secondaires. 2. éd., revue. gr. 8. (IV, 56 S.) Halle 900. E. Strien. Geb. in Leinw. n. 1. —

Strien, G., Choix de poésies françaises à l'usage des écoles secondaires. 3. éd. (conforme à la 2. éd.) (IV, 56 S.) 8. Halle 907. [E. Strien.] Meissen, H. W. Schlimpert. Geb. in Leinw. 1. —

Strien, G. Elementarbuch der französischen Sprache. Ausg. A. Für lateinlose Schulen. 1. u. 2. Aufl. gr. 8. (IV, 98 S.) Halle 890,92, Strien. geb. * 1 —

—— dass. — Ausg. B. Für Gymnasien u. Realgymnasien. gr. 8. (IV, 113 S.) Ebd. 892. geb. * 1 20

Strien, G., Elementarbuch der französischen Sprache. Ausg. A: Für lateinlose Schulen. 7. Aufl. gr. 8. (IV, 104 S.) Halle 895. E. Strien. Geb. in Leinw. n. 1. —

— dasselbe. Ausg. B.: Für Gymnasien u. Realgymnasien. 2., unveränd. Aufl. (M. e. Anh.) gr. 8. (IV, 120 S.) Ebd. 895. Geb. in Leinw. n. 1. 20

[Umschlagt.:][F.] Ergänzungsheft zum Elementarbuch der Französischen Sprache v. Prof. Dr. G[ustav] Strien, Dir. . . . zu Halle a. S. *Halle a. S.: E. Strien 1897.* (34 S.) 1 Bd 8. 97. 763

Strien, G., Elementarbuch d. franz. Sprache. Ausg. A.: Für lateinlose Schulen. 10., unveränd. Aufl. (18.—22. Taus.) gr. 8. (IV, 104 S.) Halle 899. E. Strien. Geb. in Leinw. n. 1. —

— **dasselbe. Ausg. B: Für Realgymnasien. 3. Aufl. (IV, 120 S.) gr. 8. Ebd. 904. Geb. in Leinw. 1. 20**

— **Elementarbuch der französischen Sprache. Ausg. A.: Für lateinlose Schulen. 13. unveränd. Aufl. (33. bis 37. Taus.) (IV, 104 S.) 8. Ebd. 905.** Geb. in Leinw. n. 1. —

— **Elementarbuch der französischen Sprache. Ausg. A: Für lateinlose Schulen. 14. unveränd. Aufl. (38. bis 45. Taus.) (IV, 104 S.) 8. Ebd. 908. Geb. 1.—; erh. Pr. 1.10; Ergänzungsheft, 2. Aufl. (34 S.) —35; erh. Pr. — 38**

— **dasselbe, Hilfsbuch, s.: Röhrs, W.**

[F.] Lehrbuch der Französischen Sprache v. Dr. G[ust.] Strien, Oberl. . . . zu Dessau. Tl 1, Ausg. [A.] B. u. III. *Halle: E. Strien 1891—96.* 4 Bde 8.
I. [Ausg. A.: F. lateinlose Schulen.] 1891. (VI, 148 S.)
Ausg. B.: F. Gymnasien u. Realgymnasien. 1894. (VII, 126 S.)
II. 1895. (VII, 144 S.)
III. '(Z. Satzlehre.)' 1896. (VIII, 141 S.) [98. 7877

— Lehrbuch der französischen Sprache. 1. Tl. Ausg. A: Für lateinlose Schulen. 3. Aufl. gr. 8. (VIII, 148 S.) Ebd. 895. Geb. in Leinw. n. 1. 40

— dasselbe. 1. Tl. Ausg. B.: Für Gymnasien u. Realgymnasien. gr. 8. (VII, 126 S.) Ebd. 895. Geb. in Leinw. n. 1. 20

— dasselbe. Wörter-Verzeichnis z. 3. Tl. gr. 8. (67 S.) Ebd. 897. n. — 50

— dasselbe. 1. Tl. Ausg. A.: Für lateinlose Schulen. 4., unveränd. Aufl. gr. 8. (VII, 147 S.) Ebd. 898. Geb. in Leinw. n. 1. 40

— dasselbe. I. Tl. Ausg. B.: Für Gymnasien u. Realgymnasien. 2., unveränd. Aufl. gr. 8. (VII, 126 S.) Ebd. 898. Geb. in Leinw. n. 1. 20

— dasselbe. 2. Tl. Ausg. B.: Für Gymnasien u. Realgymnasien. gr. 8. (VIII, 206 S.) Ebd. 898. Geb. in Leinw. n. 2. —

— Lehrbuch d. französischen Sprache. 1. u. 2. Tl. Ausg. A.: Für lateinlose Schulen. gr. 8. Ebd. Geb. in Leinw. à n. 1.40
1. 5., nach den Lehrplänen v. 1901 bearb. Aufl. (VII, 142 S.) 902.
2. 2., veränd. Aufl. (VI, 128 S.) 900.

— **Lehrbuch der französischen Sprache. 1.—3. Tl. Ausg. A.: Für lateinlose Schulen. 8. Halle, E. Strien.** Geb. in Leinw. n. 4. 70
1. 6. Aufl. (Gleichlautend m. der 5., nach den Lehrplänen v. 1901 bearb. Aufl.) (VII, 147 S.) 904. Geb. n. 1. 40
2. 3., nach den Lehrplänen v. 1901 bearb. Aufl. (VII, 116 S.) 904. Geb. n. 1. 40
3. nach den Lehrplänen von 1901 bearb. Aufl. (VIII, 158 S.) 903. Geb. n. 1. 90

— **dasselbe. Ausg. B: Für Realgymnasien. I. u. II. Tl. 8. Ebd. 905.** Geb. in Leinw. n. 3. 40
1. 3. Aufl. (VII, 152 S.) Geb. n. 1. 40
2. 2. Aufl. (VIII, 192 S.) Geb. n. 2. —

— **Lehrbuch der französischen Sprache. 2 Tle. Ausg. A.: Für lateinlose Schulen. 8. Ebd. Geb. in Leinw. à 1.40; erh. Pr. à 1.50**
I. 7. Aufl. (Gleichlautend m. der 5. u. 6., nach d. Lehrplänen von 1901 bearb. Aufl.) (VII, 147 S.) 907.
II. 4. Aufl. (Gleichlautend m. der 3., nach den Lehrplänen von 1901 bearb. Aufl.) (VII, 116 S.) 908.

— französisches Lesebuch für Gymnasien nach den Lehrplänen vom J. 1901. 1. Tl. Für Quarta u. Untertertia. gr. 8. (VIII, 193 S.) Ebd. 902. Geb. in Leinw. n. 2. —

— **französisches Lesebuch f. Gymnasien nach den Lehrplänen vom J. 1901. II. Tl. Für Obertertia u. Sekunda. (VIII, 171 S.) gr. 8. Ebd. 903.** Geb. in Leinw. n. 2. —

— Livre du maître. I u. II. gr. 8. Ebd. 897. à n.n.n. 2. —
I. Französ. Uebersetzg. d. deutschen Uebungsstücke in d. Elementarbuch u. Lehrbuch I d. französ. Sprache v. Str. (53 S.)
II. Französ. Uebersetzg. d. deutschen Uebungsstücke in d. Lehrbuch II u. III d. französ. Sprache v. Str. (68 S.)
Wird nur direkt an Lehrer geliefert.

Strien, G[ustavus]: • Observationes in primi Psalmorum libri versionem Alexandrinam. 24 Bl. 4° (2°)
Halle-Wittenberg, Phil. Diss. v. 18. Juli 1871
Geb. [Hettstedt (Gebirgskr. Mansfeld) 17. 3. 1845]

— Schulgrammatik der französischen Sprache. 1. Abtlg.: Laut u. Formenlehre. Ausg. A: Für lateinlose Schulen. gr. 8. (78 S.) Ebd. 894. n. — 75

— dasselbe. 2. Abtlg.: Satzlehre. Ausg. A.: Für lateinlose Schulen. gr. 8. (VIII u. S. 81—156.) Ebd. 896. n. — 75

— dasselbe. 1. Abtlg.: Laut- u. Formenlehre. Ausg. B: Für Gymnasien u. Realgymnasien. gr. 8. (74 S.) Ebd. 894. n. — 75

— dasselbe. Ausg. B.: Für Gymnasien u. Realgymnasien. gr. 8. (VIII u. S. 75—139.) Ebd. 895. n. — 60 kplt.: n. 1. 35; in 1 Leinw.-Bd. n. 1. 60)

— Schulgrammatik der französ. Sprache. Ausg. A.: Für lateinlose Schulen. 2. Aufl. gr. 8. (VIII, 156 S.) Ebd. 897. Geb. in Leinw. n. 1. 80

Schulgrammatik der Französischen Sprache von G[ustav] **Strien**, Dir. zu Halle a. S. Ausg. A: Für lateinlose Schulen. 3. Aufl. *Halle a. S.: E. Strien 1903.* (VIII, 156 S.) 8° [F.] [03. 1771 3

— **Schulgrammatik der französischen Sprache. Ausg. A: Für lateinlose Schulen. 4. Aufl.** (Gleichlautend m. der 3. Aufl.) (VIII, 156 S.) 8. Ebd. 906.
Geb. in Leinw. n. 1. 80

— **Schulgrammatik d. französischen Sprache. Ausg. B.: Für Gymnasien u. Realgymnasien. 3. Aufl.** (VIII, 139 S.) 8. Meissen: H. W. Schlimpert 1906.
Auch die übrigen Strien'schen Schulbücher aus E. Strien's Verlag sind an obige Firma übergegangen.

— die unregelmäßigen französischen Zeitwörter, nebst e. Abriß der französ. Syntax. 8. (III, 34 S.) Ebend. 883.

— die unregelmäßigen französischen Zeitwörter, nebst e. Abriß der französ. Syntax. 2. Aufl. gr. 8. (IV, 35 S.) Ebd. 889. n. — 50

— die unregelmäßigen französischen Zeitwörter, nebst e. Abriß der französ. Syntax. 3. Aufl. gr. 8. (IV, 35 S.) Ebd. 894. n. — 50

— die unregelmäßigen französischen Zeitwörter, nebst e. Abriß der franz. Syntax. 4. Aufl. gr. 8. (IV, 35 S.) Ebd. 899. n. — 50

— die unregelmäßigen französischen Zeitwörter nebst e. Abriß der französischen Syntax. 5. Aufl. (IV, 35 S.) 8. Ebd. 907. n. — 50

Die Rudelsburg. Zum 57. Stiftungsfest d. Vereins jüngerer Buchhändler zu Halle a. S. [Verf.: Kurt **Strion**.] Mit Lichtdrucktaf. *Halle a. S. 1901: (Waisenhaus).* (11 S.) 8° [01. 9844 3

Striese. Ein lustiges Theaterbuch. (Humorist. Theater-Zeitschrift.) Jg. 1. Bd 1–4. [Nebst] Beigabe H. 1–4. [Mehr nicht erschienen.] *Charlottenburg: M. Simson 18[98–]99.* 8 Bde 8° [F.]
(1.) 2. [1898.] 3. [1899.] 4. (Gesindeballnummer.) 1899.
Beigabe = Bibliothek moderner Einakter. H. 1–4.
1 = Linsemann, Paul: Nach Hause. [1898.]
2 = Mannstädt, W[ilh.]: Ein reizendes Füsschen. [1898.]
3 = Gensichen, Otto Franz: Lydia. [1899.]
4 = Manuel, E.: Kein Recht. (1899.) [03. 3859

Striese. Ein lust. Theaterbuch. 1.—3. Bd. gr. 8. Charlottenburg 898. M. Simson. à n. 2. —
1. Mitarbeiter: Osc. Blumenthal. Jacques Burg. Paul Linsemann u. a. Nebst Beigabe: Bibliothek moderner Einakter. 1. Hft. Nach Hause. Plauderei in 1 Akt v. Paul Linsemann. (102 u. 18 S.)
2. Mitarbeiter: Karl Bleibtreu. Gust. Conradi. Konr. Dreher u. a. Nebst Beigabe: Bibliothek mod. Einakter. 2. Hft. Ein reizendes Füßchen. Schwank in 1 Akt nach d. Französ. v. W. Mannstaedt. (110 u. 40 S.)
3. Mitarbeiter: Osc. Blumenthal. A. Borée. Falstaff u. a. Nebst Beigabe: Bibliothek mod. Einakter. 3. Hft. Lydia. Einaktige Plauderei v. Otto Frz. Gensichen. (106 u. 43 S.)

Striese. Ein lust. Theaterbuch. Humoristische Theater-Zeitschrift. 1. Jahrg. 4. (Schluß-)Bd. gr. 8. Charlottenburg, M. Simson. n. 2. —
Nebst Bibliothek moderner Einakter. 4. Hft. Kein Recht. Komödie in e. Aufzuge v. E. Manuel. (116 u. 27 S. m. Bildn.) 899.

Strieth, J., die katholischen Wohltätigkeitsanstalten u. -Vereine, sowie das katholisch-soziale Vereinsleben in der Diözese Limburg, s.: Charitas-Schriften. 11. Heft.

Strietholt, Eugen [aus Münster i. W.]: Ueber die Resection der Urethra ... Münster i. W., Druck d. Aschendorff'schen Buchh., 1892; 31 S. 8.
Bonn, Med. Fak., Inaug.-Diss. v. [26.] Febr. 1892.

Striethorst, Theodor

Striethorst, Th., Rechtsgrundsätze der neuesten Entscheidungen des königl. Ober-Tribunals, s. Rechtsgrundsätze.

Striethorst, Thdr., Rechtsgrundsätze der neuesten Entscheidungen des Königl. Ober-Tribunals. Geordnet nach dem Systeme der Gesetzbücher u. herausg. 2 Bde. Berlin 855, 58. Guttentag. 8. (VI, 581; VI, 628 S.) n. 5 Thlr.
1. Bd.: 853. (VI, 190 S.) n. 20 ngr. — 2. Ausg. 855. n. 2 Thlr. 10 ngr.; 2. Bd.: n. 2 Thlr. 20 ngr.

Striethorst, Thdr., Rechtsgrundsätze der neuesten Entscheidungen des königl. Ober-Tribunals. Geordnet nach dem Systeme der Gesetzbücher. 3. u. 4. Bd. Berlin 862, 65. Guttentag. 8. (VI, 761 S.; VI, 610 S.) 3.: n. 3 Thlr 6 ngr.; 4.: n. 2 Thlr 24 ngr.

Striethorst, Thdr., Rechtsgrundsätze der neusten Entscheidungen des königl. Ober-Tribunals. Geordnet nach dem Systeme der Gesetzbücher. 5. u. 6. Bd. Berlin, Guttentag. 8. [5. Bd. (VI, 654 S.) 868. n. 2 Thlr 28 ngr., 6. Bd. (III, 400 S.) 869. n. 1 Thlr 22 ngr.] n. 4 Thlr 20 ngr.

Striethorst, Thdr., Rechtsgrundsätze der neuesten Entscheidungen des königl. Ober-Tribunals. Geordnet nach dem Systeme der Gesetzbücher. 6. Bd. 8. (III, 400 S.) Berlin 870, Guttentag. *
1.—5. Bd. Ebendas. 1855—68. *M 41,80.

Striethorst, Thdr., Rechtsgrundsätze der neusten Entscheidungen des königl. Ober-Tribunals. Geordnet nach dem Systeme der Gesetzbücher u. hrsg. 7. Bd. gr. 8. (III, 604 S.) Berlin 877. Guttentag. n. 11. — (1—7.: n. 58. —)

Striethorst, Thoedor (Hrsg.), s. Wochenschrift, Juristische, f. d. preuß. Staaten.

Strif, Ant., der wohlberathene Gewerbsmann, od. Anleit. f. jeden in der Feder weniger geübten Handwerker, sich in allen Fällen schriftl. Mittheilung geschickt auszudrücken u. in allen Geschäftsangelegenheiten sich Raths zu erholen. 8. (11 B.) Stuttgart 838, [Liesching u. Comp.]

Strigel, Anton: Die Fischereipolitik der Bodenseeorte in älterer Zeit mit besondrer Rücksicht auf Überlingen. Frauenfeld 1910: Huber. 62 S. 4°(8°) ¶(Aus: Schriften d. Ver. f. Gesch. d. Bodensees. H. 39.)
Freiburg i. B., Phil. Diss. v. 1910, Ref. v. Below
[Geb. 16. Jan. 86 Luttingen; Wohnort: Freiburg i. B.; Staatsangeh.: Baden; Vorbildung: Berthold-Gymn. Freiburg Reife Juli 06; Studium: Freiburg i. B. 5, München 1, Freiburg i. B. 4 S.; Rig. 15. Juli 10.] [U 11. 1131

Die chemische Industrie, unter besond. Berücks. d. deutschen chem. Industrie von Dr. Arthur **Strigel**. Mit 2 Abb. Berlin: S. Simon [1906]. (87 S.) 8° [F.]
= **Handel**, Industrie u. Verkehr in Einzeldarstellungen. Bd 6. [08. 1634

Strigol, Arthur, aus Wien: Über die **Produkte** der Kondensation des Methyl-Äthylketons mit Bernsteinsäurediäthylester unter dem Einfluss von Natriumäthylat. *Leipzig: Metzger & Wittig 1900.* (52 S.) 8°
Leipzig, Phil. Diss. v. [28. Apr.] 1900

Strigel, Frid. Guil., de necrosi ossium. Dissert. inaug. med. 8maj. (1¾ B.) Lipsiae 837, T. O. Weigel. •

Strigel, J., die Reformbedürfnisse der Zeit u. der Geist u. seine Wunder, m. Bezugnahme auf die Schriften d. amerikan. Sehers Andrew Jackson Davis. 8. (IV, 263 S.) Leipzig 884. Rud. Besser. n. 4. —

Strigl, Adolf Ritter von

Strigl, A. Ritter v., statistische Notizen f. Österreich. Zum Gebrauche f. Jedermann zusammengestellt. 16. (VI, 22 S.) Wien 887. Manz. n. — 40

— dasselbe. 2. Jahrg. 12. (VI, 23 S.) Ebd. 888. n. — 50

Die österreichischen Staatsbahnen seit dem Bestande des Eisenbahnministeriums 1896–1908. Über Ermächtigung d. k.k. Eisenbahnministeriums bearb. von Dr. Adolf R[r] v. **Strigl**, Hofrat. Wien: K.k. Hof- u. Staatsdr. 1910. VI, 107 S. 4°(8°) III. 393

—— allgemeiner und **Vertrags-Zolltarif** für das österreichisch-ungarische Zollgebiet nach der Gestaltung durch das Gesetz vom 21. Mai 1887, nebst der Durchführungsvorschrift zu demselben und einem alphabet. Verzeichniß sämmtl. im Zolltarife benannter Waaren, sowie einem Anhang, enth. eine Anleitung zur Verfassung von Waaren-Erklärungen, Vorschriften über die Zollbehandlung von Maschinen und Apparaten, über die zollfreie Behandlung von Jutesäcken und die Ein-, Aus- und Durchfuhr von Tabak, Salz, Waffen, Giften ꝛc., zusammengestellt. Giltig vom 1. Juni 1887. 8. (III, 210 S.) Ebendas. 887. geb. *

—— dass. — nebst der Durchführungsvorschrift zu demselben und einem alphabet. Verzeichniß sämmtl. im Zolltarife benannter Waaren, ferner einem Nachtrage, enth. die mit Rücksicht auf den Handelsvertrag mit Italien vom 7. Decbr. 1887 in Anwendung kommenden Vertragszölle, zusammengestellt. Giltig vom 1. Jänner 1888. 2. Ausg. 8. (III, 210 S., Nachtrag 23 S.) Ebendas. 888. geb. *

Strigl, Adf. Ritter v., die **Vertragszölle** Oesterreich-Ungarns. Nachtrag zum allgemeinen und Vertrags-Zolltarif für das österreichisch-ungar. Zollgebiet nach der Gestaltung vom 21. Mai 1887. Giltig vom 1. Jänner 1888. 8. (23 S.) Wien 888, Manz'sche Hof-Verlags- und Universitäts-Buchh. *

— allgemeiner u. **Vertrags-Zolltarif** vom 25. Mai 1882 f. das österreichisch-ungarische Zollgebiet nach der Gestaltg. durch das Gesetz vom 21. Mai 1887, nebst der Durchführungsvorschrift zu demselben u. e. alphabet. Verzeichniß sämmtl. im Zolltarife benannten Waaren, ferner e. Nachtrage, enth. die m. Rücksicht auf die Handelsverträge m. Italien vom 7. Decbr. 1887 u. der Schweiz vom 23. Novbr. 1888 in Anwendg. komm. Vertragszölle, zusammengestellt von A. R. v. Str. Giltig vom 1. Jänner 1889. 3. Ausg. 8. (III, 210 u. Nachtrag 30 S.) Ebd. 889. geb. n. 2. —

— die **Vertragszölle** Oesterreich-Ungarns. Zugleich e. Nachtrag zum allgemeinen u. Vertrags-Zolltarif vom 25. Mai 1882 f. das österreichisch-ungar. Zollgebiet nach der Gestaltg. vom 21. Mai 1887. Giltig vom 1. Jänner 1889. 8. (30 S.) Ebd. 889. n. — 40

Strigl, Dr. Adolf Ritter von, Die Waaren des Welthandels. Vortrag, gehalten am 21. Januar 1894 im Wiener Volksbildungs-Vereine. Gr.-8. (16 S.) —.20
Wien: Manz 1894.

—— Der allgemeine **Zolltarif** f. das österreich.-ungar. Zollgebiet vom 25. Mai 1882, abgeändert durch das Gesetz vom 21. Mai 1887, ergänzt durch die in den Handelsverträgen m. dem Deutschen Reiche, Italien u. Belgien vom 6. Decbr. 1891 u. dem Handelsvertrage m. der Schweiz vom 10. Decbr. 1891 vereinbarten vertragsmäß. Zollsätze, sammt dem Einführungsgesetze u. der Durchführungsvorschrift zu demselben u. e. alphabet. Verzeichniß sämmtl. im Zolltarife benannter Waaren, sowie e. Anh., enth. e. Anleitg. zur Verfassg. v. Waaren-Erklärgn. u. andere das Zollverfahren betr. Vorschriften. Für den prakt. Gebrauch eingerichtet. Giltig vom 1. Febr. 1892. 12. (276 S.) Ebd. 892. geb. * 2.40

Strigl, Hans (Hrsg.), s. A b r a h a m a Santa Clara: Werke

STRIGL, Hans

Stenographisches Fremdwörterbuch der Handelssprache. Enthaltend die hauptsächlichsten Fremdwörter der Handelssprache in gekürzter und ungekürzter Schrift. Supplement zu jedem Lehrbuche der Gabelsberger'schen Stenographie. Von Hans Strigl. Wien. 1899. Leopold Weiss. Gr.-8°. IV, 99 S. fl. —.80

— **Lesebuch** zur Einübung der englischen Stenographie (System Gabelsberger-Richter). Hrsg. m. Unterstützg. des k. k. ö. Handelsmuseums. gr. 8. (V, 82 S.) Ebd. 902. n. 2. 50

—— **Lesebuch** f. stenographische Fortbildungs-Curse. Methodisch geordnete Beispiel-Sammlg. gr. 8. (III, 74 autogr. S.) Linz 891. Fink. n. 1. 60

—— dass. — 2. (Titel-)Ausg. gr. 8. (III, 74 autogr. S.) Wien 892, Bermann u. Altmann. * 1 60

Stenographisches Lesebuch zur Einübung der Satzkürzung. Einführung in die Praxis durch eine methodisch geordnete Beispielsammlung. Für commercielle Lehranstalten und zum Selbstunterricht. Mit Beachtung der Wiener Beschlüsse 1895. Von Hans Strigl. Wien. 1899. Leop. Weiss. Gr.-8°. 116 S. fl. 1.—

Strigl, Hans, sprachliche Plaudereien. Kleine volkstüml. Aufsätze üb. das Werden u. Wesen der Sprachen u. die Naturgeschichte einzelner Wörter. (VII, 100 S.) gr. 8. Wien 903. L. Weiss. n. 1. 50

— dasselbe. Erste Folge. (VII, 127 S.) 8. Ebd. 905. n. 2. —

Strigl, Hans, Sprachwissenschaft f. alle. Kleine gemeinverständl. sprachgeschichtl. u. sprachvergl. Aufsätze. 1.—3. Jahrg. à 20 Nrn. (à 16 S.) 8. Wien 908—11. L. Weiss. à Jahrg. 4. 50

— **Wörterbuch** der stenographischen Debattenschrift [System Gabelsberger], unter gleichzeit. Berücksicht. der Correspondenz- u. Geschäftsschrift [Dresdener Schreibweisen]. Suppl. zu jedem Lehrbuche der Gabelsberger'schen Stenographie, insbesondere zu jedem Lehrbuche der Satzkürzg. gr. 8. (VI, 326 autogr. S.) n. 2. 60
Linz: Fink 1891.

— **Wörterbuch** der stenographischen Debattenschrift (System Gabelsberger) unter gleichzeitiger Berücksicht. der Correspondenz- u. Geschäftsschrift [Dresdener Schreibweisen]. 2. unveränd. (Titel-)Ausg. gr. 8. (VI, 826 autogr. S.) Ebd. 892. n. 2. 60

Strigl, Johann

Strigl, Jh., Beiträge zur religiösen Jugend- u. Volksbildung, oder: Beantwortung einer von der Königl. Oberschulbehörde zu Stuttgart den kathol. Volksschullehrern Württembergs im Jahre 1838 aufgegebenen Frage über religiösen Sinn. Eine mit dem ersten Preise gekrönte Schrift. gr. 8. Blaubeuren 841. (Mangold.) n. 5/12 ₰

Strigl, Joh., die Raumlehre u. der Rechnungsunterricht in ihrer Verbindung. Für die drei Schülerklassen der Volksschule methodisch bearb. gr. 8. (16 B.) Ulm 844. [Adorf, Müller's Bh.]

— die Raumlehre u. der Rechnungsunterricht in ihrer Verbindung. Für die drei Schülerklassen der Volksschule methodisch bearbeitet. gr. 8. Ulm 844, Seitz. 1/2 ₰

Strigl, Johann (Red.), s. V o l k s s c h u l e, Die deutsche.

Strigl, Josef

—— Aufgaben zum Uebersetzen ins Lateinische für österreichische Realschulen und Mädchenlyzeen. Wien 1909. Schulbücherverlag. Geh. K 1.10, geb. K 1.40.

Strigl, Josef — Getreue und umständliche Beschreibung der zweiten österr. Pilgerfahrt nach Jerusalem und Palästina im J. 1856. Vom gewesenen Präses dieser Gesellschaft — — (1te und 2te Auflage.) Linz, 1857. Dr. von J. Feichtingers Erben. (1te Aufl. 4 Bl. 259 S. 8. 2te Aufl. VIII. 2 Bl. 260 S. 8.)

Strigl, Jos., getreue und umständliche Beschreibung der zweiten österreich. Pilgerfahrt nach Jerusalem und Palästina im Jahre 1856. 2. Aufl. Linz 857. Haslinger in Comm. 16. (XII, 260 S.) 15 ngr.

Strigl Josef, Lateinisches Lesebuch für österreichische Realschulen und Mädchenlyzeen. I. Teil. Wien 1908. Schulbücherverlag. Geb. K 1.20, geb. K 1.60. (1175)

Strigl, Jos. Pisistratus und Homer. 1. 12 S. 8. G. *Kremsier* 1878. **Progr.**

Strigl, Jos., guter Rath in den wichtigsten Fällen d. sittlich guten Erziehung der Kinder. (Mit Titelkpfr.) 8. Linz 837. (Haslinger.) 1/2 ₰

(F) Lateinische Schulgrammatik von Josef Strigl. Mit Erlass des hohen k. k. Ministeriums für Cultus und Unterricht vom 6. Februar 1899, Z. 33590, für allgemein zulässig erklärt. Linz. 1899. Ebenhöch'sche Buchh. Gr.-8°. VIII, 230 S. Geb. fl. 1.30

Strigl Josef, Lateinische Schulgrammatik. 2., verbesserte Auflage Wien 1906. Fr. Deuticke. Geh. K 2.20, geb. K 2.60.

Strigl, Jos., lateinische Schulgrammatik. 2., verb. Aufl. (VIII, 237 S.) gr. 8. Wien 907. F. Deuticke. Geb. 2. 20

Strigl, Josef: Kleine lateinische Sprachlehre für österreichische Realschulen und Mädchenlyzeen. Wien 1907. Schulbücherverlag.

Strigl, J., Kleine lateinische Sprachlehre für österreichische Realschulen und Mädchenlyzeen. Gr.-8°. (127 S.) geb. K 1.60 Wien: Schulbüchervlg. 1909.

Strigl, Josef: Übertragung deutscher Sprachgebilde in lateinische Partizipien. 17 S. 8. **Progr.** K. k. Staatsgymn. *Linz* 1903.

— Übungsbuch zur Einübung der lateinischen Satzlehre. Für die III. u. IV. Klasse österreich. Gymnasien im Anschlusse an die latein. Schulgrammatik von Jos. Strigl unt. Berücksicht. der Grammatiken v. Goldbacher, Scheindler, Schmidt u. Schultz u. unter Mitwirkg. v. Ant. Popel. In 2 getrennten Tln.: 1. Tl.: A. Einzelsätze. B. Zusammenhängende Stücke. 2. Tl. Wortkunde. gr. 8. (XV, 221 S.) Linz 902. F. J. Ebenhöch. Geb. in Leinw. n. geh. n. 2. 70

— Lateinisches Übungsbuch, s.: Kneser, Rud.

Strigl, Max, der anatomische Bau d. Knollenrinde von Balanophora u. seine mutmassliche funktionelle Bedeutung. (20 S. m. 3 Fig. u. 2 Taf.) gr. 8. Wien 907. A. Hölder. 1. 15

— Der Thallus von Balanophora, anatomisch-physiologisch geschildert. Untersuchgn., ausgeführt unter Benützg. der von E. Heinricher v. seiner Studienreise nach Java mitgebrachten Materialien. (49 S. m. 9 Fig. u. 3 Taf.) gr. 8. Ebd. 908. 2. 25
2 Sonderabdr. aus: Sitzungsber. d. k. Akad. d. Wiss."

STRIKE der Ehemänner, Der. Liebesglück. Mit (freiem) TKpf. (Der moderne Boccaccio. III.) Budapest. M. DCCC. LXXXIV. (1884.) — *A. E.:* (Druck von) Neuwald Illés, Budapest. Kl. 8°. 63 S. Farbig illustr. Umschl.

STRIKE, Der, der Frauen. Der Vogel Greif. Mit (freiem) TKpf. (Der neue Boccaccio. XV.) Budapest. M. DCCC. LXXXV. (1885.) — Rückseite d. Titels: Druck von Sam. Markus, Budapest, gr. Kronengasse 23. Kl. 8°. 51 S. Farbig illustr. Umschl.

Die fürstl. Würtembergische durch die gfl. Fuggerische Widerlegung ohnaufgelößt gebliebene **Stricturen.** o. O. 1738.

Striller, Franz: De stoicorum studiis rhetoricis. Pars I ... Vratislaviae, apud Guil. Koebner (1886). 4, 43 S. 8°
Breslau, Phil. Fak., Inaug.-Diss. v. 5. Jun. 1886.

Striller, F., de Stoicorum studiis rhetoricis, s. a. Abhandlungen, Breslauer philologische.

Strimer, A(nton). Wie bleibe ich gesund? oder Der Naturarzt und Gesundheitshersteller. [Mit 1 Porträt-Tafel.] 92 S. 8. Weinfelden, Komm. Akt.-Ges. Neuenschwander'sche Buchh., 1910. [geb. fr. 1.75]

Strimes, Samuel

— in visitatorios IV articulos Saxonicos de 1592. visit. c. praef. P. Jablonski. 8. Francf. 730.

Strimes, Sam., charitologia christiana, sive systema gratiae divinae. 4. Francf. 712.

Strimmer, Herm. Ein römisches convivium zur Zeit des Horaz nach den Gedichten desselben. 58 S. 8. **Progr.** *Meran* 1877.

Strimmer, Hermann. Kleidung und Schmuck der Römer zur Zeit des Horaz, nach dessen Gedichten zusammengestellt. Meran 1889. Im Selbstverlage des Gymnasiums. 29 S. 8°
Meran, K. K. Ober-G., P. 1888/89

— Das gesellige Leben der Römer zur Zeit des Horaz, nach dessen Gedichten übersichtlich dargestellt. 31 S. 8. *Meran* 1885. **Progr.**

— Der römische Sklavenstand. Dargestellt nach den Gedichten des Horaz. 36 S. 8. **Progr.** *Meran* 1883.

Strindberg, August

— Advent. Ein Mysterium. (150 S.) 8. München (898). (Georg Müller.) 2. —

Strindberg, Aug., Antibarbarus I od. die Welt f. sich u. die Welt f. mich. gr. 8. (78 S.) Berlin 894. Bibliograph. Bureau. n. 1. 60

— auf zur Sonne!, s.: Bibliothek der fremden Zungen.

STRINDBERG, August. Die Beichte eines Toren. Roman. Berlin, Bibliographisches Bureau 1893. 8°.
Verb. d. Ldg. I Berlin J. V. C. 468/93.

Strindberg, August, Die Beichte eines Thoren. Roman. 2. Auflage. 8. (347 S.) 2.80
Budapest: Grill 1894.

— Die Beichte e. Toren. Verdeutscht von Emil Schering. 2. Aufl. (Strindberg's Werke. Deutsche Orig.-Ausg., nach der französ. Orig.-Ausg. unter Mitwirkg. v. Emil Schering als Übersetzer vom Dichter selbst veranstaltet.) (431 S. m. Bildnis.) 8. Ebd. 910. 5.—; geb. 6. 50

August Strindberg. Blumenmalereien und Tierstücke [Blomstermålningar och djurstycken]. (Deutsche Ausg. unter Mitw. von Emil Schering als Übers. v. Verf. selbst veranst.) Der Jugend gewidmet. Berlin & Leipzig: H. Seemann Nachf. [1905]. (103 S.) 8°

— Königin Christine. 3. Aufl. (7.—8. Taus.) Mit dem schwedisch noch nicht veröffentlichten Essay Strindbergs üb. seine schwedisch-histor. Dramen. (Deutsche Orig.-Ausg., gleichzeitig m. der schwed. Ausg. unter Mitwirkg. v. Emil Schering als Uebersetzer vom Verf. selbst veranstaltet.) (79 S. m. Bildnis.) gr. 8. Ebd. (905). n. 1.—

August Strindberg. Königin Christine. (Deutsche Orig.Ausg. unter Mitw. von Emil Schering als Übers. v. Verf. selbst veranst.) 4. Aufl. Mit d. schwedisch noch nicht veröffentl. Essay Strindbergs über s. schwed.-hist. Dramen. Berlin & Leipzig: H. Seemann Nachf. [1905]. (79 S.) 8°

— nach Damaskus. (Deutsche Orig.-Ausg., unter Mitwirkg. v. Elsbeth u. Emil Schering vom Verf. selbst veranstaltet.) 2 Tle. 8. (VI, 192 u. VII, 147 S.) Dresden 899. E. Pierson. n. 3. 50

(B) — Nach Damaskus. 899. (KBL32.), sowie die übrigen Schriften aus E. Pierson's Verlag. Jetzt: Berlin, Verlag Berlin-Wien.

— Dramen. Einzige autoris. Ausg. I—IV. 8. Berlin 893. Bibliograph. Bureau. à n. 1.—
I. Gläubiger. Tragikomödie. Übers. v. E. Holm. (86 S.)
II. Das Band. Trauerspiel in 1 Akt. — Herbstzeichen. Lustspiel in 1 Akt. (48 u. 27 S.)
III. Das Spiel m. dem Feuer. Lustspiel. — Vor dem Tode. Trauerspiel in 1 Akt. (51 u. 26 S.)
IV. Debet u. Credit. 1 Akt. — Ein Sommertraum. 1 Akt. (30 u. 26 S.)

August Strindberg. Eine Ehegeschichte. (Deutsche Orig.Ausg. unter Mitw. von Emil Schering als Übers. v. Verf. selbst veranst.) Berlin & Leipzig: H. Seemann Nachf. [1905]. (61 S.) 8° [F.]

— Ehegeschichten, s.: Bibliothek berühmter Autoren.

Strindberg, Aug., Ehestandsgeschichten. 8. (260 S.) Leipzig 898. Max Spohr. n. 2. 50; geb. n. 3. 50

— Ehestandsgeschichten. 8. (260 S.) Leipzig 898. [M. Spohr] E. Fiedler. n. 2. 60

— Einsam. (Geschützte deutsche Orig.-Ausg., unter Mitwirkg. v. Emil Schering als Uebersetzer gleichzeitig m. der schwed. Ausg. vom Verf. selbst veranstaltet.) (130 S.) gr. 8. Berlin 905. [H. Seemann Nachf.] München, G. Müller. n. 2.—; geb. n. 3.—

August Strindberg. Einsam. (Deutsche Orig.-Ausg. unter Mitw. von Emil Schering als Übers. v. Verf. selbst veranst.) 2. Aufl. Berlin & Leipzig: H. Seemann Nachf. 1905. (130 S.) 8° [F.]

Strindberg, August: Die Entwicklung einer Seele [En själs utvecklingshistoria; 1886]. Verdeutscht von Emil Schering. — München und Leipzig: Georg Müller 1910. 345 S. 8° (Strindbergs Werke. Abt. 4, Bd 2.)

Strindberg, Aug., Erich XIV. Schauspiel in 4 Akten. Deutsche Ausg. Unter Mitwirkg. v. Emil Schering vom Verf. selbst veranstaltet. (93 S.) 8. Berlin 903. [H. Seemann Nachf.] München, G. Müller. n. 1.—

August Strindberg. Moderne Fabeln. (Übers.: Emil Schering.) Berlin & Leipzig [1905]. (96 S.) 8°

— Folkungersage. (Deutsche Orig.-Ausg., unter Mitwirkg. v. Emil Schering als Übersetzer vom Verf. selbst veranstaltet.) (91 S.) gr. 8. Berlin (905). München, G. Müller. 1.—

— Ritter Bengt's Gattin. Schauspiel in 5 Akten. Einzig autoris. Uebertragg. v. Ernst Brausewetter. gr. 8. (83 S.) Berlin 894. Kühling & Güttner. n. 2.—

— das Geheimniß der Gilde. Schauspiel in 4 Akten. Autoris. Uebersetzg. v. Ernst Brausewetter. gr. 8. (98 S.) Berlin 894. Kühling & Güttner. n. 2.—

— das Geheimnis der Gilde. Aus dem Schwed. v. Emil Schering. (VIII, 100 S.) gr. 8. Ebd. 903. n. 1.—

— Gläubiger, s.: Universal-Bibliothek.

— Gustav Adolf. Schauspiel in 5 Akten. (Deutsche Orig.-Ausg. unter Mitwirkg. von Emil Schering als Übersetzer vom Verf. selbst veranstaltet.) 8. (336 u. VIII S.) Dresden 901. E. Pierson. n. 3. 50

— die Hemsöer. Roman. Mit Genehmigg. des Verf. aus dem Schwed. übers. v. Mathilde Mann. 8. (282 S.) Berlin 894. Leipzig, P. List. n. 3.—

August Strindberg. Die Hemsöer [Hemsoborna]. (Deutsche Orig.Ausg. unter Mitw. von Emil Schering als Übers. v. Verf. selbst veranst.) Berlin & Leipzig: H. Seemann Nachf. [1905]. (35 S.) 8°

August Strindberg. Herren des Meeres. Novellen u. Skizzen. (Deutsche Ausg. unter Mitw. von Emil Schering als Übers. v. Verf. selbst veranst.) Berlin & Leipzig: H. Seemann Nachf. [1905]. (98 S.) 8° [F.]

August Strindberg. Eine Hexe. (Übers.: Emil Schering.) Leipzig & Berlin: H. Seemann Nachf. 1904. (116 S.) 8° [F.]

August Strindberg. Eine Hexe. (Übers.: Emil Schering.) 3. Aufl. Leipzig & Berlin: Seemann 1905. (116 S.) 8°

Strindberg, August: Inferno, s. Bibliothek, Skandinavische.

— Inferno-Legenden. Verdeutscht von Emil Schering. (Strindberg's Werke. Deutsche Orig.-Ausg., gleichzeitig m. der schwed. Ausg. unter Mitwirkg. v. Emil Schering als Übersetzer vom Dichter selbst veranstaltet.) (XXIII, 428 S. m. Bildnis.) 8. München 910. G. Müller. 5.—; geb. 6. 50

August Strindberg. Die Insel der Seligen. Erzählung. (Deutsche Ausg. unter Mitw. von Emil Schering als Übers. v. Verf. selbst veranst.) Berlin & Leipzig: H. Seemann Nachf. [1905]. (117 S.) 8° [F.]

— vor höherer Instanz. 2 Dramen. (Deutsche Orig.-Ausg., unter Mitwirkg. v. Emil Schering vom Verf. selbst veranstaltet.) 8. (301 S.) Ebd. 899. n. 3.—; geb. n. 4.—

Strindberg, A., Fräulein Julie, s.: Universal-Bibliothek.

— Fräulein Julie. Aus dem Schwed. übers. v. Emil Schering. Einzelausg. 2. Aufl. (74 S.) gr. 8. Berlin 904. München, G. Müller. 1. —

August Strindberg. Fräulein Julie. Aus d. Schwed. übers. von Emil Schering. 3. Aufl. Berlin & Leipzig: H. Seemann Nachf. 1904. (74 S.) 8°. [c5. 6049]

— Kameraden. Komödie. (Deutsche Ausg. unter Mitwirkg. v. Emil Schering als Uebersetzer vom Verf. selbst veranstaltet.) (70 S.) gr. 8. Ebd. 906. 1. —

Strindberg, August: Kameraden. Komödie in 4 Aufz. Autor. deutsche Ausg. von Ernst Brausewetter. Leipzig: Reclam jun. [1909]. 61 S. 8°
(Universal-Bibliothek. 5126.)

— Kameraden, s. Universal-Bibliothek.

— Kammerspiele. Verdeutscht v. Emil Schering. [Aus: „Werke, I. Abtlg."] 4 Stücke. 8. München 908. G. Müller. à 1. 50
1. Wetterleuchten. (52 S.) — 2. Die Brandstätte. (52 S.) 3. Gespenstersonate. (62 S.) — 4. Der Scheiterhaufen. (60 S.)

— eine Kindersage. Deutsche Ausg. Unter Mitwirkg v. Emil Schering vom Verf. selbst veranstaltet. (61 S.) 8. Ebd. 902. n. 1. —

— Die Kleinen u. die Großen. Novellen u. Studien. Deutsche Ausg., unter Mitwirkg. v. Emil Schering als Übersetzer vom Verf. selbst veranstaltet. (84 S.) gr. 8. Berlin 906. [H. Seemann Nachf.]. München, G. Müller. 1. —

— der Küster auf Rånö, s.: Unterwegs u. Daheim.

[Fr.] Der Küster auf Rånö. Von August Strindberg. Autoris. Übersetzg v. Erich Holm. Breslau: S. Schottlaender 1895 (a. d. Umschl.: 1896). (151 S.) 1 Bd 8.

— Legenden. 8. (VII, 236 S.) Ebd. 899. n. 3. —; geb. n. 4. —

Strindberg, Aug. Die Leute auf Hemsö. s. Universal-Bibliothek.

— Frau Margit. Schauspiel in 4 Akten m. e. Vorwort u. e. Vorspiel. (Deutsche Ausg., unter Mitwirkg. v. Emil Schering als Übersetzer vom Verf. selbst veranstaltet.) (88 S.) 8. Leipzig 906. München, G. Müller. 2. —

August Strindberg. Die Nachtigall von Wittenberg. (Deutsche Orig.-Ausg. unter Mitw. von Emil Schering als Uebers. v. Verf. selbst veranst.) 2. Aufl. Berlin-Leipzig: H. Seemann Nachf. 1904. (115 S.) 8° [Fr.]
[c5. 4437 II]

August Strindberg. Die Nachtigall von Wittenberg. (Deutsche Orig.-Ausg. unter Mitw. von Emil Schering als Uebers. v. Verf. selbst veranst.) 5. Aufl. Berlin Leipzig: H. Seemann Nachf. 1905. (115 S.) 8° [Fr.] [c5. 4343]

— schwedische Natur. (Deutsche Orig.-Ausg., unter Mitwirkg. v. Emil Schering als Uebersetzer vom Verf. selbst veranstaltet.) (110 S. m. Titelbild.) gr. 8. Ebd. (905). n. 1. —; geb. n. 2. —

August Strindberg. Schwedische Natur. (Deutsche Orig.-Ausg. unter Mitw. von Emil Schering als Übers. v. Verf. selbst veranst.) 2. Aufl. Berlin & Leipzig: H. Seemann Nachf. [1905]. (110 S.) 8°

Strindberg, Aug., Ein freies Norwegen. Berlin u. Leipzig 1905. 8°.

Strindberg, A., Ein freies Norwegen. (Deutsche Orig.-Ausg. Unter Mitwirkg. v. E. Schering als Übersetzer noch vor der schwed. Ausg. vom Verf. selbst veranstaltet.) (VI, 37 S.) gr. 8. Berlin. H. Seemann Nachf. 1906. 1. —

— Novellen, s.: Stockton, Frank R., der Seeteufel.

Novellen von August Strindberg. Ill. von Dely. Berlin-Leipzig-Wien: Buchverlag fürs Deutsche Haus 1908. 294 S. 8°
(Die Bücher d. Deutschen Hauses. Bd 60.) [og. 11302]

— Novellen, s. Bücher, die, des deutschen Hauses.

[Fr.] Neue Novellen v. A[ugust] Strindberg. Autoris. Übs. v. Erich Holm [d. i. Mathilde Prager]. Breslau: S. Schottlaender [1898]. (190 S.) 1 Bd 8.(4)
(Unterwegs und Daheim.) [58. 6450]

— schwedische Novellen, s.: Geijerstamm, Gust. af.

Strindberg, August. Schweizer Novellen. Aus dem Schwedischen von Emil Schering. 216 S. 8. Leipzig, Hermann Seemann Nachfolger, 1903. [M. 2. 50]
August Strindbergs Schriften. Deutsche Gesamtausgabe, unter Mitwirkung von Emil Schering vom Verfasser selbst veranstaltet. Abteilung 2: Romane und Novellen. Sonderausgabe ([aus] Band 5): Schweizer Novellen (Mitte der 1880er Jahre).

— Meister Olaf. Schauspiel in 5 Akten. Nach d. Druck d. 1. Manuskriptes v. 1892 übers. v. O. A. Palme. 8. (139 S.) Berlin 895. E. Ebering. n. 1. 50

— Ostern. Ein Passionsspiel in 3 Akten. (Deutsche Orig.-Ausg., unter Mitwirkg. von Emil Schering als Übersetzer vom Verf. selbst veranstaltet.) 8. (116 S.) Ebd. 901. n. 2. —

— Russen im Exil. (Erste u. einzige Uebersetzg. durch Emil Schering.) (73 S.) gr. 8. Ebd. (905). n. 1. —

August Strindberg. Russen im Exil. (1. u. einzige Übers. von Emil Schering.) 2. Aufl. Berlin & Leipzig: H. Seemann Nachf. [1905]. (73 S.) 8° [Fr.]

Schlafwandlernächte an wachen Tagen [Sömngångarnätter på vakna dagar]. Gedicht in freien Versen von August Strindberg. Autor. Übers. aus d. Schwed. von Erich Holm. Frankfurt a. M.: Rütten & Loening 1902. 63 S. 8° [ff. 11334]

Strindberg, August: Die Schlüssel des Himmelreichs oder Sanct Peters Wanderung auf Erden. Märchenspiel in 5 Akten. Autor. Übers. aus d. Schwed. von Erich Holm. Berlin & Leipzig: J. Cotta [1899]. (139 S.) 8°

— die Schlüssel des Himmelreichs od. Sanct Peters Wanderg. auf Erden. Märchenspiel in 5 Akten. Autor. Übersetzg. aus dem Schwed. v. Erich Holm. Mit Umschlagzeichng. v. Thdr. Schinkel. gr. 8. (140 S.) Berlin (900). Leipzig, H. Lautenschläger. n. 2. —

Strindberg's, Aug., Schriften. Deutsche Gesamtausg. Unter Mitwirkg. v. Emil Schering vom Verf. selbst veranstaltet. I. Abtlg. Dramen. 4. Bd. gr. 8. Leipzig. Berlin, H. Seemann Nachf. n. 4. —
Elf Einakter. Aus dem Schwed. v. Emil Schering. (2. Taus.) (VIII, 259 S.) 902.
Bd. 1–3 erscheinen später.

Strindberg's, Aug., Schriften. Deutsche Gesamtausg. Unter Mitwirkg. v. Emil Schering vom Verf. selbst veranstaltet. I. Abtlg. Dramen. 9. Bd. gr. 8. Leipzig, [Berlin, H. Seemann Nachf.] München, G. Müller. n. 3. —; geb. n. 4. 50
Die Kronbraut. — Schwanenweiss. — Ein Traumspiel. (222 S. m. Bildnis.) 903.

— dasselbe. II. Abtlg. Romane u. Novellen. 8. u. 10. Bd. gr. 8. Ebd. n. 5. 50; geb. n. 8. —
8. Schwedische Schicksale u. Abenteuer. Erzählungen aus allen Zeiträumen. 1. Reihe. Anfang der achtziger Jahre. Aus dem Schwed. v. Emil Schering. (358 S.) 902. n. 4. —; geb. n. 5. 50
10. Märchen. (113 S.) 904. n. 1. 50; geb. n. 2. 50

— an offener See. Roman. Autoris. Uebersetzg. von M. v. Borch. 8. (295 S.) Dresden 893. E. Pierson. n. 3. —; geb. n. 4. —

— an offener See. Roman. Autoris. Uebersetzg. von M. v. Borch. (2. [Titel-]Aufl.) 8. (295 S.) Dresden (893) 896. E. Pierson. n. 3. —

— an offener See. Roman. Autoris. Übersetzg. von M. v. Borch. 3. Aufl. 8. (287 S.) Dresden 901. E. Pierson. n. 3. —; geb. n. 4. —

— der Silbersee. (Deutsche Orig.-Ausg. unter Mitwirkg. v. Emil Schering als Uebersetzer gleichzeitig m. der schwed. Ausg. vom Verf. selbst veranstaltet.) (43 S.) gr. 8. Leipz.: Seemann 1905. n. 1. —

August Strindberg. Der Silbersee. (Deutsche Orig.Ausg. unter Mitw. von Emil Schering als Übers. v. Verf. selbst veranst.) 2. Aufl. Berlin & Leipzig: H. Seemann Nachf. [1905]. (43 S.) 8° [F.] 05. 4344

— Sylva sylvarum. Mit e. Radierg. v. Hans Thoma (Deutsche Orig.-Ausg. unter Mitwirkg. v. Emil Schering als Uebersetzer vom Verf. selbst veranstaltet.) (182 S.) Ebd. (905). n. 2. —; geb. n. 3. —

August Strindberg. Sylva sylvarum. (Deutsche Orig.Ausg. unter Mitw. von Emil Schering als Übers. v. Verf. selbst veranst.) 2. Aufl. (T. 1.) Berlin & Leipzig: H. Seemann Nachf. [1905]. 8° 05. 4593

August Strindberg. Totentanz. (Deutsche Orig.Ausg. unter Mitw. von Emil Schering als Übers. v. Verf. selbst veranst.) Berlin & Leipzig: H. Seemann Nachf. [1904]. (144 S.) 8° 05. 4343

August Strindberg. Totentanz. (Deutsche Orig.-Ausg. unter Mitw. von Emil Schering als Übers. v. Verf. selbst veranst.) 2. Aufl. Berlin & Leipzig: H. Seemann Nachf. [1904]. (144 S.) 8° 05. 4408 II

— Totentanz. Verdeutscht v. Emil Schering. 5. [Titel-]Aufl. (Deutsche Orig.-Ausg. gleichzeitig m. der schwed. Orig.-Ausg. unter Mitwirkg. v. Emil Schering als Übersetzer vom Dichter selbst veranstaltet.) (144 S.) gr. 8. München [904] (909). G. Müller. 2. —; geb. 3. —

— Tschandala. 8. (188 S.) Berlin 894. Bibliograph. Bureau. n. 2. —

Strindberg, A., der Vater, s. Universal-Bibliothek Nr. 2489.

August Strindberg. Der Vater [Fadren]. Trauerspiel. (Übers. von Emil Schering.) Mit e. Vorw. von Émile Zola u. e. Titelbilde von Edvard Munch. Berlin & Leipzig: H. Seemann Nachf. [1905]. (64 S.) 8° 05. 4341

— die Vergangenheit e. Thoren. 3 Bde. 8. (IV, 236, III, 259, III, 164 S.) Berlin 894. Bibliogr. Bureau. à n. 3. —

— die Vergangenheit e. Thoren. 2. (Titel-)Ausg. 3 Tle. in 1 Bde. 8. (IV, 236; III, 259 u. III, 164 S.) Berlin (894). E. Ebering. n. 4. —

— die Verheiratheten. Zwölf Ehegeschichten. Aus dem Schwed. übers. v. H. Ortenburg. Autoris. deutsche Ausg. 8. (187 S.) Budapest 889. Grimm. n. 2. —

— die Verheiratheten. Zwölf Ehegeschichten. Aus dem Schwed. übers. v. Heinr. Ortenburg. 2. (billige) (Titel-) Ausg. 8. (186 S.) Budapest 894. G. Grimm. n. 1. —

Aus dem lateinischen Viertel. Skizzen aus d. schwed. Universitätsleben. Von August Strindberg. Autor. Uebers. von Siegfried Robert Nagel. *Breslau: S. Schottlaender 1901.* (238 S.) 8° [F.] 01. 1349

— die Wasa-Sage. II. Gustav Wasa. Schauspiel in 5 Akten. (Deutsche Orig.-Ausg., unter Mitwirkg. von Emil Schering vom Verf. selbst veranstaltet.) 8. (198 S.) Dresden 900. E. Pierson. n. 2. —; geb. n. 3. —

Strindberg's, Aug., Werke. Deutsche Gesamtausg. Mitwirkg. v. Emil Schering als Übersetzer v. Dichter selbst veranstaltet. I. Abtlg.: Dramen. 4. u. 12. Bd. 8. München, G. Müller. 8.—; geb. 11. —
4. Elf Einakter. Verdeutscht von Emil Schering. 2. Aufl. (XII, 356 S. m. Bildnis.) 908. 4.—; geb. 5. 50
12. Kammerspiele. Verdeutscht von Emil Schering. (52, 52, 62 u. 60 S. m. 1 Taf.) 908. 4.—; geb. 5. 50

— dasselbe. II. Abtlg.: Romane. 1.—5. Bd. 8. Ebd. 21.—; geb. 28. 50
1. Das rote Zimmer. Verdeutscht von Emil Schering. 3. u. 4. Aufl. Durchgesehener Neudruck. (393 S. m. Bildnis.) 908. 10. 4.—; geb. 5. 50
2. Die Inselbauern. Roman. Verdeutscht v. Emil Schering. 2. Aufl. (243 S. m. Bildnis.) 909. 4.—; geb. 5. 50
3. Am offnen Meer. Roman. Verdeutscht von Emil Schering. 2. u. 3. Aufl. (1. vollständige u. orig.-getreue Ausg.) (310 S. m. Bildnis.) 908. 4.—; geb. 5. 50
4. Die gotischen Zimmer. Familienschicksale vom Jahrhundertende. Verdeutscht v. Emil Schering. 3. durchgesch. Aufl. (VII, 338 S. m. Bildnis.) 908. 4.—; geb. 5. 50
5. Schwarze Fahnen. Sittenschilderungen vom Jahrhundertwechsel. Verdeutscht v. Emil Schering. 2. u. 3. Aufl. (XI, 367 S. m. Bildnis.) 908. 5.—; geb. 6. 50

— dasselbe. III. Abtlg.: Novellen. 1., 2., 7. u. 8. Bd. 8. Ebd. 18.—; geb. 24. —
1. Schwedische Schicksale u. Abenteuer. Verdeutscht von Emil Schering. 2. Aufl. (358 S. m. Bildnis.) 909. 4.—; geb. 5. 50
2. Heiraten. 20 Ehegeschichten. Verdeutscht von Emil Schering. 1. u. 2. Aufl. (335 S. m. Bildnis.) 910. 4.—; geb. 5. 50
7. Historische Miniaturen. Verdeutscht v. Emil Schering. 1.—4. Aufl. (VII, 402 S. m. Bildnis.) 908. 4.50; geb. 6. —
8. Schwedische Miniaturen. Verdeutscht v. Emil Schering. (IX, 503 S.) 909. 5.50; geb. 7. —

— dasselbe. IV. Abtlg.: Lebensgeschichte. 1. u. 5. Bd. 8. Ebd. 9.50; geb. 12. 50
1. Der Sohn e. Magd. Verdeutscht v. Emil Schering. (465 S. m. 6 Taf.) 909. 5.50; geb. 7. —
5. Entzweit. Einsam. Verdeutscht v. Emil Schering. (325 S. m. 4 Bildnissen.) 909. 4.—; geb. in Leinw. 5. 50
Bd. 2—4 sind noch nicht erschienen.

Strindberg's, Aug., Werke. Deutsche Gesamtausg. Mitwirkg. v. Emil Schering als Übersetzer v. Dichter selbst veranstaltet. VI. Abtlg.: Wissenschaft, Philosophie. 4. u. 5. Bd. 8. München, G. Müller. 11.—; geb. 14. —
4. Ein Blaubuch. Die Synthese meines Lebens. 1. Bd. Verdeutscht v. Emil Schering. (XXV, 448 S. m. Bildnis.) 908. 5.50; geb. 7. —
5. Dasselbe. 2. Bd. (Mit dem Buch der Liebe.) Verdeutscht v. Emil Schering. (X u. S. 449—901 m. Bildnis.) 908. 5.50; geb. 7. —

— der bewusste Wille in der Weltgeschichte. Skizze zu e. Buch. Deutsche Ausg. Unter Mitwirkg. v. Emil Schering vom Verf. selbst veranstaltet. (82 S.) gr. 8. Ebd. 903. n. 1. —; geb. n. 2. —

— die gotischen Zimmer. Familienschicksale vom Jahrhundertende. (Deutsche Orig.-Ausg. Unter Mitwirkg. v. Emil Schering als Uebersetzer vom Verf. selbst veranstaltet.) (339 S.) 8. Ebd. 904. n. 4. —; geb. n. 5. 50

Strindberg, August: Die Gotischen Zimmer. Familienschicksale v. Jahrhundertende. 2. Aufl. Berlin & Leipzig: H. Seemann Nachf. 1905. (338 S.) 8°

— Das rothe Zimmer. Schilderungen aus dem Künstler- und Schriftstellerleben. Autorisirte Uebersetzung aus dem Schwedischen von Heinrich Ortenburg. 8. (399 S.) 2.40
Budapest: Grimm 1889.

— das rothe Zimmer. Schilderungen aus dem Künstler- u. Schriftstellerleben. Aus dem Schwed. übers. v. Heinr. Ortenburg. 2. (billige Titel-)Ausg. 8. (399 S.) Ebd. 894. n. 2. —

— das rote Zimmer. Schilderungen aus dem Künstler- u. Schriftstellerleben. (Erste vollständ. Uebersetzg. v. Emil Schering, m. dem Epilog, der auch im schwed. Original fehlt.) (394 S.) 8. Ebd. 905. n. 4. —; geb. n. 5. 50

August Strindberg. Das rote Zimmer [I röda rummet]. Schilderungen aus d. Künstler- u. Schriftstellerleben. (1. vollst. Übers. von Emil Schering mit d. Epilog.) 2. Aufl. Berlin & Leipzig: H. Seemann Nachf. 1905. (303 S.) 8°

Strinder, Jul., romant. Sagen ꝛc., s. Sagen.

Stringfellow, H. M., s.: Bericht üb. die usw. Pflanzversuche nach den Vorschriften v. S.

Der neue Gartenbau (The new Horticulture). Von H. M. Stringfellow, in Galveston, Texas. Autor. Übers. aus d. Engl. von Friedrich Wannieck, Schöllschitz. Mit 20 Abb. *Frankfurt a. O.: Trowitzsch & Sohn 1901.* (VIII, 200 S.) 8° [F.]

Stringladius, Pacidives [Pseud.], s. Zuckschwerdt, Friedrich

Stringladius, Pacidives, (Fr. Zuckschwerdt,) Herzenserleichterungen eines deutschen Patrioten. 8. Berl. 813. Salfeld.

— Stammbuchsaufsätze, neue patriotische, vorzügl. für die auszieh. jungen Krieger. 8. Berl. 813. Wolf. 2 ℛ

Strinnholm, Andreas Magnus

Strinnholm, A. M., Wickingszüge, Staatsverfassung u. Sitten der alten Skandinavier. Aus d. Schwed. von C. F. Frisch. 1r Thl. Die Wickingszüge. gr. 8. Hamburg 839. Fr. Perthes. n. 2 ℛ — 2r Thl. Staatsverfassung u. Sitten. gr. 8. Ebd. 841. n. 2 ℛ

Strinopulos, Germanos P., Diakonus: Hippolyt's philosophische Anschauungen. *Leipzig 1903: G. Schmidt.* (57 S.) 8°
Leipzig, Phil. Diss. v. 1903

Strinz, F. L.

— s. Materialien für Lehrer an Volksschulen.

Strinz, F. L., Schulblatt f. d. Provinz Brandenburg, s. Schulblatt.

—— Sendschreiben an die Herren Geistlichen zu Berlin, Potsdam ꝛc., welche in der Vossischen u. Spener'schen berlinischen Zeitung v. 26. Aug. d. J. ihre Erklärung vom 15. Aug. d. J. in kirchl. Angelegenheiten veröffentlicht haben. 8. (1 B.) Potsdam 845, Horvathsche Buchh. * .

Strinz, Johann (Strassburg) A. S. 760/35

Exercitatio juridica inauguralis de testamento legati, Vom Testament eines Abgesandten.
Präs. Christian Wildvogel.
Jena (Müller) V. 1711. 48 S.

W. v.: Präs., Johann Jakob Fried. 33874

Stripecke, Gustav, aus Mengeringhausen, prakt. Arzt zu Berlin: ⟨Aus d. Kgl. Universitäts-Frauenklinik zu Berlin. Director: Herr Geheimrat Prof. Dr. Olshausen.⟩ 322 Fälle von Placenta praevia. *Berlin (1902): G. Schade.* (29 S.) 8°
Berlin, Med. Diss. v. 5. Dez. 1902

Striper, Heinr. (geb. Liegnitz 10. 5. 1844): Der Hitzschlag. Berlin (1868). (34 S.) 8°
Berlin, Med. Diss. v. 11. Mätz 1868

Striper, Johannes

Striper, Stammliste (Offiziere, Sanitätsoffiziere u. Zahlmeister) des Infanterie-Regiments Graf Kirchbach (1. niederschlesisches) Nr. 46 von Errichtung des Regiments bis zum J. 1910. Abgeschlossen im April 1910. Auf Befehl des königl. Regiments neubearb. (188 S.) Lex. 8. Berlin 910. R. Eisenschmidt. 5.50; geb. 6. 50

Strippelmann, F. G. L., Beiträge zur Geschichte Hessen-Cassels. Hessen. — Frankreich. — Jahr 1791 bis 1814. 1. Hft. gr. 8. (VII, 238 S.) Marburg 877. Elwert's Verl. n. 4. 80

— dasselbe. 2. Hft. Geschichte der Napoleonschen Usurpation Kurhessens u. Achtserklärung, im Jahre 1806. gr. 8. (XX, 258 S.) Ebend. 878. n. 5. 20

Strippelmann, F. G. L., der Beweis durch Schrift-Urkunden. Mit Belegen aus der Praxis der obersten Gerichte. 2 Abthlgn. Cassel 860, 61. Fischer. gr. 8. (IX, 400 S.; X, 432 S.) 4 ℛ
Inhalt: 1. Abth.: Die Urkunden. 1 ℛ 20 ngr. — 2. Abth.: Das Verfahren. 2 ℛ 10 ngr.

Strippelmann. F. G. L., das Ehescheidungsrecht, nach gemeinem und insbesondere nach hessischem Rechte. Cassel 854. Fischer. gr. 8. (XIV, 432 S.) 2 ℛ.

— der Gerichts-Eid. 1—3. Abth. Cassel 855—57. Fischer. gr. 8. 5 ℛ. 25 ngr.
1. Abth.: Der christliche Eid nach Entstehung; Entwickelung; Verfall und Restauration. (XVI, 352 S.) 1 ℛ. 15 ngr.
2. Abth.: Die Eideszuschiebung nach gemeinem und hessischem Privat-Rechte. (X, 453 S.) 2 ℛ.
3. Abth.: Die nothwendigen ꝛc. Eide. Mit Belegen aus der Praxis der obersten Gerichte. (XIV, 550 S.) 2 ℛ. 10 ngr.

— die Nichtigkeitsbeschwerde; nach gemeinem u. hessischem Rechte. Cassel 862. Trömner & Dietrich. gr. 8. (XII, 503 S.) n. 2 ℛ

— die Sachverständigen, im gerichtlichen u. außergerichtlichen Verfahren. Mit Belegen aus der Praxis der obersten Gerichte. 1. Abth.: Die Sachverständigen im Civilprocesse. 1. Hälfte. Cassel 858. Fischer. gr. 8. (XVII, 357 S.) 2 ℛ.

Strippelmann, F. G. L., die Sachverständigen, im gerichtlichen u. außergerichtlichen Verfahren. Mit Belegen aus der Praxis der obersten Gerichte. 1. Abth.: Die Sachverständigen im Civilprocesse. 2. Hälfte. Cassel 859. Fischer. gr. 8. (S. 358—610.) 1 ℛ 10 ngr.

Strippelmann, F. G. L., neue Sammlung bemerkenswerther Entscheidungen des Ober-Appellations-Gerichtes zu Cassel. Herausgeg. unter der Aufsicht des Kurf. Justiz-Ministeriums. 1.—3. Thl. 1. 2. Abthl. u. 4. Thl. 1. Abthl. gr. 8. Cassel 842—46, Fischer. à n. $1^1/_3$ ℛℬ Ladenpreis à n. $1^2/_3$ ℛℬ

Strippelmann, F. G. L., neue Sammlung bemerkenswerther Entscheidungen des Ober-Appellationsgerichts zu Cassel. Hrsg. unter der Aufsicht des Kurf. Justiz-Ministeriums. 4. Thl. 2. Abth. 5. Thl. 1. Abth. u. 2. Abth. 2 Hfte. 6. Thl. 4 Hfte. Hauptregister zu den ersten 6 Thln. 7. Thl. 3 Hfte. u. 8. Thl. gr. 8. 4. Thl. 2. Abthl. A. u. d. T.: Das Ober-Appellations-Gericht, Civil-Senat zu Cassel, nach dessen Verfassung, Competenz, Proceß u. Geschäftsgang dargestellt. (VIII u. 528 S.) (5. Thl. IV u. 709 S. 6. Thl. XII u. 747 S. Hauptreg. 76 S. 7. Thl. IV u. 558 S.) 8. Thl. A. u. d. T.: Das Subhastations-Verfahren, mit Rücksicht auf die in Beziehung auf dass. vorkommenden, das materielle Recht betreffenden, Grundsätze; nach gemeinem und insbesondere hess. Rechte. (XX u. 610 S.) Cassel 848—52, Fischer. IV, 2: n. $2^1/_3$ ℛℬ V, 1: n. $1^2/_3$ ℛℬ V, 2: 2 Hefte à n. $^5/_6$ ℛℬ VI. 4 Hefte à n. $^5/_6$ ℛℬ Hauptregister n. 12 ngℛ VII. 3 Hefte à n. $^5/_6$ ℛℬ VIII. n. $3^1/_3$ ℛℬ (I—VIII u. Hauptregister: n. 24 ℛℬ 12 ngℛ)

— neue Sammlung bemerkenswerther Entscheidungen des Ober-Appell.-Gerichts zu Cassel. Herausg. unter der Aufsicht Kurf. Justiz-Ministeriums. 7. Thl. 4. Heft. Cassel 854. Fischer. gr. 8. (V, S. 559—764.) n. 25 ngℛ
Fortsetzung hiervon s. Annalen der Justizpflege rc. in Kurhessen.

— dass. — Supplement-Band. A. u. d. T.: Das Ehescheidungsrecht, nach gemeinem und insbesondere nach hessischem Rechte. gr. 8. (XIV und 432 S.) Ebds. 854.

Strippelmann, Leo, die Bohrmethode mit steifem Gestänge u. Freifallapparat u. die Diamantröhrenbohrung, gegenübergestellt u. praktisch beleuchtet durch die Tiefbohrung auf Steinkohlen zu Malkowitz bei Schlan in Böhmen u. die Tiefbohrung auf Steinkohlen auf dem Weyherfeld bei Rheinfelden in der Schweiz, nebst einer kritischen Beleuchtung des Bohrapparates von W. Stoz für regelmässigen Schlammauftrieb u. Gewinnung fortlaufender Gesteinskerne in Verbindung mit der Freifallbohrmethode. [Aus: „Zeitschrift des berg- u. hüttenmänn. Vereins für Steiermark u. Kärnten".] Lex.-8. (61 S. mit 6 Steintaf. in 4.) Klagenfurt 878. (Wien, Frick.) n. 2. 60

Strippelmann, Leo. Die Bohrmethode mit steifem Gestänge u. Freifallapparat u. die Diamantröhrenbohrung. Klgft., Leon. 1878. 63 S.

Strippelmann, Leo, die Eisenerzlagerstätten Schwedens unter besond. Berücksicht. d. Bergreviers Norberg-Westmannland nebst pract. Gesichtspunkten f. die Entwickelungsfähigkeit d. Eisensteinbergbaues durch den Hüttenbetrieb in Schweden u. Bedeutg. der schwed. Eisensteine als Handelsartikel. Mit briefl. Vorwort von Bernh. v. Cotta. gr. 8. (41 S.) Prag 873. André. n. 1. —

— Deutschlands industrielle Krisis in der Gegenwart u. die Mittel zu deren Abhülfe, dargestellt im Interesse u. unter specieller Berücksichtigung der Lage der deutschen Kohlen- u. Eisenindustrie. Lex.-8. (43 S.) Leipzig 877. Knapp. n. 1. 80

— die Petroleum-Industrie Oesterreich-Deutschlands dargestellt zur Klarstellung deren Wichtigkeit u. Zukunft, u. zur Aufklärung des für diese Industrie sich interessirenden Capital's in geschichtlicher, geologisch-bergmännischer, wirthschaftlicher u. technischer Beziehung. 1. u. 2. Abth.: Oesterreich. [Mit 4 (lith.) Taf. u. (eingedr.) Profilen.] gr. 8. (XVIII, 130 u. XIV, 238 S.) Ebend. 878. 79. n. 12. —

— dasselbe. 3. Abth.: Deutschland. Mit (lith.) Taf. u. Profilen. gr. 8. (XIV, 255 S.) Ebend. 878. n. 8. —

— die Tiefbohrtechnik im Dienste des Bergbau's und der Eisenbahntechnik in Beziehung auf ihren Entwickelungsstandpunkt der Gegenwart, nebst prakt. Gesichtspunkten für die Wahl der den localen Verhältnissen anzupassenden Bohrmethode, in techn. und finanzieller Hinsicht. gr. 8. (VI, 144 S.) Ebendas. 877. *

Strippelmann, Leo, die Tiefbohrtechnik im Dienste des Bergbau's und der Eisenbahntechnik in Beziehung auf ihren Entwickelungsstandpunkt der Gegenwart, nebst prakt. Gesichtspunkten für die Wahl der den localen Verhältnissen anzupassenden Bohrmethode, in techn. und finanzieller Hinsicht. 2. durchges. (Titel-)Aufl. gr. 8. (VI, 144 S.) [Leipzig 881, Knapp.] Karlsruhe, J. Bielefeld's Verlag. *

Strisower, Sophie, a. Rußland: Die Beziehung der trophischen Störungen bei Tabes zu den Sensibilitätsstörungen. Berlin (1905): G. Schade. (38 S.) 8°
Berlin, Med. Fak., Ref. Ziehen, Diss. v. 29. Juli 1905
[Geb. 3. Okt. 79 Soroki, Rußland; Heimatsort: Soroki; Staatsangeh.: Rußland; Vorbildung: Mädchengymn. Odessa Reife O. 90; Studium: Berlin, Halle 3, Freiburg i. B. 1 S., dann Berlin; Rig. 24. Juli 05.]

Strisower, Victor, a. Odessa: Ueber symmetrische Lipome. Freiburg i. B.: 1905: K. Henn. (26 S.) 8°
Freiburg i. B., Med. Fak., Ref. Bäumler, Diss. v. 1905
[Geb. 2. Aug. 77 Vad-Raschkow, Bessarabien; Wohnort: Odessa; Staatsangeh.: Rußland; Vorbildung: Gymn. Odessa Reife Juni 97; Studium: Odessa 5, Freiburg 1, Berlin 4 S.; Rig. 3. Juni 05.]

Stritar Josef: Director Dr. Johann Alton. †. 2. Wien VIII. 00.
Progr.

Stritar, Josef: Gedächtnisverse zur lateinischen Casuslehre. 8 (S. 3–8) **Progr.** K. k. Staatsg. im VIII. Bezirke *Wien* 1898

Stritar, Jožef. Jagode. Knjiga za odrastlo mladino. V Celovcu, St. Hermagoras-Druck., 1899. 160 S.

Stritar, Jožef. Lešniki. Knjiga za odrastlo mladino. V Celovcu, St. Hermagoras-Druck., 1906. 224 S.

Stritar, Jožef. Pod lipo. Knjiga za mladino s podobami. V Celovcu, St. Hermagoras-Druck., 1895. 192 S.

Stritar, Jožef. Zimski večeri. Knjiga za odrastlo mladino. V Celovcu, St. Hermagoras-Druck., 1902. 208 S.

Stritar Milan Josef. Über ein Kondensationsprodukt aus Isobutyraldehyd und Benzaldehyd. S. 108. Hb. 312 . . . . . vgr.
Separatabdruck

Stritar, M. J.: Zur Theorie des Verseifungsprozesses, s. a. Fanto, Richard

— und Fanto R.: Zur Theorie des Verseifungsprozesses. 3 Mitteilung. S. 116. Hb. 81 vgr.
Separatabdruck

Štritof, Anton, Deutsches Lesebuch für die 1. und 2. Classe slovenisch-utraquistischer Mittelschulen und verwandter Lehr-Anstalten. Wien 1897. K. k. Schulbücher-Verlag. (Min.-Erl. v. 22. October 1897, Z. 26252.) Brosch. 1.20, geb. 1.35

Štritof Anton, Deutsches Lesebuch für die I. und II. Klasse slowenisch-utraquistischer Mittelschulen und verwandter Lehranstalten. 2., inhaltlich im wesentlichen unveränderte Auflage. Wien 1906. K. k. Schulbücherverlag. Geh. K 2.40, geb. K 2.70.

Štritof Anton, Deutsches Lesebuch für die III. Klasse gemischtsprachiger Mittelschulen und verwandter Lehranstalten. 2., verbesserte Auflage. Wien 1910. Schulbücherverlag. Geh. K 2.—, geb. K 2.20.

Stritof Anton, Deutsches Lesebuch für die IV. Klasse gemischtsprachiger Mittelschulen und verwandter Lehranstalten. 2., verbesserte Auflage. Wien 1910. Schulbücherverlag. Geb. K 3.—, geb. K 3.20.

Stritt, F. J., Magenbitter. Humoristische Gedichte. Mit Bildnis u. Lebensabriß des Dichters. Mit Illustr. namhafter Künstler aus den „Flieg. Blättern", 2 Bildern aus den „Meggendorfern Blättern" u. Orig.-Zeichngn. (XVI, 144 S.) 12. Offenburg (903). H. Zuschneid. (Nur direkt.) n. 2.20; geb. n 3.—

Stritt, Marie: Die Bestimmung des Mannes. — [Dresden: Tittmann 1894.] 24 S. 8° (Lose Blätter im Interesse d. Frauenfrage. 12.)

Stritt, Marie, u. Ika Freudenberg: Der Bund deutscher Frauenvereine. Eine Darlegung seiner Aufgaben u. Ziele u. seiner bisherigen Entwickelung, nebst einer kurzgefaßten Übersicht üb. d. Thätigkeit seiner Arbeits-Kommissionen. Im Auftr. d. Bundesvorstandes zsgst. — Frankenberg: Reisel 1900. 41 S. 8° (Schriften d. Bundes deutscher Frauenvereine. H. 5.)

Stritt, Marie (Hrsg.), s. Centralblatt d. Bundes dt. Frauenvereine.

Stritt, Marie, die Einheitlichkeit der Frauenbewegung. Vortrag, geh. auf der 7. Generalversammlg. des Bundes deutscher Frauenvereine zu Nürnberg. (17 S.) 8. Frankenberg (Sachsen) 907. Loth. Reisel. (Nur direkt.) — 30

— Die Frau gehört in's Haus. Vortr. — Dresden: Tittmann 1893. 16 S. 8° (Lose Blätter im Interesse der Frauenfrage. Nr 8.)

— Die Frauenfrage der oberen Zehntausend. — Dresden: Tittmann (1898). 18 S. 8° (Lose Blätter im Interesse d. Frauenfrage. 14.)

Stritt, Marie: Der internationale Frauen-Kongreß in Berlin 1904. Bericht mit ausgewählten Referaten hrsg. im Auftr. d. Vorstandes d. Bundes dtsch. Frauenvereine. — Berlin: Habel (1905). XII, 619 S. 8°

— s.a. Frauen-Kongreß, der internationale, in Berlin 1904.

St[ritt], M[arie]: Frauen-Landsturm. Flugblatt geg. d. Entwurf z. burgerl. Gesetzbuch. Hrsg. v. Hanna Bieber-Boehm. — Berlin: Jugendschutz 1896. 8 S. 8°

Stritt, Marie: Frauenlogik. Vortrag. (Dresden) [1892:] (Reisel). 16 S. 8° (Lose Blätter im Interesse der Frauenfrage. 6.)

Stritt, Marie: Das bürgerliche Gesetzbuch und die Frauenfrage. Vortr., geh. auf d. Generalversamml. d. Bundes deutscher Frauenvereine in Hamburg 1898. — Frankenberg: Reisel (1898). 16 S. 8°

Stritt, Marie: Häusliche Knabenerziehung. Vortrag. Nebst einem „Aufruf an d. Frauen" v. Hanna Bieber-Böhm. — Berlin: Imberg & Lefson [1892]. 12 S. 8° (Schriften z. Besten d. Vereins „Jugendschutz". 3.)

— häusliche Knabenerziehung, s.a. Schriften zum Besten des Vereins „Jugendschutz". 3. Hft.

Stritt, Marie: Weibliche Schwächen. Vortrag, gehalten in d. Montagsversammlung d. Allgemeinen deutschen Frauenvereins zu Dresden. — Dresden: Reisel [1892]. 24 S. 8° (Lose Blätter im Interesse d. Frauenfrage. 2.)

Stritt, Sigm., geometrische Formenlehre für die Schüler der untern Klassen der Realgymnasien, der obern Klassen der Volksschulen u. der Präparanden-Anstalten. 12. (74 S. mit 1 Steintaf.) Achern 880. (Offenburg, Trube.) n. — 50

Stritt, Walter, Medizinalprakt. a. Dresden: (Aus d. Pharmakol. Inst. d. Univ. Jena.) Über die Giftwirkungen der als Düngemittel verwandten Cyanverbindungen und ihrer Zersetzungsprodukte. Jena; Leipzig: Veit 1908. 34 S. 8° ¶(Aus: Zeitschr. f. Hygiene u. Infektionskrankh. Bd 63.)
Jena, Med. Diss. v. 2. Mai 1909, Ref. Kionka
[Geb. 9. Febr. 82 Frankfurt a. M.; Wohnort: Frankfurt; Staatsangeh.: Preußen; Vorbildung: Annensch. Dresden Reife O. 01; Studium: Techn. Dresden Techn. Hochsch. 4, Med. Leipzig 5, München 2, Berlin 1, Jena 2 S.; Coll. 28. Juli 08; Approb. 2. Mai 09.] [U 09. 2154

Stritter, F. L. G., Gedächtnißpredigt auf Sr. Durchl. Karl Ludwig zu Anhalt-Bernburg-Schaumburg. 8. Hadamar, N. Gel. Buchh.

Stritter, F. L. G., Gedächtnißpredigt auf Sr. Durchl. Karl Ludwig zu Anhalt-Bernburg-Schaumburg. 8. Hadamar, (Lanz in Weilb.) 3 gr

Stritter, Johann Adam

— Anfangsgründe der chaldäischen Sprache, als Anh. zu Steinersdorf's Grammatik. 8. Halle 762. Waisenhaus-B. 2 gr

Stritter, **Jh. Adm., grammatica chaldaica. 8. Halle 762.**

Stritter, Jh. Gtthlt., (✝ d. 2. März 1801.) memoriae populorum olim ad Danubium, Pontum Euxinum, Paludem Maeotidem, Caucasum, mare Caspicum et inde magis ad Septentrionem incolentium IV Tomi. 4. St. Petersb. 772 —780. Academ. 24 ß

Stritter, Jh. Gtthlf., **Memoriae populorum, olim ad Danubium. Pontum Euxinum etc. IV Tomi. 4 maj.** St. Petersburg 771 — 79. (Leipzig, Voss)

(Joh. Mich. Stritter's) kurze Anweisung zu Verfertigung und Gebrauch der Neperischen Rechenstäblein. Idstein. 8. 1 Bog. 1749.
Gött. gel. Zeitung. 1749. p. 71.

Johann Michael Stritter Nöthigste Aufgaben der Rechenkunst. Idstein. 8. 206 Seiten. 1761.

Stritter, *Ludwig* Umwandlung der Schule in eine Realschule mit wahlfreiem Unterricht im Latein. 4 (S 58—59).
Progr. Rprg. *Biebrich a. Rh.* 1893.

Stritter, Max

Stritter, die Disziplinarstrafordnung f. das Heer vom 31. X. 1872, unter Berücksicht. der hierüber ergangenen Allerhöchsten Kabinetts-Ordres, kriegsministeriellen Erlasse u. Entscheidgn. des Reichs-Militärgerichts erläutert. (VIII, 91 S.) gr. 8. Berlin 905. E. S. Mittler & Sohn. n. 1. 60

Stritter, Paul. Antrittspredigt, geh. bei seiner Einführung in das Amt e. Pastors zu St. Michaelis in Hamburg am 13. Octbr. 1891. gr. 8. (16 S.) Lüneb. 891, Delbanco. — 30

Stritter, P[aul]. Die Heilerziehungs- und Pflegeanstalten für schwachbefähigte Kinder, Idioten und Epileptiker in Deutschland und den übrigen europäischen Staaten. Eine statistische Zusammenstellung unter Mitwirkung von Herrn Oberlehrer J P Gerhardt nach authentischen Mitteilungen hrg. und der Konferenz zu Elberfeld gewidmet. Mit einem Porträt von Pastor DD. (Heinrich Matthias) Sengelmann [Tafel] und einer Übersichtskarte. IV + 140 S. 8. Hamburg, Agentur des Rauhen Hauses, 1902. [cart. M. 2. 50]

Stritter, P., die Heilerziehungs- u. Pflegeanstalten f. schwachbefähigte Kinder, Idioten u. Epileptiker in Deutschland u. den übrigen europ. Staaten. Eine statist. Zusammenstellg. Nachtrag. (23 S.) 8. Hamburg 904. Agentur des Rauhen Hauses. — 50
Hauptwerk Ebd. 902. Kart. n. 2. 50.

Stritter, Robert. Ueber Benzolringspaltungen von Chinoxalinderivaten. Diss. Phil. Basel. 45 S. 8. Wiesbaden, P. Plaum, 1903.

STRITZEL-MARKT, Der sogenannte, in der .... Stadt Dresden, in einer aufgeweckten Aria abzusingen. (31 Stroph.) Lebhaft vorgestellet von einem Liebhaber der deutschen Reimkunst. O. O. u. J. (1774). 4°. Sehr selten!
4 Bll. Bl. 3 u. 4: Lustige Historien (in Prosa). W. v. Maltzahn p. 445 no. 1041.

Stritzko, Rud., (das) Burgtheater. (15 S.) gr. 8. Wien 910. Huber & Lahme Nachf. — 50

Stritzko Rudolf: Das deutsche Leben in der Ostmark unter den ersten Babenbergern.
H. 1900 PN 1322 **Diss.** Wien. Univ.

Stritzl, Hans, üb. Strassenreinigung der Städte. Vorlage e. neuen Projectes üb. die Durchführg. der Strassensäuberg. in eigener Regie der Commune Wien. Beschreibung der Strassensäuberg. in Berlin, Brüssel, London, Paris u. Wien. Mit e. Anh.: Vortrag üb. Strassenreinigg. in grossen Städten in hygien. u. sanitärer Beziehg. gr. 8. (VIII, 172 S. m. 3 Abbildgn. u. 1 Taf.) Wien 893. Spielhagen & Schurich. n. 4. 80; geb. in Leinw. n. 5. 60

STRITZL, Wilhelm (Kaufbeuren): Statistische Betrachtung der Typhusfälle im Jahre 1887, 1888 und 1889 im Krankenhause l/I. II. medizinische Abteilung.- München: Wolf 1890. 38 S.
26.7.1890 - Chr 1890/91,18; Jv 1890/91,236
Diss. Ingolst.-Landsh.-**Mchn.**

Striver, Earnest, der Weg zum Erfolg, s.: Lebens- u. Gesellschaftsfragen. II.

STRIXNER, Georg: Über Embolie der Arteria pulmonalis.- München: Kastner & Lossen 1895. 20 S.
25.7.1895 - Chr 1895/96,8; Jv 1895/96,230
Diss. Ingolst.-Landsh.-Mchn.

Strixner, J. M., die Sammlung alt-, nieder- u. ober-deutscher Gemälde d. Brüder Boisserée etc., s. Sammlung.

Strixner, Jh. Nic., (✝ d. 25. Nov. 1786.) Auszüge von den Gründen der Hebammenkunst, nach dem Lehrgebäude Prof. Röderer's; nebst e. Anh. von Krankheiten der Schwangern, Kindbetterinnen u. Kindern rc. 8. ... 770.

— Rede von der unumgängl. Nothwendigkeit der Wissenschaften dem Nährstande. 4. Burghaus. u. Münch. 767.

Strnád, Eugen: Reminiszenzen aus der Okkupation Bosniens und der Herzegowina. Anläßlich d. 30. Jahreswende. Zsgest. nach hist. Daten. Pozsony: Kath. literar. Aktiengesellsch. 1908. 151 S. 8°

Strnád, Eug., Reminiszenzen aus der Okkupation Bosniens u. der Herzegowina. Anläßlich der 30. Jahreswende. Zusammengestellt nach histor. Daten u. geschichtl. Werken. (1.—20. Taus.) (151 S. m. 1 Karte.) 8. Pozsony 908. (Wien, L. W. Seidel & Sohn.) 2. 40

Strnad, Jos., Plan von Prag und der nächsten Umgebung. 1 : 11,520. Chromolithogr. Imp.-Fol. Prag 876, [Verlag der Bohemia.] Haase. * *M* 1,60.; in Carton * 2 —

Strnadt, Ant., Beschreibung d. berühmt. Uhr- und Kunstwerke am Altstädter Rathhause u. auf d. Sternwarte zu Prag, m. 6 K. gr. 4. Dresd. Walther. 791.

Beschreibung der berühmten Uhr und Kunstwerke am Altstädter Rathhause und auf der königl. Sternwarte zu Prag, von *Anton Strnadt*, K. K. Astronom. . . . . . . Prag. 4. mit Kupfert. 1791.

Strnadt, Anton, s. Gedanken über die schönen u. soliden Wissenschaften.

— Rede vom Nutzen der Sternkunde. 8. Prag, Schönfeld. 783.

STRNADT Anton. Rede vom Nutzen d. Sternkunde. Schonfeld, Prag 1789.

– Physikalisches Taschenbuch auf das Jahr 1789. Prag 1789.

– Chronologisches Verzeichnis der Naturbegebenheiten Böhmens von 1633–1700. Prag 1790. Herrl.

— chronologisches Verzeichniß der natürl. Begebenheiten Böhmens v. 1633 — 1700. 8. Prag, Herrl. 796.

Strnadt, Ant. Chronologisches Verzeichniss der Naturbegebenheiten vom Jahre Christi 633 bis 1700. Prag. 1796. 8.

— physikal. Witterungskalender. gr. 8. Prag 788. Widtmann. 16 *gr*

Strnadt, Georg M.: Das Brandunglück in dem landesfürstlichen Markte St. Johann in Salzburg's Hochlande am 31. Mai 1855. Mit zwei lithogr. Abbildungen von St. Johann vor und während dem Brande. Salzburg. Oberer'sche (Endl & Peuker) Buchdruckerei. Im Verlage des Kaufmann Rosian in St. Johann (23 S. 8°)

Strnadt, Julius

Strnadt, Jul., das Gebiet zwischen der Traun u. der Ens. (197 S. m. 1 Taf. u. 1 Kartenskizze im Text.) gr. 8. Wien 907. A. Hölder. 4. 80

— Das Gebiet zwischen der Traun und der Enns (mit 1 Karte und 1 Kartenskizze im Texte. (Zugleich auch: Abhandlungen zum Historischen Atlas der österreichischen Alpenländer VI.) Ar. 94. 95 . . . . . 4.80
Separatabdruck

Strnadt, Jul., die Geburt d. Landes ob der Ens. Eine rechtshistor. Untersuchg. üb. die Devolution d. Landes ob der Ens an Oesterreich. gr. 8. (125 S.) Linz 886. Ebenhöch. n. 3. —

Strnadt, Jul., Geschichte der Herrschaft Windeck und Schwertberg im Lande ob der Enns. Lex.-8. (59 S. mit 3 Stnt. in 4.) Wien 857, (Gerold's Sohn.) *
Aus: Archiv für Kunde österreich. Geschichtsquellen, besonders abgedruckt.

— Grenzbeschreibungen von Landgerichten des Innviertels. (Zugleich auch: Abhandlungen zum Historischen Atlas der österreichischen Alpenländer. XII.) Ar. 102. 35 . 4.20
Separatabdruck

— Hausruck u. Atergau. (396 S. m. 1 Kartenskizze u. 1 Karte.) gr. 8. Ebd. 908. 8. 20
Sonderabdruck aus: „Archiv f. österr. Gesch."

— dasselbe, s.: Abhandlungen zum historischen Atlas der österreichischen Alpenländer. VII.

— Innviertel und Mondseeland. (Zugleich auch: Abhandlungen zum Historischen Atlas der österreichischen Alpenländer. IX.) Ar. 99. 127 . . . . 17.—
Separatabdruck

Strnadt, J., der Kirnberg bei Linz u. der Kürenberg-Mythus. Ein krit. Beitrag zu „Minnesangs-Frühling". Vortrag. gr. 8. (60 S.) Linz 889. Ebenhöch. n. 1. —

Strnadt, Jul., das Land im Norden der Donau. Mit e. histor. Karte. (228 S.) gr. 8. Wien 905. (A. Hölder.)
Sonderabdruck aus: „Archiv f. österr. Gesch." n. 6. —

— Das Land im Norden der Donau (mit 1 historischen Karte). (Zugleich auch: Abhandlungen zum Historischen Atlas der österreichischen Alpenländer. IV.) Ar. 94. 83 . . . . vgr.
Separatabdruck

— Materialien zur Geschichte der Entwicklung der Gerichtsverfassung u. des Verfahrens in den alten Vierteln des Landes ob der Ens bis zum Untergange der Patrimonialgerichtsbarkeit. (360 S.) gr. 8. Wien 909. A. Hölder. 9. —
Sonderabdruck aus: „Archiv f. österr. Gesch."

Strnadt, Jul., Peuorbach. Ein rechtshistor. Versuch. Hrsg. auf Kosten des Museums Francisco-Carolinum in Linz. gr. 8. (636 S. m. 1 farb. Karte.) Linz 868. (V. Fink.) n. 4. —

Die einschildigen Ritter im dreizehnten Jahrhundert um Kremsmünster. Von Julius Strnadt. Linz: E. Mareis [1905]. (15 S.) 8° [ß.]
Erw. Abdr. aus d. k. k. Linzer Zeitung. 1895. 05. 11671

Historischer Schul-Atlas von Oberösterreich und Salzburg. Auf Grundlage d. Akad. hist. Atlasses d. österreich. Alpenländer... Zsgest. u. bearb. von Julius Strnadt. 7 Karten mit erl. Text. Wien: E. Holzel [1907]. (10 S., 7 Karten). 4° 07. 11773

Strobach, C. F. F., neuester Declamator. Samml. auserwählter Gedichte zum Declamiren. Aus d. Werken deutscher Classiker entnommen u. mit Anmerkn. versehen. 8. (25 B.) Eisleben 830, Reichardt.

Strobach, C. F. F., der neueste Declamator. 8. Eisleben 830. (Berlin, Hermes.) 1 *th*

— Mustersammlung deutscher Prosa. 8. Ebd. 833. (Ebd.) $^2/_3$ *th*, geb. $^3/_4$ *th*

—— Mustersammlung deutscher Prosa. Eine Auswahl guter Aufsätze, die durch Inhalt u. Form bildend auf d. höhere Jugendalter wirken. Aus d. besten Werken d. Deutschen. 8. (23 B.) Eisleben 833, Reichardt.

STROBACH, FRANZ: Bey der durch Gnade Gottes glücklich erlebten zweyten Profess der ... Mater Maria ELeonara hochgebohrnen Fräulein Aloysia von Benn ... Oberin des Ordens der heiligen Ursula in Pressburg, welche den 28. July 1800 gefeyert wurde, brachte seine fromme Wünsche in folgenden Zeilen dar Franz Strobach. Preßburg 1800. o. Dr. (2 f.) - 4°

Strobach, Heinrich August Gottlob

Strobach, Hnr., Aug. Glo., die Verkündigung d. Lobes Gottes mit Hülfe d. Tonkunst. Eine Predigt bei der ersten Jubelfeier der Orgel in d. Stadtkirche zu Dippoldiswalde, am Johannistage 1823 gehalten. Nebst einer Beschreib. d. Ursprungs, d. Beschaffenheit u. d. Schicksale d. Orgel u. der am Feste stattgefund. Feierlichkeiten. gr. 8. Dresd. 823. (Arnold). 3 *gr*

Über einige verderbliche Züge unseres Zeitgeistes (von *Heinr. Aug. Gottlob Strobach*). (Leipzig 1807.)
Anon.-Lex. IV. p. 234 (nach Meusel).

Strobach, J. D., s.a. Strohbach, J. D.

Strobach, J. D., de eruditione Pauli apostoli. Lips. 1708. 4.

Strobach, Rud. v., Bad Fischau u. Umgebung. 8. (III, 53 S. m. Abbildgn. u. 1 Karte.) Wr.-Neustadt 902. A. Folk. Kart. n. 1. —

Strobach, Waldeck [aus Duben (Prov. Sachsen)]: Über Behandlung des Fruchtsackes und der Placenta bei laparotomierter Graviditas extrauterina . . . . Berlin, Buchdr. v. Gustav Schade (Otto Francke) (1887); 31 + 1 S. 8°.
Berlin, Med. Fak., Inaug.-Diss. v. 2. Aug 1887.

Strobach, Waldeck, über Behandlung des Fruchtsackes und der Placenta bei laparotomierter Graviditas extrauterina. Diss. Berlin 1887, Mayer & Müller. 8°. 31 S.

Stroband, Bernhard

Stroband, B., Geschichte des Wallfahrtsortes Marienbaum am Niederrhein. Quellenmäßig dargest. 16. (VIII, 143 S. m. Titelbild.) Dülmen 898. A. Laumann. — 30

Stroband, B., Schatzkästlein, enth. Ablaßgebete f. den tägl. Gebrauch, besonders zum Trost f. die armen Seelen. 2., verb. Aufl. 16. (271 S.) Dülmen 893. A. Laumann. n. — 50

Stroband, B., Schatzkästlein od. Büchlein d. Ablaßgebete f. d. tägl. Gebrauch, besond. z. Trost d. armen Seelen. 3., verb. Aufl. (Ausg. m. großem Druck.) 12. (313 S. m. 1 Stahlstich.) Dülmen 897. A. Laumann. Geb. n. 1.50

Schatzkästlein oder Büchlein d. Ablassgebete f. d. tägl. Gebr. bes. zum Trost d. armen Seelen. Zsgest. von B[ernhard] Stroband, Priester. 4. verb. Aufl. *Dülmen: A. Laumann 1900.* (272 S.) 8° [F.] [01. 4392

Stroebe, Friedrich. Über die Abhängigkeit der Streckungsverhältnisse der Tracheïden von der Jahresringbreite der Fichte. Diss. Phil. Basel. [Sep.-Abdr. aus: Beiträge zur wissenschaftlichen Botanik. Hrg. von Moritz Fünfstück. Band 5, Abteilung 2.] 72 S. 8. Stuttgart, A. Zimmer, 1905.

Stroebe, Frdr., wie gewinnt man gutes Trinkwasser? Ein Beitrag zur Wasserversorgungsfrage unter Hinweis auf den Einfluss der Schwemmkanalisation auf die Beschaffenheit der Flüsse. 4. (VII, 99 S. m. 29 Abbildgn. u. 8 Vollbildern.) Karlsruhe 901. (Ch. F. Müller.) n. 2. 80

Ströbe, Hermann [app. Arzt aus Freiburg i. Br.]: Ueber Kerntheilung und Riesenzellenbildung in Geschwülsten und im Knochenmark. . . . (Aus: Beitr. z. pathol. Anat. u. z. allgem. Pathol. Bd. 7.) Jena, Gustav Fischer, 1890; 2 Bl. + 21 S. u. 2 Taf. 8°
Freiburg i. B., Med. Fak., Inaug.-Diss. v. 19. Jul. 1889

Ueber die Wirkung des neuen Tuberkulins TR auf Gewebe und Tuberkelbacillen. Experiment. Untersuchgn v. Dr. H[erm.] Stroebe, Prosektor . . . zu Hannover. *Jena: G. Fischer 1898.* (2 Bl., 114 S.) 1 Bd 4. (8.) [98. 9191

Stroebe, Carl [aus Illenau]: Die gesetzgeberische Entwicklung der badischen Gemeindeverfassung . . . Freiburg i. B., Buchdr. H. Epstein, 1894; 176 S. 8.
Freiburg i. B., Jur. Fak., Inaug.-Diss. v. 1894

Stroebe, Lilly L(uise), aus Karlsruhe i. B.: Die altenglischen Kleidernamen. Eine kulturgeschichtlich-etymol. Untersuchung. *Borna-Leipzig 1904: R. Noske.* (VII, 84 S.) 8°
Heidelberg, Phil. Diss. v. 1904

[Gedicht.] Am fünfundzwanzigjährigen Jubilaeums-Feste der BBr. Meissner, P. Merkel und Hertel. [Unterz.:] St[robe]l. Den 6. Dec. 1833. Nürnberg [1833]: Campe. 2 Bl. 4° [Umschlagtit.]
„Brüder! uns umschlingt die Kette, . . .“ 21.

Gesang in der ger. u. vollk. ☐ z. d. 3 Pfeilen im Or. von Nürnberg zu Ehren des Br. Joh. Merkel am Johannisfeste 1816. [Unterz.:] S[trobe]l. [Nürnberg 1816]: Milbradt. 2 Bl. 8° [Umschlagtit.]
Ohne Noten: „Töne o Festgesang, . . .“ 193.

[Lied.] Dem Br. Carl Meissner bei Niederlegung des Hammers in d. g. u. v. ☐ z. d. 3 Pfeilen [in Nürnberg. Unterz.:] S[trobel?]. Nürnberg, am $\frac{4}{\text{VII}}$. 5823. [Nürnberg 1823.] 2 Bl. 8° [Umschlagtit.]
Ohne Noten: „Was Du schufst, ist schön gelungen, . . .“ 155.

[Lied.] Dem Br. Carl Meissner bey Niederlegung des Hammers den $\frac{16}{\text{VII}}$. 5826. [Unterz.:] S[trobel?]. [Nürnberg 1826]: Milbradt. 2 Bl. 8° [Umschlagtit.]
Ohne Noten: „Zu Dir hin, in sanften Chören, . . .“ 155.

[Lied.] Dem Br. Joh. Merkel bei Niederlegung des seit fünf Jahren ruhmvoll geführten ersten Hammers in d. g. u. v. ☐ z. d. 3 Pfeilen. Nürnberg am $\frac{28}{\text{VI}}$. 5818. [Unterz.:] S[trobel]. Nürnberg 1818. 2 Bl. 8° [Umschlagtit.]
Tt. 2538. Ohne Noten: „Brüder! uns'rer sanften Leyer . . .“

[Lied.] Dem Br. Joh. Merkel gewidmet von den Brüdern der g. u. v. ☐ z. d. 3 Pfeilen [in Nürnberg]. Am 28. Juni 5818. [Unterz.:] S[trobel]. [Nürnberg 1818.] 2 Bl. 8° [Umschlagtit.]
Tt. 2537. 193.

Maurerischer Rundgesang geweiht am Johannisfeste 5816 dem Br. Joh. Merkel von den Brüdern der Loge zu den 3 Pfeilen in Nürnberg. [Von Strobel.] [Nürnberg 1816.] 2 Bl. 8° [Umschlagtit.]
Ohne Noten: „Auf, Brüder des Bundes, die Becher geschwungen . .“ 193.

Strobel, Adam Walther

Strobel, A. W., Beitr. z. deutschen Literatur u. Literärgeschichte, enth.: Kleine Gedichte Seb. Brandts; nebst e. Biographie u. Portr. u. Briefe v. Th. Murner; nebst fac simile: Conrad v. Dankertsheim, das heil. Stammbuch. gr. 8. Paris 827. Levrault. 1 ₰ 12 gl.

— s. Bibliothek der deutschen National-Literatur.

Strobel, A. W., und W. Schmidt, Diktirbuch, s. Schmidt, W.

Strobel, Adam Walther: Vaterländische Geschichte des Elsasses, von der frühesten Zeit bis zur Revolution 1789 nach Quellen bearb.; fortges. von der Revolution 1789 bis 1813 von L. H. Engelhardt. T. 1—6. — Straßburg: Schmidt & Grucker 1841—1849. 568 S.; 462 S.; 571 S.; 489 S.; 541 S. u. 628 S.

Strobel, Adam Walther. Vaterländische Geschichte des Elsasses, von der frühesten bis auf die gegenwärtige Zeit (*Theil 5 u. 6: bis zur Revolution 1789), nach Quellen bearb. von A' W' St'... 6 Theile. 8. Strassburg 1841–1849.
Theil 1–4: 1841–1844
Theil 5: fortgesetzt von der Revolution bis auf die neuern Zeiten von Dr L[udwig] Heinrich Engelhardt ... 1846
Theil 6: fortg', von der Rev' 1789 bis 1815, von Dr. L. H' E' ... 1849

Strobel, Adam Walther, vaterländ. Geschichte d. Elsasses, v. d. frühesten bis auf d. gegenwärt. Zeit, nach Quellen bearb. 1. u. 2. Bd. (od. 1—14. Lfg.) gr. 8. (64¾ B.) Straßburg 840—42, Schmidt u. Grucker.

Strobel, Adam Walther, vaterländische Geschichte des Elsasses. 35—38. (letzte) Lfg. gr. 8. (6. Bd. S. 81—480.) Straßburg 848—50, [Schmidt.] à Lfg. 10 Ngr.
1—34. Lfg. Ebendas. 1840—47. 11 Thlr. 10 Ngr.

—— dass. — Von der frühesten Zeit bis zur Revolution 1789, nach Quellen bearb.; fortges., von der Revolution 1789 bis 1815, von L. Heinr. Engelhardt. 2. (Titel-)Ausg. 6 Thle. gr. 8. (3261 S.) Straßburg 851, Schmidt.

Strobel, A. G., **Histoire du Gymnase protestant de Strasbourg,** publié à l'occasion de la troisième fête séculaire de cet établissement. gr. in-8. Strasbourg (et Paris) 838. (Treuttel et Würtz.) n. 1⅛ ₰

— das Münster in Straßburg, geschichtl. u. nach seinen Theilen geschildert. 8. Ebend. 845. ⅙ ₰ Mit 4 Stahlst. ½ ₰

Strobel, A. W. Das Münster in Strassburg. 4. A. Strassburg 1856. 12.

Strobel, A. W., das Münster in Straßburg geschichtlich und nach seinen Theilen geschildert. 10.—13. Aufl. 8. (36 S. mit 2 Photogr.) Straßburg 871—74, Schmidt. *

Strobel, A. W., das Münster in Straßburg geschichtlich und nach seinen Theilen geschildert. 14. Aufl. 8. (36 S.) Straßburg 876, Schmidt's Universitäts-Buchh.

Strobel, A. W., das Münster in Straßburg, geschichtlich u. nach seinen Theilen geschildert. 27. Aufl. (39 S. m. Abbildgn.) kl. 8. Straßburg 905. F. Bull. — 50

Strobel, A. W., das Münster in Straßburg, geschichtlich u. nach seinen Theilen geschildert. 31. Aufl. (39 S. m. Abbildgn.) 8. Straßburg 909. F. Bull. — 50

— französische Volksdichter in Biographien, Uebersetzungen u. Auszügen. 1. Abth. gr. 8. Baden 846, Bureau der Badzeitung von G. Muhl. n. ⅔ ₰

Strobel, [Adolf], Prof.: Ueber Flächen, welche durch veränderliche Kegelschnitte erzeugt werden. *Heilbronn 1901: C. Rembold & Co.* (47 S.) 4° ¶(Soll fortgesetzt werden.)
Heilbronn, k. RA, P 1901 (654)

Strobel, Adolf: Die Lehre des sel. Albertus Magnus über das Gewissen. *Sigmaringen 1901: M. Liehner.* (S. 1—16.) 4°
Sigmaringen, k. kath. G, P 1901 (507)

Strobel, Adolf: Die Lehre des hl. Augustinus von den Wirkungen und der Notwendigkeit der Taufe. Sigmaringen 1909: Liehner. S. 1—21. 4°
Sigmaringen, k. kath. G P 1909 (629) [S 09. 464

Strobel, Albert, Schiffsarzt: Kasuistischer Beitrag zur Pathologie und Therapie der Hirschsprung'schen Krankheit. Leipzig 1909: Georgi. 66 S. 8°
Leipzig, Med. Diss. v. 18. Jan. 1909, Ref. Curschmann
[Geb. 10. Nov. 79 Furth b. Chemnitz; Wohnort: Bremerhaven; Staatsangeh.: Sachsen; Vorbildung: Gymn. Chemnitz Reife O. 01; Studium: Leipzig 5, Kiel 1, Leipzig 5 S.; Coll. 17. Febr. 09; Approb. 15. Jan. 08.] [U 09. 2880

STROBEL, Armin (Ortenburg): Ein Fall totaler Abschnürung eines Ovariums und Verlagerung in den vorderen Douglas. Mit 1 Taf.- München: Kastner & Callwey 1903. 24 S.
19.6.1903 - Chr 1902/03,26; Jv 1903/04,333
Diss. Ingolst.-Landsh.-Mchn.

Strobel, Aug. Anleitung zur Abänderung schlecht passender Kleidungsstücke u. zugleich e. Unterweisung, wie bei der Herstellg. v. Herrengarderobe die am häufigsten vorkomm. Fehler von vornherein zu vermeiden sind. 21 Taf. m. üb. 60 Illustr. u. Schnittfig. qu. Fol. (IV, 37 S.) Dresd. 891, Exped. der europ. Modenzeitung. * 2 —

— Collection von 50 Grundmodellen, s.: Müller, Gust. Adf.

Strobel, A., neue Zeichnen-Vorlagen f. Fachschulen d. Schneidergewerbes, sowie f. die Werkstatt als Anschauungsmittel f. Gehilfen u. Lehrlinge, veranstaltet u. hrsg. v. der deutschen Bekleidungs-Akademie in Dresden. Kleine Ausg. 3 Hfte. 36 Blatt in gr. Fol. Mit Text. Fol. (4 S.) Dresden 890. Exped. der europ. Modenzeitung. In Umschlag. n. 5. —; einzelne Hfte. à n. 1. 75

— neue Zeichnen-Vorlagen f. Fachschulen d. Schneidergewerbes, veranstaltet u. hrsg. v. der deutschen Bekleidungs-Akademie in Dresden, entworfen u. gezeichnet v. A. S. 2. Aufl. Fol. (60 Taf. m. 1 Bl. Text.) Dresden 893. Expedition der Europ. Modenzeitg. In Karton. n. 7. 50

Strobel, Carl. s. Strobel, Karl.

Strobel, Curt. s. Strobel, Kurt.

[F.] Vaterländische Gedenkpredigten. E. Nachklang zu d. Jubelj. 1895—96 v. F. N. Strobel, ev.-luth. Pfarrer ... zu Frankfurt a. M. ... *Frankfurt a. M.: J. Schergens 1896.* (123 S.) 1 Bd 8. 96. 2-11

Strobel, F. N., die Hoffnung Israels. Ein Jahrgang alttestamentl. Predigten in Anlehnung an die Nitzsch'schen Perikopen. gr. 8. (508 S.) Frankfurt a/M. 900. 901. Bonn, J. Schergens. Subskr.-Pr. n. 5. —; geb. n. 6. 50; Laden-Pr. 6. —; geb. 7. 50

Strobel, Franciscvs Xav. (geb. am 19 Jan. 1842 in Rangendingen Rgbz. Sigmaringen): De casu quodam perforationis oesophagi in bronchum sinistrum carcinomate factae ... Bonnae, typ. expr. P. Nevsser 1866. 2 Bl., 27 S., 1 Bl. 8.
Bonn, Med. Fak., Diss. v. 1 Juni 1866

Strobel, Friedrich. Adressbuch der lebenden Physiker, Mathematiker und Astronomen des In- und Auslandes und der technischen Hilfskräfte. Zusammengestellt von F' St', Buchhändler in Jena. X + 258 [+6] S. 8. Leipzig, Johann Ambrosius Barth, 1905. [M. 7. —]

Strobel, Frdr., s. a. Adressbuch der lebenden Physiker u. s. w.

Strobel, Fr., s. Annalen der Physik u. Chemie. Sachregister zur Poggendorff'schen Folge, Bd. 1—160 etc.

Strobel, Fr., Namenregister, s.: Annalen der Physik u. Chemie, Beiblätter.

Strobel, G., prakt. Lehrb. des Steinschnittes, der Bögen-, Gewölbe und Treppen. Mit 25 Steindruckt. Fol. Heidelberg, Oswald. 820.

Strobel, G.: Praktisches Lehrbuch des Steinschnitts der Bögen, Gewölbe und Treppen. Heidelberg. 1821. 8°

Strobel, G. P., Vertheidigung d. Wunderwerke Jesu. 8. Dresd. Walther. 732.

Strobel, Georg Theodor

— Apologie Melanchthons wider einige neuere Vorwürfe des Hauptpastors Göze zu Hamburg. 8. Nürnb. 783. Schmiedmer. 8 gr

— Beyträge z. Literatur besond. d. 16ten Jahrh. 2 Bde. od. 4 Stck. 8. Nürnb. Monath u. K. 784–87. (I. 1. 2. à 8 gr. II. 1. 2. à 10 gr.)

— neue Beiträge. 5 Bde. à 2 Stück. 8. Nürnb. 790—94. Monath u. K. (à 12 gr) 5 Thlr

Strobel, Geo. Thdr., († d. 14. Dec. 1794.) vermischte Beitr. zur Geschichte der Literatur. 8 Nürnb. 775. Bauer. 6 gr

— bibliotheca Melanchthoniana vel collectio scriptorum Ph. Melanchthonis. 8. Altd. 775. Ed. II. adjecta Camerarii Vita Melanchthonis. Halle 777. Ed. III. auctior. Smaj. Nürnb. 782.

Strobel, Georg Theodor, s. Camerarius, J.: De vita Melanchthonis.

— Jh. Draconites, nach seinem Leben u. Schriften beschrieben. (Aus d. neuen Beitrr. besonders abgedr.) 8. Nürnb. 793. Monath u. K. 8 gr

— die Ehre Melanchthons, gerettet wider die ungegründ. Beschuldigungen Prof. Hausens in seiner pragmat. Geschichte d. Protestanten. 8. Nürnb. 773.

Strobel, G. Th., Leben, Schriften und Lehren Thomas Münzer's, des Urhebers des Bauernaufruhrs in Thüringen. gr.-8°. Nürnberg. Monath u. K., 1795.

— Leben u. Schriften Sim. Leminii. 8. Nürnb. 792. Monath u. K. 9 gr

– s. Melanchthon, Ph.: Libelli de script. eccles.

Strobel, Georg Theodor, s. Melanchthon, Ph.: Chursächs. Visitationsartikel.

– s.: Melanchthoniana.

— Melanchthoniana, od. Samml. e. Nachr. z. Erläut. d. Gesch. Melanchthons. 8. Ebend. 771.

— Miscellaneen literar. Inhalts, größtentheils aus ungedruckt. Quellen herausgg. 6 Stcke. gr. 8. Nürnb. 778—82. (Winter). (à 12 gr) 3 Thlr

— Nachr. von Melanchthons öftern Aufenthalt u. Verrichtungen in Nürnberg. 8. Nürnb. 774.

— Nachr. von d. Leben S. Pfausers. 8. Nürnb. 786. Monath u. K. 4 gr

— Nachr. von d. Leben u. Schriften Veit Dieterichs, als Beitr. z. Reformationsgeschichte. 8. Nürnb. 772. Monath u. K. 5 gr

— literar. Nachricht von Melanchthons sämmtl. Briefen rc. 8. Nürnb. 784. Monath u. K. 5 gr

— histor.-literar. Nachrr. von d. Verdiensten Melanchthons um die heil. Schrift rc. 8. Nürnb. 773. Monath u. K. 5 gr

– s. Opuscula quaedam satyrica et ludicra.

— von Melanchthons Ruf nach Frankreich u. seiner dahin geschickten Religionsbedenken 1555, ein Beitr. zu d. Schicksalen der Evangel. in Frankreich. (Aus d. Beitr. besond. abgedr.) 8. Nürnb. 794. Monath u. K. 12 gr

Strobel, G. T., Sammlung deutscher Briefe Dr. Mart. Luthers rc. s. Luther.

– s. Schwarzenberg, Jh. v.: Briefe.

— Melanchthons Unterschied der evangel. u. papist. Lehre, s. Ph. Melanchthon

— Versuch e. Literaturgeschichte von Ph. Melanchthons locis theologicis, als d. ersten evangel. Lehrbuche. gr. 8. Nürnb. 776. Monath u. K. 6 gr

— Versuch e. Nachr. von der evangel. Gemeine u. ihren bisher. Predigern in Venedig. (Aus d. neuen Beitrr. besond. abgedr.) 8. Nürnb. 793. Monath u. K. 2 gr

Strobel, J. P., 100 zwei-, drei- u. vierstimmige Gesänge für die Hand der Kinder in kathol. Schulen. In Notenschrift. 1. Hft. 2. verb. Aufl. gr. 8. Darmstadt 844, Jonghaus. n. 1/6 Thlr

— acht Lieder für Kinder mit leichter Begleitung des Pianoforte in Musik gesetzt. qu. gr. 8. Ebend. 845. 1/4 Thlr

Strobel, J. P., 50 zwei- und dreistimmige Lieder für katholische Schulen. (2. Heft.) Mainz 854. Kirchheim. 8. (2 Bl., 33 S.) 3 ngr.

1. Heft. 2. Aufl. Darmstadt 844. Jonghaus. n. 5 ngr.

Strobel, J. P., die Schulglocke. Eine neue Sammlung mehrstimmiger Lieder für katholische Schulen. Mainz 859. Kirchheim. gr. 8. (VIII, 47 S.) 6 ngr.

—— acht vierstimmige Wandlungslieder für den Männer-Chor. 8. (16 S.) Mainz 857, Kirchheim.

Strobel, Johann Adam (Hersbruck) A. S. 321/11

Disquisitio historica an Manethonis pastores invasores Aegypti fuerint Israelitae.
Präs. Johann David Koeler.
Altdorf (Meyer) 9. VIII. 1730. 16 S.

W. v.: Christoph Moritz Lochner (Opp.), Georg Karl Seyfried (Opp.), Georg Lorenz Hausfriz (Opp.). 33879

Strobel, Johann Adam (Hersbruck) A. S. 301/18

Ex theologia symbolica de variationibus quibusdam theologorum pontificiorum in iudiciis de Augustana confessione. Präs. Jakob Wilhelm Feuerlin.
Altdorf (Meyer) 6. XII. 1730. 24 S.

W. v.: Präs., Johann Wilhelm Golling, Christoph Moritz Lochner (Opp.), Chr. Andreas Winterschmid (Opp.), Adam Rudolph Schedel (Opp.). 33880

Strobel, Johann Baptist, s. S t r o b l , Johann Baptist.

Strobel, Johann Erhard (Nürnberg) Diss. Altd. lose jur.

Specimen inaugurale de testamento militari singularia continens.
Altdorf (Hessel) 29. IX. 1783. 20 S. 33881

Strobel, Joseph Anna

Der Sterbetag des Durchlauchtigsten Herzogs von Neuburg, Wolfgang Wilhelm, gefeiert in der Kön. Hofkirche zu Neuburg a. D. am 20. März 1841. — [Inhalt: a) Kurzer Vorbericht über die Feier. — b) Predigt von Strobel, St. R. u. Sem. Dir.] — Ingolstadt, Attenkover. — S. 3–11.
Progr. Neuburg.

Strobel, *Carl* [aus Lengenfeld i./Voigtl.]: Zur Entwicklungsgeschichte und Anatomie der vagina, urethra und vulva ... Würzburg, Buchdr. d. Bayer. Landeszeitg, 1893; 18 S., 1 Bl., 2 Taf. 8.
Würzburg, Med. Fak., Inaug.-Diss. v. 1893

Strobel, Karl, ausführl. Entwurf zu e. Lehrplan f. d. deutschen Unterricht in e. 7klass. Volksschule. 8. (40 S.) Berlin 895. J. Rentel. n. — 40

Strobel, Carl, Grundsätze des deutschen Sprach-Unterrichts. Als Vorrede zu den deutschen Sprach-Uebungen. gr. 8. (7 S.) Berlin 880. Mrose. n. — 10

Strobel, Karl: Vom L e s e n . Eine pädag. Studie gegen d. Schand- u. Schundliteratur d. Gegenwart. Berlin: Gerdes & Hödel 1909. 38 S. 8°
(Pädagogische Bausteine. H. 34.)

Strobel, Carl, deutsche Sprach-Uebungen. Ein Aufgabenbuch für mehrklassige Schulen. 4 Hfte. gr. 8. Berlin 880. Mrose. n. 1. 40
1. (20 S.) n. — 15. — 2. (30 S.) n. — 25. — 3. (58 S.) n. — 50. — 4. (63 S.) n. — 50

Strobel, C., deutsche Sprach-Übungen. Ein Aufgabenbuch f. mehrklass. Schulen. 6 Hfte. 8. Potsdam 888. Rentel's Verl. n. 1. 15; Einbd. à n.n. — 10
1. (80 S.) n. — 25. — 2. 3. (27 u. 35 S.) à n. — 10. — 4. (68 S.) n. — 15. — 5. (100 S.) n. — 25. — 6. (116 S.) n. — 30.

— deutsche Sprach-Uebungen. E. Aufgabenbuch f. mehrklass. Schulen. 2.–5. Hft. 12. Ebd. n. — 70; Einbde. à n. — 10
2. 3. 4. Aufl. (27 u. 35 S.) 897. à n. — 10
4. 3., verm. Aufl. (82 S.) 897. n. — 25
5. 2., verb. Aufl. (100 S.) (894.) n. — 25

Strobel, Karl, deutsche Sprach-Übungen. Ein Aufgabenbuch f. mehrklass. Schulen. 2. u. 6. Hft. 12. Berlin, J. Rentel. n.n. — 60; kart. n.n. — 80
2. 5. Aufl. (27 S.) 900. n.n. — 10; geb. n. — 20
6. 2. Aufl. (125 S.) 900. n. — 50; kart. n. — 60

— der deutsche Sprachunterricht in mehrklassigen Schulen. Ein um die Geschichte des deutschen Sprachunterrichts erweiterter Vortrag [gehalten im Communal-Lehrerverein zu Berlin]. gr. 8. (48 S.) Ebend. 880. n. — 80

[J.] Orthographisch-grammatische Sprech- und Diktierübungen. E. Handb. f. Lehrer v. Karl **Strobel,** Rektor i. Berlin. *Berlin: J. Rentel 1897.* (XII, 112 S.) 1 Bd 8. [97. 33:7

Strobel, Kurt

Strobel, C. Über Halogenderivate des Pseudocumols. M. 1 Tab. In-8°. 46 S. Basel, (Georg & Co.). These. 1894

Strobel, Leo, s. S t r o b l , Leo.

Strobel, Matthias

— Deine Idee, Heldeken, is ne faule Idee, des will ick Dir beweisen, ick genannt Matthias Strobel. Friedländersche Buchdruckerei. 1 Bl. Fol.
Flugblatt. Berlin. 1848/49.

Strobel, Matthias. Hülfe! Hülfe! Des Weißbier is in Jefahr! Jeanliger Zurni an seine lieben Berliner von Matthias Strobel, bürgerlicher Schuhmacher vor Civil un Militär, außerdem Demokrat un Feind vonn absoluten Lebenswandel. Druck von E. Lauter. 1 Bl. Fol.
Flugblatt. Berlin, 1848/49.

— Soldatens, steckt de Deegens in! Druck von E. Lauter. 1 Bl. Fol.
Flugblatt. Berlin, 1848/49.

S t r o b e l , Max. Beiträge zur Kenntnis der 10-Phenanthrenderivate. Diss. Phil. Basel. 58 S. 8. Basel, Gasser & Cie., 1903.

Strobel, P., die Terramara-Lager der Emilia, s. P i g o r i n i , L.

Strobel, P. v., die Wissenschaft, die Steuerpflichtigen u. die Gelehrten-Versammlungen. gr. 8. (18 S.) Wien 872. (Braumüller. n. — 40

Strobel, P. B., F. C. Ammon u. F. Moll, f. **Reden,** zwei, nach der feierl. Einführung des ersten Kornwagens gehalten.

Strobel, Paul, zerbrochene Schranken od. Erziehg. u. Liebe, e. Schauspiel in 5 Aufzügen. 8. (III, 108 S.) Dresden 898. E. Pierson. n. 1. 50

Strobel, Regine, Lehrbuch f. die katholische Kindergärtnerin. (Mit 96 Abb. u. 2 Beschäftigungsplänen.) (VII, 147 S.) kl. 8. Essen 908. Fredebeul & Koenen. 1.—; geb. in Leinw. 1. 50

S t r o b e l , Reinh., und Friedr. Seyfert, Brandpredigten, f. S e y f e r t , Friedr.

Strobel, Wenzeslaus (Zeuzleben) A.S. 586/8

Jus et obligatio prohibitionem librorum positivum concernens in dissertatione inaugurali juridica exposita. Präs. Joseph Maria Schneidt.
Würzburg (Nitribitt) 19. XII. 1768. 122 S.
33882

Strobel, Wilhelm. Heimatklänge. St. Louis: Wiebusch, 1876. GSP

Strobel, W., Japan. Land u. Leute. Vortrag. gr. 8. (32 S.) Glarus 887. Bäschlin. n. — 80

— die klass. Studien als Vorbildung f. die höheren Berufsarten, m. besond. Berücksicht. der Theologie. Vortrag. Mit e. Vorwort v. E. Buss. gr. 8. (VII, 38 S.) Basel 888. [Schneider.] Geering. n. — 80

Strocbel, der Ausbildungsgang e. fahr. Batterie unt. Berücksicht. d. durch d. Einführg. d. zweijähr. Dienstzeit veränd. Verhältnisse. Preisaufgabe f. Offiziere der Feldartillerie f. 1894/95. [Aus: „Archiv f. d. Artillerie- u. Ingen.-Offiziere".] 8. (IV, 55 S.) Berlin 896. E. S. Mittler & Sohn. n. — 80

Stroebel. Die Erhöhung d. Friedens-Etats der Feld-Artillerie, s. Zeitfragen, militärische.

Ströbel, Aug., s.: Goethe-Festschrift zum 150. Geburtstage des Dichters.

Ströbel's, Ch., Armee-Einteilung u. Standortsliste des deutschen Reichsheeres, der kaiserl. Marine, der kaiserl. Schutztruppen, der ostasiat. Besatzungs-Brigade u. der Militär-Verwaltungsbehörden. Nach dem Stande vom 1. X. 1901. Handbuch der Organisation des deutschen Heer- u. Marinewesens. Nach amtlichen Quellen bearb. qu. gr. 8. (166 S.) Würzburg 901. (Gnad & Co.) n. 1. —

Einige Bemerkungen in Beziehung auf den Religions-Unterricht an Studien-Anstalten von Dr. Christoph Siegm. Strobel, L. P. — 1830. — S. 3—17.
Progr. Bayreuth

Ströbel, Eduard

— Bericht üb. die Litteratur zu Ciceros rhetor. Schriften a. d. Jahren 1881—1893. I. S.-A. 1894. 56 S. —.75
— — II. S.-A. 1895. 58 S. —.75

Ströbel, Ed., s. a. Bericht üb. d. Litteratur zu Ciceros rhetor. Schriften.

Ströbel, E., De Ciceronis de oratore librorum codicibus mutilis antiquioribus. Diss. 1883. 76 S. 1.20

Ströbel, E., Cornificiana. S.-A. 1902. 15 S.

Ströbel, Eduard Die Handschriften zu Ciceros Rede in Pisonem.
8 (S. 27—42).
In: Festschrift z. 150jähr. Bestehen der Univ. Erlangen. Kgl. Neues G. *Nürnberg* 1893.
Nicht im Tauschverkehr
Progr.

Ströbel, Eduard Zur Handschriftenkunde und Kritik von Ciceros Partitiones Oratoriae 8 (47 S.) Studienanst. *Zweibrücken* 1887.
Progr.

Ströbel, E., Jahresbericht üb. die Litteratur zu d. Briefen d. jüngeren Plinius a. d. Jahren 1884 1889 S.-A. 1890. 18 S. —.60

Tulliana. Sprachliche und textkritische Bemerkungen zu Ciceros Jugendwerk „De inventione". — Von Dr. Eduard Stroebel, G.-P. — 1908, München, J. B. Lindl. — P. 3—50.
Progr. München, K. Luitpoldgymnasium

Ströbel, Frdr. Ritter v., Liederbuch für Soldaten des deutschen Heeres. 5. Aufl. gr. 16. (X, 171 S.) Speyer 878. (Neidhard.) cart. n. 1. —

Lieder-Schatz für das Deutsche Heer. Gesammelt u. hrsg. von Friedrich R[r] v. Ströbel, Oberstlt. a. D. †. Ansbach: C. Brügel & Sohn (1892). (XIII, 192 S.) 8° [F.] [05. 12490

Ströbel, Joh., die Verbesserung der Wiesen. Den Landwirthen und Wiesenbesitzern zur Anwendung empfohlen und leicht faßlich dargestellt. gr. 8. (32 S.) Nürnberg 852, (v. Ebner'sche Buchh., Verlags-Conto.)

Ströbel, Karl, appr. Arzt a. Schweinfurt: Vier Fälle von Melaena neonatorum. München 1905: Kastner & Callwey. (23 S.) 8°
München, Med. Fak., Ref. v. Winckel, Diss. v. 31. März 1905
[Geb. 2. Apr. 70 Straßbessenbach, B.-A. Amt Aschaffenburg; Wohnort: Schweinfurt; Staatsangeh.: Bayern; Vorbildung: Gymn. Schweinfurt Reife Juli 95; Studium: München 9 S.; Coll. 9. März 05; Approb. 7. Apr. 04.]

Ströbel, Karl, zum protestant. Jubiläum im J. 1848. [Besond. Abdr. aus d. Zeitschrift f. d. gesammte luther. Theologie u. Kirche.] gr. 8. (31 S.) Leipzig 848, Dörffling & Franke. 4½ ngr.

Ströbel, Karl, ein protestantisches Wort an den Bischof von Paderborn, Herrn Dr. Konr. Martin, gerichtet. Leipzig 866. Dörffling & Franke. gr. 8. (98 S.) 12 ngr.

Stroebel, Paul, Überwendlenga. Gedichte in schwäb. Mundart. (IV, 98 S.) kl. 8. Tübingen 907. G. Schnürlen. 1.60; geb. 2. —

Johann Stephan Strobelbergers [Strobelberger] Kurtze Unterweisung, wie man nemlich des Kaysers Carols-Bads sich recht zu gebrauchen...solle. Anietzo auf das neue an das Licht gebracht... Carols-Bad: Becher 1748. 32 S. 8°

Ströbele, v., katholisches Gesang- und Gebetbuch für das Bisth. Rottenburg, s. Gesang- und Gebetbuch.

Ströbele, Max, die hl. Karwoche in den Gebeten u. Gebräuchen der katholischen Kirche, nebst Anh. v. Andachten zu Ehren d. Leidens u. Sterbens d. Herrn. 16. (VI, 338 S. m. 1 Stahlst.) Stuttgart 893. Süddeutsche Verlagsbuchh. n. — 90; geb. in Leinw. n. 1. 30; in Ldr. m. Goldschn. n. 2. —

— s.: Liederbuch f. Mitglieder des Gesellen-Vereins.

Stroeber, E., Die Grundsteuervermessungen. Nach d. latein. Texte d. gromat. Cod[e] insbes. des Hyginus, Frontinus u. Nipsus. M. e. Vorwort v. C. M. v. Bauernfeind. 18[7] 149 S. u. Abbild. 1.

Strobl A.: Bemerkungen zum IV. Bande des Lampel'schen Lesebuches, insb. die Dispositionen seiner Prosastücke betr. 72 Kaaden 89.
Progr.

Strobl, A. Das Bezirkskommando Vilshofen. 1868—1908. Ein Rückblick. Deggendorf 1908. 32 S.

Strobl, Adolf

Strobl, Ad., Aspern u. Wagram. Kurze Darstellg. d. Ereignisse in d. Schlachten v. Aspern am 21. u. 22. V. u. Wagram am 5. u. 6. VII. 1809. M. 17 Skizzen u. 4 Ordres de bataille. gr. 8. (VIII, 65 S. m. Fig.) Wien 897. L. W. Seidel & Sohn. n. 2. 40

Custoza. Kurze Darstellg der Ereignisse vor u. in d. Schlacht b. Custoza 1866. M. 2 Ordres de bat. u. 26 Skizzen. Nach d. bedeutendsten Quellenwerken bearb. v. Oberstlt. (Adolf) Strobl. *Wien: L. W. Seidel & Sohn 1897.* (4 Bl., 64 S., 2 Tab., 20 Kt. u. Pl.) 1 Bd 8. [97. 1975

— Custozza-Aufgaben. Sammlung v. applicator. Taktik-Aufgaben, zusammengest. m. Rücksicht auf d. Ereignisse in der Schlacht v. Custozza 1866. Mit 23 Skizzen. gr. 8. (IX, 84 S.) Ebd. 897. n. 3.60

—— u. Rich. Schreyer. Grundzüge d. Heerwesens der österreich.-ungar. Monarchie. Auszugsweiser Sep.-Abdr. vom 3. Thl. d. Instructions-Buches f. die Einjährig-Freiwilligen d. k. u. k. Heeres. gr. 8. (VI, 74 S. m. 2 farb. Karten.) Wien 892, Hof- u. Staatsdruckerei. * — 90
Dass. 4. Aufl. Ebda. 1893. (VI, 84 S.)

— u. Rich. Schreyer, Grundzüge des Heerwesens der österr.-ungar. Monarchie. Aufl. Octbr. 1895. gr. 8. (VI, 84 S. m. 2 Karten.) Wien 895. Hof- u. Staatsdruckerei. n. 1. —

Königgrätz. Kurze Darstellung d. Schlacht am 3. Juli 1866. Nach d. bedeutendsten Quellenwerken bearb. von Oberst Adolf Strobl. Mit 6 Ordres de bataille u. 38 Skizzen. [Text &] Karten. *Wien: L. W. Seidel & Sohn 1903.* 2 Bde 8°

— Cavalleristische Kriegsspiele auf kriegsgeschichtl. Grundlage. [Aus: „Streffleur's österr. militär. Zeitschr."] gr. 8. (88 S. m. Skizzen im Text u. auf 3 Taf.) Ebd. 897. n. 2. 40

Mortara und Novara. Kurze Darstellung des Feldzuges 1849 in Italien mit besonderer Berücksichtigung der Schlachten von Mortara und Novara. Von Oberst Adolf Strobl. Mit 2 Ordres de bataille und 18 Skizzen. Wien. 1899. Seidel & Sohn. Gr.-8°. IX, 76 S. fl. 1.80

Trautenau. Kurze Darstellung d. gleichnamigen Treffens am 27. Juni 1866 unter Anschluss von applicat. Aufgaben auf Grund d. kriegsgesch. Ereignisse. Mit 2 Ordres de bataille u. 10 Skizzen. Bearb. von Oberst Adolf Strobl. *Wien: L. W. Seidel & Sohn 1901.* (x, 85 S.) 8°

Strobl, A., der Weg zum Einjährig-Freiwilligen u. Reserve-Officier in der k. u. k. Armee. Mit e. Anh., betr. die Uebersetzg. v. Reserve-Officieren [Militär-Aerzten u. Militär-Beamten in der Reserve] in den Activstand. gr. 8. (X, 191 S. m. e. Formular.) Wien 890. Seidel & Sohn. n. 2. -

Strobl, Adf., der Weg zum Einjährig-Freiwilligen u. Reserve-Officier in der k. u. k. Armee. Mit e. Anh., betr. die Übersetzg. v. Reserve-Officieren (Militär-Ärzten u. Militär-Beamten in der Reserve) in den Activstand. 2. Aufl. gr. 8. (VIII, 166 S. m. 1 Formular.) Wien 892. L. W. Seidel & Sohn. n. 2. —

— der Weg z. Einjährig-Freiwilligen u. Reserve-Officier in d. k. u. k. Armee. M. einem Anh., betr. d. Uebersetzung v. Reserve-Officieren (Militär-Aerzten u. Militär-Beamten in d. Reserve) in d. Activstand. 3. Aufl. gr. 8. (VII, 160 S.) Ebd. 895. n. 2. —

Strobl, Adf., der Weg zum Einjährig-Freiwilligen u. Reserve-Offizier in der k. u. k. Armee. Mit e. Anh. betr. die Modalitäten, unter welchen die Activierg. v. Einjährig-Freiwilligen, Reserveofficieren rc. stattfindet. 4. Aufl. gr. 8. (VIII, 135 S. m. 1 Formular.) Wien 900. L. W. Seidel & Sohn. n. 2. —

(F) Der Weg zum Einjährig-Freiwilligen und Reserve-Officier in der k. u. k. Armee. Bearbeitet von Hauptmann Adolf Strobl. Mit einem Anhange betreffend die Modalitäten, unter welchen die Activierung von Einjährig-Freiwilligen, Reserveofficieren etc. stattfindet. 4. Auflage. Wien. 1901. Seidel & Sohn. Gr.-8°. VIII, 135 S. mit 1 Tafel. K 2,—

— der Weg zum Einjährig-Freiwilligen u. Reserveoffizier, 5. Aufl., s.: Weg usw.

Wysokow (Nachod). Kurze Darstellung des gleichnamigen Gefechtes am 27. Juni 1866 unter Anschluss von applicatorischen Uebungen auf Grund der kriegsgeschichtlichen Ereignisse. Mit 2 Ordres de bataille und 11 Skizzen. Bearbeitet von Oberst Adolf Strobl. Wien. 1901. Seidel & Sohn. Gr.-8°. X, 110 S. K 3 60

Strobl, Anton: Zur Schullectüre der Annalen des Tacitus. 8 (S. 3—38) (Fortsetzung.) 8 (S. 3—24).
Progr. K. k. deutsches Oberg. der Kleinseite *Prag* 1896. 1897

Strobl, Anton: Zur Schullectüre der Annalen des Tacitus. (Fortsetzung.) S. 10—24. 8. (Fortsetzung.) S. 13—22. 8. (Schluß.) S. 11—17. 8.
Progr. K. k. deutsches Obergymn. der Kleinseite *Prag* 1902. 1903. 1904.

— Zur Schullektüre der Annalen des Tacitus. (Fortsetzung.) S. 3 bis 22. 8. (Fortsetzung.) S. 3—20. 8. (Schluß.) S. 3—13. 8.
Progr. K. k. Staatsgymn. *Innsbruck* 1904. 1905. 1906.

Strobl, Carl, s. Strobl, Karl.

Strobl, Christoph [Rechtspraktikant aus München]: Das Etablissement ... München, Buchdr. v. M. Ernst, 1894; 67 S. 8.
Erlangen, Jur. Fak., Inaug.-Diss. v. 1894

Strobl, E., Bilder aus Alt-Krems. 6 Photo-Lith. nach Federzeichngn., hrsg. vom Stadt-Museum in Krems. (7 S. Text.) Lex.-8. Krems 906. (F. Oesterreicher.) n. 1.—

Strobl, Franz Karl —. Wie können die lieben Kleinen bei der Anschauung der wundervollen Pflanzenschöpfung die Liebe und Allmacht des himmlischen Vaters erkennen? Von — —. 8. (X, 84 S.) Wels. Druck von Joh. Haas. 1854.

STROBL, Gabriel P.
Dipterenfauna von Bosnien, Hercegovina und Dalmatien. Zusammengestellt von Prof. P. Gabriel Strobl. (Separat-Abdruck aus „Wissenschaftliche Mittheilungen aus Bosnien und der Hercegovina", VII. Bd. 1900.) Wien. 1900. In Comm. Gerold's Sohn. Lex.-8°. 120 S. K 3.—

Strobl, P. Gabr., Dipterenfauna v. Bosnien, Hercegovina u. Dalmatien, s.u. Mitteilungen, wissenschaftl. aus Bosnien u. der Hercegovina. VII.

Strobl G.: Flora von Admont. 74. 92. 19. Melk 81. 82. 83.
Progr.

Strobl G.: Dipterologische Funde um Seitenstetten. Ein Beitrag zur Fauna Nieder-Oesterreichs. 63. Seitenstetten 80.
Progr.

Strobl, Gab., Reise-Erinnerungen aus Sicilien. 8. (634 S.) Graz 878. Ebenhöch. n. 4. —

— eine Sommerreise nach Spanien. 8. (616 S.) Ebend. 880. n.n. 3. 60

Strobl, Heinrich

Kreta. Eine geographisch-historische Skizze. I. — Von Heinr. Strobl, G. P. — 1875. München. S. 3—30 mit 1 Karte.
Progr. München, Wilhelms-Gymnasium

Dasselbe. II. — Von Heinr. Strobl, G. P. — 1876. München. — S. 3—34.
Progr. München, Wilhelms-Gymnasium

Dasselbe. Schluss. — Von Heinr. Strobl, G. P. — 1877. München. — S. 3—48.
Progr. München, Wilhelms-Gymnasium

Strobl Dr. J.: Die Städte Krems und Stein im Mittelalter. 37. Krems R. 81.
— Beilagen hiezu: Urkunden aus dem Archive der Stadt Kr. im 14. Jahrh. 28. 58. 26. ibd. 81. 82. 83.
Progr.

Strobl, J. G., marianische Ehrenkron, mit welcher Maria durch 30tägl. Andachten verehrt wird. 8. Salzb. 763. Mayr. 5 gl.

Strobl, Joh.: Die Erdkunde als Lehrobject an Mittelschulen. 24 S. 8°.- Waidhofen a/Y. UR., Progr. 1873.

Strobl, J.: Die Kämpfe der karolingischen Herrscher mit den Normannen und ihre nächsten Folgen. 67 S. 8°- Waidhofen a/Y., UR., Progr. 1870.

Strobl, Johann Baptist, s. Briefe z. Gebrauch junger Leute.

– s. Fleury: Abhandlungen.

[Strobl]. *Folgen unrichtiger und verwahrloster Erziehung.* Ein Lesebuch für Jünglinge und Mädchen von reiferem Alter. [Vignette m. Unterschrift.] Mit [9 ganzseit.] Kupfern [von J. M. Mettenleiter]. München, bey Johann Baptist Strobel, 1794. Titelbl. u. 330 S. Kl.-8°. Hldr. d. Z. 50.—

Seltenes, wenig bekanntes und sehr merkwürdiges Buch, das sich mehr an Eltern als an Kinder richtet: „Wie leicht ist ein junges Mädchen zu verführen; Von den Jugendsünden; So wird man zum Geizhalse; Die Reise ins Zuchthaus" usw. Besonders bemerkenswert sind die vorzüglichen Kupfer von dem „bayrischen Chodowiecki" J. M. Mettenleiter. — Teilw. leicht fleckig, Einbandrücken beschäd.

Strobl, Jh. Bapt., († im Nov. 1805.) üb. Publicität u. Pasquill, e. Denkschrift. gr. 8. Bamb. 785. (Wesché in Frankf.); (a. Fleischmann in Münch.) 8 Kr

– s. Sammlungen baier. Gesetze, v. Freiheitsbriefen.

[Strobl, Joh. Bapt.] *Unglücksgeschichten zur Warnung* für die unerfahrne Jugend, in rührenden Beyspielen, erläuternden Kupfern und Vignetten. [Titelvignette: Friedhofszene.] München, Johann Baptist Strobl, 1788. 7 Bl. 265 S. 9 [statt 10] Bl. Mit 13 [statt 17] Kupfern und 16 Vignetten von J. M. Mettenleiter. Kl.-8°. Hldr. d. Z. 30.—

Rüm. 18. Jh. 1119. RümKB. 333. Sehr originelles Büchlein, Text u. d. reizenden Kupfer ergänzen sich vorzüglich. In manchem eine Art prosaischer Vorfahr des Struwelpeters. Betr. Spiel m. Gewehren, Umgang m. Tieren, Schrecken u. Furcht, Folgen des Naschens, Vogelneststörer, Gebt acht aufs Feuer usw. — Benutztes Ex. m. kleineren Flecken, einigen Einrissen, bei einigen Bll. fehlen kleine Stücke des weißen Randes, Einband abgenutzt u. beschädigt. 1 Registerbl. u. 4 Kupfer fehlen.

Vgl. Unglücksgeschichten...

Kaiser Maximilians I. Anteil am Teurdank. Eine krit. Untersuchung von Joseph Strobl. Innsbruck: Wagner 1907. (96 S.) 8° [F.] [08. 184]

Strobl, Jos., Berthold v. Regensburg u. der Schwabenspiegel. [Aus: „Sitzungsber. d. k. Akad. d. Wiss."] Lex.-8. (20 S.) Wien 878. Gerold's Sohn in Comm. n. — 40

Strobl, Jos., aus der Kreuzensteiner Bibliothek. Studien zur deutschen Literaturgeschichte. (58 S.) gr. 8. Wien 907. A. Holzhausen. 3. —

—— s. Heinrich von Neustadt.

Strobl, Jos., Hilfsbuch f. den Unterricht in der deutschen Grammatik an Gymnasien. 1. u. 2. Bdchn. gr. 8. Wien 885. Graeser. n. 1. 8
1. Für die 5. Gymnasialklasse. (III, 40 S.) n. — 60
2. Für die 6. Gymnasialklasse. (36 S.) n. — 48

Strobl, J., Hilfsbuch f. d. Unterricht in der deutschen Grammatik an Gymnasien. 1. Bdchn. [Für d. 5. Gymnasialclasse.] 2., vorb. Aufl. gr. 8. (III, 41 S.) Wien 887. Graeser. n. — 50

Strobl, Jos., s. Marienlied, das Melker.

— Ein rheinisches Passionsspiel des XIV. Jahrh. — Eine Handschrift latein. Predigten Bertholds v. Regensburg. Beiträge zur deutschen Literaturgeschichte aus der Kreuzensteiner Bibliothek. (IV, 58 S.) gr. 8. Halle 909. M. Niemeyer. 2. —

Strobl, J., Reduction d. Auwers'schen Fundamental-Cataloges auf die Le Verrier'schen Praecessions-coëfficienten, s.: Herz, N.

Strobl, Jos., Reisebericht über die in Niederösterreich (Viertel ob u. unter dem Wienerwalde) angestellten Weisthümer-Forschungen. [Aus den Sitzungsber. der k. Akad. der Wiss.] Wien 869. (Gerold's Sohn.) Lex.-8. (8 S.) n. 2 ngr.

— über eine Sammlung lateinischer Predigten Bertholds v. Regensburg. [Aus: „Sitzungsber. d. k. Akad. d. Wiss."] Lex.-8. (44 S.) Ebend. 877. n. — 60

Strobl, Joseph, Ueber das Spielmannsgedicht von St. Oswald. (Sonder-Abdr. a. d. Sitzungsber. d. k. Akad. d. Wiss.) gr. 8. (48 S.) Wien, Gerold in Comm. 1870 35 kr.

Strobl, Karl. Kleine Bilder aus Groß-Wien. (III, 63 S. m. Abbildgn.); 2. Aufl. gr. 8. (66 S.) Wien 891, Künast. * 1 —

Strobl, Karl Euripides und die Bedeutung seiner Aussprüche über göttliches und allgemein menschliches Wesen. 83 S. 8.
Progr. G. VIII. Bez. Wien 1876.

— Fallstricke, s.: Flamm, Thdr.

— im Fluge. Neue Geschichten. 8. (127 S. m. Bildern.) Leipzig 893. Literar. Anstalt A. Schulze. n. 2. —

Strobl, C. Der verkannte Hans. Mit 17 Bildern v. *Th. Zajaczkowski.* In-8°. 87 S. Zürich, Caesar Schmidt. 1898. 1 50

Strobl, Carl, Wiener Karikaturen. 8. (51 S.) Zürich 899. C. Schmidt. n. — 50

—— Im Sturm d. Lebens. Gedichte. 16. (64 S.) Lpz. 892, Literar. Anstalt. * 1 20; geb. * 2 —

—— u. A. Wilhelm. Wien bei Nacht, s. Lebeli, M.

Bettina v. Arnim von Karl Hans Strobl. Mit 4 Kunstdr. Bielefeld & Leipzig: Velhagen & Klasing 1906. (161 S.) 8° [F.]
= Frauenleben. 10. [07. 3884]

Strobl, Karl Hans, s.: Arnim, Bettina v., Geschichten.

— Der brennende Berg. Roman. 1.—3. Taus. (435 S.) 8. Berlin-Ch. 910. Vita. 4.—; geb. 5. —

Strobl, Karl Hans, der Buddhismus u. die neue Kunst. gr. 8. (53 S.) Leipzig 902. Berlin, H. Seemann Nachf. n. 1. —

Die Eingebungen des Arphaxat. Merkwürdige Geschichten. Von Karl Hans Strobl. Mit Deckelzeichn. von R. Teschner. Minden i. W.: J. C. C. Bruns 1904. (295 S.) 8° [F.]

— der Fenriswolf. Ein (österreichischer) Provinzroman. (403 S.) 8. Leipzig 903. [H. Seemann Nachf.] Berlin, F. Fontane & Co. n. 4. —

— aus Gründen u. Abgründen. Skizzen aus dem Alltag u. v. drüben. 8. (175 S.) Ebd. (901). n. 3. —

— Bedenksame Historien. Neue Novellen. (III, 377 S.) 8. Berlin 907. F. Fontane & Co. 4.—; geb. 5. —

Arno Holz und die jüngstdeutsche Bewegung von Dr. Karl Hans Strobl. *Berlin: Gose & Tetzlaff 1902.* (39 S.) 8° [F.]
— Essays, Moderne, z. Kunst u. Litteratur. H 19.

— Eleagabal Kuperus. Roman. 2. Aufl. 2 Bde. (396 u. 413 S.) 8. München 910. G. Müller. 9.—; geb. 12. —

Karl Hans Strobl. Alfred Mombert. Von Gott u. vom Dichter. Minden i. W.: J. C. C. Bruns 1906. (62 S.) 8° [F.] [07. 3185]

— Die Nibelungen an der Donau. Festspiel in 4 Abtlgn. (153 S.) 16. Berlin 907. F. Fontane & Co. 1. 50

— Romantische Reise im Orient. Buchschmuck v. J. Tom. 1.—3. Taus. (361 S. m. 26 Abbildgn. im Text u. auf Taf.) 8. Berlin-Ch. (910). Vita. 5.—; geb. 6. —

Karl Hans Strobl. Der Schipkapaß. Roman. Berlin: F. Fontane & Co. 1908. (391 S.) 8° [F.] [08. 9136]

— die Starken. Schauspiel in 4 Aufzügen. (III, 79 S.) gr. 8. Leipzig 903. [H. Seemann Nachf.] Berlin, F. Fontane & Co. n. 2. —

Karl Hans Strobl. Die gefährlichen Strahlen. Roman. Berlin: F. Fontane & Co. 1906. (543 S.) 8° [F.] [06. 4481]

— und sieh', so erwarte ich Dich! Skizzenbuch e. reifen Liebe. 4. (97 S.) Leipzig (901). Berlin, H. Seemann Nachf. n. 3. —

— die Vaclavbude. Ein Prager Studentenroman. 8. (266 S.) Ebd. 902. n. 3. —; geb. n. 4. —

Strobl, Karl Hans: Die Vaclavbude. Ein Prager Studentenroman. 2. Aufl. Lpz. '02. 266 S.

— Mährische Wanderungen. (Umschlag u. Buchschmuck v. Gust. Böhm.) (132 S. m. Abbildgn. u. farb. Titelbild.) 8. Brünn 909. F. Irrgang. 2. —

Karl Hans Strobl. Die Weltanschauung der Moderne. Leipzig: H. Seemann 1902. 49 S. 8° [10. 14451]

— Worte Poes, s.: Breviere ausländischer Denker u. Dichter.

Strobl, Carl Wolfg., Bausteine zum Tempel Humanitas. Freimaurerische Skizzen u. Aufsätze. gr. 8. (24 S.) Kattowitz 885. Siwinna. — 60

Strobl, Leo, († d. 6. Mai 1770.) vierzehnjähr. Arbeit einer in die holde Rachel verliebten Jacobs, od. Glaubens- u. Sittenlehren, mit untermengten Lob- u. Geheimnißreden, nach d Vorschrift des röm. u. tridentin. Katechismus ꝛc. 4 Bde. Fol Freysing 767—69. Mösmer.

— Geist der Wahrheit, od. gesammelte Glaubenslehren, mit untermengten Lob-, Ehr- u. Geheimnißreden. 2 Thle. Fol. Freysing 769, 71.

— Sacerdos Dei gloriae, propriae, proximique Saluti, tanquam triplici fini suo unice intentus, triduo sacrae recollectionis in ecclesia ad S. Spirit. Frisingae medit. etc 8maj. Freysing. 757.

Strobl, Mart. Die Bedeutung Homers für die griechische Kunst. Eine ästhetische Studie. 23 S. 8. Progr. Mies 1883.

Strobl, Moritz. Winke für den altsprachlichen Unterricht. S. 3 bis 13. 8. Progr. K. k. deutsches Staatsgymn. Ung.-Hradisch 1909.

STROBL, Othmar: Cola di Rienzos Flucht nach Deutschland. — 1905. 128 Bl. Diss. Graz, Univ.

Strobl, Otto, der Adel des Herzens. Novelle aus den heimatl. Bergen. (XI, 183 S.) 8. Dresden 908. E. Pierson. 2.—; geb. n 3. —

Das Obersthofmarschallamt Sr. k. u. k. Apostol. Majestät. Auf urkundl. Grundlage bearb. von Dr. Eduard Strobl Rr v. Albeg. Innsbruck: Wagner 1908. (XIII, 175 S.) 8°
= Forschungen z. inneren Geschichte Österreichs. H. 4. [08. 7924]

Strobl von Ravelsberg, Ferdinand [Wirkl. Name], s. a. Elsberg, R. A. von [Pseud.]

(Strobl v. Ravelsberg, R.) Die ungar. Donau-Armee 1848/49. Von Anatole Wacquant. (Pseud.) Breslau 1900. 8°.

Strobl von Ravelsberg, Ferdinand: Die ungarische Donau-Armee 1848/49. 2. Aufl. Gr.-8°. (ill. XVI, 386 S. mit 1 Karte) Wien: C. W. Stern 1907.

Strobl Edler v. Ravelsberg, F., Geschichte d. k. u. k. 12. Dragoner-Regiments seit seiner Errichtung bis zur Gegenwart. 1798—1890. Mit e. Einleitung: Die Emigration des französ. Cavallerie-Regiments Royal-Allemand in k. k. österr. Dienste. Im Auftrage d. k. u. k. Regiments-Commandos auf Grundlage archival. Studien verf. gr. 8. (XIV, 452 S. m. Portr., Planskizzen u. 3 Beilagen.) Wien 890. (Lechner's Sort.) n. 10. —; geb. n. 12. —

Strobl von Ravelsberg, Ferdinand: Die Landwehr Anno Neun. Wien-Leipzig: Stern 1909. 82 S. 8°
(Das Kriegsjahr 1809 in Einzeldarstellungen. Bd 10.)

Strobl v. Ravelsberg, F.: Die Landwehr Anno Neun, s. a. Das Kriegsjahr 1809 in Einzeldarstellungen.

Strobl v. Ravelsberg, Ferd., Metternich u. seine Zeit 1773—1859. 1. Bd. (XV, 437 S. m. 1 Bildnis, 9 Stammtaf. u. 1 Karte.) gr. 8. Wien 906. C. W. Stern. n. 10. — ; geb. n. 12. —

— Metternich u. seine Zeit. 1773—1859. 2. Bd. (XI, 514 S. m. 16 Stammtaf.) gr. 8. Wien 907. C. W. Stern. 10.—; geb. n 12. —
Bd. I. Ebd. 906. 10.—; geb. n 12.—

— Feldmarschall Radetzky. Sein Leben u. Wirken. Zusammengestellt f. Volk u. Heer. (VIII, 128 S. m. Abbildgn.) 8. Ebd. 907. — 90

— Graf Franz Stadion u. d. J. 1848. (12 S.) gr. 8. Ebd. 907. — 50
Sonderabdruck aus: „Die militär. Welt“.

Strobl v. Ravelsberg, Max, Schleswig-Holstein meerumschlungen. (Aus Vergangenheit u. Gegenwart.) Nach den Erinnergn. e. aktiven österreich. Mitkämpfers, des k. k. Majors i. R. Anton Edlen v. Hofmann, bearb. u. hrsg. Mit 38 Illustr. u. 1 Planskizze. (XII, 159 S.) 8. Wien 908. (L. W. Seidel & Sohn.) 4. —

Ströbl, J., ob Klagesachen üb. Lieferungsverträge in Staatspapieren sich zum k. Wechselgericht, od. aber zum k. Kreis- od. Stadtgericht dahier eignen? 8. Augsb. 821.

Stroedel, Specialkarte der Umgegend von Osnabrück. 9 Sectionen. gr. 4. Osnabrück 874, Lückerdt. à Sect. * M. 1. *

Inhalt:
1. Niehus. — 2. Engter. — 3. Venne. — 4. Leye. — 5. Osnabrück. — 6. Bellm. — 7. Hellern. — 8. Oesede. — 9. Bissendorf.

Stroedel, Winke f. Postaufsichtsbeamte u. Postamtsvorsteher. (163 S.) 8. Dresden 909. W. Baensch. Geb. in Leinw. 3. —

Stroedel, G. A., Waldweben, s.: Teuerdank. 8.

Stroeder, Richard, appr. Arzt aus Mogendorf i. Westerwald: Kaiserschnitt infolge Narbenstenose der Scheide. *Marbury 1902: R. Friedrich.* (41 S.) 8°
Marburg, Med. Diss. v. 4. Febr. 1902

Strodl, Michael Anton, Die Entstehung der Völker. Studie aus einer Philosophie der Geschichte in drei Vorlesungen. Schaffhausen, Hurter, jetzt Regensburg, Verlagsanstalt, 1868, 8°. X, 95 S., 1,50 Mk.

KIRCHE u. Staat in Bayern, unter dem Minister Abel u. s. Nachfolgern. Eine kirchlich-politische Denkschrift (von *Strodl*). Schaffhausen, Hurter, 1849. 8°.

Strodl, M. A., der Kölner Kirchenstreit u. die preußische Kirchenpolitik in der Beleuchtung eines „modernen" Historikers. [Aus: „Postzeitung".] gr. 8. (III, 32 S.) Augsburg 881. Literar. Institut von Dr. M. Huttler. n. — 50

Strodl, M. A., über Concordate, deren internationale und kirchliche Bedeutung im Allgemeinen, über das bayerische und oesterreichische Concordat insbesondere. Drei Vorträge. gr. 8. (VIII, 135 S.) Schaffhausen 868, Hurter'sche Buchh. [Regensburg, Manz.] *

— die Leichenrede u. das kirchliche Todtenamt. Ein Beitrag zur Pastoraltheologie. Regensburg 860. Pustet. gr. 8. (52 S.) 5 *ngr.*

Recht der Kirche, das, u. die Staatsgewalt in Bayern seit dem Abschluss d. Concordates. Eine kirchlich-polit. Denkschrift (v. *M. Strodl*). Schaffhausen 1852. 8°. Eleg. Hfrzbd.
XVI+481 S., 1 S. Err. — Für d. Selbstständigkeit d. Kirche

Strodl, M. A., zwei Sendschreiben an Se. Excellenz den k. bayer. Staatsminister v. Lutz betr. dessen Rede vom 27. Januar 1872 bei Gelegenheit der Kammer-Verhandlgn. üb. die Beschwerde d. Bischofs v. Augsburg. gr. 8. (IV, 93 S.) Freiburg i/Br. 872. Herder. n. 1. 40

Strodl, M. A., Moriz Carriere's „Christliche Ueberzeugungen" nach dessen „Religiösen Reden und Betrachtungen für das deutsche Volk" dargestellt. Regensburg 853. Pustet. 8. (125 S.) 15 *ngr.*

Strodl, M. A., Uranos, Okeanos u. Kronos. Ein Beitrag zu einer genetischen Mythenerklärung. München, Huttler, 1875, VII, 64 S.

[Strodl]: Die Verletzung der Staats-Verfassung Bayerns durch den k. b. Staatsminister v. Lutz. E. staatsrechtl. Erl. seiner Beantwort. d. Herz'schen Interpellation in d. Kammer d. Abgeordneten am 14. Oct. 1871. Freiburg i. Br. 1872. 8°

Strodl, M. A., Friedrich Heinrich Hugo Windischmann. Ein Bild seines kirchlichen Wirkens u. seiner wissenschaftlichen Thätigkeit. München 862. Lentner. gr. 8. (IV, 51 S.) 7½ *ngr.*

Strodt, Benjamin Gottlieb

Strodt, Benj. Gli. I., († d. 10. Jan. 1797.) drei Predigten über wichtige Wahrheiten der Religion. 4. Brieg 779. . .
4 *gr.*

Strodt, Benj. Gli. II., Predigten üb. die Sonn- u. Festtags-Evangelien durch d. ganze Jahr. 4. Bresl. 807. (W. G. Korn).
1 *Rthl.* 8 *gr.*

Strodt, Johann Andreas (Hamburg) A. S. 836/1

Praxis antiquo-moderna actionum forensium ...
Präs. Michael Grass.
Tübingen (Franck) 4. X. 1721. 60 S. 33883

Strodtbeck, G. Fr., die christl.-ethischen Ideen, welche d. neueste Zeit bewegen, dargest. u. gewürdigt nach d. gegenwärt. Stufe ihrer Entwickelung im Gemeinbewußtsein d. gebild. Menschheit. Eine Gelegenheits-Rede als Beitr. z. Charakteristik uns. Zeit u. Verständigung über sie. 8. (3½ B.) Heilbronn 836, C. Drechsler.

Strodtbeck, T. F., Exponuntur loci aliquot Tacitei. Pr. 1850. 18 S. 4°.

[Strodtmann]: Bewährte Arzney-Mittel für das Rindvieh, Schweine, wie auch Gänse u. Hüner. Guten Leuten zum Besten ganz neu gedruckt. U. St. o. A. (30) S. P.
— — Dem Landmann zum Besten ganz neu gedruckt. Frankf. u. Leipz. 1771. (30) S. P.

Strodtmann, Adolf

Strodtmann, Adf., „Alldeutschland in Frankreich hinein!" Kriegserinnerungen. 2 Hälften. gr. 8. Berlin 871, Gebr. Paetel.
à Hälfte *
geb. in 1 Bde.

Inhalt:
Hälfte 1. Von Berlin bis Versailles. Mit einem Titelbilde von Carl Junk. (138 S.)
" 2. Vor und in Paris. Mit einem Titelbilde von Carl Junk. (186 S.)

Strodtmann, Adf., die Arbeiterdichtung in Frankreich. Ausgewählte Lieder französischer Proletarier. In den Versmaßen der Originale übersetzt u. mit biographisch-historischer Einleitung versehen; nebst einem Anhang Victor Hugo'scher Zeitgedichte. Hamburg [863.] Richter. 8. (LV, 234 S.) n. 1 *Thlr.*

— s. Beecher-Stowe, Harriet, Onkel Tom's Hütte.

— Brutus! schläfst du? Zeitgedichte. Mit 14 Illustr. (Holzschn.) Ebend. [863.] 8. (VIII, 331 S. u. 1 Holzschntaf.) n. 1 *Thlr.* 15 *ngr.*

Strodtmann, Adf., Dichterprofile. Literaturbilder aus dem 19. Jahrh. 2 Bde. gr. 8. (V, 292 u. 179 S.) Berlin 879. Abenheim. n. 8. 40; geb. n. 10. —

Strodtmann, Adf., Dichterprofile. Literaturbilder aus dem 19. Jahrh. 2 Thle. in 1 Bd. 2. Ausg. gr. 8. (VII, 292 u. 179 S.) Halle 883. Abenheim. n. 5. —

Strodtmann, Adf., Dichterprofile. Litteraturbilder aus dem 19. Jahrh. 2. Ausg. gr. 8. Berlin 883, Lüstenöder. * 5 —
geb. * 6 —

— Gedichte, s. Universal-Bibliothek Nr. 1102 und 1103.

Strodtmann, Adf., Gedichte. Leipzig 857. Magazin für Literatur. 16. (XII, 274 S.) n. 1 *Thlr.* 10 *ngr.*

Strodtmann, Adf., Gedichte. 2., stark verm. (Gesammt-) Ausg. Hamburg 870. Hoffmann & Campe. gr. 16. (272 S.) n. 1 *Thlr.*

Strodtmann, Adolf: Gedichte. 3. neu verm. Gesamt-Ausgabe. Lpz. 1877 [?].

— ein Hoheslied der Liebe. Hamburg 858. Verlags-Comptoir. 16. (126 S.) 22½ *ngr.*

— Immortellen Heinrich Heine's. Mit einem Titelbilde (in Holzschn.): Heinr. Heine's Grab. Berlin 870. R. Lesser. br. 8. (VI, 216 S.) n. 1 *Thlr.*;
in engl. Einb. n. 1 *Thlr.* 10 *ngr.*

— dass. — 2. Aufl. 8. Hamburg 871, Hoffmann und Campe. *
geb. *

Strodtmann, Adph.. Gottfried Kinkel. Wahrheit ohne Dichtung. Biographisches Skizzenbuch. 2 Bde. 8. (1: XII u. 318 S. 2: IV u. 350 S.) Hamburg 850. 51, Hoffmann & Campe. (à 1 1/2 ₰) 3 ₰

— das geistige Leben in Dänemark. Streifzüge auf den Gebieten der Kunst, Literatur, Politik u. Journalistik d. skandinav. Nordens. gr. 8. (XVI, 339 S.) Berlin 873. Gebr. Paetel. n. 7. 50

— H. Heine's Leben u. Werke. 2 Bde. Berlin 867. F. Duncker. gr. 8. (1. Bd. VIII, 393 S., 2. Bd. 615 S.) n. 4 ₰

—— H. Heine's Leben und Werke. 2. Bd. 2 Hälften. gr. 8. (615 S.) Berlin 869, F. Duncker. à Hälfte * M 3. *
1. Bd. Ebendas. 1867. * M 6.

—— dass. — 2. wesentlich verb. Aufl. 20 Lfgn. (VI, 712 S.) Ebendas. 873,74. [Stuttgart, Krabbe.] à Lfg. * 30 Pf. *

— H. Heine's Leben u. Werke. 2. wesentlich verb. Aufl. 16. (VI, 712 S.) Berlin 874. Stuttgart, Kröner. n. 6. —

— H. Heine's Leben u. Werke. 3. Aufl. 2 Bde. 12. (VIII, 712 u. III, 460 S. m. 1 genealog. Tab.) Hamburg 884. Hoffmann & Campe Verl. n. 6. —; geb. n. 7. 50

— G. E. Lessing. Ein Lebensbild, s.: Verein, allgemeiner, für deutsche Literatur.

Strodtmann, Adph., Lieder eines Kriegsgefangenen auf der Dronning Maria. 8. (VIII und 64 S.) Hamburg 848, Hoffmann und Campe.

—— Lieder der Nacht. gr. 12. (XII und 186 S.) Bonn 850, (Habicht.) *

— Lieder- und Balladenbuch amerikanischer u. deutscher Dichter, s. Lieder- u. Balladenbuch.

Strodtmann, Adolf. Lieder- und Balladenbuch amerikanischer und englischer Dichter. Hamburg, 1862. UC

Strodtmann, Adf., Lothar. Zeitarabesken. 16. (108 S.) Philadelphia 853. (Hamburg, G. W. Niemeyer.) *

(Strodtmann, Adolf:) Mahnruf an Schleswig-Holstein beim Tode Friedrich VII. [Gedicht]. (Hamburg. 1863)]. 1 Bl. 4⁰ [Kopft.]

In der Nonnenschule. Aus den Papieren einer Verstorbenen. Hrgg. v. Adolf Strodtmann. Berlin. 1871. 8⁰

— Rohana. Ein Liebesleben in der Wildniß. Hamburg 857. Würger. 16. (120 S.) 18 ngr.

—— Rohana. Ein Liebesleben in der Wildnis. 2. Aufl. gr. 16. (110 S.) Berlin 872, Gebr. Paetel. geb. mit Goldschn. *

— Heinrich Heine's Wirken und Streben, dargestellt an seinen Werken. Hamburg 857. Würger. 8. (V, 143 S.) 22½ ngr.

— ein Wunderbuch für Knaben u. Mädchen. Heroensagen des griechischen Alterthums in modernem Gewande. Nach dem Englischen des Nathaniel Hawthorne für die deutsche Jugend bearb. Mit 8 (lith. u.) color. Bildern von Th. Hosemann. Berlin 862. Winckelmann & Söhne. gr. 16. (2 Bl., 343 S.) 1 ₰ 5 ngr.

Strodtmann, Adolf Heinrich

STRODTMANN, A[DOLF] H[INR.], Dankbar frohe Aeuszerungen, für das öffentl. Einweihungsfest der beiden neuerbauten Bürgerschulen, in der Stadt Hadersleben, Frederiks-Schule und Wilhelminen-Schule genannt, ausgesprochen am 27. Sept. 1831. Hadersleben. 1832. P.

Strodtmann, Adolf Heinrich, s. Bauer, K. L.: Die wahre Natur ...

Die merkwürdigsten Begebenheiten, welche die Reformationsgeschichte der dänisch-deutschen Staaten in sich schließt, in einer Reformationspredigt über Hos. II, 7—9 kürzlich vorgetragen . . . v. Adolph Heinrich **Strodtmann.** Flensburg u. Leipzig. 1791. 8⁰

— die merkwürd. Begebenheiten, welche die Reformationsgeschichte d. dänisch-deutschen Staaten in sich schließt. 8. Flensb. 791. (Hammerich in Altona). 4 gr.

— d. werkwürd. Begebenheiten, welche die Reformationsgeschichte d. dänisch-deutschen Staaten in sich schließt. 8. Flensb. Korte. 791.

Strodtmann, Ad. Hnr., Prüfung d. Frage: ob in den latein. Schulen die hebräische Sprache auch gelehrt werden solle? 8. Flensb. 780. (Hammerich in Altona). 8 gr.

Strodtmann, Ad. H., Prüf. d. Frage: ob in d. lateinisch. Schulen d. hebräische Sprache auch gelehrt werden solle? 8. Flensburg, Korte. (Christiani in Schleswig.) 780.

Die dritte Säcularfeier der Reformation D. M. Luthers; wie solche den Einwohnern der Stadt Hadersleben so heilig als unvergeßlich war, treu dargestellt v. Adolph Heinrich **Strodtmann.** Mit 1 Kupfer [fehlt!]. Hadersleben. 1818. 8⁰

— üb. die Sorge f. d. Wohlstand in d. latein. Schulen. 8. Flensb. 779. (Hammerich in Altona). 6 gr.

Strodtmann, Johann Christoph

Strodtmann, J. C., de eo, quod nimium et parum est circa antiquitt. profanarum adplicationem ad s. codicem. Guelf. 1746. 4; repet. in Biedermann Selecta scholast. II. 1. p. 260 ss.

— das neue gelehrte Europa. 21 Thle. (9r—21r Thl. von Fd. Stosch I.) 8. Wolfenb. 752—781. (Albrecht). 6 ₰ 8 gr. (21r Thl. A. u. d. T.: Gesammelte Nachrr. z. Geschichte noch lebender u. nicht lange verstorbener Gelehrten in u. außer Deutschland).

— idioticon Osnabrugense, od. Wörterbuch z. Erklär. d. westphäl. Mundart. 8. Altona 756. Korte. 16 gr.

Strodtmann, Joh. Chph.: „Abhandlung de jure curiali litonico, oder von hofhörigen Rechten", mit dazu gehörigen Dokumenten aus den Nunningischen Handschriften ausgearbeitet und mit Zusätzen versehen, mit einer Vorrede von G. L. Böhmer, Göttingen 1754. — Vorh.: Bibl. des Kammergerichts Berlin — Ec. 845.

— commentatio de jure curiali Litonico, od. von hofhörigen Rechten, mit dazu gehör. Dokumenten. 4. Götting. 754. Bossiegel. 5 gr.

Strodtmann, Jh. Cph., († d. 11. April 1756.) Uebeinstimmung der deutschen Alterthümer mit d. biblischen, sonderlich hebräischen. 8. Wolfenb. 755. Meißner. 10 gr.

Strodtmann's, J. Chph., Versuch von den Wirkungen der guten Engel. 2 Theile. Wolfenb. 744. 8.

Strodtmann, J. Chr., Versuch von den Wirkungen der guten Engel. Wolfenb. 743. 8.

— Versuch v. d. Wirkung. d. guten Engel. 2 Thle. 8. Ebend. 748.

Strodtmann, Johann Sigismund

Strodtmann, J. S., sprachvergleichende Begriffs-Etymologien. gr. 8. (55 S.) Hamburg 883. Grüning. 1. 50; cart. 1. 80

Strodtmann, J. S., Dichtungen. 2. sehr veränd. Ausg. 8. (IV, 173 S. mit dem Portr. des Verf.) Hamburg 888, Grüning. *ℳ 3.—.; geb. *

Strodtmann, J. S., Grammatik der dän. Sprache f. Deutsche. Zunächst f. den Handgebrauch in den schleswig-holstein. Gelehrten-Schulen entworfen. 8. Altona 830. (Aue). 1 ß

Strodtmann, J. S., Mußefrüchte aus dem Mußenhain. 8. Hamburg 870, Hoffmann und Campe. *

— Probe einer neuen Uebersetzung des Horaz, nebst einer biographischen Skizze des Dichters. Flensburg. 1839. 4. (Skoleprogr.).

STRODTMANN, J[OH.] S[IGISMUND], Probe einer etymologisch-historischen Untersuchung über die Bedeutung der Ortsnamen im Herzogthum Schleswig. Flensburg. 1833. 4. (Skoleprogr.).

Strodtmann, J. S., Satura. 1. Heft. Hamburg 864. Hoffmann & Campe. 8. (VI, S. 1—241.) 25 ngr.

Strodtmann, Joh. Sigism., der Consistorialrath Adolph Heinrich Strodtmann, Kirchenprobst und Hauptprediger in Hadersleben, nach seinem Leben und Wirken und genealogisch-verwandtschaftl. Verhältnissen dargestellt von dessen Sohne. 8. (VIII und 175 S.) Hamburg 851, Hoffmann und Campe. *

— Anatomische Vorhalle zur Physiologie der Stimme und der Sprachlaute. Mit 2 Tafeln Abbildungen. Für Anatomen, Physiologen, Sprachforscher und Tonologen aus dem Flensburger Schulprogramm abgedruckt. Altona. 1837. 4. P. (M. 2 Tvl.).

Strodtmann, J. S., anatomische Vorhalle zur Physiologie der Stimme u. der Sprachlaute. Mit 2 Taf. Abbildd. 4. Altona 837. Aue. n. 2/3 ß

Strodtmann, (*Johann*) Sig*ismund* [aus Niebüll]: Aus d. zoolog. Institut zu Kiel. Die Systematik der Chaetognathen und die geographische Verbreitung der einzelnen Arten im nordatlantischen Ocean. '(Nach d. Material d. Planktonexpedition 1889.)' ... M. 2 Taf. (Aus: Arch. f. Naturgesch., 1892.) Berlin, Nicolai, 1892; 47 S., 1 Bl., 1 Taf., 1 Kt. 8.
Kiel, Phil. Fak., Inaug.-Diss. v. [25. Nov.] 1892.

Ströer Ernst: Edgar A. Poes Lyrik.
H. 1910 PN 2846 Diss. Innsbruck, Univ.

Stroefer's Bibliothek fürs kleine Volk. Maiglöckchen-Serie. 6 Bdchn. 12. (à 20 S. m. Illustr.) München 889. Stroefer. geb., in Kästchen. n. 5. —; einzeln à n. — 85; je 3 Bdchn. in Kästchen n. 2. 75; in 1 Bd. geb. n. 4. —
1. Glückliche Leute. Reime v. Cornelie Lechler. Bilder v. H. M. Bennett.
2. Schneeflocken. Reime v. Cornelie Lechler. Bilder v. L. Mack.
3. Allerlei Lust u. Leid. Reime v. Cornelie Lechler. Bilder v. L. Mack.
4. Rotkehlchen. Erzählungen u. Reime v. Helene Binder. Bilder v. H. M. Bennett.
5. Spielkameraden. Erzählungen u. Reime v. Helene Binder. Bilder v. H. M. Bennett.
6. Katzenmütterchen. Erzählungen u. Reime v. Helene Binder. Bilder v. L. Mack.

Stroefer's Bilder-Malbuch. (10 [1 farb.] Bl.) Lex. 8. Nürnberg (910). Th. Stroefer. — 75

— Leichte Malbilder. (10 [1 farb.] Bl.) Lex. 8. Ebd. (910). — 75

— Malblätter f. die Jugend. (9 [1 farb.] Bl.) 37,5×30,5 cm. Ebd. (909). Geh. od. in Umschlag 1. —

— dasselbe f. kleine Leute. (9 [1 farb.] Bl.) 37,5×30,5 cm. Ebd. (909). Geh. od. in Umschlag 1. —

Ströfer, Hnr. Gph., († ...) Versuch e. Berichtigung der Ideen von d. Vaterlandsliebe. 8. Leipz. 795. Liebeskind. 8 gl

Ströfer, J. F., über die Notwendigkeit einer Reform der hergebrachten Schulverwaltung. gr. 8. (27 S.) Bremen 885, Wiegand. *

— wem gehört die Schule? Ein Beitrag zur Verständigg. üb. die Schulverfassungsfrage zwischen Familie, Kirche, Gemeinde u. Staat f. alle, welche bei der Jugenderziehg. interessirt sind. gr. 8. (16 S.) Ebend. 885. n. — 30

Stroefer's, Th., zoologischer Garten. Mit Gedichten v. A. F. Meyer. gr. 4. (16 S. m. z. Tl. farb. Abbildgn.) Nürnberg 898. Th. Stroefer. n. 1. 50

Stroefer, Th., s.: Jugend-Bücher-Schatz.

— Malbuch f. die Jugend. Mit Reimen v. A. F. Meyer. 4. (39 Bl. m. z. Tl. farb. Illustr.) Ebd. 892. n. 1. 50

— Märchen- u. Sagen-Schatz, s.: In-der-Au, Roland.

— lustige Menagerie. Texte v. A. F. Meyer. Ausgestanzt. qu. gr. 4. (16 S. m. z. Tl. farb. Illustr.) Ebd. 892. n. 1. 50

— Panorama-Bilder. Ein Bilderbuch m. Texten v. Therese Schefer. gr. 4. (5 farb. Klappbilder m. eingedr. u. 21 S. illustr. Text.) Ebd. 894. Kart. n. 4. 50

Stroh: Die Einführung des Post-Überweisungs- und Scheckverkehrs in Deutschland. Vortrag. o. O. (1909.) 18 S. 8° [Kopft.]

Stroh, C. W., alphabetisch geordneter Eisenbahn-Güter-Frachten-Tarif III für die Stationen Frankfurt a/M., Offenbach a/M., Wiesbaden. Nach amtl. Quellen bearb. Gültig ab 15. Octbr. 1887. Lex.-8. (155 S.) Wiesbaden 887. (Moritz & Münzel.) cart. n. 6. —

Stroh, C. W. Alphabetisch geordneter Eisenbahn-Güter-Frachten-Tarif f. die Stationen Biebrich a./Rh., Frankfurt a./M., Fulda, Hanau, Hersfeld, Höchst a./M., Limburg i. Nassau, Nordhausen, Oberlahnstein, Offenbach a./M., Rüdesheim a./Rh. u. Wiesbaden d. Eisenbahn-Directionsbez. Frankfurt a./M. gr. 8. (III, 133 S.) Mainz 891. (Wiesb., Moritz u. Münzel.) cart. * 7 50

Stroh, E. A., das messianische Selbstzeugnis Jesu nach den drei ersten Evangelien. gr. 8. (24 S.) Marburg 899. N. G. Elwert's Verl. n. — 40

Stroh, Emil: Über die symbolische Darstellung der Grund-syzyganten einer binären Form sechster Ordnung und eine Erweiterung der Symbolik von Clebsch. . . . Leipzig: Druck v. B. G. Teubner 1890. 44 S. 8°
Erlangen, Phil. Fak., Inaug.-Diss. v. 1890

Stroh, Emil, Theorie der Combinanten algebraischer Formen. Progr. gr. 8. (23 S.) München 894. (M. Kellerer.) n. 1. —

Stroh F, Jubiläumsbericht z. 50j. Besteh. d. Gewerbever. Backnang. 1848-98. (24 S) Backnang 1898

Stroh, Franz, a. Darmstadt-Bessungen, z. Z. Leiter d. höh. Bürgerschule zu Groß-Bieberau: Die geographische Verbreitung von Eiszeitspuren auf der aussergriechischen Balkanhalbinsel in ihrer Abhängigkeit von Niederschlagsmenge und Höhe. Mit Karte u. Tafeln. Darmstadt 1907: G. Otto. (55 S.) 8°
Gießen, Phil. Fak., Ref. Sievers, Diss. v. 30. Juli 1907
[Geb. 18. Jan. 79 Bessungen; Wohnort: Darmstadt; Staatsangeh.: Hessen; Vorbildung: Realgymn. Darmstadt Reife O. 99; Studium: T.H. Darmstadt 2, Univ. Heidelberg 3, Gießen 2 S.; Rig. 4. März 07.]

Stroh, Georg. Beiträge zum Bau, Vorkommen und zur Histogenese der fleckigen Capillarektasie in der Leber der Wiederkäuer. Diss. Vet.-Med. Bern. *Kopftitel:* Aus dem pathologisch-anatomischen Institute der k. b. Thierärztlichen Hochschule zu München. — [Mit Figuren. — Sep.-Abdr. aus: Monatshefte für praktische Thierheilkunde. Band 14.] IV + 55 S. 8. Stuttgart, Union Deutsche Verlagsgesellschaft, 1902.

Aus meinem Gefängnißleben in Glückstadt. Von **H. F**[riedr.] **Stroh.** — Flensburg: Selbstverl. 1881. 48 S. 8° [Umschlagt.]

Stroh, Hans: Studien zu Valerius Flaccus, besonders über dessen Verhältnis zu Vergil. Augsburg 1905: Ph. J. Pfeiffer. (100 S.) 8°
München, Phil. Fak., Ref. v. Müller, Diss. v. 12. Juli 1905

Stroh, Hans: Studien zu Valerius Flaccus besonders über dessen Verhältnis zu Vergil. 1 Bl., 100 S. 8.
Progr. K. hum. Gymn. St. Stephan *Augsburg* 1905.
I. Die in Langens Ausgabe nicht berücksichtigten Stellen Vergils. II. Neugefundene Stellen. III. Variationen Vergilischer Verse. IV. Steigerung vergilischer Ausdrücke. V. Contaminatio. — Kritischer Anhang über einzelne Stellen des Valerius.

Stroh, Heinr., Gerichtskostenordng. v. 20. Jan. 1890, s.: Krumm, Gust.

Stroh, Karl [app. Arzt aus Giessen]: Aus d. patholog. Institut zu Giessen. Beitrag zur Genese der sacrococcygealen Teratome . . . Giessen, grossh. Hof- u. Univ.-Dr. C. v. Münchow, 1897; 34 S. 8.
Giessen, Med. Fak., Inaug.-Diss. v. 1897

Stroh Paul: Friedrich Schlegels Fragmente und Chamforts Maximes et Pensees.
H. 1908 PN 2451 **Diss.** Wien, Gr. 8.

Stroh, W. F., Christus, der Erstling der Entschlafenen. Oder: die Hoffnung des Lebens für Alle, die in Adam sterben. 1. Korinther 15, 20—28. Ein bibl. Beweis für die Lehre von der Wiederbringung. 8. (110 S.) Stuttgart 866, J. F. Steinkopf.

Stroh, W. F., sieben Geheimnisse des Reiches Gottes in dem gegenwärtigen Weltalter. Deutung der Gleichnisse in Matth. 13. gr. 8. (48 S.) Kirchheim u/T. 890. (Riethmüller.) n. — 50

Stroh, W. F., Gott, Vater, Sohn u. heiliger Geist. Grundzüge der neutestamentl. Lehre v. der göttl. Schöpfungs- u. Heilsoffenbarg. gr. 8. (IV, 71 S.) Heidelberg 875. C. Winter. n. 1. —

Stroh, W. F., die Lehre des württembergischen Theosophen Johann Michael Hahn, systematisch entwickelt u. in Auszügen aus seinen Schriften dargestellt. Stuttgart 859. J. F. Steinkopf. 8. (598 S.) n. 1 ₰ 20 ngr.

Stroh, Wlh., pract. Reitunterricht nebst Anleitung zur Wartung, Pflege, Zäumung u. Sattelung des Pferdes. 8. Frankfurt a/M. 845, Varrentrapp's Sort.-Buchh. n. 13¾ ngl

Stroh, Wilh., practischer Reitunterricht nebst Anleitung zur Wartung, Pflege, Zäumung und Sattelung des Pferdes. 2. (Titel-)Ausg. 8. (VIII und 85 S.) Frankfurt a. M. 856, Jäger'sche Buchh.

Stroh, Willy: Ueber die Anomalieen der Chlorausscheidung bei Magenkrankheiten. . . . Giessen: Brühl'sche Druckerei (Fr. Chr. Pietsch), 1888. 24 S. 8°
Giessen, Med. Fak., Inaug.-Diss. v. 1888

Strohal, Emil. Die Anfechtung letztwilliger Verfügungen im deutschen Entwurf. Festschrift zum 50jähr. Doctor-Jubiläum d. Hrn. Geh. Justizr. u. Prof. Dr. Rud. v. Ihering, überreicht v. der Juristen-Facultät in Graz. gr. 8. (VII, 81 S.) Graz 892, Leuschner u. Lubensky. * 2 80

[F.] Das deutsche Erbrecht nach dem Bürgerlichen Gesetzbuche v. 18. Aug. 1896. In kurzgef. Darstellg. Von Dr. Emil **Strohal**, Prof. ... in Leipzig. *Berlin: J. Guttentag 1896.* (VII, 168 S.) 1 Bd 8.
= **Recht**, Das, d. Bürgerlichen Gesetzbuchs in Einzeldarstellgn. [No 3.]
[97 3607

Das deutsche Erbrecht auf Grundlage des Bürgerlichen Gesetzbuchs. Von Dr. Emil **Strohal**, Prof. in Leipzig. 2. umgearb. u. verm. Aufl. (In 2 T.) *Berlin: J. Guttentag 1900-01.* (XV, 598 S.) 8° [F.]
= **Recht** d. Bürgerl. Gesetzbuchs in Einzeldarstell. No 1. [01 7201

Das deutsche Erbrecht auf Grundlage des Bürgerlichen Gesetzbuchs. Von Dr. Emil **Strohal**, Prof. in Leipzig. 3 umgearb. u. verm. Aufl. Bd 1. 2. Berlin: J. Guttentag 1903-04. 2 Bde 8°
= **Recht**, Das, d. Burgerl. Gesetzbuchs in Einzeldarstell. 1. [05 6173

— bürgerliches Gesetzbuch, s.: Planck, G.

— Grenzen der Urteilsrechtskraft bei betagter u. bedingter Berechtigg., s.: Beiträge, drei, zum bürgerlichen Recht.

Strohal, Dr. Emil. Die Giltigkeit des Titels als Erforderniß wirksamer Eigenthums-Uebertragung. Zugleich ein Beitrag zur österreichischen Codificationsgeschichte. Vortrag, gehalten am 28. Jänner 1891 in der Juristischen Gesellschaft zu Wien. 8. (35 S.) —.60
Graz: Leuschner & Lubensky 1891.

— kommt dem Vorgemerkten der öffentliche Glaube des Grundbuchs zu statten? Dekanats-Progr. (51 S.) 8. Leipzig 904. (A. Edelmann.) n.n. — 75

Strohal, Emil, zur Lehre vom Eigenthum an Inmobilien. Eine Studie aus dem österreich. Grundbuchsrecht. gr. 8. (VII, 167 S.) Graz 876. Leuschner & Lubensky. n. 3. 60

— das Pflichtteilsrecht der entfernteren Abkömmlinge und der Eltern des Erblassers nach dem deutschen bürgerl. Gesetzbuche. Progr. gr. 8. (51 S.) Leipzig 899. (A. Edelmann.) n. — 60

Strohal, Emil, die Prioritätsabtretung nach heutigem Grundbuchrecht, mit besonderer Rücksichtnahme auf die österr. Gesetzgebung. Festschrift d. k. k. Universität Graz aus Anlass der Jahresfeier am 15. Novbr. 1880. gr. 8. (III, 107 S.) Graz 880. Leuschner & Lubensky. n. 3. —

Der Sachbesitz nach dem Bürgerlichen Gesetzbuche für das Deutsche Reich. Von Dr. Emil **Strohal**, Prof. in Leipzig. *Jena: G. Fischer 1897.* (137 S.) 8° [F.]
Aus: Jahrbücher f. d. Dogmatik d. bürg. Rechts. Bd 38, 2. F. 2. [03. 1995 11

— Schuldübernahme. (III, 264 S.) gr. 8. Jena 910. G. Fischer. 6. —
Sonderabdruck aus: „Jhering's Jahrbb."

Strohal, Emil, Succession in den Besitz nach römischem u. heutigem Recht. Civilistische Untersuchg. gr. 8. (VII, 236 S.) Graz 885. Leuschner & Lubensky. n. 6. —

— Transmission pendente condicione. Eine Untersuchung aus dem österreich. Erbrechte. gr. 8. (VII, 198 S.) Ebend. 879. n. 5. —

Strohal, Emil Ernst, aus Klagenfurt i. Kärnten, Österr.: Bhaskararâya's Śivanāmakalpalatālavala herausgegeben, übersetzt und erklärt. Th. 1. *Leipzig 1900: G. Kreysing.* (XXIV, 32 S.) 8° ¶ (Erscheint demnächst vollst.)
Göttingen, Phil. Diss. v. [30. Nov.] 1900

Strohal, Jakob, Anleitung zur rationellen Bienenzucht. Für den Gebrauch des theoretischen und praktischen Unterrichtes in den Bienenschulen. 8. (123 S.) Brünn, Nitsch in Comm. 1861.

— Ed. **Wildt** u. Ferd. **Kroczak,** der landwirthschaftliche Gartenbau. Eine leitende Darstellung für den theoretischen u. praktischen Schul-Unterricht in der Gartenpflege. Herausg. von der k. k. mährisch-schlesischen Gesellschaft zur Beförderung des Ackerbaues, der Natur- u. Landeskunde. Ebend. 859. gr. 8. (212 S.) n. 12 ngr.

— návod k rozumnému včelařství. Ku potřebě skumného à výkonného učení ve včelních školách. Vzdělal Tom. Simbera. Ebend. 861. gr. 8. (VI, 95 S.) n. 10 ngr.

Strohal, (?) Jak., die deutsche Pflanzen-Symbolik, oder: Die Kunst wechselseitiger Mittheilung durch Sinnbildl. Pflanzen. Als Beitrag zum gesell. Vergnügen verfaßt. gr. 8. Olmütz 841. (Wien, Gerold.) 1 ₰

Strohal, Jakob. Welche Bedeutung hat die Grundentlastung für den Landbauer? In einem Lebensbilde dargestellt von ... (Separatabdruck aus dem kleinen Wirthschaftskalender pro 1854.) 8. (16 S.) Brünn, Dr. von Fr. Gastl, 1853.

Strohal, R. (Red.), s. Vierteljahresschrift, Österreichische, f. Forstwesen.

Strohamer, Josephus: *De Causis, quibus factum est, ut Graecorum civitates in libertatem se vindicarint [!]. 13 Bl. 8° (4°)
Halle-Wittenberg, Phil. Diss. v. 29. Sept. 1824
Geb. [Passau 28. 11. 1800]

Quaestiones Virgilianae. Scrips. Dr. Jos. Strohamer, G. P. — 1839. Ebend. — S. 3—10.
Progr. Landshut

Strohbach, Erich: Ueber Derivate der 2,3-Oxynaphtoësäure. 1901. 51 S. 8°
¶ Vgl. Berichte d. Deutschen Chem. Gesellschaft. Jg. 34.
Dresden, Dr.-Ing.-Diss. v. 22. 5. 1901

Strohbach, J. D., s.a. Strobach, J. D.

Strohbach, J. D., de Epaphra Colossensi. Lips. 1710. 4.

Strohbach, O: Katalog über sämtliche Maschinen zur Fleischerei und Wurstfabrikation. Chemnitz 1903

Strohbach, T. A., De Josepho Vespasiano imperium praedicente, vere num divinaver Diss. 1748. 31 S. 4°. 1.

Des Ahrthals Luft, Romantik und Idylle, Sein Paradies giebt der Gesundheit Fülle. Neuester prakt. Ahrthalführer m. Abstecher durch's Brohlthal nach d. Laacher See v. Engelbert **Strohe**. (Vf. v. 'Des Rheinlands Edelstein'.)' Enthält 1 Kt. u. 7 Bilder. *Ahrweiler: A. J. Hosch [1898].* (4 Bl., 154 S., 5 Taf., 1 Kt.) 1 Bd 8. [99. 240

[F.] Des Rheinland's Edelstein. Wanderbilder zwischen Unter-Ahr u. Siebengebirge v. Engelbert **Strohe**. M. 5 Ill. . . . *Bonn: P. Hauptmann [1897].* (4 Bl., 140 S.) 1 Bd 8.
= Streifzüge am Rhein. H. 3. [98. 201

Strohe, H., Anwendung d. extraperitonealen Explorativschnittes in drei Fällen von fraglichen Gallensteinen. Inaug.-Diss. gr. 8. (18 S.) Göttingen 888. (Vandenhoeck & Ruprecht's Verl.) n. — 60

Strohe, J. J. A. Karte des Regierungsbezirks Arnsberg in 19 Sektionen. 1 : 50 000. Werl 1887—1889. 19 Bl. c. L. Sch.

Strohe, J. J. A., Karte des Reg.-Bez. Arnsberg in 19 Sect. Nach amtl. Materialien. 1 : 50,000. Sect. 1—3, 5, 6, 10, 11 und 15. Chromolithogr. qu. gr. Fol. Werl 888, Stein. **
Inhalt:
1. Castrop. **ℳ 1.50. — 2. Camen. **ℳ 2.50. — 3. Soest. **ℳ 4.—. — 5. Bochum. **ℳ 4.—. — 6. Dortmund **ℳ 4.—. — 10. Schwelm. **ℳ 2.—. — 11. Lüdenscheid. **ℳ 4.—. — 15. Meinertshagen. **ℳ 2.—.

Strohe, J. J. A. Karte d. Reg.-Bez. Arnsberg in 19 Sect. Nach amtl. Materialien bearb. u. hrsg. 1 : 50 000. Sect. 7, 8, 12 u. 13. Chromolithogr. qu. gr. Fol. Werl 889/90, Stein. à Bl. ** 4 —
7. Arnsberg. — 8. Meschede. — 12. Plettenberg. — 13. Schmallenberg.

Strohe, Jacob [aus Köln]: Ueber die Sarcome der Nasenhöhle ... Bonn, Buchdr. J. Bach Wwe., 1892; 42 S., 1 Bl. 8.
Bonn, Med. Fak., Inaug.-Diss. v. [15.] März 1892

Strohe, Leonhard: Über Hodenectopie. Leipzig (1899): A. Edelmann. (35 S.) 8°
Leipzig, Med. Diss. v. 20. März 1899

Strohe, Leonh., über Hodenectopie. gr. 8. (35 S.) Leipzig 899. Buchh. G. Fock. n. 1.—

Strohecker, Jonas Rud., systematische Anleitung zu botanischen Excursionen in Mitteleuropa. Für Universitäten, Gymnasien und Realschulen. 8. (IV, 206 S.) München 869, Beck. *

Strohecker, Jon. Rud., systematische Anleitung zu botanischen Excursionen in Mitteleuropa. Für Universitäten, Gymnasien u. Realschulen. München 869. Gummi. 8. (IV, 206 S.) n. 20 ngr.

Strohecker, Jonas Rud., die Hackwaldwirthschaft. Physikalisch-ökonomische Studien über dieselbe als Wirthschaftsreform zu dem Zwecke der Eichen-Niederwaldwirthschaft. Leitfaden für die Erforschung der Hackwaldwirthschaft und verwandter nationalökonom. Gebiete. 2. Aufl. Auf Grund prakt. Erfahrungen der Forstwirthe in den Grossherzogth. Hessen und Baden und in den Interessen der Eichenniederwaldwirthschaft führ. Staaten verf. gr. 8. (VIII und 74 S.) München 867, Lindauer'sche Buchh.

Strohecker, Jonas Rud., die Krystallisation des Wassers u. der Cellulose. 2 Abhandlungen für das weitere naturwissenschaftliche Publicum. 4. (32 S.) Bern 878. Krebs. n. 2. —

— die Lehre von dem Begriff Körper u. seiner Anwendung. (Somatologie.) Allgemein-naturwissenschaftliche Lehrschrift über Stoff u. Kraft. Mit einem religions-naturphilosoph. Anh. Augsburg 869. Kollmann. 8. (III, 100 S.) 15 ngr.

Strohecker, Jonas Rudolf, Die Lehre von dem Begriff Körper und seiner Anwendung. Allgemein-naturwissenschaftliche Lehrschrift über Stoff u. Kraft. Mit einem religions-naturwissenschaftlichen Anhange. Regensburg, Manz (jetzt Verlagsanst.), 1869, 8°, 1,50 Mk.

Strohecker, Jonas Rudolf, Die freie Naturbetrachtung gegenüber gestellt der materialistischen Lehre von Stoff und Kraft. Wegweiser zum Frieden zwischen Christentum und Naturwissenschaften mittelst unparteiischer Beurteilung des Dr. L. Büchnerschen Werkes „Kraft u. Stoff". Für alle Gebildete. Augsburg, Kollmann (jetzt Regensburg, Verlagsanst.), 1869, 8°, 164 S., 2,50 Mk.

— systematischer Plan medicinisch-botanischer Excursionen in der Umgebung Münchens. München 868. Gummi. gr. 16. (67 S.) cart. n. 12 ngr.

—— Repetitorium der allgemeinen Botanik. Eine Reihe übl. Prüfungsfragen für Mediciner und Pharmaceuten beantwortet. Mit Rücksicht auf die Geschichte der Botanik. br. 8. (VIII, 178 S.) München 868, Beck. *

— Repetitorium der systematisch-medicinischen Botanik. Eine Reihe übl. Prüfungsfragen für Mediciner u. Pharmaceuten beantwortet. Mit einem Grundriss der Geschichte der medicin. Botanik. Ebend. 869. br. 8. (X, 306 S.) n. 1 ₰ 3 ngr.

Strohelm, Salomon (geb. Ratibor [12.3.1807]): De induratae telae cellulosae casu quodam rariori. Vratislaviae (1830). (32 S.) 8° [Verf. erlebte die Diplomerneuerung 1880 als Sanitätsrat in Ratibor.]

Breslau, Med. Diss. v. 30. Okt. 1830.

[Stroheker, Adrian.] Betrachtungen über den sogen. Bockenkrieg in Zürich 1804. Zum Andenken an die als Märtyrer gefallenen (Jakob) Schneebeli, (Heinrich) Haberli (*Umschlag: Haberling), (Johann Jakob) Willi und (Jakob) Kleiner (°Umschlag: Kleinert). Hrg. vom Aemtlerverein in Zürich. 8. Zürich 1875.

Ströhen [Schlagwort]

Ströhen, s.: Preussen. Messtischblätter.

Ströber, Georg, Zur 50-Jahr-Feier des Männerturnvereins Celle, 1860 bis 1910, Celle 1910, 39 S., Gr.-8°.

Ströher, Heinr., vereinfachte Buchführung f. Handwerker, Kleinhändler u. Gewerbetreibende, nebst e. Anh. enth.: die Preisberechng. (Kalkulation), allgem. beachtenswerte Regeln, das Notwendigste der Wechsellehre, den Zahlungsbefehl od. das gerichtl. Mahnverfahren, die wichtigsten Bestimmgn. der Gewerbeordng., die Alters- u. Invalidenversicherg. 3., verb. Aufl. (93 S.) gr. 8. Neheim i/W. 906. H. Ströher. n. 1.—

Stroeher, Max. Aug.: Disquisitio iur. de remediis contra sententias quae in rem iudicatam transierunt. Lipsiae 1748.

Strohhut, der Florentiner, od. gründl. u. umständl. Anweis., wie die feinsten Strohhüte auf florentiner Art gemacht, od. auch von andern Strohgattungen nachgeahmt werden können, von e. Frauenzimmer. 12. Brünn 824. Traßler. 4 gl.

Strohhüttchen, das, vom Verf. des „Pfarrhauses zu Liebenthal". 3 Thle. 8. Quedlinb. 826. Basse. 3 ₰

Strohhütte, die indianische, aus dem Franz. des Herrn von Saint-Pierre übersetzt von Schröder. 8. Neuwied, 791. Gehra. 10 sgl.

Strohhütte, d. indianische, a. d. Frz. des Herrn von Saint-pierre. 8. Thal Ehrenbreitstein, Gehra. 804.

Strohhut-Zeitung. Organ f. die gesammten Interessen der Strohhutbranche. Redact.: Th. Gampe. 6.—8. Jahrg. 1889—1891. à Jahrg. 12 Nrn. (à Nr. 1½ Bog. m. Abbildgn.) gr. 4. Dresd. (Blochmannstr. 20), Gampe. à Jahrg. * 5 —
—— dass. — 9. Jahrg. 1892. 24 Nrn. (à Nr. 1½ Bog. m. Abbildgn.) gr. 4. Ebd. ** 8 —

Strohhut-Zeitung. Organ f. Strohhutfabrikanten u. Hut-händler, Geflechtmanufacturen, Geflecht-Färbereien u. Bleichereien, Hutconfection, Bortenfabrikation u. die gesammten Hilfsindustrien. Red.: Th. Gampe. 8.—11. Jahrg. 1891—1894. à 24 Nrn. (à ca. 1 Bog. m. Abbildgn.) gr. 4. Dresden. (Leipzig, E. Haberland.) à Jahrg. n. 8.

Strohhut-Zeitung. Organ f. Strohhutfabrikanten u. Hut-händler, Geflechtmanufacturen, Geflecht-Färbereien u. Bleichereien, Hut-Confection, Bortenfabrikation u. d. ges. Hilfsindustrieen. Begründ. v. Th. Gampe. Red.: G. Springer. 12.—15. Jahrg. 1895—1898. à 24 Nrn. (à ca. 8 S. m. Lichtdr.) Fol. Dresden-Blasewitz, Steinkopff & Springer. à Jahrg. n.n. 8.—
Kann auch vierteljährlich bezogen werden.

Strohhut-Zeitung. Fachblatt f. die Stroh- u. Damenfilzhut-fabrikation, sowie den gesamten Huthandel u. alle Hilfs- u. Neben-Industrien (Geflecht-Fabrikation, Geflecht-Färberei u. -Bleicherei, Hut-Konfektion, Borten-Fabrikation etc.) Begründet v. Th. Gampe. Red.: G. Springer. 16.—19. Jahrg. 1899—1902. à 24 Nrn. gr. 4. (à ca. 8 S. m. Taf.) Dresden, Steinkopff & Springer. à Jahrg. n. 8.—

Strohhut-Zeitung. Fachblatt f. die Stroh- u. Damenfilzhut-Fabrikation, sowie den gesamten Huthandel u. alle Hilfs- u. Neben-Industrien (Geflecht-Fabrikation, Geflechts-Färberei u. -Bleicherei, Hut-Konfektion, Borten-Fabrikation etc.) Begründet v. Th. Gampe. Red.: G. Springer. 20.—23. Jahrg. 1903—1906. à 24 Nrn. (à ca. 10 S. m. Abbildgn. u. Taf.) gr. 4. Dresden, Union, Zweigniederlassg. vorm. Steinkopff & Springer. à Jhrg. n. 8.—

Strohhut-Zeitung. Fachblatt f. die Strohhut- u. Damen-filzhut-Fabrikation, sowie den gesamten Huthandel u. alle Hilfs- u. Neben-Industrien (Geflechtsfabrikation, Geflechts-Färberei u.-Bleicherei, Hut-Konfektion, Borten-Fabrikation etc.). Begründet v. Th. Gampe. Red.: G. Springer. 24.—27. Jahrg. 1907—1910. à 24 Nrn. (288, 288, 384 u. 384 S. m. Abb.) 35×25 cm. Berlin, Union, Zweigniederlassung. à Jahrg. 8.—

Stroh-Kegeln der □ zur edlen Aussicht Or.·. Freiburg. 8. Dez. 1901. Lahr [1901]: Accidenzdr. 1 Bl. 8° [Kopftit.] Gedicht: „„Gut Holz!" zum Logen-Kegeltest, . . ."" 147.

Strohkopf, Peter, ein satyrisch-komischer Roman. . . . Göttingen 1801. V: *Schink, Johann Friedrich.* (BGE) (Ky) (Schr) (NN) (LS)

Strohkopf, Peter, v. Verf. des Marionetten-Trauerspiels Hamlet. 3 Thle. 8. Götting. Dieterich. 801. (I. II. 2 Rthlr. 8 gr. III. 1 Rthlr. 12 gr.)

Strohkranzrede, Eine. Zittau 1784. V: *Hortzschansky, Johann.* (MGT) (OL)

Strohkranzrede bey einer vornehmen Hochzeit am Berlinischen Hofe gehalten. Cleve 1746. 4°. Rar!

Strohkranz-Rede bey einer hohen Vermählung am Königl. Preussischen Hofe gehalten. Leipzig. 742. 4°. 1 gr.
Cat. univ. d. Buchh. d. Waisenh. in Züllichau (c. 1745).

Strohl, A. Quelques nouveaux dérivés de la Thiocarbamide. Dissertation inaugurale. Gr. in-8°, 38 p. Berne. 1888.

Strohl, Edmund, approb. Arzt aus Bischweiler, ⟨Assist. am Burgerspital Mülhausen⟩: Die Masernmortalität, ihr Verhältnis zu der an Scharlach, ihr Einfluss auf die Gesammtmortalität. *Strassburg i. E. 1901: C. & J. Goeller.* (38 S.) 8°
Strassburg, Med. Diss. v. 1901

Strohl, H., s.: Religionsunterricht, der evangelische, auf höh. Schulen.

Strohl, Johannes, a. Bischweiler ⟨Elsaß⟩: Aus d. zoolog. Institut d. Univ. Freiburg i. Br. Die Copulationsanhänge der solitären Apiden und die Artentstehung durch „physiologische Isolierung". Naumburg a. S. 1908: Lippert & Co. (52 S., 3 Taf.) 8° ¶ [Aus: „Zoolog. Jahrbücher" Bd 26, Abt. f. Syst. 1908.]
Freiburg i. B., Phil. Fak., Ref. Weismann, Diss. v. 1908
[Geb. 22. Febr. 86 Bischweiler; Wohnort: Freiburg i. B.; Staatsangeh.: Elsaß-Lothringen; Vorbildung: Gymn. Straßburg i. E. Reife Juli 03; Studium: Straßburg 3, Freiburg i. B. 4 S.; Rig. 2. Aug 07.]

Strohl, J[ohannes]. Die Massenverhältnisse des Herzens im Hochgebirge. Ein Vergleich zwischen Alpen- und Moorschneehühnern. Nebst Ausblick auf die Funktion der Luftsäcke. Habilitationsschr. Phil. [II.] Univ. Zürich. (Abdruck aus den Zoologischen Jahrbüchern. Bd. 1. Abt. f. allg. Zool. u. Physiol. 1910.) IV + 44 S. 8. Jena, Gustav Fischer, 1910.

Strohl, Karl, Referendar: Culpa als Element des Gläubigerverzugs im gemeinen Recht, Bürgerl. Gesetzbuch und anderen modernen Kodifikationen. Buchsweiler 1909: Sohn. 114 S. 8°
Würzburg, Jur. Diss. v. 16. Aug. 1909, Ref. v. Burckhard
[Geb. 26. April 86 Buchsweiler; Wohnort: Buchsweiler; Staatsangeh.: Elsaß-Lothringen; Vorbildung: Gymn. Buchsweiler Reife Juni 04; Studium: München 1, Straßburg 6 S.; Rig. 19. Mai 09.] [U 10. 4332

Stroehl, Hugo Gerard, s.: Album pontificale.

Ströhl, Hugo Gerard, heraldischer Atlas. Eine Sammlung v. herald. Musterblättern f. Künstler, Gewerbetreibende u. Freunde der Wappenkunde, zusammengest. u. erläut. 76 Taf. in Bunt- u. Schwarzdr., nebst zahlr. Text-Illustr. 1.—10. Hft. (30 Taf. m. 30 Bl. Text.) Stuttgart 898. J. Hoffmann. à Lfg. n. 1.—

Ströhl, Hugo Gerard, heraldischer Atlas. Eine Sammlung v. herald. Musterblätter für Künstler, Gewerbetreibende u. Freunde der Wappenkunde, zusammengestellt u. erläutert. 76 Taf. in Bunt- u. Schwarzdr., nebst zahlreichen Text-Illustr. 11.—25. Hft. Fol. (42 Taf. m. 50 Bl. u. XVI, 48 S. Text.) Stuttgart 899. J. Hoffmann. (à n. 1.—; (kplt. kart. n. 26. 50; geb. n. 28.—)

— Landesfarben u. Kokarden. Ein Vademekum f. Maler, Graphiker, Fahnenfabrikanten u. Dekorateure. (IV, 76 S. m. Abb.) 8. Berlin (910). E. Morgenstern. 3.—

— die Orden u. Ehrenzeichen der k. u. k. österr.-ungar. Monarchie, s.: Heyer v. Rosenfeld, Frdr.

Ströhl, Hugo, Schwoarzferschäln. Silhouetten zu oberösterreich. Schnadahüpfeln. hoch 4. (IV S. mit 26 Holzschntaf.) Wien 875, [Sommer und Comp.] Steckler's Buchh. *
—— dass. — 2. Abthl. hoch 4. (30 Holzschntaf.) Wien 878, Perles. *
—— dass. — 2 Abthlgn. hoch 4. (VIII S. mit 55 Holzschntaf.) Ebendas. 878. *

Ströhl, Hugo Gerard. Frisch brockte Schwarzkerschäln. Schwarzweiße Bilder zu lust. Schnadahüpfeln aus den österreich. Alpenländern. gr. 4. (24 Taf. m. eingedr. u. 4 S. Text.) Wien 891, Perles. In Mappe * 7 —

Ströhl, Hugo Gerard, Städte-Wappen v. Oesterreich-Ungarn. Zusammengestellt u. erläutert. 2. verm. u. verb. Aufl. (VIII, 106 S. m. 241 Abb. u. 36 farb. Taf.) 4. Wien 904. A. Schroll & Co. Geb. in Leinw. n. 38.—

Ströhl, Hugo Gerard, japanische Studien. Fol. (4 farb. Taf.) Leipzig 893. E. Baldamus, Sep.-Cto. n. 5.—; einzelne Blätter n. 2.—

— heraldische Vorlagen für den Zeichenunterricht in Kunstgewerbeschulen, Gewerbe- u. Fortbildungsschulen. 24 Taf. in Farbendr. 6 Lfgn. gr. Fol. (24 Taf. m. V S. Text.) Stuttgart 900. J. Hoffmann. n. 24.—; in Leinw.-Mappe n. 26.—

— die Wappen der Äbte des Prämonstratenser-Stiftes Schlägl. Hrsg. v. der k. k. herald. Gesellschaft „Adler" in Wien. Lex.-8. (30 S. m. Abbildgn. u. 3 Taf.) Wien 893. (H. Kirsch.) n. 3.—

— die Wappen der Buchgewerbe. 9 Taf. in Farbendr. gr. 4. (31 S. m. Abbildgn. u. farb. Titelbl.) Wien 891. A. Schroll & Co. Geb. in Leinw. n. 10.—

Ströhl, Hugo Gerard. Die Wappen und Siegel der Orte Vorarlbergs. Wien. In Commission der Wagner'schen Universitätsbuchhandlung in Innsbruck. 1893. 20 S. m. 22 Abb. ; 2 z. T. farb. Taf. 4°

Japanisches Wappenbuch. 'Nihon Moncho'. Ein Handbuch f. Kunstgewerbetreibende u. Sammler von Hugo Gerard **Ströhl**. 13 Taf. nebst 692 Text-Ill. Wien: A. Schroll & Co. 1906. (IX, 250 S.) 8° [06. 10784

— deutsche Wappenrolle, enth. alle Wappen, Standarten, Flaggen, Landesfarben u. Kokarden des Deutschen Reiches, s. Bundesstaaten u. regier. Dynastieen. Nach offiz. Angaben gezeichnet u. erläut. 172 Wappen u. Fahnen auf XXII Taf., in 14 fachem Farbendr. u. 131 Textillustr. Imp.-4. (VI, 98 S.) Geb. in Leinw. n. 40.—
Stuttgart: J. Hoffmann 1897.

— österreichisch-ungarische Wappenrolle, nach Sr. kaiserl. u. königl. Apostol. Majestät grossem Titel zusammengestellt u. gezeichnet. 12 Taf. in Farbendr. gr. 4. (XX S.) Wien 890. Schroll & Co. cart. n. 13.50

— österreichisch-ungarische Wappenrolle. D. Wappen Ihrer k. u. k. Majestäten, die Wappen der durchlauchtigsten Herren Erzherzoge, d. Staatswappen v. Oesterreich u. Ungarn, d. Wappen d. Kronländer u. der ungar. Comitate; die Flaggen, Fahnen u. Cocarden beider Reichshälften, sow. d. Wappen d. souveränen Fürstenth. Liechtenstein. Gezeichnet u. erläut. 194 Wappen u. Fahnen auf XX Taf. in Schwarz- u. Buntdr., nebst 16 Text-Illustr. 2., verm. u. verb. Aufl. Fol. (III, 20 S. Text.) Wien 895. A. Schroll & Co. Kart. n. 30.—

— österreichisch-ungarische Wappenrolle. Die Wappen Ihrer k. u. k. Majestäten, die Wappen der durchlauchtigsten Herren Erzherzoge, die Staatswappen v. Oesterreich u. Ungarn, die Wappen der Kronländer u. der ungar. Comitate; die Flaggen, Fahnen und Cocarden beider Reichshälften, sowie das Wappen des souverainen Fürstenth. Liechtenstein. Gezeichnet u. erläutert. 223 Wappen u. Fahnen auf XXIII Taf. in Schwarz- u. Buntdr., nebst 20 Text-Illustr. 3. m. e. Nachtrag verseh. Ausg. Fol. (III, 22 S. Text.) Wien 900. A. Schroll & Co. Geb. in Leinw. n. 30. —

Stroehl, Io. N., Petrus petra sive diss. contra Huthium professorem Erlangensem. Regensburg 1757. 4°.

Eine ähnliche Schrift von Franz Neumayr S. I.: Frag: Ob Petrus Petra oder der Fels seie, auf welchem Christus seine Kirche gebauet hat? München u. Ingolst. 1759. 8°.

STRÖHL, Johann Nepomuk (Amberg): Verhältniß des heutigen Rationalismus und Naturalismus zur christlichen Religionsdoctrin.- Amberg: Müller 1830. 48 S.
15.7.1830 - Urk (Titel: De relatione rationalismi et naturalismi ad doctrinam christianam.);
F 43 Diss. Ingolst.-Landsh.-Mchn

Ströhl, Louis, Almenrausch u. Edelweiß. Oberbayer. Volksstück (nach Herm. Schmid's gleichnam. Erzählg.) in 5 Akten. Neue Bearbeitg. 16. (65 S.) München 894. Rubinverlag. n. 1. 60

Ströhle, J., Aufsatz-Buch f. den Schul- u. Selbst-Unterricht unter besond. Berücksicht. der Prüfungs-Aufgaben f. Stellen-Bewerbung der Militäranwärter im Post-, Eisenbahn-, Telegraphen-, Forst- u. Kommunal-Dienst u. Provlantamts-Laufbahn. (279 S.) 8. Ulm 904. (E. Reinecke.) n. 2. 20

Stroehlein, Friedrich, appr. Arzt a. Aschaffenburg: Primäres Endotheliom eines Hauptbronchus und der Lunge. München 1904: C. Wolf & Sohn. (27 S.) 8°
München, Med. Fak., Ref. v. Bollinger, Diss. v. 31. März 1905
[Geb. 8. Juni 78 Aschaffenburg; Wohnort: Aschaffenburg; Staatsangeh.: Bayern; Vorbildung: Gymn. Aschaffenburg Reife Juli 98; Studium: Würzburg 4, München 8 S.; Coll. 30. Nov. 03; Approb. 14. Juli 04.]

Stroehlein, Robert, approb. Arzt aus Aschaffenburg: Aus d. pathol. Institute zu Kiel. Ein Fall von ausgedehnter Thrombose des erweiterten linken Ventrikels. *Kiel 1901: Schmidt & Klaunig.* (15 S.) 8°
Kiel, Med. Diss. v. [30. Aug.] 1901

Strohlendorf, Moritz Ritter von

Strohlendorf, Mor. v., ein Jenseits. Myrtenkranz. Wien 862. Selch in Comm. 16. (13 S.) n. 4 ngr.

Strohlendorf, Mor. Ritter v., Meditationen. 2., verm. Aufl. Wien 863. Helf. 8. (24 S.) n. 5 ngr.

Stroehlin, Ernest. (Prof.) L'Eglise et l'Etat. Dialogue entre un partisan de l'union et un séparatiste. In-8°. Genève et Bâle, H. Georg. 1 20
1879.

Stroehlin, Ernest, l'état moderne de l'église catholique en Allemagne. 1. Vol. L'Allemagne sous le régime des concordats 1742—1870. gr. 8. (XIX, 504 S.) Genève 875. (Basel, Georg.) n. 6. —

Ströhlin, Fr. Jakob, s. L a m o t t e , Alex.: Cours de langue franc.

— Lavatero, Pastori ecclesiae Tigurinae celeberrimo, die secundo ineuntis saeculi decimi noni pie defuncto parentat. 4. Stuttg. 801. (Hofmann). 2 gl.

— s. N e c k e r : Üb. die Wichtigkeit ...

Ströhlin, Fr. Jak., († d. 2. Sept. 1802.) philosoph. Rede üb. die Associationsgesetze unserer Begriffe 2c. 4. Stuttg. 788. (Löflund). 4 gl.

STROHM, Karl v., gen. Ilmen, Bruder des Bundes der einzig wahren Größe. Leipzig, Rein, 1804. 8°. 315 S. Zahm. (3 Mk., Tit. gestemp., Jul. Neumann, 1908.)

Strohm J., Denkschrift zum 40jährigen Jubiläum der Handwerkerbank Tuttlingen 1864-1904. (54 S.) Tuttlingen 1904

Strohm, Johann Martin

Strohm, J. M., mehr als 50jähr. Erfahrr. u. Geheimnisse, bestehend aus 4 ökonom. Mitteln. 4. Heilbr. ... 4e A. 827. Claß. 4 gl.

S t r o h m, J. M.: „Mehr als 50jährige Erfahrungen und Geheimnisse", Heilbronn 1833 (Class).

Strohm's, Jh. Mart., mehr als 50jähr. Erfahrungen u. Geheimnisse 2c. 5. Original-Aufl. 8. Heilbronn 843, Classische Buchh. Verklebt 1/6 ℳ — 6. Orig.-Aufl. qu. 8. Heilbronn 844, Landherr. Verklebt 1/6 ℳ — 7. Aufl. 845. 1/6 ℳ — 8. verb. Aufl. 846. 1/6 ℳ

Strohm's, Joh. Mart., mehr als 50jährige Erfahrungen und Geheimnisse, wie 1) ein ganz vorzüglicher Dünger durch den Viehstand erhoben werden kann. 2) Alle Gewächse auf eine weit größere, bessere u. feinere Art wachsend zu machen. 3) Den Dünger so zuzurichten, daß ein Wagen voll mehr Nutzen bringt, als sonst 3 bis 4 derselben. 4) Junge Bäume beim Setzen und Wachsthum so zu behandeln, daß sie alle anders behandelten beim Tragen der Früchte wenigstens ums Doppelte übertreffen 2c. 9. verb. Orig.-Aufl. Heilbronn 857. Landherr. (1 Bgn. in Fol.)

Ströhm, S., deutsch-schwed. Parleur, s. Bresemann, F.

STROHMANN (ps.), K u r z e A n w e i s u n g, w i e m a n s i c h v o r, b e i u. n a c h d e m T a n z e n v e r h a l t e n m u s s. Aschersleben, o. J. (18**). 8°. Selten!

Ueber das Alter der Passauer-Kirche und die Verdienste ihrer ältesten Vorstände um Religion und Kultur in Bayern. Von A. Strohmayer, R. — 1829. Ebend. — 2. 3—8.
Progr. Passau.

S t r o h m a y e r, L., Heizung, Ventilation und Wasserleitungen, s. B e r i c h t über die Weltausstellung in Philadelphia 1876.

Strohmayer, Wilhelm: Ueber E n t e r i t i s membranacea und Colica mucosa. Jena 1898: G. Neuenhahn. (42 S.) 8°
Jena, Med. Diss. v. (6. Jan.) 1899

Strohmayer, Wilh., die Epilepsie im Kindesalter. Vortrag, geh. am 2. VIII. 1902 zu Jena auf der 4. Versammlg. des „Vereins f. Kinderforschg." gr. 8. (30 S.) Altenburg 902. O. Bonde. n. — 80

Strohmayer, Wilhelm: Zur K l i n i k , Diagnose und Prognose der Amentia. Berlin: S. Karger 1906. (52 S.) 8° (Aus: Monatsschrift für Psychiatrie und Neurologie Bd. 19.)
Jena, Med. Fak., Hab.-Schr. v. 1906

Strohmayer, Wilh., Vorlesungen üb. die Psychopathologie des Kindesalters f. Mediziner u. Pädagogen. (VII, 303 S.) gr. 8. Tübingen 910. H. Laupp. 6.—; geb. 7. —

Strohmayr, Franz: Medicinisch-praktische Darstellung gesammelter Krankheitsfälle und des Heilverfahrens aus dem Tagebuche meiner Erfahrung. 236 S., gbd.

Wien: Gerold 1831

JB 2.500

— Versuch einer physisch-medicin. Topographie d. l. f. Kreis-Stadt St. Pölten in Niederösterreich. Mit 10 Tabell. gr. 8. Wien 810. Al. Doll. 1 ⅓ 8 gr.

Ströhmberg, Christian

Ströhmberg, C., die Bekämpfung der ansteck. Geschlechtskrankheiten im Deutschen Reich. (VII, 87 S. m. 1 farb. Karte.) gr. 8. Stuttgart 903. F. Enke. n. 2.80

Ströhmberg, Chrn., das Dorpater Gymnasium in gesundheitlicher Beziehung. Ein Beitrag zur Schulhygiene für Lehrer, Eltern u. Aerzte. Mit Tabellen, Plänen u. Curven. gr. 8. (VII, 156 S.) Dorpat 888. (Leipzig, K. F. Koehler.) n. 6. —

Ströhmberg, C., die Prostitution. Ein Beitrag zur öffentl. Sexualhygiene u. zur staatl. Prophylaxe d. Geschlechtskrankheiten. Eine social-medicin. Studie. gr. 8. (XVIII, 218 S.) Stuttgart 899. F. Enke. n. 6.—

Strohmeier, U[rs] Peter. Der Kanton Solothurn, historisch, geographisch, statistisch geschildert. Beschreibung aller in demselben befindlichen Berge, Seen, Flüsse,... Burgen und Klöster.... Ein Hand- und Hausbuch.... [Umschlag illustriert.] 8. St. Gallen und Bern 1836.
Historisch-geographisch-statistisches Gemälde der Schweiz. Heft 10

—— der Kanton Solothurn, s.a. Gemälde, histor.-geograph.-statist., d. Schweiz, 10. Hft.

Strohmeier, U. Pet., Solothurn mit seinen Umgebungen, dargestellt. Mit 12 Abbildd. u. 1 Ansicht. gr. 8. Solothurn 840. Kaßmus. n. 1⅓ gr.

Strohmer Erich: **Beiträge** zur Geschichte der griechischen Malerei im Altertum.
II. 1906 PN 2222 **Diss.** Wien, Univ.

STROHMER, Friedrich
Bericht über den III. internationalen Congress für angewandte Chemie. Wien. 1898. Drei Bände. Verfasst von dem Generalsecretär des Congresses Friedrich Strohmer. I. Bd. Enthaltend die dem Congresse gedruckt vorgelegenen Abhandlungen. II. Bd. Enthaltend die Tagesordnung des Congresses, die Eröffnungs- und erste allgemeine Sitzung, sowie die Berathungen der Sectionen I, II, III, IV, V und VI. III. Bd. Enthaltend die Berathungen der Sectionen VII, VIII, IX, X, XI und XII, der Patentcommission und der zweiten allgemeinen (Schluss-) Sitzung, sowie die Organisation des Congresses. Wien. 1899. Lehmann & Wentzel. Gr.-8. VII, 291 S; XI, 697 S; X, 504 S. fl. 12.—

Strohmer, Frdr., s.a. Bericht üb. den III. internationalen Congress f. angewandte Chemie.

Strohmer, F., üb. die Bildung v. Fett aus Kohlehydraten im Thierkörper, s.: Meissel, E.

Strohmer, F., die Ernährung d. Menschen u. seine Nahrungs- u. Genussmittel. Über Aufforderung des k. k. Ackerbau-Ministeriums verf. gr. 8. (VIII, 344 S.) Wien 887. Graeser. n. 4. —; geb. n. 5. —

Strohmer F, d. Ernährg des Menschen u seine Nahrungs- u Genussmittel. Wien 1888

— dasselbe. 2., verb. Aufl. gr. 8. (VIII, 368 S.) Ebd. 889. n. 4. —; geb. n.n. 5. --

Strohmer, Frdr., die Ernährung des Menschen u. seine Nahrungs- u. Genussmittel. Über Aufforderg. des k. k. Ackerbau-Ministeriums verf. 3. unveränd. (Titel-) Aufl. gr. 8. (VIII, 368 S.) Wien 893. C. Graeser. n. 4. -

— Gehaltsbestimmung reiner wasseriger Glyzerinlosungen mittelst ihrer Brechungsexponenten. S. 89. II. 18 . . . . vgr.
Separatabdruck

Strohmer F. Über das Vorkommen von Ellagsaure in der Fichtenrinde. S. 84. II. 511. vgr.
Separatabdruck

Strohmer, Frdr., s.: Zeitschrift, österreich.-ungar. f. Zuckerindustrie u. Landwirthschaft.

STROHMER, Treumund, Gottlieb Gurgel u. Lebrecht Wind, Lumpacivagabundus, das liederliche Kleeblatt, oder Leim, Zwirn und Knieriem in anderer Gestalt. Drei liederliche (zahme) Erzählungen von drei liederlichen Menschen. Von —. Nebst Zugabe eines Schurkenstreiches. Weimar u. Ilmenau, Voigt, 1835. 8°. (1 Mk. Graff, Brnschw., vor 1885; jetzt höher!)
Tit., 1 Bl. Inh. u. 176 S. 1. Das letzte Hemd. 2. Der Komet. 3. Das große Loos. 4. Ein Schurkenstreich. — Selten, besonders saubere Expll.

Ströhmer, Aug., rhythmische Choral-Melodien mit untergelegtem Texte, in nicht willkürlichen oder selbst ersonnenen Rhythmen, sondern wie sie nach den Forschungen der Herren von Winterfeld, v. Tuchen, Layriß, Wiener, Kraußold rc. ursprünglich componirt und gesungen worden sind. 1. Hundert. Magdeburg 857. Baensch. (Leipzig, Gräbner.) 8. (56 S.) n. 5 ngr.

Der Kieler Männerturnverein v. 1844 E. V. von 1894–1904. Festschrift z. Feier d. 60jähr. Bestehens d. Kieler Männerturnvereins v. 1844. E.V. Im Auftr. d. Turnrats verf. von E[rnst] **Strohmeyer**. Mit e. Anh., enth. 4 Taf. u. 20 Bilder. Kiel 1904: Schmidt & Klaunig. (75 S.) 8° [F.]
[Umschlagt.:] Geschichte d. Kieler Männerturnvereins von 1844 ... verf. von E. Strohmeyer. 08. 5622

Strohmeyer, Ernst: Turnen und Spiel in der preußischen Volksschule. Hilfsbuch f. d. Erteilung zeitgemäßen Turnunterrichts ... Mit 245 Bild. Leipzig & Berlin: Teubner 1910. VI, 246 S. 8°

Strohmeyer, Ernst, schleswig-holsteinisches Wander-u. Reisebuch. 125 der lohnendsten Ausflüge, unter besond. Berücksicht. der von Kiel aus zu unternehm. Wandergn. u. Seefahrten. Mit 9 Kartenblättern, 3 Textkarten u. 1 Uebersichtskarte. (XX, 144 S. u. 1 Bl. Erklärgn.) kl. 8. Kiel (905). W. G. Mühlau. Geb. in Leinw. n. 2.—

— dasselbe. Sonderdr.: Seefahrten. Mit 3 Textkarten u. 1 Uebersichtskarte. (IV, 43 S.) kl. 8. Ebd. (905). n. — 50

Strohmeyer, Ernst, schleswig-holsteinisches Wanderbuch. Mit 1 (farb.) Übersichtskarte u. 14 (z. Tl. farb.) Spezialkarten. 2., neubearb. Aufl. (XXVIII, 159 S.) kl. 8. Hamburg 910. C. Boysen. Geb. 2. 50

Strohmeyer, Ernst August, s.a. Stromeyer, Ernst August.

Strohmeyer, Er. Aug., Anleit., übereinstimmende Thermometer zu verfertigen, wobei zugleich verschied. Versuche des Hrn. de Lüc geprüft werden. Nebst e. harmon. Tafel, auf welcher die gebräuchlichsten Thermometer v. Weingeist, Quecksilber u. Leinöl in Uebereinstimmung gebracht werden. gr. 8. Götting. 775. Dieterich. 5 gr.

Anleitung übereinstimmende Thermometer zu verfertigen;... Von Ernst August Strohmeyer. Göttingen: Dieterich 1775. 48 S. 8°

Strohmeyer, Fritz, der **Artikel** beim Prädikatsnomen im Neufranzösischen. (54 S.) 8. Freiburg i/B. 907. J. Bielefeld. 1.60; geb. 2.—

Strohmeyer, Fritz [aus Neisse]: Über verschiedene Functionen des altfranzösischen Relativsatzes ... (Aus e. gröss. Arbeit üb. „Die gebräuchlichsten Constructionsvermischgn i. Altfr.") Berlin, Druck v. J. Neumann, 1892; 40 S., 2 Bl. 8.
Berlin, Phil. Fak., Inaug.-Diss. v. 28. Apr. 1892

Strohmeyer, Fritz, üb. verschiedene Functionen d. altfranzösischen Relativsatzes. Diss. gr. 8. (41 S.) Berlin 892. (R. Heinrich.) n. 1. 20

— Leçons de choses, s.: **Schulbibliothek** französischer u. englischer Prosaschriften.

Der Stil der französischen Sprache. Von Fritz **Strohmeyer**. Berlin: Weidmann 1910. XIX, 360 S. 8° [11. 1239]

STROHMEYER, Gottfried (München): Über einen Fall von puerperaler Sepsis, Pyämia metastatica, der nicht von den Genitalien ausgegangen sei.- München: Wolf 1901. 21 S.
17.12.1901 - Chr 1901/02,24; Jv 1901/02,279
Diss.Ingolst.-Landsh.-Mchn.

Strohmeyer, Hans: Der **Stil** der mittelenglischen Reimchronik Roberts von Gloucester, eine Untersuchung zur Ermittlung der Verfasser dieses Werkes. ... Berlin: S.-M. Hof-Buchdr. v. C. A. Kaemmerer & Co., Halle a. S., 1891. 106 S., 1 Bl. 8°
Berlin, Phil. Fak., Inaug.-Diss. v. 17. Febr. 1891

Strohmeyer, Hans, der Stil der mittelenglischen Reimchronik Roberts v. Gloucestor, e. Untersuchg. zur Ermittelg. der Verfassor dieses Werkes. Diss. gr. 8. (106 S.) Berlin 891. (R. Heinrich.) n. 2.—

Strohmeyer, Hinrich, Referendar a. Bremen: Der Vertrag nach § 607 d. B.G.B., daß Geschuldetes künftig als Darlehn geschuldet werden soll und seine Konstruktion. Rostock 1905: Adlers Erben. (VII, 33 S.) 8°
Rostock, Jur. Fak., Ref. Matthiass, Diss. v. 20. Mai 1905
[Geb. 18. März 81 Bremen; Wohnort: Bremen; Staatsangeh.: Bremen; Vorbildung: Handelsschule (Realgymn.) Bremen M. 99, Ergänz. Prüf. Gymn. Bremen Reife O. 02; Studium: Freiburg i. B. 4, Bonn 1, München 1, Kiel 2 S.; Rig. 14. Okt. 04.]

Strohmeyer, K., der Eisenbahnbau, s.: **Handbuch** des Bauingenieurs. IV.—VII. Bd.

Strohmeyer, Louis, s. **Stromeyer**, Louis.

Strohmeyer, Otto, die **Algenflora** des Hamburger Wasserwerkes. I. Tl.: Einfluss d. Algen auf d. Filtrationsvorgang. II. Tl.: Über d. Einfluss ein. Grünalgen auf Wasserbakterien. Ein Beitrag zur Frage d. Selbstreinigg. d. Flüsse. gr. 8. (48 S.) Leipzig 897. A. Warnecke. n. 1.—

Strohmeyer, Otto *August Karl* [aus Harzburg (Herzogt. Braunschw.)]: Anatomische Untersuchung der durch Ustilagineen hervorgerufenen Missbildungen ... Erlangen, k. b. Hofbuchdr. v. A. Vollrath, 1890; 82 S., 1 Bl., 3 Taf. 8.
Erlangen, Phil. Fak., Inaug.-Diss. v. 24. Apr. 1890

Ströhmfeld, Gustav

Ströhmfeld, Gust., neuer **Berechner** für Zinses-Zinsen, Renten u. Annuitäten, Barwerte v. Zielern. Praktisches Handbuch f. die planmäß. Kapitaltilgg. (Erläutert durch zahlreiche Beispiele, insbesondere auch durch Schuldentilgungs-Verträge u. -Pläne. Ratgeber f. Staats- u. Gemeindebehörden, öffentliche Kassen, Banken, Industrielle, Kapitalisten. gr. 8. (95 S.) Ravensburg (899). D. Maier. n. 5. 50; kart. n. 6. 50

Ströhmfeld, G., bunte Bilder. 1. Reihe. [Wanda. Ein russ. Reisebild. Eingeleitet v. F. **Maser**. — Die Ulanen-Marie. Eine Novelle aus der Gegenwart.] 12. (94 S.) Eßlingen 889. Mayer. n. — 70

Ströhmfeld, Gust., **Cannstatt** in Wort u. Bild. Führer durch d. Stadt u. ihre Umgebg. M. Bildern, Stadtplan, Umgebungskarte u. Eisenbahnkarte v. Württemberg. Illustr. v. Pet. Schnorr. 8. (III, 64 S.) Cannstatt 896. H. Reitzel's Hofbuchh. n. 1.—

— **Metzinger Kronik**. Geschichte der Stadt Metzingen u. der Gemeinden der Umgegend. Hrsg. v. Gust. Köllreutter, als Erinnerg. an das 25jähr. Bestehen des „Metzinger Anzeiger". (Gegründet am 16. V. 1877.) Mit 7 Text- u. 8 Vollbildern, sowie dem Stadtplan v. Metzingen. (VIII, 264 S.) 8. Metzingen 902. (Reutlingen, C. F. Palm.) n. 3.—

Ströhmfeld, Gust., das **Donauthal** vom Donauquell bis Ulm. Mit Illustr. v. Pet. Schnorr u. Rob. Stieler u. 1 Karte. 8. (V, 168 S.) Stuttgart 893. A. Bonz & Co. n. 1. 50

— u. Peter **Schnorr**, Esslingen in Wort u. Bild. Mit Stadtplan, Karte der Umgebung v. J. Wolf, sowie 1 Lichtdruckbild. 8. (95 S.) Esslingen 890. Ludw. Schreiber (durch Weismann's Sort.). n. 1. 50

— u. Peter **Schnorr**, Esslingen in Wort u. Bild. Mit Stadtplan u. Karte der Umgebg. v. J. Wolf, sowie 1 Lichtdr.-Bild. 2. Aufl. 8. (III, 95 S.) Esslingen 891. (Stuttgart, H. Lindemann.) n. 1. 80

Ströhmfeld, Gust., **Esslingen** in Wort u. Bild. Führer durch die Stadt u. Umgebg. Illustr. v. Pet. Schnorr. Mit Stadtplan, Umgebungsplan, Ausflugskarte, Panorama der Stadt Esslingen u. Rundblick vom Kernenturm. Mit Lichtdr.-Bildern u. vielen andern Bildern im Text. 3., wiederholt verm. u. verb. Aufl. (V, 181 S.) 8. Esslingen 902. (A. Weismann.) n n. 2.—

Ströhmfeld, Gust., kleiner Führer durch **Esslingen** am Neckar m. Stadtplan u. Bildern. Hrsg. vom Verein f. Fremdenverkehr. (VII, 36 S.) 22×12 cm. Esslingen (909). (A. Weismann.) — 50

— s. a. **Führer**, kleiner, durch Gross-Stuttgart.

— Kleiner Führer durch **Gross-Stuttgart** m. Stadtplan u. Bildern. Hrsg. vom Verein f. Fremdenverkehr. 7., verm. u. wiederholt verb. Aufl. (94 S.) 8. Stuttgart (909). J. B. Metzler. — 60

— s.: **Führer**, kleiner, durch Stuttgart.

— s. a. **Führer** durch Stuttgart u. Umgebung.

— Führer durch **Stuttgart** u. Umgebung. Hrsg. vom Verein f. Fremdenverkehr. 11., wiederholt verm. u. verb. Aufl. (153 S. m. Abbildgn., 1 farb. Plan u. 1 farb. Karte.) 8. Stuttgart (904). J. B. Metzler. In Leinw. kart. n. 1.—

Ströhmfeld G, Geschichte des Kaufmännischen Vereins Stuttgart 1875-1900. Gedenkschrift zur 25jährigen Jubelfeier. (150 S) Stuttgart 1900

— das neue **Gesinderecht** in Württemberg nach der Gesindeordnung vom 28. VII. 1899. Für den prakt. Gebrauch des Publikums u. der Behörden bearb. Mit dem Formular zu e. Dienstvertrag. 8. (VIII, 48 S.) Stuttgart 899. W. Kohlhammer. n. — 50

— s.: **Kohlhammer's**, W., Gesetzes-Kalender.

— Die Kunst zu wandern. (VII, 195 S.) gr. 8. Frankfurt a/M. 910. Verlag des Tourist. 2.—; geb. 3.—

— Bad Niedernau in Wort u. Bild. Führer durch das Bad u. seine Umgebg. Mit 15 Bildern, Plan des Bades u. Umgebungs-Karte, Ausflugs-Karte, Eisenbahn-Übersichts-Karte, Eisenbahn-Aussichts-Karte, Alb-Panorama. Hrsg. u. seinen hochgeschätzten Badegästen zur freundlichen Erinnerg. gewidmet von dem Badbesitzer Gust. Raidt. 8. (112 S.) Niedernau 899. G. Raidt. n. 1.—

— G. H. Rapp, sein Haus u. seine Gäste. Mit Zusätzen verm. Sonderabdr. aus dem Stuttgarter Neuen Tagblatt, veranstaltet v. dem jetz. Besitzer d. Rapp'schen Hauses Paul Kurtz. 8. (32 S.) Stuttgart 892. (H. Lindemann.) n. — 50

— die Rechtsgrundsätze bei dem Liegenschafts-Verkehr in Württemberg m. Einschluß der Zwangsvollstreckung in das unbewegliche Vermögen u. die Vorschriften üb. das Verfahren der Gemeinderäte beim gerichtlichen Erkenntnis, m. eingelegten Tafeln zur Berechng. der Accise u. der Erkenngebühren u. m. prakt. Beispielen aus dem Kaufwesen. gr. 8. (VIII, 234 S.) Stuttgart 893. J. B. Metzler's Verl. n. 3. 40

Ströhmfeld, Gustav s. Stuttgart-Cannstatt-Esslingen. Zürich ([18]92).

— Stuttgart u. Umgebung in Wort u. Bild. Führer f. Einheimische u. Fremde. Mit Stadtplan, 2 Umgebungskarten, Panorama u. vielen Illustr. im Text. 8. (III, 140 S.) Stuttgart 902. Greiner & Pfeiffer. n. 2.—

— Universal-Multiplikationstafel f. Multiplikationen m. mehrstelligen Faktoren, zugleich benützbar f. Division m. zweistelligem Divisor u. vielstelligem Dividendus. qu. Fol. (4 Taf.) Nebst Text. gr. 8. (XV S. m. Fig.) Ravensburg (899). O. Maier. n. 1.50

Ströhmfeld, G. Universal-Multiplikationstafel. Ravensburg 1904.

— s.: **Wanderbuch, deutsches.**

— schwäbisches Wanderbuch. Eisenbahn- u. Wanderführer durch Württemberg u. Hohenzollern. Hrsg. v. der Generaldirektion der kgl. württemberg. Staatseisenbahnen. Mit Illustr., Karten, Plänen, Bahn-Ansichtskarten, Panoramen. 12. (XX, 515 S.) Stuttgart (900). Union. Geb. in Leinw. n. 3.—

Ströhmfeld, Gustav. Schwäbisches Wanderbuch. Eisenbahn- und Wanderführer durch Württemberg und Hohenzollern. Hrg. in Verbindung mit der Generaldirektion der Kgl. Württemb. Staatseisenbahnen. Bearb. von G' St'. 2., vollständig umgearb. und vermehrte Aufl. Mit 32 ... Karten [Tafeln], vielen Abbildungen, Plänen, Panoramen und einer grossen Übersichtskarte [Tafel]. VIII + 304 + *Inserate* 52 S. 8. Stuttgart, Berlin, Leipzig, Union Deutsche Verlagsges., [1904]. ([geb.] M. 3. 60)

Schwäbisches Wanderbuch. Eisenbahn- u. Wanderführer durch Württemberg u. Hohenzollern. Hrsg. in Verbindung mit d. Generaldirektion d. Kgl. Württemb. Staatseisenbahnen. Bearb. von Gustav **Ströhmfeld.** Mit 25 Kt., vielen Abb., Pl., Panoramen u. 1 Eisenbahnübersichtskt. 3., neubearb. u. verm. Aufl. Stuttgart, Berlin, Leipzig: Union (1910). XXIV, 336 S. 8° (n. 5.00

— 200 Wanderungen u Ausflüge in die Umgebg. v. Stuttgart (Neckartal, Filder, Schönbuch, Schurwald). Ausgewählt an der Hand der von der Ortsgruppe Stuttgart des schwäb. Albvereins u. des Vereins f. Fremdenverkehr in Stuttgart hrsg. Wegkarte 1:75000 m. den farb. Wegbezeichnungslinien Bearb. im Auftrage der Ortsgruppe Stuttgart des schwäb. Albvereins. (39 S.) kl. 8. Stuttgart 909. (H. Wildt.) —20

Ströhmfeld, Gust., Zinsrechner. Tabellen z. Ausrechnen v. Zinsen u. Bruchzinsen aus 1 bis 100000 Mark bei jährlich 365 Tagen zu 1/4; 1/3; 1/2; 3/4; 1; 3; 3,1; 3,2; 3,3; 3,4; 3,5; 3,6; 3,7; 3 3/4; 3,8; 3,9; 4; 5 Prozent. Zugleich zuverläss. Hilfsmittel zur Berechng. v. Besoldungsraten. Nebst Anh. zur Zinsenberechng. auf 360 Tage. Lex-8. (XII, 107 S.) Ravensburg (899). O. Maier. n. 2.50; kart. n. 3.10

Strohmhausen, Pfalzgraf Weikhard von, s. Stromhausen.

Strohn, Ed., Bemerkungen über den vorläufigen Entwurf eines allgemeinen Berggesetzes für die preußischen Staaten. Berlin 863. Guttentag. gr. 8. (42 S.) 7½ ngr.

Strohoot, De lütje. Kiel 1847. V: *Diermissen, Johannes.* (A)

Strohschein, Johanna, es war einmal, s. Wolff, Emil (III.)

Strohschein, Johanna, Hans der Riesentöter. Ausgestanzt. qu. 4. (16 S. m. z. Tl. farb. Illustr.) München 892. Nürnberg, Th. Stroefer. n. — 75

Strohschein, Johanna. Rotkäppchen rc., s. Wolff, Emil.

Strohschneider, Josef Eine mittelfränkische Agnes-Legende. (Nach einer in der hies. Gymnasialbibliothek befindlichen Handschrift.) (Umschlagtitel: ... Agneslegende). 8 (S. 16—51.
K. k. Neustädter deutsches Staats-Ober-G. am Graben *Prag* 1891.
Progr

Strohschneider, Jos(St.) Dr. Andreas Bauer. Nekrolog. X S. Kleins. *Prag* 1885
Progr.

Strohschneider, Josef: Katalog der Lehrerbibliothek des k. k. deutschen Staats-Obergymnasiums in Prag-Neustadt (Graben) zusammengestellt von J. Str. (Umschlagtitel: ... bibliothek, I. Theil I. Encyclopädie. II. Philosophie und Aesthetik. III. Paedagogik. IV. Religionswissenschaften.) 8 (S. 3—32).
K. k. Neustädter deutsches Staats-Ober-G. am Graben *Prag* 1900
Progr.

Strohschneider, Josef: Katalog der Lehrerbibliothek des k. k. deutschen Staats-Obergymnasiums in Prag-Neustadt (Graben). Fortsetzung. II. Theil. (V. Classische Philologie.) S. 3—39. 8. (Fortsetzung. III. Th.) VI. Moderne Philologie. A. Deutsche Sprache. (Umschlagtitel: Katalog der Lehrerbibliothek. Fortsetzung. III. Theil. (V. Deutsche Sprache.) S. 1—10. 8. Fortsetzung. IV. Teil. VI. (Moderne Philologie.) B. Italienische Sprache: C. Französische Sprache: D. Böhmische Sprache. VII. Allgemeine Sprachwissenschaft (mit Einschluß der übrigen Sprachgebiete). S. 1—9. 8. (Fortsetzung. V. Teil.) VIII. Erd-, Länder- und Völkerkunde (mit Prähistorik, Ethnographie und Statistik). IX. Geschichte. X. Geschichte der österr.-ungar. Monarchie und deren einzelnen Länder. XI. Mathematik. XII. Naturgeschichte. XIII. Physik. XIV. Zeichnen. XV. Bau- u. Ingenieurwissenschaften. XVI. Haus-, Land- und Forstwirtschaft. XVII. Verkehr, Handel und Industrie. Nachträge. (Umschlagtitel: ... Fortsetzung. VIII. bis XVII. Teil und Nachträge.) S. 3—39. 8.
K. k. Staats-Gymn. mit deutscher Unterrichtssprache *Prag-Neustadt*, Graben 1901. 1902. 1903. 1905.
Progr.

Strohschneider, J. (S.), W. A. Mozart, s.: Sammlung gemeinnütziger Vorträge.

—, Mittelfränkische Prosalegenden. (Nach der in der hiesigen Gymnasialbibliothek befindlichen Handschrift.) (Fortsetzung.) (Umschlagtitel: ... Prosalegenden.) (Fortsetzung.) 8 (S. 3—26). (Schluss.). 8 (S. 3—31).
K. k. Neustädter deutsches Staats-Ober-G. am Graben *Prag* 1892. 1893.
Progr.

Strohschneider, Josef: † Phil. Dr. Josef Walter, em. Director des k. k. Staatsgymnasiums in Prag-Neustadt, Graben. (Umschlagtitel: Dr. Josef Walter. Nekrolog.) S. 40—43. 8.
K. k. Staats-Gymn. mit deutscher Unterrichtssprache *Prag-Neustadt*, Graben 1901.
Progr.

Strohschneider, Otto: Druckverteilung im kohaesionslosen Sande. Experimentaluntersuchung über die Verteilung des Druckes einer auf die Oberfläche einer Sandmasse aufgelegten Einzellast. – 1909. 50 Bl.
Diss. Graz, TH

Strohschneider, O., Versuche üb. Metallstrahlung, s.: Streintz, F.

Strohschneider, Rich., Irin u. Elsa. Eine Erzählg. v. der deutschen Sprachgrenze in Böhmen. (97 S.) 8. Dresden 904. E. Pierson. n. 1. 50; geb. n. 2. 50

Stroj, Alojzij. Kratka zgodovina katoliške cerkve za šole. V Celovcu, St. Hermagoras-Druck., 1904. 152 S.

Stroia, Gregorius S. (geb. (Rom) 20. 7. 1843): Ueber den Kaiserschnitt. Berolini (1869). (32 S.) 8°
Berlin, Med. Diss. v. 29. Juli 1869

Stroia, Ioan [aus Cacova in Siebenbürgen]: Theodor Waitz's System der Erziehung. Darstellg u. Beurteilg desselben im Anschl. seiner „Allgemeinen Pädagogik“ m. bes. Berücks. d. ethischen Grundlagen sowie d. Verhältnisses zu Herbart ... Hermannstadt, Archidiöcesan-Buchdr., 1894; IV, 91 S. 8.
Jena, Phil. Fak., Inaug.-Diss. v. 1894

Stroinigg, Jos., der Auerhahn u. seine Jagd. (65 S. m. Abbildgn.) 8. Wolfsberg (906). (Wien, Huber & Lahme Nachf.) 1. —

Stroinigg, Josef. Der Auerhahn u. seine Jagd. Wolfsberg, Ploetz, (1907). 65 S.

Stroink, J[ohann]: Aus d. allg. Krankenh. Hamburg-Eppendorf. II. med. Abt. Oberarzt Rumpel. Über die Folgen der Scharlach-Nephritis. Kiel 1910: Fiencke. 41 S. 8°
Kiel, Med. Diss. v. 28. Dez. 1910, Ref. Lüthje
[Geb. 9. Nov. 83 Nordhorn; Wohnort: Nordhorn; Staatsangeh.: Preußen; Vorbildung: Gymn. Emden Reife O. 03; Studium: Tübingen 5, München 5 S.; Coll. 4. Aug. 10; Approb. 30. Okt. 09.] [U 11. 2600

Strojnowski, Hieronymus: „Die Lehre des Naturrechts, des politischen Rechtes, der politischen Oekonomik und des Völkerrechts“, 1785.

Strojnowski, Valerian: „Allgemeine Nationalökonomik“, 1816.

Stroißnigg, Ludw., leichtfaßliche, christkathol., homilet. Fasten-Predigten über die Leidensgeschichte Jesu Christi. gr. 8. (7 B.) Linz 845, Fink.

Stroißnigg, Ludw., Fastenpredigten über die Leidensgeschichte des göttl. Erlösers, in Verbindung mit dem Bußunterrichte. Einer Landgemeinde vorgetragen. gr. 8. (104 S.) Augsburg 849, Fahrmbacher. 9 ngr.

—— Kanzelvorträge, s. Kanzelvorträge, populäre.

Stroißnigg, P. Ludw., Predigten u. Homilien auf alle Sonn- u. Festtage e. kathol. Kirchenjahres. Einer Landgemeinde vorgetragen. 2 Bdchn. gr. 8. Linz 832, Fink u. Sohn. à 15 Gr.
Bdchn. 1. Enth. d. 1. Sonntag n. Ostern bis einschlüssig 21. Sonnt. nach Pfingsten, u. alle in diese Zeit fallende Festtage. (9 1/2 B.)
2. Enth. d. 22. Sonnt. n. Pfingsten bis einschlüssig d. Ostersonntag, u. alle vom Feste aller Heiligen bis Ostern fallende Festtage. (10 1/4 B.)

— leichtfaßliche, christkatholische, homilet. Predigten auf alle Sonntage des Kirchenjahres. 1. u. 2. Bdchn. Enthält Homilien vom Anfange des Adventes bis zum 6. Sonntage nach Ostern. gr. 8. Ebend. 841. à 1/2 rℓ — 3. u. 4. Bdchn. Vom Pfingstsonntage bis zum 24. Sonntage nach Pfingsten, nebst e. angehängten Primizrede. gr. 8. Ebend. 841. à 1/2 rℓ

— leichtfaßl. christkathol., homilet. Predigten auf alle Festtage des Kirchen-Jahres. 1. u. 2. Bdchn. gr. 8. Ebend. 845. à 1/2 rℓ

Stroka Vincenz: Drei Gedanken des Heinrich Ligięza. Poetische Erzählungen des Grafen Sigm. Krasiński, aus dem Polnischen übersetzt u. mit einer lit. hist. Einleitung versehen. 40. Krakau III. 97.
Progr.

Stroka, V.: „Die Versuchung.“ Poetische Erzählung des Grafen Sigm. Kras. aus dem Poln. übers. und mit einer literarhist. Einleitung versehen. 31. Krakau A. 81.
Progr.

Ströle, Matthäus Alber, d. Reformator v. Reutlingen. E. Lebensbild f. Schule u. Haus zur Feier f. 400jähr. Geburtstages. 8. (47 S. m. Bildn.) Reutlingen 895. J. Kocher. n. — 25

Ströle, Albrecht: Thomas Carlyle's Anschauung vom Fortschritt in der Geschichte. Gütersloh [1909]: Bertelsmann. VII, 202 S. 8° ¶(Ersch. auch als: Beiträge z. Förderung christl. Theol. Jg. 13, H. 5.)
Tübingen, Phil. Diss. v. 16. Nov. 1909, Ref. Adickes
[Geb. 10. Sept. 81 Reutlingen; Wohnort: Riedlingen a. D.; Staatsangeh.: Württemberg; Vorbildung: Ev.-Theol. Sem. Urach Reife M. 00; Studium: Tübingen 10 S.; Coll. 17. Juni 09.] [U 10. 4195

— Thomas Carlyle's Anschauung vom Fortschritt in der Geschichte, s.a. Beiträge zur Förderung christlicher Theologie. XIII, 5.

Ströle, Alb., Johannes Calvin, s.: Volksschriften f. das evangel. Lothringen. 3. Heft.

Ströle, Hermann, a. Reutlingen: Herbarts Psychologie im Verhältnis zu seinem Erziehungsideal. Stuttgart [1907]: Ch. Belser. (110 S.) 8° [F.]
Tübingen, Phil. Fak., Ref. Maier, Diss. v. 22. Dez. 1906
[Geb. 30. Juli 78 Nagold; Wohnort: Tübingen; Staatsangeh.: Württemberg; Vorbildung: Gymn. Reutlingen, Seminar Urach, Konkursprüfung Reife M. 96; Studium: Tübingen 8 S.; Coll. 4. Dez. 03.]

Strölin, Emil: Homers Gesänge und das Nibelungenlied im Gymnasialunterricht. Ein Beitrag zum Verfahren der vergleichenden Betrachtung. 39 S. 4. Progr. K. Gymn. *Reutlingen* 1907 (742).

Ströll, Behandlung der Diphtherie m. 2proc. Myrrhentinctur-Lösung. (Lokale Behandlg. entbehrlich.) [Aus: „Allg. med. Centralzeitg.“] gr. 8. (3 S.) Berlin 893. O. Coblentz. n. 1. —

Ströll, Adolf

Stroell, Adf. über die concursrechtliche Realsicherheit fundirter Goldpapiere mit besond. Berücksicht. der bayer. Verhältnisse. gr. 8. (60 S.) München 877. Th. Ackermann. n. 1. —

Stroell, Adf., die Wechselrevalirungsklage und die deutsche Rechtsprechung. Inauguralabhandlung. gr. 8. (IV, 30 S.) Nördlingen 873, Beck'sche Buchh. *

—— das Zettelmonopol der bayrischen Hypotheken- und Wechselbank und sein Verhältniss zur bayr. Staatsgewalt. Eine Rechtsstudie. gr. 8. (53 S.) München 874, Grubert. *

Ströll, Anton

Ströll, A., elementi di geometria scritti per il secondo, terzo e quarto corso delle scuole reali. Con 228 figure e 1124 quesiti d'esercizio. gr. 8. (IX, 248 S.) Wien 886. Hölder. n. 3. —

Ströll, Ant., Elementi di geometria. Geometria intuitiva scritta pel II. °, III. ° e IV. ° corso delle scuole reali e per institut affini. 2. ed. completamente rifatta. Con 246 fig. intercalate nel testo e numerose questioni per esercizio. (III, 222 S.) gr. 8. Wien 903. A. Hölder n. 3. 20

— forme geometrichi. Primi elementi di geometria scritti per il primo corso delle scuole reali. Con 82 figure e 70 quesiti d'esercizio. gr. 8. (VI, 46 S.) Ebd. 886. n. — 60

Ströll, Moritz

Ströll (Komm.), s. Bankgesetz v. 14. 3. 1875.

Ströll, Mor., die staatssozialistische Bewegung in Deutschland. Eine histor.-krit. Darstellg. gr. 8. (VIII, 82 S.) Leipzig 885. Duncker & Humblot. n. 1. 40

—— über Gegenwart und Zukunft des deutschen Notenbankwesens. gr. 8. (22 S.) Ebendas. 886. *
Aus: Schmollers Jahrbuch für Gesetzgebung, besonders abgedruckt.

Stroell, M. Ueber das deutsche Geldwesen im Kriegsfall. (Sonderabdruck aus Schmollers Jahrbuch für Gesetzgebung etc. Jahrgang 23.) Leipzig 1899.

—, über die *neueste Konversionsära in Deutschland*. (S.-A. aus d. Jahrbüchern f. Nationalökonomie u. Statistik, hrsg. von Prof. *J. Conrad*. N. F. Bd. XIII, S. 421—432.) Jena 1880. Gr. 8⁰. Cart. Geschenk d. Vf.

Ströll, Mor., die Papiergeld-Reform. Eine populärwissenschaftl. Darstellg. gr. 8. (29 S.) München 873. Grubert. n. — 50

Ströll, Moritz, Die Parteiungen im socialen Kampf. Eine sociale Studie. gr.-8⁰. München, Grubert, 1872. (29 S)

Ströll, Moriz (Hrsg.), s. a. Reichsbankgesetz, Das.

—— das Reichsbankgesetz. Mit geschichtl. Einleitung und kurzer systemat. Darstellung, sowie mit den nothwendigsten Anmerkungen und Sachregister hrsg. 16. (64 S.) Nördlingen 875, Beck'sche Buchh. cart.

Ströll, Mor., das Reichsgesetz, betreffend die Kommanditgesellschaften auf Aktien und die Aktiengesellschaften. Mit erläut. Einleitung, Anmerkungen und Sachregister. 12. (IV, 132 S.) Nördlingen 884, Beck'sche Buchh. cart. *

STRÖLL, Paul (München): Ueber Atresia uteri als Geburtshinderniss.- München: Wolf 1880. 17 S.
21.7.1880 - Urk (Titel: De atresia uteri partum impedienti.); Chr 1880/81,14
Diss. Ingolst.-Landsh.-Mchn.

Ströller, I. L., inquisitio in caussam, undenam hodierna quidlibet de religione sentiendi etc. 4. maj. Eichstädt, Widemann. 782.

Im **Strom** der Zeit. Jahrbuch f. Kunst, Wissenschaft u. öffentl. Leben. Hrsg.: Walther Stein. Bd 1, 1903. *Wetter-Ruhr: V. Engelmann 1902.* 8° [F.] 03. 11088

Strom d. Zeiten, s. Fr. Straß.

Strom, Hieronym. (R. Ebert), Schwester Thereses Enthüllungen. Erzählungen nach Tatsachen aus der Gegenwart, aus dem Leben e. Krankenpflegerin. (223 S.) 8. Dresden (906). E. Pierson. n. 3. —; geb. n. 4. —

Strom, M., Ist der Mensch ein Tier? Aachen, Jakobi, 1867, 8⁰, 56 S., 50 Pf.
Gegen Karl Vogts zu Aachen gehaltene Vorträge. Vgl. G. Hagemann, Litt. Handw. 1869, S. 253. Allg. Littztg. 1868, S. 107 ff. Littblatt zur Sion 1868, S. 53.

Strom, M., Leben der ehrwürdigen Schwester Margaretha Maria Alacoque u. das allerheiligste Herz Jesu. Köln 864. Schwann. 8. (VIII, 256 S.) 22½ ngr.

Strom, M., Leben der ehrwürdigen Schwester Margaretha Maria Alacoque u. das Allerheiligste Herz Jesu. 2. Ausg. 8. (VIII, 255 S.) Köln u. Neuß 875. Schwann. 2. 25

— kurze Lebensgeschichte der seligen Margaretha-Maria, Schwester des Ordens von der Heimsuchung Mariä. Ebend. 865. 12. (104 S.) 7½ ngr.

—— kurze Lebensgeschichte der seligen Margaretha Maria, Schwester des Ordens von der Heimsuchung Maria. 2. Ausg. 16. (104 S.) Ebendas. 875.

Ström, Knut Torsteinsön: Ueber die Einwirkung von Natriumäthylat auf Butyrolacton. . . . Strassburg: Univ.-Buchdr. v. J. H. E. Heitz 1891. 31 S. 8⁰
Strassburg, Math.-naturw. Fak., Inaug.-Diss. v. 1891

Stromair, Balth., Allocutiones ad Academicos. 3 Ptes. 4. Ingolst. Krüll. 715.

— — asceticae. 3 Ptes. 4. ibid. 716.

Stroman, s. Situationen.

Stroman, Ottoline v., Geschichte oder Situationen. Gemälde einer modischen Erziehung. 2 Bde. neue Ausg. 8. Leipz. Hinrichs. 811.

Stroman, Hermann, a. Süderneuland b. Norden: Über Kohlenwasserstoffe der Geraniolen- und Cyklogeraniolenreihe und die Bildung von Alkoholen durch Umsetzung von Halogenverbindungen mit wässrigem Kali. Hildesheim 1908: A. Lax. (60 S.) 8°
Göttingen, Phil. Fak., Ref. Wallach, Diss. v. 22. Mai 1908
[Geb. 26. Mai 83 Süderneuland; Wohnort: Süderneuland; Staatsangeh.: Preußen; Vorbildung: Ulrichs-Gymn. Norden Reife O. 02; Studium: Heidelberg 3, Berlin 1, Göttingen 7 S.; Rig. 12. Febr. 08.]

Stromata, eine Unterhaltung, s. H. A. Grimm.

Stromateis. –

Στρώματεις. Grazer Festgabe zur 50. Versammlg. deutscher Philologen u. Schulmänner. (III, 172 S.) gr. 8. Graz 909. (Leuschner & Lubensky.) 2.50; kart. 3. —

Στρωματεῖς. Grazer Festgabe z. 50. Versammlung deutscher Philologen u. Schulmänner. Graz: Selbstverl. d. Festausschusses; [Leuschner & Lubensky] 1909. 172 S. 8° 09. 14701

Stromation. –

Στρομάτιον ἀρχαιολογικόν. Mitteilungen, dem 2. internationalen Congress f. christliche Archaeologie zu Rom gewidmet vom Collegium des deutschen Campo Santo. gr. 8. (III, 132 S. m. Abbildgn. u. 4 [1 farb.] Taf.) Rom 900. (Freiburg i/B., Herder.) n. 7. —

Strombach, P., die Kaufleute von Flensburg, s. Ruhl's Miniaturbibliothek.

Strombeck, Al. v.: Ueber die an Krystallen möglicherweise vorkommenden tessularischen oder regulären Gestalten. (A. Pogg. Ann. Vol. XXI.) Leipzig. 1831. 8⁰

Strombeck, August von: Beitrag zur Kenntniss des Pläners über der Westphäischen Kreideformation. (Aus d. Verh. d. naturh. Ver. d. Rheinl.) Bonn. 1859. 8⁰

Strombeck (A. v.), Beitrag zur Kenntniss des Pläners über der westfälischen Steinkohlenformation. (Zeitschr. der Deutschen Geolog. Gesellsch.) Berlin 1859. 8.

— Ueber den Gault und insbesondere die Gargas-Mergel (Aptien d'Orb.) im nordwestlichen Deutschland. (Aus der Zeitschrift d. deutsch. geol. Gesellsch.) Berlin. 1861. 8.

v. Strombeck, A. Geognostische Karte des Herzogthums Braunschweig. 3 Blätter. Braunschweig 1856.

Strombeck, v. Der obere Lias und braune Lias bei Braunschweig. (Aus der Zeitschr. d. deutsch. geolog. Gesellsch.) Berlin. 1853. 8.

— Ueber die Triasschichten mit Myophoria pes anseris Schl. auf der Schafweide zu Lüneburg. (Aus d. Zeitschr. d. deutsch. geol. Ges.) Berlin. 1860. 8.

Strombeck, Friedrich Heinrich von

Strombeck, [Friedr. Heinr.] v.: Abhandlung über die Organisation der französischen öffentlichen Gerichtssitzungen, wie auch der Secretariate der Tribunale erster Instanz. Göttingen 1809.

— Abhandl. üb. d. Organisation d. franz. öffentl. Gerichtssitzungen als Anhang zu d. Formularen, m. 2 K. gr. 8. Göttingen: Dieterich 1809.

v. Strombeck, Fr. Hnr., jurist. Abhandll. 1s u. 2s Hft. gr. 8. Hannov. 810, 11. Hahn. 14 Gr. (Auch als Anh. zu s. Handb. des westphäl. Civilprozesses).

— Ergänzungen d. Preuß. Allgem. Gerichtsordnung u. Gebührentaxe, s.a. Ergänzungen.

[**Strombeck**, Friedr. Heinr. v.]: Ergänzungen der allgemeinen Gerichtsordnung und der allgemeinen Gebürentaxen für die Gerichte, Justizkommissarien und Notarien in den Preußischen Staaten. Berlin u. Leipzig 1822.

— 3. Ausg. Ergänzungen . . . [sowie] des Stempelgesetzes, Salarien-Cassen-Reglements, sammt der Instruction für die Ober-Rechnungs-Cammer. Bd 1—3. Leipzig 1829—30.

— Ergänzungen d. allgem. Gerichts-Ordnung u. d. allgem. Gebührentaxen f. die Gerichte, Justiz-Commissarien rc. sammt d. Instruktion f. die Ober-Rechnungs-Kammer rc. rc. 3 Bde. gr. 8. Leipz. ... 2e A. 824. 3e Aufl. 3 Bde. gr. 8. Ebd. 829, 30. Brockhaus. 5 Thlr 16 Gr Schrbp. 7 Thlr 12 Gr

— Ergänzungen der allgem. Gerichtsordnung u. der allgemeinen Gebührentaxen. 4r Bd., enthalt. die Nachträge zur 3n Ausg. derselben, bearb. von Fd. Leop. Lindau. Mit 1 B. Tabellen. gr. 8. Leipzig 838. Brockhaus. n. 1 1/6 Thlr, Schrbp. 1 1/2 Thlr (Alle 4 Bde. jetzt nur n. 4 2/3 Thlr, Schreibp. n. 7 1/2 Thlr

— Ergänzungen d. allgem. Hypotheken- u. Depositalordnung, s.a. Ergänzungen.

Strombeck, Friedrich Heinrich von: „Ergänzungen der allgemeinen Hypotheken- und Deposital-Ordnung für die preußischen Staaten; oder: Vollständige Sammlung aller noch geltenden, die preussische Hypotheken- und Deposital-Ordnung ergänzenden, erläuternden oder abändernden Gesetze, Verordnungen und Ministerialverfügungen", 3. Auflage, Halberstadt 1827. — Vorh.: Preuß. Oberbergamt Dortmund — J. e. 5.

— Ergänzungen z. Hypotheken- u. Deposital-Ordnung in d. Preuß. Staaten. 3e Aufl. gr. 8. Halberst. 827, Brüggemann.

— Ergänzungen d. allgem. Hypotheken- u. Depositalordnung f. d. preuß. Staaten. — Supplementbd., enth. Nachträge z. 4. Ausg. v. 1830, od. sämmtl. seitdem bis 1836 erschien. sowie frühere im Hauptwerke nicht mit aufgeführten gesetzl. Bestimmn., hrsg. v. Ferd. Leop. Lindau. gr. 8. (17 B.) Leipzig 837. [Berlin, Heymann.] 1 1/6 Thlr., hrbgs. Pr. *
Hauptwerk. Halberstadt 830. [Berlin, Heymann.] 2 Thlr. 16 Gr., hrbgs. Pr. * 16 Gr.

— Ergänzungen der allgem. Hypotheken- u. Depositalordnung für die Preuß. Staaten rc. — Supplementband, enthalt. Nachträge zur 4n Ausg. von 1830, oder sämmtl. seitdem bis 1836 erschienenen, sowie frühere im Hauptwerke nicht mit aufgeführten gesetzl. Bestimmungen, herausg. von Ferd. Leop. Lindau. gr. 8. Leipzig 837. Weinedel. 1 1/6 Thlr

Strombeck, Friedr. Heinr. v., Ergänzungen d. Preuß. Criminalrechts, s.a. Ergänzungen.

v. Strombeck, Fr. Hnr., Ergänzungen des Preuß. Criminalrechts, enthalt. ein Zusammenstellung der jetzt noch anwendbaren Verordnungen u. Ministerialverfügungen, welche vor und seit der Gesetzeskraft des Tit. 20. Thl. II. des Allgem. Landrechts und der Criminalordnung öffentlich bekannt gemacht sind u. dieselben ergänzen, erläutern oder abändern. Herausg. von Ferd. Jul. Hasemann. 1r Bd. A. u. d. T.: Ergänzungen des Preuß. Strafrechts rc. 5e sehr verm., durchgängig berichtigte u. verb. Ausg. gr. 8. Berlin 834. Dümmler. 2 5/6 Thlr

v. Strombeck, (Fr. H.,) Ergänzungen d. allgem. Landrechts f. d. Preuß. Staaten rc., s.a. Ergänzungen.

[**Strombeck**, Friedr. Heinr. v.]: **Ergänzungen des allgemeinen Landrechts für die Preußischen Staaten enth. eine vollst. Zusammenstellung aller noch geltenden, das ALR. abänd., erg. u. erl. Gesetze, Verordnungen u. Ministerialverfügungen. Bd 1. 2. Berlin u. Leipzig 1823.**

— 2. Ausg. **Strombeck**, Friedr. Heinr. v.: Ergänzungen [usw.]. Bd 1. 2. Leipzig 1824. 25.

— Ergänzungen des allgem. Landrechts f. die preuß. Staaten rc. 2 Bde. 2e Aufl. gr. 8. Leipz. 824. Brockhaus. 3 Thlr 12 Gr Schrbp. 5 Thlr 3e A. 3 Bde. 829. 6 Thlr Schrbp. 8 Thlr

— 3. Ausg. Bd 1—4. Leipzig 1829—37.

Bd 4. Nachträge bearb. von Ferd. Leop. Lindau.

— Ergänzungen des allgem. Landrechts für d. Preuß. Staaten. 4r Bd., enthaltend die Nachträge zur 3n Ausg. desselben, bearb. u. bis auf die neueste Zeit fortgeführt von F. L. Lindau. gr. 8. Leipzig 837. Brockhaus. 1 1/6 Thlr, Schreibp. 1 1/2 Thlr — Bd. 1—3. n. 6 Thlr, Schreibp. n. 8 Thlr — Alle 4 Bde. zusammen nur 5 Thlr, Schreibp. 6 2/3 Thlr

— (1.) Nachtrag zu d. Ergänzungen d. allgem. Landrechts, d. Gerichtsordn., d. Criminalrechts, d. Hypotheken- u. Deposital-Ordn. (Mit e. Vorr. v. Fr. Cramer.) gr. 8. (39 B.) Halberstadt 832, Helm. Thlr.

— Ergänzungen des allgem. Landrechts, der Gerichtsordnung, des Criminalrechts, der Hypotheken- und Deposital-Ordnung. 2r Nachtrag. gr. 8. Breslau 833. Schulz u. Comp. n. 1 1/3 Thlr

v. Strombeck, Fr. Hnr., Handbuch des westphäl. Civilprozesses. 3 Thle. gr. 8. Hannov. 810, 11. Hahn. 3 Thlr 16 Gr

— Provinzialrechte aller Preuß. Länder, s.a. Provinzialrechte.

Strombeck, Friedr. Heinr. v.: **Provinzialrechte aller zum Preußischen Staat gehörenden Länder und Landestheile, insoweit in denselben das Allgemeine Landrecht Gesetzeskraft hat.** Leipzig.

Th. 1. **Das Provinzialrecht** der Provinz Sachsen. 1827.
Bd 1. [einz.] **Lentze,** Leop. Aug. Wilh.: Provinzialrecht des Fürstenthums Halberstadt u. der zu demselben gehörigen Graf- und Herrschaften Hohenstein, Regenstein u. Derenburg. 1827.
„ 2. **Schlüter,** Clem. Aug.; **Provinzialrecht der Provinz Westphalen.** 1829—33.
Bd 1. Provinzialrecht des Fürstenthums Münster und der ehemals zum Hochstift Münster gehörigen Besitzungen der Standesherren, ingleichen der Grafschaft Steinfurt u. der Herrschaften Anbolt und Gehmen. 1829.
„ 2. . . . der Grafschaft Tecklenburg u. der Obergrafschaft Lingen. 1830.
„ 3. . . . der ehemaligen kurkölnischen Grafschaft Recklinghausen. 1833.
„ 3. **Lemann,** [K. K.]: Provinzialrecht der Provinz Westpreußen. 1830—32.
Bd 1. 2. Provinzialrecht der Districte des Preuß. Landrechts von 1721. 1830. 32.
„ 3. Die Statutarrechte der Stadt Danzig. 1832.

— Provinzialrechte aller zum Preuß. Staat gehörenden Länder u. Landestheile, insoweit in denselben das allgem. Landrecht Gesetzeskraft hat. 1r Thl. 1r Bd. A. u. d. T.: Provinzialrecht des Fürstenthums Halberstadt rc., v. L. A. W. Lentze. gr. 8. Leipz. 827, Brockhaus.

—— die revidirte Städte-Ordnung v. 17. März 1831, s. Städte-Ordnung.

Strombeck. Friedr. Heinr. v.: Zusätze zur allgemeinen Hypotheken- und Depositalordnung für die Preußischen Staaten, oder vollständige Sammlung aller noch geltenden, die Preuß. Hypotheken- u. Depositalordnung erg. Gesetze. 2. Ausg. Halberstadt 1821.
[1. Abdr. in Bd 6 der Jahrbücher für die Preuß. Gesetzgebung. 1815. Ma 1855.]

— Zusätze z. allgem. Hypotheken- u. Deposital-Ordnung f. die preuß. Staaten. gr. 8. Halberst. . . . 2e Aufl. 821. Vogler. 18 gr 3e Aufl. unt. d. T.: Ergänzungen z. allgem. Hypotheken- u. Depositalordnung in d. preuß. Staaten. gr. 8. Ebd. 827. 4e A. 830. (Weinedel in Leipz.) 2 ℛ 16 gr

v. Strombeck, F. H.: Zusätze z. allgem. Hypotheken u. Depositalordn. f. d. preuss. Staaten. *Halberst.*, Vogler. (. . .) 2e verm. u. verb. A. 822. gr. 8. (12 Gr.)

v. Strombeck, F H.: Zusätze z. preuss. Crim.-Recht, enthalt. e. Zusammenstell. d. jetzt noch anwendb. Verordnn. u. Minist.-Verfügg., welche vor u. seit d. Gesetzkraft d. 20n Tit. d. 2n Th. d. allgem. Land-R. u. d. Crim.-Ordnung öffentl. bekannt gemacht sind. *Berlin*, Dümmler. (816.) 822. gr. 8. (1 Thl. 12 Gr.) — 4e sehr verm. u. verb. Ausg. *Ebend.* (816.) 829. (2 Thl. 16 Gr.) — 2r Bd. Auch u. d. T.: Ergänzungen d. Preuss. Criminalordn. 4e verm. u. verb. Ausg. *Ebend.* 831. gr. 8. (2 Thl. 12 Gr.)

— 4. Ausg. [u. d. Tit.:] Ergänzungen der allgemeinen Hypotheken- u. Depositalordnung für die Preußischen Staaten. Halberstadt 1830.
Suppl.Bd. Nachträge bis 1836 hrsg. von Ferd. Leop. **Lindau.** Leipzig 1837.

Strombeck, [Friedr. Heinr.] v.: Zusätze zur Criminalordnung. o. O. (1816).

Strombeck, Friedr. Heinr. v.: **Zusätze zum 20. Tit. des 2. Theils des allgemeinen Landrechts, enth. e. Zusammenstellung der jetzt noch anwendbaren Verordnungen u. Ministerialverfügungen, welche . . . denselben erl., erg., oder abändern. Berlin 1816.**

— 2. Ausg. [u. d. Tit.:] Zusätze zum Preußischen Criminalrechte, enth. e. Zusammenstellung . . . 1822.

— Zusätze zum zwanzigsten Titel d. zweiten Theiles des allgem. Landrechts, enthalt. eine Zusammenstellung der jetzt noch anwendbaren Verordnn. u. Ministerial-Verfügungen, welche seit der Gesetzkraft desselben öffentlich bekannt gemacht sind, u. denselben erläutern, ergänzen oder abändern. gr. 8. Berl. 816. Dümmler. 10 gr 2e Aufl. unt. d. T.: Ergänzungen des preuß. Criminalrechts, enthalt. eine Zusammenstellung der jetzt noch anwendbaren Verordnn. u. Ministerial-Verfügungen, welche vor u. seit der Gesetzeskraft des 20n Titels des 2n Theiles des allgem. Landrechts u. Criminalordnung öffentlich bekannt gemacht sind rc. 1r Thl. A. u. d. T.: Ergänzungen des preuß. Strafrechts rc. gr. 8. Ebd. 822. 1 ℛ 12 gr 3e A. 827. 2 ℛ 12 gr 4e Aufl. Ebd. 829. 2 ℛ 16 gr 2r Thl. 4e verm. Aufl. Ebd. 830. 2 ℛ 12 gr

— 4. Aufl.
Bd 1. **Ergänzungen des Preuß. Strafrechts oder des 20. Tit. des 2. Th. des allg. Landrechts.** 1829.
„ 2. **Ergänzungen der Preuß. Criminalordnung.** 1831.

Strombeck, Friedrich Karl von

— Beitr. z. Rechtswissenschaft Deutschlands, vorzüglich zur transitorischen des nordwestl. Theiles u. der am linken Ufer d. Rheines liegenden Provinzen desselben. gr. 8. Götting. 816. Dieterich. 1 ℛ 8 gr

— s. **Bericht** über die 19. Versamml. deutsch. Naturforscher.

Strombeck, Friedr. Karl v., Henning Brabant, Bürgerhauptmann d. Stadt Braunschweig, u. seine Zeitgenossen. Ein Beitr. zur Geschichte d. deutschen Stadt- u. Justizwesens im Anfange d. 17. Jahrh. 8. (10½ B.) Braunschweig 829. (Halberstadt, Helm.)

Henning Brabant, Bürgerhauptmann der Stadt Braunschweig, und seine Zeitgenossen. Ein Beitrag z. Geschichte d. deutschen Stadt- u. Justizwesens im Anfange d. 17. Jhs von Friedrich Karl v. **Strombeck.** 2. Aufl. Mit e. Begleitwort von Dr. Heinrich Mack. *Braunschweig: W. Scholz 1901.* (90 S.) 8° [ß.] [04. 1635] 7

Strombeck, Friedrich Karl von, s. Breislak, S.: Lehrbuch d. Geologie.

Strombeck, Friedrich Karl von, s. Cicero, M. T.: Laelius.

Strombeck, Friedr. Carl v.: Darf ein Braunschweigischer Minister zu der Stelle eines Schatzrathes aspiriren? Eine Prüfung der „Gedanken über die in der Person des Geh. Raths v. Bötticher in Braunschweig vorgewesene Schatzraths-Wahl.“ Wolfenbüttel 1801.

Strombeck, Friedr. Karl, Darstellungen aus meinem Leben und aus meiner Zeit. Th. 1. 2. Braunschweig 1833. 8. . . . . (0.
—, —— 2. Aufl. Braunschweig 1836.

Strombeck, Friedr. Karl, Darstellungen aus mein. Leben u. aus mein. Zeit. 3—8. Thl. 8. Braunschweig, Vieweg u. Sohn.
A. u. d. Titln.:
Thl. 3—5. Darstellungen aus e. Reise durch Deutschland u. Italien im J. 1835. 3 Thle. (71½ B.) 836. 5 Thlr.
„ 6. Darstellungen aus e. Reise durch Deutschland u. Holland im J. 1837. (26 B.) 1 Thlr. 18 Gr.
„ 7. Darstellungen aus e. Reise v. Niedersachsen nach Wien im Sommer d. J. 1838. (24½ B.) 839. 1 Thlr. 18 Gr.
„ 8. Darstellungen aus e. Reise durch Schweden u. Dänemark im Sommer d. J. 1839. (20 B.) 840. 1 Thlr. 18 Gr.
1. u. 2. Thl. Ebendas. 1833. 2 Thlr. 8 Gr.

v. Strombeck, Fr. Karl, s. Diana u. Endymion.

—— Entwurf eines Strafgesetzbuches f. e. norddeutsches Staatsgebiet, namentl. f. d. Herzogth. Braunschweig u. d. Fürstenthr. Waldeck, Pyrmont, Lippe u. Schaumburg-Lippe. 1. Aufl. (19¼ B.) 829., 2., verb. A. u. d. T.: Entwurf e. Strafgesetzbuches f. Staatsgebiete d. deutschen Bundes. (20 B.) gr. 8. Braunschweig 834, Vieweg. à

Strombeck, Friedrich Karl von, s. Feier des Gedächtnisses d. vorm. Hochschule Julia-Carolina zu Helmstädt, ...

— Formulare u. Anmerkk. zu d. Proceßordnung des Königreichs Westphalen. 1r Thl. gr. 8. Götting. ... 2e A. 809. Dieterich. 1 ₰ 12 gr. 2r Thl. mit e. vollständ. Register. gr. 8. Braunschw. 810. Vieweg. 2 ₰ 3r Thl. (A. u. d. T.: Rechtsfragen z. Erläuter. der westphäl. Proceßordnung). gr. 8. Götting. 813. Dieterich. 1 ₰ 12 gr.

— Formulare u. Anmerk. z. d. Proceßordnung des Königreichs Westphalen. 1r Bd. gr. 8. Göttingen, Dieterich. 810.

— Formulare u. Anmerkungen zu d. Prozeßordnung des Königreichs Westphalen. 2r Thl. gr. 8. Braunschw. Vieweg. 811.

Strombeck, F. K. von, Formulare zur correctionellen Prozeßordnung in Westphalen. gr. 8. Braunschw. Vieweg. 810.

— deutscher Fürstenspiegel aus d. 16n Jahrhund., od. Regeln d. Fürstenweisheit, von d. Herzoge Julius u. der Herzogin-Regentin Elisabeth in Braunschweig u. Lüneburg. gr. 4. Braunschweig 824. Vieweg.

— deutscher Fürstenspiegel aus d. 16. Jahrh., oder Regeln der Fürstenweisheit, v. dem Herzoge Julius u. d. Herzogin-Regentin Elisabeth in Braunschweig u. Lüneburg. gr. 4. Braunschweig 827, Vieweg. 1 Rthl. — Schreibp. 1 Rthl. 8 gr. Velin-Pap.

Strombeck, Friedrich Karl von: Geschichte eines allein durch die Natur hervorgebrachten animalischen Magnetismus und der durch denselben bewirkten Genesung; von dem Augenzeugen dieses Phänomens. 216 S. (Nebst) Nachtrag, 52 S., gbd.

Braunschweig: Vieweg } 1813
Cassel: Thurneysen }

JB 2.680

Geschichte eines allein durch die Natur hervorgebrachten animalischen Magnetismus und der durch denselben bewirkten Genesung von...dem Baron Friedrich Karl von Strombeck. [Nebst] Nachtr. Mit e. Vorr. des [Heinrich Matthias] Marcard. Braunschweig: Vieweg 1815. 8°

[Hauptw.:] 1815.
Nachtr.: Nebst einigen beiläufigen Bemerkungen über den Brief eines Wahrheitsfreundes an Mademoiselle... über diese Schrift. 1815.

Strombeck, (Fr. Carl,) Leben d. Herz. Julius v. Braunschweig, s. Algermann, Fr., Feier rc.

v. Strombeck, Fr. Karl, Memorabilien aus dem Leben u. der Regierung des Königs Karl XIV. Johann von Schweden u. Norwegen. gr. 8. Braunschweig 841, Vieweg u. Sohn. n. 1 ₰ — 2. verm. Aufl. gr. 8. Ebend. 842. n. 1 ₰

—— staatswissenschaftl. Mittheilungen, vorzügl. in Beziehung auf d. Herzogth. Braunschweig. 1—3. Hft. gr. 8. (7, 7½ u. ... B.) Braunschweig 831, Vieweg. à

— staatswissenschaftl. Mittheill., vorzügl. in Beziehung auf das Herzogth. Braunschweig. 1s u. 2s Hft. (2s Hft. A. u. d. T.: Histor. u. staatswirthschaftl. Mittheill. in Beziehung auf die erneuete Landtags Ordnung). gr. 8. Braunschw. 831. Vieweg. (à 16 gr) 1 ₰ 8 gr 3s Heft. A. u. d. T.: Beitr. zur Geschichte des Braunschweig. Landtags im J. 1831. gr. 8. Ebd. 832. 16 gr

Strombeck, Friedrich Karl von, s. Olfens, T.: Geschichtsbücher der Stadt Braunschweig.

Strombeck, Friedrich Karl von, s. Ovidius: Heilmittel d. Liebe.

— s. Ovid's fünf Bücher der Trauer; — dess. drei Bücher der Liebe; — dessen Kunst zu lieben.

Strombeck, Friedrich Karl von, s. Propertius: Eleg. Gedichte.

— Rechtswissenschaft des Gesetzbuchs Napoleons u. der übrigen bürgerl. Gesetze d. Königr. Westphalen, od. Entscheidung d. Appellationshofs zu Celle. In Bandes 1s — 3s Heft. gr. 8. Braunschw. 811. Vieweg. 3 ₰

Strombeck, Friedr. Karl v.: Rechtswissenschaft des Gesetzbuchs Napoleons und der übrigen bürgerlichen Gesetzgebung des Königreichs Westphalen, oder Sammlung von Entscheidungen des königlichen Appellations-Hofes zu Celle u. Abh. über die entschiedenen u. andere Rechtsfragen. Bd 1, (H. 1—3). Braunschweig 18(11—)12.

— Rechtswissenschaft des Gesetzbuchs Napoleons und d. übrigen bürgerl. Gesetze des Königr. Westphalen, od. Entscheidung des Appellationshofs zu Celle. 1n Bandes 1s, 2s u. 3s Heft. u. 2n Bds 1s Hft. gr. 8. Ebendas. 811—14. (jed. Heft 1 Rthlr)

Strombeck, Friedrich Karl von, s. Sallustius: Werke.

— Samml. von Entscheidungen des ehemal. Appellationshofes zu Celle. gr. 8. Braunschw. 815. Vieweg. 18 gr

Strombeck, Friedrich Karl von, s. Suetonius: Werke.

Strombeck, Friedrich Karl von, s. Tacitus: Sämtl. Werke.

Strombeck, Friedrich Karl von, s. Tibullus: Elegien.

Strombeck, Frhr. Fr. Karl, Was ist Rechtens, wenn die oberste Staatsgewalt dem Zwecke des Staatsverbandes entgegenhandelt. Erörtert und beantwortet. gr. 8°. Braunschweig 1830. 3. Aufl. gr. 8°. Braunschweig 1831. 4. mit Zusätzen verm. Aufl. gr. 8°. Braunschweig, Vieweg, 1832.

Strombeck, J. von

Strombeck, Lehre v. d. garantirten Eisenbahn-Papieren. Berlin 875.

Strombeck, J. v., üb. Prioritäts-Stammactien, unter besond. Berücksichtg. d. deutschen u. österreichischen Eisenbahn-Prioritäts-Stammactien. (Aus: „Busch's Archiv f. Theorie u. Praxis d allgem. deutschen Handels- u. Wechselrechts.") gr. 8. (IV, 145 S. m. 6 Tab. in qu. gr. Fol.) Berlin 876. C. Heymann's Verl. n. 4. —

— **ein Votum zur Reform der deutschen Actiengesetzgebung.** gr. 8. (VIII, 66 S.) Berlin 874. Haude & Spener. n. 1. —

Strombeck, Richard Frh. von

Strombeck, Frhr. v. Anweisung f. den Reitunterricht, insbesondere an Offiziere der Truppen zu Fuß. gr. 8. (18 S.) Darmst. 891, Zernin. * — 80

Aus: Allgem. Militär-Zeitung, besonders abgedruckt.

Strombeck, Frhr. v., Auszug aus der Reit-Instruction für Unteroffiziere u. die 2. Reitklasse. Nebst einem Anh. über Stallpflege u. Behandlung des Hufes. Berlin 867. Schlesier. 8. (28 S.) n. 3 ngr.

Strombeck, Rich. Frhr. v., 50 Jahre aus meinem Leben. 8. (188 S.) Leipzig 894. F. W. Grunow. n. 1. 60

Strombeck, R. Frhr. v., Kriegs-Tagebilder aus den J. 1864 u. 1866. Darmstadt 869. Zernin. gr. 8. (V, 98 S.) n. 15 ngr.

Strombeck, Frhr. v., Leitfaden für den Unterricht der 2. Reitklasse. Auf Grundlage der preuß. Reit-Instruktion. gr. 8. (IV, 20 S.) Darmstadt 879. Zernin. n. — 80

Stromberg [Sachliches OW]

Stromberg, Just von,. Schsp. v. Maver. gr. 8. Mannh. Schwan. 785.

— — dasselbe. 8. Lpz. Sommer. 807.

Stromberg im Thale und seine Umgebung (Station Hunsrück-Bahn). Ein Büchlein für Fremde und Einheimische. Stromberg 1900. V: *Gerlach, August.* (Berl)

Stromberg [Schlagwort]

Stromberg, s.: Preussen. Messtischblätter.

Stromberg [Verfasser]

Stromberg, Adalb. Baron, von der Hochzeit des Königssohnes. Matthäus 22, 1—14. Predigt, geh. am 26. X. 1908 in der Domkirche zu Reval. (12 S.) 8. Reval 908. Kluge & Ströhm. — 40

— **Der verlorene Sohn. Lukas 15, 11—32. 4 Passionspredigten, geh. in der Domkirche zu Reval.** (32 S.) gr. 8. Ebd. 909. 1. 20

Stromberg, A. v., s.: Zeitfragen, pädagogische.

Stromberg, Frdr., die Kolonie auf Hof Buchenhain, oder: Christenthum u. Arbeit. Eine Novelle für unsere Zeit. 8. (VI u. 106 S.) Reutlingen 852, Fleischhauer & Spohn. 8 ngr.

— **Violen.** Ausgewählte Lieder u. Epigramme. 16. (212 S.) Reutlingen 852, Kurtz. n. 1/2 ₰; in Engl. Einb. m. Goldschn. n. 24 ngr.

Stromberg, M. R., Frauenrecht u. Frauenpflicht. Eine Antwort auf Fanny Lewald's Briefe für und wider die Frauen. 8°. Bonn 1870.

Stromberg, Max, zeitgemäße Lehren. 2. verb. u. verm. Aufl. (Jahrg. 1909.) (In 20 Lfgn.) 1. Lfg. (S. 1—32.) gr. 8. Magdeburg 909. M. Petermann. — 25

Stromberg, Maximilian: Zeitgemäße Lehren und Beobachtungen. (Bd 1.) 2. verb. u. verm. Aufl. Magdeburg: Petermann 1909. 8°

Stromberg, Th., Vogel-A-B-C. Ein Büchlein f. artige Kinder. kl. 4. (30 S.) München 888. Stroefer. geb. n. 1. —

Strömberg, Edvard, die Ausgleichung des Ablauts im starken Präteritum, m. besond. Rücksicht auf oberdeutsche Sprachdenkmäler des 15.—16. Jahrh. (Göteborgs kungl. vetenskaps- och vitterhets-samhälles handlingar. Fjärde följden. X, 4.) (VIII, 155 S.) Lex. 8. Göteborg (Gothenburg) 907. Wettergren & Kerber. nn 2. 75

Strömberg, Edvard: Die Ausgleichung des Ablauts im starken Präteritum mit besond. Rücks. auf oberdeutsche Sprachdenkmäler des 15.–16. Jhs. Göteborg 1907: Zachrisson. VIII, 154 S. 8°
(Göteborgs Kgl. Vetenskaps- och Vitterhets-Samhälles Handlingar. F. 4, H. 10, [4.])

Strömberg, Gust., Verbesserung der Bahnelemente des Planeten (471) Papagena. (30 S.) 8. Uppsala 907. (Berlin, R. Friedländer & Sohn.) nn — 90
Sonderabdruck aus: „Arkiv f. matematik, astronomi och fysik".

Stromberger, Christian Wilhelm

Stromberger, Chr. W., Berthold v. Regensburg, der größte Volksredner des deutschen Mittelalters. gr. 8. (XVI, 224 S.) Gütersloh 877. Bertelsmann. n. 2. 50

Stromberger, Christ. Wilh., biographische Charakterbilder. Eine Sammlg. kleiner Schriften. gr. 8. (162 S. m. Bildnis.) Frankfurt a/M. 901. Heyder & Zimmer. n. 2. 50

Stromberger, Chr. W., die geistliche Dichtung in Hessen. Ein Vortrag, durch biograph. und literar. Bemerkungen und eine Auswahl von Dichtungen erweitert. 8. (IV, 176 S.) Darmstadt 886, Waitz. * ℳ 2.50.; geb. *

— die geistliche Dichtung in Hessen. Neue Folge. 8. (XI, 167 S.) Darmstadt 898. J. Waitz. n. 2. 50; geb. n. 3. 20

Stromberger, Chr[istian] W[ilhelm]: Freie Frauenthätigkeit im Reiche Gottes. Aus Geschichte u. Erfahrung dargest. — Gotha: Perthes 1890. VII, 85 S. 8° (Zimmers Handbibliothek d. prakt. Theologie. XI–XIV, 6.)

Stromberger, Chr. W., freie Frauenthätigkeit im Reiche Gottes, s. a. Zimmer's Handbibliothek der praktischen Theologie.

Stromberger, Chr. W., die Kirchhöfe der Evangelischen. (Abdr. aus der allgemeinen Kirchenzeitung.) Darmstadt 863. Zernin. gr. 8. (X, 46 S.) 10 ngr.

— der Landgräfin Anna Sophie von Hessen-Darmstadt Leben und Lieder, s. Sängerinnen, geistliche, 2c.

Stromberger, Ch. W., Lehren aus des Erasmus Albertus „Buch von der Tugent vnd Weißheit", s. Lehren.

—— geistliche Lieder evangelischer Frauen des 16., 17. und 18. Jahrhunderts, s. a. Lieder, geistliche.

Stromberger, Ch. W., geistliche Lieder evangelischer Frauen des 16., 17. u. 18. Jahrh. Gießen 854. Ricker. 8. (XXIII, 272 S.) n. 1 ₰. 10 ngr.

—— letzte Reden der Sterbenden. Zeugnisse des weltüberwindenden Glaubens. 8. (XVI, 150 S.) Ebendas. 879. *

[S.] Letzte Reden der Sterbenden. Zeugnisse d. weltüberwindenden Glaubens. Von Dr. Chr. W. Stromberger. 2. verm. u. verb. Aufl. *Gütersloh: C. Bertelsmann 1898.* (XVIII S., 1 Bl., 308 S.) 1 Bd 8. 98. 4595

— Gustav Schlosser. Mitteilungen aus dessen Leben u. Wirken. [Aus: „Monatsblätter f. innere Mission".] gr. 8. (19 S.) Karlsruhe 890. Evangel. Schriftenverein f. Baden. n. — 50

Stromberger, Chr. W., über die Thätigkeit der evangel. Diakonenanstalten in den letzten Feldzügen. Vortrag. Darmstadt 867. Würtz'sche Buchh. gr. 8. (46 S.) n. 6 ngr.

Stromberger, Theodor. Eine Schweizerreise Johann Michael Sailers im Jahre 1798. [A.] 8. (Bremen und Leipzig 1900.)

Stromcharte, s. Stromkarte.

Im Strome der Zeit. Unterhaltungsstoff f. Anhänger d. Stenographiesystems Stolze-Schrey. Hrsg. v. Stenographenverbande Stolze-Schrey. Bd 1. Berlin: Steffenhagen [1909]. 8° A 12. 9443

Ströme, die, (Uebersetzung von L. G. Kosegarten.) gr. 8. Stralsund, Löffler. 817.

Ströme, Die. 1817.
Die »Neue Ausg.« erschien 1823. *Kosegarten* ist nur der Bearb. V: *Bouviers, Jeanne Marie vereh. de la Motte Gujon.* (DARP)

Ströme, die, (Uebersetzung v. L. Th. Kosegarten). gr. 8. Stralf. 817. N. A. 823. Löffler. 1 ₰ 8 ₰ Pbg. Pr. 1 ₰

Ströme, Die geistlichen.
Uebersetzung von L. Th. Kosegarten. Stralsund 1817. N. A. 1823. V: *Guyon, Johanna Maria von.* (Th)

Ströme Gottes. Aus dem Leben v. Gustav Knak. Von H. v. R(edern). (100 S. m. 1 Bildnis.) 8. Berlin (906). Deutsche ev. Buch- u. Tractat-Gesellschaft. Kart. n. 1. —

Ströme, Des deutschen Reiches. (Als Ms. gedruckt im Auftrage des Ausschusses für Volkswirthschaft.) Frankfurt a. M., den 20. Juni 1848. 4. . . . . (LHK.)

Ströme lebendigen Wassers, s. a. Weitzmann, Frdr.

Ströme lebendigen Wassers oder Kern geistlicher Lieder aus dem Mund und Herzen gläubiger christlicher Dichter besonders der neuern Zeit. Hrsg. von Friedr. Weitzmann. Mit einem Vorwort von Alb. Knapp. 2., verm. Aufl. 8. (160 S.) Stuttgart 860, (Cammerer.) *

Stromer, Herm. v, praktische Anleitung zu Improvisations-Arbeiten, nach Generalarzt Dr. Port u. anderen Autoren f. freiwillige Sanitäts-Kolonnen bearb. 2., bedeutend erweit. Ausg. 12. (VIII, 82 S. m. 82 Abbildgn.) München 900. Seitz & Schauer. Kart. n. 1. —

Stromer, Johs., Glaube, Kampf u. Sieg! Schauspiel in 3 Aufzügen nebst 1 Vorspiel. 8. (54 S.) Neumarkt Ob.-Pf. 893. (J. Boegl.) n. — 80

Stromer, Leop.: Über den Einfluss der Schauspiele auf die Jugend. 6 S. – Znaim, Progr. 1860.

Stromer, Theodor

Stromer, Th., die Insel Bornholm. Reisebeschreibung und Touristenführer. 8. (IV, 107 S. mit 1 photolithogr. Karte und 5 eingedr. Holzschn.-Illustr.) [Berlin 877, Bichteler und Comp.] Strassburg, Schultz und Comp.

Stromer, Th., Deutschland, s.: Grieben's Reisebibliothek.

[Stromer, Theodor.] Kleiner Führer durch die Schweiz. Nach der neunzehnten Auflage des grösseren Reisehandbuchs „Die Schweiz" [von Th. St']. Mit drei Karten-Beilagen. 8. Berlin 1899.
Griebens Reisebücher. Band 24.

[Stromer, Theodor.] Kleiner Führer durch die Schweiz. Nach der zwanzigsten Auflage des grösseren Reisehandbuchs (*Vorwort:* Auszug aus...) «Die Schweiz». Mit drei Karten. [IV +] IV + 136 + 4 S. 8. Berlin W., Albert Goldschmidt, 1901. ([cart.] M. 1.50)
Griebens Reisebücher. Band 24.

[Stromer, Theodor.] Kleiner Führer durch die Schweiz. Nach der 21. Auflage des grösseren Reisehandbuchs (*Vorwort:* Auszug aus ...) «Die Schweiz». Mit 4 Karten. IV + 132 + *Anzeigen* 8 S. 8. Berlin, Albert Goldschmidt, 1903-1904. ([cart.] M. 2. —)

—— Das zweite Gesicht u. andere Novellen. 8. (VII, 368 S.) Münch. 891, Callwey. * 4 —

Stromer, Theodor: Heringsdorf, Ahlbeck, Bansin., s. Grieben's Reiseführer.

Stromer, Th., Lehrbuch der spanischen Sprache f. den Selbstunterricht, s.: Neufeld's Unterrichtsbriefe f. das Selbststudium.

Stromer, Th., Leipzig, — Misdroy, Swinemünde etc., } s. Grieben's Reisebücher.

– M i s d r o y u. Umgegend, s. G r i e b e n ' s Reiseführer.

Stromer, Theodor: M ü n c h e n , s. G r i e b e n ' s Reisebibliothek.

Stromer, Th., Murillo. Leben u. Werke. Eingeführt v. Max Jordan. gr.16. (VIII, 121 S. m. Portr. in Lichtdr.) Berlin 879. Wasmuth. n. 2. 25

— Nord-Deutschland,
— die Riviera,
s.: Grieben's Reisebücher.

Stromer, Thdr., unter Schutt u. Asche. Bilder aus der Vorzeit. 8. (90 S.) Berlin 875. G. H. E. Müller. n. 1. 50

Stromer, Th. Die Schweiz. 13. Aufl. In-12°, VIII u. 274 S., mit Karten, Plänen u. Illustr. Berlin, Albert Goldschmidt. 1887. geb. 4 —

S t r o m e r , Th[eodor]. Die Schweiz. Praktisches Handbuch für Reisende. 15. Aufl., bearb. von Th. St'. Mit vielen Karten, Plänen und Illustrationen [sowie 1 Panorama]. 8. Berlin 1891.
Griebens Reise-Bibliothek. Band 23.
Vgl. G r i e b e n ' s Reisebibl.

S t r o m e r , Th[eodor]. Die Schweiz. Praktisches Handbuch für Reisende. 17. Aufl., bearb. von Th. St'. Mit vielen Karten, Plänen und Illustrationen. 8. Berlin 1895.
Griebens Reisebücher. Band 23. — (*Umschlag:* Goldschmidts Reisebücher.)

S t r o m e r , Th[eodor]. Die Schweiz. Praktisches Handbuch für Reisende. 19. Aufl., bearb. von Th. St'. Mit 10 Kartenbeilagen und vielen Illustrationen. 8. Berlin 1899.
Griebens Reisebücher. Band 23.

Stromer, Th[eodor]. Die Schweiz. Praktisches Handbuch für Reisende. 20. Aufl. Mit elf Karten (-Beilagen [und 4 Panoramen im Text]). [IV +] VIII + 352 + 36 S. 8. Berlin W., Albert Goldschmidt, 1901. (geb. M. 4. —)
Griebens Reisebücher. Band 23.

S t r o m e r , Th[eodor]. Die Schweiz. Praktisches Handbuch für Reisende. 21. Aufl. bearb. von Th. Stromer. Mit 12 Karten [-Beilagen und 3 Panoramen im Text]. VIII + 298 [+ 6] + *Anzeigen* 36 S. 8. Berlin, Albert Goldschmidt, 1903-1904. (geb. M. 4. —)
Vgl. G r i e b e n s Reiseführer. Band 23.

— Die Schweiz. Kleine Ausgabe. In-12°, IV u. 125 S., mit 2 Karten. Berlin, Alb. Goldschmidt. 1887. *Grieben's* Reisebibliothek, N° 24.

S t r o m e r , Th[eodor]. Die Schweiz. Kleine Ausg. Nach der siebzehnten Auflage des von Th. St' neu bearbeiteten Führers durch die Schweiz. (Praktischer Führer.) Mit [3] Reisekarten. 8. Berlin 1895.
· Griebens Reisebücher. Band 24. — (*Umschlag:* Goldschmidts Reisebücher.)
Vgl. G r i e b e n ' s Reisebücher.

Stromer, Th., die Seebäder der Inseln Usedom u. Wollin, s.: G r i e b e n ' s Reisebibliothek.

S t r o m e r , Th[eodor]. Die Ober-Italienischen Seen: Lugano-See. Como-See. Lago Maggiore .... ⟨Mailand.⟩ Praktisches Handbuch für Reisende. Mit [2] Karten und Illustrationen. 8. Berlin 1891.
Griebens Reise-Bibliothek (*Umschlag:* Reisebücher). Band 15. — (*Umschlag:* Goldschmidts Reisebücher.)
Vgl. G r i e b e n ' s Reisebücher.

– S w i n e m ü n d e (Stettin), s. G r i e b e n ' s Reiseführer.

[S t r o m e r , Theodor.] Switzerland. Translated from the sixteenth Edition of Griebens Guide-Books by Louise L. Lublin. With [4] Maps and [2] Plans. 8. Berlin 1893.
Griebens Reisebücher. Band 64.

S t r o m e r , Th., Viaje por España. Sprachführer für Deutsche in Spanien. Praktisches Handbuch der span. Umgangssprache, unter Mitwirkung von Don Santiago Espino. 12. (VIII, 147 S.) Berlin 883, Herbig. *
geb. *

—— Viaje por E s p a ñ a. Sprachführer f. Deutsche in Spanien. Prakt. Handbuch der span. Umgangssprache. 2. verb. Aufl. 12. (VI, 144 S.) Berl. 891, Herbig. * 1 30; geb. * 1 70

— Viaje por E s p a ñ a. Sprachführer f. Deutsche in Spanien. Prakt. Handbuch d. span. Umgangssprache. 3., verb. Aufl. 12. (VI, 144 S.) Berlin 898. F. A. Herbig. n. 1. 30

Neues deutsch-spanisches Wörterbuch auf Grund d. Wörterbuches d. Königl. Spanischen Akademie von Th[eodor] Stromer. *Berlin: F. A. Herbig 1900.* (XI, 811 S.) 8°
[Nebent.:] Nuevo diccionario alemán-español por Th. Stromer. [01. 704

Neues spanisch-deutsches Wörterbuch auf Grund des Wörterbuches der Kgl. Spanischen Akademie v. Th[eodor] Stromer ... *Berlin: F. A. Herbig 1897.* [A. T.: Nuevo diccionario Español-Alemán ... p. Th. Stromer ...] (XI, 828 S.) 1 Bd 8. [97. 3678

Stromer, Ulman. Gedenkbuch oder Nürnberger Chronik 1360—1401. [Leipzig 1862.] H: *Hegel, Carl.* (Kat. d. Bibl. d. dtsch. Reichstages. Berl. 1882.)

Stromer von Reichenbach, Christoph Wilhelm Fr., s. E n t w u r f e. Staatsrechts.

Stromer v. Reichenbach, Cph. Wlh. Fr., († d. 20. Mai 1805.) Geschichte u. Gerechtsame d. Reichsschultheißenamts zu Nürnberg rc. gr. 8. Nürnb. 788. Stiebner. 8 gr.

Stromer von Reichenbach, Ernst Frh.

Stromer (Ernst), Über Alttertiär in Westafrika und die Südatlantis.
Aus: Jahrb. d. Kgl. Preuss. Geol. Landesanst. f. 1909. Bd 30, T. 1, H. 3.

Geographische und geologische Beobachtungen im Uadi Natrûn und Fâregh in Ägypten von Dr. Ernst **Stromer** in München. Mit 1 Taf. u. 1 Karten-Skizze. ⟨Taf. 18 u. 19.⟩ (Frankfurt a. M.: M. Diesterweg in Komm. 1907.) (S. 69–96.) 4°
= **Abhandlungen** hrsg. von d. Senckenbergischen naturforsch. Gesellschaft. Bd 29, H. 2, [1.] [07. 17005

Stromer, Ernst, geographische u. geologische Beobachtungen im Uadi Natrûn u. Fâgregh in Aegypten. (S. 69—96 m. 1 Taf., 1 Kartenskizze u. 1 Bl. Erklärgn.) 4. Frankfurt a/M. 905. (M. Diesterweg.) n. 3. —
Sonderabdr.

Stromer, Ernst, geograph. u. geolog. Beobachtungen. — Fossile Wirbeltierreste. Jetzt: Frankfurt a. M. (Viktoria-Allee 7), Senckenberg. naturforsch. Gesellschaft.

Geologische Beobachtungen im Fajûm und am unteren Niltale in Ägypten von Dr. Ernst **Stromer** in München. Mit Taf. 21. (Frankfurt a. M.: M. Diesterweg in Komm. 1907.) (S. 135–147.) 4°
= **Abhandlungen** hrsg. von d. Senckenbergischen naturforsch. Gesellschaft. Bd 29, H. 2, [3.] [07. 17007

Stromer, Ernst, geologische Beobachtungen im Fajûm u. am unteren Niltale in Ägypten. (S. 133—148 m. 1 Taf.) Lex. 8. Frankfurt a/M. (Viktoria-Allee 7) 907. Senckenberg. naturforsch. Gesellschaft. nn 2. —
Sonderabdruck a.: „Abhandlgn. d. Senckenberg. naturforsch. Gesellsch."

Stromer v. Reichenbach, Ernst v., Bericht üb. e. v. den Privatdozenten Dr. Max Blanckenhorn u. Dr. Ernst Stromer v. Reichenbach ausgeführte Reise nach Aegypten. Einleitung u. Ein Schädel u. Unterkiefer v. Zeuglodon Osiris Dames. (S. 341—352.) gr. 8. München 902. (G. Franz' Verl.) n. — 20
Sonderabdruck aus: „Sitzungsber. d. bayer. Akad. d. Wiss."

Stromer von Reichenbach, Ernst Frh. [aus Nürnberg]: Die Geologie der deutschen Schutzgebiete in Afrika ... München, Druck v. R. Oldenbourg, 1896; VIII, 203 S. 8.
München, Phil. Fak., Inaug.-Diss. v. 1896

Stromer v. Reichenbach, Ernst Frhr., d. Geologie d. deutschen Schutzgebiete in Afrika. Mit 3 (farb.) Karten u. mehreren Profilen. gr. 8. (VIII, 203 S.) München 896. R. Oldenbourg. n. 7. 50

Stromer von Reichenbach, Ernst Frh.: Lehrbuch der Paläozoologie. T. 1. Leipzig & Berlin: Teubner 1909. 8°
(Naturwissenschaft u. Technik in Lehre u. Forschung. 2. [Bd 2.])

Stromer v. Reichenbach, Ernst Frhr. v., Lehrbuch der Paläozoologie. s. a. Naturwissenschaft u. Technik.

Ueber Rhinoceros-Reste im Museum zu Leiden v. Dr. Ernst Stromer v. Reichenbach in München. M. 2 Taf. *Leiden: E. J. Brill 1899.* (1 Bl., 65—93 S., 2 Taf., 2 Erl.-Bl.) 2 (4.)
Sammlungen d. Geolog. Reichs-Museums zu Leiden. N. F. Bd II. H II.

Stromer von Reichenbach, Ernst, Dr. phil.: Die Wirbel der Land-Raubtiere. *Stuttgart: E. Nägele 1901.* (69 S.) 4°
¶(= Zoologica, H. 36.)
München, Phil. Hab.-Schr. v. 1901

Die Wirbel der Land-Raubtiere, ihre Morphologie u. systemat. Bedeutung bearb. von Dr. Ernst Stromer v. Reichenbach in München. Mit 5 Taf. *Stuttgart: E. Nägele 1902.* (VIII, 276 S.) 4°
— Zoologica. H. 36.

Fossile Wirbeltier-Reste aus dem Uadi Fâregh und Uadi Natrûn in Ägypten von Dr. Ernst **Stromer** in München. Mit 1 Taf. ⟨Taf. 20⟩ u. 3 Abb. (Frankfurt a. M.: M. Diesterweg in Komm. 1907.) (S. 99-132.) 4°
— **Abhandlungen** hrsg. von d. Senckenbergischen naturforsch. Gesellschaft. Bd 29, H. 2, [2.]

— Fossile Wirbeltier-Reste aus dem Uadi Fâregh u. Uadi Natrûn in Aegypten. (S. 99—132 m. 3 Abbildgn. u. 1 Taf.) 4. Ebd. 905. n. 3. —
Sonderabdruck aus: „Abhandlgn. d. Senckenberg. naturforsch. Gesellsch."

Strömer, der Goldbauer. Schauspiel in 5 Aufzügen. (36 S.) 8 Wilhelmshaven 902. Dr. Strömer. n. 1. —

Strömer, J. N., encyklopäd. Wörterbuch d. gesammten preuß. Rechts, in e. alphab. Darstell. d. Landrechts, d. Gerichts- u. Criminal-Ordnung, d. Hypotheken-, Deposital-, Agricultur- u. Sportel-Gesetze, nebst deren Ergänzn. u. Abänderungen. Ein prakt. Handbuch f. Juristen u. besond. auch f. Geschäftsmänner. gr. 8. (43¼ B.) Berlin 830, Hirschwald.

Stroemer, P., Parallelismi remorum in rotarum apside ministrandi mechanicam solutionem. Allata est tab. lith. 4 maj. (2 B.) Rostochii 831, (Oeberg.)

Strömer, Wilhelm, appr. Arzt a. Wilhelmshaven: Aus der psychiatrischen und Nerven-Klinik zu Kiel. Ueber einen Fall von Tumor cerebri im rechten Sehhügel mit halbseitigen Gefühlsstörungen. Würzburg 1906: J. M. Richter. (22 S.) 8°
Kiel, Med. Fak., Ref. Siemerling, Diss. v. 11. Mai 1906
[Geb. 16. Juli 80 Friedeburg, Ostfriesland; Wohnort: Wilhelmshaven; Staatsangeh.: Preußen; Vorbildung: Gymn. Wilhelmshaven Reife O. 01; Studium: Kiel 4, Göttingen 1, Kiel 1, Würzburg 1, Kiel 3 S.; Coll. 5. Mai 06; Approb. 4. März 06.]

Stromeyer, aus dem Tagebuch e. „Vagabunden". Hrsg. v. Str. 12. (104 S.) Dresden 893. H. Minden. n. 1. —

Stromeyer, A. E. P., dissert. inaug. medica de Rubeolarum et morbillorum discrimine, 4. Göttingae, Dieterich. 806.

Stromeyer, Aug., I. Ueber Nitrirung der Paranitrobenzoesäure. II. Ueber Paranitrobenzanilid. III. Ueber Diphenylphtalat. Inaugural-Dissertation. gr. 8. (31 S.) Hameln 880. (Göttingen, Vandenhoeck & Ruprecht.) n. — 80

Stromeyer, Ch. (Resp.): Obs. binae de asthmate singulari..., s. Vogel, Rud. Aug. (Praes.)

Stromeyer, Emil: Rechtsvermutungen des bürgerlichen Rechts und des Handelsrechts zu Gunsten der Besitzer von beweglichen Sachen und Wertpapieren. Heidelberg 1906: K. Rössler. (90 S.) 8°
Heidelberg, Jur. Fak., Ref. Schroeder, Diss. v. 24. Dez. 1906
[Geb. 1. Mai 80 Konstanz; Wohnort: Konstanz; Staatsangeh.: Baden; Vorbildung: Gymn. Konstanz Reife Juli 00; Studium: Freiburg i. B. 5, Berlin 1, Heidelberg 1 S.; Rig. 24. Juli 06.]

Stromeyer, Ernst, üb. Atonie fibröser Gewebe u. deren Rückbildung. gr. 8. (3½ B. u. 1 Stnt.) Würzburg 840. (Erlangen, F. Enke's Vrlsbuchh.)

Stromeyer, Ernst August, s.a. Strohmeyer, Ernst August.

Stromeyer, Ern. Aug., Anleit. übereinstimmende Thermometer zu verfertigen rc. gr. 8. Ebend. 775.

Stromeyer, Ernst August (Hannover) A. S. 25/2

Dissertatio de iure connubiorum apud veteres Germanos. Sectio II. de ritu nuptiarum formaque matrimonii. Präs. Georg Heinrich Ayrer.
Göttingen (Turpion) 14. X. 1738. 72 S.
33898

(St[romeyer], F[ ], und Troxler, Ignaz Paul Vital].) Flugschrift[en]. Hrg. vom Freiheitsfreund. 2 [Nummern]. 8. Stafa, Juli 1833.
[Nr.] 1. ([Von] F. St.) — [Nr.] 2. ([Von] Pertinax Novalis.)

Stromeyer, F. A.: Alphabetisches Sachregister über die im Gesetz-Bülletin des Königreichs Westphalen enth. Gesetze u. Königl. Decrete nebst chronol. Verzeichnisse derselben von den Jahren 1807—11. Mit einer Vorr. von Theod. Hagemann. Braunschweig 1812.

Stromeyer, F. A., alphabet. Sachregister üb. die im Gesetz-Bülletin des Königr. Westphalen enthalt. Gesetze u. k. Decrete, nebst chronolog. Verzeichn. derselben v. d. J. 1807—11. Mit e. Vorr. v. Thdr. Hagemann. 8. Braunschw. 813. Vieweg. 1 ⁄₆ 16 gl

Stromeyer, F. A. W.

Stromeyer, W., Handverkauf-Taxe für Apotheker. gr. 8. (III, 112 S.) Leipzig 877. E. Günther. n. 3. —; geb. n. 4. —

Stromeyer, F. A. W., Pharmacopoea medicaminum, quae in Pharmacopoea hannoverana non sunt recepta. 8maj. (III und 111 S.) Hannoverae 852, libr. aul. Hahn.

Stromeyer, F. A. W., Tabelle zur Umsetzung des bisherigen Medicinal-[Unzen-]Gewichts in das neue Medicinal-[Grammen-]Gewicht, nach Maassgabe der officiellen Tabelle zum bequemeren Gebrauche auf dem Receptirtische durch alle gebräuchlicheren Gewichtsgrössen vervollständigt. hoch 4. Hannover 868, Schmorl und v. Seefeld. *

—— Tabellen zur Vergleichung des bisherigen Medicinal-Gewichts mit dem Grammen-Gewichte. Für Aerzte und Apotheker berechnet. 16. (14 S.) Ebendas. 868. *

— Vergleichung der Vorschriften der Hannoverschen Pharmacopoea de 1861, mit denen der Pharmacopoea borussica Editio VII de 1862, so wie auch mit dem zu dieser erschienenen Supplemente des Apotheker Dr. Schacht. Hannover 868. Hahn. gr. 8. (V, 42 S.) n. 10 ngr

—— Vergleichung der Vorschriften der Hannoverschen Pharmacopoea de 1861, mit denen der Pharmacopoea borussica Editio VII de 1862, so wie auch mit dem zu dieser erschienenen Supplemente des Apotheker Dr. Schacht. gr. 8. (V, 42 S.) Hannover 872, Hahn'sche Buchh. *

Stromeyer, Franz

Stromeyer, F., Abhülfe der Arbeiternoth durch Organisation der Arbeit. 8°. Belle-Vue 1844.

Stromeyer, F.: „Abhülfe der Arbeitsnoth durch Organisation der Arbeit", Bellevue 1844. — Vorh.: Com. Bibl. Hamburg.

Stromeyer, Frz., die Folgen der Aufhebung der engl. Korngesetze für Deutschland u. die deutsche Industrie. 8. (6⅛ B.) Stuttgart 846, Metzler'sche Buchh.

Stromeyer, Frz., Novellen u. Erzählungen. 1. Lfg. (: Der Pole. — Der Wanderer, (aus Krausdorfs Tagebuch). 16. (21½ B.) Frankfurt a. M. 834, Meidinger. (Leipzig, Fr. Fleischer.)

Stromeyer, Frz., Organisation der Arbeit. In 6 Liefg. gr. 8. Belle-Vue 844, 45. Verlags- u. Sortim.-B. (à ¼ ℛ) 1½ ℛ

Stromeyer, Friedrich

—— De Arragonite ejusque differentia a spatho calcareo rhomboidali chemica. (Aus den Commentationen der Akademie der Wissenschaften.) Göttingen.) 1813. 4.

— Grundriß der theoret. Chemie, z. Behuf seiner Vorlesungen entworfen. 2 Thle. gr. 8. Götting. 808. Röwer. 4 ℛ

Stromeyer, Fr., commentatio inaug. med. sistens historiae vegetabilium geographicae specimen. 4. ibidem. 800.

—— De Polyhalite, nova e salium classe fossilium specie. (Aus d. Comm. d. Akad. d. Wiss.) Göttingen. 1818. 4.

STROMEYER, FRIEDRICH.
Tabellarische Uebersicht der chemisch einfachen und zusammengesetzten Stoffe. Mit Rücksicht auf die Synonymie nach den neuesten Entdeckungen entworfen. Göttingen, 1806. Folio.
Contains 25 tables, each of two pages.

— tabellar. Uebersicht der chemisch-einfachen u. zusammengesetzten Stoffe; mit Rücksicht auf die Synonymie nach d. neuesten Entdeckungen entworfen. gr. Fol. Götting. 806. Dieterich. 2 ℛ 4 gℛ

— Untersuchungen üb. die Mischung d. Mineralkörper u. and. damit verwandten Substanzen. 1r Bd. gr. 8. Götting. 821. Vandenhöck u. R. 1 ℛ 20 gℛ

Stromeyer, (Fr.,) Untersuchungen üb. die Mischung d. Mineralkörper u. and. damit verwandten Substanzen. 1r Bd. gr. 8. Göttingen 822, Vandenhöck u. R.

Stromeyer, Friedrich Wilhelm: Iacobi de Issacharitis vaticinium Gen. XLIX. 14, 15 ... Publico eruditorum examini submittunt praeses – et respondens Otto Christophorus Kahle. [Diss.] Göttingen 1738.

Stromeyer, Fritz: Aus d. pathol.-anat. Inst. d. städt. Krankenh. I zu Hannover ⟨Prosektor Stroebe⟩. Über ein mit Sarkom kombiniertes Cholesteatom des Gehirns. ⟨Mit 1 Abb. im Text.⟩ Kiel 1909: Schmidt & Klaunig. 25 S. 8°
Kiel, Med. Diss. v. 26. Juli 1910, Ref. Heller
[Geb. 18. Dez. 85 Hannover; Wohnort: Kiel; Staatsangeh.: Preußen; Vorbildung: Kaiser-Wilhelms-Gymn. Hannover Reife O. 04; Studium: Heidelberg 1, Göttingen 4, Freiburg i. B. 1, Bonn 1, Kiel 2 S.; Coll. 28. Mai 09; Approb. 15. Juni 10.] [U 10. 2480

Stromeyer, Gust., über die Ursachen der Hypopyon-Keratitis. Inaugural-Dissertation. gr. 8. (38 S.) Berlin 873. (Göttingen, Peppmüller.) *

Zur Geschichte der badischen Fischerzünfte. Von Dr. Hans Stromeyer. Karlsruhe: Braun 1910. VI, 130 S. 8°
(Heidelberger Volkswirtschaftl. Abhandlungen Bd 1, H. 3.) [10. 16304

Stromeyer, Helene, Album von Langensalza. 6 Photogr. nach Orig.-Zeichnungen. Hannover 867. Schmorl & v. Seefeld. 4. n. 3 ℛ; einzelne Blatt n. 20 ngr

Johannes Friedrich Stromeyer

Joannes Fridericus Stromeyer: Plantarum solanacearum Ordo. Goettingae: Rosenbusch 1772. 36 S. 4
Göttingen, Med. Diss. v. 4. Juni 1772

Stromeyer, Jh. Fr., Diss. inaug. botan. med. sistens plantarum solanacearum ordinem. 4. Götting. 772. Dieterich. 2 gℛ

STROMEYER, Kurt (Konstanz): Ueber die Hernien der Regio duodeno-jejunalis.- München: Kastner & Callwey 1910. 32 S., 1 Taf.- S.-Abdr. aus: Annalen der städtischen allgemeinen Krankenhäuser zu München. Bd. 14.
4.1.1911 - Chr 1910/11,24; U 11.3742
Diss. Ingolst.-Landsh.-Mchn.

Stromeyer, (Georg Friedrich) Louis

— s. Beck, B., über den Seiten-Steinschnitt.

Stromeyer, Louis, über die Behandlung des Typhus. 2. Ausg. mit ergänz. Vorwort. Hannover 870. Hahn. gr. 8. (48 S.) 7½ ngr

Stromeyer, Louis: Beiträge zur operativen Orthopädik oder Erfahrungen über die subcutane Durchschneidung verkürzter Muskeln und deren Sehnen. 154 S., gbd., 7 Taf.
Hannover: Helwing 1838

—— Bericht üb. d. 18. Versammlung deutsch. Naturforscher zu Erlangen, s. Bericht.

—— de combinatione actionis nervor. et motorior. et sensorior., sive de sensuum impressionibus musculor. actione effectis, Commentat. 8maj. (1 ⅛ B.) Erlangae 839, F. Enke. *

Stromeyer, (Georg. Frid.) Ludov. (geb. Hannover 6. 3. 1804): De hydroceles cura per iniectionem. Berolini 1826. (VI, 30 S.) 8°
Berlin, Med. Diss. v. 6. Apr. 1826

Stromeyer, Louis, Erfahrungen üb. Local-Neurosen. gr. 8. (X, 77 S.) Hannover 873. Rümpler. n. 1. 50

Stromeyer, Louis, Erfahrungen über Schusswunden im J. 1866 als Nachtrag zu den Maximen der Kriegsheilkunst. gr. 8. (62 S. mit 2 eingedr. Holzschn.) Hannover 867, Hahn'sche Hofbuchh. *

Stromeyer, (Geo. Frdr.) Louis, Erinnerungen e. deutschen Arztes. 2 Bde. gr. 8. (VIII, 458 u. 484 S.) Hannover 875. Rümpler. n. 18. —

Stromeyer. Das General-Militär-Hospital zu Hannover. M. Zeichn. (S.-A.) Hannover 1859. 4.

Stromeyer, Louis, Handbuch der Chirurgie. 1. Bd. 1.—3. Liefg. gr. 8. Freiburg 844—46, Herder'sche Verlagshandl. 1. $1\frac{1}{8}$ ₰ 2. $\frac{1}{2}$ ₰ 3. $1\frac{1}{6}$ ₰) 1. 1—3. 2 ₰ 24 ngl

Stromeyer, Louis, Handbuch der Chirurgie. I. Bd. 4 u. 5. Lfg. gr. 8. (S. 571 — 832.) Freiburg im Br. 850. 51, Herder. 4: 1 ₰ 5: 8 ngl (1. Bd. 4 ₰ 2 ngl)

—— Handbuch der Chirurgie. 2. Bd. 4 Hefte. gr. 8. Freiburg im Br. 864—68, Herder'sche Verlagsb.

Inhalt:

Heft 1. Verletzungen und chirurgische Krankheiten des Kopfes. (VII und S. 1—307.) 1 Thlr. 15 Ngr.
» 2. Verletzungen und chirurgische Krankheiten der Halsgegend und Verkrümmungen des Rumpfes. (S. 308—476.) 24 Ngr.
» 3. Verletzungen und chirurgische Krankheiten des Rumpfes. S. 477—812.) 1 Thlr. 18 Ngr.
» 4. Verletzungen und chirurgische Krankheiten der weiblichen Geschlechtswerkzeuge und der Extremitäten. (V und S. 813—1121.) 1 Thlr. 15 Ngr.

1. Bd. 5 Hefte. Ebendas. 1844—50. * 4 Thlr. 2 Ngr.

Stromeyer, Louis, Heilanstalt für Verkrümmte des Hofchirurgus Dr. Stromeyer zu Hannover, Hannover 1835, 8 S., 8°.

— über die bei Schusswunden vorkommenden Knochenverletzungen. (Separatausgabe v. Handbuch der Chirurgie. I. Bd. 5. Lfg.) gr. 8. (50 S.) Ebd. 850. 8 ngl

—— das Korektom, ein neues Instrument für die künstliche Pupillenbildung u. für die Extraction des angewachsenen Staares. Lex.-8. (1 B. u. 3 Stnt.) Augsburg 842, (v. Jenisch u. Stage'sche Buchh.) *

Stromeyer, L., Maximen der Kriegsheilkunst. 2 Abthlgn. 8. (XI und 773 S.) Hannover 855, Hahn'sche Hofbuchh. *

— Maximen der Kriegsheilkunst. 2. verm. u. illustr. Aufl. Hannover 861. Hahn. Lex.-8. (VIII, 594 S. mit Holzschn.) n. 4 ₰ 15 ngr.

—— dass. — Grössere Zusätze und Illustrationen der 2. Aufl. Abdruck für die Besitzer der 1. Aufl. Lex.-8. (III und 150 S.) Ebendas. 860. *

Strohmeyer, L. Maximen d. Kriegsheilkunst. Hannov. 1855. (2 Bde.) — 2. Aufl 1861. — Nachtrag: Erfahrgn üb. Schußwunden i. J. 1866. Hannov 1867. — Zusätze u. Illustrat. z. 2. Aufl. Hannov. 1861. 8 Bde.

Stromeyer, Louis: Ueber Paralyse der Inspirations-Muskeln. 144 S., gbd.

Hannover: Helwing 1836

Stromeyer, Louis, Skizzen u. Bemerkungen von e. Reise nach Danzig u. dess. Umgegend im Aug. u. Sept. 1831, im Auftrage d. Kgl. Hannov. Immediat-Commission gegen d. Cholera unternommen. Lex.-8. (7 B.) Hannover 832, Hahn.

— über den Verlauf des Typhus unter dem Einflusse einer methodischen Ventilation. Hannover 855. Hahn. gr. 8. (48 S.) 7½ ngr.

Stromeyer, M., Belehrung für Stiftungsvorstände, Aktuare u. Verrechner der Lokalstiftungen im Großherzogth. Baden, mit den dazu gehörigen erläuternden Verordnungen u. Formularien. 4., verm. u. verb. Aufl. 3. Abdr. Konstanz 857. (Meck.) gr. 4. (IV, 120 S.) nn. 20 ngr.

Stromeyer, M., die kathol.-kirchl. Oberbehörden, Pfarreien, Benefiziate u. Lehranstalten im Großherzogth. Baden. Nach officiellen Quellen bearb. 8. Karlsr. 825. Müller. 1 ₰ 6 Kr

Stromeyer, W.: Handverkauftaxe für Apotheker, s. Stromeyer, F. A. W.

Stromeyer, Wilhelm, über die chemische Natur der Saccharate im allgemeinen und der Eisen-Saccharat's im besonderen. Diss. Marburg 1886, N. G. Elwert'sche Univ.-Buchh. 8°. 61 S.

Stromgebiete, die, des Deutschen Reiches, hydrograph. u. orograph. dargestellt, s. Statistik d. Deutschen Reiches. NF. Bd. 39 179.

Die **Stromgebiete** des Deutschen Reichs. Hydrographisch und orographisch dargestellt mit beschreibendem Verzeichnis der deutschen Wasserstraßen. Bearb. im Kaiserlichen Statistischen Amt. [1. Ausg.] 6 T. Berlin, 1891—1907. [Hd 163

T. 1. Gebiet der Ostsee. 1891. 313 S. mit 3 Karten.
T. 2a. Gebiet der Elbe und der Küstenflüsse der Nordsee nördlich der Elbe. 1900. 402 S. mit 2 Karten.
T. 2b. Gebiet der Weser. 1901. 116 S. mit 6 Karten.
T. 2c. Gebiet der Ems. 1902. 98 S. mit 1 Karte.
T. 3a. Gebiet des Rheins. 1905. 180 S. mit 1 Karte.
T. 3b. Gebiet der Donau. 1907. 51 S.

Die **Stromgebiete** des Deutschen Reiches, hydrographisch u. orographisch dargest. mit beschreibendem Verzeichnis d. deutschen Wasserstrassen. Berichtigte u. ... erg. Ausg.... Bearb. im Kais. Stat. Amt. T. 2b. Berlin: Puttkammer & Mühlbrecht 1907. 4° [F.]
= **Statistik** d. Deutschen Reiches. Bd 179. [07. 132/3 4

Berechnung der Bahn des Kometen 1890 II. Von Elis **Strömgren**. *Lund: E. Malmström's Buchdr. 1896.* (1 Bl., 106 S.) 4.
= **Acta Universitatis Lundensis.** Lunds Univ. års-skrift. T. 31. (Afd. 2. [No] III.) [96. 5619

Strömgren, Elias, genäherte Oerter der Fixsterne, s.: Kreutz, H.

— Verallgemeinerung e. Satzes aus der Theorie der Kugelfunktionen. (3 S.) 8. Uppsala 906. (Berlin, R. Friedländer & Sohn.) n. — 40
Sonderabdr. a.: „Archiv f. matematik, astronomi och fysik".

Stromhausen, Pfalzgraf Weikhard von; ein Sittengemählde der Vorwelt. Weissenfels u. Leipzig 1793. V: *Krebs, Carl Jos.* (Ky) (MGT)

Stromhausen, Pfalzgraf Weikhard v., e. Sittengemälde d. Vorzeit. 8. Weissenfels, Severin. (Baumgärtner in Leipz.) 793.

STROMINGEN, Albert von, oder der neckende Geist. Leipzig, Joachim, o. J. (1815). 8°. 224 S. Zahm.
Kayser p. 121 nennt die Jahrzahl.

Stromkarte der Elbe. Zusammengestellt nach den Blättern der preuss. Generalstabskarte. M. 1 : 50000. O. O., o. J. . . . . [illegible]

—— — von Prag bis Hamburg, herausg. von der Direction der »Kette«. 1 : 25000. Atlas von 56 Blättern in Grossfolio, mit illum. Gewässern, von Hamburg bis Reinhardsdorf an der sächsisch-böhmischen Grenze. Aufdruck. Hamburg, Friederichsen 1885. . . . .

Stromkarte der Norder-Elbe. Aufgemessen von 1853–59. 1:3000. Hamburg o. J. Lithographie. 7 Bl. Imp.-Fol., ca 63/87 cm.

Strom-Charte, oder vergleichende Uebersicht der Länge der Hauptströme der Erde. Weimar im Verlage des Geograph. Instituts. 1820. 1 Bl.

Stromkarte der Unterelbe. 1:200000. o. O. u. J. Lithographie. 1 Bl. Quer-Fol., 17/64 cm.

Stromkarten [Sachliches OW]

Stromkarten, deutsche, f. die Binnenschiffahrt. Mit Angabe der Flussläufe, Kanäle, Schleusen, Häfen, der Wasserbau-Inspektionen etc. I. Berlin, Gea. 1.— I. Oder-Gebiet, das. 1 : 1,250,000. [Sep.-Abdr. der Kartenbeilage aus dem ostelb. Schiffahrtskalender.] 21,5×54 cm. Lith. (909.)

Stromcharten, 2 Mecklenburg., m. d. Erläut. 4. Schwer. Bärensprung. (Bödner.) 797.

Stromkarten [Schlagwort]

Stromkarte. Platt, W., Stromkarte der Elbe u. Moldau v. Prag bis Hamburg. Nach amtl. Material. 1 : 100,000. 8 Blatt. Chromolith. qu. schmal Fol. Mit e. Beigabe: Die Brücken d. Elbe f. Schifffahrttreibende m. Angabe der Brückenunterkanten, der Spannweiten d. Schifffahrts-Oeffngn. u. d. höchsten u. niedrigsten schiffbaren Wasserstandes nach den betreff. Nullpunkten. 28 color. Abbildgn. auf 6 Taf. qu. schmal Fol. Nebst Kilometerzeiger der Elbe von Prag bis Hamburg u. d. Saale. Nach e. Aufstellg. der königl. Elbstrombau-Verwaltg. zu Magdeburg. 8. (8 S.) Magdeburg 889. Rathke. In Carton. n. 6. –; die Brücken der Elbe allein n. 3. –

Stromkarten. Seemann, Carl H., 12 Stromkarten f. jede Stunde der Tide bei Dover, umfassend das Gebiet der südl. Nordsee, des engl. Kanals, des Bristol-Kanals u. des südl. Theils vom irischen Kanal. Nach den neuesten Beobachtgn. der Uferstaaten bearb. qu. Fol. (1 Bl. Text.) Hamburg 893. C. Griese. Kart. n. 5. —

Stromlaufzeichnungen für Leitungsaufseher. Berlin 1905

Stromlaufzeichnungen für Leitungsaufseher. Ausg. 1909. (Berlin 1909: Reichsdr.) 403 gez. Bl. 8° [Kopft.] [10. 5059

Strommel (Komm.), s. Bankgesetz v. 14. 3. 1875.

Strommenger, Wilhelm. Ueber Nitroanthrachinon-β-Disulfonsäure und ihre Derivate. Freiburg in Baden, 1885.

Strommer, Ferdinand, suppl. Gymnasiallehrer. Verwaltungszustand Oesterreichs im Dezember 1621. (Aus:) „Programm des k. k. Real- und Ober-Gymnasiums zu Ung. Hradisch in Mähren." Veröffentlicht am Schlusse des Schuljahres 1880/81. 8. Ung. Hradisch 1881.

Strommer, J. N., Die Prediger in Wien. Wien 1782. 8°. 258 S. (3 Kr., Hldr., Gilhofer & Ranschburg. 1912.)

STROMMER Johann. Kleiner Entwurf, einige Kinder in Privatstunden zu unterweisen. Wien 1794

— kurzer Entwurf der Grundsätze z. Errichtung e. Privatschule f. die Erziehung u. d. Unterricht d. Taubstummen im Markgrafth. Mähren. 4. Wien 802.

– Prüfung der Töchterchen des Herrn Großhandlers Klapperoth, Kathrinchen alt 9 Jahr, Elise alt 7 Jahr … gewidmet als ein Andenken von ihrem Lehrer – im Monat April 1784. Trattner, o. O. (Wien) o. J. (1784). 1 vol. 94 S.

STROMMER, Victorianus: Spiritualitas et immortalitas animae humanae demonstretur et vindicetur. — (1903) 89 Bl. 4° (Handschr.) Diss. 806
Diss. Wien, Univ.

Stromp, Jos. Joh., Zwei wichtige Fragen: a) Ist Evangelisch oder Katholisch alles eins? b) Sind die heutigen Protestanten augsburgisch-evang. Konfession evangelisch? oder augsburgisch-evangelisch? oder lutherisch? Beantwortet u. gläubigen, denkenden Christen überhaupt, besonders aber Protestanten augsb.-evang. Konfession zur Erwägung vorgelegt. Budapest, Selbstverlag des Verf., 1884, 8°, 274 S. 1 fl. 30 kr. ö. W.

Strom-Polizeiordnung, allgemeine, f. die Schifffahrt u. Flösserei auf der Elbe. Anh. zum Schifffahrts-Kalender f. das Elbegebiet. 12. (24 S. m. z. Tl. farb. Fig.) Dresden 891. (A. Urban.) Kart. n. – 50

Strom- und Schiffahrts-Polizeiverordnung für die Wasserstraßen zwischen Oder und Weichsel. Berlin: C. Heymann [1906]. (30 S.) 8° (4°) [Kopft. F.] [07. 9613

Strom- u. Schiffahrts-**Polizeiverordnung** für die Wasserstraßen zwischen Oder und Weichsel. Bromberg 1907: A. Dittmann. (VII, 76 S.) 8° [F.]
— **Dienstanweisung** f. d. Strommeister d. Reg. Bez. Posen v. 6. Mai 1907. Anlage 3. [07. 16688

Strom- u. Schiffahrts-Polizei-Verordnung f. die dem königl. Polizei Präsidenten v. Berlin unterstellten Wasserstrassen. 8. (73 S.) Berlin, A. W. Hayn's Erben. 1899. –. 50.

Strom- u. Schiffahrts-Polizei-Verordnung f. die dem königl. Polizei-Präsidenten von Berlin unterstellten Wasserstrassen. Berlin 900.

Strom- u. Schiffahrts-Polizei-Verordnung f. die dem Regierungs-Präsidenten zu Potsdam unterst. Wasserstraßen. gr. 8. (87 S.) Berlin 896. A. W. Hayn's Erben. — 75

Die **Strom- und Schiffahrts-Polizei-Verordnung** für die dem Regierungs-Präsidenten zu Potsdam unterstellten Wasserstraßen. (Mit erg. Bestimmungen u. ausführl. Sachreg.) Berlin & Potsdam: A. W. Hayns Erben 1904. (XI, 102 S.) 8° [F.] [05. 4516

Die nördliche **Stromrinne** der Elbe in der Gegend der Untiefen bei Blankenese und Schulau. Nach Sondirungen im April 1844 dargestellt. 1:14400. Hamburg o. J. Farbendruck. 1 quer geteiltes Bl. Quer-Fol., 31,8/50,5 cm.

Stromßky, Franz Samuel — Feier der Grundsteinlegung an dem neuerbauten Lycealgebäude der evangel. Gemeinde zu Preßburg, am 30. November 1855. Auf Verlangen der Gemeinde zur Vertheilung an die Mitglieder derselben herausgegeben von — —. Preßburg, 1855. Schnellpressendruck von C. F. Wigand. (43 S. 8.)

Stromßky, Frz. S., Festpredigten gehalt. vor d. evangel. Gemeinde zu Hillersdorf im k. k. Antheile Schlesiens. 8. (21½ B.) Brünn 828. (Leipzig, Volckmar.)

Stromßky, Frz. S., Festpredigten, gehalten vor der evangel. Gemeinde in Hillersdorf im österreich. Schlesien. gr. 8. Brünn 828. (C. F. Wigand in Preßb.) 1 ℛ (Volkmar in Leipz.) 18 gℊ

Stromßky, Frz. Sam., Jesus Christus in d. Tagen seiner irdischen Vollendung. Ein Passionsbüchl. f. denkgläubige evangel. Christen. 8. (6¾ B.) Preßburg 840, C. F. Wigand.

— 8 Predigten 2c., s. C. F. Hochstetter.

—— Weihe-Reden bei d. kirchl. Einsegnung d. neuen Orgel u. d. wieder hergestellten Gotteshauses d. evangel. Gemeinde in Preßburg, geh. d. 13. Oct. 1839. gr. 8. (2 1/4 B.) Preßburg 840, C. F. Wigand.

Strömungen. Zeitschrift f. modernes Kunst- u. Geistesleben. Hrsg. v. Arth. Hahn u. Max Oeser. 1. Jahrg. Oktbr. 1891—Septbr. 1892. 24 Nrn. (à Nr. 2 Bog.) gr. 4. Mannh., Löffler. * 8 —
Nur ein Vierteljahr erschienen.

Strömungen auf dem Gebiete der Pädagogik od. moderne u. kathol. Pädagogik, der allgemeine „Deutsche Lehrerverein" u. der „Kathol. Lehrerverband". Ein Wort an Deutschlands Lehrer u. ihre Freunde von e. Lehrer. 12. (36 S.) Frankf. a. M. 891, Foesser Nachf. * — 40

Strömwall, Sveno Gud. [Praes.], s. Merzahn, T.: Commentationis academicae, de vero, a vero aberrandi, modo.

Stronck, M., étude critique sur l'orthographie et la prononciation de la langue latine. gr. 4. (22 S.) Luxembourg 876. Brück. n. 1. 50

Stronck, Michel: Geschichte des Schlosses und der Herrschaft Linster. S. 1–32. – Luxemburg, L'Athénée. Progr. 1862/63

Strong, Harry, Kapitän Stürmer's Fahrten u. Abenteuer zu Wasser u. zu Lande. Autoris. Ausg. 1.—42. Bd. (à 82 S.) Lex.-8. Dresden-Niedersedlitz (906). H. G. Münchmeyer. à Bd. — 20

Strong, Harry, Kapitän Stürmers Fahrten u. Abenteuer zu Wasser u. zu Lande. Autoris. Ausg. 43.—75. (Schluß-) Bd. (à 32 S.) Lex. 8. Dresden-Niedersedlitz (907. 08). H. G. Münchmeyer. à Bd. — 20

Strong, S. Arth., s.: Masterpieces of Grosvenor-House.

STRONGBOW, Graf, oder die Geschichte Richards de Clare und der schönen Geralda; aus d. Englischen (des *James White* übers. von Georg Friedr. Benecke). Mit Titelkpfr. Helmstädt 1790. 8°. (2 Mk., Hfrz., Jul. Neumann, 1906.)
Anon.-Lex. IV. p. 128 (nach Kayser, Goedeke, Meusel).
Französ. Uebersetzg.: Le Comte Strongbow ou l'histoire de Richard de Clare et de la belle Geralde. Londres 1789. 12°. (1 fl. 12 xr. Th. Ackermann, München, vor 1875.)

Strongbow, Graf, od. die Geschichte Richards de Clare; aus d. Engl. (v. G. Fr. Benecke). 8. Helmst. 790. Fleckeisen. 1 ₰

Dasselbe. (Nachdruck!) Mannheim, o. J. 8°.
Wildmoser's (München) Leihbibl.-Cat. no. 7831.

Stroński, F., i J. Trzcieniecki, Jeografia powszechna, s. Trzcieniecki.

Stroński, F., i J. **Trzcieniecki**, Jeografia powszechna, siehe: Trzcieniecki, J.

Stronstorff, s.: Hirsch Edler v. Stronstorff.

Stroobant, Fr., Bau- und Kunstdenkmäler in Belgien. Malerische Ansichten nach der Natur gez. und in Farben lithogr. Mit einer historisch-archäolog. Einleitung. Deutsche Ausg. 1. Lfg. gr. Fol. (2 chromolithogr. Taf. mit 4 S. Text.) Brüssel 856. Muquardt. *

Stroobant, F., Bau- und Kunstdenkmäler in Belgien. Malerische Ansichten nach der Natur gez. und in Farben lithogr. Mit einer historisch-archäolog. Einleitung. Deutsche Ausg. 2—10. Lfg. gr. Fol. (18 chromolithogr. Taf. mit 4 S. Text.) Brüssel 857, Muquardt. à Lfg. * 1 Thlr.
1. Lfg. Ebendas. 1856. * 1 Thlr.

Stroobant, Fr., der Oberrhein. Kunstdenkmale und Landschaft. Malerische Ansichten nach der Natur gezeichnet u. in Farben lith. Mit einem beschreibenden Texte von Levin Schucking. 1—6. Liefg. Brussel 863. Muquardt. Fol. Jede Liefg. (à 2 Lithogr. in Farbendr. u. 1—2 Bl. Text.) n. 1 ₰ 7 1/2 ngr.

Stroobant, F., der Oberrhein. Kunstdenkmale u. Landschaft. Malerische Ansichten nach der Natur gez. u. in Farben lith. Mit einem beschreib. Text von Levin Schücking. 7–12. Liefg. Brüssel 865. Muquardt. gr. Fol. Jede Liefg. (2 Chromolith. u. 1—2 Blatt Text.) n. 1 ₰ 7 1/2 ngr.

Die Schleienzucht, als Preisschrift d. Vereins Deutscher Teichwirte hrsg. von F. Stropahl, Neustettin. Mit 8 Taf. u. zahlr. Abb. Stettin: Herrcke & Lebeling 1906. (63 S.) 8° [F.] [od. 13066 B]

Stropeno, Eugène, d. Organisation d. höheren Unterrichts in Frankreich. [Aus: „Baumeister's Handb. d. Erziehungs- u. Unterrichtslehre f. höhere Schulen".] gr. 8. (45 S.) München 897. C. H. Beck. n. 1. 80

Strophen, 200 neue, zum „Wirtshaus an der Lahn". E. Sammlg. d. witzigsten u. lustigsten Strophen. Verfaßt u. gesungen v. e. „Stammgast". 8. (59 S.) Berlin (894). Klinger. — 50

Stropp, Karl (Emil)

Stropp, Carl Aemil (geb. Anklam [illegible] 1829): De [illegible] Berlin (1853). (28 S.) 8°
Berlin, Med. Diss. v. 26. Aug. 1853

Stropp, Carl, Vaccination u. Mikrokokken. Eine Flugschrift. gr. 8. (30 S.) Berlin 874. W. Peiser's Verl. n. 1. —

Strorledl, s. a. Horst, Gust.

Stroriedl, Gust., Grazer Bilder. 12. (76 S.) Graz 887, Styria. *

Stroschein, Edwin, über passive Bewegungen des menschlichen Körpers während der Muskelruhe. Inaugural-Dissertation. gr. 8. (30 S. mit 10 Fig.) Jena 885, (Neuenhahn.) *

Stroschein, Fritz, a. Berlin: Ueber lactonähnliche, innere Anhydride acylierter α-Aminolettsäuren vom Typus des Benzoylalanins. Heidelberg 1909: Rössler & Herbert. 84 S. 8°
Heidelberg, Naturw.-math. Diss. v. 10. Nov. 1909, Ref. Curtius
[Geb. 9. Febr. 85 Zoppot; Wohnort: Frankfurt a. O.; Staatsangeh.: Preußen; Vorbildung: Leibniz-Gymn. Berlin Reife M. 04; Studium: Berlin 3, Heidelberg 6 S.; Rig. 28. Juli 09.] [U 10. 22 [illegible]

Stroscher, (*Karl Wilhelm Gottfried*) Arthur: Beobachtungen und Erfahrungen über Hemeralopie an der Strafanstalt Lichtenau '(Mittelfranken)' . . . Nakel: Druck v. R. Giroud 1895. 19 S. 8°
Leipzig, Med. Fak., Inaug.-Diss. v. 2. Okt. 1895

STROSCHNEIDER, Friedrich (Waldmünchen): Ueber das Ekzem.- München: Deschler 1855. 11 S.
4.8.1855 - Urk (Titel: De ekzemate.); F 69
Diss. Ingolst.-Landsh.-Mchn.

Ströse, Konfirmationsscheine, s.: Pfennigsdorf, Osk.

Stroese, A., kleine deutsche Grammatik ohne Worte. Beispiele, Ueberschriften, Tab. und Wörterverzeichnisse als Grundlagen bei dem Unterrichte in der Sprachlehre. Für Kinder in Volksschulen. 8. (40 S.) Wittenberg 865, Herrosé. * *

Stroese, A., kleine deutsche Grammatik ohne Worte. Beispiele, Ueberschriften, Tabellen und Wörter-Verzeichnisse als Grundlagen bei dem Unterrichte in der Sprachlehre. 3. für den Gebrauch in Bürgerschulen eingerichtete Aufl. 8. (40 S.) [Wittenberg 876, Herrosé's Verlag.] Köthen, Schettler's Verlag. *

Ströse, A., kleine deutsche Grammatik in Beispielen, Überschriften, Tabellen und Wörterverzeichnissen. Als Grundlage für den Unterricht zusammengestellt. 4. verb. Aufl. gr. 8. (32 S.) Köthen 884, Schettler's Verlag. *

Stroese, A., anhaltische Heimathskunde. Material, Fragen und Antworten zum Unterrichte in der Geographie und Geschichte von Anhalt. Für den Schulgebrauch zusammengestellt. gr. 8. (IV, 34 S. mit 3 lithogr. Karten.) Zerbst 870, Luppe. cart. **

Ströse, A., anhaltische Heimathskunde. Material für den Unterricht in der Geographie u. Geschichte von Anhalt. Mit einer (chromolith.) Höhenschichtenkarte (in qu. Fol.). 2., umgearb. u. nach den neuesten amtl. Angaben bericht. Aufl. 8. (38 S.) Zerbst 880. Luppe. geb. n.n. — 60

— Anhaltische Heimatskunde. Material f. den Unterricht in der Geographie u. Geschichte v. Anhalt. Mit e. (chromolith.) Höhenschichtenkarte. 3., f. Benutzg. der amtlich eingeführten Wandkarte d. Herzogtums eingerichtete Aufl. 8. (45 S.) Zerbst 886. Luppe. n. — 70

Ströse, A., anhaltische Heimatkunde. Material f. den Unterricht in der Geographie u. Geschichte v. Anhalt. Mit 1 Höhenschichtenkarte. 4., f. Benutzg. der amtlich eingeführten Wandkarte d. Herzogthums eingerichtete Aufl. 8. (48 S.) Zerbst 888. Luppe. n n. — 70

Ströse, A., anhaltische Heimatskunde. Material f. den Unterricht in der Geographie u. Geschichte v. Anhalt. 5., f. Benutzg. der amtlich eingeführten Wandkarte des Herzogtums eingerichtete Aufl. 8. (48 S. m. 1 Höhenschichtenkarte.) Zerbst 892. E. Luppe. n. — 70

—— Hülfsbuch für den geographischen Unterricht in Volksschulen und den mittleren Klassen der Mittelschulen. gr. 8. (VIII, 126 S.) Köthen 874, Schettler's Verlag. *

— Hilfsbuch für den geographischen Unterricht in Bürger- u. Mittelschulen. 1. u. 2. Lehrgang. 2. Aufl. gr. 8. (VI, 131 S.) Köthen 881. Schettler's Verl. n. 1. —

— Hilfsbuch f. den geographischen Unterricht in Bürger- u. Mittelschulen. 1. u. 2. Lehrgang. 3., verb. Aufl. gr. 8. (VI, 132 S.) Cöthen 889. Schettler's Erben, Verlag. n. 1. —

Ströse, August: Ueber den feineren Bau von Strongylus micrurus ... M. 3 Taf. Leipzig: Druck v. J. B. Hirschfeld 1891. 32 S., 3 Taf. 8°
Rostock, Phil. Fak., Inaug.-Diss. v. [17. Juli] 1891

Ströse, Aug., üb. den feineren Bau v. Strongylus micrurus. [Aus: „Zeitschr. f. Thiermedicin".] Diss. gr. 8. (32 S. m. 3 Taf.) Leipzig 891. (Göttingen, Akadem. Buchh.) n. 1. 50

Ströse, Aug., Über den feineren Bau von Strongylus micrurus. S.-A. Mit 3 Taf. (32 S.) Göttingen 92. Akad. Buchh. M. 1.50

Form und Leben des Hundes. Unter Mitw. d. Herren ... bearb. von Dr. A[ugust] Ströse in Berlin-Halensee. Mit 147 Abb. *Neudamm: J. Neumann 1902.* (XVIII, 355 S.) 8° [F.]
— Ströse: Unsere Hunde. Bd 1. [02. 4639]

[F.] Grundlehren der Hundezucht. E. Hilfsb. f. Züchter, Preisrichter, Dresseure u. Hundefreunde v. Obertierarzt Dr. phil. A. Ströse zu Hannover. M. 29 Taf. v. Kunstmaler Hans Ströse in München u. 25 Abb. im Texte. *Neudamm: J. Neumann 1897.* (XII, 161 S., 29 Taf.) 1 Bd 8.
(J. Neumanns Forst- u. Jagdwissenschaftl. Büchersammlg.) [97 3157]

Hilfstafeln für das Obduktionsbuch zum Gebrauche für Sanitätstierärzte. Ebd. 94. M. 2.50

Ströse, A., unsere Hunde. Ein Lehr- u. Handbuch für Züchter, Preisrichter, Dresseure u. Hundefreunde. Unter Mitwirkg. hervorrag. Hundekenner hrsg. 2 Bde. gr. 8. Neudamm 902. J. Neumann. n. 16.—; geb. in Leinw. n. 20.—
1. Form u. Leben des Hundes. Unter Mitwirkg. von Graf Bernstorff, G. Broesike, J. Bungartz u. a. bearb. Mit 147 Abbildgn. (XVIII, 355 S.) n. 10.—; geb. n. 12.—
2. Zucht u. Pflege des Hundes. Grundlehren der Hundezucht. Mit 29 Taf. v. Hans Ströse u. 25 Abbildgn. im Texte. 2., unveränd. [Titel-]Aufl. der Grundlehren der Hundezucht. (XII, 161 S.) [897.] n. 6.—; geb. n. 8.—

Ströse, [August]: Über einige Vererbungserscheinungen in ihrer Bedeutung für die Gebrauchshundzucht. Neudamm: J. Neumann 1899. (37 S.) 8°
= Zeit- u. Streitfragen, Jagdliche u. kynologische. H. 3.

— über einige Vererbungserscheinungen in ihrer Bedeutung f. die Gebrauchshundzucht, s. Zeit- u. Streitfragen, jagdliche u. kynologische. 3.

Ströse, A., der Vorsteh- u. Gebrauchshund, s.: Wörz, E.

Ströse, A., Wesen, Erkennung, wirtschaftliche Bedeutung u. Entwicklungsdauer einzelner Haupt- u. Vertragsmängel (bei Viehkauf), s.: Krückmann, P., Anfechtung, Wandelung u. Schadenersatz beim Viehkauf.

Zucht und Pflege des Hundes. Grundlehren d. Hundezucht. Bearb. von Dr. A[ugust] Ströse in Berlin-Halensee. Mit 29 Taf. u. 25 Abb. 2., unveränd. Aufl. d. Grundlehren d. Hundezucht. *Neudamm: J. Neumann 1902.* (XII, 161 S.) 8° [F.]
— Ströse: Unsere Hunde. Bd 2. [02. 4539 II]

Ströse, H., Kindleins Lust u. Leid, s.: Pfennigsdorf, O.

Ströse, Hans [Ill.], s. Ströse, August: Unsere Hunde.

Ströse, K., altes Gold. Sprüche der Minnesänger des Mittelalters, frei übertragen. 2. Aufl. 16. (XIII, 80 S. m. eingedr. Initialen, Vignetten u. Kopfleisten.) Leipzig 878. Barth. n. 2. —; geb. n. 4. 50

— deutsche Minne aus alter Zeit. Ausgewählte Lieder der Minnesänger des Mittelalters, frei übertragen. 2. Aufl. 16. (XI, 80 S. m. eingedr. Initialen, Vignetten u. Kopfleisten.) Ebend. 878. n. 2. —; geb. n. 4. 50

Ströse, Karl

Stroese (K.). Das Bacillarienlager bei Klieken in Anhalt. Festschr. z. 37. Versamml. Deutsch. Philologen . . . z. Dessau 1884. M. 2 Taf. Dessau 1884. 26 S.
(Herzogl. Realgymn. z. Dessau.)

Ströse, K[arl]: Beiträge zur Heimatskunde von Dessau, fünf Entwürfe zu Lesestücken für die Schüler der oberen Klassen. *Dessau 1898: C. Dünnhaupt.* (3—29 S.) 4°
Dessau, herz. Friedrichs-RG u. VS d. Fridericianums, P 1898 (722)

Ströse, K., kleine Heimatkunde d. Herzogt. Anhalt. gr. 8. (16 S. m. 2 Karten.) Gera 893. Th. Hofmann. n. — 20

Der gestirnte Himmel von Prof. Karl Ströse. Mit 52 Ill. Berlin, Leipzig: H. Hillger [1905]. (93 S.) 8° [F.]
= Volksbücher, Hiligers illustrierte. Bd 39. [07. 10090]

Ströse, Karl, der gestirnte Himmel, s. Hillger's illustr. Volksbücher.

Ströse, Karl, Karte des Herzogth. Anhalt. 1 : 400,000. Chromolithogr. qu. Fol. Zerbst 880, Luppe's Hofbuchh. * — 20

Ströse, Karl, Karte des Herzogth. Anhalt. 1 : 400,000. 2. Aufl. Chromolithogr. qu. Fol. Zerbst 889, Luppe's Hofbuchh. * — 20

Ströse, Karl. Karte d. Herzogt. Anhalt. 1 : 4,000,000. Chromolithogr. 4. Aufl. qu. Fol. Zerbst 892, Luppe. * — 20

— die bildende Kunst in Anhalt während des 19. Jahrh. (110 S. m. Abbildgn. u. Titelbild.) gr. 8. Dessau 905. C. Dünnhaupt. n. 2. 50

Ströse, K[arl]: Unser Landesmuseum. S. 3—14. 4.
Progr. Herz. Friedrichs-Oberrealschule *Dessau* 1910 (939).
Führer durch die Mineraliensammlung des Landesmuseums.

Ströse, Karl, Lehrbuch der Chemie u. der Mineralogie, der Gesteinskunde u. der Geologie f. höhere Lehranstalten in 2 Tln. 1. Tl.: Vorbereitender Lehrgang der Chemie u. Mineralogie m. 126 Abbild. im Text, 1 schwarzen u. 5 farb. Taf. (IX, 142 S.) 8. Leipzig 910. Quelle & Meyer. Geb. in Leinw. 2. —

Ströse, K., Leitfaden f. d. Unterricht in der Naturbeschreibung an höheren Lehranstalten. I. Zoologie. 1. Hft.: Unterstufe. gr. 8. (V, 49 S. m. 20 Holzschn.) Dessau 891. Baumann. cart. n. — 60; Begleitwort dazu (10 S. m. 1 Abbildg.) unentgeltlich

— Leitfaden f. d. Unterr. in d. Naturbeschreibung an höh. Lehranst. Ausg. A. Für Realgymnasien, Realschulen u. verw. Schulanst. I. Zoologie. 1. Hft. Unterstufe. 2. Aufl. gr. 8. (VI, 109 S. m. 73 Abb.) Dessau 897. P. Baumann. Kart. n. 1. 20

Ströse, Karl, Leitfaden f. den Unterricht in der Naturbeschreibung an höheren Lehranstalten. I. Zoologie. 2. Hft.: Oberstufe. gr. 8. (V, 180 S. m. 128 Holzschn.) Dessau 892. P. Baumann. Kart. n. 1. 80
(I, 1 u. 2.: n. 2. 40)

— dasselbe. II. Botanik. 2 Hfte. gr. 8. Ebd. Kart. n. 2. 40
1. Unterstufe. (63 S.) 891. n. — 60
2. Oberstufe. (153 S. m. 94 Holzschn.) 892. n. 1. 80

— dasselbe. Ausg. B. I. u. II. gr. 8. Ebd. Geb. in Leinw. n. 3. 40
I. Botanik. Für Gymnasien. (VII, 121 S. m. 41 Holzschn.) 893. n. 1. 60
II. Zoologie. Für Gymnasien, Progymnasien u. verwandte Schulanstalten. (V, 138 S. m. 93 Holzschn.) 894. n. 1. 80

Ströse, *Karl* [Oberl.]: Mitteilung über das Diatomeenlager bei Klieken in Anhalt (II). (Forts. d. Festschr. 1884.) Dessau, Druck v. L. Reiter, Herz. Hofbuchdr., 1891; S. 1—7; 4°
Dessau, Friedrichs-RG u. VS d. Fridericianum, P 1891 (675)

Stroese, *Karl* Zur Praxis der Ferienreisen mit Schülern. I. Ferienreise mit Schülern durch das Fichtelgebirge und die fränkische Schweiz bis Nürnberg. II. Ferienreise mit den Schülern nach dem Harz von *Wilhelm Emil Georg* Leonhardt. 4 (S. 9—21).
Progr. Friedrichs-Rg. *Dessau* 1887 (631).

Unser Sonnensystem von Prof. Karl **Ströse**. Mit 39 Ill. Berlin, Leipzig: H. Hillger [1906]. (95 S.) 8° [ɞ]
— **Volksbücher**, Hillgers illustrierte. Bd 61. [07. 16112

— unser Sonnenscheinsystem, s. a. Hillger's illustr. Volksbücher.

Stroß, Emanuel

Stroß, Em., das österreichische Genossenschaftsrecht. Erwerbs- und Wirtschaftsgenossenschaften mit unbeschränkter und beschränkter Haftung. Systemat. Darstellung des in Oesterreich geltenden Genossenschaftsrechtes unter Berücksichtigung der ausländ. Gesetzgebung. gr. 8. (X, 267 S.) Wien 887, Perles. *

Stroß, Eman., die österreich. Gesellschaft m. beschränkter Haftung. Ihre Rechtsverhältnisse u. die ihrer Gesellschafter. Anh.: Steuer- u. gebührenrechtl. Begünstiggn. Entwurf e. Gesellschaftsvertrages; notwendige u. fakultative Bestimmgn. desselben. Entwurf e. Eintragungsgesuches. (X, 95 S.) gr. 8. Wien 906. Manz. n. 2. 30

Stroß, Eman., das Verfahren vor d. Gerichtshöfen erster Instanz bis z. Urtheile m. Ausschluß der Lehre v. den Beweismitteln. (Klage, Klagebeantwortg., vorbereit. Verfahren u. Streitverhandlg. sammt Formularien v. vorbereit. Schriftsätzen.) 4 Vorträge, geh. im Wiener Advocaten-Club am 15., 22., 29. XII. 1896 u. 12. I. 1897. gr. 8. (XX, 120 S.) Wien 897. Manz. n. 3. —

(F) Versäumung und Wiedereinsetzung in den vorigen Stand. Vortrag, gehalten in der Juristischen Gesellschaft in Wien am 21. März 1900 von Dr. Emanuel Stross. Separatabdruck aus der „Allgemeinen österreichischen Gerichts-Zeitung". Wien. 1900. Manz. Gr.-8°. 27 S. K —.60

Strößenreuther, Thdr., deutsches Lesebuch für die Jugend vom 7. bis 9. Lebensjahre. gr. 8. (VI und 256 S.) Nürnberg 855(56,) Korn'sche Buchh. *

Strößenreuther, Thdr., deutsches Lesebuch f. die Jugend. 2. Tl. fürs 3. Schuljahr. 4. Aufl. Vollständig umgearb. v. Frdr. Rosenhauer u. Matth. Wettschureck. gr. 8. (IV, 218 S.) Nürnberg 884. Korn. n. 1. 80; Einbd. n.n. — 20

Strosser (Strafanstalts-Dir.), Die Nothwendigkeit der Arbeit in Gefängnissen und Strafanstalten und ihr Verhältniss zur freien Industrie. gr. 8°. Düsseldorf 1877. (Barmen, Klein.) (46 S)

Strosser, drei Reden über: 1. Die Judenfrage, 2. Die Handwerkerfrage, 3. Die Stellung der conservativen Partei zu verschiedenen politischen u. socialen Fragen. 8. (66 S.) Breslau 881. Dülfer. n. — 50

STROSSMAYER, JOSEF GEORG: Ein Bischof gegen die Unfehlbarkeit des Papstes. Rede des Bischofs Stroßmayer auf dem Vatikanischen Konzil im J. 1870. München o. J.: Ludendorffs Volkswarte-Verl. 16 S.

Strossmayer, J. G., die Heiligen Cyrill u. Method. Autoris. Uebersetzung aus dem Croat. [Aus: „Weckstimmen für das kath. Volk".] 8. (68 S.) Wien 881. Exped. der „Weckstimmen". n. — 27

Strössner, Edm., Beitrag zur Kenntniss der Muskelspindeln, s.: Christomanos, Ant. A.

Ströszner (Edm.). Einiges über die Wasserversorgung von Schulen nebst Bemerkungen über ein neues Wasserfilter. (Sep.-Abdr. aus: „Zeitschrift für Schulgesundheitspflege", Jahrgang XIV. 1901.) Hamburg. 8.

Strote, Friedrich *Heinrich* [pr. Arzt aus Hannover]: Über Geschwülste und Verengerungen der weiblichen Harnröhre ... Leipzig, Druck v. A. Edelmann, Univ.-Buchdr., *1891*; 34 S., 1 Bl. 8.
Leipzig, Med. Fak., Inaug.-Diss. v. 20. Okt. 1891

Stroeter, A., Bookfenken Welm em Verhöar. Komische Scene in 1 Aufzug aus dem Wupperthaler Volksleben in Elberfelder Mundart. 2. Aufl. kl. 8. (24 S.) Elberfeld 887. Born. n. — 40

Ströter, Ernst F., die Entrückung der Gemeine des Herrn. (24 S.) 8. Bremen (908). Buchh. u. Verlag des Traktathauses. — 20

— unsres Leibes Erlösung. (71 S.) 8. Bremen (905). Buchh. u. Verlag des Traktathauses. — 75

Die Herrlichkeit des Leibes Christi. Der Epheserbrief ausgelegt von E[rnst] F. **Ströter**. Neumünster: G. Ihloff & Co. [1908]. (201 S.) 8° [ɞ] [08. 13664 8

Het wondervolk Israël [Israël das Wundervolk]. Een woord an Joden en Christenen. Naar het Duitsch van Prof. E[rnst] F. **Ströter**. 1. Dr. Düsseldorf: Grube [um 1906]. (37 S.) 8° [07. 2673

Ströter, E[rnst] F.: Israel, das Wundervolk. E. Wort an Juden u. Christen. 2. Aufl. Kassel: E. Röttger (1898). (1 Bl., 35 S.) 8°

Ströter, E. F., Israel, das Wundervolk. Ein Wort an Juden u. Christen. 2. Aufl. 12. (35 S.) Kassel 899. E. Röttger. n. — 15

Ströter, E. F., Israel, das Wundervolk. Ein Wort an Juden u. Christen. 5. Aufl. (11.—15. Tauf.) (35 S.) 8. Düsseldorf (903). C. Schaffnit. n.n. — 15

Die Judenfrage und ihre göttliche Lösung nach Römer Kap. 11. Von E. F. Ströter. *Kassel: F. Röttger [1903].* (227 S.) 8° [F.] [04. 461 4

Kommt der Herr, wenn wir sterben? Von E[rnst] F. Ströter. 2. durchges. Aufl. Düsseldorf: Grubé [1907]. (16 S.) 8° [F.] [07. 6132

— das Königreich Jesu Christi. Ein Gang durch die alttestamentl. Verheißgn. (141 S.) 8. Gotha 904. Missionsbuchh. P. Ott. Kart. n. 1. 50; geb. n. 2. —

— Das Königreich Jesu Christi. Ein Gang durch die alttestamentl. Verheißgn. 2., durchgeseh. Aufl. (150 S.) 8. Gotha 909. Missionsbuchh. P. Ott. 1.40; geb. n 2.40

— Die Nachtgesichte des Propheten Sacharja. (Kap. 1—6.) (64 S.) 8. Bremen (908). Buchh. u. Verlag des Traktathauses. — 40

— Tauffreiheit od. Taufbefehl? Ein offenes Wort zu der Frage: „Muß e. Kind Gottes die sogen. Glaubenstaufe (in od.) mit Wasser empfangen? (24 S.) 8. Ebd. (908). — 20

Stroth, Albert in der, appr. Arzt a. Bentheim: Aus d. Med. Poliklinik in Tübingen (Vorstand Prof. Otfried Müller). Beiträge zur Kenntniss des Indifferenzpunktes bei Kohlensäurebädern und einfachen Wasserbädern. Tübingen: F. Pietzcker 1908. (37 S.) 8°

Tübingen, Med. Fak., Ref. Romberg, Diss. v. 6. Aug. 1908

[Geb. 26 April 80 Bentheim; Wohnort: Bentheim; Staatsangeh.: Preußen; Vorbildung: Georgianum Lingen Reife M. 00; Studium: Göttingen 2, Tübingen 7, Erlangen 1 S.; Coll. 23 Dez 07; Approb. Okt. 07.]

Stroth, Christiane, geb. Boysen, († d. 20. Jan. 1799.) s. Julie v. Rheinstein.

Stroth, Friedrich Andreas

Stroth, F. A., Aegyptiaca, vide Aegyptiaca.

Strothii, F. A., Aegyptiaca seu veter. scriptorum graec. de rebus Aegyptiacis commentarii. Goth. 782. 84. 2 Vol. 8. 1 rthlr.

Strothii, F. A., Specimina quinque animadversionum in Herodianum. Stolberg. ad Hercyn.et Quedl. 776.77. Goth. 779.80. 4.

Stroth, Fr. Andr., († d. 26. Juni 1785.) Bezeugnisse d. Wahrheit von d. öffentl. Untersuchung d. Philantropium zu Dessau am 13., 14. u. 15. Mai. 8. Gotha 776.

Stroth, Friedrich Andreas [Praes.], s. Bock, Christian Elias: Disp. philol. exhib. illustrationem idylli Theocritei ἅλιεις dicti.

— chrestomathia latina c. animadvers. grammat. et indice vocabulor. 8. Quedlinb. 775. Ed. altera 780. Ernst. 10 gr.

— Chrestomathia latina c. animadv. grammat. et indice vocabular. 8. Quedlinb. Ernst. 783.

— griechische Chrestomathie in e. deutschen Uebersetz. 8. Leipz. Schwickert. 783.

— Donatus, vide Donatus.

Strothii, Ἐκλογαί sive Chrestomathia graeca. Cum anim. et indice. Quedl. 776. 8. Ed 4. Ib. 801. 8. 1 rthlr. 2 gr.

— chrestomathia graeca animadvers. et indice illustr. 8. Quedlinb. 776. Ed. IV. correctior. 801. Ernst. 1 ℞

Stroth, Friedrich Andreas, s. Cicero: Epistolar. select.

Stroth, Friedrich Andreas, s. Diodorus: Bibliothek.

s. Eusebius: Kirchengeschichte u. dess. Historia ecclesiast.

s. Handbuch der alten Erdbeschreibung.

— disputat. philolog. exhibens illustrat. Idyllii Theocritei ἅλιεις dicti. 4. Quedlinb. 786. Ernst. 2 gr.

— kann ein Lehrer mit gutem Gewissen seine Meinungen u. Ueberzeugungen verschweigen? 8. Halle 774.

s. Livius: Opera.

Stroth, Friedrich Andreas, s. Theocritus: Idyllia.

s. Untersuchung, die Offenbarung Johannis betreffend.

WEISSENFELD, Karl. Ein Lesebuch für Mütter, angehende Erzieher u. junge Leute (von *Friedr. Andreas Stroth*). 2 Thle. Mit 4 Kpfrn. Leipzig 1778–79. 8°. Sehr selten! (15 Mk., schönes Expl., Friedr. Meyer, Lpz., 1906.)

Anon.-Lex. IV. p. 386 (nach Meusel u. Kayser); Krusche hat unrichtig „1770".

Vgl. Weissenfeld, Karl.

s. Xenophon: Memorabilia Socratis.

in der Stroth. *Heinrich* [app. Arzt aus Bentheim]: Aus d. kgl. Augenklinik zu Kiel. Über die Intoxicationsamblyopie nach Alkohol und Tabak ... Kiel, Druck v. L. Handorff, 1894; 22 S., 1 Bl. 8.

Kiel, Med. Fak., Inaug.-Diss. v. [3. Mai] 1894

Strotha, v., die königl. preussische reitende Artillerie vom Jahre 1759 bis 1816. Berlin 868. Vossische Buchh. gr. 8. (X, 655 S.) n. 2 ℞ 20 ngr.

—— zur Geschichte der königlich preussischen 3. Artillerie-Brigade bis zum J. 1829. gr. 8. (VIII und 435 S. mit 2 lithogr. Karten, wovon 1 ill., in qu. Fol.) Berlin 868, Vossische Buchh.

Strothmann: Erklärung der biblischen Schöpfungsgeschichte für den Standpunkt der Schule. 25 S. Recklinghausen. Progr. 1853.

Strotkötter, Gerhard. Über die syntaktische Bedeutung des lateinischen Infinitivs. 8 (32 S.) **Progr.** Kath. Pg. *Dorsten* 1886 (327

Die Bestrebungen zur Neukanalisierung der Lippe. Forts. u. Erg. zu des Verf. Schriften: 'Bestrebungen z. Verbesserung d. Schiffbarkeit d. Lippe im 15., 17. u. 18. Jh.' u. 'Die Lippeschiffahrt im 19. Jh.' von Prof. G[erhard] **Strotkötter** ... als Fest-Schrift hrsg. v. Vereine f. Schiffbarmachung d. Lippe. Münster (Westf.) 1907: Westf. Vereinsdr. (VII, 155 S.) 8°

[Erschien gleichzeitig als Beil. zu: Westische Zeitschrift. Bd 16.] [08. 410]

Die **Bestrebungen** zur Verbesserung der Schiffbarkeit der Lippe im 15., 17. und 18. Jahrhundert. Von G[erhard] **Strotköttor**, Oberl. zu Dorsten. *Münster i. W. 1895: Westf. Vereinsdr.* (39 S.) 8° [F.]

Strotkötter, G[erhard]: Der Reichshof Dorsten. Münster i. W.: Dr. d. Westf. Vereinsdr. [1899]. (134 S., 1 Bl.) 8°

Strotkötter, Gerhard Emendationen zu dem Erläuterungswerke „Aus deutschen Lesebüchern". 8 (29 S.). Prg. *Dorsten* 1887 (331)
Progr.

Das ehemalige Gildenwesen der Stadt Dorsten. Von G[erhard] **Strotkötter**, Oberl. (Münster i. W. [1894]: Westfäl. Vereinsdr.) 148 S. 8°
[Aus: Zeitschr. d. Vereine f. Orts- u. Heimatskunde im Veste u. Kreise Recklinghausen. Jg. 1892–94.]

Die **Lippeschiffahrt** im neunzehnten Jahrhundert. Forts. von des Verf. Schrift: Bestrebungen zur Verbesserung der Schiffbarkeit d. Lippe im 15., 17. u. 18. Jh. Von G[erhard] **Strotkötter**, Oberl. zu Dorsten. *(Münster i. W.) 1896: (Westf. Vereinsdr.).* (79 S.) 8°

Strotkötter, Gerhard: La vie journalière oder Konversationsübungen über das tägliche Leben in französischer und deutscher Sprache. 56 S. 8. **Progr.** Kgl. Laurentianum *Arnsberg* 1901 (374).

Strotkötter, Gerh., **la vie journalière** od. **Konversationsübungen** üb. das tägl. **Leben** in französ. u. deutscher Sprache. Lex.-8. (56 S.) **Leipzig 901. B. G. Teubner. n. 1.20**

Strotkötter, G., la vie journalière. Konversationsübungen üb. das tägl. Leben. 2. Aufl. Ausg. A. (IV, 82 S.) gr. 8. Leipzig 902. B. G. Teubner.
Geb. in Halbleinw. n. 1. 40

— dasselbe. Ausg. B. (VI, 128 S.) 8. Ebd. 902.
Geb. in Halbleinw. n. 1. 20

Stroetmann, Johs. Beitrag zur Statistik u. pathologischen Anatomie der Darmeinschiebungen. Aus dem patholog. Institut zu Kiel. Diss. gr. 8. (15 S.) Kiel 890, (Gnevkow u. v. Gellhorn). * — 60

Strott, G. K., physikalische u. chemische Aufgaben u. Auflösungen mit besond. Rücksicht auf Baumaterialien, Holz- u. Leuchtmaterialien, Heizung, Beleuchtung u. Ventilation der Wohnräume. Zum Gebrauche in Real- u. Gewerbeschulen, vorzüglich in Baugewerk- u. Maschinenbauschulen. gr. 8. (V, 66 S.) Holzminden 881. Müller. n. 1. —

Strott, G. K., die Baumaterialien. Ihre Herstellg., Bearbeitg. u. Verwendung in 590 Recepten. 8. (XV, 245 S.) Halle 883. Knapp. n. 3. —

Strott, G. K., die wichtigsten Bezugsquellen der Baumaterialien u. solcher Artikel, welche vorzugsweise im Baufache Anwendung finden, mit Angabe ihrer bemerkenswerthesten Eigenschaften u. neuesten Verwendungen für Gewerbe- u. Baugewerkschulen, Baumeister, Architekten. 1. Heft. Holzminden 867. (Braunschweig, Ramdohr.) gr. 8. (4 S.) n. 2 ngr.

— technische Chemie für das Bau- u. Maschinenwesen, m. besond. Rücksicht auf Baumaterialien u. deren Verarbeitung. gr. 8. (VIII, 103 S.) Ebend. 876. n. 2. 25

Strott, G. K., technische Chemie f. das Bau- u. Maschinenwesen, m. besond. Rücksicht auf Baustoffe u. deren Verarbeitg. 2. verb. Aufl. Bearb. v. R. Strott. (VIII, 117 S.) gr. 8. Holzminden 904. C. C. Müller. n. 1. 20.

3.Aufl.s.:S t r o t t , R.

— Einiges üb. Gyps u. Kalkstein, Alabaster u. Marmor, deren Eigenschaften, Bearbeitung u. Verwendg. im Bauwesen, nebst e. Methode d. Verfassers, marmorähnl. Platten [Fußbodenplatten] v. Gyps, weiß u. farbig, billig u. v. großer Haltbarkeit herzustellen. gr. 8. (48 S.) Ebend. 883. n. — 80

Strott, G. K., üb. **Heizmaterialien. Anleitung zur leicht auszuführ. Ermittelg. d. Brennwerthes v. Holz, Holzkohlen, Torf ect., sowie einiges üb. Heizg. gr. 8. (VI, 48 S.) Holzminden 876.** Müller. n. 1. 25

Strott, G. K., über Leuchtmaterialien. Deren Eigenschaften, Bestimmung der Lichtstärke, Leuchtkraft und des Leuchtwerthes, Verunreinigung der Luft in Wohnräumen durch die Beleuchtung, Verwendung der Flamme zur Ventilation der Wohnräume und zu Heizzwecken, zum Gebrauche für Lichter- und Lampenfabrikanten, Kaufleute etc., sowie auch in Baugewerk- und Gewerbeschulen. gr. 8. (IV, 62 S.) Holzminden 880, Müller'sche Buchh. *

— Physik für die unteren Klassen der Schulen für Bauhandwerker, Maschinenbauer etc. Mit 25 in den Text gedr. Holzschn. gr. 8. (VIII, 58 S.) Ebend. 877. n. 1. 80

— **Physik** f. die unteren Klassen der Schulen f. Bauhandwerker, Maschinenbauer etc. 2. Aufl. Mit 25 in den Text gedr. Holzschn. gr. 8. (VIII, 60 S.) Holzminden 886. Müller. n. 1. —

Strott, G. K., über naturgemäße Uebungen zur Ausbildung der Sinneswerkzeuge, des Gedächtnisses u. der Urtheilskraft, m. Rücksicht auf physikal.-physiolog. Grundsätze, nebst einem Anhang über die erste Entwickelung des musikalischen Gehörs. Bearb. für Eltern, Lehrer 2c. gr. 8. (31 S.) Hanau 848. (König.) n. 8 ngr

— **Ventilation** u. **Desinfection** der Wohnräume, nebst Conservirg. der in Wohnhäusern vorkomm. organ. Körper. gr. 8. (V, 32 S. m. eingedr. Holzschn.) Ebend. 876. n. 1. 25

— das Wichtigste über die Eigenschaften der im Bauwesen am häufigsten zur Verwendung kommenden Baumaterialien, deren Bearbeitung, Conservirung, Prüfung etc., für Baubeflissene u. zum Gebrauche beim Unterricht in Baugewerk- u. Maschinenbauschulen. gr. 8. (VI, 63 S.) Ebend. 878. n. 1. -

Strott, G. K., das Wichtigste üb. die Eigenschaften der im Bauwesen am häufigsten zur Verwendung kommenden Baustoffe, deren Bearbeitung, Konservierung, Prüfung u. s. w. Für Baubeflissene u. zum Gebrauche beim Unterricht in Baugewerk- u. Maschinenbauschulen. 2. Aufl., neu bearb. u. m. e. kurzen Abriss der Chemie versehen. gr. 8. (VII, 98 S.) Holzminden 894. C. C. Müller. n. 1. --

Strott, R., technische Chemie f. den Unterricht an Baugewerk- u. Maschinenbauschulen m. besonderer Rücksicht auf Baustoffe u. deren Verarbeitung. 3. verb. Aufl. (IV, 132 S.) 8. Holzminden 909. C. C. Müller. Kart. 1. 50

1.u.2.Aufl.s.:S t r o t t , G.K.

Stroetzel, Emil, Prof. Dr.: Festrede zur Schillerfeier am 9. Mai 1905. Berlin 1906: A. Haack. (S. 15–22.) 4°
Berlin, Collège r. français P 1906 (61)

Stroetzel, [illegible]

Strötzel, Emil Untersuchungen über den Begriff der Kraft 34, 29 SS **Progr.** Franz. G. *Berlin* 1877. 1881

Stroetzel, Erwin: Die Schuld als Gegenstand der dinglichen Verfügung. Borna-Leipzig 1910: Noske. 58 S. 8°
Würzburg, Jur. Diss. v. 8. Juni 1910, Ref. v. Burckhard
[Geb. 26. April 84 Schöneberg b. Berlin; Wohnort: Berlin; Staatsangeh.: Preußen; Vorbildung: Gymn. Berlin Reife O. 02; Studium: Grenoble 1, Berlin 5 S.; Rig. 12. Mai 10.] [U 10. 4331

Strouhal, V., u. C. **Barus,** über Anlassen des Stahls u. Messung seines Härtezustandes. [Aus: „Verhandlgn. d. phys.-med. Ges. zu Würzburg".] gr. 8. (56 S. m. 1 Steintaf.) Würzburg 880. Stahel. n. 1. 20

Strouhal, V., analytische Darstellung der Lissajous-schen Figuren. gr. 8. (26 S. m. 7 Fig.) Prag 902. F. Řivnáč. n. — 38
Sonderabdr. aus: „Sitzungsber. d. böhm. Gesellsch. d. Wiss."

Strouhal, V., u. C. **Barus,** üb. die Definition d. Stahls auf Grundlage d. elektrischen Verhaltens d. Eisens beim wachsenden Kohlenstoffgehalt. gr. 4. (25 S.) Prag 884. (Calve.) n. — 66

—— —— über den Einfluss der Härte des Stahls auf dessen Magnetisirbarkeit und des Anlassens auf die Haltbarkeit der Magnete. gr. 8. (IV, 53 S. mit 2 lithogr. Curventaf.) Würzburg 882, Stahel'sche Universitäts-Buchh. *
Aus: Verhandlungen der physikalisch-medicinischen Gesellschaft zu Würzburg, besonders abgedruckt.

—— —— das Wesen der Stahlhärtung, vom elektrischen Standpunkte aus betrachtet, besonders im Anschluss an das entsprechende Verhalten einiger Silberlegirungen. gr. 4. (27 S.) Prag 884, (Calve'sche Universitäts-Buchh.) *
Aus: Abhandlungen der k. böhmischen Gesellschaft der Wissenschaften, besonders abgedruckt.

Strousberg, Bethel Henry

Strousberg, Berlin ein Stapelplatz des Welthandels durch den Nord-Ostsee-Kanal. Project. gr. 8. (38 S. mit 1 chromolithogr. Uebersichtskarte.) Berlin 878, Guttentag. *

Strousberg, Fragen der Zeit. Essays. I. Ueber Parlamentarismus. gr. 8. (160 S.) Berlin 879. Guttentag. n. 3. —

Strousberg, Dr., u. sein Wirken, v. ihm selbst geschildert. Mit 1 Photogr. (in qu. 4.) u. e. (lith.) Eisenbahn-Karte (in qu. Fol.) 3. unveränd. Abdr. gr. 8. (VIII, 486 S.) Berlin 876. Guttentag. n. 6. —

Strousberg, Henry: Die rechtswidrige Aneignung des elektrischen Stromes. Berlin 1898: W. Pilz. (VIII, 44 S.) 8°
Erlangen, Jur. Diss. v. 17. Okt. 1898

Stroux, *Ludwig Bruno* Heinrich [aus Hagenau]: Aus d. Laboratorium d. medizin. Klinik zu Bonn. Ueber die Beeinflussung der Harnsäureausscheidung durch verschiedene Arzneimittel ... Bonn, Buchdr. v. A. Henry, 1896; 34 S., 1 Bl. 8.
Bonn, Med. Fak., Inaug.-Diss. v. [16.] Okt. 1896

Stroux, Heinrich [Prof.]: Zur Geschichte des Hagenauer Gymnasiums in den Jahren 1871—1896. Hagenau, Ulrich-Gilardone'sche Buchdr., *1897*; 1—10 S., 1 Tab. 4.
Hagenau, G u. R, MP 1897 (532)

Stroux [Unterprimaner]: Deutschlands Ostertag 1890. (Gedicht z. Kaisergeburtstagsfeier.) Hagenau, F. Gilardone'sche Buchdr., *1891*; S. 22—23; 4°
Hagenau, G u. R, MP 1891 (505)

Stroux, Heinrich: Üb. Darwin's Theorie v. d. Entstehung d. Arten im Thier- u. Pflanzenreich. Eupen 1864. 25 S. 4°
Schul-/Univ.-Schrift

Stroux, Heinr. Über die Urzeugung. 13 S. **Progr.** *Hagenau* 1876.

Stroux, *Heinrich Worte an der Ruhestätte des am 21. März 1891 verstorbenen Oberlehrers Professor Dr. August Caspers.* 4 (S. 24—25). **Progr.** G. u. Rsch. *Hagenau* 1894 (513).

Stroever, Idac., Fest des Todes. Improvisationen in Orig.-Lithogr. (15 Taf.) 41,5×32 cm. Bremen (909). Rolandverlag, H. Boesking & Co. nn 15. —

Stroever, Valentin, üb. die Verbreitung der Wurzelverkürzung. Diss. gr. 8. (47 S. m. 2 Taf.) Jena 892. (Berlin, R. Friedländer & Sohn.) n. 2. —

Strowitzki, Franz, pr. Arzt: Aus d. chir.-orthopäd. Privatklinik von Dr. Gaugele, Zwickau i. S. Über die Therapie des Fibuladefektes. Borna-Leipzig 1909: Noske. 51 S. 8°
Leipzig, Med. Diss. v. 10. Juli 1909, Ref. Trendelenburg
[Geb. 2. Mai 79 Liebemühl; Wohnort: Zippnow; Staatsangeh.: Preußen; Vorbildung: Gymn. Konitz Reife O. 01; Studium: Berlin 11 S.; Coll. 24. Juli 09; Approb. 30. Mar 07.] [U 09. 2887

Strózewski, Stanislaus, a. Posen: Bonnets Psychologie in ihrem Verhältnis zu Condillacs Traite des Sensations. Berlin (1905): E. Rieger. (57 S.) 8°
Tübingen, Phil. Fak., Ref. Maier, Diss. v. 28. Febr. 1900
[Geb. 26. Sept. 76 Tomice, Kr. Posen; Wohnort: Posen; Staatsangeh.: Preußen; Vorbildung: Gymn. Dramburg Reife O. 00; Studium: Greifswald 2, Breslau 2, Tübingen 4 S.; Coll. 22. Juni 05.]

Strozzi, Luise. Eine florentinische Geschichte aus dem sechzehnten Jahrh. . . . Nach d. Ital. . . . Leipzig 1835. V: *Rosini, Giovanni.* H: *Reumont, Alfred von.* (Ky) (BrVV)

Strozzi, Louise, eine florentinische Geschichte aus d. 16n Jahrh. vom Verfasser d. Nonne von Monza (Rosini). Nach d. Italien. bearb. 2 Thle. 8. Leipzig 835. Brockhaus. 4 ß

Strozzi, Giovan Battista, Madrigali, s.: Bibliotheca romanica.

STROZZIS, Die Grafen. Von dem Verfasser der beyden Marillos. 2 Bde. Mit Kpfrn. von F. Pentzel. Leipzig 1801. 8°. (9 Mk., unbeschn., Edm. Meyer, Berlin, 1908.)
Beide auf Titel citirten Romane nicht im Anon.-Lex.

Strozzis, die Grafen, v. Verf. d. beyden Marillo's, mit K. 2 Thle. 8. Lpz. Gräff. 801. Rthlr.

Strozzi, die Grafen. Vom Verfass. der „beiden Morillo's". 2 Thle. 8. Leipz. 801. (Wienbrack). 2 ß

Strub, Emil

Bergbahnen der Schweiz bis 1900. Von E. **Strub**, Ing. in Montreux. 1. *Wiesbaden: J. F. Bergmann 1900.* 4°
= **Zeitschrift** f. Lokal- u. Strassenbahnen. 1900. Suppl. [00. 8063

Strub, E[mil]. Bergbahnen der Schweiz bis 1900. II. Reine Zahnradbahnen. Von E. Strub, Ingenieur in Clarens-Montreux. Mit Längenprofilen, Tabellen und 156 Abbildungen im Texte. ([Separatabdruck aus:] Zeitschrift f[ür das gesammte] Local- u. Strassenbahn[-Wes]en[... . Hrg. von W Hostmann, ... Joseph Fischer-Dick, ... und Fr Giesecke ... . Jahrg. 20]. 1901. [Hefte 1—3.]) IV S. + S. 73—191. 4. Wiesbaden, J. F. Bergmann, 1902. [M. 6. —]
I. Drahtseilbahnen ... . IV + 71 S. 1900. (M. 6. —)

— dasselbe, s. a. **Zeitschrift** f. das gesammte Local- u. Strassenbahn-Wesen. 19. Jahrg. Erg.-Hft.

Strub, Emile, le chemin de fer funiculaire de Territet-Montreux-Glion. Avec 6 planches lith. Traduit par Alph. Vautier. 8. (55 S.) Aarau 888, Sauerländer's Verlag. cart. *

Strub, E[mil]. Les chemins de fer de montagne de la Suisse jusqu'en 1900. I. Chemins de fer funiculaires par E. Strub.... Avec tous les profils en long, les tableaux des renseignements principaux et des résultats de l'exploitation; 61 figures dans le texte et 8 planches en autotypie. Traduit de l'allemand par F[rançois] Schüle.... 77 p. 4. Wiesbaden, J. F. Bergmann, 1901. [M. 8.—]

Strub, E[mil]. Die Mendelbahn. (Mit 26 Textfiguren.) Sonder-Abdruck aus der Schweizerischen Bauzeitung, Bd. 42, Nr. 20, 21 und 23. II + 11 S. 4. Zürich, Ed. Rascher's Erben, 1903. (fr. —.80)

Strub, E., Specialbahnen, insbesondere die Bergbahn Lauterbrunnen-Mürren. Hrsg. v. der schweizer. Bauzeitg. in Zürich. gr. 8. (43 S. m. Textbildern u. 2 Taf.) Zürich 893. (Bern, Schmid, Francke & Co.) n. 1. 60

Strub, E. Die Drahtseilbahn Territet-Montreux-Glion. In-8⁰, 57 S., mit 6 Tafeln. Aarau, H. R. Sauerländers Verlag. 1888. gebdn. 3 —

Strub, E[mil]. Die Vesuvbahn von Ing. E. Strub, Zürich. Mit einem Anhang über die elektr. Einrichtungen der Bahn von Ing. H[ans] Morgenthaler, Baden. Sonderabdruck aus der «Schweizerischen Bauzeitung», Band 41 No. 16, 17, 19, 20 und Band 42 No. 4. [Illustriert.] II + 24 S. 4. Zürich, E. Rascher's Erben, Buchdr. Jean Frey, 1903. [fr. 1. 50]

(Strub, Emil.) Wendelstein-Bahn. (Gründungsprospekt verfasst von E' St' in Zürich.) [Mit 4 Tafeln.] II + 19 S. 4. München, E. Mühlthaler A.-G., (1904).

Strub, E[mma], med. pract. aus Oberuzwyl [Kt. St. Gallen]: Ueber Milchsterilisation. S. A. aus: Centralblatt f. Bakteriologie u. Parasitenkunde [Bd VII, S. 665—670, 689—694, 721—732]. Jena G. Fischer 1890. 24 S. 8⁰.
Zürich, Med. Diss. [v. 2. Juli 1890].

Strub, Friedrich, appr. Arzt aus Nierstein a. Rh.: Über Bence-Jonessche Albuminurie. Erlangen 1905: Junge & Sohn. (47 S.) 8°
Erlangen, Med. Fak., Ref. Voit, Diss. v. 19. Apr. 1905
[Geb. 13. Febr. 78 Nierstein a. Rh.; Staatsangeh.: Hessen; Vorbildung: Karlsgymn. Stuttgart Reife 97; Studium: Gießen, Erlangen, Heidelberg, Erlangen, Approb. 25. Jan. 05.]

Strub, Oscar. Schlachtvieh-Produktion, Schlachtvieh-Märkte. Von Oskar St', Stadtrat in Zofingen. [Sep.-Abdr. aus dem «Zofinger Tagblatt» 1904, N^{ro} 185—187, August 9—11.] 8 S. 8. [Zofingen, Joh. Fehlmann.]

Strub, **Walter**, von Riehen und Basel: Die Temperaturverhältnisse von Basel. [Mit einer Figur im Text.] Basel 1910. 140 S. und neun Tafeln. 8⁰. S.-A. aus den Verhandlungen der Naturforschenden Gesellschaft in Basel. Band 20, Heft 3. [26. IV. 09.]
Basel. Phil. Diss. 1909/10.

Strub, Walter. Die Temperaturverhältnisse von Basel. Diss. Phil. Basel. (Mit 1 Textfigur und 9 Tafeln. Separatabdruck aus den Verhandlungen der Naturforschenden Gesellschaft in B'. Band 20, Heft 3....) 140 S. 8. Basel, Emil Birkhäuser, 1910.

Strubberg, Friedrich Armand (wirkl. Name), s.a. Armand (Pseud.)

--Bis in die Wildnis. Roman. 4v. Breslau, 1863.

Strubberg, F. A. [Armand], der Freigeist. Schauspiel in 3 Aufzügen. gr. 8. (47 S.) Kassel 883. (Hühn.) n. 1. 50

--Friedrichsburg, die Colonie d Dten Fürstenvereins in Texas. 2v. Lpz. 1867.

--Aus Armand's Frontierleben. 2d ed. 3v. Hannover, 1868.

Strubberg, Friedrich Armand
Die Fürstentochter. Roman. Von Armand [d.i. Friedrich Armand Strubberg]. Bd 1.3.
Hannover: Rümpler 1872. 8⁰

--Amerikanische Jagd- u Reise-Abenteuer aus meinem Leben in den westlichen Indianergebieten. Stuttgart, 1876.

[F.] Amerikanische Jagd- und Reiseabenteuer aus meinem Leben in den westlichen Indianergebieten. Von Armand [d. i. Friedr. Armand **Strubberg**]. 3. Aufl. m. 1 Farbenb. u. 16 Tondruckb. *Stuttgart, Berlin, Leipzig: Union [1892].* (IV, 505 S., 17 Taf.) 1 Bd 8. [98. 4314

--Die geraubten Kinder, eine Erzä aus Texas, für die Jugend. Breslau, 1875.

--Der Krösus von Philadelphia. 4v. Hannover, 1870.

Strubberg, Friedrich Armand
Der Krösus von Philadelphia. Roman. Von Armand [d.i. Friedrich Armand Strubberg]. Bd 1.
Weimar: Schriftenvertriebsanstalt 1895. 351 S. 8⁰

--Zwei Lebenswege. Prague, 1874.

[F.] In Mexiko. Von Armand [d. i. Friedrich Armand **Strubberg**]. *Berlin: Schriftenvertriebsanst. 1898.* (341 S.) 1 Bd 8. [98. 3029

[F.] Die Mulattin. Von Armand [d. i. Friedrich Armand **Strubberg**]. *Berlin: Schriftenvertriebsanst; (Christl. Zeitschriftenver.) 1897.* (224 S.) 1 Bd 8. [97. 6755

Strubberg, Friedrich Armand
Ralph Norwood. Von Armand [d.i. Friedrich Armand Strubberg]. Bd 2-5.
Hannover: Rümpler 1860. 8⁰

— die Quadrone. Schauspiel in 3 Aufzügen, neu f. die Bühne bearb. gr. 8. (76 S.) Kassel 886. (Keßler.) n. 1. 25

Armands [d. i. Friedr. Armand **Strubberg**] Ausgewählte Romane. Abt. 1, Bd 1. *Weimar: Schriftenvertriebsanst. 1894.* 8⁰ [F.] [94. 15517 10

Strubberg, Friedrich Armand
Ausgewählte Romane. Von Armand [d.i. Friedrich Armand Strubberg]. Abt. 2.
Weimar: Schriftenvertriebsanstalt 1895. 8⁰
Inhalt:
Die alte spanische Urkunde. Bd 1.2.
Die Quadrone.

Strubberg, Friedrich Armand
Saat und Ernte. Roman. Von Armand [d.i. Friedrich Armand Strubberg]. Bd 1-5.
Leipzig: Günther 1866. 8⁰

--Saat und Ernte. 5v. Leipzig, 1867.

--Carl Scharnhorst. Abenteuer eines dten Knaben in A. Hannover, 1872.

--Sklaverei in Amerika, oder: Schwarzes Blut. 3v. Hannover, 1862.

--Der Sprung vom Niagarafall. 4v. Hannover, 1863.

--In Süd-Carolina u auf d Schlachtfelde von Langensalza. 4v. Hannover, 1869.

--Szenen aus den Kämpfen d Mexikaner u Nord-Amer. Breslau, 1859.

Strubberg, Friedrich Armand
Die alte spanische Urkunde. Von Armand [d.i. Friedrich Armand Strubberg]. Bd 1.2.
Hannover: Rümpler 1872. 8⁰

Strubberg, Friedrich August, s. Strubberg, Friedrich Armand

Strubberg, Johann Anton

— Harmonia evangelica manualis, oder heil. Zusammenstimmung der 4 Evangelisten. 8. Lemgo, Meyer. 725.

— allgem. bibl. Harmonie, in welch. nach Lutheri Uebers. d. Heil. Schrift in ihr. Zeitordn. u. Uebereinstimm. v. Neuem gestellt. Fol. Ebend. 730.

— index theologorum Lutheranorum chronologicus. 8. Lemgo, Meyer. 727.

— allermerkwürdigst. Leben Jesu. 8. Jena. 735.

Strubberg, Ioh. Ant., tabulae synopticae in I. F. Buddei theologiam moralem. 4. Ienae. 721.

Strube [Sachliches OW]

Strube, Karl, eine Geschichte aus gesammelten Briefen, von ihm selbst und seinen Freunden. Eisenach 1784—89. V: *Reussing, Mariane geb. Wedekind.* (schl) (MGT) (Ky)

Strube, Karl, eine Geschichte aus gesammelten Briefen, (von Jungfer Wittekindt). 3 Thle. 8. Eisenach 784 — 789. (Bärecke). 2 ß

Strube, Carl, eine Geschichte aus gesammelten Briefen von ihm und seinen Freunden, 2 Theile, 8. Eisenach, 784. Krumbhaar. 1 Rthl. Desselben Buches 3r Theil, 8. Cassel, 789. Griesbach. 20 ggl.

Strube, Karl, e. Gesch. aus gesammelten Briefen, von ihm selbst u. seinen Freunden. 3 Thle. 8. Eisenach, Wittekind. (a. Benj. Fleischer in Lpz.) 784 — 89.

— — dasselbe in 2 Thln. 8. Lpz. Sommer. 805.

Strube [Verfasser]

Strube. Beitr. z. Nosologie der während d. Belagerg v. Paris bei d. Maasarmee beobacht. Typhusepidemien. (S.-A.) 1871.

Strube, Geschichte des 3. niederschles. Infanterie-Regiments Nr. 50, s.: Boguslawski, v.

Strube, die Gesundheitspflege d. Gefangenen. [Aus: „Jahrb. d. Gefängnis-Gesellsch. f. d. Prov. Sachsen".] gr. 8. (28 S.) Halle a/S. 892. (J. Fricke's Sort.) n. — 25

Strube. Die Gesundheitspflege d. Gefangenen, s. Jahrbuch d. Gefängnis-Gesellschaft.

Strube, A.: Inwiefern stehen die Einreden des Hauptschuldners dem Bürger zu? '(Nach gemeinem Recht.)' . . . Erlangen. k. b. Hof- u. Univ.-Buchdr. v. F. Junge 1895. 51 S. 8°
Erlangen, Jur. Fak., Inaug.-Diss. v. 1895

Strube, [Adolf] [Rede bei der Schiller Gedächtnisfeier.] S. 9–13. 4.
Progr. Großh. Marien-Gymn. *Jever* 1906 (836).

Strube, Andreas (Burg) A. S. 1270/13

De siti immodica, dissertatio solemnis.
Präs. Johann Heinrich Heucher.
Wittenberg (Gerdes) 3. VII. 1709. 15 Bl.

33904

Strube, August: Ueber die Ausbreitung des Abdominaltyphus in Halle a S. Halle a/S. 1882: Hendel. 47 S. 8°
Halle Wittenberg, Med. Diss. v. 2. Febr. 1882
Geb. Halberstadt 25. 9. 1853. V.

Strube, C. F., prakt. Anweis. z. Bienenzucht, besond. in Niedersachsen. 8. Celle 789. N. A. mit 1 Kpf. 8. Hannov. 793. verbess. Aufl. 796. Hahn. 16 gr

Strube, C. H., practische Gesangschule für Volksschulen. 1. Cursus. 2. verb. Aufl. Lex. 8. (14 lith. S.) Wolfenbüttel 849, Holle. n. 1/12 ß

— theoret.-pract. Orgel-Schule oder Praeludienbuch. Zur Förderung eines einfachen, kunstgemässen u. religiösen Orgelspiels, wie zum Gebrauche beim öffentlichen Gottesdienste. In 3 Bdn. 1. Bd. qu. 4. (114 lith. S.) Ebd. 849. 1 1/4 ß

Strube, Carl, s. Strube, Karl.

Strube, Christian Friedr. [illegible]
[illegible]
Berlin, Med. Diss. v. 23. Sept. 183[illegible]

Strube, David Georg, Rechtliche Ausführung von erlaubten und unerlaubten Kriegen der Teutschen Reichs-Stände wider einander. Franckfurt und Leipzig 1758. 4. (35 S.)

Strube, Dav. Geo., († im Sept. 1775.) rechtl. Ausführung von erlaubten u. unerlaubten Kriegen der deutschen Reichsstände wider einander. 4. Hannov. 785. Hahn. 2 gr

— rechtl. Bedenken, 1r—4r Thl. 4. Hannov. 761 — 72. Neue Aufl. 772, 787, 792, 801. u. 5r Thl. nebst einem Register über alle 5 Thle. 803. 8 ß Neue Aufl. systemat. geordnet, ergänzt, berichtigt u. mit Anmerkk. begleitet v. Er. Spangenberg. 3 Bde mit Registern. gr. 4. Hannov. 827, 28. Hahn. 11 ß

STRUBE, D. G. (Vizekanzler), Rechtliche Bedenken. 2. A. 5 Bde. Hannover 1772—1786. 4°. (6 Mk. 50 Pfg. Carl Uebelen, München, c. 1892.)
In 5 Quartbänden enthält d. Werk interessante Abhandlungen wie: ob eine geschwächte Person einen Brautschatz fordern könne; von d. Satisfaction einer Geschwächten; von d. Giftmischerei; heiml. Geburt; von leibeigenen Hagestolzen; etc. — Vieles über Ehe, Ehebruch, Eheleute, Blutschande, Bigamie, Concubinen, Unzucht, etc. etc.

— Bd 1. 2. 5. 2. Aufl. Bd 3. 4. 3. Aufl. 1772—1801.

— rechtl. Bedenken. 5 Bde. 4. Hannover, Schmidt. (Hahn.) 772-803. (I-III. à 1 Rthlr. 12 gr. IV. 1 Rthlr. 18 gr. V. mit den Hauptregeln über alle 5 Thle. 1 Rthlr. 18 gr.)

STRUBE, D. G.: Rechtl. Bedenken. *Hann.* Ritscher. (761—77.) 785—86. 5 Thle. 8. (8 Thl.)

— — Dasselbe. 5 Thle. Darmstadt 1788. 4°. (10 Mk. Conr. Skopnik, Berlin, 1897.)

Strube, (Dav. G.,) rechtliche Bedenken. Systemat. geordnet, ergänzt u. mit Anmerkk. begleitet v. E. Spangenberg. 1r u. 2r Bd. Mit e. Lebensbeschreibung d. Vice-Canzlers Strube. gr. 4. Hannov. 827, Hahn.

Strube, Dav. Geo., rechtliche Bedenken. Systemat geordnet, ergänzt, bericht. u. mit Anmerkn. begl. v. E. Spangenberg. 3. (letzt.) Bd. gr. 4. (76 B.) Hannover 828, (Hahn.)
1. u. 2. Bd. Ebendas. 1827. 6 Thlr. 16 Gr.

Strube, Dav. Georg, gründl. Bericht v. d. Abmeyerungsrecht. Fol. Braunschw. 758.

Strube, David Georg: „Gründlicher Bericht von dem Abmeyerungsrecht, fürnemlich im Stifft Hildesheim", Hildesheim 1730. — — Vorh.: Bibl. des Oberlandesgerichts Celle — Fol. Md. 503.

Strube, David Georg, s. Beweis d. Nichtigkeit d. Scheingründe.

— vernichtigter Beweis d. deutsch. Reichsstände völliger Landeshoheit, vor d. sogenannt. gross. Interregno. 4. Hann. Schmidt. (Hahn.) 758.

Strube, Dav. Geo.: Befestigtes Erbrecht d. stifthildesheim. Meier. *Hannover*, Helwing. 732. gr. 8. (6 Gr.)

— comment. de jure villicorum vulgo: vom Meyerrecht. 4 Celle 720. Ed. II. 735. Ed. III. aucta. 4. Hannover 768 (Hahn). 2 ℛ

Strube, David Georg: „Commentatio de iure villicorum vulgo vom Meyer-Recht", Hildesiae 1720. — Ed. 2 longe auctior. Adiecta est observationum iuris et historiae Germanicae decas, Hildesiae 1735, vorh.: Bibl. des Oberlandesgerichts Celle — Md. 504² und des Kammergerichts Berlin — Ec. 835² — Ed. 3 auctior et emend., adjectae sunt accessiones ad commentationem de jure villicorum et tractatio de bonis meierdingicis ed. 2, Hannoverae 1768; vorh.: Bibl. des Oberlandesgerichts Celle — Md. 504³ — und des Kammergerichts Berlin — Ec. 835³.

Strube, David Georg: „Accessionum ad commentationem de iura villicorum pars 1, cui sublungitur tractatio de bonis Meierdingicis", Brunsvigae et Hildesiae 1739. — Vorh.: Bibl. des Oberlandesgerichts Celle — Md. 505.

— accessiones ad jus villicorum. P. I. 4. Braunschw. Schröder. 739.

Strube, D. G.: Commentat. de jure villicorum, vulgo v. Meyerrecht. (Ed. 1—3a. 720—68.) Ed. 4a. *Hannov.*, Schmidt. 770. 4. (5 Gr.) Access. ad Comm. de jure villicor. P. I. cui subjungitur tr. de bonis Meyerdingicis. *Brunsv.* 739. 4.

— Nebenstunden. 6 Thle. 8. Hannov. 747—765. (Hahn) 4 ℛ 4 𝔤𝔯

Strube, Dav. Ge.: Nebenstunden. Th. 1—6 [nebst] Hauptreg. Hannover 1759—65.

Th. 1. 2. 4. 5. 2. Aufl.

— Nebenstunden. 6 Thle. 8. Ebend. 761–83. (1r–5r à 16 gr. 6r nebst Hauptregeln über alle 6 Thle. 20 gr.)

Strube, D. G.: Nebenstunden. (*Hann.* 742—65.) *Hann.*, Ritscher. 778—83. 6 Thle. 8. (4 Thl. 4 Gr.)

Strube, Dav. Geo., observationum juris et historiae decas 4. Hildesh. 735. Ed. II. 4. Hannov. 769. (Hahn). 20 𝔤𝔯

Strube, Dav. Ge.: Observationum juris et historiae Germanicae decas. Ed. 2. Hannoverae 1769.

Strube, D. G: Observatt. juris et historiae decas. *Hann.*, Schmidt. (735) 769. 4. (20 Gr.)

Strube, Dav. Georg. Diatribe de Collectarum et Aerariorum provincialium origine. Von Landschafts-Cassen. 4⁰. s. l. 1740. 4⁰. s. l. 1741.

— comment. de origine nobilitatis germanicae et praecipuis quibusdem ejus juribus. 4. Ienae, Schulze. 745.

Strube, Dav. Ge.: Tractatio de statuum provincialium origine et praecipuis juribus. Von Landständen. o. O. 1740.

s. Sache, Die gerechte, Großbritanniens.

— Samml. e. Schriften v. d. im westphäl. Friedensschlusse erlaubten Selbsthülfe d. kathol. Landesherren geistl. Gerichtsbarkeit über ihre evangel. Unterthanen rc. 4. Hannov. Schmidt. (Hahn.) (auch Stettin in Ulm.) 756.

Strube, Dav. Ge.: „Gründlicher Unterricht von Regierungs- und Justiz-Sachen, worinn untersucht wird: welche Geschäffte ihrer Natur und Eigenschafft nach vor die Regierungs- oder Justiz-Collegia gehören?" Hildesheim 1733. — Vorh.: Bibl. des Kammergerichts Berlin — Ja 6770.

— entdeckte Verdrehung des westphäl. Friedensschlusses. 2 Thle 4. Hannov. 758, 760. (Hahn). 8 𝔤𝔯

Strube, Dav. Geo.: Entdeckte Verdrehnng des westphäl. Friedensschl. 2 Thle. *Hannover*, Hahn. 758. 70. 4. (8 Gr.)

— entdeckte Verdrehung d. westphäl. Friedensschlusses. 2 Thle. 4. Hannov. Schmidt. (Hahn.) 760.

s. Vertheidigung d. Braunschweig Postgerechtigkeit.

STRUBE, David Georgius: Vindiciae iuris venandi nobilitatis Germanicae. Accessit collectio Sententiarum, Responsorum et Resolutionum venatoriarum, vel saltem ad firmandum ius venandi nobilitatis facientium. - Hildesiae et Brunsvigae 1739. 118, 236 S.

— vindiciae juris venandi nobilitatis germanicae. 4. Hildesh. Schröder. 739.

Strube, Dav. Ge.: Abhandlung von den Visitationen des Kaiserlichen und Reichs-Cammer-Gerichts. o. O. 1765

Strube, D. G.: Abhandl. v. d. Visitationen d. Kais. u. R. K. Ger. *Wetzlar*, Winkler. 765. 4. (4 Gr.)

Strube, Ernst: Beitrag zur Lehre von den Kieferbrüchen. Breslau 1898: Bresl. Genossenschafts-Buchdr. (70 S.) 8⁰
Breslau, Med. Diss. v. 19. Nov. 1898

Strube, Ernestus: • De rhetorica Iuvenalis disciplina. 55 S. 4⁰ (2⁰)
Halle-Wittenberg, Phil. Diss. v. 15. Juli 1869
Geb. Halle a. d. S. 10. 10. 1845. V.
Ersch. mit etlichen Kürzungen unter gleichem Tit. Brandenburg a. d. H. 1875: Wiesike. 18 S. 4⁰ Gymn.-Progr.

Strube, Ewald, appr. Arzt a. Baum: Ueber den Lichen ruber planus mit besonderer Lokalisation an den Schleimhäuten und Handtellern. Leipzig 1906: B. Georgi. (28 S.) 8⁰
Leipzig, Med. Fak., Ref. Hoffmann, Diss. v. 18. Juli 1906
[Geb. 14 Jan. 77 Baum; Wohnort: Berlin; Staatsangeh.: Braunschweig; Vorbildung: Neues Gymn. Braunschweig Reife O. 99; Studium: Halle 2, Kiel 2, München 1, Berlin 4 S.; Coll. 18 Juli 06; Approb. 6 Juli 05.]

Strube, F. H., Recherches nouvelles de l'Origine et des fondemens du Droit de la nature. gr. 8. Francf. Esslinger. 740.

Strube (de Piermont), F. H.: Recherche nouvelle de l'origine et des fondemens du droit de la nature. à *Petersb.* 740. 4.
Uebers. unt. d. Tit.: Neue Untersuch. d. Ursprungs u. d. Grundsätze d. Rechts der Natur. Aus d. Franz. v. *J. J. K.* s. l. 767. 8.

Festlied [der Loge Dankward z. r. Stein in Braunschweig]. [Unterz.:] F. W. Strube. [Braunschweig] o. J. 1 Bl. 8⁰. [Kopftit.]
„Ein Fest aufs neu erscheint ...“ 21.

[Gedicht aus der Loge „Dankward zum rauhen Stein“ in Braunschweig.] [Unterz.:] F. W. Strube. o. J. 1 Bl. 8⁰.
„Bund der Liebe, Bund der Treue ...“ 21.

[Gedicht aus der Loge Dankward zum rauhen Stein in Braunschweig. Unterz.:] F. W. Strube. [Braunschweig] o. J. 1 Bl. 4⁰.
„Ein Maurer, der sehr alt geworden ...“ 21.

[Gedicht.] Zum 22. April [in der Loge Dankward zum rauhen Stein in Braunschweig]. [Unterz.:] F. W. Strube. [Braunschweig.] o. J. 1 Bl. 4⁰. [Kopftit.]
„Als einst der Herr das Paradies ...“ 21.

[Gedicht.] Den Schwestern [der Loge „Dankward zum rauhen Stein“ in Braunschweig. Unterz.:] F. W. Strube. o. J. 1 Bl. 4⁰. [Kopftit.]
„Liebe Schwestern, seid gegrüsst ...“ 21.

[Lied.] Zum 24. April 1881. [Unterz.:] F. W. Strube. Wolfenbüttel [1881]. 1 Bl. 13,8×28 cm [Kopftit.]
Ohne Noten. „Braunschweig, Braunschweig, tausendjährig ...“ 65.

Strube, Friedrich Heinrich (Hannover) A. S. 310/14

Observata diplomatico-historica de servis servorum.
Präs. Polycarp Leiser.
Helmstedt (Schnorr) 17. V. 1727. 8 S.
33907

Strube, Fritz: Über einige Derivate der Hydrochelidonsäure. Halle a. S. 1901: E. Karras. (39 S.) 8⁰
Halle, Phil. Diss. v. 1901

Strube, Geo., s.: Beiträge zur Geschwulstlehre.

Strube, Georg [aus Bremen]: Ueber congenitale Lage- und Bildungsanomalien der Nieren ... (Aus: Virchow's Arch. f. path. Anat. u. Physiol. u. f. klin. Med., Bd 137, 1894.) Berlin, *G. Reimer*, 1894; 42 S. 8.
Heidelberg, Med. Fak., Inaug.-Diss. v. [2. Febr.] 1894

Strube, Hans, aus Odenspiel: S. Centlivre's Lustspiel 'The Stolen Heiress' und sein Verhältniss zu 'The Heir' von Thomas May. Nebst Anhang: May u. Shakespeare. *Halle a. S. 1900: C. A. Kaemmerer & Co.* (51 S.) 8°
Halle, Phil. Diss. v. 1900

Strube, Herm. (geb. Löderburg bei Stassfurt 9. 9. 1853): Ueber multiple Neuritis. Berlin (1881). (32 S.) 8°
Berlin, Med. Diss. v. 12. Aug. 1881

STRUBE, J. M.: Kurze Anleitung zur Forstwissenschaft zum Gebrauch für angehende Förster-Lehrlinge, auch andere Forstwissenschafts-Liebhaber. - Coburg 1791. 196 S.

Strube, J. M., kurze Anleit. zur Forstwissenschaft, f. angehende Förster, Lehrlinge rc. 8. Cob. 791. (Riemann). 10 gl.

STRUBE, JOAN. GUIL. NIC., Diss. inaug. chemico-medica de lotio tam sano, qvam morboso, imprimis diabetico. Kiliae. 1831. 4. P.

Strube, Julius Melchior

[Strube, Jul. Melch.]: Beweis: daß das jus eundi in partes, auch in causis politicis Platz habe. Instrum. Pac. Osnabr. Art. 5 § 52. o. O. 1759.

Strube, Jul. Melch., († d. 29. Juli 1777.) befestigtes Erbrecht der Stift-Hildesheimischen Meyer. 4. Hannov. 752. Helwing. 6 gl.

Strube, Iul. Melch., de jure comitiorum S. R. I. C. interregno. 4. Götting. Vandenhök. 746.

Strube, Julius Melchior A. S. 153/2

Princeps S. R. I. ius suum vi atque armis tuens.
Präs. Georg Ludwig Boehmer.
Göttingen (Hager) 27. III. 1745. 44 S.

W. v.: Präs., Georg Wilhelm Oeder, Jo. Ludwig Oeder. Alexander Andreas von Ramdohr.
33909

Strube, Julius Melchior A. S. 35/8

Princeps S. R. I. ius suum vi atque armis tuens.
Präs. Georg Ludwig Boehmer. Ed. 2.
Göttingen 1751. 50 S.

Diss. 27. III. 1745. 33910

(—) gründl. Prüfung des Schreibens, die deutsche u. and. Völker Münzverfassung, insonderheit die hochfürstl. Braunschw. Münzen betreff. 4. Leipz. 750.

(Strube, J. M.): „Gründliche Prüfung des Schreibens, die Teutsche und anderer Völker Münz-Verfassung, insonderheit die Hochfürstl. Braunschweigische Münze betreffend“, o. O. 1751. — Vorh.: Bibl. des Oberlandesgerichts Celle — Tc. 565 — Com. Bibl. Hamburg und StB Nürnberg.

(Strube, Jul. Melch.): „Untersuchung der Frage: ob das Silbergeld zu erhöhen sey? Worin die sogenannte Vernünftige Vertheidigung des Schreibens: die Teutsche und anderer Völker Münz-Verfassung betreffend, beantwortet wird“, Hannover 1752. — Vorh.: Bibl. des Kammergerichts Berlin — Qe 3005 — des Oberlandesgerichts Celle — Tc. 567 — StB Nürnberg und Com. Bibl. Hamburg.

Vgl. Untersuchung...

Strube, Julius Melchior, s. Vorstellung d. Betragens des Königs v. England ...

Strube, Karl

Strube. C., Studien üb. den Bilderkreis von Eleusis. Diss. 1869. 25 S. 1.50

Strube, Carl, Studien über den Bilderkreis von Eleusis. Leipzig 870. Engelmann. gr. 8. (VII, 102 S.) 22½ *ngr.*

Strube, Carl, Supplement zu den Studien üb. den Bilderkreis v. Eleusis hrsg. v. H. Brunn. Mit 3 (lith.) Taf. (in qu. Fol.) gr. 4. (18 S.) Leipzig 872. Engelmann. n. 4. -- (Hauptwerk u. Suppl.: n. 6. 25)

Strube, Leopold G., Referendar in Bremen: Der Transportdiebstahl. *Rostock 1902: C. Hinstorff.* (86 S.) 8°
Rostock, Jur. Diss. v. [20. Juli] 1902

Strube, Otto Car. Henr. (geb. Sargstedt bei Halberstadt 17. 1. 1838): De ulcerum ventriculi diagnosi. Berolini (1861). (32 S.) 8°
Berlin, Med. Diss. v. 30. März 1861

Strube, Ph., bleibet in Mir. Ein Wort an Christi Jünger. 8. (36 S.) Gernsbach 881. Christl. Colportage-Verein. n. — 15

Strube, Ph., d. Christ u. d. Krankheit. 12. (V, 75 S.) Gernsbach 896. Baden-Baden, Christl. Kolportage-Verein. n. — 75

— die Erkenntnißquelle des Heiles. [1. Cor. 2, 1—12.] 12. (8 S.) Bonn 882. Schergens. — 6

Strube, Ph., fürchtet euch nicht! Ein Wort an Kinder Gottes. 12. (24 S.) Mühlheim 883. Buchh. d. evangel. Vereinshauses. — 15

— Hülfsbüchlein f. Helfer u. Helferinnen in Sonntagsschulen bei Behandlung der biblischen Geschichten. 1. Tl.: Die bibl. Geschichten d. alten Testaments. 8. (112 S.) Ebend. 883. n. — 75

Strube, Ph., Hülfsbüchlein f. Helfer u. Helferinnen in Sonntagsschulen bei Behandlg. der biblischen Geschichten. 2. Tl.: Die bibl. Geschichten d. neuen Testaments. 8. (135 S.) Mülheim a/R. 889. Buchhandlg. d. evangel. Vereinshauses. — 60 (cplt. in 1 Bd. cart.: 1. 50)

Strube, Wilhelm

Strube, Guil. (geb. Marienwerder 15. 1. 1838): Exanthemata phytoparasitica eodemne fungo efficiantur, quaeritur. Berolini (1863) (31 S.) 8°
Berlin, Med. Diss. v. 10. Okt. 1863

Strübe, Hermann [aus Heidelberg]: Ueber Reduktionsprodukte des para-Chlorazobenzols ... Heidelberg, Univ.-Buchdr. v. Ph. Wiese, 1896; 43 S., 1 Bl. 8.
Heidelberg, Naturw.-math. Fak., Inaug.-Diss. v. [21. Juli] 1896

Strübe, Karl: Ueber Fibrome und Papillome der Ovarien. *Heidelberg 1898: Ph. Wiese.* (44 S.) 8°
Heidelberg, Med. Diss. v. [17. Febr.] 1897

Strübe, Konst., d. Anfechtung v. Rechtshandlungen des Schuldners innerhalb d. Konkursverfahrens, dargestellt nach d. Entscheidgn. d. Reichsgerichts. [Aus: „Annalen d. bad. Gerichte".] 12. (46 S.) Mannheim 896. (Freiburg i/B., Lorenz & Waetzel.) n. 1. —

[F.] Das Bürgerliche Gesetzbuch. E. systemat. Darstellg v. Konstantin **Strübe,** Rechtsanw. in Freiburg i. B. *Freiburg i. B.: Lorenz & Waetzel 1898.* (XI, 503 S.) 1 Bd 8. 98. 479

— Handelsgesetzbuch (ohne Seerecht) m. Anmerkungen. Einführungsgesetz, Gesetz üb. d. Angelegenheiten d. freiw. Gerichtsbarkeit, Börsengesetz, Gesetz betr. d. Pflichten d. Kaufleute bei Aufbewahrg. fremder Werthpapiere, Gesetz zur Bekämpfg. d. unlaut. Wettbewerbes (m. Anmerkgn.). gr. 8. (XII, 364 S.) Straßburg 898. J. Singer. Geb. in Leinw. n. 4. 20

Struebe, R., s.: Polo, Marco, el libro.

Strubel, Fr[anz] Jos[eph] Al (Fürth/Odenwald)
Die Selbstverbrennungen des menschlichen Körpers mit besonderer Berücksichtigung ihrer medicinisch-forensischen Beziehung.
Giessen: Brühl I. 1848. 36 S.
Diss. med. 10.5.1848. vorh. 26. 11.

Strubel, Jakob

Strubel, Jak., Amphion. Sammlung 4stimm. gemischter Chöre f. den ausschließl. Gebrauch in Gymnasien u. Realschulen. Unter genauer Berücksicht. des Stimmenumfangs jugendl. Sänger bearb. u. hrsg. op. 43. Partitur. 8. (XVI, 443 S.) Regensburg (898). F. Feuchtinger. Geb. in Leinw. n. 2. 60

— Chorgesangschule f. mittlere Lehranstalten, insbesondere für Präparandenschulen. Op. 54. 3 Tle. gr. 8. Bamberg 900. C. C. Buchner Verl. n. 2. 20
1. (50 S.) n. — 70. — 2. (63 S.) n. — 70. — 3. (80 S.) n. — 80.

— Chorsingschule f. katholische Cäcilienvereine. Mit e. Geleitswort v. J. Niedhammer. Lex.-8. (IV, 48 S.) Ebd. 901. n. — 80

Strubel, J., Chorübungen zum Gebrauche an Mittelschulen, insbesondere an Präparandenanstalten, bearb. u. hrsg. Mit genauer Berücksicht. des Stimmenumfanges 12—18jähr. Schüler. hoch 4. (IV, 100 S.) Bamberg 889. Buchner. n. 2. —

— kurzgefaßte deutsche Grammatik, nebst erläut. Beispielen u. Übungsaufgaben zum Gebrauche an Mittelschulen. gr. 8. (XIII, 102 S.) Nürnberg 888. Korn. n. 1. 20

— Lehr- u. Übungsbuch der deutschen Sprache für Mittelschulen. Methodisch dargestellt. gr. 8. (XI, 355 S.) Ebd. 899. Geb. in Leinw. n. 3. —

Strubel, Jak., Lehr- u. Übungsbuch d. deutsch. Sprache f. lateinlose Mittelschulen. Method. dargestellt. 2. Aufl. (VIII, 292 S.) 8. Bamberg 907. C. C. Buchner's Verl. Geb. 3. —

Strubel, Jak., theoretisch-praktischer Lehrgang für den Gesangunterricht an Präparandenschulen, Seminarien, Gymnasien, sowie zum Selbstunterrichte bearb. gr. 8. (80 S.) Nürnberg 881. Korn. n. 1. —

—— Liederquell für die deutsche Jugend. 2 Hefte. gr. 8. Bamberg 888, Buchner'sche Buchh. *
Inhalt:
Heft 1. Bestimmt für das 1., 2. und 3. Schuljahr. (20 S.) * 15 Pf.
" 2. Bestimmt für das 4. mit 7. Schuljahr. (56 S.) * 25 Pf.

Strubel, J., neuer Liederquell. E. Auswahl v. Liedern u. Gesängen f. Alt, Tenor u. Bariton. Zum f. Mittelschulen bearb. u. hrsg. Op. 38. 1. u. 2. Hft. Je 10 Lieder u. Gesänge. gr. 8. (24 u. 20 S.) Regensburg 896. 97. Feuchtinger & Gleichauf. à n. — 40

— Notenschreibschule. Zum Gebrauche an Präparanden- und Musikschulen, sowie an anderen Lehranstalten. 4. (23 S.) Ebd. 901. n. — 25

— Sammlung vierstimm. Lieder f. Alt, Kontra-Alt, (Tenor I), Tenor (II) u. Bariton, zum Gebrauche an Mittelschulen bearb. (51 S.) gr. 8. Ebd. 905. 1. —

— Sängerhain. Liedersammlung f. Alt, Tenor u. Bariton. Mit genauer Berücksicht. des Stimmenumfangs der Schüler an Präparanden- u. Mittelschulen. Lex.-8. (87 S.) Leobschütz (899). C. Kothe's Erben. n. 2. —

Sängerhain. Liedersammlung f. Alt, Tenor u. Bariton. Mit genauer Berucks. d. Stimmenumfangs d. Schuler an ... Mittelschulen bearb. u. hrsg. v. J. **Strubel**. *Leobschütz: C. Kothe [1900].* (87 S.) 4° [01. 3481] 2

Strubel, Richard [app. Arzt aus Lambrecht '(Rheinpfalz)']: Ein Beitrag zur Casuistik der rachitischen Schenkelhalsverkrümmungen. Zwei Fälle aus d. Heidelberger chirurg. Klinik ... *Heidelberg, Buchdr. v. C. Pfeffer, 1893;* 24 S., 2 Taf. 8.
Heidelberg, Med. Fak., Inaug.-Diss. v. [6. März] 1893

Strubell, Adolf, Untersuchungen über den Bau und die Entwicklung des Rübennematoden Heterodera Schachtii Schmidt. Eine von der philosophischen Fakultät der Universität Leipzig gekrönte Preisschrift. Diss. Leipzig 1888. 4°. 45 S.
Sonder-Abdruck aus: Bibliotheca zoologica. Original-Abhandlungen aus dem Gesammtgebiete der Zoologie, hrsg. von Rud. Leuckart und Carl Chun. 2. Heft. Cassel 1888, Theodor Fischer. 10 M.

Strubell, A., Untersuchungen über den Bau und die Entwickelung der Rübennematode Heterodera Schachtii Schmidt, s. Bibliotheca, zoologica.

Der Aderlaß. Eine monogr. Studie, von Dr. Alexander **Strubell** in Dresden. Berlin: A. Hirschwald 1905. (180 S.) 8° [05. 4567]

Strubell, Alexander [aus Dresden]: Über Keratitis tuberculosa ... Dresden & Leipzig, E. Pierson, 1894; 34 S., 1 Bl. 8.
Würzburg, Med. Fak., Inaug.-Diss. v. 1894

Strubell, J. T., kurzer Entwurf z. Religionsunterricht, vornehmlich der **Katechumenen in Landgemeinden. 8. Leipz. 806.** Tauchnitz. 2 gl

— Hauptinhalt der christl. Lehre in bibl. Denksprüchen, mit zweckmäßigen Liederversen. 3e Aufl. 12. Schneeberg 827. Schumann. 2 gl

Strüber, Stanislaus, Dr. P., O. S. Aug., Gymnasial-Assistent a. Bilshausen (Prov. Hannover): Seneka als Psychologe. Heiligenstadt (Eichsfeld) 1906: F. W. Cordier. (84 S.) 8°
Würzburg, Phil. Fak., Ref. Stölzle, Diss. v. 23. Juni 1906
[Geb. 30 Okt. 75 Bilshausen; Staatsangeh.: Bayern; Vorbildung: Gymn. Münnerstadt Reife Juli 95; Studium: Würzburg 14 S.; Rig. 12. Jan. 06.]

Sailers Stellung zur Willensbildung. Von P. Dr. Stanislaus **Strüber,** O. St. Aug. Als kleine Festbeigabe z. 250j. Wiederkehr d. Stiftung d. Gymnasiums Münnerstadt ... Heiligenstadt (Eichsf.): Cordier 1910. 132 S. 8° [11. 3218 3]

Willens- und Charakterbildung bei Herbart und Wundt. — Von Dr. P. Stanislaus Strüber, O. S. A., G.-A. — 1906, Heiligenstadt (Eichsfeld), F. W. Cordier. — P. 7–48.
Progr. Münnerstadt. K. Gymn.

Strübin. (Heinrich, [und] Strübin. Hans H[einrich]). Strübinsche Chronik. 1559–1627. ([Hrg. von] R[udolf] W[ackernagel]. S.A.) 8. ([Basel] 1893.)

Strübin, Carl. Beiträge zur Kenntnis der Stratigraphie des Basler Tafeljura, speziell des Gebietes von Kartenblatt 28, Kaiseraugst (Siegfriedatlas), mit 5 Profiltafeln [und Abbildungen im Text]. Diss. Phil. Basel ... von Karl Strübin.... 18. Dezember 1900. [Separatabdruck aus: Verhandlungen der Naturforschenden Gesellschaft in Basel. Band 13.] 96 S. 8. Basel, Emil Birkhäuser, 1901.

Strübin, C[arl]. Eine Harpocerasart aus dem untern Dogger. (Zone des Sphaeroceras Sauzei.) von K. St', Pratteln. [Mit 1 Figur und 1 Tafel nebst Tafelerklärung.] II + 5 S. 4. Zürich, Zürcher & Furrer, 1903.
Abhandlungen der schweizerischen paläontologischen Gesellschaft. Vol. 30. 1903. (Basel und Genf, Georg & Cie. ... [Nº] 5.)

Strübin, K., eine Harpocerasart aus dem untern Dogger. (Zone des Sphaeroceras Sauzei.) (6 S. m. 1 Taf.) 4. Zürich 903. (Basel, Georg & Co.) n.n. 4. —
Sonderabdr. a.: „Abhandlg. d. schweiz. paläont. Gesellsch."

Strübing, s.: Krankheiten, die, der Athmungs- u. Kreislaufsorgane.

Strübing, F.

Strübing, Bilder aus der Heimatskunde der Prov. Brandenburg. Revision von 1882. 8. (48 S.) Königsberg 882, Bon's Verlag. *

Strübing, F. und E., s. **Diesterweg's, A.,** populäre Himmelskunde.

Strübing, neuer deutscher Kinderfreund, s.: Hartung.

Strübing, F., preußischer Kinderfreund, s. Günther, Friedr. Joach.

Strübing, F., Sprachstoff zu den Bildern für den Anschauungs- und Sprachunterricht. 1. Heft: Bild I und II. 8. (36 S.) Berlin 861, Winckelmann und Söhne.

Strübing, F., Sprachstoff zu den Bildern für den Anschauungs- und Sprachunterricht. 2. Heft: Bild III und IV. 3. Heft: Bild V und VI. 8. (S. 37—142.) Berlin 862,63, Winckelmann und Söhne. à Heft 5 Ngr.
1. Heft. Ebendas. 1861. 4 Ngr.
Vgl.: Bilder für den Anschauungs- und Sprachunterricht.

— Sprachstoff zu den Bildern f. den Anschauungs- u. Sprachunterricht. 4. Hft. Bild VII u. VIII. Garten u. Gebirgsgegend v. Voigt. gr. 8. (IV, 71 S.) Berlin 884. Winckelmann & Söhne. n. — 50

Strübing, F., Sprachstoff zu den Winkelmann-Strübingschen Bildern f. den Anschauungs- u. Sprachunterricht. Neu bearb. v. K. Geisler. 1. u. 2. Heft. Mit verklein. schwarzen **Kopien der (je) 4 Anschauungsbilder. gr. 8. Berlin (905).** Winckelmann & Söhne. 2. 40; in 1 Bd geb. 3. —
1. Bild I bis IV. I. Der Frühling. II. Der Wald. III. Der Sommer. IV. Der Herbst. (128 S.) 1. 20
2. Bild V bis VIII. V. Der Winter. VI. Menschenverkehr. VII. Garten. VIII. Gebirgsgegend. (Alpental.) (113 S.) 1. 20

Struebing, Carol(us) Frider(icus): De intestinorum ulcerum quibusdam generibus. Halis (1840): Grunert. 42 S. 8°
Halle-Wittenberg, Med. Diss. v. 14. Okt. 1840
Geb. Pyritz (Pomm.) 3. 1. 1818. V.
Verf. erlebte die Diplomerneuerung 1890 als Sanitätsrat in Pyritz.

Strübing, Otto, die Vertheilung der Spaltöffnungen bei den Coniferen. Inaugural-Dissertation. gr. 8. (76 S.) Königsberg 888, (Koch.) *

Strübing, Paul, die Laryngitis haemorrhagia. Mit 1 **Farbentaf. gr. 8. (25 S.) Wiesbaden 886. Bergmann.** n. 1. 20

Der Laryngospasmus '(Spasmus glottidis, respiratorischer Kehlkopfkrampf)', seine Genese u. s. Beziehgn zu inneren Erkrankgn v. [Paul] **Strübing.** *Halle a. S.: Marhold 1897.* (42 S.) 8.
— **Sammlung** zwangloser **Abhandlungen** a. d. Gebiete d. Nasen-, Ohren-, Mund- u. Halskrankheiten. Bd II. H. 9. u. 10. [98. 4464 II.]

Strüby, Anton

Strüby, A., die Alpwirtschaft im Kt. Appenzell A./Rh., s.: Tobler, J. J.

Strüby, A[nton]. Die Alpwirtschaft im Kanton Graubünden. Hrg. vom Schweizerischen alpwirtschaftlichen Verein, bearb. von Prof. A. St'.... [Mit Illustrationen, 2 Tafeln und 2 Tabellen.] 383 S. 8. Solothurn, Komm. A. Lüthy, Buch- und Kunstdr. Vogt & Schild. 1909. [fr. 5.—]
Schweizerische Alpstatistik. Liefg. 18.

Strüby, A[nton]. Die Alpwirtschaft im Kanton Luzern. Hrg. vom Schweizerischen alpwirtschaftlichen Verein, bearb. von Prof. A.St'.... [Mit 1 Vignette und 1 Tafel.] 186 S. 8. Solothurn, Komm. A. Lüthy, Buch- und Kunstdr. Union, 1905. [fr. 2. 50]
Schweizerische Alpstatistik. Liefg. 15.

Strüby, A[nton]: Die Alpwirtschaft im Ober-Wallis. Hrsg. vom Schweiz. alpwirtschaftl. Verein. Bearb. ... unter Mitw. von C. Clausen. Solothurn: A. Lüthy in Komm. 1900. (243 S.) 8°
= Alpstatistik, Schweizerische. Lfg 10.

Strüby, A[nton] u. Heinrich Schneebeli: Die Alpwirtschaft im Kanton Schwyz. Hrsg. vom Schweizer. alpwirtschaftl. Ver. Solothurn: Zepfel 1899. (319 S.) 8°
= Alpstatistik, Schweizerische. Lfg 7.

Strüby, A[nton]. Die Alp- & Weidewirtschaft im Kt. Zug. Hrg. vom Schweizerischen alpwirtschaftlichen Verein, bearb. von Prof. A. Strüby.... [Mit 1 Tafel.] 94 S. 8. Solothurn, Zepfel'sche Buchdr., Komm. A. Lüthi, 1901. [fr. 2. —]
Schweizerische Alpstatistik. Liefg. 11.

Strüby, A[nton]. L'Économie alpestre du Bas-Valais, éditée par la Société suisse d'économie alpestre, élaborée par M^r^ le Prof. A. Struby.... Avec le concours de Mr Otto de Chastonay, Notaire à Sierre. 292 p. 8. Soleure, Impr. Zepfel, libr. A. Luthy, 1902. [fr. 2.50]
Statistique suisse des alpages. 12e livr.

— u. Otto de **Chastonay**, l'Economie alpestre du Bas-Valais, s. Alpstatistik, schweizerische. 12.

Strüby, A., Weidewirtschaft im Kanton Baselland, } s.: Alpstatistik, schweizerische, Lfg. 1

[S.] Die Weidewirtschaft im Kanton Solothurn. Hrsg. v. Schweizer. alpwirtschaftl. Ver., bearb. v. Prof. A. **Strüby**, Sekr. d. S. A. V. *Solothurn: Dr. d. Zepfel'schen Buchdr. 1894.* (328 S.) 8.
= **Alpstatistik**, Schweizerische. Lfg. 2. [96 3:6]

Struby, Mart[in]. Ehrenrede auf die Feierliche Infelweihung Ihro Hochwurden ... Conrad IV.. Abbten des Unmittelbaren Stiftes M Einsiedeln, den ... 11 Herbstm. gehalten. 8. *o. O.* 1808.

Struchtmeyer, Johann Christoph

— de republica supremaque ejus potestate Libri duo. 4. Utrecht 762.

— Rudimenta graeca maximam partem excerpta, s. J. *Verwey.*

Struchtmeyer, J. C., rudimenta ling. graecae, etiam access. E. Lubini clavis l. graecae. 8. Zutphen, Thieme. 797.

Struchtmeyer, Jh. Cph., († 1764.) Theologia mythica, sive de origine Tartari et Elysii Libri quinque, quibus ostenditur, fabulas gentilium de Diis eorundemque ritus sacros, unice deduci et explicari debere ex religione primi orbis mysteriisque sacrosanctis de Deo uno et trino, Christo et Spiritu sancto, et reg: o Dei inter homines. 8. Harderov. 743. 8. Hage Comit. 753.

v. **Struchwitz**, A. G. Frdr. Frhr., Beiträge zu dem Tagesgespräch: Was drückt den ländlichen Grundbesitzer u. wie ist demselben zu helfen? 8. Leipzig 836. Friese. n. 1/6 rf.

Struck, s. Mittheilungen aus dem kaiserl. Gesundheitsamte.

Struck, A., s.: **Rangliste** der mittleren Laufbahn der kgl. pr. Zoll- u. Steuerverwaltung.

Makedonische Fahrten von Adolf **Struck**, Bibliothekar in Athen. 1. Wien & Leipzig: A. Hartleben 1907. 8°
= **Kunde**, Zur, d. Balkanhalbinsel. H. 4. [06 8240]

— **Makedonische Fahrten**, s. **Zur Kunde der Balkanhalbinsel. 7. Heft.**

Struck, Adf., der Friedhof am Eridanos bei der Hagia Triada zu Athen, s.: Brueckner, Alfr.

Mistra. Eine mittelalterliche Ruinenstadt. Streifblicke z. Geschichte u. zu d. Denkmälern d. fränkisch-byzantin. Zeitalters in Morea. Von Adolf **Struck**. Mit 76 Abb. u. Planskizzen. Wien & Leipzig: Hartleben 1910. VII, 164 S. 8° [10. 7745]

Struck, Albert, Medizinalprakt.: Aus d. Paediatr. Poliklinik in München. Vorst. Seitz. Zur Kasuistik der Cystitis und Bakteriurie bei Kindern. München: Steinicke 1909. 21 S. 8°
München, Med. Diss. v. 25. Juni 1910, Ref. v. Bauer
[Geb. 27. Juli 83 Driburg; Wohnort: München; Staatsangeh.: Preußen; Vorbildung: Gymn. Warburg Reife O. 04; Studium: Halle 3, Freiburg i. B. 3, München 4 S.; Coll. 25. Juni 10; Approb. 24. Mai 10.] [U 10. 3594

Struck, Albert (Maur.) (geb. Soldin 26. 3. 1823). De scirrho et carcinomate uteri. Berolini (1846). (31 S.) 8°
Berlin, Med. Diss. v. 1. Aug. 1846

Struck, Chr., ein Buch für Volksschulen. Leitfaden für den Unterricht in der Muttersprache. Gera 870. Ißleib & Rietzschel. 8. (VIII, 81 S.). n. 6 *ngr.*

Struck, Chr., Geschichte der Grafsch. Schaumburg. gr. 8. (140 S. m. 1 Stammtaf.) Rinteln 890. C. Bösendahl. n. 1. —

Struck, Chr., kleiner Katechismus der Musik. Ein kurzer geordneter Abriß des Nothwendigsten und Wissenswerthesten aus dem Bereiche des Clavierspiels, zum Verständniß und zum Gebrauch bei demselben, nebst speziellen Andeutungen, für jeden Schüler leicht faßlich dargestellt. br. 8. (IV, 26 S.) Gera 869, Ißleib und Rietzschel. *

—— Rechenbuch für Elementarschulen. Für dieselben in drei Stufen, bis zur sogenannten Sortenrechnung, d. h. die vier Species in mehrsort., ganzen, benannten Zahlen bearb. und hrsg. 3 Hefte. 8. (VII, 20; 30; 36 S.) Ebendas. 869. à Heft *

Struck, patriotische Reden bei Schul-Feierlichkeiten. 8. (32 S. Potsdam 874, Rentel.

Struck, patriotische Reden bei Schul-Feierlichkeiten [Geburtstag Sr. Maj. d. Kaisers u. Sedanfeier.] 2. verm. Aufl. 8. (32 S.) Potsdam 876. Rentel. n. — 50

Struck, Chr, Wanderungen durch das Stromgebiet der Weser. Malerische Schilderung deutscher Lande u. Völker. Denkwürdigkeiten aus Sage u. Geschichte. 8. (72 S. m. einer genealog. Tab. u. einer phototyp. Ansicht von Corvey.) Hannover 877. Meyer. n. 2. —

Struck, Emil: Die Effektenbörse. Eine Vergleichung deutscher und englischer Zustände. Leipzig, Duncker & Humblot, 1881. 8. IV, 82 S.

Struck, E., die Effektenbörse, s. Forschungen, staats- und socialwissenschaftliche. III, 3.

Struck, E., der internationale Geldmarkt im J. 1885. gr. 8. (61 S.) Leipzig 886, Duncker und Humblot. *

Struck, E., der internationale Geldmarkt in d. Jahren 1886—1889. [Aus: „Schmoller's Jahrb. f. Gesetzgebg."] gr. 8. Leipzig 890. Duncker & Humblot. n. 6. 60
1886. (71 S.) 887. n. 1. 40. — 1887. (80 S.) 888. n. 1. 60. — 1888. (80 S.) 889. n. 1. 80. — 1889. (81 S.) 890. n. 1. 80.

Struck, E., der internationale Geldmarkt im J. 1891. [Aus: „Jahrb. f. Gesetzgebg."] gr. 8. (S. 183—253.) Leipzig 892. Duncker & Humblot. n. 1. 40
Jahrg. 1890 ist als Sonderdr. nicht erschienen.

Struck, E[mil]: Friedrich List, als Nationalökonom und Patriot. 1886. 16 S. 8°

—— Skizze des englischen Geldmarktes. gr. 8. (74 S.) Ebendas. 886. *
aus: Schmollers Jahrbuch für Gesetzgebung, besonders abgedruckt.

Struck, Erdmannus: De Terentio et Donato. Lipsiae 1910: Noske, Borna. 74 S. 8°
Rostock, Phil. Diss. v. 3. Aug. 1909, Ref. Geffcken
[Geb. 12. Juli 86 Neubrandenburg; Wohnort: Rostock; Staatsangeh.: Mecklenburg-Schwerin; Vorbildung: Gymn. Neubrandenburg Reife M. 04; Studium: München 2, Berlin 3, Rostock 5 S.; Rig. 30. Juli 09.] [U 10. 3985

Der Konzertverein Stralsund. Ein Rückblick auf d. ersten 25 Jahre s. Wirksamkeit, von 1881 bis 1906. Von Ferdinand **Struck**. Stralsund 1906: Kgl. Regierungs-Buchdr. (18 S.) 8° [G.] [07. 13:6] 9

Struck, Ferd., d. ältesten Zeiten d. Theaters zu Stralsund. (1697—1834.) E. Beitrag zur Gesch. d. deutschen Theaters. M. e. Situations-Plan d. alten Stralsunder Schauspielhauses u. d. gen. Nachbildung e. Stralsunder Theater-Zettels aus d. J. 1731. gr. 8. (134 S.) Stralsund 895. Königl. Regierungs-Buchdr. 3. —

Struck, Fritz [Assistenzarzt an d. kgl. psychiatr. Klinik zu Greifswald]: Drei Fälle von Strabismus concomitans sursum vergens mitgeteilt aus d. kgl. Univ.-Augenklinik zu Greifswald ... Greifswald, Buchdr. C. Sell, 1895; 31 S., 1 Bl. 8.
Greifswald, Med. Fak., Inaug.-Diss. v. 13. Dez. 1895

Struck, Gust., zur Kenntniss der Xylidinverbindungen. Inaugural-Dissertation. gr. 8. (40 S.) Göttingen 874. (Vandenhoeck & Ruprecht's Verl.) n. — 80

Struck, Gust., Zeugnisse v. Christo. 15 Predigten u. Ansprachen bei besond. Veranlassungen. gr. 8. (48 S.) Königsberg 898. W. Koch. n. — 50

Struck, Henr. (geb. Borgloh in Hann. 1825). De pneumoniae curatione. Berolini (1854). (29 S.) 8°
Berlin, Med. Diss. v. 20 März 1854

Struck, Herm., die Kunst d. Radierens. Ein Handbuch. (X, 238 S. m. Abb. u. Taf.) gr. 8. Berlin (909). P. Cassirer. Geb. in Leinw. 28. —

Struck, Herm., Ernst Mahnkopf u. Wilh. Kegel, aus der Praxis der Binnensee- u. Flußfischerei. 3 Vorträge, geh. auf dem Berliner Fischereikurs. 1907. (65 S.) Lex. 8. Neudamm 907. J. Neumann. 1.60

Struck, Herm., Radierungen, m. e. Essay v. Max Osborn. (20 Bl. m. 16 S. Text.) Berlin 904. Berliner Verlag. n. 1. —

Struck, J. W., de abscessu lymphatico. 8maj. Götting. 809. Brose. 4 ℊℊ

Struck, Jak. Andr., der Blumengarten. 8. Stralf. 793.

— der Küchengarten. 8. Stralf. 791.

Struck, Isidor: Beitrag zur Symptomatologie der Perforationsperitonitis im Gefolge des ulcus ventriculi perforans. ...
Berlin: Druck v. H. Itzkowski 1890. 51 S. 8°
Strassburg, Med. Fak., Inaug.-Diss. v. 1890

Struck, K., Hermann v. Maltzan, Freiherr zu Wartenberg u. Penzlin. [Aus: „Archiv d. Vereins d. Freunde d. Naturgeschichte in Meckl."] gr. 8. (18 S.) Güstrow 891. (Opitz & Co.) n. — 50

Struck, K. Die Säugetiere Mecklenburgs nebst Berücksichtigung ausgestorbener Arten. 34 S. **Progr.** *Waren* 1876.

Struck, K., üb. Steppen- od. Fausthühner [Syrrhaptes paradoxus Ill.] in Mecklenburg. [Aus: „Archiv des Vereins v. Freunden der Naturgeschichte in Mecklenburg".] gr. 8. (6 S.) Güstrow 888. (Opitz & Co.) n. — 40

Struck, Otto, appr. Arzt: Aus d. chir. Abt. d. Diakonissenh. zu Posen. (Dirig. Arzt: Borchard). Verletzungen des Nervus radialis und deren chirurgische Behandlung. Greifswald (1909): Adler. 23 S. 8°
Greifswald, Med. Diss. v. 12. Aug. 1909, Ref. Payr
[Geb. 9. März 79 Greifswald; Wohnort: Greifswald; Staatsangeh.: Preußen; Vorbildung: Gymn. Greifswald Reife O. 00; Studium: Greifswald 10 S.; Coll. 27. Febr. 09; Approb. 22. Febr. 05.] [U 09. 1503

Struck, Rud., Beiträge zur Kenntnis der Trichopterenlarven I. u. II. gr. 8. Lübeck. (Berlin, R. Friedländer & Sohn. n.n. 4. 60
I. (84 S. m. 7 Taf.) (903.) n.n. 4. —
II. (7 S. m. Abbildgn.) (904.) n.n. — 60
Sonderabdrucke aus: „Mitteilgn. d. geograph. Gesellsch. u. d. naturhist. Museums in Lübeck".

Struck, Rudolf: Neue Beobachtungspunkte tertiärer und fossilführender diluvialer Schichten in Schleswig-Holstein und Lauenburg. Sonderdruck aus den Mitteilungen der Geographischen Gesellschaft und des Naturhistorischen Museums in Lübeck. Reihe 2. H. 22. (Lübeck. 1907.) 8°

Struck, Rudolf: Die Beziehungen des Limes Saxoniae und des Dannewerkes zur Topographie und Geologie ihrer Umgebung. Mit 1 Abb. u. 1 Karte. Lübeck. 1906. 8°
Aus den Mitteilungen der Geographischen Gesellschaft und des Naturhistorischen Museums in Lübeck. 2. Reihe, H. 21.

Struck, Rudolf: Zur Frage der Identität der Grundmoränenlandschaft und der Endmoränenlandschaft. Aus den Mitteilungen der Geographischen Gesellschaft und des Naturhistorischen Museums in Lübeck. Reihe 2, H. 21. (Lübeck. 1906.) 4°

Struck, R., Grundzüge des Betriebsdienstes auf den preuss.-hess. Staatsbahnen. Ein Leitfaden f. Anwärter u. Beamte des Betriebsdienstes. (XIII, 194 S. m. 7 Abbildgn.) 8. München 907. R. Oldenbourg. Kart. 3. —

Struck, R., Lübeckische Trichopteren u. die Gehäuse ihrer Larven u. Puppen. gr. 8. (34 S. m. 6 Taf.) Lübeck 900. (Lübcke & Nöhring.) n. 2. 50
Sonderabdruck aus: „Das Museum zu Lübeck".

Struck, Rud., Übersicht der geologischen Verhältnisse Schleswig-Holsteins. (169 S. m. 14 Taf.) Lex. 8. Lübeck 909. (Berlin, R. Friedländer & Sohn.) 6. —
Sonderabdr. aus: „Festschr. z. Begrüssg. d. XVII. deut. Geogr.-Tages".

Struck, R., üb. das Verhältnis der Chorea u. der Scarlatina zum acuten Gelenkrheumatismus. Inaug.-Diss. gr. 8. (23 S.) Kiel 887. Lipsius & Tischer. n. 1. —

Das alte bürgerliche Wohnhaus in Lübeck. Ein Beitrag z. geschichtl. Entwicklung d. lübeck. Wohnhauses von Dr. Rudolf **Struck**. (Lübeck: Lübcke & Nöhring in Komm. 1908.) (102 S.) 4°
= Veröffentlichungen d. Vereins f. Heimatschutz in Lübeck. 1. [08. 10929

Struck, Walt., d. Bündniß Wilhelms v. Weimar mit Gustav Adolf. Ein Beitrag zur Geschichte des 30jähr. Krieges. gr. 8. (158 u. LXXIX S.) Stralsund 895. Königl. Regierungs-Buchdr. n.n. 4. 50

Struck, Walt., **Gustav Adolf u. die schwedische Satisfaktion.** gr. 8. (96 S.) Leipzig 899. B. G. Teubner. n. 2.80
Sonderabdruck aus: „Histor. Vierteljahrschrift".

— Johann Georg u. Oxenstierna. Von dem Tode Gustav-Adolfs (Novbr. 1632) bis zum Schluß des ersten Frankfurter Konvents (Herbst 1633). Ein Beitrag zur Geschichte des 30jähr. Krieges. gr. 8. (304 S.) Stralsund 899. Regierungs-Buchdr. n. 5.40

[F.] **Struck,** Walter [aus Stralsund]: Die Schlacht bei Nördlingen im Jahre 1634 ... (Th. 1.) Stralsund, kgl. Reg.-Buchdr., 1893; 1 Bl., 46 S., 1 Bl. 8.
Berlin. Phil. Fak., Inaug.-Diss. v. 15. Febr. 1893

Struck, Walter, die Schlacht bei Nördlingen im J. 1634. Ein Beitrag zur Geschichte d. 30jähr. Krieges. Mit 1 Uebersichtskärtchen u. 1 Karte v. Nördlingen u. Umgegend. gr. 8. (VII, 106 S.) Stralsund 893. Regierungs-Buchdruckerei. n. 3.—

Die Ethik und Aesthetik in der Zahnheilkunde. Von Zahnarzt [Wilhelm] **Struck.** Berlin: Berlin. Verlagsanst. 1909. 23 S. 8° (10. 4011

— **Das gegenwärtige Verhältnis v. Staat, Zahnarzt, Zahntechniker, Publikum in ethischer Beziehung.** (15 S.) 8. Ebd. 908. — 40
Sonderabdr. aus: „Zahnärztl. Rundschau".

Struckmann, Abg. Kommissionsbericht des Reichstags über die Petition des „Deutschen Vereins gegen Missbrauch geistiger Getränke". Berlin **1885.** 24 S.

Struckmann u. Gebhard, „welche Aufgaben erwachsen den Gemeindebehörden durch das Invaliditäts- u. Altersversicherungsgesetz?" Stenographischer Bericht über die auf dem Städtetage in Hannover am 16. Juni 1890 gehaltenen Vorträge. gr. 8. (47 S.) Altenburg 890. Geibel. n. 1.—

Die Eucharistielehre des heiligen Cyrill von Alexandrien von Dr. theol. Adolf **Struckmann.** Paderborn: Schöningh 1910. XV, 170 S. 8° (10. 15118

Die Gegenwart Christi in der hl. Eucharistie nach den schriftlichen Quellen der vornizänischen Zeit. Eine dogmengeschichtl. Untersuchung von Dr. theol. Adolf **Struckmann.** Wien: Mayer & Co. 1905. (XXII, 332 S.) 8°
= **Studien,** Theologische, d. Leo-Gesellschaft. 12. (5. 1459

Struckmann, C.

—— Neue Beiträge zur Kenntniss des oberen Jura und der Wealden-Bildungen der Umgegend von Hannover. (Paläontol. Abhandlungen. Herausgegeben von Dames und Kayser. Band 1, Heft 1.) Berlin 1882. 4.

Struckmann, C., neue Beiträge zur Kenntniss d. oberen Jura etc. s. Abhandlungen, palaeontologische.

Struckmann C.: Beobachtungen üb. grossbritannische Landwirthschaft. (3 Særtr. i 1 Vol.). [Götting. 1858]. (65) S. P.

Struckmann, C., **der obere Jura der Umgegend von Hannover.** Eine paläontologisch-geognostisch-statist. Darstellung. Mit 8 (lith.) Taf. Abbildgn. 4. (VIII, 169 S. m. 8 Bl. Tafelerklärungen.) Hannover 878. Hahn. n. 16.—

Struckmann (C.), Ueber den Parallelismus der hannoverschen und der englischen oberen Jurabildungen. Stuttgart 1861. 8.

Struckmann (C.). Ueber die bisher in der Provinz Hannover aufgefundenen fossilen und subfossilen Reste quartärer Säugethiere. (Sep.-Abdr. a. d. 33. u. 34. Jahresber. d. Naturhist. Ges. i. Hannover.) Hannover 1884. 8.

Struckmann, C.: Ueber die bisher in der Provinz Hannover und den unmittelbar angrenzenden Gebieten aufgefundenen fossilen und subfossilen R e s t e quartärer Säugethiere. Nachträge und Ergänzungen. Sonder-Abdruck aus. 40. u. 41. Jahresber. d. Naturh. Ges. zu Hannover. Hannover. 1892. 8°

Struckmann, C., geognostische Skizze der Umgegend von Hannover. Nebst geognost. (chromolithogr.) Uebersichtskarte nach H. Credner. 8. (26 S.) Hannover 874, Th. Schultze. cart. *
Aus: Hannover und Umgegend, besonders abgedruckt.

Struckmann, C., Über die ältesten Spuren des Menschen im nördlichen Deutschland. Vortrag. Hannover o. J. 8.
Sep.-Abdr. aus: Zeitschr. d. hist. Ver. f. N.-Sachsen. 1889. (D.)

—— Geognostische Studien am Deister. II. (Jahresber. d. naturf. Gesellsch. Hannover.) Hannover 1880. 8.

Struckmann (C.), Ueberblick über die Bodenverhältnisse im Regierungsbezirk Hannover. (Separat-Abdruck aus der Festschrift zur 50jährigen Jubelfeier des Land- und Forstwirthschaftl. Hauptvereins für den Reg.-Bezirk Hannover. 1886.) 8.

Struckmann (C.). Die Wealdenbildung von Sehnde bei Lehrte. (Sep.-Abdr. Neues Jahrbuch für Mineralogie etc. 1891. Band I.) (Ohne Ort.) 8.

— **die Wealden-Bildungen der Umgegend von Hannover.** Eine geognostisch-paläontologisch-statist. Darstellung. Mit 5 (lith.) Taf. Abbildgn. 4. (VIII, 123 S. m. 5 Bl. Tafelerklärungen.) Ebend. 880. n. 12.—

Struckmann, C., Über die ältesten menschlichen Werkzeuge und Waffen im nördlichen Europa unter besonderer Berücksichtigung des nordwestlichen Deutschlands. [Hannover 1888.] 8.
Sep.-Abdr. aus: J.-Ber. 34—37 d. naturh. Ges. zu Hannover

Struckmann, Christian, a. Bremen: Aus dem Zoologischen Institut der Universität Marburg. Eibildung, Eireifung und Befruchtung von Strongylus filaria. Marburg 1905: (Lippert, Naumburg a. S.) (52 S.) 8° ¶ (Aus: Zoologische Jahrbücher Bd 22. 1905, Abt. f. Anatomie.)
Marburg, Phil. Fak., Ref. Korschelt, Diss. v. 15. Jan. 1906
[Geb. 20. Aug. 81 Bremen; Wohnort: Bremen; Staatsangeh.: Bremen; Vorbildung: Realgymn. Bremen Reife O. 00; Studium: Freiburg i. B., Berlin, München, Marburg 4 S.; Rig. 5. Juni 05.]

Struckmann, Ebhrd., Werke, s. Manuscript f. Freunde.

Struckmann, G. W.

— Beitrr. zur Kenntniß des Osnabrück. Eigenthumsrechtes, s. Zeitung, jurist., Ergänz.-Heft No. 12.

Struckmann, G. W., prakt. Beitrr. z. Kenntniß des Osnabrück. Eigenthumsrechtes, s. Zeitung, jurist., Ergänz.-Heft No. 6.

Struckmann, G. W., praktische Beiträge zur Kenntniß des Osnabrückischen E i g e n t h u m s r e c h t e s. Beitrag I. II. III. — V. 2e Aufl. gr. 8. Lüneburg 834 — 37. Herold u. Wahlstab. (I. II. 5/12 ₰, III.—V. 5/12 ₰) 5/6 ₰ — XVII. — XX. gr. 8. Ebd. 836. 1/2 ₰ (I. — XX. zusammen 4 1/12 ₰) (Vergl. juristische Zeitung.)

—— R e c h t s f ä l l e aus d. Gebiete d. osnabrück. Eigenthums-Rechts. gr. 8. (2 B.) Lüneburg 836, Herold u. Wahlstab'sche Bh.
Ist eine Ergänz. zu dess. „Beiträge z. Kenntniß d. osnabr. Eigenthumsrechts."

— über einige streitige R e c h t s f r a g e n rc., s. Zeitung, juristische, Ergänzungshefte No. 18.

S t r u c k m a n n, G. W., S a m m l u n g d. gemeinen Bescheide rc., s. S a m m l u n g rc.

Struckmann, Gustav: Zur L e h r e von den Handelsgesellschaften. ... Göttingen: Druck d. Dieterich'schen Univ.-Buchdr. W. Fr. Kästner 1889. V, I, 73 S. 8°
Göttingen, Jur. Fak., Inaug.-Diss. v. 9. Apr. 1889

Struckmann, Gust. Zur Lehre v. den Handelsgesellschaften. Diss. gr. 8. (73 S.) Gött. 889, (Vandenhoeck u. Ruprecht). * 1 80

Struckmann, [Gust.], und *Fink.* Referate über den dem Hause der Abgeordneten zugegangenen Gesetzentwurf, betr. die Unterhaltung der öffentlichen Volksschulen. Hannover 1906. 4°.
Aus: Protokoll d. Hannov. Städte-Ver. 1906

Struckmann, H., über die Rechtsbeständigkeit der ohne gutsherrlichen Consens erfolgten, nach den älteren Vorschriften als absolut nichtig zu betrachtenden Veräußerungen ganzer Meierhöfe auf Grund des §. 6 der Verordnung vom 10. Novbr. 1831 über die bei Ablösung der grund- und gutsherrl. Lasten zu befolgenden Vorschriften bezw. auf Grund des Gesetzes vom 24. Decbr. 1864 über das Pfandrecht und die Befriedigung der Gläubiger im Concurse. Ein Beitrag zum hannover. Provinzialrechte. gr. 8. (36 S.) Hannover 872, Schulze's Buchh. *

Geschichte der Familie Struckmann aus Osnabrück verf. von Hermann Struckmann, Staatsanw. Als Ms. gedr. Berlin 1909: Norddeutsche Buchdr. u. Verlagsanst. XVIII, 310 S. 8°

Struckmann, J., und R. Koch, die preußischen Ausführungsgesetze zu den Reichs-Justizgesetzen. Mit kurzen Erläuterungen und einem ausführl. Sachregister. 1. Hälfte. gr. 8. (IV, 235 S.) Berlin 879, Guttentag. *

Struckmann, J., und R. Koch, die preußischen Ausführungsgesetze zu den Reichs-Justizgesetzen. Mit kurzen Erläuterungen und einem ausführl. Sachregister. 2. Hälfte. gr. 8. (VI, S. 237—735.) Berlin 881, Guttentag. *
1. Hälfte. Ebendas. 1879. *M 4,50.

—— dass. — Ergänzungsheft. gr. 8. (V, 115 S.) Ebendas. 881. *

—— dass. — 2. mit einem Nachtrag verseh. Ausg. gr. 8. (VI, 735 S.; Nachtrag V, 115 S.) Ebendas. 881. *

—— —— die Civilprozeßordnung für das Deutsche Reich, nebst den auf den Civilprozeß bezügl. Bestimmungen des Gerichtsverfassungsgesetzes und den Einführungsgesetzen erläutert. 5 Lfgn. gr. 8. Ebendas. 877. [1.—3. Lfg. (IV, S. 1—512.) à *M 3.; 4. und 5. Lfg. (XXXIII, S. 513—964.) *M 9.] *

—— —— dass. — 2. verm. und verb. Aufl. 2 Hälften. gr. 8. Ebendas. 879. [1. Hälfte. (VI, S. 1—450.); 2. Hälfte. (XXVIII, S. 451—986.) à Hälfte *M 9. geb. *

—— —— die Civilprozeßordnung für das Deutsche Reich, nebst den auf den Civilproceß bezügl. Bestimmungen des Gerichtsverfassungsgesetzes und den Einführungsgesetzen erläutert. 3. verm. und verb. Aufl. 3 Lfgn. gr. 8. (VI, XXVIII, 1068 S.) Ebendas. 880. à Lfg. *M 6. *

Struckmann, J., u. R. Koch, die Civilprozeßordnung f. das Deutsche Reich, nebst den auf den Civilprozeß bezügl. Bestimmgn. d. Gerichtsverfassungsgesetzes u. den Einführungsgesetzen, erläutert. 4. Aufl. gr. 8. (XXXIX, 1229 S.) Berlin 883. Guttentag. n. 24.—; Halbfrzbd. n.n. 2.—

Struckmann, J., und R. Koch, die Civilprozeßordnung für das Deutsche Reich, nebst den auf den Civilprozeß bezüglichen Bestimmungen des Gerichtsverfassungsgesetzes und den Einführungsgesetzen, erläutert. 5. verm. und verb. Aufl. 7 Lfgn. gr. 8. (XI, XXVI, 1198 S.) Berlin 886,87, Guttentag. à Lfg. *M 3.—. * geb. **

Struckmann, J., u. R. Koch, die Civilprozeßordnung f. das Deutsche Reich, nebst den auf den Civilprozeß bezügl. Bestimmgn. des Gerichtsverfassungsgesetzes u. den Einführungsgesetzen erläutert. 6., verm. u. verb. Aufl. 1.—3. Lfg. gr. 8. (768 S.) Berlin 894. J. Guttentag. à n. 5.—

Struckmann, J., u. R. Koch, d. Civilprozeßordnung f. d. Deutsche Reich, nebst d. auf d. Civilprozeß bezügl. Bestimmungen d. Gerichtsverfassungsgesetzes u. d. Einführungsgesetzen erläutert. 6., verm. u. verb. Aufl. 4. u. 5. (Schluß-) Lfg. gr. 8. (XXXVIII u. S. 769—1296.) Berlin 895. J. Guttentag. n. 8.— (kplt.: n. 23.—)

Struckmann, J., u. R. Koch, Die Civilprozessordnung f. das Deutsche Reich, nebst den auf den Civilprozess bezügl. Bestimmgn. des Gerichtsverfassungsgesetzes u. den Einführungsgesetzen. In der Fassg. vom 20. V. 1898. Unter Mitwirkg. v. K. Rasch u. P. Koll hrsg. 7. Aufl. gr. 8. (XLII, 1367 S.) Berlin, J. Guttentag 1900. 26. —; geb. in Halbfrz. 28. 50.

Struckmann, J., u. R. Koch, die Civilprozeßordng. f. das Deutsche Reich, nebst den auf den Civilprozeß bezügl. Bestimmgn. des Gerichtsverfassungsgesetzes u. den Einführungsgesetzen. In der Fassung vom 20. V. 1898. Kommentar, unter Mitwirkg. v. K. Rasch, P. Koll, G. Struckmann. 8., umgearb. Aufl. 2 Bde. gr. 8. (XL, 775 u. IV, 698 S.) Berlin 901. J. Guttentag. n. 30.—; geb. in Halbfrz. n.n. 34.—

Struckmann, J., u. R. Koch, die Zivilprozeßordnung f. das Deutsche Reich nebst den auf den Zivilprozeß bezügl. Bestimmgn. des Gerichtsverfassungsgesetzes u. den Einführungsgesetzen. In der Fassg. v. 20. V. 1898 u. d. Novellen v. 1905 u. 1909. Kommentar, unter Mitwirkg. v. K. Rasch, P. Koll u. J. Flechtheim. 9., umgearb. Aufl. (XXXVIII, 1210 S.) gr. 8. Berlin 910. J. Guttentag. 24.—; geb. in Halbfrz. 26.—

Struckmeyer, Philipp: Ein Fall von progressiver Muskelatrophie ... Göttingen: Druck d. Dieterichschen Univ.-Buchdr. 1891. 18 S. 8°
Göttingen, Med. Fak., Inaug.-Diss. v. [24. Mai] 1890

Struckmeyer, Phpp., e. Fall v. progressiver Muskelatrophie. Diss. gr. 8. (18 S.) Göttingen 891. (Vandenhoeck & Ruprecht.) n. — 60

Strucks, Carsten, a. Hemelingen: Der junge Parzival in Wolframs von Eschenbach 'Parzival', Crestiens von Troyes 'conte del gral', im englischen 'Syr Percyvelle' und italienischen 'Carduino'. Borna-Leipzig 1910: Noske. 75 S. 8°
Münster, Phil. Diss. v. 31. Dez. 1910, Ref. Jostes
[Geb. 30. Nov. 86 Mahndorf; Wohnort: Münster i. W.; Staatsangeh.: Preußen; Vorbildung: Oberrealsch. Bremen Reife M. 05, Erg. Realgymn. Kassel M. 06; Studium: Marburg 3, Berlin 1, Münster 4 S.; Rig. 8. Juli 10.] [U 11. 4001

Strucksberg, F. Die Fälschungen Janssens im Ablaßstreit d. Reformationszeitalters, s. Zeit- u. Streitfragen, kirchliche.

— Pseudo-Isidorus redivivus od. e. litterar. Urkundenfälschg. d. 19. Jahrh. im Interesse der röm. Kirche. Offenes Sendschreiben an den Prälaten, design. Kardinal-Archivar Johs. Janssen in Frankfurt a/M. [Mit e. Briefe v. Melchers in Rom.] gr. 8. (15 S.) Gießen 891. v. Münchow. n. — 40

Strucksberg, F. H., die römischen Bischöfe gegen das Gesetz und die Staatsgewalt. Vortrag gehalten in der Versammlung des altkathol. Vereins zu Breslau am 3. März 1874. gr. 8. (48 S.) Breslau 874, Gosohorsky's Buchh. *

Strucksberg, Georg, Referendar in Berlin: Kann nach Bürgerlichem Gesetzbuch eine Sache Zubehör mehrerer Hauptsachen sein? Halle a. S. 1907: Hohmann. (54 S.) 8°
Halle, Jur. Fak., Ref. v. Blume, Diss. v. 17. Juli 1907
[Geb. 6. Juni 84 Ober-Herzogswaldau i. Niederschl.; Wohnort: Berlin; Staatsangeh.: Preußen; Vorbildung: Kaiserin-Augusta-Gymn. Charlottenburg Reife O. 03; Studium: Lausanne 1, Berlin 2, Halle 3 S.; Rig. 6. Juli 07.]

Strucksberg, Johannes: Ueber das manuelle Lösen der Placenta. ... Würzburg: Druck d. Ferdinand Röhrl'schen Buchdr. 1888. 33 S. 8°
Würzburg, Med. Fak., Inaug.-Diss. v. 1888

Strudelköpfchen, das; Lstspl., nach d. Französ. von Thdr. Hell. 8. Leipz. 808. Hinrichs. 8 gr.

Strudelköpfchen, das,. Lstsp. v. Th. Hell. 8. Lpz. Hinrichs. 810.

Struder, Geo.

Struder, G., La Plata-Klänge. Humoristisches u. Satyrisches aus Süd-Amerika. 8. (III, 102 S.) Antwerpen 888. Verlag der „Harfe" (G. v. Stramberg). n. 1. 25

— dasselbe. II. Der Campo. 8. (III, 104 S.) Ebd. 889. 1. 50

— die Namun. Ein Roman aus Südamerika. gr. 8. (126 S.) Ebd. 889. 1. 50

Struenberg, Hans: Menschenrecht. Skizzen zur Psychologie der Frauenfrage. — Berlin: Ebering 1900. 23 S. 8°

Struensee [Sachliches OW]

Struensee, oder Günstling u. Königin, s. Ausland, das belletristische, von K. Spindler, 339.—343. Bdchn.

Struensee, oder die Königin und der Günstling, s. Fournier.

Der Graf (Johann Friedrich) v. Struensee, oder die Zusammenrottung von Dänemark. Geschrieben von einem... Unterthan des besten Königs, in... Coppenhagen. Aus dem Dän. übers. 29 S., gbd.

o.O.: 1772

Struensee, Graf von, oder die Zusammenrottung von Dänemark. [Salzburg] 1772. V: *Bernhandtsky von Adlersberg, Joseph.* (ML) (Ky) (Hr)

v. Struensee, Graf; od. die Zusammenrottung Dänemarks, (von Jos. Berhandsky v. Adlersberg). gr. 8. Salzb. 772. Mayr. 3 gr

Struensee. Historisches Trauerspiel in 5 Acten von H. B. gr. 8. (151 S.) Berlin 869, Köppen. *

Struensee. Graf (Johann Friedrich) St' (1737–1772). Verloren und Wiedergefunden. [Umschlag illustriert.] 8. Basel 1878.

Struensee, Friedrich Graf von, oder das dänische Blutgerüst dramatisch bearbeitet . . . Kopenhagen, Flensburg u. Altona [Leipzig] 1793. V: *Bornschein, Johann Ernst Daniel.* (GGr) (Ky) (MGT) (NN) (Wr) (BrMm)

v. Struensee, Graf Friedrich, oder das dänische Blutgerüste, (v. Er. Bornschein). 3 Thle. Mit Kpf. 8. Leipz. 793. Barth. 1 thlr 21 gr

Struensee, Graf, am Rande seiner irdischen Zernichtung. Mannheim 1772. V: *Gritsch, Johann Christoph von.* (Holz) (Ky) (ML) (Bruun, Bibl. Danica III, 1495.) »Kopenhagen« (Collin, Anonymer. Kiobenh. 1869.)

Struensee [Verfasser]

v. Struensee, der Infanterie-Pionir-Dienst für Officiere und Unterofficiere der Infanterie, zusammengestellt u. bearb. Mit 27 (lith.) Figuren-Tafeln. 2. unveränd. Aufl. Erfurt 859. Bartholomäus. 12. (3 Bll., VI, 117 S.) 18 ngr

Struensee, v., der Infanterie-Pionir-Dienst für Offiziere u. Unteroffiziere der Infanterie zusammengestellt u. bearb. 3. Aufl. Erfurt 867. (Wriezen, Riemschneider.) gr. 16. (XIV, 150 S. mit 27 lith. Fig.-Taff. in 4.) n. 20 ngr

Struensee, v., der Infanterie-Pionier-Dienst f. Officiere u. Unterofficiere der Infanterie zusammengestellt u. bearb. Mit 28 (lith.) Figurentaf. (in 4.) 5., m. Berücksicht. der neuen Maaß- u. Gewichts-Ordng. rev. Aufl. v. Chevalier. 8. (VIV, 130 S.) Wriezen 871. Riemschneider. n. 2. —

Struensee, (evang. Pfarrer,) ..., die Pensionirung der Geistlichen, mit Bezug auf die „Proposition von Oesterreich." Ein Versuch. gr. 8. Berlin 842, Schroeder. 1/6 thlr

Struensee, Adam

— vergl. Lebenslauf Dr. Adam Struensee's.

— Kurze Abhandlung von einfältigen Predigten. Altona. 1760. P.

Struensee, Adm., (✝ d. 20. Juni 1791.) 9 kleine theolog. Abhandll. gr. 8. Altona 765. Burmester.

— Abzugspredigt in Halle gehalten am 14. Sonnt. n. Trin. 1757. Altona. 1759. P.

— Anweisung zum erbaulichen Predigen, herausgeg. zum Gebrauch seiner academischen Vorlesungen. Halle. 1756.

— Anleit. zum erbaul. Predigen. 8. Halle 756. (Hahn in Hannov.) 9 gr

Struensee, Adam (Hrsg.), s. Arnd, Johann: Sechs Bücher vom wahren Christenthum.

Struensee, Adam (Hrsg.), s. Bacmeister, Lukas: Kurze Einleitung in den Brief ...

— heilsame Betrachtt. üb. die Sonn- u. Festtags-Evangelien 4 Thle. 8. Halle 747 u. 748. 2e Aufl. 2 Thle. 758. Gebauer. 2 thlr

— Erklär. d. Bergpredigt Jesu Chr. 8. Halle, Waisenhausbuchhdl. 737.

— Erklär. des Briefes an die Galater. 4. Flensb. 764. (Hammerich in Altona). 1 thlr

— Erklär. des Briefes Pauli an die Ebräer. 4. Flensb. 763 (Hammerich in Altona). 2 thlr

— Erklärung des Briefes Pauli an d. Ebräer. 4. Flensb. Korte. (Christiani in Schlesw.) 7?3.

Struensee, Adam, Gebet-, Beicht-und Communion-Buch. Halle. 1739.

— Gebet-, Beicht- u. Communionbuch, f. gnadenhungrige Seelen. 8. Halle ... 2e A. 752. Waisenhaus-B. 6 gr

— Gedächtnißpredigten u. Trauerreden bei verschied. Gelegenheiten gehalten. gr. 8. Halle 756. Gebauer. 21 gr

— comment. theol., de obsignatione Christi et credentium 4. Halle 754. (Hahn in Hannov.) 8 gr

— Diss. theol. 2. de obsignatione Christi et credentium. Halae. 1754. [Resp. Carol. Aug. Struensee].

— Samml. gründlicher u. erbaul. Schriften, die aufs Christenthum zielen. 3 Thle. 8. Halle 752 — 756. Franke. 1 Thlr 6 gr

— Taufrede u. Taufhandlung b. Gelegenh. e. zu Christo bekehrten Rabbi. 8. Halle, Gebauer. 748.

Struensee, Adam: Trauerpredigt ... am Tage der Leichbestätigung ... Friedrich des Fünften, den 18. März 1766. in der Schlosskirche zu Gottorf. Altona. o. J. 4°

Struensee, Adm., bibl. Unterricht z. Gründung, Erbauung u. Befestigung im wahren Christenthum üb. die Sonn- u. Fest-tags-Evangelien u. einigen Kernsprüchen. 3 Thle. Halle 768. Gebauer. 4 Thlr

Adam Struensee, Past. zu St. Ulrich und des Gymnasii Scholarchae in Halle Vertheidigungs Schreiben an ... Joh. Pet. Siegmund Winckler ... Gegen einen Gräfl. Zinzendorfischen Brief, welcher ... Unter dem Titul: Des Hrn. Grafen Ludwig von Zinzendorf Unternehmungen in Religions-Sachen etc. in der Beylage N.I. zufinden ist. Verlegts, Johann Andreas Bauer. 1740.

—— Zweyte Vertheidigungs-Schrift Gegen einen Gräfl. Zinzendorfischen Brief, Welchen er an Herrn Hauptmann G.R.H. in St. geschrieben ... Verlegts Johann Andreas Bauer, 1740.

— academ. Vorlesungen üb. theolog. Moral. 2 Thle. 4. Flensb 765. (Hammerich in Altona). 2 Thlr 8 gr

— theolog. Moral. 2 Thle. 4. Flensb. Korte. (Christiani in Schlesw.) 765.

— heilsame Wahrheiten, in 26 Predigten üb. e. Kernsprüche der heil. Schrift. 8. Halle 750. Gebauer. 16 gr

— Zergliederung der Predigten, welche er zu Altona gehalten hat. 3 Jahrgg. gr. 8. Altona 758—60. 2 Thlr 12 gr

— Zeugnisse d. Wahrheit z. Gottseligk. od. katechet. Wiederholung e. Predigten, nebst 12 Forts. u. d. Register über alle Thle. 8. Halle, Waisenhausbuchhdl. 738-44.

Struensee, Christian Gottfried

— s. Leben u. Charakter Chr. Gf. Struensee's.

Memoriam viri maxime reverendi et doctissimi Christiani Godofredi Struensee ... qui d. 14. Aug. 1782 ... longum ... morbum cum vita perenni commutavit, commendabat unus ex amicis ... Halberstadii. (1782.) 2 Bl. Fol.

Struensee, Christian Gottfried, s. Hosea: Weissagung.

— s. Linien, Erste, d. allgem. Völkergeschichte.

— neue Uebersetzung der apostol. Briefe des Neuen Testaments. Mit e. Anmerkk. 8. Halle 786. Waisenhaus-B. 7 gr

Struensee, Chr. Gf., († d. 14. Aug. 1782.) neue Uebersetzung der Psalmen, Sprüche Salomos u. Klaggesänge Jeremiä; nach d. hebr. Texte, mit Zuziehung der griech. Version u. Anmerk. v. Hnr. Er. Güte. 8. Halle 783. Waisenh.-B. 14 gr

— neue Uebersetzung d. Pred. Salomo, Hoseas, Weissagung Jeremias, Jesaias, Joel, Amos, Obadja u. Micha, nach d. hebr. Texte mit Zuziehung der griech. Version. 8. Halberst. 773—80. (W. Nauck in Leipz.) 1 Thlr 8 gr

— neue Uebersetzung, d. Pred. Salomo, Hoseas, Weissagung Jeremias, Jesaias, Joel, Amos, Obadja u. Micha, nach d. hebr. Texte m. Zuzieh. d. griech. Version. 8. Halberstadt, Groß. (Sommer in Leipz.) 777.

(—) neue Uebersetzung d. Weissagungen Nahum's, Habakuk's, Zepharga, Haggai, Sacharja u. Malachi. 8. Halberst. 771.

Struensee, Gustav von

Struensee, G. v., s. Gustav vom See.

— siehe v. vom See, Gustav, (Pseud.)

Struensee, Gustav von

Gebeimnisse des Glückes. Roman. Von Gustav vom See [d.i. Gustav von Struensee]. Berlin 1866.

In: Roman-Zeitung, Deutsche. Bd 3.4.

Struensee, Gustav von

Gräfin und Marquise. Roman. Von Gustav vom See [d.i. Gustav von Struensee]. Th. 1-4.
Wien: Markgraf 1864. 8°

(Album. Bibliothek dt. Originalromane. Jg. 19, Bd 19-22.)

Struensee, Gustav von

Gräfin und Marquise. Roman. Von Gustav vom See [d.i. Gustav von Struensee]. Abt. 2.
Breslau: Trewendt 1865. 8°

2. Ost und West. Th. 1-4.

v. Struensee, Gust., die Grundsteuer mit besond. Beziehung auf das Königreich Preußen u. das Gesetz vom 24. Febr. d. J. die Aufhebung der Grundsteuer-Befreiungen betreffend. gr. 8. (VI u. 114 S.) Breslau 850, Graß, Barth & Co. Verlag. n. 1/2 Thlr

Struensee, Gustav von

Vor fünfzig Jahren. Roman. Von Gustav vom See [d.i. Gustav von Struensee]. Bd 1-3.
Breslau: Trewendt 1859. 8°

Struensee, Gustav von

Ideal und Wirklichkeit. Roman. Von Gustav vom See [d.i. Gustav von Struensee]. Th. 1-3.
Hannover: Rümpler 1875. 8°

Struensee, Gustav von

Krieg und Friede. Roman. Von Gustav vom See [d.i. Gustav von Struensee]. Berlin 1872.

In: Roman-Zeitung, Deutsche. Bd 2.

Struensee, Gustav von

Das Majorat. Roman. Von Gustav vom See [d.i. Gustav von Struensee]. Bd 1-3.
Hannover: Rümpler 1875. 8°

Struensee, Gustav von

Der Mönch. Aus den Erzählungen eines alten Herrn. von Gustav vom See [d.i. Gustav von Struensee]. Stuttgart 1858.
In: Hausblätter. Bd 3.

Struensee, Gustav von

Gustav vom See's [d.i. Gustav von Struensee] gesammelte Schriften. Bd 2.4-7.14-16.
Breslau: Trewendt 1867-68. 8°

2. Vor fünfzig Jahren. Roman. 2. Aufl. Bd 2. 1867.
4- 7. Die Egoisten. Roman. 2. Aufl. Bd 1-4. 1867.
14-16. Zwei gnädige Frauen. Roman. 2. Aufl. Bd 1-3. 1868.

Struensee, Gustav von

Wogen des Lebens. Roman. Von Gustav vom See [d.i. Gustav von Struensee]. Bd 1-3.
Breslau: Trewendt 1863. 8°

Struensee, Jh. Fr., Blicke auf Südpreußen vor u. nach d. Jahre 1793. gr. 8. Posen 803. Kühn. 10 gr

Graf (Joh. Friedr.) Struensee und eine höchst merkwürdige Prophezeihung über Dänemark und Schleswig-Holstein. Von ihm selbst eigenhändig niedergeschrieben drei Stunden vor seiner Hinrichtung und jetzt nach 92 Jahren zum ersten Male durch den Druck veröffentlicht. (Plön.) 1864. 8°

Struensee, Graf, und seine höchst merkwürdige Prophezeihung über Dänemark u. Schleswig-Holstein. 1. u. 2. Aufl. Hamburg 864. Scharbius. 8. (16 S.) n. 2 ngr.

Struensee, Johann Friedrich, Graf: Vertheidigung an die Königliche Commission gerichtet und von ihm selbst entworfen. Nebst einem Schreiben des ehemaligen Grafen Brandt an gedachte Commission. A. d. Dän. übers. o. O. 1772. 8°

Struensee (ab 1789: von Karlsbach), Karl August

Struensee, v., Abhandlungen üb. wicht. Gegenstände der Staatswirthschaft. 3 Thle. 8. Berlin, Unger. 800.

Struensee, von, Abhandl. üb. wicht. Gegenstände der Staatswirthschaft. 3 Thle. 8. Berlin. 800. Ist jetzt Verlag von Herbig das.

— Anfangsgründe der Artillerie. 8. Liegn. 760. 2e A. 769. 3e A. 788. 4e Aufl. durchaus neu bearbeit. u. dem gegenwärt. Zustand der Geschützkunst gemäß eingerichtet v. J. G. v. Hoyer. Mit 29 Kpf. gr. 8. Ebd. 809. Siegart. Mit Jahrz. 1817 Leipz., Barth. 2 Thlr 12 gr

Struensee, K. A. Anfangsgründe der Artillerie. Mit Taf. 2. Aufl. Leipzig 1769. 498 S.

— Anfangsgründe der Kriegsbaukunst. 3 Thle. mit 106 Kpft. gr. 8. Liegn. 767—773. 2e A. 786—89. Siegert. (I. Befestigungskunst im Felde. 1 Thlr 16 gr, II. Beschaffenheit d. eigentl. Festungen. 2 Thlr 8 gr, III. vom Angriff u. Vertheidigung der Festungen. 2 Thlr 8 gr) 6 Thlr 8 gr

Struensee, K. A. Anfangsgründe der Kriegsbaukunst. T. 1—3. Leipzig 1771—74. 8°.

Struensee, Carl August. Anfangsgründe der Kriegsbaukunst I. Th. Von der Befestigungskunst im Felde. II. Th. Von der Beschaffenheit der eigentlichen Festungen. III. Th. Von dem Angriff und der Vertheidigung der Festungen. Mit Kupfern. (107 Taf., 2. Auflage. (3 Bde.) 8. Liegnitz 1786 1789

— Dass. verändert u. verkürzt. v. J. H. Krebs. Mit 41 Kpf. 1r u. 2r Thl. in 2 Bden. gr. 8. Kopenh. 797, 98. Schubothe. 3 Thlr 20 gr

[STRUENSEE, Karl August] 1735 - 1804
Kurzgefaßte Beschreibung der Handlung der vornehmsten europäischen Staaten.
Erster [- Zweyter] Theil.
Liegnitz-Leipzig: Siegert. 1778 [- 1782]. 8°.
Universitätsbibliothek Salzburg
Tl. 2,2 v. Johann Christian Sinapius, 1741-1807

Vgl. Beschreibung, ...

Struensee, Karl August: Grammatica linguae sanctae ... cum praefatione Christ. Bened. Michaelis. Halae Magdeburgicae 1756.

Struensee, K. Aug. v.,
Ist der Fabrikzwang nöthig? (Aus: Struensee: Abhandlungen. 3 Bde. 8°. Berlin 1800.)

— d. Kriegskunst d. Grafen v. Sachsen, a. d. Franz. gr. 8. Wien, Tendler.

Struensee, C. A. Die Kriegskunst des Grafen von Sachsen. 8 Leipzig 1767.

Struensee, Karl August, s. Moritz v. Sachsen: Kriegskunst.

Struensee, Karl August: De Obsignatione Christi et credentium, s. Struensee, Adam [Praes.]

Struensee von Karlsbach, Karl August (Herausgeber): „Sammlung von Aufsätzen die Staatswirthschaft betreffend", 2 Theile, Liegnitz 1776.

Vgl. Sammlung...

SÄTZE, Einige zerstreute, über den Luxus (von *Carl August Struensee v. Carlsbach*). (Berlin 1792.)
Anon.-Lex. IV. p. 4 (nach Meusel).

Struensee, Karl Ferdinand

Struensee, Car. Ferd. (geb. Lobsens in Posen 19. 7. 1836): De nexu inter vitia cordis et apoplexiam cerebri intercedente. Berolini (1861). (32 [vielmehr 30] S.) 8°
Berlin, Med. Diss. v. 13. Aug. 1861

Strüf's, Vater, Bauernkalender auf das J. 1848. Ein kurzweiliger u. nützlicher Hausschatz für den deutschen Land- und Hauswirth, besonders auch für den Wein- u. Hopfengärtner, den Gärtner, Forstwirth, Vieh- u. Bienenzüchter. Mit vielen (eingedr.) Bildern. 2. Jahrg. gr. 4. (76 S.) Adorf, Müller. n. 1/6 Thlr

Strüf's, Vater, Feierabend. Ein Kalender für's ganze Leben; zunächst auf das Jahr 1846. 4., unveränd. Aufl. 4. (6¾ B. m. eingedr. Holzschn.) Ulm 846, [Gebr. Nübling.]

—— dass. 2. Jahrg. auf das Jahr 1847. gr. 4. (8 B. mit vielen Abbild.) Ebds. 846.

—— Feierabend. Ein Kalender für's ganze Leben; zunächst auf d. J. 1848 und 1849. 3. und 4. Jahrg. 4. (64 und 47 S. mit eingedr. Abbildungen.) Ulm, Expedition. à Jahrg. *
1. und 2. Jahrg. 1846 und 1847. Ebendas. à Jahrg. * 3¾ Ngr.

Vater Strüf's Feierabend. Ein Kalender für's ganze Leben. München 1865.

Strüf, Lor., Bauern-Zeitung, s. Bauern-Zeitung.

Strüf, Lor., neuester und vollständiger hundertjähriger Hauskalender von 1801 bis 1900. Unentbehrliches Hausbuch für Familien aller Stände, worin die zukünftige Witterung rc. angegeben, die Himmelskörper beschrieben sind und eine Anleitung zu allen Verrichtungen in Haus und Feld rc. beigefügt ist, nebst einem Anhange von Hausarzneimitteln für Menschen und Thiere, und Vertilgungs-Mittel alles Ungeziefers. Nach Mor. Knauer's auf's Neue bearb. und verb. 8. (VI und 170 S. mit eingedr. Holzschn.) Reutlingen 855, Rupp und Baur.

Strüf, Lor., neuester u. vollständiger hundertjähriger Hauskalender von 1801 bis 1900. Unentbehrliches Handbuch für Familien aller Stände, worin die zukünftige Witterung rc. angegeben, die Himmelskörper beschrieben sind rc. Nach Mor. Knauer's auf's Neue bearb. u. verb. 2. Aufl. Reutlingen 859. Rupp & Baur. 8. (VI, 170 S. mit Holzschn.) n. 10 ngr.

Strüf, Lor., Vergleichung der hauptsächlichsten deutschen Flächen-, Längen-, Getreide- u. Flüssigkeitsmaaße, Gewichte u. Münzen unter sich u. mit den französ., nebst einem Meilenzeiger, welcher die Entfernungen der wichtigsten Städte der Welt von einander in geograph. Meilen angibt. 4. (10 S.) Ulm 817. Adorf, Müller. 3 ngr

Strüf, Marianne, Haus- u. Kochbuch für Frauen u. Töchter jeden Standes. 6., durchaus verb. u. verm. Aufl. Neu bearb von A. W. Stuttgart 863. Becher. gr. 8. (VI, 524 S.) 1 ₰ 12 ngr.

Strüf, Mariane, vollständ. Kochbuch, s. Fürst, J. C.

Strüf's, S.

—— —— Vermächtniß an seinen Sohn oder vielfältig erprobte landwirthschaftl. Geheimnisse. 8. Ulm 845. [Adorf, Müller's Bh.]

Strüf's, S., Vermächtniss, od. vieljähr. gesammelte u. geprüfte haus- u. landwirthschaftl. Geheimnisse, wie alle Felder, Gärten u. Wiesen in ungeheurem Grade mit wenig Kosten u. geringer Mühe mehr als doppelt fruchtbar gemacht etc. werden können. 8. Birsfelden, 1849. (Leipzig, Volckmar.) — 7½

Strüf's, S., Vermächtniß, oder vieljährig gesammelte u. geprüfte Haus- u. landwirthschaftliche Geheimnisse, wie alle Felder, Gärten u. Wiesen in ungeheurem Grade mit wenig Kosten u. geringer Mühe mehr als doppelt fruchtbar gemacht rc. werden können. 8. (16 S.) Birsfelden 849. (Zürich, Köhler'sche Buchdr.) ¼ ₰

Strüf, Simon, der verständige Bauer, eine Familiengeschichte. Allen Ständen zum Nutzen und Vergnügen, besonders aber jedem Bauer und Landwirth. 1r Th. mit 1 Kupf. 8. Straubing, Schmidt. 817.

Strufer, Paul (Stargard) A. S. 67/24

Disputatio juridica de testamento.
Präs. Ernst Friedrich Schröter.
Jena (Ehrich) 1720. 16 S.

Diss. III. 1663.
W. v.: Präs., Daniel Crüger. 33914

Struff, Balthasar (geb. Rodingen im Rheinl. [?] 12. 1843): Thesen. Berlin (1870). (2 Bl.) 8°
Berlin, Med. Thes. v. 20. Aug. 1870

Struff, Petrus Joseph. (geb. Mersch bei Jülich 14. 6. 1824): De violentis articuli coxae luxationibus. Berolini (1850). (26 S.) 8°
Berlin, Med. Diss. v. 12. Aug. 1850

Strüfing, Ernst. Arnold v. Brescia. Trauerspiel in 5 Akten. 12. (94 S.) Lpz. 892, Breitkopf u. Härtel. * 1 —

Strüfing, E. Die Feuerbestattung. Cassel. Druck v. Gebr. Schneider. Ohne Jahr. 8°.

Strüfing, Ernst, Mirabeau. Schausp. in 5 Akten. 8. (III, 136 S.) Berlin 896. Freund & Jeckel. n. 2. —

Strugge, a mental, s. Collection of British Authors.

Strugl, M. M., religio christiana primaeva. 8. Vien. Trattner. 752.

Struch, Carl, die Ernährung des gesunden u. kranken Menschen. Gemeinverständlich dargestellt. gr. 8. (127 S.) Leipzig 901. E. Demme. n. 1. 80

— die Fettleibigkeit, ihre Entstehung, Verhütung u. naturgemässe Behandlg. Gemeinverständlich dargestellt. gr. 8. (54 S.) Ebd. (901). n. — 80

Strüh, Carl: Ueber cystische Geschwülste im Nebeneierstock. Hildesheim A. Lax Dr. 1886. 2 Bl., 31 S. 8°
Zürich, Med. Diss. [v. 3. Juli 1886].

Strueh, Carl, die Krankheiten der Verdauungsorgane, ihre Ursachen, Verhütung u. naturgemäße Behandlung. Gemeinverständlich dargestellt. (IV, 294 S.) kl. 8. Langensalza 906. Verlag Gesundes Leben. 4. —

Struhnneck, F. W., Herrschaft und Priesterthum. Geschichtsphilosophische Skizzen. 8. (III, 167 S.) Berlin 871, Henschel. [München, Th. Ackermann.] *

Struhnneck, F. W., Herrschaft u. Priesterthum. Geschichtsphilosophische Skizzen. 8. (III, 167 S.) Berlin 876. München, Th. Ackermann. n. 2. 40

— die Scheidung der Culturelemente. Geschichtsphilosophische Skizzen. 1. Thl. 1. Thl. Herrschaft u. Priesterthum. 2. Aufl. gr. 8. (XII, 170 S.) Ebend. 873. n. 2. 40

Der Betonpfahl 'System Mast'. Ein neues Gründungsverfahren mit 'Betonpfählen in verlorener Form'. Von Ing. H[ermann] Struif. Mit 16 Textfig. Berlin: Springer 1910. 22 S. 8° [11. 1350

Struiken, H. J. L. [Arzt an d. Irrenanst. „Voorburg" Vucht Holland]: Beiträge zur Histologie und Histochemie des Rectumepithels und der Schleimzellen ... Freiburg i. B., F. Wagner'sche Buchdr., 1893; 68 S., 1 Bl., 2 Taf. 8.
Freiburg i. B. Med. Fak., Inaug.-Diss. v. 1893

Strukel, M., der Brückenbau. Nach den Vorträgen, geh. am finnländ. polytechn. Institute in Helsingfors. Atlas. 1. Thl., enth. 43 Taf. m. ca. 1100 systematisch geordneten Abbildgn. über die festen hölzernen u. eisernen Brücken, nebst e. Inhaltsverzeichniss, Quellenangaben u. kurzer Erläutorg. der Abbildgn. 4. (VI, 53 S.) Helsingfors 900. Leipzig, A. Twietmeyer. n.n. 9. —

Strukel, M., der Brückenbau. Lehr- u. Nachschlagebuch f. Studierende u. Praktiker. I. Tl., 1. Heft, enth. Allgemeines, Statik der Brückenträger, Erddruck u. hölzerne Brücken (teilweise). (III, 216 S. m. 225 Fig. u. 3 Taf. im Atlas.) Lex. 8. Leipzig 910. A. Twietmeyer. nn 16. —

Strukel, M., der Brückenbau. Lehr- u. Nachschlagebuch f. Studierende u. Praktiker. Atlas. I. Tl., enth. 43 Taf. m. ca. 1100 systematisch geordneten Abbildgn. üb. die festen hölzernen u. eisernen Brücken, nebst e. Inhaltsverzeichnis, Quellenangaben u. kurzer Erläuterg. der Abb. 2., unveränd. Aufl. (V, 54 S.) Lex. 8. Leipzig 910. A. Twietmeyer. nn 12. —

Strukel, M., d. Grundbau, dargest. auf Grundlage e. systemat. geordn. Sammlg. zahlr. anschaul. Beispiele aus d. Praxis. Nach den Vorträgen, geh. am polytechn. Institute in Helsingfors. Lex.-8. (X, 273 S. m. 106 Fig. u. Atlas v. 20 Taf. m. 32 S. Text.) Helsingfors 895. (Leipzig, A. Twietmeyer, Verl.) n.n. 16. —

— Der Grundbau. Nach den Vorträgen, geh. am finnländ. polytechn. Institute in Helsingfors. 2. Aufl. Text u. Atlas. (XI, 347 S. m. 118 Fig. u. 36 Taf.) Lex. 8. Helsingfors 906. Leipzig, A. Twietmeyer. nn 18. —

— der Wasserbau. Nach d. Vorträgen, geh. am polytechn. Institute in Helsingfors. I. Thl. M. 93 Textfig. u. 6 Taf., nebst vollständ. Skizzenbuch, enth. 22 Taf. Lex.-8. (VIII, 144 u. 31 S.) Ebd. 897. n.n. 12. —

Strukel, M., der Wasserbau. Nach den Vorträgen, geh. am polytechn. Institute in Helsingfors. 2. u. 3. Thl. Lex.-8. Helsingfors. Leipzig, A. Twietmeyer. n.n 27. —
2. (VIII, 161 S. m. 30 Fig. u. 10 Taf.) 900. n.n. 12. —
3. Enth.: Schiffsschleusen, Schiffshebewerke u. geneigte Ebenen f. den Schiffstransport. Uferbau. (VIII, 110 S. m. 9 Fig. u. 20 Taf.) 902. n.n. 15. —
1. Tl. Ebd. 897. n.n. 12. —.

Strukel, M., der Wasserbau. Nach den Vorträgen, geh. am finnländ. polytechn. Institute in Helsingfors. 1. u. 4. Tl. Lex.-8. Helsingfors 904. Leipzig, A. Twietmeyer. n.n. 32. —
1. Enth.: Ursprung, Vorkommen u. Eigenschaften des Wassers; Stauwerke; Fischwege. 2. Aufl. (VIII, 198 S. m. 103 Fig. u. 15 Taf.) n.n. 14. —
4. Enth.: Den Flussbau, Deiche, Häfen u. Schiffahrtszeichen. (IX, 200 S. m. 52 Fig. u. 37 Taf.) n.n. 18.

— Der Wasserbau. Für Studierende u. Praktiker. 2. Tl., enth. Wasserversorgungsanlagen, Entwässerg. der Städte, Bodenentwässerg., Bodenbewässerg. u. Schiffahrtskanäle. 2. umgearb. u. erweit. Aufl. (XI, 239 S. m. 29 Fig. u. 23 Taf.) Lex. 8. Leipzig 908. A. Twietmeyer. nn 16. —

Struker, Johannes: Beiträge zur kritischen Würdigung der dramatischen Dichtungen Theodor Körners. Münster i. W. 1910: Westfäl. Vereinsdr. 110 S. 8°
Münster, Phil. Diss. v. 22. Febr. 1910, Ref. Schwering
[Geb. 1. Nov. 84 Amern St. Georg; Wohnort: Münster i. W.; Staatsangeh.: Preußen; Vorbildung: Gymn. Kempen a. Rh. Reife O. 05; Studium: Innsbruck 1, Münster 7 S.; Rig. 10. Juli 09.] [U 10. 3804

Strukmann, J., de portitoribus s. publicanis in N. T. obviis. Leipz. 1750. 4.

Strümpell, Adolf (von)

Strümpell, Adf. v., üb. die Alkoholfrage vom ärztlichen Standpunkt aus. Vortrag, geh. in der II. allgemeinen Sitzg. der 65. Versammlg. deutscher Naturforscher u. Aerzte zu Nürnberg am 13. Sept. 1893. [Aus: „Verhandlgn. d. Gesellsch. deutscher Naturforscher u. Aerzte".] gr. 8. (22 S.) Leipzig 893. F. C. W. Vogel. n. — 60

Strümpell, Adf. v., über d. Alkoholfrage v. ärztl. Standpunkt aus. Vortrag, geh. in d. II. allgem. Sitzg. d. 65. Versammlg. deutscher Naturforscher u. Aerzte zu Nürnberg am 13. IX. 1893. 2., verb. Aufl. gr. 8. (24 S.) Leipzig 898. F. C. W. Vogel. n. — 60

Strümpell, Adolf von: Über die Alkoholfrage vom ärztlichen Standpunkt aus. Vortrag. 2. Aufl. Leipzig 1899. 24 S.

— die Anfänge der Universität Erlangen. Rede, geh. beim Fest-Actus zur Feier des 150jähr. Bestehens der Friderico-Alexandrina am 1. Aug. 1893. gr. 8. (16 S.) Erlangen 893. F. Junge. n. — 40

Strümpell, Adolf, zur Aetiologie der spinalen Kinderlähmung (Poliomyelitis acuta), s. Beiträge zur pathologischen Anatomie und klinischen Medicin.

— Bericht üb. die Feier des 150jährigen Bestehens der Friedrich-Alexander-Universität zu Erlangen am 31. Juli u. 1. Aug. 1893. gr. 4. (45 S.) Erlangen 894. (Th. Blaesing.) n. 1. 50

Strümpell, Adf. Ueber die Entstehung u. die Heilung v. Krankheiten durch Vorstellungen. Rede, beim Antritt d. Rectorats der kgl. Universität Erlangen geh. am 4. Nov. 1892. gr. 8. (20 S.) Erlangen 892, Junge. * — 60

Strümpell, Adf., Lehrbuch der speciellen Pathologie und Therapie der inneren Krankheiten. Für Studirende und Aerzte. 2 Bde. gr. 8. Leipzig, F. C. W. Vogel. [1. Bd. (XII, 716 S. mit 45 eingedr. Holzschn.) 883. *ℳ 13.; 2. Bd. 1. Thl. (VI, 444 S. mit 48 eingedr. Holzschn.) 884. *ℳ 9. — 2. Thl. (VIII, 380 S. mit 8 eingedr. Holzschn.) 884; 2. verb. Aufl. (VI, 375 S. mit 8 eingedr. Holzschn.) 885. *ℳ 8.] *

—— Lehrbuch der speciellen Pathologie und Therapie der inneren Krankheiten. Für Studirende und Aerzte. 2 Bde. in 3 Thln. 2. verb. und verm. Aufl. gr. 8. Leipzig 885, F. C. W. Vogel. *
Inhalt:
Bd. 1. Acute Infectionskrankheiten. Krankheiten der Respirationsorgane, der Cirkulationsorgane und der Digestionsorgane. (X, 772 S. mit 55 Abbild.) *ℳ 13.—.
» 2. 1. Thl.: Krankheiten des Nervensystems. (VIII, 477 S. mit 47 Abbild.) *ℳ 9.—.
» 2. 2. Thl.: Krankheiten der Nieren und der Bewegungsorgane. Constitutionskrankheiten. Vergiftungen. Receptformeln. (VI, 375 S. mit 8 Abbild.) *ℳ 8.—.

Strümpell, Adf., Lehrbuch der speciellen Pathologie u. Therapie der inneren Krankheiten. Für Studirende u. Aerzte. 2 Bde. in 3 Thln. 3. Aufl. gr. 8. Leipzig 886. F. C. W. Vogel. n. 32. —
I. Acute Inf[illegible]krankheiten. Krankheiten der Respirationsorgane, d[illegible]r Circulationsorgane u. der Digestionsorgane. Mit 51 Abbildgn. (X, 782 S.) n. 14. —
II. 1. Krank[illegible]n d. Nervensystems. Mit 48 Abbildgn. (VIII, [illegible] S.) n. 10. —
II. 2. Kra[illegible]n der Nieren u. der Bewegungsorgane. Con[illegible]krankheiten. Vergiftungen. Receptformeln. [illegible] (VI, [illegible] S.) n. 8. —

—— dass. — 4. verm. und verb. Aufl. 2 Bde. gr. 8. Leipzig 887, F. C. W. Vogel. *
Inhalt:
Bd. 1. Acute Infectionskrankheiten, Krankheiten der Respirationsorgane, der Circulationsorgane und der Digestionsorgane. (X, 816 S. mit 56 eingedr. Abbild.) *ℳ 14.—.
» 2. Krankheiten des Nervensystems. (VIII, 524. IV, 336 S. mit 58 Abbild.) *ℳ 18.—.

Strümpell, Adf., Lehrbuch der speciellen Pathologie u. Therapie der inneren Krankheiten. Für Studirende u. Aerzte. 2 Bde. in 3 Thln. 6., verm. u. verb. Aufl. gr. 8. Leipzig 890. F. C. W. Vogel. n. 32. —
I. Acute Infectionskrankheiten, Krankheiten der Respirationsorgane, der Circulationsorgane u. der Digestionsorgane. Mit 56 (eingedr.) Abbildgn. (XII, 820 S.) n. 14. —
II. 1. Krankheiten d. Nervensystems. Mit 52 (eingedr.) Abbildgn. (VI, 541 S.) n. 10. —
II. 2. Krankheiten der Nieren u. der Bewegungsorgane. Constitutionskrankheiten. Vergiftungen. Receptformeln. Mit 8 (eingedr.) Abbildgn. (IV, 310 S.) n. 8. —

— Lehrbuch der speciellen Pathologie u. Therapie der inneren Krankheiten. Für Studirende u. Aerzte. 7., neu bearb. Aufl. 2 Bde. in 3 Thln. gr. 8. Leipzig 892. F. C. W. Vogel. n. 32. —
I. Acute Infectionskrankheiten. Respirations-, Circulations-, Digestionsorgane. (XII, 800 S. m. 62 Abbildgn.) n. 14. —
II, 1. Krankheiten d. Nervensystems. (VI, 584 S. m. 54 Abbildgn.) n. 10. —
II, 2. Krankheiten der Nieren u. der Bewegungsorgane. Constitutionskrankheiten. Vergiftungen. Receptformeln. (IV, 358 S. m. 10 Abbildgn.) n. 8. —

— dasselbe. 8., neu bearb. Aufl. 3 Bde. gr. 8. Ebd. 894. à n. 12. —; geb. in Halbfrz. à n.n. 14. —
I. Acute Infectionskrankheiten. Respirations- u. Circulationsorgane. (VIII, 576 S. m. 38 Abbildgn.)
II. Digestionsorgane. Harnorgane. Bewegungsorgane. Constitutionskrankheiten. Vergiftungen. (VIII, 626 S. m. 36 Abbildgn.)
III. Krankheiten des Nervensystems. (VII, 680 S. m. 60 Abbildgn.)

Lehrbuch der speciellen Pathologie und Therapie der inneren Krankheiten. F. Studir. u. Aerzte v. Dr. Adolf Strümpell, o. ö. Prof. ... a. d. Univ. Erlangen. 10. verb. Aufl. Bd 1—3. *Leipzig: F.C.W.Vogel 1896.* 3 Bde 8.
1. (Acute Infectionskrankh., Respirations- u. Circulationsorgane.) M. 38 Abb. im Text. (VIII, 578 S.)
2. (Digestionsorgane. Harnorgane. Beweggsorg. Constitutionskrankh. Vergiftgn.) M. 36 Abb. im Text. (VI, 638 S., 1 Bl.)
3. (Krankhtn d. Nervensystems.) M. 76 Abb. im Text. (VII, 711 S.) 97.154

— Lehrbuch d. speciellen Pathologie u. Therapie d. inn. Krankheiten. Für Studirende u. Aerzte. 11., unveränd. Aufl. 3 Bde. gr. 8. Ebd. 897. à Bd. n. 12. —; geb. in Halbfrz. à Bd. n.n. 14. —
1. Acute Infectionskrankheiten. Respirations- u. Circulationsorgane. (VIII, 578 S. m. 38 Abb.)
2. Digestionsorgane. Harnorgane. Bewegungsorgane. Constitutionskrankheiten. Vergiftungen. (VI, 6.. S. m. 36 Abb.)
3. Krankheiten d. Nervensystems. (VII, 711 S. m. 79 Abb.)

Strümpell, Adf. v., Lehrbuch der speciellen Pathologie u. Therapie der inneren Krankheiten. Für Studirende u. Aerzte. 14. verb. u. verm. Aufl. 3 Bde. gr. 8. Leipzig 902. F. C. W. Vogel. à n. 12. —; geb. in Halbfrz. à n.n. 14. —
1. Acute Infectionskrankheiten. Respirations- u. Circulationsorgane. Mit 50 Abbildgn. im Text. (VIII, 647 S.)
2. Digestionsorgane, Harnorgane, Bewegungsorgane, Constitutionskrankheiten. Vergiftungen. Mit 44 Abb. im Text.) (VII, 749 S.)
3. Krankheiten des Nervensystems. (VII, 731 S. m. 104 Abbildgn. u. 1 Taf.)
12. u. 13. Aufl. (à VII, 624; VII, 718 u. VIII, 708 S.) 899. 900.

Strümpell, Adf. v., Lehrbuch der speciellen Pathologie u. Therapie der inneren Krankheiten. Für Studirende u. Aerzte. 15. unveränd. Aufl. 3 Bde. gr. 8. Leipzig 904. F. C. W. Vogel. à n. 12. —; geb. in Halbfrz à n. 14. —
1. Acute Infectionskrankheiten. Respirations- u. Circulationsorgane. Mit 50 Abbildgn. im Text. (VIII, 647 S.)
2. Digestionsorgane, Harnorgane, Bewegungsorgane. Constitutionskrankheiten, Vergiftungen. Mit 44 Abbildgn. im Text. (VII, 740 S.)
3. Krankheiten des Nervensystems. Mit 104 Abbildgn. im Text u. 1 Taf. (VII, 731 S.)

Strümpell, Adf. v., Lehrbuch der speziellen Pathologie u. Therapie der inneren Krankheiten. Für Studierende u. Ärzte. 17. neu bearb. Aufl. 2 Bde. Lex. 8. Leipzig 909. F. C. W. Vogel. à 10.—; geb. à n 12. —
1. Mit 94 Abb. im Text u. 3 Taf. (XII, 743 S.)
2. Mit 129 Abb. im Text u. 3 Taf. (VIII, 864 S.)
16. Aufl. (XII, 739 u. VIII, 911 S.) 907. 20.—; geb. 24.—

—— kurzer Leitfaden für die klinische Krankenuntersuchung. Für die Praktikanten der Klinik zusammengestellt. 12. (31 S.) Ebendas. 887. geb. *

— kurzer Leitfaden für die klinische Krankenuntersuchung. Für die Praktikanten der Klinik zusammengestellt. 1. u. 2., verb. Aufl. 12. (32 S.) Ebd. 889. geb. n. — 80

— kurzer Leitfaden f. d. klin. Krankenuntersuchung. Für d. Praktikanten d. Klinik zusammengest. 4., verb. Aufl. 12. (34 S.) Ebd. 896. Geb. in Leinw. n. — 80

— kurzer Leitfaden für die klinische Krankenuntersuchung. Für die Praktikanten der Klinik zusammengestellt. 5. verb. u. verm. Aufl. 12. (40 S.) Ebd. 900. Geb. in Leinw. n. 1. —

— Kurzer Leitfaden f. d. klin. Krankenuntersuchg. Für die Praktikanten d. medizin. Klinik zusammengestellt. 6. verb. u. verm. Aufl. (56 S.) kl. 8. Ebd. 908. Geb. in Leinw. 1.25

—— über spinale progressive Muskelatrophie und amyotrophische Seitenstrangsklerose, s. Beiträge zur pathologischen Anatomie, experimentellen Pathologie und praktischen Medicin. Festschrift für F. A. v. Zenker.

Nervosität und Erziehung. Ein Vortrag f. Erzieher, Ärzte u. Nervöse von Prof. Dr. A[dolf] v. Strümpell in Breslau. Leipzig: F. C. W. Vogel 1908. (34 S.) 8° 08. 14431

— über die traumatischen Neurosen, s.: Klinik, Berliner.

— über den medizinisch-klinischen Unterricht. Erfahrungen u. Vorschläge. gr. 8. (34 S.) Leipzig 901. A. Deichert Nachf. n. 1. —
Sonderabdr. aus: „Festschr. d. Univ. Erlangen f. Prinzreg. Luitpold".

— über d. Untersuchung, Beurteilg. u. Behandlg. v. Unfallkranken. Prakt. Bemerkgn. gr. 8. (25 S.) München 896. J. F. Lehmann's Verl. n. 1. —

—— über die Ursachen der Erkrankungen des Nervensystems. Antrittsvorlesung, gehalten in der Aula der Universität am 13. Febr. 1884. gr. 8. (22 S.) Ebendas. 884. *

— u. Christfr. Jakob, neurologische Wandtafeln zum Gebrauche b. klinischen, anatom. u. physiolog. Unterricht. 13 farb. Taf. à 80 × 110, resp. 160 × 220 cm. M. Text. gr. 4. (7 S.) München 897. J. F. Lehmann's Verl. In Mappe n.n. 50. —

— über Wesen u. Behandlung der Tabes dorsalis, nach e. Vortrag, geh. auf dem X. internationalen medicin. Congresse in Berlin. [Erw. Sonderdr. aus: „Münch. medicin. Wochenschr."] gr. 8. (22 S.) München 890. Lehmann. n. — 60

— s.: Zeitschrift, deutsche, f. Nervenheilkunde.

Strümpell, Gustav

Strümpell, Gust., die ersten Bibelübersetzungen der Franzosen im 12., 13 u. 14. Jahrh. m. beigefügten Proben, u. die theolog., religiös., religiös-geschichtl. u. religiös-dramat. Werke Frankreichs aus den ersten Perioden seiner Literatur, vom 9. bis zum 15. Jahrh., f. Theologen, Geschichtsforscher u. Freunde der französ. Sprache nach mehreren Quellen u. den neuesten Forschgn. zusammengestellt. gr. 8. (VIII, 56 S.) Braunschweig 872. G. C. E. Meyer sen. n. 1. 20

— das französische Madrigal vom 16. bis zum 19. Jahrhundert, e. Sammlg. v. 80 Liebespoesien in deutscher Nachbildg., m. biograph. u. literaturgeschichtl Bemerkgn. üb. die Dichter. gr. 8. (VIII, 50 S.) Ebend. 873. n. 1. 20

Strümpell, Ludwig

Strümpell, Ludw., der Aberglaube, was er ist, woraus er entspringt u. wie er sich überwinden läßt. Ein Beitrag zur Volksbildg. gr. 8. (74 S.) Leipzig 890. Böhme Nachf. n. 1. 20

Strümpell, Ludw., Abhandlgn. aus d. Gebiete d. Ethik, d. Staatswissenschaft, d. Aesthetik u. d. Theologie. 6 Hfte. gr. 8. Leipzig 895. A. Deichert Nachf. n. 4.—; Einzelpr. n. 4. 95
1. H. Heine's Bericht „Zur Geschichte d. Religion u. Philosophie in Deutschland" an d. Franzosen im J. 1835. D. sittl. Weltansicht des Spinoza. Die Freiheit d. log. Denkens. (III, 33 S.) n. — 75
2. Uebersicht u. Beurtheilg. d. hauptsächl. Begründungsweisen der Ethik. De summi boni notione, qualem proposuit Schleiermacherus, dissertatio. (49 S.) n. — 80
3. Die sittl. Ideen. (59 S.) n. 1. —
4. Das Ideal d. Tugend u. d. Pflichterfüllg. Selbsterkenntniß u. Charakterbildg. im Hinblick auf d. sittl. Ideen. (50 S.) n. — 80
5. Die revolutionären Ereignisse in Deutschland im J. 1[illegible]. Die moral. Grundlagen d. öffentl. Verkehres. (47 S.) n. [illegible]
6. Die Unterschiede zwischen d. sinnl., d. intellectuellen u. dem ästhet. Interesse u. Wohlgefallen. Was hindert d. [illegible] d. Aesthetik zu e. Wissenschaft? D. falsche Verbindg. [illegible] Philosophie, Theologie u. Kirche. (39 S.) n. [illegible]

— Abhandlgn. zur Geschichte d. Metaphysik, Psychologie u. Religionsphilosophie in Deutschland seit Leibniz. 4 Hfte. gr. 8. Ebd. 896. n. 5. 25; Einzelpr. n. 6. —
1. Gottfried Leibniz u. d. Hauptstücke s. Metaphysik, Psychologie u. Religionsphilosophie. (VI, 91 S.) n. 1. 60
2. De methodo philosophica commentatio. — D. Metaphysik Herbart's nach ihren Principien u. in ihrem Verlaufe geschild. (64 S.) n. 1. —
3. D. wirkl. u. wesentl. Bestandtheile d. Welt, v. denen d. in ihr stattfind. Geschehen herkommt. — Johann Friedrich Herbart's Theorie d. Störgn. u. Selbsterhaltgn. d. realen [illegible], dargest. nach ihrer histor. u. systemat. Begründg. [illegible] d. Causalität u. d. Frage nach d. Ursprunge d. [illegible]. D. Causalitätsbegriff u. s. metaphys. Gebrauch in d. Naturwissenschaft. (134 S.) n. 2. 40
4. D. intellectuellen Verhältnisse d. Welt. — Von d. [illegible], d. Erhaltg., d. Regierung d. Welt u. v. d. Vorsehg. [illegible] u. d. Kategorien der Endlichkeit u. Unendlichkeit. (71 [illegible].) n. 1.

Strümpell, Ludw., pädagogische Abhandlungen. 4 Hfte. gr. 8. Leipzig 894. A. Deichert Nachf. n. 4. —; Einzelpr. n. 4. 80
1. Die Verschiedenheit der Kindernaturen. Ein Vortrag. (VII, 36 S.) n. — 75
2. Die Pädagogik Kant's u. Fichte's. (68 S.) n. 1. 25
3. Das System der Pädagogik Herbarts. (108 S.) n. 1. 80
4. Die Universität u. das Universitätsstudium. (67 S.) n. 1. —

Strümpell, L. (Hrsg.), s. Abhandlungen, Pädagogische, von Mitgliedern d. wiss.-pädagog. Practicums an der Univ. Leipzig.

Strümpell, Ludw., vermischte Abhandlungen aus d. theoretischen u. prakt. Philosophie. gr. 8. (VIII, 284 S.) Leipzig 897. Abel & Müller. n. 5. —

Strümpell [Ludw.], zum Andenken an Friedrich Fröbel. Ein Vortrag, in der gemeinsamen Sitzung der drei Schrebervereine zu Leipzig gehalten. 8. (24 S.) Leipzig 882, (Lorentz.) *

Strümpell L, die zeitliche Aufeinanderfolge der Gedanken. (Sammlung gemeinverständlicher wissenschaftlicher Vorträge 143) Berlin 1871

Strümpell, L., die zeitliche Aufeinanderfolge der Gedanken, s. d. Sammlung gemeinverständl. wissenschaftl. Vorträge.

Strümpell, Ludw., die Einleitung in die Philosophie vom Standpunkt der Geschichte der Philosophie. gr. 8. (VIII, 484 S.) Leipzig 886. Böhme. n. 6. 75

Strümpell, Entwurf der Logik. gr. 8. ($7^{1}/_{2}$ B.) Mitau 846, Reyher.

Strümpell, Erläuterungen zu Herbarts Philosophie, mit Rücksicht auf d. Berichte, Einwürfe u. Missverständnisse ihrer Gegner. 1. Hft. gr. 8. ($12^{1}/_{2}$ B.) Göttingen 834, Dieterich. Thlr.

Strümpell, Ludw., Erziehungsfragen, gemeinverständl. erörtert. Leipzig 869. Verl. für erzieh. Unterricht. gr. 8. (IV, 108 S.) n. 15 ngr

— Gedanken üb. Religion u. religiöse Probleme. Eine Darstellg. u. Erweiterung Herbart'scher Aussprüche. 8. (VIII, 241 S.) Ebd. 888. n. 3. 60

Strümpell, Ludw., die Geisteskräfte der Menschen verglichen mit denen der Thiere. Ein Bedenken gegen Darwin's Ansicht üb. denselben Gegenstand. gr. 8. (64 S.) Leipzig 878. Veit & Co. n. 1. 60

Strümpell, Ludw., die Geschichte der griechischen Philosophie zur Uebersicht, Repetition und Orientirung bei eigenen Studien entworfen. 1. Abthl. A. u. d. T.: Die Geschichte der theoretischen Philosophie der Griechen. gr. 8. (XII und 424 S.) Leipzig 854, Voss. Thlr. *

Strümpell, Ludw., die Geschichte der griechischen Philosophie zur Uebersicht, Repetition und Orientirung bei eigenen Studien entworfen. 2. Abthl.: Die praktische Philosophie. 1. Abschn. A. u. d. T.: Die Geschichte der praktischen Philosophie der Griechen vor Aristoteles. gr. 8. (X und 510 S.) Leipzig 861, Voss. *
1. Abthl. Ebendas. 1854. * 2 Thlr.

— Grundriß der Logik od. die Lehre vom wissenschaftlichen Denken. Für Studirende u. Lehrer. gr. 8. (VIII, 216 S.) Leipzig 881. Böhme. n. 2. 80

— Grundriß der Psychologie od. der Lehre v. der Entwickelung d. Seelenlebens im Menschen. gr. 8. (VII, 309 S.) Ebend. 884. n. 4. 20

Strümpell, Dr., die Hauptpuncte der Herbartschen Metaphysik, kritisch beleuchtet. gr. 8. Braunschweig 840. Leibrock. $1^{1}/_{4}$ ℳ

— der Causalitätsbegriff u. sein metaphysischer Gebrauch in der Naturwissenschaft. Ein Vortrag. gr. 8. (27 S.) Leipzig 871. Hässel. n. — 60

— Lehrpläne für Knaben-Elementarschulen im Dorpater Lehrbezirk mit den nöthigen Erläuterungen u. Ergänzungen, entworfen unter Mitberathung erfahrener Schulmänner. Dorpat 869. Gläser. gr. 8. (IV, 71 S.) n. 16 ngr

— die Natur u. Entstehung der Träume. gr. 8. (VIII, 126 S.) Leipzig 874. Veit & Comp. n. 2. —

— de summi boni notione, qualem proposuit Schleiermacherus, dissertatio. 8 maj. Dorpati 843. (Glaeser.) $^{1}/_{4}$ ℳ

— die Pädagogik der Philosophen Kant, Fichte, Herbart. Ein Ueberblick. gr. 8. Braunschweig 843, Leibrock. $1^{1}/_{4}$ ℳ

— psychologische Pädagogik. gr. 8. (VIII, 368 S.) Ebend. 880. n. 5. 40

Strümpell, Ludw., die psycholog. Pädagogik od. die Lehre v. der geistigen Entwickelung des Kindes, bezogen auf die Zwecke u. Ziele der Erziehung. 2. bedeutend verm. Aufl. Mit e. Einleitung hrsg. v. Alfr. Spitzner. (LXIX, 466 S.) 8. Leipzig (909). E. Ungleich. 8.—; geb. 10. —

— die pädagogische Pathologie oder die Lehre von den Fehlern der Kinder. Versuch e. Grundlegg. f. gebildete Ältern, Studirende der Pädagogik, Lehrer, sowie f. Schulbehörden u. Kinderärzte. gr. 8. (VI, 226 S.) Ebd. 890. n. 3. 60; geb. n.n. 4. —

— die pädagogische Pathologie od. die Lehre v. den Fehlern der Kinder. Versuch e. Grundlegg. f. gebildete Ältern, Studirende der Pädagogik, Lehrer, sowie f. Schulbehörden u. Kinderärzte. 2., bedeutend verm. Aufl. gr. 8. (X, 384 S.) Leipzig 892. E. Ungleich. n. 6. —; geb. n.n. 7. —

Strümpell, Ludw., die pädagogische Pathologie od. die Lehre v. den Fehlern der Kinder. Versuch e. Grundlegg. für gebildete Eltern, Studirende der Pädagogik, Lehrer, sowie f. Schulbehörden u. Kinderärzte. 3. bedeutend verm. Aufl. Hrsg. v. Alfr. Spitzner. gr. 8. (XVI, 556 S.) Leipzig 899. E. Ungleich. n. 8. —; geb. n.n. 9. 25

Die pädagogische Pathologie oder d. Lehre von d. Fehlern d. Kinder. Eine Grundlegung von Ludwig **Strümpell**, fortgeführt u. erw. von Dr. Alfred Spitzner. 4. bed. verm. Aufl. Leipzig: Ungleich (1910). XXIV, 844 S. 8° [10. 2060

Strümpell, die Universität und das Universitätsstudium. gr. 8. (82 S.) Mitau 848, Reyher'sche Vrlgsh. Thlr.

[F.] Die Unterschiede der Wahrheiten und Irrthümer. Von Ludwig **Strümpell**, Prof. . . . zu Leipzig. *Leipzig: Abel & Müller 1897.* (58 S.) 1 Bd 8. [98. 1436

—— die Verschiedenheit der Kindernaturen. Ein Vortrag. gr. 8. (2¾ B.) Dorpat 844, [Gläser's Verl.]

L. H. **Strümpell**: d. Verschiedenheit d. Kindernaturen. *Dorpat* u. *Pleskow*, Model. (Severin. B.) 844. gr 8° 6 gl

Strümpell, Dr., die Vorschule der Ethik. Ein Lehrbuch. gr. 8. Mitau 844, Reyher. 1⅓ Thlr

— der Vortrag der Logik und sein didaktischer Werth für die Universitätsstudien. Mit besond. Rücksicht auf die Naturwissenschaften. Abdr. aus der Pädagog. Revue. Berlin 858. Renger. gr. 8. (32 S.) 6 ngr.

Strümpell, Oskar: Ueber angeborene Cystenhygrome am Halse. München 1898 [vielm. 1903/04] : Kastner & Lossen. (30 S.) 8°
Würzburg, Med. Diss. v. 1898

Strumper, Plan von Hamburg vom 1. Januar 1900. 1 Blatt.

STRUMPER, G. Beiträge zur Kenntniss der Alpha-Nitroanthrachinonmonosulfonsäure und ihrer Derivate. Freiburg im Breisgau, 1885.

Strumpf, Nante, als Erzieher. 1910. V: *Fontane, Theodor.* (Lit. Echo VIII, Sp. 158) (Zeitschr. f. Büch. N. F. 15, 1923, S. 123)

Strumpf, Ferdinand Ludwig

Strumpf, Ferd. Ludw., über den rationellen Betrieb der Landwirthschaft. Wissenschaftlich-praktische Forschungen unter Rückblicken auf die neueste Litteratur des Landbaues. Berlin 858. Sacco. 8. (VIII, 554 S.) 1 Thlr. 22½ ngr.

Strumpf, Ferd. Ludw., die neuesten Entdeckungen der angewandten Chemie. gr. 8. (32½ B.) Berlin 845, Hayn.

Strumpf, F(erd.) L(udw.), die neuesten Entdeckungen der angewandten Chemie. 2. Bd. gr. 8. (XXIX und 651 S. mit 33 in den Text eingedr. Holzschn.) Berlin 851, Hayn.
1. Bd. Ebendas. 1845. 1 Thlr. 22½ Ngr.

Strumpf, F(erd.) L(udw.), die Fortschritte der angewandten Chemie. 1. Bd. 1. Abthl.: Agrikulturchemie. A. u. d. T.: Die Fortschritte der Chemie in ihrer Anwendung auf Agrikultur und Physiologie. 1. Thl. (Neue Folge der „neuesten Entdeckungen der angewandten Chemie.") gr. 8. (XIX und 388 S. mit eingedr. Holzschn.) Berlin 852(53,) Th. Enslin. *

—— dass. — 2. Bd. 2. Abthl.: Technische Chemie. A. u. d. T.: Die Fortschritte der Chemie in ihrer Anwendung auf Gewerbe, Künste und Pharmacie. 1. Thl. gr. 8. (XXXII und 392 S.) Ebds. 853. *

STRUMPF, F. L.
Die Fortschritte der angewandten Chemie. Berlin, 1853-'54. 2 vols., 8vo.
Vol. I, Part I, *also under the title:* Die Fortschritte der Chemie unter Anwendung auf Agricultur und Physiologie. [Neue Folge der neuesten Entdeckungen der angewandten Chemie.] 1853. Ill.
Vol. II, Part 2: Technische Chemie, *also under the title:* Die Fortschritte der Chemie in ihrer Anwendung auf Gewerbe, Künste und Pharmacie. [Neue Folge der neuesten Entdeckungen der angewandten Chemie.]

(**Strumpf, F. L.**,) die officinellen Gewächse, s. Gewächse.

Strumpf, Ferd. Ludw., Gleichungen des Grammengewichts mit den Unzen- u. neuen Landesgewichten nebst den zugehörigen Arzneigemässen. Leipzig 862. C. F. Winter. Lex.-8. (IV, 32 S.) n. 6 ngr.

—— systematisches Handbuch der Arzneimittellehre. 1. Bd. 1—7. Lfg. gr. 8. (56 B.) Berlin 845—47, Theod. Enslin. à L. *

—— systematisches Handbuch der Arzneimittellehre. 8. Lfg. gr. 8. (XVI und S. 897—1108, Schluss des 1. Bds.) Berlin 848, Enslin, Vrlgsh.
1—7. Lfg. Ebendas. 1845—47. Der Preis des 1. Bds. ist * 4 Thlr. 12 Ngr.

— systematisches Handbuch der Arzneimittellehre. (I. Bd.) VI—VIII. Lfg. u. II. Bd. 1—4. Lfg. [9—12. Lfg. des ganzen Werkes.] gr. 8. (I: XVI S. u. S. 641—1108. II: S. 1—512) Berlin 847—51, Th. Enslin. I, 6: n. 16 ngr I, 7 u. 8: n. 1 Thlr 6 ngr II, 1—4: à n. 16 ngr (I. II, 1—4: n. 6 Thlr 16 ngr)

— systematisches Handbuch der Arzneimittellehre. Bd. II. 5—7. Liefg. (Schluss des 2. Bds.) (13—15. Liefg. des ganzen Werkes.) Berlin 853—55. Th. Enslin. gr. 8. (XII, S. 513—1024.) n. 2 Thlr. 8 ngr.

Strumpf, F. L., die Lehre von der Arzneiordnung nach den neuesten Bestimmungen mit Darlegung der Grammen- u. Unzen-Berechnung. Berlin 867. Oehmigke's Verl. gr. 8. (VIII, 122 S.) n. 28 ngr.

—— die Normalgaben der Arzneien nach dem Unzen- und Grammengewicht zugleich als Repetitorium der Arzneimittellehre. Lex.-8. (XII und 147 S.) Leipzig 862, C. F. Winter'sche Verlagsh. *

Strumpf, F.L. allgemeine Pharmakopöe nach den neuesten Bestimmungen oder die offizinellen Arzneien nach ihrer Erkennung, Bereitung, Wirkung und Verordnung. Zum Handgebrauch für Aerzte und Apotheker. 2 Abthlgn. Lex.-8. Leipzig, C. F. Winter'sche Verlagsh. [1. Abthl. (S. 1—320.) 859. * 1 Thlr. 26 Ngr., 2. Abthl. in 2 Hälften. (CXXVII und S. 561—950.) 860. 61. 1. Hälfte * 1 Thlr. 10 Ngr., 2. Hälfte * 3 Thlr.] *

Strumpf, K. [Hrsg.], s. Schulze, Joh. Heinr.: Chemische Versuche.

Strumpf, Otto, aus Möderau b. Halle a. S.: **Nitrile und Amide von Pyridindicarbonsäuren.** *Halle a. S. 1902: C. A. Kaemmerer & Co.* (53 S.) 8°
Heidelberg, Naturw.-math. Diss. v. 1902

Strumpfband, das, e. komisches Heldengedicht. gr. 8. Chemn. 761. Andreä in Leipz. 4 gl

Strumpfband, das, e. komisches Heldengedicht. gr. 8. Chemnitz, Stößel. (Bauer in Leipz.) 765.

STRUMPFBAND, Das. Ein Comisches Heldengedicht, in Fünf Gesängen. Frankfurt und Leipzig 1765. Gr. 8⁰. (In Berlin: Yl 8051.) (1 Mk. G. Priewe, 1895; jetzt theurer!)
80 S. (incl. Titel). Einiges etwas frei. — Selten!

Strumpfband, Das, ein Roman. Leipzig 1767. V: *Gruber, Johann Gottfried* (pseud. *Adolf Grimm*). (Zeitschr. Büch. N. F. 15, 1923, S. 87)

Strumpfband, Das, ein Roman. Leipzig 1767. V: *Teubern, Hans Ernst von.* (GGr)

STRUMPFBAND, Das, ein (freier) Roman (in Crébillon's Manier). Mit TVign. (wobei Druckermarke). Leipzig, bey Joh. Gfr. Müller, 1767. 8⁰. Tit., 1 Bl. Vorr., 95 S. (In Berlin: Yv 6801.) (3 Mk. 50 Pfg. v. Zahn & Jaensch, Dresden, 1904.)
M. M. V. 1767. S. 892. — Scheint Uebersetzung oder freie Bearbeitung eines französ. Originals.

CÖLESTINENS Strumpfbänder. Eine Reihe geheimer Anekdoten. Berlin (Leipzig, Joachim), 1801. 8⁰.
Tit., 1 Bl. u. 104 S. Pikant und rar! Scheint Uebers. od. Bearb. eines französ. Originals. —

— — Dasselbe, tit.: Cölestinens Strumpfbänder, eine Reihe geheimer und galanter Anekdoten. 2. Aufl. Ebd., o. J. (c. 1803). 8⁰. (8 Sgr. Heberle, Cöln, c. 1870; jetzt theurer!)

Cölestinens Strumpfbänder. Eine Reihe geheimer und galanter Anekdoten. Dritte Auflage. Ebd., o. J. (Leipzig, Joachim, 1805). 8⁰. 2 Bll., 104 S.
Sämmtlich rar!

Strümpfel, Emil, Kolonialbesitz u. Christenpflicht, s.: Lehr u. Wehr für's deutsche Volk.

Strümpfel, Emil, s.: Studien, missionswissenschaftliche.

Was jedermann heute von der Mission wissen muss. Von Emil **Strümpfel**, Pastor. Mit 29 Ill. u. 1 Religionskarte von D. R[einhold] Grundemann. 1.–10. Taus. *Berlin: M. Warneck 1901.* (VI, 191 S.) 8° [F.]
(01. 667)

Strümpfel, E., Wegweiser durch d. wissenschaftl. u. pastorale Missionslitteratur, unt. Mitwirkg. v. Fachmännern bearb., hrsg. v. Vorstande d. Missionskonferenz d. Prov. Sachsen. gr. 8. (V, 104 S.) Berlin 898. M. Warneck.
n. 1. —

— Neuer Wegweiser durch die deutsche Missionsliteratur, im Auftrage der deutschen Missionskonferenz hrsg. vom Vorstande der Missionskonferenz in der Prov. Sachsen, unter Mitwirkg. v. Fachmännern bearb. (113 S.) gr. 8. Berlin 908. M. Warneck. — 60

Strumpff, C. C., s. C. *Linnaei,* Genera Plantarum etc.

Strumpf-Fabrik, Die, auf dem Gute Ilgen in Kurland. [Mitau 1806.] V: *Watson, Carl Friedrich.* (R-N)

Strümpfler, C. L. P.: Allegate zu dem Allgemeinen Landrechte, der Gerichts-, Criminal-, Hypotheken- u. Deposital-Ordnung, dem Sportel-Cassen-Reglement, der Sportel-Taxe u. dem Stempel-Gesetze der Preuß. Staaten. Magdeburg 1825.

Bd 1. Allegate zum Landrechte.
„ 2. Allegate zur Gerichts-, Criminal-, Hypotheken- u. Deposital-Ordnung.

Strümpfler, C. L. P., Allegate zum allgem. Landrechte, der Gerichts-, Criminal-, Hypotheken- u. Deposital-Ordnung, dem Sportelkassen-Reglement, d. Sporteltaxe u. dem Stempelgesetze der preuß. Staaten, der auf einander Bezug habenden Vorschriften derselben ꝛc. 2 Bde. gr. 8. Magdeb. 824. Rubach 1 ℛ 18 g̃. 2e verb. u. verm. Aufl. 2 Bde, mit Regist. gr. 8. Halberst. 828. (Weinedel in Leipz.) 2 ℛ 16 g̃.

Struemphler, J. Z., De spasmorum externorum ratione ad viscera indeque oriunda complicatione. 26 pp. Hal. 4°.
1762.

Strümpfler (Resp.): Diss de spasmorum externa ratione..., s. Boehmer, Ph. Ad. (Praes.)

Strunck, Amos K.: Beamten von Berks Caunty, für jedes Jahr, von 1752 bis 1860. Gleichfalls, die Stimme der Caunty bey den Präsident- u. Gouvernörs Wahlen. *Reading, Pa.: Carl Kessler 1859. 124 S.*

Strunck, Ernst, a. Schaerbeek bei Brüssel: Carbonyl und Doppelbindung. Halle a. S. 1905: C. A. Kaemmerer. (69 S.) 8°
Halle, Phil. Fak., Ref. Doebner, Diss. v. 18. Aug. 1905
[Geb. 1. Aug. 80 Schaerbeek bei Brüssel; Wohnort: Mainz; Staatsangeh.: Belgien; Vorbildung: Realgymn. Kassel Reife O. 00; Studium: Leipzig 2, Bonn 3, Halle 3 S.; Rig. 23. Mai 05.]

Strunck, Ferdinand

Strunck, Ferd., die preußische Flotte. Eine geschichtl. Skizze. 8. (57 S.) Elberfeld 877. Bädeker in Comm. n. 1. —

Strunck, F. Die preußische Flotte. Eine geschichtliche Skizze. Elberfeld 1877. 8°. (Aus: Siegener Kreisblatt 1870/71.)

— führende Geister. 12. (124 S.) Duisburg 897. Verlags-Anstalt d. General-Anzeigers f. Duisburg u. Umgegend (Duisburger Tageblatt). Geb. n. 2. —

Strunck, Ferd., die Geschichte der armen Lore. Ein Zeitbild, im Freilicht gemalt. (360 S.) 8. Dresden 903. E. Pierson. n. 3. 50; geb. n. 4. 50

Strunck, Ferd., d. Herrschaft d. Sclaven. (Zeit-Roman.) 8. (223 S.) Duisburg 898. A. Köndgen. n. 2. —

Kevelaer. Ein Roman von Ferdinand **Strunck**. Berlin, Cöln, Leipzig: A. Ahn [1905]. (200 S.) 8° [F.]
(08. 16533)

[F.] Michol. E. Erzählg in Bildern aus d. Zeit d. Lehrwandels Christi. Von Ferdinand **Strunck**. *Duisburg a. Rh.: Verlagsanst. d. Gen.-Anz. f. Duisburg u. Umg. 1897.* (164 S.) 1 Bd 8.
(98. 3640)

Strunck, Ferd., Reste des Menschentums. Zeitbild aus dem Hintergrunde d. „Lex Heinze". 8. (174 S.) Dresden, 901. E. Pierson. n. 2. 50; geb. n. 3. 50

— Säulenheilige. Ein Zeitbild. 8. (293 S.) Ebd. 900. n. 4. —; geb. n. 5. —

[F.] Wie Caliban geboren wurde. Drama in 5 Akten v. **Ferdinand Strunck** ... *Duisburg: Gen.-Anz. f. Duisburg u. Umg. 1897.* (79 S.) 1 Bd 8. [98. 3643

Strunck, Franz

Strunck, (Petr.) Franc. (Hub.) (geb. Warth bei Siegburg 3. 2. 1842): De mulierum haemorrhagiis inter et post partum. Berolini (1863). (31 S.) 8°
Berlin, Med. Diss. v. 7. Aug. 1863

Strunck, Mich., kurzer historischer Bericht von dem Leben, den Reliquien u. wunderbaren Geschichten des heil. Bischofs Liborius, Schirm- u. Schutzheiligen der Stadt u. Diöcese Paderborn in Westphalen, wie auch besond. Patrones wider alle Krankheiten u. besond. wider den Gries u. Stein ꝛc. Warendorf 864. (Paderborn, Schöningh.) 12. (IV, 104 S. mit 1 Stahlst.) n. 4 ngr.

Strunk, Michael, Leben des heil. Liborius. Uebertragung, Raub und Rückkehr seiner hh. Gebeine. Nebst einem Anhang verschiedener Gebete zum heil. Liborius ꝛc. 16. (104 S.) Paderborn, Esser. *

[F.] Ueber das Leben, die Reliquien und wunderbaren Geschichten des heiligen Bischofs Liborius, Schirm- u. Schutzheil. d. Stadt u. Diöc. Paderborn u. mächtigen Helfers b. Steinschmerzen ... vf. v. **Michael Strunck**, vorm. Priester d. Ges. Jesu u. Prof. ... Von neuem hrsg. v. e. geistl. Gymnasialoberl. ... *Paderborn: Verl. d. Bonifacius-Dr. 1896.* (VIII, 140 S., 1 Bl., 1 Taf.) 1 Bd 8. [96. 6370

Strunck, Michael, S. J., über das Leben, die Reliquien u. wunderbaren Geschichten des hl. Bischofs Liborius, Schirm- u. Schutzheiligen der Stadt u. Diözese Paderborn u. mächtigen Helfers bei Steinschmerzen u. andern Krankheiten. Zur Vermehrg. der Andacht des Volkes verf. Von neuem hrsg. v. B. Kuhlmann. 2. Aufl. (VIII, 143 S. m. Titelbild.) kl. 8. Paderborn 908. Bonifacius-Druckerei. — 50

Strunck, Mich., Leben der Heiligen Westfalens. Aus dem Lateinischen übersetzt, mit Anmerkungen versehen u. verm. von Frz. Caspar Goebbel. 2 Bde. Münster 863, 64. Coppenrath. 8. (VIII, 228 S.; IV, 220 S.) Jeder Bd. 18 ngr.

Strunck, Mich., Westphalia sancta pia beata s. vitae eorum, qui sanctitate sua piisque exemplis Westphaliam illustrarunt. Conscripsit primumque edidit. Recognovit ac denuo ed. Guil. Engelb. Giefers. Vol. I et II. 8maj. Paderbornae, Schöningh. [I. (XII und 240 S.) 854., II. (V und 226 S.) 855. à Vol. * 24 Ngr.] *

Strunck, Theodor: Beitrag zur kutanen Applikation der Salicylsäure. Greifswald 1899: H. Adler. (34 S.) 8°
Greifswald, Med. Diss. v. 16. März 1899

Strünckmann, K[arl]: Beitrag zur Bakteriologie der Puerperalinfektion. *Berlin: S. Karger 1898.* (68 S.) 8°
Leipzig, Med. Diss. v. 4. Dez. 1897

Zur Bacteriologie der Puerperal-Infection. Von Dr. K. **Strünckmann** in Göttingen. *Berlin: S. Karger 1898.* (68 S.) 1 Bd 8. [98. 2239

Strünckmann, die Naturheilkunde u. ihre prakt. Vertreter in Gegenwart u. Zukunft. (79 S.) 8. Wolfenbüttel 907. J. Zwißler. — 75

Strunden, Franz, aus der med. Poliklinik in Bonn. Casuistischer Beitrag zur Lehre vom pulsirenden Milztumor. Diss. Bonn 1887, Emil Strauss. 8°. 21 S.

Strungk, N. A. 2. Beitrag zur Geschichte der ältesten deutschen Oper, s. Zelle, Friedr.

Strunk, Ant., St. Antonius u. d. Lilie d. Jungfräulichkeit. Schausp. m. Gesang in 5 Aufzgn. E. Festgabe z. 700jähr. Geburtsfeste d. hl. Antonius v. Padua. 8. (106 S.) Augsburg 895. Literar. Institut v. Dr. M. Huttler. n. 1. —; Musikbeilage dazu. gr. 8. (17 S.) n. 1. 50

Strunk, Gustav [app. Arzt aus Salzuflen]: Aus d. patholog. Institute zu Kiel. Cystische Erweiterung des Pankreasganges ... Kiel, Druck v. H. Fiencke, 1895; 21 S. 8.
Kiel, Med. Fak., Inaug.-Diss. v. [6. Aug.] 1895

Strunk, Hanns Martin, Die Fuhrwerks-Theorie. Ein Leitfaden zum Selbstunterrichte für Officiere und Einjährig-Freiwillige, Cadetten der k. u. k. Train-Truppe und für Proviant-Officiere der k. u. k. Armee. 2. Auflage. Mit 16 in den Text gedruckten Zeichnungen. Gr.-8. (IV, 118 S.) 1.—
Wien: Seidel 1897.

Strunk, Heinrich [aus Buir, Rheinpreussen]: Chemische und bakteriologische Studien über „einfach jodierte Oxychinoline" ... Freiburg i. B., F. Wagner'sche Buchdr., 1897; 60 S. 8.
Freiburg i. B., Phil. Fak., Inaug.-Diss. v. 1897

Strunk, Herm., Quellenbuch zur Geschichte des alten Erzstifts Bremen u. Niedersachsens, s.: Beiträge zur Heimatkunde des Reg.-Bez. Stade.

Strunk, Hermann, a. Dobien: Die hohepriesterliche Theorie im Alten Testamente. Halle a. S. 1906: Gebauer-Schwetschke. (63 S.) 8° ¶ (T. 2 der Arbeit; T. 1 erscheint in: Theol. Studien u. Kritiken Jg. 1907.)
Halle, Phil. Fak., Ref. Praetorius, Diss. v. 10. Okt. 1906
[Geb. 18. Apr. 82 Dobien, Kr. Wittenberg, Prov. Sachsen; Wohnort: Halle a. S.; Staatsangeh.: Preußen; Vorbildung: Gymn. Wittenberg Reife O. 01; Studium: Halle 11 S.; Rig. 1. Aug. 06.]

— Wie die Sachsen nach Hadeln kamen. Eine quellenkrit. Untersuchung. (17 S.) 8. Hannover 910. E. Geibel. — 80
Sonderabdr. aus: „Jahresber. d. Männer v. Morgenstern".

Strunk, Karl, approb. Arzt aus Gelsenkirchen: Ueber ein Fibrosarkom des Uterus. *Freiburg i. B. 1899: C. A. Wagner.* (18 S.) 8°
Freiburg i. B., Med. Diss. v. 1899

Strunk, Paul, Schnurren. (III, 160 S. m. Abbildgn.) 8. Bischwitz a. d. Weide bei Hundsfeld (906). (Breslau, Goerlich & Coch.) Geb. in Leinw. n. 3. —

Schnurren von Paul **Strunk**. Bischwitz bei Hundsfeld: [Selbstverl. 1907]. (150 S.) 8° [F.] [07. 4669

Strunk, S. I., Analium Paderbornensium Pars III., vide Schaten.

Struntz, Carl (geb. Düben an d. Mulde 28. 11. 1847): Ueber penetrirende Brustwunden, soweit dieselben durch Kriegswaffen hervorgebracht werden. Berlin (1873). (31 S.) 8°
Berlin, Med. Diss. v. 16. Juli 1873

Strunz, Ernst, Anweis. zur wälschen Praktica. 8. Leipz. Junius. (Gleditsch.) 742.

— neu aufgerichtete Rechenschule. 8. Leipz. Junius. (Enoblochs.) 717.
Vgl. Strunze, Ernst.

Strunz, Franz, aus Prag (Oesterr.): **Beiträge zur Entstehungsgeschichte der stoechiometrischen Forschung.** (Eine Kritik d. inductiven Naturwissenschaft.) *Berlin (1901): E. Ebering.* (156 S.) 8°
Berlin, Phil. Diss. v. 25. März 1901

Strunz, Frz., Beiträge u. Skizzen zur Geschichte der Naturwissenschaften. (VII, 192 S. m. 1 Abb.) gr. 8. Hamburg 909. Leipzig, L. Voss. 5. —

Strunz, Frz., die Chemie im klassischen Altertum, s.a. Vorträge u. Abhandlungen, hrsg. v. der Leo-Gesellschaft. 23.

Strunz, F., Die Chemie im klassischen Altertum. Beitrag zur Geschichte der Chemie. [Vorträge und Abhandlungen, hrsg. von der Leo-Gesellschaft. Heft 23.] 8°. (25 S.) K —.50
Wien: Mayer 1906.

— über antiken Dämonenglauben, s.: Sammlung gemeinnütziger Vorträge. Nr. 319.

— Geschichte der Naturwissenschaften im Mittelalter. Im Grundriss dargestellt. (VII, 120 S. m. 1 Abbildg.) Lex. 8. Stuttgart 910. F. Enke. 4. —

— Johann Baptist van Helmont (1577—1644). Ein Beitrag zur Geschichte der Naturwissenschaften. (VII, 66 S.) gr. 8. Wien 907. F. Deuticke. 2. 50

Strunz, Franz. G(eorg) W(ilhelm) A(ugust) Kahlbaum (1853—1905). Nachruf. [Mit Porträt-Tafel.] Sonder-Abdruck aus den Berichten der Deutschen Chemischen Gesellschaft, Jahrg. 38, Heft 18. II + 10 S. 8. Berlin (Buchdr. A. W. Schade,) 1906.

— **Naturbetrachtung u. Naturerkenntnis im Altertum. Eine Entwickelungsgeschichte der antiken Naturwissenschaften.** (VII, 168 S.) gr. 8. Hamburg 904. L. Voss. n. 5. —

Strunz, Franz. Theophrastus Paracelsus, sein Leben und seine Persönlichkeit. Ein Beitrag zur Geistesgeschichte der deutschen Renaissance. ([Mit Buchschmuck] von E[mil] R[udolf] Weiss [und 6] Tafeln.) 128 S. 8. Leipzig, Eugen Diederichs, 1903. [M. 4. —, geb. M. 5. —]

(Neuausgabe Paracelsischer [Werke. Einführungs-Band].)

STRUNZ, Franz: De purgatorio. — (1870) 94 S. 8° (Handschr.) Diss. 269
Diss. Wien, Univ.

Über die Vorgeschichte und die Anfänge der Chemie. Eine Einl. in d. Geschichte d. Chemie d. Altertums von Dr. Franz **Strunz**, Privatd. Leipzig & Wien: F. Deuticke 1906. (69 S.) 8° [c6. 3060

— das Werden u. die Lehre Friedrich Nietzsches, s.a. Sammlung gemeinnütziger Vorträge. Nr. 308

(F) **Strunz,** F., Das Werden und die Lehre Friedrich Nietzsches. [Sammlung gemeinnütziger Vorträge. Nr. 308.] Gr.-8°. (Pag. 74—90.) † Prag: Calve 1904. K —.2(

Strunz, Friedrich [Praes.], s. Burg, Johann Heinrich von: De opera poetarum in primis Latinorum ad illustr. historiam Saxon. collata.

Strunz, Friedrich [Praes.], s. Eccard, Paul Jacob: Quod bene vertat ἰουλον ἀσμα.

Strunz, Friedrich [Praes.], s. Hoffmann, Benjamin: Ululatum in sacris Minervae.

Strunz, Friedrich [Praes.], s. Hoffmann, David: Controversias ex historia ecclesiastica ac sigillatim seculis primo alteroque novissime excitatas.

Strunz, Friedrich [Praes.], s. Marche, Karl Siegismund: Ex historia Saxonica titulos electoris Saxonis.

Strunz, Friedrich [Praes.], s. Matthaeus, Jo. David: Nisum Samsonis symbolum.

Strunz, Friedrich [Praes.], s. Moneta, Johann: Problema mythologicum: utrum immolatio phrixi eadem sit ac Isaaci nec ne?

Strunz, Jorge Harry, aus Barranquilla (Republik Columbien): Die **Entartung** der Uterusmyome nebst Veröffentlichung eines Falles aus der chirurg. Universitätsklinik in der Königlichen Charité. *Berlin (1900): G. Schade.* (29 S.) 8°
Berlin, Med. Diss. v. 30. Okt. 1900

Strunz, Karl, Johann Wenzel Kalliwoda, s.: Vorträge u. Abhandlungen, hrsg. v. der Leo-Gesellschaft. 82.

Karl Friedrich Strunz

Carolus Frid(ericus) Strunz: Nonnulla de praecavenda hydrophobia a morsu canis rabidi. Berolini (1826:) Petsch. 23 S. 8
Berlin, Med. Diss. v. 1. Nov. 1826

Strunz, Käthe, schemat. Leitfaden der Kunstgeschichte bis zum Beginne des XIX. Jahrh. Eine Uebersicht. (XI, 152 S.) 8. Wien 905. F. Deuticke. n. 2. —

Strunz, Martin, approb. Arzt aus Lengenfeld i. Vogtl.: **Klinischer Beitrag** zur Lehre von der Spina bifida. *Erlangen 1903: E. Th. Jacob.* (43 S.) 8°
Erlangen, Med. Diss. v. 22. Juli 1903

Strunz, W. Guide to Carlsbad, s. Woerl's manuals of travel.

Strunz v. Stronsky, Frz., freimüthige Briefe üb. die Schafzucht in Böhmen u. Oesterreich. 8. Wien 788. Kreus. 12 gr

Strunz F.: Freymüthige Briefe üb. die Schafzucht in Böhmen u. Oesterreich. Wien 1788. 228 S.

M. *Ernst Strunze's* Neuaufgerichtete Rechen-Schule, darinnen die 3 Classen nach abgehandelten specieb. gelehrt wird, wie nach der welschen Practica Lehrende und Lernende auf das leichteste, kürzeste und behendeste in Dingen ohne Brüche das gesuchte facit erfinden können, nebst der Reduction der Münzen, Maafs, der Ellen und Getraide und Gewicht ist dabey als ein Anhang in Tabellen zu finden mit Anweisung des nützlichen Gebrauchs. Leipzig bey Fr. Lanckischen Erben. 2 Alph. 2 und ein halber Bog. 8. 1717.
Vgl. Strunz, Ernst.

Strunzius, M. F. Vera linguarum quarundam eruditio. Diss. Wittenberg 1707. 28 S. 4.

Strupp, Gustav, approb. Arzt aus Treysa: **Aus d.** psychiatr. Klinik zu Kiel. Über Multiple **Sklerose.** *Kiel 1903: Schmidt & Klaunig.* (23 S.) 8°
Kiel, Med. Diss. v. [10. Sept.] 1903

Strupp, J., populäre Darstellung des Anklageprozesses u. des Schwurgerichts, mit besonderer Berücksichtigung der engl. u. französ. Gesetzgebung. gr. 16. (VIII u. 103 S.) Hildburghausen 849, Bibliographisches Institut. (Leipzig, Gebhardt & Reisland.) n. 7 ngr

Strupp, J. R., Erläuterungen zum besseren Verständniß der 1871, bereits in der 4. Aufl. erschienenen Broschüre d. Dr. Nagel in Barmen üb. Fleischessen. 8. (141 S.) Leipzig 874. Thomas. n. 1. 50

Strupp, J. R., Heilungen verschiedener Krankheiten auf homöopathischen Grundsätzen beruhend. 1. Heft. 8. (IV, 76 S.) Leipzig 875, (Thomas.) *
Nicht weiter erschienen.

Strupp, Karl: S c h a d e n e r s a t z wegen Ehebruchs, Eheverlassung und in ähnlichen Fällen. Gotha 1910: F. A. Perthes. VI, 81 S. 8° (Ersch. auch als Buch ebd.)
Heidelberg, Jur. Diss. v. 28. Febr. 1910, Ref. Heinsheimer

STRUPPLER, Theodor (Speyer): Zur Kenntnis der reinen (nichtcomplicierten) Rückenmarkserschütterung. Eine pathologisch-histologische Untersuchung.- München: Kastner & Lossen 1896. 19 S. 28.11.1895 - Chr 1895/96,9; Jv 1895/96,230 (Prom.-Datum:1896)
Diss. Ingolst.-Landsh.-Mchn.

Struppler, Thdr., zur Kenntniss d. reinen (nichtcomplicierten) Rückenmarkserschütterung, s.a. A b h a n d l u n g e n, Münchener medicin., I, Hft. 27.

STRUSBERG, Dr. (ps.), R e b e k k a d i e s c h ö n e J ü d i n, oder J u d e n h a s s u n d C h r i s t e n l i e b e. Roman. O. J. (18**).
Weller, Lex. Ps. p. 542. — Selten!

Strusberg, die Tochter des Juden und der Schwur des Christen oder verflucht und verstoßen. Historisch-romant. Erzählung aus der Gegenwart. 29 Hefte. gr. 8. (1248 S.) Leipzig 877,78. [Otto und Kadler.] Kunțschmann. à Heft 40 Pf.

Struschka, Hermann

Struschka H.: Über die Bewegung des Wassers in der Pflanze. 12. Kremsier R. 78·
Progr.

Struschka, Herm., Kaiser Franz Joseph I. 8. (60 S.) Wien 888, Szelinski.

Struschka, Herm. Über einige (zumeist) praehistorische bei und in Kremsier gemachte Funde. 30 S. u. 2 Taf. 8.
Progr. G. *Kremsier* 1884.

Struschka, Hermann Prolog zur Mozart-Feier am 10. Januar 1892. 8 (S. 30—32). K. k. zweites deutsches Oberg. *Brünn* 1892.
Progr.

Struschka, Herm. Die Umgebung Mostars, eine geographisch-naturwissenschaftliche Studie. 43 S. 8. **Progr.** G. *Kremsier* 1880

Strusiewicz, Boleslaus von, a. Lemberg: Über den Nährwert der Amidsubstanzen. Melle i. Hann. 1904: F. E. Haag. (49 S.) 8°
Göttingen, Phil. Fak., Ref. F. Lehmann, Diss. v. 21. Febr. 1905
[Geb. 27. März 79 Dublany; Wohnort: Lemberg; Staatsangeh.: Oesterreich; Vorbildung Gymn. Lemberg Reife Juni 97; Studium: Dublany landw. Hochsch. 6, Göttingen 6 S.; Rig. 2. Nov. 04.]

Struska, J., Anleitung zu den anatomischen Präparir-Uebungen. Für Studirende der Thierheilkunde. 8. (VI, 115 S.) Wien 887. Braumüller. n. 2.—

Struska, J., Lehrbuch der Anatomie der Hausthiere. (XVI, 828 S. m. 164 Abbildgn.) gr. 8. Wien 903. W. Braumüller. n. 20.—

Struß, Ernst August, a. Hannover: Über das 4-Nitrocumaron und seine Umwandlungsprodukte. Rostock 1907: C. Boldt. (64 S.) 8°
Rostock, Phil. Fak., Ref. Michaelis, Diss. v. 8. Jan. 1907
[Geb. 22. Juni 80 Hannover; Wohnort: Rostock; Staatsangeh.: Preußen; Vorbildung: Realgymn. 1 Hannover Prima-Reife O. 99; Studium: T.H. Hannover 7, Univ. Rostock 8 S.; Rig. 3. Jan. 07.]

Struß, Pet., Briefe an Claus Jürgen. 1. Brief: Der Reichsverweser. 2. Brief: Der alte Herr in Hannover. gr. 8. (à 4 S.) Hamburg 848, Meißner & Schirges. (1: ½ ngr 2: 1 ngr) 1½ ngr

Strussenfelt, Ulrika v., Pehr Brahe der Jüngere, s.a. L e s e k a b i n e t, leipziger.

Strussenfelt, Ulrika v., (P i l g r i m e n), Pehr Brahe der Jüngere. Historischer Roman. Aus dem Schwed. von C. F. S c h i r f. 5 Thle. Wien 857. Hartleben. 8. (227; 239; 241: 252: 257 S.) 3 rthl. 15 ngr.

Struth, ..., 9 drei-, und 8 vierstimmige Gesänge für Männerstimmen, zunächst für die oberen Classen des Gymnasiums zu Darmstadt bestimmt. ... Darmstadt ... Pabst. 5/12 rthl.

Struth, A., Rossini, s. B e r g s o n ' s Eisenbahnbilder.

Struth, Georg: Über Beziehungen zwischen Löslichkeit und chemischer Konstitution. Giessen 1909: Brühl. 58 S. 8°
Gießen, Phil. Diss. v. 10. Aug. 1909, Ref. Naumann
[Geb. 15. Mai 85 Lauterbach (Oberhessen); Wohnort: Gießen; Staatsangeh.: Hessen; Vorbildung: Oberrealsch. Darmstadt Reife O. 04; Studium: München 1, Gießen 6 S.; Rig. 15. Juli 09.] [U 09. 1237

Struth, Hermann: Ueber die Einwirkung von überschüssigem Phenol und von überschüssigem Natriumhydroxyd auf Phenolnatrium beim Siedepunkt seiner wässerigen Lösungen. Giessen 1909: Nitschkowski. 36 S. 8°
Gießen, Phil. Diss. v. 1. April 1909, Ref. Naumann
[Geb. 24. Febr. 82 Nieder-Ingelheim; Wohnort: Gießen; Staatsangeh.: Hessen; Vorbildung: Herbst-Gymn. Mainz Reife M. 02; Studium: Bonn 2, Berlin 3, Gießen 5 S.; Rig. 13. Juli 07.] [U 09. 1238

Strutt, J. W., s.: R a y l e i g h, Baron.

Strutyński, Jul. Hrab., kilka badań geologicznych i dziejowych Kaukazu. (Einige geologische und geschichtliche Forschungen über den Kaukasus.) gr. 8. (VII und 71 S.) Berlin 857, Behr's Buchh.

Strutz, Anton: B e i t r ä g e zur Kenntnis der Vorbedingungen des Colloidalzustandes. Heidelberg 1898: J. Hörning. (32 S.) 8°
Heidelberg, Naturw.-math. Diss. v. [15. Febr.] 1898

Strutz, Georg: Die B e s t e u e r g. des Gewerbebetriebes im Umherziehen, d. Wanderlagerbetriebes u. d. Eisenbahnen, s. T a s c h e n - G e s e t z s a m m l u n g.

Strutz, Betrachtgn. zur Reichszuwachssteuer. (99 S.) 8. Berlin 910. C. Heymann. 2.—

Strutz, G., das preußische Einkommensteuergesetz, s.: F u i s t i n g, B.

S t r u t z : Die Einkommen- und Gewerbesteuerpflicht der eingetragenen Genossenschaften. Stettin: Verl. des Verbandes pommerscher landw. Genossenschaften 1904.

Dass. 2.Aufl. 1907.

— Das Ergänzungssteuergesetz (Vermögenssteuer). s.a. T a s c h e n - G e s e t z s a m m l u n g. 11. Bd.

Strutz, [G e o r g], Das E r g ä n z u n g s s t e u e r g e s e t z (Vermögenssteuer) vom 14. Juli 1893 4. Aufl. Berlin 1909. 8°.
(Taschen-Gesetzsammlung. B. 11.)

Strutz, Georg: Das G e s e t z wegen Aufhebung direkter Staatssteuern vom 14. Juli 1893, s.a. T a s c h e n - G e s e t z s a m m l u n g.

Strutz: Das Gesetz wegen Aufhebung direkter Staatssteuern vom 14. Juli 1893 nebst den zur Ausführung desselben ergangenen Bestimmungen. 2. Aufl. Berlin : Heymann 1894.

Strutz, G., Gesetz, betr. die Waarenhaussteuer, s.a. G u t t e n t a g ' s Sammlung preuß. Gesetze. 27.

Strutz, G[eorg]. Gesetz, betreffend die Waarenhaussteuer. Vom 18. Juli 1900. Text-Ausg. m. Anmerk. u. Sachreg. Berlin 1900. 8°.
(Guttentagsche Sammlung Preuss. Gesetze. Nr 27.)

— Gesetz-Sammlung, s.: Grotefend, G. A.

— d. preuß. Gewerbesteuergesetzgebg., s.: Falkmann, Rud.

— Das Kommunalabgabengesetz vom 14. VII. 1893, s.a. Taschengesetzsammlung 10. Bd.

Strutz: Das Kommunalabgabengesetz vom 14. Juli 1893 nebst dem Gesetz wegen Aufhebung direkter Staatssteuern vom 14. Juli 1893. Erl. Berlin 1893.

Strutz, [Georg], Das Kommunalabgabengesetz vom 14. Juli 1893 nebst Ausführungsanweisung vom 10. Mai 1894 und Mustersteuerordnungen. 4. Aufl. Berlin 1908. 8°.
(Heymanns Taschengesetzsammlung. 19.)

Strutz, Geo., die Kommunalverbände in Preußen. Eine Darstellung der im Preuß. Staate geltenden Städte-, Landgemeinde-, Kreis- und Provinzial-Verfassungen. 8. (XII, 290 S.) Berlin 888, Springer. cart. *

— der Staatshaushalt u. die Finanzen Preussens, s.: Schwarz, O.

Strutz. Zur Steuerreform. gr. 8. (48 S.) Berl. 892, v. Decker. — 75

Strützki, Eduard

Strützki, Ed., und St. Genzmer, Leitfaden zum Studium des preußischen Rechts insbesondere für Anwärter des Gerichtsschreiberamtes. 9 Lfgn. gr. 8. (XXVIII, 848 S.) Berlin 882,83, Vahlen. à Lfg. *ℳ 1,50.; compl. geb. *

Strützki, Ed., und St. Genzmer, Leitfaden des preußischen Rechts, für Kandidaten des Justiz- und Verwaltungsdienstes, insbesondere für Justizanwärter bearb. 2. umgearb. Aufl. 6 Lfgn. gr. 8. Berlin 888, Vahlen. [1. Lfg. (S. 1—80.) *ℳ 1.20.; 2. Lfg. (S. 81—240.) *ℳ 2.50.; 3.—6. (Schluß-)Lfg. (XXXII, S. 241—1008.) *ℳ 11.30. Subscr.-Preis.] Ladenpr. compl. *ℳ 18.—.; geb. *

Strützki, E., u. G. Genzmer, Leitfaden zum Studium des preuß. Rechts, 3. Aufl., s.: Stephan, R., Handbuch.

Den Wittwen und Waisen unsrer i. d. e. O. eingegangenen Brüder. Eine Sammlung der Vorträge des Br. [Edu.] **Strützki** vom Johannistage 1870 bis dahin 1872. Görlitz: Koblitz in Komm. 1872. IV, 78 S. 8⁰
Recens: FZ. 26 (1872) S. 325.
Tt. 1919a. 8 Vorträge u. 3 Festgesänge. 25.

Struetzki, Eman. Guil. (geb. Schmiedeberg in d. Prov. Sachs. 10. 5. 1836): De hydrocephalia et hydrorrhachia. Berolini (1860). (32 S.) 8°
Berlin, Med. Diss. v. 4. Aug. 1860

Struv, Fr. Gottl., s. Struve, Friedrich Gottlieb

Struv, Geo. Adam, s. Struve, Georg Adam

Struve, A., üb. die Schichtenfolge in den Carbonablagerungen im südlichen Theil d. Moskauer Kohlenbeckens, s.a. Mémoires de l'académie impériale des sciences de St.-Pétersbourg.

Struve (A.). Ueber die Schichtenfolge in den Carbonablagerungen im südlichen Theile des Moskauer Kohlenbeckens. St. Petersburg 1886. 4.

Struve, Ad., s. Struve, Johann Adam

Struve, Alexander *Gustav Adolf* [aus Leipzig]: Substituierte Säureester des Azoimides ... Kiel, Druck v. Schmidt & Klaunig, 1893; 28 S., 2 Bl. 8.
Kiel, Phil. Fak., Inaug.-Diss. v. [30. Juni] 1893

Struve, Amalie, Erinnerungen aus den badischen Freiheitskämpfen. Den deutschen Frauen gewidmet. 12. (VIII u. 168 S.) Hamburg 850, Hoffmann & Campe. ⅔ ₰

— historische Zeitbilder. III Bde. 8. I. A. u. d. T.: Westminster. (279 S.) II. A. u. d. T.: Heloise Desfleurs. (222 S.) III. A. u. d. T.: Der Fall von Magdeburg. (304 S.) Bremen 850, Schlodtmann. (I: 1½ ₰ II: 1⅙ ₰ III: 1⅓ ₰) 4⅓ ₰

Strube, Anastasius, das Zimmermann'sche Vogel-Ungeheuer der Urwelt m. den 17 Fuß langen Krallen!! Oder: Das heiße ich e. Vogel, wenn auch nur e. Spaß-Vogel! Kritische Humoreske. Op. 61. 3. Aufl. 8. (16 S.) Ballenstedt 873. Ackermann. — 30

Struve, Aug., Berechnung der Bahn des Neptunstrabanten, s. Beobachtungen der Sternwarte Dorpat.

Struve, Burkard Gotthelf

— acta literaria sive collectio Manuscriptorum. II Tmi. fasc. XXIV. 8. Ienae, Bielke. 706-7.

Struve, Bch. Ch., de allodiis imperii commentatio, horum originem, exempla atque jura complectens. 8. Ienae, Bielke. 734.

Struve, Burc. Gotthelf: Neu-Eröffnetes Historisch- und Politisches Archiv, worinnen verschiedene zu denen Kirchen-Staats-Lehn- und übrigen Rechten, auch überhaupt zur Gelehrsamkeit dienliche . . . Schrifften enthalten und . . . erläutert werden. Th. 1—4: Jena, (Th. 5:) Helmstädt 1718—28. 2 Bde

— kurzer Begriff d. deutschen Reichshistorie. 8. Wien, Trattner. 756.

— kurz. Begriff d. Universalhistorie, m. e. histor. Anhang, v. G. L. Herzog. 8. Jena. 735—36.

— ausführl. Bericht v. d. pfälz. Kirchenhistorie, von d. Reformat. an bis hierher. 4. Frankf. 721.

Struve, Bch. Gh., bibliotheca historiae literariae selecta olim titulo Introductionis in notitiam rei litterariae et usum bibliothecarum insignita etc. ut fere novum dici queat; a J. F. Jugler. III Tom. Cum Supplement. 8maj. Jena 753—64. Stahl. (Leipz., Centr.-Compt.) 6 ₰ 20 g̸ℊ

— bibliotheca historica instructa, ornata a Chr. G. Budero (1740), nunc vero a J. G. Menselio ita digesta, aucta et emendata, ut paene novum opus videri possit. Vol. I—XI. P. I. II. indicem auctor. et rerum in XXI Partes hactenus in lucem editas comprehendens. 8maj. Leipz. 782—804. Weidmann. 23 ₰ 16 g̸ℊ Schrbp. 31 ₰

— bibliotheca historica selecta in suas classes distributa, cujus primas lineas duxit, emendavit et copioso locupletavit C. G. Buder. II Tmi. 8.maj. Ienae, Cuno. 740.

Struvius, Burc. Gotth.: **Bibliotheca iuris selecta secundum ordinem literarium disposita et ad singulas iuris partes directa. Acc. bibliotheca selectissima iuris studiosorum. Emend. Chr. Gottl. Buder. Ed. 7. Jenae 1743.**

— **bibliotheca juris selecta. Ed. VIII. emend. et locuplet. a C. G. Budero etc. 8. Jena 756. Cuno. 2 ℛ**

— — librorum rariorum decades II. 8. Ienae, Bielke. 719.

— — **philosophicà emend. contin. atque ultra dimidiam partem aucta a L. M. Kahle. II Tmi. 8.maj. Götting. Cuno. 740.**

— bibliotheca Saxonica scriptores rerum saxonicarum Misnensium, Thuringicarum etc. exhibens. 8. Halae, Waisensenhausbuchhdl. 736.

Struve, Burkard Gotthelf [Praes.], s. B r e c h e n m a c h e r, Johann Kaspar: Notitia Sueviae antiquae, ortum et progressum Suevorum ad tempora infelicis cum Francis ad Tolbiacum commissi proelii exhibens.

Struve, Burkard Gotthelf [Praes.], s. B u d e r, Christian Gottlieb: Inter secularium sacrorum evangel. solemnia II vindicias juris imperatorii adversus urbis Romae episcopos ab ipsis Augustis factas ductis a tempore repurgatae in Germania doctrinae christianae initiis.

— bibliothecae c a t a l o g u s. 8. Ienae, Bielke. 743.

Clarissimo viro Ulrico Marbachio de meritis honoribus gratulatur B. G. Struve. Jena (Müller) (Juli 1712). Mit 1 Tafel. (3.—) 22134

— c o l l e c t a n e a manuscriptorum ex codicibus fragmentis antiquitatis atque epistolis anecdotis eruditorum excerpta. II Tmi. 8. Ienae, Cröcker. 720.

S t r u v e, B. G., de Const. M., ex rationibus politicis christiano. Jen. 1713. 4.

Burcardi Gotthelffii **Struvii** C o r p u s historiae Germanicae a prima gentis origine ad annum usque 1730. Adiecto Indice locupletissimo et opusculis ad Historiam Germanicam facientibus. Praemittitur Christiani Gottliebi Buderi Bibliotheca scriptorum rerum Germanicarum easdem universim illustrantium. T. (1)–2. Jenae. 1730. Fol.

— **corpus historiae germanicae, ex genuinis historiarum documentis coaevorum script. illustr. etc. c. C. G. Buder. II Tom. 8maj. Dresd. 755. Walther. 8 ℛ**

Struve, Burch. Ghlf.: Corpus juris publ. academicum, in sich haltend die vornehmsten Grundgesetze des heil. Röm. Reichs. *Jena* 726. 8. — 2. Ausg. *Ebend.* 734. 8. — Ed. III. *Jénae*, 8maj. (4 Thl. 12 Gr.)

— c o r p u s juris publici academicum, deutsch. 8. Ienae, Cröcker. 734.

S t r u v i u s, Burcardus Gotthelffius: „Corpus juris publici imperii rom. germanici", Edit. 3, Jenae 1738. — Vorh.: Bibl. des German. Museums Nürnberg.

— c o r p u s juris publici imperii romano-germanici, c. indice et fig. aen. 8. maj. Ienae, Melchior. 738.

Struve, Burkard Gotthelf [Praes.], s. D i f e n b a c h, Mart.: Synodum Francicam a. 742 sub Carolomanno habitam, perperam nonnullis, dici Francofurtensem.

Struve, Burkard Gotthelf. Discours vom Ursprung, Unterschied und Gerechtsamen der Landstände in Teutschland ... Hamb. 1741. H: *Jargow, Christoph Georg.* (MI.) (Pütter, Litt. d. Teutsch. Staatsr. Gött. 1773—91. III, 277.)

— Discours v. Ursprunge, Untersch. und Gerechtsam. der L a n d s t ä n d e besond. d. Mecklenburg. 8. Hamb. Hoffmann. 741.

Struve, Burkard Gotthelf [Praes.], s. D o r n, Joh. Christoph: De ruta Saxonica ex historiis, et verbis fecialium enunciata.

S t r u v e, B. G.: „Einleitung zur Teutschen Reichs-Historie", 3. Auflage, 2 Teile, Jena 1739. — Vorh.: Bibl. des German. Museums Nürnberg.

S t r u v e, Bch. Gh., Einleitung zur deutschen R e i c h s h i s t o r i e. 8. Jena, Bielke. 747. Rthlr.

— **elementa j u r i s feudalis, quae ex schedis b. auct. ed. et praelect. usibus accommod. I. A. Hellfeld. 8. Ienae, Melchior. 745.**

— elementa j u r i s feudalis, ed. I. A. Hellfeld. 8. Ienae, Cröcker. 754.

Struve, Burkard Gotthelf [Praes.], s. F ö h r l, Christian Friedrich: De judiciis heroicis. Von Ehren=Tafeln.

— f o r m u l a e successionis seren. domus Palatinae. 4. Ienae, Cröcker. 726.

Struve, Burkard Gotthelf [Praes.], s. G e b h a r d i, Joh. Lud. Lev.: Facta serenissimorum ducum Brunsvicensium heroica.

— h i s t o r i a e juris rom. Iustin. graeci, german., canon., feud., crim. et publici. 4. Ienae, Meyer. 717.

Struvius, Burc. Gotthelff: **Historia juris Romani Justinianei Graeci Germanici canonici feudalis criminalis et publici ex genuinis monumentis illustrata. Jenae 1718.**

— **ausführl. H i s t o r i e d. Religionsbeschwerden zwischen den Kathol. u. Evangel. 2 Thle. 8. Leipz. 722.**

— **H i s t o r i e d. Rastädtischer Friedensunterhandlungen. 4. Jena, Cröcker. 714.**

Struve, Burkard Gotthelf [Praes.], s. H ö f f l i c h, Gottlieb Friedr.: De dominio directo in alieno territorio cumprimis sereniss. marggraviorum Brandenburgensium tanquam burggraviorum Noribergensium in Austria.

Struve, Bch. Gh., introductio in notitiam rei literariae et usum bibliothecarum, cum observat. rarior. et suis a J. Chr. Fischer. II Tom. 8maj. Frankf. a. M. 754. Brönner. 1 ℛ 12 ℊ

— introductio in n o t i t i a m rei literariae. 8. Würzb. Stahel. 768.

Struve, Burkhard Gotthelf A. S. 1366/17

Dissertatio inauguralis de iure bibliothecarum.
Präs. Samuel Stryk.
Halle (Henckel) 22. VIII. 1702. 55 S.
33915

— disquisitio de iure territorii clausi in terris franconicis, praesertim ducatus Meraniae et Burgraviatus Norimberg. 4. Francf. 746.

Struvius, Burc. Gotthelf: Jurisprudentia feudalis ex jure Germanico Longobardico legibus imperii et moribus curiarum feudalium hodiernis demonstrata . . . c. app. formularum feudalium hodie usitatarum. Ed. 2. Jenae 1737.

— jurisprudentiae heroicae, sive juris, quo illustres utuntur, privati etc. VII Tomi c. praefat. J. A. Hellfeld. 4. Jena 743—53. (Cnobloch in Leipz.) 17 ½

— jurisprudentiae heroicae, sive juris, quo illustres utuntur privati etc. VII Tmi. c. praef. I. A. Hellfeld. 4. Ienae, Melchior. (Gabler.) 743 - 53.

Struve, Burkhard Gotthelf [Praes.], s. Kalkreuth, Johann Alexander von: De successione secundogeniti prae primogenito in regna et principatus.

Struve, Burkard Gotthelf [Praes.], s. Marbach, Ulrich: De allodiis imperii.

Struve, B. G., de Magorum Messiam exosculantium nomine, patria et statu. Jen. 1709. 4.

Struvius, B. G., Origines et elogia Hoenloica. Jenae 1710. 4. — Jenae 1744. 4.

Struve, B. G., Prodromus historiae Gräfenthalensis. Jenae 1715. 4.

Struvius, Burch. Gthlf. : Juris publ. prudentia ex historiarum monumentis, legibus et observantia imperii actis publicis declarata illustrataque ad praesentem statum directa. *Jen.* 722. 8.

— juris publici prudentia ex historiar. monumentis et legibus declarata illustrataque ad praesent. statum directa. 8. Jenae, Bielke. 740.

Struve, B. G. Dissertatio historica de rebus Ferdinando II. regnante in Germania vicinisque regionibus gestis. Bonae 1716.

Struve, B. G.: „Vollständige Teutsche Reichs-Historie von der Teutschen Ursprunge an biss auf jetzige Zeiten", Jena 1732. — Vorh.: Bibl. des German. Museums Nürnberg.

Struve, Burkhard Gotthelf [Praes.], s. Reinhard, Konrad Friedrich: De officiis imperii Saxonicis.

Struvius, Burc. Gotth.: Schediasma de dominio directo in alieno territorio, cumprimis serenissimorum marggraviorum Brandenburgensium tanquam burggraviorum Noribergensium in Austria. Jenae 1743.

Burcard. Gtthelf Struve schediasma de partu supposito et custodia corporis foeminarum illustrium, variis argumentis atque exemplis illustratum. Jen. 1732. 4.

Struve, Burkard Gotthelf [Praes.], s. Schnakenburg, Andreas: Ioachimus Nestor comitatus Rupinensis restaurator.

Struve, Burkard Gotthelf [Praes.], s. Schoepperlin, Georg Wilhelm: De territorio clauso civitatum imperialium.

— Scriptores Rerum germanicarum, vide Scriptores.

Struve, Burkard Gotthelf [Praes.], s. Spangenberg, Jakob Georg: De quinquertionibus eruditis.

Struvii, B. G., Antiquitatum Romanarum syntagma. C. figg. Jen. 701. 4. Ed. 3. 728. 4. 1 rthl. 8 gr.

— syntagma historiae germanicae. 4. Ienae, Bielke. 716.

— syntagma juris publici imp. auctior. 4. Ienae. 720.

— thesaurus variae eruditionis. 4. Jenae, Meyer. 710.

(Struve, B. G.:) Grundmäss. Untersuch. v. d. kaiserl. Titel u. Würde, wobei auch v. d. czaarischen Titulatur, u. was massen v. Ihro czaarischen Maj. d. kaiserl. Titel geführt u. prätendirt werde, gehandelt wird. *Cölln.* 723. 4.

Struve, Burkard Gotthelf [Praes.], s. Wachtel, Jo. Heinrich: Dissertatio historica prodromum historiae Graefenthalensis sistens.

Struve, Burkard Gotthelf [Praes.], s. Welz, Johann Konrad: De variis modis decernendi successorem in regnis.

Struve, Burkard Gotthelf [Praes.], s. Wendler, Jo. Christoph: De doctis Italiae naturalistis.

Struve, Burkard Gotthelf [Praes.], s. Weyler, Georg Albert: Origines et elogia Hoenloica.

Struve, Burkard Gotthelf [Praes.], s. Zili, Daniel: De praescriptione iurisdictionis territorialis.

Struve, C., s. Struve, Kurt

Struve, C. F., s.a. Freunde, die beiden.

– Freunde
— —, Die beyden, eine (theilweise derbe) Geschichte in Briefen von *C. F. St.(ruve)*. 2 Thle. Stendal, bey Dan. Christ. Franzen u. Große, 1781—82. 8⁰. Selten! Tit. u. 488 fortlauf. gez. Seiten.
Anon.-Lex. II. p. 124 (nach Kayser).

– s.a. **Geschichte des Fräuleins Holzbach.**

– Geschichte
— — der Fräulein von Holzbach und des Barons du Plessis, in Briefen von *C. F. St(ruve)*. Stendal, Franzen u. Grosse, 1780. 8⁰. (10 ggr.)
Anon.-Lex. II. p. 195 (nach Kayser).

Struve, C. F., De hydrope cerebri puerperarum. Lps. 4⁰. 1774.

Struve, C. L., s. Struve, Karl Ludwig

Struve, Carl Ludwig, s. Struve, Karl Ludwig

Struve, Carl Wilhelm Fr., s. Struve, Karl Wilhelm Fr.

Struve, Christian Adolph A. S. 129/18

Dissertatio inauguralis iuridica de principali beneficio in concedendis privilegiis.
Präs. Andreas Florens Rivinus.
Wittenberg (Eichsfeld) 2. IV. 1754. 30 S.

W. v.: Präs. 33918

Struve, Christian Adolph A. S. 164/2

Mercaturae legum ferendarum auxilio iuvandae ratio salutaris. Präs. Christian Gotthelf Gutschmid.
Leipzig (Langenheim) 29. VIII. 1752. 24 S.

W. v.: Präs. 33917

Struve, Christian August (Übers.u.Comm.):

s.: Abhandlungen der Londner Königlichen Gesellschaft zur Rettung Verunglückter und Scheintodter, vom Jahre 1774 bis 1784... (Transactions of the Royal Humane Society from 1774 to 1784...edited by W(illiam) Hawes. Dt.) Bd 1. Breslau, Hirschberg u. Lissa: 1798

JB 5.230

Struve, Chr. Aug., interessante Anekdoten f. Aerzte u. Nichtärzte. 8. Görlitz, Anton. 796.

— Anlagen z. Lebenswohl und Menschenglück. 1r Bd. 8. Breslau, Korn d. ältere. 805.

— Anlagen z. Menschenwohl u. Lebensglück. 1r Bd. 8. Bresl. 805. J. F. Korn. 16 gr.

— Anleit. zur Kenntniß u. Impfung der Kuhpocken; nebst e. Reihe eigener Erfahrr. über diesen Gegenstand. 8. Bresl. u. Leipz. 802. W. G. Korn. 16 gr.

Struve, Christian August (Übers.):

s.: Bemerkungen, Einige, über die Rettung Scheintodter nebst einigen merkwürdigen Rettungsfällen aus den Berichten der Londner Königl.Gesellschaft der Humanität von 1797 bis 1799. Aus dem Englischen. Breslau, Hirschberg u.Lissa: 1800

JB 5.229

s. Baco v. Verulam.

s. W. Blair, Versuche u. Erfahrungen.

— Erklär. deutsch. Sprüchwörter in Rücksicht a. Erzieh. und Behandl. d. Kinder. 2 Thle. 8. Glogau, Günter d. jüng. 798. 99. (à 16 gr.)

— üb. die Erziehung u. Behandl. d. Kinder in den ersten Lebensjahren, e. Handbuch f. Mütter rc. 8. Hannov. 798. 2e Aufl. 803. Hahn. 20 gr. Anhang hierzu, od. üb. Kinder u. Kindererziehung, f. d. menschl. Leben. 8. Ebd. 806. 12 gr.

Struve, Christian August (Übers.u.Comm.):

s.: Fothergill, A(nthony): Winke über die Rettungsmittel bei plötzlich gehemmter Lebenskraft. (A preservative Plan or hints for the preservations of persons exposed to those accidents which suddenly suspend or extinguish vital action... Dt.) Breslau, Hirschberg u.Lissa: 1800

JB 5.229

— Galvanodesmos, ein, besond. in Krankh. nützl. leicht transportabl. und unverzügl. anwendbar. galvan. Apparat, erfund. und beschr. m. 1 K. gr. 8. Hannov. Hahn. 804.

— Gedichte. 8. Leipz. 793. Hertel. 6 gr.

Struve, Christian August: Der Gesundheitsfreund des Alters oder praktische Anweisung wie man im Alter seine Gesundheit erhalten, sein Leben verlängern und froh genießen könne. 158 S., gbd.

Hannover: Hahn 1804

JB 2.951

Struve, (C. A.,) d. Gesundheitsfreund des Alters. Neue unveränd. u. wohlf. Ausg. 8. Hannov. 824, Hahn

— der Gesundheitsfreund d. Jugend, od. prakt. Anweis., wie man in d. Jugend d. Grund zu einer dauerhaften Gesundheit legen könne rc. 8. Hannov. 803. Hahn. 10 gr.

— Gesundheitslehre; nebst e. faßl. Anleit., Scheintodte u. Verunglückte ins Leben zurückzurufen rc.; e. Handbuch für alle Stände. 8. Braunschw. 799. Vieweg. 16 gr.

Struve, Christian August: Gesundheitslehre nebst einer faßlichen Anleitung, Scheintodte und Verunglückte ins Leben zurückzurufen, und Vorsichtigkeitsregeln zur Verhüthung der gewöhnlichen Lebensgefahren. Ein Handbuch für alle Stände. 202 S., gbd.

Braunschweig: 1800

JB 2.950

— über Gesundheitswohl u. Volksvorurtheile. 2 Thle. 8. Bresl. 797, 98. J. F. Korn. 1 Rthlr. 10 gr.

— Handbuch d. Erziehung f. Mütter, s. Rousseaus Emil.

Struve, C(hristian) A(ugust): Neues Handbuch der Kinderkrankheiten, besonders zum Gebrauch für Eltern und Erzieher. 432 S., gbd.

Breslau, Hirschberg u.Lissa: Korn 1797

JB 4.074

— Hebammentafel, od. allgem. Uebersicht des Verhaltens d. Hebammen u. Mütter bei natürl. Geburten. Fol. Görlitz 795. Neue Aufl. 798. (Anton in Halle). 1 gr.

Struve, C(hristian) A(ugust): Heilungsmethode nach Grundsätzen der Erfahrung. 436 S., gbd.

Breslau u.Leipzig: Korn 1802

JB 2.378

— in wie fern können u. sollen die Geistlichen zur Verbreitung der Schutzpocken wirken. 8. Leipz. 807. (Fr. Fleischer). 16 gr.

— Krankenbuch üb. die Erhaltung des menschl. Lebens, Verhütung u. zweckmäß. Behandl. der Krankheit. 2 Thle. 8. Bresl. 798, 99. J. F. Korn. 2 Rthlr. 20 gr.

Struve, Christian August: Krankenzettel, vom Verhalten in Krankheiten. 1 Taf., gbd.

Hannover: Hahn 1798

JB 6.298

Christian August Struve

Die Kunst das schwache Leben in unheilbaren Krankheiten zu fristen. Von Christian August Struve. Th.(1)-3. Hannover:Hahn 1799-1801. 1 Bd 8°

(Th.1:) 1801.
Th.2.3[u.d.T.]:Struve: Die Kunst das schwache Leben zu erhalten und in unheilbaren Krankheiten zu fristen. 1799-1801.

— der Lebensprüfer, od. Anwend. d. von mir erfund. Galvanodesmos zur Bestimmung des Nähern vom Scheintodte, um das Lebendigbegraben zu verhüten. Mit 1 Kpf. gr. 8. Hannov. 805. Hahn. 9 gr.

—, Miscellaneen f. Freunde der Heilkunde. Brl. 1796.

— das einzige Mittel gegen den Tod u. die Entstellung durch Kinderblattern. Ein Wort für Väter u. Mütter. 8. Hannov. 802.

— Noth- u. Hülfsbüchlein zum Gebr. für Landleute, bei Ertrunkenen, Erhenkten u. todtscheinenden neugebornen Kindern ꝛc., nebst Abbild. e. tollen Hundes. 8. Stendal 798. Franzen u. Gr. 4 gr.

Struve, Christian August: Not- und Hülfs-Tafel. Von den Mitteln, Kinder gesund zu erhalten. 3.verbess.Aufl. 1 Taf., gbd.

Hannover: Hahn 1797

JB 6.312

Struve, Chr. Aug., Noth u. Hülfstafel vom tollen Hundebiß ꝛc. Görl. 8°. 1796.

Struve, C. Not- u. Hilfs-Tafel v. tollen Hunds-Biß, v. Giften, v. Verschlucken u. a. 4. Aufl. Görlitz 1797. Fol.

Struve, Chr. Aug., neue Noth- u. Hülfstafel für den Bürger u. Landmann, wie man Ertrunkene, Erfrorne, Erhenkte, Erstickte, Vergiftete, vom tollen Hunde Gebissene, todtscheinende neugeborne Kinder ꝛc. behandeln soll. Fol. Hannov. 799. Hahn. 1 gr.

— sechs Noth- u. Hülfstafeln; 1) tabellar. Uebersicht der Rettungsmittel in plötzl. Lebensgefahren; 2) v. tollen Hundsbissen, v. Giften, von Verschlucken, v. Ersticken ꝛc.; 3) von den Mitteln, Kinder gesund zu erhalten; 4) Hebammentafel ꝛc.; 5) Rettungstafel Ertrunkener ꝛc.; 6) Noth- u. Hülfstafel z. Verminderung des Pockenelendes. Fol. Hannov. 799 u. ff. Hahn, (a. Anton in Halle). (à 1 gr.) 6 gr.

— der medicin. Rathgeber in den gewöhnl. Krankheiten, ein alphabet. Taschenbuch für den Bürger u. Landmann. 8. Hannov. 803. Hahn. 16 gr.

s. Rousseau, Emil im Auszuge.

— System der medicin. Electricitätslehre, mit Rücksicht auf d. Galvanismus. 2 Thle. Mit Kpf. gr. 8. Bresl. 802. W. G. Korn. 1 Thlr. 12 gr.

— Taschenblatt d. Rettungsmittel b. plötzl. Lebensgefahren. 8. Görlitz, Anton. 796.

— Triumph der Heilkunst, od. durch Thatsachen erläuterte Anweis. zur Hülfe in den verzweiflungsvollsten Krankheiten für Aerzte u. Wundärzte. 5 Bde. 8. Bresl. 800 — 804. J. F. Korn. 5 Thlr. 20 gr.

— Uebersicht d. Rettungsmittel bei plötzl. Lebensgefahren. 8. Görlitz 796. N. A. 798. Anton in Halle. 1 gr.

— tabellar. Uebersicht der Hauptgrundsätze d. Brown'schen Systems. gr. Fol. Hannov. 799. Hahn. 2 gr.

Struve, Christian August: Tabellarische Übersicht zum Behuf des Krankenexamens, zum Gebrauche für angehende Ärzte und Wundärzte. 1 Taf., gbd.

Görliz u.Bauzen: typ.Monse 1798

JB 6.297

— tabellar. Uebersicht zum Behuf des Krankenexamens, f. Aerzte u. Wundärzte. Fol. Hannov. 800. Hahn. 1 gr.

Struve, Christian August: Untersuchungen und Erfahrungen über die Scharlachkrankheit. 332 S., gbd.

Hannover: Hahn 1803

JB 4.929

— Versuch üb. die Kunst, Scheintodte zu beleben u. üb. die Rettung in schnellen Todesgefahren, ein tabellar. Taschenbuch. 8. Hannov. 797. Hahn. 8 gr.

D. C. A. STRUVE, Wie kann man dem Scharlachfieber vorbauen? und wie muss man sich dabei verhalten? zur Erinnerung bei der jetzt herrschenden Krankheit. (Aus der Lausizischen Monatsschrift, Jun. 1799 abgedrukt.) Görliz, bei C. G. Anton. 8°.

— wie können Schwangere sich gesund erhalten u. eine frohe Niederkunft erwarten? 8. Hannov. 800. 2e A. 806. Hahn. 20 gr.

— die Wissenschaft d. menschl. Lebens. 2 Thle. 8. Hannov. 801, 804. Hahn. 1 Thlr. 16 gr.

Struve, Curt, s. Struve, Kurt

Struve, D. C. A., s. Struve, Christian August

Struve, E. A., s. Struve, Ernst August

Struve, E. E., s. Struve, Ernst Emil

Struve, E. F., s. Struve, Ernst Friedrich

Struve, E. G., s. Struve, Ernst Gotthold

Struve, Ed. Aug., Garn-Tabellen für Leinenweberei. Enth.: genaue u. zuverlässige Berechnungen wie viel Stücke Scheer- u. Einschlagegarn nach dem oldenburgischen, jeverschen u. ammerschen Haspel erforderlich sind, um alle Sorten Leinen von 1—100 Ellen in jeder gangbaren Breite anfertigen zu lassen. Mit Angabe der passendsten Garne ꝛc. 8. (84 S.) Oldenburg 848, Schulze. 9 ngr

Struve, Emil

Struve, E., die Aufhebung d. Identitätsnachweises bei auszuführendem Getreide u. die deutsche Bierbrauerei. [Aus: „Wochenschrift für Brauerei".] gr. 8. (38 S.) Berlin 890. Parey. n. 1. —

Struve, Emil, Beiträge zur Geschichte des Biers u. der Brauerei, s.: **Delbrück, Max.**

[F.] Der Berliner Bierboykott von 1894. E. Beitr. z. Gesch. d. soc. Klassenkämpfe d. Gegenw. Aktenmässig dargest. v. Emil **Struve.** *Berlin: C. Heymanns 1897.* (VI S., 1 Bl., 383 S.) 1 Bd 8. [97. 5638

Struve, E., die Bierbrauerei u. die Bierbesteuerung in den Haupt-Kulturländern m. wortgetreuer Wiedergabe der einschlägigen Biersteuergesetze. Gesammelt u. hrsg. (VIII, 818 S.) gr. 8. Berlin 909. P. Parey. 20. —; geb. 22. —

— dasselbe, s. a. Veröffentlichungen der wirtschaftlichen Abteilung d. Vereins „Versuchs- u. Lehranstalt f. Brauerei in Berlin". 5. Heft.

Struve, Emil, die Entwicklung d. bayerischen Braugewerbes im 19. Jahrh., s. a. Forschungen, staats- u. socialwissenschaftliche.

Struve, Emil [aus Berlin]: Die Entwicklung des bayerischen Braugewerbes im neunzehnten Jahrhundert ... [Erschien vollst. 1893 in: Staats- u. Socialwiss. Forsch., Bd XII.] Halle a. S., *Pierer'sche Hofbuchdr. in Altenburg,* 1893; 52 S., 1 Bl. 8.
Halle, Phil. Fak., Inaug.-Diss. v. 21. Jan. 1893

Struve, E., der Erlaß e. gesetzlichen Surrogat-Verbots f. die Bierbrauerei des norddeutschen Steuergebiets. Hrsg. v. der Versuchs- u. Lehranstalt f. Brauerei in Berlin. Beilage zur „Wochenschrift f. Brauerei", Jahrg. 1899, Nr. 18. gr. 8. (56 S.) Berlin 899. Institut f. Gährungsgewerbe. Kostenlos.

Struve, E. Der Erlass eines gesetzlichen Surrogatverbotes für die Bierbrauereien des Norddeutschen Steuergebietes. gr. 8°. Berlin, Druck von Gebr. Unger, 1900.

— zur Frage der Brausteuer-Staffelung in der norddeutschen Brausteuergemeinschaft, s. a. Veröffentlichungen der wirtschaftlichen Abteilung des Vereins „Versuchs- u. Lehranstalt f. Brauerei in Berlin". 2. Hft.

Zur Frage der Brausteuer-Staffelung in der Norddeutschen Brausteuergemeinschaft. Von Prof. Dr. E[mil] **Struve.** Berlin: P. Parey 1906. (148 S.) 8° [F.]
= **Veröffentlichungen** d. Wirtschaftl. Abteilung d. Vereins 'Versuchs- u. Lehranstalt f. Brauerei in Berlin'. H. 2. [08. 3701

— der Hopfenhandel. Produktion, Verkehr u. Preise d. Hopfens, nebst Geschichte, Organisation u. Technik d. Hopfenhandels. gr. 8. (V, 136 S. m. 3 Taf.) Berlin 891. P. Parey. n. 4. —

— Der Verbrauch alkoholischer Getränke in den Haupt-Kulturländern, s. a. Veröffentlichungen der wirtschaftlichen Abteilung des Vereins „Versuchs- u. Lehranstalt f. Brauerei in Berlin". 3. Heft.

Der Verbrauch alkoholischer Getränke in den Haupt-Kulturländern. Vergleich. statist. Darstellung d. Consums von Bier, Wein u. Branntwein, sowie der darin enth. Alkoholmengen pro Kopf d. Bevölkerung seit 1885. Von Prof. Dr. E[mil] **Struve.** Mit 2 Taf. Berlin: P. Parey 1907. (32 S.) 8° [F.]
= **Veröffentlichungen** d. Wirtschaftl. Abteilung d. Vereins 'Versuchs- u. Lehranstalt f. Brauerei in Berlin'. H. 3. [08. 3703

Veröffentlichungen der Wirtschaftlichen Abteilung des Vereins 'Versuchs- u. Lehranstalt für Brauerei in Berlin'. Hrsg. von Prof. Dr. E[mil] Struve. H. 1. Berlin: P. Parey 1905. 8° [F.] [08. 3700

'Versuchs- u. Lehr anst. f. Brauerei in Berlin' . . .
Der Erlass eines gesetzlichen Surrogat-Verbots für die Bierbrauerei des Norddeutschen Steuergebiets. Von Dr. E[mil] **Struve.** Berlin: Dr. v. Gebr. Unger 1899. (56 S.) 1 Bd 8°
= Wochenschrift f. Brauerei. Jg. 1898. No 18. Beilage.

Land- und Stadtkreis Insterburg, Prov. Ostpreußen. Ortschafts-Verzeichnis. Aufgestellt durch E[rnst] **Struve,** Bureau-Assist. *Insterburg: A. Quandel 1903.* (23 Doppel-S.) 8° [F.] [04. 1963 10

Struve, Ernst August

Struve, E. A. Bemerkungen zu Byron's Childe Harold, Canto I. Erste Hälfte. Kiel, Gelehrtensch., 1859. 21 S. 4.
Dasselbe. Zweite Hälfte. Ebd., 1860. 29 S. 4.
Progr.

Struve, E. A., De Eupolidis Maricante sive de Aristophane accusatore et Eupolide plagii reo. 1841. 75 S. 1.50

Struve, Er. Aug., de Eupolidis Maricante sive de Aristophane accusatore et Eupolide plagii reo. 8 maj. Kiliae 841, libr. Schwers. n. 1/3 ₰

Struve, E. A. Studien zu Shakespeare's Heinrich IV. Kiel. G.. 1851. 29 S. 4. Progr.

Struve, E. A., Studien zu Shakspeare's Heinrich IV. gr. 4. (29 S.) Kiel 851, Schwers in Comm. n. 1/3 ₰

Struve, Ernst Emil

Struve, E. E. De Luciani aetate et vita specim. I. 3 S. fol. Spec. II. 3 S. fol. . . . .
Görlitz, Progr. 1829, 1830

Struve, E. E. Bemerkungen über Disciplin auf Schulen. 10 S. . . .
Progr. Goerlitz 1831

Struve, Ernst Em. über den Beruf des Schülers und der Schule, ein Vortrag gehalten am 29. November 1841. 12 S. .
Görlitz, Progr. 1843

Struve, Ernst Emil. Einiges über den Unterricht im Lateinischen. 8 S.
Görlitz, Progr. 1853

Struve, E. E. Varia fragmenta de figuris et schematibus nec non de syllabarum quantitate. (Von ungenannten Verfassern, als Anhang zu einer ähnlichen von Lindemann im Progr. des Gymn. zu Zittau 1840 herausgegeb. Sammlung.) 5 S. . . . .
Görlitz, Progr. 1841

Struve, Ernst Em. Über Gedächtnißwissen und Gedächtnißübungen in Bezug auf den Unterricht in Gymnasien. 14 S. . .
Görlitz, Progr. 1845

Struve, E. E. Die ital. und latein. Handschriften der Bibliothek des Gymn. (Namentlich Boccaccio, Dante, Petrarca.) 17 S. . .
Görlitz, Progr. 1836

Struve, E. E. Libri Sallustiani manu exarati, in biblioth. Societatis liter., quae in superiore Lusatia floret, servati, brevis descriptio. 4 S. fol. . . . .
Görlitz, Progr. 1833

Struve, Ernst Emil: Lucian von Samosata und die Zustände seiner Zeit. 14 S.
Görlitz, Progr. 1849

Struve, Ernst Em. De Peregrini morte quae tradidit Lucianus num ad veritatem exhibita videantur? 13 S.
Görlitz, Progr. 1851

Struve, Ernst Emil: Nachrichten über eine ältere Handschriften-Bibliothek in Görlitz. 14 S. . . . .
Görlitz, Progr. 1846

Struve, E. E.: Observ. aliquot in Soph. Antig. carmen III. Part. I. et II. 3 und 3 S. fol. . . . .
Görlitz, Progr. 1834, 1835

Struve, Ernst Emil: Quid Socrati pium videatur in Platonis Eutyphrone. 8 S. – Görlitz, Progr. 1855.

Struve, Ernst Em.: Über den Zustand der Welt zur Zeit der Erscheinung Christi. 11 S.
Görlitz, Progr. 1847

Struve, Ernst Friedrich

Struve, Er. Fr., († im Oct. 1806.) Unglück, das große, e. zu Frühzeit. Beerdigung.

Struve, E. F., d. große Unglück e. zu Frühzeit. Beerdigung, zum Unterricht und Warnung, besond. d. Landmanns. gr. 8. Leipz. Crusius. (Vogel.) 785.

STRUVE, ERN. FRID. (autor), Disp. inaug. med. de ovorum gallinaceorum usu medico. Kiliæ. 1766. 4. P. [Præs. Frid. Chr. Struve].

Struve, Ernst Gotthold

STRUVE, ERN. GOTTH., Diss. med. evolvens casum clinicum spasmi pharyngis cum linguæ nigredine ex passione hypochondriaca. Kiliæ. 1737. 4. [Resp. Ol. Holsten].

— Oratio de rara medicorum practicorum concordia. Kilonii. 1740. 4.

Struve, Ernst Gotthold (Prenzlau) A. S. 1200/21

Dissertatio inauguralis medica de convalescentiae statu eius impedimentis et praesidiis.
Halle (Hilliger) VI. 1735. 64 S.

Gew.: Abraham Wilhelm von Arnim.
W. v.: Friedrich Hoffmann, Burkhard Gotthelf Struve, Jo. Heinrich Schulze, E. G. Struve (Vater), Paul Curtius, Ludwig Martin Kahl, Karl Dietloff Struve (Bruder), Gottlob Ernst Müller, Johann Albrecht Schüssler, Friedrich Christian Struve (Bruder).
33923

Struve, Ernst Gotthold (Jena) A. S. 1116/18

Dissertatio medico-semiotica, de facie morborum indice, seu morborum aestimatione ex facie.
Präs. Georg Ernst Stahl.
Halle (Krebs) X. 1700. 31 S.

Gew.: Paul von Fuchs.
W. v.: Präs., Friedrich Hoffmann, Johann Jakob Baier, Burkhard Gotthelff Struve (Bruder), J.J. Stang.
33919

Struve, Ernst Gotthold (Jena) A. S. 1214/28

Dissertatio medico-semiotica, de facie morborum indice, seu morborum aestimatione ex facie.
Präs. Georg Ernst Stahl. Rec.
Halle (Henckel) 1705. 32 S.

Diss. X. 1700.
Gew.: Paul von Fuchs. 33921

— Diss. inaug. med. sistens ideam mali hypochondriaci ejusque præservationem. Kiliæ. 1741. 4. [Resp. Casp. Henr. Schröder].

Struve, Ernst Gotthold (Jena) A. S. 1138/30

Dissertatio solennis. Mortis theoria medica.
Präs. Georg Ernst Stahl.
Halle (Krebs) III. 1702. 40 S.

Gew.: Otto Mencken, Lüder Mencken, Johann August Struve (Onkel). 33920

Struve, Ernst Gotthold (Jena) A. S. 841/14

Dissertatio solennis. Mortis theoria medica.
Präs. Georg Ernst Stahl.
Halle (Henckel) 1715. 8 (richt.: 40) S.

Diss. III. 1702. 33922

STRUVE, ERNST GOTTHOLD.
Paradoxum chymicum sine igne, i. e. operationes et experimenta physico-chymico-pharmaceutica, ipsaque medicamenta chymica ignis ope parari solita sine igne exhibet. Jenæ, 1715. 8vo.

E. G. Struve de vitae varietate, insigni sanitatis praesidio secundum Cels. l. 1. Kilon. 1737. 4.

Struve, Ernst Gust., Allgemeines Handlungs-, Kunst-, Berg- und Handwerks-Lexikon. Jena 1722. 4.

Struve, F., und v. F. Struve, altes griechisches Epigramm mathematischen Inhalts, von Lessing erst einmal zum Druck befördert, jetzt neu abgedruckt und mathematisch und kritisch behandelt. gr. 8. Altona, (Hammerich.) 821.

Struve, F., Handbuch d. Mineralogen, m. e. Farbentafel. 4. Bern, Haller. 806.

Struve, F. A. A. v., the new method for the study of the German language, s.: Moelwyn-Hughes, J. G.

Struve, F. G., s. Struve, Friedrich Gottlieb

Struve, F. G. W., s. Struve, Friedrich Georg Wilhelm von

Struve, Friedrich Adolph August

Struve'schen (Die) Mineralwasseranstalten. Leipzig, 1853. 8vo. Zweite Auflage, 1858.

Friedrich Adolf August Struve

Ueber die Nachbildung der natürlichen Heilquellen. Von Friedrich Adolph August Struve, nebst praktischen Beobachtungen mehrerer Aerzte über die Wirksamkeit der in der Struveschen Anstalt künstlich dargestellten Mineralwässer. H.1.2. Dresden (2: Dresden & Leipzig:) Arnold 1824-26. 8°

H.1: Mit e. Vorr. von Friedrich Ludwig Kreysig. 1824.
H.2: 1826.

Struve, Friedrich Chr.

— et CAR. GUIL. FRID. STRUVE, Disp. med. de acido hypochondriacorum. Kilonii. 1750. 4. P.

— Friderici Joannis Gottlieb Schwers solennia inaug. indicit, pauca praefatus de opportunitate in medendo. Kiliae. Hols. (1774). 4. P. (U. B.).

STRUVE, FRID. CHR., Oratio inaug. de vanitate remediorum pretiosorum. Kilonii. 1747. 4. (U. B.).

Struve, Friederich Christian: Bei der Struv- u. Schwersischen wie auch Schwers- u. Struvischen doppelten Ehe-Verbindung ... [Hochzeitsgedicht auf Friedrich Gottlieb **Struve,** Prof. d. Rechtswiss., und Susanna Maria Schwers, geb. Lüders u. **Karl Friedrich Schwers,** Jurist. und Christiana Regina Struve, 24. Nov. 1746.] — Kiel (1746): Bartsch. 2 Bl. 4°

Struve, Friedrich Georg Wilhelm

Struve, Fr. Geo. Wlh., Additamentum in mensuras micrometricas stellarum duplicium editas anno 1837, exhibens mensuras Dorpati annis 1837 et 1838 institutas. Adjecta est disquisitio de parallaxi annua stellae A Lyrae. 4 maj. Petropoli 840. (Lipsiae, Voss.) baar 16 ngr

— Anwendung des Durchgangs-Instruments für die geographische Ortsbestimmung. Zum Gebrauch der Offiziere des Kaiserlich Russischen Generalstabes. Mit 4 Kpfrtaf. u. 2 Tabellen. Lex.-8. St. Petersburg 833. (Eggers u. Pelz.) n. 2 ℛ

— le mêmes etc. Trad. de l'Allemand par Lieut. A. Schyanoff. (Avec 3 planches.) gr. in-4. Saint-Pétersbourg 838. (Leipzig, Voss.) n. 1 $^3/_4$ ℛ

Struve, F. G. W., arc du méridien de 25° 20′ entre le Danube et la Mer Glaciale, mesuré, depuis 1816 jusqu'en 1855, sous la direction de C. de Tenner, N. H. Selander, Chr. Hansteen et F. G. W. Struve. Ouvrage composé sur les différents matériaux. 2 Tomes. St.-Pétersbourg 857, 60. (Leipzig, Voss.) gr. 4. (CLX, 817 S. mit 28 Kpfrtaf. u. 2 Tab. in Fol.) nn. 11 ℛ 3 ngr

— s. J. M. C. Bartels, Vorlesungen.

— Beobachtungen des Halleyschen Cometen bei seinem Erscheinen im Jahre 1835, auf der Dorpater Sternwarte angestellt. Herausg. von der Kaiserl. Akademie der Wissenschaften. Mit 2 Steintafeln. Imp.-Fol. St. Petersburg 839. (Leipzig, Voß.) n. 3 $^3/_4$ ℛ

Struve, Ritter Fr. Geo. Wlh., vorläuf. Bericht von der russ. Gradmessung, mit Allerhöchster Genehmigung auf Veranstaltung der kaiserl. Universität zu Dorpat, während d. Jahre 1821 bis 1827 in den Ostsee-Provinzen ausgeführt. Mit 1 Kpfr. Fol. Dorpat.

Struve, W., vorläufiger Bericht von der Russischen Gradmessung, mit Allerhöchster Genehmigung auf Veranstaltung der Kaiserl. Universität zu Dorpat, während der Jahre 1821 bis 1827 in den Ostseeprovinzen des Reichs ausgeführt. Mit 1 Kupfertaf. Fol. Dorpat 840. (Severin.) n. $^3/_4$ ℛ

Struve, Friedr. Geo. Wilh., Beschreibung der unter Allerhöchst. Kaiserl. Schutze von d. Universität zu Dorpat veranstalt. Breitengradmessung in d. Ostseeprovinzen Russlands, ausgeführt u. bearb. in d. J. 1821—1831, mit Beihülfe d. Capit.-Lieut. B. W. V. Wrangell u. And. 2 Thle. (M. 13 Kpfrt. gr. Fol. u. ½ B. Erläutern.) gr. 4. (100 B.) Dorpat 831. (Riga, Frantzen.)

— Beschreib. der auf der Sternwarte der kaiserl. Universität zu Dorpat befindl. großen Refractors von Fraunhofer. Mit 4 Kpft. gr. Fol. Dorpat 825. (Riga, Hartmann). 4 ℛ 16 ngr

Struve Friedrich Georg Wilhelm. Über die Breitengradmessung zwischen der Donau und dem Eismeere. S. 21. 3 . . . .
Separatabdruck

—— Catalogus novus stellarum duplicium et multiplicium maxima ex parte in specula Universitatis Caesar. Dorpatensis per magnum telescopium achromaticum Frauenhoferi detectarum. Fol. (37 B. u. 2 Kpfrt.) Dorpati 827. (Hamburgi, Fr. Perthes.)

— Catalogus novus stellarum duplicium et multiplicium maxima ex parte in specula Universitatis Caesar. Dorpatensis per magnum telescopium achromaticum Frauenhoferi detectarum. Mit 2 Kplt. Fol. Dorpat 828. (Fr. Perthes in Hamb.) 10 ℛ

— Catalogus 795 stellarum duplicium ex diversorum astronomorum observationibus congestus in specula Dorpatensi. 4. Dorpat 822.

Struve, Fr. Geo. Wilh., Catalogus systematicus librorum in Bibliotheca Pulcovensis etc., s. Librorum.

—— Description de l'Observatoire astronomique central de Poulkova. (Avec: Catalogus librorum in bibliotheca speculae Pulcoviensis contentorum.) Imp.-4. (54 ¾ B., wovon 37 ¾ B. mit Einfass., 39 Kpfrtfln. mit ½ B. Text, u. Titvign.) St.-Pétersbourg 845. (Leipzig, Voss.) **

Struve, W., sur la dilatation de la glace, d'après les expériences faites en 1845 et 1846 à l'observatoire central de Poulkova par MM. Schumacher, Pohrt et Moritz. Imp.-4. (90 S. und 1 Kpfrt. in Fol.) St.-Pétersbourg 848. (Leipzig, Voss.) **
Aus: Mémoires de l'académie, VI. Série sciences mathémat. et phys. Tome IV., besonders abgedruckt.

— über d. Doppelsterne. 4. Riga 827. Hartmann.

Struve, Fr. Geo. Wlh., über Doppelsterne, nach den auf der Dorpater Sternwarte mit Fraunhofers großem Fernrohre von 1824 bis 1837 angestellten Micrometermessungen. Berichte an den Minister, Geheimenrath, Ritter von Ouvaroff. Lex.-8. St. Petersburg 837. (Leipzig, Voß.) n. $^7/_8$ ℛ

Friedrich Georg Wilhelm von Struve

Ueber die Doppelsterne nach einer mit dem großen Refractor von Fraunhofer auf der Sternwarte...zu Dorpat angestellten Musterung des Fixsternhimmels. Bericht... von F[riedrich] G[eorg] W[ilhelm von] Struve. Dorpat 1827: Schünmann. 28 S. 8°

—— sur l'emploi de l'instrument des passages pour la détermination des positions géographiq. A l'usage des officiers de l'Etat-Major-Général en Russie. Trad. de l'Allem. p. A. Schyanoff. gr. in-4. (12 ½ B. u. 3 Kpfrt.) St.-Pétersbourg 838. (Leipzig, Voss.) **

—— Etoiles doubles. Mesures micrométriques obtenues à l'observatoire de Dorpat av. la grande lunette de Fraunhofer de 1824 à 1837. Lex.-8. ($3^1/_4$ B.) St. Pétersbourg 837. (Leipsic, Voss.) **

Struve, Fr. Geo. Wilh., études d'astronomie stellaire. Sur la voie lactée et sur la distance des étoiles fixes. Rapport fait à S. Exc. M. le comte Ouvaroff, ministre de l'instruction publique. gr. 8. (60 S.) St. Petersbourg 847. (Leipzig, Voss.) **

— et O. W. Struve, expédition chronométrique exécutée par ordre de S. M. l'Empereur Nicolas I. entre Altona et Greenwich pour la détermination de la longitude géographique de l'observatoire central de Russie. Rapports faits à l'Académie Impériale des sciences de St.-Pétersbourg. Imp. 4. (210 S. m. 2 Kpfrtaf.) Ebd. 846. baar 3 ₰

—— Expédition chronometrique exécutée par ordre de Sa Maj. l'Empereur Nicolas I. entre Poulkova et Altona pour la détermination de la longitude géographique relative de l'observatoire central de Russie. Rapports faits à l'Académie Imp. des sciences de St. Pétersbourg. Imp.-4. (20 B.) St. Pétersbourg 844. (Leipzig, Voss.) **

Struve, (Fr. Geo.) W(ilh.), Exposé historique des travaux exécutés jusqu'à la fin de l'année 1851 pour la mesure de l'arc du méridien entre Fuglenaes 70° 40' et Ismaïl 45° 20'. Suivi de deux rapports de G. Lindhagen, sur l'expédition de Finnmarken faite par ordre du gouvernement norvégien en 1850, et sur les opérations de Lapponic exécutées en 1851. Imp.-4. (44 S. mit 2 lithogr. Karten in Fol.) St.-Pétersbourg 852. (Leipzig, Voss.) **

s. W. Fedorow's Berichte.

—— Fondation de l'observatoire central de Russie par l'empereur Nicolas I. de glorieuse mémoire. Lu à la séance publique de l'académie des sciences, le 29 Déc. 1855. Lex.-8. (23 S.) St.-Pétersbourg 856. (Leipzig, Voss.) **

— s. Librorum in Bibliotheca speculae Pulcovensis etc.

—— Stellarum duplicium et multiplicium mensurae micrometricae per magnum Fraunhofer tubum an. a 1824 ad 1837 in specula Dorpatensi institutae. Adjecta est synopsis observation. de stellis compositis Dorpati an. 1814 ad 1824 per minora instrumenta perfectarum. Edit. jussu et expensis Acad. scientiar. Caesar. Petropolit. Imp.-Fol. (132 B. u. 3 Kpfrt.) Petropoli 837. (Lipsiae, Voss.) **

[Struve, F. G Wilhelm]: Nachricht von der Vollendung der Gradmessung zwischen der Donau und dem Eismeere. Veröffentlicht im Auftrage der Kaiserlichen Akademie der Wissenschaften St. Petersburg 1853 21 S. 8°.

Struve, F. G. W., Observationes astronomicas, institutas in specula Universitatis caesareae Dorpatensis, publici juris facit Senatus Universitatis. Vol. I. Observationes annorum 1814 1815. una cum reductionibus. gr. 4. Riga, Meinshausen. 811.
— — Vol. II. Observationes annorum 1818 et 819. gr. 4. ibid.

—— Observationes astronomicas, institutas in specula Universitatis Caesar. Dorpatensis, publici juris facit Senat. Universitat. Vol. V et VI. seu Novae seriei Vol. II et III. 4maj. Dorpati. (Rigae, Frantzen.)
Vol. V. Observationes anni 1824. ($21^3/_4$ B.) 827. 4 Thlr.
- VI. - - - annor. 1825 et 1826. (25 B.) 830. 4 Thlr. 12 Gr.
Vol. I — IV. Ebendas. 1821 — 25. à 4 Thlr.

—— Observationes astronom. institutae in specula Universit. Caesareae Dorpatensis. Vol. VII. seu Novae Seriei Vol. IV. Observationes annor. 1827, 1828, 1829, 1830, 4maj. ($34^3/_4$ B.) Dorpati 838, (Karow.) *
Vol. I—VI. Ibid. 1821—30. * 24 Thlr. 12 Gr.

— Observationes astronomicae institutae in Specula Univers. Caesar. Dorpat. Vol. VII. seu Novae Seriei Vol. IV. Observationes annorum 1827, 1828, 1829, 1830. 4maj. Dorpati 838. (Severin.) n. $4^1/_2$ ₰ (Auch die ersten Bände sind jetzt von Severin zu beziehen.)

— der Ort des Polarsterns für jeden Tag der Jahre 1819 bis 1822. 8. Dorpat 819.

— s. Ort, den, des Sternes δ Ursae

— W., Dr., Der Ort des Sternes δ Ursae minoris in seiner oberen Culmination für jeden Tag der Jahre 1820—22 berechnet aus Bessels Tafeln. Dorpat 1821. (S. 5726)

Struve, F. G. W.: Astronomische Ortsbestimmungen in der Europäischen Türkei, in Kaukasien und Klein-Asien. Nach den von den Officieren des Kaiserlichen Generalstabes in den Jahren 1828 bis 1832 angestellten astronomischen Beobachtungen abgeleitet und zusammengestellt. [S.-A.] Mémoires de l'Académie Impériale des Sciences. Sér. 6. Sciences math. et phys. T. 4 [...] St. Petersburg 1845. 77 S. 8°.

— Diss. inaug. de geographica positione speculae astronomicae Dorpartensis. (Praes. Jh. Gf. Huth.) Mit 6 Tabell. 4maj. Mitau 813.

—— Stellarum fixarum imprimis duplicium et multiplicium positiones mediae pro epocha 1830, 0, deductae ex observationibus meridianis a. 1822 ad 1843 in speculo Dorpatensi institutis. Imp.-Fol. (CCLIV und 381 S.) St.-Petersbourg 852. (Leipzig, Voss.) **

— Vergleichungen der Wiener Maße mit mehreren auf der russischen Hauptsternwarte zu Pul[kowa] [befi]ndlichen Maßeinheiten. S. 44 [...]
Separatabdruck

Struve, W., Vergleichungen der Wiener Masse mit mehreren auf der kaiserl. russischen Hauptsternwarte zu Pulkowa befindlichen Masseinheiten. Im Jahre 1850 ausgeführt. (Aus den Sitzungsber. der k. Akad. der Wissensch.) Wien 861. Gerold in Comm. gr. 8. (22 S.) n. 4 ngr.

s. Weiss, Max, Positiones etc.

—— Weltgeschichte in 9 Büchern. 6 Bde. Einzig rechtmäß., durchaus verb. und verm. Aufl. gr. 8. New-York 856—59, Expedition. **

Inhalt:
Buch 1—3. Alte Geschichte. (520 S. mit 3 Tab. in Fol.) * 2 Thlr. 4 Ngr.
" 4—6. Geschichte des Mittelalters. 2 Bde. (1185 S. mit 3 Tab. in gr. Fol.) * 5 Thlr. 2 Ngr.
" 7. Geschichte der Neu-Zeit. 1. Buch: Vom Anbeginn der Reformation bis zum westphälischen Frieden (1517—1648). (776 S. mit 1 Tab. in Imp.-Fol.) * 3 Thlr. 6 Ngr.
" 8. Geschichte der Neu-Zeit. 2. Buch: Vom westphälischen Frieden bis zum Anfange der französischen Revolution (1648—1789). (528 S. mit 1 Tab. in Imp.-Fol.) * 2 Thlr. 4 Ngr.
" 9. Geschichte der Neu-Zeit. 3. Buch: Vom Anfange der französischen Revolution 1789 bis zum J. 1848. (980 S. mit 1 Tab. in Imp.-Fol.) * 4 Thlr.

Struve, Friedrich Gottlieb

— Diss. acad. de arresto innocuo, von unschädlichem Arrest. Kilonii. 1726. 4. P. [Resp. Frid. Car. Friccius].

Struve, Friedrich Gottlieb (Jena) A. S. 741/10

Dissertatio inauguralis juridica de balneis ac balneatoribus Von Bad=Stuben und Badern secundum leges et instituta Romanorum ac usum hodiernum.
Präs. Christian Wildvogel.
Jena (Krebs) 21. VII. 1703. 226 S.

Gew.: Johann Friedrich Bachow. 33924

Struve, Friedrich Gottlieb [Praes.]. s. Brunner, Ernst Georg: De fructibus pendentibus.

Struve, Friedrich Gottlieb [Praes.], s. C o b, Jo. Sebastian: De jure socerorum. Vom Recht der Schwieger-Eltern.

— compendium digestorum c. praef. L. Menken. 8. Jenae, Bielke. 711.

Struve, Friedrich Gottlieb [Praes.], s. D e y l l, Adam Emanuel: De dominio mariti in rebus uxoris immobilibus inaestimato in dotem datis.

Prorector et senatus academiae Kiloniensis monumentum funebre ... [Einladung d. Prorektors u. Senats d. Universität Kiel zur Trauerfeier am 28. Juli 1752 auf Friedrich Gottlieb **Struve**, Prof. d. Rechtswiss., † 22. Juli 1752.] — Kiliae (1752): Bartsch. 4 Bl. 4°

Struve, Friedrich Gottlieb [Praes.], s. E m b d e n, Franz Ludwig: De donatione onerosa.

Struve, Fr. Gtl., († d. 23. Juli 1752.) Tractatus juridicus de eo, quod justum est circa horam. Vom Stundenrechte. 4. Leipz. 752. Dyck. 8 gl.

— Diss. jur. de eo, qvod justum est circa sacra domestica vulgo die Haus-Kirche. Kiliae. 1730. 4. P. [Resp. Johs. Andr. Leonhard].

Dissertatio academica de e o quod iustum est circa vocem vivam in processu civili et criminali quam ex constitutione Fridericiana praeside Friderico Gottlieb **Struvio** 1731. habendam publico eruditorum examini submittit Matthias Henricus Oppermannus. Kiliae. (1731.) 4°

Struve, Friedrich Gottlieb [Praes.], s. G e l h u d, Bradan. Hermann: De pecunia praesidii causa reposita. Von Spahr oder Noth=Pfennig.

Struve, Friedrich Gottlieb [Praes.], s. H a n k o p h, Johann Albert: De effectu erroris in contractu emti venditi.

Struve, Friedrich Gottlieb [Praes.], s. H a n s e s, Joachim Friedrich: De praebenda equestri dicta Die Reit=Pfründe.

— introductio ad praxin iuris canonici forensis protestantium. 4. Jena, Guth. 714.

STRUVE, FR. GOTTLIEB.
De jure alchemiæ; vom Recht der Alchymisten. Jenæ, 1717. 4to.

Friedrich Gottlieb Struve

Fridericus Gottlieb Struvius [Struve]: De Jure thematum genethliacorum. Vom Recht der Nativitäten. [Resp.:] Anton[ius] Uldaricus Blum. Jenae (1716:) Werther. 37 S. 8°

Jena, Jur.Disp.v.10.Okt.1716

Beigeb.: Lauterbach,Anton Bernhard: De quinque ordinum notabili Symentria. Jenae 1716.

STRUVE, FR. GOTTL., Diss. jur. de jurisdictione prorogata. Jenae. 1708. 4. P. [Resp. Jos. de Qvalen].

Struve, Friedrich Gottlieb [Praes.], s. K a t t e, Joachim Heinrich: De sententia provisionali, quoad alimenta et expensas litis.

Struve, Friedrich Gottlieb [Praes.], s. M a s c o v, Elias: De libero arbitrio juridico, vom Rechtsgültigen freyen Willen.

Struvius, Frid. Gottl.: Tractatus de pace domestica vulgo vom Haus-Frieden. Acc. binae dissertationes. 1. Ge. Adami **Struvii** de iuribus palatii principalis, 2. Ge. **Beyeri** de violatione pacis domesticae. Jenae 1713.

Struve, Friedr. Gottl.: Positiones iuris canonici atque ecclesiastici iuxta seriem Decretalium et praxin imperii ac ecclesiarum protestantium. Kilonii 1730.

Struve, Fr. Gttl., resp. A. F. **Vogel**, De pustulis oris ex terrore. Kil. 4°. 1769

Struve, Friedrich Gottlieb [Praes.], s. Q u a l e n, Josias von: De jurisdictione prorogata.

Struve, Friedr. Gottl.: Samlung und rechtliche Erklärung unterschiedener teutschen Wörter u. Redensarten, welche in denen gemeinen Rechten, Landes-Ordnungen u. Stadt-Rechten ... vorkommen. Nach alphab. Ordn. Hamburg 1748.

Struve, Frdr. Gtlob, Sammlung und Erklärung verschiedener deutscher Wörter und Redensarten, welche in den gemeinen Rechten, Landesordnungen etc. vorkommen Hamburg 1749. 4.

Struve, Fr. Gl., schediasma de consuetudinibus I. R. G. universalibus, v. d. allgem. Reichsherkommen in genere. 4. Hamb. Hoffmann. 747.

Struve, Friedrich Gottlieb [Praes.], s. S t a u d, Johann Daniel von: De competentia fori in delictis extra septa commissis.

Struve, Friedrich Gottlieb [Praes.], s. S t r u v e, Friedrich Wilhelm: De cimeliarchiis nummariis, eorumque jure, Vom Recht derer MüntzCabinette.

Struve, F. G., Comm. de studio critices et grammatices apud Alexandrinos. Praefatus est C. Morgenstern. 8maj. Dorpat, Grenz. (Lips. Kummer in Comm.) 811.

Struvius, Frid. Gottl.: Systema jurisprudentiae opificiariae in formam artis redactae, ubi rerum mechanicarum principia ac conclusiones . . . derivantur. Ex scriptis et ms. Adr. Beieri ill. et infinitis suppl. adauctum. T. 1—3. Lemgoviae 1738. fol.

— systema iurisprudentiae opificiariae in formam artis redactae etc. fol. Lemgo, Meyer. 738.

Struve, Friedrich Gottlieb [Praes.], s. W e r n e r, Friedrich August: De iure ex persona tertii quaesito.

Struve, Friedrich Gottlieb [Praes.], s. Z u l i c h i u s, Michael Friedrich: De iure alchymiae Vom Recht der Alchymisterey.

Struve, Friedrich Wilhelm (Arnstadt) A. S. 752/40

Dissertatio academica de cimeliarchiis nummariis, eorumque jure, Vom Recht derer MüntzCabinette.
Präs. Friedrich Gottlieb Struve.
Jena (Gollner) X. 1704. 40 S.

W. v.: Präs., Daniel Friedrich Töpffer (Opp.), Gabriel Friedrich Kühnemann (Opp.), Erich Daniel Liebhaber (Opp.), Christian Friedrich Ruhe, Johann Adolph Plette, Christian Ludwig Büttner. 33925

Struve, G., s.a. Struve, Gustav von

v. Struve, G., Charaden u. Logogryphen. 12. Weimar 806. Ind.-Compt. 9 K

Struve, G. Fr., Rabiei caninae therapiam defendet. 24 pp. Lps. 4°. 1774

Struve, Georg: Die Darstellung der Pallasbahn durch die Gauss'sche Theorie für den Zeitraum 1803 bis 1910. (Berlin 1910: Ebering.) 54 S. 4° ¶(Im Buchh. ebd. 1910 (1911).) Berlin, Phil. Diss. v. 14. Dez. 1910, Ref. Cohn, Förster
[Geb. 19. Dez. 86 Pulkowa b. Petersburg; Wohnort: Berlin; Staatsangeh.: Preußen; Vorbildung: Wilhelms-Gymn. Königsberg i. P. Reife O. 05; Studium: Heidelberg 3, Berlin 7 S.; Rig. 23. Juni 10.] [U 11. 333

Struve, Geo., die Darstellung der Pallasbahn durch die Gauss'sche Theorie f. den Zeitraum 1803—1910. (55 S.) 31,5×24 cm. Berlin 910. E. Ebering. 3.—

Struve, Georg v. Zurückweisung der Broschüre „Die Warner" 1873 (Rheinfeldner Kanalbau).

Struve, Georg Adam

Struve, Ge. Adam: Diss. de actibus et contractibus correspectivis. Ed. nov. Helmstadii 1755.

Struve, Georg Adam [Praes.], s. Bergner, Bernh.: Explicatio tit. digest. de administratione rerum ad civitates pertinentium.

— compendium iuris feudalis, ex eiusd. syntagmate excerptum. 4. Götting. Vandenhök et R. 739.

Struvius, Ge. Adam: Commentatio jur. de contractibus principum. Oder: von fürstlichen Verträgen. Jenae 1745.

Struve, Georg Adam: „Decisionum juris opificiarii centum et aliquot, in quibus casus selectiores juris opificiarii breviter et nervose deciduntur, adjectis undique praecipuarum in Germania facultatum responsis variisque tum publicis tum privatis diplomatibus; accesserunt Disputationes tres hanc materiam spectantes, I. G. A. Struvii: de opificibus, II. Wolfg. Textoris: Jura opificum emendata, III. G. A. Struvii: de diversis opificiorum generibus, omnia haec ex b. autoris manuscripto revisa, indice locupletissimo, aucta atque publici juris facta curante Friderico Gottlieb Struvio D.", Jenae 1708. — Vorh.: StB Nürnberg.

Struve Georg Adam, decisiones sabbathinae, de conventionibus et contractibus. 4. Jenae. 717.

STRUVE, Geo. A., Juristischer Discurs von Entführung der Frauen und Jungfrauen, wie auch anderer Personen. Mit Titelvign. Franckfurth u. Leipzig 1723. 4°. 40 S. (In Rostock, Landesbibl.) (1 Mk. Paul Neubner, Cöln, 1892; 3 Mk. J. A. Stargardt, Berlin, 1894.)

Struvius, Ge. Adam: Diss. de ducibus et comitibus imperii Germanici. Oder: Von denen Fürsten u. Grafen des Teutschen Reichs. Ed. nov. Jenae 1736.

STRUVE, G. A. — GEORGH ADAMI STRUVII . . . TRACTATIO JURIDICA DE EO QUOD JUSTUM EST CIRCA VESTITUM CIVIUM, Von der Bürger Kleider-Ordnung; IN ACAD. JENENSI MDCLXXV. HABITA. EDITIO NOVISSIMA. HALAE MAGDEB. TYPIS ET IMPENSIS JO. CHRIST. HENDELII, MDCCXXIV [1724]. 4°. Tit. u. 78 S. (Bibl. Lipperheide no. 3321.)

— evolutiones controversiarum in syntagmate iuris. 4. Jenae, Cröcker. 713.

Struve, Georg Adam [Praes.], s. Freiesleben, Heinrich Ludwig: De subofficialibus S. R. I. Von des Heil. Römischen Reichs Erb=Ambtmännern.

Struve, Georg Adam [Praes.], s. Goeckel, Veit Ludwig: De operis et servitiis rusticorum. Nostris: Vom Ursprung der so mancherley schuldigen oder auch neuerlich geforderten Frohndienste; Wer damit zu belegen, oder davon zu befreyen.

Struve, Georg Adam [Praes.], s. Jacobs, Johann: De dispensationibus.

Struve, Georg Adam: Disputatio juridica de indiciis, cui annectitur quaestio de proba per aquam frigidam sagarum. [Jena]. 1714. 4°

Struvius, Ge. Adam: Schediasma jur. de jure divortiorum von Recht der Ehescheidung. Ed. nov. Jenae et Lipsiae 1724.

— — Commentatio de jure divortiorum. Oder von dem Rechte u. Ursachen der Ehescheidung. Jenae 1745. 4°. (48 xr. Scheible in e. alten Cat. (vor 1870).

Struvius, Ge. Adam: „Libellus de iure ovium, vom (!) Schäfferey-Rechten", Ed. nov. Jenae [1714]. — Edit. nova 1756. — Beide vorh.: Bibl. des Kammergerichts Berlin — Ec. 1546 und Ec. 1548.

STRUVE, G. A.: De jure sylvarum et arborum, oder vom Recht der Wälder und Bäume, sowohl fruchtbahr - als unfruchtbahren; derselben Nutz, Erhalt und Abholtzung, auch andern bisher gehörigen Forstgerechtigkeiten. - Jena 1656 u. 1735

Struvius, Ge. Adam: Jurisprudentia Romano-Germanica forensis. Ed. 15. opera Lüd. Menckenii. Francofurti ad M. 1733.

— Ed. 18. observationibus practicis, iam primum ed., ill. a Jo. Gottl. Heineccio. Bambergae et Herbipolis 1767.

— iurisprudentia romano-germanica forensis. 4. Götting. Vandenhök et R. 737.
Schreibp.

— iurisprudentia romano-germanica forensis. 8. Bamberg. 759.

— jurisprudentia romano-germanica forensis, subjunct. Schaumburg. annot. et Menken addition. et indic. locupl. 4. Frankf. 760. Varrentrapp. 2 ⅙ 8 gl

— idem liber sine annot. Schaumburg. 8. ibid. 771. 20 gl

Struve, Georg Adam, iurisprudentia romano-germanica forensis, observat. pract. iam primum ed. illustr. a I. G. Heineccio. 8. maj. Bamb. Göbhard. 767. Rthlr.

Struve, Geo. Adm., († ...) jurisprudentia romano-germanica forensis, cum observationibus practicis J. G. Heinec-cii c. J. C. G. Heineccii. 8. Bamb. 767. Wesché in Frkf. a. M. 1 ₰ 16 𝒦

— Jurisprudenz, od. Verfass. d. Landüblichen Rechte, vermehrt v. Kästner. 4. Leipz. 732.

Struve, Georg Adam [Praes.], s. K r u g , Johann: Venerem illicitam ejusque coercitionem.

— de mortificatione liber singularis. 4. Frankf. u. Leipz. 751. ... 4 𝒦

Struve, Georg Adam [Praes.], s. M o t z , Justin Eckhard: De eo quod justum est circa damna invita ex ignorantia.

Struve, Georg Adam [Praes.], s. R o t h , Heinrich Balthasar: De patientia.

Struve, Georg Adam [Praes.], s. S c h i l d b a c h , Ernst Sigismund: De rerum communione, Germanice: Von gemeinschafftlich besitzenden Gütern, und den offt darbey vorkommenden rechtlichen Fällen.

Struve, Georg Adam [Praes.], s. S c h ü t t e , David: De iure silvarum et arborum, Oder: Vom Recht der Wälder und Bäume ...

Struve, Georg Adam [Praes.], s. S o r g e , Christian Valentin: De interdicto unde vi, quatenus usufructuarius ex eo restituitur.

Struve, Georg Adam [Praes.], s. S t o c k , Christoph: De simulatis contractibus, Germanis: Von denen bey vielen zur Mode gewordenen jedoch widerrechtlichen Contracten.

Struve, Georg Adam [Praes.], s. S t o c k m a n n , Gottfried: De bracchio seculari.

Struve, Georg Adam [Praes.], s. S t o c k m a n n , Gottfried: De iuribus palatii principalis, Von denen Rechten der Residentz=Häuser Grosser Herren.

— syntagma iuris civilis sec. ord. pandectarum concinnatum c. additionibus P. Müller. III Tmi. 4. maj. Francf. Andreä. 738.

STRUVIUS, Geo. Ad.: Syntagma juris feudalis. Ed. X. *Frcf. a. M.* 717. 4.

Struvius, Ge. Adam: Syntagma juris feudalis.

— Ed. 11. Cui acc. observationes feudales ad singula capita ... item semi-centuria observationum de feudo haereditario. Francofurti ad M. 1726.

— syntagma iuris feudalis c. observ. dec. et prodromo studii jur. feud. H. C. H. Senkenberg. 4. Frankf. Andreä. 734.

— syntagma iurisprudentiae civilis. 4. Jenae. 709.

Struvius, Ge. Adam.: Syntagma jurisprudentiae, secundum ordinem Pandectarum concinnatum cum additionibus Petri Mülleri. P. 1—3. Francofurti et Lipsiae 1692—1701. 3 Bde

— Ed. 2. P. 1—3. 1718. 3 Bde

— Ed. 3. P. 1—3. 1738. 3 Bde

Struve, Georg Adam [Praes.], s. T i l e m a n n , Burkhard Heinrich: De pactis renunciativis, ex c. quamvis 2. de pactis in VI. et 1. fin. c. eodem. Oder Von Lossagungs=Vergleichen in Erbschaffts= und anderen Fällen, wie sie einzurichten, und wie weit solche in denen Rechten gültig.

— — De Venere illicito ejusque coërcitione. D i e v e r b o t h e n e (!) L i e b e. Halae 1729. 4⁰. (18 Sgr. L. St. Goar, c. 1875; 1 Mk. 50 Pfg. Prager, Berlin, v o r 1890.)

— de vindicta privata, v. d. Fällen, in welch. d. Selbstrache Statt findet. 4. Jena. 736.

STRUV, Geo. Adam.: Tract. de vindicta privata. Ed. V. *Jen.* 748. 4.

Struve, Georg Gottlob (Jena) A. S. 3/4

De idiomate imperiali, Von der, In Reichs=Handlungen üblichen Sprache. Präs. Nikolaus Christoph Lyncker. Halle (Hendel) 1736. 29 S.

Diss. I. 1687.
W. v.: Georg Schubart. 33935

Struve, Gust. v., Actensammlung der badischen Censur, s. Actensammlung.

Struve, Gust. v., u. Ed. Hirschfeld, Atlas zur Erläuterung der Lehre von den Verrichtungen des Gehirns, s. Atlas.

— u. Ed. Hirschfeld, Atlas zur Erläuterung der Lehre von den Verrichtungen des Gehirns. (12 von Gall's Tafeln.) Mit deutschem, französ. u. engl. Texte. gr. Fol. Heidelberg 844, Groos. n. 3 ₰

Struve, Gustav *Adolf* [aus Leipzig]: Ueber das B e n z o y l - h y d r a z i n und einige Derivate desselben. ... Kiel: Druck v. Schmidt & Klaunig 1891. 33 S., 1 Bl. 8⁰
Kiel, Phil. Fak., Inaug.-Diss. v. [1. Aug.] 1891

— Briefe über Kirche und Staat. Nebst der Fortsetzung der gegen den Verfasser wegen seines Briefwechsels zwischen einem ehemaligen und einem jetzigen Diplomaten und seiner politischen Briefe gepflogenen Prozeßverhandlungen. Mannheim, Bensheimer 1846. 366 S. 8.

Struve, Gust. v., politische Briefe. 8. ($20\frac{7}{8}$ B.) Mannheim 846, Bensheimer.

Struve, Gustav von. Briefwechsel zwischen einem ehemaligen und einem jetzigen Diplomaten. Mannheim 1845. 350 S. 8.

Struve, Gust., Diesseits u. Jenseits des Oceans. Zwanglose Hefte zur Vermittelung der Beziehungen zwischen Amerika u. Deutschland. 1—4. Heft. Coburg 863, 64. Streit. Lex.-8. (XXX, 587 S.) Jedes Heft n. 20 ngr.

Struve, Gustav von (Hrsg.):

s.: Gall, (Franz Joseph): Atlas zur Erläuterung der Lehre von den Verrichtungen des Gehirns. (Dt., frz.u.engl.) Heidelberg: 1844

JB 6.273

v. Struve, Gust., Gallerie berühmter Männer des 19. Jahrh. 1.2.Hft. gr.8. Heidelberg 845, 46, Groos. à 5/12 ℛ

v. Struve, Gust., Gedichte. 2. Ausgabe. 12. Mannheim 846, Schwan u. Götz'sche Hofbuchh. n. 2/3 ℛ

Struve, Gust. v., Gedichte, hrsg. v. seiner Tochter Damajanti. (Umschlag: Gedanken u. Gedichte.) (16 S.) kl. 8. Leipzig (906). (G. Wittrin.) n. — 40

v. Struve, Gust., kritische Geschichte des allgemeinen Staatsrechts in ihren Haupt-Trägern dargestellt. gr. 8. (355 S.) Mannheim 847, Bensheimer. 1 ℛ 6 ngr

— Geschichte der Neu-Zeit. 7. bis auf die neueste Zeit fortgeführte Ausg. 1—20. Heft. Ebend. 864. Lex.-8. (1. u. 2. Bd.; 1306 S. u. 2 Tab. in Fol.) Jede Liefg. 6 ngr

— die Geschichte der Phrenologie. Mit 1 Titelkupf. gr. 8. Heidelberg 843, Groos. 1/3 ℛ

— Geschichte der drei Volkserhebungen in Baden. gr. 12. (VI u. 332 S.) Bern 849, Jenni Sohn. 18 ngr

— die Grundrechte des deutschen Volkes. 2. Aufl. 8. (16 S.) Birsfelden 848. (Basel, Expedition des Zuschauers.) 1/12 ℛ

— Grundzüge der Staatswissenschaft. 2 Bde. 8. 1. Bd. Von dem Wesen des Staats od. allgem. Staatsrecht. (VIII u. 359 S.) 2. Bd. Ueber die Formen d. Staats oder allgem. Staats-Verfassungsrecht. 8. (346 S.) Mannheim 847, G. v. Struve (jetzt: Frankfurt a. M., Literar. Anstalt.) 1 2/3 ℛ

— dies. 3 u. 4. Bd.: Von den Handlungen des Staats od. allgem. Staats-Verwaltungsrecht. I. Das Volksleben. — II. Die Regierungsthätigkeit u. ihr Verhältniß zum Volksleben. 8. (X u. 506 S.) Frankfurt a. M. 848, Literarische Anstalt. 1 1/6 ℛ

Struve, Gustav von: Handbuch der Phrenologie. 376 S., gbd., Abb.

Leipzig: Brockhaus 1845

JB 4.420

Struve, Gust. v., Ideen zu Begründung ein. d. Staatszweck entsprech. Criminal-Gesetzgeb. u. Rechtspflege. gr. 8. (2 B.) Carlsruhe 835, Braun'sche Hofbuchh.

Struve, Gust., e. Fürsten Jugendliebe. Drama in 5 Aufzügen. br. 8. (IV, 93 S.) Wien 870. Wallishausser'sche Buchh. n. 1. 60

Struve, Gust. v., Commentar zu dem Entwurfe e. Staatsgrundgesetzes f. d. Königr. Hannover, wie solcher d. niedergesetzten Commission von Seiten d. landesherrl. Commissarien zu vorläuf. Berathung vorgelegt worden ist. 2 Bde. (od. 7 Hfte.) gr. 8. (20 1/4 B.) Rinteln 832, Osterwald.

Einzeln:

Hft. 1. Allgem. Bestimmungen. 4 Gr.
" 2. Vom Könige, v. d. Thronfolge u. d. Regentschaft. 8 Gr.
" 3. Von d. Rechten u. Pflichten der Unterthanen im Allgemeinen. 6 Gr.
" 4. Von d. Verhältnissen d. Kirchen zum Staate, v. d. Unterrichtsanstalten, so wie v. den zu wohlthät. Zwecken bestimmten Fonds. 6 Gr.
" 5. Von d. Landständen. 6 Gr.
" 6. Von d. Finanzen. — Von d. obern Landesbehörden u. d. Dienerschaft. 6 Gr.
" 7. Entwurf e. Staatsgrundgesetzes f. d. Königr. Hannover ꝛc. 4 Gr.

Struve, G., u. Heinzen, K., An die Männer des gesunden Menschenverstandes in Teutschland. Für den Central-Ausschuss der deutschen Republikaner G. Struve und K. Heinzen. 8°. s. l. s. a. (1848).

— üb. die Mittel, die Preßfreiheit zu erlangen. 8. Cassel 831. Bohné. 6 gl

—— Pflanzenkost, die Grundlage einer neuen Weltanschauung. gr. 8. (IV, 135 S.) Stuttgart 869, (Aue.) *

Struve, Gust., Pflanzenkost, die Grundlage einer neuen Weltanschauung. 2. (Titel-)Ausg. 8. (IV, 135 S.) Stuttgart (869) 888, (Zimmer.) *

—— die Phrenologie in u. ausserhalb Deutschlands. gr. 8. (3 3/4 B., 5 Abbild. u. Tlbld.) Heidelberg 843, Groos.

Struve, G., und K. Heinzen, Plan zur Revolutionirung und Republikanisirung Deutschlands. o. O. u. J. 16 S. 8°.

Struve, G[ustav von], und Heinzen, C[arl]. Plan zur Revolutionirung und Republikanisirung Deutschlands. Von G. St' und K H'. 8. [Birsfeld 1848.]

—— das öffentl. Recht des deutschen Bundes. 2 Thle. gr. 8. (57 1/2 B.) Mannheim 846, Bensheimer.

—— über d. positive Rechtsgesetz rücksichtl. seiner Ausdehnung in d. Zeit, od. üb. d. Anwend. neuer Gesetze. gr. 8. (18 B.) Göttingen 831, (Vandenhoeck u. Ruprecht.)

v. Struve, Gust., über das positive Rechtsgesetz in seiner Beziehung auf räumliche Verhältnisse, oder über die Anwendung der Gesetze verschied. Orte. gr. 8. Karlsruhe 834. (Braun.) n. 2/3 ℛ

Struve, Gustav. Das achte Regiment NY Freiwilliger u der Prinz Felix Salm-Salm. Wash. 1862.

—— Revolutions-Zeitalter. Vom J. 1789—1848. 7. Aufl. Lex.-8. (981 S. mit 1 Tab. in Fol.) Coburg 864, Streit's Verlag. *

Struve, G[ustav von], und Heinzen, C[arl]. Die Schilderhebung der deutschen Republikaner im April 1848. Von G. St' und K. H'. 8. Strassburg 1848.

— das Seelenleben oder die Naturgeschichte des Menschen. Berlin 869. Grieben. gr. 8. (IV, 285 S.) n. 1 ℛ 10 ngr

— u. Gust. Rasch, zwölf Streiter der Revolution. Berlin 867. Wegener. gr. 8. (III, 222 S.) n. 1 ℛ

— politisches Taschenbuch für das deutsche Volk. 1. Jahrg. 8. Frankfurt a/M. 846, Literar. Anstalt. 1 ℛ VI, 366 S.

—— über Todesstrafen, Behandlung der Strafgefangenen u. Zurechnungsfähigkeit mit besonderer Rücksicht auf den Entwurf eines Strafgesetzbuchs f. das Großherzogthum Baden. gr. 8. (1⁵/₈ B.) Heidelberg 843, Groos.

Struve, Gust., die Union vor dem Richterstuhle des gesunden Menschenverstandes. gr. 8. (III und 127 S.) New-York 855, (Schmidt.)

—— positiv-rechtl. Untersuchung der auf d. Presse sich bezieh. bundesgesetzl. Bestimmungen, u. Bezeichnung d. Mittel, deren Freiheit zu erlangen. 8. (2³/₄ B.) Cassel 831, Bohné.

— s. v. Uria-Sarachaga, Actenstücke.

— die Verfolgung der Juden durch Emicho. Trauerspiel in 5 Aufzügen. 2. Ausgabe. 12. Mannheim 846, Schwan u. Götz. n. $^{7}/_{8}$ ℛ

—— erster Versuch auf d. Felde d. deutschen Bundesrechts, betreff. d. verfassungsmäß. Erledigung d. Streitigkeiten zwischen deutschen Bundesgliedern. gr. 8. (8 B.) Bremen 830, Kaiser.

—— Mandaras' Wanderungen. 2. Ausg. 8. (21 B.) Mannheim 845, [Götz.] *

— Wegweiser für Auswanderer. Bamberg 866. Buchner'sche Buchh. 8. (VI, 169 S.) n. 20 ngr.
Mit 1 Karte in Stahlst. u. color. in Imp.-Fol. n. 28 ngr.

—— kurzgefaßter Wegweiser für Auswanderer mit besond. Rücksicht auf Nordamerika, die britt. Colonien, Mexiko rc. 16. (69 S.) Bamberg 867, Buchner'sche Buchh.

—— Weltgeschichte in neun Büchern. 7., bis auf die neueste Zeit fortgeführte Ausg. 27 Hefte. Lex.-8. (1. Bd. 172 S., 2.—5. Bd. 971 S., 6. Bd. 634 S. mit 6 Tab. in gr. Fol.) Coburg 863,64, Streit's Verlag. à Heft * 6 Ngr. *

Struve, Gust., allgemeine Weltgeschichte. 6 Bde. Lex.-8. (XXII und 1672 S. mit 5 Tab. in Fol. und Imp.-Fol.) New-York 858. (Philadelphia, Schäfer und Koradi.) *

—— die Zeit von 1848—1863. Nachtrag zu G. Struve's Weltgeschichte. Lex.-8. (64 S.) Coburg 864, Streit's Verlag. *

— die Zeit von 1863 bis 1866. Zweiter Nachtrag zu G. Struve's Weltgeschichte. Coburg 867. Streit's Verl. Lex.-8. (162 S.) 15 ngr.

—— die neue Zeit. Volkskalender, s. Zeit, die neue.

— s. Zeitschrift für Deutschlands Hochschulen.

Struve, Gustav v. (Hrsg.):

s.: Zeitschrift für Phrenologie. Bd 1-3. Heidelberg: 1843-45.

JB 6.151

Struve, Gust. Adolph. (geb. Dresden 1811): De silicia in plantis nonnullis. Berolini (1835). (30 S.) 8°
Berlin. Med. Diss. v. 14. Aug. 1835

Struve, H., Eisenbahn-Geschichtskarte von Mittel-Europa mit Einrichtung zu bequemer und genauer Uhrenvergleichung. 2 Bl. Chromolithogr. qu. Fol. Berlin 888, Berliner Lithogr. Institut. In Leinw.-Carton

Struve, H., Eisenbahnnetz von Deutschland und den angrenzenden Ländern. Lithogr. Imp.-Fol. Berlin 877, v. Decker's Verlag.

Struve, H., Landkarten, ihre Herstellung u. ihre Fehlergrenzen. Mit zahlreichen in den Text gedr. Abbildgn. [Aus: „Archiv f. Post u. Telegraphie".] Lex.-8. (VIII, 79 S.) Berlin 887. Springer. n. 2. --

Struve, H., Reisetafel von Berlin. Eisenbahnzug-Verbindungen in Landkartenform von Berlin nach allen Ländern Europa's. Lithogr. Imp.-Fol. Mit Text. 8. (2 S.) Berlin 888, Springer. *

Struve, H., Tax- und Speditions-Karte von Deutschland und Oesterreich-Ungarn nach dem Massstabe 1 : 3,000,000 oder 5 Millimeter = 2 Meilen (1—10 Meilen). Nebst einer Text-Schablone. Fol. Hierzu ein Verzeichniss sämmtl. Postorte der genannten Länder, unter genauer Bezeichnung der Lage nach Land, Provinz und Quadratziffer. gr. 8. (123 S.) Berlin 874, Nicolai's Verlag. *

—— Uebersichtskarte der Eisenbahnen Deutschlands und der angrenzenden Länder, colorirt nach den betriebführ. Eisenbahn-Verwaltungen. Lithogr. und color. Imp.-Fol. Ebendas. 877.

Struve, H. Verzeichniß sämmtlicher Postorte von Deutschland und Österreich-Ungarn. 3. Aufl. Berlin 1874. 8°. (1. Aufl. 1873.)

Struve, H., Verzeichniss sämmtlicher Postorte von Deutschland und Oesterreich-Ungarn, enth. die Namen der Postanstalten unter Angabe des Landes, der Provinz etc., in welchen sie belegen sind, der Bezeichnung als Eisenbahn-Stationen oder beziehungsweise als Telegraphen-Stationen und unter Hinzufügung von „Quadrat-Ziffern" zur Aufsuchung der Orte auf der Karte und zur Berechnung des Fahrpost-Portos. Nebst einer (lithogr.) Tax- und Speditions-Karte (in Imp.-Fol.) und einem Meilen- und Zonen-Zeiger (in Imp.-Fol.). Nach den besten Quellen und den neuesten amtl. Festsetzungen bearb. 4. bericht. und mit einer Uebersicht der neu eingerichteten Postanstalten verm. Aufl. Lex.-8. (XVI, 123 S.) Berlin 875, Nicolai's Verlag. *
Mit color. Karte für einen bestimmten Ort *

Struve, H., Verzeichniss sämmtl. Postorte von Deutschland und Oesterreich-Ungarn, enth. die Namen der Postanstalten unter Angabe des Landes, der Provinz etc., in welchen sie gelegen sind, die Bezeichnung als Eisenbahn-Stationen oder bezw. als Telegraphen-Stationen und unter Hinzufügung von „Quadrat-Ziffern" zur Aufsuchung der Orte auf der Karte und zur Berechnung des Fahrpost-Portos. Nebst einer (lithogr. und color.) Tax- und Speditions-Karte und einem Meilen- und Zonen-Zeiger. Nach den besten Quellen und den neuesten amtlichen Festsetzungen bearb. 5. bericht. und mit einer Uebersicht der neu eingerichteten Postanstalten verm. Aufl. gr. 8. (XXV, 123 S.) Berlin 878, Nicolai'sche Verlagsb. *

Struve, H. (I.), Verzeichniss sämmtlicher Postorte von Deutschland und Oesterreich-Ungarn, enthaltend die Namen der Postanstalten unter Angabe des Landes, der Provinz etc., in welchen sie gelegen sind, der Bezeichnung als Eisenbahn-Stationen oder bezw. als Telegraphen-Stationen und unter Hinzufügung von „Quadrat-Ziffern" zur Aufsuchung der Orte auf der Karte und zur Berechnung des Fahrpost-Portos. Nach den besten Quellen und den neuesten amtl. Festsetzungen bearb. 6. bericht. und mit einer Uebersicht der neu eingerichteten Postanstalten verm. Aufl. gr. 8. (XXXI, 123 S. mit 1 lithogr. Tax- und Speditions-Karte.) Berlin 881, Nicolai'sche Verlagsh. *

Struve, H.: Vom Weinbau. 4 Vorträge gehalten in der kaukasischen Landwirtschaftsgesellschaft. Tiflis 1878. -- [Zit. nach Simon: Bibliotheca vinaria]

Struve, H. T., der Weg zu Gott. Confirmanden-Leitfaden. Reisebuchlein u. Wegweiser f. Jung u. Alt, zu täglicher Selbsterinnerung u. Selbstunterricht. gr. 12. Hamburg 833, Perthes, Besser u. Mauke. $^{1}/_{6}$ ℛ

Struve, H. W. E., die Bestimmungen der niederländ. Gesetzgebung gegen übermässige u. gefährl. Arbeit junger Personen u. Frauen bezüglich die Heimarbeit u. Hausindustrie. (Hrsg. v. der Nederlandschen vereeniging voor wettelijke bescherming van Arbeiders, Section der internat. Vereinigg. f. gesetzl. Arbeiterschutz.) (4 S.) gr. 8. Amsterdam 906. (J. Müller.) — 20

Struve, Heinr., die **Alexandersäule** und der Rapakivi, s. a. **Mémoires** de l'académie impér. des sciences de St.-Pétersbourg. 7. Série, Tome VI. Nr. 4.

Struve: D. Alexandersäule u. d. Rapakivi; z. Kenntn. d. finnl. Granits. St. Petersb.
Schul-/Univ.-Schrift 1863

v. Struve, Hnr., Beitrr. zur Mineralogie u. Geologie des nördl. Amerika's; nach amerikan. Zeitschriften bearb. Mit Titelvign. gr. 8. Hamb. 822. Perthes u. B. 16 gr.

S(truve) (H. v.), Mineralogische Beiträge, vorzüglich in Hinsicht auf Würtemberg und den Schwarzwald. Gotha 1807. 8.

— Beschreib. v. Waadland. 8. Bern … Typ. Soc. 6 gr.

Struve, …, description topographique, physique et historique du Pays-de-Vaud. 8. Bern 801. Typ. Soc. 9 gr.

Struve, [Henri]. Description topographique, physique et politique du Pays-de-Vaud, en forme d'itinéraire, pour les savans et les voyageurs. Avec la description des salines d'Aigle, du pays de Neuchâtel, de la Chaux-de-Fond et du Locle, et des notices générales pour les voyageurs aux glaciers. 8. Lausanne et Berne [1802].

Struve, Heinr. v., zur Entstehung der Seele. Eine psychologische Untersuchung. Tübingen 862. Laupp. gr. 8. (XI, 134 S.) 18 ngr.

Struve, Heinr., üb. einige Erscheinungen d. Ozons, Wasserstoffhyperoxyds u. salpetrigsauren Ammoniaks. [Aus: „Sitzungsber. d. k. Akad. d. Wiss."] Lex.-8. (5 S.) Wien 874. (Gerold's Sohn.) — 15

— s. W. v. Freygang, Briefe.

Struve, Heinr. v., Hamlet. Eine Charakterstudie. gr. 8. (VIII, 160 S.) Weimar 876. Huschke. n. 4. —

Struve, Hnr., Handbuch der Mineralogie, od. method. Uebersicht der Fossile nach ihren unterscheidenden Kennzeichen; aus dess. französ. Handschrift übers. v. D. B. Räzer. Mit e. Farbentafel. 4. Bern 806. Haller. 2 ℛ 6 gr.

[Struve, Henri.] Itinéraire du Pays de Vaud, du Gouvernement d'Aigle, et du Comté de Neuchâtel et Vallengin. 8. Berne 1794.
vgl. Struve, Wilhelm Otto

Struve, Heinrich, appr. Arzt a. Hademarschen in Holstein: Aus d. psychiatr. u. Nervenklinik zu Kiel. Zur Casuistik der Chorea chronica progressiva (Huntingtonsche, degenerative Chorea). Neumünster 1908: R. Hieronymus. (20 S.) 8°
Kiel, Med. Fak., Ref. Siemerling, Diss. v. 13. April 1908
[Geb. 25. März 82 Hademarschen; Wohnort: Hademarschen; Staatsangeb.: Preußen; Vorbildung: Realgymn. Rendsburg Reife O. 01; Studium: Jena 5, Kiel 3, München 1, Kiel 2 S.; Coll. 20. März 08; Approb. 8. Aug. 06.]

Struve, Heinr. v., e. Lebensbild. Erinnergn. aus d. Leben e. Zweiundachtzigjährigen in der alten u. neuen Welt. gr. 8. (V, 145 S.) Leipzig 895. E. Ungleich. n. 1. 75; geb. n. 2. 60

Ein Lebensbild. Erinnerungen aus d. Leben e. Zweiundachtzigjährigen in d. alten u. neuen Welt. Von Heinrich v. **Struve.** 2., bed. verm. Aufl. Leipzig: Ungleich 1896. 320 S. 8° [10. 9012

Struve, H. Mémoire sur la nature de la montagne salifère du district d'Aigle. Lausanne. 1810. 8.

Struve, …, mémoires sur différens sujets, rélatifs à la géologie, aux mines et aux salines, 2 Cah. av. fig. 12. Leipz. 805. Feind. 16 gr.

(Struve, Heinrich v[on].) Das Rhein-Sool-Bad, bei Rheinfelden. Kanton Aargau. quer-8. Rheinfelden *o. J.* [1860/80].

—— über den **Salzgehalt** der Ostsee, s. a. **Mémoires** de l'académie impér. des sciences de St.-Pétersbourg. 7. Série, Tome VIII. Nr. 6.

Struve, H.: Über den Salzgehalt der Ostsee. St. Petersburg 1864. 13 S. 4°
Schul-/Univ.-Schrift 1865

Struve, Henri. Heinrich Struve's… Versuch einer neuen Theorie der Salzquellen und des Salzfelsen, vorzüglich in Bezug auf die Bernischen Salzwerke. nebst einer Reise nach der Salzgegend im Gouvernement Aehlen. Aus dem Französischen übersezt ([durch] J[acob] S[amuel] Wyttenbach). mit sehr vielen Verbesserungen und Zusätzen des Verfassers. 8. Bern 1789.

— die artesischen **Wasser** u. die untersilurischen Thone zu St. Petersburg, s. a. **Mémoires** de l'académie impér. des sciences de St.-Pétersbourg.

—— (H.), Die artesischen Wasser und untersilurischen Thone zu St. Petersburg. Chem.-geol. Unters. (Mém. de l'acad. Ser. VII. T. 8.) St. Petersburg 1885. 4.

—— das Wesen der phthisischen und diphteritischen Krankheitsproducte und dessen Therapie, vom physiologischen Standpunkt dargestellt. gr. 8. (V, 106 S.) Tübingen 882, Laupp'sche Buchh. *

Struve, Heinrich Christoph Gottfried von

Dem Andenken des Königl. dänischen Etatsraths und Ritters, Caspar Freiherrn von **Voght,** gewidmet von einem seiner Freunde [d. i.: Heinrich Christoph Gottfried von Struve]. Hamburg, im März 1839. Manuscript für Freunde. (Hamburg. 1839.) 8°

Struve, Henri, s. Struve, Heinrich von

Struve, Henry: Einfluss von Niederungen und Eindeichungen auf den Verlauf von Hochwasserwellen, erläutert an Beispielen der unteren Oder. 1911. 49 S., 5 Taf. 8° ¶ Erw. als: Sammlung wasserwirtschaftl. Schriften. Bd 3.
Berlin, Dr.-Ing.-Diss. v. 11. 11. 1910

Struve, Hermann

Struve, Herm., s.: Beobachtungen, astronom., auf der königl. Univers.-Sternwarte zu Königsberg.

Struve, Herm., Beobachtungen v. Flecken auf dem Planeten Jupiter am Refractor der Königsberger Sternwarte. (37 S.) Lex.-8. Berlin 904. (G. Reimer.) n. 2. —
Sonderabdruck aus: „Abhandlgn. d. preuss. Akad. d. Wiss."

— Beobachtungen der Marstrabanten in Washington, Pulkowa u. Lick-Observatory. gr. 4. (III, 73 S.) St.-Pétersbourg 898. (Leipzig, Voss' Sort.) n. 4. —
Sonderabdruck aus: „Mémoires de l'acad. imp. des sciences de St.-Pétersbourg".

Struve, Herm., Beobachtungen des Neptunstrabanten am 30-zölligen Pulkowaer Refractor, s.: Mémoires de l'académie impériale des sciences de St.-Pétersbourg.

— Beobachtungen der Saturntrabanten. 1. Abth. Beobachtungen am 15-zöll. Refractor, s.a. Observations de Poulkova, Suppl. I.

Struve, H., Beobachtungen der Saturntrabanten. 1. Abth. Beobachtungen am 15-zöll. Refractor. Supplément I aux Observations de Poulkova. gr. 4. (V, 132 S.) St.-Pétersbourg 888. (Leipzig, Voss' Sort.) n. 10. 60

Struve, Herm., Beobachtungen d. Saturnstrabanten, s.a. Publications de l'observatoire central Nicolas.

Beobachtungen der Saturnstrabanten am 30-zölligen Pulkowaer Refractor v. Hermann Struve, Prof., Königsberg. St.-Petersbourg 1898: Impr. de l'Acad. Imp. d. sc. (IV, 337 S.) 2° (4°)
= Publications del'Observatoire central Nicolas. Sér. 2. Vol. 11.

Beobachtungen der Saturnstrabanten am 30-zölligen Pulkowaer Refractor v. Hermann Struve, Prof. an d. Univ. Königsberg. St.-Petersbourg: Impr. de l'Acad. Imp. d. sc. 1898. (IV, 337 S.) 1 Bd 4°
= Publications del'Observatoire central Nicolas. Sér. II. Vol. XI.

Beobachtungen des Saturnstrabanten Titan am Königsberger und Berliner Refractor von Hermann Struve. Berlin: Akad. d. Wiss. 1908. (44 S.) 4°
Aus: Abhandlungen d. Kgl. Preuß Akad. d. Wiss. v. J. 1907. [08, 5683]

— s.: Beobachtungs-Ergebnisse der königl. Sternwarte zu Berlin.

— Bestimmung der Säcularbewegung des V. Jupitermondes. (21 S.) Lex.-8. Ebd. 906. n. 1. —
Sonderabdruck aus: „Sitzungsber. d. preuss. Akad d. Wiss."

Struve, Herm., über die allgemeine Beugungsfigur in Fernröhren, s. Mémoires de l'Académie impériale des sciences de St.-Pétersbourg.

Struve, Herm., über den Einfluss der Diffraction an Fernröhren auf Lichtscheiben, s.a. Mémoires de l'Académie impériale des sciences de St.-Pétersbourg.

Struve, Herm. Über den Einfluss der Diffraction an Fernröhren auf Lichtscheiben. Petersburg 1882. 4.

—— Fresnel's Interferenzerscheinungen, theoretisch und experimentell bearb. gr. 8. (85 S.) Dorpat 881, (Karow.) *

Struve, Hermannus, ord. phil. h. t. decanus: Lectiones cursorias, quas... Gualtharius Prellwitz Phil. Dr. 'Über die Bildung der Personennamen bei den indogermanischen Völkern' ad docendi facultatem rite impetrandam die XXIII m. Octobris... habebit, indicit. *Regimonti Bor. 1901: Hartung.* (1 Bl.) 4°

— Mikrometermessungen v. Doppelsternen, s.a. Publications de l'observatoire central Nicolas. XII.

Mikrometermessungen von Doppelsternen. Ausgeführt am 30-zöll. Refractor zu Pulkowa von Hermann Struve, (Prof., Königsberg). *St. Petersburg 1901: Acad. Imp. d. Sciences.* (216 S.) 2°(4°)
= Publications de l'Observatoire central Nicolas. Sér. 2, Vol. 12. [03, 8649]

Struve, H. (II.), Studien über Blut, s. Mémoires de l'Académie impériale des sciences de St.-Pétersbourg.

—— zur Theorie der Talbot'schen Linien, s.a. Mémoires de l'Académie impériale des sciences de St.-Pétersbourg.

Struve, Herm. Zur Theorie der Talbot'schen Linien. St. Petersburg 1883. 4.

Struve, J. A., s. Struve, Georg Adam

Struve, Jakob

— Progr. Antiquitas Romana, brevissime in conspectu posita, ed. K. L. Struve. 4. Altona 796. Ed. altera. 8. Dorpat 806. (Rein in Leipz.) 6 gr.

Struve, I., antiquitates romanae breviss. in conspectu poss. 8. Dorpat, Gauger. 806.

— Aus dem Verhältnisse zweyer Seiten eines Dreyecks und den Flächeneinhalt desselben dessen 3 Seiten zu finden. Altona. 1823. 4. P. (Skoleprogr.).

Struve, Jak., vorläuf. Beitrag zu e. Geschichte des Altonaer Gymnasii rc. gr. 4. Altona 797. Hammerich. 8 gr.

— Berechnung und Angabe der Frequenz in Selecta, der obersten Classe des hiesigen kgl. Gymnasii, in nunmehr 87½ J. seit der Eröffnung dieser Lehranstalt im Sept. 1738. Altona. 1826. P. (Skoleprogr.).

— Berechnung der Wahrscheinlichkeit bey einem beliebten gesellschaftlichen Spiele. Altona. 1820. 4. P. (Skoleprogr.).

— Allgemeiner Beweis des Newtonischen Binomialsatzes. Altona. 1822. 4. P. (Skoleprogr.).

— Einiges über Kettenbrüche. Eine mathematische Kleinigkeit. Altona. 1813. 4. P. (Skoleprogr.).

— s.a. Altes griechisches Epigramm. 1821.

Jakob Struve

Altes griechisches Epigramm mathematischen Inhalts, von Lessing erst einmal zum Drucke befördert, jetzt neu abgedruckt, und mathematisch und kritisch behandelt von J[akob] Struve und K[arl] L[udwig] Struve. Altona: Hammerich in Comm. 1821. 47 S. 8°

Struve, Jak., Kurze Erläuterung der Abhandlung des Herrn Teten's von der Wahrscheinlichkeit der grösseren Erwartung bei Versorgungsanstalten. gr. 8°. Altona, Hammerich, 1806.

— Erläuterung einer Regel für unbestimte Aufgaben in einfachen Gleichungen. Altona. 1819. 4. P. (Skoleprogr.).

— Erläuterung der beyden ersten Zusätze zu Kästners mathematischen Anfangsgründen. I. 2. Altona. 1808. P. (Skoleprogr.). — Erläuterung des 3. und 4. Zusatzes. I. 2. Sm. St. 1809. P. (Skoleprogr.). — Erläuterung der 1. Aufgabe des 11. Cap. in Kästners mathematischen Anfangsgründen. 1. 2. und des 5. Zusatzes zu derselben. Sm. St. 1810. P. (Skoleprogr.).

— Etwas über das Rechnungsverfahren beym Visiren der Fässer, und über darauf gegründete Tabellen für den Inhalt derselben. Veranlasst durch Sören Bruun's Preisschrift über diesen Gegenstand. Altona. 1824. 4. P. (Skoleprogr.). (jf. B. D. II. 46).

— Etwas über die Theorie der cubischen Gleichungen. Altona. 1825. 4. P. (Skoleprogr.).

— Freunde sind selten, sind schwer zu finden, so unter Zahlen, wie unter Menschen. Eine arithmetische Kleinigkeit. Altona. 1815. 4. P. (Skoleprogr.).

Struve, J. Ueber die Gefahren beim Kassenwesen von Wohlthätigkeits-Anstalten. *Altona.* 1804

— Handbuch d. reinen Mathematik f. angeh. Studirende u. z. Selbstunterricht. 2 Thle. gr. 8. Altona, Hammerich. 806—9. (I. 1 Rthlr. 20 gr. II. 1 Rthlr. 16 gr.)

— Handbuch der Mathematik für angehende Studirende und zum Selbstunterrichte. 1. Th. Arithmetik. Altona. 1808. — 2. Th. Syntaktik, oder Combinationslehre. Sm. St. 1809.

— Handbuch der reinen Mathematik, für angeh. Studirende u. zum Selbstunterricht. 2 Thle. gr. 8. Altona 808 u. 9. Hammerich. 3 ℛ 12 gℛ

— Interpretationes ad fabulae Aristophaneae 'Εκκλησιαζουσῶν partem priorem conscriptae. Altonae. 1799. 4. (Skoleprogr.).

— Interpretationum in Sophoclem propositarum partic. I—II. Altonae. 1795—1801. 4. (Skoleprogr.).

— Leitfaden d. Mathematik, m. K. 2 Abth. 8. Hannover, Helwing. 789—90. (I. 8 gr. II. 10 gr.)

— Leitfaden f. den Unterricht in der reinen Mathematik. 2 Abtheill. Mit Kpf. 8. Hannov. 789—90. Helwing. 18 gℛ

Struve, Jacob, Kamerland i. Holst.: Die Kremper Marsch in ihren wirtschaftlichen Verhältnissen. Merseburg 1903: F. Stollberg. (114 S.) 8°
Heidelberg, Phil. Diss. v. 1903

Struve, Jac., die Kremper Marsch in ihren wirtschaftlichen Verhältnissen. (III, 114 S.) Lex.-8. Berlin 903. P. Parey. n. 2. 50
Sonderabdruck aus: „Landw. Jahrbb."

— Brevis narratio de bibliotheca Christianei, deque scriptis Lutheri aliisqve in ea asservatis. Altonae. 1817. (Progr. ved Reformationsfesten). 4. P.

STRUVE, J[AC.], Ueber die so genannten numeri abundantes, oder die Ueberfluss mit sich führenden Zahlen, besonders im ersten Tausend unserer Zahlen. Letzte mathematische Kleinigkeit. Altonae. 1827. 4. P. (Skoleprogr.).

STRUVE, J[AC.], De loci Paullini ad Thessal. Ep. I. 4, 13, 5 occasione et indole prolusio. Altonae. 1794. 4. P.

— Oratio sollemnis in sacris religionis emendatae secularibus, tertio recurrentibus, ad M. Lutherum celebrandum. Altonae. 1817. 4. P.

— Pauca quaedam de Philippo Melanchtone, professore mathematum publico vitiose creato, et de Petri Rami Germanorum laudibus. Altona. 1818. P. (Skoleprogr.).

— Programm u. Rede zur Feier des 300jähr. Reform.-Jubelfestes im Altonaer Gymnasium. gr. 4. Altona 817. Hammerich. 12 gℛ

Ueber das Risico der Kassa bei Versorgungsanstalten, oder Erläuterung über Teten's Berechnung der Leibrenten und Anwartschaften. gr. 8°. Altona, Hammerich, 1803.

— scholia breviora in Sophoclis Philoctetem a Gedicke ed. 8. Hannov. 787. Helwing. 5 gℛ

⊙ Sendschreiben des Professors [Jakob] Struve, als Directors des Altonaischen Gymnasii, an den Herrn Professor Müller in Kiel, über des leztern vor kurzem in die Neuen Schleswig-Holsteinischen Provinzialberichte eingerückten, die in den letzten 12 Jahren in Kiel für die academischen Beneficien geprüften Jünglinge betreffenden Aufsatz. Altona. 1813. 8°

— Ueber die Summirung der ganzen Potenzen der ersten natürlichen Zahlen. Ein Versuch. Altona. 1816. 4. P. (Skoleprogr.).

— Versuch e. erklär. Uebersicht d. Paulinischen Briefe, f. Paulus d. Apostel.

— Versuch e. erklär. Uebers. d. Paulinischen Briefe. 1e Abtheil. 8. Ebend. 791.

— üb. d. Wahrscheinlichkeit d. größeren Erwartung bey Versorgungsanstalten. gr. 8. Ebend. 806.

Struve, J[ac.], Ueber die gewöhnlichen figurirten Zahlen nach Kästner. Altona. 1813. P. (Skoleprogr.).

— Ueber die Zusammensetzung und Zerlegung der Qvadratzahlen. Altona. 1817. 4. P. (Skoleprogr.).

Struve, Jacob. Theod., de argumento carminum epicorum, quae res ab Homero in Iliade narratas longius prosecuta sunt. Part. I. 8maj. (3¾ B.) Petropoli 846. (Leipzig, Voss.) Thlr. *

Struve, Jac. Thdr., de argumento carminum epicorum, quae res ab Homero in Iliade narratas longius prosecuta sunt. Part. II. gr. 8. (92 S.) Casani 850. (Lipsiae, Voss.) n. 16 ngr (1. 2: n. 24 ngr)

Struve, J. T., novae curae in Quinti Smyrnaei posthomerica, s. Mémoires de l'académie impér. des sciences de St.-Pétersbourg. 7. Série, Tome VII. Nr. 3.

— Novae curae in Quinti Smyrnaei Posthomerica. S.-A. 1864. 52 S. 4°.

Struve, Jac. Thdr., emendationes et observationes in Quinti Smyrnaei Posthomerica. 8maj. Petropoli 843. (Leipzig, Voss.) n. 8 ngr

Struve, Joh., üb. d. körperliche Erziehung. gr. 8. Züllichau. (Frommann in Jena.) 781.

— üb. d. Schulwesen. gr. 8. Ebendas. 783.

Struve, Johann Adam (Schönebeck/Magd.) A. S. 1148/36

Dissertatio inauguralis medica, de spectris.
Präs. Michael Alberti.
Halle (Hendel) X. 1725. 56 S. 33936

Struve, Johann Caspar, s. Struve, Johann Kaspar

v. *Struve*, Jh. Chr., († d. 20. März 1812.) Fridericus II. Borussorum rex. 4maj. Regensb. 800. Montag u. W. 12 gr

— s. Reise e. jungen Russen von Wien nach Jassy, u. setze hinzu: (von J. C. Struve).

v. Struve, J. C. Vita Catharinae II. 8. Frankfurt 1788.

— vita Catharinae II. Russorum Imperatricis. 4. Frankf. a. M. 798.

Struve, Johann Kaspar

Struve, Joh. Casp., heilsame Verkünd. c. göttl. Tugenden in Predigten. 8. Quedlinb. 736—38.

Struve, Johann Martin (Ebeleben) A. S. 1192/9

Disputatio inauguralis medica de carie ossium.
Präs. Paul Gottfried Sperling.
Wittenberg (Gerdes) X. 1707. 14 Bl.
33939

Struve, Joh. Reimer, gesammelte Gedichte, Sprüche u. Räthsel. gr. 8. (VIII, 232 S.) Kiel 879. (Hamburg, Döring.) 1. 50

Struve, Johann Wilhelm: De sensibilibus partibus humani corporis, s. Krause, Karl Chrn. [Praes.]

Struve, K. F., s. Struve, Karl Friedrich

Struve, K. Gfr., anthropologia naturalis sublimior. 4. Neustadt, Schulze. 754.

Struve, K. W. F., s. Struve, Karl Wilhelm Friedrich

Struve, Karl, Gerechtigkeit. Politische Enthüllung von einem Eingeweihten in 4 Abt. München [1909]. 8°.

Struve, Karl: Über die Oxydation des Methyluracils. 1910. 30 S. 8° ¶ Vgl. J. Liebig's Annalen d. Chemie. Bd 378. 1911. Hannover, Dr.-Ing.-Diss. v. 20. 6. 1910

Struve, Karl, Referendar: Der Versendungskauf nach bürgerlichem Recht in besonderer Berücksichtigung der Lehre vom Erfüllungsort und vom Gefahrübergang. Preetz 1908: Hansen. 71 S. 8
Kiel, Jur. Diss. v. 29. Okt. 1908, Ref. Pappenheim
[Geb. 9. Aug. 85 Eckernförde; Wohnort: Preetz; Staatsangeh.: Preußen; Vorbildung: Gymn. Kiel Reife O. 04; Studium: Phil. Kiel 1, Jura Kiel 1, München 1, Berlin 1, Kiel 3 S.; Rig. 31. Juli 08.] [U 09. 2246

Struve, Karl Fr. Hnr., († d. 8. Aug. 1814.) de feudis scultetorum commentatio. 4. Berl. 776. Himburg. 4 gr

— üb. den Mangel an deutschen Rednern. 8. Leipz. 773.

Struve, Karl Friedrich

— de additamentis cerevisiae vegetabilibus. 4. Leipz. 774.

— von inländ. Gewürzen nach ihren deutschen u. latein. Linnéischen Namen, d. Art ihrer Anwendung, Zubereitung rc. zum Nutzen der Küche u. der Diätetik. 8. Leipz. 801. N. Aufl. 813. Andrä. 8 gr

Struve, K. F., von inländischen Gewürzen nach ihren deutschen u. latein. Linnéisch. Namen, zum Nutzen d. Küche u. Diätetik. Neue Ausg. 8. Leipz. Bauer. 813.

Karl Friedrich Struve

[Teils.] Vom Scharlachfieber. Vom Reich'schen Fiebermittel. Zum Schrecken der Quacksalber. Von der Verbannung der China-Rinde in vielen Krankheiten. Aus der Erfahrung abgehandelt von Carl Friedrich Struve. Leipzig: Kleefeld 1802. 67 S. 8°

— Diss. inaug. de rabiei caninae therapia. 4. Leipz. 774.

Struve, Karl Fr., († d. 24. April 1807.) Unterricht für Aeltern u. Lehrer der Blinden. 8. Leipz. 810. Andrä. 8 gr

Struve, Karl Fr., Unterricht f. Eltern und Lehrer d. Blinden. 8. Leipz. Bauer. 810.

— Unterricht für Taube u. Taubstumme. 8. Leipz. 804. Andrä. 5 gr

— Versuch einer Physiognomik der Erde, od. d. Kunst, aus der Oberfläche auf ihren obern Inhalt zu schließen. 8. Leipz. 802. Andrä. 16 gl

Struve, Karl Ludwig

Struve, Karl Ludw., Abhandll. u. Reden, meist philolog. u. pädagog. Inhalts. 8. Königsb. 822. Unzer. 1 ℔ 8 gl

— zwei Balladen von Göthe, verglichen mit d. griech. Quellen, woraus sie geschöpft sind. Eine Vorlesung. gr. 8. Leipz. 826. Gräfe. 10 gl

Struve, C. L., grammatische und kritische Bemerkungen über einige Stellen griechischer Schriftsteller, 20 Progr. Königsb. 813-22. 8.

Struve, K. L. Statistische Bemerkungen über die Anstalt seit dem J. 1814. Aus einer Rede, geh. um Mich. 1822. 10 S. . . . Königsberg, A., P 1825

— üb. die von A. Majus bekannt gemachten Bruchstücke der römischen Geschichte des Dionysius. gr. 8. Königsb. 820. (Th. Enslin in Berl.) 12 gl

Struve, K. L., über die von A. Majus bekannt gemachten Bruchstücke der römischen Geschichte des Dionysius. gr. 8. Königsberg, (Leipzig, Weygand in Comm.) 820.

— Progr. Ueber die Chronologie der ägypt. Geschichte, nach d. Herodot; hrsgg. v. H. L. Böhlendorf. 8. Dorpat 809. Meinshausen. 8 gl

— consilium de nova editione S. A. Propertii mox adornanda proposuit etc. 8. Dorpat 800.

s. J. David, Vergleichung d. alt- u. neugriech. Sprache.

— üb. die latein. Declination. Einladungsschrift zur öffentl. Prüfung im Gymnasium. 8. Dorpat 813. (Königsb., Nicolovius). 8 gl

— üb. die lateinische Declination. Einladungsschrift zur öffentl. Prüfung im Gymnasium. 8. Königsb. Nicolovius. 815.

— über die lateinische Declination und Conjugation. Eine grammatische Untersuchung. Königsb. 821. 8.

— üb. die latein. Declination u. Conjugation, eine grammat. Untersuchung. gr. 8. Königsb. 823. Bornträger. 1 ℔ 20 gl

— Diss. pro venia legendi de elementis Empedoclis. 8. Dorpat 805. (Leipz., Kummer). 3 gl

Struve, C. L. De exitu versuum in Nonni Panopolit. carmin. 11 S. Königsberg, A., Progr. 1834

— der Feldzug des Darius gegen die Scythen. Eine Rede am Krönungsfeste Alexanders I. gr. 8. Dorpat 812. 2e A. gr. 8. Riga 813. (Serig in Leipz.) 8 gl Hdg. Pr. 6 gl

Struve, K. L., der Feldzug des Darius gegen die Scythen. Eine Rede am Krönungsfeste Alexander I. 2te Aufl. gr. 8. Riga, Hartmann. 813.

Struve, C. L. Fragmenta Graeca apud Lactantium examinantur. Continuatio IV. (l. IV. c. 7. §. 1—3.) 11 S. 8. Königsberg, A., Progr. 1825

— fragmenta librorum Sibyllinorum, quae apud Lactantium reperiuntur. 8maj. Königsberg 817. (Michelsen in Leipz.) 12 gl

— — fragmenta librorum Sibyllinorum, quae apud Lactantium reperiuntur. 8maj. Regiomonti, bibliopol. Universitatis (in Comm.) 818.

— Gelegenheitsgedichte. 8. Königsb. 815.

— Geschichte d. 60jähr. Dienstjubelfeier d. Generals v. Stutterheim. 8. Königsb. 825.

Struve, Karl Ludw., Geschichte d. Altstädtischen Gymnasiums. 9. Stck. Von Michaelis 1832 bis dahin 1833. Progr. (Vorangeschickt ist e. Rede d. Directors zum Jubelfeste d. 26. Juni 1830.) gr. 4. (4 B.) Königsberg 833, (Gebr. Bornträger.)
1—8. Stck. Ebendas. 1825—30. 2 Thlr. 4 Gr.

s. Geschichte der 3n Jubelfeier der Reformation.

— Progr. Geschichte d. Stadtgymnasiums (in Königsberg) von 1824—1830. 6 Stcke. 4. Königsb.

Struve, K. L., Über die prosodischen und metrischen Gesetze des spätern griechischen, jambischen Gedichtes. Königsberg 820. 8.

— griech. Grammatik f. die Gymnasien des Lehrbezirks zu Dorpat. gr. 8. Riga 817. 2e verb. Aufl. Griech. Grammatik. 1r Thl. Formenlehre. gr. 8. Ebd. 823. Meinshausen. 1 ℔

Struve, Carol. Ludov., Historia doctrinæ Græcorum ac Romanorum philosophorum de statu animarum post mortem. Altonæ. 1802.

Struve, C. L., historia doctrinae graecorum ac romanorum philosophorum de statu animarum post mortem. 8. Altona, Hammerich, 803.

s. Juvenal, erste Satyre.

— Dem Hrn. Dr. G[ottlieb] E[rnst] Klausen, Professor und Rector des kgl. Christianeum in Altona, am 22. Mai 1836 gewidmet. Königsberg. P.

— observationum et emendationum in Propertium edendarum specimen. 8. Altona 804. Hammerich. 12 gl

Struvii, C. L., Specim. observation. et emendationum in Propertium edendarum. Alton. 805. 8. 12 gr.

— Progr. Observationes in Luciani Hermotimum. Königsb. 814. (30 S.) — Halbjähr. Nachrr. von dem (Königsberger) städtischen Gymnasium v. Michaelis 1814 u. ff. 26 Stcke. 8. Ebd. 815—25.

Struve, Car. Ludov., Opuscula selecta ed. Jac. Theod. Struve. 2 Voll. 8maj. (LI und 523 S.) Lipsiae 854, Teubner. *

s.a. Quantität der Endsylben.

— die Quantität der Endsylben in der latein. Declination u. Conjugation, statt eines Manuscripts, für meinen ersten Unterricht in d. latein. Prosodie. gr. 8. Königsberg 823, Bornträger.

Struve, C. L. Quaestionum de dialecto Herodoti specim. 49 S.
Königsberg, A., Progr. 1828

Struve, Karl Ludw., Quaestionum de dialecto Herodoti spec. I—III. 4maj. Regiomontii, Fratr. Bornträger. [I. (6½ B.) 828. 12 Gr., II. (4 B.) 829. 8 Gr., III. (2 B.) 830. 4 Gr.] Thlr.

Struve, K. L. Rede bei der Säcular-Feier der Augsburgischen Confession 26 Juni 1830. 14 S. . . . .
Königsberg, A., Progr. 1833

— scholia antiqua in Homeri Odysseam, a Buttmanno edita, nonnullis in locis emendata. 8. Königsb. 822. (Auch als 21s Stck. seiner Programme.)

s. **Sophocles, ut volunt, Clytaemnestrae fragmentum.**

s. **J. Struve, altes griech. Epigramm.**

— vier Tabellen üb. die latein. Declination u. Conjugation, zum Gebr. der Kreisschulen des Dörptschen Lehrbezirks. gr. Fol. Riga u. Dorpat 811. Meinshausen. 6 gl.

— Theorie der Parallellinien. 8. Königsb. 820. Degen. (Th. Enslin in Berl.) 12 gl.

Struve, Karl Ldw., üb. die Ungewißheit der alten Geschichte. 4. Konigsb. 819. (Th. Enslin in Berl.) 6 gl.

— — über die Ungewißheit der alten Geschichte. 4. Königsberg, Unzer (in Comm.) 819.

—— über d. polit. Vers d. Mittelgriechen, e. Abhandl., verbunden mit e. Recension d. Textes d. neuesten Ausg. v. Tzetze's „Chiliaden." gr. 8. (9 B.) Hildesheim 828, Gerstenberg.
Aus der „Krit. Bibliothek, hrsg. v. Seebode" abgedruckt.

— Vision. gr. 8. Königsb. 822. (Th. Enslin in Berl.) 6 gl.

Struve, Karl Wilhelm Friedrich

Struvius, Car. Wilh. Fr., Anthropologia naturalis sublimior. Jen. 1754. 4°. *Haller*, Bibl. anat. II, 480.

Karl Wilhelm Friedrich Struve

Locus Hippocratis Epid. 5. Εισκνοον [Eispnoon] και εκκνοον ολον το σωμα expositus a Carolo Guilielmo Friderico Struvio [Karl Wilhelm Friedrich Struve]. Nordhusae: Coelerus 1760. 133 S. 8°

Struve, K. W. F., exercit. academ. quarum prima materiam medicam novam condendam tradit etc. 8. Erfurt, Jungnickel. 752.

Struve, Karl Wilhelm Friedrich: Gesund- und Schönheits-Pflichten zur Erbauung des andern Geschlechts wissenschaftlich erwiesen.
220 S., gbd.

Dreßden: Gerlach 1754

JB 2.919

— idea aemulationis in scholis et academiis colendae. 4. Hildburgh. 754.

— idea syncretismi medici ex influxu ideali systemat. evoluta. 4. Erfurt, Jungnickel. 752.

Theod[orus] Aug[ustus] Schlegelius [Schleger]
De Morbis sexus feminei ex defectu potus oriundis.
[Resp.:] Carol[us] Guilielm[us] Frider[icus] Struv.
Helmstadii (1751:) Schnorr. 44 S. 8°

Helmstedt, Med. Diss. v. 22. Febr. 1751

— oratio pansophica de moderando studio rei litterariae. 8. Erfurt, 752.

[Ant. u. F.] **Struve,** *Kurt* [Dir.]: *Bericht der meteorologischen Station an der Landwirthschaftsschule für 1893.* Samter, M. Krügers Buch- u. Steindr., 1894; 21—23 S. 4.
Samter, Landwirthschafts-S, OP 1894**

[Ant. u. F.] **Struve,** *Kurt* [Dir.]: *Bericht der meteorologischen Station an der Landwirtschaftsschule für 1894.* [Forts. d. P-Beil. 1894.] Samter, M. Krüger's Buch- u. Steindr., 1895; 15—17 S. 4.
Samter, Landwirtschafts-S, OP 1895**

[Ant. u. F.] **Struve,** *Kurt* [Dir.]: *Bericht der meteorologischen Station an der Landwirtschaftsschule für 1895.* [Forts. d. P-Beil. 1895.] Samter, M. Krüger's Buch- u. Steindr., 1896; 15—16 S. 4.
Samter, Landwirtschafts-S, OP 1896**

Struve, [Kurt]: [Bericht der meteorologischen Station an der Landwirtschaftsschule für 1897.] *Samter 1898: M. Krueger.* (13—15 S.) 4° [Fortsetzung d. P-Beilagen 1895. 96.] [Ant. u. F.]
Samter, Landwirtschafts-S, OP 1898**

Struve, Kurt, Elemente der Mathematik. 1—4. Thl. gr. 8. Berlin 878—82. Parey. n. 2. 80
1. Geometrie. (56 S. m. eingedr. Holzschn.) n. — 60
2. Allgemeine Zahlenlehre. (52 S.) n. — 60
3. Ebene Trigonometrie. (30 S. m. eingedr. Holzschn.) n. — 40
4. Rechnen mit bestimmten Zahlen. (IV, 108 S.) n. 1. 20

Struve, Kurt, Elemente der Mathematik. 1. Tl.: Geometrie der Ebene. 2. Aufl. gr. 8. (III, 59 S. m. Fig.) Berlin 894. P. Parey. n.n. — 75

Struve, *Kurt* [Dir.]: Entwurf einer Stereometrie für Landwirtschaftsschulen. *Samter, M. Krüger, 1893;* 1—16 S. 8.
Samter, Landwirthschafts-S, OP 1893**

Struve, Curt: Flora der Umgebung von Sorau. I. Abth. 24 S. - Sorau, Progr. 1872.

Struve, C.: Versuch, die naturphilosophischen Ansichten Newtons in ihrer Beziehung zu denen seiner Vorgänger darzulegen. 24 S. - Sorau, Progr. 1869.

Struve, *Kurt* [Dir.]: Vorschlaege zu Aenderungen in den „Elementen der Mathematik, Erster Theil, Geometrie [Berlin 1878]." (Umschlagt.: »Zusätze zu den Elementen der Geometrie des Verfassers«.) *Samter, Druck v. M. Krueger, 1893;* 17—23 S. 8.
Samter, Landwirthschafts-S, OP 1893**

Struve, Ludw., Bestimmung der Constante der Praecession und der eigenen Bewegung des Sonnensystems, s. **Mémoires de l'Académie impériale des sciences de St.-Pétersbourg.**

Struve, Ludwig. Bestimmung der Constante der Praecession und der eigenen Bewegung des Sonnensystems. St. Petersburg 1887. 4.

Struve, Ludov. [illegible] De dictione Sophoclis [illegible]
Berlin, Phil. Diss. v. [illegible] März [illegible]

Struve, Ludw., Resultate aus den in Pulkowa angestellten Vergleichungen v. Procyon m. benachbarten Sternen. Imp.-4. (III, 48 S.) St. Petersburg 883. (Dorpat, Karow.) n. 2. —

— dasselbe, s.a. Mémoires de l'académie impériale des sciences de St.-Pétersbourg.

Struve, Ludwig: Vergleichung von Procyon mit benachbarten Sternen. St. Petersburg 1883. 4

Struve, Ludwig August

— Hist. Bericht über die Leistungen des medicinischen Klinikums der Kaiserl. Universität zu Dorpat von seiner Eröffnung im J. 1804 bis zum Schlusse des J. 1826. Angehängt sind: Bemerkungen über die Frequenz einzelner Krankheitsformen in und um Dorpat. Dorpat. 1827. (M. 4 Tabeller). (U. B.).

Struve, Ldw. Aug., († d. 15. April 1828.) histor. Bericht üb. die Leistungen des medicin. Klinikums d. kaiserl. Universität Dorpat. 8. Dorpat 827. (IV. u. 116 S.)

STRUVE, LUDW. AUG., Diss. inaug. med., exhibens insignem casum rupturæ uteri, post mortem puerperæ demum ex sectione cognitæ. Kiliæ. 1815. 4.

Struve, Ludwig August: Ueber Diät-, Entziehungs- und Hungerkur in eingewurzelten, chronischen, namentlich syphilitischen und pseudosyphilitischen Krankheiten. Ein Beitrag zur Therapie der chronischen Krankheiten.
125 S., gbd., 2 Taf.

Altona: Hammerich 1822

JB 4.786

Struve, Ludw. Aug., über d. Erkenntniss u. Cur acuter u. chron. Krankheiten. gr. 8. (28 B.) Riga 827. [Leipzig, Taubert.]

Struve, Ludwig August: Ueber die aussatzartige Krankheit Holsteins, allgemein daselbst die Marschkrankheit genannt. Ein Beytrag zur Kenntniß der pseudosyphilitischen Uebel.
207 S., gbd.

Altona: Hammerich 1820

JB 4.685

Struve, (Lud. Aug.,) Comment. de Phlegmasia alba dolente. 15 Observationes praet. continens. 8 maj. Tubingae 825, Laupp.

—— Synopsis morbor. cutaneorum sec. classes, genera, species et varietates. — Uebersicht d. Hautkrankheiten nach ihren Classen, Gattungen, Arten u. Varietäten. (Latein. u. Deutsch.) Fol. (60 B. u. 4 ill. Kpfrt.) Berlin 829, Reimer.

Lose Blätter. 12 Gedichte in Musik gesetzt f. 1 Singstimme u. Klavier von Nicolai v. **Struve**. Op. 9. Tempelhof-Berlin: Eisoldt & Rohkrämer (1907). (15 S.) 4° [J.] [07. 9614

Struve, Otto: Ueber einen von General Schubert an die Akademie gerichteten Antrag, betreffend die Russisch-Scandinavische Meridian-Gradmessung. (Bulletin de l'Académie des Sciences de St.-Pétersbourg. T. 3. 1861. p. 376–421.) St.-Petersbourg 1861. 29 S. 8°.

Struve, Otto, Beitrag zur Feststellung des Verhältnisses von Keppler zu Wallenstein,
s.a. Mémoires de l'Académie Imp. des Sciences de St.-Pétersbourg.

Struve, Otto. Beitrag zur Feststellung des Verhältnisses von Keppler zu Wallenstein. St. Petersburg 1860. 4

— Beobachtung der totalen Sonnenfinsterniss vom 18. [6.] Juli 1860 in Pobes,
s.a. Mémoires de l'Académie Imp. des Sciences de St.-Pétersbourg.

Struve, Otto: Beobachtung der totalen Sonnenfinsterniss vom 18. (6.) Juli 1860 in Pobes. Nach den Berichten der einzelnen Theilnehmer zusammengestellt. (Mémoires de l'Académie Impériale des Sciences de St.-Pétersbourg. Série 7. T. 4. No. 1.) St. Petersburg 1861. 46 S., 3 Tf. 4°.

Struve, Otto, Beobachtungen des Bielaschen Cometen im J. 1852 angestellt am grossen Refractor der Pulkowaer Sternwarte. Mit 2 lith. Taf. (Aus d. Mémoires de l'Acad. Imp. des Sciences de St.-Pétersbourg.) St. Petersburg 853. (Leipzig, Voss.) gr. 4. (26 S.) nn. 15 ngr.

Struve, O(tto), Beobachtungen des Bielaschen Cometen im J. 1852 angestellt am grossen Refractor der pulkowaer Sternwarte. Imp.-4. (26 S. mit 2 Stnt.) St. Petersburg 854. (Leipzig, Voss.) **

Struve, Otto, Beobachtungen des grossen Kometen von 1861, s. Mémoires de l'Académie impér. de St. Pétersbourg.

— Pulkowaer Beobachtungen des grossen Cometen von 1858,
s. Mémoires de l'Académie Imp. des Sciences de St.-Pétersbourg.

Struve, Otto. Die Beschlüsse der Washingtoner Meridianconferenz. St. Petersburg 1885.

—— nouvelle détermination de la parallaxe annuelle des étoiles α Lyrae et 61 Cygni,
s. Mémoires de l'Académie Imp. des Sciences de St.-Pétersbourg.

Struve, Otto. Über die Doppelsterne Σ 1728 und 2120 (1875–76).

Struve, Otto [Dr.]: Die Entstehung der Städte in der Mark Brandenburg. *Steglitz, Druck v. G. Löper* (1890); S. 55–65; 4°
Steglitz, PG, Festschr. 1890

Struve, Otto, Études sur le mouvement relatif des deux étoiles du système de 61 Cygni, s. Mémoires de l'Académie impériale des sciences de St.-Pétersbourg.

—— Expéditions chronométriques de 1845 et 1846. (Lu le 13 Nov. 1849.) Imp.-4. (130 S.) St.-Pétersbourg 853. Leipsic, Voss. **

—— le même. — 2. Partie: Expédition de 1846. (Lu le 4 Nov. 1853.) Imp.-4. (46 S.) Le même 854. **

(Struve, Otto) Jahresbericht am ... dem Comite der Nicolai-Hauptsternwarte abgestattet von dem Director der Sternwarte (Otto Struve). (Aus dem Russischen übersetzt.) 1864, 1865, 1867–1880. St Petersburg 1864–1880. 14 Bde. 8°.

—— s.a. Librorum in bibliotheca speculae Pulcovensis contentorum catalogus systematicus.

Struve, Otto, librorum in bibliotheca speculae Pulcovensis anno 1858 exeunte contentorum catalogus systematicus. hoch 4. (XXX und 970 S.) St. Petersburg 860. Leipzig, Voss. Thlr. **

Struve, Otto (I.), Mesures micrométriques corrigées des étoiles doubles. [Suppl. au Vol. IX des Observations de Poulkova.] Fol. (II, 52 S.) St.-Pétersbourg 879. (Leipzig, Voss' Sortiment.) *

Struve, Otto, **Observations** de la grande nébuleuse d'Orion, s. **Mémoires** de l'académie impér. des sciences de St.-Pétersbourg. 7. Série, Tom. V. Nr. 7.

— s.: **Observations** de Poulkova.

Struve, Otto. Die Photographie im Dienste der Astronomie. St. Petersburg 1886.

—— **Positions** géographiques déterminées en 1847 par le lieutenant-colonel Lemm dans le pays des Cosaques du Don. Mémoire. (Avec 1 planche lith. in Fol.) Imp.-4. (33 S.) St.-Pétersbourg 855. (Leipzig, Voss.) **

—— le même — déterminées en 1848 par le lieutenant-colonel Lemm dans le gouvernement le Novgorod. Mémoire. Imp.-4. (26 S.) Le même. **

Vorstehende fünf Schriften des Verf. wurden aus: Mémoires de l'académie etc. de St.-Petersbourg, besonders abgedruckt.

Struve, Otto. Über den vermeintlichen Procyonbegleiter. St. Petersburg 1876.

Struve, Otto, **Sammlung** der Beobachtungen v. Sternbedeckungen während der totalen Mondfinsterniss 1884 Octbr. 4. 4. (VIII, 32 S.) St. Petersburg 885. Leipzig, Voss' Sort. n. — 70

Struve, O., **Sammlung** der Beobachtungen v. Sternbedeckungen während der totalen Mondfinsterniss 1888 Jan. 28. Lex.-8. (XIII, 58 S.) St. Petersburg 889. (Leipzig, Voss' Sort.) n. 4. —

Struve, O[tto], Prof. Dr.: Die deutschen Siedelungen in der Mark Brandenburg unter den Askaniern. Steglitz 1904: E. Werner. (34 S.) 4°
Steglitz, OR OP 1904 (155)

Struve, Otto, **tabulae** auxiliares ad transitus per planum primum verticale reducendos inservientes. Lex.-8. (VI, 40 S.) Petropoli 868. (Leipzig, Voss.) n.n. 2. —

— tabulae quantitatum Besselianarum, quibus apparentes stellarum positiones in medias convertuntur, adhibitis numeris constantibus Pulcovensibus pro annis 1840 ad 1864 computatae. St. Petersburg 861. (Leipzig, Voss.) Lex.-8. (XVII, 202 S.) nn. 28 ngr.

—— **Tabulae** quantitatum Besselianarum pro annis 1750 ad 1840 computatae. gr. 8. (VIII, 107 S.) Ebendas. 869. **

— dasselbe. Pro annis 1865 ad 1874 computatae. [Contin. tabularum anno 1861 editarum.] Lex.-8. (IV, 81 S.) Ebend. 867. n.n. 2. —

— dasselbe pro annis 1875 ad 1879 computatae. gr. 8. (41 S.) Ebend. 871. n.n. 1. 20

— **tabulae** quantitatum Besselianarum pro annis 1880 ad 1884 computatae. [Continuatio tabularum annis 1861, 1867 et 1871 editarum.] gr. 8. (42 S.) St.-Petersbourg 879. Leipzig, Voss' Sort. n. 2. —

— **tabulae** quantitatum pro annis 1885 ad 1889 computatae. [Contin. tabularum annis 1861, 1867, 1871 et 1879 editarum.] gr. 8. (III, 40 S.) Ebend. 885. n. 2. —

— **tabulae** quantitatum Besselianarum pro annis 1890 ad 1894 computatae. [Contin. tabularum annis 1861, 1867, 1871, 1879 et 1885 editarum.] gr. 8. (IV, 40 S.) Ebd. 889. n. 2. —

Struve, Otto: De compositi operis Thucydidii temporibus. Halis Saxonum (1878: Schade in Berlin). 40 S. 8°
Halle-Wittenberg, Phil. Diss. v. Juli [vielmehr: 4. Sept.] 1878
Geb. Berlin 9. 2. 1855. V.
Im Buchhandel Halis Sax. (Berlin: Mayer & Müller) 1878.

Struve, Otto, de compositi operis Thucydidoi temporibus. Dissertatio inauguralis philologica. gr. 8. (40 S.) Halis Sax. 878. (Berlin, Mayer & Müller.) n. 1. —

Struve, Otto: Uebersicht der Thätigkeit der Nicolai-Hauptsternwarte während der ersten 25 Jahre ihres Bestehens. St. Petersburg 1865. 119 S., 1 Tf., 1 Krt. 4°.

Struve, P. v., s.: **Finanzminister**, der, u. der Reichsrat üb. die finanzielle Lage Russlands.

Struve, P. v., s.: **Materialien** zur Arbeiterfrage.

Struve, Paul *Friedrich Wilhelm* [pr. Arzt]: Eine Frucht mit Eventration und mehreren anderen Missbildungen. '(M. e. Abb.)' ... Königsberg i. Pr., Druck v. M. Liedtke, 1897; 2 Bl., 14 S., 1 Bl., 1 Taf. 8.
Königsberg, Med. Fak., Inaug.-Diss. v. 17. Juli 1897

Struve, Paul, o. **Frucht** m. Eventration u. mehr. and. Missbildgn. Diss. gr. 8. (13 S. m. 1 Taf.) Königsberg 897. (W. Koch.) n. 1. —

Struve, Peter Heinrich

Als der hochwürdigste, durchlauchtigste Bischof, Fürst u. Herr, Herr **Adolph Friedrich**, Bischof zu Lübeck ... dem Eintritt des 1743sten Jahres erlebete, wollte seine unterthänigste Freude an den Tag legen Peter Heinrich Struve. [Gedicht.] o. O. (1743) 1 Bl. Fol.

Struve, R., s.: **Versuche** üb. die Verdaulichkeit der Weizenkleie etc.

Struve, W., s.a. Struve, Friedrich Georg Wilhelm

Struve, W. E., de haemorrhagia uteri. 4. Gött. Dieterich. 780.

Struve, Wilhelm

Struve, **W.**, **Geschichte des Kieler Männer-Turnvereins v. 1844. Festschrift zur Feier seines 50jähr. Bestehens. gr. 8. (134 S. m. 1 Tab.) Kiel 894. (E. Marquardsen.) Kart.** n.n. 1. 25

Struve, Wilhelm, z. Z. Einj.-freiw. Arzt bei 3. Bataillon Inf.-Reg. Herzog von Holstein (Holsteinisches) No 85, aus Schenefeld, Kreis Rendsburg: Aus der med. Klinik zu Kiel. Über Kopftetanus. Kiel 1900: P. Peters. (31 S.) 8°
Kiel, Med. Diss. v. [23. März] 1900

Struve, Wilhelm Otto

— s. **Itinéraire** du Pays-de-Vaud.

— s. **Mémoire** pour servir à l'hist. physique.

— méthode analytique des fossiles fondée sur leurs charactères extérieurs. 8. Lausanne 797.

— nouv. théorie des sources salées et du roc salé appliqué aux salines du canton de Berne, et suivie d'une excursion aux salines d'Aigles. Fol. Lausanne 788.

Struve, Wilh. Otto, patriot. Vorschläge und prakt. Untersuch. d. Chymie, Medicin und Wirthschaft betreff. 8. Basel, Schweighäuser. 771. Rthlr.

Strüve, D. J. C., Beschreibung und Geschichte d. Hochstifts Osnabrück. 8. Hannover, Hahn. 789.

Strübe, William. Der Kerbschnitt, seine Ornamentik u. seine Anwendung. gr. Fol. (29 Taf. m. 4 S. Text.) Hamb. 891, C. Griese. In Leinw. Mappe ** 25 —

Strüver, Carl, s. Strüver, Karl

Strüver, F(riedrich) W(ilhelm): Zur **Geschichte** der (städtischen) Lateinschulen in Sachsen, insbesondere ihr Verhältnis zur Kirche und ihr Religionsunterricht. *Schneeberg 1902: C. M. Gärtner.* (23 S.) 4° [Umschlagt.]
Schneeberg, k. G, OP 1902 (005)

Strüver, Johannes

Strüver, J., Beschreibung d. Heterodontus Phillipii Bl. (Cestracion Phillipii Cuv.) m. Rücksicht auf seine fossilen Verwandten. Dresden 1864. 4. 32 S. u. 2 *Tafeln*.
Schul-/Univ.-Schrift

Strüver, Johs., Beschreibung des Heterodontus Phillipii Bl. (Cestracion Phillipii Cuv.) mit Rücksicht auf seine fossilen Verwandten. [Aus den Verhandlungen der Königl. Leop.-Carol. Akad.] Dresden 864. (Jena, Fr. Frommann.) gr. 4. (32 S. mit 2 Steintaff. in gr. 4. u. qu. Fol.) n. 1 ℛ 20 ngr

Strüver, Johannes: Die fossilen Fische aus dem obern Keupersandstein von Coburg. Berlin. 30 S. und 1 Tafel. 8°
Schul-/Univ.-Schrift

Strüver, Karl

Struever, Carl [aus Braunschweig]: Die mittelenglische Uebersetzung des **Palladius**. Ihr Verhaeltnis zur Quelle und ihre Sprache .... Halle a. S., Druck v. Ehrhardt Karras, 1887; 82 S. + 1 Bl. 8°.
Göttingen, Phil. Fak., Inaug.-Diss. v. 25. Febr. 1887.

Struever, Carl, die mittelenglische Uebersetzung des Palladius. Ihr Verhältniss zur Quelle und ihre Sprache. Inaugural-Dissertation. gr. 8. (82 S.) Halle 887. (Göttingen, Vandenhoeck und Ruprecht's Verlag.) *

Strüver, Paul [aus Wolfenbüttel]: '[Aus d. hygien. Institut d. Univ. Jena.]' Bestimmung des für Desinfectionszwecke mittels Lampen oder durch Formalin bezw. Holzin erzeugten Formaldehyds ... (Aus: Zeitschr. f. Hyg. u. Infectionskrankh., Bd XXV.) Leipzig, Veit & C., 1897; 36 S. 8.
Jena, Med. Fak., Inaug.-Diss. v. [Dez.] 1896

Strüver, Wilh., Zeittafeln zur Kirchengeschichte, für den Schulgebrauch zusammengestellt. 8. (35 S.) Bielefeld 888, Velhagen und Klasing. cart. *

Struvy-Wokellen u. Struvy Worlack, A., Die Nothlage der Landwirthschaft. Zwei Vorträge, geh. im Landwirthschaftlichen Vereine Eichhorn als Aeusserung über die Broschüre des Herrn Dr. Franz an den Centralverein in Königsberg (Ostpreussen). gr. 8°. Königsberg, Koch u. Reimer, 1887. (22 S.)

Struwe, Emil, s. Struve

Struwe, Gerh., Dämon Gold. Roman frei nach dem Amerikan. (96 S.) 8. Neuweißensee (905). E. Bartels. 1. —

Struwe, Gustav von, s. Struve

Struwelpeter ..., s. Struwwelpeter ...

Strüwing, Carl, s. Strüwing, Karl

Strüwing, Fel., s. a. Felix, Ernst.

Habgier. Schauspiel in 4 Aufz. von Felix **Strüwing**. (Bühnen-Ausg.) Stettin 1896: Fischer & Schmidt. (62 S.) 8° [F. u. Ant.] [06. 12067]

Strüwing, Karl

Strüwing, Carl, der innere Feind. Fundamentale Wahrheiten wider Weltfriede u. Sozialismus. (64 S.) 8. Adlershof b. Berlin 905. (Cöpenick, R. Schön.) — 60

Strüwing, Carl, der innere Feind. Grundlegende Wahrheiten wider Weltfrieden u. Sozialismus. 4.—23. Taus. (VII, 106 S.) kl. 8. Langensalza 908. 09. Schulbuchh. — 90

Der innere Feind. Grundlegende Wahrheiten wider Weltfrieden u. Sozialismus. Von Carl **Strüwing**. Langensalza: Greßler 1909. VI, 106 S. 8°

Struwwel, Pet., Handbüchlein für Wühler oder kurzgefaßte Anleitung in wenigen Tagen ein Volksmann zu werden. gr. 8. (42 S.) Leipzig 848, G. Mayer. — 2. Aufl. gr. 8. (42 S.) Ebd. 848. — 3. Aufl. gr. 8. (42 S.) Ebd. 848. 1/4 ℛ

Struwwelpeter, s. a. Hoffmann, Heinr.

—— Melodien dazu, s. Hußla, A.

Struwwelpeter, der, oder lustige Geschichten u. drollige Bilder für Kinder v. 3—6 Jahren (von Heinr. Hoffmann). 5. verm. u. verb. Aufl. gr. 4. (24 col. Bl.) Frankfurt a. M. 847, Literar. Anstalt. n. 18 ngr (6. Aufl. u. folgende, siehe: Hoffmann, Heinr.)

Struwwelpeter. Harmlose Blätter in harmvoller Zeit. Hrsg. von Thdr. Drobisch. 1. Jahrg. 1848. April — Decbr. 39 Nrn. (Bog.) 4. Grimma. [Wurzen,] Verlags-Comptoir. *

—— Moralisches Bilderbuch für die Jugend. 4. (12 color. Stnt.) Reutlingen 869, Enßlin und Laiblin. [Stuttgart, Neugebauer.] cart. (90 Pf.)

Struwwelpeter, der, drolliges Possenspiel f. Kinder zum Lachen. Bilder u. Reime in 16 Blättern. gr. 4. (16 color. Steintaf.) Weißenburg i/E. 873. Wentzel. 1. 50

Struwwelpeter. Ein moralisches Bilderbuch. 12 unzerreißbare (lith. u. color.) Bildertafeln (auf Pappe) zur Warnung u. Belehrung. 4. Nürnberg 877. Neugebauer. cart. 1. 50

Struwwelpeter, der. Ein lehrreiches Bilderbuch. 4. (16 S. mit eingedr. color. Illustr.) Reutlingen 882, Enßlin und Laiblin's Verlagsh. geb.
Unzerreißbar

Struwwelpeter, der. Weihnachtsmärchen in 7 Bildern v. Onkel Arthur u. Tante Anna, bearb. mit an [illegible] Genehmigg. d. Struwwelpeter-Verlags Rütten & Loening in Frankfurt a. M. 12. (112 S.) Stettin [illegible]. [illegible] ling & Grünberg.) n. [illegible]

Struwwelpeter, der, e. lehrreiches Bilderbuch f. die Jugend. (Neue Aufl.) (16 S. m. farb. Abbildgn.) Lex.-8. Reutlingen (905). Enßlin & Laiblin. — 60; geb. — 90

— der ägyptische. 4. (16 farb. Taf. m. [illegible]) Wien 895. [illegible]

Struwwelpeter, the English, or pretty stories and funny pictures for little children. After the edit. of the celebrated German work of Heinr. Hoffmann. gr. 4. (24 lithogr. und ill. Bilder mit Text.) Leipsic 848, Volckmar. (Frankfurt a. M., Literarische Anstalt.) *

Struwwelpeter, der große, s. Vocativus, Berliner.

Struwwelpeter, der große. Ein Bilderbuch für Kinder vor 17 bis 77 Jahren. Mit 29 Illustr. (in Holzschn.) von Julien Raymond de Baur. 3., umgearb. und verm. Aufl. 8. (IV und 92 S.) Berlin 852, Janke. Thlr. *

Struwwelpeter, der große. Ein Bilderbuch für Kinder von 17 bis 77 Jahren. Mit 29 (eingedr.) Illustr. von Julien Raymond de Baur. Xylographirt von Mor. Müller. 5. und 6., völlig umgearb. und sehr verm. Aufl. 8. (IV und 92 S.) Berlin 858, Janke. * -

— der große. Ein moral. Bilderbuch f. Kinder von 17 bis 77 Jahren. Mit 29 Illustr. (in eingedr. Holzschn.) v. Julien Raymond de Baur. 7. umgearb. u. verb. Aufl. gr. 8. (86 S.) Berlin 873. Janke. n. 1. —

Struwwelpeter u. seine Kameraden. gr. 4. (16 farb. Taf. m. Text.) Leipzig 889. Fr. Pfau. cart. 1. 20

— der kleine. gr. 4. (16 S. m. Chromolith.) Wesel 882. Düms. cart. — 75

— der kleine. 8. (8 S. m. 8 farb. Taf.) Leipzig-Reudnitz 889. Schmidt & Römer. n. — 10

— der kleine. 12. (8 farb. Taf. m. eingedr. Text.) Wesel 896. W. Düms. — 10; auf Pappe, geb. — 30; auf Leinw. geb. — 35

— kleiner. Eine Bilderbuch f. kleine Kinder. 24 color. (lith.) Bilder m. (eingedr.) kindl. Versen v. K. v. Gerstenberg. 4. Eßlingen 875. Schreiber. n. 1. 70

—— kleiner. Ein Bilderbuch für kleine Kinder. 24 color. (litbogr.) Bilder mit kindl. Versen von K. v. Gerstenberg. 2. Neudr. 4. Eßlingen 880, Schreiber. geb. *

—— kurzer gynaekologischer. Nach den neuesten Forschungen zusammengestellt von C. H. S. Zum ersten Male veröffentlicht zum Leipziger klin. Vogelschießen am 29. Juli 1882. 8. (20 S. mit 9 in den Text gedr. Illustr.) Heidelberg 883, Bangel und Schmitt. *

Struwelpeter, kurzer gynaekologischer. Nach den neuesten Forschgn. zusammengestellt v. C. H. S. Mit 12 in den Text gedr. Illustr. Zum ersten Male veröffentlicht zum Leipziger klin. Vogelschießen am 29. Juli 1882. 2. Aufl. 8. (30 S.) Heidelberg 884. Bangel & Schmitt. n. 1. —

Struwelpeter, kurzer gynäkologischer. Nach den neuesten Forschgn. zusammengestellt v. C. H. S. Mit 12 in den Text gedr. Illustr. Zum 1. Male veröffentlicht zum Leipziger klin. Vogelschießen am 29. Juli 1882. 4. Aufl. 8. (30 S.) Heidelberg 885. Petters. n. 1. —

Struwwelpeter, lustiger. Neuestes Bilderbuch für brave Kinder v. 3 bis 6 Jahren. 10. Jubel-Ausg. gr. 4. (17 S. m. farb. Abb.) Wien (899). J. Deubler. Auf Pappe, geb. 4.—

— der moderne. Lustige Geschichten vom Onkel Franz. Mit vielen Bildern v. Herm. Frenz u. J. O. Boetius. (Neue Aufl.) (30 Bl. m. farb. Abbildgn.) gr. 4. Berlin (903) Globus Verlag Geb. n. 1. 25

— der neue. Ein Bilderbuch für artige Kinder. Posen 869. Jolowicz. 1. (18 Chromolith. mit Text.) geb. n. 15 ngr

— der neue. Allerhand Struwelpeter-Geschichten in lust. Reimen zur Unterhaltg. u. Belehrg. f. die lieben Kinder. gr. 4. (12 color. Steintaf. m. Text.) Stuttgart 875. Nitzschke. 3. —

Struwwelpeter, der neue. 8. (4 farb. Bl. m. eingedr. Text.) Berlin 893. Friedrichs & Co. — 10

— neuer. Kinderstreiche u. ihre Folgen in lust. Bildern u. Reimen. Zur Unterhaltg. u. Beherzigg. f. die lieben Kinder. gr. 4. (24 S. m. lith. u. color. Bildern.) Stuttgart 876. Neugebauer. 1. 50; unzerreißbar auf Carton 2. 50

— neuer. Kinderstreiche u. ihre Folgen in lustigen Bildern u. Reimen. Zur Unterhaltung u. Beherzigung für die lieben Kinder. 2. Aufl. gr. 4. (11 color. Steintaf. m. Text.) Nürnberg 877. Neugebauer. cart. 1. 50

Struwelpeter und der gute Paul. Geschichte in 12 Bildern zur Belehrung und Unterhaltung der Jugend. gr. 4. (12 chromolithogr. Taf. mit Text.) Weißenburg 874, Wentzel.

—— der unzerreißbare. Allerhand Struwwelpeter-Geschichten in lust. Reimen zur Unterhaltung und Belehrung für die lieben Kinder. 2.—5. Aufl. gr. 4. (11 color. Stnt. auf Carton mit eingedr. Text.) Stuttgart 876,77, Nitzschke.

—— dass. — 6. Aufl. gr. 4. (12 chromolithogr. Taf. mit Text.) Ebendas. 879. cart.
Die 1. Aufl. erschien 1875 u. d. T.: Der neue Struwwelpeter.

— der unzerreißbare. Allerhand Struwwelpeter-Geschichten in lustigen Reimen zur Unterhaltung u. Belehrung für die lieben Kinder. 7. Aufl. gr. 4. (12 color. Steintaf. auf Carton m. eingedr. Text.) Stuttgart 880. Nitzschke. geb. 3. 50

Struwelpeter, der unzerreißbare. Leinwand-Bilderbuch mit Lack-Anstrich. 4. (8 Chromolithogr. mit eingedr. und 9 S. Text.) Eßlingen 888, Schreiber. geb. *

—— in Wort und Bild für die liebe Jugend. 8. (16 S. mit eingedr. color. Illustr.) Reutlingen 882, Enßlin und Laiblin's Verlagsh. cart.

Struwwelpeter in Wort u. Bild. 8. (16 color. Taf. m. eingedr. Text auf Carton.) Reutlingen 886. Enßlin & Laiblin. geb. — 90

—— der Zweite oder der schwarze Salomo. Lustige Geschichten und Bilder für brave Kinder. In Reimen von J. J. Kummer, illustrirt von C. A. Schwerdgeburth. 9. Aufl. gr. 4. (13 Chromolithogr. mit eingedr. Text.) Dresden 882, Naumann's Verlag. geb. *

Struwelpeterbuch. Der böse Peter u. das brave Fritzchen. Eine lehrreiche Geschichte in 16 Versen. Zur Warnung u. Belehrung der lieben Jugend nebst 16 in Tondr. color. feinen Bildern nach Originalcompositionen von Carl Häberlin. 4. Aufl. Eßlingen 870. Schreiber. 4. geb. 15 ngr

Struwwelpeterbuch. Der böse Peter u. das brave Fritzchen. Eine lehrreiche Geschichte in 24 Versen. Zur Warng. u. Belehrg. der lieben Jugend nebst 12 in Ton color. feinen Bildern nach Originalcompositionen v. Carl Häberlin. 6. Aufl. gr. 4. Eßlingen 874. Schreiber. geb. 1. 50

Struwelpeterbuch. gr. 8. (8 S. m. farb. Abb.) Eßlingen (890). J. F. Schreiber. Kart. n. — 20

Struwwelpeterbuch mit Mechanik. Kleine Geschichten für Kinder. Berlin 863. E. Kühn & Söhne. gr. 4. (9 color. Lithogr. mit Text.) n. 1 ℳ 10 ngr

— das neue. gr. 8. (12 Holzschntaf. in Buntdr.) Stuttgart 872. G. Weise. — 50

Struwwelpeterbuch, neues, oder Zucker u. Ruthe für artige u. unartige Kinder. 4. (12 color. Bildertaf. m. Text.) Regensburg 847. (Nürnberg, Lotzbeck.) — 2. Aufl. 4. (12 lith. u. col. Taf. m. Text.) Nürnberg 849, Lotzbeck. 12 ngr

Struwwelpeterbuch, neues, in 24 (lithochrom.) Bildern (mit Text) und drolligen Geschichten zur Unterhaltung und Warnung für kleine Kinder. 8. Wesel 849, Bagel.

Struwwelpeterbuch, unzerreißbares. 1.—4. Aufl. gr. 8. (12 chromolithogr. Taf. auf Leinw.) Stuttgart 872—76, G. Weise. cart.

Struwelpeter-Geschichten. 4 Hfte. gr. 8. (à 4 Chromolith. m. 4 S. Text.) Stuttgart 886. G. Weise. à — 30; in 2 Hftc. cart. à n. — 50; in 1 Bd. geb. 1. 20

Struwelpeter-Kamerad. Moralische Erzählungen für die militär. Jugend von 17 bis 70 Jahren. gr. 16. (72 S.) Berlin 875, Schweigger'sche Hofbuchh. [Wallroth.] (*M 1,50.) *

Struwwelpeter's erstes ABC-, Lese- u. Bilderbuch. Vom Verf. der 50 Fabeln in Bildern rc. 3. verm. Aufl. Mit 16 color. Bildern.) 8. (24 S. mit 8 lith. Taf.) Hamburg 850, Jowien. n. 6 ngr

—— Reu' und Bekehrung, allen Kindern zur Lust und Belehrung in Bild und Reim gebracht. br. 8. (7 ill Stnt. und 7 Bl. Text.) Stuttgart 851, Thienemann's Verlag.

Struwwelpeter's Reu' und Bekehrung, allen Kindern zur Lust und Belehrung in Bild und Reim gebracht. 16. Aufl. 4. (11 S. mit 7 color. Stnt.) Stuttgart 881, Thienemann's Verlag. geb. ·
Die 1. Aufl. erschien 1862.

Struwwelsuse, die, oder lustige Geschichten und drollige Bilder für Kinder von 3—7 Jahren. Text von Mühlfeld. Zeichnungen von H. Kruspe. 4. (20 lithogr. und ill. Bl. mit Text.) Erfurt 849, Bartholomäus.

Struwwelsuse, die. gr. 4. (16 Chromolithogr.) Erfurt 882, Bartholomäus. geb.

Struwy, C. R., führe uns nicht in Versuchung. Erzählung. 8. (281 S.) Görlitz 878 Vierling. 4. —

Strux, J., Erzählung f. Reisen d. Italien und Griechenland, Rußland, Persien und Ostindien rc. 2 Thle. 8. Leipz. Köhler. 797.

Struyf, J., S. J., la langue congolaise, s.: Seidel, A.

Struys, Jh. Janssen, († ...) Erzähl. der Abentheuer r. merkwürd. Begebenheiten auf sn. Reisen durch Persien u. Ostindien rc.; aus d. Französ. 2 Thle. 8. Leipz. 797. Köhler. 1 ℳ 18 gr (Das Original erschien in holländ. Sprache zu Amsterdam 1676, e. deutsche Uebersetz. v. Andr. Müller. Ebd. 678.)

Stryck, Albrecht [aus Friesheim (Rheinl.)]: Ein Fall von Narbencarcinom luetischen Ursprunges ... Köln, Buchdr. v. Th. Quos, 1896; 19 S. 8.
Würzburg, Med. Fak., Inaug.-Diss. v. 1896

Stryck, C. A., de eo quod justum est circa ludos scenicos. Kilon. 1713. 4.

Stryck, Car. Albert, s. Stryck, Karl Albert

Stryck, El. Aug., s. Stryk, Elias August

Stryck, Gustav, s. Stryk

Stryck, J. S., s. Stryk, Johann Samuel

Stryck, Jul., des fahrenden Spielmann's Lied u. Leid! Gedichte. 12. (36 S.) Dresden 893. E. Pierson. n. 1. —; geb. n. 2. —

Stryck, Karl Albert

Stryck, Car. Albert [illegible] Rhein. 1829 [illegible] affectionibus. Berolini (1853) [illegible] S. 8°
Berlin, Med. Diss. v. [illegible] Aug. 1853

Stryckius, s. Stryk

Stryckmann, Daniel Friedrich (Wolfenbüttel) A. S. 142/8

Dissertatio iuris ecclesiastici de sacerdotio novi foederis. Präs. Johann Wolfgang Kipping. Helmstedt (Leuckart) 1. VII. 1744. 188 S.

Gew.: Heinrich Bernhard von Schrader.
W. v.: Präs., Eberhard Jo. Ludwig Cellarius, August Christ. Wahl, Justus Friedrich Jakob Lüttich, J. G. A. Kipping. **33943**

Strygophskes, J., *Παλαιὰ Βυζαντιακὴ βασιλικὴ ἐν Χαλκίδι.* S.-A. 1889. 18 S. u. 1 Taf.

— *Ἡ Μονὴ τοῦ Κυνηγοῦ τῶν φιλοσόφων.* S.-A. 12 S. u. 3 Taf.

Stryienski, Kasimir

Stryienski, Casim., s.: Potocka, Gräfin, Memoiren.

Stryk, A. G. v., Lehrbuch der biblischen Geschichte alten u. neuen Testaments f. städt. Knaben- u. Mädchen-Elementarschulen. gr. 8. (XI, 170 S.) Reval 874. Kluge. n. 1. 20; cart. n. 1. 50

Stryk, A. G. v., Lehrbuch der biblischen Geschichte alten u. neuen Testaments für städtische Knaben- u. Mädchen-Elementarschulen. 2., sorgfältig durchgeseh. Aufl. 8. (XII, 170 S.) Reval 879. Kluge. cart. n. 1. 50

Stryk, Elias August [Praes.], s. Dullaeus, Wilhelm Heinrich: De designatione patris a matre infantis facta. Oder: Wie weit einer geschwängerten Persohn in Angebung des Vaters zum Kinde zu glauben/und wie weit solche gedachten Vater graviren könne.

STRYCKIUS, EL. AUG., Diss. jur. de matrimonio ex ratione status, von Staats-Heyrathen. Kilonii. 1700. 4. [Resp. Joh. Wohlmuth].

Stryk, Elias August [Praes.], s. Wohlmuth, Johann: De matrimonio ex ratione status. Von Staats=Heyrathen.

Stryk, Friedrich von: Studien über die etruskischen Kammergräber. Dorpat 1910: Laakmann. 136 S. 4°(8°)
München, Phil. Diss. v. 22. Juni 1910, Ref. Wolters, Riehl
[Geb. 11. April 81 Dorpat; Wohnort: Dorpat; Staatsangeh.: Rußland; Vorbildung: Wiedemannsches Privat, [illegible] Reife [illegible]; Studium: Dorpat 6, München 4, Berlin 1, München 2 S.; Rig. 22. Juni 10.] [U 11. 3555

Stryk, Friedrich Wilhelm [Praes.], s. Wagner, Konrad Ludwig: De iure sabbathi.

Stryk, Gustav

Stryk, G., Denkschrift über die Einführung von Raiffeisens Darlehenskassen in Livland. 8⁰. Dorpat 1892.

Stryk, Gust., die deutsche Genossenschaft u. ihre Bedeutung f. den landwirtschaftlichen Kredit. (48 S.) Lex.-8. Berlin 906. Puttkammer & Mühlbrecht. n. 2. — Sonderabdruck aus: „Bericht üb. die Verhandlgn. der kaiserl. livländ. gemeinnütz. u. ökonom. Sozietät".

Stryk, G., Ueber den Klein-Kredit. 8⁰. Jurjew 1901.

Stryk, Gust., über den Sozialismus. (III, 82 S.) Lex. 8. Berlin 909. Puttkammer & Mühlbrecht. 1.60

Stryk, Johann Samuel [Praes.], s. Amsel, Andreas Christian: De jure necessitatis, Vom Noth-Recht.

Stryck, J. S. De auro coronario, von der Cronensteuer. 8⁰. Halle 1701.

Stryk, Johann Samuel [Praes.], s. Bastineller, Gebhard Christian: De prodomino feudi directo.

Stryk, Johann Samuel [Praes.], s. Beck, Friedr. Arnold: De causis juramentum suppletorium respuentibus.

Stryk, Johann Samuel [Praes.], s. Benemann, Joh. Christian: De natura matrimonii.

Stryk, Johann Samuel [Praes.], s. Bergmann, Friedrich Konrad: De allegatione propriae turpitudinis.

Stryk, Johann Samuel [Praes.], s. Biester, Jo. Matthias: De probatione sponsaliorum.

Stryk, Johann Samuel [Praes.], s. Boeckel, Caspar Wilhelm: De potentiore cessionario.

Stryk, Johann Samuel [Praes.], s. Bötticher, Ernst Zacharias: De absoluto per sententiam injustam, ad effectus civiles non obligato.

Stryk, Johann Samuel [Praes.], s. Brand, Friedlieb Gottfried: De mora judicis.

Stryk, Johann Samuel [Praes.], s. Brunnemann, Sebast. Daniel: De remediis contra rem judicatam.

Stryk, Johann Samuel [Praes.], s. Bühren, Albert Heinrich tho: De Hamburgensium testamentis.

Stryk, Johann Samuel [Praes.], s. Bürger, Johann August: De exceptione deficientis sigilli.

Stryk, Johann Samuel [Praes.], s. Calb, Caspar Adam: De jure cratium, Vom Hürden-Lager.

Stryk, Johann Samuel [Praes.], s. Cellarius, Christoph: Processum juris Romani antiquum.

Stryk, Johann Samuel [Praes.], s. Diecmann, Michael Georg: De obligatione antidorali.

Strykius, Jo. Sam.: Dissertationes selectae in jus feudale universum, variis accessionibus illustratae. Halae Magdeb. 1744.

Stryk, Johann Samuel [Praes.], s. Eschenwecker, Johann Michael: De officio judicis circa peieraturum, vel otiose juraturum.

Stryk, Johann Samuel [Praes.], s. Früeauff, Joh. Fried.: De usu inutilium in jure.

Stryck, J. Sam.: **Fundamenta jur. Justinianei ad ord. Instt. succinctis aphorismis in usum auditorum propos. Ed. IV.** *Hal.* 714. 8.

— fundamenta iuris Iustinianei. 4. et 8. Halae, Renger. 714.

Stryk, Johann Samuel [Praes.], s. Fürbringer, Georg: De emptione spei.

Stryk, Johann Samuel [Praes.], s. Fürst, Joseph: De obligatione sponsaliorum, et dissolutione.

Stryk, Johann Samuel [Praes.], s. Gabriel, Christian Michael: De translocatione ministrorum ecclesiae.

Stryk, Johann Samuel [Praes.], s. Giese, Johann: De confirmatione principis.

Stryk, Johann Samuel [Praes.], s. Haake, Jo. Daniel: De jure apostillae seu postscripti.

Stryk, Johann Samuel [Praes.], s. Hartmann, Theophil: De dote non promissa, non praestanda.

Stryk, Johann Samuel [Praes.], s. Hedluff, Gottfried: De reprobatione, in specie post publicatas attestationes.

Stryk, Johann Samuel [Praes.], s. Hermann, Tobias: De natura sponsaliorum et divisione.

Stryk, Johann Samuel [Praes.], s. Hoffmann, Johann Christoph: De testimonio injurato.

Stryk, Johann Samuel [Praes.], s. Holzschuher von Neuenburg & Thalheim, Johann Sigismund: De liberis naturalibus regum et principum.

Stryk, Johann Samuel [Praes.], s. Hutter, Johann: De jure subcollectandi.

Stryk, Johann Samuel [Praes.], s. Jemgumer Closter, Jo. Lorenz von: De clausula salutari libellorum.

Stryck, J. S., de incommodis festorum. Hal. 1702; rec. 1756. 4.

Stryk, Johann Samuel [Praes.], s. Junius, Christian Friedrich: De testamentis conjugum reciprocis.

Strykius, Joh. Sam.: Tractatio jur. de iure cataractarum Vom Schleusen-Recht. Halae 1748.

Strykius, Jo. Sam.: Commentatio iur. de iure necessitatis Vom Noth-Recht. Ed. 2. Halae Magdeb. 1738.

Stryck, J. S., de jure sabbati. Hal. 1702; rec. 1715. 4; deutsch v. Beyer. Frcft. 1703. 8.

—comment. de jure sabbathi, quam cum ejusd. Programmate de incommodis festorum observationib⸗s notatis auxit Jh. Geo. Wlh. Volkhart. 4. Jena 756. Gollner. 14 𝔊𝔯

Stryck, J. S., resp. A. **Becker,** de jure spectrorum. Hal. 700. 738. 4.

— — diss. de jure spectrorum. rec. Jenae 745. 4.

Stryck, J.S.: De j u r i s p r u d e n t i a Pauli. - Hal. 1705. Rec. 1730.

Stryk, Johann Samuel [Praes.], s. J u s t u s, August: De excipiente non confesso, occasione L. Siquidem 9. C. de Exc. & Praescr.

Stryk, Johann Samuel [Praes.], s. K e l l i n g h u s e n, Heinrich: De origine, et usu jurisdictionis ecclesiasticae.

Stryk, Johann Samuel [Praes.], s. K l e p p e r b e i n, Bernhard: De cautelis circa quantitatem rei controversae in processu civili observandis.

Stryk, Johann Samuel [Praes.], s. K r i e b e l, Paul: De delatione juramenti in matrimonialibus.

Stryk, Johann Samuel [Praes.], s. K u c k u c k, Jo. Jonas: Aureae bullae controversias potiores.

Stryk, Johann Samuel [Praes.], s. L i e b n e r, Joh. Erdmann: De jure principis circa juramenta.

Stryk, Johann Samuel [Praes.], s. L i p e n i u s, Joh. Mart.: De privilegio appellationis Lubecensi.

Strykius, Jo. Sam.: Meletemata de iuramentis, in quibus de eo, quod iustum vel iniustum est circa iuramenta, itemque de abusu eorum insigni agitur. Halae 1707.

Stryk, Samuel, praes., **Ötken,** J. C. ab, auctor: Diss. de militia lecta provinciali. Von der Land-Milice. Halae Magdeb. 1705. 4°.

Stryk, Johann Samuel [Praes.], s. M y l i u s, Christian Otto: De jure septidui, In specie de septiduo processus Saxonici.

STRYCK, Jo. Sam.: **Opuscula tergemini argumenti h. e. 1. de jure sabbathi, 2. de jure liciti sed non honesti, 3. de reliquiis sacramenti in matrimonialibus etc. c. praef. Jnst. Hn. BÖHMERI de nexu tergemini argumenti in religione sabbathi honestatis et matrimonii occupati.** *Hal.* **734. 4.**

Stryk, Johann Samuel [Praes.], s. O s t e r l o h, Johann: De praescriptione rerum per mare adlatarum secundum statuta Hamburgensia, Von der Verjährung des über See und Sand gebrachten Guths, nach Hamburgischen Stadt-Rechte. P. II. T. 19. § 2. u. 3.

Stryk, Johann Samuel [Praes.], s. Ö t k e n, Johann Christ. von: De militia lecta provinciali, Von der Land-Milice.

Stryk, Johann Samuel [Praes.], s. O t t o, Jakob: Examen doctrinae de notorio.

Stryk, Johann Samuel [Praes.], s. R a m b s h a u s e n, Bodewin von: De facto judicis in quantum de jure.

Stryck, J. S., de reliquiis sacramenti in matrimonialibus. Hal. 1706. 4.

Stryk, Johann Samuel [Praes.], s. R o i t z s c h, Christian Gottlieb: De appellatione non suspensiva in possessorio summariissimo occasione, l. un. c. si de momentanea possessione fuerit appellatum.

Stryk, Johann Samuel [Praes.], s. R o m a n u s, Rudolph Wilhelm: De condictione triticaria.

Stryk, Johann Samuel [Praes.], s. R ü d i g e r, Paul: De reiectione ab actis.

Stryk, Johann Samuel [Praes.], s. S c h a f f s h a u s e n, Nikolaus Lukas: De iure singulari feminarum Hamburgensium.

Stryk, Johann Samuel [Praes.], s. S c h e r b a u m, Johann Christian: De loco solutionis.

Stryk, Johann Samuel [Praes.], s. S c h m i d t, Johann Philipp: De interrogatoriis ineptis.

Stryk, Johann Samuel [Praes.], s. S c h o o f f, Johann Lorenz: De qualitate et iure personarum matrimonium contrahentium.

Stryk, Johann Samuel [Praes.], s. S c h r o e d e r, Christian David: De fine matrimonii, Von Dem Endzweck der Ehe.

Stryk, Johann Samuel [Praes.], s. S t e i n f e l d, Heinrich: De matrimonii iure, et institutione.

Stryk, Johann Samuel [Praes.], s. W a g n e r, Konrad Ludwig: De iure liciti sed non honesti.

Stryk, Johann Samuel [Praes.], s. Z e i b i g, Gottlob: De emendatione processus forensis.

Stryk, Johann Samuel [Praes.], s. Z e i d l e r, Friedrich: De certioratione jurium renunciandorum, Von der Vergewisserung der Rechte deren man sich begeben soll.

Stryk, Jos. Maria v., in schwerer Zeit. Drei Erzählgn. (245 S.) 8. Leipzig 909. Modernes Verlagsbureau. 3.--

Stryk, L. v., Beiträge zur Geschichte der Rittergüter Livlands. 1. Thl. Der ehstn. District. Mit 4 (lith. u. color.) Karten. Auf Veranlassung der kaiserl. livländ. gemeinnütz. u. öconom. Societät hrsg. gr. 8. (XIV, 514 S.) Dorpat 877. (Berlin, Puttkammer & Mühlbrecht.) n. 20. —

Stryk, L. v., Beiträge zur Geschichte der Rittergüter Livlands. 2. Thl.: Der lettische District. Auf Veranlassung der kaiserl. livländ. gemeinnütz. und ökonom. Societät hrsg. gr. 8. (609 S.) Dresden 885. (Berlin, Puttkammer und Mühlbrecht.) *
1. Thl. Dorpat 1877. (Berlin, Puttkammer und Mühlbrecht.) * ℳ 20.—

Stryk, Nikolai v., zur Lehre von der Regeneration der Röhrenknochen. Inaugural-Dissertation. gr. 8. (69 S.) Dorpat 881. (Karow.) n. 1. —

Stryk, Samuel

STRYK, Sam.: **Tract. de actionibus forensibus investigandis et caute eligendis, ut et de actionum praescritione, necnon de juribus et actionibus non cessibilibus.** (*Hal.* **697. 4.) Quos emend. et access. praef. auxit. Chr. Gli. HOMMEL.** *Viteberg.*, **Zimmermann. 769. 4. (1 Thl.)**

Stryk, Samuel [Praes.], s. A l b r e c h t, Joach. Henr.: De jure vestiario.

Stryk, Samuel [Praes.], s. A l v e r d e s, Johann Heinrich: De controversiis fori miscellaneis.

— annot. ad Schilteri ius feudale. 8. Nürnb. Stein. 732.

Strykius, Sam.: Succinctae annotationes ad W. A. Lauterbachii compendium Digestorum. Ed. 8. Lipsiae 1727.

— Ed. 9. 1741.

— succinctae annotationes ad Lauterbachii compendium digestor. ex discursibus privatis auditorum industria excerptae eorumque commodo publicatae. 4. Lips. Weidmann. 741.

• Stryk, S., Succinctae Annotationes, ist hinzuzufügen: Ed. IX. denuo revisa et hinc inde aucta. Accessit index rerum locupletissimus.

Stryk, Samuel [Praes.], s. Arnim, Georg Dietloff von: De falsitate precum principi oblatarum.

Stryk, Samuel [Praes.], s. Baron, Gottfr.: De jure domesticorum.

Stryk, Samuel [Praes.], s. Bartsch, Heinr.: De negotiis per interpretem gestis.

Stryk, Samuel [Praes.], s. Bastineller, Joh. Friedrich: De testamento principi vel judici oblato.

Stryk, Samuel [Praes.], s. Bauer, Christian Heinrich: De privilegiis titulo oneroso quaesitis.

Stryk, Samuel [Praes.], s. Behme, Ahasver Tobias: De controversiis fori selectis.

Stryk, Samuel [Praes.], s. Beichlingen, Friedrich Wilhelm v.: De filia nobili renunciante.

Stryk, Samuel [Praes.], s. Beichlingen, Wolfgang Dietrich von: Collationem juris Saxonici novissimi & Romani.

Stryk, Samuel [Praes.], s. Beichov, Karl Christoph: De immunitate a praestatione evictionis.

Stryk, Samuel [Praes.], s. Bentzien, Erich: De probatione semiplena.

Stryk, Samuel [Praes.], s. Bertram, Joh. Christoph: De jure compensationis, depositi et mandati.

Stryk, Samuel [Praes.], s. Best, Johann Heinrich: De fideicommissorum illustrium constitutione et dispositione.

Stryk, Samuel [Praes.], s. Birner, Johann Andreas: De mandato delinquendi.

Stryk, Samuel [Praes.], s. Böhmer, Justus Henning: De jure epistalmatis, von Fürstlicher Ordre.

Stryk, Samuel [Praes.], s. Bötticher, Jo. Christian: De testamentis corpore vitiatorum. Vom letzten Willen derer, die ein Leibes-Gebrechen haben.

Stryk, Samuel [Praes.], s. Brunneman, Paul Hieronymus: De clausula codicillari.

Stryk, Samuel (Hrsg.), s. Brunnemann, Johann: Decisionum centuriae V. In quibus casus rariores, facultati jurid. Francofurtanae oblati, breviter & nervose, subj. rationibus praecip. decid. 4. V. 1674.

Stryk, Samuel [Praes.], s. Busch, Clamor Johannes von den: De jure prohibendi exstructionem molendini.

Stryk, Samuel [Praes.], s. Busche, Philipp Wilhelm von dem: De foro principum et privatorum communi.

— de cautelis contractuum. 4. Berl. ... Ed. nova 753. Nicolai. 21 gr

Strykius, Sam.: Tractatus de cautelis juramentorum in foro observandis, in acad. Fridericiana propositus. [Resp.:] Ge. Gerbet. Ed. 3. Halae Magdeb. 1719.

— Ed. 4. 1732.

Stryck, Sam.: De cautelis iuramentorum. Ed. V. *Halae*, Orphanotroph. (719.) 758. 4. (18 Gr.)

Strykius, Sam.: Tractatus de cautelis testamentorum, in quo pleraque quae in testamentis condendis, tam quoad solennia externa, quam quoad formam illorum internam caute observanda, perspicue exponuntur. Acc. exempla. Ed. 2. Halae Magdeb. 1708.

— Ed. 5. 1738.

— Ed. 6. 1768.

Stryk, Samuel [Praes.], s. Collrepp, Ernst Bogislav von: De sententia contra fiscum ferenda.

Strykius, Sam.: Commentarius ad l. 11. Cod. de petit. heredit. de necessitate edendi titulum possessionis. Denuo rec. Francofurti et Lipsiae 1741.

— Denuo rec. 1744.

— et Schöpflin consilia. Fol. Ulm 755. Stettin. 3 ℛ 8 gr

Stryk, Sm., et W. A. Schöpf: Consilia halens. et tubing. conj. edita. *Ulm*, Wohler. 753. fol. (3 Thl. 8 Gr.)

— controvers. iuris. 4. Halae, Renger. 700.

Stryk, Samuel [Praes.], s. Creutzen, Wolff Liebmann v.: De jure successoriis in revocandis bonis familiae.

Stryk, Samuel [Praes.], s. Cupner, Friedrich: De jure prohibendi exstructionem fortalitiorum.

Stryk, Samuel [Praes.], s. Dahlmann, Victor: De potestate clericorum in secularibus.

Stryk, Samuel [Praes.], s. Danckelman, Fried. Carl von: De foris Germaniae singularibus.

Stryk, Samuel [Praes.], s. Dewiz, Eccard Ulr. von: De principe evincente, occasione L. Lucius XI. D. de evict.

— differentiae iuris civilis et canonici. 4. Halae. 712.

— Disputationum iuridicarum Hallensium Vol. I. II. IV. V. 4. Hannov. Helwing. 732.

— de dissensu Sponsalitio et nullitate matrimonii. 4. Vitteb. Zimmermann. 733.

— dissertationum Vol. ultimum. 4. Halae, Waisenhausbuchh. 743.

— **dissertationum jurid. Vol. prim. nunquam antea editum, seu operum Vol. XI. XII. fol. Ulm, Stettin. 750.**

Strykius, Sam.: Dissertationum juridicarum Hallensium ex jure publico, privato, feudali et statutario. vol. 1. 2. Lipsiae et Francofurti 1715. 20. 2 Bde

Stryk, Samuel [Praes.], s. Drewer, Wolf... H...rich: De jure putativo.

Stryk, Samuel [Praes.], s. Dürfeld, Joh. Sigismund: Decades duas casuum controversorum.

Stryk, Samuel [Praes.], s. Ebert, Theophil: De jure suggestionis.

Stryk, Samuel [Praes.], s. Eichmann, Ewald Joach.: De jure reservationum. Vom Vorbeding= oder Vorbehaltungs= Recht.

Stryk, Samuel [Praes.], s. Engelhardt, Johann Friedrich: De juribus singularibus connubiorum in Germania.

Stryk, Samuel [Praes.], s. Essellen, Moritz Theodor: De diversis sociorum pactis.

Strykius, Sam.: Examen Juris feudalis. Acc. appendix solennium, quibus hodie apud Imp. principes investiuntur, subjuncta taxa dignitatum in imperio et vasallagiis Edit. IX. multo auctior. *Francof.* (710.) 721. 12.

Strykius, Sam.: Examen juris feudalis ex ejus novissimis interpretibus in gratiam auditorum collectum ac methodo institutionum dispositum. Francofurti 1724.

— examen iuris feudalis. 8. Frcf. Strauss. (Acad. Buchh.) 768.

— **Examen ub. d. Lehnrecht. 8. Frankf. 713.**

Stryk, Samuel [Praes.], s. Friesen, Otto Heinrich Freih. von: De jure principis extra territorium.

Stryk, Samuel [Praes.], s. Gerbet, Georg: De cautelis circa juramenta in judicio observandis.

Stryk, Samuel [Praes.], s. Gersdorff, Nicolaus Freih. von: De feudis Lusatiae superioris.

Stryk, Samuel [Praes.], s. Guenther, Gottfried: De casibus circa legitimam controversis.

Stryk, Samuel [Praes.], s. Guenther, Johann Friedrich: De investitura abusiva.

Stryk, Samuel [Praes.], s. Haentzschel, Joh. Samuel: De incerta ambiguorum decisione.

Stryk, Samuel [Praes.], s. Harprecht, Stephan Christoph: De temeratoribus juris monetandi. Von Müntz=Verbrechen.

Stryk, Samuel [Praes.], s. Heespen, Gustav Friedrich: De via facti principibus imperii permissa.

Stryk, Samuel [Praes.], s. Heinsius, Heinrich: De litis contestatione eventuali.

Stryk, Samuel [Praes.], s. Hoppe, Christian Nicolaus: De collisione navium. Von An= und Überseegelung der Schiffe.

Stryk, Samuel [Praes.], s. Hoppe, Joachim: De fide habita. Von Crediet=Handlungen.

Stryk, Samuel [Praes.], s. Hulsemann, Heinrich Ernst: De variis fori controversiis.

Stryk, Samuel [Praes.], s. Hymmen, Arnold Richard: De appellatione illicita.

— **institutiones Iustiniani. 8. Halae, Renger. 726.**

— **introductio ad praxin forensem c. colleg. practico. 4. Vitteb. Zimmermann. 741.**

S[tryk], S.: Introductio ad praxin forensem caute instituendam. Francofurti ad V. 1691.

— Introductio . . . cum collegio practico. Wittebergae et Servestae 1753.

Stryk, Samuel [Praes.], s. Jörcke, Johann Joachim: De operis uxorum.

Schaffshausen, B. N. (Praes.: S. Stryk): „De jure assignationis inter mercatores", Halae 1708. — Vorh.: Com. Bibl. Hamburg.

Strykius, Sam.: Commentatio de iure mariti in bonis uxoris. Vom Rechte des Mannes an des Weibes Gütern. Jena 1745.

— **commentatio de jure mariti in bonis uxoris, et de jure uxoris in bona mariti. 4. Jena 759. Cröker. 6 gl**

Stryck, Sam.: De jure pignorandi. *Frcf.* 677. übersetzt: Tractat vom Pfandungsrechte. *Frkf.* 798.

— de iure principis circa rationes Civitatum. 4. Halae, Renger.

Stryck, Sam.: De jure sensuum. *Frcf.* ad *Viadr.* (660.) — 737. 4.

— de iure sensuum. 4. Frcf. Strauss. (Academ. Buchhandl.) 775.

Stryk, Samuel [Praes.], s. Katte, Johann Dehtloff von: De conventionibus usurariis.

Stryk, Samuel [Praes.], s. Kestner, Heinrich Ernst: De jure humaniore.

Stryk, Samuel [Praes.], s. Klinggräffe, Werner Friedrich: De remissione inventarii.

Stryk, Samuel [Praes.], s. Knipp, Johann: De victo vincente.

Stryk, Samuel [Praes.], s. Krannöst, Johann Rupert: Resolutiones practicorum casuum.

Stryk, Samuel [Praes.], s. Kratz, Nicolaus: De jure funerandi.

Stryk, Samuel [Praes.], s. Kretschmer, Johann David: De jure Silesiorum Saxonico.

Stryk, Samuel [Praes.], s. Krohn, Hermann: De testamentis privilegiatis.

Stryk, Samuel [Praes.], s. Kuchenbecker, Joh. G...: De conditionibus contractuum resolutivis.

Stryk, Samuel [Praes.], s. Kumpsthoff, L. H.: De possessione per cautionem non aufferenda.

Stryk, Samuel [Praes.], s. Laurens, Matth. Dan.: De jure papali principum evangelicorum Von der Höchsten Gewalt Evangel. Fürsten in Geistlichen Sachen.

— leges forenses mosaicae cum iure romano collatae ad methodum institutionum imperalium. 8. Lips. Jansen. 748.

Stryk, Samuel [Praes.], s. Lucas, Joh. Christoph: De probanda versione crediti.

Stryk, Samuel [Praes.], s. Luedecke, Joh. Dav.: De probationis probatione meliori. Von Bessern Beweiss.

Stryk, Samuel [Praes.], s. Luedecke, Levin Christ.: Disp. jur. cont. resolutiones casuum forensium.

Stryk, Samuel [Praes.], s. Martini, Werner Theodor: De acquisitis intuitu dignitatis.

Stryk, Samuel [Praes.], s. Memminger, Esaias Paul: De divortio propter insidias vitae structas.

— comm. de necessitate edendi titul. posses. 4. Francf. et Lips. 757.

Strykius, Sam.: Commentatio jur. de negotiis capitulatione Caesarea annullatis, von denen Handlungen, welche in der Kayserl. Capitulation abgethan worden. Ed. 2. Halae Magdeb. 1738.

— de officio Principis circa Scandala. 4. Halae, Renger. 710.

Stryk, Samuel [Praes.], s. Olearius, Johann Friedrich: De provisione militari.

— opera omnia XVI Tomi, c. repertorio seu indice operum. Fol. Ulm 744—55. (Stettin). 36 ℛ

— Opera praestantiora. 4 Vol. fol. Halae, Waisenh. Buchh. 746. 47. (I. II. 3 Rthlr. 8 gr. III. IV. 3 Rthlr. 8 gr.)

Stryk, Samuel [Praes.], s. Pfeiffer, Christian Ferdinand: De vitiis rerum venalium.

Stryk, Samuel [Praes.], s. Ponath, Joachim Christian: Resolutiones casuum in Pomerania ventilatorum.

STRYCK, Sam.: Praelectiones Viadrinae de cautelis contractuum necessariis, exemplis contractuum declaratae et variis facultatis jurid. responsis illustratae. Praefat. de jurisprud. heurematica praemisit J. Gli. HEINECCIUS. Ed. nov. 4. (*Frkf. ad Viadr.* 689. *Vitemberg.* 722.) *Berolini*, Nicolai. (736.) 752. (21 Gr.)

Stryk, Samuel: Commentatio juridica de provisione militum. Von Unterhaltung der Militz. Ed. secunda. Halae Magdeb. 1738. 4°.

Stryk, Samuel [Praes.], s. Rayger, Ferdinand: De periculo petentis.

Stryk, Samuel [Praes.], s. Reichhelm, August Theodor: De imputatione facti alieni.

— de salute publica, v. d. gemeinen Wohlfahrt. 4. Frankf. und Leipz. 751.

Stryk, Samuel [Praes.], s. Schaff, Johann Samuel v.: De probatione pertinentiarum.

Stryk, Samuel [Praes.], s. Schaffshausen, Bartold Nikolaus: De jure assignationis inter mercatores.

Stryk, Samuel [Praes.], s. Schaffshaussen, Nikolaus Lukas: De mutatione et conservatione ultimarum voluntatum.

Stryk, Samuel [Praes.], s. Schilling, Johann Gottlieb: De jure furnorum.

— von vorsicht. Schließung d. Contracte. 4. Frankfurt. 727.

Stryk, Samuel [Praes.], s. Schmettau, Ernst: De transitu militum.

Stryk, Samuel [Praes.], s. Schmidt, Johann Philipp: De processibus abbreviandis per poenam mendacii.

Stryk, Samuel [Praes.], s. Schneider, Johann Friedemann: Solemnis disputatio juridica de morte loco jurisjurandi.

Stryk, Samuel [Praes.], s. Schober, Ernst Sigismund: De feudis ducatuum Silesiae Schwidnicensis et Jauravensis.

Stryk, Samuel [Praes.], s. Schottel, Philipp Ludwig: De diverso colonorum jure.

Stryk, Samuel [Praes.], s. Semler, Christoph: De probatione contra praestitum juramentum legale.

Stryk, Samuel [Praes.], s. Seyberth, Johann Philipp: De judicio principis juxta solam facti veritatem.

Stryk, Samuel [Praes.], s. Sillem, Garlieb: De obsequio judicis inferioris.

Stryk, Samuel [Praes.], s. Stavinski, David: De foro ministrorum principis.

Stryk, Samuel [Praes.], Steinberg, Friedrich Victor von: De hypotheca tacita in feudis Germaniae.

Stryk, Samuel [Praes.], s. Struve, Burkhard: De iure bibliothecarum.

Strykius, Sam.: Tractatus succinctus, de successione ab intestato, ex jure civili, feudali et statutario, praesertim Saxonico, Marchico, Lubecensi et Prutenico coll. Francofurti ad V. 1669.

— . . . ab intestato, in quo non tantum Ordinaria in Allodiis et Feudis succedendi ratio, sed et extraordinariae illae successiones . . . exhibentur. Ed. 5. 1719.

— Ed. 6. 1733.

STRYCK, Sam.: Tr. succinctus de successione ab intestato. *Frcf.* 669. — *Hal.* 733. 4. — Ed. nov. *Hal.*, Orphanotroph. 759. 4. (1 Thl. 12 Gr.)

STRYKIUS, Sam.: Gründliche Unterweisung von gerichtl. Klagen etc., ingleichen von der Verjährung der [illegible] *Berlin*. 71[illegible]. 4.

Stryk, Sam.: Specimen usus hodierni Pandectar. (690—92.) Vol. I. 1. ad libb. V. priores. Ed. III. *Hal.* 708. Ed. VI. 734. — 2. Ad libb. VI—XII. *Ib.* 708. Ed. VI. *Hal.* 729. Vol. II. ad libb. XIII—XXII. *Ib.* 710. Ed. V. *Ib.* 729. Vol. III. ad. libb. XXIII—XXXVIII. Vol. IV. ad libb. XXXIX—L. Ed. V. *Ib.* eod. — Ed. X. *Ib.* 746—80. (3 Thl. 22 Gr.)

Strykius, Sam.: Specimen usus moderni Pandectarum, in academia Francofurtana (Cont. 1. 2:) Fridericiana publicis disputationibus exhibitum, (Cont. 3. 4:) ed. a filio Jo. Sam. Strykio. Halae Magdeb. 3 Bde

[T. 1.] Specimen ad libros 5 priores. Ed. 6. 1723.
[„ 2.] Continuatio (1.) a libro 6—12. „ 5. 1723.
[„ 3.] - 2. - „ 13—22. „ 4. 1722.
[„ 4.] - 3. - „ 23—38. „ 4. 1723.
[„ 5.] - 4. „ „ 39—50. „ 4. 1723.

— 5 Bde

[T. 1.] Ed. 9. 1749. [T. 4.] Ed. 7. 1747.
[„ 2.] „ 8. 1749. [„ 5.] „ 7. 1746.
[„ 3.] „ 7. 1745.

— usus moderni Pandectarum specimen. 4. Halle ... Ed. X. 780. Waisenhaus-Buchhandl. 10 gl Cont. I. Ed. IX. 776. II. Ed. VIII. 775. III. Ed. VIII. 778. IV. Ed. VII. 746. (I. 10 gl, II. 12 gl, III. et IV. à 1 ℔ 12 gl) 3 ℔ 22 gl

Stryk, Samuel [Praes.], s. Veiel, Christian Ludwig: De jure substitutionum.

Stryk, Samuel [Praes.], s. Vilthuedt, Simon Ludwig: De autoritate rei judicatae contra tertium.

Stryk, Samuel [Praes.], s. Wagner, Andreas: De remediis causae vulneratae propter amissas in processu exceptiones.

Stryk, Samuel [Praes.], s. Wahl, Karl Ludwig: De iure praefationum.

Stryk, Samuel [Praes.], s. Wehse, Abraham Christian: De prohibitis testari.

Stryk, Samuel [Praes.], s. Wendler, Johann Wilhelm: De gravamine legitimae.

Stryk, Wilh. v., **das Wappen der Stadt Riga. 22×33 cm.** Farbdr. Riga (**Marstallstr. 1) 901. F. Deutsch. n.n. 3.—**

Stryowski-Baedeker, Frau Clara, Beiträge zur Reform der Frauenkleidung, s.: **Gummert**, Ludw.

Strzelczyk, Frz., Knospen. Lyrische Gedichte. **(XI, 170 S.) 8 Dresden 906.** E. Pierson. **n. 2. 50; geb. n. 3. 50**

Strzelecki, Dr. Felix Ritter von, Theorie der Schwingungs-Curven, denen zwei elementare Schwingungen zu Grunde liegen. Vorgelegt in der Sitzung des technischen Vereins in Lemberg den 4. Mai 1867. 8. (102 S.) Lemberg, Wild in Comm. 1867 1 fl.

Strzelecki, Felix Ritter v., Theorie der Schwingungscurven. Lex.-8. (119 S.) Wien 872, (Gerold's Sohn.) *

Aus: Sitzungsberichte der k. Akademie der Wissenschaften, besonders abgedruckt.

STRZELECKI, Heinrich: Über den Genauigkeitsgrad bei Berechnung des Normalvorrathes mit Hilfe des Haubarkeits-Durchschnittszuwachses. Studie. - Lemberg 1883. 26 S., 1 Tab., 1 Taf.

Strzelecki, St. v., **Instruction vom J. 1861 für das Exerziren und Manoeuvriren der französischen Infanterie. Nach dem französischen Reglement im Auszuge deutsch bearb. br. 8. (121 S. mit 1 Stnt. in Fol.) Lemberg (861) 62. (Wien, Gerold's Sohn.)** *

Strzelecki, St. v., Instruction vom Jahre 1861 für das Exerziren u. Manoeuvriren der französischen Infanterie. Nach dem französ. Reglement im Auszuge deutsch bearb. Lemberg 862. (Wien, Gerold.) gr. 16. (121 S. u. 1 lith. Taf. in Fol.) n. 20 ngr

Musikalische Antworten. Humorist. Duett ... Text u. Musik v. B. **Strzelewicz**, Direkt. d. Gesellsch. 'Vorwärts'. Pankow-Berlin: A. Hoffmann [1895?]. (4 Bl.) 1 Bd 4⁰
= Vorwärts. Ser. I. No 10.

Der Befähigungsnachweis. Soloscene v. B. **Strzelewicz** ... Berlin: A. Hoffmann [1895?]. (3 Bl.) 1 Bd 4⁰
= Vorwärts. Ser. I. No 8.

Deutschlands Bild. Satyrisches Kouplet. Text u. Musik v. B. **Strzelewicz**. Pankow-Berlin: A. Hoffmann [1895]. (3 S., 1 Bl.) 1 Bd 4⁰
= Vorwärts. Ser. I. No 3.

Darum immer drauf und drunter, 'n echter Roter geht nicht unter. Polit. Kouplet. Text u. Musik v. B. **Strzelewicz**. Pankow-Berlin: A. Hoffmann [1895?]. (4 Bl.) 1 Bd 4⁰
= Vorwärts. Ser. II. No 1.

Das ist der Liebe Zaubergewalt. Duett '(aus Ravachol')' ... Text u. Musik v. B. **Strzelewicz**, Direkt. d. Gesellsch. 'Vorwärts'. Pankow-Berlin: A. Hoffmann [1895?]. (3 S., 2 Bl.) 1 Bd 4⁰
= Vorwärts. Ser. II. No 7.

Das lässt tief blicken. Satyr. Kouplet. Text u. Musik v. B. **Strzelewicz**. Pankow-Berlin: A. Hoffmann [1895?]. (3 Bl.) 1 Bd 4⁰
= Vorwärts. Ser. I. No 9.

Die Drückeberger. Humorist. Duett. Text u. Musik v. B. **Strzelewicz** ... Pankow-Berlin: A. Hoffmann [1895?]. (3 S., 2 Bl.) 1 Bd 4⁰
= Vorwärts. Ser. II. No 4.

Der Fortschritt unserer Zeit. Couplet v. B. **Strzelewicz**. Berlin: A. Hoffmann [1895?]. (3 Bl.) 1 Bd 4⁰
= Vorwärts. Ser. IV. No 8.

Die sociale Frage. Duett v. B. **Strzelewicz** ... Berlin: A. Hoffmann [1895?]. (3 Bl.) 1 Bd 4⁰
= Vorwärts. Ser. IV. No 10.

Die zehn Gebote. Couplet v. B. **Strzelewicz** ... *Berlin: A. Hoffmann [1895?].* (3 Bl.) 1 Bd 4.
= **Vorwärts.** Ser. IV. No 9. [96. 3073

Gruss an den ersten Mai. Lied f. e. Singstimme ... Text u. Musik v. B. **Strzelewicz,** Direkt. d. Gesellsch. 'Vorwärts'. *Pankow-Berlin: A. Hoffmann [1895?].* 2 Bl. 4.
= **Vorwärts.** Ser. I. No 5. [96. 3074

Herr v. Hammerhahn und v. Lieberstein, Lieutenants a. D. Zwei Edelste der Nation. '(Gegenwartstypen.)' Duett f. zwei Herren. Text u. Musik v. B. **Strzelewicz.** *Berlin: A. Hoffmann [1895?].* (3 S., 1 Bl.) 1 Bd 4.
= **Vorwärts.** Ser. II. No 10. [96. 3075

Ich habe Ewald nie geseh'n! Text u. Musik v. B. **Strzelewicz,** Direkt. d. Gesellsch. 'Vorwärts'. *Pankow-Berlin: A. Hoffmann [1895].* 2 Bl. 4.
= **Vorwärts.** Ser. I. No 4. [96. 3076

Ihr Frauen aufgewacht. Text u. Musik v. B. **Strzelewicz** ... *Berlin: A. Hoffmann [1895?].* 2 Bl. 4.
= **Vorwärts.** Ser. IV. No 3. [96. 3077

Zwei Kinder vom Lande. Humorist. Scene u. Duett. Musik v. B. **Strzelewicz** ... *Berlin: A. Hoffmann [1895].* (3 S., 1 Bl.) 1 Bd 4. [96. 3078

Verschiedene Kopfbedeckungen. Kouplet '(satyrisch)' ... Text u. Musik v. B. **Strzelewicz,** Direkt. d. Gesellsch. 'Vorwärts'. *Pankow-Berlin: A. Hoffmann [1895?].* 2 Bl. 4.
= **Vorwärts.** Ser. II. No 3. [96. 3079

Auf dem Maskenballe. Humorist. Scene u. Duett v. B. **Strzelewicz** ... *Berlin: A. Hoffmann [1895].* (3, 2 S.) 1 Bd 4. [96. 3080

Der philosophische **Maurer**. Text u. Musik v. B. **Strzelowicz** ... *Berlin: A. Hoffmann [1895?]*. (3 S., 1 Bl.) 1 Bd 4.
= **Vorwärts**. Ser. IV. No 2. [96. 3081

Das **Proletariermädchen**. Lied f. Sopran ... Text u. Musik v. B. **Strzelowicz**, Direkt. d. Gesellsch. 'Vorwärts'. *Pankow-Berlin: A. Hoffmann [1895?]*. (5 S.) 1 Bd 4.
= **Vorwärts**. Ser. I. No 7. [96. 3082

Runge und sein **Junge**. Duett v. B. **Strzelowicz** ... *Berlin: A. Hoffmann [1895?]*. (4 S., 2 Bl.) 1 Bd 4.
= **Vorwärts**. Ser. II. No 8. [96. 3083

[F. u. Ant.] Unter uns **gesagt**. Komisches Kouplet. Text u. Musik v. B. **Strzelowicz**. *Pankow-Berlin: A. Hoffmann [1895?]*. 2 Bl. 4.
= **Vorwärts**. Ser. II. No 2. [96. 3084

Strzelewicz, B., Vorträge rc., s.: Heise, R.

Wer ist **schuld**? Humorist. Scene. Text u. Musik v. B. **Strzelowicz**. *Berlin: A. Hoffmann [1895?]*. (3 S., 2 Bl.) 1 Bd 4.
= **Vorwärts**. Ser. II. No 5. [96. 3085

[F. u. Ant.] Moderne **Zivilisation**. Scharf politisches Kouplet aus 'Ravachol' v. Paul Gent. Musik v. B. **Strzelowicz**. *Pankow-Berlin: A. Hoffmann [1895]*. 2 Bl. 4.
= **Vorwärts**. Ser. II. No 6. [96. 3086

[Ant. u. F.] Der **Zukunftsstaat**. Scharf politisches Kouplet. Text u. Musik v. B. **Strzelewicz**, Direkt. d. Gesellsch. 'Vorwärts'. *Pankow-Berlin: A. Hoffmann [1895?]*. 2 Bl. 4.
= **Vorwärts**. Ser. I. No 6. [96. 3087

STRZEMCHA: Allgemeine Forstbeschreibung der Erzherzoglich Albrecht' schen Domainen-Kammer Teschen. - Teschen 1873. 12 S., 4 Tab. u. Taf.

Strzemcha, Paul, s. a.: Kirsch, Paul.

Strzemcha, Paul, deutsche Dichtung in Oesterreich im XIX. Jahrh. Blumenlese, für Schulzwecke ausgewählt. (256 S.) 12. Wien 903. F. Tempsky. — Leipzig, G. Freytag. Geb. n. 2. —

Strzemcha, Paul, Geschichte, Geographie u. Statistik der österreich-ungarischen Monarchie. Für die Zwecke der Schule bearb. gr. 8. (IV, 127 S.) Brünn 883. Knauthe. n. 1. 20

— Geschichte der deutschen National-Literatur. Zum Gebrauche an höheren Lehranstalten u. zum Selbstunterricht. gr. 8. (VI, 127 S.) Ebend. 877. n. 1. 60

— dasselbe. 2., umgearb. Aufl. gr. 8. (VIII, 159 S.) Ebend. 879. n. 1. 80

Strzemcha, Paul, Geschichte der deutschen National-Literatur. Zum Gebrauche an Schulen und zum Selbst-Unterrichte bearb. 3. verb. Aufl. gr. 8. (VI, 202 S.) Brünn 883, Knauthe. *

Strzemcha, Paul, Geschichte der deutschen National-Literatur. Zum Gebrauche an österreichischen Schulen und zum Selbst-Unterrichte bearb. 4. verb. Aufl. gr. 8. (VI, 202 S.) Brünn 888, Knauthe. *

Strzemcha, Paul, Geschichte ier deutschen National-Litteratur. Zum Schulgebrauche u. zum Selbst-Unterrichte bearb. 5. Aufl. gr. 8. (VI, 202 S.) Brünn 892. R. Knauthe. n. 1. 80; geb. in Leinw. n.n. 2. 20

Strzemcha, Paul, Geschichte der deutschen National-Literatur. Zum Gebrauche an österreichischen Schulen und zum Selbst-Unterrichte bearbeitet. 6. Auflage. Gr 8. (IV, 210 S.) In Lnwd. geb.
Wien: Deuticke 1897 1.20

— Geschichte der deutschen National-Literatur. Zum Gebrauche an österreich. Schulen u. zum Selbst-Unterrichte bearb. 7. Aufl. (IV, 221 S.) 8. Wien 904. F. Deuticke. Geb. in Leinw. n. 2. 10

— Geschichte der deutschen Nationalliteratur, 8. Aufl., s.: Ginzel, Ferd., Leitfaden f. den deutschen Unterricht auf der Oberstufe der österreichischen Mittelschulen.

—— Robert Hamerling, s. Publikationen des deutschen Clubs in Brünn.

Strzemcha, Paul, drei Jahrhunderte mähr. Geschichte, s.: Vorträge, geh. im mähr. Gewerbe-Museum.

Strzemcha Paul: Dr. Franz Mathon. †. (2). Brünn L. R. ? **Progr.**

Strzemcha, Paul, kleine Poetik. Ein Leitfaden zur Einführung in das Studium der deutschen Literatur, für Schulen und für Freunde der Dichtkunst bearb. gr. 8. (93 S.) Brünn 880, Knauthe. *

—— kleine Poetik. Ein Leitfaden zur Einführung in das Studium der deutschen Literatur für Schulen. 2. verb. Aufl. gr. 8. (94 S.) Ebendas. 888. *

— kleine Poetik. Ein Leitfaden zur Einführung in das Studium der deutschen Literatur f. Schulen. 3., verb. Aufl. (99 S.) 8. Ebd. 906. Kart. n. 1. —

Strzemcha Paul: Das Sonett. (8). Brünn L. R. 04. **Progr.**

Strzybny, Johannes, Referendar: Das W e s e n des Baugeldervertrages. Borna-Leipzig 1909: Noske. VIII, 40 S. 8°
Breslau, Jur. Diss. v. 9. Dez. 1909, Ref. Leonhard, Meyer.
[Geb. 8. Febr. 84 Janowitz, Kr. Ratibor; Wohnort: Öls; Staatsangeh.: Preußen; Vorbildung: Gymn. Beuthen Reife O. 04; Studium: Breslau 8 S.; Rig. 2. Juli 08.] [U 10.543

Strzybny, Stephan, Die Kapläne der Breslauer Diöcese u. ihr ehemaliger Amtsgenosse. Ein Wort zur nähern Verständigung. Regensb., Manz (jetzt Verlagsanst.), 1845, gr. 8°, 50 Pf.

Strzybny, Stephan, das Concil zu Markt-Borau in Schlesien, gehalten d. 14. Januar 1844. Oder der schlesische Convertit u. sein Gegner, der Pastor Handel. gr. 8. Gleiwitz 844, Landsberger. n. 1/2 ℳ

Strzygowski, Josef

Strzygowski, J., Die Akropolis in altbyzant. Zeit. S.-A. 1889. 25 S. m. 9 Fig.

Strzygowski, Jos., Amida, s.: Berchem, Max van.

Strzygowski, Jos., der Bilderkreis des griech. Physiologus, des Kosmas Indikopleustes u. Oktateuch, s. a. Archiv, byzantinisches. 2.

Der B i l d e r k r e i s des griechischen Physiologus, des Kosmas Indikopleustes und Oktateuch. Nach Hs. d. Bibliothek zu Smyrna bearb. von Josef **Strzygowski**. Mit 40 Lichtdr.-Taf. u. 3. Abb. im Texte. Leipzig: B. G. Teubner 1899. (VIII, 130 S.) 8°
= Archiv, Byzantinisches. H. 2.

—— s. **Botticelli**, S., Zeichnungen zu Dante's Göttlicher Komödie.

—— **Cimabue und Rom. Funde und Forschungen zur Kunstgeschichte und zur Topographie der Stadt Rom. Mit Unterstützung der kaiserl. Akademie der Wissenschaften in Wien. gr. 8. (VII, 212 S. mit 7 Taf. und 4 Abbild. im Texte.) Wien 888, Hölder. ***

Strzygowski, Jos., s.: Denkmäler, byzantinische.

Strzygowski, Jos., byzantinische Denkmäler. I. II. gr. 4. Wien, (Gerold & Co.). n.n. 33. —
I. Das Etschmiadzin-Evangeliar. Beiträge zur Geschichte der armen., ravennat. u. syro-ägypt. Kunst. Mit 18 Illustr. im Text u. 8 Doppeltaf. (in Lichtdr.). (VIII, 127 S.) 891. n.n. 13. —
II. Die byzantinischen Wasserbehälter in Konstantinopel. Beiträge zur Geschichte der byzantin. Baukunst u. zur Topographie v. Konstantinopel v. Phpp. Forchheimer u. Jos. Strzygowski. Mit 152 Aufnahmen in 40 Tafelgruppen u. 81 Textillustr. Mit Unterstützg. des k. k. Ministeriums f. Cultus u. Unterricht. (VII, 270 S.) 893. n. 20. —

— der Dom zu Aachen u. seine Entstellung. Ein kunstwissenschaftl. Protest. (VII, 100 S. m. 44 Abbildgn. u. 2 Lichtdr.-Taf.) gr. 8. Leipzig 904. J. C. Hinrichs' Verl. n. 1. —; erhöht. Pr. 5. —

Strzygowski, Jos., Iconographie der Taufe Christi. Ein Beitrag zur Entwicklungsgeschichte der christl. Kunst. Mit 169 Skizzen auf 22 (autogr.) Taf. hoch 4. (VII, 76 S.) München 885. Literar.-artist. Anstalt. n. 12. —

Strzygowski, Jos. Die Iconographie der Taufe Christi. gr. 4. Münch. 885, Bassermann. * 12 —

Strzygowski, Jos., die Calenderbilder des Chronographen vom J. 354, s. Jahrbuch des kaiserl. deutschen archäologischen Instituts, 1. Ergänzungsheft.

— Kleinasien. Ein Neuland der Kunstgeschichte. Kirchenaufnahmen v. J. W. Crowfoot u. J. I. Smirnov. Unter Benutzg. einiger Ergebnisse der Expedition nach der asiat. Türkei des kais. Legationsrates Dr. Max Freiherrn v. Oppenheim, der isaur. Expedition der Gesellschaft zur Förderung deutscher Wissenschaft, Kunst u. Literatur in Böhmen, Beiträgen v. Bruno Keil, Otto Puchstein, Adf. Wilhelm u. a. (VIII, 245 S. m. 162 Abbildgn.) gr. 4. Leipzig 903. J. C. Hinrichs' Verl. Geb. in Leinw. n. 28. —

— Die bildende Kunst der Gegenwart. Ein Büchlein f. jedermann. (XVI, 279 S. m. Abbildgn.) 8. Leipzig 907. Quelle & Meyer. 4. —; geb. in Leinw. 4. 80

Strzygowksi, Jos., hellenistische u. koptische Kunst in Alexandria. Nach Funden aus Aegypten u. der Elfenbeinreliefs der Domkanzel zu Aachen vorgeführt. (XI, 99 S. m. 69 Abbildgn. u. 3 Taf.) gr. 8. Vienne 902. (Leipzig, Buchh. G. Fock.) n.n. 4. —
Sonderabdr. aus: „Bulletin de la soc. archéol. d'Alexandrie".

— koptische Kunst, s.a. Catalogue général des antiquités égyptiennes du musée du Caire. XII.

Koptische Kunst von Josef Strzygowski. *Vienne 1904: A. Holzhausen.* (XXIV, 362 S.) 4°
— Catalogue général d. antiquités égypt. du mus. du Caire. Vol. 12. [illegible]

Strzygowski Josef: Die Miniaturen des serbischen Psalters der königlichen Hof- und Staatsbibliothek in München. Nach einer Belgrader Kopie ergänzt und im Zusammenhang mit der syrischen Bilderredaktion des Psalters untersucht. Mit einer Einleitung von dem wirklichen Mitgliede Vatroslav Ritter von Jagic (mit 1 Taf. in Farben-, 61 in Lichtdruck und 43 Abbildungen im Texte). D 52/2.
Separatabdruck

Die Miniaturen des serbischen Psalters der Kgl. Hof- und Staatsbibliothek in München. Nach e. Belgrader Kopie erg. u. im Zusammenhange mit d. syr. Bilderredaktion d. Psalters untersucht von Josef **Strzygowski.** Mit e. Einl. von V(atroslav) Jagić. Mit 1 Taf. in Farben-, 61 in Lichtdr. u. 43 Abb. Wien: A. Hölder in Komm. 1906. (LXXXVII, 139 S.) 4°
= **Denkschriften** d. Kais. Akad. d. Wiss. in Wien. Phil.-hist. Kl. Bd 52, 2.
[06. 6995 4

Strzygowski, J. v., Das Berliner Moses-Relief u. die Thüren von St. Sabina in Rom. S.-A. 1893. 17 S. m. 5 Abb. Fol. 1.—

— Orient od. Rom. Beiträge zur Geschichte der spätantiken u. frühchristl. Kunst. Mit 9 Taf. u. 53 Abb. im Texte u. a. nach Aufnahmen der Palmyra-Expedition Sobernheim. gr. 4. (VII, 159 S.) Leipzig 901. J. C. Hinrichs' Verl. In Halbleinw. kart. n. 17. —

— eine alexandrinische Weltchronik, s.a. Bauer, Adf.

Strzygowski Josef und Bauer Adolf, Dr.: Eine alexandrinische Weltchronik. Text und Miniaturen eines griechischen Papyrus der Sammlung W. Goleniscev (mit 8 Doppeltaf. und 36 Abbildungen im Texte). D 51/2.
Separatabdruck

Strzygowski, Jos., d. Werden d. Barock bei Raphael u. Correggio, nebst e. Anh. üb. Rembrandt. M. 3 Taf. in Zinkdr. gr. 8. (140 S.) Strassburg 898. J. H. E. Heitz. Geb. in Leinw. n. 6. —

Strzyzowski, Kasimir

Strzyzowski, Casimir [de Vienne]: Physiologisch-toxikologische Studien. Zürich 1899. 91 p. 8°.
Lausanne. Thèse sc. 1898/99.

Strzyżowski, Stanislaus v.: Der Niessbrauch an Aktien. Posen 1918: Kapela. 52 S. 8°
Greifswald, R.- u. staatswiss. Diss. v. 21. Jan. 1919, Ref. Frommhold
(Nur in beschränkter Anzahl für den Austausch)
[Geb. 14. Nov. 94 Bojanice, Prov. Posen; Wohnort: Posen; Staatsangeh.: Preußen; Vorbildung: Friedrich-Wilhelms-G. Posen Reife 14; Studium: Berlin 5, Göttingen 2, Greifswald 1 S.; Rig. 27. Juli 18.] [U 19. 562

Stscherbakow, Victor, a. Tomsk in Rußland: Zur Frage von den Nervenganglien in der Gebärmutterwand. Berlin (1906): E. Ebering. (20 S.) 8°
Berlin, Med. Fak., Ref. Bumm, Diss. v. 26. Mai 1906
[Geb. 4. Jan. 77 Tulun, Rußland; Wohnort: Tomsk; Staatsangeh.: Rußland; Vorbildung: Gymn. Irkutsk Reife O. 96; Studium: Tomsk 1, Berlin 2, Tomsk 7. Berlin 1 S.; Rig. 13. Mai 06.]

Stscherbatschew, G. D., Russlands jetzige Lage. (In russ. Sprache.) 8. (54 S.) Berlin 882. Behr's Verl. n. 1. —

Stscherbatsky, P. J., s.: Nyāyabindutikātippaṇi.

Stua, G. B., manuale di corrispondenza commerciale teorica-pratica ad uso delle scuole commerciali e delle persone addette al commercio. 2 voll. (VII, 512 u. VII, 435 S.) 8. Görz 907. G. Paternolli. 10. —

Stua, J. B., A-B-C der Waarenkunde, s.: Parth, J. C., A-B-C der Handelswissenschaften.

Stuart, d. Miß Henriette. Gesch. 2 Thle. 8. Bresl. W. G. Korn. 791.

Stuart, Maria, s. Maria.

Stuart, Maria, nach d. berühmten Originalgemälde in d. Bodleyan-Gallerie zu Oxford. In Stahl gest. v. Ed. Schuler. (½ Roy.-Fol.) Mit e. histor. Texte. Roy.-Fol. (1½ B.) Stuttgart 838, S. G. Liesching.

— Maria, Königin v. Schottland; e. romantisches Gemälde in 3 Bdn. v. Muller. 8. Hamb. Vollmer.

Stuart, Marie, und Marie Antoinette in d. Unterwelt. 8. Ulm, Stettin. 793.

Stuart, Marie, u. Marie Antoinette in der Unterwelt, (v. J. F. Baum). 8. Ulm 794. Stettin. 16 gl.

Stuart, Robert, u. Miß Nelson. 1r Bd. 8. Leipz. 802. Sommer. (Nauck). 1 rß

Stuart, Apologie du Sentiment de Newton sur l'ancienne chronologie des Grecs. 4. Francf. Varrentrapp. 759.

Stuart, A.: Über die Flimmerbewegung. Dorpat 1867. 45 S. Mit 1 Tafel.
Schul-/Univ.-Schrift

Stuart (Alex), Ueber Coscinosphaera ciliosa, eine neue Radiolarie (Dissert.). Leipzig 1866. 8.

Stuart, C. F., Nachtschatten. Gedichte. Fragmente. Tagebuchblätter eines Sonderlings. 8. (X, 196 S.) Minden 884, Bruns' Verlag. *

Stuart, Cäsar, Graf Lothar. Dramatische Dichtg. in 3 Akten. 8. (VII, 136 S.) Leipzig 886. Wartig's Verl. n. 2. —; geb. n. 3. —

Stuart, Elisab., Königin v. Böhmen, Briefe an ihren Sohn, den Kurfürsten Carl Ludwig v. der Pfalz, hrsg. v. Anna Wendland, s.: Bibliothek des litterar. Vereins in Stuttgart. 228.

Stuart, Gilbert

— histor. Abhdl. v. d. Alterthum d. engl. Staatsverfassung. 8. Lübeck, Donatius. (Niemann und R.) 779.

— Abriß des gesellschaftl. Zustandes in Europa ꝛc.; aus d. Engl. mit Anmerkk. (von Chr. Fr. v. Blankenburg). gr. 8. Leipz. 779. Weidmann. 20 gl.

Stuart, G. Geschichte der Reformation in Schottland; a. d. Engl. Altenburg 1786. Ü: *Brunn, Leopold Ludwig Wilhelm.* (AarK) (MGT) (Ky)

Stuart, Gilb., Geschichte der Reformation in Schottland; aus d. Engl. (von L. Ldw. W. Brunn). gr. 8. Altenb. 786. (Schnuphase); (a. Hennings in Neisse). 20 gl

— View of society in Europe in its progress from Rudeness to Refinement. gr. 8. Bas. Thourneisen. (Flick.)(Tourneisen S. Paris, et Levrault, Strasb.) 797.

Stuart, James

Stuart u. Revett, Alterthümer zu Athen, s. Denkmäler d. Baukunst u. Bildnerei d. Orients ꝛc.

Stuart, J., und N. Revett, die Alterthümer v. Athen, beschrieben. A. d. Engl. nach d. Londoner Ausg. v. J. 1762 u. 1787 u. bereichert mit einigen eigenen u. allen Zusätzen d. neuen Ausg. v. J. 1825. 1. u. 2. Bd. gr. 8. Darmstadt, Leske. [1. Uebers. v. Fr. Creuzer, hrsg. v. K. Wagner. (36 B.) 829. 3 Thlr. 8 Gr., 2. Uebers. v. Fr. Osann, mit Nachträgen v. dems. u. C. O. Müller. (45 B. u. 1 Kpfrt.) 831. 4 Thlr.]

Stuart, J., und N. Revett, die Alterthümer von Athen, beschrieben. 3r oder Ergänzungsband. A. u. d. T.: Alterthümer von Athen u. a. Orten Griechenlands, Siciliens u. Kleinasiens, gemessen u. erläutert von C. R. Cockerell, W. Kinnard, T. L. Donaldson, W. Jenkins, W. Railton. Aus d. Engl. übersetzt nach der Londoner Ausgabe vom J. 1830, u. mit einigen Anmerkk. begleitet v. Karl Wagner. gr. 8. Darmstadt 833. Leske. n. 2 rß (Alle 3 Bde. n. 9 1/3 rß) (Vergl. Denkmäler der Baukunst ꝛc. Thl. II. S. 29.)

Stuart und Revett, Alterthümer v. Athen, nebst and. Monumenten Griechenlands. N. d. engl. Orig.-Ausg. deutsch bearb. u. mit genauen Verkleinerungen d. engl. Orig.-Platten vers. v. Leo Bergmann. 12. (9 2/3 B. u. 84 Stnt.) Weimar 838, Voigt.

Stuart, John A., der Staatsminister, s.: Fehsenfeld's Romansammlung. I. 15. 16.

Stuart, Louis, s. Blum, Ernst: Memoires der Rigolboche.

Stuart, M. Elisabeth, Lord Dacre von Gilsland. Aus dem Engl. von B. F. L. Petri. 3 Thle. 8. Braunschweig 845, Leibrock. 3 3/4 rß

Stuart, Maria

— — Liebesbriefe der Königin Maria von Schottland an Jakob Carl von Bothwell, nebst ihren Liebessonnetten, Ehekontrakten und andern Urkunden. Aus d. Engl. des Hugh Campbell (übersetzt von Karl Ludw. Methusalem Müller). 2 Thle. Mit dem Brustbilde der Königin. Leipzig 1825. 8°. (1 fl. 20 kr. östr. Wallishausser, Wien; jetzt höher!)

Orig.: Love letter's of Mary, queen of Scots and the earl (James) of Bothwell, edit. by Hugh Campbell. London 1825. 8°.

— — Dasselbe. 2 Thle. Ebd. 1842. 8°. 192 u. 284 S. (8 Mk. H. Streisand, 1908.)

Stuart, Martin

Stuart, M., römische Geschichte, a. d. Holländ. v. F. Gall. 4 Thle. gr. 8. Düsseldorf, Dänzer. 796 — 803. (I. II. à 1 Rthlr. 12 gr. III. IV. à 1 Rthlr. 8 gr.)

Stuart, Martinus. Römische Geschichte. 3. Theil. A. d. Holländ. Düsseldorf 1802. Ü: *Beckhaus, Moriz Johann Heinrich.* (Ji)

Stuart, Mart., röm. Geschichte; aus d. Holländisch. von F. Gall. 5 Thle. gr. 8. Düsseld. 796 — 811. Dänzer. (Barth in Leipz.) 7 rß

— Romeinsche Geschiedenissen. Nieuwe Uitgave in 20 Deelen. Mit Platen en Kaarten. 1te Deel. Mit 8 Kpf. u. 1 Karte. 8. Amsterd. 830. (Leipz., Centr.-Compt.) 2 rß

— der Mensch wie er erscheint ꝛc., od. Darstell. aller Völker der bekannten Erde; aus d. Holländ. Mit e. Vorrede u. Anmerkk. von L. F. Froriep. 3 Thle, à 2 Bde. Mit Kpf. gr. 8. Crefeld 806—810. ter Meer. 9 rß 16 gl

Stuart, Peter (Danzig) A. S. 1406/11

Dissertatio chirurgico-medica inauguralis sistens secundinas salutiferas aeque ac nocivas. Strassburg (Kürsner) 9. VIII. 1736. 67 S.
33960

Stuart-Mill, J., Grundsätze der polit. Oekonomie nebst einigen Anwendungen auf die Gesellschaftswissenschaft. Aus dem Engl. übersetzt und mit Zusätzen versehen von A. Soetbeer. Hamburg 1852. 2 Bde. 8°.

— — Gesammelte Werke. Autorisirte Uebersetzung unter Redaction von Dr. Th. Gomperz. Leipzig 1869—75. Bd. 1—11. kl. 8°.

Stuart-Phelps, heimgebracht, s.: Hausfreund, Hamburger.

Stuart-Phelps, Elisab., s.: Phelps, Elisab. Stuart.

Stubai [Schlagwort]

Stubai, s.: Oetzthal.

Stubai [Sachliches OW]

Stubei. Thal u. Gebirg, Land u. Leute. Mit 306 Abbildgn. u. 3 Karten. Hrsg. durch die Gesellschaft v. Freunden d. Stubeithals. Lex.-8. (XX, 742 S.) Lpz. 891, Duncker u. Humblot.
geb. in Leinw. * 36 —; Prachtausg. in Ganzldr. geb. * 46 —

Stubaibahn, Die. [Innsbruck 1905.] V: *Platter, Josef Calasanz.* (Margr)

Stubaibahn, die. (24 S. m. z. Tl. farb. Abbildgn.) qu. kl. 8. Innsbruck (905). (Deutsche Buchdruckerei.) n. — 60

Stubaier Alpen [Schlagwort]

Stubaier Alpen, s.: Alpen. Artaria.

Stubaier Alpen, s.: Alpen, Detailkarten, Waltenberger, A.

Stubaier-Gruppe [Schlagwort]

Stubaier-Gruppe, s.: Tirol. Thöni.

Stubaierlied. [Innsbruck 1895.] V: *Wallnöfer, Josef.* (Margr)

Stubba, A., Anweisung u. Aufgaben zu Raumrechnungen für Elementar- u. Nachhülfeschulen. 3., nach dem metr. Maaß u. Gewicht umgearb. Aufl. Leipzig 870. Kummer. 8. (36 S.) 2½ ngr.

— — Facitbüchlein dazu. Ebend. 870. 8. (8 S.) 2½ ngr.

Stubba, A., Anweisung u. Angaben zu Raumrechnungen f. Elementar- u. Nachhülfeschulen. 4. nach der Reichsmünze bearb. Aufl. (36 S.) Leipzig 874. Kummer. — 25

— dasselbe. Facit-Büchlein. 3. nach dem metr. Maaß u. Gewicht umgearb. Aufl. 8. (8 S.) Ebend. 874. — 25

— Anweisung für den Rechenunterricht in Elementarschulen. 1. Bd. 1. 2. Liefg. u. 2. Bd. 1. Liefg. 1. Bd. 1. Liefg. Die 4 Species in unbenannten Zahlen. 2. Liefg. Die 4 Species in benannten Zahlen. 2. Bd. 1. Liefg. Die Bruchrechnungen. Mit 1 Tab. gr. 8. Bunzlau 846. (Leipzig, Kummer.) I. n. 5/12 ₰ II. n. 2/3 ₰

— dass. 2. Thls. 2. u. letzte Liefg. Die einfache u. zusammengesetzte Regelbetri, Zins-, Gesellschafts- u. Mischungsrechnung. gr. 8. Ebend. 846. n. 5/12 ₰ (2 Thle. n. 1½ ₰)

Stubba, A., Anweisung für den Rechenunterricht in Schulen u. Schullehrer-Seminarien. Mit Berücksichtigung seiner Aufgaben zum Kopf- u. Zifferrechnen. 2 Thle. 3., verm. u. verb. Aufl. Mit 1 (lith.) Tab. (in 4.) Leipzig 864. Kummer. gr. 8. (XVI, 539 S.) 1 ₰ 27 ngr.

Stubba, A., Anweisung für den Rechenunterricht in Stadt- u. Landschulen. Mit Berücksichtigung seiner Aufgaben zum Zifferrechnen. 2. durch die Lehre v. den Decimalen, den Quadrat- u. Kubikwurzeln, erweit. Aufl. 2 Thle. gr. 8. 1. Thl.: Die 4 Species in unbenannten u. benannten ganzen Zahlen und Brüchen. Mit 1 Tabelle. (VIII u. 279 S.) 2. Thl.: Die einfache Regeldetri u. die darauf sich gründenden Rechnungen, auch die Decimalen, Quadrat- u. Kubikwurzeln. (IV u. 180 S.) Leipzig 850, Kummer. (1: n. 5/6 ₰ 2: n. 2/3 ₰) n. 1 1/2 ₰

Stubba, A., Anweisung f. den Rechenunterricht in Stadtschulen, Präparanden-Anstalten u. Schullehrer-Seminarien. Mit Berücksichtg. seiner Aufgaben zum Kopf- u. Zifferrechnen bearb. 4., nach dem neuen Münz-, Maaß- u. Gewichtssystem umgearb. Aufl. 1. u. 2. Thl. gr. 8. Leipzig 875. Kummer. 5. 70
1. Die 4 Species in unbenannten u. benannten ganzen Zahlen u. Brüchen. Mit e. Tab. (VIII, 278 S.) 3. —
2. Die einfache Regeldetri u. die darauf sich gründ. Rechngn., sowie die Decimalen, Quadrat- u. Kubikwurzeln, nebst e. Anh. üb. die Gleichgn. 1. Grades. (VIII, 261 S.) 2. 70

— die Arithmetik für die Gewerbetreibenden. Ein Hand- u. Hülfsbuch für Nachhülfeschulen u. Selbstunterricht. Ebend. 860. gr. 8. (VI, 112 S.) n. 12 ngr.

— Aufgaben für die rechnende Geometrie. Für die Oberklassen der Volksschulen u. gewerblichen Fortbildungsschulen zusammengestellt. 1. Heft. Aufgaben, welche durch vier Species bestritten werden können. Ebend. 863. gr. 8. (VII, 64 S.) 9 ngr.;
Facitbüchlein dazu (16 S.) 3 ngr.

—— Facitbüchlein dazu. 3 Hefte. gr. 8. (16, 11 und 10 S.) Ebendas. 863—67. à Heft 3 Ngr.

Stubba, A., Aufgaben für die rechnende Geometrie. Facitbüchlein dazu. 3 Hefte. Leipzig 866—67. Kummer. gr. 8. (16, 11 u. 10 S.) Jedes Heft 3 ngr.

— — Berechnungen der Aufgaben hierzu. (II.) 1. Aufl. 1866 u. 2., nach der Maaß- u. Gewichtsordnung des norddeutschen Bundes bearb. Aufl. Ebend. 870. gr. 8. (IV, 43 S. mit 19 in den Text gedr. Fig. in Holzschn.) 7½ ngr.

— — (III.) 1. Aufl. 1867. u. 2., nach der Maaß- u. Gewichtsordnung des norddeutschen Bundes bearb. Aufl. Ebend. 870. gr. 8. (IV, 63 S.) 6 ngr.

Stubba, A., Aufgaben für die rechnende Geometrie. Für die Oberklassen der Volksschulen u. gewerbl. Fortbildungsschulen zusammengestellt. 1. Hft.: Aufgaben, welche durch die 4 Species bestritten werden können. 3., v. G. Krause nach den neuesten Maß- u. Gewichtsbezeichnungen bearb. u. erweit. Aufl. gr. 8. (VIII, 64 S.) Leipzig 879. Kummer. — 90; Facit-Büchlein (15 S.) — 30

Stubba, A., Aufgaben f. die rechnende Geometrie. Für die Oberklassen der Volksschulen u. gewerbl. Fortbildungsschulen zusammengestellt. 1. Hft.: Aufgaben, welche durch die 4 Species bestritten werden können. 4., v. G. Krause nach den neuesten Maß- u. Gewichtsbezeichngn., als auch nach neuer Orthogr. bearb. Aufl. gr. 8. (VIII, 64 S.) Leipzig 884. Kummer. — 90

Stubba, A., Aufgaben für die rechnende Geometrie. Für d. Oberklassen gehob. Volksschulen, sow. f. gewerbl. u. militär. Fortbildungsanst. zusammengest. 1. Hft. 6., v. G. Krause bearb. u. rev. Aufl. gr. 8. (VIII, 72 S.) Leipzig 895. E. Kummer. — 90; Resultate (16 S.) — 30

Stubba, A., Aufgaben f. die rechnende Geometrie. Für die Oberklassen gehobener Volksschulen sowie f. gewerbl. u. militär. Fortbildungsanstalten zusammengestellt. 1. Hft.: Aufgaben, welche durch die vier Species bestritten werden können. 7., v. G. Krause bearb. u. rev. Aufl. (VIII, 72 S.) 8. Leipzig 905. E. Kummer. n. — 90

Stubba, A., Aufgaben zum Kopfrechnen für Schüler in Stadt- und Landschulen. 4 Hefte. 8. (72 S.) Leipzig 852, Kummer. à Heft 1¼ Ngr.
Inhalt:
Heft 1. Die vier Species in unbenannten Zahlen.
" 2. Die vier Species in benannten Zahlen.
" 3. Die Brüche.
" 4. Die Regeldetri.

Stubba, A., Aufgaben zum Kopfrechnen für Schüler in Stadt- u. Landschulen. 4 Hefte. 2. umgearb. u. nach dem neuesten Landesgewicht berichtigte Aufl. Leipzig 858. Kummer. 8. Jedes Heft (à 16 S.) 1¼ ngr.

— Facitbüchlein dazu. 4 Hefte. 2. u. 3. Aufl. Ebend. 856—58. 8. (20; 11; 15; 16 S.) Jedes Heft 2½ ngr.

—— Aufgaben zum Kopfrechnen für Schüler in Stadt- und Landschulen. 4 Hefte. 3., umgearb. und nach dem neuen Landesgewicht bericht. Aufl. 8. (à Heft 16 S.) Leipzig 865—67, Kummer. à Heft 1¼ Ngr.

Inhalt:

Heft 1. Die vier Species in unbenannten Zahlen.
" 2. Die vier Species in benannten Zahlen.
" 3. Die Brüche.
" 4. Die einfache Regeldetri.

—— Facitbüchlein dazu. 4 Hefte. 8. (à Heft ca. 16 S.) Ebendas. 864. à Heft 2½ Ngr.

Stubba, A., Aufgaben zum Kopfrechnen für Schüler in Stadt- und Landschulen. 4 Hefte. 4., nach der neuen Maaß- und Gewichts-Eintheilung bearb. Aufl. 1870, und 5. nach dem neuen Münzsystem bearb. Aufl. 16. Leipzig 874, Kummer. à Heft 13 Pf. *

Inhalt:

Heft 1. Die vier Species in unbenannten Zahlen. (16 S.)
" 2. Die vier Species in benannten Zahlen. (16 S.)
" 3. Die Brüche. (16 S.)
" 4. Die einfache und zusammengesetzte Regeldetri und Zinsrechnung. (16 S.)

—— dass. — Facitbüchlein. 4 Hefte. 5. Aufl. 16. (16; 12; 15; 16 S.) Ebendas. 874. à Heft 25 Pf.

—— dass. — Bearb. nach dem neuen Münzgesetz von 1873. 1.—6. Heft. 8. (à Heft 16 S.) Ebendas. 873—75. à Heft 13 Pf.

Inhalt:

Heft 1. Die vier Species in unbenannten Zahlen. 13.—19. Aufl. (190. Tausend.)
" 2. Die vier Species in benannten Zahlen. 12.—17. Aufl. (177. Tausend.)
" 3. Die gemeinen Brüche und Decimalen. 12.—16. Aufl. (167. Tausend.)
" 4. Die einfache Regeldetri. 8.—12. Aufl. (107. Tausend.)
" 5. Die zusammengesetzte Regeldetri und Zinsrechnung. 8. und 9. Aufl. (66. Tausend.)
" 6. Die Gesellschafts-, Mischungs- und Termin-Rechnung. 5. Aufl. (40. Tausend.)

—— dass. — Facit-Büchlein zum 1.—7. Heft. 8. (à Heft 8—16 S.) Ebendas. 875. à Heft 25 Pf.

—— dass. — 7. Heft: Die Decimalen, Quadrat- und Kubikwurzeln. 3. und 4. nach dem neuen Maaß-, Gewichts- und Münzsystem bearb. Aufl. 8. (31 S.) Leipzig 874, Kummer.

—— Aufgaben zum Kopfrechnen für Schüler in Stadt- und Landschulen. 4 Hefte. 6. nach dem neuen Münzsystem bearb. Aufl. 16. (à Heft 16 S.) Ebendas. 879. à Heft 13 Pf. *

Inhalt:

Heft 1. Die vier Species in unbenannten Zahlen.
" 2. Die vier Species in benannten Zahlen.
" 3. Die Brüche.
" 4. Die einfache und zusammengesetzte Regeldetri und Zinsrechnung.

—— dass. — Facit-Büchlein. 4 Hefte. 6. Aufl. 16. (16; 12; 15; 16 S.) Ebendas. 879. à Heft 25 Pf.

—— Aufgaben zu Raumrechnungen für Volks- und Nachhülfeschulen. 8. (18 S.) Leipzig 857, Kummer.

— Facit-Büchlein dazu. Ebend. 857. 8. (7 S.) 2½ ngr.

— Aufgaben zu Raumrechnungen für Volks- u. Nachhilfeschulen. 2., bericht. Aufl. Ebend. 868. 8. (18 S.) 1¼ ngr.; Facitbüchlein dazu 2½ ngr.

—— Aufgaben zum Zifferrechnen f. Schüler in Stadt- u. Landschulen. 1—3. Hft. 3. Aufl. 8. (2⅔ B.) Bunzlau 842, Appun's Buchh.

—— dass. 4. Hft.: Die einfache Regeldetri. 8. (1 B.) Ebds. 842.

—— dass. 5. Hft.: Die zusammengesetzte Regeldetri u. Zinsrechnung. 8. (1 B.) Ebds. 842.

—— Facit-Büchlein zum 1—3. Hfte. vorstehender Aufgaben. 3 Hfte. 8. (1⅓ B.) Ebds. 842.

—— dass. zum 4. Hefte dieser Aufgaben. 8. (6 Seiten.) Ebds. 842.

—— dass. zum 5. Hefte. 8. (½ B.) Ebds. 842.

—— dass. 6. Hft.: Die Gesellschafts- u. Mischungs-Rechnung. 8. (1 B.) Ebds. 843.

Stubba, A., Facit-Büchlein zu den Aufgaben zum Zifferrechnen. 2. und 3. Heft. 5. Aufl., 4. Heft. 4. Aufl. und 5. Heft. 3. Aufl. 8. (30 S.) Bunzlau 851—52, Appun's Buchh. à Heft 2½ Ngr. Thlr.

— Aufgaben zum Zifferrechnen für Schüler in Stadt- u Landschulen. 6 Hefte. Bunzlau 853—58. Appun. 8. Jedes Heft 1¼ ngr.

1. Heft: Die vier Species in unbenannten Zahlen. 12—23. (Stereot.-)Aufl. (18 S.)
2. Heft: Die vier Species in benannten Zahlen. 13—25. (Stereot.-) Aufl. (20 S.)
3. Heft: Die Brüche. 9—25. (Stereot.-)Aufl. (20 S.)
4. Heft: Die einfache Regeldetri. 11—18. (Stereot.-)Aufl. (16 S.)
5. Heft: Die zusammengesetzte Regeldetri u. Zinsrechnung. 4—9. Aufl. (16 S.)
6. Heft: Die Gesellschafts- u. Mischungs-Rechnung. 1—10. Aufl. (16 S.)

— Facit-Büchlein zum 1—6. Heft derselben. Ebend. 853—58. Jedes Heft 2½ ngr.

1. Heft. 6—10. Aufl. (16 S.) — 2. Heft. 6—11. Aufl. (12 S.) — 3. Heft. 6—10. Aufl. (16 S.) — 4. Heft. 5—10. Aufl. (8 S.) — 5. Heft. 4—10. Aufl. (8 S.) — 6. Heft. 3—10. Aufl. (16 S.)

—— dass. — Ein Uebungs- und Wiederholungsheft. 7. Heft: Die Decimalen, Quadrat- und Kubik-Wurzeln. 8. (30 S.) Leipzig 850, Kummer.

—— Facit-Büchlein zu dem 7. Heft der Aufgaben. 8. (12 S.) Ebds. 850.

—— Aufgaben zum Zifferrechnen für Schüler in Stadt- und Landschulen. 1—3. Heft. 18. Ster.-Aufl., 4. Heft. 13. Ster.-Aufl. und 5. und 6. Heft. 6. Aufl. 8. Bunzlau 855, Appun's Buchh. à Heft 1¼ Ngr.

Inhalt:

Heft 1. Die vier Species in unbenannten Zahlen. (18 S.)
" 2. Die vier Species in benannten Zahlen. (20 S.)
" 3. Die Brüche. (20 S.)
" 4. Die einfache Regeldetri. (16 S.)
" 5. Die zusammengesetzte Regeldetri und Zinsrechnung. (16 S.)
" 6. Die Gesellschafts- und Mischungs-Rechnung. (16 S.)

—— dass. — 1. und 2. Heft. 19. Aufl., 5. Heft. 7. Aufl. und 6. Heft. 6. Aufl. 8. Ebds. 856. à Heft 1¼ Ngr.

—— Facit-Büchlein dazu. 1. Heft. 6. Aufl., 2. Heft. 8. Aufl., 3. Heft. 10. Aufl., 4. Heft. 6. Aufl., 5. Heft. 7. Aufl., 6. Heft. 4. Aufl. und 7. Heft. 2. Aufl. 8. Ebds. 851. 55. à Heft 2½ Ngr.

—— Aufgaben zum Zifferrechnen für Schüler in Stadt- und Landschulen. 1—6. Heft. 8. (à Heft 16 S.) Bunzlau 857—61, Appun's Buchh. à Heft 1¼ Ngr.

Inhalt:

Heft 1. Die vier Species in unbenannten Zahlen. 21—29., gänzlich umgearb. und nach dem neuen Gewicht bericht. Aufl.
" 2. Die vier Species in benannten Zahlen. 21—29. Aufl.
" 3. Die Brüche. 20—27. Aufl.
" 4. Die einfache Regeldetri. 16—20. Aufl.
" 5. Die zusammengesetzte Regeldetri und Zinsrechnung. 9—11. Aufl.
" 6. Die Gesellschaftsrechnung. 10. Aufl.

—— Facit-Büchlein dazu. 8. (7 S.) Ebendas. 857.

—— Facit=Büchlein zum 1—6. Hefte. Gänzlich umgearb. und nach dem neuen Gewicht bericht. Aufl. 8. Ebendas. 858—61. [1. Heft. 10. Aufl. (16 S.) 2.*Heft. 9—11. Aufl. (12 S.) 3. Heft. 10. und 11. Aufl. (16 S.) 4. Heft. 7—11. Aufl. (8 S.) 5. Heft. 10. Aufl. (8 S.) 6. Heft. 10. Aufl. (16 S.) à Heft 2½ Ngr.]

— Aufgaben zum Zifferrechnen für Schüler in Stadt= u. Landschulen. 6 Hefte. Bunzlau 859—64. Appun. gr. 8. Jedes Heft (à 16 S.) 1¼ ngr.
1. Heft: Die vier Species in unbenannten Zahlen. 24—32. Aufl.
2. Heft: Die vier Species in benannten Zahlen. 26—32. Aufl.
3. Heft: Die Brüche. 26—30. Aufl.
4. Heft: Die einfache Regeldetri. 19—22. Aufl.
5. Heft: Die zusammengesetzte Regel detri u. Zinsrechnung. 10—13. Aufl.
6. Heft: Die Gesellschafts= u. Mischungs=Rechnung. 11. Aufl.

— — 7. Heft. 2. verm. Aufl. Leipzig 863. Kummer. 8. (27 S.) 2½ ngr.;
Facit=Büchlein dazu. 3. Aufl. (15 S.) 2½ ngr.

— Facit=Büchlein (zum 1—6. Hefte derselben). Bunzlau, Appun. 8. Jedes Heft 2½ ngr.
2. Heft. 12. Aufl. 864. (12 S.) — 3. Heft. 11. u. 12. Aufl. 861, 64. (16 S.) — 4. Heft. 11. u. 12. Aufl. 861, 64. (8 S.) — 5. Heft. 11 Aufl. 862. (8 S.) — 6. Heft. 11. Aufl. 864. (16 S.)

—— Aufgaben zum Zifferrechnen für Schüler in Stadt= und Landschulen. 1.—6. Heft. 8. (à Heft 16 S.) Bunzlau 862—67, Appun's Verlag. à Heft 1¼ Ngr.
Inhalt:
Heft 1. Die vier Species in unbenannten Zahlen. 30.—37. Aufl.
„ 2. Die vier Species in benannten Zahlen. 30.—37., korrekte, nach dem neuen Gewicht bericht. Aufl.
„ 3. Die Brüche. 28.—35. Aufl.
„ 4. Die einfache Regeldetri. 21.—25. Aufl.
„ 5. Die zusammengesetzte Regeldetri und Zinsrechnung. 12.—17. Aufl.
„ 6. Die Gesellschaftsrechnung. 11.—13. Aufl.

—— Facitbüchlein zum 1.—6. Hefte. 8. Ebendas. 862—67. [1. Heft 11. und 12. Aufl. (16 S.) 2. Heft 12. Aufl. (12 S.) 3. Heft 12. und 13. Aufl. (16 S.) 4. Heft 12. und 13. Aufl. (8 S.) 5. Heft 11. und 12. Aufl. (8 S.) 6. Heft 11. Aufl. (16 S.)] à Heft 2½ Ngr.

—— Aufgaben zum Zifferrechnen. 7. Heft: Die Decimalen, Quadrat= und Kubikwurzeln. 2., verm. Aufl. 8. (27 S.) Leipzig 863, Kummer.

—— Facit=Büchlein dazu. 3. Aufl. 8. (15 S.) Ebendas. 863.

— Aufgaben zum Zifferrechnen für Schüler in Stadt= u. Landschulen. 1—6. Heft. Bunzlau 865—70. Appun's Verlag. 8. Jedes Heft (16 S.) 1¼ ngr.
1. Heft. Die vier Species in unbenannten Zahlen. 33—37. Aufl. Bearb. nach der neuen Maaß= u. Gewichtsordnung von 1868. 1—4. Aufl.
2. Heft. Die vier Species in benannten Zahlen. 33—37. Aufl. Bearb. nach der neuen Maaß= u. Gewichtsordnung von 1868. 1—3. Aufl.
3. Heft. Die Brüche. 31—35. Aufl. Bearb. nach der neuen Maaß= u. Gewichtsordnung von 1868. 1—3. Aufl.
4. Heft. Die einfache Regeldetri. 23—25. Aufl. Bearb. nach der neuen Maaß= u. Gewichtsordnung von 1869. 1—3. Aufl.
5. Heft. Die zusammengesetzte Regeldetri u. Zinsrechnung. 14—18. Aufl.
6. Heft. Die Gesellschaftsrechnung. 12—13. Aufl. Bearb. nach der neuen Maaß= u. Gewichtsordnung von 1869. 1. u. 2. Aufl.

— — Facitbüchlein zum 1—6. Hefte. Ebend. 865—69. 8. [1. Heft. 12. Aufl. (16 S.) 2. Heft., 14. Aufl. (12 S.), 3. Heft. 12. u. 13. Aufl. (16 S.), 4. Heft. 12. u. 13. Aufl. (8 S.), 5. Heft. 12—14. Aufl. (8 S.), 6. Heft. 11—14 Aufl. (16 S.)] Jedes Heft 2½ ngr.

— — — Bearbeitet nach der neuen Maaß= u. Gewichtsordnung. 1—4. u. 6. Heft. Ebend. 870. 8. [1. Heft 1. u. 2. Aufl. (12 S.), 2. Heft 1. u. 2. Aufl. (12 S.), 3. Heft 1. u. 2. Aufl. (16 S.), 4 Heft 1. u. 2. Aufl. (8 S.), 6. Heft (8 S.)] Jedes Heft. 2½ ngr.

— Aufgaben zum Zifferrechnen. 7. Heft: Die Decimalen, Quadrat= u. Kubikwurzeln. 3. nach der neuen Maaß= u. Gewichtsordnung für den norddeutschen Bund bearb. Aufl. Leipzig 870. Kummer. 8. (27 S.) 2½ ngr.

— Aufgaben zum Zifferrechnen f. Schüler in Stadt= u. Landschulen. Bearb. nach dem neuen Münzgesetz v. 1873. 1—6. Hft. 8. (à 16 S.) Bunzlau 875. 76. C. Appun's Verl. à — 13
1. Die 4 Species in unbenannten Zahlen. 22. Aufl.
2. Die 4 Species in benannten Zahlen. 21. Aufl.
3. Die gemeinen Brüche u. Decimalen. 19. Aufl.
4. Die einfache Regeldetri. 11. Aufl.
5. Die zusammengesetzte Regeldetri u. Zinsrechnung. 9. Aufl.
6. Die Gesellschafts=, Mischungs= u. Termin=Rechng. 5. Aufl.

— dasselbe. Facitbüchlein. 1—4. Hft. 5. Aufl. 16. (16, 12, 15 u. 16 S.) Ebend. 874. à — 25

— dasselbe. 7. Hft. Die Decimalen, Quadrat= u. Kubikwurzeln. 4. nach dem neuen Maaß=, Gewichts= u. Münzsystem bearb. Aufl. 8. (31 S.) Leipzig 874. Kummer. — 25

— dasselbe. Facit=Büchlein zum 1. 2. 4—6. Hft. 8. Bunzlau 874—76. C. Appun's Verl. à — 25
1. (12 S.) — 2. u. 4. 3. Aufl. (11 u. 8 S.) — 5. u. 6. 2. Aufl. (à 8 S.)

— dasselbe. Facit=Büchlein zum 7. Hft. 5. Aufl. 8. (15 S.) Leipzig 874. Kummer. — 25

— Aufgaben zum Zifferrechnen für Schüler in Stadt= u. Landschulen. 1—6. Hft. Von Gutsche u. Teige ergänzt u. nach den maßgebenden Verfügungen berichtigt. 8. (à 16 S.) Bunzlau 882. C. Appun. à — 13
1. 47. Aufl. — 2. 39. Aufl. — 3. 47. Aufl. — 4. 46. Aufl. — 5. 19. Aufl. — 6. 13. Aufl.

— dasselbe. Facitbüchlein zum 1—6. Hft. 8. Ebend. 881. 82. à — 25
1. 5. Aufl. (12 S.) — 2. 6. Aufl. (12 S.) — 3. 7. Aufl. (16 S.) — 4. 5. 8. Aufl. (à 8 S.) — 6. 6. Aufl. (8 S.)

— Aufgaben zum Zifferrechnen f. Schüler in Stadt= u. Landschulen. Von Gutsche u. Teige ergänzt u. nach den maßgeb. Verfüggn. berichtigt. 1—6. Hft. 8. (à 16 S.) Bunzlau 886. C. Appun Verl. à — 13
1. 56. Aufl. — 2. 50. Aufl. — 3. 53. Aufl. — 4. 51. Aufl. — 5. 22. Aufl. — 6. 15. Aufl.

— dasselbe. Facit=Büchlein zum 1—4. u. 6. Hft. 8. Ebend. 884. à — 25
1. 9. Aufl. (12 S.) 2. 7. Aufl. (12 S.) — 3. 9. Aufl. (16 S.) — 4. 9. Aufl. (8 S.) — 6. 7. Aufl. (8 S.)

Stubba, A., Aufgaben zum Zifferrechnen f. Schüler in Stadt= u. Landschulen. 6 Hfte. Von Gutsche u. Teige ergänzt u. nach den maßgebenden Verfügungen berichtigt. 8. (à Hft. 16 S.) Bunzlau 887—890. C. Appun Verl. à Hft. — 13
1. Die vier Species in unbenannten Zahlen. 62. Aufl.
2. Die vier Species in benannten Zahlen. 58. Aufl.
3. Die gemeinen Brüche u. Decimalen. 60. Aufl.
4. Die einfache Regeldetri u. Zinsrechnung. 56. Aufl.
5. Die zusammengesetzte Regeldetri u. Zinsrechnung. 25. Aufl.
6. Die Gesellschafts=, Mischungs= u. Termin=Rechnung. 26. Aufl.

— dasselbe. Hft. 4 A: Die einfache Regeldetri. Raumrechnung u. vermischte Aufgaben. 55. Aufl. 8. (16 S.) Ebd. 887. — 13

— dasselbe. Hft. 4 B: Erste, für die ein= u. dreiklassige Schule namentlich aus dem bisherigen 4. u. aus den leichteren Aufgaben des 5. u. 6. Heftes zusammengestellte Aufl. 8. (16 S.) Ebd. 887. — 13

— dasselbe. Facitbüchlein zum 1.—6. Hft. 8. (à 8—16 S.) Ebd. 886—888. à Hft. — 25

— dasselbe. Facitbüchlein zu 4 A u. 4 B. 8. Ebd. 887. 888. à Hft. — 25

Stubba, A., Aufgaben zum Zifferrechnen f. Schüler in Stadt- u. Landschulen. Hft. 1—3, 4 A, B, 5 u. 6. Von Gutsche u. Teige ergänzt u. nach den maßgeb. Verfüggn. berichtigt. 8. (à 16 S.) Bunzlau, C. Appun Verl. à — 13
1. 64. Aufl. 464.—466. Taus. 893. — 2. 61. Aufl. 404.—406. Taus. 894. — 3. 63. Aufl. 366. Taus. 892. — 4 A. 57. Aufl. 142.—145. Taus. 892. — 4 B. 887. — 5. 28. Aufl. 150.—152. Taus. 892. — 6. 17. Aufl. 106.—108. Taus. 892.

— dasselbe. Facitbüchlein zu Hft. 1, 2, 4 A, 5 u. 6. 8. Ebd. à — 25
1. 7. Aufl. (12 S.) 892. — 2. 9. Aufl. (12 S.) 892. — 4 A. 10. Aufl. (8 S.) 889. — 5. 10. Aufl. (8 S.) 892. — 6. 8. Aufl. (8 S.) 892.

— Aufgaben z. Zifferrechnen f. Schüler in Stadt- u. Landschulen. (6 Hfte.) 1. u. 3. Hft. Neue, v. Gutsche u. Teige ergänzte u. nach d. maßgeb. Verfüggn. bericht. Aufl. 12. (à 16 S.) Bunzlau, C. Appun. à n. — 13
1. 67. Aufl. 464.—467. Taus. 895. — 3. 61. Aufl. 369. Taus. 894.

— Facitbüchlein z. 3. Hft. d. Aufgaben z. Zifferrechnen. 10., v. Gutsche u. Teige nach d. maßgeb. Verfüggn. bericht. Aufl. 12. (16 S.) Ebd. 895. n. — 25

Stubba, A., Aufgaben zum Zifferrechnen f. Schüler in Stadt- u. Landschulen. (In 6 Hftn.) Hft. 1—3, 4a u. 5. Neue, von den Lehrern Gutsche u. Teige ergänzte u. nach den maßgeb. Verfüggn. bericht. Aufl. 12. (à 16 S.) Bunzlau. (Leipzig, H. Schultze.) à n. — 13
1. Die 4 Species in unbenannten Zahlen. 68. Aufl. 468.—470. Taus. 898.
2. Die 4 Species in benannten Zahlen. 63. Aufl. 410.—411. Taus. 900.
3. Die gemeinen Brüche u. Decimalen 65. Aufl. 370.—372. Taus. 898.
4a. Die einfache Regeldetri. Raumrechnung u. vermischte Aufgaben. 58. Aufl. 146.—148. Taus. 896.
5. Die zusammengesetzte Regeldetri u. Procentrechng. 29. Aufl. 153.—155. Taus. 897.

—— Berechnungen der Aufgaben des 2. und 3. Hefts der Aufgaben für die rechnende Geometrie. 2., nach der Maaß- und Gewichtsordnung des norddeutschen Bundes bearb. Aufl. gr. 8. Ebendas. 870. [2. Heft. (IV, 43 S. mit 19 in den Text gedr. Fig.) 75 Pf.; 3. Heft. (IV, 63 S.) 60 Pf.]

Stubba, A., die gemeinen Brüche. Anweis. z. leichten u. gründl. Erlern. d. Bruchrechnn. f. Seminaristen, Präparanden u. reif. Schüler 2c., zunächst als Vorbereitungs- u. Wiederholungsheft f. seine Schüler bearb. Als Anh. e. Samml. v. Proben u. Vortheilen d. vier Grundrechnungsarten in ganzen Zahlen. gr. 8. (14 B.) Bunzlau 837, Appun's Buchh. Thlr.

— die gemeinen Brüche. Anweisung zur leichten und gründlichen Erlernung der Bruchrechnungen für Seminaristen, Präparanden u. reifere Schüler in Stadt- u. Landschulen, sowie auch zum Selbstunterricht. Als Anhang eine Sammlung von Proben u. Vortheilen der 4 Grundrechnungsarten in ganzen Zahlen. 2. Aufl. Leipzig 856. Kummer. gr. 8. (XIII, 178 S.) 22½ ngr.

Stubba, A., Exempel-Tafeln zum Kopfrechnen. Eine stufenmäßig geordn. Samml. v. Rechenaufgaben aus d. Gesch., Geographie, Statistik, Physik, Naturgesch., Geometrie u. den gewöhnl. Rechnungsarten d. Lebens in 160 Exempel-Taf. f. Stadt- u. Landschulen, so wie auch zum Privatgebrauch. Als Zugabe einige Andeutn. üb. d. zweckmäß. Berechn. solcher Aufgaben in berechneten Beispielen. gr. 8. (5 B. u. 20 B. nur auf einer Seite bedr.) Bunzlau 838, Appun's Buchh.

—— die Geometrie des Bürgers u. Landmanns. Anweisung zur anschaulichen u. rein prakt. Behandlung der Geometrie für Elementarschulen in Stadt u. Land. 8. (12½ B. u. 5 Figurentafeln.) Bunzlau 845, Appun's Buchh.

— die Geometrie für die Gewerbtreibenden. Ein Hand- u. Hülfsbuch für Nachhülfeschulen u. Selbstunterricht. Leipzig 861. Kummer. gr. 8. (VIII, 117 S. mit Holzschn. n. 12 ngr.

— geometrische Konstruktionslehre, oder das mathematische Zeichnen. Eine Anweisung zu prakt. Arbeiten, mit d. Lineal u. Zirkel u. eine Vorbereitung zum Studium der eigentl. Geometrie. Mit 3 Steintaf. 8. Neiße 833, Hennings. ½ ℔

— die Legirungs- u. Preisrechnung nach tausendtheiliger Gehaltsangabe, nebst einem Anhang über Decimalen u. einem andern über Berechnung des Feingehalts 2c. der alten Münzen u. einer Tabelle über die neuen. Für Schulen u. Selbstunterricht [letzteres auch für Gold- u. Silberarbeiter] bearb. Leipzig 861. Kummer. gr. 8. (IV, 76 S.) n. 8 ngr.

— Lehrbuch d. Geometrie f. Lehrerseminare u. gehob. Schulen. 11., v. G. Krause umgearb. u. verm. Aufl. gr. 8. (VIII, 304 S. m. 403 Fig.) Leipzig 898. C. Kummer. 2. 70

— Lehrbuch der Geometrie für Stadtschulen u. Schullehrer-Seminare. 2., umgearb. Aufl. der Geometrie für den Bürger u. Landmann. Mit 263 in den Text gedr. Fig. (Holzschn.) Leipzig 855. Kummer. gr. 8. (VIII, 199 S.) n. 26 ngr.

—— Lehrbuch der Geometrie für Stadtschulen und Schullehrer-Seminare. 3., erweit. Aufl. gr. 8. (VIII und 224 S. mit 290 in den Text gedr. Figuren in Holzschn.) Leipzig 859, Kummer. *

—— Lehrbuch der Geometrie für Stadtschulen und Schullehrer-Seminare. 4. Aufl. 1868. und 5. Aufl. gr. 8. (VIII und 231 S. mit 290 in den Text gedr. Fig. in Holzschn.) Leipzig 867, Kummer.

—— Lehrbuch der Geometrie für Stadtschulen und Schullehrer-Seminare. 6. Aufl. 1870, und 7. nach dem metr. Maaß und Gewicht umgearb. Aufl. gr. 8. (VIII, 227 S. mit 290 in den Text gedr. Fig. in Holzschn.) Ebendas. 873.

— Lehrbuch der Geometrie für Stadtschulen u. Lehrerseminare. 8., von G. Krause umgearb. u. verm. Aufl. Mit 352 in den Text gedr. Fig. gr. 8. (VIII, 260 S.) Leipzig 880. Kummer. 2. 70

— Lehrbuch der Geometrie f. Stadtschulen u. Lehrerseminare. 9., v. G. Krause nach den neuen Maß- u. Gewichtsbezeichngn., als auch nach der neuen Orthogr. bearb. Aufl. Mit 352 Fig. gr. 8. (VIII, 260 S.) Leipzig 884. Kummer. 2. 70

— method. Lehrbuch der Geometrie, s. Hand- u. Taschen-Bibliothek, pädagogische, II. 218 u. 236 Bdchn.

—— Leitfaden f. d. Unterricht in d. Geometrie 2c., } s. Hand- u. Taschenbibliothek, pädag., II. Abthl.

—— Leitfaden für den Unterricht im Kopfrechnen. Ein Begleiter seiner Aufgabenhefte zum Kopfrechnen. gr. 8. (VIII und 100 S.) Leipzig 852, Kummer. *

— die neuen Maaße u. Gewichte, ihre Benennung, Bezeichnung, Eintheilung, decimale Schreibung 2c. Kurz u. übersichtlich zusammengestellt. 1—3. Aufl. Bunzlau 869—70. Appun's Verl. 8. (8 S.) ½ ngr.

—— die Raumrechnungen. Eine Anweis. z. Berechn. d. Flächen u. Körper f. Seminare, städt. u. gehob. Landschulen, so wie auch z. Selbstunterr. gr. 8. (8 B. u. 1 Figtaf.) Bunzlau 835, Appun's Buchh.

— die Raumrechnungen. Für Elementarschulen u. zum Selbstunterricht. Mit 1 Figurentaf. 2. Aufl. gr. 8. Ebend. 843. 1/12 ₰

—— Rechenbuch für Volksschulen. Auf Grund der preuß. Regulative bearb. gr. 8. (VIII und 206 S.) Leipzig 856, Kummer. *
— — 1. Thl. Die vier Species in ganzen Zahlen u. Brüchen u. die einfache Regeldetri. 2., durch die Raumrechnung verm. Aufl. Leipzig 858. Kummer. gr. 8. (VIII, 214 S.) n. 16 ngr.

Stubba, A., Rechenbuch für Volksschulen. 2. Thl.: Die einfache Regeldetri und die darauf sich gründenden Rechnungen, sowie die Decimalen, Quadrat- und Kubikwurzeln. gr. 8. (VI und 151 S.) Leipzig 858, Kummer. Thlr. *

— Rechenbuch für Volksschulen. Auf Grund der preußischen Regulative bearb. 2 Thle. Ebend. 863. gr. 8. n. 28 ngr.
1. Theil: Die vier Species in ganzen Zahlen u. Brüchen u. die einfache Regeldetri. 3., verb. Aufl. (VIII, 215 S.) n. 16 ngr.
2. Theil: Die einfache Regeldetri u. die darauf sich gründenden Rechnungen sowie die Decimalen, Quadrat- u. Kubikwurzeln. 2., verb. Aufl. (VI, 157 S.) n. 12 ngr.

— Rechenbuch für Volksschulen. 2 Thle. Leipzig 870. Kummer. 8. [1. 4., nach der Maaß- u. Gewichtsordnung für den norddeutschen Bund bearb. Aufl. (VIII, 176 S.) n. 16 ngr. — 2. 3., nach der Maaß- u. Gewichtsordnung für den norddeutschen Bund bearb. Aufl. (VI, 128 S.) n. 12 ngr. n. 28 ngr.

— die Rechnungen nach dem neuen Landesgewicht. Für Schule u. Haus bearb. Leipzig 858. Kummer. 8. (26 S.) 2½ ngr.

—— Sammlung von algebraischen Aufgaben, verbunden mit e. Anleit. z. Auflös. ders. durch Verstandesschlüsse. Für Volksschulen u. ihre Lehrer bearb. 2., ganz umgearb. u. stark verm. Aufl. gr. 8. (17½ B.) Sorau 836, Julien. *

—— Sammlung von algebraischen Aufgaben, verbunden mit einer Anleitung zur Auflösung ders. durch Verstandesschlüsse. Für Elementarschulen bearb. 3., nach der 2. durchgeseh. und bericht. Aufl. gr. 8. (VIII und 270 S.) Sorau 848, Julien. —

— Sammlung algebraischer Aufgaben nebst Anleitung zur Auflösung derselben durch Verstandesschlüsse. Für Schulen u. Selbstunterricht bearb. 4., verb. Aufl. Sagan 859. Julien. (Fürstenthal.) gr. 8. (IX, 219 S.) n. 20 ngr.

— Sammlung algebraischer Aufgaben nebst Anleitung zur Auflösung derselben durch Verstandesschlüsse. 5., bericht. Aufl. 1865 u. 6., nach dem metr. Maaß u. Gewicht berichtigte Aufl. Altenburg 870. H. A. Pierer's Verl. gr. 8. (VI, 159 S.) n. 20 ngr.

— Sammlung algebraischer Aufgaben nebst Anleitung zur Auflösg. derselben durch Verstandesschlüsse. 7. nach der Reichsmünze bearb. Aufl. gr. 8. (IV, 184 S.) Altenburg 874. H. A. Pierer. n. 2. —

—— Sammlung algebraischer Aufgaben nebst Anleitung zur Auflösung derselben durch Verstandesschlüsse. 8. Aufl. gr. 8. (VI, 188 S.) Altenburg 879, H. A. Pierer. *

— Sammlung algebraischer Aufgaben, nebst Anleitung zur Auflösung derselben durch Verstandesschlüsse. 9. Aufl., bearb. von K. Backhaus. gr. 8. (IV, 188 S.) Altenburg 882. Pierer. n. 2. —

Stubba, A., Sammlung algebraischer Aufgaben, nebst Anleitung zur Auflösung derselben durch Verstandesschlüsse. 12. Aufl. [m. der 11. Aufl. gleichlautend], bearb. v. K. Backhaus. gr. 8. (192 S.) Altenburg 892. H. A. Pierer. n. 2. —

— Sammlung algebraischer Aufgaben, nebst Anleitg. zur Auflösung derselben durch Verstandesschlüsse. 13. Aufl. (m. d. 12. Aufl. gleichlautend), bearb. v. K. Backhaus. gr. 8. (192 S.) Altenburg 896. H. A. Pierer. n. 2. —

— Sammlung algebraischer Aufgaben, nebst Anleitung zur Auflösg. derselben durch Verstandesschlüsse. 14. Aufl. (m. der 13. Aufl. gleichlautend), bearb. v. K. Backhaus. gr. 8. (192 S.) Altenburg 899. H. A. Pierer. n. 2. —

— Sammlung algebraischer Aufgaben, nebst Anleitung zur Auflösg. derselben durch Verstandesschlüsse. 15. Aufl., bearb. v. K. Backhaus. (192 S.) gr. 8. Altenburg 903. H. A. Pierer. n. 2. —

Stubba, A., Sammlung v. 400 algebraischen Aufgaben, nebst Anleit. zur Auflös. ders. durch Verstandesschlüsse. 8. (9½ B.) Sorau 832, Julien.

— Vorlegeblätter zur Erlernung verschiedener Alphabete. 2. Aufl. qu. gr. 8. Bunzlau 841, Appun's Buchh. 1/3 ₰

—— Vorlegeblätter zur Erlernung verschiedener Alphabete. 3. Aufl. qu. gr. 8. (15 lithogr. Bl.) Leipzig 853, Kummer. *

— Vorlegeblätter zur Erlernung verschiedener Alphabete hrsg. 4. Aufl. Leipzig 870. Kummer. qu. 4. (15 Steintaf.) n. 10 ngr.

— Wand-Charte der Provinz Brandenburg, nach d. neuesten Kreiseintheilung entworfen u. gezeichnet. 4 lithogr. u. color. Blätter in Roy.-Fol. Potsdam 836. Horvath. n. 1/4 ₰

— Wand-Charte der Königl. Preuß. Provinz oder des Großherzogthums Posen. 6 lithogr. u. color. Blätter in Roy.-Fol. Posen, Berlin u. Bromberg 835. Mittler. n. 1½ ₰

— Wand-Charte der K. Preuß. Provinz Sachsen zu Dr. W. Harnisch Sachsenland. 6 Bl. in Fol. Erfurt 833. (Otto.) n. 5/6 ₰

— Wand-Karte vom Preußischen Staate und den angrenzenden Ländern. Zunächst für den Schulgebrauch. 6 lithogr. Blätter in Roy.-Fol. Bunzlau 836. Appun. 2 ₰

—— kalligraph. Wandvorschriften. Ein Hülfsmittel zu ein. zweckmäß. u. erfolgreichen Schreibunterr. f. Stadt- u. Landschulen. 3 Abthln. 2. Aufl. Lithogr. gr. Fol. Bunzlau 841, Appun's Buch. à 18 Gr.
Abthl. 1. Die deutsche Schrift, enth. 6 Taf. Kleinbuchstaben u. Ziffern u. 5 Taf. Großbuchstaben.
» 2. Die latein. Schrift, enth. 5 Taf. Kleinbuchstaben u. 6 Taf. Großbuchstaben.
» 3. Die Kanzleischrift, enth. 3 Taf. Kleinbuchstaben u. Ziffern u. 4 Taf. Großbuchstaben.

Stubbe, Adolf, a. Posen: Organisation und Arbeitsteilung des amerikanischen Bankwesens. T. 1, Abschn. A 1–2. (Berlin 1906: W. Pilz.) (44 S. 8°.) [illegible] (Erscheint demnächst vollst. in Jahrbuch f. Gesetzgebung, Verwaltung u. Volkswirtschaft im Deutschen Reiche.)

Berlin, Phil. Fak., Ref. Schmoller, Diss. v. 16. Juni 1906

Geb. 5 Nov. 79 Fissahn, Kr. Fichne, [illegible] Ansiedlung; Staatsangeh.: Preußen; Vorbildung: [illegible] Berlin [illegible] Studium: Charlottenburg [illegible] Berlin [illegible] Mai [illegible]

Stubbe, Charles Frederic [aus Hamburg]: Beiträge zur Kenntniss der Alcaloide von Berberis aquifolium Nutt. . . .
Marburg: Druck v. Joh. Hamel 1890. 2 Bl., 48 S., 1 Bl. 8⁰
Erlangen, Phil. Fak., Inaug.-Diss. v. 1890

Stubbe, Christian

Alkohol und evangelische Mission v. Christian **Stubbe**. Separat-Abdruck aus: Zeitschrift für Missionskunde und Religionswissenschaft. 1907, H. 10. Heidelberg. 1907. 8⁰

Der Alkoholismus in Schleswig-Holstein und seine Bekämpfung. [Verf.: Christian (**Stubbe**).] (Bordesholm.) o. J. 8⁰ [Kopft.]

Stubbe, J.: Aus unserer Mäßigkeitsarbeit.

Der Kieler Bezirksverein gegen den Mißbrauch geistiger Getränke. Übersicht über sein 25jähriges Leben v. Christian **Stubbe**. Dresden. 1910. 8⁰

Bilder aus der älteren Mäßigkeits- und Enthaltsamkeitsbewegung (samt den theol. Fakultätsgutachten von 1847). Von Christian **Stubbe**. Preetz 1910: Hansen. 31 S. 8°
Aus: Schriften d. Vereins f. schleswig-holst. Kirchengeschichte. R. 2. Bd 5, H. 1. [10. 9111 8

Unsere Blinden. Von Christian **Stubbe**. Bordesholm 1905: H. H. Nölke. (12 S.) 8° [F.]
Aus: Schleswig-Holstein. Sonntagsbote. [05. 1670 8

Der Branntweinteufel. Ein Gespräch. Im Auftr. d. Kieler Propsteisynode Sommer 1899 aufgezeichnet von Pastor Dr. Christian **Stubbe**. *Bordesholm 1900: H. H. Nölke.* (16 S.) 8° [F.]
Aus: Schleswig-Holst. Sonntagsbote. [01. 10391 A

Zur Charakteristik der älteren Mäßigkeits- und Enthaltsamkeitsbewegung v. Christian **Stubbe**. Sonderabdruck aus: Monatsschrift für innere Mission. 1906, H. 11. Gütersloh. 1906. 8⁰

Stubbe, Christian: Die Ehe im alten Testament . . . Jena, Verl Herm. Dabis, 1886: 4 + 71 S. 8⁰
Jena, Phil. Fak., Inaug.-Diss. v. 1886.

Stubbe, Chrn., die Ehe im alten Testament. gr. 8. (III, **71 S.**) **Jena 886. Dabis.** n. 1. 50

Klaus Harms und der Branntwein. Ansprache in der St. Jürgenskirche zu Kiel am 50. Todestage v. Klaus Harms v. [Christian] **Stubbe**. Ausschnitt aus: Monatsschrift für Innere Mission. Bd. 26. H. 1 Gütersloh. 1906. 8⁰

Eine Heimatbibliothek für S. M. S. 'Schleswig-Holstein'. Von Pastor Dr. Christian **Stubbe** in Kiel. Kiel 1908: A. F. Jensen. (13 S.) 8° [F.]
Aus: Heimat. Jg. 1908. [08. 15663 8

Heimstätten nach dem Kriege. Ansprache auf einem Volksabend des „Sonderausschusses zur Bekämpfung der Trinksitte" in Kiel v. Christian **Stubbe**. o. O. u. J. 8⁰

Gemeinnütziger Kaffeeausschank in Kiel v. Christian **Stubbe**. (Berlin. 1908.) 8⁰ Sonderdruck aus: Concordia. Zeitschrift der Zentralstelle für Volkswohlfahrt. Jg. 15, Nr. 3. [Kopft.]

(Beilage zum Amtstagebuch für ev. Geistliche. 1908.)
Der Kampf gegen den Alkohol (v. Christian **Stubbe**). Leipzig. (1908.) 8⁰

— Der Kampf gegen den Alkoholismus in Mecklenburg, s. a Geschichtliches aus dem Kampf gegen den Alkoholismus in Deutschland. 2.

Der Kampf gegen den Alkoholismus in Mecklenburg. Von Pastor Dr. Christian **Stubbe**. Berlin: Mäßigkeits-Verl. 1908. 61 S. 8°
Aus: Der Alkoholismus. 1907.
(Geschichtliches aus d. Kampf gegen d. Alkoholismus in Deutschland. H. 2.) [10. 8369

Der Kampf gegen Trunksucht u. Unzucht. Referat. **Kiel 1895. 20 S. 8⁰.**

Das Krippenbedürfniss Kiel's (v.) [Christian] **Stubbe**. Sonderabdruck aus den „Kieler Nachrichten etc." Kiel. [1896.] 8⁰.

Mäßigkeit und Enthaltsamkeit v. [Christian] **Stubbe**. (Separat-Abdruck aus: „Die innere Mission im evangel. Deutschland.") (Hamburg.) o. J. 8⁰

Stubbe, Christian, die ältere Mässigkeits- u. Enthaltsamkeitsbewegung in Schleswig-Holstein, s. a Geschichtliches aus dem Kampf gegen den Alkoholismus in Deutschland.

Die ältere Mäßigkeits- und Enthaltsamkeitsbewegung in Schleswig-Holstein. Der Kampf gegen d. Branntweintrinken. Von Pastor Dr. Christian **Stubbe**. Berlin: Mäßigkeits-Verl. 1906. (133 S.) 8° [F.]
Aus: Der Alkoholismus. 1904/1906.
= **Geschichtliches** aus d. Kampf gegen d. Alkoholismus in Deutschland. H. 1. [08. 706

Merkblatt für Kieler Konfirmanden. (Verf.: Pastor [Christian] **Stubbe**.) (Kiel 1905: A. F. Jensen.) (2 Bl.) 4° [Kopft.] [05. 14489 8

Mitarbeit der kleineren evangel. Kirchengemeinschaften im Kampfe gegen den Alkoholismus. (Nach einem Vortrag im akademischen Missionsverein in Kiel) (v. Christian **Stubbe**.) Sonderabdruck aus: Der Alkoholismus. Jg. 3. H. 4. [Dresden. 1902.] 8⁰.

[F.] Programm und Arbeit des Deutschen Vereins geg. d. Missbrauch geist. Getränke. Vortr. v. Pastor Dr. [Christian] **Stubbe**. *(Kiel): Dr. d. 'Kieler Neuesten Nachr.' [1891].* (16 S.) 1 Bd 8.
in: **Mässigkeitsarbeit**, Aus unserer. [97. 8053 Kı

Johann Rist. Gedenkblatt zum 300. Geburtstag (v. Christian (**Stubbe**)). (Schöneberg-Berlin. 1907.) 4⁰ Ausschnitt aus: Protestantenblatt. Jg. 40, Nr. 14.

Aus Schleswig-Holstein v. Christian **Stubbe**. (Berlin. 1910.) 8⁰ Ausschnitt aus: Blätter zum Weitergeben. Reihe 10 Nr. 5

Stubbe, P. Dr. Schleswig-Holsteinisches. Der Kieler Jahresfeier des Deutschen Vereins gegen Missbrauch geistiger Getränke gewidmet. Kiel 1896. 44 S.

Die höhere Schule und der Alkohol v. [Christian] **Stubbe**. Sonderabdruck aus: Der Alkoholismus. N. F. Leipzig. 1904 8⁰

Das Trinken in Schleswig-Holstein (in besond. Berücks. d. ländl. Verhältnisse im Auftr. d. Schleswig-Holst. Bezirksver. gegen d. Mißbrauch geist. Getränke anläßl. d. Landwirtsch. Ausstellung in Altona geschildert). Von P. Dr. Christian **Stubbe**. Berlin: Mäßigkeits-Verl. d. Deutschen Ver. gegen d. Mißbrauch geist. Getränke 1905. (36 S.) 8° [F.] [05. 7661 8

Die Trinkschäden in Schleswig-Holstein und ihre Bekämpfung (gemäß den Synodalberichten Sommer 1909). [Verf.: Christian (**Stubbe**).] o. O. u. J. 8⁰ Ausschnitt aus:?

— der deutsche Verein gegen den Missbrauch geistiger Getränke. E. V. Sein Werden, Wachsen u. Wirken in den ersten 20 Jahren. Denkschrift. (92 S.) gr. 8. Ebd. (903). n. 1. 50; geb. in Leinw. n. 2. —

— Der deutsche Verein gegen den Mißbrauch geistiger Getränke. E. V. Sein Werden, Wachsen u. Wirken in den ersten 25 Jahren. 2. Aufl. der Denkschrift v. 1903. (155 S. m. Abb. u. 1 Karte.) gr. 8. Berlin 908. Mäßigkeits-Verlag. 2. —

Zur Vorgeschichte der Krippen v. [Christian] Stubbe. (Gütersloh. 1903.) 8° Ausschnitt aus: Schäfers Monatsschrift für innere Mission. 1903.

— Was ist uns heute die Bibel? (20 S.) 8. Kiel 907. R. Cordes. — 30

Stubbe, Christian, welche Aufgaben stellt die Alkoholnot an die Jugend- u. Volkserziehung? (16 S.) 8. Berlin 910. Mäßigkeits-Verlag. — 10
Sonderabdr. aus: „Bericht üb. d. 28. Jahresversammlg. d. deut. Ver. gegen d. Mißbrauch geist. Getränke, Nürnberg, 13.—16. IX. 1909".

Ueber die Berufsfähigkeit des Schulmanns v. Hans Jürgen Stubbe. Kiel. 1810. 4°. Gymn.-Progr.

— Zufällige Ergieszung über Schulmethode und Schulgeist. Amtsbericht vom verflossenen Schuljahre Ostern 1810 bis Ostern 1811. Kiel. 1811. 4. P. (Skoleprogr.).

Stubbe, H. J., zufällige Ergießung üb. Schulmethode u. Schulgeist. Amtsbericht üb. die Kieler Stadtschule. 4. Kiel, Akadem. Buchh. 811.

STUBBE, H[ANS] J[ÜRG.], Ueber Gelehrtenschulen, als Pflegemütter des echten Bürgersinns. Friedrichstadt. 1807. P. (Skoleprogr.).

— s. Gemälde von Tönning.

— Ueber einige Schulenübel und Amtsbericht vom letzten Lehrgange und jetzigen Bestande der Kieler Stadtschule. Kiel. 1815. 4. P. (Skoleprogr.).

STUBBE, H[ANS] J[ÜRG.], Einige Worte über die Schule und aus der Schule. Kiel. 1816. 4. P. (Skoleprogr.).

Stubbe, Jh. Heinrich, s. Stubbe, Hans Jürgen

Stubbe, P., Rechenbuch f. achtstufige Schulen, s.: Brennert, E.

Stubbe, Paul, approb. Arzt aus Neustettin: Ein Fall einer eigenartigen Herzverletzung. *Erlangen 1902: H. Vollrath.* (22 S.) 8° Erlangen, Med. Diss. v. 11. Juli 1902

Stubbeck, Ph. Jakob

— Abhandl. von der Unnützlichkeit der Hutweiden rc., s. Frhr. E. v. Hartmann, Ebbe u. Fluth der Staaten rc.

Stubbeck, P. J., erste Grundsätze d. Landwirthschaft, im Zusammenhange nach d. Grundsätzen d. Naturlehre, Chymie, Mathematik und Staatsklugheit. 8. Giessen, Montag u. W. 772.

— von d. Reife rc., s. Frhr. E. v. Hartmanns Abhandl. von dem blühend. Zustande der Staaten rc.

Stübben, Josef

Stübben, J., ausgef. Arbeiter-Wohnhäuser der gemeinnütz. Bauvereine, der Stiftungen u. Gemeinden in d. Rheinprovinz, s. a. Festschrift des rhein. Vereins zur Förderg. des Arbeiterwohnungswesens in Düsseldorf.

Stübben, J., Ausgeführte Arbeiter-Wohnhäuser der gemeinnützigen Bauvereine, der Stiftungen und Gemeinden in der Rheinprovinz. (= T. 2 der Festschrift des Rheinischen Vereins zur Förderung des Arbeiterwohnungswesens in Düsseldorf aus Anlaß des 6. Internat. Wohnungskongresses, Düsseldorf 1902.) [Köln]. 1902. 40 S. mit 75 Taf.

— rheinische Arbeiterwohnungen. gr. 8. (14 S. m. 10 Taf.) Bonn 901. Stuttgart, E. Strauss. Kart. n. 3.—

Stübben, J., das neue Badehaus zur Königin von Ungarn in Aachen. [Aus: „Deutsche Bauzeitg."] gr. 8. (7 S. m. eingedr. Holzschn.) Aachen 880. M. Jacobi. — 30

Stübben, J., d. Bau d. Städte in Geschichte u. Gegenwart. Schinkelfest d. Architekten-Vereins Berlin 13. März 1895. Festrede. [Aus: „Centralbl. d. Bauverwaltg"] gr. 8. (20 S.) Berlin 895. W. Ernst & Sohn. n. — 80

— die Bedeutung der Bauordnungen u. Bebauungspläne f. das Wohnungswesen, s. a. Wohnungsfrage, die, u. das Reich. Hft. 5.

Die Bedeutung der Bauordnungen und Bebauungspläne für das Wohnungswesen. Von J[osef] Stübben, Geh. Baurat. Mit e. Litteraturverzeichn. *Göttingen: Vandenhoeck & Ruprecht 1902.* (55 S.) 8° [F.]
= Wohnungsfrage, Die, u. das Reich. H. 5. [03. 3580]

Stübben, J., die Durchführung v. Stadterweiterungen m. besond. Berücksicht. der Eigentumsverhältnisse, s. a. Vorträge, städtebauliche. I, 6.

Die Durchführung von Stadterweiterungen mit besond. Berücks. d. Eigentumsverhältnisse. Von Dr. Ing. J[osef] Stübben. Mit 3 Abb. Berlin: Ernst 1908. 28 S. 4° (8°)
(Städtebauliche Vorträge. Vortragszyklus 1. Bd 1, H. 6.)

Stübben, J., städtische Elektricitätswerke. Eine Mahng. zur Vorsicht u. e. Warng. vor Kleinmut. gr. 8. (45 S.) Köln 892. M. Du Mont-Schauberg. n. 1. —

— das Enteignungsrecht der Städte bei Stadterweiterungen u. Stadtverbesserungen. Vortrag, geh. zum XV. Verbandstag der Haus- u. städt. Grundbesitzervereine Deutschlands zu München am 7. Aug. 1893. 8. (30 S.) Leipzig 894. (E. Heitmann.) n. — 50

— Hygiene d. Städtebaus, s. a. Handbuch d. Hygiene, Lfg. 22.

Hygiene des Städtebaus. Bearb. v. J[os.] Stübben, ... Baurat in Köln. Wohnungs-Aufseher '(Wohnungs-Polizei)'. Wohnungsämter. Bearb. v. Dr A[gathon] Wernich, ... Medizinalr. in Berlin. M. 31 Abb. im Text ... '(Forts. d. Bau- u. Wohngshygiene)'. *Jena: G. Fischer 1896.* (IV S., 1 Bl., 120 S., 1 Bl., 16 S.) 8.
= Handbuch d. Hygiene. Bd 4, Abth. 2, Lfg 1. 96. 2336

—— das Kaiserbad zu Aachen. gr. 8. (11 S. mit 9 Illustr.) Aachen 881, Barth. *

Stübben, J., Paris in Bezug auf Strassenbau und Stadterweiterung. Reisebericht. Imp.-4. (17 S. mit 3 Fig.-Taf. in Kpfrst.) Berlin 879, Ernst und Korn. s
Aus: Zeitschrift für Bauwesen, besonders abgedruckt.

Stübben, J., der Städtebau, s. a. Handbuch der Architektur. 4. Thl.

Der Städtebau. Von Dr. Ing. J[osef] **Stübben**, Ober- u. Geh. Baurat. 2. Aufl. Mit 990 Abb. u. 18 Taf. Stuttgart: A. Kröner 1907. (X, 652 S.) 4°(8°)
= **Handbuch** d. Architektur. T. 4, Halbbd 9. [07. 5188 4

Stübben, J., Der Stadterweiterungsplan und seine Durchführung. Schriften d. Ver. f. Soz.-Pol., Bd. 95. gr. 8°. Leipzig 1901.

— d. Sternthor zu Bonn u. s. Erhaltg. gr. 8. (28 S. m. 5 Abb. u. 3 Taf.) Bonn 897. P. Hanstein. n. — 50

— gesundheitliche Verbesserungen baulicher Art in italien. Städten. gr. 8. (30 S. m. 17 Abb.) Bonn 895. E. Strauss. Kart. n. 2. —

— s.: Zentralblatt f. allgemeine Gesundheitspflege.

— Über den Zusammenhang zwischen Bebauungsplan u. Bauordnung. s.a. Vorträge, städtebauliche. II, 4.

Über den Zusammenhang zwischen Bebauungsplan und Bauordnung. Von Dr.-Ing. J[osef] **Stübben**, Ober- u. Geh. Baurat. Berlin: Ernst 1909. 22 S. 4°(8°)
(Städtebauliche Vorträge. Bd 2, H. 4.) [11. 18158

Stubbendorff, Gerhard [app. Arzt aus Gostorf i. M.]: Die Differentialdiagnose der tierischen Parasiten-Eier und pflanzlicher Sporen ... Rostock, C. Boldt'sche Hof-Buchdr., 1893; 33 S., 4 Taf. 4.
Rostock, Med. Fak., Inaug.-Diss. v. [23. Dez.] 1893

Stubbenkammer [Schlagwort]

Stubbenkammer, Umgegend von, s.: **Rügen.**

Stubbenvoll, Beda, Geschichte des königl. Erziehungs-Institutes für Studirende [Holland'sches Institut] in München, aus Anlaß des 300jähr. Bestehens dieser Anstalt. gr. 8. (XI, 506 S.) München 874. Lindauer'sche Buchh.

Stube, Die graue, auf der Burg Ulmenhausen oder das stille Kind. Leipzig 1818. V: *Kerndörffer, Heinrich August.* (GGr) (Ky) (NN)

Stube, die graue, auf der Burg Ulmenhausen, oder das stille Kind, (v. H. A. Kerndörfer). 2 Thle. 8. Leipz. 818. Kollmann. 2 ₰ 12 gr

Stube, Grossmutters. Zürich 1884. V: *Schwerzenbach, Bertha v.* (Cat. d. Stadtbibl. Zürich 1864—97.)

Stube, H., Rechenübungen f. deutsche Schulen. 1—4. Hft. 8. Berlin, Luckhardt. n. — 85
1. 2. (à 16 S.) 883. à n. — 20. — 3. (24 S.) 885. n. — 25. — 4. (24 S.) 895. n. — 20

Stube, Herm., Leitfaden zur Erlernung u. Einübung der Redefiguren. Zum Schulgebrauch. gr. 8. (58 S.) Berlin 872. Gustedt. n. — 60

Grundlinien zu einer Entwickelungsgeschichte der Schrift von Dr. R. **Stuebe**. München: Exped. d. Publ. d. Deutsch. Graphol. Ges. 1907. (IV, 35 S.) 8°
Aus: Grapholog. Monatshefte. [07. 12183 2

Stübe, Rud., s.: Quellen u. Forschungen zur Erd- u. Kulturgeschichte.

— Quellenkunde zur Weltgeschichte, s.: **Herre**, Paul.

— Die Reiche der Indogermanen in Asien u. die Völker Zentralasiens, s.: Weltgeschichte.

Stübe, Rudolf: Jüdisch-babylonische Zaubertexte ... [Erschien vollst. 1895 bei J. Krause in Halle.] Halle a/S., Druck v. W. Drugulin in Leipzig, 1895; 1 Bl., 32 S., 1 Bl. 8.
Halle, Phil. Fak., Inaug.-Diss. v. [24. Jan.] 1895

Stübe, R., jüdisch-babylonische Zaubertexte. Hrsg. u. erklärt. gr. 8. (XIII, 64 S.) Halle 895. J. Krause. n. 2. 50

Stubei, s. Stubai

SECRETARIUS, Der mit allerhand Staats- Friedens- Kriegs- Hof- Literatur- u. Religions- wie auch Privat-Affairen beschäftigte (von *A. Stubel*). III. (48) Expeditionen (soviel ersch.). Freyburg (Leipzig, Groschuff) 1710—19. 4°. (In Rostock, Landesbibl., 4 voll.) (3 Mk. 50 Pfg., nur Exped. 13—48, 1713—19, Ludw. Bamberg, Greifswald, 1890; jetzt höher!)
Huhold, 4. Aufl. Jena 1717. 8°. S. 24; Weller, fing. Dr., hat ebenfalls 48 Theile, aber „1710—21". — Cult. rar!

Stubel, Johann Gottfried (Annaberg) 4° Misc. 180p/3

Exercitatio critico-historica de titulomania eruditorum, vulgo Titel=Sucht derer Gelehrten.
Präs. Karl Heinrich Heege.
Leipzig (Schede) 28. IV. 1723. 62 S.

Gew.: Jo. Friedrich Vogel, Jo. Christian Grabner, Jo. Christian Viertel. 33961

Stübel, Alphons

—— und W. **Reiss**, Ausflug nach den vulkanischen Gebirgen von Aegina, s. **Reiss**, W.

(**Stübel**, Alfons): Erläuterungen zu den auf 8 Tafeln zusammengestellten Charakterpflanzen aus dem Hochlande von Ecuador und Colombia mit Bezug auf die im Grassi-Museum zu Leipzig befindliche Bildersammlung dieser Gegenden. (Museum für Völkerkunde zu Leipzig. Abtheilung für Länderkunde.) (Leipzig 1899.) 16 S. 8°.

— Geschichte der vulkanischen Ausbrüche bei Santorin, s. **Reiss, W.**

Stübel, Alfons, und Wilhelm **Reiss**: Indianer-Typen aus Ecuador und Colombia. 28 Lichtdruck-Bilder. Den Mitgliedern des 7. Internationalen Amerikanisten-Kongresses gewidmet. Berlin 1888. 8°.

Karte der Vulkanberge Antisana, Chacana, Sincholagua, Quilindaña, Cotopaxi, Rumiñahui und Pasochoa. Ein Beispiel f. d. Äußerung eruptiver Kraft in räumlich kleinen Abständen unter deutlichen Anzeichen ihrer Abschwächung u. ihres Ersterbens innerhalb begrenzter Zeiträume. Von Alphons **Stübel**. Mit e. Begleitwort. *Leipzig: M. Weg 1903.* (12 S., 1 Kartenbl. 29×32 cm.) 4°
(Veröffentlichung d. vulkanolog. Abt. d. Grassi-Museums zu Leipzig.) [03. 13970

Stübel, A., s.: Kultur u. Industrie südamerikan. Völker.

Stübel A., Lepidopteren, gesamm. auf s. Reise durch Kolumbien, Ecuador, Peru, Brasil., Argentinien u. Bolivien 1868-1877. Bearb. v. G. Weymer u. P. Maassen. fol. Berlin 1890

Stübel, Alphons, Martinique u. St. Vincent. [Aus: „Ueber die genet. Verschiedenheit vulkan. Berge".] (Veröffentlichung der vulkanolog. Abtheilg. des Grassi-Museums zu Leipzig.) Mit 6 Textabbildgn. (V, 36 S.) Imp.-4. Leipzig 903. M. Weg. n. 3. —

Stübel, Alph., the necropolis of Ancon in Peru, s.: Reiss, W.

Stübel, Alph., Reisen in Süd-Amerika, s.: Reiss, W.

— **Rückblick auf die Ausbruchsperiode des Mont Pelé auf Martinique 1902 bis 1903 vom theoretischen Gesichtspunkte aus. (Veröffentlichung der vulkanolog. Abteilg. des Grassi-Museums zu Leipzig.) (24 S. m. 20 Abbildgn.) Imp.-4. Ebd. 904.** n. 3. 50

— u. **M. Uhle,** die Ruinenstätte von Tiahuanaco im Hochlande d. alten Perú. Eine kulturgeschichtliche Studie auf Grund selbständ. Aufnahmen. Mit e. (farb.) Karte u. 42 Taf. in Lichtdr. gr. Fol. (63 Bl. u. 67 S. Text.) Breslau 892. Leipzig, K. W. Hiersemann
In Mappe 140. —; erm. Pr. n. 105. —

— u. M. **Uhle,** die Ruinenstätte v. Tiahuanaco im Hochlande d. alten Perú. Eine kulturgeschichtl. Studie auf Grund solbständ. Aufnahmen. Mit e. (farb.) Karte u. 42 Taf. in Lichtdr. gr. Fol. (63 Bl. u. 67 S. Text.) Breslau 892. C. T. Wiskott. n. 130. —;
geb. in Halbfrz. n. 140. —

— **Santorin,** s. Fritsch, A. v.

— Skizzen aus Ecuador, dem VI. deutschen Geographentage gewidmet. Illustrirter Katalog ausgestellter Bilder. Fol. (XIII, 96 S.) Berlin 886. Asher & Co.
n. 6. —

Stübel, Alphons, das Supra- und Submarine-Gebirge von Santorin in photograph. Nachbildungen der an Ort und Stelle gefertigten Reliefkarten mit erläut. Texte, Höhenverzeichniss und einer Abhandlung über Reliefkarten. gr. Fol. (4 Blatt, wovon 1 chromolithogr. und 3 photogr. und 20 S. Text.) Leipzig 868, Giesecke und Devrient. In Mappe *

— das Todtenfeld v. Ancon in Peru, s.: Reiss, W.

Über die genetische Verschiedenheit vulkanischer Berge. Eine Studie z. wissenschaftl. Beurtheilung d. Ausbrüche auf d. kleinen Antillen im J. 1902 von **Alphons Stübel**. Mit 53 Textabb. u. 1 Taf. *Leipzig: M. Weg 1903.* (VIII, 85 S.) 2°(4°)
(Veröffentlichung d. vulkanolog. Abt. d. Grassi-Museums zu Leipzig.) [illegible]

Stübel, Alphons, der Vesuv, ergänzt u. hrsg. v. W. Bergt, s.: Veröffentlichungen des städtischen Museums f. Länderkunde zu Leipzig.

— **die Vulkanberge von Colombia. Geologisch-topographisch aufgenommen u. beschrieben. Nach dessen Tode ergänzt u. hrsg. v. Thdr. Wolf. Mit 1 Uebersichtskarte v. Mittel- u. Süd-Colombia, 1 topograph. Karte des Vulkans v. Pasto u. seiner Umgebg., 1 solchen der Vulkane Cumbal u. Chiles, u. 37 Taf. m. 53 Bildern in Lichtdr. (VII, 154 S.) 4. Dresden 906. W. Baensch.** n. 20. —

— die Vulkanberge v. Ecuador, geologisch-topographisch aufgenommen u. beschrieben. M. 1. Karte d. Vulkangebietes in 2 Blättern. gr. 4. (XXI, 556 S. m. 1 Uebersichtskarte u. 1 Grundriss.) Berlin 897. A. Asher & Co. Kart. n.n. 42.

— **das nordsyrische Vulkangebiet. Dîret et-Tulûl, Haurân, Dschebel Mânî u. Dscholân. Beschreibung der im Grassi-Museum zu Leipzig ausgestellten Zeichnungen der vulkan. Schöpfgn. dieses Gebietes. (Veröffentlichung der vulkanolog. Abteilung des Grassi-Museums zu Leipzig.) Mit 1 Uebersichtskarte. (21 S.) Fol. Leipzig 903. M. Weg.** n. 2. 50

Stübel, Alphons, ein Wort über den Sitz der vulkanischen Kräfte in der Gegenwart. (Mittheilg. aus dem Museum f. Völkerkunde zu Leipzig, Abtheilung f. Länderkunde.) Nebst Textfig. u. 1 Taf. in Farbendr. gr. 4. (16 S.) Leipzig 901. (M. Weg.) n. 4. —

Stuebel, Anselm. Bruno, **de contractu perfecto rerum facie mutata rescindendo. Dissert. inaug. 4maj. (3½ B.) Lipsiae 837, T. O. Weigel.** •

Stübel, B., s.: Urkundenbuch der Universität Leipzig.

Stübel, Bruno, s.a. Instruktion, die, Karls V. f. Philipp II.

Stübel Bruno, Dr.: Die Instruktion Karls V. für Philipp II. vom 25 Oktober 1555. Deutscher Text. Ar. 93 181 .
Separatabdruck

Stübel, B., Die Instruktion Karls V. für Philipp II. vom 25. Oktober 1555. [Aus dem Archiv für österr. Geschichte (Bd. XCIII, II. Hälfte, S. 181) separat abgedruckt.] Gr.-8°. (68 S.) † K 1.50
Wien: Carl Gerold's Sohn 1905.

Stuebel, Car. Bruno, s. Stuebel, Karl Bruno

Stübel, Christoph Karl

— Bemerkk. üb. d. besond. Thl. d. Criminal-Gesetzbuchs ꝛc., s. Mittermaier, üb. d. neuesten Zustand ꝛc.

Stübel, Christoph Karl [Praes.], s. Bernhard, Gotthilf Adam: De jure liberorum illegitimorum succedendi in sextantem bonorum paternorum secundum Saxoniae leges, artem politicam, et usum fori Saxonici.

Stübel, Cph.C.: Entw. ein. Criminalgesetzbuchs f. d. Königreich Sachsen. 3 Thle. *Dresden.* 824 — 27. 8.

Stübel, Chrph. Carl: „Grundsätze zu der Vorlesung über den allgemeinen Teil des teutschen und chursächsischen Criminalrechts", Wittenberg o. J.

Stübel, (Ch. L.) über gefährl. Handlungen, als f. sich bestehende Verbrechen, z. Berichtigung d. Lehre v. verschuldeten Verbrechen, nebst Vorschlägen z. gesetzl. Bestimmung üb. d. Bestrafung d. ersten. (Aus d. neuen Archiv d. Criminalrecht abgedr.) 8. Halle 826, Hemmerde u. S.

Stübel, Cph. K.: Ueber gefährl. Handlungen, als für sich bestehende Verbrechen, zur Berichtigung der Lehre von verschuldeten Verbrechen, nebst Vorschlägen z. gesetzl. Bestimmung üb. die Bestrafung der erstern. (Aus d. n. Archiv d. Criminalrechts abgedr.) *Halle,* Schwetschke u. Sohn. 826. 8. (8 Gr.)

Stübel, Christoph Karl [Praes.], s. Henkel, Johann Gottfried: Utrum delictorum poenae praescriptione in foro recte tollantur nec ne?

Stübel, Christoph Karl [Praes.], s. Jacobi, Friedrich August Woldemar: Utrum et quatenus fori nostri usus in puniendis subditorum temporariorum delictis, si qua apud nos commiserint, cum principiis juris criminalis universalis conveniat, nec ne?

Stübel, Christoph Karl [Praes.], s. Kaempffe, Friedrich Samuel: De servitute pascendi ad agrorum praesertim desertorum culturam utiliter regunda.

Stübel, Ritter Cph. Karl, das Criminalverfahren in den deutschen Gerichten, mit besond. Rücksicht auf das Königr. Sachsen wissenschaftl. u. zum prakt. Gebrauch dargestellt. 5 Bde. gr. 8. Leipz. 811. Hinrichs. 6 ₰ 16 gl. Schrbp. 8 ₰ Velinp. 9 ₰ Wohlf. Ausg. 815. 4 ₰

— Lehrbuch des Criminalverfahrens nach gem. deutschen u. kön. sächs. Rechte. gr. 8. Wittenb. (812.)

Stübel, Christoph Karl [Praes.], s. Müller, Johann Friedrich August: De jurisdictione criminali patrimoniali tollenda.

Stübel, Christoph Karl [Praes.], s. Niese, Karl Gottfried: Quatenus actiones, quae vulgo delicta carnis dicuntur, e principiis juris publici universalis sint coercendae?

Stuebel, Christoph Karl (Pausitz) A. S. 163/22

De satisfactione personis inprimisque feminis illustribus de iniuriis acceptis praestanda disputatio iuris publici. Präs. Karl Heinrich Geisler.
Wittenberg (Dürr) 5. VII. 1788. 30 S.

Gew.: Friedrich Ludwig Wurmb.
W. v.: Präs. 33966

— System des allgem. peinl. Rechts, mit Anwend. auf die in Kursachsen gelt. Gesetze, besond. zum Gebr. f. akadem. Vorlesungen. 2 Bde. gr. 8. Leipz. 795. (W. Nauck). 22 gl.

Stübel, Cph. K.: System des allgem. peinlichen Rechts, m. Anw. auf d. in Kursachsen gelt. Gesetze, bes. zum Gebr. für akad. Vorlesungen. *Lpz.*, Sommer. 796. gr. 8. (10 Gr.)

— üb. den Thatbestand der Verbrechen, d. Urheber derselben, u. die zu e. verdammend. Endurtheile erforderl. Gewißheit d. ersten besond. in Rücksicht der Tödtung nach gem. in Deutschland gelt. u. Kursächs. Rechten. gr. 8. Wittenb. 805. (Mylius in Berl.) 1 ₰ 18 gl.

— üb. d. Thatbestand d. Verbrechen, d. Urheber derselben u. d. zu e. verdammend. Endurtheile erford. Gewißh. d. erst. besond. in Rücks. d. Tödtung nach gemein. in Deutschl. gelt. und Chursächs. Rechten. gr. 8. Wittenberg, Zimmermann. 805.

Stübel, Chph. Karl, über die Theilnahme mehrerer Personen an einem Verbrechen. Ein Beitrag zur Criminalgesetzgebung rc. 8. Dresden 828. (Leipzig, Melzer.) 3/4 ₰

Stübel, Chrstph. Carl, über d. Theilnahme mehr. Personen an e. Verbrechen. Ein Beitr. zur Criminalgesetzgebung u. zur Berichtig. der in d. Criminalgerichten geltenden Grundsätze. gr. 8. (8½ B.) Dresden 828, [Reimann.]

Stübel, Georg Alfred, Ref. in Dresden: Die Sonderrechte des Verkäufers beim Handelskauf nach § 373 des Handelsgesetzbuchs vom 10. Mai 1897. Dresden 1905: C. Heinrich. (64 S.) 8° [J.]
Leipzig, Jur. Fak., Diss. v. 11. Sept. 1905
[Geb. 7 Juli 80 Braunschweig; Wohnort: Dresden; Staatsangeh.: Sachsen; Vorbildung: Gymn. z. heil. Kreuz Dresden Reife O. 98; Studium: Oxford 2, Heidelberg 1, Berlin 1, Kiel 1, Leipzig 2 S.; Rig. 19. Jan 03.]

Stübel, J. F., de *Καισαροφοβίᾳ* Pilato a Judaeis injecta. Numb. 1736. 4.

Stübel, J. J., de rebus nonnullis, quae fiant et factae sunt festo natalitio Christi. Misen. 1710. 4.

Stübel, J. J., de rebus, quae fiunt et factae sunt tempore pentecostali. Wism. 1712. 4.

Stübel, Jo. Friedlieb (Annaberg/Sa.) A. S. 1327/14

Schediasma litterarium de criteriis boni libri.
Präs. Karl Friedrich Budde.
Leipzig (Titius) 9. V. 1714. 40 S. 33967

Stübel, Joh. Friedr., systematische und gründliche Abhandlung von den fast allgemein eingerissenen Irrthümern, betreffend die Besitzung der Menschen vom Teufel, die Hexerei und die Gespenster rc. 758. 8.

Stübel, Johann Gottfried (Annaberg/Sa.) A. S. 833/25

Insignis physices in jurisprudentia utilitas.
Präs. Johann Abraham Birnbaum.
Leipzig (Titius) 15. X. 1721. 28 S.

Gew.: Gottlob Hieronymus von Leipziger.
33968

Stübel, Joh. Jak. Programma de Ernesto, electore Saxoniae. fol. Misniae 1715.

Stübel, Joh. Jac. Programmata III de Joanne Constante. fol. Misenae 1719.

Stübel, Johannes, Dr.: ⟨Aus d. physiol. Inst. d. Univ. Jena.⟩ Beiträge zur Kenntnis der Physiologie des Blutkreislaufes der Vögel. [Ohne Tafeln.] (Altenburg) 1910: (Pierer). 117 S. 8° [Umschlagt.] ¶(Aus: Pflügers Archiv f. d. ges. Physiol. d. Menschen u. d. Tiere. Bd 135.)
Jena, Med. Hab.-Schr. v. 1910 [U 11. 2530

Stübel, Johannes: Zur Kenntnis der Plasmaströmung in Pflanzenzellen. Jena 1908: (Lippert, Naumburg a. S.) 26 S. 8° ¶(Aus: Zeitschrift f. allgem. Physiol. Bd 8, H. 3.)
Jena, Med. Diss. v. 31. Mai 1909, Ref. Biedermann
[Geb. 19. Juni 85 Leipzig; Wohnort: Jena; Staatsangeh.: Sachsen; Vorbildung: Kgl. Gymn. Dresden-Neustadt Reife O. 03; Studium: Jena 5, Leipzig 1, München 2, Jena 2 S.; Coll. 21. Juni 08; Approb. 31. Mai 09.] [U 09. 2155

Stuebel, Karl Bruno

Stuebel, **Car. Bruno, de vera indole ac vi declarationis** pro mortuo quam legislator **Saxo induxit per mandatum** d. XIII. Nov. MDCCLXXIX. Dissertat. inaug. 4 maj. (7½ B.) Lipsiae 830, (Serig.)
Angefügt ist: **C. Klien, Commentat: De ratione iurisprud. formulariae generali, atque variar. formular. in iure dicundo receptar. usu et abusu hodierno. Ps. IV.** (2½ B.)

Samoanische Texte, unter Beihilfe v. Eingeborenen gesamm. u. übs. v. O. **Stuebel.** Hrsg. v. F[riedr.] W[ilh.] K[arl] Müller. (Vorr.: A[dolf] Bastian.) *(Berlin: D. Reimer 1896.)* (VIII, 55—246 S.) 4.
= Kgl. Museen zu Berlin. **Veröffentlichungen** aus d. kgl. **Museum** f. Völkerkunde. Bd IV. H. 2. 4. [98. 6914

Stübel, Otto (Hrsg.), s. a. Sammlung der Bestimmungen des protestantischen Kirchenrechts ...

Stübel, Otto, Sammlg. d. Bestimmgn. d. protestantischen Kirchenrechts in Elsaß-Lothringen v. 1879 bis 1897. Im Anschluß a. v. Dursy's „Staatskirchenrecht in Elsaß-Lothringen" hrsg. 8. (X, 164 S.) Weißenburg 898. R. Ackermann. n. 1.50

Stüben, Fritz, appr. Tierarzt: Untersuchungen über Sapoformal ⟨Bengen⟩. Alfeld a. L. 1909: Stegen. 44 S. 8°
Gießen, Veterinär-Med. Diss. v. 23. Aug. 1909, Ref. Olt
[Geb. 6. April 84 Krempe; Wohnort: Kating; Staatsangeh.: Preußen; Vorbildung: Gymn. Meldorf Reife O. 05; Studium: Tierärztl. Hochschulen München 3, Hannover 4 S.; Rig. 9. Juli 09.] [U 10. 1258

Stüben, Lorenz, Referendar a. Berlin: Finden auf eine Aktiengesellschaft die Vorschriften des Bürgerlichen Gesetzbuchs über rechtsfähige Vereine Anwendung? Borna-Leipzig 1906: R. Noske. (IX, 64 S.) 8°.
Leipzig, Jur. Fak., Diss. v. 4. Dez. 1906
[Geb. 15. Aug. 81 Berlin; Wohnort: Berlin; Staatsangeh.: Preußen; Vorbildung: Luisen-Gymn. Berlin Reife M. 00; Studium: Berlin 7 S.; Rig. 4. Apr. 05.]

Stüben, Lorenz, die Hochstapler u. and. Geschichten. 8. (III, 168 S.) Berlin 898. Freund & Jeckel. n. 2.—

Stüben, Lor., sein Sohn —? u. andere Geschichten. (92 S.) 8. Berlin 903. C. Freund. n. 1.—

v. Stubenberg, Konrad; e. Rittergeschichte aus d. grauen Alterthume. 2 Thle. 8. Leipz. 804. Graffé in Weißenf. 2 ℳ

Stubenberg, Carl Graf, s. Stubenberg, Karl Graf

v. Stubenberg, Jos. († 1831), s. P. Brunnquell, Pastoralschreiben ꝛc.

Stubenberg, Karl Graf

URSACHEN, Gründliche, der Frage, ob der Adel mit Recht und Billigkeit in den k. k. Erblanden Aristokraten genannt werden könne. (Vf.: *Carl* Graf *Stubenberg*.) O. O. 1800.
Anon.-Lex. IV. p. 270 (nach Mitthlg. des Prof. Dr. A. Fournier).

Stubenberg, Mathilde Gräfin, s. a.: Berg, M. St.

— Eisblumen. Neue Gedichte. (X, 160 S.) 12. Leipzig 903 Breitkopf & Härtel. n. 2.—; geb. n. 3.—

Stubenberg, Mathilde Gräfin, Gedichte. Mit e. Vorwort v. Steph. Milow. 8. (VII, 194 S.) Dresden 900. E. Pierson. n. 2. 50; geb. n. 3. 50

— Gedichte. Mit e. Vorwort v. Steph. Milow. 2. durchgeseh. Aufl. (XI, 183 S.) 8. Dresden 905. E. Pierson. n. 2. 50; geb. n. 3. 50

Ⓑ **Stubenberg,** Mathilde Gräfin, Gedichte. 905. (KBL 34.) Jetzt: Berlin, Verlag Berlin-Wien.

— Gabriel v. Herrenburg. Eine epische Dichtung in 14 Gesängen. Mit Illustr. v. F. Dorsch. 8. (IX, 115 S.) Paderborn 902. F. Schöningh. n. 3.—; geb. n. 4.—

— Huldigungs-Festspiel der Steiermark zum 60jähr. Regierungs-Jubiläum S. M. des Kaisers Franz Josef I. am 2. XII. 1908. (30 S.) 8. Berlin (908). E. Bloch. —60

— Das alte Mädchen. Zyklus. (75 S. m. 1 Taf.) gr. 8. Wien 908. F. Deuticke. 3. 60

— **Myrten.** Ein Brautkranz. Gedichte. Zeichnungen v. Olga Granner. (51 S.) Lex.-8. Wien (904). Gerlach & Wiedling. Geb. n. 10.—

Der arme Wenzel. Drama in 5 Akten von M. St. Berg (Mathilde Gräfin Stubenberg). *Kassel: G. Weiß 1904.* (112 S.) 8° [?] [?4.1904 4]

Stuben- und Reisbilder eines phantastischen Mediziners. Neue Folge. Bamberg 1841. V: *Siebert, August Friedrich.* (BMarsch 1012)

Stubendorf [Schlagwort]

Stubendorf, s.: Gross-Strehlitz.

Stubengärtner, d., s. K. A. Waller.

Stuben-Gesellschaft, Die, in Hall (Tirol) ... [Innsbruck 1908.] V: *Jud, Roman.* (Margr)

Stubenhöfer, Paul

Oelsnitz. — Stubenhöfer, Paul. Plan von Oelsnitz. 1 : 3000. Chromolithogr. qu. gr. Fol. Plauen 889, Neupert's Verl. * 1 —

Stubenkammer [Schlagwort]

Stubenkammer, s.: Rügen. Müller, Gust.

Stubenmädchen, Das listige, oder der Betrug von hinten. [178?] V: *Eberl, Ferdinand.* (BGE VIII³, 512)

Stubenmädchen, Das listige, oder der Betrug von hinten, s.a. Hayn, Juliane.

Stubenmädchen, Das Listige, oder der Betrug von Hinten. Ein Originallustspiel vom Verfasser des Dichterlings. Aufgeführt in Wien. 1784. V: *Hayn, Juliana.* (BiblPort) (BGE VIII³/512)

Ein Stubenmädchen als Strafpredigerin des Autors über die Stubenmädchen in Wien. — „O Autorsucht! o Tollsinn! — Lateinisch kann ich nicht, etwas böhmisch und französisch, aber das verstünden Sie vielleicht wieder nicht." (Mit hübscher Titelvignette, darstellend Rautenstrauch und ein Stubenmädchen, das die Hand gegen ihn erhebt. Darunter: „Herr! — nicht so unverschämt!") Wien, in der Geroldischen Buchhandlung auf dem Kohlmarkt. Nr. 138 1781. 8⁰. 29 S. u. 1 leeres Bl. (In Wien, Stadtbibl.)

Ein Wiener Stubenmädchen an ihren Gesetzgeber vormaligen Herrn (so!). — Neue Könige, neue Gesetze. — WIEN, gedruckt bey Joh. Thomas Edlen von Trattnern, kaiserl. königl. Hofbuchdruckern und Buchhändlern. 1781. 8⁰. 23 S. (In Wien, Stadtbibl.)
Gugitz p. 147.

Die wienerischen Stubenmädchen wider die erschienene satyrische Biographie über die Stubenmädchen in Wien. — Nosce te ipsum. Deutsch: Kehr jeder Mensch vor seiner Thüre. Mit Titelvignette (Stubenmädchen mit Besen vor Rautenstrauch). Wien, zu finden in dem Härtlischen (so!) Buchbindergewolbe in der Singerstrasse. 1781. 8⁰. 24 S. (Besitzt Dr. Heymann in Wien.)
Näheres bei Gugitz p. 147.

Wider den Stubenmädchenfeind. Von der blauäugigten Nannettel, Stubenmädchen bey der gnädigen Frau von X***. Wien (Aug. Gräffer) 1781. 8⁰. 16 S. (Besitz Dr. Heymann in Wien.)

Stubenmädel, das listige, od. Betrug von hinten, aufgeführt in Wien. 8. Weißenf. 784. Graffé. 6 gl

Stubenmägdchen, die, eine Satyre in drey Gesprächen. (Druckerst.) (Motto in Prosa. 9 Zeilen. aus: Politisches Guck in die Welt. Th. 4. S. 43.) O. O. u. J. (München, c. 1778.) 8°. Unbeschn. Beibd.
8 bedruckte Bll., unpag. 1. Die Stubenmägdchen in der Kirche; 2. im Hofgarten; 3. auf dem Kapuzinergraben. — Höchst selten! Mit vielen originellen Münchener Lokal-Ausdrücken.

Stubenofen, der neueste, u. ein sehr brauchbarer. 2. Aufl. M. 1 Stnt. 8. ... Schmalkalden 829. [Leipzig, Künzel.]
Aus d. Zeitschr. „Der Wanderer" besond. abgedruckt.

Stubenofen, der neueste, u. ein sehr brauchbarer, nebst 1 Steindr. (2r, aus d. Zeitschrift „der Wanderer", veranstalteter Abdr.) 8. Schmaltald. 829, Varnhagen; (a. Schumann in Leipz.) 4 gl

Stuben-Ordnung für die kasernirenden Truppen-Abtheilungen der Garnison Dresden. 8. (Dresden 1823.)

Stubenrath, Franz Kasimir

Stubenrath, Frz. Casimir, über Aspirationspneumonie insbes. nach Eindringen v. Ertränkungsflüssigkeit u. üb. ihre gerichtsärztl. Bedeutg. gr. 8. (68 S. m. 2 Farbdr.) Würzburg 898. A. Stuber's Verl. n. 2. 40

Stubenrath, Franz Casimir [Dr. med. pr. Arzt zu Würzburg]: Das Genus Sarcina in morphologischer, biologischer und pathologischer Beziehung m. bes. Berücks. d. Magensarcine ... München: J. F. Lehmann 1897. 96 S. 8°
Würzburg, Med. Fak., Hab.-Schr. v. 1897

— das Genus Sarcina in morpholog., biologischer u. patholog. Beziehg. m. bes. Berücksichtg. d. Magensarcine. Habilitationsschrift. gr. 8. (96 S. m. 2 Tab.) München 897. J. F. Lehmann's Verl. n. 3. —

Stubenrath, Frz., Kasim., s.: Statistik, medizinische, d. Stadt Würzburg.

Stubenrath, Franz Casimir [aus Amorbach in Unterfranken]: Experimentelle und klinische Untersuchungen über die Callusbildung an den platten Knochen mit besonderer Berücksichtigung der Schädelknochen. (Preisfrage.) ... Würzburg, k. Universitätsdr. v. H. Stürtz 1887. 30 S. 8°
Würzburg, Med. Fak., Inaug.-Diss. v. 1887

Stubenrauch, Amalia, die würtemberg. Lola Montez. 16. (32 S.) Leipzig 848, Ph. Reclam jun. n. 1/6 ₰

Stubenrauch, Costumes des Wiener Hoftheaters. kl. Fol. fein ill. Wien, Geistinger. (Landsh., Krüll.)

Stubenrauch, Lehrbuch d. Erdkunde f. Bürger- u. Landschulen, so wie z. Selbstunterr., in genauer Uebereinstimm. mit d. neusten u. besten Wandkarten u. nach d. neusten u. zuverläss. Quellen bearb. 8. (55¼ B., 1 Tab. u. 1 Stnt.) Breslau 839, Heinr. Richter.

—— kleine Schul-Geographie, od. gründl. Leitfaden beim Unterr. in d. mathemat., phys. u. polit. Erdkunde f. Gymnasien, Real- u. Bürgerschulen, so wie z. Selbstunterr. gr. 12. (6⅚ B.) Breslau 840, Heinr. Richter.

Stubenrauch, A., erbuntertänig. Volksstück in 5 Akten. (Zeitbild aus den J. 1807—1810.) (82 S.) kl. 8. Hildburghausen 910. F. W. Gadow & Sohn. 1. —

— Friede in Haßhausen. Dorfbild in 3 Akten. (46 S.) kl. 8. Ebd. 910. — 75

— Heimatfesseln. Volksstück in 5 Akten. (64 S.) kl. 8. Ebd. 910. 1. —

— 15 volkstümliche, geistliche Lieder f. gemischten u. zugleich 2stimmigen Chor. (30 S.) 8. Ebd. 910. — 60

Führer durch die St. Jacobi-Kirche in Stettin. Verf. von A[dolf] Stubenrauch, Conserv. d. Mus. Hrsg. von H. Susenbeth. Stettin: H. Susenbeth 1902. (49 S.) 8°

Die Maaßsche prähistorische Sammlung im Altertumsmuseum in Stettin. Beschr. von Adolf Stubenrauch. Der 35. allgem. Versamml. d. Deutschen Anthrop. Gesellsch. gewidmet v. d. Gesellsch. f. Pomm. Gesch. ... in Stettin. Stettin 1904: Herrcke & Lebeling. (32 S.) 8° [05. 8693 θ

Stubenrauch, August Hermann, s. Stubenrauch, Hermann

Stubenrauch, Chr. Fr., üb. d. v. Wiebeking und Krönke herausgeb. allgem. Wasserbaukunst veranlaßt. gr. 8. Halle, Hendel. 799.

Stubenrauch, Chr. Edw., s. Gesangbuch f. die reformirte Gemeinde zu Halberstadt.

Stubenrauch, Edm., der Haßgau. Ein Wanderbuch. gr. 16. (79 S.) Schweinfurt 901. (E. Stoer.) n. — 70

Stubenrauch, Edm., Herzoglieder. Ein Rhapsodischkranz in Dichtgn. auf den Katafalk des Herzog Ernst II. v. Sachsen Coburg u. Gotha. gr. 4. (15 S.) Coburg 893. (H. Bonsack.) n. — 50

Stubenrauch, Fr. Heinrich

— s. Beschreib. der Feierlichkeiten bei Einkleidung rc.

Stubenrauch, Fr. Hnr., Nachr. von Verwaltung u. Urbarmachung d. Wartebrüche. Mit 1 Karte. gr. 4. Berl. 787. 18 gl

Stubenrauch, v. Verwaltung und Urbarmachung d. Wartebrüche. gr. 4. Berlin. 796.

Stubenrauch, (Fr. W.,) Eusebia, lyrisch-didakt. Gedicht in 6 Gesängen. 8. Halle 824, Fr. Ruff.

Stubenrauch, Frz. Ant.,
s. Stubenrauch, Franz Anton Xaver von

STUBENRAUCH, Franz Anton Xaver v.: Anfangsgründe der Forstwissenschaft. - Nürnberg 1771. 9 Bog. - dass. Augsburg 1773. 144 S.

— Anfangsgründe d. Forstwissenschaft. 8. Nürnb. 771. 8. Augsb. 773. v. Jenisch u. St. 4 gl

Stubenrauch, F. A. X. von: „Anfangsgründe der Forstwissenschaft", Augsburg 1773 (Stage; auch Nürnberg 1771, Stein).

STUBENRAUCH, Franz Anton Edler v.: Kurzer Bericht von Knoppern und Eichenlohe in Baiern. - München 1775. 2 Bg., 1 Taf.

STUBENRAUCH, Franz Anton Xaver Edler v.: Recht und Billigkeit in Forst- und Jagdsachen zwischen dem Landesherrn und seinen Unterthanen. - München 1779. 76 S.

Stubenrauch, Frz. Ant. X., Recht u. Billigkeit in Forst- und Jagdsachen zwischen d. Landesherrn u. s. Unterth. gr. 4. München, Lentner. 779.

Stubenrauch, Frz. Xav. Ant. Unterricht vom Salzwesen. 8°. (Augsburg) v. Jenisch u. St., 1773.

Stubenrauch, Friedr. Wilh., das nordische Fest d. 11. Sept. 1834 zu St. Petersburg, od. d. Weihe d. Alexander-Säule. Festgedicht. gr. 8. (4¼ B.) Landsberg a. d. W. 835. (Berlin, Ende.)

Stubenrauch, Georg Eugen: „Rechtliche Betrachtungen über die Freyheit des braunschweigisch-lüneburgischen Hauses, sich selbst den Gerichtsstand zu wählen". Wien 1782. — Vorh.: Bibl. des Oberlandesgerichts Celle — Of. 111.

Stubenrauch, Hans, Bilder zu Fritz Reuters Werken, m. begleit. Text v. Paul Warncke. gr. 8. (368 S.) Berlin 902. R. Eckstein Nachf. n. 11. —; geb. in Leinw. n.n. 12.50; auch in 22 Lfgn. à n. — 50

Stubenrauch, (Augustus) Herm. (geb. Berlin [illegible]): **De kali** hydrojodico et ejus effectu in animalibus observato. Berolini (1845). (30 S.) 8°
Berlin, Med. Diss. v. 21. Okt. 1845

Stubenrauch, Julius (Heppenheim)
Ueber fortschreitende Papillarwucherungen der Haut.
Giessen: M.A.J. Merck 1855. 30 S. u. 1 Taf.
Diss. med. 9.5.1855. vorh. 26. 7. 11.Δ.

v. **Stubenrauch** Leopold: Mittel und Wege, welche geeignet sind, den Unterricht u. die Disciplin am meisten zu fördern. Wien III. R. (Rainer). 97.
Progr.

STUBENRAUCH, Ludwig von: Beschreibung einiger junger menschlicher Früchte aus dem I. u. II. Monat der Schwangerschaft.- München: Wolf 1899. 30S.,1 Bl.,1 Taf.
15.7.1899 - Chr 1899/90,26; Jv 1899/90,231 (Prom.-Datum: 1890)
Diss. Ingolst.-Landsh.-**Mchn.**

Stubenrauch, Ludw. v., die Lehre v. der Phosphornekrose, s. a. Sammlung klinischer Vorträge.

Die Lehre von der Phosphornekrose von Ludwig v. Stubenrauch. *Leipzig: Breitkopf & Hartel 1901.* (24 S.) 4°(8°)
= Sammlung Klinischer Vorträge. No 303. (ul. 3767)

von Stubenrauch, Ludwig [Dr., 1. Assist. d. Kgl. chir. Univ.-Poliklinik zu München]: Untersuchungen über die Festigkeit und Elasticität der Harnblase m. Berücks. d. isolirten traumat. Harnblasenzerreissg ... M. 16 Abb. im Text. (Aus: Arch. f. klin. Chir., Bd. LI Heft 2.) Berlin, gedr. bei L. Schumacher, 1895; 52 S. 8.
München, Med. Fak., Hab.-Schr. v. 1895
(Nicht für den Austausch)

Stubenrauch, Max Ritter v., d. Makropoden, ihre Bedeutg. als Zierfische, deren Pflege u. Zucht. Lex.-8. (33 S. m. 2 Taf.) München 895. Dr. H. Lüneburg. n. 1. 60

Stubenrauch, Moriz, v., *Dr., k. k. Universitätsprof. zu Wien etc.* Belgien unter Maria Theresia. Aus dem Vlämischen des L. van Ruckelingen übersetzt. *Wien* 1858. *Friedr. Manz.* VI u. 152 S. 8°. Mit dem Bilde der Kaiserin. 1 fl. 48 kr.
INHALT. Die Niederlande seit der Umwälzung des 16. Jahrhunderts bis zum Zeitpunkte der Thronbesteigung Maria Theresia's. — Staatseinrichtung. — Krieg mit Frankreich 1744—1748. — Friede, Handel, Landbau, Gewerbfleiss. — Innere Verwaltung. — Kaiser Joseph II. — Das Unterrichtswesen. — Schöne Literatur und Kunst. — Letzte Regierungsjahre Maria Theresia's.

Stubenrauch, Mor. v., **Bibliotheca juridica austriaca.** Verzeichniß der von den ältesten Zeiten bis zum Schlusse des Jahres 1846 in Oesterreich (außer Ungarn und Siebenbürgen) erschien. Druckschriften und der in den österreich. juridischen Zeitschriften enthalt. Aufsätze aus allen Theilen der Rechtsgelehrsamkeit. Mit einem ausführl. Sach-Register. Ein Versuch. gr. 8. (IV und 462 S.) Wien 847, Beck'sche Universitäts-Buchh.

Stubenrauch, Mor. v., **statistische Darstellung** des Vereinswesens im Kaiserth. Österreich. Im Auftrage des Hrn. Ministers etc. Alex. Freih. v. Bach nach amtlichen Quellen bearb. Wien 857. (Manz u. Co.) 4. (2 Bl., 367 S.) n. 2 ₰. 20 ngr

Stubenrauch, Mor. v., tabellarische **Darstellung** des Organismus der österreichischen Staatsverwaltung. gr. Fol. (III und 10 Tab. in gr. Fol. und Imp.-Fol.) Wien 854(55,) Manz.

— tabellarische **Darstellung** des Organismus der österreichischen Staatsverwaltung. Wien 855. Manz. gr. Fol. (2 Bl. u. 10 Tab.) 2 ₰. 20 ngr.

—— das allgemeine bürgerliche Gesetzbuch vom 1. Juni 1811 sammt den dazu erflossenen Nachtrags-Verordnungen und den über die Einführung dieses Gesetzbuches in Ungarn, Croatien, Slavonien, Serbien, dem temeser Banate (und Siebenbürgen) getroffenen Bestimmungen, mit Rücksicht auf das prakt. Bedürfniß erläutert. 1—20. Lfg. (oder 1—3. Bd.) gr. 8. Wien, Manz. [Bd. 1. (VII und 848 S.) 2. (III und 879 S.) 3. (S. 1—192.) 853—56. à Lfg. 16 Ngr.]

—— das allgemeine bürgerliche Gesetzbuch vom 1. Juni 1811 sammt den dazu erflossenen Nachtrags-Verordnungen und den über die Einführung dieses Gesetzbuches in Ungarn, Croatien, Slavonien ꝛc. getroffenen Bestimmungen, mit Rücksicht auf das praktische Bedürfniß erläutert. 21—25. (Schluß-)Lfg. gr. 8. (3. Bd. IV und S. 193—829.) Wien 857. 58, F. Manz. à Lfg. 16 Ngr.
1—20. Lfg. Ebendas. 1853—56. 10 Thlr. 20 Ngr.

— **Handbuch des neuen österreichischen Gewerbe-Rechtes.** Mit besonderer Rücksicht auf das practische Bedürfniß bearb. Ebend. 860. Lex.-8. (VIII, 235 S.) 1 ₰ 6 ngr

— **Handbuch des österreichischen Handels-Rechtes.** Mit besonderer Rücksicht auf das praktische Bedürfniß bearb. Ebend. 863. Lex.-8. (XI, 579 S.) n. 3 ₰

v. Stubenrauch, Mor., Handbuch der in den nicht ungarischen Provinzen des österreich. Kaiserstaates u. bei dem österreich. Militärkörper geltenden Jurisdictions-Normen, sammt den bis auf die neueste Zeit darüber erflossenen Declaratorien. gr. 8. Wien 843, Fr. Beck. 2¼ ₰

Stubenrauch, Moriz v., systemat. Handbuch d. Literatur d. allgem. (josephin.) Gerichtsordnung v. 1. Mai 1781, der westgaliz. Gerichtsordn. v. 19. Dec. 1796, der italien. Gerichtsordn. v. 16. März 1803, der tyrol. Gerichtsordn. v. 15. Sept. 1814 u. d. allgem. josephin. Concursordn. v. 1. Mai 1781. Mit 2 Anhn. (üb. d. Literatur d. Geschäftsstyles u. üb. d. österreich. jurid. Zeitschriften) — u. 3 Registern. gr. 8. (26¼ B.) Wien 840, Haas'sche Buchh.

— Handbuch der österreichischen Verwaltungs-Gesetzkunde. Nach dem gegenwärtigen Stande der Gesetzgebung bearb. 2 Bde. in 13 Lfgn. gr. 8. (1. Bd. XVI u. 539 S. 2. Bd. XVI u. 722 S.) Wien 851. 52, Manz. Subscr.-Pr. (à Lfg. 16 ngr) 6 ₰ 28 ngr Ladenpr. 8 ₰

—— **Handbuch** der österreichischen Verwaltungs-Gesetzkunde. Nach dem gegenwärt. Stande der Gesetzgebung bearb. 2., verb. und mit den Gesetzen bis zum April 1855 verm. Aufl. 1—14. Lfg. gr. 8. Wien, Manz. [Bd. 1. (XVI und 596 S.) 855., 2. (XII und 728 S.) 856. à Lfg. 16 Ngr.]

—— Handbuch der österreichischen Verwaltungs-Gesetzkunde. Nach dem gegenwärtigen Stande der Gesetzgebung bearb. 3., verb. und mit den Gesetzen bis zum Mai 1859 verm. Aufl. 2 Bde. in 12 Lfgn. gr. 8. (1. Bd. XIV und 638 S., 2. Bd. X und 858 S.) Wien 859—61, F. Manz. à Lfg. 20 Ngr.

—— die Jurisdictionsnorm (die Vorschrift über den Wirkungskreis und die Zuständigkeit der Gerichte in bürgerl. Rechtssachen) vom 18. Juni 1850 für die Kronländer Oesterreich unter und ob der Enns, Salzburg, Steiermark, Kärnthen, Krain, Görz und Gradiska, Istrien, Triest, Tirol und Vorarlberg, Böhmen, Mähren und Schlesien, erläutert. Mit einem Sachregister und einer tabellar. Uebersicht (in gr. Fol.) der Civilgerichtsbehörden in den oben angeführten Kronländern. gr. 8. (VIII und 232 S.) Wien 851, Beck'sche Universitäts-Buchh.

— s. Jurist, der, eine Zeitschrift.

Stubenrauch, Mor. v., Commentar zum allgemeinen österreichischen bürgerlichen Gesetzbuche sammt den dazu erflossenen Nachtrags-Verordnungen. 2. gänzlich umgearb. Aufl. 1—7. Liefg. Wien 864. F. Manz. Lex.-8. (1. Bd. 1. Abth.: V, 846 S.) Jede Liefg. n. 20 *ngr.*

Stubenrauch, Mor. v., Commentar zum allgemeinen österreichischen bürgerlichen Gesetzbuche sammt den dazu erflossenen Nachtrags-Verordnungen. 2., gänzlich umgearb. Aufl. 8—14. Liefg. Wien 865. Manz' Verlag. Lex.-8. (1. Bd. S. 847—1134, 2. Bd. III, 665 S.) Jede Liefg. n. 20 *ngr.*

Stubenrauch, Mor. v., Commentar zum allgemeinen österreichischen bürgerlichen Gesetzbuche, sammt den dazu erflossenen Nachtrags-Verordngn. 3., nach dem neuesten Stande der Gesetzgebg. bericht. u. verm. Aufl. 2 Bde. gr. 8. (V, 529 u. 511 S.) Wien 876. Manz. n. 16. —

Stubenrauch, Mor., Commentar zum österreichischen allgemeinen bürgerlichen Gesetzbuche. 4., nach dem neuesten Stande der Gesetzgebg., der Rechtssprechg. u. der Literatur bearb. Aufl. 2 Bde. gr. 8. (VII, 879 u. X, 932 S.) Wien 884. Manz. n. 24. —; geb. n. 28. —

Stubenrauch, M. v., Commentar zum österreichischen allgemeinen bürgerlichen Gesetzbuche. 5. Aufl. Nach dem gegenwärt. Stande der Gesetzgebg., der Rechtsprechg. u. d. Literatur neu bearb. v. M. Schuster u. K. Schreiber, unt. Mitwirkg. v. Demeter Ritter v. Mertens. (2 Bde.) gr. 8. (XII, 886; VIII, 959 S.) Wien 887. 888. Manz. à Bd. n. 12. —; geb. n. 14. —

— dasselbe. 6. Aufl. 1.—5. Hft. gr. 8. (S. 1—400.) Ebd. 890. à n. 1. —

Stubenrauch, Mor. v., Commentar zum österreichischen allgemeinen bürgerlichen Gesetzbuche. 6. Aufl. Nach dem gegenwärt. Stande der Gesetzgebg., der Rechtsprechg. u. der Literatur neu bearb. von Max Schuster v. Bonnott u. Karl Schreiber. 6.—24. Hft. gr. 8. (1. Bd. XV u. S. 401—1018; 2. Bd. 906 S.) Wien 891—893. Manz. à n. 1. — (kplt.: n. 24. —; geb. n. 28. —)
1. Bd. kplt. n. 13. —; geb. n. 15. —. — 2. Bd. n. 11. —; geb. n. 13. —.

Stubenrauch, Mor. v., Commentar z. österreichischen allgemeinen bürgerlichen Gesetzbuche. 7. Aufl. Nach d. gegenwärt. Stande d. Gesetzgebg., d. Rechtsprechg. u. d. Litteratur neu bearb. von Max Schuster v. Bonnott u. Karl Schreiber, unt. Mitwirkg. v. Arnold Krasny. 1.—17. Hft. gr. 8. (1. Bd. XIV, 1109 S. u. 2. Bd. S. 1—240.) Wien 896—898. Manz. à Hft. n. 1. — (1. Bd. kplt.: n. 14. —; geb. n. 16. 40)

Stubenrauch, Mor. v., Commentar zum österreich. allgem. bürgerl. Gesetzbuche. 7. Aufl. Nach d. gegenwärt. Stande der Gesetzgebg., der Rechtsprechung u. der Literatur neu bearb. von Max Schuster v. Bonnott u. Karl Schreiber, unter Mitwirkg. v. Arnold Krasny. 18.—26. (Schluß-) Heft. gr. 8. (2. Bd. IV u. S. 241—997.) Wien 899. Manz. n. 10. —; (à Bd. n. 14. —; geb. n. 16. 40)

— dasselbe. Unter Mitwirkg. von Alfr. Frhrn. v. Seiller, Alfr. Bloch, Karl Krapf u. a. hrsg. von Max Schuster v. Bonnott u. Karl Schreiber. 8., umgearb. Aufl. 2 Bde. gr. 8. Ebd. n. 32. —; geb. n.n. 37. 60
1. (XVI, 1057 S.) 902. n. 16. 10; geb. n.n. 18. 90
2. (XII, 1064 S.) 902. 903. n. 15. 90; geb. n.n. 18. 70

— Lehrbuch des österreichischen Privat-Handelsrechtes mit besonderer Rücksicht auf das Bedürfniß der Lehr-Anstalten bearb. Ebend. 859. gr. 8. (XII, 259 S.) 1 ₰ 10 *ngr.*

— das österreichische Marken- u. Musterschutzgesetz mit Rücksicht auf die Bedürfnisse des Handels- u. Gewerbestandes erläutert. Ebend. 859. gr. 8. (VI, 68 S.) n. 14 *ngr.*

Stubenrauch, Professor Moriz von —. Die Sparanstalt des Wiener allgemeinen Hilfs- und Sparvereines von — —. Aus dem „Volks- und Wirthschaftskalender" für 1856. Herausgegeben vom Vereine zur Verbreitung von Druckschriften für Volksbildung. Wien, 1856. Gedruckt bei Karl Ueberreuter. (8 S. 8.)

—— die neue Wechselordnung, s. Wechselordnung, die neue.

— s. Zeitschrift für österreich. Rechtsgelehrsamkeit.

Stubenrauch, Ph[ilipp] von, J[ohann] Schindler & [Johann] Höchle. Darstellung der k. k. österr. Armee nach der neuesten Adjustirung . . . Hrsg. in Wien, bey Artaria 1821.
16 Taf., davon 12 in kol. Kupferst., 4 in kol. Lithogr. 2°
8 Taf. nach Stubenrauch, 4 nach J. Schindler, 4 nach Höchle. Die 12 Taf. gest. von H. Mansfeld Erhard und Beyer sind ohne Herausgeber um 1902 noch einmal erschienen

Stubenrauch, Sam. Er. Tim.

Stubenrauch, S. E. T., de vera indole ac causis calamitatum, quibus sec. I. et II. p. Ch. n. afflicti sunt Christiani. Hal. 1768. 4.

Stubenrauch, Sam. Er. Tim., († d. 8. Mai 1807.) s. *Spanheim.* introductio.

Stubenrauch, Timotheus Christian (M. Brandenbg.)
Diss. Halle 1712/7

Dissertatio philosophico-theologica, de revelatione divina. Präs. Johann Huldrich Heyden.
Halle (Salfeld) IX. 1712. 38 S. 33962

Stubenrauch, Vinc., Erlebnisse e. bayerischen Kanoniers im Kriege 1870/71. Illustr. v. Hans Stubenrauch. gr. 8. (106 S.) München 896. (J. Lindauer.) n. 1. 20

Erlebnisse eines bayerischen Kanoniers im Kriege 1870/71 von **Vincenz Stubenrauch**. Ill. von Hans Stubenrauch. *München: Selbstv. 1896.* (106 S.) 8° [F.]

Stubenrauch, Walter (geb. Berlin 29. 4. 1857): Ueber Ectopia vesicae beim weiblichen Geschlecht mit besonderer Berücksichtigung von 5 mit Gravidität complicirten Fällen. Berlin (1879). (22 S.) 8°
Berlin, Med. Diss. v. 9. Aug. 1879

Stubenrauch, Wilhelm von, Rechtspraktikant aus Kempten: Verwaltung und Nutzniessung des Ehemannes am eingebrachten Gute der Ehefrau nach dem Bürgerlichen Gesetzbuche unter vergleichender Heranziehung des Entwurfes erster Lesung und des Preussischen Allgemeinen Landrechtes. *München 1898: Kastner & Lossen.* (71 S.) 8°
Erlangen, Jur. Diss. v. 23. Juli 1898

Stubenrauch, Wilhelm Lebr.

— s. Etwas zur Beleuchtung der Justizpflege.

Stubenrauch, Wlh. Lebr., († d. 15. Nov. 1798.) über die Strafwürdigkeit der Verläumdungen. 8. Dessau 776.

Stubentapeten f. d. Jugend, m. ill. K. gr. Fol. Prag, Schönfeld. 789.

Stubenvögel, Die, oder Wartung und Pflege der Nachtigallen, Canarienvögel . . . 3. Aufl. Pirna [1832]. H: *Seifer, Robert.* (BrMm)

Stubenvögel, die, od. Wartung u. Pflege d. Nachtigallen, Canarienvögel, Wachteln, Lerchen, Finken rc., mit besond. Berücksichtigung d. Papageien; in e. genauen Anweis. zu ihrer Aufziehung rc. Durchaus prakt. dargest. 3., verm. u. verb. Aufl. 8. (8½ B.) Pirna 832, [Leipzig,] Friese.

Stubenvögel, die vorzügl., Deutschlands, ihre Lebensart, Pflege, Zucht, Wartung u. Fange. 8. Hamb. Vollmer. 814.

Stubenvoll, Prof. Dr. J. v. Döllinger, † 10. Jan. 1890. 1. u. 2. Aufl. 8. (13 S.) Heidelberg 890. A. Siebert im Hause L. Meder. n. — 50

Stubenvoll, Heidenthum im Christenthum. 1. u. 2. Aufl. gr. 8. (191 S.) Heidelberg 891. [A. Siebert.] Heidelberger Sortiments- u. Antiquariats-Buchh. n. 2. 90

Stubenvoll's Theaternachrichten. Organ der Theater-Agentur des Georg Stubenvoll, Wien. 1.—5. Jahrg. 1880—1884. à Jahrg. 24 Nrn. (Bog.) 4. Wien, Administration. à Jahrg. * *

Stubenvoll, die Unfehlbarkeit des Papstes, eine bibl. und Geschichtslüge. Vortrag, gehalten in der christkathol. Genossenschaft Luzern am 23. Jan. 1887. 4. (15 S.) Zürich 887, (Trüb'sche Buchh.)

Stubenvoll, Beda, die Basilika u. das Benedictinerstift St. Bonifaz in München. Festschrift zum 25jähr. Jubiläum. gr. 8. (212 S. m. 1 Lichtdr.) München 875. Stahl. n. 2. 60

— Geschichte d. königl. Erziehungs-Institutes f. Studirende [Holland'sches Institut] in München, aus Anlaß d. 300 jähr. Bestehens dieser Anstalt. gr. 8. (XI, 506 S.) München 874. Lindauer. n. 5. 50

Stubenvoll, P. Beda, das Hollandische Institut in München. Geschichtl. Vortrag, im grossen Saale des kathol. Casino gehalten. München 1878. Druck d. Literar. Instituts von Dr. Max Huttler. 8⁰. 6 S. Cart.

Anlass zur Stiftung gab vornehmlich der Jesuit P. Johannes Koblenzer, der damals die einflussreiche Stellung eines Hofpredigers Herzog Albrecht's V. bekleidete.

—— Kaiser Karl der Große und dessen angeblicher Geburtsort auf der Reismühle im Mühlthale. Vortrag, im großen Saale des katholischen Casino gehalten. 8. (12 S.) Ebendas. 878. *

Stubenvoll, P. Beda (Conventual d. Stiftes St. Bonifaz), geschichtl. Skizze über das ehemal. Karmelitenkloster u. Karmelitengotteshaus (nunmehrige Studienkirche) in München. (S.-A. aus Bd. 35 d. oberbayer. Archivs.) München 1875. Imp.-8⁰. 26 S. Cart.

S. 22—23: Reihenfolge d. Münchener Karmelit.-Priore v. 1634—1799 (50 an der Zahl), sowie d. Karmelit.-Provinzialen in Bayern v. 1702—1800 (13 an der Zahl).

Stubenvoll, Frdr. B., Alkoholismus u. Tuberkulose, s.a. Arbeiter-Abstinenten-Bund, deutscher. 12.

Stubenvoll, Frdr. B., Alkoholismus u. Tuberkulose. Ausg. A. (1.—5. Taus.) (Hrsg. vom Deutschen Arbeiter-Abstinenten-Bund. Nr. 12.) (16 S.) kl. 8. Berlin (906). Buchh. des deutschen Arbeiter-Abstinenten-Bundes. — 10

Religion und Aberglaube. Von Dr. F[ranz] B[eda] Stubenvoll. *Leipzig: F. Jansa 1897.* (95 S.) 8° [ ]

Stubenvoll, Fritz, approb. Arzt aus Aichach: **Beiträge zur** Casuistik der Meningitis cerebrospinalis. *München 1901: M. Ernst.* (32 S.) 8°

München, Med. Diss. v. 1901

STUBENVOLL, George, Anfang, Glück u. Ende einer sechsjährigen Ehe. (Eine Schilderung nur für engste Familienkreise.) Im Selbstverlage. Wien 1883. Druck v. A. Keiss.

L.-G. Wien, 23. Juli 1883. § 516.

Stubenvoll, Geo., Kritik der Salberg'schen Sachrechnenmethode. gr. 8. (32 S.) München 876. Th. Ackermann. n. — 60

Stubenvoll, Geo., Alt-Wiener Musikanten. Genrebild mit Gesang in 1 Act, theilweise nach Frdr. Edler v. Radler's „Josef Lanner". Musik nach Strauß u. Lanner'schen Motiven v. Gothov-Grünecke (d. „Lanner-Ouvertüre" v. Phpp. Fahrbach). 12. (20 S.) Wien 898. A. W. Künast. n. 1. 20

Stubenvoll, J. G., Johannisbad zu Schongau im bayer Oberlande. [2500' üb. dem Meeresspiegel.] Saison: Mai bis October. Ein Führer f. Erholungsbedürftige u. Leidende. 2., verm. Aufl. 8. (28 S.) Schongau 887. (München, J. A. Finsterlin.) n. — 40

Stubenvoll, Joh. Gg., **Aufgaben zum Rechnen in Dezimalbrüchen. Für Volksschulen. 2. verb. Aufl. 8. (31 S.) München 879, Stahl.** *

Die 1. Aufl. erschien im Selbstverlag.

Stuber, Bernhard, appr. Arzt: Aus d. Kgl. Univ.-Frauenklinik zu Berlin. Über die Todesursachen der Kinder während der Geburt. Berlin 1909: G. Schade. 54 S. 8°

Berlin, Med. Diss. v. 16. März 1909, Ref. Olshausen

[Geb. 8. Mai 83 Stuttgart; Wohnort: Charlottenburg; Staatsangeh.: Württemberg; Vorbildung: Realgymn. Stuttgart Reife M. 02; Studium: München 2, Berlin 8 S.; Coll. 9. März 09; Approb. 12. März 09.] [U 09. 116

Stuber, Emil *Albert* [aus Hambach '(Kr. Zabern i. E.)']: Über Hexylaticonsäure eine neue Isomere der Hexylitaconsäure ... Strassburg i. E., Buchdr. C. & J. Gœller, 1897; 51 S. 8.

Strassburg, Math.-naturw. Fak., Inaug.-Diss. v. 1897

Stuber, Johann. Mein Tagebuch über die Erlebnisse im Revolutionskrieg, 1861-65. Cincinnati, 1896.

Stuber, Julius A.

Stuber, J. A., die obere Abtheilung des unteren Lias in Deutsch-Lothringen, s.a. Abhandlungen zur geologischen Specialkarte v. Elsass-Lothringen.

Stuber, *Julius* A. [aus Hambach im Unt.-Els.]: Die Obere Abtheilung des unteren Lias in Deutsch-Lothringen ... M. 8 Profilzeichngn im Text, e. Profiltaf. u. e. Tab. Strassburg, Strassb. Druckerei u. Verlagsanst., 1893; IV, 107 S., 1 Bl. 8.

Strassburg, Math.-naturw. Fak., Inaug.-Diss. v. 1893

Stuber, Karl Rudolf: De lege Rhodia ejusque extensione. 19 S.— Basel, Jur.Diss.v. 3.April 1772.

Stuber, R[udolf]. Excursion in das Gebiet der Monte Rosa-Gruppe. Juli 1873. [SA.] 8. [Bern 1875.]

Stuber, Walther, cand. jur., von Lohn bei Solothurn: Die Patentierbarkeit chemischer Erfindungen. Bern 1907. IV, 138 S. 8°
Bern, Jur. Diss. 1906/1907.

Stuber, Walth., die Patentierbarkeit chemischer Erfindgn., s.a. Abhandlungen zum schweizerischen Recht.

Die Patentierbarkeit chemischer Erfindungen. Von Dr. jur. Walther **Stuber.** Bern: Stämpfli & Cie 1907. (IV, 138 S.) 8°
Inaug.-Diss. Bern.
= **Abhandlungen** z. schweizerischen Recht. H. 20. [07. 1499

— Schweizerisches Zivilgesetzbuch vom 10. XII. 1907, s.a. Universal-Bibliothek.

Stuber, W., Schweizerisches Zivilgesetzbuch vom 10. XII. 1907. Hrsg., eingeleitet u. m. e. Sachregister versehen. (344 S.) 16. Leipzig, Ph. Reclam jun. 1909. —. 60; geb. 1. —
Reclams Universal-Bibliothek 5147—49.

Stüber, Anleitung für Fleischbeschauer, mit Anhg. (Gesetze u. Verfügungen für die Provinz Brandenburg). Berlin 86. Nicolai. Kart. M. 1.—

Stüber, Felix, aus Erfurt: Ein Fall von Akromegalie mit schwerem Diabetes und Katarakt. Jena 1903: Frommann. (19 S.) 8°
Jena, Med. Diss. v. (7. Sept.) 1903

Stüber, Jh. Wlh., († d. 11. Juni 1822.) Lehr- u. Lesebuch für deutsche Volksschulen. 3 Abtheill. Für Kinder von 6—8, v. 8—10 u. v. 10—14 Jahren. 8. Ulm 817. Ebner. 16 gr

— — Methodik für Lehrer, zum Gebrauch d. Lehr- u. Lesebuchs. 8. Ebend. 818.

— Rede am Gedächtnißtage d. Errichtung der Katharinenschule in Ulm, gehalten am 28. Mai 1820. 8. Ulm 820.

— Register zu Michaelis oriental. Bibl., s. J. D. Michaelis.

Stüber, W., der suchende und rettende Heiland. Eine Predigt in der St. Johannis-Kirche zu Magdeburg gehalten am 10. Sonntage nach Trinit. 8. (14 S.) Magdeburg 858. Baensch. * *

Stüber, Walter, aus Berlin: Ueber Produkte der alkalischen Hydrolyse des Eieralbumins. Erlangen 1898: E. Th. Jacob. (34 S.) 8°
Erlangen, Phil. Diss. v. 12. Juli 1898

Stüber, Wilh., Hochbau-Lexikon, s.: Schönermark, G.

Stüber, Wilhelm

Stüber, Leitfaden zum Unterricht in der Geometrie für Bürger-Gewerb- und Ackerbauschulen. gr. 8. (VIII und 87 S. mit 6 Stnt.) Magdeburg 852 [und Leipzig, Gebr.] Baensch. Thlr. *

Stüber, Leitfaden zum Unterricht in der Geometrie für Bürger-, Gewerbs- u. Ackerbauschulen. 2. Aufl. Leipzig 865. Gräbner. gr. 8. (VIII, 96 S. mit 108 in den Text gedr. Holzschn.) n. 10 ngr

Stüber, Leitfaden zum Unterricht in der Geometrie f. Mittel-, Gewerbs- u. Ackerbauschulen. Mit 108 in den Text eingedr. Holzschn. 3. verb. Aufl. gr. 8. (90 S.) Leipzig 876. Klinkhardt. n. 1. —

— die Physik. Leitfaden zum Unterricht für Bürger- u. Gewerbsschulen. Magdeburg 867. Baensch. gr. 8. (VI, 108 S. mit 33 in den Text gedr. Holzschn.) n. 10 ngr

Stüber, die Physik. Leitfaden zum Unterricht für Mittelschulen. Mit 33 in den Text gedr. Holzschn. 2., verb. Aufl. 8. (VIII, 120 S.) Leipzig 880. E. Baensch. n. 1. 20

Stüber-Gunther, Fritz, a u s g' s t e c k t. Skizzen aus Wien u. Umgebg. (III, 154 S.) 16. Wien 908. R. Mohr. 1.50; geb. 2. —

— C. i. Roman. (440 S.) kl. 8. Stuttgart (907). A. Bonz & Co. 3.20; geb. in Leinw. 4. 20

— Draußt' u. drin. Skizzen aus Wien. (III, 154 S.) 16. Wien 911. R. Mohr. 1.50; geb. 2. —

Stüber-Gunther, Fritz, das Durchhaus. Wiener Skizzen. (III, 153 S.) 16. Wien 905. R. Mohr. n. 1.50; geb. n. 2. —

— das neue G'wand. Wiener Skizzen u. Geschichten. (160 S.) 16. Ebd. 907. n. 1. 50; geb. n. 2. —

Die untere Million. Gestalten u. Geschichten v. Donaustrand. Von Fritz **Stüber-Gunther.** Berlin: (Schall [1910]). 269 S. 8°
(Verein d. Bücherfreunde. Ser. 19, 6.) [11. 14135

— Schwiegersöhne. Roman. (446 S.) 8. Stuttgart (909). A. Bonz & Co. 4.—; geb. in Leinw. 5. —

— Der Stellwagen u. anderes Wienerisches. (III, 155 S.) 16. Wien 909. R. Mohr. 1.50; geb. in Leinw. 2. —

Fritz **Stüber-Gunther.** Der Stellwagen und anderes Wienerisches. 3. Aufl. Wien: R. Mohr 1909. (155 S.) 8° [F.] [08. 18115

— bucklige Welt. Kleine Sachen zum Weinen u. Lachen. (III, 159 S.) 16. Ebd. 906. n. 1. 50; geb. n. 2. —

— Wiener auf Reisen u. Daheim. Skizzen u. Erzählgn. (162 S.) gr. 8. Linz (903). Wien, J. Deubler. 3. 80; geb. 4. 30

Stuebgen, Christian (geb. [illegible]) De epilepsia. Berolini (1855). (29 S.) 8°
Berlin, Med. Diss. v. 19. März 1855

Stubick, C. Graf, Eisenbahn-Schema für Oesterreich-Ungarn, s. Lausch, A.

Stübiger, R., Geschäftsaufsätze u. allgemeine Gewerbevorschriften, s.: Ruprecht, E.

— Der schriftliche Verkehr der Hoteliers usw., s.: Heß, Adf. Fr.

Stuebil, Edward C. 1857-1907. Denkschrift ... Erste Die Reformirte Gmde zu Akron ... 21. Apr 1907 Akron, 1907.

Stübing, Adolf: Friedrich Hebbels Dramen als Opern. Hanau 1911: Heydt. 84 S. 8° ¶ (Soll vollst. im Buchh. ersch. u. d. T.: F. Hebbel in d. Musik.)
Rostock, Phil. Diss. v. 15. Dez. 1910, Ref. Thierfelder, Golther
[Geb. 10. März 81 Hanau; Wohnort: Rostock; Staatsangeh.: Preußen; Vorbildung: Oberrealsch. Hanau Reife O. 99; Studium: Berlin 3, Rostock 6 S.; Rig. 10. Dez. 10.] [U 11. 4178

Stuebing, Adolph (geb. Berlin 1825) De rhachitide. Berolini (1850). (27 S.) 8°
Berlin, Med. Diss. v. 16. Aug. 1850

Stübinger, Otto, Reg.-Bauführer: Die römischen Wasserleitungen von Nîmes und Arles. Heidelberg: Winter 1909. 42 S., 2 Taf. 4⁰ ¶ Um Abb. verm. als: Zeitschrift f. Geschichte d. Architektur. Beih. 3.
Karlsruhe, Dr.-Ing.-Diss. v. 19. 5. 1909

Stübinger, Otto, die römischen Wasserleitungen v. Nimes u. Arles, s.a. Zeitschrift f. Geschichte der Architektur. 3. Beiheft.

Die römischen Wasserleitungen von Nimes und Arles. Von Dr. Ing. Otto **Stübinger.** (Mit 65 Abb.) Heidelberg: Winter 1909. 67 S. 4°
(Zeitschrift f. Geschichte d. Architektur. Beih. 3.) [09. 17680

Stübinger, Wilhelm, appr. Arzt aus Niederhone: **Aus d. chirurg. Universitäts-Poliklinik zu Leipzig. Kasuistischer Beitrag zur Kenntnis der angeborenen bösartigen Geschwülste.** *Leipzig 1903: B. Georgi.* (71 S.) 8°
Leipzig, Med. Diss. v. (22. Mai) 1903

BERICHT über die Tätigkeit der naturwissenschaftlichen Gesellschaft Isis zu Bautzen in den Jahren 1906—1909, erstattet von Dr. HANS STUBLER, II. Vorsitzenden. Abhandlungen aus dem Kreise der Mitglieder. (Mit 2 Tafeln.) Bautzen 1910. (Gedruckt bei E. M. Monse.) 8⁰.

Stübler, Eugen, aus Stuttgart: **Bewegung einer auf horizontaler Ebene rollenden Kugel, deren Schwerpunkt im Mittelpunkt liegt.** *Stuttgart: H. Enderlen 1902.* (35 S.) 8°
Tübingen, Naturw. Diss. v. 1902

Stübler, Eug., Bewegung e. auf horizontaler Ebene rollenden Kugel, deren Schwerpunkt im Mittelpunkt liegt. Diss. gr. 8. (35 S. m. 2 Taf.) Stuttgart 902. H Enderlen. n. 1. —

Über einige spezielle Biegungsgruppen. Von E[ugen] **Stübler.** München: Akad.; Franz in Komm. 1910. 13 S. 8°
(Sitzungsberichte d. Kgl. Bayer. Akademie d. Wiss. Math.-physikal. Kl. Jg. 1910, Abh. 12.) [11. 813

Stübler, E[ugen], Dr.: Der Impuls bei der Bewegung eines starren Körpers. 1906. 39 S. 8⁰ ¶ Aus: Zeitschrift f. Mathematik u. Physik. Bd 54. 1907.
Stuttgart Te. H., Hab.-Schr. v. 14. 11. 1905

Stübler, Gotthilf, Referendar in Stuttgart: Die Lebensversicherung zugunsten Dritter. Eine rechtsanwendende und rechtspolitische Darstellung mit Rücksicht auf den im Reichsjustizamt aufgestellten Entwurf eines Gesetzes über den Versicherungsvertrag nebst Regierungs- und Reichstagsvorlage. Stuttgart 1906: Hoffmann. (67 S.) 8°
Tübingen, Jur. Fak., Ref. Heck, Diss. v. 6. Dez. 1906
[Geb. 17. Juni 81 Stuttgart; Wohnort: Stuttgart; Staatsangeh.: Württemberg; Vorbildung: Eberhard-Ludwigs-Gymn. Stuttgart Reife M. 99; Studium: Tübingen 2, Leipzig 2, Tübingen 1, Berlin 1, Tübingen 1 S.]

Stübler, Hans, geograph. Charakterbilder, s.: Grube, A. W.

— die Sächsische Schweiz, s.a. Landschaftsbilder aus d. Königr. Sachsen.

Die sächsische Schweiz. Von Dr. phil. Hans **Stübler,** Bautzen. Mit 13 Abb., 1 topogr. u. 1 orohydrogr. Karte. Meißen: H. W. Schlimpert 1905. (48 S.) 8° [5.]
= Landschaftsbilder aus d. Königr. Sachsen. 7. [05. 5991 3

Stübler, Johannes, aus Dresden: **Anthropogeographische Studien in der sächsischen Schweiz.** *Leipzig 1903: C. G. Naumann.* (75 S.) 8°
Leipzig, Phil. Diss. v. [18. Mai] 1903

Nidwaldner Stubli
v. Nidwaldner Volks-Blatt.

Bearbeitung und Verwendung der Hölzer und plastischen Materialien nebst e. Anl. üb. d. Beizen. Ill. Handb. f. Tischler, Möbelfabrikanten ... Nach d. Fortschritten d. Neuzeit bearb. v. Rudolf **Stübling.** M. 76 Abb. im Text. *Berlin: W. & S. Loewenthal (1898).* (x, 370 S., 3 Bl.) 1 Bd 8. [98. 4396

— die Beiz- u. Färbekunst in ihrer Anwendg. auf Holz, Bein, Horn etc. Mit 1 Abb. im Texte u. 28 Farbentaf. gr. 8. (VI, 63 S.) Ebd. 898. n. 4. 50

— d. gesamte Drechslergewerbe. Handbuch f. Drechsler, umfass. Werkzeuge, Hilfseinrichtgn., Arbeitsmethoden u. Materialienkunde f. sämtl. Zweige dieses Gewerbes, nach d. Fortschritten d. Neuzeit. M. e. Atlas v. 18 Foliotaf., enth. 361 Abb. gr. 8. (XII, 316 S.) Weimar 896. Leipzig, B. F. Voigt. 9. —

Stübling, Rud., s.: Drechsler-Kalender, deutscher.

— s.: Kalender f. Drechsler u. Holzindustrielle.

— technischer Ratgeber auf dem Gebiete der Holzindustrie, s.a. Weber's illustr. Katechismen.

Stübling R. Technischer Ratgeber auf dem Gebiete der Holzindustrie. (451 S.)
(Webers illustrierte Katechismen 226) Leipzig 1901

Stübling's, Rud., Taschenbuch f. Drechsler. Wirtschaftlicher Leitfaden f. Meister, Gehilfen u. Lehrlinge sowie f. solche, die junge Leute der Drechslerei als Lehrlinge zuführen wollen. Mit e. illustr. techn. Teil, enth. neueste Werkzeug-Konstruktionen. (IV, 189 S.) 8. Berlin 903. A. Goldschmidt. Geb. in Leinw. n. 2. 50

Stubmann, Pet., Holland u. sein deutsches Hinterland in ihrem gegenseit. Warenverkehr, s.a. Abhandlungen des staatswissensch. Seminars zu Jena. I. 1.

Holland und sein deutsches Hinterland in ihrem gegenseitigen Warenverkehr, mit bes. Berücks. d. holländ. Haupthäfen, seit d. Mitte d. 19. Jhs. Eine handelsstatist. Studie von Dr. phil. Peter **Stubmann.** *Jena: G. Fischer 1901.* (x, 130 S.) 8°
= Abhandlungen d. staatswiss. Seminars zu Jena. Bd 1, H. 1. [01. 5334

Stubmann, Pet., die Störungen im deutschen Verkehrsgewerbe, s.: Schachner, Rob.

Stubmann, Peter, aus Dresden: **Der Warenverkehr zwischen Holland und dem deutschen Hinterland, mit besonderer Berücksichtigung der holländischen Haupthäfen, seit der Mitte des 19. Jahrhunderts.** *Jena: G. Fischer 1901.* (IV, 53 S.) 8° ¶ [Erschien vollst. 1901 u. d. T.: Holland und sein deutsches Hinterland in ihrem gegenseitigen Warenverkehr ... als: Abhandlungen d. staatswiss. Seminars zu Jena, Bd 1, H. 1.]
Jena, Phil. Diss. v. (30. Nov.) 1900

Stübner, C. G., Eröffnung d. Lippen z. Verkünd. d. göttl. Ruhms. 8. Nürnberg, Monath. 727.

Stübner, C. J., s. Stübner, K. J.

Stuebner, Carolus Guilemus Ferd.,
s. Stuebner, Karl Wilhelm Ferdinand

Stübner, Friedrich Wilhelm [Praes.], s. Behrmann, Georg Friedr.: Contra virium mensuram Cartesianam pro Leibnitiana.

Stübner, Friedrich Wilhelm A. S. 150/26

De burggrafiatu Norimbergensi dissertatio historica.
Leipzig (Breitkopf) 11. X. 1730. 48 S.
33969

Stübner, Friedrich Wilhelm A. S. 150/27

De burggrafiatu Norimbergensi dissertatio historica secunda.
Leipzig (Breitkopf) 20. X. 1731. 56 S. 33970

Friedrich Wilhelm Stuebner

Frider[ici] Vilelmi Stübner Demonstratio verae mensurae virium motricium vivarum e legitimis principiis dynamices expositis petita. [Leipzig] 1734: Breitkopff. 22 S. 8°

* M. *Frid. Vilh. Stübner* amica responsio ad animadversiones clarissimi viri M. *Gothofredi Heinsii* demonstrationibus virium mensurae Leibnitianae oppositas, qua simul hujus dissertatio de viribus motricibus D. XVII. Febr. A. cioIoccxxxiii. habita examinatur. Lipsiae, Breitkopfius typis expressit. 4. 24 S.

1734

Theorema *Harriotti* de numero radicum verarum et falsarum demonstrat *Fridericus Vilelmus Stübner*, A. M. Barutho-Francus respond. *Georgio Vilelmo Poezinger*, iidem Barutho-Franco, Lipsiae ex Officina Breitkopfiana. 4. 44. S. ·1720. *

Stübner, Georg Beitrag zur Entwicklungsgeschichte des Vorkeims der Polypodiaceen. XVIII S. u. 2 Taf. **Progr.** *Döbeln* 1882

Stübner, Georg Albrecht

- -, Neue // Historische / Politische und // Moralische // Gedancken /// Sinnbilder / Gedichte // und // Erfindungen / // außgefertiget // von // Georg Albrecht Stübnern /// Ih. Hoch=Fürstl. Durchl. des Hertzogs // zu Churland Informatore und P. P. bey der Christ= //stian=Arlangischen Ritter=Academie, ehemahls // der Philosophischen Facultat zu Wittenberg // Adjuncto. // Christian=Erlang /// In Verlegung Johann Friderich Regelein. // Gedruckt bey Johann Andreas Lochmann. // ANNO 1708. - 64 S.
B. S. T. 8°.698/2.

Stübner, Georg Albrecht, M. Georg Albrecht Stübners /// Orator. Poetic. und Physic. Profess. Publ. // zu Christian=Erlang/ // Palmen= // und // Cypressen=Zweige /// das ist ///Allerley fröliche und traurige // Gedancken /// Worinnen // Viele auserlesene Moralia, merck= //würdige Historien / grosse Staats=Begeben= //heiten und Veranderungen in EUROPA, unerhörte // Feld= und See=Treffen / importante Beläge-run= //gen vester Plätze / froliche Geburts= Vermahlungs= // Einzugs= und Sieges=Feste Hoher Kayserl. Königl. // Chur= und Fürstlicher Personen / traurige Todtes= // Fälle gekronter und gesalbter Haupter / nebst // andern nutzlichen Dingen // Mit Poetischer Feder / nach der neuen und // naturellen Art zu schreiben entworffen sind. // Christian=Erlang /// Gedruckt und zu finden bey Joh. Friderich Regelein /// Im Jahr 1705. - 5 Blatt (nicht paginiert) Titelblatt, Widmung, Vorrede und Inhalt. - 95 S. und noch 3 Blatt (nicht paginiert) Zugabe.
B. S. T. 8°.694/2.

Stübner, Joach. Ldw. Gli., das Amt d. Notarien in Westphalen, zur Belehr. des Publikums; nebst e. Anh. über die Taxe u. das Formenwesen in jurid. Hinsicht. 8. Hannov. 810.

Stübner, Jh. Chph.

Stübner. Geographische, naturhistorische und vorzüglich mineralogische Beschreibung des Harzgebirges. Bd. I. II. Leipzig, 1800.

— histor. Beschreib. der Kirchenverfassung in den Braunschweig. Ländern seit der Reformation. 2 Thle. 8. Goslar 800. (Albrecht in Wolfenb.) 1 ℛ 16 ℊℊ

Stübner, Jh. Cph., († d. 20. April 1800.) Denkwürdigkk. des Fürstenth. Blankenburg u. des Stifts Walkenried. 2 Thle. 8. Wernigerode u. Leipz. 788, 90. Mit folg. T.: Merkwürdigkk. des Harzes überhaupt u. des Fürstenth. Blankenburg insbesondere. 2 Bde. 8. Halberst. 793 — u. 800. Mit folg. T.: geograph., naturhistor. u. vorzügl. mineralog. Beschreib. des Harzgebirges, nebst Darstell. des auf d. Harze befindl. Berg- u. Hüttenwesens. 2 Bde. 8. Leipz. 800. (W. Rauck). 1 ℛ 20 ℊℊ

Stübner, K. J.

Stübner, C. J., und T. G. Reichelt, Lesebuch, s. Reichelt, T. G.

Stübner, K. J., u. T. G. Reichelt, Lesebuch für Mittelklassen deutscher Volksschulen. 8. (VI u. 318 S.) Chemnitz 849, Ernesti. n. 1/3 ℛ

Stuebner, Karl Wilhelm Ferdinand

Stuebner, Carol(us) Guilelm(us) Ferd(inandus): De tumore albo. Halis (1835): Ploetz. 28 S. 8°
Halle-Wittenberg, Med. Diss. v. 6. April 1835
Geb. [Verden a. d. Aller 26. 12.] 1811. V.

Stubnitz [Schlagwort]

Stubnitz, s. a. **Jasmund.**

Stubnitz. Fack's, Erich, Spezial-Wanderkarte durch die Stubnitz, m. Tabelle der zwischen Sassnitz u. Stubbenkammer angebrachten Farbentafeln. Neubearb. 1907. 27×11,5 cm. Farbdr. Sassnitz (907). E. Fack. — 30

Stubnitz. Wandkarte von der Stubnitz (Sassnitz-Stubbenkammer). 1 : 25,000. 35,5 × 27,5 cm. Farbdr. Bergen a/Rügen 898. F. Becker. — 30

Stucco-Decorationen in dem reg. Chorherren-Stifte Klosterneuburg bei Wien. Aufgenommen von Prof. Karl Drexler, erklärender Text von Dr. Albert Ilg. 34 Tafeln in Lichtdruck und 7 Seiten Text. 4. 18. —
Wien: Schroll & Co 1896.

Stuchetz Josef. Über substituierte Rhodaninsäuren und deren Aldehydkondensationsprodukte. 4. Mitteilung. S. 114. 115. 71 . . . . Vgr.
Separatabdruck

Stuchli: Preisverzeichnis ..., s. Jasper

Stuchlik, Heinrich, K. Bergmeister i. Traunstein: Die Faciesentwicklung der südbayerischen Oligocänmolasse. Mit 1 geolog. Kt., 2 Profiltaf. u. zahlreichen Textfig. 1906. 68 S., 3 Taf. 4° ¶ Auch in: Jahrbuch d. K. K. geolog. Reichsanstalt. Bd 56.
München, Dr.-Ing.-Diss. v. 12. 2. 1906

Stuchlik, Leo: Über Papaverinol.
Diss. Prag 1899/1900.

Stuchtey, Karl

Stuchtey, Carl, aus Rheda i. Westf.: Uber Glimmentladung in Luft und Wasserstoff bei Atmosphärendruck. *Bonn 1904: C. Georgi.* (46 S.) 8°
Bonn, Phil. Diss. v. [30.] Juli 1904

Stuck, Franz von

Stuck, Frz. v., Gesamtwerk. (153 Bl. u. S. m. 170 Abb. in Gravure, Lichtdr., farb. Kunstlichtdr. u. autotyp. Wiedergaben in Tondr.) 31,5×25 cm. München (909). F. Hanfstaengl. Geb. in Perg. 65.—: in Schweinsldr. 120. —

— Plastisch-anatomischer Handatlas, s.: Schider, Fritz.

Stuck, F., Karten u. Vignetten. Hrsg. v. M. Gorlach. Entwürfe u. Compositions-Motive f. Weinkarten u. Menus, Hochzeitsblätter, Glückwunschkarten, Programme u. Einladgn. zu Musik-, Gesangs- od. Ballfesten, zur Jagd etc.; Festkarten f. den Eis-, Wettrenn-, Velociped-, Turn-, Kegel- u. sonst. Sport, nebst e. Cyklus humorist. Vignetten. Zinkographie v. C. Meisenbach, München. Fol. (50 Taf. in farb. Druck.) Wien 880. Gerlach & Schenk. In Mappe. n. [illegible]
In deutscher, engl., französ. Ausgabe. — Vergriffen.

Stuck, F., Karten und Vignetten. Hrsg. von Martin Gerlach. Entwürfe und Compositions-Motive für Weinkarten und Menus, Hochzeitsblätter, Glückwunschkarten, Programme und Einladungen zu Musik-, Gesangs- oder Ballfesten, zur Jagd etc.; Festkarten für den Eis-, Wettrenn-, Velociped-, Turn-, Kegel- und sonst. Sport, nebst einem Cyklus humorist. Vignetten. Zinkographie von C. Meisenbach, München. Fol. (50 Taf.) Wien 887, Gerlach und Schenk. In Mappe *

— dasselbe. 2., billigere Ausg. 50 Taf. in 2—4 farb. Druck. Fol. Ebd. 890. In Mappe. n. 20. —

Stuck, Franz. 23 Kunstholzschn. nach Werken des Meisters, m. Begleittext v. Aemil Fendler. (20 Taf. m. 11 S. illustr. Text.) 43,5×36 cm. Leipzig (904). J. J. Weber. In Leinw.-Mappe 10. —

Stuck, Franz. 30 Photograv. nach Gemälden d. Meisters. gr. Fol. (2 Bl. Text.) München (898). F. Hanfstaengl. In Ldr.-Mappe 75. —; geb. in Ldr. 90. —

Stuck, Frz., üb. hundert Reproductionen nach Gemälden u. plastischen Werken, Handzeichnungen u. Studien. Text v. Otto Jul. Bierbaum. gr. 4. (84 S. m. Abbildgn., 48 Taf. u. Bildnis.) München 893. Münchener Kunst- u. Verlags-Anstalt, Dr. E. Albert & Co. Geb. in Leinw. n. 40. —; in Saffian 75. —

Stuck, Gottlieb Heinrich

Stuck, ..., physikal.-chem. Beschreib. des Wildunger Brunnens u. derselben Gegend. gr. 8. Leipz. 791. Schladebach. 16 gr.

— s. Jos. Karo, sentent. Rabbinorum.

Stuck, Gli. Hnr., († d. 30. Jan. 1787.) Verzeichniß von ältern u. neuern Land- u. Reisebeschreibb., Versuch e. Hauptstücks der geograph. Literatur; mit J. E. Fabri's Vorrede u. Register. 2 Thle. u. Nachtr. gr. 8. Halle 784—87. Hendel. (1r Thl. 1 Thlr 8 gr, 2r Thl. mit vollständ. Realregister; herausgg. v. H. Chr. Weber. 14 gr, Nachtrag 4 gr) 2 Thlr 2 gr

Stuck, Jh. Chr.

— s. Hoseas Propheta.

Stuck, Jh. Chr., Predigten zur Beförder. eines christl. Verhaltens, unter den Gefahren der Zeit. gr. 8. Leipz. 813. Reclam. 1 Thlr 4 gr

— zwei Predigten vor Stadtgemeinden gehalten. 8. Leipz. 823.

Stück, Des reformirten Hamburgischen Patrioten Erstes. Tit. Ich nehme mich den Patriot . . . Anno 1724. V: *Dietz, Justus Lorenz.* (Jacoby, Moral. Wochenschr. Hamb. 1888.)

Stück, Erstes, Zweites und Drittes, des Philanthropischen Archivs. Mitgetheilt von verbündeten Jugendfreunden an Vormünder der Menschheit, besonders welche eine Schulverbesserung wünschen und beginnen, auch an Väter und Mütter, welche in das Dessauische Philantropin senden wollen. Dessau 1776. V: *Basedow, Joh. Bernhard.* (HHBD VI, 10—11)

Stück Gegenwart, ein. Im Monate Juni d. J. bruchstückweise in den Beilagen der „Allgemeinen Zeitung" unter der Chiffre X. N. erschienen. 1. und 2. Aufl. gr. 8. (60 S.) Wien 851, Gerold, Verlag. *

Stück, ein, Dänisch-Deutsche Geschichte im Mai 1855. (60 S.) — 2. Aufl. Weimar 855. Böhlau. gr. 8. (64 S.) n. 10 ngr.

Stück, ein, aus der Hinterlassenschaft d. Herrn v. Mühler. Zur Erwägung f. die Folgezeit. gr. 8. (V, 69 S.) Berlin 872. Oppenheim. n. 1. —

— ein, Justiz aus dem Lande der Gemüthlichkeit od. Untersuchungshergang behufs Aufklärg. d. mysteriösen Mordes [Todtschlages] resp. Selbstmordes der Engländerin unweit Trafoi in Tyrol. gr. 8. (17 S.) München 876. L. Finsterlin n. — 40

Stück Leben, ein. Blätter d. Erinnerg. an e. Entschlafene. 8. (VI, 213 S.) Gotha 889. F. A. Perthes. n. 3. —

Stück, Ein, Schulgeschichte. Winterthur [1872]. V: *Morf, Hnr.* (Cat. d. Stadtbl. Zürich. Zürich 1864—97.)

Stück, Ein verschwundenes, des ältesten Zürich. [Zürich 1910.] V: *Pestalozzi, F. Otto.* (zuwzür 1911)

Stück, Des Schlesw. Wochenblatts 19—25. O. O. [1756]. H: *Camerer, Joh. Frdr.* (Bruun, Bibl. Danica III, 1054.)

Stück, Carl, s. Stück, Karl

Stück, E., graphische Berechnung der Deviationstabellen u. Deviationskoeffizienten. Ausg. A. Für Rosen m. Strich- u. Grad-Teilg., Ausg. B. Für Rosen m. reiner Grad-Teilg. (Je 2 S.) 38,5×48,5 cm. Hamburg (909). Eckardt & Messtorff. à — 40

Stück, H., s. Stück, H. A. L.

Stück, H. A. L., Distanz- u. Höhen-Messung. Formeln u. Tabellen behufs Aufnahme u. Höhenbestimmg. gr. 8. (143 S.) Hamburg 873. O. Meissner. 4. 50

Stück H.: Geschichte d. hamburgischen Vermessungswesens. Hamb. 1885. 87 S. 4°
(= : Vermessung d. freien u. Hansestadt Hamburg. Th. 1). 637.

Stück, H. A. L., Tafeln zur Umwandlung des bisherigen Hamburger Maasses in das durch Gesetz vom 17. Aug. 1868 für den norddeutschen Bund eingeführte Metermaass. Auf Veranlassung der Deputation für Handel u. Schifffahrt berechnet. Hamburg 869. Grüning. 8. (V, 36 S.) In engl. Einb. n. 12 ngr.

Stück, H. A. L., Tafeln zur Umwandlung des bisherigen Hamburger Maasses in das durch Gesetz vom 17. Aug. 1868 für den Norddeutschen Bund eingeführte Metermaass. Auf Veranlassung der Deputation für Handel und Schifffahrt berechnet. 2. verm. Aufl. 8. (III, 40 S.) Hamburg 876, Grüning. geb. *

— Vierstellige logarithmische u. trigonometrische Tafeln. Auf Veranlassg. des naut. Departements des Reichs-Marineamts. (IV, 94 S.) Lex. 8. Wilhelmshaven 908. C. Lohse Nachf. Geb. in Leinw. 1. 25

Stück, H., Vermessung der Freien u. Hansestadt Hamburg. 1. Thl. Geschichte d. Hamburgischen Vermessungswesens. gr. 4. (XII, 87 S.) Hamburg 885. Friederichsen & Co. n. 4. —

Stück, H., Vermessung der freien u. Hansestadt Hamburg. 2.—4. Thl. gr. 4. Hamburg, Friederichsen & Co. n. 47. — (1—4.: n. 51. —)
2. Präcisions-Nivellement. Mit 4 Taf. (V, 192 S.) 886. n. 12. —
3. Triangulation. Mit Dreieckskarte. (VI, 158 S.) 886. n. 10. —
4. Detailvermessung. Mit 32 Taf. (VI, 161 S.) 888. n. 25. —

Stück, H., Verzeichniss von Höhenpunkten in Hamburg und Umgebung, bestimmt durch geometrische Nivellements und trigonometrische Höhenmessungen abseiten des Vermessungsbureaus in d. Jahren 1869 bis 1878. Hamburg 1879.

Stück, Joh.

Liebknecht, Johann Georg (Präs.) u. Joh. Stück (Marburg) (Resp.)
Disputatio theologica inauguralis de aurium prurigine sive morboso discentium in ecclesia statu ac tempore a Paulo II Tim. IV, praedicto et praesertim a reformatione Lutheri conspicuo.
Giess. 15. Nov. 1717: Vulpius 64 S. 4°
— recusa et aucta. Giessae 1719: Vulpius u. Lammers. (2) 64 (6) S. 4°

Stück, Karl

Stück, Carl [aus Aue (Hess.-Nass.)]: Über Hydrops saccatus ... Würzburg, Becker's Univ.-Buchdr., 1891; 27 S. 8.
Würzburg, Med. Fak., Inaug.-Diss. v. 1891

Stück, Reinh., Bismarck. Ein vaterländ. Spiel f. die deutsche Jugend. **Zur Aufführung an nationalen Fest- u. Gedenk**tagen in Schulen **u. Jünglingsvereinen.** gr. 8. (48 S.) Weimar 900. R. **Wagner Sohn.** **n. 1. —**

Stück, Rhold., Wilhelm der Große. E. Festspiel f. d. Volksschule z. 100. Geburtstage d. hochsel. Kaisers. [Aus: „Lehrerzeitg. f. Thüringen ꝛc."] gr. 8. (24 S.) Leipzig 897. H. Haacke. n. — 40

Stück, Walter, Referendar, Ilmenau: Voraussetzungen, Inhalt und Umfang des Bereicherungsanspruches. Borna-Leipzig 1913: Noske. VIII, 83 S. 8°
Jena, Jur. Diss. v. 1. März 1913, Ref. Rauch
[Geb. 27. Juli 91 Urnshausen; Wohnort: Jena; Staatsangeh.: Sachsen-Weimar; Vorbildung: G. Erfurt Reife 09; Studium: Marburg 3, Halle 1, Jena 2 S.; Rig. 21. Dez. 12.] [U 13. 941

Stuckart (Hrsg.), s. Anzeiger, Allgemeiner und Erzähler.

Stuckart, C. F., Anleit. zur charakterist. Landschaftszeichnung f. diejen., welche nach der Natur zeichnen lernen wollen. Mit 6 Kpft. 4. Schweidnitz, (Holäufer in Bresl.) 16 gr

— Ansichten Schlesischer u. Glatzer Gegenden. Mit 3 Kpf. qu. Fol. Schweidn., (Holäufer in Bresl.) 16 gr

— ſ. Geschichte u. Beschreib. der ehemal. Burgvesten.

Stuckdecken, moderne. I. Serie. 124 Entwürfe. (65 Taf. in qu. gr. 4.) Nebst e. Preisliste. Lex.-8. (40 u. 40 S.) Berlin (901). M. Spielmeyer. n. 60. —

Stucke, Albert. Tragödie. Hamb. 1778. V: *Rathlef, Ernst Lorenz Michael.* (GGr)

Stucke, Albert. Trsp. 8. Hamb. Gleditsch. 778.

Stucke, C., Abhandlung v. d. Mineralquellen im Allgem., u. Versuch e. Zusammenstellung v. 880 d. bekannteren Mineralquellen u. Salinen Deutschlands, d. Schweiz u. einiger angränz. Länder; mit analyt. Tabellen, worin etwa 250 chem. Analysen v. Mineralquellen angegeben sind. Nebst 1 Charte v. Deutschlands Mineralquellen mit geognost. Umrissen, in 4 Bl. (Fol. u. ill.) Zum Gebr. f. prakt. Aerzte, Chemiker etc., f. Freunde d. Naturkunde u. Badegäste. kl. Fol. (29½ B.) Cöln 831, (DuMont-Schauberg.)

—— Beitrag zur Erkenntniss d. Natur u. Heilung d. Cholera. Nach eigenen Erfahrungen. 8. (7¼ B.) Cöln 832, DuMont-Schauberg.

— ſ. P. v. Kildjuschewski, kurzgefaßte Beschreib. ꝛc.

—— toxicolog. Tabellen, od. tabellar. Uebersicht d. Gifte, d. Symptome, die sie hervorbringen, d. Behandl. d. Vergiftungen, d. Auffindungsweise d. Gifte etc. Nach d. neuest. Entdeckn. u. Berichtign. gr. qu. 4. (6 B.) Coeln 828, DuMont-Schauberg.

Stucke, C., toxikolog. Tabellen, od. tabellar. Uebersicht d. Gifte, d. Symptome, die sie hervorbringen, u. d. Behandl. d. Vergiftungen, d. Auffindungsweise d. Gifte etc. Nach d. neuesten Entdeckn. u. Berichtign. 2., verm. u. verb. Aufl. qu. gr. 4. (8¼ B.) Köln 837, DuMont-Schauberg.

Stucke, C. H., s. Stucke, Kaspar Heinrich

Stucke, Carl Friedrich August, s. Stucke, Karl Friedrich August

Stucke, Friedrich Carl, s. Stucke, Karl

Stucke, G., Kaiserin Augusta als deutsche Fürstin u. deutsche Frau. Vortrag. gr. 8. (28 S.) Wiesbaden 890. Bechtold & Co. n. — 50

Stucke, Georg: Französisch 'aller' und seine romanischen Verwandten. Eine kritisch-etymol. Untersuchung. *Darmstadt 1902: G. Otto.* (VI, 155 S.) 8°
Heidelberg, Phil. Diss. v. 1902

Stucke, Karl

Stucke, *Friedrich* Carl [app. Arzt aus Pye bei Osnabrück]: Aus d. Kgl. Univ.-Augenklinik zu Kiel. Die Credé'sche Prophylaxis in Kiel und ihr Einfluss auf das Vorkommen von Blennorrhoea neonatorum ... Kiel, Druck v. L. Handorff, 1894; 20 S., 1 Bl. 8.
Kiel, Med. Fak., Inaug.-Diss. v. [7. Aug.] 1894

Stucke, Karl Friedrich August

Stucke, Carolus Fr[idericus] A[ugustus] (geb. am 3 Nov. 1799 in Lennep): Theses medicae quas ... defendet et dissertationi ... De digestionis perturbatione ex stomacho et vesica fellea invicem iunctis proxime typis edendae praemittit. Bonnae, typ. Büschlerianis (1821). 2 Bl. 4. ¶ D. versprochene Diss. ist nicht erschienen. Vergl. jedoch die Einleitung.
Bonn, Med. Fak., Thes. v. 30 Aug. 1821

Stucke, Kaspar Heinrich

— vom Wildunger Brunnen, nebst e. physikal. Beschreib. d. Gegend rc. Mit e. Vorrede v. .. Westrumb. gr. 8. Leipz. 791.

Stucke, Kasp. Hnr., über den Schwelmer Gesundbrunnen, s. a. Castringius.

— u. L. Castringius, über den Schwelmer Gesundbrunnen. 8. Dortm. 800.

Kaspar Heinrich Stucke

C[aspar] H[einrich] Stucke. Chemische Untersuchungen einiger niederrheinischen Foßilien eines Vesuvians und des Wassers im Basalt. Frankfurt a.M.:Gebhard & Körber 1793. 144 S. 8°

Stücke, auserles., der besten deutschen Dichter von Opitz bis auf gegenwärt. Zeiten. 3 Bde. 1r u. 2r Bd. von F. W. Zachariä. 3r Bd. von J. J. Eschenburg. 8. Braunschw. 777—778. Schulbuchh. 2 ℛ 20 gr

— auserles., aus d. Fragmenten üb. die Encyklopädie von Hrn. v. Voltaire. 8. Heidelb. ... Pfähler. 12 gr

Stücke, ausgewählte, aus d. dramat. Dichtern d. Römer, d. Plautus, Terenz, Seneca u. Andere; nebst e. Abhandl. üb. d. Theaterwesen der Griechen u. Römer v. G. D. Köler. gr. 8. Stendal 794. Franzen u. Gr. 1 ℛ 12 gr

— authent., die Negociation betreff., welche Görz mit Raynal rc. zur Beileg. der Unruhen in Holland aufgetragen war, mit 2 Anhäng. 8. Eisenach 787. Wittekind. 5 gr

— dram., z. Bildung d. Geistes, u. Veredl. d. Herzens v. Ant. Mettich. 16 Stck. 8. Ulm, Stettin. 804.

Stücke, gewählte, z. Bildung des Geschmacks rc., s. Aehrenlese auf dem Felde deutsch. Prosa.

Stücke, einige, aus der Haustafel einer christlichen Jungfrau. Nürnberg 854. Raw. 24. (19 S.) 1 ngr.

Stücke, kl., für d. deutsche Schaub. v. G. H. Hagemann. 8. Lüb. Iversen. (a. Gleditsch in Lpz.) 784.

Stücke, Poetische und Prosaische, von dem Freyherrn von G*** Neue Aufl. Braunschweig 1769. V: *Gemmingen, Eberhard Frdr. von.* (Stri) (Mn) H: *Zachariae, Frdr. Wilh.* (Ky)

PROBEN, Poetischer. 7 Stücke (soviel ersch.?). (Jena, Gollner. 1740.) 8°. Sehr rar!
St. 1—3. 4 Bogen, verzeichnet Cat. Meissner III. p. 533.
St. 1—7 in Heinsius' cat. universalis. 1748. p. 207.

Stuckedorius, Carolus, de Flugapparat, s.: Theater, kleines.

Van der Stucken, Frank Valentin. Gedenk-Vergessen ... Berl. 1892. (Words by D. G. Rossetti, music by Van der Stucken.)

Stuckelberg s. Stückelberg.

Stückelberg, Maler Ernst, †. [Zürich 1903.] V: *Stückelberg, Ernst Alfred.* (Zuwachsverz. d. Bibl. Zürich 1898ff, 8.)

Stückelberg, Adrian, der Privatname im modernen bürgerlichen Recht, m. besond. Berücksicht. d. Vorentwurfs f. e. schweizer. Zivilgesetzbuch. gr. 8. (170 S.) Basel 900. (C. F. Lendorff.) n. 3. —

Der Privatname im modernen bürgerlichen Recht mit bes. Berücks. d. Vorentwurfs f. e. schweiz. Zivilgesetzbuch von Dr. Adrian Stückelberg. *Basel: Selbstverl.; [C. F. Lendorff in Komm.] 1900.* (168 S.) 8° [illegible]

Catalog. Katalog der Jubiläums-Ausstellung von Werken des Herrn Dr Ernst Stückelberg 1901 in der Kunsthalle zu Basel 13. April bis ca. Mitte Mai. [Mit Selbstporträt des Malers.] 35 S. 8. Basel, Kreis, 1901. fr. —.50 X 200[8] — V Bas

Stückelberg, Ernst, drei Kinderszenen. (3 farb. u. 1 Bl. Text m. Bildnis.) 48,5×36,5 cm. Basel (909). E. Finckh. 8.—; einz. Bl. 3. 20

Stückelberg. Ernst St' ([1831—1903). [Nekrolog] s. (S[ilbernagel], Ad[olf]).

Stückelberg, (E[rnst]). St' Album. ([Heliogravüren nach Gemälden von] E. St'.) Liefg. 1—3. *je 5 Tafeln, in Umschlag,* fol. Bern, A. Benteli, [1904—1905]. [Subscr. *je* fr. 10. —]
Liefg. 1 *u.* 2. [1904.] — Liefg. 3. [1905.]

Stückelberg, (Ernst). St'-Album. ([Heliogravüren nach Gemälden von] E' St'; [Text von] H[ans] Trog. 4 Lieferungen.) [8 S. +] 21 Tafeln, *in Mappe,* fol. Bern, A. Benteli, [1904—1905]. [Subscr. pro Liefg. *in Umschlag je* fr. 10. —, Mappe 5. —]
Liefg. 1 *u.* 2. [*je* 5 Tafeln.] 1904. — Liefg. 3. [5 Tafeln.] [1905.] — Liefg. 4. [6 Tafeln, mit Text.] [1905.]

(Stückelberg, Ernst.) Antwerpener Tagebuchblätter eines Künstlers von 1851. [Hrg.] Von Dr. E[rnst] A[lfred] Stückelberg. ⟨Separat-Abdruck aus «Schweiz. Rundschau» [Jahrg. 4,] 1903–04, Heft 4.⟩ 9 S. 8. [Stans, Hans von Matt & Co., 1904.]

Stückelberg, Ernst Alfred

Stückelberg, E. A., aus der christlichen Altertumskunde. 8 Aufsätze. (99 S. m. 24 Abbildgn. u. 1 farb. Taf.) gr. 8. Zurich 904. F. Amberger. n. 4. —

Stückelberg, E. A., Denkmäler z. Basler Geschichte. 33 Taf. m. begleit. Text u. 10 Abb. (III, 108 S.) Lex. 8. Basel 907. Wepf, Schwabe & Co. In Mappe 17. —

— archaeologische Exkursionen. Prakt. Winke. (19 S. m. 7 Fig.) kl. 8. Basel 905. C. F. Lendorff. n. — 70

Stückelberg, E. A., siehe: *Festbuch.*

Stückelberg, E. A., Geschichte der Reliquien in der Schweiz, s.a. Schriften d. schweiz. Gesellschaft f. Volkskunde. 1.

Stückelberg, E[rnst] A[lfred]. Geschichte der Reliquien in der Schweiz. Mit 40 Abbildungen. CXVI + 325 S. 8. Zürich, Verlag der Schweizerischen Gesellschaft für Volkskunde, Druck von Emil Cotti's Wwe, 1902. [für Mitglieder fr. 8. —, für Nichtmitglieder fr. 10. —]

Schriften der Schweizerischen Gesellschaft für Volkskunde. — Publications de la Société Suisse des Traditions Populaires. [Band] 1.

Stückelberg, E[rnst] A[lfred]. Geschichte der Reliquien in der Schweiz. [Band] 2. Mit 3 Abbildungen im Text und 9 Tafeln. VIII + 193 S. 8. Basel, Verlag der Schweiz. Gesellschaft für Volkskunde, 1908. [für Mitgl. fr. 10. —, für Nichtmitgl. 12. —]

Schriften der Schweizerischen Gesellschaft für Volkskunde = Publications de la Société suisse des Traditions populaires. (Bd.) 5.

Stückelberg. Ernst Alfred [aus Basel]: Eine Geschichtsquelle des 6. Jahrhunderts. (Aus: Stückelberg, E. A., Aus der christlichen Altertumskunde.) Zürich 1904. 17 S. 4°.

Basel. Phil. Hab.-Schr. 1903/1904.
Nicht für den Austausch

Stückelberg, E. A., d. mittelalterl. Grabdenkmäler d. Basler Münsters, s.a. Jahresberichte u. Rechnungen d. Vereins f. d. histor. Museum etc. in Basel.

Stückelberg. E[rnst] A[lfred]. Die mittelalterlichen Grabmäler des Basler Münsters. [Illustriert. A.] 4. (Basel 1896.)

— die schweizer. Heiligen des Mittelalters. Ein Hand- u. Nachschlage-Buch f. Forscher, Künstler u. Laien. (XVI, 160 S. m. 87 Abbildgn., 1 farb. Karte. u. 1 Lichtdr.-Taf.) gr. 8. Zürich 903. F. Amberger. n. 6. 40; geb. n. 8. —

Stückelberg, E[rnst] A[lfred]. Die Heiligenbilder Basels. Ein Führer durch die öffentlichen Gebäude und Sammlungen Basels. II + 16 S. 8. Zürich, Fritz Amberger, [1904].

[Hrg. für:] II. Internationaler Kongress für Allgemeine Religionsgeschichte, Sektion 8.

Stückelberg, E. A., siehe: *Jahresberichte u. Rechnungen.*

Stückelberg. E[rnst] A[lfred]. Die römischen Kaisermünzen als Geschichtsquellen. (Antrittsvorlesung, gehalten an der Universität Zürich. 5. Mai 1894.) IV, 20 S. 8°. Basel, E. Birkhäuser, 1909.

— Die römischen Kaisermünzen als Geschichtsquellen. (20 S.) gr. 8. Basel 909. (Wepf, Schwabe & Co.) — 80

— Die Katakombenheiligen der Schweiz. Ein Beitrag zur Kultur- u. Kirchengeschichte der letzten drei Jahrhunderte. (IX, 20 S. m. 8 Taf.) Lex. 8. Kempten 907. J. Kösel. 2. 50

Stückelberg. E[rnst] A[lfred]. Die Kriegsaltertümer in der Schweizerischen Heraldik. [Illustriert.] SA. 4. Neuchâtel 1895.

Stückelberg, E(rnst) A[lfred]. Kirchliche Kunstkammern. Vortrag gehalten an der Maifahrt zu Solothurn. [Mit 3 Tafeln.] S. 61–68. 8.

Basler Kunstverein. Berichterstattung über das Jahr 1905. (Beilagen: ... 2....) Basel. M. Werner-Riehm, 1906.

St[ückelberg], E[rnst] A[lfred]. Schloss Kyburg. [SA.] 8. [Winterthur 1890/91.]

Stückelberg, E. A., siehe: *Mitteilungen der Antiquar. Gesellsch. in Zürich.*

Stückelberg, E. A., das Münster zu Basel. (Ein Führer f. Einheimische u. Fremde.) (88 S. m. 23 Abb.) kl. 8. Basel (908). (Wepf, Schwabe & Co.) 1. —

Stückelberg, E[rnst] A[lfred]. Das Münster zu Basel. (Ein Führer für Einheimische und Fremde.) Mit 23 Abbildungen [wovon 1 Tafel]. II + 90 S. 8. (Basel, Buchdr. Franz Wittmer,) Alleinverkauf: im Münster und bei E. Gysin, Siegrist ..., [1908]. (fr. 1. —)

Der Münzensammler. Ein Handbuch für Kenner und Anfänger. Von E[rnst] A. Stückelberg, Doz. an d. Univ. Zürich. Mit 200 Original-abb. *Zurich: Orell Fussli 1899.* (XII, 235 S.) 8° [illegible] 5

— der Münzsammler. E. Handbuch für Kenner u. Anfänger. M. 200 Orig.-Abb. gr. 8. (XII, 235 S.) Zürich 899. Art. Institut Orell Füssli. n. 6. — geb. n. 8. 50

Stückelberg. E[rnst] A[lfred]. Die Palmsonntagsfeier im Mittelalter.... [Mit 1 Tafel. Sep.-Abdr. aus: Festbuch zur Eröffnung des historischen Museums.] 8. [Basel 1894.]

Stückelberg, Ernst A[lfred], (von Basel): Der Constantinische Patriciat. Basel u. Genf H. Georg 1891. 4 Bl., 133 S., 1 Bl. 8°.

Zürich, Phil. Diss. [v. 14. März 1891].

Stückelberg, E. A., der Constantinische Patriciat. Ein Beitrag zur Geschichte der späteren Kaiserzeit. gr. 8. (VII, 131 S.) Basel 891. Georg & Co. n. 2. 40

— longobardische Plastik. gr. 8. (114 S. m. Abb.) Zürich 896. E. Leemann. n. 5. —

— Langobardische Plastik. 2., verm. Aufl. (IV, 94 S. m. 120 Abb. u. 7 Taf.) Lex. 8. Kempten 909. J. Kösel. 5.50

— Reliquien u. Reliquiare, s.a. Mitteilungen d. antiquar. Gesellschaft in Zürich, XXIV, 2.

Reliquien und Reliquiare. Von E. A. Stückelberg. *Zurich: In Comm. bei Fäsi & Beer; Dr. v. D. Bürkli 1896.* (32 S., 1 Taf.) 4.
= Mittheilungen d. antiqu. Gesellschaft ... in Zurich. Bd 24. H. 2. [96. 791]

Stückelberg. E[rnst] A[lfred]. Schweizerische Santiagopilger. (Separatabdruck aus dem Basler Jahrbuch 1903.) 1 S. + S. 190—196. 8. [Basel, R. Reich, 1903.]

Stückelberg, E[rnst] A[lfred], Dr. phil. und Docent der Alterthumskunde in Zürich: Die Thronfolge von Augustus bis Constantin. Genealogische Studien zur Geschichte der Römischen Kaiserzeit. Wien Verlag der Herald. Ges. 'Adler' 1897. 54 S., 5 Tabellen. 8°.
Zürich, Phil. Fac. I. S., Habilitationsschrift.

Die Thronfolge von Augustus bis Constantin. Genealog. Studien z. Gesch. d. Röm. Kaiserzeit. Von E. A. **Stückelberg,** Dr. phil. ... in Zürich. *Wien: Herald. Ges. „Adler" 1897.* (54 S., 5 Taf.) 1 Bd 4. (98. 1189

Stückelberg, E[rnst] A[lfred]. Die Verehrung des heiligen Grabes. [Illustriert.] SA. 4. Zürich 1897.

(Stückelberg, E[rnst] A[lfred].) Die Verwendung der Münze in der Dekoration. (SA.) 8. [Berlin 1890.]

— das **Wappen** in Kunst u. Gewerbe. gr. 8. (VII, 254 S. m. 214 Abbildgn.) Zürich 901. Emil Cotti's Wwe. (Nur direkt.) n.n. 6. 40

— **das Wappen in Kunst u. Gewerbe. 2. Aufl. (VII, 254 S. m. 214 Abb.) 8. Leipzig 906. Veit & Co. n. 6. —**

Stückelberg, E[rnst] A[lfred]. Die Weihnachtskrippen. [Mit 1 Vignette und 1 Tafel. SA.] 8. [Basel 1896.]

Stückelberger, C. U., s. Stückelberger, Karl Ulrich

Stückelberger, Carl, s. Stückelberger, Karl

Stückelberger, Carl Ulrich, s. Stückelberger, Karl Ulrich

Stückelberger, Hans Martin. Johann Heinrich Waser (von Zürich), geb. am 1. April 1742, enthauptet am 27. Mai 1780. Diss. Phil. I. Univ. Zürich. IV, 156 S. 22,5 15,5 cm. Zürich, AG Buchdr. Zürcher Volkszeitung. 1932. V Zür

Stückelberger, J., Abschiedspredigt zum Druck befördert von einigen Angehörigen der Kirchgemeinde Oltingen. gr. 8. (11 S.) Basel 856, Bahnmaier's Buchh. *

Stuckelberger, Joh. Georg. Dissertatio inauguralis de peripneumonia. 1625
Basel, Med. Diss. 1805.

Stückelberger, Joh. Peter: De institutis militaribus Helvetiorum, s. Iselin, Joh. Rudolf (Praes.)

Stuckelberger, J. P. Specimen historico-juridicum de institutis militaribus Helvetiorum. (19) 4. Basiliae 1737.

Stückelberger, Johs., lasset uns aufsehen auf Jesum. Zehn Predigten über das 12. Kapitel des Hebräerbriefs. 8. (VII, 88 S.) Basel 885. Kober. n. — 80

Stückelberger, J[ohannes]. Worte am Grabe der Jungfrau Carolina La Roche, den 21. April 1865. 8. [Basel.]

Stückelberger, J[ohannes]. Worte am Grabe des Herrn Gottfried Stehelin, gesprochen von Herrn Pfarrer J. St' am 5. Februar 1878. 8. Basel.

Stückelberger, Karl

Stückelberger, C[arl]. Die Armen- und Kranken-Fürsorge in Basel. Von Pfarrer K. St'. 55 S. 8. Basel, Friedrich Reinhardt, 1905 (**Umschlag:* 1906). (fr. —. 60)

Stückelberger, Karl, zur. hl. Taufe. E. Wort an Eltern. 12. (16 S. m. Titelbild.) Basel 895. Kober. n. — 08

Stückelberger, Carl. Wie soll ich als Christ die Geisteskranken beurteilen und behandeln? Von K' St', Pfarrer.... 24 S. 8. Basel, Friedrich Reinhardt, 1904. (fr. —. 40)

Stückelberger, Karl Ulrich

Stückelberger, C. U., Katechismuspredigten. gr. 8. (44 B. u. d. Verf. Bildn.) Basel 823, Schneider. Thlr.

Stückelberger, (C. U.,) Predigten über freigewählte Texte. gr. 8. Basel 822, Neukirch

Stückelberger, C[arl] U[lrich]. Rede über 1. Joh. 3. Vers 2, gehalten... [zu Basel] den 21ten Hornung 1815, bey Beerdigung der... Frau Dorothea Respinger geb. Stähelin. 8. Basel.

Stückelberger, C[arl] U[lrich]. Rede über Luc. XVII. 10, gehalten... [zu Basel] den 12. Heumonats 1810. bey Beerdigung der... Frau Sara Schweighauser, Herrn Alt-Bürgermeister Andreas Buxtorfs gewesener Ehefrau. 8. Basel.

Stückelberger, C[arl] U[lrich]. Rede über 1. Mos. 48. 21. gehalten... [zu Basel]... den 29. Augstmonat 1800. bey Beerdigung der... Frauen Anna Cathar(ina) Vondermühll geborenen Ryhiner. 8. Basel.

Stuckelberger, L. G. Rud., Basel. Dissertatio inauguralis medica de morbo scrofuloso. 1627
Basel, Med. Diss. 1816.

Stückelberger, M., durch Kampf zum Sieg, s.: Himmelsblumen.

Stucken, Eduard

Stucken, Ed., Astralmythen d. Hebräer, Babylonier u. Aegypter. Religionsgeschichtl. Untersuchgn. 1. u. 2. Tl. gr. 8. Leipzig, E. Pfeiffer. n. 15. —
1. Abraham. (V, 80 S. m. Abb. u. 1 Taf.) 896. n. 10. —
2. Lot. (S. 81–125.) 897. n. 5. —

Stucken, Ed., Astralmythen der Hebräer, Babylonier u. Aegypter. Religionsgeschichtl. Untersuchgn. 3. u. 4. Tl. gr. 8. Leipzig, E. Pfeiffer. n. 30. 40
3. Jakob. (S. 127–187.) 899. n. 6. 40
4. Esau. (S. 189–430.) 901. n. 24. —
1 u. 2 Ebd. 896. 897. n. 15. —.

Stucken, Eduard, Astralmythen der Hebraeer, Babylonier u. Aegypter. Religionsgeschichtliche Untersuchgn. 5. Tl. Mose. (S. 431–657.) Lex. 8. Leipzig 907. E. Pfeiffer. 14. —
1.–4. Tl. Ebd. 898–901. Erm. Pr. 30. —

Astrid. Drama in 4 Akten von Eduard **Stucken.** Berlin: Reiss (1910). 77 S. 8°
(Moderne Bühne. Eine Samml. dramat. Werke.) [11. 1103]

— Balladen. 4. (236 S. m. Abb.) Berlin 898. S. Fischer, Verl. Geb. in Leinw. n. 6. —

— Beiträge zur oriental. Mythologie, s. a. Mitteilungen der vorderasiat. Gesellschaft. VII. 4.

Beiträge zur orientalischen Mythologie von Eduard **Stucken.** 1. Berlin: W. Peiser (1902). 8°
= Mitteilungen d. Vorderasiat. Gesellschaft. 1902, 4.

Stucken, Ed., die Flammenbraut. Blutrache. Zwei Dichtgn. 8. (68 S.) Oldenburg 892. Schulze. n. 1. 50; geb n. 2. 40

— Gawân. Ein Mysterium. gr. 8. (100 S.) Berlin 902. S. Fischer, Verlag. Geb. n. 4. —

— Gawân. Ein Mysterium. 2. Aufl. (97 S.) 8. Berlin (910). E. Reiss. 3.—; geb. 4.—

Gawân. Ein Mysterium von Eduard Stucken. 3. Aufl. Berlin: Reiss [1910]. 96 S. 8°

Gawân. Ein Mysterium von Eduard Stucken. 4. Aufl. Berlin: Reiss [1910]. 96 S. 8°

Die Gesellschaft des Abbé Châteauneuf. Tragikomoedie in 1 Akt von Eduard Stucken. Berlin: Concordia 1908. 60 S. 8°
(Moderne Bühne.)

— Die Gesellschaft des Abbé Châteauneuf. Tragikomödie in 1 Akt. (Moderne Bühne. Eine Sammlg. dramat. Werke.) (60 S.) gr. 8. Ebd. 909. 2.50; geb. n 3.50

— Hine-Moa. Eine neuseeländ. Sage in Versen. 12. (38 S.) Berlin 901. Breslauer & Meyer. Kart. n. 3.—

Stucken, Eduard, Lanvâl. Ein Drama. (160 S.) 8. Berlin-Halensee 903. [Verlag Dreililien.] Berlin, Concordia. 4.—; geb. 5.—
Auch dess. Verf. „Balladen" (898) u. „Yrsa" (897) sind in obigen Verlag übergegangen.

— Lanvâl. Ein Drama. 2. Aufl. (154 S.) 8. Ebd. 910. 3.50; geb. n 4.50

Lanzelot. Drama in 5 Akten von Eduard Stucken. Berlin-Westend: Reiss 1909. 140 S. 8°

Lanzelot, Drama in 5 Akten von Eduard Stucken. 3. Aufl. Berlin: Reiss (1910). 140 S. 8°

— Myrrha. Drama in 4 Akten. (Moderne Bühne. Eine Sammlg. dramat. Werke.) (107 S.) 8. Ebd. 909. 2.50; geb. n 3.50

Myrrha. Drama in 4 Akten von Eduard Stucken. (Als Ms. gedr.) [Neue Ausg.] Berlin-Westend: Reiss 1909. 106 S. 8°
(Moderne Bühne.)

[Ant. u. F.] Eduard Stucken. Yrsa. E. Tragödie in 3 Akten. *Berlin: S. Fischer 1897.* (152 S.) 1 Bd 8.

Stuckenberg, Alex., Anthozoen und Bryozoen des oberen mittelrussischen Kohlenkalks. (Russisch und deutsch.) gr. 4. (54 S. mit 4 Taf. und 4 Bl. Erklärungen.) St. Petersburg 888, (Eggers und Comp.) *
Aus: Mémoires du comité géologique, Vol. V. Nr. 4, besonders abgedruckt.

Stuckenberg, A., Anthozoen u. Bryozoen des unteren Kohlenkalkes v. Central-Russland. (Deutsch u. russ.) (Mémoires du comité géologique.) (V, 109 S. m. 9 Taf. u. 9 Bl. Erklärgn.) 4. St. Petersburg 904. (Leipzig, M. Weg.) n.n. 5.60

Stuckenberg, A., die Fauna der obercarbonischen Suite des Wolgadurchbruches bei Samara. (Russisch u. Deutsch.) (XIV, 144 S. m. 13 Taf. u. 13 Bl. Erklärgn.) 34×25,5 cm. St. Pétersbourg 905. (Leipzig, M. Weg.) nn 6.91
Sonderabdruck aus: „Mémoires du comité géol."

Stuckenberg, A. Allgemeine geologische Karte v. Russland. Blatt 138. Geologische Untersuchgn., im nordwestl. Gebiet dieses Blattes (in den Flusssystemen der Tschussowaja, Bissert u. Ufa). (Mémoires du comité géologique, vol. IV, Nr. 2.) (Russisch u. deutsch.) gr. 4. (V, 115 S.) St. Petersb. 890, (Eggers u. Comp.). * 3 75

Stuckenberg, A., allgemeine geologische Karte v. Russland. Blatt 127. (Russisch u. deutsch.) gr. 4. (VII, 362 S. m. 5 Taf. u. 11 S. Erläutergn.) St. Petersburg 898. (Eggers & Co.) n. 19.50

— Korallen u. Bryozoen d. Steinkohlenablagerungen d. Ural u. d. Timan. [Mémoires du comité géologique, vol. X, nr. 3.] (Russisch u. deutsch.) gr. 4. (III, 244 S. m. 24 Taf. u. 27 Bl. Erklärgn.) Ebd. 895. n. 21.—

Stuckenberg, Alex., Materialien zur Kenntniss der Fauna der devonischen Ablagerungen Sibiriens, s. a. Mémoires de l'académie impériale des sciences de St.-Pétersbourg.

Stuckenberg (A.), Materialien zur Kenntniss der Fauna der devonischen Ablagerungen Sibiriens. (Mémoires de l'Acad. Impér. des Sciences de St. Petersbourg. VIIe Sér., T. 34.) St. Petersburg 1886. 4. Mit 4 Tafeln.

Stuckenberg, J. Ch., Beschreibung aller, im russischen Reiche gegrabenen oder projectirten, schiff- u. flößbaren Canäle, in histor.-statist.-technischer Beziehung, nach den vollständ. u. zuverläss. Quellen verfaßt, u. von der K. St. Petersburger Academie der Wissensch. eines Demidowschen Preises gewürdigt. Mit 1 Karte. gr. 8. St. Petersburg 841. (Leipzig, R. Hartmann.) n. 4 ₰

— Hydrographie des russischen Reiches oder geogr.-statist.-techn. Beschreibung seiner floss- u. schiffbaren Flüsse u. Seen, seiner Küsten, inneren Meere, Häfen u. Anfurten. Ein von der k. Akademie der Wissenschaften eines Demidowschen Preises gewürdigtes Werk. 1. u. 2. Bd. Das Baltische Bassin von der Oder bis Torneå. — Das Bassin des Oceans, von der Norwegischen Gränze bis zur Chinesischen. gr. 8 (91⅞ B. u. 8 Tab.) St. Petersburg 844. (Leipzig, Voss.) **

Stuckenberg, J. Ch., Hydrographie des Russischen Reiches, od. geographisch statistisch-technische Beschreibung seiner floss- u. schiffbaren Flüsse u. Seen, seiner Küsten, inneren Meere, Häfen u. Anfuhrten. 3—6. Bd. Lex. 8. 3. Bassin des Schwarzen Meeres. (VI u. 447 S.) 4. Verschiedene historisch-geogr. Nachrichten über die antiken Gränzen des Kaspischen Meeres u. über einige seiner Einflüsse; als Prolegomena zur Beschreibung des modernen Kaspischen Bassins. (VI u. 258 S.) 5. Materialien u. Monographien zur Beschreibung des Kaspischen Bassins in seinen histor., geograph., statist. u. techn. Beziehungen. (VI u. 764 S.) 6. Nachträge zu den 5 ersten Theilen, sowie zu der Beschreibung der Kanäle Russlands nebst Registern. (VI, 246 u. CCLXXII S. m. 1 Tab. in 4.) St. Petersburg 847—49. (Leipzig, Voss.) n. n. 12 ₰ 11 ngr (complet n. n 15 ₰ 26 ngr)

— Versuch eines Quellen-Anzeigers alter und neuer Zeit für das Studium der Geographie, Topographie, Ethnographie und Statistik des russischen Reiches. 1. Bd. 1. Abthl.: Landkarten, Pläne und Monographien. Mit Supplement u. d. T.: Cartographie des russ. Reiches. Lex.-8. (VIII und 142 S.) St. Petersburg 849. (Leipzig, Voss.) **

Stuckenberg, J. H. W., Grundprobleme in Hume, s. a. Vorträge, philosophische.

Grundprobleme in Hume. Vortrag von Prof. Dr. J. H. W. Stuckenberg, nebst der dabei stattgehabten Diskussion. Halle a. S.: C. E. M. Pfeffer 1887. (35, IV S.) 8°
= Vorträge, Philosophische. N. F. H. 13.

Stuckenberg, Karl, über Paranitroorthosulfiphenol, Amidonitro-, Diamido- u. Amidodinitrophenole. Inaugural-Dissertation. gr. 8. (38 S.) Goslar 876. (Göttingen, Vandenhoeck & Ruprecht.) n. — 60

Stuckenberg, Viggo, der holden Worte süßer Klang, s. a. Kürschner's, Jos., Büchlein.

Der holden Worte süsser Klang. Roman von Viggo Stuckenberg. Autor. Übers. aus d. Dän. von Mathilde Mann. Mit Ill. von W. Roegge. *Berlin, Eisenach, Leipzig: H. Hillger [1901].* (124 S.) 8° [F.]
— Bücherschatz, Kürschners. No 271.

Stückenberg, Frz. o', Sport. Pferdobilder (in Lichtdr.) nach 24 Orig.-Zeichngn. v. S. gr. Fol. (1 Bl. Text.) Wien 895. O. Schmidt. In Leinw.-Mappe n. 40. —

Stückenberg, Franz O. Sporting-Portfolio. 32 Bleistiftskizzen und Humoresken nach der Natur und dem Leben gezeichnet von Franz O. Stückenberg. München, Adolf Ackermann 1884.
32 Taf gr 2°

Stuckenbrock, Johann Christian (Blankenburg)
A. S. 1392/17

Exercitatio academica de cognitione sedandi adfectus oratori maxime necessaria.
Präs. Friedrich Paul Wohlfarth.
Jena (Werther) 30. IV. 1739. 22 S. 33964

Stuckenbrock, Rud. Im wunderschönen Monat Mai, s. Bloch's, E., Theater-Korrespondenz.

Stuckenbrock, R., die Wacht am Rhein, s. Kühling.

Stuckenbrock, R., Förster's Wilhelm, s.: Kühling's, A., Album für Liebhaberbühnen.

Stuckenbrock, R., die beiden Zuaven, oder Berliner im Elsaß. Schwank in 1 Akt. Berlin 870. Lassar. gr. 16. (16 S.) n. 1 *ℛ* 10 *ngr.*

Stuckenschmidt, [Robert]: [Zwei Prologe zur Feier der Weihe der neuen Schulfahne.] *Helmstedt 1898: J. C. Schmidt.* (7–8 S.) 4° [F.]
Helmstedt ⟨Herzogt. Braunschw.⟩, landwirtschaftl. S Marienberg m. Realabt., OP 1898**

Stücker, (v.,) Beitrag zur Lösung der Frage politisch-socialer Reform in Preußen. gr. 4. (47 S.) Dresden 848. (Leipzig, Dyk'sche Buchh.)

Stücker, Baron. Offener und merkwürdiger Brief. Druck von J. Sittenfeld. 1 Bl. Fol.
Flugblatt. Berlin, 25. Mai 1848.

Stücker, C., Sitten- u. Charakterbilder aus der Türkei u. Tscherkessien. Berlin 862. Schlingmann. 8. (VII, 288 S.) n. 1 *ℛ* 15 *ngr.*

Stücker, J., das Leiden Jesu. Eine Ostergabe f. fromme Verehrer d. Herrn. Metrisch bearbeitet. gr. 8. (2⅛ B.) Darmstadt 838, Diehl.
In gr. 12. (3 B.) Velinp. 4 Gr., m. Titkpfr.

— dass. mit Titelkupfer. gr. 12. Ebd. 838. Velinpap. ⅓ *ℛ* — Ohne Kupfer ⅙ *ℛ*

STUECKER, Norbert: Änderung der specifischen Wärme von Metallen mit der Temperatur. — 1904. 28 Bl. Diss. Graz, Univ.

Stücker Norbert, Dr.: Neue Bestimmungen der spezifischen Wärme einiger Metalle bei höheren Temperaturen (mit 6 Textfiguren). S. 114. IIa. 657 . . . .
Separatabdruck

Stücker, Norb., neue Bestimmungen der spezifischen Wärme einiger Metalle bei höheren Temperaturen. (12 S. m. 6 Fig.) gr. 8. Wien 905. (A. Hölder.) n. — 40
Sonderabdruck aus: „Sitzungsber. d. k. Akad. d. Wiss."

— Über einige physikalische Eigenschaften der Kolloide (mit 1 Taf. und 2 Textfiguren). S. 116. IIa. 771 . . . .
Separatabdruck

Stücker, Norb., über einige physikalische Eigenschaften der Kolloide. (13 S. m. 2 Fig. u. 1 Taf.) gr. 8. Wien 907. A. Hölder. — 65

— Über den Einfluß der Substanzmenge auf die Wahrscheinlichkeit des Kristallisierens unterkühlter Flüssigkeiten (mit 3 Textfiguren). S. 114. IIa. 1389 . . . .
Separatabdruck

Stücker, Norb., über den Einfluss der Substanzmenge auf die Wahrscheinlichkeit des Kristallisierens unterkühlter Flüssigkeiten. (16 S.) gr. 8. Wien 905. (A. Hölder.) n. — 40
Sonderabdruck aus: „Sitzungsber. d. k. Akad. d. Wiss."

— Über die Lage der Knotenpunkte in einseitig geschlossenen Röhren (mit 2 Textfiguren). S. 116. IIa. 123 . . . . — 55
Separatabdruck

— Über die Lage der Knotenpunkte in einseitig geschlossenen Röhren. (13 S. m. 2 Fig.) gr. 8. Ebd. 907. — 55

— Über die Unterschiedsempfindlichkeit für Tonhöhen in verschiedenen Tonregionen (mit 1 Taf.). S. 116. IIa. 367 . . . .
Separatabdruck

— Über die Unterschiedsempfindlichkeit f. Tonhöhen in verschiedenen Tonregionen. (21 S. m. 1 Taf.) gr. 8. Ebd. 907. — 75
3 Sonderabdrucke aus: „Sitzungsber. d. k. Akad. d. Wiss."

Stuckert, Carl, s. Stuckert, Karl

Stuckert, Emil [aus Coblenz]: '(Aus d. geburtshülfl. Klinik d. Hrn. Geh.-Rath Prof. Dr. Gusserow.)' Ueber angeborene spastische Gliederstarre und spastische Contracturen ... Berlin: Buchdr. v. G. Schade 1892. 30 S., 1 Bl., 1 Taf. 8°
Berlin, Med. Fak., Inaug.-Diss. v. 6. Aug. 1892

Stuckert, Fr. W., s.: Rheinland, Wilh.

Stuckert, Fritz Schaeffer-
s. Schaeffer-Stuckert

Stuckert, Karl

Stuckert, Carl, Jesusgeschichten f. den religiösen Jugendunterricht. (207 S.) 8. Basel 1910. F. Reinhardt. Geb. 2.—

— Kirchenkunde der reformierten Schweiz, s. a. Studien zur prakt. Theologie. IV, 2.

Kirchenkunde der reformierten Schweiz. Von Lic. Carl **Stuckert**, Pfarrer. Gießen: Töpelmann 1910. 180 S. 8°
(Kirchenkunde des evangelischen Auslandes. 1.)
(Studien z. prakt. Theologie. Bd 4, H. 2.)

Stuckert, Carl, d. kathol. Lehre v. d. Reue. Dargest. u. beurteilt. gr. 8. (VII, 96 S.) Freiburg i/B. 896. Tübingen, J. C. B. Mohr. n. 2. —

Stuckert, Carl, die Propheten Israels. Für die Jugend dargestellt. (119 S.) 8. Basel 905. F. Reinhardt. Kart. 1. 20

[Stuckert, Carl.] Der Unterhöfler. Erzählung aus der Bauernbewegung im Klettgau anno 1525, von Gotthelf Gradaus. Separatabdruck aus dem Feuilleton des «Schaffhauser-Bote.» II + 92 S. 8. Schleitheim, Stamm & Sohn, 1903. fr. 1. —

— allerlei Wahrheit f. offene Ohren. 12. (160 S.) Basel 896. Kober. n. — 80; geb. in Leinw. n. 1. 40

— was ist den Reichsdeutschen an den kirchl. Zuständen der Schweiz interessant?, s. a. Hefte zur christl. Welt. 55. Hft.

Stuckert, Carl. Was ist den Reichsdeutschen an den kirchlichen Zuständen der Schweiz interessant? Von Lic. C' St', Pfarrer in Neunkirch, Kanton Schaffhausen. IV + 54 S. 8. Tübingen, J. C. B. Mohr, 1906. (M. —. 80)
Hefte zur Christlichen Welt. Hrg. von D. Martin Rade.... Heft 55 ⟨5. Heft der neuen Folge⟩.

Stuckert, Ludwig. Jordaki. Ein Thränenreis auf das Grab der gefallenen Hellenen. Gepflanzt von L' St'. [Mit 1 Vignette.] 8. Basel 1822.

Stuckert, Ludwig: Ueber die Lichtbrechung der Gase und ihre Verwendung zu analytischen Zwecken. 1910. 40 S. 4⁰
¶ Auch in: Zeitschrift f. Elektrochemie. Jg. 16. Karlsruhe, Dr.-Ing.-Diss. v. 5. 7. 1909

Stuckert, Ludwig Karl

Stuckert, Ldw. K., Theodo's Gedicht. Trspl. in 4 A. gr. 8. Basel 825. Schweighäuser. 15 gr

Stuckert, L. K., (lyrische) Gedichte. 8. (8¼ B.) Basel 827, Schweighauser.

Stuckert, Ludw. Carl, sämmtliche lyrische Gedichte. 2. Aufl. 8. (13½ B.) Karlsruhe 844. (Macklot.) *

Stuckert, Ludw. Karl, Geisterstimmen. Wiedertönend in d. Schöpfung, im Gewissen u. in d. Offenbarung. Freie Lieder d. Andacht f. jeden Wochentag in jed. Jahreszeit. 8. (10 B.) Karlsruhe 839, (Bielefeld.) Thlr. *

Stückert, Ludwig Wilhelm

— üb. einige wichtige Gegenstände der Preuß.-Brandenburg. rc. Gesch. u. Verfassung. gr. 8. Bresl. 786. ((Gosohorsky)). 12 gr

Stuckert, Ldw. Wlh., Geschichte der Preuß.-Brandenburgisch. Staaten. 8. Bresl. 769. (Gosohorsky). 8 gr

Stückert, L. W., Geschichte d. preuß. brandenburg. Staaten. 8. Breslau, Meyer. 769.

Stuckey, Joseph: Eine Begebenheit, die sich in der Mennoniten-Gemeinde in Deutschland und in der Schweiz von 1693 bis 1700 zugetragen hat. *Elkhart, Ind.: John F. Funk und Brud. 1871. 54 S.; Abdruck: Elkhart, Ind. 1883, 1906.*

Stückgut - Beförderungswesen, Das, auf den Eisenbahnen Deutschlands. Ein Vorschlag. Berlin 1878. V: *Stephan, Hnr.* (Kat. d. stat. Bureaus. Dresden 1890.)

Stückgut-Beförderungswesen, das, auf den Eisenbahnen Deutschlands. Ein Vorschlag zur einheitl. Gestaltung desselben. gr. 8. (32 S.) Berlin 878. Springer. n. — 60

Stuckhard, Peter [cand. med. aus Kohlhausen]: Ueber Netzadhaesion nach Laparotomie ... München, Buchdr. v. M. Ernst, 1894; 17 S. 8.
5 München, Med. Fak., Inaug.-Diss. v. 1894

Stuckhardt, E. (Hrsg.), s. Adels - Chronik, Deutsche.

Stucki, Alb., Grundriss der Postgeschichte m. besond. Berücksicht. der schweiz. Verkehrsverhältnisse. (XII, 163 S.) kl. 8. Bern 909. A. Francke. Geb. in Leinw. 2. —

Stucki, G[ottlieb]. Aufgabenheft für Naturbeobachtungen. Neue Ausgabe. IV + 24 S. 4. Bern, A. Francke, 1907. [fr. —. 50]

Stucki, G., Aufgabenheft f. Naturbeobachtungen. 2. Aufl. (4. Aufl. d. „Schülerheftes f. Naturbeobachtg.") (24 S.) gr. 8. Ebd. 909. — 50

Stucki, G., für die Chlyne. Bärndütschi Versli. gr. 16. (IV, 112 S.) Bern 897. (Schmid & Francke.) n.n. 1. 20

Stucki, G[ottlieb]. Für di Chlyne. Bärndütschi Värsli. 2., stark vermehrte Aufl. III + 208 S. 8. Bern, Selbstverlag, Komm. W. Kaiser, (1901). [cart. fr. 2. —]

— Für di Chlyne. Bärndütschi Värsli. 3., stark verm. Aufl. (215 u. VI S. m. Bildnis.) 16. Lyß (908). A. Wenger-Kocher. Kart. 1. 75

— zur Frage d. Jugenderziehung in d. Schweiz. E. Mahnwort ans Schweizervolk. 8. (52 S.) Ebd. 897. n. — 25

Stucki, G[ottlieb]. Die wichtigsten einheimischen Giftpflanzen. Vortrag von Herrn G. St'..., gehalten am 20. Oktober 1895 im bernischen Grossratssaale.... Im Anschluss einiges über: Die erste Hülfe bei Vergiftungen. Von Dr. [Emil] Jordy. SA. 8. St. Gallen 1896.

Stucki, G[ottlieb]. Jeremias Gotthelf. Eine Abendunterhaltung in Töchternkreisen. Zum Gedächtnis der 50. Jährung seines Todestages 22. Oktober 1904. Aufgeführt am 26. November 1904 im Schulhause Monbijou von der 2. Seminarklasse. [Mit Porträt.] II + 24 S. 8. Bern, Gustav Grunau, 1905. fr. —. 60]

Stucki, G., Commentar, s. a. Bilderwerk, schweizerisches geographisches.

Stucki, G. Commentar zu dem schweiz. geographischen Bilderwerke f. Schule u. Haus. 12 Hefte. 8⁰. (à Heft ca. 15 S.) Bern 890—92, Kaiser. à Heft ** — 25
1. Jungfraugruppe. — 2. Lauterbrunnenthal. — 3. Genfersee. — 4. Vierwaldstättersee. — 5. Bern. — 6. Rhonegletscher. — 7. Zürich. — 8. Rheinfall. — 9. Lugano. — 10. Via mala. — 11. Genf. — 12. St. Moritz.
Bilderwerk dazu, s. Bilderwerk, Schweizerisches geographisches.

Stucki. G., siehe: *Lehrerzeitung*, schweizer.

— Materialien f. d. Unterricht in d. Heimatkunde. 8. (XII, 88 S. m. Abb.) Bern 887. W. Kaiser. Geb. n.n. 1. 20

Stucki, G., Materialien für den naturgeschichtlichen Unterricht in der Volksschule. Bearb. nach dem Normalplan für die bern. Primarschulen. 1—3. Thl. 8. Bern 880—83. Dalp. cart. n. 2. 55
1. Botanik. (104 S.) n. 1. —
2. Zoologie. (152 S.) n. 1. 20
3. Mineralogie. (33 S.) n. — 35

Stucki, G. Materialien für den naturgeschichtlichen Unterricht in der Volksschule. 1. Tl.: Botanik. 2. Aufl. 1. u. 2. Kurs. gr. 8. (Mit Abbildgn.) Bern 892, Schmid, Francke u. Comp. [1. Kurs. (V, 74 S.) ** — 90; 2. Kurs. (S. 75—178.) * 1 20.] ** 2 10
—— dass. — III. Tl.: Mineralogie. 2. verm. Aufl. 8. (44 S.) Ebd. 892. * — 50

—— Materialien f. den Unterricht in der Schweizergeographie. Methodisches Handbuch f. Lehrer an Volks- u. Mittelschulen. 8. (XII, 327 S. m. vielen Illust.) Ebd. 889. * 3 50; geb. 4 —

Stucki, Gottl., Natur — Mensch — Gott. Populär-wissenschaftl. Abhandlgn. f. Lehrer u. gebildete Laien aller Stände. gr. 8. (III, 482 S.) Bern 883. 84. Schmid, Francke & Co. n. 5. —

— hauswirtschaftliche Naturkunde. Handbüchlein f. Schülerinnen in Seminarien, Fortbildungs- u. Haushaltungsschulen, sow. in oberen Mädchenklassen. gr. 8. (VI, 167 S.) Bern 898. Schmid & Francke. n. 1. 60 kart. n. 1. 80

— u. Ed. **Balsiger,** Johann Heinrich Pestalozzi. 2 Reden zur Feier des 150. Geburtstages d. 11. u. 12. Jan. 1896 in Bern. Vom Centralkomitee d. Bern. Lehrervereins d. Mitgliedern gewidmet. 8. (50 S.) Bern 896. (Schmid & Francke.) n. — 50

— das Rechnen im Anschluß an den Real-Unterricht. 500 aus speziellen Sachgebieten ausgewählte Rechngn. f. die Mittelstufe der Volksschule. Im Auftrage e. Lehrerkorporation hrsg. gr. 8. (VII, 47 S.) Ebd. 892. n. — 60

— ein Rückblick auf die Entwicklung der schweizerischen Kartographie. Vortrag, geh. an der Seminarlehrer-Konferenz in Bern am 9. X. 1905. (15 S.) gr. 8. Bern 906. Geograph. Kartenverlag. n. — 35

— Schülerbüchlein f. den Unterricht in der Schweizer-Geographie. (Geographie-Unterricht f. die schweizerische Volksschule.) gr. 8. (128 S. m. Abbildgn.) Zürich 892. Art. Institut Orell Füßli, Verl. Kart. n. 1. —

— Schülerbüchlein f. d. Unterr. in d. Schweizer Geographie. 3. (verb.) Aufl. gr. 8. (128 S. m. Abb.) Zürich 898. Art. Institut Orell Füßli. Geb. n. 1. —

— Schülerbüchlein f. den Unterricht in der Schweizer-Geographie. 4. verb. Aufl., m. 64 Illustr. gr. 8. (123 S.) Zürich 902. Art. Institut Orell Füßli. Geb. n. 1. —

— Schülerbüchlein f. den Unterricht in der Schweizer-Geographie. 5. verb. Aufl., m. 64 Illustr. (VI, 118 S.) 8. Zürich 905. Art. Institut Orell Füßli. Geb. n. 1. —

— Schülerheft f. Naturbeobachtungen. 4. (32 S.) Bern 890. W. Kaiser. n.n. 35

Stucki, G[ottlieb]. Der Geographische Unterricht auf der Stufe der Volks- und Mittelschule. 8. Zürich 1896.

— der geographische **Unterricht** auf der Stufe der Volks- u. Mittelschule. gr. 8. (48 S. m. Abbildgn.) Ebd. (900). n. — 80

Stucki, G[ottlieb]. Der Vaterlandskundliche Unterricht in der Fortbildungsschule. SA. 8. Zürich 1896.

Stucki, G. (Red.), s. Zeitschrift, Schweizerische pädagogische.

Stucki, Hans, über den Begriff der höhern Gewalt. Inaugural-Dissertation. gr. 8. (88 S.) Bern 888, (Huber und Comp.) *

— dasselbe. gr. 8. (36 S.) Ebd. 890. n. 1. —

Stucki, Rob., Beiträge zur Radikaloperation d. Leistenbrüche aus der chirurg. Abteilg. d. Prof. Girard am Inselspital zu Bern. Diss. gr. 8. (40 S. m. 5 farb. Taf.) Thun 895. (E. Stämpfli.) n. 2. —

Stück'l, a paar drull'che. Humoristische Deklamationen in schles. Mundart. Vun em Schlaeflnger. 8. (40 S.) Dresd. 892, (Hönsch u. Tiesler). * — 50

Stueckle, Heinr., die Eisenbahn über den Isthmus von Tehuantepec. Wissenschaftliche und industrielle Abhandlung. gr. 8. (19 S.) New York 869, Steiger.
Mit 2 photolithogr. Karten (in Fol. und qu. gr. Fol.)

Stückler, Karl

Stückler, Carl, allgemeine postalische Uebersicht über die Ankunft und den Abgang der Briefpost-Sendungen in Wien für das J. 1861. gr. 4. (... S.) Wien 861, Selbstverlag.

Stuckmann, Dietrich: Aus d. patholog. Institut zu Bonn. Experimentelle und histologische Untersuchungen über die Regeneration der weiblichen Mammilla. . . . Bonn: Univ.-Buchdr. v. Carl Georgi 1889. 29. 1 S. 8°
Bonn, Med. Fak., Inaug.-Diss. v. [27. Jul.] 1889

Etwas vom Füttern. Die wichtigsten Regeln bei d. Fütterung d. Rindviehs. Zum Gebr. f. kleinere Betriebe zsgest. von W. **Stuckmann,** Landwirtschaftslehrer. Fulda: Actiendr. 1905. (74 S.) 8° [J.] 106. 6314

Stuckmann, Wilhelm, aus Bislich a. Niederrh.: Aus d. Kgl. Universitäts-Frauenklinik. Macht ein einmaliges Ueberstehen der Eklampsie gegen eine gleiche Erkrankung bei späteren Schwangerschaften immun? *Bonn 1903: S. Foppen.* (30 S.) 8°
Bonn, Med. Diss. v. 4. Nov. 1903

Stückmann, H., die Fürsorge f. die gefährdete u. die verwahrloste Jugend m. besond. Berücksicht. des Gesetzes über die Fürsorge-Erziehung Minderjähriger v. 2. VII 1900. Vortrag, geh. am 11. II. 1901 auf der Konferenz der Geistlichen, Presbyter, Verwaltungsbeamten, Lehrer u. Lehrerinnen d. Kreissynode Dortmund. 9. Aufl. gr. 8. (32 S.) Dortmund 901. (C. L. Krüger.) n. — 20

Stückmann, H., u. J. van Eferls, deutsche Gedichte zur deutschen Geschichte. Für Schule u. Haus ausgewählt. (VI, 224 S. m. 1 Bildnis.) 8. Dresden (904). H. Jaenicke. Geb in Leinw. od. in Bibliotheksbd. n. 1. —

— u. J. van Eferls, deutsche Geschichte m. besond. Berücksicht. der brandenburgisch-preuß. Geschichte. Für Volks- u. Mittelschulen. 2 Tle. Auf Grund des allerh. Erlasses v. 1. V. 1889, der ministeriellen Vorschriften v. 27. VII. 1889, sowie nach Maßgabe der v. den königl. Regiergn. vorgeschrieb. Geschichtslehrpläne bearb. Dresden 899. A. Müller, Fröbelhaus. Kart. n. 1. 50
1. (93 S. m. Bilderatlas.) n. — 70
2. (161 S. m. Bilderatlas u. 1 Karte.) n. — 80

Stückmann, H., u. J. van Eferls, Kaiser Wilhelm d. Große u. s. Zeit. In dankbarer Erinnerg. an d. ersten deutschen Kaiser aus dem Hohenzollerngeschlechte u. zur Belebg. wahrer Gottesfurcht, echter Königstreue u. aufricht. Vaterlandsliebe dem deutschen Volke gewidmet. 8. (VII, 244 S. m. Abb. u. Titelbild.) Dortmund 896. F. W. Ruhfus. Kart. n. — 75

Stückmann, H., Zwangserziehung. Ein Beitrag zur Lösg. e. f. Staat, Kirche u. Schule wicht. Zeitfrage. 8. (III, 61 S.) Dortmund 890. Köppen. n. — 60

Stuckornamente, ausgeführte, für äussere Decoration, von Architekten, Bildhauern und Zeichnern in Berlin, hrsg. von D. J. Bammann. Als 2. und 3. Heft der Titz'schen Ornamente. gr. Fol. (12 Stnt. und 1 Bl. Text.) Berlin 847, Stuhr'sche Buchh. à Heft * 1 Thlr. Thlr. *
Vgl.: Titz, Ornamente.

Stuckrad, v., die Cernirungen v. Metz, Paris u. Plewna, s.a. Beiheft zum Militär-Wochenblatt.

Stuckrad, v. Die Cernirungen von Metz, Paris und Plewna. Berlin 1886. 8°. (Bh. z. M. W. B.)

Stuckrad, v., Geschichte d. 1. Magdeburgischen Infanterie-**Regimentes Nr. 26.** Auf Befehl bearb. 2 Thle. Mit **Abbildgn.** u. **Skizzen.** Lex.-8. (V, 338 u. V, 367 S.) Berlin 888. Mittler & Sohn. n. 18. —

Stuckrad, v., der russisch-türkische Krieg 1877—78 nach den bisher veröffentlichten Nachrichten bearb. 4 Lfgn. gr. 8. (VII, 501 S. mit 13 lithogr. Taf.) Hannover 879, Helwing'sche Verlagsh. *

Stückrad, Georg, d. J. (Pseud.), s.a. Curtmann, Wilhelm Jacob Georg

† Stückrad d. Jüng., Geo., (Wilh. Jac. Geo. Curtmann,) romant. Erzählungen u. Vorschläge f. Juristen, Kapitalisten u. Buchhändler. gr. 12. (6 B.) Darmstadt 837, Heyer's Hofbuchh.

Stückrad, Geo., Programm f. d. Gutenbergs-Jubiläum d. 19. Jahrh. 8. (13 B.) Offenbach 837, [Heinemann.] *

—— Stimmen der Minorität. I. Die Wage d. Glückseligkeit. II. Zahme Laster u. geschminkte Tugenden. III. Moral. Homöopathie. IV. Geldaristokratie u. Judenthum. V. Der Adel. 8. (11 B.) Offenbach 837, [Heinemann.]

de Stueckradt, Arm(in.) Adolph. (geb. Königsberg i. Pr. 3. 12. 1820): De ophthalmia neonatorum. Berolini (1844). (46 S.) 8°
Berlin, Med. Diss. v. 28. März 1844

Stückradt, Otto v., Anordnungen für den Garnisons-Dienst in der Festung Thorn. gr. 8. (IV und 98 S.) Thorn 865, Wallis. *

Stückrechner, der. Ein Hilfsbuch zur schnellen Berechng. der Preise von 1—1000 Stück. 16. (98 S.) München 890. J. A. Finsterlin. — 50

Stückrechner, neuer, nach der deutschen Reichswährg., die Preise von 1—99 Pf. od. M., sowie von 10 Pf. bis 9 M. 90 Pf. f. 2 bis 1000 Stück enth. Ein Markthelfer f. Jedermann. Zugleich als Multiplikations- u. Divisionstafeln die Produkte von 2×2 bis 99×99 bietend. Mit e. Gebrauchsanweisg., Rechentafeln u. e. gemeinverständl. Erklärg. d. deutschen Reichsmünzen. 16. (IV, 100 S.) Nördlingen 876. Beck. — 60

Mölmsche Stückskes und Mülheimer Kalender f. 1909. Gesammelt u. hrsg. von d. Volkskundl. Abteilung d. Mülheimer Waldvereins. 2. Aufl. Mülheim-Ruhr: H. Baedeker [1908]. 29 S. 8°

Stückskes, neue Mölmsche, u. Mülheimer Kalender f. 1910. Gesammelt u. hrsg. v. Karl Deicke u. Ernst Becker. (48 S.) kl. 8. Mülheim-Ruhr (909). H. Baedeker. — 50

Stucky, Ph. Eug., der Liebe Leid u. Freud'. Sammlg. der besten Liebeslieder der neueren deutschen Literatur. 1. Bdchn. 2. Ausg. 12. (XIV, 124 S.) Freinsheim (Rheinpfalz) 895. Selbstverl. Kart. — 90

Stucky, Ph. Eug., der Liebe Lied. Eine neue Anthologie. (Sammlung v. Liebesliedern.) Aus der neueren deutschen Lyrik ausgewählt u. zusammengestellt. 1. u. 2. Bdchn. 12. Freinsheim (Rheinpf.). Selbstverlag. Geb. in Leinw. n.n. 2. 75
1. (XIV, 124 S.) 893. n.n. 1. —; geb. n.n. 1. 25. — 2. (XVIII, 181 S.) 894. Geb. n.n. 1. 50.

Stucky, Walther, von Oberurnen '(Kt. Glarus)': Das Eigentum am Kirchengut. (Zür. A. Coradi-Stahl Dr.) [1893]. 111 S. 8°
Zürich, Jur. Diss. [v. 25. Febr. 1893].

Kolibri 360 GmbH
Ferdinand-Jühlke-Straße 7
99095 Erfurt, Deutschland
produktsicherheit@kolibri360.de